U0364757

中國玉學

玉文化学术研讨会

—论文集—

湖南博物院 编

CNS
湖南人民出版社·长沙

《中国玉学玉文化学术研讨会论文集》

编辑委员会

“中国玉学玉文化学术研讨会”开幕致辞

湖南省博物馆党委副书记、副馆长、研究馆员　郭学仁

（2022 年 4 月 28 日）

各位专家学者、各位同仁：

上午好！

“最美人间四月天，春风含笑柳如烟。”在这个美好的时节，我们非常荣幸地邀请到来自全国各地的学界精英，“玉”你“湘”约，共聚云端，召开中国玉学玉文化学术研讨会。大家将共同交流、分享和探讨中国玉学、玉文化学术问题，发表高屋建瓴、推陈出新的学术观点，让我们领略玉学玉文化研究领域生机勃勃的活力与魅力。这是中国玉学玉文化的盛事，也是中国玉学玉文化研究的盛会。

在此，我谨代表湖南省博物馆，向出席会议的各位专家学者、各位同仁，表示热烈的欢迎和衷心的感谢！

玉文化是中华传统文化的重要组成部分，具有不同凡响的重要地位。“石之美者谓之玉”“君子比德于玉”“谦谦君子，温润如玉”“君子无故，玉不去身”“黄金有价玉无价”，不仅是对玉的高度赞美，更是对玉的崇高敬意。

中国玉器，源远流长，有着七八千年的辉煌历史，从来没有中断，在中华文明史上形成了经久不绝的玉文化传统。自史前时期，玉器就以令人惊艳的姿

态亮相，至今仍是备受欣赏、尊重的对象。自古以来，玉文化的内涵经历了复杂的嬗变，从简单的装饰用品，发展为宗教祭祀和礼仪用品，又上升为标志高尚道德情操的佩饰物品，最后转化为精美绝伦的艺术作品，充满了人文精神和伦理道德内涵，扮演着特殊并且不可替代的角色。

作为大会的联动项目之一，长沙博物馆、湖南省博物馆、重庆中国三峡博物馆，联合举办了“玉魂——中国古代玉文化展”，会集全国8家文博机构410件（套）精美玉器。在此，我们衷心感谢各单位的大力支持！

此次展览，是对中国古代玉文化的一次全面诠释，是湖南省首次以玉器为研究对象的大型文化通史陈列。在选题上，我们力图通过对中国古代玉器历史的整体梳理，向观众全面展示玉器功能的变迁、文化内涵的嬗变及其背后的发展动因，使观众既能欣赏玉器的材质之美、工艺之美、创意之美，更能感受玉文化的时代风貌和博大精深；既能了解国人爱玉、崇玉、礼玉、赏玉、藏玉的历史，更能探寻中华优秀传统文化，增强文化自觉和文化自信。

文化需要我们的传承与坚守，文化也需要我们的创新与发展。湖南省博物馆将以此次学术研讨会为契机，在相关文物的保护管理上、学术研究上、陈列展示上狠下功夫，充分彰显玉文化遗产的文化力量、学术力量、教育力量，讲好“玉器故事”，让玉文化遗产活起来！

皎皎明月兮，烁烁琼琚；金声玉振兮，追慕周风。让我们一起再次透过月华星灿的精美玉器，“玉”见文明，共同感受中华玉文化的悠久历史和丰富内涵。

最后，祝各位专家学者身体健康、工作顺利！

祝中国玉学玉文化学术研讨会圆满举办！

谢谢大家！

目录

试论古代玉器发展的阶段性和连续性

郭大顺（辽宁省文物考古研究院）

【摘要】中国古代玉器的时代和区域特征敏感，阶段性与连续性研究有优势也有难度，但古玉作为中华传统文化主要载体和文化交会中最为活跃的因素，延续时间最长，多元文化元素融合最普遍，是中华文化和文明“连绵不断”和形成“多元一体格局”的主要实证，所以需将古玉的连续性研究列为重点课题。为此倡导建立“古玉类型学”。

【关键词】连续性；多变与不变；观念制度的传承；古玉类型学

中国古代玉器作为礼器及其延伸，具有规范化和制度化的特点，又因其反映思维观念的非实用性功能而在玉器发展演变和多元文化及其频繁交会中最敏感也最活跃，这就使古玉的分类、时代特征和地域特征及其发展演变等，由总体到细部均呈现多个层面的变化，也为古代玉器进行类型学进而阶段性与连续性研究，提供了较其他文化因素如陶器和铜器更多的选项，但也增加了难度。

同时，随着20世纪80年代中期以来红山文化、良渚文化等史前玉器及其通神功能的确认，将中国古玉发展脉络全序列呈现，使追溯源头、梳理来龙去脉成为可能。考古学文化区系类型理论的实践成果，也使包括阶段性和连续性在内的古玉研究，注重分区域开展，少走了弯路。

本文在学习有关研究成果基础上，试就古代玉器的阶段性、连续性研究和类型学研究等三个方面，谈点个人体会。

一、阶段性研究

大约20世纪七八十年代以前的古玉研究，以传世玉器为主，由于缺少考古断代依据，时代常有误，按杨建芳先生估计，除极少数如洛阳金村战国大墓玉器外，多存在问题。[1]最明显的，如长期被认为是周汉的玉器，不少实为史前玉器。

随着出土玉器数量的增加和考古学的介入，新时期的古玉研究，自然先从年代的判别入手，多依朝代、功能（一般划分为神玉或巫玉，礼玉或王玉，民玉或装饰玉）、发展趋势以及工艺划分阶段，虽具体观点有所不同，但总的趋势一致。并及时注意到早期玉器在晚期出现的概率高，包括仿制和改制，以及同遗址或墓葬经常有非同一文化或国别的玉器的情况。

有关阶段性研究，我体会较深的是：

关于古玉发展大的阶段划分。普遍意识到，魏晋南北朝时期玉器发现相对较少，玉器发展进入低潮，原因与佛教的传入和流行后的观念转变有关，集中表现为有关佛教题材的石雕艺术走在玉雕前面，玉器则向世俗化转变。到唐代时，泥、木、石雕塑艺术、陶瓷艺术、金银器艺术的发展创新，带动了玉器的创新发展。[2]由此，中国古代玉器如从大的阶段审视，从史前时期开始到两汉时期可视为一大阶段，这一阶段以通神礼玉及其延伸为主要时代特点，虽然这期间有玉器类别与纹饰的新题材不断出现、玉器类型和组合更趋制度化、制玉工具的改进以及观念的升华等变化，但从玉器的基本类型、造型和功能看，仍以对史前时期玉器的延续为主；汉以后为又一大阶段，玉器进入民间，重写实、生活化的装饰玉流行。如邓淑苹先生所言，晚期玉器雕艺虽美极盛极，但主要为工艺品，与早期成为精神文化具体表现的情形，不可同日而语。[3]

古玉这一大的阶段性变化对于中国历史文化分期等整体发展过程，特别是对中华文明自身的发展道路与特点的认识，应有重要参考价值。

关于古玉的断代工具作用。由于玉器作为非实用的反映思维观念的文化因素，因而在文化交流中最为活跃，反映时代特征的敏感性也应有高于陶器和青铜器的一面，这既表现为个体，更深藏于细部。近有回顾河南安阳殷墟妇好墓玉凤与湖北天门石家河罗家柏岭遗址后石家河文化玉团凤的比较研究。

1 杨建芳：《走古玉研究的新路》，载《中国古玉研究论文集》（上册）（代序），台湾众志美术出版社，2001 年。

2 参见中国文物信息中心编著，张永昌撰：《中国古代玉器艺术》（上卷）《总论》，人民美术出版社，2004 年，第 7—8 页。

3 邓淑苹：《百年来古玉研究的回顾与展望》，载宋文薰、许倬云、李亦园、张光直主编：《庆祝高去寻先生八十大寿论文集》（《考古与历史文化》），台北正中书局，1991 年，第 233—276 页。

后石家河文化玉器的年代是1981年湖北钟祥六合遗址发掘后确认的[1]，但此前的1980年“伟大的青铜时代展”在美国举办期间，已有美国学者以1955年发现的玉团凤为例，认为殷墟妇好墓刚发表的玉凤来自南方，其依据推测是1956年发表的湖北天门罗家柏岭遗址简报中对玉器出土层位的详细介绍，其中的玉团凤出在较早层位。[2]但最终的比较和确认，在于细部的观察和分析，即属于后石家河文化的玉团凤与殷墟妇好墓的玉凤，不仅外形的各部位相近，而且翼翎纹都为“三个减地浅浮雕的‘豆牙形’”，从而判定应属同一时期同一文化。[3]可见，对玉器细部特征的认真观察和准确把握，是判断古玉具体年代的前提，包括“无可争议的标准器即具代表性的典型器物的建立”，进而充分发挥古玉器在断代上的工具意义。

二、连续性研究

古玉具有易于保存的自然特性和使用习俗的便利特性，特别是长于记忆的人文特性，这使古代玉器的连续性要强于其他文化因素。不过研究者多已注意到，古玉传承过程其实并非一条线串下来，而是存在诸多头绪的复杂局面，这就包括与连续性伴随的古玉在区域文化交流中的空前活跃，经常使玉器的连续性在传播中体现。如玉玦起源与发展一元与多元的讨论[4]；玉玦与玉琮及其他玉器在传播过程中功能的转变。作为耳饰的玉玦从新石器时代中期起，由东北地区大约沿渤海、黄海海岸向南传播到东亚大部分地区，形成一个如邓聪先生所言可与汉字文化圈相媲美的“玦文化圈”[5]，商代到春秋时期玉玦进入中原地区，除耳饰外，有的已作为佩饰使用[6]；玉琮在传播中功能的转变，据黄翠梅老师研究，在良渚文化分布区内由中心到四周，由分布区内到周邻文化，玉琮经历了由臂饰到通神法器再到装饰器的演变过程，而西周及之后玉琮从汇聚整合到流通四

1 荆州博物馆：《钟祥六合遗址》，《江汉考古》1987年第2期；张绪球：《石家河文化的玉器》，《江汉考古》1992年第1期。

2 石龙过江水库指挥部文物工作队：《湖北京山、天门考古发掘简报》，《考古通讯》1956年第3期；并参见邓淑苹：《百年来古玉研究的回顾与展望》，载宋文薰、许倬云、李亦园等主编：《庆祝高去寻先生八十大寿论文集》（《考古与历史文化》），台北正中书局，1991年，第233—276页。

3 杨建芳：《走古玉研究的新路》，载《中国古玉研究论文集》（上册）（代序），台湾众志美术出版社，2001年。

4 郭大顺：《辽宁“环渤海考古”的新进展——1990年大连环渤海考古会后》，载《郭大顺考古文集》（下册），辽宁人民出版社，2017年，第86—94页。

5 邓聪：《润物细无声——八千年玉玦扩散之路》，载中国社会科学院考古研究所，香港中文大学中国考古艺术研究中心：《玉器起源探索——兴隆洼文化玉器研究及图录》，2007年，第125—127页。

6 杨建芳：《耳饰玦的起源、演变与分布：文化传播及地区化的一个实例》，载臧振华编辑《中国考古学与历史学之整合研究》下册，台湾“中央研究院”历史语言研究所，1997年，第919—959页。

方的分布态势，又赋予了玉琮以新的传统文化记忆。[1]

对此，杨建芳先生有“原生型与次生型”的归纳：

“对玉器因演进而产生的变异之认识——有些玉器延续时间长和分布范围广，其最早的原始型和其较后的次生型，往往在形制乃至纹饰方面，都有很大的变化，差别较大，易被误认为是毫无关系的不同种类的玉器，但如明了其演变规律，则不难明白二者的关系。”[2] 文中所举实例，除了也有玉玦的演变，即当时刚刚发表的辽宁阜新查海遗址玉玦与形制差别甚大的菲律宾和我国台湾异形耳玦之间存在传播过程中演变的关系以外，还举了实用的商代玉韘与装饰用的汉代及以后的韘形玉饰之间的差别与联系，以为都是原生型与次生型的关系。

与此有关的研究成果还可列举：

跳跃式发展或隔代相传。红山文化玉雕龙与商代玦形龙造型的隔代传承；良渚文化以玉璜为中心的串饰，已具西周以后组玉佩雏形；还有学者以为汉代刚卯为良渚玉琮的遗制；后世的鸠杖可以追溯到良渚文化玉器上鸟立高竿的图像[3]；史前时期出现的玉梳背和良渚文化的玉带钩在后世的间断与延续等；近年多有后石家河文化玉雕高冠神人头像向夏商周时期玉柄形器演变过程的论证，其间虽形制变化甚大，但表现神祖和裸礼的功能似仍在传递。[4]

同一文化元素（工艺、造型、纹饰等）在包括玉器在内的不同载体之间的转移。如龙鳞纹始见于辽西查海－兴隆洼文化的压印纹、赵宝沟文化的刻划纹，到红山文化时期吸收仰韶文化技法创造出的彩陶龙鳞纹已较为标准，但未见用作同类玉雕龙的装饰花纹，此后是陶寺文化和夏家店下层文化的彩绘龙鳞纹和商到西周时期青铜器上的龙鳞纹，玉器主要是玉龙以龙鳞纹作为装饰花纹终于在商代晚期见到并一直延续使用到西周及以后。为此，有玉与陶、玉与铜之间关系的讨论[5]。新近有王方同志关于三星堆人面像与后石家河文化玉神人面的比较，以分别位于长江中游和上游的新石器时代末期到青铜时代诸文化的众多相似性，

---

1 黄翠梅：《传承与变异——论新石器时代晚期玉琮形制与角色之发展》，台湾《艺术家》第19期，艺术家出版社，1998年，第7—40页；《从聚汇整合到流通四方——西周初期至战国早期玉琮的发展》，载《玉魂国魄——中国古代玉器与传统文化学术讨论会文集（八）》，浙江古籍出版社，2020年，第91—118页。

2 杨建芳：《规律性认识对古玉鉴定的作用》，载杨建芳：《中国古玉研究论文集》（下册），台湾众志美术出版社，2001年，第240页。

3 邓淑苹：《由考古实例论中国崇玉文化的形成与演变》，载臧振华编辑《中国考古学与历史学之整合研究》（下册），台湾“中央研究院”历史语言研究所，1997年，第813页。

4 林继来：《三代玉神兽面、玉柄形器源流考》，载《玉魂国魄——中国古代玉器与传统文化学术讨论会文集（八）》，浙江古籍出版社，2020年，第139—161页；邓淑苹：《曙光中的天人对话——中国玉礼制的史前探源》，在陕西历史博物馆《玉器与早期文明》的讲座，2022年6月27日；大汶口文化和红山文化都发现一种盛酒的陶漏器，被认为与裸礼有关。

5 郭大顺：《从“玉与陶”到“玉与铜”》，载《玉魂国魄——中国古代玉器与传统文化学术讨论会文集（八）》，浙江古籍出版社，2020年，第36—43页。

如青铜器和虎、人与虎组合题材大量使用等为背景，探讨三星堆古城址祭祀坑青铜人面具的原型很可能受到后石家河文化玉神人面的影响，是玉器元素向青铜器大幅度转移的更为典型的实例。[1]

对于古玉连续性研究的众多成果，我还有两点较深的体会。

（一）多变与不变

古玉的发展演变，既头绪繁多，变化很大，又有变化相对较小甚至不变的一面。可举璧与圭、龙与凤这四类两组最具代表性的古玉类型为例：

玉璧与玉圭作为商周时期以来祭器与瑞器之首，延续到明清时期，是中国古代玉器中最主要也是延续时间最长的两种玉类。它们的形制和组合都可追溯到史前时期。良渚文化的玉璧发达而形制标准，红山文化及东北地区其他史前文化的玉璧形制虽有自身特点，但年代可早到距今近万年；[2] 平首圭前身如为玉斧类[3]，可以河南灵宝西坡仰韶文化晚期墓随葬玉斧皆为无柄竖置的出土状态为圭的雏形[4]，更早的线索则从斧钺分化时就已显现，即凡斧皆为玉质，钺都为石质，如崧泽文化早期或更早的江苏金坛三星村遗址所出。斧钺分化及其在质地上的明显差别，应是功能不同所致，如石质的钺象征军权，玉质的斧则与神权有关，可见由玉斧演变为平首玉圭有其必然性。尤其是玉斧与玉璧伴出的时代也甚早（凌家滩墓葬有多例，黑龙江小南山和东山村崧泽文化早期有时代更早的线索）。[5] 可见，玉圭与玉璧从形制到组合从史前时期一直传承到明清，在近万年间始终保持着高度的稳定性。

龙凤造型与组合。龙为兽类的神化，凤为鸟类的神化。均以史前时期发达的通神观念和行为为背景，故在全国各地发现较为普遍且时代、形象特点相近。如最早出现的龙形象都为摆塑形（从距今七八千年的查海遗址、兴隆沟遗址的以石或陶石摆塑龙[6]，到距今约 6000 年的河南濮阳西水坡和湖北黄梅县焦墩遗址

1　王方于 2022 年 4 月 28 日在长沙“中国玉学玉文化学术研讨会”上的学术报告。

2　距今近万年的黑龙江省小南山遗址第二期就有玉璧出土，见李有骞：《黑龙江饶河小南山遗址 2019—2020 年度考古发掘新收获》，《中国文物报》2021 年 3 月 19 日。

3　邓淑苹：《圭璧考》，台湾《故宫学术季刊》第 11 卷第 3 期，1977 年。

4　中国社会科学院考古研究所：《灵宝西坡墓地》，文物出版社，2010 年；北京大学考古学系、中国社会科学院考古研究所：《华县泉护村》，科学出版社，2003 年，第 73—77 页，图版 42、43。

5　郭大顺：《从崧泽文化的斧钺分化谈起》，载《崧泽文化学术研讨会论文集（2014）》，文物出版社，第 316—334 页；郭大顺：《斧钺分化与（斧）钺璧组合》，载《玉魂国魄——中国古代玉器与传统文化学术讨论会文集（七）》，浙江古籍出版社，2016 年，第 305—318 页。以上两文收录《汇聚与传递——郭大顺考古文集》，文物出版社，2021 年，第 102—119、142—155 页。

6　兴隆沟遗址出土摆塑龙形的具体情况描述：“在西区的一个大坑内以真猪头为首，身躯以石块摆塑成‘S’形如龙躯”，见邵国田主编：《敖汉文物精华》，内蒙古文化出版社，2004 年，第 19 页；新近报道了江苏南京薛城遗址发现的崧泽文化“龙形”蚬壳堆塑遗迹，见《中国文物报》2022 年 1 月 7 日第 8 版。

分别以贝壳和鹅卵石摆塑龙），后有彩陶、彩绘和玉雕型的龙形象。如以龙形象出现较早、多类型、成系列的辽西地区看龙的原型，有（野）猪首、鹿首、熊首等，凤的原型有鹰和鸮[1]，都为野生动物。牛河梁遗址还出有一件龙凤合体的龙凤玉佩，其龙首与凤首形象的神化程度与后世已差别不大。海内外诸博物馆旧藏和考古发现属于后石家河文化的片状镂雕玉龙和玉凤，更在整体风格上近于商周甚至时代更晚的同类器，典型实例如 1991 年发掘的湖南省澧县孙家岗 M14 随葬的玉龙和玉凤[2]。当然后世的玉龙凤，在体形、五官、足爪、角毛等具体部位和饰纹上多有增加或变化，但题材和基本形象、组合都是与史前时期一脉相承的。

在变化中有不变，从中体现出古玉器作为中华传统文化的支柱因素所表现出的传承的顽强性，背后是观念信仰的一贯性。

（二）观念与制度的传承

观念的传承。以从史前时期的“以玉通神”到西周以后的“以玉比德”和相关的巫与礼的关系最为重要。

孔子答子贡君子“贵玉而贱珉”时所归纳出的“十一德”中，把玉的光泽度（温润而泽，仁也）、结构（缜密以栗，知也）、形状（廉而不刿，义也）、声响（叩之，其声清越以长，其终诎然，乐也）、质地（瑕不掩瑜，瑜不掩瑕，忠也）、色彩（孚尹旁达，信也）等自然特性都赋予了道德价值的属性。（《礼记·聘义》）管子的九德和荀子的七德如是。到汉代时有刘向的六德和许慎的五德，也都是以玉质地比喻人的德行。

众所周知，春秋战国时期诸子百家在思想领域的非凡成就，他们诸多哲理名言，不仅与当时的社会大变革有关，也有对此前漫长历史文化发展，特别是史前人类精神世界超前发展的积淀和提炼。“以玉比德”就可向前追溯到史前时期，那就是史前人类重视玉的质地并赋予道德价值的用玉观念。

史前人用玉的质地表达道德价值观念，以减地阳纹的使用最能说明问题。就制玉的基本工艺来说，史前时期多使用相对较为简易也较为原始的线切割和阴刻纹，但从新石器时代晚期起，玉料加工在线切割的同时，出现先进的片切

1　周晓晶：《关于中国古代凤纹的起源》，载杨建芳师生古玉研究会：《玉文化论丛·8》，台湾众志美术出版社，2022 年，第 9—16 页。

2　孙家岗 M14 玉龙和玉凤见湖南省文物考古研究所，澧县文物管理处：《澧县孙家岗新石器时代墓群发掘简报》，《文物》2000 年 12 期，封二、第 38 页图六；牛河梁遗址第二地点一号冢 M23 龙凤玉佩，见辽宁省文物考古研究所：《牛河梁——红山文化遗址发掘报告（1983—2003 年度）》（上册），文物出版社，2012 年，第 107 页，图五九，下册图版九五至九七。

割，饰纹在施用阴纹的同时，减地阳纹的施用渐多。而片切割和减地阳纹，成为后世直到现代玉器的基本工艺，特别是减地阳纹，工艺流程多，费工费时，技艺要求极高，在无金属工具且无机械设备时难度更高，史前人类却刻意而为，只能理解是强烈的观念追求即通神功能所支配，那就是以玉质地的最大发挥达到通神的最佳效果。这在良渚文化、后石家河文化与红山文化玉器中多有表现。

良渚文化玉器虽以形制规范化和极其细密的阴刻线为主，但重要玉器平面上的浅凹打洼和人兽组合纹的五官等各部位的不同层次与五官的细部，都使用了“减地浅浮雕和阴线微雕相结合的工艺”[1]，起到以规整而有起伏的底面衬托出主题庄重而又神秘的效果。

石家河文化玉器体形小，饰纹则极少使用阴刻线，而主要以减地阳纹表现人和动物的各个部位且更为成熟。如发掘与研究者分析：“石家河玉器中，除了极少在镂空玉器上出现的阴刻边饰线，阴刻工艺几乎不见，而减地阳纹则充当线条的主要呈现方式。运用减地技法完成的阳线雕刻和浅浮雕，在增加了制作难度的同时也加强了细部纹饰的表现力。”[2]

红山文化玉器在这方面表现得尤为淋漓尽致。红山文化玉器几乎无独立的花纹图案，动物的五官、羽毛和随器形走向的饰纹大都以减地阳纹表现。尤其是作为神权象征的勾云形玉器上所施的“瓦沟纹”，在薄板状成形的器体表面（一面或两面施纹），以凹槽托起棱线，凹槽极浅，棱线又极细，却要随器形走向而反复卷曲且甚为均匀流畅，在无金属工具和无机械设备下操作，难度之高令人难以想象，却可使玉器在光线变化下充分发挥其立体感、层次感，尤其是神秘感。以玉质地的最大发挥达到通神最佳效果的目的一目了然。

史前时期以玉的自然特性表达人与自然协调关系的思想观念，是随着西周以来人本主义的兴起而向人际关系延伸和转变的，玉器功能由通神演变到赋予各类德性，也水到渠成。从中可以看出玉器由“以玉事神”到“以玉比德”，由文明起源标志物到中华传统美德载体的演化过程。

与此有关的是，由于史前玉器具通神功能，却已具备了后世“六器”和“六瑞”等玉礼器的基本类型，这就提出了巫与礼的关系问题。原来人与神之间的神灵沟通，与人与人之间的礼德规则，非对立关系，也非替代关系，而是前后承袭关系。巫玉实为礼玉的前身。据研究，史前玉器的高度发达就是同巫者的参与分不开的。巫者作为聚族群德行和智慧为一身的领袖人物和玉器体现通神

1　杭州良渚遗址管理区管理委员会，浙江省文物考古研究所：《良渚玉器》，科学出版社，2018 年，第 2 页。

2　方勤、蔡青：《石家河王国的玉器与文化》，载成都金沙遗址博物馆，成都市文物考古研究院，中国社会科学院考古研究所：《夏商时期玉文化国际学术研讨会论文集》，科学出版社，2018 年，第 15 页。

功能时的唯一使用者，直接或间接参与了玉器的设计甚至具体制作，也同时在玉器上赋予了巫的德行和意志。也如邓淑苹先生所言："'比德'之说的基本内涵，仍为古老的巫教精神，只是被儒生作了现实生活的润饰。"[1]

制度的演变和传承。对从史前到两汉墓葬出土玉器进行比较，我们发现后世的葬玉制度可追溯到史前时期。如河北满城汉墓和广东南越王墓前胸后背铺陈多件玉璧的玉敛葬俗，在红山、良渚、齐家诸史前文化已可见到。邵望平先生列举了山东及邻省史前文化诸多葬玉形式：胶县三里河 12 座大汶口墓葬口含"镞形"小玉件，M267 将这种小玉件握手中；江苏邳州大墩子花厅类型 6 座墓和山东聊城尚庄 M27 都有眼眶出玉石环，推测是死者覆面的巾类饰物上的附件，从而以为握玉、含玉甚至玉覆面都可追溯到史前时期[2]。方向明先生对凌家滩和良渚文化墓葬中葬具上的玉器和棺饰组件的分析和复原，也为追溯中国古代包括棺饰在内的棺椁制度提供了新资料、新信息[3]。

在这方面要特别提到的是，当文化传统在传承过程中遇到曲折时，玉器捍卫传统的顽强表现。

历史上文化传统在传承过程的曲折，主要指的是考古发现所见秦到西汉时期的"崇东理念"[4]。如："秦墓流行东西向，从礼县、凤翔的秦公墓到咸阳的秦王陵，再到秦始皇帝陵，皆坐西朝东，东墓道为主墓道。西汉帝陵、后陵均为'亚'字形，东、南、西、北四条墓道以东墓道为主墓道。已钻探清楚的长陵、阳陵、太上皇陵皆如此。"[5]有学者认为这是遵照了西汉长安城宫殿的布局，如未央宫正门朝东的制度："西汉帝陵以东司马门为正门，……是东向的，这一点不仅与未央宫以东门为正门有关，也可能是受到'秦制'的影响。"[6]

与此相关的传统礼制反复的是，秦到西汉祭天祭祖等国家典礼仍在旧都而

---

1 邓淑苹：《由考古实例论中国崇玉文化的形成与演变》，载臧振华编辑：《中国考古学与历史学之整合研究》（下册），台湾"中央研究院"历史语言研究所，1997 年，第 811 页。

2 邵望平：《海岱系古玉略说》，载中国社会科学院考古研究所：《中国考古学论丛——中国社会科学院考古研究所建所 40 年纪念》，科学出版社，1993 年，第 131—141 页；胡金华：《我国史前及商周时代的"琀"略探》，载《远望集——陕西省考古研究所华诞四十周年纪念文集》（上），陕西人民美术出版社，1998 年，第 364—372 页。

3 陆建芳主编、方向明著：《中国玉器通史·新石器时代·南方卷》，海天出版社，2014 年，第 125—129 页；并参见孙庆伟：《周代用玉制度研究》，上海古籍出版社，2008 年，第 230—236 页（第五章周代的丧葬用玉及其制度第二节饰棺用玉）。

4 段清波：《汉长安城轴线变化与南向理念的确立——考古学上所见汉文化之一》，《中原文化研究》2017 年第 2 期。

5 梁云、王璐：《论东汉帝陵形制的渊源》，《考古》2019 年第 1 期。

6 赵化成：《秦始皇陵园结构布局的再认识》，载《远望集——陕西省考古研究所华诞四十周年纪念文集》（下），陕西人民美术出版社，1998 年，第 501—508 页；焦南峰：《试论西汉帝陵的建设理念》，《考古》2007 年第 11 期。

不在新都举行。如秦孝公建咸阳城后，祭天祭祖仍在雍城进行；西汉到武帝时郊祀也在长安城以外的甘泉宫和后土庙，直到西汉末年元帝和成帝以后“古礼”复兴，开始规范祭祀制度，祭天、地于南北郊，才改变了最初天阴地阳的概念。对此，西汉晚期儒生当权时对汉承秦制有“汉家宗庙祭祀，多不应古礼”（《汉书·郊祀志·下》）的评议。

然而同时用于祭礼的玉器，却顽强地坚持了周礼的传统：“陕西凤翔先秦雍城宗庙等建筑遗址中，经常出土用于祭祀日月星辰的圭，其摆放位置很有趣，在每一个璧上放一圭，有的一璧上置有六圭。”[1] 到秦汉时期的雍城、鸾亭山、汉昭帝平陵的祭玉，西安北郊秦窖藏，烟台芝罘岛阳主庙两组圭璧各一为秦始皇祭日。秦始皇到汉武帝时期，多仍保持圭璧组合和状态。

卢兆荫先生对芝罘岛阳主庙两组圭璧为秦始皇祭日和汉昭帝平陵的祭玉有详细介绍和分析：“1975 年山东烟台芝罘岛阳主庙后殿前侧长方形土坑内发现玉器两组共 8 件，每组为璧、圭各 1 件，觿 2 件，玉璧刻饰涡纹，表面有涂朱痕迹……。芝罘所出的这批璧、圭等玉器，应是秦汉时期用于祭祀的遗物。陕西咸阳北原汉昭帝平陵和上官皇后陵之间有一条连接二陵的道路，在此路的两侧曾分别发现东西向排列的成组玉器，各组间距约 2 米，每组玉器中间为一玉璧，外有 7 或 8 个玉圭围绕着，圭首均朝向玉璧……这些成组瘗埋、排列有序的璧和圭，应与汉代帝陵的祭祀有关系。这些璧和圭体积很小，应是专为祭祀而制作的玉器。”[2]

玉玺作为皇权象征物，在这一礼制传承的曲折反复时期也仍在代代传承。秦始皇以玉玺传至两汉。王莽改制复古，仍重视世传的玉玺：“秦汉时王权的最高象征为玉玺，且只有一方，代代相传……秦汉的这方传国玺，在六朝以后仍常为政权转移时，群雄争夺的对象，直到五代以后失传。”[3] 可见，在传统的礼制遇到曲折反复时，玉器起到中流砥柱的作用，且在用玉制度上发展到更为成熟的阶段。

三、建立“古玉类型学”

前面提到古玉作为断代工具意义和在多区域、多头绪情况下对古玉发展演

1 陈全方：《精美的陕西古代玉器》，《中华文物学会》，1990 年。

2 卢兆荫：《汉代的玉璧》，载中国社会科学院考古研究所：《中国考古学论丛——中国社会科学院考古研究所建所 40 年纪念》，科学出版社，1995 年，第 379—389 页。

3 邓淑苹引那志良（1964 年），见邓淑苹：《由考古实例论中国崇玉文化的形成与演变》，载臧振华编辑：《中国考古学与历史学之整合研究》（下册），台湾“中央研究院”历史语言研究所，1997 年，第 813 页。

变的探索，都涉及研究方法，主要为考古类型学或称标型学的运用[1]。

考古类型学是以陶器为主建立起来的，随着学科的发展也在不断提出新课题。[2]古玉器的类型学分析，有考古学多年积累的现成方法为基础，更要注意古玉自身的特点和优势，对此，我有以下两点思考。

（一）类型学的相对独立性在古玉中体现突出

礼制化的玉器，作为物质与精神的最佳结合体，所具备的敏感的时代特征和区域特征，均高于其他与生产生活有关的载体；许多新文化因素往往在玉器前出现；少容器类，由各部位组成器多，配伍组合器多。

玉的性能及其制作的特定规程，使每个单体甚至单体上的不同部位、饰纹，各具相对的独立性，形成高度规范化但并不模式化的特点。同一单元甚至同一个体上各种元素演变有时并不完全同步，还有制作痕迹的微观分析、玉料的矿物分析等。

（二）古代玉器在考古类型学“见物又见人”的要求方面显示优势

中心遗址发现玉器多，出土位置、状态较为讲究，规律性强，具典型性，分类及组合的分型分式可能更接近于实际；对原型的坚持和造型、纹饰、组合及功能的连续性反映信仰的稳定性；工艺的传承，观念制度的传承，有由巫到士——制作者和使用者的社会文化背景；工艺传承与社会结构和演变的关系，在玉器上有更多表现。其中除王室官府管理下的制玉外，民间玉的代代传承与中国特有的血缘纽带的顽强保持应有密切关系[3]；这些都是古人行为的直接体现。而见物又见人，一直是考古类型学追求的更高目标。

可见，古玉类型学研究在对考古类型学格外尊重和科学熟练加以使用的前提下，需要充分理解和把握古玉自身的特点和优势，利用古玉器在类型学研究中有更大发挥空间的条件，追求古玉类型学的运用进入“游刃有余”的境界，从而将考古类型学推向更高层次，促进类型学的发展，达到对考古学“反馈”的目的。所以，可以考虑在适当时机提出建立“古玉类型学”的任务。

1　于卓思主编：《中国古玉图鉴》，文物出版社，2022 年。

2　苏秉琦：《考古类型学的新课题——给北京大学考古专业七七、七八级同学讲课的提纲》，原载于《苏秉琦考古学论述选集》，文物出版社，1984 年，第 235—237 页；收录《苏秉琦文集》（二），文物出版社，2009 年，第 279—281 页。

3　徐琳：《中国古代治玉工艺》第二、三、四章历代“治玉作坊”条，紫禁城出版社，2011 年。

四、余论

长期以来，玉器在博物馆收藏品中属于“杂项”，在考古发掘品中被列为“小件”，考古发掘报告也有玉石不分的。20 世纪 80 年代，红山文化和良渚文化玉器确认，推动了古玉研究，且将古玉与历史文化研究紧密结合起来，成为中国文明起源讨论的主要内容之一。接着就是在杨伯达先生引领下“玉文化”“玉学”的提出和实践[1]。古代玉器研究发展速度之快，跨度之大，在人文学科的各个学科分支中是罕见的。古玉的阶段性和连续性研究成果也在其中取得显著成果，不过相对而言，古玉的连续性研究仍需大力加强。因为玉器作为中华传统文化主要载体和文化交会中最敏感最活跃的文化因素，从近万年以前到明清以至现今，延续时间最长，在漫长的发展演变过程中，多区域、多文化、多国别文化元素的融合也最普遍，是中华文化和文明“连绵不断”和形成“多元一体格局”的主要实证，是中华文化基因的核心部分。就古玉在中华历史文化形成和发展中的地位和作用来说，连续性更为重要，内容也更为丰富。

所以，应将古代玉器的连续性研究列为重点课题。希望继续有这方面新的研究成果问世。

1 杨伯达：《关于玉学的理论框架及其观点的探讨》，载《杨伯达论玉——八秩文选》，紫禁城出版社，2006 年，第 279—281 页。

古史体系中五帝时期的玉器与用玉观念

曹芳芳（北京大学艺术学院、北京大学考古文博学院）

【摘要】通过对先秦至两汉时期古史和典籍的梳理，发现在五帝时期玉器已广泛地被运用在了宗教祭祀、政治礼仪、军事活动、朝聘朝贡、礼乐教化等多个领域，深入到当时上层社会的各个方面。在用玉观念方面形成了一个较为完善的识玉、用玉体系，玉器成为人们观念中的神物和重器，并有效地助力构建了五帝时期上层社会交流网络体系，是第一种统一华夏大陆宗教和政治核心观念的物质，并形成一种稳定的文化基因，使得玉器和玉文化能够继续向下复制和传承，成为中华文化举足轻重的一部分。因此，五帝时期是中国玉器和玉文化发展历史中的关键时期，具有承上启下的作用。

【关键词】五帝时期；玉器；用玉观念；文献

"五帝"一词在先秦时期已常见于《周礼》《礼记》《战国策》《吕氏春秋》《楚辞》，以及诸子百家文献等典籍。有关五帝的构成及所处年代有多种说法，本文无意纠结于它们之间的歧见，采用目前观念中主流的《史记·五帝本纪》中所载的"五帝"，即黄帝、颛顼、帝喾、尧、舜。本文拟通过梳理中国传统历史文献[1]，来考察与明晰古史体系中五帝时期的玉器和用玉观念，为将来从考古材料上研究此时期玉器、用玉观念及社会发展状况做一铺垫，和可对比的参照物。

---

* 本文为郑州中华之源与嵩山文明研究会青年课题"古史体系中五帝时期的玉器与用玉观念"（项目编号Q2019-11）的最终研究成果。

1 本文所指历史文献主要指汉代及之前产生的典籍，也包括之后出土的文字资料，虽然它们再次面世的时间或为古代或为当代，但是却是产生不久之后的原貌封存，比历世流传的文本更接近实况。汉代之后关于五帝时代的记载多遵循先秦、两汉典籍或演绎。

一、古史体系中五帝时期的玉器和用玉状况

通过梳理先秦至两汉的古史和典籍，古史体系中记载的五帝时期的玉器可分为以下几个方面。

（一）与宗教祭祀相关

《国语·楚语》里记载了楚昭王问观射父："周书所谓重、黎寔使天地不通者，何也？若无然，民将能登天乎？"根据史书的记载，重、黎二人是颛顼时人，属于五帝时期较早阶段的重要人物。对于楚昭王的疑问，观射父有一个比较详细的答复，对曰：

非此之谓也。古者民神不杂。民之精爽不携贰者，而又能齐肃衷正，其智能上下比义，其圣能光远宣朗，其明能光照之，其聪能听彻之，如是则明神降之，在男曰觋，在女曰巫。……使名姓之后，能知四时之生、牺牲之物、玉帛之类、采服之仪、彝器之量、次主之度、屏摄之位、坛场之所、上下之神、氏姓之出，而心率旧典者为之宗。于是乎有天地神民类物之官，是谓五官，各司其序，不相乱也。民是以能有忠信，神是以能有明德，民神异业，敬而不渎，故神降之嘉生，民以物享，祸灾不至，求用不匮。

及少皞之衰也，九黎乱德，民神杂糅，不可方物。……颛顼受之，乃命南正重司天以属神，命火正黎司地以属民，使复旧常，无相侵渎，是谓绝地天通。

其后，三苗复九黎之德，尧复育重、黎之后，不忘旧者，使复典之。以至于夏、商，故重、黎氏世叙天地，而别其分主者也……

从观射父的回答中不难看出，在少皞、颛顼之前的更古时期，宗教祭祀活动已然存在，而且有专人进行管理，在男曰觋，在女曰巫。其中觋巫的一个必备能力就是能知"玉帛之类"，如此则确知在颛顼之前的宗教祭祀活动中会使用到玉器，但具体为何物，没有明指。然而在《越绝书》中记载了战国时期风胡子的一番话，其中一句话为"至黄帝之时，以玉为兵，以伐树木为宫室，凿地。夫玉亦神物也，又遇圣主使然，死而龙臧"，则明确指出黄帝时期"以玉为兵"，而且玉亦为神物。因此，在黄帝时期我们可知玉器已具备两大功能：一为兵器，二为宗教活动中的神物。

虽然古史文献中没有记载黄帝之后的五帝时期，在宗教祭祀活动中是否以玉器为神物，但是我们依旧可以根据观射父的回答，看到这种宗教祭祀活动或制度，在五帝时期，甚至一直到夏商周时期，是一脉相承的。虽然在少皞之时有过短暂的混乱阶段，但是颛顼能够重用重、黎二人进行"绝地通天"的宗教

改革[1]，恢复此方面的秩序和传统。因此，据此可以推测在之后的帝喾、尧、舜时期，应当在祭祀活动中很大可能也使用玉器。

一方面，在降神活动中，使用玉质乐器。《尚书·益稷》载："夔曰：'戛击鸣球、搏拊、琴、瑟、以咏。'祖考来格，虞宾在位，群后德让。""鸣球"，即为玉磬[2]。《白虎通义·礼乐》对此解释云：

降神之乐在上何？为鬼神举。故《书》曰："戛击鸣球、搏拊、琴瑟，以咏，祖考来格。"何以用鸣球、搏拊者何？鬼神清虚，贵净贱铿锵也。故《尚书大传》曰："搏拊鼓，振以秉。琴瑟，练丝徽弦。"鸣者，贵玉声也。

另一方面，一些产生于先秦和两汉或被今人认定为伪书，或为谶纬之书的文献中，有此方面的相关记载，如《今本竹书纪年》和《尚书·中候》。

《今本竹书纪年》被近现代学者认为是伪书，王国维先生在《今本竹书纪年疏证》绪言中说："事实既具他书，则此书为无用；年月又多杜撰，则其说为无征。无用无征，则废此书可，又此《疏证》亦不作可也。然余惧后世复有陈逢衡辈为是纷纷也，故写而刊之，俾与《古本辑校》并行焉。"但是王国维先生以其丰富的学识，辨明了《今本竹书纪年》文本所凭据的古籍，而且其中包括有部分已经散逸和失传的古文献。而这些失传的文献中有记载帝尧在祭祀活动中使用玉器，而且不止一次。如：

《今本竹书纪年疏证·帝尧陶唐氏》：

"（尧）五十三年，帝祭于洛。"《初学记》六、又九引《尚书·中候》："尧率群臣东沉璧于洛。"

此条记载概引于已失传的古书《尚书·中候》，虽然这是一部成书于汉代的谶纬书，但是它于纬书中产生较早、较有影响，郑玄亦曾为其作注。这部书明确指出尧祭洛河使用的玉器是玉璧，使用方式是沉祭。《尔雅·释天》云"祭川曰浮沉"，《仪礼·觐礼》也载"祭川沉"，而且甲骨文所记即有"沉"祭[3]，多以祭河[4]，且多用玉璧[5]，除了玉璧，还见圭、璋、琡之属[6]。

《今本竹书纪年·帝尧陶唐氏》（尧七十年）：

二月辛丑昧明，礼备，至于日昃，荣光出河，休气四塞，白云起，回风摇，

1 对于颛顼"绝地通天"的改革，有相当丰富的研究。考古学界一般认为属于史前时期的宗教改革，具体参看徐旭生：《中国古史的传说时代》，广西师范大学出版社，2003年。

2 后文有详解，兹不赘述。

3 罗振玉：《殷墟书契考释（中）》，北京图书馆出版社，2000年，第16页。

4 元镐永：《甲骨文祭祀用字研究》，华东师范大学博士学位论文，2006年，第33—34页。

5 陈梦家：《殷墟卜辞综述》，中华书局，1988年，第586页。

6 徐义华：《甲骨文中的玉文化》，《博物院》2018年第5期。

乃有龙马衔甲，赤文绿色，缘坛而上，吐《甲图》而去。甲似龟，背广九尺，其图以白玉为检，赤玉为柙，泥以黄金，约以青绳。检文曰："闿色授帝舜。"言虞夏当受天命，帝乃写其言，藏于东序。后二年二月仲辛，率群臣东沉璧于洛。礼毕，退俟，至于下昃，赤光起，元龟负书而出，背甲赤文成字，止于坛。其书言当禅舜，遂让舜。

尧七十年，准备禅位于舜，进行了一系列的礼仪活动。在二月辛丑这一天的拂晓时分，河出图，"其图以白玉为检，赤玉为柙"。如此重要的物件，玉器是其载体，也只有玉质载体能衬托出"河图"的重要性和珍贵性，这就相当于后世的传位圣旨。在此之后的二年二月的仲辛这天，尧又率群臣到洛水进行祭祀活动，祭祀洛水的祭器使用的依旧是玉璧。礼毕之后，出"洛书"，完成了禅位给舜的一个完整的礼仪流程。在这个关系到政权与正统如此重要的过程中，我们可以看到玉器发挥了独一无二的作用，是当时最重要的玉质载体和祭器。

虽然上述两条文献都出自于伪书之中，但以玉祭河这个传统当不是虚传。因为在五帝时代之后的夏商周三代，在古史文献中多次见到用玉祭河的记载，而且使用的玉器中，玉璧是出现频率最高的。

（二）与手执瑞玉相关

在古史体系中，五帝时期有关瑞玉的使用，早在黄帝时期已出现。《史记·五帝本纪》载：

天下有不顺者，黄帝从而征之，平者去之，披山通道，未尝宁居。东至于海，登丸山，及岱宗。西至于空桐，登鸡头。南至于江，登熊、湘。北逐荤粥，合符釜山，而邑于涿鹿之阿。迁徙往来无常处，以师兵为营卫。

黄帝北逐荤粥之后，在釜山"合诸侯符契圭瑞"[1]，就像禹会诸侯于涂山一样，执玉帛者万国。

关于五帝时期瑞玉的相关记载，最著名的莫过于《尚书·舜典》：

舜让于德，弗嗣。正月上日，受终于文祖。在璇玑玉衡以齐七政。肆类于上帝，禋于六宗，望于山川，遍于群神，辑五瑞。既月乃日，觐四岳群牧，班瑞于群后。

几乎同样的记载也出现在《史记·五帝本纪》，也有学者早已指出《史记·五帝本纪》中的这些内容，为太史公取自于《尚书·舜典》。在这两段记载中提到的瑞玉，即"五瑞"。根据《说文解字》，"瑞，以玉为信也"。据此，我们可知"五瑞"为五种玉器，甚至是五种美好的玉器。但是"五瑞"究竟为何

---

1 ［汉］司马迁撰：《史记·五帝本纪》，中华书局，1959年，第7页。

物，《舜典》并未说明。因此，后代各家有不同的说法。《白虎通·文质》释此曰："何谓五瑞？谓珪、璧、琮、璜、璋也。"也有后人以《周礼·春官·典瑞》所记载的"王晋大圭，执镇圭，缫藉五采五就，以朝日。公执桓圭，侯执信圭，伯执躬圭，缫皆三采三就，子执谷璧，男执蒲璧，缫皆二采再就，以朝觐宗遇会同于王"，为"五瑞"说法的来源。张守节《史记·正义》认为"言五瑞者，王不在中也"，如此，"五瑞"即桓圭、信圭、躬圭、谷璧和蒲璧，这种观点宋儒的著作也多从之。[1]以上对于"五瑞"的看法，皆为后来之说，而后代的"五瑞"说是与五等爵相依相存的，而关于五等爵在周代是否真实存在，学术界歧见纷呈，因此，关于"五瑞"具体为何物则更难以征信。但是，毋庸置疑的是，"五瑞"是玉器，而且应是当时重要的玉质重器。

《尚书·舜典》接下来的记载还提到了"五玉"与"五器"，具体记载如下：

岁二月，东巡守，至于岱宗，柴。望秩于山川，肆觐东后，协时月正日，同律度量衡。修五礼、五玉、三帛、二生、一死贽。如五器，卒乃复。五月南巡守，至于南岳，如岱礼。八月西巡守，至于西岳，如初。十有一月朔巡守，至于北岳，如西礼。归，格于艺祖，用特。五载一巡守，群后四朝。敷奏以言，明试以功，车服以庸。

何为"五玉"？《史记·集解》引郑玄观点曰："即五瑞也。执之曰瑞，陈列曰器。"郑玄的观点影响很大，今人也多从其说。但郑玄的观点应非他的独创，可能本于《白虎通·文质》。这篇文献在回答了什么是"五瑞"之后，曰："五玉者各何施？盖以为璜以征召，璧以聘问，璋以发兵，珪以信质，琮以起土功之事也。"《白虎通》里的"五玉"亦为珪、璧、琮、璜、璋五种玉器，"五玉"即为"五瑞"。

关于"五器"，《尚书校释译论》中对历代各家观点已有很好的总结，约有五种说法：（一）五玉说。《史记·集解》引马融云："五器，上五玉。五玉礼终则还之，三帛以下不还也。"按照马融的观点，五器即不用丝帛包裹的"五玉"。（二）授贽之器说。《公羊》疏引郑玄云："授贽之器有五：卿、大夫、上士、中士、下士也。"（三）五瑞说，亦称圭璧说（桓圭、信圭、躬圭、谷璧、蒲璧为五瑞）。（四）五礼之器说，即吉、凶、军、宾、嘉各礼之器物名。（五）五瑞五玉五器三者为一说，此即五瑞说之发展。[2]

括而言之，关于"五瑞""五玉""五器"的各种观点，都是基于周礼而衍生出来的。虽然五帝时期的"五瑞""五玉""五器"具体为何物难以征信，

1 顾颉刚、刘起釪：《尚书校释译论》，中华书局，2005 年，第 127 页。
2 顾颉刚、刘起釪：《尚书校释译论》，中华书局，2005 年，第 145—146 页。

但是可以确定它们都是当时政治礼仪活动中充当瑞信的玉质重器。

古史体系中记载的五帝时期另一项印象深刻的瑞玉就是玄圭，玄圭的直接联系人就是大禹。大禹虽非五帝中人，但是其治水的壮举却在尧、舜时期，玄圭亦为帝尧所赐。具体记载玄圭的文献如下：

东渐于海，西被于流沙，朔南暨，声教讫于四海。禹锡玄圭，告厥成功。

（《尚书·禹贡》）

东渐于海，西被于流沙，朔、南暨：声教讫于四海。于是帝锡禹玄圭，以告成功于天下。天下于是太平治。（《史记·夏本纪》）

秦之先，帝颛顼之苗裔孙曰女修。女修织，玄鸟陨卵，女修吞之，生子大业。大业取少典之子，曰女华。女华生大费，与禹平水土。已成，帝锡玄圭。禹受曰："非予能成，亦大费为辅。"（《史记·秦本纪》）

最早记载玄圭的文献是《尚书·禹贡》，张守节在《史记·正义》中早已指出《史记》中相关的记载来源于《禹贡》。除了上述文献，"禹赐玄圭"的内容在《汉书》、汉代的多种谶纬古书，以及被认为是伪书的《今本竹书纪年》中都有记载。在《古本竹书纪年·夏纪》中也出现了玄圭的使用，禹的后人——后荒，即位的元年，也"以玄圭宾于河"。

总体来说，玄圭是禹治水成功的标志，帝赐禹玄圭后，禹在相关仪式中手执玄圭，告成功于天下。何为玄圭？历代也有不同的解释[1]，纵观各家观点，笔者亦赞同《禹贡锥指》云："玉色玄，斯谓之玄圭。天功、水德。禹未尝致意于其间也。"况玄字的本义之一也是指颜色，《说文解字》释："玄，幽远也。黑而有赤色者为玄。"孙庆伟根据这一时期考古发现的玉器材料，认为文献中的玄圭就是考古中的牙璋，而且这类玉器，"它们的质地常是不透明且不均匀的灰褐、灰绿色，甚至带有灰蓝色调的某种矿物，若仔细检视，会发现不均匀的颜色常呈不规则的大小团块，有的还分布深深浅浅、波浪般起伏的平行色带。而这种矿物有时深得近乎黑色，但若观察磨薄之处，还是看得出团块或波浪纹理"[2]，由此这种深灰色系，甚至"深得近乎黑色"的色泽，正合于"玄圭"之"玄"。[3]孙氏之说，甚为合理，牙璋本身的颜色、流行的时间和范围、蕴含的象征与意义，颇与玄圭符合。退一万步来讲，即使玄圭不是牙璋，那么它也是一种圭属玉器，而根据文献记载和考古发现，玉圭是禹所处的新石器时代末期至周代最重要的

---

1 顾颉刚、刘起釪：《尚书校释译论》，中华书局，2005 年，第 823—825 页。

2 邓淑苹：《"华西系统玉器"观点形成与研究展望》，《故宫学术季刊》2007 年第 2 期。

3 孙庆伟：《礼失求诸野——试论"牙璋"的名称与源流》，《玉器考古通讯》2013 年第 2 期。原文首载于《金玉交辉——商周考古、艺术与文化论文集》，台湾"中央研究院"历史语言研究所，2013 年。

瑞玉之一。

概而言之，五帝时期从黄帝始至尧舜，都有瑞玉的记载和使用，其中圭属玉器应是最重要的瑞玉之一。此时期其他何种玉器为瑞玉，尚无法确知。

（三）与朝聘朝贡相关

在古史体系中，五帝时期在朝聘和朝贡活动中亦见玉器的使用。比较系统地记载这一时期朝贡和贡赋用玉的是《尚书·禹贡》，青州贡赋的是“怪石”，徐州贡赋的是“泗滨浮磬”，扬州贡赋的是“瑶、琨”，荆州贡赋的是“砺、砥、砮”，豫州贡赋的是“磬错”，梁州贡赋的是“砮、磬”，雍州贡赋的是“球、琳、琅玕”。除了冀州和兖州没有提到所贡赋的玉石外，其他七州皆有玉石贡赋。这些玉石大致可以分为四类：一是美玉，二是似玉美石，三是专门制作磬的玉石材，四是制作其他石器的石材。由此，我们可以看到至少在尧舜时期，各地的优质玉石材和玉石器已作为贡品，被贡赋到尧舜所在的中心都邑。因此，也可以想象尧舜都邑玉石材和玉石器的多元性和丰富性。

除了《禹贡》的系统记载外，对于用玉朝贡，《世本》也有零星记载。根据《汉书·艺文志》“世本十五篇，古史官记黄帝以来讫春秋时诸侯大夫”的记载，由此可明晰《世本》的官方定位，属于官修古籍。《世本八种·陈其荣增订本》载：

舜时，西王母献白环及佩。

虞舜之时，西王母朝贡的玉器是白玉环和玉佩。同样的内容在《大戴礼记·少闲》和《尚书大传》中都有记载：

昔虞舜以天德嗣尧，布功散德制礼。朔方幽都来服；南抚交趾，出入日月，莫不率俾，西王母来献其白琯。粒食之民昭然明视，民明教，通于四海，海外肃慎北发渠搜氐羌来服。（《大戴礼记·少闲》）

舜之时，西王母来献白玉琯。（《尚书大传》）

而这两条记载都指出西王母朝贡的玉器是白玉琯，根据《说文解字》对“琯”字的释义，“白琯”即白色的玉管。这两条记载贡献的玉器种类与《世本》记载不同。西王母向虞舜朝贡玉器这一事件，亦在《今本竹书纪年·帝舜有虞氏》中有载：

（舜）九年，西王母来朝。西王母之来朝，献白环、玉玦。

王国维在《今本竹书纪年疏证》中指出此条记载来自于《大戴礼记·少闲》：“昔舜以天德嗣尧，西王母来献其白琯。” 但是这条记载则是西王母献的玉器为白玉环和玉玦，玉玦属于佩玉的一种，这与《世本》所载贡玉基本相同。总之，不管西王母朝贡的玉器具体为何物，但都指明其献玉器为白玉，属于上等精良之玉。

另外，在《今本竹书纪年·帝舜有虞氏》中还记载有：

（舜）四十二年，玄都氏来朝，贡宝玉。

在《逸周书·史记解》中有玄都氏的记载，为古诸侯国。可见玄都氏可以追溯到虞舜时期，但其贡赋的宝玉不知为何种玉器。

从古史文献记载来看，五帝时期已存在较成体系的贡赋制度，其中玉石材、玉石器是重要的贡品之一。除了贡赋，当时可能还存在朝贡，玉器亦是重要的朝献之物。

（四）与礼乐教化相关

五帝时期礼乐教化所用的玉石器，主要是玉石磬。在《尚书·舜典》和《尚书·益稷》中都有记载，而且内容大体相同。

八音克谐，无相夺伦，神人以和。夔曰："于！予击石拊石，百兽率舞"。

（《尚书·舜典》）

夔曰："戛击鸣球、搏拊、琴、瑟、以咏。"祖考来格，虞宾在位，群后德让。下管鼗鼓，合止柷敔，笙镛以间。鸟兽跄跄；箫韶九成，凤皇来仪。夔曰："于！予击石拊石，百兽率舞"。（《尚书·益稷》）

其中《尚书·舜典》的这段内容同样出现在《史记·五帝本纪》帝舜部分。历代各家对夔"击石拊石"的"石"注解基本上都是石磬。同时，在《尚书·益稷》中还出现了"鸣球"，孔传："球，玉磬。"孔颖达疏："《释器》云：球，玉也。鸣球谓击球使鸣。乐器惟磬用玉，故球为玉磬。"在《汉书·扬雄传》中亦出现了"拮隔鸣球"，颜师古注曰："拮隔，击考也。鸣球，玉磬也。掉，摇也，摇身而舞也。一曰，拮隔，弹鼓也。鸣球，以玉饰琴瑟也。"纵观历代各家对"鸣球"的注解，孔颖达的观点影响甚大，其认为玉磬是主流，以玉饰琴瑟极少采用。根据《尚书·禹贡》雍州贡赋的玉材有"球"，段玉裁《说文解字注》云："球，玉也。铉本玉磬也。非，《尔雅·释器》曰'璆，美玉也'，《禹贡》《礼器》郑注同。《商颂》小球大球，传曰：'球，玉也。'按磬以球为之，故名球，非球之本训为玉磬。"段氏的注解颇有见地，"球"，不仅在帝舜时就已被贡赋到其都邑，而且还被制作成玉磬，成为礼乐教化的工具，而且"球玉"一直被记载和使用至今。在先秦文献中，如《礼记·玉藻》《晏子春秋》中都有"球玉"的记载，《诗经·商颂》还有"受大球小球"的记载，尤其从"笏天子以球玉，诸侯以象，大夫以鱼须文竹，士竹本象可也”[1]来看，“球玉”是天子所用之物，等级最高，自然应当是一种十分优良的玉材。

《尔雅·释地》曰：“昆仑虚之璆琳、琅玕。”在《吕氏春秋》《战国策》《史记·赵世家》《史记·李斯列传》中都有“昆山之玉”的记载，其中《史记·赵世家》载：“逾句注，斩常山而守之，三百里而通于燕，代马胡犬不东下，昆山之玉不出，此三宝者亦非王有已。”《正义》曰：“言秦逾句注山，斩常山而守之，西北代马胡犬不东入赵，沙州昆山之玉亦不出至赵矣。”沙州，即今天的敦煌一带，这与《正义》在《史记·李斯列传》中，对“昆山之玉”的注解大体相同——“昆冈在于阗国东北四百里，其冈出玉”。而近年的考古发现也证实了这一点，考古工作者在敦煌三危山发现了旱峡玉矿，其开采利用的时间从齐家时期一直延续至汉代。

除了玉石磬，在《世本》中还见有记载更早的黄帝时期已有玉石磬的制作和使用。如《世本八种·陈其荣增订本》载：“黄帝世伶伦作乐，宓羲作瑟，神农作琴，随作笙，象凤皇之身，正月音也。随作竽，无句作磬，女娲作笙簧。”《世本八种·雷学淇校辑本》亦载：“黄帝使伶伦造磬。”这两条记载，均指出磬为黄帝时作，但作器者不同。其他校辑版本的《世本》基本也都有相关记载，作磬者均为无句，有的版本还明确指出无句为尧时人，是尧臣，如《世本八种·秦嘉谟辑补本》载：“无句作磬。无句尧臣。”但不管磬为何人所作，在帝舜之前的五帝时期已有磬的制作和使用，并用以礼乐教化。

另外，在《世本八种·张澍集补注本》记载有“黄帝作律，以玉为琯，长尺六寸”，言明在黄帝时期已有用玉制作的管状乐器。

总而言之，通过对古史文献的梳理，在五帝时期已有制礼作乐行为，其中有以玉石制作的乐器，“贵玉声也”。[2]

（五）与资源利用相关

在古史体系中，五帝时期在讲到资源利用的时候，也偶有涉及玉石资源。《大戴礼记·五帝德》中记载了宰我问孔子，黄帝是不是人？为什么能活三百年？孔子曰：

黄帝，少典之子也，曰轩辕。生而神灵，弱而能言，幼而慧齐，长而敦敏，成而聪明。……时播百谷草木，故教化淳鸟兽昆虫，历离日月星辰；极畋土石金玉，劳心力耳目，节用水火材物。生而民得其利百年，死而民畏其神百年，亡而民

1 ［清］孙希旦：《礼记集解》，中华书局，1989 年，第 809 页。
2 ［汉］班固撰，［清］陈立疏证：《白虎通疏证》，中华书局，1994 年，第 288 页。

用其教百年，故曰三百年。

黄帝生而不凡，也能顺应时令，教化鸟兽昆虫，收取土石金玉以供民生，身心耳目饱受辛劳，有节度地使用水、火、木材及各种财物。因而，这也成就了黄帝的功业。大致同样的记载也见于《史记·五帝本纪》：

时播百谷草木，淳化鸟兽虫蛾，旁罗日月星辰水波土石金玉，劳勤心力耳目，节用水火材物。有土德之瑞，故号黄帝。

由此，我们可知在黄帝之时，玉石资源已被开发利用，用以供养民生。但此时尚不知都开发利用了何地、何种玉石资源。至尧舜时期，已始知开发了何地、何种玉石资源，上文提到的《尚书·禹贡》所载的七州贡赋的玉石材和玉石器即是证明。

除了《尚书·禹贡》提到的玉石资源，在《管子》里面还数次记载了尧舜时期所利用的另一种玉石资源——禺氏之玉。兹举几例：

玉起于禺氏，金起于汝汉，珠起于赤野，东西南北，距周七千八百里。水绝壤断，舟车不能通，先王为其途之远，其至之难，故托用于其重，以珠玉为上币，以黄金为中币，以刀布为下币。（《管子·国蓄》）

癸度曰："金出于汝汉之右衢，珠出于赤野之末光，玉出于禺氏之旁山，此皆距周七千八百余里，其涂远，其至厄，故先王度用于其重，因以珠玉为上币，黄金为中币，刀布为下币，故先王善高中下币，制上下之用，而天下足矣。"（《管子·轻重》）

齐桓公问于管子曰："自燧人以来，其大会可得而闻乎？"管子对曰："燧人以来未有不以轻重为天下也。……至于尧舜之王，所以化海内者，北用禺氏之玉，南贵江汉之珠，其胜禽兽之仇，以大夫随之。"（《管子·揆度》）

尹知章的注解："禺氏，西北戎名，玉之所出。"《逸周书·王会》是一篇记载周成王之时成周之会盛况的文献，文中还旁列了各方诸侯或地方首领贡献的财物，其中就有禺氏。孔晁在为《逸周书》作注时指出，"禺氏，西北戎夷"。《管子》中禺氏凡出现七次，皆与玉材或玉器相关。从上述相关记载可知禺氏之玉在尧舜时期已被开发利用，之后也一直连绵不断利用至东周时期。禺氏为古代何种人群呢？王国维曾指出禺氏为大月氏，他怀疑《管子·轻重》诸篇皆汉文、景间作，其时月氏已去敦煌、祁连间，而西居且末、于阗间，故云"玉起于禺氏"也[1]。因此，后人多据此认为"禺氏之玉"为新疆和田玉，其实不然。[2]王氏之时，新疆和田玉已是著名的软玉产出地不假，其实甘青地区，尤其是甘肃河西走廊、

1 谢维扬、房鑫亮主编：《王国维全集》第14卷，浙江教育出版社，2010年，第283—284页。

2 殷晴：《和田采玉与古代经济文化交流》，《故宫博物院院刊》1995年第1期。

敦煌一带也有优质的软玉矿。根据旱峡玉矿的最新考古发现可知，其最早开采时间是在齐家时期，而这一时期也出现了武威海藏寺玉石器作坊和皇娘娘台墓葬出土的加工玉料、玉片与半成品，可以清晰地展示出玉料东进的态势。[1]而齐家时期上限就在新石器时代末期，与尧舜所处年代相近。因此"禺氏之玉"更有可能指甘青玉。

无论"禺氏之玉"何解，总之可以确定的是来自于西北地区的玉材，五帝时期已不仅充分开发利用了玉石资源，更已利用了来自于遥远西北地区的优质玉材，这与考古发现和研究成果也是相符合的。

二、古史体系中五帝时期的用玉观念

通过梳理古史体系中五帝时期用玉的记载，我们可以发现玉器已运用至宗教祭祀、礼仪活动和朝堂、朝聘朝贡、礼乐教化等多个领域，而上述领域均是早期中国一个社会、一个政体最核心、最重要的方面。五帝时期的上层社会已经有明确的用玉观念，主要体现在以下几个方面。

首先，有较为明确的玉石分化概念。这点在《尚书·禹贡》中表现得尤其明显，青州贡赋"怪石"，徐州贡赋"泗滨浮磬"，扬州贡赋"瑶、琨"，荆州贡赋"砺、砥、砮"，豫州贡赋"磬错"，梁州贡赋"砮、磬"，雍州贡赋"球、琳、琅玕"。上述所列七州贡赋的玉石材，很明确地指出不同地方的玉石材品种不同，甚至指出哪些玉石材用于制作哪种玉石器。青州"怪石"，伪《孔传》云："怪，异。好石似玉者。"《汉志》颜注："怪石，石之次玉美好者也。"徐州"泗滨浮磬"，伪《孔传》释云"泗水涯，水中见石可以为磬"，《孔疏》云"泗水旁山而过，石为泗水之涯。石在水旁，水中见石，似若水中浮然。此石可以为磬，故谓之浮石也。贡石而言磬者，此石宜为磬，犹如砥砺然也"，孔颖达的解释甚以为意。根据白居易《华原磬》诗序文可知，泗滨的磬石一直沿用到唐代，天宝年间始改用华原磬石，到宋代又恢复了泗滨磬石。[2]扬州"瑶、琨"，《史记集解》载"孔安国曰：'瑶，琨，皆美玉也。'"而《说文》则曰："瑶，玉之美者；琨，石之美者。"不管这是两种美玉，还是美玉和美石，能有不同的名字就代表当时的人对这两种物质有不同的认识。荆州"砺、砥、砮"，《孔疏》引郑玄注云"砺，磨刀刃石也。精者曰砥。""砮"，即做矢镞的石头。豫州"磬错"，伪《孔传》云"治玉石曰错，治磬错"，即可以治玉石器的"他山之石"。梁州"砮、磬"，

1　曹芳芳：《甘青地区史前用玉特征与进程》，《四川文物》2022 年第 1 期。
2　顾颉刚、刘起釪：《尚书校释译论》，中华书局，2005 年，第 617 页。

分别为制作箭镞和磬的石材。雍州“球、琳、琅玕”，《说文》：“球，玉也。”根据上文的分析，球是一种高品质美玉。又《说文》云“琳，美玉也”，司马相如《上林赋》云“玫瑰碧琳”，班固《西都赋》云“琳珉青荧”，故而“琳”应是一种青碧色的玉。[1]《说文》云“琅玕，似珠者”，伪《孔传》云“石而似珠”，《山海经》中亦有“槐江之山上多琅玕金玉”之说，曹植《美人篇》有“腰佩翠琅玕”，因而“琅玕”应是一种似珠形的玉石。通过对上述不同地区贡赋的玉石器品类的分析，可知当时的人们已掌握了丰富的矿产知识，对不同地方的玉石材特性也有一定的了解和认知，因而可以因材施用、因材施工。

其次，玉为神圣的物品。这主要体现在三个方面：一是玉器是宗教祭祀活动中重要的参与者。玉器不仅是献给神灵最重要的祭品，而且在祭祀中亦是重要的降神工具。二是玉器是构建政治和等级秩序的重要标志物和载体。帝舜“既月乃日，觐四岳群牧，班瑞于群后”，虽然我们现在已无法明晰“五瑞”具体为何物，但五种不同的美好玉器应当对应不同的等级或不同的族群，这些玉器各有归属。三是玉石磬是参与礼乐教化的重器。通过古史体系文献的记载，我们可以知道玉石磬是五帝时期出现频率最高的乐器，而且其使用均在天下共主所在的中心。通过“戛击鸣球”和其他乐器的配合，朝堂君臣有序和谐。通过“击石拊石”，引导“百兽率舞”，实现歌舞升平。这所达到的君臣和谐、上下有序的状态，是后代君主十分崇尚的理想政治氛围。仅举一例，乾隆皇帝对帝舜时期的这种政治秩序和氛围的崇尚，通过诗词以抒发：

黎绿呈瑰宝，神魑写异形。五城难论价，九德早扬馨。庇谷徵多稔，葆光出太宁。徒观戛击物，喜起企虞廷。

无独有偶，乾隆皇帝的这首诗词雕琢在一件齐家文化的大玉璧上[2]，而齐家文化的早期正好处于新石器时代末期晚段，也是五帝中尧舜所处的时期。

由此所见，在五帝时期，玉器在影响社会秩序与稳定的宗教祭祀和政治活动中参与度如此之深，是当时人们观念中最神圣的物品之一。

再次，玉器是构建五帝时期上层交流网络体系的重要参与者。首先，基于当时人们已有较为明确的玉石分化概念和掌握的矿产知识，不同地方向政治中心贡赋不同的玉石材，形成较为稳定的玉石材贡赋体系和网络。其次，来到中心的玉石材会被制作成各式玉石器，其中最重要的美好玉器通过“班瑞于群后”，到达“群后”之手，成为当时最重要的瑞信，从而形成较为稳固的政治认同和上层交流网络体系。另外，地方首领通过朝贡的方式，玉器也会被朝献给中心，

1　顾颉刚、刘起釪：《尚书校释译论》，中华书局，2005年，第754页。
2　曹芳芳：《南京博物院藏乾隆御题龙凤纹玉璧研究》，待刊。

成为维系地方与中心的纽带。

综上所述，当时任何一种物质都没有像玉器如此被重用和信赖。作为祭品和瑞信的玉器，是当时上层社会宗教认知与政治认同的思想凝聚物，统一了九州范围内玉作为最重要的祭品和最重要的瑞信的认同，对于这两方面的认同，其实就是对玉所代表的宗教与政治秩序的认同。在礼乐教化领域，也最贵玉声。总而言之，玉器是五帝时期统一思想与观念的利器，也是当时唯一一种在九州范围内统一上层共识的物质，更是首种统领了天下的贵重物质。进入三代，青铜器在政治领域逐渐取代了玉器的这种天下共崇物质的地位，但在宗教祭祀领域，玉器依然被认为是献给神灵最好的精物。[1]

三、结语

通过对古史体系中五帝时期用玉的梳理，可知在当时，玉器已广泛地被运用到了宗教祭祀、政治礼仪、军事活动、朝聘朝贡、礼乐教化等多个领域，深入到当时上层社会的各个方面。但是这种广泛的使用并非贯穿于该时代的始终，而是不同阶段有所不同。五帝时期可以分为以黄帝为代表的前期和以尧舜为代表的后期。[2]前期玉器的使用主要体现在宗教祭祀和军事领域，充当“神物”和“玉兵”；后期玉器的使用方式和范围在前期的基础上扩大，其作用开始在政治、经济和文化领域凸显。由此表明，玉器在五帝时期的功能不断被拓展，使用程度不断被深化，最终于尧舜时期在宗教、军事、政治、经济、文化领域全面开花。

在五帝时期，不间断地玉器使用，使得当时的人们积累了大量矿产和玉石知识，能够较为顺利地分辨玉石之别，并根据不同地区矿藏的特点而贡赋不同种类的玉石材，进而根据不同品质的玉石材制作不同种类的玉石器，形成了一个较为完善的识玉、用玉体系。更为重要的是，玉器成为人们观念中的神物和重器，在关系社会和政权有序运行的各个方面都发挥着独一无二的作用，并有效地构建了五帝时期上层社会交流网络体系，是第一种统一华夏大陆宗教和政治核心观念的物质，并形成一种稳定的文化基因，使得玉器和玉文化能够继续向下复制和传承，成为中华文化举足轻重的一部分。因此，五帝时期是中国玉器和玉文化发展历史中的关键时期，具有承上启下的作用。

1　孙庆伟：《周代用玉制度研究》，上海古籍出版社，2008 年，第 228—229 页。

2　郭大顺：《从史前考古研究成果看古史传说的五帝时代》，《中原文化研究》2020 年第 8 期。

论南阳黄山遗址的"玉石并用时代"

乔保同[1] 王建中[2]
（1. 南阳市文物保护研究院 2. 南阳市文旅局）

【摘要】最近，由江富建、乔保同等编著的《独山玉文明之光——南阳黄山遗址独山玉制品调查报告》一书已出版。本书专家团队对南阳市北郊黄山新石器时代遗址进行了数十次考古调查。在发现了相当数量的石、陶制品的同时，还发现了大量用独山玉材料制作的玉制品，仅磨制玉器就高达 200 余件，其品种有玉斧、铲、镰、锛、凿、刀、镞等，主要反映了裴李岗文化晚期至龙山文化时期生产工具在材质方面创新的历史。大量独山玉质生产工具的出土，丰富了新石器时代文化的内涵，彰显了"玉石并用时代"的表征，同时也折射出南阳农耕文明的曙光。

【关键词】南阳；黄山遗址；独玉生产工具；玉石并用时代；文明在宛

一、黄山遗址试掘和发掘回顾

黄山遗址是一处位于河南省南阳市北郊约 12 公里、西南距著名产玉之独山（即独山玉）约 3 公里、东依白河（古淯水）右岸的新石器时代遗址，全国重点文物保护单位。

遗址坐落于黄山之上。黄山，古曰"蘘山"，是一座由云母石英岩组成的低山，海拔152米，一般高出地面约10—17米。遗址东西长约600米，南北宽约500米（其周边为白河、古淯水冲积平原），面积约 30 万平方米。

1956 年，河南省文物工作队发现该遗址，1959 年发掘。近 60 年来，主要工作如下：

（1）1959 年，河南省文物工作队对黄山遗址西南部的试掘[1]。

1 南阳地区文管会，文化局编：《南阳地区文物志》（内部资料），1982 年 6 月。

共开探方9个，分甲乙两区，试掘面积1600平方米，深度一般在0.5米左右，文化层厚约3米，没有清理到底。遗迹有房基和墓葬。在“一千平方米范围内，有同时期的十间房屋。其中有一处屋群略呈方形，每边通长九、十米，六间房屋交错相连在一起，有的独成一室，自开门户和设置烧灶，有的两间互通而以隔墙分开，共设一个灶址。此外这里还有单独的长方形套间房屋，如一座房子南北长六米多，东西宽四米多，大门在西南角，房屋中部有隔墙，辟为一大一小的两间，隔墙的一端设置门户，两间中部都有灶坑”。其结构既显示了建筑技术的进步，又暗示了住家当有更亲近的血缘关系[1]，是一夫一妻制在居住方面的重要变化。另发现墓葬57座。文化遗物有石器、玉器、骨器、陶器等。石器67件，器类有斧、铲、镰、凿、砺石等；玉器3件，器类有铲、凿、璜；骨器51件，器类有镞、簪、针、锥、环、匕等；陶器120件，器类有鼎、罐、甑、钵、碗、盆、杯、盉、壶、勺、弹丸、锉、拍子等。

遗址中出土的玉器未做鉴定，疑为独山玉质地；出土的石器，不能排除部分为独山玉材质。出土的黄褐色带孔玉铲长15.5厘米，上宽8厘米，下宽10.2厘米，厚0.6厘米。经南阳地质与文物部门专家观察，为典型独山玉中棕黄玉质地，现藏河南博物院。

（2）2003年至2005年，南阳师范学院玉文化研究中心对黄山遗址开展的区域系统调查（详见下文）。

（3）2006年至2007年，北京大学考古文博学院、南阳市文物考古研究所等对黄山遗址开展的考古调查。

此次调查在遗址的顶部西北边，分别做了仰韶文化和龙山文化几个堆积剖面。“地表采集陶片主要属仰韶时期，其次为裴李岗和龙山时期，极个别可能属屈家岭时期。”

石制品主要包括：有使用痕迹的石器，有初步加工痕迹的石片、毛坯等石器半成品。黄山遗址北部基岩出露。石制品多为所谓扁平石斧。这种石器在南阳盆地的其他遗址如八里岗、安国城等均可见到。其石料种类丰富，可知石料主要来源于别处。石片和打片的石核则多来自河卵石。如果考虑到南阳师专（院）曾经在此遗址捡去数量巨大的石制品，那么，整个黄山遗址石制品的数量将是相当惊人的，可惜我们目前所见，皆是当中极残碎者[2]。

（4）2018年5月至2021年11月，配合遗址公园建设，河南省文物考古研究院、南阳市文物考古研究所对黄山遗址进行了勘探，确定遗址分布面积大

1　郭沫若主编：《中国史稿》第一册，人民出版社，1962年，第56页。

2　北京大学考古文博学院，南阳市文物考古研究所：《白河流域史前遗址调查报告》，文物出版社，2013年，第64页。

约30万平方米；目前考古发掘已经揭露面积2400平方米。2021年成为当年全国十大考古新发现之一。发掘工作现仍在进行中。有关材料仅见报端[1]。重要收获如下：

①不完全统计，目前共出土玉石工具磨棒近1800件、磨片5672件、磨锉308件、钻头7件、钻杆帽3件、石锤272件、石球13件、磨石墩50余件、残磨石墩15000余块、石坯料300余件、石核274件、人工石片1021件、石器约300件、玉器50件、玉片3518件、玉料4500余件、骨器50件、陶器近700件，以及猪下颌骨1600余个，还有大量的玉料、石器、陶器与少量玉器原地保存。

②可以确定该遗址是一处新石器时代仰韶文化、屈家岭文化、石家河文化玉石器制作特征鲜明的中心性聚落遗址，在南阳盆地中遗址面积较大，遗迹规格较高，内涵丰富，反映了新石器时代晚期南北文化交流融合发展的基本特点，为探讨豫西南地区社会复杂化和文明化进程提供了关键材料。

③该遗址新石器时代玉石器制作遗存以独山玉石为资源支撑、其他地方玉材为辅助，大致存在仰韶文化晚期“居家式”作坊群向屈家岭文化时期“团体式”生产模式转变的规律，石家河文化时期也规模化生产玉石器，填补中原和长江中游新石器时代玉石器手工业体系的空白。与制骨遗存一起，为探索当时手工业生产专业化和社会分工提供了重要线索。

④仰韶文化坊居式建筑群是国内保存最好的史前建筑之一，墙体存留高，内部设施齐全，大批遗物原位保存，再现古人制造玉石器与生活的基本场景。特别是最大的“前坊后居式”7单元大型连间房F1面积超过150平方米，极为罕见。

⑤以大墓M77为代表的屈家岭文化墓群，多数人骨保存甚佳，社会成员等级分明。可能具有编织功用的成束骨针的发现，为我国史前纺织考古提供了重要材料。

⑥中原地区首次发现史前码头性质的遗迹，与自然河、人工河道、环壕一起构成了水路交通系统，体现出古人对水资源的重视和利用能力。

上述试掘、调查以及考古发掘，使文物工作者不仅在黄山遗址发现了大批房址、墓葬，而且发现了大量石器、陶器、骨器，以及与独山玉质地有关的玉器。仅就出土的石器和玉器就表明：黄山遗址不仅是一处以广泛磨制石器为特征之一的新石器时代遗址，而且随着大量磨制玉器以及玉器作坊的出现，黄山遗址还是一处以广泛磨制玉器为特征之一的新石器时代遗址。黄山遗址的玉石并用

1　王鸿洋：《2021年度全国十大考古新发现揭晓南阳黄山遗址入选》，《南阳晚报》2022年4月1日第6版；张体义、温小娟、孟向东：《南阳黄山遗址——缘何一眼惊千年》，《河南日报》2022年4月1日第1版。

现象，已成为国内新石器时代遗址的一个另类。

二、2003—2005 年的多学科考古调查收获

上文提到，黄山遗址有使用痕迹的石器较有初步加工痕迹和半成品为多，“其石料种类丰富，可知石料主要来源于别处”，“如果考虑到南阳师专（院）曾经在此遗址捡去数量巨大的石制品，那么，整个黄山遗址石制品的数量将是相当惊人的”。

这里需要说明的是，南阳师院的确在此遗址上捡去了许多文化遗物，但“数量巨大”且“相当惊人的”，不仅是石制品，而且有著名的南阳独山玉制品。

2003 年至 2005 年，南阳师院独山玉文化研究中心聘请文物考古、地质方面专家，组成多学科联合调查组，对产玉之独山和采玉、制玉、用玉之黄山遗址采取了一种国际上称为“区域系统调查”[1]的方法开展了调查工作。此法较之传统的文物普查、复查之法不同之处在于更加注意标本保存的具体方位、相互间的关系，以及历史地理与环境信息。

调查在不动一铲的情况下，经过当年和次年 60 余人次大规模的考古调查工作，在遗址地表采集了大量石制品、玉制品及与裴李岗、仰韶、屈家岭、龙山文化时期有关的陶制品。所获玉制品，经团队专家鉴定，以及多次前往产玉之独山比对，全部系南阳独山玉。

在大规模的调查之后，研究中心专家团队进入到了室内整理与研究阶段。这一阶段一直持续到 2018 年。其间，中心曾邀南阳市文物考古研究所专家参与，五易其稿，终于在 2020 年底完成了《独山玉文明之光——南阳黄山遗址独山玉制品调查报告》一书（以下内容均见本书）[2]。此书详细介绍了长达 10 余年考古与地质调查之全部收获。

（一）收获石制品

（1）细石器，1 件。双刃长刮器，硅质岩。

（2）打制石制品，61 件。其中，砍砸器 8 件，刮削器 2 件，盘状器 7 件，石片石器 10 件，石斧 1 件，石铲 3 件，石镰 1 件，网坠 21 件，石球 4 件，石璜 2 件，璜形器 2 件。其材质分别属于燧石、砂岩、石英岩和硅质岩等。上述石制品，

1　中美两城地区联合考古队：《山东日照市两城地区的考古调查》，《考古》1997 年第 4 期。

2　江富建、乔保同、周世全、王建中著，南阳市文物考古研究所编：《独山玉文明之光——南阳黄山遗址独山玉制品调查报告》，中州古籍出版社，2021 年。

尤其是斧、铲、镰等石制品，虽沿用了不少旧石器时代直接打击和二次加工的传统技术，但严格来说只不过是磨制石器的半成品或粗坯，并不能划入旧石器的范畴。

（3） 磨制石制品，86件。其中，石斧27件，石铲7件，石锛4件，石凿6件，石楔1件，石镰1件，石刀2件，铲形器3件，砺石22件，磨盘1件，石钻3件，石杵4件，石锤2件，矛形器1件，石支脚1件，痕迹石器1件。

上述石制品，其质地分别属于青灰色变质页岩、硅质岩、砂岩等。遗址东依白河（古淯水），石制品材料应来源近处或上游河床砾石堆积。其制作大抵由打击、琢剥、磨制而成。

石制品中还采集有大量石镯（环）残品，共计76件，均汉白玉质地。材料大抵来源于遗址北部约2公里之蒲山和丰山。其制作方法、步骤依次为：采集原料；打剥成扁平体；在扁平体上用钻具刻凿出石镯外轮廓，并剔出轮廓外部分；刻凿出石镯内轮廓线；剔去内轮廓部分石料；磨制石镯成环柱体；抛光。

（二）收获玉制品

（1） 打制玉制品，100件。其中，盘状器2件，砍砸器3件，刮削器1件，刀形器2件，镞形器1件，玉片3件，玉斧13件，玉铲62件，铲形器6件，凿形器3件，玉镰2件，鼓形器2件。

其材质全部为距遗址西南约3公里之独山玉。其独山玉种类分别属于黑白玉、黑绿玉、墨绿玉、墨绿斑玉、绿白玉几类。上述玉种中的黑独玉，岩石名谓之摩棱岩化、黝帘石化斜长岩，南阳当地俗称墨黑、墨绿、黑绿、黑花、斑玉、梅花斑、灰玉、黑豌豆狸玉等。上述玉种中的绿独玉，含绿玉、绿白玉、天蓝玉、翠玉几种。绿白玉岩石名谓之含透辉石黝帘石化斜长岩，南阳当地俗称绿白、深绿白、绿干白、大白花、节花、菜花玉，比较少见。上述玉种中的白独玉，含水白玉、白玉、乌白玉几种。白玉，岩石名称黝帘石化斜长岩，南阳当地俗称曙白、糯米白、乳白、棕眼白、淡绿白玉[1]，亦比较少见。打制玉盘状器NWH采∶166，一面为典型的水白玉，一面为典型的黑绿玉，它以实物证明了南阳独山玉的驳杂性，以及黑绿玉的独玉性质。至于1959年河南省文物考古工作者在遗址上采集的黄独玉质地玉铲（岩石名称绿帘石、黝帘石化斜长岩，当地谓之橙玉、紫黄、棕黄、木变黄、曙色黄、黄豌豆狸），近60年未见第二。

打制玉制品虽保留有一定旧石器时代直接打击技术传统，但更突显的是两

1　杨文智，叶朋：《中国名玉——独玉》，详见中国地质学会矿床地质专业委员会，中国地质科学院矿床地质研究所：《矿床地质》第15卷 增刊《中国宝玉石研究新进展》，1996年。

面打击、剥削痕迹。特别是打制玉铲制品，明显可见两边层层打击、剥削的技艺。故实际上只是磨制玉铲的粗坯、半成品，不能划入旧石器时代的范畴。

值得一提的是，在遗址北部采集的 NWH ： 149，打制玉铲，鞋底状，墨绿玉，上下两端呈圆弧形刃，左右两侧呈微弧长边。两面有打剥痕迹，周边有交互打剥痕迹，中间厚，两边薄，长 24 厘米，宽 12 厘米，厚 6 厘米。如经磨制，将是一件典型的裴李岗文化时期铲形器。

（2）磨制玉制品 较之前者为多，达 215 件。其中，玉斧 16 件，玉铲 94 件，铲形器 11 件，锄形玉器 3 件，玉楔 1 件，玉锛 4 件，凿形器 5 件，玉镰 4 件，玉凿 13 件，玉刀 3 件，玉镞 2 件，棒形器 1 件，尖状器（钻形器）1 件，玉球 1 件，鼓形器 1 件，圆饼器 3 件，玉锤 5 件，玉砧 2 件，模具 1 件，带孔玉铲 2 件，带痕迹玉铲 36 件，其他玉器 6 件。

上述磨制玉制品的玉种，经研究团队专家肉眼观察，南阳地矿部门对样品 1（白独山玉，室内编号 04L10）、样品 2（绿白 - 黑独山玉，室内编号 04L9-1）、样品 3（黑独山玉，室内编号 04L9-2）3 件玉制品鉴定，以及国家、省、市玉器研究与玉器考古专家杨伯达、吴国忠、栾秉璈、赵春青、杨焕成、许顺湛、杨育彬、曹桂岑、张得水、王建中、周世全、赵成甫、柴中庆鉴定，上述磨制玉制品全部为来自南阳独山的独玉制品。

独玉种类，除了同于上述打制玉制品的种类外，磨制玉铲中 NWH 采 ： 903，亦出现了一面为白独玉，另一面为黑白斑玉的情况。类似材质还有 NWH 采 ： 993，玉铲。它们均以一器多色证明了南阳独玉的驳杂性，以及黑白斑玉为独玉的不可否定性。

在磨制玉制品中，NWH 采 ： 787，玉斧，似为独玉中的青独玉质地。青玉，岩石名称谓之糜棱岩化透辉石岩、次闪石化辉长糜棱岩，南阳俗称麦青、青玉、豆绿、青花、鸭嘴巴玉。独玉中还有一种亮棕玉，属紫独玉品种，岩石名曰黑云母化斜长岩，南阳俗称棕玉、暗棕、亮棕等。痕迹玉铲（NWH 采 ： 927）可作为这类玉的代表。

（3）“攻玉”工具。黄山遗址的“攻玉”工具大抵有砺石、钻头几种。前者主要解决光滑问题，后者旨在穿孔。砺石和钻具均为石英砂岩。材料大抵来自遗址西北部约 15 公里之磨山，此山以盛产石英砂岩闻名中原。它或许就是《诗 · 小雅 · 鹤鸣》所记载的“它山之石，可以攻玉”的写照。令人费解的绳纹（非绳纹）痕迹玉器，也就是在 36 件痕迹玉铲中均可见到一面或两面已经磨平、仍可见粗细不同、凹痕深浅不一的绳纹（非绳纹）痕迹。它是剖玉遗痕，还是磨制前一工序，有待进一步研究。

（三）收获陶制品

主要有裴李岗、仰韶、屈家岭、龙山文化时期陶器。裴李岗的陶器有与方城大张庄裴李岗文化晚期近同的粘贴口沿、颈部饰乳丁纹或腹部饰“之”字纹、圆锥足、加滑石粉陶鼎、三足钵；陶器群中有习见于仰韶文化时期的圆锥足鼎、红顶碗、凹周线加麻点纹钵、枝叶圆点纹（太阳纹）盆及杯、壶、豆等；屈家岭文化时期的陶制品可见鸭嘴形足鼎、折腹豆、高足杯、圈足壶等；龙山文化时期陶制品有篮纹、绳纹、方格纹灰陶鼎，夹砂、篮纹灰陶罐，附加堆纹灰陶盆等。上述陶制品以仰韶文化遗物最为丰富，仅陶鼎足发现 64 件；其他有陶纺轮等，这一时期共发现 13 件，它是纺织业成熟乃至发达的实物证据。

2003 年至 2005 年对黄山遗址开展的区域系统调查，在取得阶段性成果后，南阳师院先后召开了“中国南阳新石器时代独山玉文化研讨会”，创建了南阳师院独山玉博物馆，在《中原文物》2008 年第 5 期发表了《南阳黄山遗址独山玉制品调查简报》一文。

近 15 年来，研究团队对黄山遗址的持续调查与研究从未被割断，直到南阳《独山玉文明之光——南阳黄山遗址独山玉制品调查报告》一书出版发行。

三、黄山玉器与他处玉器之比较

黄山遗址的性质，即遗址所具有的本质特点，最基本的一点就是它是一处石器时代遗址。不过，它并不是一处以打制石器为特征的旧石器时代遗址，而是一处已开始定居生活，广泛使用磨制石器，从事农业、畜牧，生活资料有较可靠的来源，能够制造陶器，学会了纺织，处于考古学分期中最后一个阶段的遗址，故可谓一处新石器时代遗址。如果把它放在 1949 年以来，国内“已经发现上万处新石器时代遗址”[1] 上面，它只不过是沧海一粟，但如果把数百件玉制品，特别是把近百件磨制玉铲考虑进去，它就不是一处一般的聚落遗址了。即使与兴隆洼文化玉器、红山文化玉器、裴李岗文化玉器、仰韶文化玉器、大汶口文化玉器、龙山文化玉器、马家窑文化玉器、齐家文化玉器、河姆渡文化玉器、马家浜文化玉器、崧泽文化玉器、良渚文化玉器、北阴阳营文化玉器、薛家岗文化玉器、凌家滩文化玉器、大溪文化玉器、屈家岭文化玉器、石家河文化玉器、宝墩文化玉器、石峡文化玉器、珠海宝镜湾遗址玉器、卑南文化玉器、圆山文化玉器等相比，黄山遗址出土的玉制器，不仅材料产地至今明确可见，而且出

1　任式楠、吴耀利：《中国新石器考古学五十年》，《考古》1999 年第 9 期。

土的各种玉质生产工具也非国内同时期其他文化遗存所能比拟。

现将我国新石器时代遗址出土玉质工具列表[1]如下：

新石器时代遗址出土玉质工具一览表

序号	省区市	文化类型	遗址（墓葬）	出土玉质工具	玉质鉴定
1	内蒙古	兴隆洼文化	赤峰敖汉旗兴隆洼173号房址	斧1	岫岩闪石玉
2	内蒙古	红山文化	赤峰西水泉	刀1、镞、钻	岫岩闪石玉等
3	内蒙古	红山文化	巴林右旗那斯台	斧2	岫岩闪石玉
4	黑龙江	兴隆洼文化	饶河小南山	斧、纺轮	未鉴定
5	吉林	兴隆洼文化	镇赉聚宝山	斧5、锛1	未鉴定
6	辽宁	兴隆洼文化	阜新查海	斧1	岫岩闪石玉
7	辽宁	兴隆洼文化	丹东东沟后洼	斧、凿	岫岩闪石玉
8	辽宁	兴隆洼文化	长海小珠山	斧1	岫岩闪石玉
9	辽宁	兴隆洼文化	庄河北吴屯	凿2	岫岩闪石玉
10	辽宁	红山文化	长海小珠山	锛1	岫岩闪石玉
11	辽宁	红山文化	长海吴家村	斧1、锛1	岫岩闪石玉
12	辽宁	红山文化	大连郭家村	斧2、凿1、纺轮1	（斧）岫岩闪石玉
13	辽宁	红山文化	岫岩北沟	锛2、凿5	岫岩蛇纹石玉
14	辽宁	红山文化	大连营城子	锛2	岫岩石（？）
15	山东	大汶口文化	泰安大汶口	铲2、锛1	未鉴定
16	山东	大汶口文化	胶县三里河	镞形器20	未鉴定
17	山东	大汶口文化	宁阳堡头	铲	未鉴定
18	山东	大汶口文化	莒县陵阳河	铲1	未鉴定
19	山东	龙山文化	日照安尧王	斧1	未鉴定

1　本表根据栾秉璈《古玉鉴别》摘编。详见栾秉璈：《古玉鉴别》（上），文物出版社，2008年，第90—277页。

（续表）

序号	省区市	文化类型	遗址（墓葬）	出土玉质工具	玉质鉴定
20	山东	龙山文化	日照两城镇	铲 2	未鉴定
21	山东	龙山文化	临朐朱封村墓	刀 1	未鉴定
22	河北	龙山文化	唐山大城山	铲 1	未鉴定
23	河南	仰韶文化	郑州大河村	刀 1	绿松石
24	河南	仰韶文化	尉氏兴隆岗	铲 1	未鉴定
25	河南	龙山文化	郑州大河村	刀 2	未鉴定
26	河南	龙山文化	孟津小潘沟	铲 1	未鉴定
27	陕西	龙山文化	神木石峁	斧 1、刀 15、铲、锛、凿、锄	闪石玉、蛇纹石玉、碧玉等
28	陕西	龙山文化	神木大保当镇新华村	斧 2、铲 10、刀 5	闪石玉、蛇纹石等
29	陕西	龙山文化	延安芦山峁	斧 2、铲 3、刀 1	未鉴定
30	陕西	仰韶文化	南郑龙岗寺	斧 4、铲 5、锛 12、凿 1、镞 1	闪石玉
31	山西	龙山文化	襄汾陶寺	铲、刀	闪石玉等
32	山西	龙山文化	临汾下靳村	刀	未鉴定
33	甘肃	齐家文化	武威皇娘娘台	铲 1、锛 1	闪石玉
34	青海	齐家文化	民和县官亭镇喇家	铲 1、刀 1	闪石玉
35	青海	齐家文化	同德宗日	刀 3	未鉴定
36	青海	齐家文化	乐都白崖子	斧 2	闪石玉
37	青海	齐家文化	大通县上孙家寨	刀 1	闪石玉
38	青海	齐家文化	民和县中川乡清泉旱台	铲 1	闪石玉
39	青海	齐家文化	西宁沈那	铲 1、锛 1	闪石玉
40	青海	齐家文化	乐都柳湾墓地	斧 1、锛 1、凿 2、纺轮 2	闪石玉、蛇纹石玉

（续表）

序号	省区市	文化类型	遗址（墓葬）	出土玉质工具	玉质鉴定
41	四川	宝墩文化	广汉三星镇仁胜村墓	斧 1、斧形器 1、凿 1	蛇纹石玉等
42	湖北	大溪文化	松滋桂花村	刀 1	未鉴定
43	湖北	石家河文化	钟祥六合	纺轮 6	闪石玉
44	湖北	石家河文化	天门肖家屋脊	锛 1、刀 1、纺轮 1	闪石玉
45	湖北	石家河文化	江陵枣林岗	锛 1	闪石玉
46	安徽	大汶口文化	濉溪大山等	斧、锛、刀	未鉴定
47	安徽	大汶口文化	怀远龙王庙等	斧、锛、刀	未鉴定
48	安徽	马家浜文化	萧县金寨村	刀 1	未鉴定
49	安徽	良渚文化	南陵郭村等	铲	闪石玉
50	安徽	薛家岗文化	潜山薛家岗	纺轮 1	闪石玉
51	安徽	薛家岗文化	望江黄家堰	斧	闪石玉
52	安徽	凌家滩文化	含山凌家滩	斧 7	闪石玉、蛇纹石玉
53	江苏	大汶口文化	新沂花厅	斧 3、锛 2	闪石玉
54	江苏	良渚文化	常州武进寺墩	斧 3、刀 1	闪石玉
55	江苏	良渚文化	昆山绰墩	斧 2	闪石玉
56	江苏	良渚文化	吴县张陵山	斧 1、纺轮 1	闪石玉
57	江苏	良渚文化	吴县徐巷	斧 1	未鉴定
58	江苏	良渚文化	吴县草鞋山	斧 1	娟云母岩、闪石玉
59	上海	良渚文化	青浦福泉山	斧 1、钻 1、纺轮 2	闪石玉等
60	浙江	良渚文化	海盐龙潭港	纺轮	未鉴定
61	浙江	河姆渡文化	余姚河姆渡	弹丸 31、纺轮 13	萤石

上述生产工具，共计玉斧 47 件，玉铲 30 件，玉凿 12 件，玉锛 27 件，玉刀 35 件，玉镞 21 件，玉弹丸 31 件，玉纺轮 27 件，玉钻 1 件。总计 231 件。其中玉铲数量不及黄山三分之一，且没有发现玉镰。

四、黄山遗址“玉石并用”的时代特征

在 1949 年至 2008 年全国出土玉器的遗址中，玉质生产工具较之石质生产工具明显不占优势，玉铲更是凤毛麟角。但玉装饰品、礼仪品、日常用品则绝对是一个惊人数字。1992 年，曲石在《中国玉器时代及社会性质的考古学观察》[1]一文中列出了部分清单。

（1）红山文化胡头沟（M1、M3）、牛河梁（M4、M7、M11、M14、M15）、城子山（M1、M2）9 座墓共出土勾云形玉佩、玉璧、环、鸟、龟、鸮、珠、棒形玉、三联玉璧、鱼形坠、玉箍形器、猪龙形玉饰、方形玉饰、猪头形玉饰、竹节状玉饰、玉鸟等计 46 件。

（2）大汶口文化中期新沂花厅（M4、M18、M19、M20、M21）5 座墓共出土玉镯、指环、坠饰、串饰、耳坠、璜、环、琮、琮形锥状器、珠、扁条形器、蘑菇形玉柄饰、琮形管、锥、小玉管、球形珠、锥等 88 件。

（3）良渚文化反山（M18、M20、M22）3 座墓共出土玉冠饰、琮、长玉管、杖端饰、镶嵌玉粒、锥形饰、串挂饰、三叉形冠饰、环带钩、坠饰、钺及端饰、半月形冠饰、镶插端饰、柱状器、柄端饰、璧、管珠等计 269 件；瑶山墓地（M1、M7、M11）3 座墓共出土玉冠状饰、圆牌饰、镯、坠、璜、泡、管、三叉形冠饰、钺、钺冠饰、钺端饰、牌饰、带钩、手柄、泡形饰、长玉管、锥形饰、小玉琮、珠、带轴纺轮、弹形饰等计 284 件。

以上 3 种考古文化、20 座新石器时代墓葬总计出土非工具玉制品 687 件。

于是，曲石提出了“中国玉器时代”[2]说。本说认为丹麦学者 G.J. 汤姆森 1819 年提出的“人类社会的发展是先石器、再铜器、后铁器的三个连续发展时代”，和美国著名人类学家 L.H. 摩尔根“将人类社会分为蒙昧、野蛮和文明三个时代”，“不一定适用于世界各地和各民族的发展史实”。“据我国考古工作提供的证据可知，我国的玉器伴随石器产生，并随石器的变化而成长，却未因石器的泯灭而消亡。到距今 6000 年以前，我国的玉器加工与使用都已发展到一定水平与规模，从而为玉器在人们的精神、物质文化中占主导地位打下了坚

1 曲石：《中国玉器时代及社会性质的考古学观察》，《江汉考古》1992 年第 1 期。
2 曲石：《中国玉器时代及社会性质的考古学观察》，《江汉考古》1992 年第 1 期。

实的基础。以至到距今5000年前，出现了红山、大汶口文化中期与良渚文化以玉器遗存为主要社会内涵的优秀历史文化。若按考古学以物质质料的普遍遗存来做划分时代的准则，衡量这三种考古文化的玉器遗存，只能将其称为玉器时代才能接近事实。所以我们这里把红山文化、大汶口文化中期与良渚文化所处的时代定名为“中国玉器时代”，亦即“风胡子所言的‘玉兵时代’的黄帝时期”。

持“中国玉器时代”相左说者认为，在新石器时代兴隆洼文化和马家浜文化的遗址中都出土有玉器，说明我国玉器制造业的确是源远流长。“不过，在新石器时代晚期之前，玉器多是零星发现，至今未有大宗出土的遗址，而且器形也很简单。到了晚期，情况有了很大的变化……仅反山墓地就出土玉件3200多件……但是，我们应该看到，在中国内陆的广大地区，虽然也有史前玉器的发现，但数量极少，分布极为分散，而且其工艺水平也无法同东部地区相比。”值得一提的是在东部遗址中，以良渚文化玉器为例，“大多数是被称为‘礼器’的琮、璧等和佩饰如璜、玦、珠等，而斧、钺一类的不仅数量少，即便偶有发现，刃部也不是实用器，而是用作身份地位的象征物。这说明，在生产活动中，人们使用的工具绝大多数是石器”。可见“以玉作为生产工具和兵器的主要原料的阶段在中国并不存在”。因此，“中国玉器时代”之说“并不能概括整个中国地区新石器时代晚期的文化特征”。红山文化、大汶口晚期文化、良渚文化“只能反映中国局部地区的部分事实”。因此，“在中国历史上，不存在以玉作为制造生产工具和兵器的主要原料的阶段”，“在石器时代和青铜时代之间加‘玉器时代’是不合适的，即便仅就中国东部地区而言，也是不合适的”[1]。

以上两说文章，分别发表于1992年《江汉考古》和1994年《考古》刊物上。那时，人们只知南阳黄山遗址曾于1959年出土过1件视为“中原第一铲”的独山玉质地生产工具，现被河南博物院收藏；南阳师院玉文化研究中心（后改名为独山玉文化研究中心）尚未对黄山遗址开展像2003年那样多学科考古调查与复查；更未开展像2018年由河南省文物考古研究院与南阳市文研所组队开展的规模考古发掘。因此二者的论据均系用20世纪90年代以前国内出土的玉器材料说事。

“中国玉器时代”说，较早注意到了红山文化、大汶口中期文化与良渚文化在出土大量石制品、陶制品的同时，出土大量玉制品的事实，借以证明东汉袁康《越绝书》“以至（玉）为兵，以伐树木”，即“玉器时代（玉兵时代）”存在的不可否定性，以及中国较之世界其他地区和民族的特殊性，其旨趣具有

1　谢仲礼：《“玉器时代”——一个新概念的分析》，《考古》1994年第9期。

积极探索之意义。但如果没有大量玉质生产工具，如玉斧、铲、镰等再生，也就是说不能“玉革石命”，“石”不能退出历史舞台，那么这个时代肯定不是以“玉”来表征的时代（玉器时代）；相反而应是一以贯之的以“石”为表征的时代（石器时代）。

马克思主义认为，生产工具（劳动工具），如石斧、铜镰、铁犁铧等，是人们用以改变劳动对象的手段。它的发展水平不仅是衡量人类控制自然的尺度，而且有时也可以成为社会生产关系的指示器，如铜斧、铜铲、铜镰的发展，可以作为从原始社会（石器时代）制度到奴隶社会（铜器时代）制度的标志之一。

马克思主义还认为，生产工具是生产力发展水平的物质标志，红山文化、大汶口中期文化、良渚文化遗址，仅 20 座墓葬就出土了 600 余件玉器，但这除了与权力和地位有关的几件玉钺（红山文化城子山 M2，2 件；良渚文化瑶山墓地 M7，1 件）及与纺织生产有关的 1 件带轴纺轮（良渚文化瑶山墓地 M1）外，并没有出现哪怕 1 件与农耕经济有关的铲、镰一类玉器。这就从一个侧面说明，红山、大汶口、良渚文化玉文明是建立在高度发达的以石器工业为基础、较之打制石器更为先进的生产力上面的。在这样的背景下，如果没有以生产工具为主的石器工业的支撑，哪来以礼器、兵器、装饰品为代表的玉器工业的繁盛。在这一点上，如果颠倒“石”与“玉”关系，难免有喧“宾（玉）”夺“主（石）”之误。

现在的问题是南阳市黄山遗址不仅出土了数百件玉制生产工具，并推定“是一处黄河流域与江汉平原间较大的独山玉加工场”[1]，其材料来自距遗址西南约 3 公里、产独山玉之独山，而且经省、市文物考古部门联合发掘，在遗址中部文化层中发现了大型玉作坊基址，与玉工匠有关的墓葬，以及手持弓、斧钺的高等级墓葬。因此可以说，黄山遗址，既不是中国东北的红山文化、东部地区的大汶口文化、东南的良渚文化遗存，也不是中国西北部马家窑文化、齐家文化遗存，更不是中国南部地区大溪文化遗存，而是一处后来发现的，不同于以上所有文化的，内含裴李岗、仰韶、屈家岭、龙山文化的遗存。如果把它定为“石器时代”（新石器时代）遗址，出土那么多玉质生产工具岂不是视而不见；如果把它定为“玉器时代”（新石器时代）遗址，出土一定比例的石质生产工具岂不是同样视而不见。所以，我们只能根据现有玉石并存的事实，将其定性为“玉石并用时代”遗址。

1　江富建、乔保同、周世全、王建中著，南阳市文物考古研究所编：《独山玉文明之光——南阳黄山遗址独山玉制品调查报告》，中州古籍出版社，2021 年，第 120 页。

五、“文明在宛”

河南省文物考古研究所在《舞阳贾湖》一书中指出，方城大张庄遗址“是贾湖文化向西发展的中间站之一”，也“可以认为，（淅川）下王岗仰韶时代遗存应是贾湖文化西去的一支发展而来的”[1]。如是，介于方城大张庄遗址与淅川下王岗遗址间的黄山遗址抑或是贾湖文化的承继者之一了。但早于黄山遗址的贾湖遗址罕见独玉质地玉器，同于黄山遗址的下王岗遗址亦未有出土独玉的报道。究其原因，远离独玉矿源，难于发现（发现后或为黄山部族独有资源）和认识这种异石或是重要原因之一。当黄山人由东向西转移并落户于黄山时，他们仍习惯于从近处或远处河床拣选硅质岩、变质页岩、石英岩或砂岩石料磨制石器，但很快发现离遗址不远的独山盛产一种“石之美者”。其类型有白、绿、青、紫、黄、红、黑诸色玉，尤以驳杂色玉为多。虽然独山之玉较之河床之石难于打剥、切割、琢磨，但玉路近，玉料充足，玉器愈用愈光，有的甚至晶莹剔透，即使是无瑕之石也难于超越有瑕之玉，难怪明朝首辅张居正一生恪守“宁有瑕而为玉，毋似玉而为石”的格言。

在中国乃至世界范围内，当人类普遍用磨制石器从事农业、畜牧业生产时，南阳黄山先民以玉质生产工具为主，以石质生产工具为辅从事农耕经济活动。其劳动者的积极性，其工具的创造性，其生产力的先进性以及其社会的文明程度，都是不言而喻的。中国社会科学院学部委员、历史学部主任王巍，在考察黄山遗址后写下“文明在宛”[2]四个大字，正是对产玉之独山，与采玉、制玉、用玉之黄山遗址，从考古学的层面上加以捆绑，推而定之的名言。

1　河南省文物考古研究所：《舞阳贾湖》（上卷），科学出版社，1999 年，第 542—544 页。

2　陈菲菲、黄翠、郭起华：《新石器时代："文明在宛"的南阳原史》，《南阳晚报》2019 年 11 月 13 日第 8 版。

半拉山墓地出土红山文化玉器研究

周晓晶（辽宁省博物馆）

【摘要】半拉山墓地位于辽宁省朝阳市龙城区半拉山的顶部，时间相当于牛河梁遗址的晚期。半拉山墓地出土了 140 余件玉器，主要出土于墓葬中，充分体现了红山文化墓葬以玉器作为主要随葬品的“唯玉为葬”埋葬习俗。本文通过对半拉山墓地出土玉器的器形种类、玉材和做工等方面的梳理，认为其玉器的质量明显落后于牛河梁遗址，也说明半拉山墓地所属的族群在红山文化社会中的地位要低于牛河梁遗址所属的族群。

【关键词】半拉山墓地；玉器；器形；玉材；做工

一、半拉山墓地概况

半拉山墓地位于辽宁省朝阳市龙城区半拉山的顶部，处于大凌河中游地区，距牛河梁遗址西北 80 公里处。2009 年，第三次全国文物普查时发现已被盗掘，2014—2016 年，辽宁省文物考古研究院联合朝阳市龙城区博物馆对墓地进行了发掘，并入选为 2016 年中国六大考古新发现。通过对墓地出土的 12 具人骨的碳十四测年，推测该墓地的使用时间为距今 5305—5045 年，与牛河梁遗址的晚期相当[1]。

此次发掘面积约 1600 平方米，在地表积土为冢，墓葬和祭祀遗迹均建于人工土冢上。根据墓地冢体的地层堆积结构，该墓地在营建和使用时间上经历了两次较大规模的变化，据此可将墓地分为早、晚两期。墓地既用于埋葬死者，也用于进行祭祀活动。早期墓地的两项功能分区并不明显，晚期则分区明显，

1 辽宁省文物考古研究所，朝阳市龙城区博物馆：《辽宁朝阳市半拉山红山文化墓地的发掘》，《考古》2017 年第 2 期；辽宁省文物考古研究所，朝阳市龙城区博物馆：《辽宁朝阳市半拉山红山文化墓地》，《考古》2017 年第 7 期。

图一　半拉山墓地全景

南部为墓葬区，北部为祭祀区（图一）。

共清理墓葬 78 座、祭坛 1 座和祭祀坑 29 座。墓葬主要位于墓地南部，在北部祭坛外围也有零散分布，包括早期墓葬 15 座，晚期墓葬 63 座。墓主的头向多为头东足西（仅 M58、M78 为头南足北）。一次葬均为仰身直肢葬，二次捡骨葬多于一次葬。根据墓葬形制和结构的差异，可分土坑墓、石棺墓和积石墓三类。祭祀遗迹包括祭坛、建筑遗址和祭祀坑三种。早期阶段仅见祭祀坑，晚期阶段新出现了祭坛和建筑遗址。

二、出土玉器的数量与器形种类

半拉山墓地出土遗物 200 余件，其中 140 余件为玉器，主要出土于墓葬中，只有少数出土于祭祀坑和地层中。从有随葬品的墓葬来看，墓室内主要随葬玉器，充分体现了红山文化墓葬以玉器作为主要随葬品的“唯玉为葬”埋葬习俗。因为目前尚未出版完整的半拉山墓地发掘报告，笔者仅根据已发表的简报及研究材料，对半拉山墓地出土的玉器进行梳理和研究。本文采用的图片，基本上是在《又见红山》展览图录中发表过的[1]。

早期共有15座墓，出土玉器的有9座墓，占总数的60%。根据发掘简报的附表《半拉山墓地墓葬登记表》可知，共出土了21件玉器。其中M22出土了环1、镯1，M23出土了双连璧2，M25出土了环1，M26出土了镯1，M30出土了坠饰1、玉料1，M49出土了环1、璧1，M67出土了环2、镯2，M76出土了环4、镯1，M78出土了环2。

晚期共有63座墓，出土玉器的有33座，约占总数的52%。根据发掘简报的附表《半拉山墓地墓葬登记表》可知，M2出土了镯1、饰件1，M3出土了珠2，M7出土了坠饰1，M8出土了璧1、镯2，M9出土了镯1，M10出土了环1、镯1、玉料1，M11出土了环1、璧1，M12出土了玦形龙1、璧1、兽首柄端饰1、钺1，M13出土了斧1、环1，M14出土了坠饰1，M15出土了环1，M19出土了镯1、璧1，M20出土了环10、玉芯3、玉料1，M21出土了镯1、璧1，M27出土了环4、镯1，M28出土了镯1，M29出土了环6、璧2、坠饰2，M35出土了环1、璧1，M36出土了璧1，M39出土了环3、三连璧1、异形璧1，M42出土了环3，M44出土了环1，M45出土了环2、镯1、璧2，M50出土了环1、坠饰1，M55出土了环2，M60出土了环2、镯3，M62出土了双连璧1，M69出土了镯2，M70出土了环1、璧1，M71出土了环1、璧1，M72出土了环4、镯2、璧3，M74出土了玉料1，M77出土了环1。在祭祀遗址JK12出土了斜口筒形器1、环1，K5出土了鸟形坠1，在祭坛活动面上零星出土环、璧、柄端饰等。

半拉山墓地早期共出土21件玉器，均出自墓葬，器类有镯、环、璧、双联璧、坠饰和玉料。晚期共出土122件玉器，出土于墓葬和祭祀遗址中，器形有玦形龙、兽首形柄端饰、鸟、璧、环、镯、坠饰、珠、斧和玉料、玉芯等。可以看出，半拉山墓地出土的玉器造型主要为几何形，动物形和抽象变形类玉器极少。在143件玉器中，只有玦形龙、兽首形柄端饰和鸟为非几何造型，均为晚期遗物，约占总数的2%。

玉玦形龙（M12∶1），高13.5厘米，宽10.1厘米，厚3.3厘米，孔径3.2—4.3厘米。淡绿色透闪石玉质，夹杂大量细小的白色杂质，两侧面均有白色瑕斑，背部有数道裂纹，并有多处未打磨平的疤痕。龙体蜷曲，似玦形，头尾之间断开。耳廓宽大高耸，双目圆睁微鼓，吻部前凸，嘴紧闭。形制规整，器体厚重。制作精致，表面光滑圆润（图二）。它的形制则与牛河梁遗址出土的N2Z1M4∶2相似。而玉质与牛河梁遗址采集的标本7相似。

玉兽首形柄端饰（M12∶4），长6.1厘米，宽4.5厘米，厚2.4厘米 。玉质

1 辽宁省博物馆等：《又见红山》，文物出版社，2019年。

灰白色，石性较重。主体呈楔形，一端雕琢出兽首形，一端渐薄，加工出榫头。兽首与玉玦形龙的头部相似，双耳直立，双目是对钻而成的穿孔，额头微耸，圆短吻，鼻尖上翘，嘴微张，下颌宽厚，颈部内收出棱。下接楔形榫头，前后两侧面未打磨，较粗糙，增大摩擦力，使榫头插入木孔中不易脱落（图三）。半拉山的红山古人注重用玉器来装饰所持权杖一类的端部，如同战国汉代玉具剑的意义。除了 M12∶4 的玉兽首形柄端饰件，在祭祀遗址区还出了一件玉杖头（T0507③A∶1），高 3.62 厘米，上端长径 5.25 厘米，短径 4.12 厘米，下端直径 3.55 厘米，粗孔径 3.11 厘米，孔深 2.7 厘米。玉质通体白化，质地疏松，多破损和裂纹，缺损处经修复。器体为梯形台体，一端面为较宽大的椭圆形，一端面为较窄小的圆形。在较小一端的底面以管钻挖空成一大深洞，可以插入木柄，在其顶面有两个桯钻的小孔，来加固玉杖头与木柄的结合（图四）。

图二　玉玦形龙（M12 ：1）

图三　玉兽首形柄端饰（M12：4）

图四　玉杖头（T0507③A：1）

玉鸟（K5∶4），长 4 厘米，宽 2.8 厘米，厚 0.6 厘米。淡绿色玉质，局部有褐色瑕斑。平面近长方形，体扁平轻薄，中部稍厚，外边缘渐薄。整体为一只双翅展开的鸟形象，以隐现的凸凹线条勾勒出鸟头、躯干、双翅和尾部，采用一道微凸的细棱与两侧宽凹槽体现两翅，用两道斜向凹槽将尾部与翅膀分开。左翅膀外缘有一个从两面对钻的小孔（图五）。

图五　玉鸟（K5 ：4）

绝大多数为几何造型，其中数量最多的是镯和环（适合手腕佩带的为镯，尺寸小的为环），143 件玉器中有 79 件为镯和环，约占 55%。早期镯和环所占的比例更大，21 件玉器中有 16 件，占 76%。根据牛河梁遗址许多戴在手腕处环状玉器的尺寸，绝大多数的内径在 5—7 厘米之间，只有 N2Z2M2：1 外径 4.9 厘米，内径 3.71 厘米，出于死者右腕[1]，因此笔者把内径大于 5 厘米的玉环均称为玉镯，内径小于 5 厘米且非出土于手腕处的称作玉环。玉镯（M10：1），直径 6.8 厘米，孔径 5.4—5.6 厘米，厚 0.54 厘米。青绿色玉，表面轻度白化，局部有黄色瑕斑。环体纤细，横截面近圆三角形。内孔为单面钻，孔壁打磨光滑。断为 2 段，可复原，似为旧残（图六）。玉镯（M42：3），直径 5.2 厘米，孔径 3.6—3.9 厘米，厚 0.6—0.8 厘米。乳白色玉质，局部有黄、黑色土沁。镯体近圆形，肉部较宽，粗细不均，横截面近梯形。内孔近圆形，单面钻而成，内缘面稍内凹（图七）。

1　辽宁省文物考古研究所：《牛河梁：红山文化遗址发掘报告（1983—2003 年度）》，文物出版社，2012 年，第 120 页。

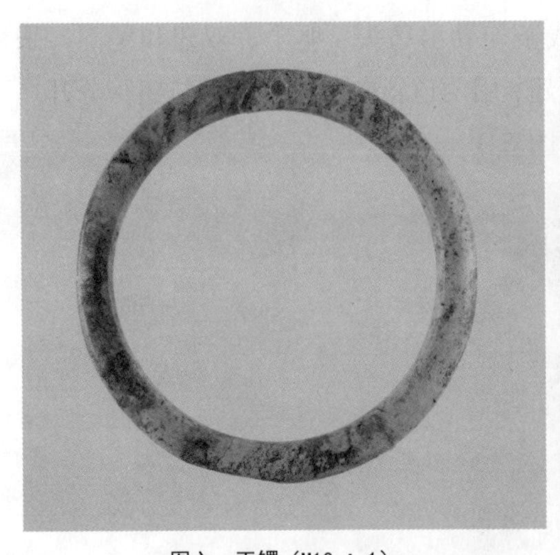

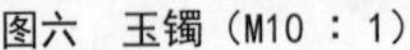
图六　玉镯（M10：1）

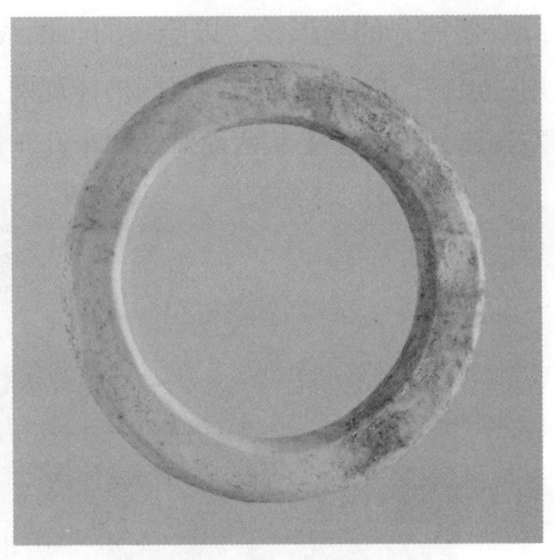
图七　玉镯（M42：3）

其次为璧，共 26 件[1]，占总数的 18% 以上，其中墓葬出土 22 件，地层出土 4 件。其中 20 件为直径不到 10 厘米的小璧，以受沁较重、不透明的白色玉石（蛇纹石和大理岩）为主要材质。玉璧（M45：2），长径 7.9 厘米，短径 7.6 厘米，孔径 3.4—3.7 厘米，厚 0.6 厘米。玉质乳白色，器表有黑色土沁，有研究者指出是大理岩[2]。形制规整，外廓和内孔均为近圆形，器体中部较厚，外缘渐薄。内孔为单面钻，孔径一侧大，另一侧小，未经打磨，保留一周细小疤痕（图八）。玉璧（M72：8），长径 7.18 厘米，短径 5.28 厘米，孔径 1.58 厘米，厚 0.34 厘米。乳白色玉，体表一面有一层红色土沁，质地坚硬，含有青绿色矿物质颗粒，有研究者指出是蛇纹石[3]。平面近椭圆形，中部稍厚，外边缘薄如刃。中部对钻一圆孔，孔壁中部形成一道凸棱（图九）。

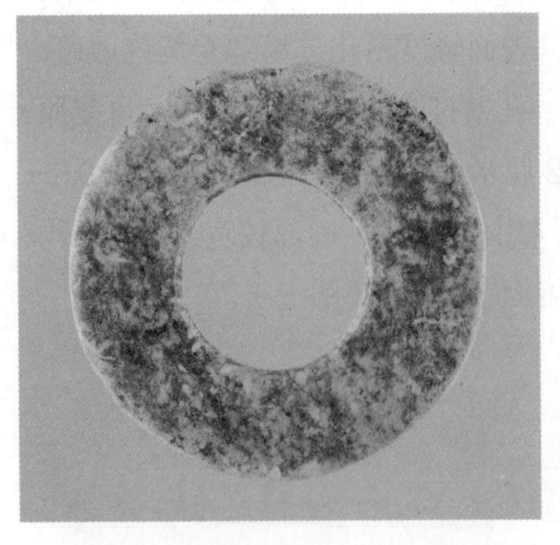
图八　玉璧（M45：2）

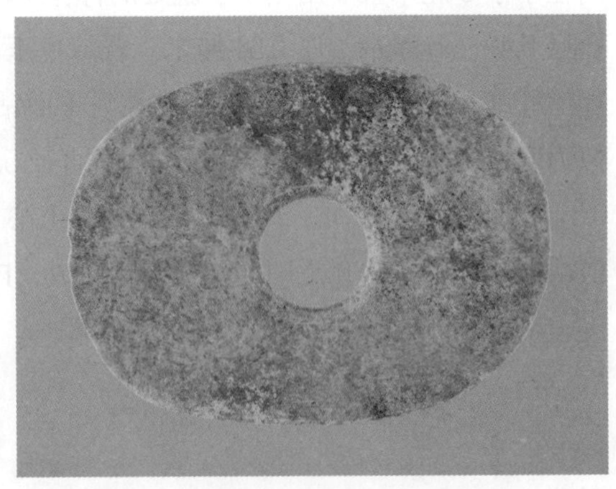
图九　玉璧（M72：8）

1、2、3　熊增珑、叶晓红、樊圣英：《辽宁朝阳半拉山墓地出土玉璧研究》，《文物》2020 年第 3 期。

直径超过10厘米的大璧只有2件，从器体大小结合玉质和造型，推测可能不是本地制作的玉器。玉璧（M12：3），长14.5厘米，宽13.3厘米，孔长6厘米，孔宽5.5厘米，厚0.7厘米。绿色玉，微泛黄，局部有白色瑕斑，质地细腻。器体宽大，扁平轻薄。平面近圆角方形，内孔也为圆角方形，内、外轮廓边缘薄似刃，横截面似梭形。上侧长边中部有两小孔，以一面钻为主，并对两孔的两侧面根据佩戴需要又进行了二次加工，一侧两孔之间打磨出横向连接的凹槽，另一侧两孔各自打磨出斜向上方的凹槽。根据穿绳佩戴习惯，有横向磨槽的应为玉璧的正面，另一面则为靠近身体的背面。残破为三块，可复原（图十）。由玉璧改制的大玉环（T③A：3），长13.11厘米，宽12.57厘米，孔径10.33厘米，厚0.5—0.75厘米，透闪石，灰红色略带黄色调，质地均匀细腻，半透明至不透明，油脂光泽。出土时断为五段，复原后呈圆角方形环，肉部粗细不均，外缘渐薄，横截面近三角形。内孔为圆形，单面钻，一侧留有钻孔结束时敲击孔芯的破裂面痕迹，在上边的边缘有两对小孔，孔下部被大内孔打破，据此推测，此环本为玉璧改制而成，内部大孔是在改制时加工的，打破了玉璧原来的小孔（图十一）[1]。

玉连璧4件，包括双连璧3件，三连璧1件。虽然名为“连璧”或“联璧”，实则并不一定与“璧”的内涵有关系。虽然数量不是很多，但从这种器形的分布时间和空间上看，都很广，值得研究。玉双连璧（M23：1），长8.21厘米，宽3.08厘米，厚0.28厘米。黄绿色玉，质地细腻通透，上部有三道白色自然纹理。似二璧相连之形，边缘渐薄如刃。中部两侧边缘内收，二内孔均为对钻而成，顶部呈圆弧状凸出，对钻一细孔，作为系挂之用，底部边缘刻出三道凹口（图十二）。玉三连璧（M39：3），长9厘米，宽4.2厘米，厚0.34厘米，孔径1.4—1.5厘米。淡绿色玉质，较透明，局部有黄色瑕斑。形似三璧相连，体扁平轻薄，边缘薄似刃，横截面近梭形。器体中部对钻三个大孔，多近圆形（图十三）。

1 熊增珑、叶晓红、樊圣英：《辽宁朝阳半拉山墓地出土玉璧研究》，《文物》2020年第3期。

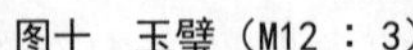

图十　玉璧（M12 ：3）

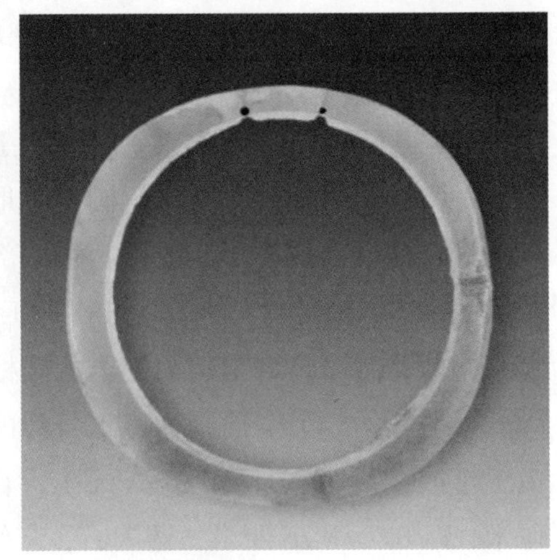

图十一　玉环（T③A ：3）

三、玉器的材质与沁色

半拉山出土玉器的材质，据检测，基本以蛇纹石、透闪石、方解石、天河石等为主[1]。有学者对半拉山出土的26件玉璧进行过统计，指出其中透闪石质10件、蛇纹石质15件、大理岩质1件[2]。笔者以肉眼观察，将其归纳为以下几种情况：

（1）玉质呈白色或淡绿色，比较纯净，透明度很高，基本不受沁。这类玉材包括了优质的透闪石和蛇纹石。以这种玉材雕琢的玉器数量只有7件，约占总数的5%，器形主要为器体较小的璧（M35∶1、M36∶1、M39∶1、M71∶2、M72∶4）和连璧（M23∶1、M39∶3，见图十二和图十三）。它们都是片状器，器体较小且非常薄，琢磨抛光精致，数量也很少，可见这类透明度高的纯净玉料在半拉山社会中稀缺且珍贵。玉璧（M35∶1），长6.6厘米，宽5.84厘米，孔径2.31厘米，厚0.26厘米。质地细腻均匀，透明至半透明，油脂光泽。呈椭圆形，在长径两侧外缘有对称的形似大括号样的刻缺（图十四）。玉异形璧（M39∶1），直径4.35厘米，孔径2厘米，厚0.26厘米。玉质黄绿色，局部有褐色瑕斑，体表有两道自然的裂纹。主体近圆形，在体外缘上凸出三个大小不一、形状相似的月牙形耳饰。器体扁平轻薄，中部稍厚，边缘薄似刃。近中部对钻一孔，孔近椭圆形（图十五）。

1　王敏娜：《半拉山红山文化墓地研究又出新成果》，《辽宁日报》2017年4月13日第6版（文化新闻·特别版）。

2　熊增珑、叶晓红、樊圣英：《辽宁朝阳半拉山墓地出土玉璧研究》，《文物》2020年第3期。

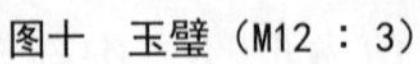

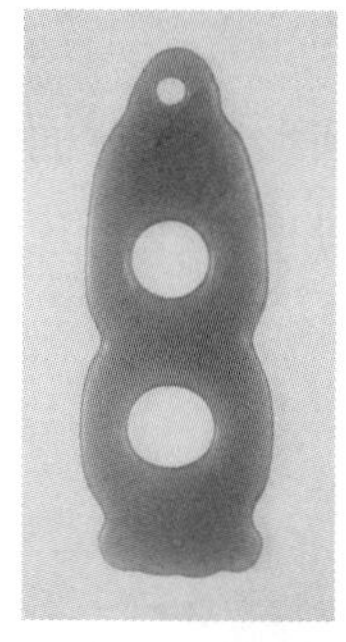
图十二　玉双连璧（M23：1）

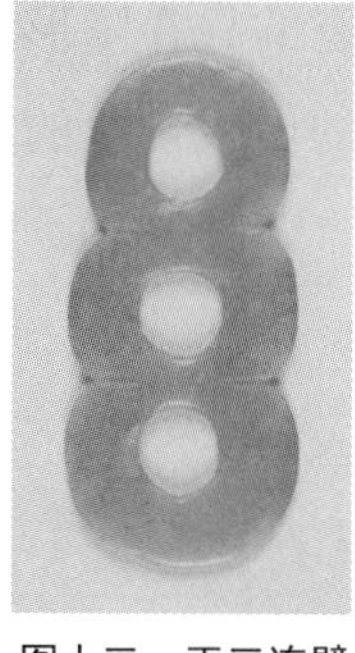
图十三　玉三连璧（M39：3）

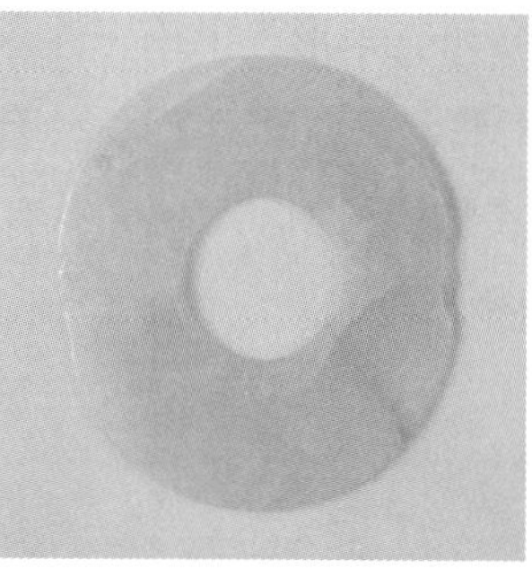
图十四　玉璧（M35：1）

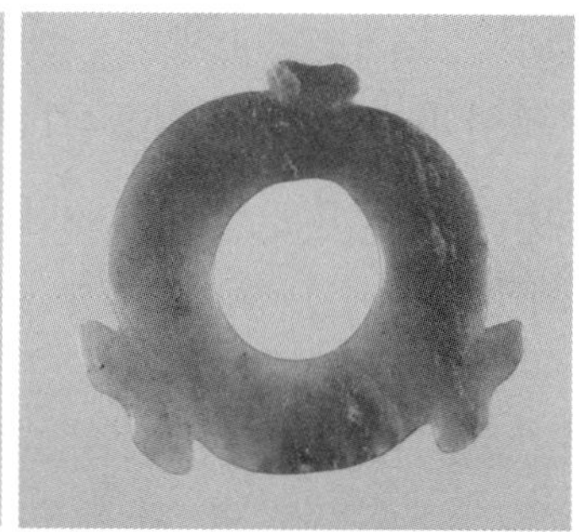
图十五　玉异形璧（M39：1）

（2）玉质为温润的优质透闪石，呈绿或淡绿色，比较纯净，半透明或微透明，不受沁或轻度受沁。这类玉材在半拉山墓地出土玉器中数量很少，笔者仅将玉玦形龙（M12:1）、玉鸟（K5:4）、玉璧（M12:3）、玉管钻芯（M20:7）等几例列入此类（见图二、图五、图十、图二八）。

（3）玉质呈苍绿或青灰色，主要是透闪石山料，杂质较多，石性较重，表层受沁，看起来硬度较高，但基本不透明。这类玉材在半拉山墓地出土玉器中数量也不是很多，如玉斜口筒形器（JK12:2）、玉芯料（M20:15）、玉料（M10:3、M30:3）等。玉斜口筒形器（JK12:2），高 17.5 厘米，斜口长径 9 厘米，短径 6.25 厘米，平口长径 7.4 厘米，短径 6 厘米。深绿色玉，器表大部分有白色沁斑。器体呈扁圆筒状，截面近椭圆形。一端为外敞的斜口，斜口端外边缘磨薄似刃，边缘有破损疤痕。另一端为稍窄小的平口，近平口端的两侧面各单面钻一细孔（图十六）。玉料（M10:3），顶宽 7.9 厘米，底宽 10.8 厘米，厚 2.9 厘米，高 13.6 厘米。青灰色玉，局部有白色瑕斑，石性较重。平面近梯形，形制不规整。体表略经打磨，局部保留自然石皮和疤痕，顶部不平，中间有一处较大自然凹坑，中部从上至下贯通一道杂质层，使玉料不适宜加工成玉器（图十七）。

图十六　玉斜口筒形器（JK12：2）

图十七　玉料（M10：3）

（4）天河石，湖蓝色，质地较好，形状有

圆形、水滴形、不规则的梯形和三角形，共有6件。有的只在随形的小玉料上钻一个小孔作为坠饰（M7：1、M14：1、M50：2）；有的做成规整的圆形，在背面钻牛鼻式穿孔，可以缝缀在衣物上（M30：2）；有的二件一对，似乎是作为耳坠的（M29：4、M29：5）（图十八）。

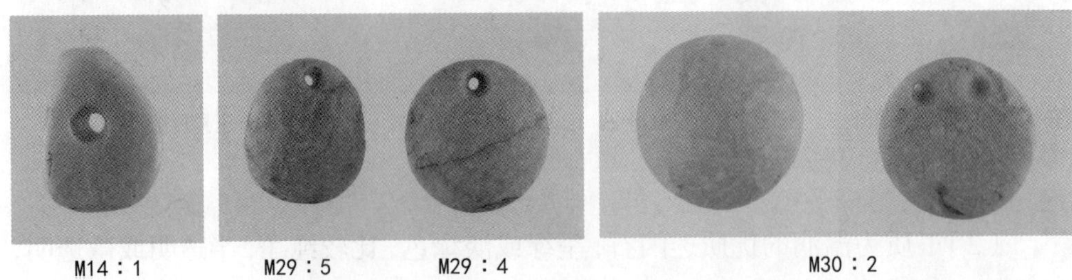

图十八　天河石坠饰（M14：1、M29：4、M29：5、M30：2）

（5）玉质呈乳白色，不透明，表面钙化严重，硬度变低，多有裂纹和断为数段的情况。这类玉材包括了蛇纹石和大理岩，是半拉山最多见的玉材，约占半数，大多数环、镯都是采用这类玉材。玉镯（M8:2），长轴5.6厘米，短轴5.4厘米，孔径3.8厘米，厚0.9厘米。乳白色玉，白化严重，局部有黑色土沁斑点。环体平面近椭圆形，外廓不甚规则，横截面近圆角梯形。内孔为以管钻从双面对钻而成的正圆形，孔壁呈圆弧状微凸。磨制粗糙，表面不光滑（图十九）。玉璧（M45:4），直径7.9厘米，孔径2.5厘米，厚0.4厘米。乳白色玉质，表面钙化严重，有黑色土沁，有研究者指出是大理岩[1]。平面近圆形，近中部双面对钻一孔。体扁平轻薄，中部稍厚，外边缘渐薄（图二〇）。

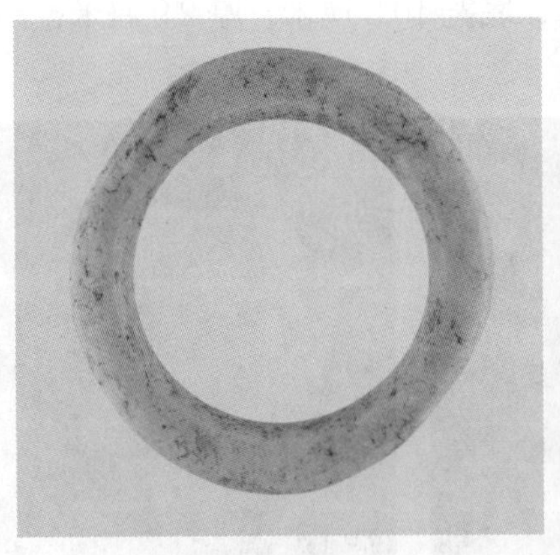

图十九　玉镯（M8：2）

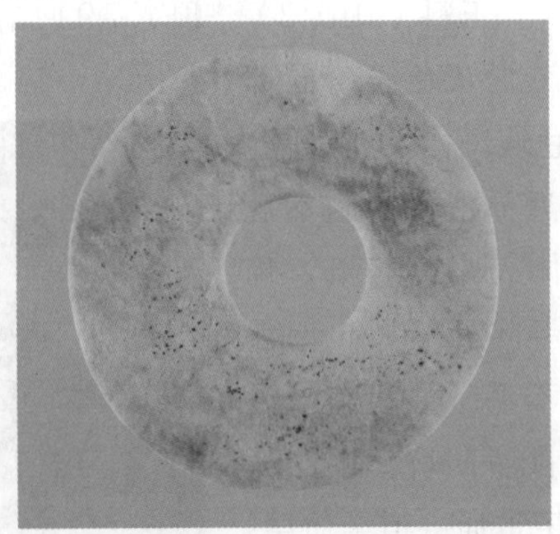

图二〇　玉璧（M45：4）

此外，还有用较好的石料制作的，如M12出土的钺和兽首形柄端饰，所用材质严格来说都属于较好的石料。石钺（M12:2），长13.7厘米，宽10.3厘米，

1　熊增珑、叶晓红、樊圣英：《辽宁朝阳半拉山墓地出土玉璧研究》，《文物》2020年第3期。

厚 1.3 厘米。石质，淡黄色，质地细腻光滑，一侧有红色土沁斑块。体扁平，两侧边略外弧，与圆弧形的刃部自然相接，使钺体平面近似椭圆形。顶部平直，有两侧对打形成的疤痕面，未进行打磨，便于镶嵌入木柄内。两侧边刃部较厚，中间刃部稍薄，不锋利，均未见使用痕迹。钺体上部对钻一孔。残破为三块，可复原（图二一）。

图二一　石钺（M12：2）

总之，半拉山墓地玉器的材质高质量的透闪石玉较少，未见质密温润的透闪石籽料。大多数为蛇纹石及大理岩等含杂质的玉料，石性较重，易发生严重白化现象，表面呈不透明的白色，在硬度、光泽度和韧性等方面都变差，很多出现严重的断裂破损。

四、玉器的做工

半拉山墓地出土的玉器中，有未完成的玉料和制玉废料管钻芯、半成品和残次品，还有一些玉器因打磨不细致而遗留了制作的痕迹，这些玉器为研究红山文化玉器的做工提供了珍贵物证。通过这些玉件，我们可以看到红山文化玉器的一些制作工艺。

（一）切割

从出土的玉料和玉器造型分析，半拉山墓地玉器的切割可能较多使用的是片锯。大部分玉璧的外廓不是规则的圆形，应该是以片锯经过多次切割后，再以打磨的方式使其接近圆形。玉料（M30：3），长 9.31 厘米，宽 7.96 厘米，厚

2.56—4.65 厘米。灰绿色玉，一面体表有石皮，呈不规整的厚圆角长方体，一侧面打磨较光滑。玉料整体进行了简单的切割和打磨，可见到多处直线形的切割痕，是片锯切割留下的痕迹（图二二）。玉璧（M72∶5），外径 5.78—6.2 厘米，内径 2.75—3.33 厘米，厚 0.54 厘米。玉质呈乳白色。形制不规整，平面近圆角五边形，可见明显的直线形，是片锯切割后尚未进行打磨修整的结果。中心大孔的孔径呈喇叭口形，上下两端棱角分明，是以管钻从单面钻成的（图二三）。玉璧（M72∶4），长 5.22 厘米，宽 4.58 厘米，内径 2.35 厘米，厚 0.35 厘米。黄绿色透闪石玉，质地较好。平面为不太规则的圆形，明显为片锯切割以后打磨修整而成（图二四）。

图二二　玉料（M30∶3）

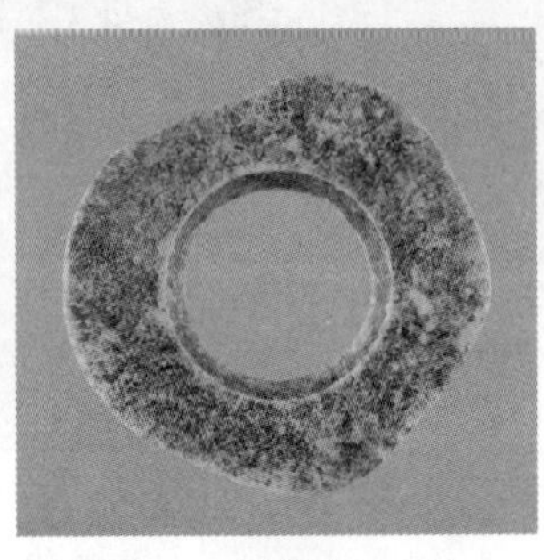
图二三　玉璧（M72∶5）

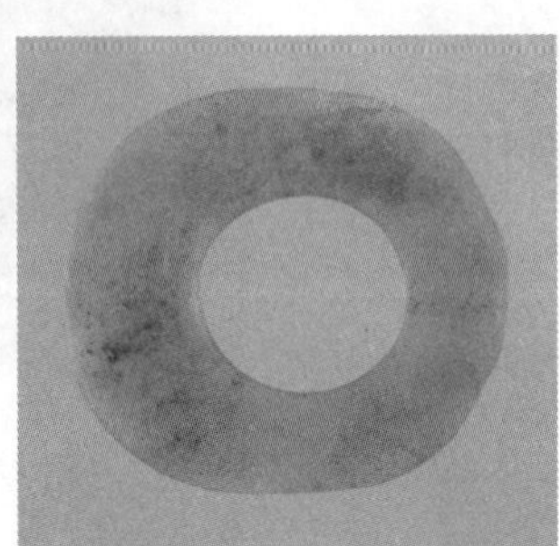
图二四　玉璧（M72∶4）

（二）钻孔

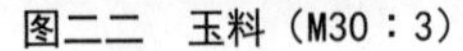

在半拉山玉器中，我们可以看到用桯钻和管钻两种工具的打孔制作方式。在半拉山出土的玉杖头（T0507 ③ A∶1）上可以看到这两种打孔工具的使用，其制作流程是在制作出雏形以后，先从较小一端的底面以管钻挖空成一大深洞，再以桯钻从洞底和较大一端的顶面两面对钻，打出两个小孔，与大孔相通。这样在使用时可以在大深洞内插入木柄的端头，再通过两个小孔加固下杖头与木柄的结合（图二五）。

图二五　玉杖头（T0507 ③ A ∶ 1）

半拉山墓地出土的玉璧大多肉部没有小孔，而中央大孔多为正圆，镯和环的内孔都是采用管钻制成，所以在这里管钻的使用可能多于桯钻的使用。较薄的玉料，管钻从一面打钻，较厚的玉料则从两面对钻，出土的多件管钻芯料也证明如此。玉环（M42:2），直径 5 厘米，孔径 3.9 厘米，厚 0.56 厘米。乳白色玉，器表有大面积土沁。外缘和内孔均呈规矩的圆形，内孔可见为单面管钻制成。环体纤细均匀，横截面呈三角形（图二六）。玉管钻芯（M20:16），底径 3.65 厘米，上径 3.37 厘米，高 1.33 厘米。乳白色玉质，局部有黑色土沁。形呈圆台体，是单面管钻遗留的芯钻。顶面中心保留一处经四次切割而未切割彻底的长方形柱芯，可见该玉料经多次切割取料利用（图二七）。玉管钻芯（M20:7），通长 3.89 厘米，宽 3.71 厘米，厚 1.65 厘米。墨绿色玉，局部有白色瑕斑，质地细腻光滑。体扁平、厚重，形似两个错接的圆台体，错接处可见管具从两面对钻形成的切割痕迹（图二八）。

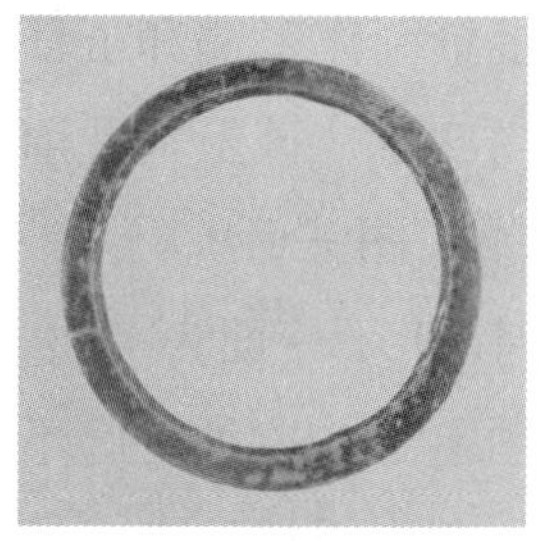
图二六　玉环（M42：2）

图二七　玉管钻芯（M20：16）

图二八　玉管钻芯（M20：7）

半拉山墓地出土的部分玉器较大的孔不是正规的圆形，似乎不是以管钻制成。推测这类大孔有可能是以桯钻或桯钻结合线具拉切，制成孔部的大致形状，再通过反复打磨进行修整而成。玉双连璧（M62:1），长 8.96 厘米，宽 5.37 厘米，厚 0.35 厘米。乳白色玉，平面近圆角长方形，整体不平整，中部稍厚，外边缘薄如刃。中部有两个大孔，孔径不甚规则（图二九）。玉璧（M12:3）的平面近圆角方形，内孔也为圆角方形，线条比较规矩，应该是以桯钻结合线具拉切而成的（见图十）。

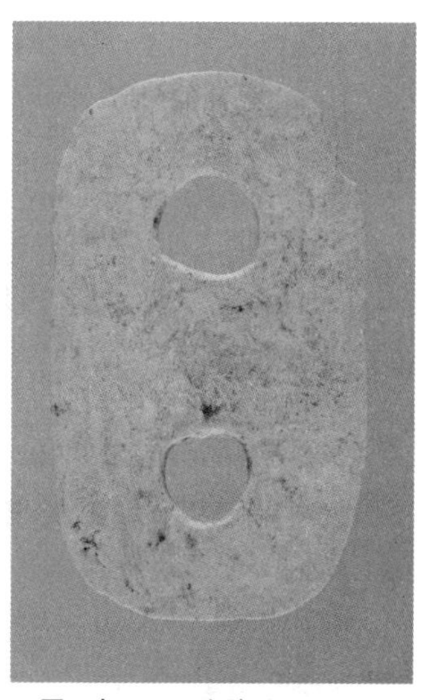
图二九　玉双连璧（M62：1）

（三）镯与环的制作

玉镯半成品（M20:15），通高 6 厘米，最大径 9.3 厘米，芯径 4.8 厘米，芯高 2.6 厘米，槽深 1.3 厘米。

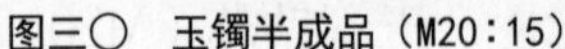

图三〇　玉镯半成品（M20:15）

图三一　制作玉璧的废料（M74:1）

青绿色玉，微泛白。外形近圆柱体，是切割后经过简单打磨而成的，表面有较大未完全打磨平的自然疤痕。中心保留有一段高出的圆柱形玉芯，周围环绕的肉部平切下来就是玉镯（环）的雏形，再经过打磨就可以制成比较规整的玉镯或玉环了。由这个半成品圆柱体和玉芯的高度可知，这是批量制作玉镯和玉环遗留下来的，从玉芯顶部遗有敲断玉芯的截面疤痕和玉芯高度看，该玉料此前已经切割下一个玉镯的坯料，剩下的玉料还能够切出两个玉镯（图三〇）。

从半拉山墓地出土的多件玉环和玉镯（M42:3）可以看到，上下一面为平面，尚未打磨成弧形，是切割成坯料后打磨不细致的结果（见图七）。这种打磨不精细的环和镯，都是以白色不透明的玉料制作，玉料不佳，制作粗糙，有可能是专为随葬而制作的明器。

（四）璧的制作

批量制作玉璧的方法同制作玉镯、玉环的原理是一样的，只是肉部较宽一些。半拉山墓地出土的一件制作玉璧的废料（M74:1），残径 6.7 厘米，芯径 2.5—2.95 厘米，芯高 2.23 厘米，通高 3.15 厘米。乳白色玉，器表有黑色土沁斑点。中间保留一段上小下大的玉芯，周边为剩余的半圆形璧肉，在平面上保留大量细小切割沟槽痕迹。根据玉料残存部分的器表可见，该玉料在使用前也是一个经简单打磨加工的圆柱体，在中部管钻制出璧的中央大孔，芯料外边的肉部可以切出多件璧的坯料（图三一）。

（五）残器修复使用

在半拉山墓地出土的玉器中，可以看到有的玉器在断裂处的两端各有一个小孔，如玉镯（M35:2），说明它是在入葬前已经损坏，被修复后继续使用并入葬，可见当时人们对玉器的珍爱（图三二）。

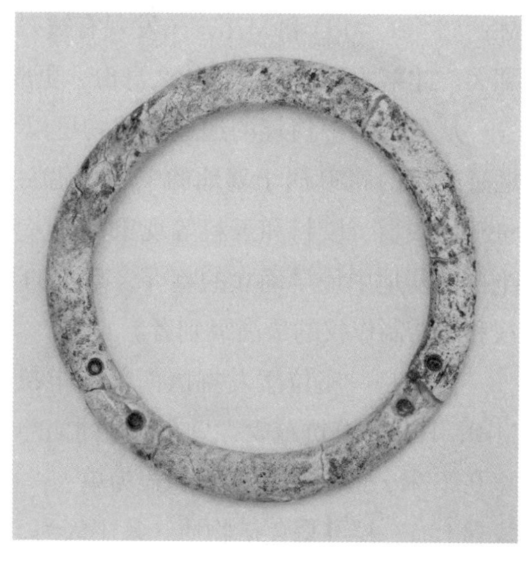

图三二　玉镯（M35：2）

五、对 M20 与 M12 墓主人身份的推测

从墓葬的分布位置、规模和墓中出土的玉器来看，M20 与 M12 与其他墓葬有很大差异，由此推测，这两座墓墓主人的身份可能也与众不同。

M20 位于墓地的中部，其北部为祭祀区，南部全部为墓葬，为整个半拉山墓地的中心大墓。墓地中其他墓葬的墓圹都在 3 米以内，大部分是 2 米左右，而 M20 的墓圹东西长 7.43 米，南北宽 6.08 米，深 1.99 米，二层台长 6.84 米，宽 4.72 米，深 1.43 米。这个墓的面积不仅远远超过了本墓地中的其他墓葬，呈鹤立鸡群之势，而且也远远超过了牛河梁遗址各个积石冢的中心大墓。牛河梁第二地点一号冢的中心大墓 N2Z1M25 墓圹东西长 3.15 米，南北宽 3.5 米，深 2.7 米，出土了斜口筒形器等 7 件玉器；N2Z1M26 墓圹东西长 3.4 米，南北宽 3.9 米，深 1.9 米，出土了双鸮首饰等 4 件玉器；第五地点的中心大墓 N5Z1M1 因发掘于 1987 年 9 月 18 日，号称“九一八大墓”，墓圹东西长 3.8 米，南北宽 3.05 米，深 2.25 米，出土了勾云形器等 7 件玉器；第十六地点的中心大墓 N16M4 墓圹东西长 3.1 米，南北宽 3.9 米，深 4.68 米，出土了玉人、玉凤、斜口筒形器等 8 件玉器[1]。牛河梁遗址中 N2Z1M25、N2Z1M26、N5Z1M1、N16M4 这几座中心大墓中出土的重量级玉器足以说明其墓主人的地位高于普通人，但它们墓圹的规格均比半拉山墓地 M20 小了一半左右，说明半拉山 M20 的墓主人非同一般。

M20 中出土的玉器种类虽然不同于红山文化玉器中通常的重量级玉器，但也很耐人寻味。M20 是该墓地 78 座墓葬中出土玉器数量最多的一座墓，墓圹内填土中出土 14 件玉器，其中残玉环 10 件、玉芯 3 件、玉料 1 件，但均为残器、玉料和制玉废料。M20 还有一个特殊之处是此墓中无人骨。发掘时 M20 叠压于第 2B 层下，打破第 3 层和基岩，其上被 K3、K7、K8 打破，并打破 M4、M51、

1　辽宁省文物考古研究所：《牛河梁：红山文化遗址发掘报告（1983—2003 年度）》，文物出版社，2012 年。

M52、M56、M60和M75，未发现有被盗掘和破坏现象，说明此墓未曾下葬过。那么，此墓的墓主人会是什么身份，更成悬念。

从牛河梁等遗址的遗迹和遗物可以看出，红山文化以神权占据主导地位。通过上述的M20居于墓地的中心、北临祭祀建筑遗迹、墓圹规格超大、随葬大量玉器残器、废料和玉料等现象，笔者对墓主人的身份作出如下推测：此墓是半拉山墓地中最早确立的墓葬，墓主的身份应是半拉山墓地所属人群中执掌神权和玉器制作权的最高级别者。

M12是一座位于发掘区南部的半拉山晚期石棺墓，北邻同期石棺墓M9、M10，其南部墓坑疏少，只有1座同期的长方形土坑墓（M36）。墓圹长2.11米，宽0.96米，最深0.67米，葬式为单人一次仰身直肢葬。人骨保存一般，无头骨，人骨上有一层红褐色矿物质。墓主人为男性，年龄30岁以上。

M12出土了4件随葬品：玉玦形龙、石钺、玉璧、玉兽首形柄端饰件，前3件互相叠压在腹部，最上面的为玉玦形龙，中间为石钺，最下方是方形玉璧，白色的柄形玉器位于大腿内侧，按位置复原，应为石钺木柄的端饰（图三三）。玉龙和玉璧是红山文化神权的象征，而钺在古代既是一种武器，同时亦作为仪仗礼器使用，是军权的象征。

图三三　半拉山墓地M12“钺璧龙”出土状态及局部照

虽然M12墓葬所在位置和规格不如M20级别高，而随葬“钺璧龙”的组合，暗示了墓主人的身份虽不是整个聚落地位最为显赫的人物，但肯定是一位掌握一定军权的头领级别人物。而且墓主人只有身躯没有头颅，很可能是在战争中被敌人斩首。此前，学界普遍认为红山古国是一个神权古国，此次半拉山墓地石钺与玉龙共出于同一座墓葬中，充分证明了红山文化时期集军权和神权于一身的王者已出现在辽西。[1]

半拉山墓地出土的玉器，从总体来看，绝大部分器体较小，器形简单，而且玉质不佳。从玉器的材质和器形风格来看，M12 出土的玉玦形龙和玉璧与整个半拉山墓地出土的玉器格格不入，而与牛河梁遗址的玉器风格完全吻合。它们均以较好的透闪石玉料雕琢，无受沁白化现象。类似玉玦形龙这样的红山文化重量级玉器在半拉山墓地中仅此一件；玉璧的玉质大多数是白色不透明、易白化的蛇纹石，直径一般在 10 厘米以下，肉部不钻用以系缀的小孔。玉质好、器体大、上侧肉缘有两个小孔的玉璧也仅此一件。据此，M12 出土的玉璧（M12:3）从玉质、尺寸和形制来看均与半拉山玉璧特征不符，但在牛河梁遗址中倒是不乏这样的玉璧。联想到 M12 的墓主人是一位掌握一定军权的头领级别人物，可以推测玉玦形龙和玉璧这两件玉器可能是通过战争手段从半拉山人群以外的如牛河梁遗址这样等级较高的其他红山文化族群获取的。

此外，在祭祀坑中出土的斜口筒形器（JK12∶1）和玉鸟（K5∶4），在玉质、器形和做工方面，也与牛河梁遗址的同类器相似度比较高，而与半拉山墓地出土的大宗玉器风格差异较大，不排除它们是来自于其他红山文化人群的可能性。

六、小结

半拉山墓地与牛河梁遗址的晚期相当。从墓地的分布规模、单体墓葬的规格及随葬品的数量与质量来看，整个墓地等级低于牛河梁遗址，说明这个族群在红山文化社会中的地位要低于牛河梁遗址所属的族群。

墓室内的随葬品也是以玉器为主，符合红山文化墓葬“唯玉为葬”的埋葬习俗。但半拉山墓地出土玉器的质量明显落后于牛河梁遗址，表现在器物种类、玉材和做工质量等方面。

半拉山墓地共出土 143 件玉器，这些玉器的造型，绝大多数为几何形，极少见高等级的抽象变形类玉器和动物形玉器。其中数量最多的是镯和环，有 79 件，约占总数的 55%，其次为璧和连璧，有 26 件，占总数的 18%。动物形和抽象变形类玉器造型极少，只有玦形龙、兽首形柄端饰和玉鸟各 1 件，均为晚期遗物，约占总数的 2%。

半拉山出土玉器的玉材质量不佳，以白色的蛇纹石和大理岩玉材为主，石

1 李伯谦：《红山文化为神权古国的再次证明——从辽宁朝阳半拉山遗址考古发掘分析》，《黄河·黄土·黄种人》2017 年第 3 期。

性较重，且大多因受沁而白化；透闪石玉料较少，基本不见纯净的籽料。以肉眼观察，将其归纳为以下几种情况：第一种是呈白色或淡绿色、比较纯净、透明度很高的玉材，基本没有受沁现象，其成分有优质的透闪石和蛇纹石；第二种是玉质为呈绿或淡绿色、半透明或微透明的透闪石，不受沁或轻度受沁；第三种是透闪石山料，杂质较多，石性较重，表层受沁，基本不透明；第四种为湖蓝色的天河石；第五种为乳白色、钙化严重的玉材，包括了蛇纹石和大理岩，约占半拉山玉材半数，大多数环、镯都是采用这类玉材。此外，还有一些玉器所用材质严格来说属于石料。

半拉山墓地出土玉器的做工比较粗糙，基本没有纹饰，器形打磨不规矩、不细致，而且很多玉器表面遗留有明显的切割痕迹。在这里出土了一些玉料、管钻芯、半成品和残次品，为研究红山文化玉器的制作工艺提供了珍贵物证。

红山文化玉器鉴赏

张鹏飞（辽宁省文物考古研究院、辽宁省文物保护中心）

【摘要】东北地区历史悠久，史前文化形成较早，红山文化是东北地区最具影响力的史前考古文化。本文以考古发掘器物为鉴定依据并结合工作实践经验，通过对比器物艺术风格、工艺特征等形式展示部分收缴文物，为进一步研究红山文化玉器提供资料。

【关键词】东北地区；红山文化；收缴文物；制作工艺

中国北方新石器时代重要考古学文化之一——红山文化，产生发展距今6500—5000年[1]，遗存最早发现于1921年，因背靠的山体为暗红色花岗岩，1954年被尹达先生命名为“红山文化”。[2] 1971年内蒙古翁牛特旗三星塔拉村造林挖土时采集到一件碧绿色岫岩玉“C”形玉龙。随后经过多年的考古调查以及对内蒙古赤峰地区，辽宁阜新、凌源、喀左、建平凌源交界处的牛河梁遗址等地的发掘显示，牛河梁遗址是红山文化中最为集中、最具规模、最具影响力的遗址。

近些年，随着对红山文化遗址的大量发掘与深入研究，该文化的重要性和出土器物的特殊性凸显，热衷收藏红山文化玉器的人越来越多，文物市场一度火热，导致盗墓现象频发。2015年，辽宁省朝阳市文保分局开展一次打击盗掘古文化遗址、古墓葬的行动，通过一年多的侦破与研判，收缴了大量出土文物，仅红山文化玉器就有250余件，现就收缴的有确切出土地点和具有辽西风格的红山文化代表性器物选择一部分鉴赏如下。

1　辽宁省文物考古研究所：《牛河梁：红山文化遗址发掘报告（1983—2003年度）》，文物出版社，2012年，第483页。

2　裴文中：《中国史前时期之研究》，商务印书馆，1948年；尹达：《关于赤峰红山后的新石器时代遗址》，载《中国新石器时代》，三联书店，1955年。

一、玉璧

璧的形制最初源于一种扁体圆形的生产工具。早在兴隆洼文化时期就有打制之后再磨制的扁体圆形工具，纺轮的形制也与璧形同。[1] 应该说玉璧的雏形就是纺轮的形制。玉璧在古代玉礼器中占有非常重要的位置，据《周礼》记载，璧、琮、圭、璋、琥、璜等器物称作为“六器”，《周礼·春官宗伯·大宗伯》记载：“以玉作六器，以礼天地四方。以苍璧礼天，以黄琮礼地，以青圭礼东方，以赤璋礼南方，以白琥礼西方，以玄璜礼北方。”把玉璧排列在六器首位，有着极为深远的意义。《说文》释：“石之次玉者以为系璧。”《周礼》有“子执谷璧”“男执蒲璧”的记载。玉璧在古代不仅作为显示贵族身份的佩饰，而且是古代权力的标志和等级制度的象征。玉璧也是用来祭祀天地的礼器，以及随葬祭器用玉和礼仪馈赠之物，故有春秋战国时期的“和氏璧”“完璧归赵”历史故事，玉璧是隐含和平的象征物。玉璧从新石器时代产生以来，历代延续，在形式和功能上一直在不断演变，总体来说玉璧在六器中出现的时间最早、使用时间最长、用途最广。

图一 -1 圆形玉璧，外径 5.2 厘米，内径 2.4 厘米，厚 0.4 厘米。凌源市红山街道办事处牛河梁古文化遗址盗掘出土。青玉，微透明，玉质泛黄，质地细腻。器体扁薄，表面打磨光滑，外缘不甚规圆，呈椭圆形。内缘近似正圆形，中间厚内外边缘薄似刃。器体边沿受沁严重。

图一 -2 长方形玉璧，上长 19 厘米，下长 17.5 厘米，一侧高 14.5 厘米，另一侧高（残）11 厘米，最厚处 0.65 厘米。喀左县利州街道小河湾村古墓葬盗掘出土。青玉，不透明，玉质呈青绿色，通体打磨。片状，整体呈长方形，一侧边线微弧，其他三边较规整。右上角残缺，左侧和下端边缘略有残损。器表两面受沁程度不同，正面呈青白色，背面呈浅绿色，器表分散呈现红褐色土渍结痂斑。璧体中间为长方形孔，孔长 6.2 厘米，宽 3.9 厘米。器体上端近边线的中部有两个对钻系孔。器体中间厚，内外边缘薄。

图一 -3 双联玉璧，通高 10.88 厘米，最宽 6.28 厘米，厚 0.3 厘米。朝阳市喀左县水泉乡盗掘出土。青玉，玉质透明。片状，通体磨制。局部有绺裂，且呈现红褐色沁痕。整体近似长方形，内外边缘薄。两侧边线延续呈一条弧线，上部两侧断呈“V”形豁口，呈上璧小下璧大，形成连体双璧形，上体平面呈三角形式样，下体呈长方形式样，器体上下垂直对钻两孔，上孔径 1.95 厘米，下孔径 2.6 厘米，两孔相当规正，器体顶部近边缘有一系孔，应为系挂所用。

1　于建设：《红山玉器》，远方出版社，2004 年，第 58 页。

图一 -4 三联玉璧，通长 6.67 厘米，最宽 3.6 厘米，厚 0.27 厘米。青白玉，透明，器表局部有白色瑕斑及土渍痕。器体扁薄，呈长条形，上下边线呈三连弧，整体形似三璧相连式。中间椭圆形璧相对两边璧体的体量较大，璧体宽窄不一，三孔中心不在同一垂直水平面，孔径分别为 1.08 厘米、1.28 厘米、1.17 厘米，器体内外边缘薄，通体磨制，表面光滑。

1 2 3 4

图一 玉璧

红山文化出土器物丰富，玉器时代特点鲜明。牛河梁遗址玉器类中出土数量最多的是玉璧，共出土 32 件。[1] 红山文化玉璧按照类型可分为单璧、联璧和异形璧，均光素无纹，其中单璧出土数量多，仅牛河梁遗址就出土 27 件。[2] 单璧依照形制主要分为圆形璧（外圆内圆、内外近圆）、方形璧（外方内方、外方内圆、内外近方）、椭圆形璧（内外椭圆、外椭圆内圆）三类。联璧因形似 2—3 个单璧相连，按照数量分为双联璧和三联璧。异形璧因形制突破了单璧和联璧造型，

1 辽宁省文物考古研究所：《牛河梁：红山文化遗址发掘报告（1983—2003 年度）》，文物出版社，2012 年，第 475 页。

2 辽宁省文物考古研究所：《牛河梁：红山文化遗址发掘报告（1983—2003 年度）》，文物出版社，2012 年，第 475 页。

器体还含有璧式的几何体形制，称为异形璧（如图二）。玉璧主要风格特点是中间厚边沿薄，亦代表着红山文化片状器物的时代特征。因玉璧穿系方式和使用功能不同，有些玉璧有1—2个系孔，有些玉璧没有系孔。图一-4虽然没有具体出土地点，但其材质、制作工艺、风格等方面均符合红山文化玉器的基本特征，且器表显见岁月的痕迹，故确认为红山文化遗物。

类型	单璧			联璧		异形璧
	圆形璧	方形璧	椭圆形璧	双联璧	三联璧	
序号	1	5	9	13	17	21
器物						
来源	牛河梁 N5Z1M1：1	牛河梁 N2Z1M11：2	牛河梁 N5Z1M1：2	牛河梁 N16M1：2	胡头沟3号墓葬出土	牛河梁 N2Z1M23：2
序号	2	6	10	14	18	22
器物		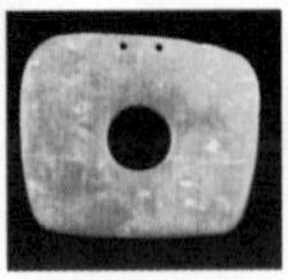	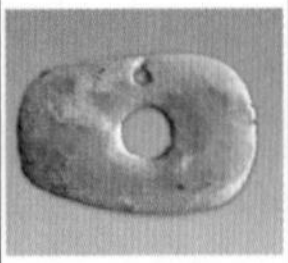		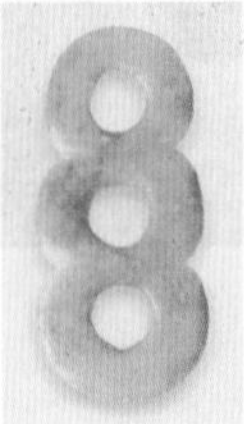	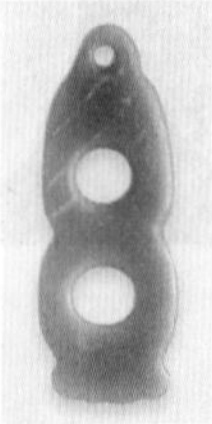
来源	牛河梁 N2Z1M21：5	牛河梁 N16-79M2：6	田家沟第一地点 M4：3	牛河梁 N2Z4	朝阳半拉山 M39：3	朝阳半拉山 M23：1
序号	3	7	11	15	19	23
器物						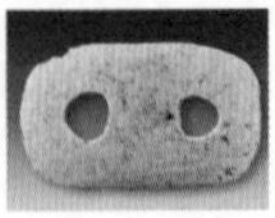
来源	牛河梁 N2Z1M15：4	通辽市哈民忙哈遗址出土	朝阳半拉山 M72：8	牛河梁 N2Z1M21：7	巴林右旗那日斯台遗址出土	朝阳半拉山 M62：1

类型	单璧			联璧		异形璧
	圆形璧	方形璧	椭圆形璧	双联璧	三联璧	
序号	4	8	12	16	20	24
器物	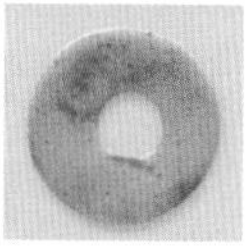			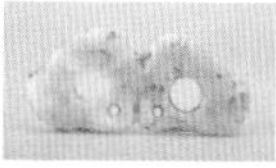	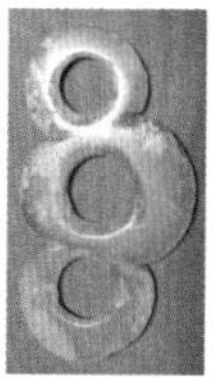	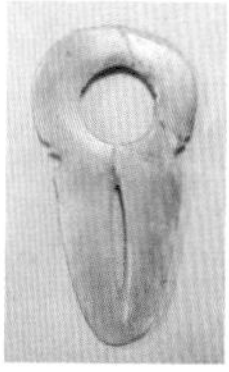
来源	朝阳半拉山 M45：4	朝阳半拉山 M12：3	朝阳半拉山 M72：4	辽宁省博物馆藏	朝阳盗掘收缴	朝阳盗掘收缴

图二 玉璧类型示意图

1、2、3、4、5、8、9、10、11、12、13、14、15、18、21、22、23. 现藏辽宁省文物考古研究院；
6、16、17. 现藏辽宁省博物馆； 7. 现藏内蒙古文物考古研究院；
19. 现藏巴林右旗博物馆； 20、24. 现藏朝阳市博物馆

二、玉猪龙

在红山文化遗址中，玉龙分为两种形式：“C”字形龙和大耳、大眼、吻部前伸有许多褶皱、身体蜷曲的猪龙。其中玉质的崇拜对象尤以玉猪龙最具特色，已成为红山文化的象征物。国内外相继出现 20 多件。已知正式发掘的有 4 件，有明确出土地点的有 7 件，早年收藏的有 9 件，另在吉林省、河北省、陕西省各出土 1 件，其中吉林省农安县左家山遗址出土为石雕龙。涉案收缴 3 件玉猪龙，1 件“C”形龙，均为玉质。

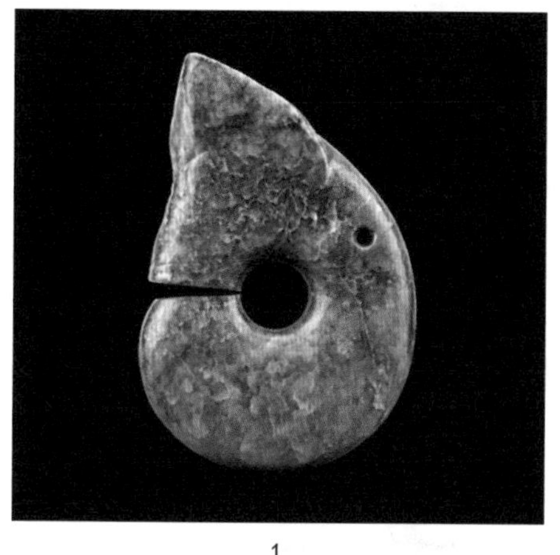

1

2

图三 玉猪龙

图三 –1 玉猪龙，高 14.68 厘米，宽 9.75 厘米，厚 3.8 厘米。辽宁省朝阳市凌源三家子乡田家沟村盗掘出土。青玉，玉质呈浅绿色，不透明，以河磨玉通体打磨而成。表面呈斑驳状，土渍、沁色痕可见，体形较大，周身光素无纹。体蜷曲，整体扁圆厚重，头部较大，立身，双耳直立，圆眼隐起，额部微凸，额头及吻上部以流畅的阴线碾磨出褶皱，口微张，开口处外宽内窄，体外侧近边缘有一小穿孔，体中部有一大孔，孔径 2.2 厘米，内径磨光，两孔均为对穿。

图三 –2 玉猪龙，高 14.7 厘米，宽 9.8 厘米，厚 4.3 厘米。青玉，不透明，玉质细腻，器表有白色瑕斑，背部原岩皮色较重，呈红褐色。身体蜷曲，首尾衔接，张口，面部以流畅的阴线刻画，五官突出耳、眼、鼻、口部位，大耳，耳尖颜色受沁较黑，额头凸出，两耳背间打洼，脊线凸出。体中间有一大孔，背部有一小穿孔，均为对穿钻孔。通体磨制，器表光洁。

这两件玉猪龙形态大致相同，均为河磨玉材质，器表碾磨光洁。龙体蜷曲刚劲有力，形体自然，龙首琢磨线条流畅，总体形态生动，气韵十足，神韵俱佳。图三 –2 虽未确认具体遗址点，但该件玉猪龙的背部和耳尖部均留有褐红色原岩皮，玉质结构细腻，是红山文化典型的河磨玉材质。由于埋藏环境的原因，双耳背部和躯体的局部因长期受沁形成深褐色斑状痕以及土沁痕迹，受沁过程自然，一侧背部穿孔周围局部结痂较厚，层次分明，大小孔道两面对钻形成，大孔道内壁磨光，隐约见台阶痕；小孔道侧光可见螺旋痕。整体包浆[1]内外一致，该件玉猪龙表现是常见玉制形式，整体造型显得古拙、凝重，线条流畅，故认定为红山文化器物。

三、玉勾云形器

玉勾云形器是红山文化独有的产物，是红山文化类型中出土数量相对较多的典型器之一。国内外相继出现 30 多件，仅牛河梁遗址出土就达 10 件[2]，涉案收缴 12 件。笔者曾综合玉勾云形器的造型、工艺与纹饰等分析，将其分为五大类[3]，即璧形勾云形器、单勾形勾云形器、兽面形勾云形器、双勾形勾云形器、梳形勾云形器。该五类器物在发展过程中，各类玉勾云形器器形发展是相互促进的，部分类型器物的构成是相互并行的，其工艺具有直接的传承关系。涉案

1 包浆，文物鉴定专业术语，是指文物表面由于长时间氧化形成的氧化层。

2 辽宁省文物考古研究所：《牛河梁：红山文化遗址发掘报告（1983—2003 年度）》，文物出版社，2012 年，第 474 页。

3 张鹏飞：《东北史前玉器研究》，文物出版社，2018 年，第 67—88 页。

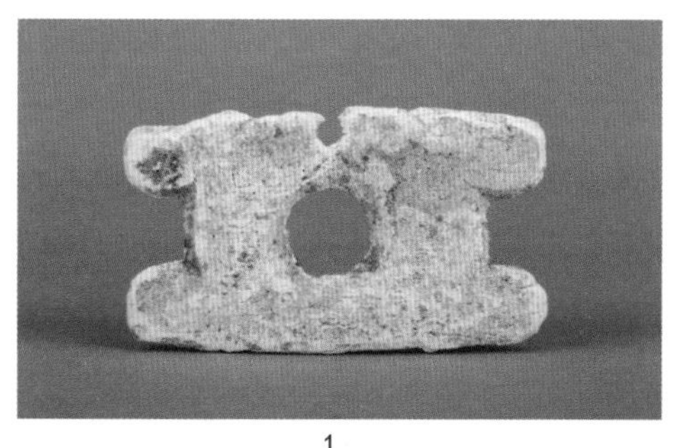
1

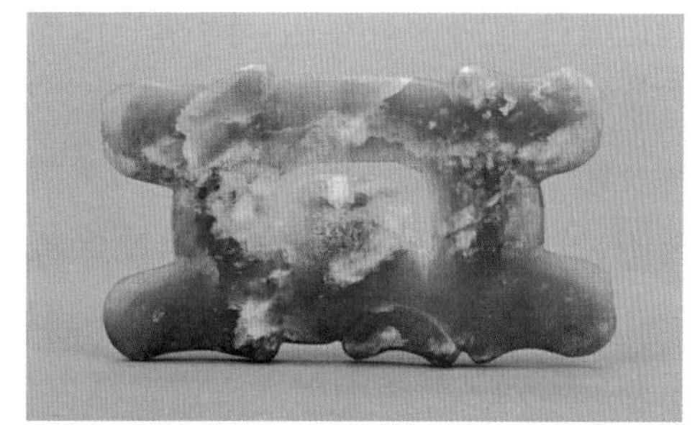
2

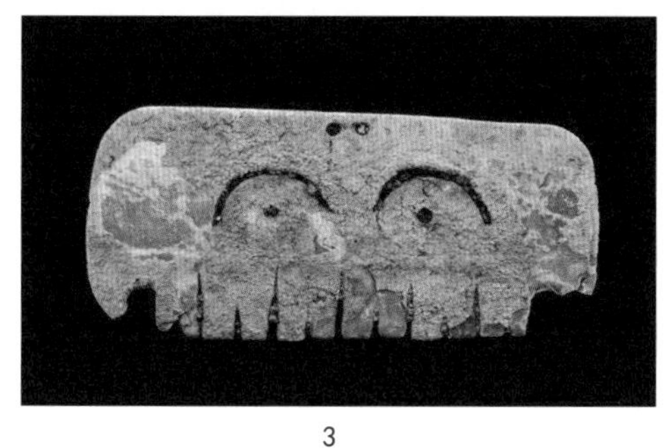
3

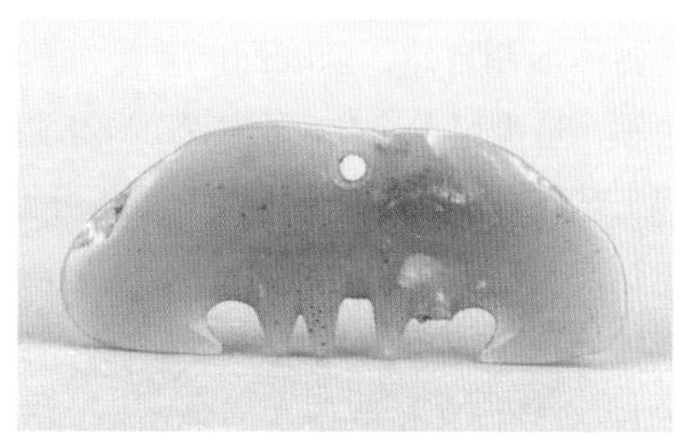
4

图四 玉勾云形器

收缴文物中除双勾形勾云形器以外，其他四类均有。

图四 -1 璧形勾云形器，长 6.22 厘米，宽 3.48 厘米，厚 0.46 厘米。玉质，不透明。器体表面受沁严重，呈“白色”；器形平直扁薄，呈“工”字形，表面光素无纹。器体由中心体璧形和对称的四“云角”组成，各云角边缘弧凸，中间圆孔较大且对钻而成，上下端截面微弧，上端近边缘处有一个对钻系孔，孔径约 0.5 厘米，系孔边缘残缺。器体内外边缘显薄。

图四 -2 单勾形勾云形器，上长 10.86 厘米，下长 11.08 厘米，宽 6.26 厘米，厚 0.68 厘米。凌源市红山街道牛河梁古文化遗址盗掘出土。青玉，泛青绿色，不透明，器体中间厚、内外边缘薄，有正、反之分。整体打磨、抛光。器体呈扁长方形，表面分散白色沁斑，局部有绺裂纹，左下方卷云角末梢呈红褐色。正面随形琢磨浅凹槽纹，背面较平整。器体四角卷勾，中部镂空的卷勾体背面有两道纵向切割痕，与上端边缘横向对穿的“牛鼻式”孔鼻梁位置对应。左右两侧对称的四角勾云向外弯曲，下端靠近一侧琢出一组独立弯曲齿。

图四 -3 兽面形勾云形器，长 18.3 厘米，宽 8 厘米，厚 0.65 厘米。喀左县水泉乡西地村一组古文化遗址盗掘出土。器物表面呈白黄色，因沁蚀严重，呈斑驳状，局部有土渍痕，强光下可见玉质。整体呈长方形，片状，上厚下薄，边缘较钝，左右相对对称。正反两面几乎一致，均光素无纹。器身上端几乎平直，

近边缘处有两个对穿孔。两端呈弧形角，且对称下垂内卷。主体透雕形成两条弯曲线，曲线下分别各对钻一小孔。下端为六组并齿，并齿扁直，齿端渐薄。

图四 -4 梳形勾云形器，长 5.8 厘米，宽 2.3 厘米，厚 0.36 厘米。青玉，微透明，器表局部有白色瑕斑及原岩坑，器体呈半圆式的弧形片状，两面光素无纹。顶端近边缘有一系孔，两侧勾云对称，呈内勾状，中间排列两对柱状并齿，右侧一齿残，并齿的根部近边缘围齿打磨一条平行浅缓的凹槽，隐约可见。

按照勾云形器的类型和特征鉴定，图四 -1 虽然没有找到确切的出土地点，但器体形制自然，从表面严重沁蚀过程看，沁蚀形成碱壳状过渡清晰、土渍痕自然，造型可参考牛河梁 N2Z1M21 随葬的勾云形器（图五 -1），器物边缘处理等工艺特征均类似；图四 -1 器体可见边角显得很笨拙，这一点更符合特定时期（初期）手工制作的原始性、初创性；二者稍有不同之处应是制作时期的早晚，具体发展情况可阅见注释文章。[1] 图四 -4 也没有确切的出土地点，可参照牛河梁 N2Z1M9：2 和阜新市博物馆藏勾云形器对照研究（图五 -2、3），总体形制类似，制作工艺基本一致，埋藏环境下形成的氧化和沁蚀状态极具时代气息感。这两类勾云形器最大的特点是简约式的风格，图四 -4 虽然总体形制相对较小，但在工艺制作方面相对璧形勾云形器（图四 -1）更显成熟，在其他勾云形器类型中，无论是内涵文化还是工艺形式均表现减弱。

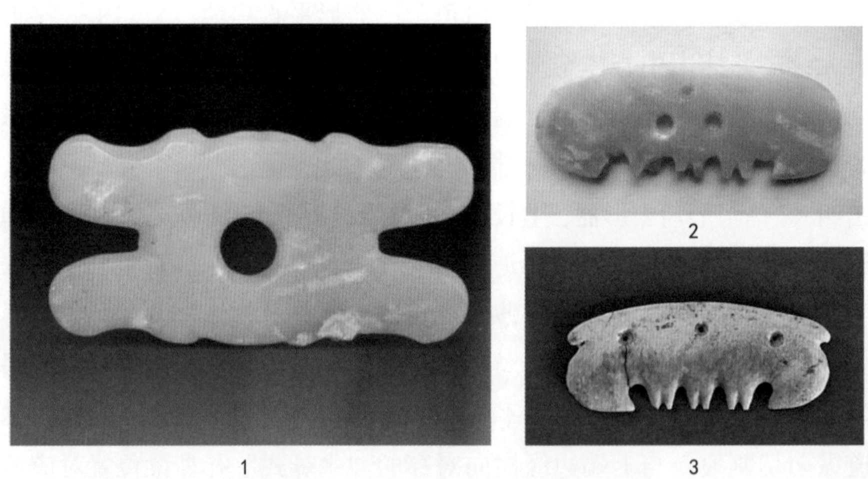

图五 玉勾云形器

1. N2Z1M21 出土，现藏辽宁省文物考古研究院；2. N2Z1M9：2，现藏辽宁省文物考古研究院；3. 阜新毛德营子村征集，现藏阜新市博物馆

1 张鹏飞：《探究红山文化勾云形器的由来》，《文物天地》2020 年第 7 期。

四、玉斜口筒形器

斜口筒形器是红山文化典型器之一，出土数量比较多，仅牛河梁遗址就出土 18 件[1]，涉案收缴 17 件。依据发掘报告显示，该类型器物多数出自人体首部附近，器物原始使用功能一直没有定论，作为礼器是众多学者共识。斜口筒形器从外表看最大的不同之处为：高矮不一，粗细不一，平形口端近边缘两侧系孔数量不确定，分别有 1—2 个，或没有系孔。

1

2

3

图六 玉斜口筒形器

图六 -1 斜口筒形器，通高 15.21 厘米，平口直径 7.51 厘米，壁厚 0.47 厘米。喀左县南公营子镇七间房村东坟西遗址盗掘出土。青玉，玉质青绿色，器表局部有白色瑕斑及土蚀痕，通体磨制，光素无纹。器体呈扁圆筒状，上粗下细，上端呈斜口，口沿一侧残损，边沿薄似刃；下端平口略内倾。近底部两侧近边缘各有一个小孔，单面钻，孔径约 0.5 厘米，端壁近边缘残缺一块。长侧外壁粘有白黄色骨质物。

图六 -2 斜口筒形器，通高 13 厘米，平口径 7.3 厘米，壁厚 0.64 厘米，喀左县利州街道小河湾村古墓葬盗掘出土。青玉，玉质深绿。整体呈椭圆形筒状，壁体厚重，通体磨制，光素无纹。器体同一侧红褐色土渍局部包裹，上端开口呈斜坡状，下端为平口，上下口沿由外向里渐薄，口沿部稍有几处残损。平口两侧近边缘各有一个小孔，孔径 0.35 厘米。

图六 -3 斜口筒形器，通高 6.59 厘米，斜口最长径 5.83 厘米，底口径 5.06 厘米。器体侵蚀严重，“白化”现象明显，局部有土蚀斑，通体磨制，横截面呈椭圆形状，上大下小，上口端呈斜口，下端呈平口，底部近边缘两侧对应各有 1 个小钻孔，高壁内侧有一横向切痕。

1 辽宁省文物考古研究所：《牛河梁：红山文化遗址发掘报告（1983—2003 年度）》，文物出版社，2012 年，第 474 页。

玉斜口筒形器主要观察点：其一，器体的总体形制流线自然，边缘处理和磨损自然、工艺制作留有的痕迹自然，器体内外氧化程度基本一致；其二，受沁情况下，水沁形成和沁蚀物表现是否符合埋藏环境和时间跨度的形成状态；其三，残断面玉质和土渍结合情况是否形成年久状态；其四，是否有工艺制作时留有的痕迹，是否符合特定时期的工艺技术表现。图六 -3 强光下可见玉质泛黄，虽然胎体表面因受沁形成包裹状，但并不影响器体整体流线的美感。这种表面大面积受沁或被土渍深入包裹，并形成结痂体深入胎体，更有利于鉴定时作出判断，例如可根据受沁时间的长短、沁蚀过程的层次、结晶体的形成过程以及土渍与水沁之间的结合等进行判断。该件器体边缘处理内外收口斜磨自然，留有的内壁痕氧化面与整体外表受沁程度一致。如图六 -2 在鉴定过程中，如器形、工艺、受沁表现均无异议，还可根据受沁面形成的过程进行判断，如该器符合断面朝下倾躺被泥沙覆盖久远形成的历史沉积、受沁面合理、侵蚀层次自然、裸露的玉质包浆厚重等辨伪特征。

五、斧、钺

磨制的石斧在新石器时代较普遍，大部分石斧周壁及顶端浑圆，腹部隆起显见鼓圆浑厚，两面斜磨较短刃。

玉斧的出现，最早可追溯到8200—7200年前的兴隆洼遗址，[1]继而查海遗址、红山文化均有出土。玉料多选青玉制作，如绿色系中青绿、深绿、青黄等，多采用透闪石玉料琢磨制成。辽西红山文化遗址的玉斧，整体造型呈窄长或扁平的梯形式样，体量较小，通体磨光。形制追求弧背弧刃、修圆磨边，从器面微鼓向边缘呈漫圆弧状演变，刃部两面斜磨渐薄。

玉钺最早出现于林西县五十家子镇石门子村赵宝沟文化遗址出土的 1 件巴林石玉钺[2]。红山文化时期出土的玉（石）钺已知牛河梁遗址 3 件，半拉山墓地出土 1 件，涉案收缴 2 件。该类器体从个体特征看：一是刃部多数没有损伤；二是孔壁横向两侧多见隐约的印迹，应为捆绑痕迹；三是从发掘和收藏数量看，材质多选用灰白、青灰、墨色等玉石，如用叶蜡石、大理岩等制作，石钺较玉钺多见。红山文化玉（石）钺总体形制呈横宽扁体，上窄下宽，刃部呈漫圆弧状，近上端设有穿孔。

1 中国社会科学院考古研究所，香港中文大学中国考古艺术研究中心：《玉器起源探索——兴隆洼文化玉器研究及图录》，香港中文大学，2007 年，第 252 页。

2 于建设：《红山玉器》，远方出版社，2004 年，第 84 页。

1

2

3

4

图七 斧、钺

图七 -1 玉斧，长 15.8 厘米，上宽 4.4 厘米，厚 1.68 厘米。黄玉，玉质细腻，器表呈现白色瑕斑，局部有红褐色土渍结痂。整体造型呈长条形，上窄下宽，两面弧鼓，边缘弧圆。上下端呈圆弧形，双面刃，刃缘可见砍砸痕。通体抛光、磨制。

图七 -2 玉斧，长 8.47 厘米，上宽 3.52 厘米，刃宽 5.61 厘米，厚 1.51 厘米。青玉，玉质呈墨绿色，器表呈现白色瑕斑及红褐色沁斑。器体上窄下宽，通体磨制，边缘渐薄，横截面呈椭圆形，顶端呈漫弧圆形，双面刃，刃部平直，有崩口。

图七 -3 玉钺，长 14.2 厘米，宽 13.48 厘米，厚 1.38 厘米。喀左县水泉乡西地村古文化遗址盗掘出土。器体石性较大，器表多裸露黑灰色本体，局部有红白色土渍碱壳包裹。整体呈扁平体，上端平直，距边缘正中有一钻孔，孔径 1.6 厘米，孔边缘一侧有一道绺裂。器体上端略宽，且薄于下端，两侧边缘为平直面，底部为双面弧刃，无使用痕迹。

图七 -4 石钺，长 10.18 厘米，上宽 6.39 厘米，下宽 7.65 厘米，厚 1.93 厘米。器体表面几乎全部被白色水沁及土渍痕包裹，局部裸露青色玉质。整体呈梯形状，上窄下宽，器体居上的中部有一对钻孔，孔径 1.53 厘米。上端边缘平整，两侧边缘弧圆，腹部略厚，双面渐薄的刃缘呈漫弧形，未见使用痕迹。

玉石受沁主要是因长期埋藏，水、泥土里的微量元素导致沁蚀或其表面有附着物。在鉴定环节里，除常规鉴定外，通过嗅觉可感知长期埋藏形成的味道，明显有别于人工短时间化学形成的味道，可作为辨伪环节选择之一。图七 -3、4 两件器体表面受沁形成的结痂和沁色无论是平面堆积还是覆盖层的结晶斑都是长期形成的结果，越薄结合面越紧密，且器体裸露处的玉质依旧保留着岁月沧桑感，即使孔道，同样承载着岁月的印痕。

红山文化玉斧从功能方面看，遗址中男性墓中常随葬出现斧形器[1]，且刃部多见有使用或磕碰的痕迹，据此可推断该玉斧为生产工具，且墓主人应为当时社会生产的主要成员。红山文化中晚期出土的斧形器痕迹主要有两种现象：部

1 辽宁省文物考古研究所：《牛河梁：红山文化遗址发掘报告（1983—2003 年度）》，文物出版社，2012 年。

分玉斧刃部侧光隐约可见使用痕迹，仍然作为生产生活工具使用；部分玉斧无任何使用痕迹，保存非常完好，玉质细腻莹润，透着自然美的特质，玉斧应是脱离了生产工具的实用功能，逐渐被赋予了礼仪用器的新功能。

六、龟鳖形玉器

红山文化动物形玉器的种类有龙、凤、鸟、虫蛹、鳖龟类等，牛河梁遗址出土19件[1]。从外表看，鳖和龟最大不同是鳖的外壳较软，背壳上光素无纹，摸起来很光滑；龟的外壳比较硬，而且壳上有纹，四肢会缩回壳内，鳖则不会。在红山文化出土的鳖和龟与活物形态基本一致，出土的玉龟背部有纹，四肢不见，鳖则不同。龟鳖形玉器在红山文化遗址出土数量较少，辽西地区共出土6件（详见图九），其中有2件玉鳖出土于墓主人左右手处，各置一件（图九-3），研究者认为雄雌成对随葬[2]。

1

2

图八 玉鳖

图八-1玉鳖，通长12.19厘米，宽10.06厘米，厚1.95厘米。喀左县水泉乡西地村古文化遗址盗掘出土。玉质，不透明，器表呈“鸡骨白”，并呈现分散的灰褐色土渍痕；背面较平，呈黄红色碱壳状包裹，层次感分明。玉鳖头部前伸，有残损，四肢尾健全，爪部短小，分别刻画3—4道凹槽，背部以一周凹槽隆起呈圆弧形。整体造型写实，神韵极佳，时代感极强。

图八-2玉鳖，长4.04厘米，宽2.6厘米，厚1厘米。青玉，不透明，玉质

1　辽宁省文物考古研究所：《牛河梁：红山文化遗址发掘报告（1983—2003年度）》，文物出版社，2012年，第473页。

2　辽宁省文物考古研究所：《牛河梁：红山文化遗址发掘报告（1983—2003年度）》，文物出版社，2012年，第474页。

间杂有白色瑕斑及红褐色沁痕。器体呈六角形，束腰，尖尾。鳖背以琢刻线圈部分隆起，呈弧圆状；分割线以外各表示首部、四肢、尾部。首部以半圆孔替代；颈部、尾部各打磨三道凹槽，以示伸缩功能皱褶。前后略高，腹部中空，三角尾。

红山文化动物形器体出土相对较多，爬行动物有鳖、龟、蝉、蝗虫、蛇等，均以圆雕作品多见。图八 -2 虽然没有确切的出土地点，但在形制和制作工艺方面均符合红山文化时期制玉特征，器体以打磨为主，线琢自然，凹线浅缓，隐约可见制作时的琢磨痕迹。器表侵蚀较重，背部沁点深入体内，沁痕分布合理；器表包浆自然，神韵俱佳。

序号	器 物	名称	出土地点	现藏地
1	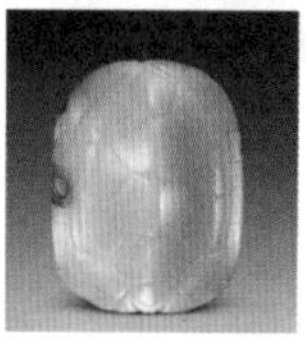	玉龟	牛河梁第十六地点一号冢21号墓出土	辽宁省文物考古研究院
2	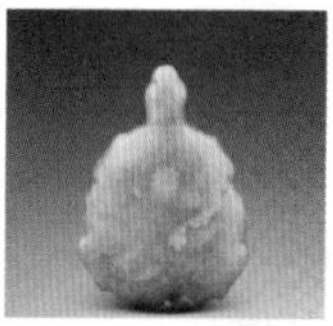	玉鳖	牛河梁第十六地点二号冢积石层底部出土	
3	 	玉鳖	牛河梁第五地点一号冢1号墓出土	
4	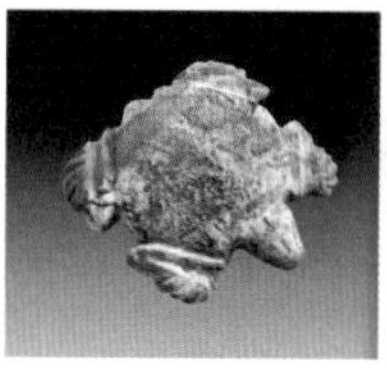 	玉鳖	阜新胡头沟红山文化墓地1号墓出土	辽宁省博物馆

图九　龟鳖形玉器

七、玉蝉

蝉，又名“知了”，它的一生要经历卵、幼虫、蛹、成虫四个发育阶段。破茧成蝶指的是由蛹变为成虫的阶段，这个过程在生物学上称为羽化。因此，出现了羽化重生、永不止息的含义。

据不完全统计，红山文化虫蛹类玉器有10余件，近些年仅涉案收缴玉蝉7件。

有学者根据虫蛹类和纺轮等器物的出现，认为红山文化时期已有了养蚕业，以农业和养殖业为本的生存需求继而衍生出了先民对自然神和观念神的崇拜和信仰，故把蝉作为图腾崇拜之一，是生存意识对自身生命和自然环境关系的理解或探索，故出现“生以为佩，死以为含”的崇生思想，发展形成具有装饰、辟邪、附加精神能量的信仰。随着时间的推移，人们对蝉的能量赋予了更多的寓意，如腰缠万贯、高洁纯真、一鸣惊人、学识渊博、子孙绵延等。

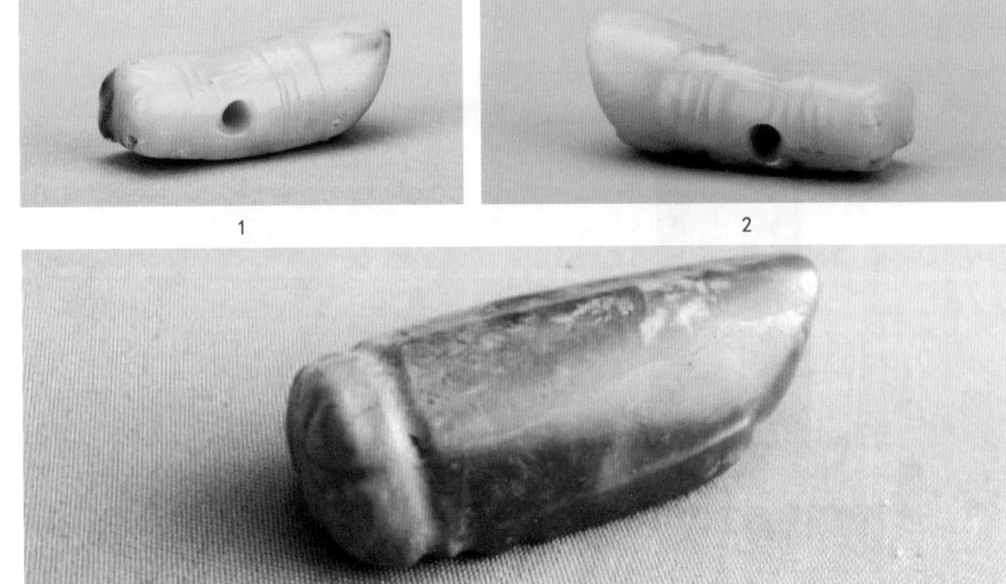

1　2

3

图十　玉蝉

图十 -1 玉蝉，长 5.82 厘米，宽 2.51 厘米，厚 1.96 厘米，孔径 0.51 厘米。图十 -2 玉蝉，长 6.01 厘米，宽 2.61 厘米，厚 2.02 厘米，孔径 0.53 厘米。这两件均为青玉，玉质微泛黄，不透明，质感细腻，光泽莹润。器体局部有红褐色沁斑。截面呈圆柱体，前端细后端粗，上部弧圆，底部略显平。玉蝉首部以打磨去地形式凸出双眼，间以“V”字形向上外撇，以示触角；与之对应的下底部以阴刻线凸显两处小凸点，应是表现虫蛹蜕变过程出现的双足。颈部以 2 道碾磨的细阴线以示区分首、颈及躯体；肩部两侧以斜角“V”形浅凹线整齐排列，以示蝉翼；蝉身均匀分布饰 4 条阳线，以示皱节；尾部斜磨呈半弧圆状上扬；腹部较平整，饰阴刻“Y”字形，以示区分肢体的各部位。蝉身距首部三分之一处有 1 个横穿对钻孔。这两件器物玉质、纹饰、制作方式及表达内涵基本相同，且每件对应的一侧均为平面，应为对蝉。

图十 -3 玉蝉，长 5.5 厘米，宽 2.2 厘米，厚 1.7 厘米。青玉，玉质泛深绿，质地细腻，不透明。器表均不同程度受沁，局部有白黄色瑕斑及绺裂纹。整体呈圆柱体，躯体上窄下宽。首部以去地碾磨隐起的分隔形式，形成上端、两侧、下端呈凸状，以抽象的形式表现五官。颈部以凹槽形式围一圈，以区分首部及躯体。背部呈马鞍形，两侧稍外撇且各有一条阴线以示区分羽翼。腹部较平坦，饰有“>—<”纹，以示肢体，尾部尖凸呈三角状。

红山文化昆虫类玉器主要出土于内蒙古赤峰和辽宁西部地区，未见其他地区出现，主要有玉蚕、玉蝉、玉蝗、蝈蝈、蜉蝣（蜻蜓）等。所见器物玉质以青玉和黄玉为主，形体有圆柱体和扁体式两类。玉蝉（蚕）多见单体出现，偶有成对出土，以圆柱体为主，制作工艺有精雕式和简约式两种，总体形态写实大于抽象。圆柱体玉蝉（蚕）首部有圆体或方形体两种，横截面多数为平面体，多数颈部有横穿孔，个别躯体首尾直通孔。躯体有光素或琢磨细腻的阳线纹以示羽翼或躯体皱节，尾部大多数呈钝三角状。躯体有纹饰的，首部表现形式多样，有平面无纹（如图十一 -1），有平面阴线圆形眼（如图十一 -2、7）和平面碾磨隐起技法（如图十一 -5、6），还有以碾磨的阴线分隔形式表现五官局部的（如图十一 -4）。触角多以阴刻线呈“八”字纹表示，双足多以乳凸状形式表现（如图十一 -6、7）。躯体无纹饰的，首部有平面碾磨阴刻线表现五官，形式简约（如图十一 -3、4）。另外，玉蝗、蝈蝈与蚕蛹工艺制作形式基本类似。扁体式玉蝉、蜉蝣（蜻蜓）所见数量较少，躯体无纹饰或几道凹线纹，首部多以打磨豁口形式表示。红山文化昆虫类和其他动物类器物总体艺术表现形成类似，均以形似表现物种独特的韵味与魅力，以神似增添了器物灵动之感。昆虫类器物的出现，不仅体现了一个时代的制玉工艺娴熟与艺术长足进步，也体现了古人善于对事物细致观察，同时反映了古人向往美好生活的愿景。

序号	图片	名称	器物来源	局部图	现藏地
1		玉蚕	牛河梁遗址出土（N5Z1）		辽宁省文物考古研究院
2		玉蝉	1979 年敖汉旗萨力巴乡乌兰召村征集		赤峰敖汉旗博物馆

（续表）

序号	图片	名称	器物来源	局部图	现藏地
3	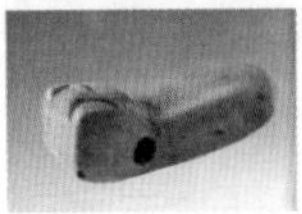	玉蝉	克什克腾旗公安局移交		克什克腾旗博物馆
4	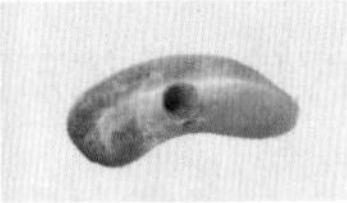	玉蝉	赤峰市内出土	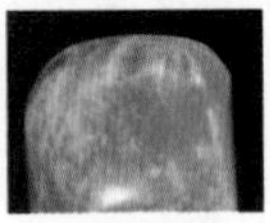	赤峰市博物馆
5		玉蝉	巴林右旗巴彦汉苏木那日斯台遗址出土	 	巴林右旗博物馆
6		玉蝉	巴林右旗巴彦汉苏木那日斯台遗址出土	 	巴林右旗博物馆
7		玉蝉	凌源田家沟出土		辽宁省文物考古研究院

图十一 玉蝉（蚕）类对比示意图

八、玉鸟

红山文化出土飞禽类动物玉器的种类较少，主要以鸟形动物多见，形态多以立体雕琢为主，有振翅呈飞翔状，有双翼半展状，造型憨态可掬。独特新颖的雕琢艺术，使得动物形态生动传神、栩栩如生。

图十二　玉鸟

图十二（彩图一）玉鸟，高 4.64 厘米，宽 4.69 厘米，厚 1.25 厘米。青玉，微透明，质地细腻莹润。器表大部分面积被白色水沁遮盖，局部有土渍痕及裸露出青绿色玉质。整体呈方形，头部较小，呈三角形状，以阴刻打磨的手法凸出双圆眼。两肩微弧，双翼半展状，以去地隐起的阳线纹顺着翅膀的形态垂直而下，各羽翅分为三段。胸腹部隆起，下方三分之一处阴刻“八”字纹，以示双爪，简约而富有神韵。梯形尾，腹部与尾部相间之处饰有三角形网格纹。背部平整，颈后竖直对穿一牛鼻孔，系壁较窄，孔道外大内小，内壁既通且细，精准对钻。整体制作打磨精细，体现玉鸟歇息的安逸状态，神韵极佳。

红山文化玉鸟雕琢形式有两类：一类是圆雕蜷曲体，如 1997 年巴林右旗巴彦汉苏木那日斯台遗址出土的一件玦形鸟（图十三 -9）；另一类是片雕立体展翅状。工艺特征：器体有光素无纹的（如图十三 -5），大多数是有纹饰的；首部多见倒三角形式（如图十三 -1、2、6、8），少数出现以打磨凹线分隔式（如图十三 -3、6）和凸起式（如图十三 -7）；眼部有阴线琢刻圆圈式（如图十三 -1）和去地碾磨隐起式（如图十三 -8）；羽翼有光素形式的（如图十三 -5），有打平面打洼形式的（如图十三 -8），多数以去地隐起的阳线纹（如图十三 -1、2）或平面雕琢的阴线纹（如图十三 -3、4）。腹部多隆起，尾翼呈方形或扇形状，有光素的，有饰阴刻凹线或阳纹线表示尾羽的，无论是羽翼还是尾翼，流畅的线条和打磨精细的凹线为玉鸟增添了灵动之感。玉鸟虽然造型简洁，但体态优美，形式独具特色，写实性很强。特别是双爪的表现，多数以写实性手法凸起雕琢，少数以两道阴刻线置于腹部，虽然形式简约，但给人以无限的想象空间，无论是写实手法还是阴线表达形式，总体均感受似抓非抓，形态似静非静，展示着鸟儿的自由、可爱，极为生动传神。红山文化玉鸟背部多数或横向或纵向有一个对穿孔，俗称“牛鼻孔”，孔道外大内小，既通且细

（如图十三 -2、4、5、6）；也有少部分器体出现直通穿孔，有首部、胸部、翅膀、尾部等（如图十三 -3、6、7），均应为穿系之用。图十二玉鸟的首部与羽翼雕琢形式参照图十三 -1、2，腹部以网格纹形式参照图十三 -2，尾部参照图十三 -4、8，材质为典型的透闪石玉料，玉质细腻莹润，器表形成的雾状水沁自然，雕琢线条流畅，形神兼备，是难得一件红山文化玉鸟标准器。

序号	器物	器物来源	现藏地	局部图（工艺）
1		20 世纪 90 年代外省文物商店提供	天津博物馆	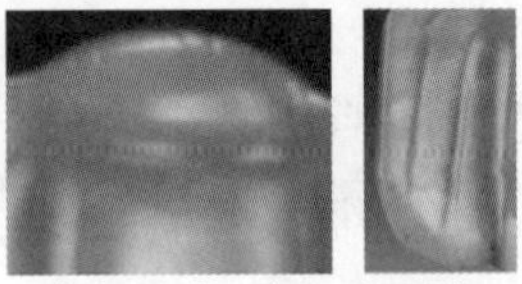 首部左翅（阳线纹）
2		早年从天津外贸工艺品公司征购后调拨		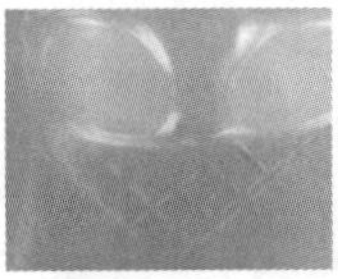 腹部网格纹 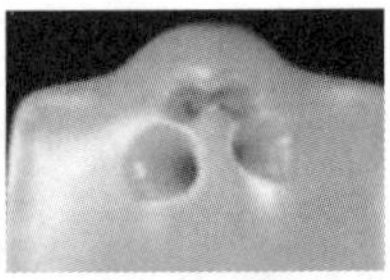　背部对穿孔
3		朝阳喀左县东山嘴遗址出土	辽宁省博物馆	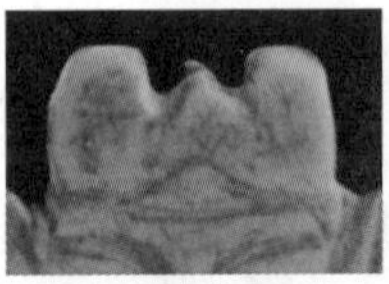 首部 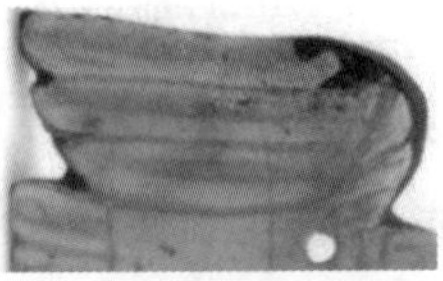　左翅（阴刻线）
4		1972 年阜新胡头沟红山文化墓葬出土		 左翅（阴刻线） 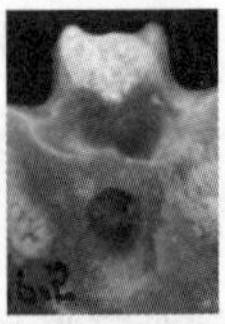　背部对穿孔
5	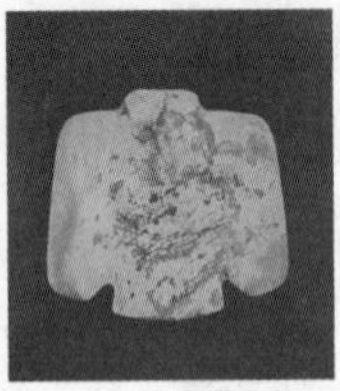			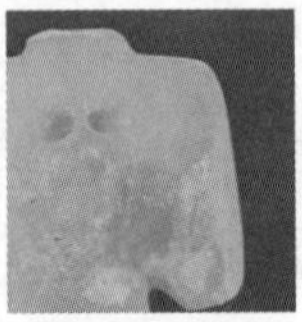 首部右翅素面

（续表）

序号	器物	器物来源	现藏地	局部图（工艺）
6	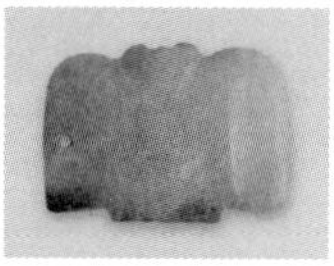	朝阳市半拉山墓地出土	辽宁省文物考古研究院	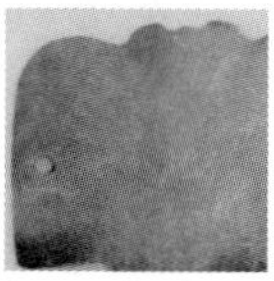 左翅、系孔、首部 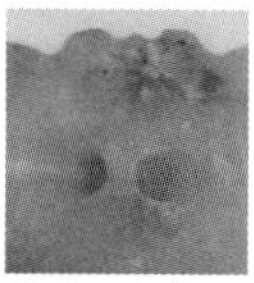　背部对穿孔
7	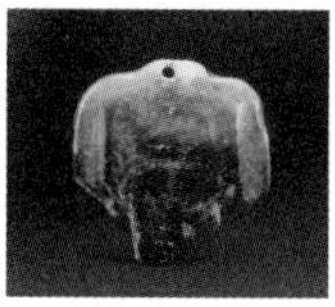	1972 年北票丰下遗址出土		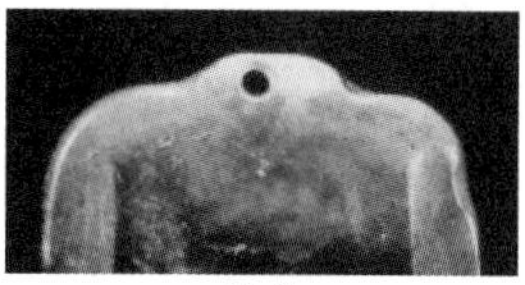 首部
8		巴林右旗巴彦汉苏木那日斯台遗址出土	巴林右旗博物馆	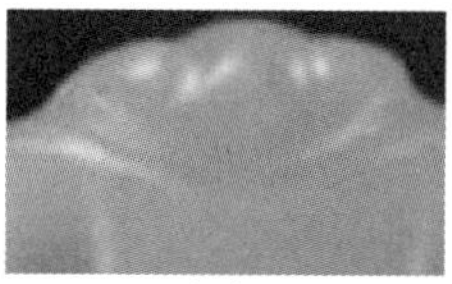 首部 　右翅（打洼）
9				

图十三 玉鸟特征示意图

九、玉镯、玉环

红山文化玉镯、玉环都是墓葬常见的出土器物，玉镯和玉环出土数量相对较多，常见成对出现。仅牛河梁遗址 17 座墓中出土玉镯 23 件，其中 6 座墓各出 2 件，其余单件；玉环在 19 座墓中出土 28 件，其中 7 座墓各出 2 件，1 座墓出土 3 件，其余为单件。[1] 玉镯器体截面呈弧边三角形，窄细、轻便。两类器体基本均为正圆，成对出现的器物，有的材质、大小基本相同，应是同一块玉料上完成的。单个器物制作完成有大小、粗细、薄厚之分，特征鲜明。

---

1 辽宁省文物考古研究所：《牛河梁：红山文化遗址发掘报告（1983—2003 年度）》，文物出版社，2012 年，第 475 页。

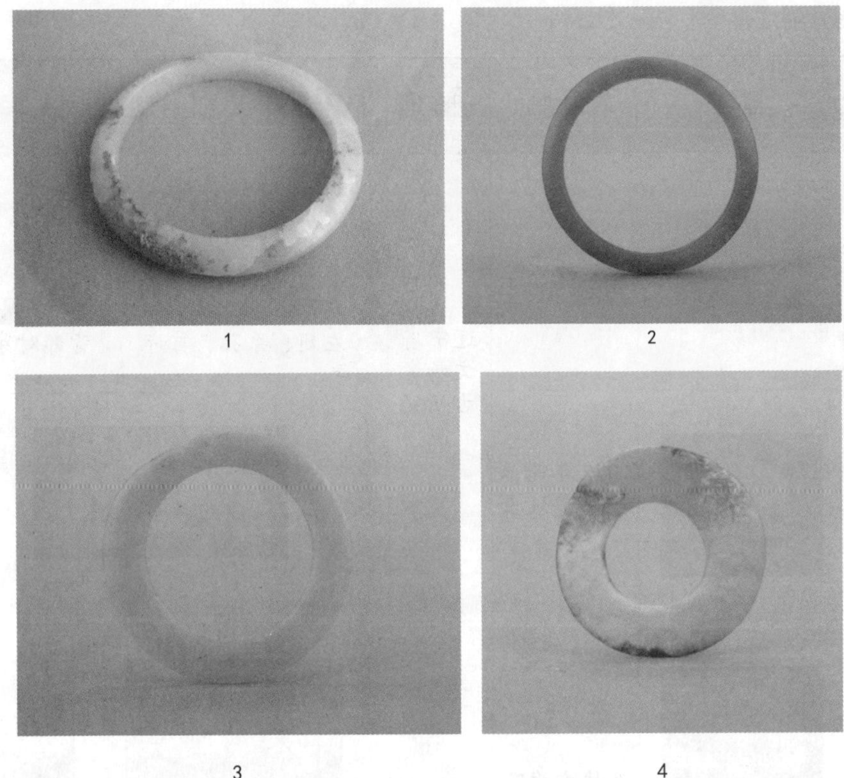

图十四　玉镯、玉环

图十四 -1（彩图二）玉镯，重 30 克。外径 7.92 厘米，内径 6.16 厘米，厚 0.74 厘米。喀左县南公营子镇七间房村东坟西古墓葬盗掘出土。青玉，玉质泛黄。器表局部有白色瑕斑及绺裂纹，周身分散有黄红色土渍痕，通体打磨光滑。器体平面为圆形，剖面呈圆钝三角形，内缘较平直。

图十四 -2（彩图三）玉镯，重 24 克。外径 7.55 厘米，内径 6 厘米，厚 0.68 厘米。朝阳市喀左县水泉乡盗掘出土。青玉，玉质泛绿，微透明。平面呈圆环状，内缘略平直，一面呈现通体玉质，局部受沁渗入体内，另一面整体被黄褐色土渍痕包裹。器体截面呈圆钝三角形，局部有绺裂纹，通体打磨精细，抛光莹润。

图十四 -3（彩图四）玉环，重 9 克。外径 6.06 厘米，内径 4.02 厘米，厚 0.25 厘米。青玉，玉质细腻，局部有沁痕，通体抛光。平面呈圆形状，体扁薄，截面呈椭圆形。内孔相对规圆，中孔略偏向一侧，呈环体，宽窄不一，外缘略有残损，环体内外边沿薄。

图十四 -4（彩图五）玉环，外径 3.3 厘米，内径 1.6 厘米，厚 0.27 厘米。玉质，通体抛光，壁体局部有黑、白色沁斑及土渍痕，白色沁斑占比例较大。器体较小，体扁薄，内外圆较规整，圆孔呈环体，宽窄不均，体厚边沿薄。

玉环、玉镯、玉璧等圆片状中空的器物，依据出土器物制作工艺和遗留的玉料标本推断，有采用一器多件制作方法，即以整件玉料先切割打磨成型，继而打孔，再依次自上而下切割成型后再打磨，或一块玉料做成坯料后切开再加工；也有一器一作，即先选料，再对钻成型，后打磨。无论采用哪种形式，器体内外打磨光洁，内口相对平直。红山文化玉镯从出现，历经5000多年，一直延续至今，是高古玉中出现最早、延续时间最长的史前装饰类型器物。

十、玉管

玉管的出现在东北地区可追溯到距今9000年左右，在辽宁阜新查海遗址和内蒙古赤峰兴隆洼遗址均有出现。红山文化玉管、玉珠也比较多见，多以佩饰形式出现，材质以河磨玉居多。玉珠在红山文化中的地位尚未引起注意，这种玉珠多出土于墓主人的胸部，在红山文化，胸部往往是较为重要的玉器出土部位，且在中心大墓中多有出土，[1]应是项饰中的装饰品。在礼制森严的商周时期，尤其是周代，组玉佩盛行，玉管、玉珠起到了重要的衔接纽带作用，汉代以后组玉佩从颈部移向腰部，玉管、玉珠也逐渐趋于减少，明清时期又开始盛行。

1

2

①

②

3

图十五 玉管

1 郭大顺：《规范中求变——红山玉特征再认识》，载《郭大顺考古文集》，辽宁人民出版社，2017年，第278页。

图十五 -1（彩图六）玉管，重 42 克。长 7.13 厘米，直径 1.98 厘米，孔径 1 厘米。青玉，表面已形成鸡骨白，局部有黄色瑕斑及土渍痕。圆柱状，中空，截面呈圆形。孔道对钻而成，不正中，孔口不规则，两端均为斜切面。

图十五 -2（彩图七）玉管，重 30 克。长 5.1 厘米，直径 1.66 厘米。青玉，玉质微绿，微透明，质地细腻莹润。玉质间杂有白色瑕斑，局部有白、红褐色沁斑。整体为圆柱体，中间略粗于两端，中空对钻，端面平直；其中一端近边缘处有一个系孔横穿通中孔，系孔径约 0.77 厘米。

图十五 -3- ①（彩八 -1）玉管，重 166 克。长 15.19 厘米，直径约 2.21 厘米，孔径 0.96 厘米，8 节状。图十五 -3- ②（彩图八 -2）玉管，重 185 克。长 14.7 厘米，直径约 2.46 厘米，孔径 0.94 厘米，9 节状。均为青玉，颜色泛浅绿色，质地细腻，不透明，器体通体抛光，光洁温润。这两件基本相似，器形完整，器表均有白色和红褐色瑕斑，局部有绺裂纹。器体呈直棒状，中空，孔对钻。两端较平，边缘微弧，器表平面打磨呈现八道或九道瓦沟纹，阳线纹凸起，形似竹节状。

图十五玉管均没有找到确切的出土地点，但从鉴定的角度是很容易识别真伪的。图十五 -1 玉管由于埋藏环境，器体表面整体受沁，无论是土沁痕还是形成的结痂层次均保持出土原状；特别是玉管的端部（见图十六 -1），原始制作的切割痕和打孔特征非常明显。图十五 -2 玉管玉质细腻，器体保留着河磨玉材质的皮壳，虽然受沁程度相比较不算严重，但依然可见局部沁蚀现象，沁色深入体内，颜色呈渐变的形成过程。玉管一端边缘出现对钻孔是红山文化玉管上不常见的，在牛河梁遗址 N2Z1M21 出土的红山文化勾云形器（图十六 -2）上端也有类似这样钻孔形式。这类型玉管穿孔形式的变化可能与常见的玉管使用方式略有所不同，应作为两用型的连接体穿件。图十五 -3 竹节形玉管可参考克什克腾旗博物馆藏新石器时代红山文化玉骨节[1]（图十六 -3），不同的是，图十五 -3 两件玉管制作相对精致，玉质细腻，工艺制作和碾磨制作更加精细。图十五中的四件玉管打孔工艺基本一致，均为对钻式打孔，孔壁隐约均可见螺旋钻痕，玉管端部均保留了原始工艺制作特征，图十五 -1 和图十五 -3 由于玉管相对较长，孔道内部均留有台阶痕，器体内外包浆一致，皆符合红山文化时期器物制作工艺特征。

1　于建设：《红山玉器》，远方出版社，2004 年，第 193 页。

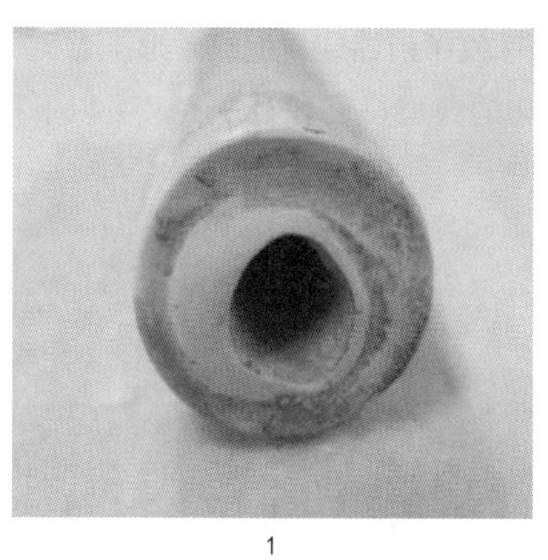
1
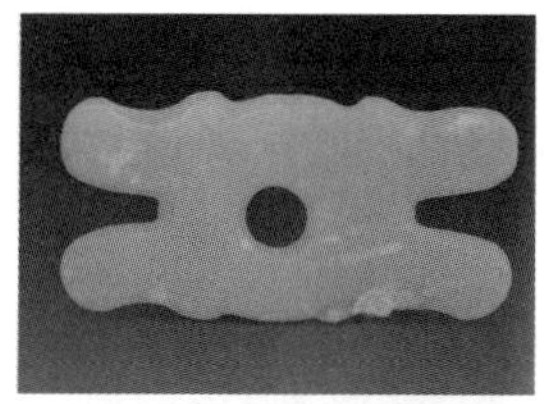
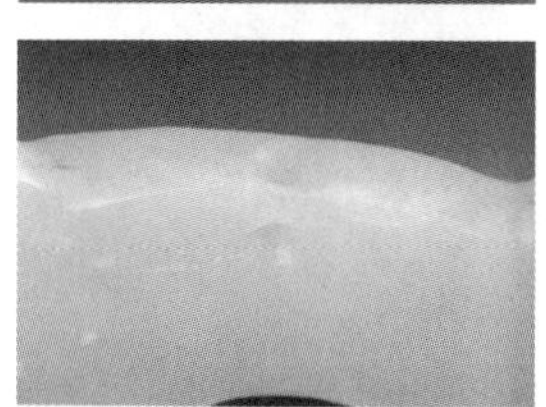
2

3

图十六　器物局部图和参照器物
1. 图十五 -1 玉管局部图；2. N2Z1M21 勾云形器及局部图，现藏辽宁省文物考古研究院；3. 内蒙古自治区赤峰市克什克腾旗公安局移交，现藏克什克腾旗博物馆

红山文化玉管分为玉管和玉管珠两类，器体均粗细不一、有长短之分，器表皆通体打磨抛光，周身光洁。玉管有光素无纹和竹节形两种，早期多短小，两端斜磨呈不规则状，器体多见中间粗两端细，部分器体为一端粗一端细。中晚期玉管珠和较长的玉管多见，玉管珠多为束腰或两端凹形状。长形玉管器表多数为光素无纹，少数出现打磨深浅不一的瓦沟纹，形如竹节状。均因工具所限，制作方式原始，钻孔的位置不正中，器壁薄厚不一。长形玉管孔道内部多留有对钻台阶痕以及器壁常留下隐约的螺旋痕，孔道中间细两头粗，形成内小外大，端口多呈喇叭形状（俗称“喇叭口”），或为斜切面状，若玉管一端射入灯光，另一端光线较少通过，孔道几乎不见直通。

十一、玉兽面纹丫形器

该类器物在红山文化遗物中已出现多件，雕琢手法与玉猪龙有异曲同工之妙，其用途尚不明确。其类型器物的命名有璋形玉器[1]、兽面纹璋形玉器[2]、玉兽面纹丫形器[3]、兽面纹玉佩[4]、兽面纹丫形玉佩[5]等。从该类器物名称可见，多数学者认同该类型器物纹饰为兽面纹，总体形制更符合“丫”字形，功能暂不详，

1　郭大顺、洪殿旭：《红山文化玉器鉴赏》，文物出版社，2010 年，第 133 页。
2　郭大顺、洪殿旭：《红山文化玉器鉴赏》，文物出版社，2010 年，第 155 页。
3　辽宁省文物总店：《汲古丛珍》，文物出版社，1997 年，第 194 页。
4　天津博物馆：《天津博物馆藏玉》，文物出版社，2012 年，第 23 页。
5　朱蕾：《阜新市博物馆文物精粹 2017》，辽宁大学出版社，2017 年，第 6 页。

可称为“器”。故该类型器物如称之为“玉兽面纹丫形器或兽面纹丫形玉器”，则更贴近文物的外在表现，能直观地反映器物的典型特征和基本含义。以下称玉兽面纹丫形器。

图十七 玉兽面纹丫形器

图十七（彩图九）玉兽面纹丫形器，高 9.88 厘米，上宽 6.69 厘米，下宽 4.74 厘米，厚 0.44 厘米，孔径 0.28 厘米。喀左县利州街道小河湾村古墓葬盗掘出土。青玉，玉质莹润细腻，微透明，器表局部有白色瑕斑及附着土渍痕。器体扁薄，中间微鼓，边沿薄。整体轮廓呈“丫”字形，正反面纹饰相同。上部双耳斜立，以平面缓浅的线条隐起双圆，眼、梭形鼻孔和扁宽形大嘴，周身以多条打洼形式表现，底边平直，近中央的边缘对钻一穿系孔，整体造型突出兽面五官。

现有的玉兽面纹丫形器大多数是以收购方式进入的藏品（图十八），正式发掘和现有确切出土地点较少。该类器物相同点：总体形制、两面纹饰基本一致，双立大耳，大圆眼，梭形双鼻，大长嘴，首部均以阳纹线对称雕琢形成，体部横向以平面打洼的形式突出阳线纹若隐若现，下端部平面渐薄，或尖状或宽体状，近边缘处中部有一个系孔。不同的是大小有差异性，高度在 9.5—15.2 厘米，宽度在 2.8—6.7 厘米，厚度在 0.2—0.3 厘米之间。该类器物塑造的形态和工艺特征显示，器物底端应是与其他器物相衔接，极有可能以插入式固定并可系着。故该类器物应是作为礼仪性的产物。

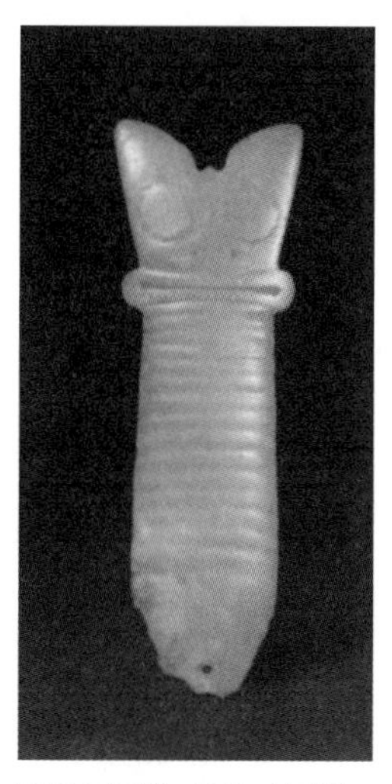
1

高9.5厘米，宽3.1厘米，厚0.2厘米
收购，辽宁省文物总店藏

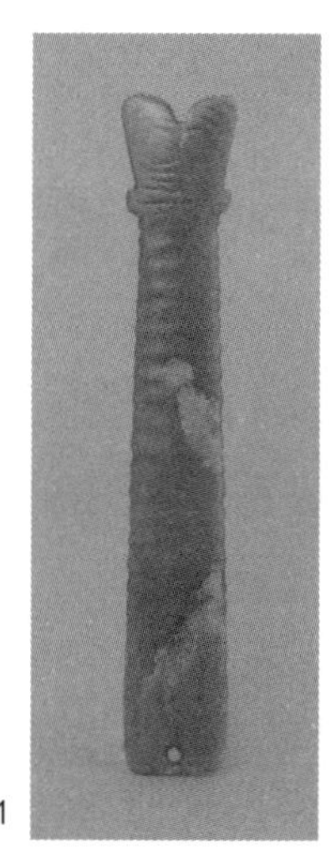
2

高15.2厘米，宽2.8厘米
收购，辽宁省文物总店藏

3

高12.5厘米，宽4.1厘米
收购，天津博物馆藏

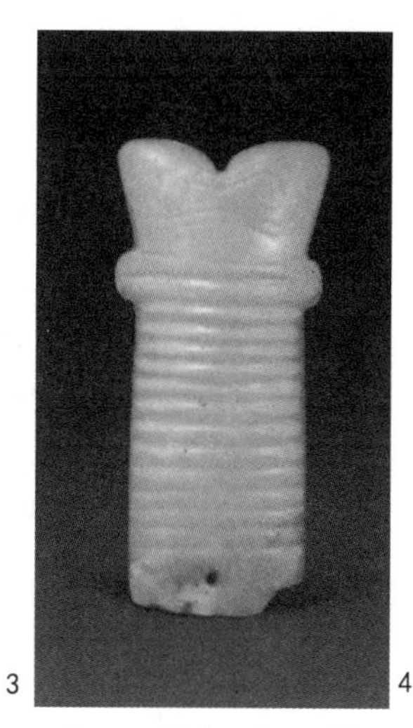
4

高12.5厘米，宽5厘米，厚0.2厘米
征集，阜新市博物馆藏

图十八 玉兽面纹丫形器

红山文化遗址地点分布面积广，集中地密，出土玉器种类繁多、题材丰富。制作工艺以打磨、抛光为主，大多数器体光素无纹，器表光洁温润，体现先民追求玉质本身美感和崇尚大自然的审美理念。部分器物装饰有瓦沟纹（又称平面打洼工艺）、网格纹、平面阴刻线纹和去地阳线纹。琢刻技法主要有片雕、圆雕、透雕。总体造型古朴，形制简单、纹饰简约，特别是动物类器物，神似形不似的艺术表现极富有想象空间，器物神韵之美是其他文化类型难以比拟的。红山文化时期特殊的工艺制作方法和独特的艺术风格，流露出古朴原始而又神秘的文化色彩，具有鲜明的时代特征。

附记：本文除收缴文物图片外，其他图片引用来自：辽宁省文物考古研究所：《牛河梁——红山文化遗址发掘报告（1983—2003年度）》，文物出版社，2012年；郭大顺、洪殿旭：《红山文化玉器鉴赏》，文物出版社，2010年；辽宁省文物考古研究所：《辽宁省文物考古研究所藏文物精华》，科学出版社，2012年；辽宁省博物馆，辽宁省文物考古研究所：《辽河文明展文物集萃》，2006年；天津博物馆：《天津博物馆藏玉》，文物出版社，2012年；于建设：《红山玉器》，远方出版社，2004年；辽宁省博物馆，辽宁省文物考古研究院，内蒙古博物院，内蒙古自治区文物考古研究所：《又见红山》，文物出版社，2019年。

再论金沙良渚十节玉琮

朱乃诚（中国社会科学院考古研究所）

【摘要】金沙良渚十节玉琮是良渚文化中期在太湖东部或是太湖北部区域制作的年代最早、最为精致的多节长玉琮，在良渚文化晚期又在玉琮射口部位施刻了符号，从太湖地区进入中原地区，然后从中原地区辗转经陇南进入到成都平原，最后埋入金沙祭祀区。金沙良渚十节玉琮在约 1800 年间的使用方式与使用功能可能发生了多次改变，可能经历了几代王室的传承，最后作为王室的祭祀物品。

【关键词】金沙；良渚；玉琮；福泉山；寺墩；反山

金沙良渚十节玉琮于 2001 年出自成都市西郊金沙遗址[1]。金沙遗址出土的玉琮有 20 多件，但是属于良渚文化的玉琮仅此一件，而且又是十节，所以称之为“金沙良渚十节玉琮”，以标识其出土地点、文化属性和基本特征。2005 年笔者曾分析讨论了这件玉琮的年代和来源，认为这件玉琮是由太湖地区良渚人制作的，属良渚文化，并从太湖地区进入中原地区，后又从中原地区来到成都平原。还推测金沙遗址和三星堆遗址的高层次文化遗存所有者应是华夏族的一支，并且可能与良渚文化后裔有关[2]。现在看来，当时对这件玉琮所蕴含的信息尚未全面揭示，有必要对这件玉琮及涉及的有关问题再行分析。

一、金沙良渚十节玉琮制作地域的分析

金沙良渚十节玉琮（2001CQJC：61），高 22.2 厘米，上端宽 6.9 厘米，下端宽 6.3 厘米，孔径 5.2 厘米，射径 6.25 — 6.8 厘米。玉琮角面上的主体纹饰为简化人面

1　成都市文物考古研究所：《成都金沙遗址Ⅰ区“梅苑”地点发掘一期简报》，《文物》2004 年第 4 期。

2　朱乃诚：《金沙良渚玉琮的年代和来源》，《中华文化论坛》2005 年第 4 期。

纹，在上部射口正对直槽部位施刻一个符号（图一）[1]。这件玉琮的形制和纹饰特征十分鲜明，很容易辨识其是良渚文化的作品。至于是在良渚文化分布区的哪一区块制作的，由于目前在良渚文化分布区域内还没有发现和这件玉琮一模一样的玉琮，很难确定。不过，根据目前在良渚文化分布区已经发现的良渚文化玉琮资料，通过对比分析，可以推测其具体的制作区域。

目前在良渚文化分布区域内出土的与金沙良渚十节玉琮形制接近的多节长玉琮主要见于太湖的东部与北部区域。比如，在上海市青浦福泉山 M40 墓葬中出土了 1 件六节玉琮，制作之后，又分截为两件使用，分别为两件三节玉琮，在墓葬中分置于头端与左臂骨旁。其中 1 件三节玉琮（M40：110）高 8.2 厘米，上射径 6.2—6.5 厘米，孔径 5.2—5.5 厘米，下射径 6.1—6.2 厘米，孔径 4.7—4.9 厘米。另 1 件三节玉琮（M40：26）高 8.1 厘米，上射径 6.1—6.2 厘米，下射径 5.1—5.92 厘米。两件三节玉琮正好上下相接。玉琮的角面纹饰为简化人面纹（图二）[2]。

图一　金沙 2001CQJC：61 玉琮

图二　福泉山 M40：110、26 玉琮

又比如，在江苏省武进寺墩 M3 出土了多件多节长玉琮。寺墩 M3 出土玉琮 33 件，有近 30 件玉琮为多节长玉琮。其中以五节、六节玉琮为主，也有八节、九节、十一节、十二节、十三节、十五节玉琮，没有十节和十四节玉琮。最长的 1 件玉琮为十三节，长 33.5 厘米。这些多节长玉琮的角面纹饰多为简化人面纹，

1　成都文物考古研究所：《金沙玉器》，科学出版社，2006 年，第 40 页。
2　上海市文物管理委员会：《福泉山——新石器时代遗址发掘报告》，文物出版社，2000 年，彩版一六。

如寺墩 M3∶11 玉琮（图三）[1]。

目前在太湖东部与北部区域出土的多节长玉琮与金沙良渚十节玉琮的玉质似有区别。与金沙良渚十节玉琮玉质接近的仅见于青浦福泉山 M9 墓葬出土的一件两节玉琮，如福泉山 M9∶21 玉琮（图四）[2]。

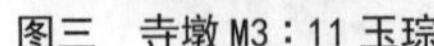

图三　寺墩 M3∶11 玉琮

图四　福泉山 M9∶21 玉琮

福泉山 M40∶110、26 六节玉琮和寺墩 M3 的近 30 件多节长玉琮的发现，表明太湖东部和北部区域在良渚文化时期存在着制作使用与金沙良渚十节玉琮形制相同的多节长玉琮的文化传统。而福泉山 M9∶21 玉琮的发现则显示太湖东部区域在良渚文化时期存在着制作使用与金沙良渚十节玉琮玉质相同的玉琮。这两方面的资料证据显示，金沙良渚十节玉琮可能是在太湖东部或是太湖北部区域良渚文化时期制作的。

二、金沙良渚十节玉琮制作时间的分析

良渚文化前后延续发展了约 1000 年。金沙良渚十节玉琮是在良渚文化的哪个发展时间段制作的？

1　南京博物院：《1982 年江苏常州武进寺墩遗址的发掘》，《考古》1984 年第 2 期。

2　上海市文物管理委员会：《福泉山——新石器时代遗址发掘报告》，文物出版社，2000 年，彩版二八。

以上与金沙良渚十节玉琮器形形制对比分析的福泉山 M40：110、M40：26 六节长玉琮和寺墩 M3 的近 30 件多节长玉琮，它们所属的墓葬都是属于良渚文化晚期。据此似可将金沙良渚十节玉琮的制作年代定在良渚文化晚期。然而，金沙良渚十节玉琮角面上的纹饰与福泉山 M40：110、M40：26 六节玉琮、寺墩 M3 近 30 件多节长玉琮角面上的纹饰，虽然都是简化人面纹，但是细部特征有区别，需要具体分析。

福泉山 M40：110、M40：26 六节玉琮角面上的简化人面纹饰，为单圈眼纹和素面鼻凸（图五）[1]。在该墓中共存的另一件圆琮（M40：91）上的简化人面纹饰也是单圈眼纹和素面鼻凸（图六）[2]。该墓出土的陶器具有典型的良渚文化晚期的特征，如"T"字形足陶鼎（M40：23）（图七）[3]、陶簋（M40：119）（图八）[4]、阔把陶壶（M40：112）（图九）[5]、陶盉（M40：45）（图十）[6]、竹节把豆（M40：16）[7]等。依据福泉山 M40 墓葬中出土陶器与玉器的特征，可以明确玉琮角面上简化人面纹饰中的单圈眼纹和素面鼻凸是良渚文化晚期的特征。

寺墩 M3 墓葬出土的贯耳壶、簋、圈足盘、高足豆（图十一）等 4 件陶器[8]，具有良渚文化晚期的特征，据此可确定寺墩 M3 墓葬属良渚文化晚期。但是该墓出土的近 30 件多节长玉琮角面上的简化人面纹饰，不尽相同，主要表现在眼纹与鼻凸纹饰方面存在区别。如眼纹有单圈[9]、单圈加中心点[10]、双圈[11]、双圈带短线眼角[12]，也有没有眼圈刻纹的[13]；又如鼻凸上有的施刻纹饰[14]，有的为素面[15]。寺墩 M3 墓葬中多节长玉琮角面上简化人面纹饰中眼纹与鼻凸纹饰的不同特征，显示其制作年代存在早晚不同的区别。

1 上海市文物管理委员会:《福泉山——新石器时代遗址发掘报告》, 文物出版社, 2000 年, 第 80 页, 图六一, 3。
2 上海市文物管理委员会:《福泉山——新石器时代遗址发掘报告》, 文物出版社, 2000年, 第 80页, 图六一, 4; 彩版一七, 2。
3 上海市文物管理委员会:《福泉山——新石器时代遗址发掘报告》, 文物出版社, 2000 年, 第 99 页, 图六九, 4。
4 上海市文物管理委员会:《福泉山——新石器时代遗址发掘报告》, 文物出版社, 2000 年, 第 106 页, 图七三, 5。
5 上海市文物管理委员会:《福泉山——新石器时代遗址发掘报告》, 文物出版社, 2000 年, 第 113 页, 图七七, 2。
6 上海市文物管理委员会:《福泉山——新石器时代遗址发掘报告》, 文物出版社, 2000 年, 第 117 页, 图七九, 1。
7 上海市文物管理委员会:《福泉山——新石器时代遗址发掘报告》, 文物出版社, 2000 年, 第 47 页, 图三七, 16。
8 南京博物院:《1982 年江苏常州武进寺墩遗址的发掘》,《考古》1984 年第 2 期, 第 115 页, 图六。
9 南京博物院:《1982 年江苏常州武进寺墩遗址的发掘》,《考古》1984 年第 2 期, 第 119 页, 图九, 3。
10 南京博物院:《1982 年江苏常州武进寺墩遗址的发掘》,《考古》1984 年第 2 期, 第 119 页, 图九, 4。
11 南京博物院:《1982 年江苏常州武进寺墩遗址的发掘》,《考古》1984 年第 2 期, 第 119 页, 图九, 2。
12 南京博物院:《1982 年江苏常州武进寺墩遗址的发掘》,《考古》1984 年第 2 期, 第 119 页, 图九, 5。
13 南京博物院:《1982 年江苏常州武进寺墩遗址的发掘》,《考古》1984 年第 2 期, 第 119 页, 图九, 1、8、9。
14 南京博物院:《1982 年江苏常州武进寺墩遗址的发掘》,《考古》1984 年第 2 期, 第 119 页, 图九, 2、5、6。
15 南京博物院:《1982 年江苏常州武进寺墩遗址的发掘》,《考古》1984 年第 2 期, 第 119 页, 图九, 1、7、8、9。

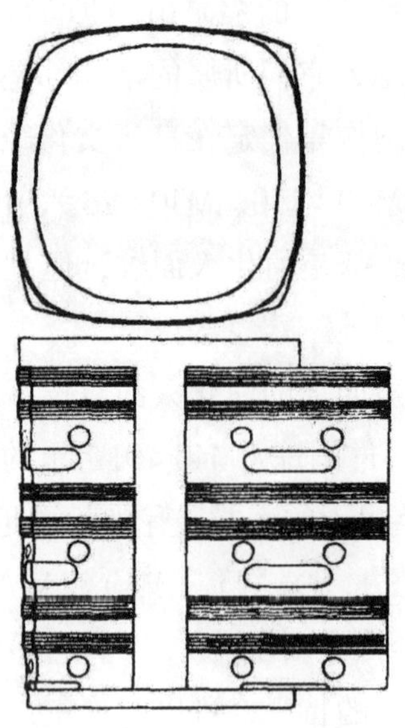
图五　福泉山 M40：110 玉琮

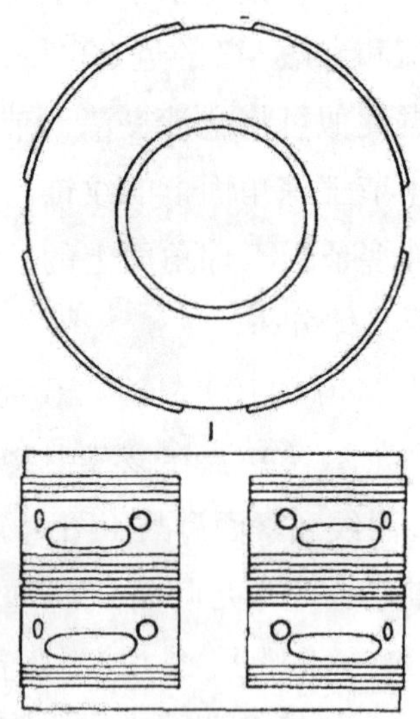
图六　福泉山 M40：91 玉琮

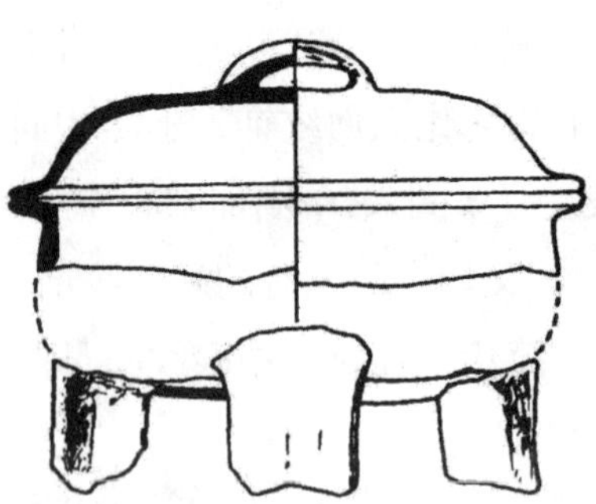
图七　福泉山 M40：23 “T”字形足陶鼎

图八　福泉山 M40：119 陶簋

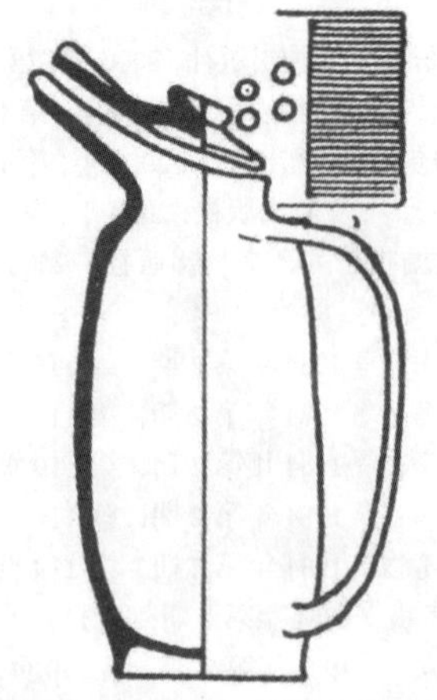
图九　福泉山 M40：112 阔把陶壶

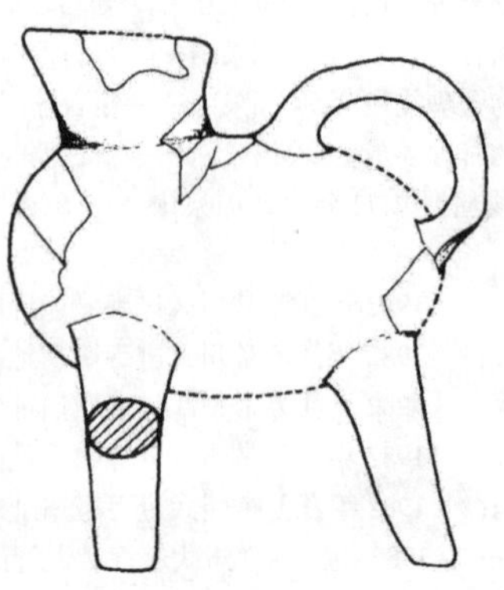
图十　福泉山 M40：45 陶盉

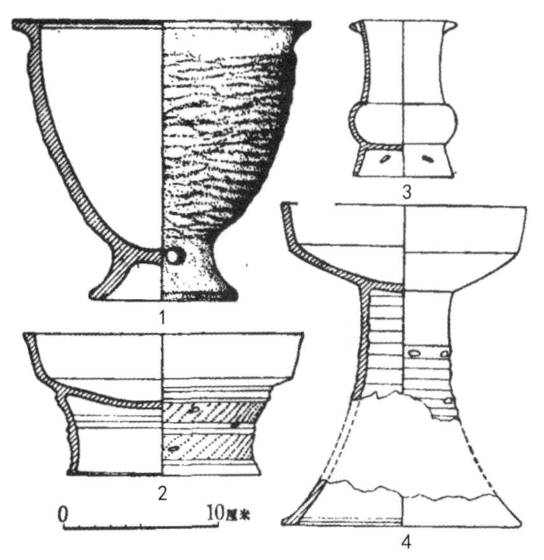

图十一　寺墩 M3 墓葬出土陶器

1. M3：8 簋；2. M3：37 盘；3. M3：39 壶；4. M3：40 豆

依据福泉山 M40：110、M40：26 六节玉琮角面上简化人面纹饰的特点，可以判断寺墩 M3 墓葬中那些以单圈眼纹和素面鼻凸为特征的简化人面纹多节长玉琮是良渚文化晚期制作的，却不能判断寺墩 M3 墓葬中那些施刻双圈眼纹或是双圈带眼角、鼻凸上有刻纹的多节长玉琮也是良渚文化晚期制作的。因为早期制作的玉琮经长期使用而可以见诸于晚期考古学单位中。寺墩 M3 墓葬中那些施刻双圈眼纹或是双圈带眼角、鼻凸上有刻纹的多节长玉琮是制作于良渚文化晚期还是中期，目前尚不能明确。

金沙良渚十节玉琮上简化人面纹饰的眼纹、鼻凸刻纹与福泉山 M40：110、M40：26 六节玉琮及寺墩 M3 的多节长玉琮上简化人面纹饰的眼纹、鼻凸刻纹都不同。其眼纹为双圈带弧边小三角，鼻凸上刻纹密集（图十二）[1]，由于双圈眼纹中弧边小三角很小、鼻凸上密集的刻纹因长期使用遭磨损而不易分辨。

金沙良渚十节玉琮角面上简化人面纹饰中眼纹与鼻凸纹饰的这些特征实际上是良渚文化中期玉琮上简化人面纹饰的特征。如反山 M14：181 玉琮角面上简化人面纹饰中的眼纹为双圈带短线眼角，鼻凸上施刻密集的纹饰（图十三）[2]。从眼纹特征角度考察，金沙良渚十节玉琮为双圈带弧边小三角，反山 M14：181 玉琮是双圈带短线。这细微的区别现象显示，金沙良渚十节玉琮上简化人面纹饰可能要略早于而不会晚于反山 M14：181 玉琮上简化人面纹饰。

1　成都市文物考古研究所：《成都金沙遗址Ⅰ区“梅苑”地点发掘一期简报》，《文物》2004 年第 4 期，图一〇六。

2　浙江省文物考古研究所：《反山》（下），文物出版社，2005 年，第 106 页，图八七。

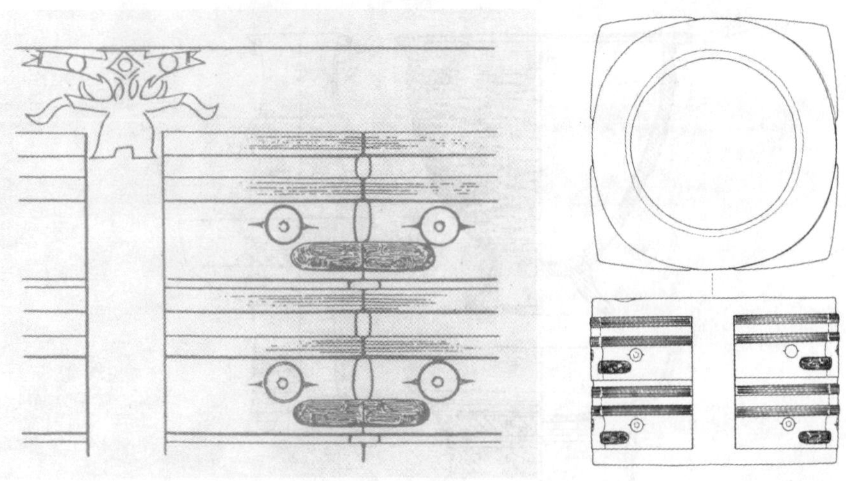

图十二　金沙 2001CQJC：61 玉琮局部纹饰　　　　图十三 反山 M14：181 玉琮

反山 M14 墓葬在反山 9 座大墓（反山 M12、M14—M18、M20、M22、M23）中，年代上是属于很晚的一座墓，但是属于反山 9 座大墓一个整体，属良渚文化中期。良渚文化中期的年代大致在距今 5000 年至距今 4800 年前后[1]。反山 M14 墓葬可能属良渚文化中期的末尾，推测在距今 4800 年前后。据此可以推定金沙良渚十节玉琮的制作年代可能在距今 4800 年前后，它是目前发现的制作年代最早、最为精致的良渚文化多节长玉琮。

如果金沙良渚十节玉琮是在太湖东部或北部区域制作的，那么这显示太湖东部或北部区域在距今 4800 年前后的良渚文化是相当进步的。因为那里在距今 4800 年前后就开始制作十分精致的多节长玉琮，而杭州湾余杭良渚一带在距今 4800 年前后还没有出现多节长玉琮。

三、金沙良渚十节玉琮射口部位符号施刻时间的分析

金沙良渚十节玉琮射口部位符号的线条施刻风格，与该件玉琮角面上简化人面纹饰的线条施刻风格存在着明显的区别，（图十四）[2] 显示它们不是同时施刻的。2005 年，笔者论证金沙良渚十节玉琮射口部位的符号是在良渚文化晚期施刻的。这里再作一点补证。

1　朱乃诚：《关于良渚文化研究的若干问题》，载《四川大学考古专业创建三十五周年纪念文集》，四川大学出版社，1998 年，第 46—54 页。

2　成都文物考古研究所：《金沙玉器》，科学出版社，2006 年，第 41 页。

图十四　金沙 2001CQJC：61 玉琮局部

与金沙良渚十节玉琮射口部位符号的线条施刻风格相类似的，见于良渚文化晚期玉璧和玉琮上。如首都博物馆馆藏十五节玉琮刻符（图十五）[1]，上海博物馆馆藏十五节玉琮刻符（图十六）[2]，中国国家博物馆馆藏十九节玉琮刻符[3]，以及法国巴黎吉美博物馆馆藏七节玉琮刻符、美国华盛顿弗利尔美术馆馆藏玉镯上刻符等。这些刻符，早已引起研究者的注意，但对其具体年代与含义，长期不能明确。1989 年 12 月，余杭安溪出土的一件玉璧上施刻有符号（图十七）[4]，确认这类玉璧、玉琮上刻符系良渚文化晚期施刻的，为深入研究这类刻符注入一股清泉。1991 年，林华东、牟永抗[5]分别引用安溪玉璧刻符资料以探索良渚文化玉琮及社会形态等问题。1993 年，邓淑苹对这类玉器上刻符进行了系统分析，将它们称作“神秘符号”[6]。笔者于 1997 年对这类刻符也进行了专题研究[7]。

图十五　首都博物馆馆藏十五节玉琮刻符

1　薛婕：《鸟纹玉琮》，《北京日报》1984 年 11 月 10 日；薛婕：《馆藏文物精品（鸟纹大玉琮）》，载《首都博物馆国庆四十周年文集》，中国民间文艺出版社，1989 年。

2　杨伯达主编：《中国玉器全集》第 1 卷，河北美术出版社，1993 年，一九三号玉琮；张尉：《上海博物馆藏品研究大系 · 中国古代玉器》，上海人民出版社，2009 年，第 49 页，图 12b。

3　石志廉：《最大最古的纹碧玉琮》，《文物报》1987 年 10 月 1 日。

4　林华东：《论良渚文化玉琮》，《东南文化》1991 年第 6 期，第 138 页，图四，8。

5　牟永抗、吴汝祚：《水稻、蚕丝和玉器——中华文明起源的若干问题》，《考古》1993 年第 6 期。1991 年 10 月，牟永抗以此文在中国社会科学院考古研究所作学术演讲。

6　邓淑苹：《中国新石器时代玉器上的神秘符号》，《故宫学术季刊》第 10 卷第 3 期，1993 年春。本文图十五、图十七、图十八引用自该文。

7　朱乃诚：《良渚文化玉器刻符的若干问题》，《华夏考古》1997 年第 3 期。

图十六 上海博物馆馆藏十五节玉琮刻符拓片

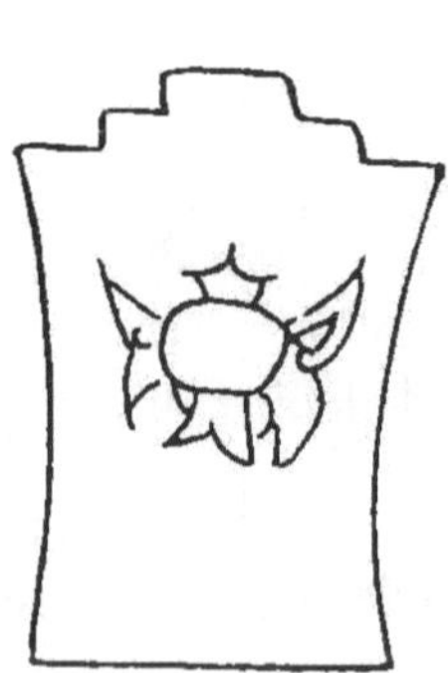

图十七　安溪玉璧刻符

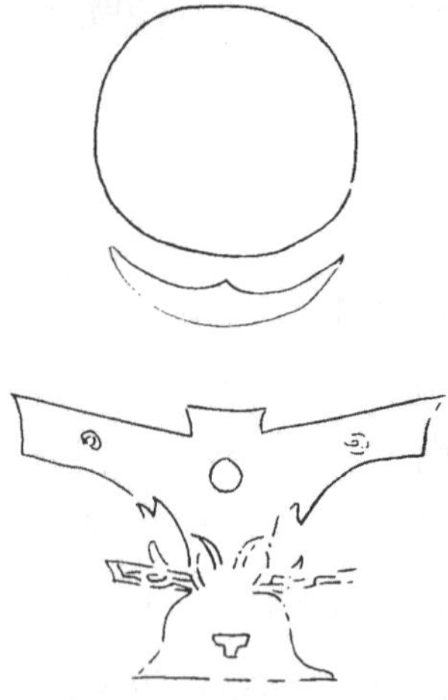

图十八　弗利尔美术馆馆藏玉镯刻符
（上为内壁刻符，下为外壁刻符）

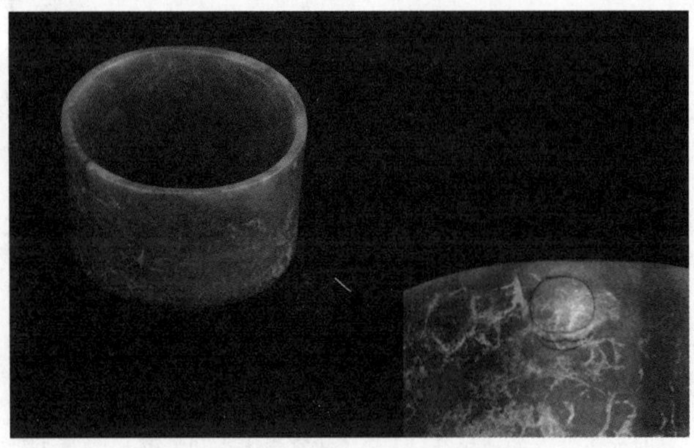

图十九　弗利尔美术馆馆藏玉镯及刻符

其中与金沙良渚十节玉琮射口部位刻符形态接近的则见于美国华盛顿弗利尔美术馆馆藏品玉镯的外壁面上（图十八、图十九[1]）。该玉镯的内壁上还有另外一个刻符，其形态与上海博物馆馆藏十五节玉琮刻符、中国国家博物馆馆藏十九节玉琮刻符的形态相同或接近。这显示弗利尔美术馆藏品玉镯的外壁与内壁上两个刻符的施刻年代与上述这些玉璧、玉琮上刻符年代相同，都属于良渚文化晚期阶段。金沙良渚十节玉琮射口部位刻符的形态与弗利尔美术馆藏品玉镯的外壁上刻符形态相同，线条施刻风格又与良渚文化晚期玉璧、玉琮上刻符相类似，这些现象说明其应是在良渚文化晚期施刻的。良渚文化晚期的年代大致在距今 4700 年至距今 4300 年前后。

在良渚文化晚期玉璧、玉琮上的这些刻符中，“日”“月”形态的刻符还见诸于大汶口文化晚期陶缸（或称“大口尊”，又称“大口瓮”）上。如山东省莒县陵阳河陶缸刻符[2]、莒县大朱家村陶缸刻符（图二十）[3]、诸城前寨陶缸刻符[4]、安徽省蒙城尉迟寺陶缸刻符等（图二一）[5]。大汶口文化晚期的年代大致在距今 4700 年至 4300 年之间，与良渚文化晚期的年代大体接近。

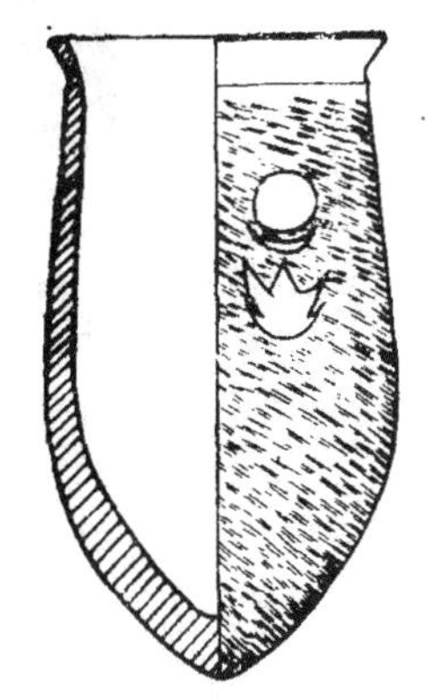

图二十　大朱家村采 01 陶缸

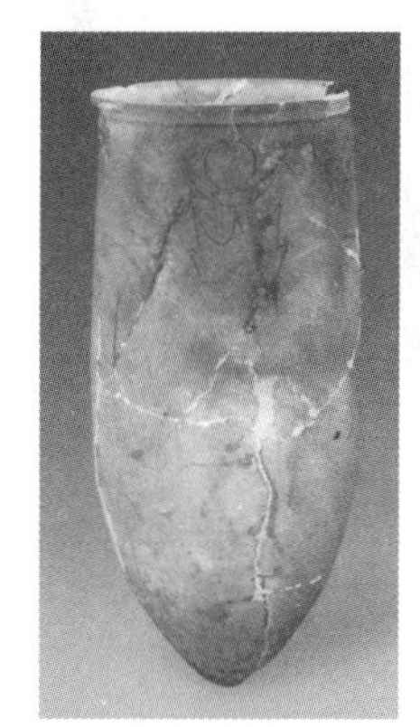

图二一　尉迟寺 JS10：2 陶缸

以上这些证据可以说明金沙良渚十节玉琮射口部位刻符的施刻年代大致在良渚文化晚期，约距今 4700 年至 4300 年之间。

1　江伊莉、古方：《玉器时代：美国博物馆藏中国早期玉器》，科学出版社，2009 年，第 54 页，图 3-12。

2　山东省文物管理处，济南市博物馆：《大汶口：新石器时代墓葬发掘报告》，文物出版社，1974 年，第 118 页，图九四，1、2、6。

3　山东省文物考古研究所，莒县博物馆：《莒县大朱家村大汶口文化墓葬》，《考古学报》1991 年第 2 期，图一九，1；苏兆庆、常兴照、张安礼：《山东莒县大朱家村大汶口文化墓地复查清理简报》，《史前研究》（辑刊），1989 年，图十一，4。

4　山东省文物管理处，济南市博物馆：《大汶口：新石器时代墓葬发掘报告》，文物出版社，1974 年，第 118 页，图九四，5。

5　中国社会科学院考古研究所：《蒙城尉迟寺：皖北新石器时代聚落遗存的发掘与研究》，科学出版社，2001 年，第 256 页，图 205，3、5、6；中国社会科学院考古研究所，蒙城县文化局：《蒙城尉迟寺》（第二部），科学出版社，2007 年，第 137 页，图 95，1、4、5，第 215 页，图 157-2，彩版 11。

四、金沙良渚十节玉琮进入成都平原途径的分析

金沙良渚十节玉琮是通过何种途径进入到成都平原地区？探索这个问题比较困难，因为目前证据不够。下面根据一点线索做点推测。

目前在三星堆遗址、金沙遗址中发现的制作年代早于三星堆文化的玉器精品，主要是中原地区二里头文化玉器和陇西地区齐家文化玉器。比如二里头文化四期的牙璋（图二二[1]、图二三[2]、图二四[3]）、玉戚（图二五）[4]等，又比如齐家文化的玉璧（图二六[5]、图二七[6]）、玉琮（图二八[7]、图二九[8]、图三十[9]）等。此外，还有中原地区陶寺文化玉器、山东地区大汶口文化玉器和龙山文化玉器等。金沙良渚十节玉琮则是属于太湖地区良渚文化的作品。而数量最多的是二里头文化玉器和齐家文化玉器。

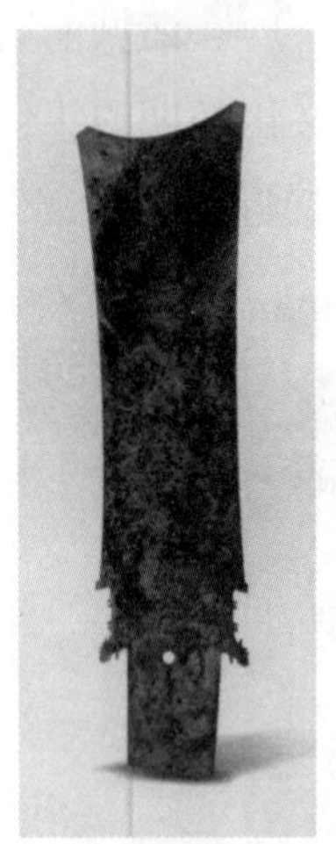
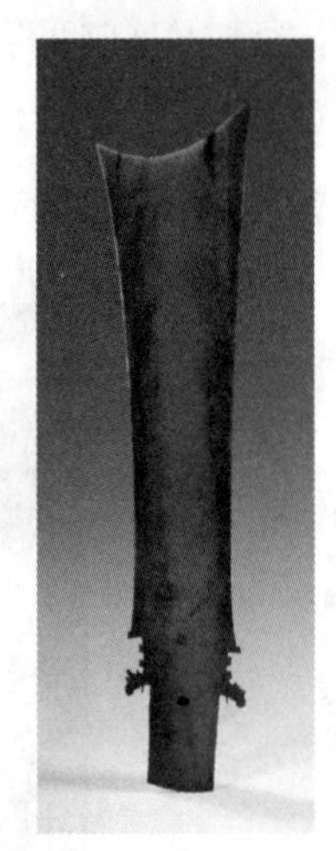
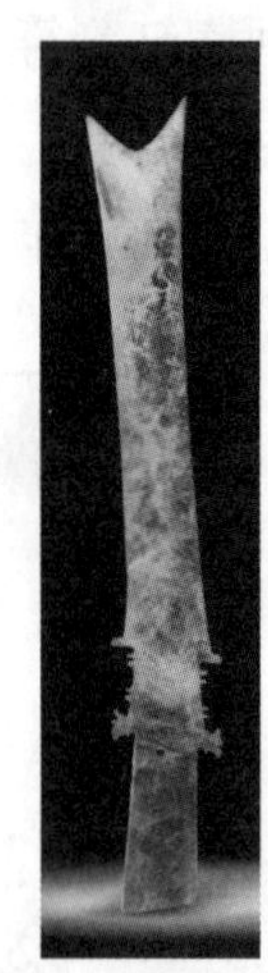

图二二 四川博物院 A35 牙璋　图二三 金沙 2001CQJC ：955 牙璋　图二四 四川博物院 A313 牙璋

1 成都金沙遗址博物馆，中国社会科学院考古研究所：《玉汇金沙——夏商时期玉文化特展》，四川人民出版社，2017 年，第 73 页。
2 成都文物考古研究所：《金沙——再现辉煌的古蜀王都》，四川出版集团、四川人民出版社，2005 年，第 61 页。
3 成都金沙遗址博物馆，中国社会科学院考古研究所：《玉汇金沙——夏商时期玉文化特展》，四川人民出版社，2017 年，第 80 页。
4 成都文物考古研究所：《金沙——再现辉煌的古蜀王都》，四川出版集团、四川人民出版社，2005 年，第 74 页。
5 成都金沙遗址博物馆，中国社会科学院考古研究所：《玉汇金沙——夏商时期玉文化特展》，四川人民出版社，2017 年，第 138 页。
6 成都金沙遗址博物馆，中国社会科学院考古研究所：《玉汇金沙——夏商时期玉文化特展》，四川人民出版社，2017 年，第 139 页。
7 成都金沙遗址博物馆，中国社会科学院考古研究所：《玉汇金沙——夏商时期玉文化特展》，四川人民出版社，2017 年，第 127 页。
8 成都金沙遗址博物馆，中国社会科学院考古研究所：《玉汇金沙——夏商时期玉文化特展》，四川人民出版社，2017 年，第 124 页。
9 成都金沙遗址博物馆，中国社会科学院考古研究所：《玉汇金沙——夏商时期玉文化特展》，四川人民出版社，2017 年，第 125 页。

三星堆遗址与金沙遗址发现有年代早于三星堆文化的外来玉器精品，在地域和年代方面最接近于成都平原地区三星堆文化的是二里头文化和齐家文化的玉器精品，而不是金沙良渚十节玉琮和其他诸如陶寺文化玉器、大汶口文化玉器、龙山文化玉器。笔者曾分析二里头文化遗存与齐家文化遗存进入成都平原地区是通过岷江上游地区的文化通道实现的[1]。根据这些现象，推测金沙良渚十节玉琮是从中原地区经陇南地区，进入成都平原地区。也就是说金沙良渚十节玉琮是先从太湖地区进入中原地区，然后从中原地区辗转经陇南进入到成都平原。

这仅是根据目前的考古学现象做的一个推测，有待今后发现更多的证据，作进一步的探索。

五、金沙良渚十节玉琮的历史地位

金沙良渚十节玉琮是太湖地区良渚文化中期制作的年代最早、最为精致的多节长玉琮，在良渚文化晚期又在玉琮射口部位施刻了符号，后来可能来到了中原地区，并且又辗转到达成都平原，最后埋藏在金沙祭祀区。金沙良渚十节玉琮从制作到埋藏，辗转经历了大约1800年，而且基本完好无损。这是一个奇迹。

这个奇迹的发生，可能跟这件玉琮的质地和使用方式及其所具有的重要历史地位有关。

金沙良渚十节玉琮的质地，需要通过专门的检测以及有关的检测分析研究予以说明。其使用方式，实际上也包含着使用功能。目前对它的使用方式和使用功能，实际上是不清楚。不过，从金沙良渚十节玉琮制作使用了一段时间之后在射口部位施刻符号，以及辗转他乡，最后埋入金沙祭祀区这个过程情况推测，金沙良渚十节玉琮在1800年间的使用方式与使用功能应是有过改变，或许是发生了多次改变。依据金沙良渚十节玉琮的玉质和精致程度及保存完好的状态，以及与它一起在金沙祭祀区出土的一大批珍贵的遗物看[2]，不排除其是属于当时王室的物品，可能是经历了几代王室的传承之后保留在金沙祭祀区的王室祭祀物品。

如果今后能够揭示金沙良渚十节玉琮所经历的各个历史时间段的具体的使用方式与使用功能，进而准确而具体地说明其历史地位，那么对金沙良渚十节玉琮所经历的这段约1800年历史谜团的揭示，将会获得重大的突破。

1　朱乃诚：《茂县及岷江上游地区在古蜀文明形成中的重要作用与地位》，《四川文物》2020年第1期。

2　成都文物考古研究院，成都金沙遗址博物馆：《金沙遗址祭祀区出土文物精粹》，文物出版社，2018年。

图二五 金沙 2001CQJC：546 玉戚

图二六 四川大学博物馆（3.1）439 玉璧

图二七 四川大学博物馆（3.1）131 玉璧

图二八 四川博物院 A110485 玉琮

图二九 四川大学博物馆（3.1）113 玉琮

图三十 三星堆 K1：11 － 2 玉琮

良渚文化龙首纹玉器的观察与思考

赵晔（浙江省文物考古研究所）

【摘要】2021 年底，北村良渚文化早期贵族墓地 M106 发现龙首镯，实证海外收藏的同类器为良渚文化遗物无疑，也佐证了广东石峡文化龙首镯应来自良渚。除了龙首镯，良渚地区还有龙首璜、龙首圆牌、龙首梳背、龙首玉管等系列龙首纹玉器。这是良渚文化早期的一类特殊礼器，且均属于身上佩戴的礼仪饰品。龙首纹玉器应源于龙首饰，随后又出现了同类样式的兽面纹玉器，推测良渚文化核心区先后出现过龙崇拜和神兽崇拜的两个族群，最后两者融为一体，由女权社会转型为男权社会，正式拉开良渚古国的帷幕。

【关键词】良渚文化；玉器；龙首纹；兽面纹

2021 年 11 月 19 日，“早期良渚——良渚遗址考古特展”在良渚博物院开幕，展出的文物共 300 多件，以瑶山、官井头、北村出土玉器为主。最引人瞩目的是北村墓地新发现的一件龙首镯，在此之前，古籍记载和海外收藏的同类器没有在考古发掘中出现过。这件外琢 6 个装饰性龙首的玉镯（图一 -1），就像一根纽带，可以串起良渚遗址群早先发现的诸多龙首纹玉器。

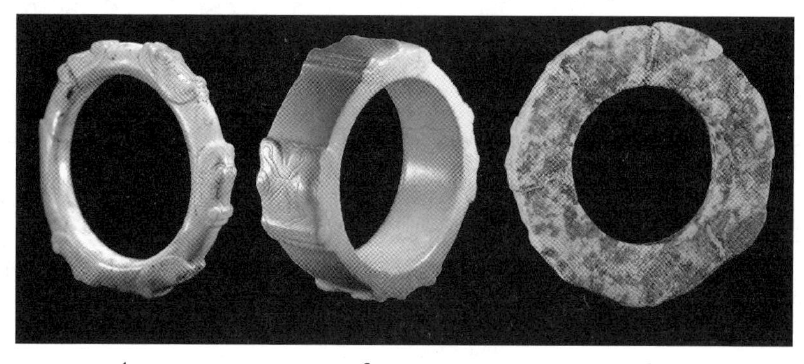

1　　2　　3

图一　考古出土的龙首镯

北村遗址位于良渚古城南侧约2000米处，2020年至2021年揭露12000平方米，清理良渚文化墓葬139座，另有大量房址、灰沟和灰坑等生活遗迹。地势较高处为独立的高等级贵族墓地和居住区，地势较低处为普通墓葬和居住址，两者以围沟和栅栏隔开，显现出明显的阶层分化。贵族墓地清理了7座墓葬，大致呈东西向两排分布，M106坐落于北排中部，墓坑硕大，长3.15米，宽1.62米，残深0.4米；随葬品共71件，除了6件陶器，其余皆为玉器，其中龙首镯、镂空梳背、刻纹蝉为罕见的高等级玉器。虽然人骨架已不存，根据玉璜、过滤器等性别指示特征明显的玉器和陶器推测，墓主为女性，由此判断北村M106为良渚文化早期女性贵族大墓[1]。

本文就北村龙首镯的发现，对良渚文化龙首纹玉器作一个系统梳理。梳理过程中发现，良渚遗址群的崛起，其实跟龙首纹玉器有很大关系。

一、关于龙首镯

说起龙首镯，文献中早有记载，只不过名称不同而已。元代朱德润《古玉图》中的“琱玉蚩尤环”，就是饰有5个龙首的龙首镯[2]（图二-1）。清末端方《陶斋古玉图》中的“珑”，即为饰有6个龙首的龙首镯[3]（图二-2）。而在收藏机构公布的藏品中，也有多件龙首镯，如台北故宫博物院[4]、美国弗利尔美术馆[5]等

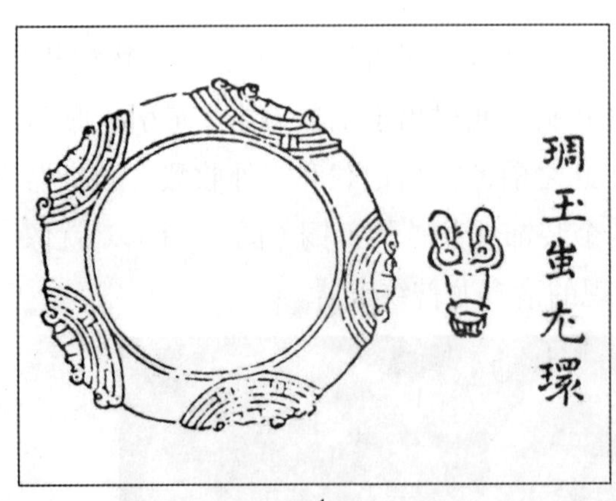

1

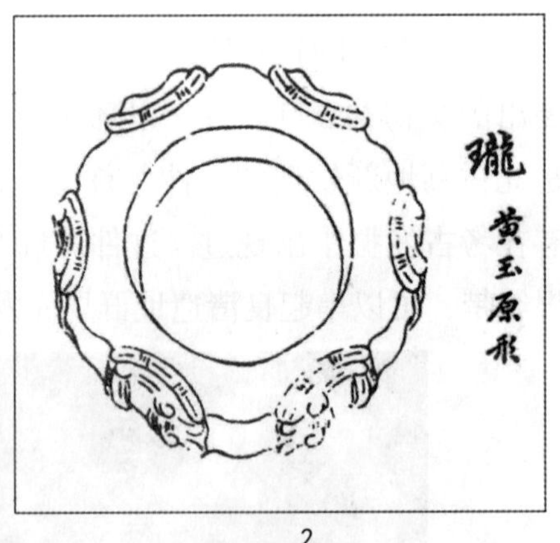

2

图二　文献中记载的龙首镯

1　姬翔等：《良渚早期发展阶段的重要突破——浙江余杭瓶窑镇北村遗址发掘取得阶段性收获》，《中国文物报》2021年12月3日第8版。

2　[元]朱德润：《古玉图》，载《说玉》，上海科技教育出版社，1993年，第603页。

3　[清]端方：《陶斋古玉图》，载《说玉》，上海科技教育出版社，1993年，第709页。

4　邓淑苹：《“国立”故宫博物院藏新石器时代玉器图录》，1992年，第155、156页。

5　江伊莉、古方：《玉器时代——美国博物馆藏中国早期玉器》，科学出版社，2009年，图3—10。

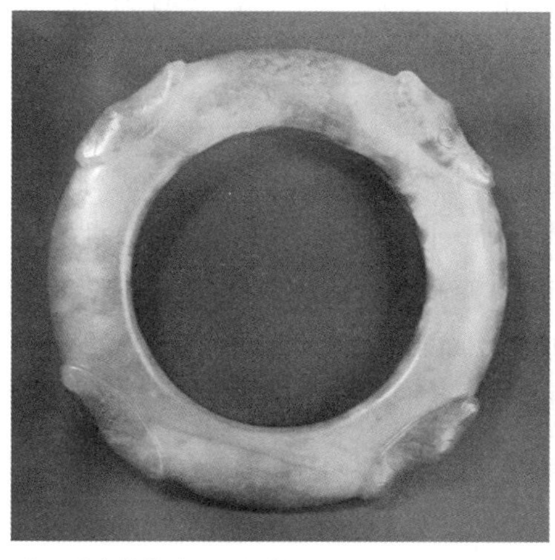

1 台北故宫博物院四头龙首镯（后期有重刻和加刻）

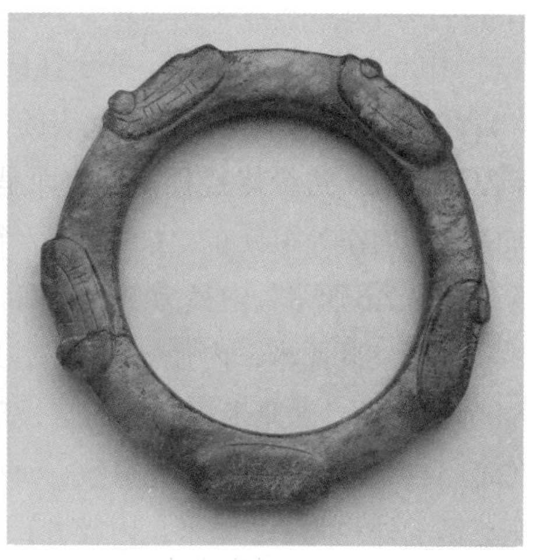

2 台北故宫博物院五头龙首镯

3 台北故宫博物院五头龙首镯（后期有重刻和加刻）

4 美国弗利尔美术馆六头龙首镯

图三 收藏机构收藏的龙首镯

都有龙首镯收藏（图三），形制大同小异，单体装饰的龙首数量以 5—6 个居多，偶见 4 个。考古发掘中，龙首镯最早于 20 世纪 70 年代发现于广东石峡文化遗址，该遗址 M42 出土了一件受沁较严重的龙首镯，边缘等距装饰 5 个龙首；另一座 M99 也出土了一件受沁严重的龙首镯，但边缘装饰的龙首有 7 个[1]（图一-3）。因为石峡出土的玉器有浓厚的良渚风格，这两件龙首镯自然也被视为良渚系玉器。奇怪的是，良渚文化分布区甚至在核心区良渚遗址群，长期没有此类龙首镯发现。1987 年瑶山遗址发掘中，虽然在 M1 发现了一件饰有 4 个龙首的龙首镯（图一-2），

1 广东省文物考古研究所等：《石峡遗址——1973—1978 年考古发掘报告》，文物出版社，2014 年，第277—279 页。

但它体形薄而宽，龙首纹样差异较大，并非上述常见的龙首镯。[1]直到2021年5月北村M106出土这件龙首镯，终于在良渚文化核心区发现了常规型龙首镯实物。

以北村M106：50龙首镯为代表的常规型龙首镯，器身基本呈扁平体，肉宽大于厚度，根据边缘修整程度，截面呈内直外弧、椭圆形和扁方形三种形态。所饰的龙首均作等距分布，数量4—7个不等，以6个为主。尺寸上，北村龙首镯的外径为7.6厘米，内径为5.6厘米，厚1厘米。石峡的两件龙首镯体量硕大，M99：5外径8.3厘米，内径5.8厘米，厚2.2厘米；M42：4外径达12厘米，内径6.9厘米，厚1.6厘米。相对而言，瑶山M1：30龙首镯属于异型，可以看成是在筒形器外侧加饰了4个龙首纹，而且龙首的纹样跟其他龙首镯也不太一样；该龙首镯的外径为8.2厘米，内径6.1厘米，厚2.6厘米。综合已知的龙首镯资料（包括收藏机构的藏品以及古玉图蚩尤环的尺寸折算），大体上龙首镯的外径在7.6—12厘米，内径5.6—6.9厘米，厚1—2.6厘米。其主要指标是内径，因为是戴在手腕上的，所以圈口直径既不能太小（否则戴不进），也不能太大（不然会滑出来），5.6—6.9厘米是一个合理范围，其他大宗的光素玉镯，也大多在这个区间。

二、其他龙首纹玉器

除了龙首镯，在良渚遗址群还发现了龙首璜、龙首圆牌、龙首梳背、龙首玉管等一些其他类型的龙首纹玉器。

龙首璜目前仅发现两件：一件是瑶山M11：94，扁薄的桥形璜下缘装饰着等距的4个龙首[2]（图四-1）；还有一件为梅家里M10：4，纤细的弧形璜下缘同样饰有4个等距的龙首纹，但龙首排列较为紧密[3]（图四-2）。相比之下，瑶山M11：94龙首璜较为

1 瑶山M11：94

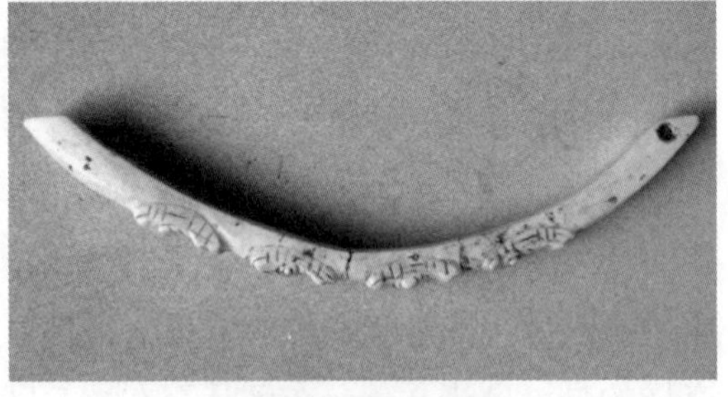

2 梅家里M10：4

图四　龙首璜

1 浙江省文物考古研究所：《瑶山》，文物出版社，2003年，第28页。

2 浙江省文物考古研究所：《瑶山》，文物出版社，2003年，第154、157页。

3 王宁远：《余杭区梅家里良渚文化及宋清遗址》，载《中国考古学年鉴·2010》，文物出版社，2011年，第235页；浙江省文物考古研究所等：《权力与信仰——良渚遗址群考古特展》，文物出版社，2015年，第320页。

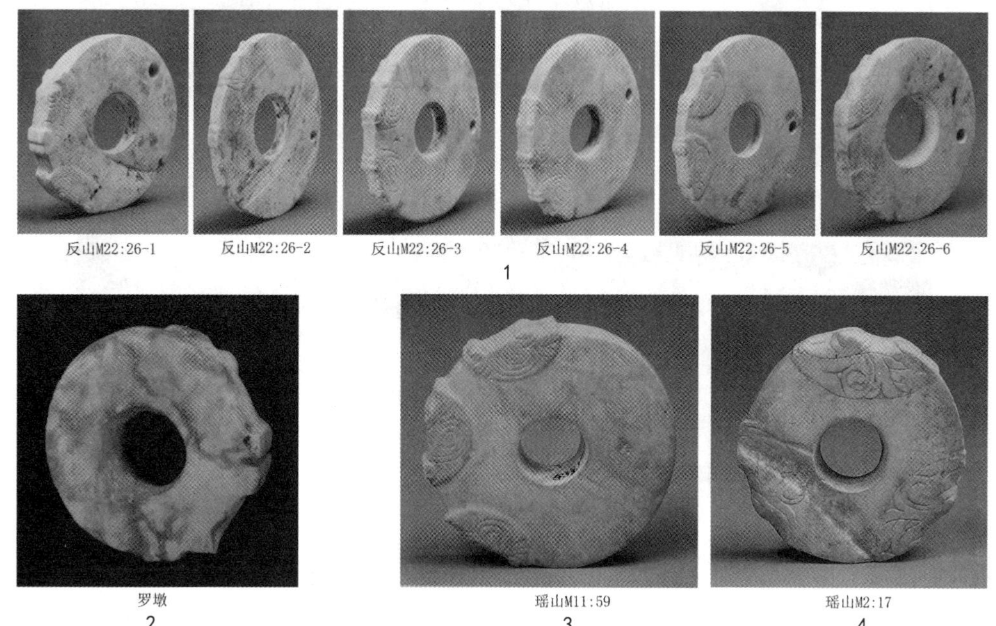

图五 龙首圆牌

匀致规整，两端各有一对穿孔；梅家里 M10∶4 龙首璜则有材料缺陷，不得已有两个龙首造型显得干瘪，更有两端粗细不均，穿孔也不一致——一个为横孔，一个为竖孔，刚好相差 90 度。

龙首圆牌数量较多，反山 M22 出土了 6 个成组的龙首圆牌，每个圆牌的侧边均饰有两个紧挨的龙首[1]（图五 -1）。此外，瑶山 M2∶17 是一件饰 3 个龙首的圆牌，3 个龙首作等距分布[2]（图五 -4）。另一件瑶山 M11∶59 圆牌也有 3 个龙首，但集中于一侧边分布[3]（图五 -3）。

龙首梳背目前仅发现 1 件，出自良渚官井头遗址 M64。该器的两肩位置各装饰了一个龙首，龙纹正面朝上，与器物的衔接也不对称，而是向一侧凸出，截面呈“Γ”形，由此导致展开的龙首团脸也不对称，一侧的脸颊部位有龟甲状阴刻装饰，而另一侧却没有[4]（图六）。

除此之外，瑶山、反山等贵族墓地还出土了少量龙首纹玉管，如瑶山 M2∶7、M9∶5、M10∶21[5]，反山 M16∶14、M16∶17[6]（图七）。不过龙首纹玉

1 浙江省文物考古研究所:《反山》，文物出版社，2005 年，第 284—287 页。
2 浙江省文物考古研究所:《瑶山》，文物出版社，2003 年，第 44、46 页。
3 浙江省文物考古研究所:《瑶山》，文物出版社，2003 年，第 155、158 页。
4 赵晔：《良渚玉器纹饰新证——官井头几件新颖良渚玉器的解读》，载杨晶、蒋卫东主编：《玉魂国魄——中国古代玉器与传统文化学术讨论会文集（六）》，浙江古籍出版社，2014 年，第 243—245 页。
5 浙江省文物考古研究所:《瑶山》，文物出版社，2003 年，第 36、121、139 页。
6 浙江省文物考古研究所:《反山》，文物出版社，2005 年，第 164、165 页。

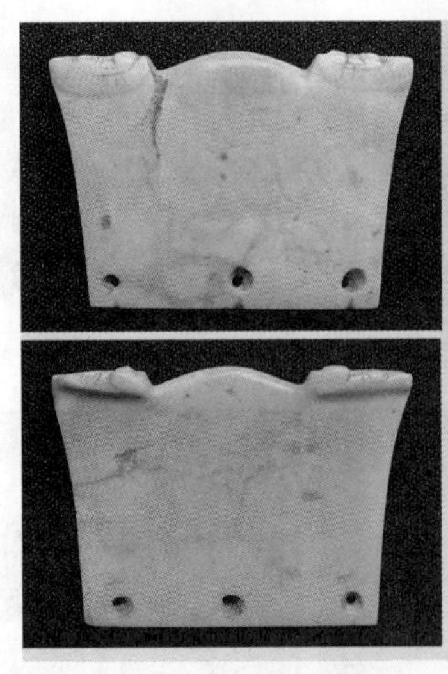
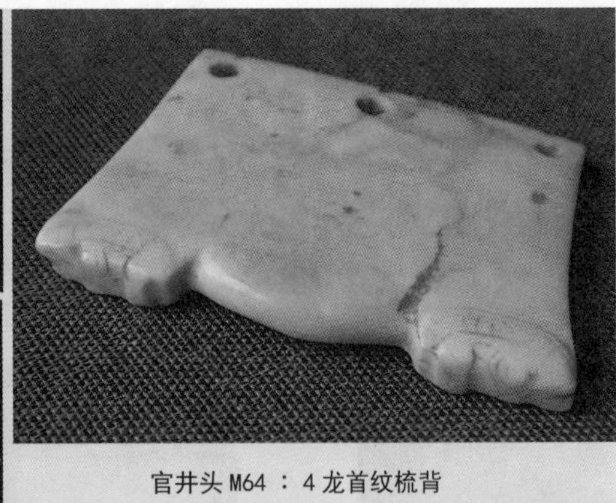

官井头 M64 ：4 龙首纹梳背

图六 龙首纹梳背

2

1 3 4

图七 龙纹管

1. 瑶山 M2：7 2. 反山 M16：14 3. 瑶山 M9：5 4. 瑶山 M10：21

管的表现手法跟上述龙首纹玉器有所不同，上述器物的龙首纹貌似器物边缘附加的凸块，而龙首纹玉管则可以看成是圆形管柱上多节外凸的装饰图案。但两者的龙首纹样特征具有一致性。

三、龙首纹玉器的纹饰特征

综上所述，龙首纹玉器主要有龙首镯、龙首璜和龙首圆牌，偶见龙首梳背，还有一些龙首纹玉管，它们的共同属性都是身上依附的礼仪性装饰物品，表明龙首纹玉器是良渚文化早期的一类特殊礼器。具体来说，龙首梳背插戴于墓主头部，龙首璜和龙首圆牌均属于佩饰，单体或成组佩挂于墓主胸前，龙首镯则穿戴于墓主手腕。而龙首纹玉管属于串挂饰里面的一种，也佩戴于墓主胸前。

从单件器物的龙首数量上看，龙首镯最多，少则 4 个，多则 7 个，多数为 6 个；龙首璜目前所见都是 4 个龙首；而圆牌饰只有 2 个或 3 个龙首。

从龙首排列方式上看，龙首镯和龙首璜均作等距分布，且龙首的朝向一致。圆牌饰中，饰 3 个龙首的一件（瑶山 M2：17）作等距分布，另一件（瑶山 M11：59）则集中一侧边分布，但龙首朝向也均一致。

饰两个龙首的圆牌饰较特殊，不但龙首紧挨，而且绝大部分龙首相向（反山 M22：26-1 除外）。江苏常州罗墩遗址也发现过一件两龙首相向分布的龙首圆牌[1]（图五 -2）。官井头 M64：4 龙首梳背的龙首也为相向布局。

从龙首纹图案来看，有几个基本的形态特点：有一双隆鼓的圆眼，多为双圈；有凸耸的立耳；有隆鼓的鼻吻；露出一排并齿。

但是反山和瑶山出土的绝大多数龙首与官井头、梅家里及北村的龙首又存在明显差别。最大的区别是脸庞边缘轮廓不同，前者为装饰性线刻花边，后者为平行弧线中间用三条短线分隔，类似龟甲边围；还有前者鼻梁上有菱形纹，后者多为波浪状的弧线（图八）。这样的区别可能同时存在两种情况：一是早晚之别，后者较早，前者较晚；二是等级差异，前者较高（属于王陵级别），后者相对较低。有意思的是，反山 M22 六件龙首圆牌中，第一号 M22：26-1 的两个龙首方向跟其他五件龙首圆牌不同，它俩是同向的；纹样也与其他五个不同，它的轮廓是龟甲边，鼻梁也没有菱形纹，属于早期形态的龙首纹。

仔细观摩北村龙首镯，其龙首图案与达泽庙的龙首图案完全一致，尺寸也相当，证明达泽庙的片状龙首饰是从龙首镯上切割下来的。这说明龙首镯破碎

1　苏州博物馆，常熟博物馆：《江苏常熟罗墩遗址发掘简报》，《文物》1999 年第 7 期。

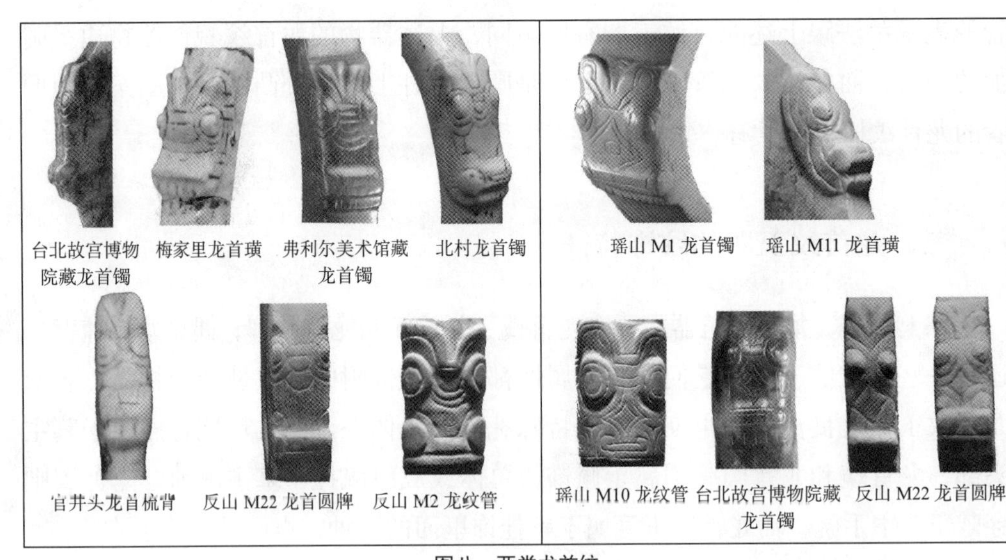

图八　两类龙首纹

之后如果无法重新粘接，古代先民就会将完整的纹饰切割出来另作他用。达泽庙的龙首纹片饰出自 M10 墓主头部，饰片两端各钻一孔，背面粗糙，极可能是缝缀于冠帽上的徽标[1]（图九）。两地分别出土同类纹饰的物品，也间接证明嘉兴地区与良渚遗址群之间存在某种内在关系。台北故宫博物院收藏的“蚩尤环”和美国弗利尔美术馆所藏的龙首镯，皆属于此类纹样。

龙首纹玉器与崧泽文化晚期至良渚文化早期的龙首饰似乎有一定的渊源关系，即镯、璜、圆牌等器身上装饰的龙首纹，大概率由龙首饰演变而来。目前已知的龙首饰有十来个，分别出自普安桥 M17、仙坛庙 M51、梅园里 M8、后头山 M18、皇坟头 M19、官井头 M65 和 M47[2] 等遗迹单位，江苏常州

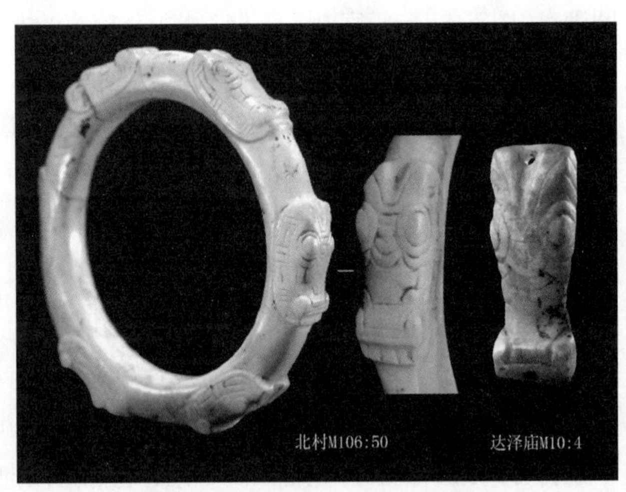

图九　北村龙首镯与达泽庙龙首牌饰

1　浙江省文物考古研究所:《海宁达泽庙遗址的发掘》，载《浙江省文物考古研究所学刊》，长征出版社，1997 年，第 105、106 页；嘉兴市文化局:《崧泽·良渚文化在嘉兴》，浙江摄影出版社，2005 年，第 85 页。

2　张雪菲:《江苏常州青城墩遗址》，《大众考古》2019 年第 9 期。

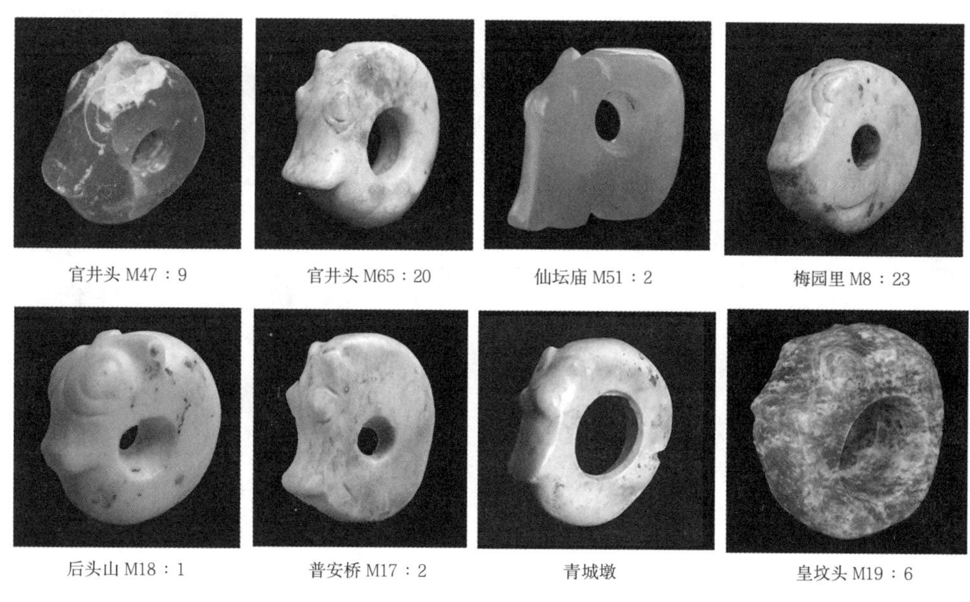

图十　崧泽文化晚期—良渚文化早期龙首饰一组

青城墩遗址也有出土[1]（图十），台北故宫博物院见有同类器藏品[2]。这些龙首饰均作小环状，虽然龙首像凸起的装饰，其实表达了龙首与龙尾蜷曲成一体。普安桥 M8 带曲槽呈马首状的龙首，可视为异型龙首饰。这些龙首饰的纹样已具备龙的基本要素：圆鼓的双眼、微耸的立耳及微翘的鼻吻。早期龙首纹玉器的龙首多了成排的并齿、波浪状的弧线和龟甲状的脸庞轮廓；后期龙首纹玉器的龙首脸庞变得花哨，拉成平面有的类似猴脸，另外波浪状弧线消失，代之而起的是菱形符号，菱形符号以单线阴刻较为多见，个别为双线阴刻，如瑶山 M1：30 龙首镯。从龙首饰到早期龙首纹玉器的龙首，再到后期龙首纹玉器的龙首，大致反映了良渚文化龙首纹的演变轨迹（图十一）。

四、龙首纹与兽面纹的关系

早期龙首纹玉器阶段（官井头 M64、北村 M106、梅家里 M10 等），龙首纹玉器可谓一枝独秀，尚未见兽面纹影子。到了瑶山、反山为代表的后期龙首纹玉器阶段，龙首纹开始与兽面纹甚至神人兽面纹共存。例如瑶山 M2 既有龙首纹圆牌（M2：17）和龙首纹玉管（M2：7），也有阴刻神人兽面纹冠状梳背

1　浙江省文物考古研究所等:《崧泽之美——浙江崧泽文化考古特展》，浙江摄影出版社，2014 年，第197—209 页。

2　邓淑苹等:《敬天格物——中国历代玉器导读》，台北故宫博物院出版，2011 年。

（M2：1）和神人兽面纹玉琮（M2：23）；瑶山 M11 既有龙首纹璜（M11：94）和龙首纹圆牌（M11：59），也有兽面纹柱形器（M11：64）[1]；反山 M16 既有龙首纹柱形器（M16：1）和龙首纹玉管（M16：14、M16：47），又有镂空神人兽面纹梳背（M16：40）、镂空兽面纹璜（M16：3）及神人面玉琮（M16：8）；而在反山 M22 璜组佩中，璜的正面雕琢了戴羽冠的神人兽面纹（M22：20），串挂的却是6枚龙首圆牌（M22：26），两种纹样已完美结合在一起[2]（图十二）。

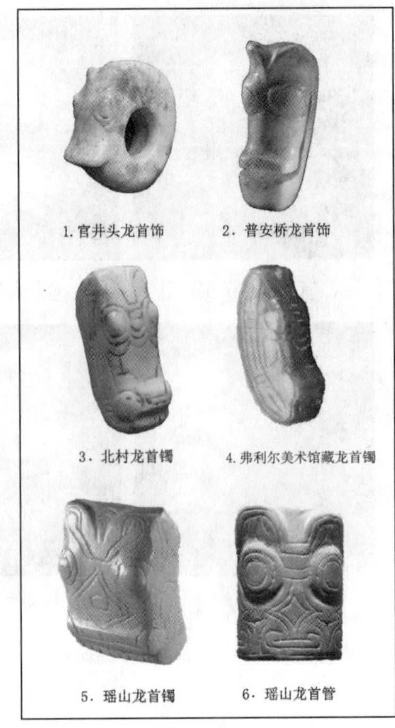

图十一　龙首变化过程

上述墓例说明，在良渚文化早期，龙首纹和兽面纹包括神人兽面纹是两种体系的纹样，是两种信仰的符号。以官井头 M64 和北村 M106 为代表的早期贵族墓葬只见龙首纹，体现了女性掌控社会权力的历史背景。而以反山 M12 为代表的顶级权贵大墓拥有大量神人兽面图案，体现了男性主导社会权力的历史性转变。有学者认为兽面纹由龙首纹发展演变而来，主要表现在兽面纹重圈大眼斜上方的眼睑，由龙首纹立耳演化而来[3]。这种观点可能有一定道理，因为玉器纹饰的表达方式是可以互相借鉴的。但两种纹样的共存表明它们又是独立的，其实反映了两种社会背景和信仰观念，很可能代表了两个族群。从我们能够看到的考古资料来看，这两个族群并不是针锋相对、你死我活的，他们在互动过程中逐渐融合，极可能经由通婚的方式，最后整合成神人兽面纹样的统一信仰符号，女权社会也由此转型为男权社会。

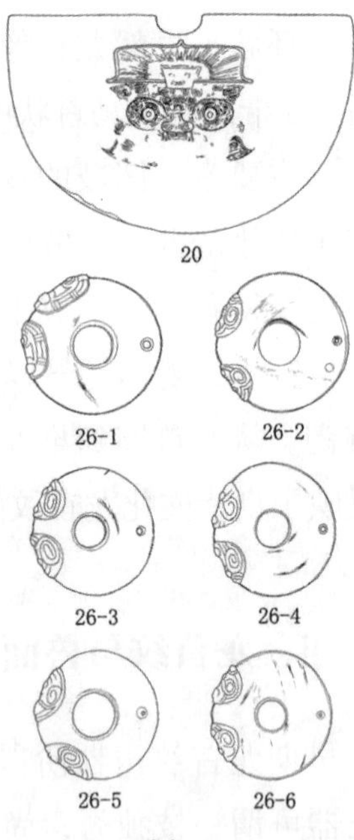

图十二　反山 M22 龙首圆牌与兽面璜组合

令人惊讶的是，在收藏机构中还存在类似龙

1　浙江省文物考古研究所:《瑶山》，文物出版社，2003 年。
2　浙江省文物考古研究所:《反山》，文物出版社，2005 年。
3　方向明：《良渚文化玉器纹饰研究》，载浙江省文物考古研究所：《良渚文化研究——纪念良渚文化发现六十周年国际学术讨论会文集》，科学出版社，1999 年，第 187—201 页。

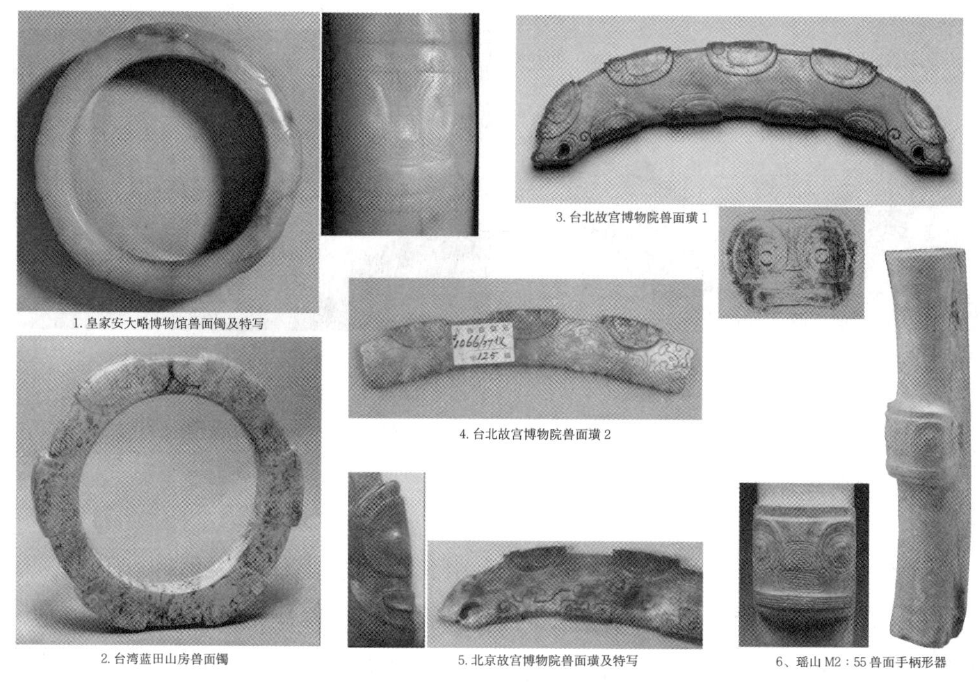

1. 皇家安大略博物馆兽面镯及特写

2. 台湾蓝田山房兽面镯

3. 台北故宫博物院兽面璜 1

4. 台北故宫博物院兽面璜 2

5. 北京故宫博物院兽面璜及特写

6、瑶山 M2∶55 兽面手柄形器

图十三　兽面纹凸块玉器

首纹玉器样式的兽面纹玉器，比如加拿大皇家安大略博物馆收藏了一件兽首镯，乍一看酷似 8 个龙首的龙首镯，仔细一看竟然是细刻的兽面纹[1]（图十三 -1）。台湾蓝田山房的一件六凸块玉镯乍一看也像龙首镯，但仔细一看也是大眼圈兽面纹[2]（图十三 -2），尽管纹饰已经模糊，但外观轮廓显示不可能是鼻部较长且内弧的龙首纹。北京故宫博物院藏有一件改制过的玉璜，四个凸块刻画的是四个大眼兽面纹[3]（图十三 -5）。台北故宫博物院也有类似改制过的玉璜，外侧五个凸块及内侧四个凸块上都雕琢了大眼兽面纹（图十三 -3）；还有一件残损改制璜的三个凸块也雕琢着大眼兽面纹（图十三 -4）。这是否意味着，龙首纹玉器后来也衍生出了同款兽面纹玉器。作为旁证，瑶山 M2∶55 玉手柄中央凸起的兽面纹，跟上述类龙首纹玉器上的兽面纹十分接近，最显著的特征是大眼圈和扁阔嘴[4]（图十三 -6）。这种造型独特的器物发生纹样突变，表明两个族群已完成整合，以至于兽面族群仿制了龙纹族群的器形。大英博物馆收藏的那件罕见的两叉形器，兽面纹和龙首纹竟然出现在同一件器物上，是这种融合的最好注脚[5]（图十四）。

1　加拿大皇家安大略博物馆官网资料，器号 918.7.136。

2　邓淑苹:《群玉别藏特展系列报道之一》，《故宫文物月刊》第 151 期，1995 年。

3　徐琳:《传世良渚玉器的研究与鉴定——以故宫藏玉为例》，长沙玉学玉文化研讨会线上会议，2022 年4 月 28 日。

4　浙江省文物考古研究所:《瑶山》，文物出版社，2003 年，第 47、48 页。

5　浙江省文物考古研究所等:《权力与信仰——良渚遗址群考古特展》，文物出版社，2015 年，第 39 页。

图十四　大英博物馆两叉形器

五、结语

玉器上的主题纹样反映了背后的社会群体，本质上代表了信仰和族群。以此观之，在良渚文化核心区存在过不同信仰的两个族群：一个是龙崇拜的族群，女性地位较高，以龙首纹为观念符号，可简称“龙首族群”；另一个是神兽崇拜的族群，男性地位较高，以兽面纹为观念符号，可简称“兽面族群”。最初，以女权为特征的龙首族群一枝独秀，后来，随着外来因素的增多，逐渐形成一个新的以男权为特征的兽面族群。两大族群同处一地，可能有过冲突，但最终选择了和睦相处，彼此通婚，强强联合，最终融为一体，实现了以神人兽面为信仰符号的新兴族群，这个过程其实就是多元一体、兼收并蓄的融合过程。官井头、北村是龙首族群主导的典型遗址，瑶山是两个族群高度融合的杰出范例，到反山时代，族群融合全面实现，正式开启了良渚古国的新篇章。

玉器蕴含着良渚社会的礼制精髓，玉器上的主题刻纹无疑是破解良渚社会内部结构的关键密码。通过对这些纹样的解读，我们会越来越接近历史真相。

传世良渚鸡骨白玉器沁色变化探析

徐琳（故宫博物院）

【摘要】故宫博物院收藏清宫旧藏的良渚文化玉器大多曾受沁为鸡骨白色，其出土后在传世的过程中逐渐变成褐红色或深褐色。究其原因，可能是玉器在出土后的氧化环境中，受到盘玩和自然氧化两种作用，不同铁的价态使得良渚玉器由白色沁变成了深色沁。原本鸡骨白沁玉器疏松的晶体结构在盘玩的过程中，由于油脂的进入，玉器表面的折射率由不同到趋同，漫反射逐渐趋于一致，肉眼所见玉器不仅颜色改变，其质地也变得相对通透。

【关键词】良渚玉器；鸡骨白沁；盘玩；自然氧化；深褐色

如果大家观看过2019年在故宫博物院举办的“良渚与古代中国——玉器显示的五千年文明”大展的话，会有一个很直观的感受，即展品有两个主色调，前大部分为白色主基调，后一小部分为褐红或墨绿的深色主基调（图一、图二）。究其原因，皆因展览前段主要展示的是考古出土的良渚玉器，而最后一个单元展示的是故宫博物院收藏的传世良渚玉器。这种直观感受大多来源于沁色对玉器的影响。

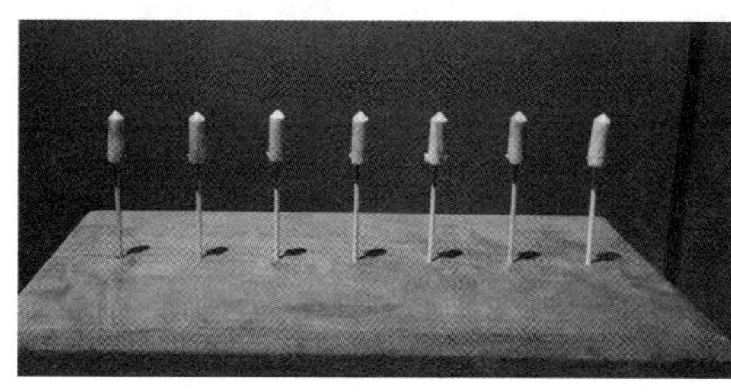

图一 考古出土的良渚玉器

图二 故宫博物院藏传世良渚玉器

一、鸡骨白沁的成因

据土壤学的研究，我国南北方因地质、气候、地形等自然条件显著不同，致使形成的土壤有明显差异。总体来说，北方土壤偏碱性，其 pH 值 =7—8；南方土壤偏酸性，其 pH 值 =5—6。大致以北纬 33° 为界，长江以南的土壤多为酸性和强酸性土壤，长江以北的土壤多为中性或碱性土壤[1]。考古出土的良渚玉器，基本在长江以南，埋藏环境为酸性土壤。而在对古玉白沁形成的实验研究中，发现用闪石玉做样品，氢氟酸处理法会达到较好的白沁效果，碱处理对玉石的影响不明显。[2]这可能也是出土的良渚玉器多完全白沁，而北方的红山文化玉器少有白色沁的根本原因。

鸡骨白沁的出现并不改变玉质本身的闪石玉属性，这已经过多次的科技检测得到证实。故宫博物院所藏带有鸡骨白沁的玉器亦是如此。但其形成原因有多种说法，较有代表性并被大多数学者接受的是闻广先生的观点，他认为白色沁是因为玉质显微结构变松，并且玉质结构堆集密度的密与疏决定了受沁程度，玉质优者堆集密度密，受沁浅，玉质劣者堆集密度疏，受沁深。[3]

故宫博物院所藏的多件传世良渚玉琮在乾隆朝之前或当朝曾经因为要改制成香薰而重新打孔，打孔后的内壁显示出青绿色的玉琮本色，同时也能看出玉琮受沁的厚度，如图三玉琮没有后染色的痕迹，从内孔口沿的沁色看，受沁深度约 0.5—0.6 厘米。这和考古出土时一些良渚玉器“外实内松”、内部已呈粉状的结构不同，其内部结构并没有受到实质性侵蚀破坏，估计和原本玉质结构较优、堆集密度密实有关。

图三 故宫博物院藏乾隆御题后扩孔玉琮

1 熊顺贵：《基础土壤学》，中国农业大学出版社，2001 年。

2 项楠、白峰等：《古玉白沁作伪方法的实验研究》，《宝石和宝石学杂志》2010 年第 12 卷第 2 期。

3 闻广：《中国古玉地质考古学研究的续进展》，《故宫学术季刊》第 11 卷第 1 期，1993 年。

二、出土后鸡骨白沁的变化及原因

扩孔玉琮即使算至乾隆时期出土，入土时间大约也有4700年。由此推测考古出土的良渚玉器，如果玉质致密度较好且器物足够厚实，即使埋藏5000年，表面全部鸡骨白化，向内进深1厘米左右的部分大概率也没有被侵蚀（刚出土受沁玉器需硬化）。另外，从中也可看出大约300年前或更早出土的鸡骨白沁玉器放置今天的一种颜色上的变化：表面白色已经褪去，大部分变为褐红色或深褐色，部分还能看到原来的白色沁痕迹，但也已变为黄白色了（图三、图四）。

图四　故宫博物院藏乾隆御题带珐琅胆玉琮

原本为白色沁，后变成褐红色或深褐色的良渚玉器在故宫的传世良渚玉器中比比皆是。比如大量的琮式小管和光素小管，清代档案里常称其为玉勒子。这些良渚玉管大约54件，仅有3件为20世纪50年代新购玉管，其他均为清宫旧藏。1962年收购的一件六节人面纹琮式玉管还保持着出土时的鸡骨白沁，估计出土时间在民国时期，时间不算太久（图五，彩图十）。其他53件玉管的表面除了个别还能看到夹杂着部分白色沁外（图六、图七，彩图十一、彩图十二），大多数变成了深褐色或褐红色（图八—图十二，彩图十三—彩图十六）。

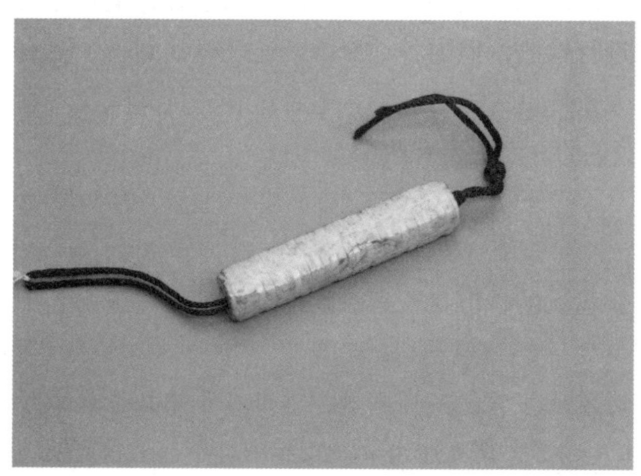

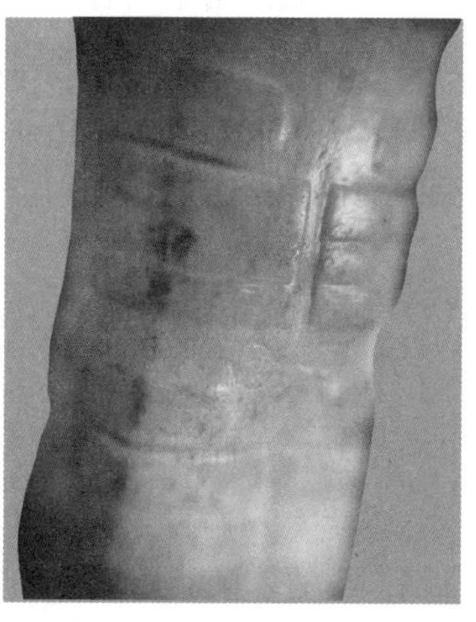

图五　故宫博物院藏六节人面纹鸡骨白沁琮式玉管（1962年收购）

图六 良渚四节两组神人兽面纹琮式玉管

图七 良渚三节人面纹琮式玉管

图八 良渚四节人面纹琮式玉管

图九 良渚四节两组神人兽面纹琮式玉管

图十 良渚光素管

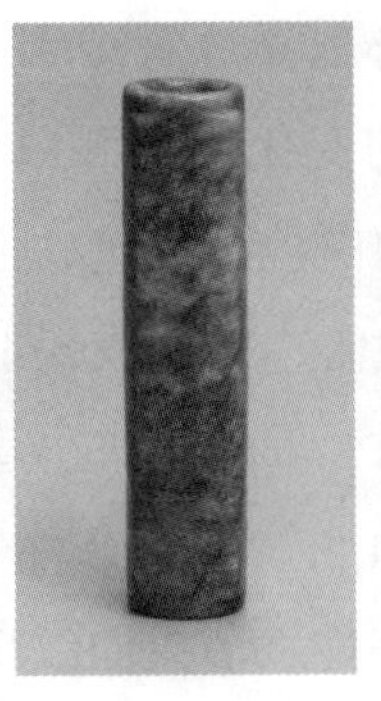

图十一 良渚八节四组神人兽面纹琮式玉管

图十二 良渚五节人面纹琮式玉管

鸡骨白沁出土以后的变化目前还无人用科学实验的理论来解释，笔者也尝试请故宫博物院科技部的同仁进行检测，但因各种原因，还没有找到一个更有效的无损检测办法。但凭着对大量传世古玉的观察，笔者试着先从文献及观察到的变化，尝试解读出现这种颜色的原因主要有两个。

（一）盘玩

在古人眼里，古玉是一定要盘玩的，但盘玉有法，清末陈性在《玉纪》中讲到盘功：

凡三代以上旧玉，初出土时质地松软，不可骤盘，只可在手中抚摩或藏于贴身，常得人气养之。年余，玉气稍苏，谓之腊肉骨。又养一二年，玉稍复明，谓之腊肉皮（云骨，云皮，以其状相似也）。养之年久，地涨自然透出，层厚一层，渐渐复硬。再挂再养，色浆亦自然，徐徐铺满，还原十足，酷似宝石。此之谓文工，非十余年不能成也。

若欲速成，须用武功，亦必得人气养之，复硬，然后用旧白布轻轻擦之，稍苏，再换新白布，愈擦愈热（数人昼夜替换轮擦，不可间断）。……于是玉气渐渐透明，颜色徐徐融化，地涨亦层层透足，色浆亦处处铺满，三年不间断，可以成功，既苏且明，酷似水晶，仍须人气养之，方能还原如宝石。此所谓武功也。

及其成功，皆是脱胎旧玉。脱胎云者，玉器埋土中三四千年，朽烂如石灰，出世常得人气养之复原，石性全去，但存精华，犹之仙者脱尽凡胎之意。其玉晶莹明洁，毫无渣滓瑕疵，似宝石而更含光纯粹，乃阴阳二气之精也，故称宝玉。此非亲历其境者不知，亦非初学赏鉴家所肯信也。[1]

陈性为江阴人，家传古玉81件，爱玉如痴，平日常身带数玉抚玩。他讲到玉器出土时质地松软的现象和考古发现的良渚玉器出土时的情况有些相似，至于“朽烂如石灰”的玉器则可能就是一些鸡骨白沁玉器。其所说“文盘”“武盘”之分，重在时间长短区别，故清末民国时，刘大同在《古玉辨》中又将其称为“缓盘”和“急盘”。[2]两人均强调盘玉需人气来养，才能复原脱胎，刘大同甚至加上“意盘”一类，强调人的意念对盘玉的作用。

纵观清宫旧藏古玉，大多数有盘玩痕迹，良渚这些小玉管尤其如此，因个体不大，作为坠饰放在手边把玩十分方便。玉管上的刻画纹饰大多或在出土时或因抚摸摩擦过多已漫漶不清，并且颜色已与出土玉器相差甚远。虽然没见到将原玉绿色悉数盘出者，但褐黄色表皮确是沁色变化所致，有些局部还有褐红色通透之感，皆是盘玉使然。从这些清宫旧藏传世古玉的变化，可以看出明清时人们对古玉出土后的变化描述是通过亲身实践得来的，长时间的盘玉确实可以改变出土古玉的色泽及通透性。

目前学界仅将目光集中在出土古玉的沁色上，对古玉出土后传世日久，颜色发生变化的现象及原因少有关注。如何科学解释这一现象，笔者也曾与珠宝玉石界的专家探讨过[3]，合理的解释可能为：如果白色沁是因为玉质结构变松，堆集密度变疏，那么空隙处的漫反射和致密处的漫反射不一致，即造成我们肉眼看到的白色沁，就像冰和雪的关系一样。但玉器在经年累月地盘玩中，人体的油脂就可能通过人体的温度，逐渐输送到已经疏松的晶体结构内，从而导致疏松的结构或裂隙内填进了油脂。油脂和闪石玉的折射率较为接近，折射率由

1　[清]陈性：《玉纪》，载桑行之等编：《说玉》，上海科技教育出版社，1993年，第76—77页。
2　[清]刘大同：《古玉辨》，载桑行之等编：《说玉》，上海科技教育出版社，1993年，第288页。
3　在此感谢南京大学地质珠宝学院郭继春老师的启发和分析。

不同到趋同，使得漫反射趋于一致，这样从表面看玉器似乎就被盘玩得通透“脱胎”一样。

至于颜色的改变则是和环境的变化有关。刚刚埋藏时，尸体和周围的腐殖质在分解的过程中消耗大量的氧气，封闭的地下环境难以有氧气的持续输入，故玉器未出土前的环境是一个稳定的还原环境，土壤、水等环境中的铁分子为二价铁（Fe^{2+}），此时良渚玉的颜色就是原本玉料的颜色，即青绿色。玉器出土后，裸露在富含氧气的大量空气中，此时的环境为氧化环境。在盘玩摩擦的过程中，温度升高，温度、氧气等都可能将玉器表面接触到的二价铁变为三价铁（Fe^{3+}），三价铁的颜色为红色，如此盘玩后的良渚玉器就变成了深褐色或褐红色。不仅良渚玉器，大多数传世的高古玉器，即使玉质本色为白色或绿色，但肉眼观察依然会呈现红褐色也是这个原因。[1]

以上原因还是笔者的推测，未经科技检测。不过有学者曾对1977年江苏武进寺墩出土的良渚玉器有黄化或褐化的现象进行过检测研究，检测结果为黄褐色区域的Fe含量高于玉质区域，表明黄褐色沁与Fe物质相关。在对另外两件出土玉器的检测中，也发现了黄色沁和红褐色沁均是三价铁为主。故认为铁的配位形式不同是玉器出现红褐色沁和黄色沁的重要原因。[2] 虽然笔者讨论的是玉器出土后的沁色变化，但出土时发现的铁的沁入也可作为重要的参考，很可能在出土的那一刻起，铁的价态就开始变化，导致颜色越来越深。

（二）自然氧化

鸡骨白色的玉器出土后，长时间放置在空气中，大量接触氧气，在氧化环境中即使完全不盘，也有一个自然氧化的过程，玉质表面的二价铁变成三价铁，玉器逐渐先向黄色，而后慢慢向红色变化，如果加上光照、温度升高，会加速这一反应。许多良渚鸡骨白沁玉器出土后慢慢出现“南瓜黄”的颜色应该就是这个原因。故宫博物院收藏有一部分安徽凌家滩1987年出土的鸡骨白沁玉器，1993年入藏故宫博物院，此后一直保存在24小时恒温恒湿的库房环境中，并且每件玉器都有专门的囊匣，虽然已经阻隔了大部分氧气和光照，但玉器表面从出土那一刻起就开始了细微的微黄色变化（图十三）。

---

1 不仅是玉器，许多木质、核桃等文玩，越盘颜色越深也是一样道理。台北故宫博物院邓淑苹研究员也曾就受沁变白的古玉经盘玩后趋向赭红的现象进行推测，认为是“次生氧化”的结果。参见邓淑苹：《仿伪古玉研究的几个问题》，载杨伯达主编：《传世古玉辨伪与鉴考》，紫禁城出版社，1998年，第48页。

2 王荣：《中国早期玉器科技考古与保护研究》，复旦大学出版社，2020年，第507—509页。

图十三 故宫博物院藏凌家滩文化有“南瓜黄”色的玉璜

对于一些经常陈设并受到光线照射的鸡骨白玉器，其变化应该更为明显。这也能解释为什么故宫博物院所藏的一件带有乾隆题诗的良渚玉璧正反两面会有不同的颜色。这件玉璧没有后期染色的痕迹，本身受鸡骨白沁，玉璧一面明显能看出鸡骨白沁色的色泽（图十四 -1），另一面表面则呈现褐红色（图十四 -2），在褐红色之下还能隐约看到出土时鸡骨白沁色的残余色泽，可见玉璧此面的褐红色是出土以后在传世的过程中形成的。究其原因可能和摆放方式有关：乾隆帝常常会将古代玉璧摆放在专门制作的紫檀木托上，如图十五所示。这件良渚玉璧可能原来也是带托摆放在靠窗的几案上，有诗的一面朝上，那么每天受到阳光的照射就多，假如此面再有人经常抚摸，日久颜色就会变深。相反，朝下放置的一面因接触空气和日照少，则相对变化较小。

1

2

图十四　故宫博物院藏乾隆御题良渚玉璧（一面鸡骨白色，一面褐红色）

图十五 故宫博物院藏齐家文化玉璧带紫檀木托的摆放方式

这种自然氧化的过程也是促使传世玉器颜色变深的重要原因，如果叠加收藏者的盘玩，颜色变化就会加速。

清宫旧藏曾受过鸡骨白沁的良渚玉器，如玉管、矮节玉琮等莫不经过这两种过程使得颜色改变。当然，一些高节玉琮以及斑杂玉料的玉璧因本身受沁较少，玉质青绿，且体大不易盘玩，则颜色大多是局部受沁处有所变化，不似白色沁玉器变化明显，但也多少带有传世玉器自然氧化的老旧包浆。

三、小结

综上，良渚鸡骨白沁玉器在传世的过程中逐渐变成褐红色或深褐色的原因，可能是玉器在出土后的氧化环境中，受到盘玩和自然氧化两种作用，玉器表面的铁的价态发生变化，红色的三价铁使得良渚玉器由白色沁变成了深色沁。另外，原本鸡骨白沁玉器疏松的晶体结构在盘玩的过程中，由于油脂的进入，填充了玉料内的疏松孔隙，玉器表面的折射率由不同到趋同，漫反射逐渐趋于一致，肉眼所见玉器不仅颜色改变，其质地也变得相对通透。这一沁色变化原理，不仅适用于良渚玉器，对于一些受沁的高古玉器来说同样适用，只是颜色变化强弱不同而已。

当然，以上观点仅是从工作实践及传统经验中得来，还需以后更多的科学实验验证或修正，在此抛砖引玉，以求方家指正。

肖家屋脊文化神祖灵纹玉器初探

邓淑苹（台北故宫博物院）

【摘要】考古学界对长江中游肖家屋脊文化（或称：后石家河文化）玉器的认识历程，是漫长且曲折的。本文详述90余年来东西方学者们的大致研究经过，以及目前学术界研究的进展，对雕琢以“人脸”为主视觉，隐含“神祇”“祖先”“神灵动物”三位一体观念的玉器，作了初步研究。也提出现阶段暂时无法解决的一些问题，期待日后考古发掘更多资料后，再作进一步的研究。

【关键词】肖家屋脊文化；后石家河文化；神祖灵纹；玉器

一、早期中国“神祖灵纹玉器”的定义[1]

根据民族学资料可知，与狩猎、采集生活相关的图腾崇拜，产生于旧石器时代中期，兴盛于旧石器时代晚期；而万物有灵和自然精灵的观念可能产生于旧石器时代晚期。图腾最初被视为民族或部落的亲属和祖先，而不是神。万物有灵观念产生后，图腾才逐渐被神化，成为氏族、部落的保护神。到了新石器时代，才从自然精灵观念孕育出对自然神的崇拜。[2]

可能在旧石器时代到新石器时代早期，先民曾用竹、木、骨等制作某些与图腾信仰或自然精灵崇拜有关的图像，但那些是易腐朽的材料，难以保存。目前在长江流域考古资料中，被认为可能与前述各类质朴的原始信仰有关的图像，主要刻在陶器和玉器上。陶器方面的数据年代较早，图像多非完整的脸。

图一是距今约7800—6800年（公元前5800—前4800年）湖南高庙文化陶器上刻画的双羽翅獠牙兽面纹：整个造型是一张吐獠牙的大嘴，左右有鸟

1　早期中国，或指史前至战国，或指史前至汉代。

2　何星亮：《中国自然神与自然崇拜》，上海三联书店，1992年，第16—17页。

翼[1]。图二是距今约7000—6500年（公元前5000—前4500年）浙江河姆渡文化第一期陶器上刻画的双鸟神祖面纹：阴线刻画了一双圆眼，头戴"介"字形冠，两边各有一只鸟。[2]

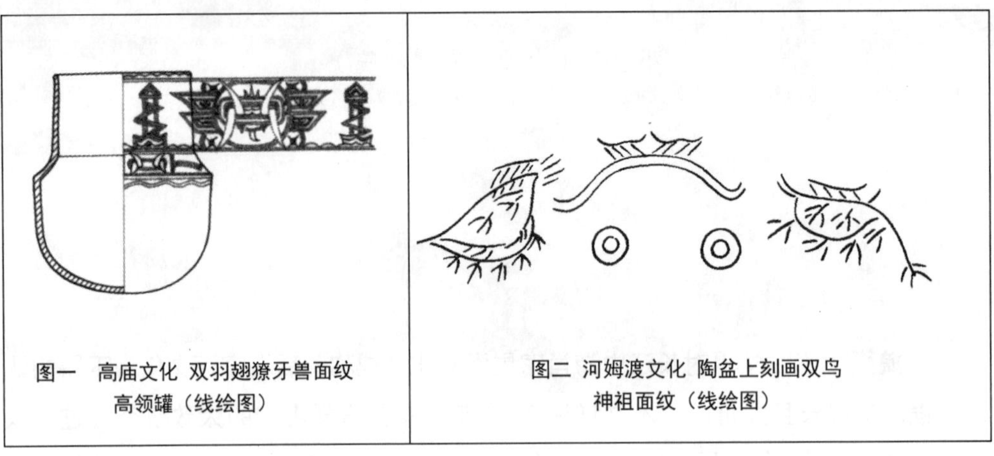

图一　高庙文化 双羽翅獠牙兽面纹高领罐（线绘图）

图二 河姆渡文化 陶盆上刻画双鸟神祖面纹（线绘图）

进入新石器时代晚期后[3]，这类图像常以玉器为载体，其特征多是描述正面的"人脸"，再增加具特殊意涵的附件，如：冠帽、耳环、鸟翼等。

凌家滩遗址出土6件立雕"玉人"[4]，应是将"神祖"的概念与现世"人"的造型结合的表现：有了具体的脸庞轮廓与五官，除了承袭"介"字形冠外，耳垂都有孔，应表示戴着可简称为"珥"的圆耳环（图三）。出土玉人的墓葬87M1、98M29都属于凌家滩文化的第二期，约公元前3500—前3400年[5]。

良渚文化早期的张陵山遗址，已出现在玉镯的外壁浮雕四块刻有大眼与咧口獠牙的面纹（图四）。它的双圈圆眼很像图二河姆渡文化神祖，阔嘴獠牙又像图一高庙文化陶钵上的纹饰（图五）。[6]可知良渚文化神祖面的确与高庙、河姆渡两个文化有渊源关系。

1　贺刚：《湖南高庙遗址出土新石器时代白陶》，载厦门大学人文学院历史系考古教研室，香港中文大学中国考古艺术研究中心编，邓聪、吴春明主编：《东南考古研究》第4辑，厦门大学出版社，2010年，第224—243页。近年湖南桂阳千家坪也出土高庙文化遗物。

2　浙江省文物考古研究所：《河姆渡：新石器时代遗址考古发掘报告》，文物出版社，2003年，图二九，1。

3　本文对新石器时代分期是根据中国社会科学院考古研究所2010年出版的《中国考古学·新石器时代卷》所定，公元前7500—前5000年为新石器时代中期，公元前5000—前3000年为新石器时代晚期，公元前3000—前2000年为新石器时代末期。但从近年考古发掘可知，有些考古学文化始于新石器时代末期，延续至中原已进入夏王朝纪年。

4　安徽省文物考古研究所：《凌家滩玉器》，文物出版社，2000年，图46。

5　安徽省文物考古研究所：《凌家滩——田野考古发掘报告之一》，文物出版社，2006年，第278页；杨晶：《关于凌家滩墓地的分期与年代问题》，载《文物研究》第15辑，黄山书社，2007年。后文对前书中部分资料有所修正。

6　张陵山琮式玉镯发掘报告见南京博物院：《江苏吴县张陵山遗址发掘简报》，载《文物资料丛刊（6）》，文物出版社，1982年。

		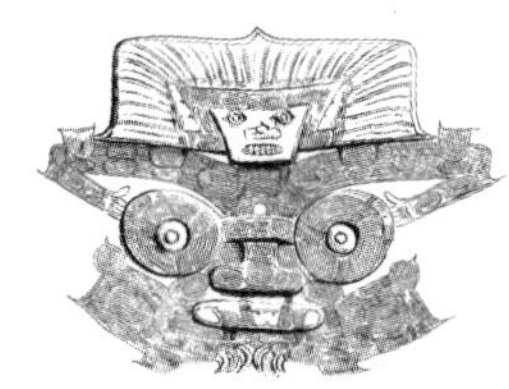	
图三 凌家滩文化玉神祖像（头部）	图四 良渚文化早期琮式玉镯	图五 良渚文化中期晚段玉琮上雕琢的神祖灵纹（反山 M12-98）	图六 良渚文化晚期 琮式玉镯上的神祖灵纹（福泉山 M9-21）

到了良渚文化中期晚段[1]，完整而成熟的“神祖灵”纹终于形成，图五是被称为“良渚神徽”的纹饰，由上半截的“神祖”与下半截的“神灵动物”合成。它的倒梯形脸庞相似于图三的凌家滩神祖，眼睛承袭自河姆渡文化的双圈造型，但左右多了刻画的眼角，“介”字形冠变大且插饰整圈鸟羽，双臂平抬再内折的“神祖”，骑在大眼圆睁、咧嘴獠牙的神灵动物上，后者一双带有鸟爪的前肢对折于咧口的下方。[2]与此神徽有关的纹饰，常清楚地分为上下两截雕琢在琮式玉镯的器表，有的还在神祖、神灵动物纹的两侧各雕一只半具象的飞鸟（图六）。[3]

良渚文化大约结束于公元前 2300 年，余绪或延至公元前 2100 年。[4]大约公元前 2200 年以后，长江中游的肖家屋脊文化[5]、黄河下游的山东龙山文化，都有在玉器上雕琢“介”字形冠、圆耳环、鸟翼的“人脸”纹饰的风尚[6]（图七、图八）。本文主要研究公元前 2000 年前后，即考古学界通称“龙山时期”长江中游肖家屋脊文化里的这类玉器。

---

1 良渚文化分期及年代数据一直未有定论，过去曾分为早中晚三期，2019 年在良渚文化申遗期间，浙江考古学界主张只分早晚两期，每期再分早晚两段。见浙江省文物考古研究所：《良渚古城综合研究报告》，文物出版社，2019 年。2021 年良渚博物院举办“早期良渚——良渚遗址考古特展”再度将良渚文化（公元前 3300—前 2300 年）以公元前 3000 年、公元前 2600 年两个定点，将该文化分为早、中、晚三期。在此分期下，反山遗址属中期。

2 图五第一次公布于《文物》1988 年第 1 期，当时称作“神徽”，该报告中将整个纹饰称作“神人兽面复合像”，将应该识读为“神灵动物的前肢”误判为“神人的下肢”。笔者依据许多良渚玉器上可以单独出现没有“神人面”只有“带前肢的神灵动物”，对这个“神徽”的结构提出正确解释，见拙作：《考古出土新石器时代玉石琮研究》，《故宫学术季刊》第 6 卷第 1 期；拙作：《由“绝地天通”到“沟通天地”》，《故宫文物月刊》总号第 67 期，1988 年 10 月。

3 上海博物馆：《福泉山》，文物出版社，2000 年。

4 有学者将公元前 2300—前 2100 年称为“良渚文化后段”，见陈明辉、刘斌：《关于“良渚文化后段”的考古学思考》，载《禹会村遗址研究》，科学出版社，2014 年。但也有学者认为那两百年属钱山漾－广富林文化。

5 有考古学家称该文化为“后石家河文化”。

6 图七引自石家河考古队：《肖家屋脊》，文物出版社，1999 年；图八线图引自刘敦愿：《记两城镇遗址发现的两件石器》，《考古》1972 年第 4 期。彩图引自山东省博物馆等：《玉润东方 ： 大汶口－龙山良渚玉器文化展》，文物出版社，2014 年。

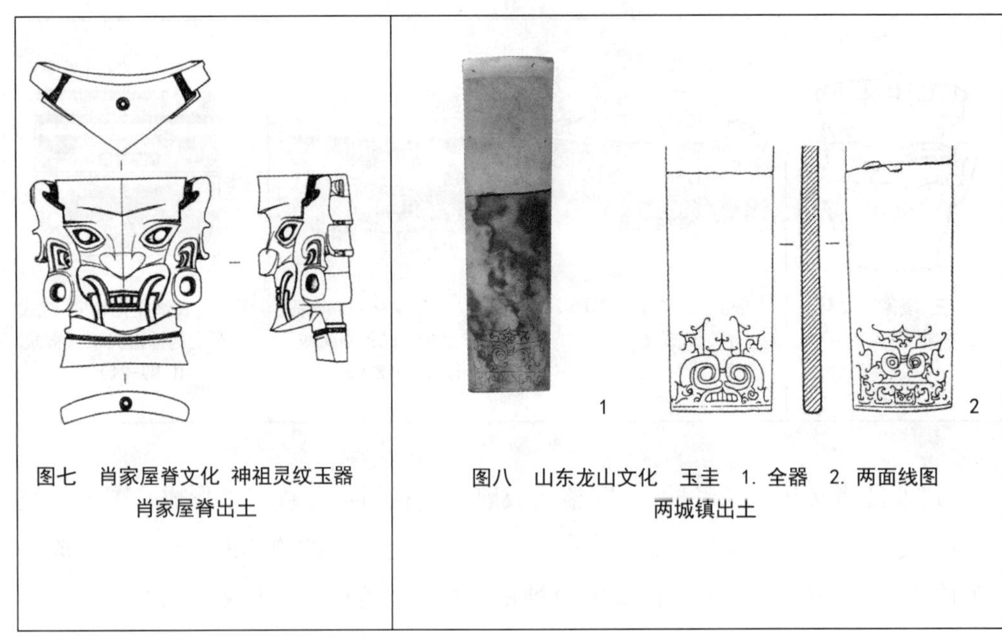

图七　肖家屋脊文化 神祖灵纹玉器
肖家屋脊出土

图八　山东龙山文化　玉圭　1. 全器　2. 两面线图
两城镇出土

据笔者深入研究，推测这种纹饰应传递先民思维中“神祇”“祖先”“神灵动物”三者互为表里，可相互转型，也就是“三位一体”的观念。

远古的信仰代代相传于后世，目前能找到相关的文字记录主要见于周、汉，如《诗经・商颂》中“天命玄鸟，降而生商”，相似的内容见诸《史记・殷本纪》《史记・秦本纪》。从这类文献可知，先民相信“神祇”将神秘的生命力交由“神灵动物”带到世间，降生了氏族的“祖先”，而神灵动物如飞鸟等，常扮演当初引渡神秘生命力的“灵媒”。在《左传》《墨子》等先秦文献中，也见有关远古时期以鸟为官名、神祇长得人面鸟身的记载。[1]

二、学界对“肖家屋脊文化”神祖灵纹玉器的认知历程

“肖家屋脊文化”是考古学界比较新的名词。现阶段还有不少学者称之为“后石家河文化”。而在十来年之前，今日所谓的“后石家河文化”还没从“石家河文化”分离出来，所以比较早期的出版品，都称这批玉器为“石家河文化玉器”。[2]

20世纪末，考古学界已形成一个共识，认为出土颇多玉器的所谓“石家河

1　见于《左传・昭公十七年》《左传・昭公二十九年》《吕氏春秋・孟春纪》《墨子・明鬼下》等。

2　院文清：《石家河文化玉器概论》，《故宫文物月刊》总第173期，1997年8月；荆州博物馆：《石家河文化玉器》，文物出版社，2008年。

文化晚期”应该另行命名，独立成另一个考古学文化。1997 年孟华平提出“后石家河文化”的称法；2001 年、2006 年，何驽提出“肖家屋脊文化”的称法。[1] 近年来，这两个用词都很普遍，但因为“后石家河文化”的称法不太符合考古学文化的一般命名原则[2]，逐渐有较多的论文选择“肖家屋脊文化”的称法[3]。

张海分析龙山时期长江中游各区域文化内涵，主张以“后石家河时代”替代“后石家河文化”的表述，将湖南北部澧阳平原至湖北江汉平原的这一阶段文化称为“肖家屋脊文化”，将接近三峡的峡江地区，连接至河南以南的汉水中游的这一阶段文化称为“乱石滩文化”[4]。

目前已知的肖家屋脊文化玉器的种类颇多，大致分为两大类：象生主题与非象生主题，后者主要是管、珠、牌饰、锥形器等，数量颇丰；前者主要是两种以“人脸”为主视觉的神祖灵纹，前文图七为其中一种。此外还有鸟（鹰、凤）、虎、蝉等动物主题雕刻。

据笔者检视，两岸故宫博物院典藏的清宫旧藏中，甚少肖家屋脊文化玉器，台北故宫博物院藏数件鹰纹笄和一件侧身玉虎；北京故宫博物院藏两件神祖灵纹玉器。[5] 由此可见，历史上湖北、湖南并没有出土太多这类玉器。但不知何故，在 20 世纪二三十年代，有不少肖家屋脊文化玉器流散欧美，不计算鹰纹、虎纹玉器，仅以“人脸”为主视觉的神祖灵纹玉器，至少 20 件。1979 年至 1980 年，笔者在欧美参访各典藏中国古玉的博物馆时，仔细检视过大部分的实物，注意到它们多为“生坑”玉器，即出土后没经过中国传统古董商喜爱用“盘摩”“沁染”等方法让玉器呈现褐红色，而多保持玉质原有莹润的黄白至黄绿色，只有局部有白色或褐色沁斑。

由于 20 世纪初曾有相当数量流散品，所以欧美学术界较早开始研究此一课题。笔者将近百年的学术研究历程分为三个阶段，简述如下。

1 孟华平：《长江中游史前文化结构》，长江文艺出版社，1997 年，第 134 页；何驽：《长江中游地区文明化进程》，北京大学博士学位论文，2001 年；何驽、冯九生：《试论肖家屋脊文化及其相关问题》，载《三代考古（二）》，科学出版社，2006 年。

2 韩建业：《肖家屋脊文化三题》，《中华文化论坛》2021 年第 4 期。

3 邓淑苹：《新石器时代神祖面纹研究》，载杨晶、蒋卫东执行主编：《玉魂国魄——中国古代玉器与传统文化学术讨论会文集（五）》，浙江古籍出版社，2012 年。韩建业：《肖家屋脊文化三题》，《中华文化论坛》2021 年第 4 期。

4 张海：《“后石家河文化”来源的再探讨》，《江汉考古》2021 年第 6 期。

5 两岸故宫博物院也都经过购藏增加肖家屋脊文化玉器，但为数不多。

（一）1938—1975年西方学者的认知

美国学者萨尔摩尼（Alfred Salmony）在1938年、1952年、1963年出版三本有关中国古玉的专书。[1]每本中都收录了几件，他多将这些玉器断代为周、汉。部分收藏在伦敦的大英博物馆、旧金山笛洋博物馆，以及哈佛大学福格博物馆，也见于各馆早年出版品。[2]

多瑞文（Doris J. Dohrenwend）是美籍女学者，移居加拿大并为多伦多皇家安大略博物馆编撰该馆中国玉器图录。[3]1975年，她将其哈佛大学博士学位论文发表为*Jade Demonic Images From Early China*（中译名：早期中国鬼脸纹玉雕）。[4]前文图八两城镇遗址出土的刻有相关花纹的玉圭已于1972年公布，多瑞文也引用该线图作为她1975年论文中的图9，却强调该件只是征集品，附近沂南还有东汉墓葬，故将该器断代为“龙山时期至东汉”。[5]

笔者在1986年发表《古代玉器上奇异纹饰的研究》一文，相当周详地网罗所有早年西文出版品中的数据。[6]张长寿在1987年发表论文《记沣西新发现的兽面玉饰》。[7]笔者是直接引黑白图片，张长寿则选择性地制作颇佳的线图。

图九-1是张文中的线图全部，经核对确知本文图九-1-③至图九-1-⑧均引自萨尔摩尼1938，图九-1-②引自萨尔摩尼1963，图九-1-①引自多瑞文1975。迟至2009年，科学出版社出版中英文双语图录《玉器时代：美国博物馆藏中国早期玉器》[8]，图九-2、3引自该书，分别为图九-1-①、图九-1-⑦的彩图。读者可大致看出两器原有的浅黄白色泽。

---

1 Alfred S., *Carved Jade of Ancient China*, Gillick Press.1938. *Archaic Chinese Jades from Edward and Louis. B. Sonnenschein Collection.* Art Institute of Chicago, 1952. *Chinese Jade through the Wei Dynasty*, Ronald Press, 1963.

2 Jenyns, R.S., Chinese Archaic Jades in the British Museum, London, *The Museum*，1951. D'Argence, Renne-Y. L., Chinese Jades in the Avery Brundage Collection, *The De Young Museum*, 1972. De Young Museum 笛洋博物馆内包括中国古玉的亚洲文物，后来拨交后成立的亚洲博物馆典藏。Loehr M., Assisted by Louisa G. Fitzgerald Huber, *Ancient Chinese Jades, from the Grenville L. Winthrop Collection in the Fogg Art Museum*, Fogg Art Museum, Harvard University， 1975. 福格博物馆（Fogg Art Museum）原收藏的包括中国古玉的亚洲文物，后来拨交新成立的赛克勒博物馆收藏。

3 Dohrenwend D., Chinese Jades in the Royal Ontario Museum. Toronto, *The Museum*，1971.

4 Dohrenwend D., Jade Demonic Images from Early China, *Arts Orientalis*, 1975(10).

5 见：Dohrenwend D., 1975. 第58、66页。

6 拙作出版于《故宫学术季刊》第4卷第1期，1986年。

7 发表于《考古》1987年第5期。

8 彩图引自江伊莉、古方：《玉器时代：美国博物馆藏中国早期玉器》，科学出版社，2009年。

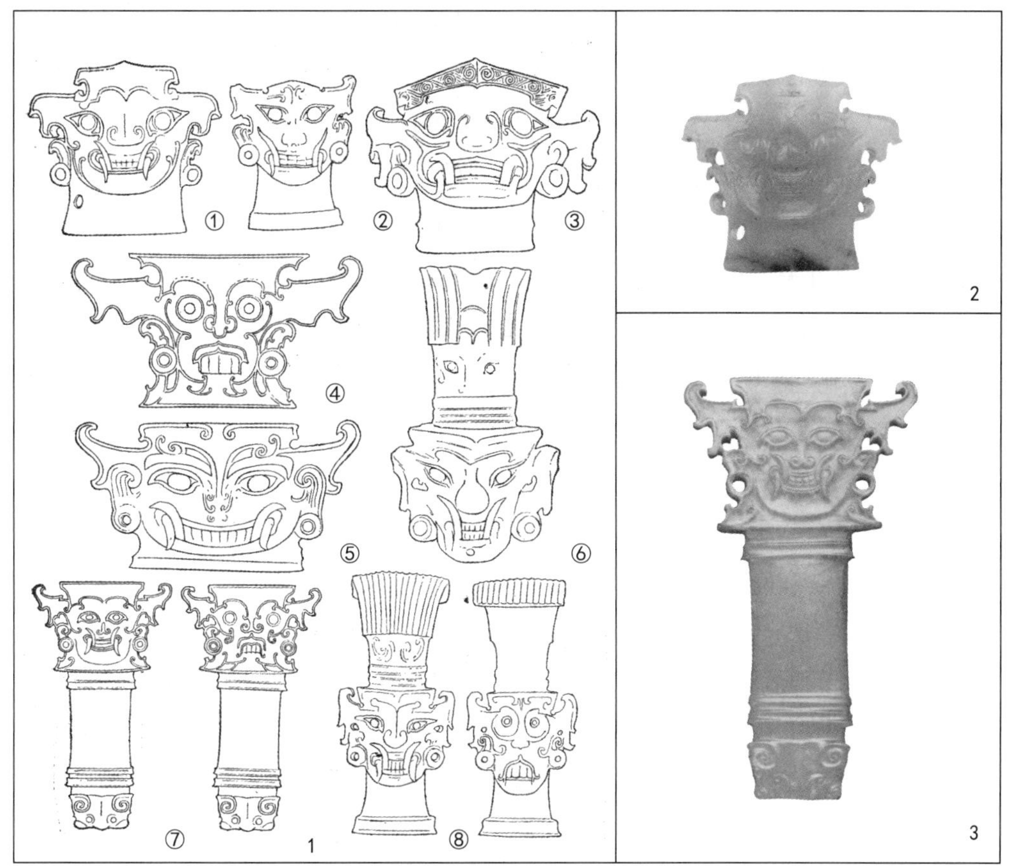

图九 1.1987 年张长寿论文中所用的线绘图；2.3. 分别为图九 -1- ①、图九 -1- ⑦的彩图

总之，1975 年可算是“早期欧美学者研究潮”的结束。综观 1938 年至 1975 年西方学者对这批流散玉器的研究，多推定在周、汉之间，偶尔推定在商晚期。

（二）1972—2008 年中、日学者的研究

1972 年刘敦愿公布两城镇出土玉圭（见图八），是对这类玉器断代的重要关键。刘氏在文中称之为“石锛”，并依据 1930 年代以来在日照出土的“玉坑”与刻纹陶片等，推测该器应属龙山文化。近年山东大学对该器做了质地检测，确定为真玉中的闪玉（nephrite）[1]，在礼制上这种长梯形端刃器可称为“圭”。有学者指出它的柄端曾被截去一节[2]。

1979 年，巫鸿撰文讨论这类纹饰的玉器[3]。但是当时他并没有意识到，图八

1 承蒙王强副教授告知，特此申谢。

2 朱乃诚：《关于夏时期玉圭的若干问题》，载《玉魂国魄——中国古代玉器与传统文化学术讨论会文集（六）》，浙江古籍出版社，2014 年。

3 巫鸿：《一组早期的玉石雕刻》，《美术研究》1979 年第 1 期。

是件带刃器，但图九多件都是嵌饰器，只是因为纹饰相似，就网罗当时能找到的传世器以及在欧美的流散品，作了综合讨论。

巫鸿认为西方学者“没有从中国社会发展的基础上去进行分析，仅仅由形式上的类比去构想发展的线索”。他认同刘敦愿的推测，认为这些多为（山东）龙山文化的玉器。[1]由于这些以“人脸”为主视觉的纹饰常与鹰鸟纹共出，因此他引述文献中有关山东地区古代氏族为“太昊”“少昊”的记载，以及《左传·昭公十七年》郯子说“我高祖少昊挚之立也，凤鸟适至，故纪于鸟，为鸟师而鸟名”等资料，认为这类玉器反映古代山东地区鸟图腾信仰。相似的观点也发表于巫鸿1985年英文论文中[2]。

1979年，日本学者林巳奈夫在其《先殷式の玉器文化》一文中认为如本文图九的这类玉器是早于殷商的。[3]1985年，林氏又撰文也认为该类玉器应属山东龙山文化，而其起源可以追溯到良渚文化玉器上。[4]

前文已说明笔者在1979—1980年，在欧美各博物馆检视过大部分这类玉器，到了1980年代，又值华东地区红山、良渚、石峡等文化陆续发掘出琢有各式面纹的玉器，所以笔者在1986年发表了《古代玉器上奇异纹饰的研究》一文[5]，文中将如图九这类玉质嵌饰器，以及雕有相似面纹的有刃玉器，多定为山东龙山文化。笔者分析了这些面纹常与鸟纹以“二元”形式出现，应是表达远古宗教中的“神人同形同性观（Anthropomorphism）”；推测玉器上的鹰纹可能就是“少昊”与“勾芒”的形象，也可能是东夷族群想象氏族祖先“帝喾”的形象；文中更从纹饰细节指出已大致有“男”“女”的区分。

1987年，张长寿在陕西沣西张家坡一座西周早期墓葬中，发掘出一件被他定名为“兽面玉饰”的玉器（图十）。在那个年代考古学界尚未意识到玉器的不朽性与传世性，墓葬年代只能作为出土玉器的年代下限，所以张氏认定图十玉器的年代就是墓葬的年代：西周早期，因而推定图九-1中多件流散欧美的玉器也应该都是西周制作的。[6]

事实上，张长寿并未真正观察过早年流散品实物，仅凭线绘图就认为图九-1的8件应该是与图十同时期的作品。但是笔者曾在欧美各博物馆检视过实物，

1 考古学界最初称山东地区发掘的，约于公元前第三千纪后半叶的考古学文化为“龙山文化”，但后来曾称其他地区相同时段的考古学文化为“××龙山文化”，如湖北龙山文化、山西龙山文化等。近年“龙山时代”一词又成为约公元前2300—前1800年间的通称。为免混淆，宜称山东地区的龙山文化为“山东龙山文化”。

2 Wu Hung., Bird Motifs in Eastern Yi Art, *Orientations*, 1985（8）.

3 林巳奈夫：《先殷式の玉器文化》，《东京国立博物馆美术志》第334号，1979年。

4 林巳奈夫：《所谓饕餮纹は何をほしたのものか》，《东方学报》京都第五十六册，1984年3月。

5 出版于《故宫学术季刊》第4卷第1期，1986年。

6 张长寿：《记沣西新发现的兽面玉饰》，《考古》1987年第5期。

也目验过图十实物，认为张家坡这件造型与雕纹比较僵硬，凸弦纹之间的器表未细磨，留有颇明显的凹凸坑点，最下面凿出左右两孔用作固定孔的方式，也与典型的肖家屋脊文化同类玉器常在其上、下器边钻凹槽作卯眼，以榫卯技巧与他物衔接的方式不同[1]。

换言之，从今日学术资料可知：图九 -1 所示 8 件海外藏品多是肖家屋脊文化玉器，虽然目前各考古学简报中肖家屋脊文化年代常被定为公元前 2200—前 1800 年，但考虑近年在二里头遗址第二、三期曾出土典型肖家屋脊文化玉器，推测江汉地区肖家屋脊文化应至少延续到公元前 1600 年甚至更晚。[2]

总体观之，可将图十这件暂定为公元前 1650—前 1550 年，肖家屋脊文化晚末期的作品。事实上，从考古资料显示，当中原进入商王朝后[3]，可能长江中游仍有肖家屋脊文化遗民，故商中晚期一些玉雕还流露肖家屋脊文化余韵（详后）。

图十　肖家屋脊文化晚末期　神祖灵纹玉器　张家坡出土　1. 彩图　2. 线图

必须有可靠的科学考古资料，才能突破传世器研究的泥淖。龙山时期神祖灵玉器研究的突破，肇因自 1987 年以后湖北天门石家河肖家屋脊遗址的考古发掘，在石家河文化很晚期的遗存中出土了包括前文图七的大量玉器。[4]也因此确

1　只有罗家柏岭出土过数件高度不超过 2 厘米的小型神祖面像，常在上下两端各一个圆孔供固定，而非用榫卯接合方式连接他物。

2　根据仇士华：《14C 测年与中国考古年代学研究》，中国社会科学出版社，2015 年。二里头二期是公元前 1680—前 1610 年，二里头三期是公元前 1610—前 1560 年。

3　根据夏商周断代工程的《夏商周年表》，商代开始于公元前 1600 年。

4　石家河考古队：《肖家屋脊》，文物出版社，1999 年。

认了在1955年天门石家河罗家柏岭[1]，以及1985年在钟祥六合出土的玉器[2]，都属石家河文化晚期。

如前所述，在20世纪末考古学界还没有正式把石家河文化遗址中最晚的阶段，独立成另一个文化，所以在20世纪至21世纪初的学术著述中，多称这类玉器为“石家河文化玉器”。由于肖家屋脊遗址发掘出图七等玉器，因此杨建芳于1992年发表《石家河文化玉器及其相关问题》一文，认为这是东夷族被蚩尤战败后分裂，其中名号为少昊挚的一支，从山东移民到长江中游的结果。[3]但韩建业等学者认为石家河文化晚期的突变是“禹征三苗”的结果，是河南的王湾三期文化向长江流域侵略所致。[4]

1996年，林巳奈夫发表重要论文《圭について（上）》[5]，他综合出土的（如前文图七）、传世的（如前文图九-1-⑧）许多当时统称为石家河文化玉器的资料排比，发现该文化晚期，神祖面嵌饰器会朝向窄长发展，头戴“气束冠”的神祖，经由图十一的阶段发展出如图十二那样，每件上端都有一节带束腰形的“气束节”的柄形器。[6]所以林巳奈夫认为柄形器就是石家河文化神面像演变而成。

安阳后冈商晚期遗址出土6件器表朱书祖先名号“祖庚”“祖甲”“祖丙”“父□”“父辛”“父癸”的柄形器[7]（图十三），经刘钊考证认为：“柄形饰”可以用作“石主”，或说用为“石主”是“柄形饰”的用途之一。[8]因此，柄形器是祖先的象征物的观点，已被多数学者接受。[9]

---

1 石龙过江水库指挥部文物工作队：《湖北京山、天门考古发掘简报》，《考古通讯》1956年第3期。

2 荆州博物馆等：《钟祥六合遗址》，《江汉考古》1987年第2期。

3 该文发表于台北故宫博物院出版的《中国艺术文物讨论会论文集》，1992年。收录杨建芳：《中国古玉研究论文集》（上），台湾众志美术出版社，2001年。

4 杨新改、韩建业：《禹征三苗探索》，《中原文物》1995年第2期；韩建业、杨新改：《五帝时代——以华夏为核心的古史体系的考古学观察》，学苑出版社，2006年，第16页。

5 该文发表于《泉屋博古馆纪要》第12卷，1996年。

6 图十一引自Alfred S., Archaic Chinese Jades from the Collection of Edward and Louise B.Sonnenschein, The Art Institute of Chicago, 1952；图十二引自郝炎峰：《二里头文化玉器的考古学研究》，载中国社会科学院考古研究所编：《中国早期青铜文化——二里头文化专题研究》，科学出版社，2008年。

7 中国社会科学院考古研究所：《1991年安阳后冈殷墓的发掘》，《考古》1993年第10期。

8 刘钊：《安阳后冈殷墓所出“柄形饰”用途考》，《考古》1995年第7期。

9 虽然林巳奈夫1996年发表《圭について（上）》一文，正确解读神祖灵纹玉器与柄形器的关系，卓有贡献，但是1998年他在邓聪主编的《东亚玉器》上发表《关于石家河文化的玉器》一文，错误地将多件属于山东龙山文化的雕有神祖灵纹的有刃器，连同相似纹饰的嵌饰器，一并通归为“石家河文化”，应是林巳奈夫相当错误的一篇论文。

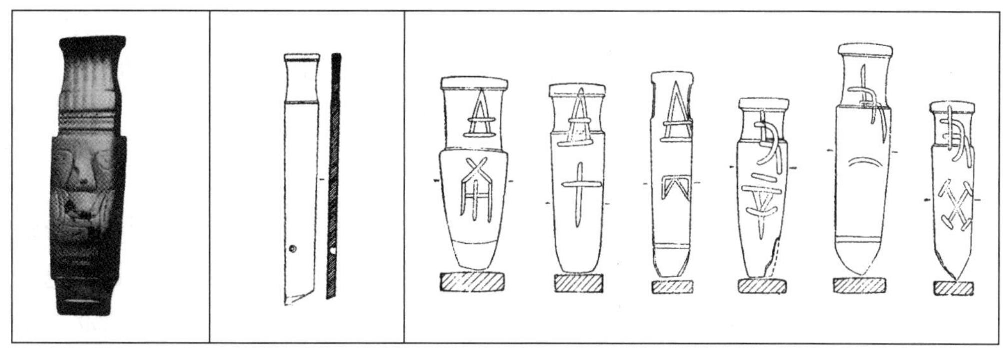

图十一 肖家屋脊文化晚期 玉神祖面嵌饰器 芝加哥艺术研究院藏

图十二 二里头文化柄形器 二里头二期遗存出土（1981YLVM4：12）

图十三 商晚期器表朱书祖先名号的玉柄形器（6件） 安阳后冈M3出土

1997年，院文清率先撰文，梳理了20世纪50年代以来有关石家河文化考古及出土玉器资料。[1]2008年，张绪球主笔的《石家河文化玉器》出版，[2]在书中主文《石家河文化玉器的发现与研究概述》中，张绪球虽仍相当强调山东地区与江汉地区文化上的密切关系，但也关注如前文图一那样的高庙文化陶器上咧嘴獠牙的纹饰，认为可能是石家河文化带獠牙的神祖面像的重要源头，他也重视石家河文化（即本文所称的"肖家屋脊文化"）在陶器、葬俗上的本土性。总之，张绪球的论文很具有启发性。

1999年出版的《肖家屋脊》考古报告中附有玉质鉴定，确认被鉴定的标本都是"透闪石质软玉"。[3]该词也可写为"闪玉""闪石玉"，是矿物学名词Nephrite的多种中译名之一。但因为颇多未受沁的肖家屋脊文化玉器呈现颇莹润的浅黄白至浅黄绿色，外观近似于辽宁岫岩蕴藏的闪玉，所以吴小红利用铅同位素比值做了分析，初步排除肖家屋脊文化玉器来自辽宁岫岩的可能。[4]

（三）2012年以后至今

1992年，杨建芳发表论文，认为是东夷族的一支迁徙至江汉地区，才把该类神祖灵纹带到江汉地区，才出现如本文图七、图九那样的"石家河文化玉器"。此说曾在学术界中广被认同达20年，2012年，笔者撰文反驳并提出新说。

笔者在1998年至1999年间，先后发表4篇论文，综合整理传世、出土，

1 院文清：《石家河文化玉器概论》，《故宫文物月刊》总号第173期，1997年8月。

2 荆州博物馆：《石家河文化玉器》，文物出版社，2008年。

3 石家河考古队：《肖家屋脊》，文物出版社，1999年。

4 吴小红等：《肖家屋脊遗址石家河文化晚期玉器玉料产地初步分析》，载钱宪和主编：《海峡两岸古玉学会议论文集》，台湾大学地质科学系，2001年。

以及早年流散欧美的，雕有这种神祖面纹的有刃器。[1]认为这类有刃器是黄河流域山东龙山文化（包括向西移居至晋陕的）先民制作。当时我还认同杨建芳的“移民说”，认为原本将神祖纹雕琢在有刃器的东夷族迁徙至江汉地区后，再在原有的宗教思维下，将相同的纹饰雕琢成嵌饰器或佩饰器。

但再过了十多年，一方面始终发掘不到可以证明这类纹饰从海岱地区传播至江汉地区的中间物证，另一方面碳十四测年资料显示：两地出土玉器的遗存的年代上限也都在公元前2100年前后，所以，笔者改变观点认为当初未必是从一地传播至另一地，可能两地先民在相似的文化背景下，统治阶层间可能有些讯息的交流，各自独立发展相似，但不完全一样的神祖灵纹。这个观点首度发表为《新石器时代神祖面纹研究》一文。[2]文中除了果断地推测肖家屋脊文化玉器有其本土渊源，是独立发展、本土制作外，还表列了57件肖家屋脊文化及“肖家屋脊遗风”的神祖灵玉器。包括了27件考古出土、10件大陆和台湾公立博物馆馆藏[3]，以及20件早年流散欧美的神祖灵纹玉器。尤以第三类多属西文资料，有些玉器又曾经易手而多次发表，资料整理不易，但因笔者曾检视过大部分实物，乃努力将其典藏与出版情况厘清发表。

2012年的拙文发表于会议论文集，未能收录中国知网，也未能引起学术界关注。但接着在2015年冬，在湖北天门市石河镇谭家岭遗址的几个大瓮棺出土了240余件玉器，除了颇多残件外，也有一些完整的，器形多样、工艺精巧、造型奇特的玉器。[4]已公布简报及两本玉器精品图集[5]。

湖南澧县孙家岗位于江汉地区的南端，1991年曾发掘出土一批玉器。[6]2016—

1 第一篇为：《雕有神祖面纹与相关纹饰的有刃玉器》，载《刘敦愿先生纪念文集》，山东大学出版社，1998年。写作时即深感山西黎城出土玉戚及陕西延安芦山峁出土玉刀非常重要，但均未出版清晰的图版，故于1997年10月前往山西太原检视黎城玉戚，1998年4月前往西安检视芦山峁玉刀，因为新增这两份重要资料，故撰就第二篇论文《再论神祖面纹玉器》，发表于邓聪主编：《东亚玉器》，香港中文大学，1998年。但因出版单位仅刊出资料部分及结语，最重要的论证部分悉数被删。因此重新整理刊为：《论雕有东夷系纹饰的有刃玉器》（上、下），《故宫学术季刊》第16卷第3、4期，1999年。另笔者在《考古与文物》1999年第5期发表《晋、陕出土东夷系玉器的启示》一文，主要讨论黎城玉戚、芦山峁玉刀的重要性。

2 该文出版于杨晶、蒋卫东执行主编：《玉魂国魄——中国古代玉器与传统文化学术讨论会文集（五）》，中华玉文化特刊，浙江古籍出版社，2012年。

3 20世纪90年代，大陆玉器被盗卖至港台者甚丰，部分精良珍品被重要收藏家收藏，曾于1995年、1999年两度被台北故宫博物院借展。但为了避嫌而未收录拙文中。

4 此处240余件的数据见院文清：《石家河遗址谭家岭新发现玉器鉴赏》，《收藏家》2017年第8期。

5 湖北省文物考古研究所：《石家河遗址2015年发掘的主要收获》，《江汉考古》2016年第1期；湖北省文物考古研究所等：《石家河遗珍——谭家岭出土玉器精粹》，科学出版社，2019年；中共石家河镇委员会等：《上古迷城石家河》，2017年。

6 湖南省文物考古研究所等：《澧县孙家岗新石器时代墓群发掘简报》，《文物》2000年第12期。

2018 年的发掘也有颇为丰富的收获[1]。在孙家岗先后两梯次的发掘，共出土了 182 件玉器[2]。

较密集地发掘自然导致学术界较多的讨论。

2017 年，笔者公布“史前三阶段‘上层交流网’运作图”（图十四，彩图十七），认为海岱地区、江汉地区的先民，曾以不接壤的上层交流网交流关于神祖灵的信仰。[3]不但主张肖家屋脊文化玉器是在江汉地区制作，也肯定有其本土文化根源。

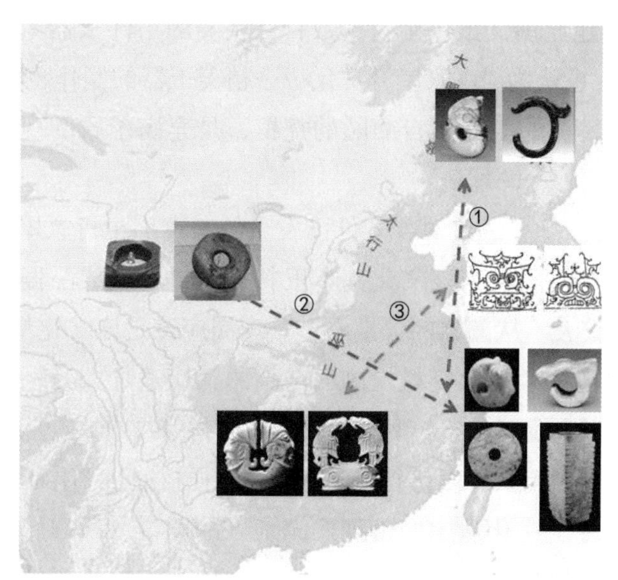

图十四　史前三阶段“上层交流网”运作图

①线表示公元前 3500—前 3000 年间华东地区北、南间“物精崇拜”的交流

②线表示公元前 2700—前 2300 年间华西、华东间“天体崇拜”的交流

③线表示公元前 2200—前 1700 年间海岱、江汉地区间“神祖灵信仰”的交流

同年，张溯、申超的论文也主张：“后石家河文化玉神人像表现长江流域的宗教传统，主要继承自凌家滩文化、良渚文化一脉。”[4]

但孙庆伟仍然坚信这类玉器是山东地区少昊族制作的，在“禹征三苗”的

1　湖南省文物考古研究所等：《湖南澧县孙家岗遗址 2016 年发掘简报》，《江汉考古》2018 年第 3 期；湖南省文物考古研究所等：《湖南澧县孙家岗遗址墓地 2016 ~ 2018 年发掘简报》，《考古》2020 年第 6 期。

2　赵亚锋：《湖南澧县孙家岗遗址出土玉器的初步研究》，载湖南省博物馆编：《“中国玉学玉文化学术研讨会”论文提要》，2022 年。

3　邓淑苹：《玉礼器与玉礼制初探》，《南方文物》2017 年第 1 期。图十四说明中的用词与年代，本文稍作调整。

4　张溯、申超：《后石家河文化玉器的初步研究》，《海岱考古》第 10 辑，科学出版社，2017 年。

战争中，少昊族领袖皋陶以联军的角色参与了征伐，而将这类玉器带到江汉地区。[1]

杨建芳也发表论文，坚定重申他1992年的观点，认为是山东的东夷族迁徙到江汉地区，强势文化才导致该地区"东夷化"而雕琢这类玉器。[2]但是他显然未了解笔者强调"有刃器"和"嵌饰－佩饰器"是两类不同造型的载体，玉质色泽也完全不同，分别流行在黄河流域与长江中游；也未意识到龙山时期华夏大地人群迁徙频繁，而将山东朱封、大辛庄出土的，极可能是从江汉地区传播至山东的嵌饰器，[3]认为是山东龙山先民制作，更视为是他提出的"移民说"的力证。

2021年，韩建业撰文虽仍坚持"数百件精美的小件玉器当属于海岱或者中原文化传统"，但也认为"肖家屋脊文化……精美玉器的制作也是在当地完成"。但是他认为大量精美的玉器出自简陋的瓮棺，是充满矛盾的现象，因而认为这是"镇压或祭祀性质"的埋藏。[4]

同年，张海发表论文[5]，对476件已发表的考古出土肖家屋脊文化玉器作了较具体的检测与分析。认为该文化基本玉料短缺，所以成品偏小，但湖南孙家岗出土玉器尺寸较大，从陶器的分期看，孙家岗应该是该文化早期阶段。

张海更利用植物考古学资料检测河南禹州瓦店遗址人骨，确认该遗址中出土肖家屋脊文化玉鹰纹笄的瓮棺葬，是长江中游肖家屋脊文化人群北进的证据。此一科学实证否定多年来一直盛行的：因为中原强权通过"禹征三苗"军事行动，才把玉鹰纹笄等琢玉文化从中原带到两湖地区的旧说。所以张海认为"肖家屋脊文化玉器从造型风格和雕刻技术上看，在本地和中原均无源头，当承袭自新石器时代晚期以来'华东系'的发达玉器传统，但在透雕和减地阳纹等技术上又有明显的进步，是为本地化的创新"。

2021年秋，笔者配合清华大学艺术博物馆的山西文物大展，提供网络演讲《美玉中的"神祖灵"——在晋陕高原绽放的火花》，该次演讲内容发表于该次展览集结的文集中。[6]2022年，笔者再综论龙山时期这类神祖灵纹玉器（包括：嵌饰器、佩饰器、有刃器），讨论它们在华夏大地不同区块上的发展与流变。[7]

1　孙庆伟：《重与句芒：石家河遗址几种玉器的属性及历史内涵》，《江汉考古》2017年第5期。

2　杨建芳：《论山东龙山文化及石家河文化的象生玉雕》《论史前江汉地区出现的海岱文化因素》，两文均发表于《杨建芳古玉论文选集》，台湾众志美术出版社，2017年。

3　即本文图二五、图二二两件。

4　韩建业：《肖家屋脊文化三题》，《中华文化论坛》2021年第4期。

5　张海：《"后石家河文化"来源的再探讨》，《江汉考古》2021年第6期。

6　邓淑苹：《美玉中的"神祖灵"——在晋陕高原绽放的火花》，载清华大学艺术博物馆编：《华夏之华：名家讲山西古代文明》，上海书画出版社，2023年。

7　邓淑苹：《龙山时期"神祖灵纹玉器"研究》，载《考古学研究（十五）·庆祝严文明先生九十寿辰论文集》，文物出版社，2022年。

三、肖家屋脊文化神祖灵纹玉器简论

累积六七十年的考古资料，初步估计，湖北境内在龙山时期遗址共出土约622件，主要出自天门石家河和荆州两大地区。前一地区又称为“石家河遗址群”，其中有罗家柏岭（出土约46件）、肖家屋脊（出土约157件）、谭家岭（出土约246件）等；后一地区又有枣林岗（出土约156件）、六合（出土约17件）[1]。以上湖北境内的全部出自瓮棺葬，无法知道器物与人体之间的关系。

如前所述，湖南孙家岗共出土182件。但湖南石门丁家山也出土一件被称为“人首”的这类玉器[2]。孙家岗只有一座墓是瓮棺葬[3]，其余多为长方竖穴墓。这样比较容易从玉器与人骨相对位置，推测玉器的用途。袁建平、喻燕姣、张婷婷、赵亚锋等也都发表论文讨论之[4]。

两湖之外，山东、山西、陕西、河南地区，无论是龙山时期，或更晚的商周遗址里也散出一些肖家屋脊文化玉器。推测或因战争抢夺，或因移民迁徙，致使体积小、价值高、不易腐朽的玉器被携往各地，有的被切割改制，有的被完整地代代相传，前文图十陕西张家坡出土者，就是肖家屋脊文化末期玉器流传至西周的例子，这种后代遗址出土的前朝玉器，考古学界通称之为“遗玉”。

以出土器为基础，参考可靠的早年流散品，大致可归纳肖家屋脊文化玉器主要包括：A式、B式两类以“人脸”为主视觉的神祖灵纹，以及鸟（鹰、凤）、虎两种神灵动物。[5] 主要的器类是嵌饰器与佩饰器。

在肖家屋脊文化里，A式神祖灵纹的特征为：头顶戴“介”字形冠或高起的“气束冠”、常戴圆耳饰（珥），左右各有式样化的鸟翼[6]，整体观之，可能表达男性神祖。B式神祖灵纹的特征则是：戴帽、常戴圆耳饰（珥），或有长发，可能表达女性神祖。

1 资料综合自：阮文清 1997、张绪球 2008、韩建业 2021、张海 2021 等。

2 石门县博物馆：《石门发现一件玉人首》，载湖南省文物考古研究所：《湖南考古辑刊》第8集，岳麓书社，2009年。

3 周华：《有使南来、玉葬洞庭——湖南澧县孙家岗遗址葬玉瓮棺墓》，《大众考古》2019年第6期。此文推测编号为M71瓮棺葬的墓主是自江汉平原来到澧阳平原，所以坚持用故土的瓮棺葬习俗。

4 袁建平:《湖南孙家岗新石器时代墓群出土玉器有关问题的探讨》，载《湖南考古辑刊》第9集，岳麓书社，2013年；喻燕姣：《湖南澧县孙家岗M14石家河文化玉器研究三则》，载《湖南省博物馆馆刊》第十三辑，岳麓书社，2017年；张婷婷等：《孙家岗遗址墓地2017年新出土玉器的初步研究》，载《湖南考古辑刊》第15集，科学出版社，2021年。

5 肖家屋脊文化制作颇多玉蝉，一部分玉蝉的上端（嘴部？）琢作“介”字形，似带有特殊“通神意涵”。但大多数玉蝉上端不作“介”字形。故不予讨论。

6 在黄河流域有刃玉器上，A式神祖面多不戴耳环，也少见獠牙。

图十五、图十六两件都出自西周墓葬，都是用完整的玉制作，[1]头顶都有“介”字形冠。图十六绘出内有上下通心穿；承蒙羊舌遗址发掘人吉琨璋告知，图十五底部窄边中央有圆凹。由此可知，两件都是可插在长杆上端，作为祭典中招降与依附神祖之灵的“玉梢”。[2]

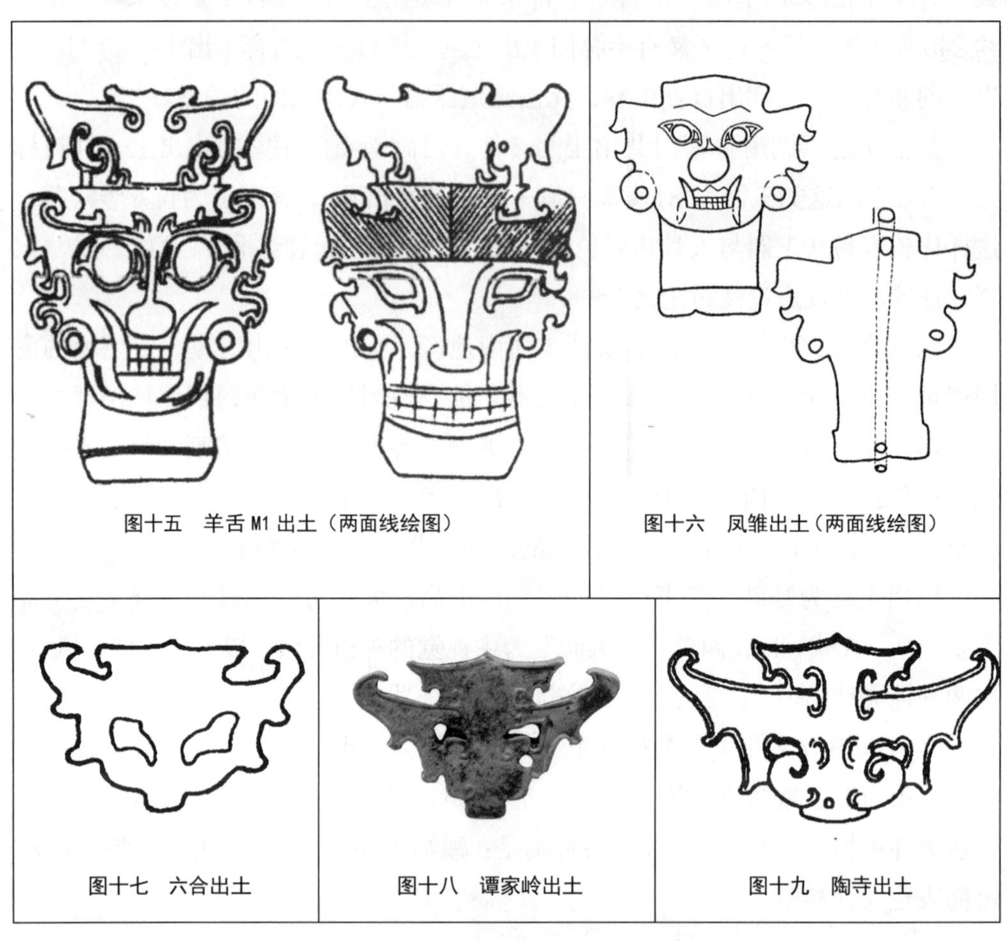

图十五　羊舌 M1 出土（两面线绘图）

图十六　凤雏出土（两面线绘图）

图十七　六合出土

图十八　谭家岭出土

图十九　陶寺出土

图十五至图十九　肖家屋脊文化　A 式神祖面玉嵌饰器

图十七至图十九共3件，纹饰较抽象，尺寸不大，下端或有凸榫，或有小圆孔，显然下方还会嵌接他物。推测或是如图十五、图十六般直接接长杆作为降神的玉梢，但也不排除是嵌接在如图七或图二十那样，顶端平齐并在窄边钻有圆凹槽的 A 式神祖面嵌饰器上端，整体构成类似图十五这般较大且雕纹精致的嵌饰

1　图十五，高 6.7 厘米，宽 4.4 厘米，厚 0.65 厘米，彩图首发于山西省考古研究所：《山西曲沃羊舌晋侯墓地发掘简报》，《文物》2009 年第 1 期。线图首发于王仁湘：《中国史前的纵梁冠——由凌家滩遗址出土玉人说起》，《中原文物》2007 年第 3 期；图十六出土自陕西宝鸡凤雏，线图引自刘云辉：《周原玉器》，中华文物学会，1996 年。笔者曾检视图十五高清彩图，确知是一块玉料制作。

2　《汉书 · 礼乐志》：“饰玉梢以舞歌，体招摇若永望。”颜师古注：“梢，竿也，舞者所持。玉梢，以玉饰之也。”

器[1]。

图二十、图二一均是近年出土于湖南澧县孙家岗[2]。参考前文图九 -1- ⑧与图十一可知，肖家屋脊文化神祖的冠，除了“‘介’字形冠”还有“气束冠”。图二十神祖面嵌饰器的上端与图二一气束冠的下端窄缘，各有一圆凹，表明类似这样的玉件，可以用其他材质制作的榫头塞入圆凹内以联结二者。这两件虽出自同一个墓群，但不在同一座墓，至少证明在肖家屋脊文化确实存在将“冠”与“脸面”分开制作再斗合使用的玉神祖。图二十下面窄缘中央有三个小孔，推测左右小孔可以与中央直孔相通，应是结合长竿，用作降神的“玉梢”。

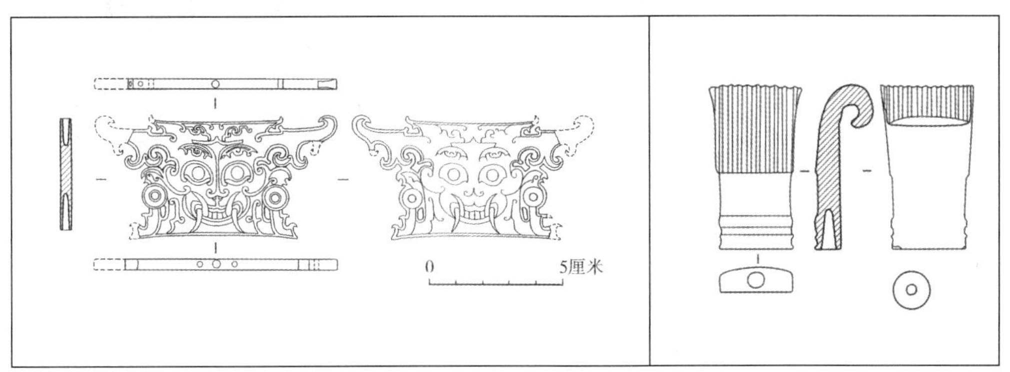

图二十 肖家屋脊文化 A 式神祖面玉嵌饰器（两面线绘图） 孙家岗出土

图二一 肖家屋脊文化 气束冠 下部宽 2 厘米 孙家岗出土

2012 年的拙文中，笔者曾讨论肖家屋脊文化玉器神祖面像的眼睛造型，认为是从如图九 -1 之②、⑤、⑥、⑧的无明显眼珠的不对称梭形眼，逐渐朝向“萌芽期的臣字眼”发展；后者就是眼珠明显，内眼角逐渐向下延长且内凹，下眼线形成中央弯垂、两端弯上的凹弧线。图十五、图十六、图二十共 3 件，基本都是所谓“萌芽期的臣字眼”。由于图二十出自孙家岗，考古简报公布遗址的碳十四测年约为公元前 2200—前 1800 年。所以，如笔者在 2012 年论文中所推测，“臣字眼”可能较早就萌芽自长江中游，再向北传播至黄河中游，影响了公元前 1600 年以后商代的艺术风格。

A 式神祖灵纹玉器的变化不少，但基本上若非镂空作薄片状，则多用作降

1 图十七：高 2.5 厘米，宽 4.1 厘米，厚 0.5 厘米，图引自荆州博物馆：《石家河文化玉器》，文物出版社，2008 年；图十八：高 2.47 厘米，宽 3.99 厘米，厚 0.44 厘米，图引自湖北省文物考古研究所等：《石家河遗珍——谭家岭出土玉器精粹》，科学出版社，2019 年；图十九引自朱乃诚：《论肖家屋脊玉盘龙的年代及有关问题》，《文物》2008 年第 7 期。

2 图二十：高 4.7 厘米，残宽 7.9 厘米，厚 0.3 厘米；图二一：上部宽 2.5 厘米，下部宽 2 厘米，高 4.4 厘米，厚 0.7 厘米。均引自湖南省文物考古研究所等：《湖南澧县孙家岗遗址墓地 2016 ~ 2018 年发掘简报》，《考古》2020 年第 6 期。

神的“玉梢”。在面颊左右横出的鸟翼，可能是鹰鸟的鸟翼。图二二是较少见的侧面造型，图二三的左右鸟翼雕琢成站立的具象鹰鸟，图二四也很特殊，左右鸟翼短绌，但在脑后连接颈部处浮雕一展翅鹰鸟，充分显示神祖与鹰鸟是一体两面，可相互转型的密切关系，可惜鸟头部分已遭破坏[1]。

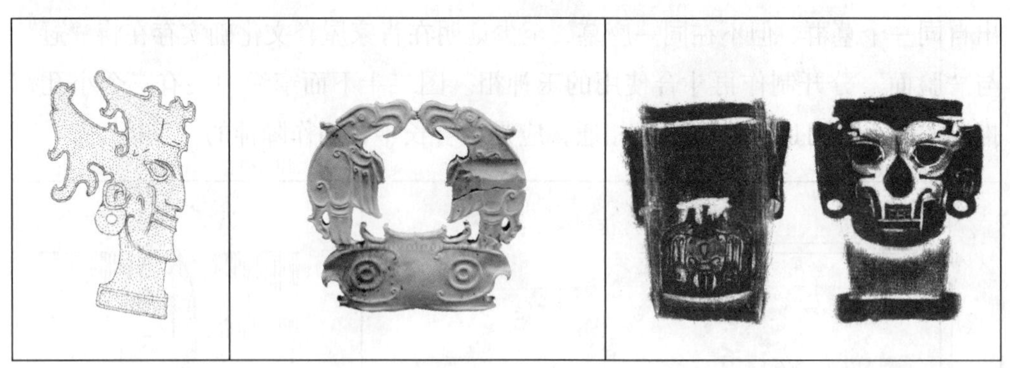

图二二　大辛庄出土　　图二三　谭家岭出土　　图二四　上海博物馆藏

A 式神祖灵纹玉器

A 式神祖也可以镂空方式表现，图二五至图二八共 4 件带有不同程度的抽象性[2]。

1980 年代末，山东临朐朱封发掘了山东龙山文化遗址，在第 202 号墓出土 2 件玉笄，其一为竹节纹的玉笄，上端镶嵌图二五玉嵌片；另一支玉笄则雕琢 3 个简化的 B 式神祖面纹（详见后文图三三）。这两件自出土后一直被视为山东龙山文化玉器，直到 2015 年发掘谭家岭肖家屋脊文化遗址，出土多件透雕加阴线刻纹的玉器如图二六至图二八[3]，此时大家才了解图二五玉嵌饰器应是江汉地区先民的作品[4]。图二五至图二八这类镂空扁薄、下端带小孔的饰片，可能都是玉笄上端的嵌饰。

1　图二二根据 2010 年 6 月 28 日新华网山东频道公布图绘制；图二三引自湖北省文物考古研究所等：《石家河遗珍——谭家岭出土玉器精粹》，科学出版社，2019 年；图二四引自东京博物馆等：《上海博物馆展》，中日新闻社，1993 年。

2　图二五引自 Yang, X. N., *New Perspectives on China's Past: Chinese Archaeology in the Twentieth Century*, New Haven, Yale University Press, 2004；图二六至二八引自湖北省文物考古研究所等：《石家河遗珍——谭家岭出土玉器精粹》，科学出版社，2019 年。

3　湖北省文物考古研究所：《石家河遗址 2015 年发掘的主要收获》，《江汉考古》2016 年第 1 期。

4　拙作：《简述史前至夏时期华东玉器文化》，《故宫玉器精选全集 · 第一卷 · 玉之灵 I》，台北故宫博物院，2019 年，第 231—235 页。

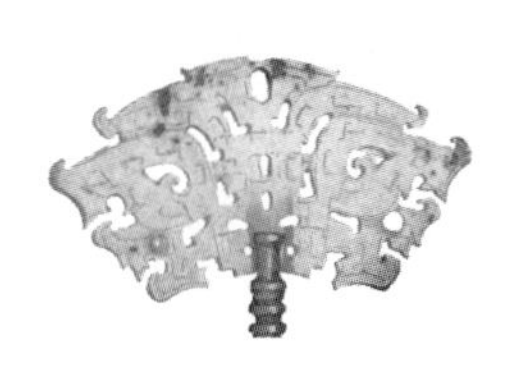		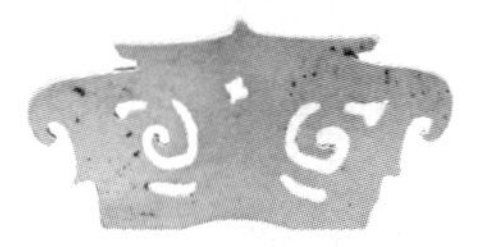	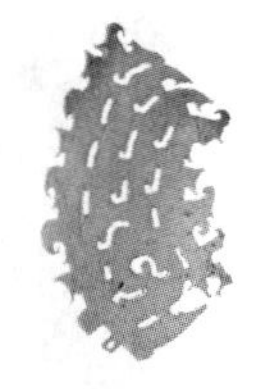
图二五 西朱封出土	图二六 谭家岭出土	图二七 谭家岭出土	图二八 谭家岭出土

镂空的 A 式玉神祖

图二九至图三二共 4 件都是 B 式神祖灵纹玉器[1]，帽子、耳环、长发为其特征，但有时长发比较式样化，或缺如。

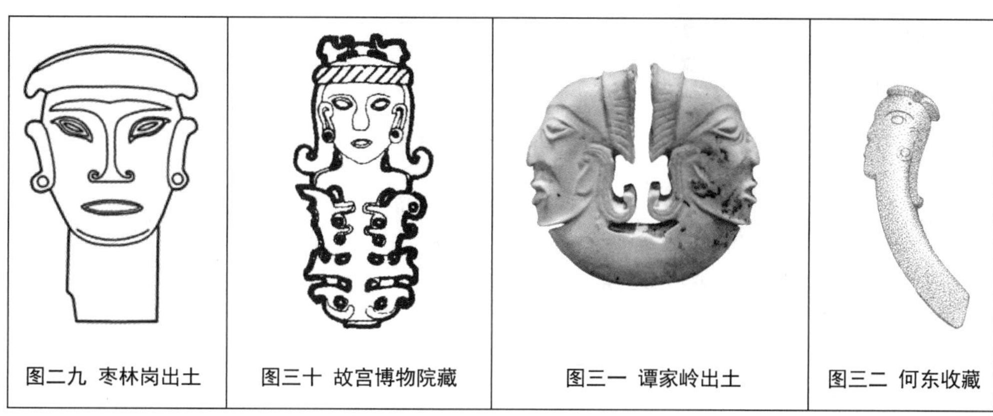

图二九 枣林岗出土　图三十 故宫博物院藏　图三一 谭家岭出土　图三二 何东收藏

肖家屋脊文化　B 式神祖灵玉嵌饰

图三三玉笄也出自山东临朐朱封 202 号墓，雕琢 3 个 B 式神祖面，娟秀的脸庞轮廓线条流露女性气质，额上都有一截表现帽子前沿的宽边。图三三 -1 是全器的上半截，2、3、4 是 3 个神祖面，2、3 方向为正，4 在玉笄上方向相反[2]。

朱封第 202 号墓是随葬品丰富且有棺椁的大墓，为何墓中随葬两支来自颇为遥远的江汉地区肖家屋脊文化，雕有象征男、女二性神祖灵纹的发笄？这是值得深入探讨的。更值得注意的是，图三三这种莹润微带半透明感的黄白或黄绿玉，若埋藏在潮湿带碱性墓葬中，最易于受沁成如图二六至图二八、图三一那般不透明的所谓“鸡骨白”。

1　图二九引自荆州博物馆:《石家河文化玉器》, 文物出版社, 2008 年; 图三十引自巫鸿:《一组早期的玉石雕刻》,《美术研究》1979 年第 1 期; 图三一引自湖北省文物考古研究所等:《石家河遗珍——谭家岭出土玉器精粹》, 科学出版社，2019 年；图三二根据 Jessica R., *Chinese Jade from the Neolithic to the Qing*, British Museum, 1995, 彩图绘制。

2　图三三引自邓聪主编：《东亚玉器》，香港中文大学，1998 年。

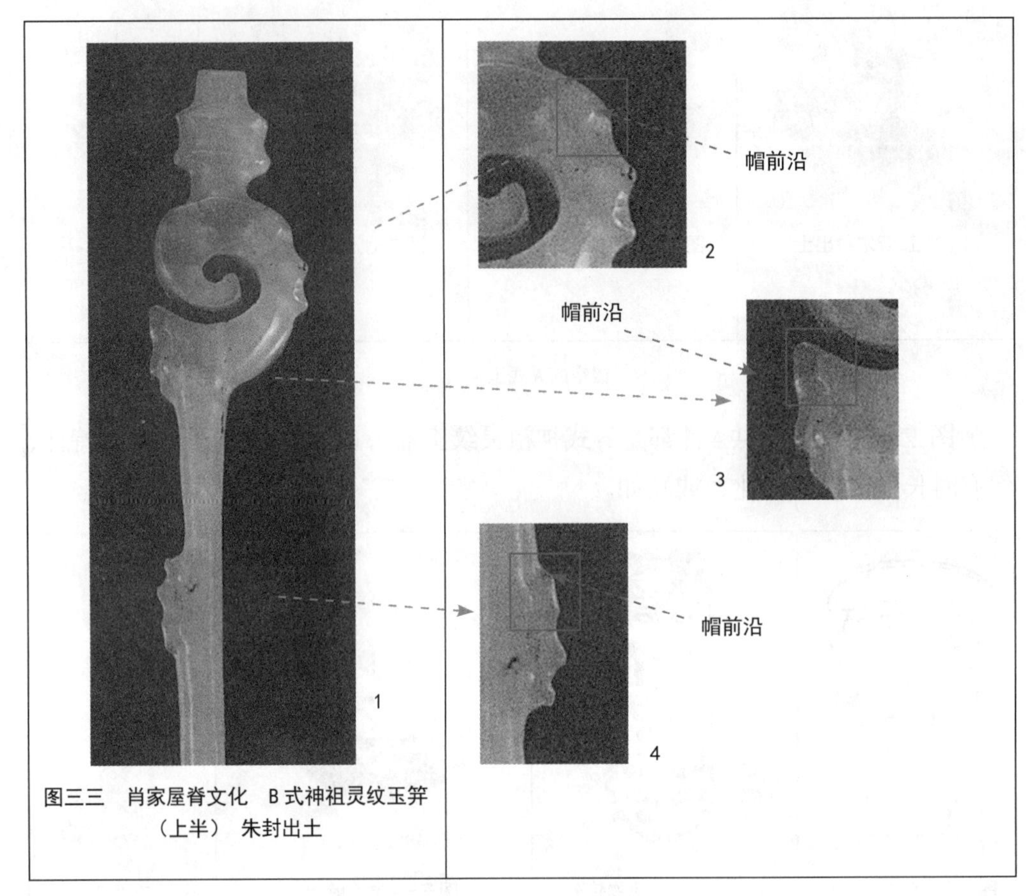

图三三　肖家屋脊文化　B 式神祖灵纹玉笄（上半）　朱封出土

鸟是肖家屋脊文化重要的神灵动物，从造型可分短尾厚喙的鹰鸟和长尾尖喙的凤鸟。

鹰纹玉笄可能是数量最多的一类，广存于多间公私立博物馆，也常见于考古遗址中（图三四）。但有些鹰纹笄的背面，双翅交叠的上方器表浅浮雕较抽象的 A 式神祖面（图三五）。图三六是早年流散至法国巴黎塞努齐博物馆的鹰纹玉环[1]。图三七、图三八的纹饰主题都是鹰鸟用其利爪抓攫 B 式神祖的头顶，这种构图或可证明在肖家屋脊文化中，B 式神祖的位阶低于 A 式神祖，也低于可与 A 式神祖相互换形的鹰鸟[2]。

1　图三四引自湖南省文物考古研究所等：《湖南澧县孙家岗遗址墓地 2016 ~ 2018 年发掘简报》，《考古》2020 年第 6 期；图三五引自台湾“中央研究院”历史语言研究所：《殷墟出土器物选粹》，2009 年；图三六引自林巳奈夫：《中国古玉の鉏牙》，《中国古玉の研究》，吉川弘文馆，1991 年。

2　图三七引自东京博物馆等：《上海博物馆展》，中日新闻社，1993 年；图三八引自巫鸿：《一组早期的玉石雕刻》，《美术研究》1979 年第 1 期。

图三四　鹰纹笄
孙家岗出土

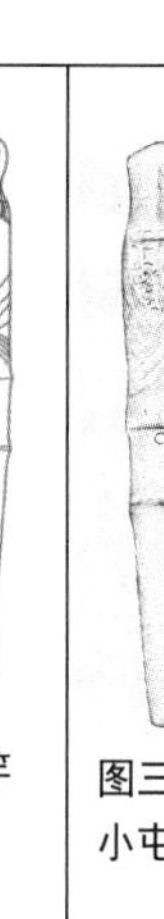

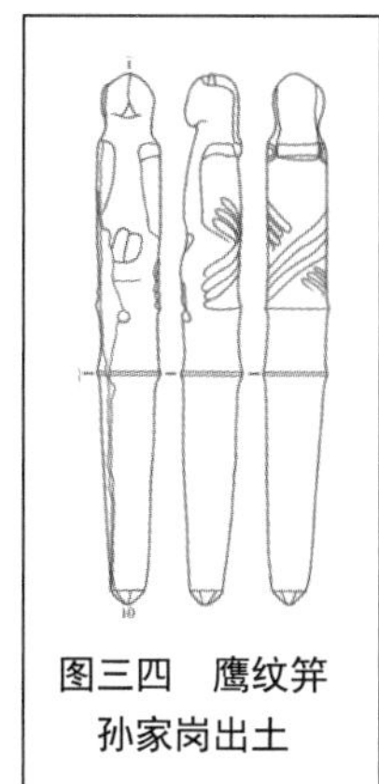

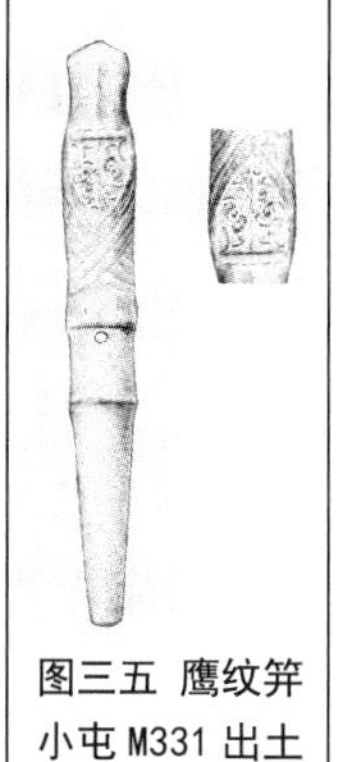

图三五 鹰纹笄
小屯 M331 出土

图三六 鹰纹玉环
塞努齐博物馆藏

图三七 上海博物馆藏

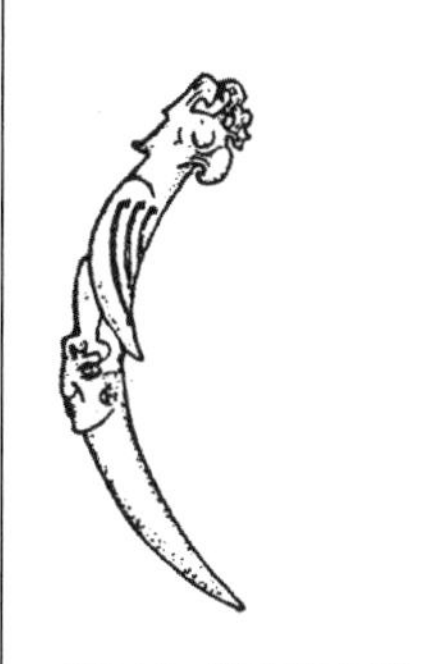

图三八 瑞典远东博物馆藏

肖家屋脊文化　鹰纹玉饰

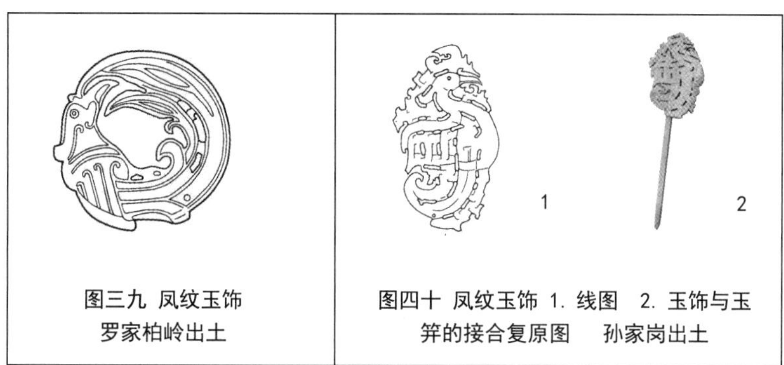

图三九 凤纹玉饰
罗家柏岭出土

图四十 凤纹玉饰 1. 线图　2. 玉饰与玉笄的接合复原图　孙家岗出土

图三九、图四十 -1 是凤鸟造型玉饰[1]。与图四十 -1 同出于孙家岗第 14 号墓墓主头部的，还有一件被称为龙纹佩的镂空玉饰，两者白化严重，最初曾报导它们是高岭石，但经检测两者都是闪石玉[2]。两者附近还出土光素玉笄，学者认为凤纹、龙纹玉饰都是插嵌在光素玉笄上方的饰片，图四十 -2 为复原想象图[3]。在肖家屋脊文化玉器中，凤鸟母题多单纯出现，尚未见到与 A 式或 B 式神祖灵纹组合的现象。

约公元前 1600 年当中原地区进入商王朝后，商人在汉水与长江交流地区建立盘龙城作为王朝的南方据点，长江上游分布了三星堆文化、下游分布了吴城文化。此时长江中游的肖家屋脊文化或已没落，但该文化的神祖灵的信仰可能

1　图三九、图四十引自荆州博物馆：《石家河文化玉器》，文物出版社，2008 年。

2　湖南省文物考古研究所等：《澧县孙家岗新石器时代墓群发掘简报》，《文物》2000 年第 12 期，第 37 页报导出土玉器均为“高岭玉”。意指是黏土矿物里的高岭石。2013 年 12 月在良渚博物院召开第六届中国古代玉器与传统文化学术研讨会，郭伟民所长在会议中，对该所考古发掘出土玉器的质地检测做了口头报告。该份检测资料尚未出版，但郭所长同意笔者转引该资料。特此申谢。

3　喻燕姣：《见微知著：“湖南人——三湘历史文化陈列”玉器精品解析》，《文物天地》2017 年第 12 期；喻燕姣：《湖南澧县孙家岗 M14 石家河文化玉器研究三则》，载《湖南省博物馆馆刊》第 13 辑，岳麓书社，2017 年。

留存于遗民心目，通过文化交流显现在商代中、晚期玉器中。

图四一神祖灵玉器的质地是较为轻软的磷铝石，出土于江西新干大洋洲吴城文化遗址[1]；图四二则是以温润的浅黄绿闪玉制作，出土于河南安阳小屯第331号墓，属商中期晚段遗存[2]。两者眼睛都雕作典型“臣字眼”，器表看似雕琢了凸弦纹，但仔细观察可知，已逐渐朝向所谓“假阳纹”发展。“假阳纹”就是以平行的两条阴刻线烘托出中间“看似凸起”的弦纹，但事实上“弦纹”的高度与阴刻线之外的器表等高。图四二头顶高冠周围更围以“商式”扉棱[3]。

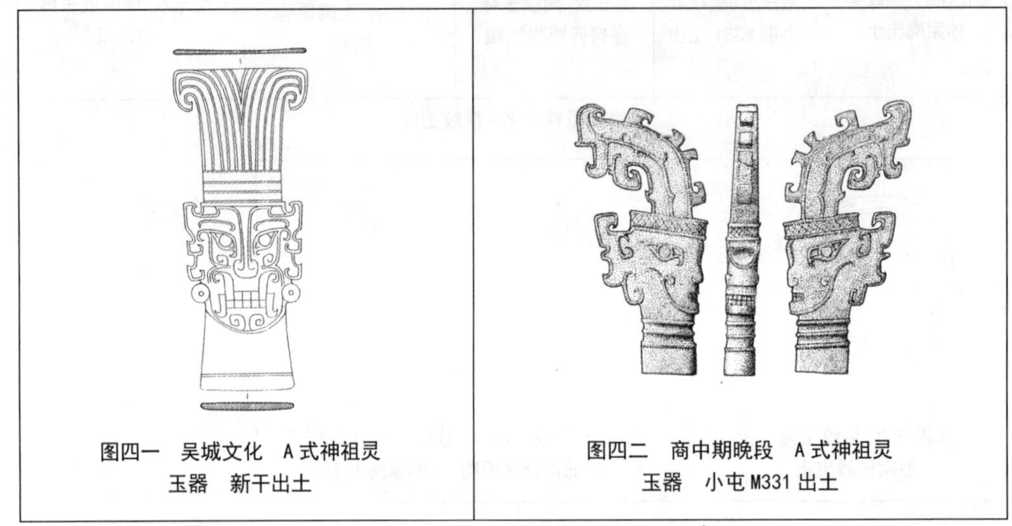

图四一　吴城文化　A式神祖灵玉器　新干出土

图四二　商中期晚段　A式神祖灵玉器　小屯M331出土

小屯第331号墓与其他三座墓被归入殷墟一期，属商中期晚段，公元前1300—前1250年。该墓共出土4件与肖家屋脊文化有关的玉器，前文图三五是典型肖家屋脊文化鹰纹笄，图四二与后文图四八、图五十这3件应都是商中期时作品，带有肖家屋脊文化余韵，应是文化交流的产物。

虎也是肖家屋脊文化先民相信的神灵动物。图四三、图四四的玉雕虎头[4]，头顶或作象征通天的“介”字形，或作高高推起又向后弯卷的气束，后者的下端也有凹槽供插嵌于长杆上，将图四四与前文图九-1的⑥、⑧对比研究，即可知在肖家屋脊文化里，虎也是可与神祖互换形貌的神灵动物。近年在谭家岭出土一件相似于图四四的虎纹玉饰。

1　图四一引自中国国家博物馆等：《商代江南——江西新干大洋洲出土文物辑粹》，中国社会科学出版社，2006年。

2　商中期的确认是唐际根的研究，见唐氏著：《中商文化研究》，《考古学报》1999年第4期。20世纪30年代发掘的小屯M333、M232、M388、M331四座小墓属商中期，被归入商中期晚段。这四座墓葬出土文物都藏于台北的历史语言研究所，笔者1970—1974年任职于该所，担任李济先生助理，经常目验实物。

3　图四二引自石璋如：《小屯第一本·遗址的发现与发掘：丙编·殷墟墓葬之五·丙区墓葬（上、下）》，1980年。

4　图四三引自石家河考古队：《肖家屋脊》，文物出版社，1999年；图四四拓片是天津博物馆尤仁德研究员提供。

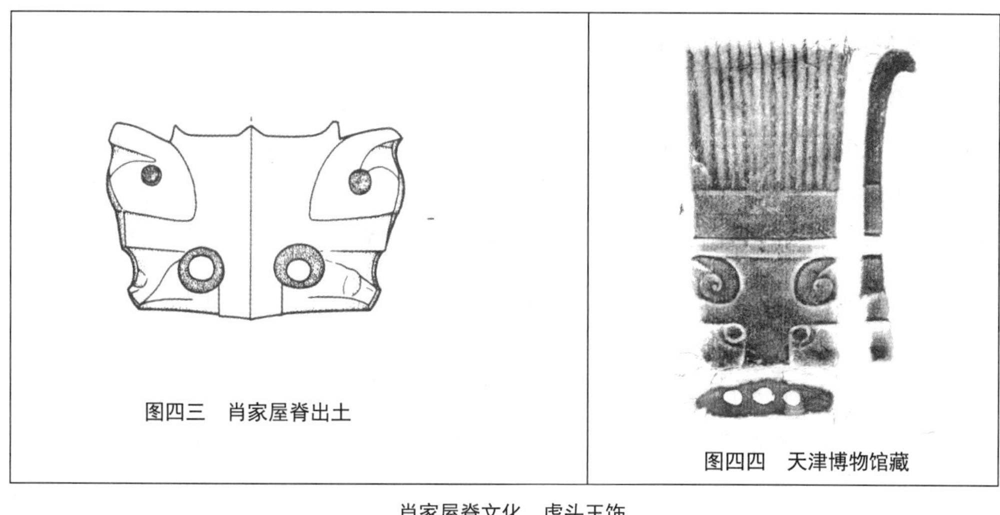
图四三　肖家屋脊出土

图四四　天津博物馆藏

肖家屋脊文化　虎头玉饰

图四五是谭家岭出土玉虎，类似者出土多件[1]。图四六是台北故宫博物院典藏清宫旧藏的玉虎[2]，洁净莹秀的浅青黄色玉质，是未经沁染的原色，图四五玉虎可能原本也是浅青黄色，但因埋藏环境而白化。由于笔者任职台北故宫博物院，确知图四六玉虎看起来两面纹饰相似，但是正面边缘是比较立体的圆弧形，而背面比较平整，边缘没有圆浑的圆弧形收边。

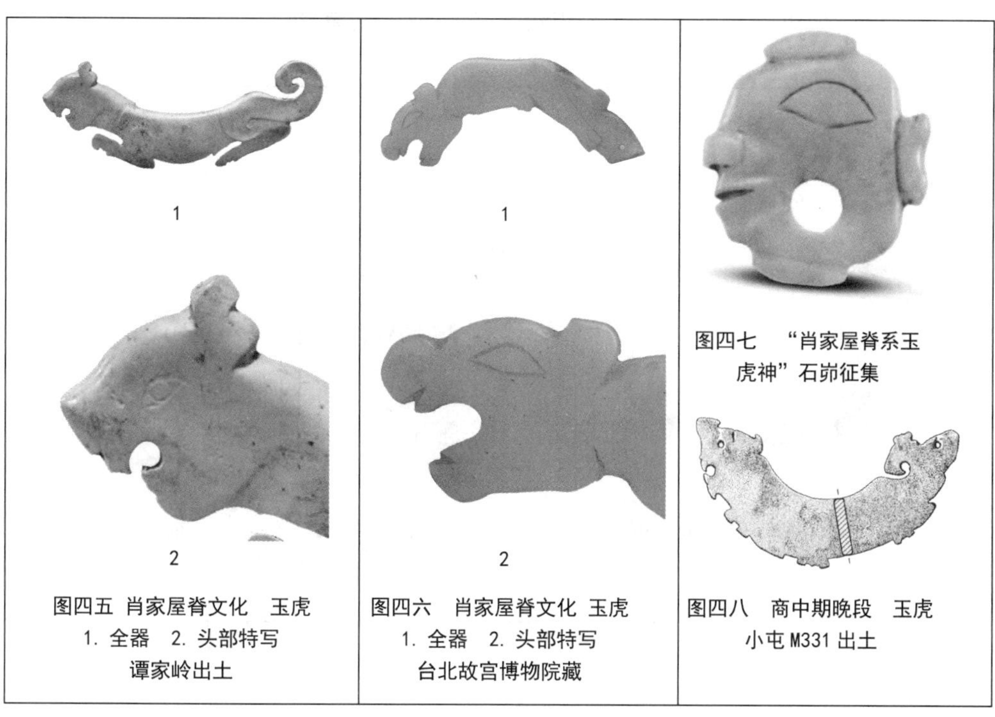
图四五 肖家屋脊文化　玉虎
1. 全器　2. 头部特写
谭家岭出土

图四六　肖家屋脊文化 玉虎
1. 全器　2. 头部特写
台北故宫博物院藏

图四七　“肖家屋脊系玉虎神”石峁征集

图四八　商中期晚段　玉虎
小屯 M331 出土

1　图四五引自湖北省文物考古研究所等：《石家河遗珍——谭家岭出土玉器精粹》，科学出版社，2019年。
2　图四六取自台北故宫博物院的资料开放平台。

值得注意的是，图四五玉虎眼睛，是以阴线刻画有眼眶、眼珠之分的“人眼”。图四六玉虎眼睛只用阴线刻画杏仁形眼眶。图四七是陕北神木石峁征集的所谓“玉人头”[1]。笔者于1998年在陕西历史博物馆库房检视实物，确知其为莹秀微透的白泛青黄玉质，正反两面纹饰相似，但正面边缘有圆浑的圆弧形收边，浅浮雕表现嘴唇，眼睛也以阴线刻画成杏仁形，这些都是典型肖家屋脊文化玉器的特征，但迄今肖家屋脊文化遗址尚未出土这般似人又似虎的玉雕，仅能暂定为“肖家屋脊系玉虎神”。

图四八、图五十两件与前文图三五鹰纹笄、图四二神祖灵玉器，一并出自安阳小屯第331号墓[2]，前文已说明该墓是商中期晚段的墓葬。图四八可能用玉璜改制，虽保留肖家屋脊文化玉虎基本元素，但虎耳已变成“瓶形角”，腹部边缘的扉牙也朝向“商式”化，这类玉虎有的早年流散欧美，在商晚期遗址中也出土数件。图四九的一对玉虎出自商晚期的妇好墓，可能用大孔玉璧改制而成，比图四八玉虎更为制式化、抽象化[3]。了解了图四五至图四九这一系列肖家屋脊文化及其余续的虎纹，就会发现图五十这件毫不起眼的玉笄头，虽器表无雕纹，但器缘的扉牙里，有一组很像上下扣合的虎牙，它伴随图三五鹰纹笄、图四二神祖灵玉器、图四八玉虎这3件肖家屋脊文化系列的玉器，一同被埋入小屯第331号墓中，很可能图五十玉笄头也蕴藏了“神虎的意涵”。

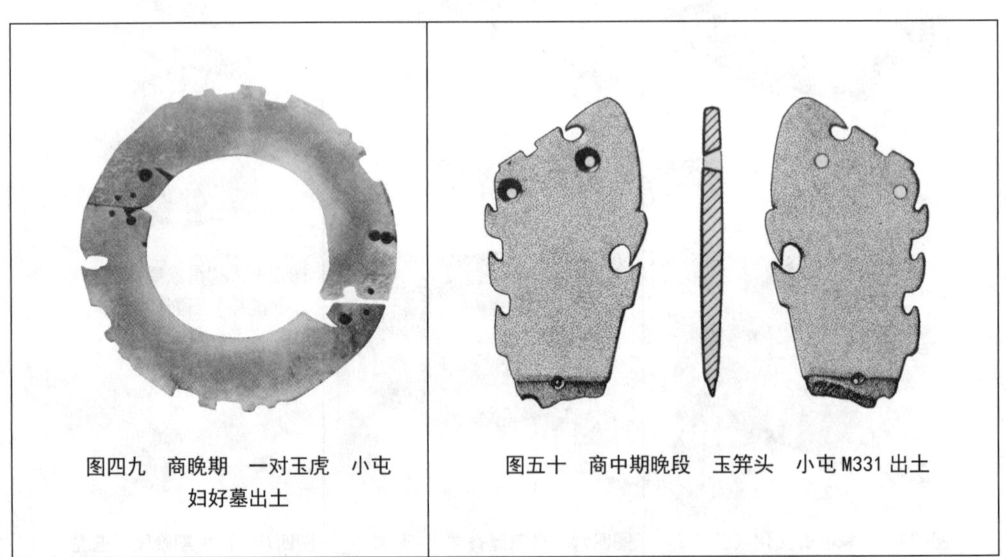

图四九　商晚期　一对玉虎　小屯妇好墓出土

图五十　商中期晚段　玉笄头　小屯M331出土

1　图四七引自戴应新：《回忆石峁遗址的发现与石峁玉器（下）》，《收藏界》2014年第6期。

2　图四八、图五十引自石璋如：《小屯第一本·遗址的发现与发掘：丙编·殷墟墓葬之五·丙区墓葬（上、下）》，1980年。

3　图四九引自中国社会科学院考古研究所：《殷墟妇好墓》，文物出版社，1980年，图版一〇〇-4。

四、尚待破解的几个问题

如前所述，肖家屋脊文化玉器被学术界关注已历经近一个世纪，最初是欧美艺术史界针对一批流散品做了初步研究，推测属周、汉时期遗物。1972 年公布的山东日照两城镇出土玉圭，导致学术界将纹饰雷同的肖家屋脊文化玉嵌饰器、佩饰器，也归为山东龙山文化。1987—1988 年，湖北天门石河镇肖家屋脊发掘出土百余件，其中颇多件以“人脸”为主视觉的玉雕，1992 年，杨建芳提出少昊挚率众自山东移民江汉，此一“北来说”曾获得大家的认同达 20 年。

2012年，笔者率先撰文论证，肖家屋脊文化玉器是在长江流域本土萌芽茁壮，“‘介’字形冠”“獠牙”“左右鸟翼”等元素，远在公元前四五千年前陶器纹饰中即已存在；距今三千余年以降，主要以玉器为载体，以“人脸”为主视觉，附加鸟羽冠、鸟爪、鸟翼等元素的“神祖灵纹”逐渐形成固定的模式。

约在公元前2200年以后，肖家屋脊文化玉雕传统形成，更分化出A式（男性）、B式（女性）的二元神祖，鸟（鹰、凤）、虎既可以独立的形象表现，也可与“神祖”形成或一体两面，或相互联结的特殊关系。本文图例多神祖与鹰鸟的共生结构，在黄河流域有刃玉器上则有较多神祖与虎的伴出[1]。

虽然迄今已累积数百件考古出土器，但其中颇多为制作时切割的残料，或已完工又被破坏的残件[2]。此一现象也可证明那些完整的玉器应是在两湖地区制作，而非“禹征三苗”时携入的成品。但是边角料、残件数量占总数的大部分，也是在其他考古学文化中不多见的情况，应该予以重视。

笔者通过深入探索，确认肖家屋脊文化神祖灵纹玉嵌饰器等的造型元素，有其本土根源；事实上，全面认知了肖家屋脊文化玉器的玉质、雕工特征后，即可确知散出于黄河流域——临朐西朱封、大辛庄、陶寺、羊舌、石峁、宝鸡凤翔等地的雕有神祖灵纹玉嵌饰器，均为肖家屋脊文化玉器，因各种因素被带至各方。

但是，肖家屋脊玉器的研究还在起步阶段，仍有一些疑点有待日后深入研究。篇幅所限，仅举三点讨论：

（一）尚难推论地域性、风格分期及玉矿来源

张海关注玉器的尺寸、厚薄等，认为澧阳平原孙家岗出土者多尺寸大，偏薄，配合陶器形制而认为该地区年代较早，取得玉料较易。江汉平原的石家河遗址

1　可参考拙作：《史前至夏时期“华西系玉器”研究（下）》，《中原文物》2022 年第 2 期；《龙山时期“神祖灵纹玉器”研究》，载《考古学研究（十五）·庆祝严文明先生九十寿辰论文集》，文物出版社，2022 年。

2　1999 年出版的肖家屋脊的考古报告第 314 页清楚说明颇多半成品、边角废料。《考古》2020 年第 6 期孙家岗简报第 67 页，记录颇多残件。

群（包括肖家屋脊、谭家岭、罗家柏岭等），玉器尺寸不大，“神人头像均做得更厚，表明立体效果凸现，圆雕技术更发达”。年代比孙家岗晚。

笔者认为必须将大量海内外可靠的传世器纳入思考，并要从玉器上的钻孔推测器形与功能的关系，才可能有较清晰的轮廓。如本文图七、图九、图一五、图一六、图二十、图五三等做得厚的神祖灵纹嵌饰器，都具有上下通心穿或至少下端窄缘有圆凹的特点，推测它们是套插在长杆（或器座）上使用，从后来它们发展成代表祖先的柄形器可知，反推在肖家屋脊文化里，它们就是代表生命来自神祇的祖先。

笔者早年在欧美各人类学博物馆参观，观察颇多较原始的社会（譬如非洲等）常在长杆上端套插“代表祖灵的雕像”；再从文献中读到古代祭典中“饰玉梢以舞歌，体招摇若永望”[1]，因而推测肖家屋脊文化这类嵌饰器很可能就是祭典中的“玉梢”，用以招降并依附神祖之灵的实体。所以务必制作有一定的厚度，才能使内部有圆穿或圆凹。

至于如前文图二五至图二八几件，虽是同样的母题，但用作玉笄的笄首，下端都钻有小穿孔，供系绑于条形长笄上端，因此必须做得轻薄，插于巫觋头上才不会太重。

迄今能查到尺寸最大的肖家屋脊文化玉器，是流散到巴黎塞努齐博物馆的B式神祖（图五一），高20.8厘米，宽2.54厘米，厚0.48厘米。[2]其次是华盛顿赛克勒博物馆的A式神祖（图五二），宽18.8厘米，高6.1厘米，厚0.5厘米。[3]两者都比孙家岗出土直径达16.3厘米的玉璧、长15.7厘米的玉笄尺寸更大。[4]

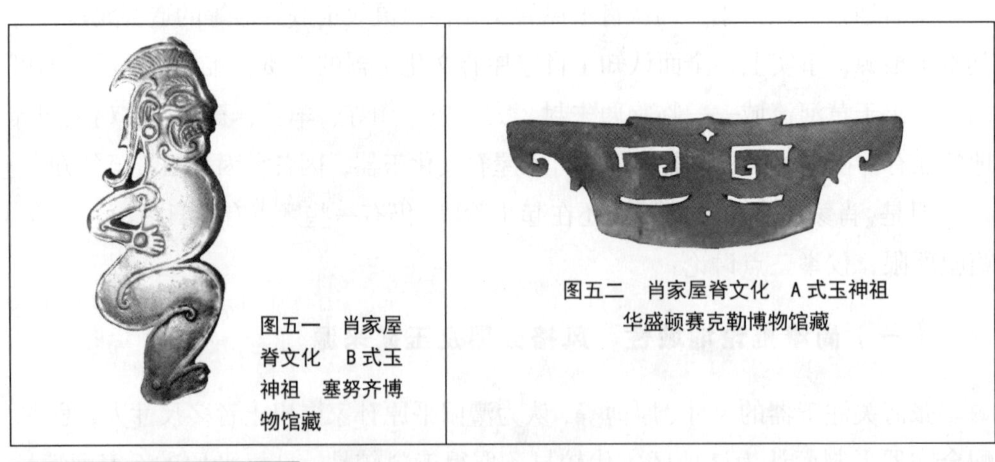

图五一　肖家屋脊文化　B式玉神祖　塞努齐博物馆藏

图五二　肖家屋脊文化　A式玉神祖　华盛顿赛克勒博物馆藏

1　《汉书·礼乐志》：“饰玉梢以舞歌，体招摇若永望。”颜师古注：“梢，竿也，舞者所持。玉梢，以玉饰之也。”《宋史·乐志九》：“玉梢饰歌，佾缀维旅。”

2　图五一引自 Alfred S., *Chinese Jade through the Wei Dynasty*, The Ronald Press Company, 1963.

3　引自 Thomas L., and others, *The Inaugural Gift: Asian Art in the Arthur M. Sackler Gallery*, Arthur M. Sackler Gallery. 1987.

4　湖南省文物考古研究所等：《澧县孙家岗新石器时代墓群发掘简报》，《文物》2000年第12期。

在2015年之前，石家河遗址群甚少出土镂空的象生玉雕，而是以图七、图四三为代表的，在厚块上用浅浮雕凸弦纹勾勒动物五官的雕件。而在澧阳平原上，除了石门曾出土一件B式神祖面纹玉嵌饰器（图五三）外[1]，主要是1991年孙家岗出土26件玉器，其中两件镂空雕件最引人注目，其一即前文图四十凤纹玉饰。所以大家印象都是轻薄镂雕出于澧阳平原，厚实浅浮雕出于江汉平原，后者又有花纹写实丰富与简化抽象的差别，雕工写实精美者与抽象简率者常共存于同一墓地，还难以区分制作之先后。

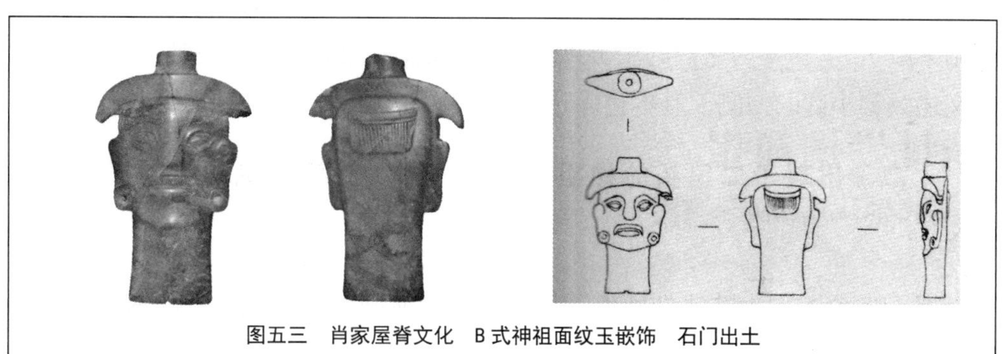

图五三　肖家屋脊文化　B式神祖面纹玉嵌饰　石门出土

但是2015年谭家岭、2016—2018年孙家岗的持续考古出土大量玉器，完全破除前述看法，因为谭家岭也出镂雕（图二六至图二八），孙家岗也出浅浮雕凸弦纹作品（见图二十），后者还有鹰鸟、虎、蝉等（图五四至图五六）[2]。而出土图五三神祖面纹玉嵌饰的石门，就在孙家岗附近，两地应是同一类型遗存。

综上所述，笔者认为还需再等更多发掘资料，才能进一步研究肖家屋脊文化玉器的地域性及风格分期。

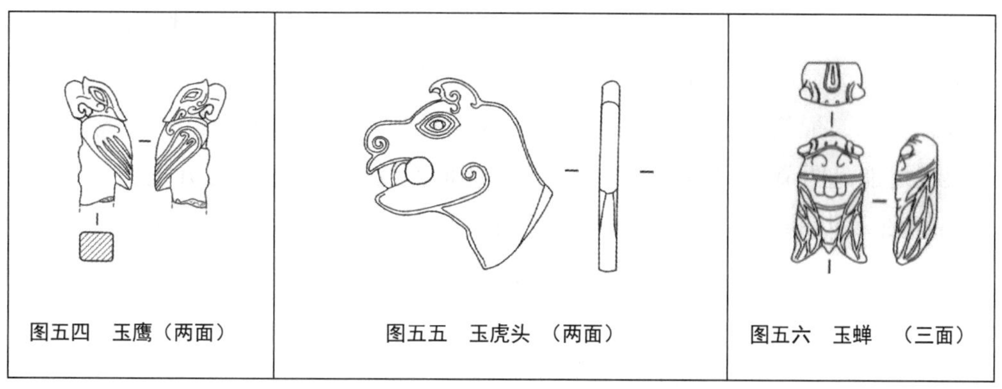

图五四　玉鹰（两面）　图五五　玉虎头　（两面）　图五六　玉蝉　（三面）

肖家屋脊文化　孙家岗出土

1　石门县博物馆：《石门发现一件玉人首》，《湖南考古辑刊》第8集，岳麓书社，2009年。

2　湖南省文物考古研究所等：《湖南澧县孙家岗遗址墓地2016 ~ 2018年发掘简报》，《考古》2020年第6期。

本文图十玉质白，微发青光，图九 -1、图九 -3、图三三、图四六玉质倾向浅黄白，图五三与后者同，但器表有浅褐色沁斑。

它们都是微带半透明感的莹润美玉，这是肖家屋脊文化玉器的本色，这样玉质的玉器既出现于石家河文化群，也出现于荆州地区和澧阳平原。但是，这种莹润的闪玉，在碱性埋藏环境中就会深沁成如图二三、图二五至图二八、图四十、图四五那样的细腻不透明牙白色。这种沁色的玉器也出现在前述三个地区，图四十当初发表时，甚至曾被误报导材质为黏土矿物的高岭玉。

所以，综览了三个密集出土玉器的地理区块（石家河文化群、荆州地区、澧阳平原），笔者认为它们的用玉可能来源一致，只是目前并不清楚玉矿在何处。前文述及吴小红的检测，基本排除辽宁岫岩玉的可能。

（二）出现于二里头的神祖灵纹柄形器，为何不见于肖家屋脊文化遗址？

图五七至图六十共 4 件柄形器均出自河南偃师二里头遗址。前两件出自二里头二期墓葬（约公元前 1680—前 1610 年），后两件出自二里头第三期墓葬（约公元前 1610—前 1560 年）[1]。图五九、图六十两件公布较早[2]。图五九玉质莹白温润[3]。

前文已论及林巳奈夫考证肖家屋脊文化 A 式神祖灵纹嵌饰器，经窄长化而发展成象征祖先的柄形器（图十一至图十三）。近数十年来经多位学者陆续考证，确知柄形器在古代正式的器名应为“瓒”。行祼礼（灌礼）时将柄形器插在觚形器里，再用鬯酒浇注其上。[4]

图五八出土自二里头二期三区一号墓，目前整个墓圹展出于二里头夏都博物馆。2019 年该馆开幕时，我曾前往参观并出席学术会议。从现场拍摄偏色的图五九 -1、2 显示，这件柄形器还保留肖家屋脊文化高高的气束部分与较写实的神祖面像，但没有雕琢眼睛。此一实例令我们怀疑图六十虽是一件残器，但雕纹很可能是两节高度抽象化的神祖面，相似的纹饰也见于图五九上。

若图六十的纹饰确属此“高度抽象化的神祖面”，或解开了一个谜底：何以商晚期至西周早期，很多柄形器都如图六一般，只垂直雕琢

1　年代数据依据仇士华：《14C 测年与中国考古年代学研究》，中国社会科学出版社，2015 年。

2　该两图引自中国社会科学院考古研究所：《偃师二里头：1959 年—1978 年考古发掘报告》，中国大百科全书出版社，1999 年。

3　图五九的彩图发表于邓聪主编：《东亚玉器》，香港中文大学，1998 年。

4　拙作对此专题论述甚详，邓淑苹：《柄形器：一个跨三代的神秘玉类》，载广东省博物馆：《夏商玉器及玉文化学术研讨会论文集》，岭南美术出版社，2018 年。

多节所谓“花瓣纹”。[1] 其实过去大家所称“花瓣纹”极可能就是“高度抽象化的神祖面”，这样也较合乎柄形器的真正意涵 。[2]

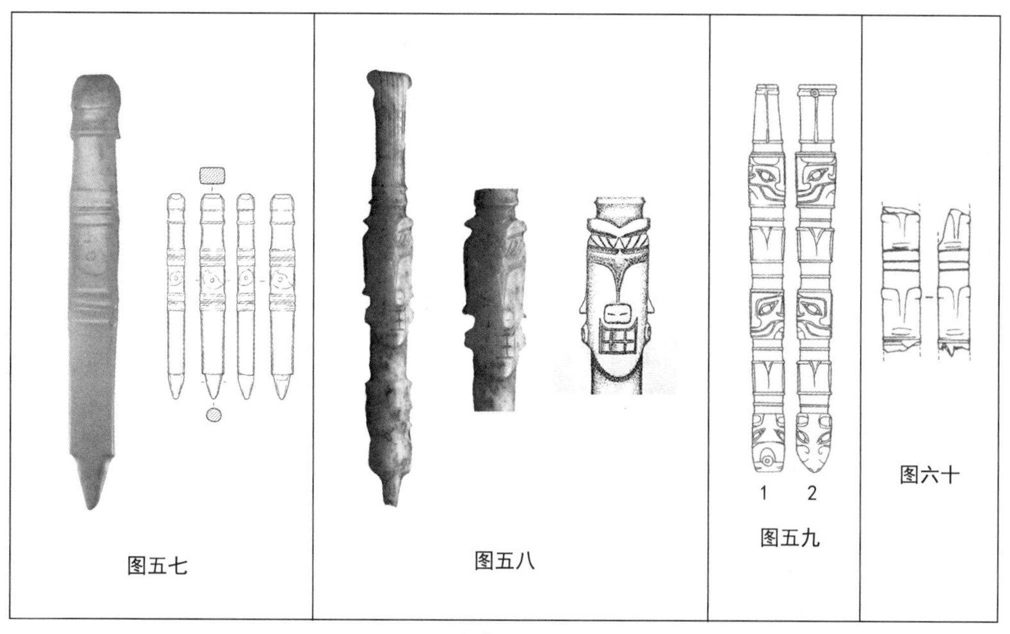

图五七　图五八　图五九　图六十

二里头遗址出土柄形器

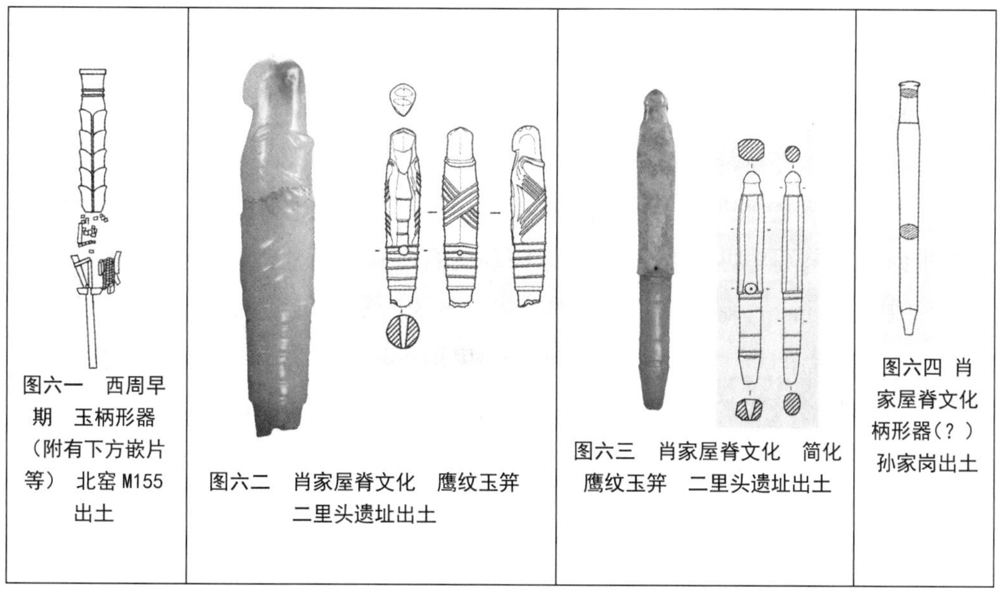

图六一　西周早期　玉柄形器（附有下方嵌片等）　北窑 M155 出土

图六二　肖家屋脊文化　鹰纹玉笄　二里头遗址出土

图六三　肖家屋脊文化　简化鹰纹玉笄　二里头遗址出土

图六四　肖家屋脊文化柄形器（？）孙家岗出土

1　图六一引自洛阳市文物工作队：《洛阳北窑西周墓》，文物出版社，1999 年。

2　2019 年，我与江美英教授一同出席二里头文化会议并参观二里头夏都博物馆，有关文中所述观点，是江教授与我讨论的共同心得。获得二里头考古队的许宏、赵海涛二位队长的同意，江教授发表图片于她的论文中：《从肖家屋脊文化到二里头遗址神祖面纹柄形器演变探索》，载《考古学研究（十五）·庆祝严文明先生九十寿辰论文集》，文物出版社，2022 年。本文图五九引自江美英教授论文。

笔者不解的是，为何在肖家屋脊文化遗址中，迄今尚未出土如图五七至图五九这样雕有神祖灵纹的柄形器（？）但是出土了一件很像柄形器的光素玉器，却被报告定名为“玉笄”（图六四）[1]。

图五七的考古编号是“2001VM1：3（二早）”，图六二、图六三分别为“2002VM3-13（二晚）”“2002VM5：6（二晚）”，这三者均为浅黄白、微带透明感的闪玉，以稳定成熟的浅浮雕琢制弦纹，均出自年代约公元前1680—前1610年的二里头文化二期墓葬中。[2]从整个玉器发展史分析，在那个年代，华夏大地上只有肖家屋脊文化出现这种玉料、造型与琢工。[3]如前文图三四出土自孙家岗的鹰纹笄所示，图六二就是肖家屋脊文化的鹰纹笄，图六三显然为鹰纹笄的简化形态，孙家岗也出土过类似品。[4]

所以笔者认为从形制、纹饰、弦纹工艺特征观察，图五七至图五九应该都是肖家屋脊文化先民的杰作，被带至河南偃师二里头。希望以后能在肖家屋脊文化遗存中发掘到。

至于出自孙家岗M14的图六四，与前文图四十凤纹玉饰出自同一座竖穴土坑墓，该墓所出土的11件玉器多集中在头、胸部位，不过编号M14：8，即本文图六四者，已放在胸部位置，其真实功能待考。

（三）柄形器是否能溯源自良渚文化？

近年有学者推测良渚文化锥形器可能是二里头文化柄形器的早期发展，断言两者的“形态上存在递变关系”[5]。笔者认为此说有待商榷。

图六五是一件良渚文化中期的锥形器，出自反山第20号墓[6]。虽然这类断面呈方形的良渚文化锥形器，器表雕琢神祖面的构图与图五八肖家屋脊文化柄形器相似，在墓葬中两者也常与类似漆觚的容器同出。但是，当良渚锥形器如图六四般竖插时，上端呈尖椎状，而非由“气束形冠”转变的“气束形节”。

三代柄形器的最上面有带束腰的“气束形节”，那是肖家屋脊文化A式神祖头顶“气束形冠”的简化。由此可知，三代的柄形器与图六五这类上端呈尖椎状的良渚文化锥形器之间，应无直接递变的关系。

1 湖南省文物考古研究所等：《澧县孙家岗新石器时代墓群发掘简报》，《文物》2000年第12期，M14：8。
2 图五七、图六二、图六三引自中国社会科学院考古研究所：《二里头1999～2006》，文物出版社，2014年。
3 时代相似时，黄河下游山东龙山文化可能也有这样的浅浮雕弦纹雕琢神祖灵纹，但器形多为玉圭，如台北故宫博物院的鹰纹圭等。
4 湖南省文物考古研究所等：《澧县孙家岗新石器时代墓群发掘简报》，《文物》2000年第12期，编号M9—2、1。
5 严志斌：《漆觚、圆陶片与柄形器》，《中国国家博物馆馆刊》2020年第1期。
6 浙江省文物考古研究所：《反山》，文物出版社，2005年。

总之，肖家屋脊文化神祖灵纹玉器确实内涵丰富，传承久远。目前还有些无法解决的问题。本小文也只是作了点“初探”的工作。犹待更新的资料出土，才能拨云见日，一窥真相。

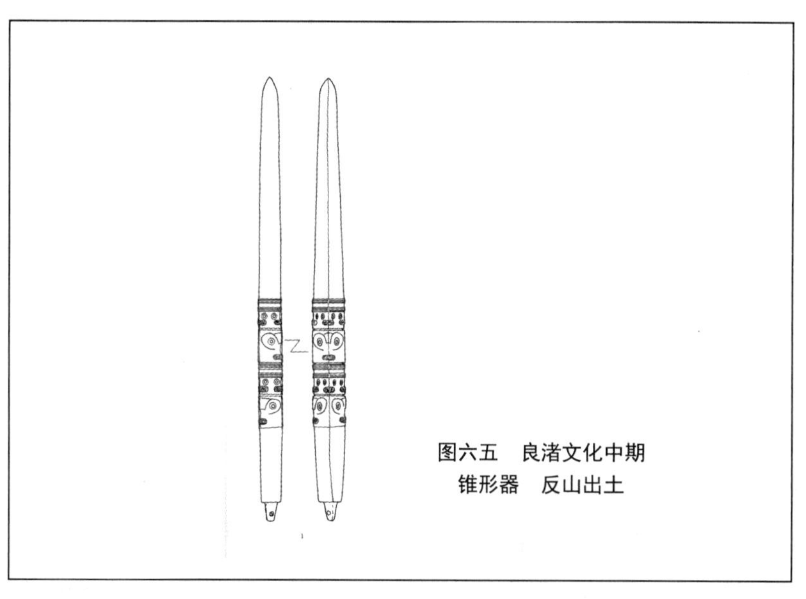

图六五　良渚文化中期
锥形器　反山出土

肖家屋脊文化与山东龙山文化玉器艺术图式的关联性分析

蔡青（湖北美术学院）

【摘要】本文的研究属于艺术考古学范畴，主要从艺术图式角度展开分析。文中铺排了肖家屋脊文化和山东龙山文化玉器艺术中的人首、鹰形象图式，分析形象图式中的传统构型元素，指出山东龙山文化是神人首、鹰形象图式的缔造方，也是传播的主导方。文中还从传播图式的角度，分析了在肖家屋脊文化和山东龙山文化之间，艺术形象与思想观念的传播、接收情况，为进一步了解龙山时代跨区域间文化的融合、整合情况提供依据。

【关键词】艺术图式；肖家屋脊文化；山东龙山文化；玉器

肖家屋脊文化指江汉两湖地区，以天门石家河遗址为核心的龙山时代后期遗存，据最新的年代学认知，其距今约4200—3800年。[1]山东龙山文化为分布于黄淮下游地区的龙山时代遗存，年代与肖家屋脊文化大体上重合，距今4300—3700年，下限或可到二里头文化最新的年代上限。[2]肖家屋脊文化时期，曾经的石家河古城不再使用，异于本地传统葬俗的瓮棺葬开始流行，并出现了大量玉器。诸多现象反映彼时长江中游地区受到外来文化的强势影响，发生了文化的突变。彼时出现的玉器是文化突变的重要表征。肖家屋脊文化玉器与长江中游早期玉器的艺术特征迥异，却有浓厚的山东龙山文化因素。从图式角度看，肖家屋脊文化和山东龙山文化玉器的艺术图式有着密切关联。“图式”原为哲学范畴的词汇，其概念最早由康德提出，指知性范畴和感性直观中的中介。艺术图式的

1　方勤、向其芳：《石家河遗址——持续见证长江中游文明进程》，《人民日报》2020年10月31日文化遗产版。

2　孙波：《山东龙山文化的聚落与社会》，载《海岱考古》第十二辑，科学出版社，2019年。

含义由之转化引申而来，概念上并不等同于构图形式、造型样式等，[1] 其除了带来直观的视觉体验，还包括视觉艺术形象在知性层面的生成过程。本文以肖家屋脊文化和山东龙山文化玉器中共有的神人首、鹰艺术形象为切入点，通过铺排、分型缕析，归纳出形象图式的构成要素，并追溯其艺术传统。艺术图式除了形象图式外，还包括传播图式，后文中也将从传播图式的角度初步探讨肖家屋脊文化和山东龙山文化两族群间文化交流的形式与内容。

一、肖家屋脊文化与山东龙山文化玉器的形象图式

肖家屋脊文化玉器主要出土于江汉平原腹地，在洞庭湖平原西北部也有部分发现。山东龙山文化玉器较集中出现于鲁东南地区的龙山文化中心聚落遗址。前者多为带穿系孔的小型玉饰，而后者以大个体的礼仪类带刃形器为主。尽管两文化区玉器的类型差异较大，但以玉为媒介而呈现的艺术图式具有共性化特征。在艺术母题上，两地均以神人首、鹰为重要的艺术表现母题，在两类母题的艺术构型特征上也类同。以下将通过对两地神人首、鹰图像的分类铺排，作特征的简要归纳。器物图像信息主要来源于考古发掘的实物资料，也有部分来自国内外馆藏的传世品。（文中线图多为笔者绘制，照片则转引自部分图录和藏品所在博物馆官网。）

（一）神人首形象

1. 肖家屋脊文化神人首形象

肖家屋脊文化玉神人首的构成形态包括意象型和抽象型两类。

（1）意象型

这类玉神人首刻画有明晰的五官、冠饰，但造型夸张奇特，是将族群集体的意识形态掺入客观物象的产物。构型要素包括“介”字冠、鸟形饰、獠牙、耳珰等。鸟形饰绝大多数呈现向上钩状态，呈现“S”形边饰轮廓线，勾勒出侧面鸟形的勾喙、翅羽、尾羽等部分（图一）。另有少量神人首的鸟形饰呈下折且回钩的形态（图二）。

1 ［德］康德著，李秋零译：《纯粹理性批判》，中国人民大学出版社，2004年，第164页。

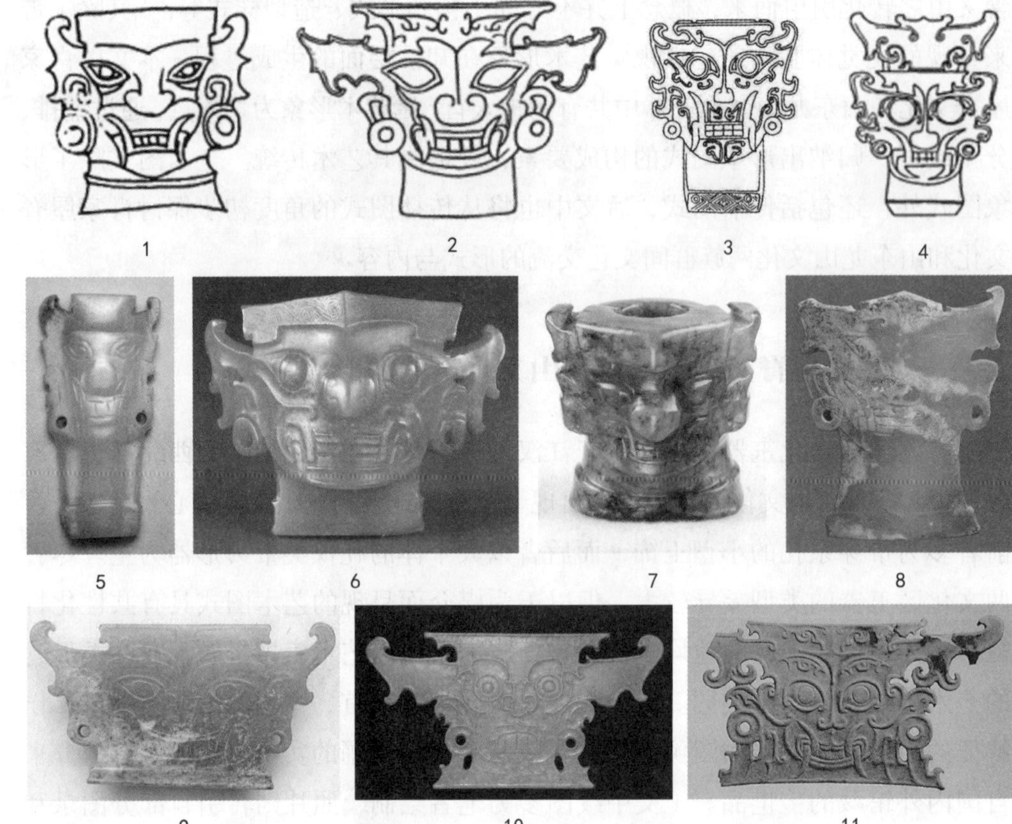

图一　肖家屋脊文化意象型玉神人首（具上钩鸟形饰）

1. 肖家屋脊遗址出土（W6：32）[1]；2. 谭家岭遗址出土（W9：7）[2]；3. 沣西西周墓出土（M17：1）[3]；4. 羊舌晋侯墓出土（M1：88）[4]；5. 台北故宫博物院藏；6. 大英博物馆藏；7、9. 史密斯尼国立亚洲艺术博物馆藏；8. 哈佛艺术博物馆藏；10. 芝加哥美术馆藏；11. 孙家岗遗址出土（M149：1）[5]

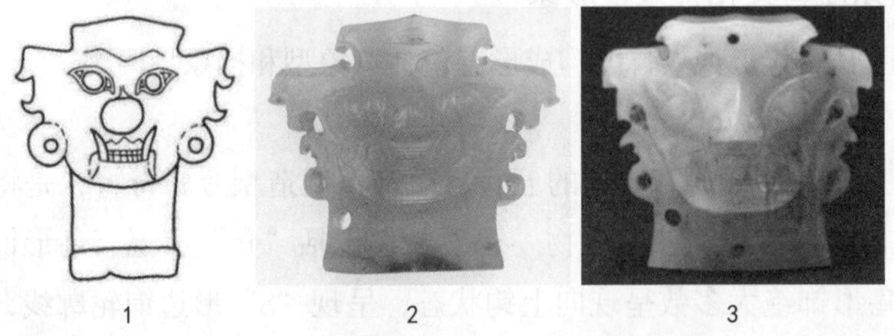

图二　肖家屋脊文化意象型玉神人首（具下折鸟形饰）

1. 凤雏遗址村出土[6]；2. 旧金山亚洲艺术博物馆藏；3. 故宫博物院藏

1　石家河考古队：《肖家屋脊》，文物出版社，1999 年，第 316 页。

2　湖北省文物考古研究所等：《湖北天门市石家河遗址 2014 ~ 2016 年的勘探与发掘》，《考古》2017 年第 7 期。

3　中国社会科学院考古研究所丰镐工作队：《1984—1985年沣西西周遗址、墓葬发掘报告》，《考古》1987年第1期。

4　山西省考古研究所、曲沃县文物局：《山西曲沃羊舌晋侯墓地发掘简报》，《文物》2009 年第 1 期。

5　湖南省文物考古研究所等：《湖南澧县孙家岗遗址墓地 2016 ~ 2018 年发掘简报》，《考古》2020 年第 6 期。

6　刘云辉：《周原玉器》，中华文物学会出版，1996 年，第 189 页。

（2）抽象型

这类神人首的大致轮廓仍与意象型神人首相似，具有鸟形饰、“介”字冠等构型要素，但五官抽象变形，甚至将眼部以外的五官隐去不显。这类神人首的眼形有两类：一类为吊梢目，以斜向上对钩状的镂空孔洞表示（图三）；一类为圈目，包括螺旋态圈目（图四 -1—4）和圆圈目（图四 -5、6）。

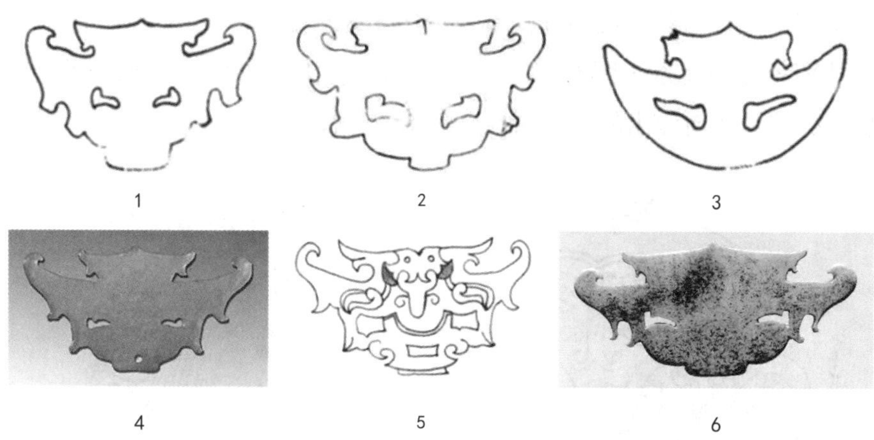

图三 肖家屋脊文化抽象型玉神人首（具镂空“吊梢目”）

1. 谭家岭遗址出土（W8：11）[1]；2. 六合遗址出土（W9：1）[2]；3. 肖家屋脊遗址出土（W6：6）[3]；4. 陶寺遗址出土（02M22：135）[4]；5. 九连墩楚墓出土（M2：487）[5]；6. 西雅图艺术博物馆藏

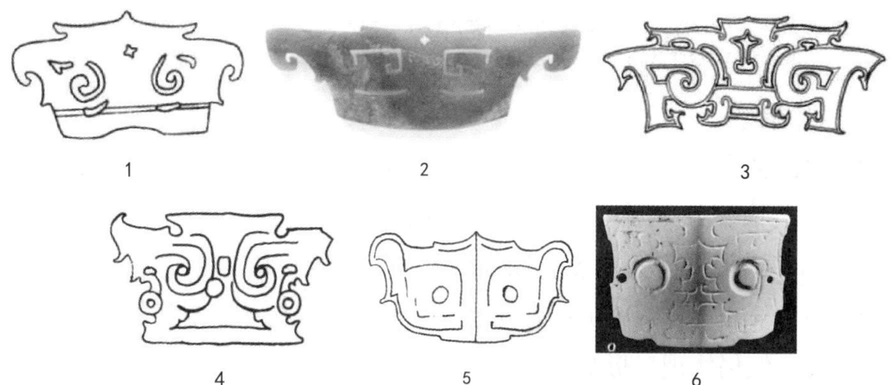

图四 肖家屋脊文化抽象型玉神人首（具“圈目”）

1. 谭家岭遗址出土（W9：59）[6]；2. 赛克勒美术馆藏；3. 谭家岭遗址出土（W9：50）[7]；4. 台北故宫博物院藏；5. 谭家岭遗址出土（W4：26）[8]；6. 谭家岭遗址出土（W4：18）[9]

1 湖北省文物考古研究所等：《石家河遗珍——谭家岭出土玉器精粹》，科学出版社，2019 年，第 44 页。

2 荆州博物馆等：《钟祥六合遗址》，《江汉考古》1987 年第 2 期。

3 石家河考古队：《肖家屋脊》，文物出版社，1999 年，第 327 页。

4 中国社会科学院考古研究所山西队等：《陶寺城址发现陶寺文化中期墓葬》，《考古》2003 年第 9 期。

5 湖北省文物考古研究所等：《湖北枣阳九连墩 M2 发掘简报》，《江汉考古》2018 年第 6 期。

6 湖北省文物考古研究所等：《石家河遗珍——谭家岭出土玉器精粹》，科学出版社，2019 年，第 119 页。

7 湖北省文物考古研究所等：《石家河遗珍——谭家岭出土玉器精粹》，科学出版社，2019 年，第 122 页。

8 湖北省文物考古研究所等：《石家河遗珍——谭家岭出土玉器精粹》，科学出版社，2019 年，第 50 页。

9 湖北省文物考古研究所等：《石家河遗珍——谭家岭出土玉器精粹》，科学出版社，2019 年，第 18 页。

2. 山东龙山文化神人首形象

山东龙山文化玉器上，神人首形象以平面纹饰刻于大型礼器之上。一般饰于玉圭两面柄部下端、玉戚两侧边缘、玉刀的刀柄边缘或刀身处。山东龙山文化神人首艺术形象也可分为意象型和抽象型两类。

（1）意象型

意象型神人首形象以线刻方式呈现，具覆舟形短发、“介”字形冠、鸟形饰、獠牙、耳珰等构型元素（图五 -1）。另有部分神人首纹除以上构型元素外还表现有脑后披发及侧向伸出的凤鸟羽尾形装饰物（图五 -2）。

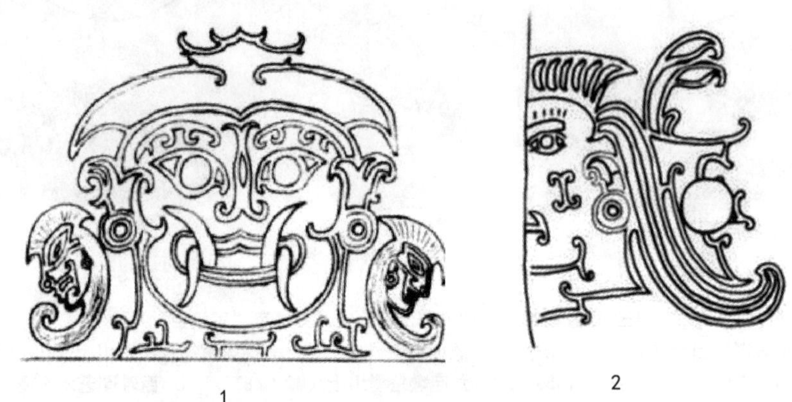

1　　2

图五 山东龙山文化意象型神人首形象

1. 台北故宫博物院藏玉圭饰纹；2. 上海博物馆藏玉刀柄部饰纹

（2）抽象型

山东龙山文化玉器上的抽象型神人首形象线条表现力颇丰，但若删繁就简，忽略纷繁的装饰部分，则可简要分为三类：一类以旋态圈目、“介”字冠、上钩式鸟形饰，或加排齿为主要表征（图六）；一类以圈目、“介”字冠与下折式鸟形饰为主要表征（图七）；另有由方折形线段组构局部空间的神人首形象，抽象程度高，但仍体现鸟形饰元素（图八）。

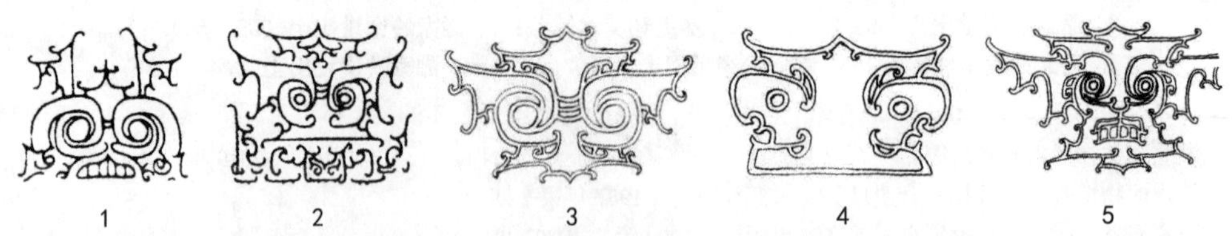

1　　2　　3　　4　　5

图六“圈目 +‘介’字冠 + 上钩式鸟形饰”抽象型神人首纹

1、2. 两城镇征集玉圭饰纹[1]；3. 台北故宫博物院藏玉圭饰纹；4. 上海博物馆藏玉圭饰纹；5. 上海博物馆藏玉刀饰纹

1　刘敦愿：《记两城镇遗址发现的两件石器》，《考古》1972 年第 4 期。

1

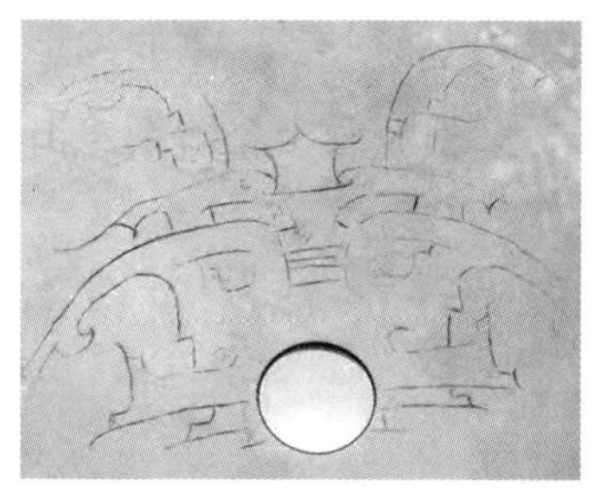

2

3

图七 “圈目 +‘介’字冠 + 下折式鸟形饰”抽象型神人首纹
1. 天津博物馆藏玉圭饰纹；2. 哈佛艺术博物馆藏玉钺饰纹；3. 台北故宫博物院藏玉圭饰纹

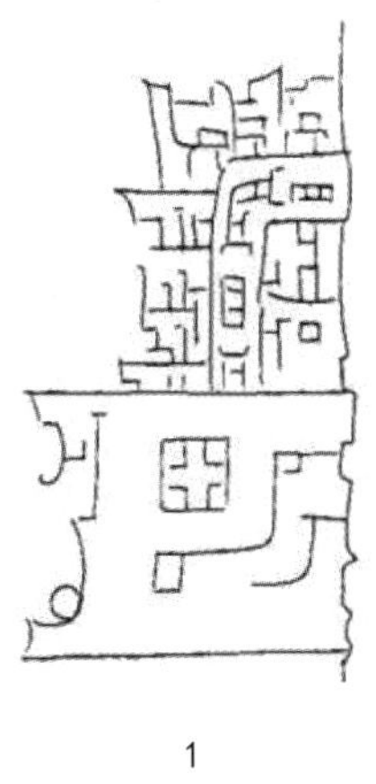

1

2

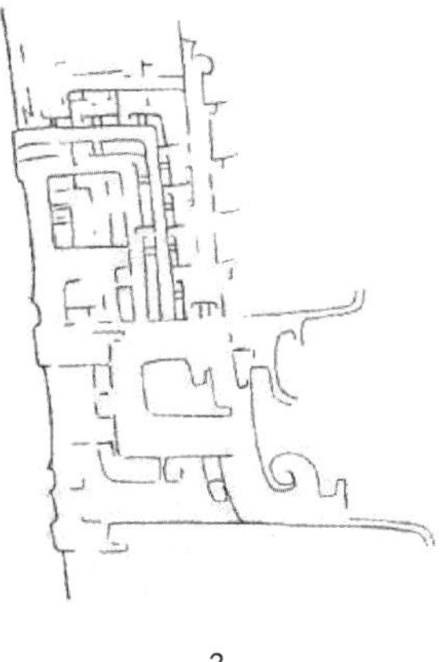

3

图八 以繁密方折形线段构成的抽象型神人首纹
1. 黎城玉戚饰纹[1]；2. 圣路易斯艺术博物馆藏玉戚饰纹；3. 赛克勒美术馆藏玉刀饰纹[2]

据上述肖家屋脊文化和山东龙山文化玉器神人首图像的整体铺排对比，可发现两处玉器上的神人首形象，构型要素以及各要素的表现形式是一致的。如，眼部的表现形式包括吊梢目及圈目；冠部表现出“介”字形冠及鸟形饰；齿牙部分，则呈现獠牙或排齿；耳饰为圆形耳珰（详见表一）。

1 刘永生、李勇：《山西黎城神面纹玉戚》，《故宫文物月刊》2000 年第 12 期。

2 ［日］林巳奈夫：《中国古玉研究》，艺术图书公司，1997 年，第 239 页。

表一 神人首形象的构型要素总结

（表中图像为肖家屋脊文化和山东龙山文化神人面局部图像）

形制	眼			冠			齿牙		耳饰
	吊梢目	圈目		“介”字冠	鸟形饰		獠牙	排齿	
		圆目	旋目		上钩	下折式			
肖家屋脊文化	线刻： 镂空：	线刻： 管钻：	线刻： 镂空：	立面形： 平面形：					
山东龙山文化									

另外，肖家屋脊文化和山东龙山文化玉器上饰纹类型也基本相同，形态多为在主线条上伸出多道勾卷的分支线条（图九）。

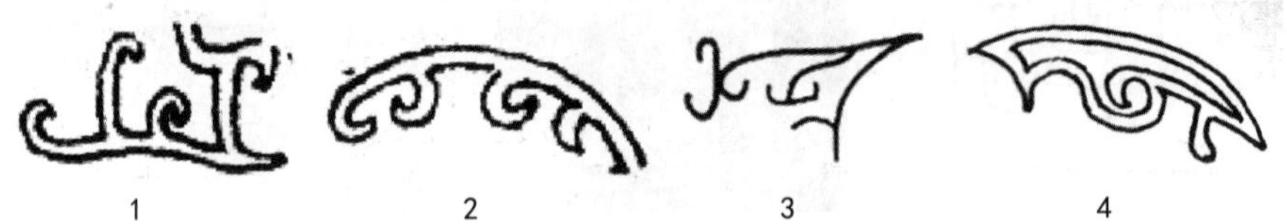

图九 神人首形象上的装饰纹样
1、2. 山东龙山文化神人首装饰纹样；3、4. 肖家屋脊文化神人首装饰纹样

可见，肖家屋脊文化和山东龙山文化玉器上的各种神人首形象，基本能在两处玉器上对应找到形象相似者。如台北故宫博物院藏玉圭上所刻神人首和孙家岗遗址出土玉神人首形象即有很高相似性，两者眼、鼻、耳、獠牙，包括脸型轮廓的勾勒，眉部的装饰纹样均类同（图十 -1）。此外，史密斯尼国立亚洲艺术博物馆藏“圈目 + 排齿 + 鸟形饰”组合的神人首形象，也可与上海博物馆藏玉刀饰神人首形象对应（图十 -2）。另有“圈目 + 下折形鸟形饰”的抽象型神人首形象，也可同时在两文化玉器上，分别找到装饰于平面和在立体空间构型者（图十 -3）。较特殊的有山东龙山文化中雕刻在带刃兵器两侧的神人首形象。将该器两面图案以边棱为轴折合，可得完整神人面像。若将台北故宫博物院所藏肖家屋脊文化玉神人首形象与之对比，会发现除去后者上方抽象冠饰，两者眼、鸟形饰、耳珰等部位均能对应，包括嘴部“八”字形线条走向的设计也类同（图十 -4）。

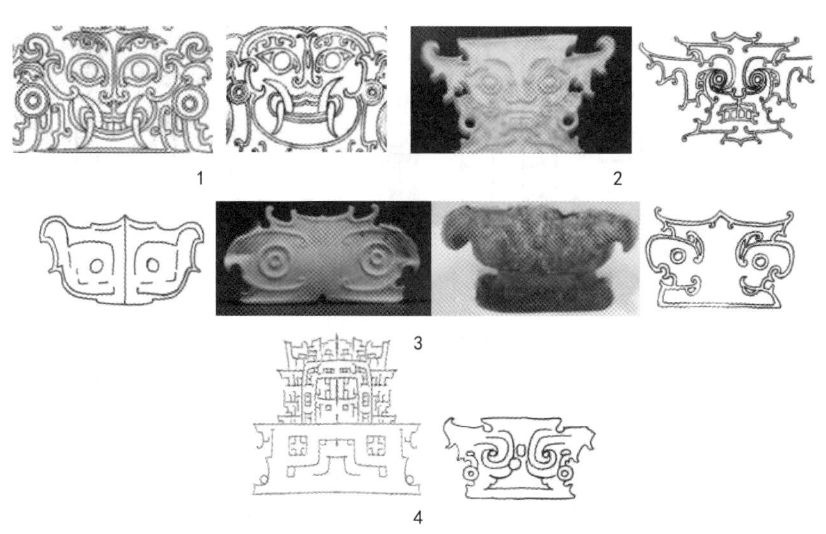

图十　肖家屋脊文化和山东龙山文化神人首形象的几组对比

1. 孙家岗遗址出土玉神人首纹（左）与台北故宫博物院藏玉圭饰神人首纹（右）；2. 史密斯尼国立亚洲艺术博物馆藏玉神人首纹（左）与上海博物馆藏玉圭饰神人首纹（右）；3. 从左至右：谭家岭出土玉神人首（W4：26）、谭家岭遗址出土双鹰人首器的底座、天津博物馆藏鹰立人首形器底座、上海博物馆藏玉圭饰纹；4. 龙山文化黎城玉戚同侧组合神人首纹与台北故宫博物院藏玉神人首

（二）鹰形象

1. 肖家屋脊文化玉鹰形象

肖家屋脊文化中的鹰形象多呈现于玉笄之上，以圆柱体为基本形，下端有榫。玉鹰笄多是以圆雕形式呈现较具象的鹰首，有清晰的勾喙、眼、脑后披羽，器身以浅浮雕形式表现交敛双翅、腿、趾爪部分（图十一）。另有抽象式造型，仅在鹰首处表现出勾喙、披羽的大致形状（图十二）。

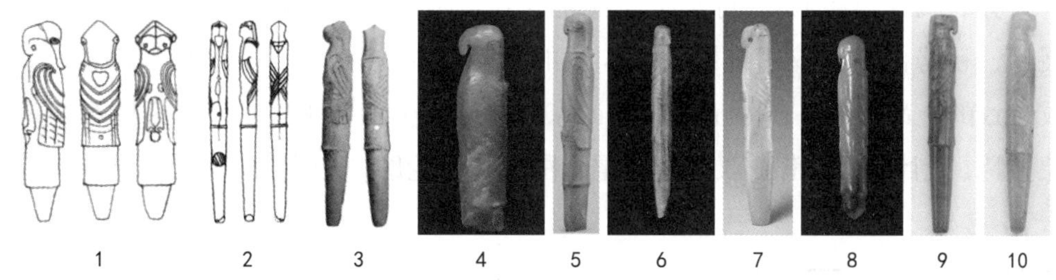

图十一　肖家屋脊文化具象玉鹰笄

1. 枣林岗遗址出土（WM1：2）[1]；2. 肖家屋脊遗址出土（012）[2]；3. 殷墟小屯出土（干 384：R9062）[3]；4. 石峁遗址出土（SSY：125）；5. 盘龙城遗址出土[4]；6. 波士顿美术馆藏；7. 大都会艺术博物馆藏；8. 哈佛艺术博物馆藏；9、10. 史密斯尼国立亚洲艺术博物馆藏

1　湖北省荆州博物馆：《枣林岗与堆金台——荆江大堤荆州马山段考古发掘报告》，科学出版社，1999 年，第 48 页。

2　石家河考古队：《肖家屋脊》，文物出版社，1999 年，第 329 页。

3　石璋如：《小屯（第一本）·遗址的发现与发掘：丙编·殷墟墓葬之五（丙区墓葬）》，台湾“中央研究院”历史语言研究所，1980 年，第 97—113 页。

4　万琳、方勤主编：《南土遗珍——商代盘龙城文物集萃》，湖北教育出版社，2016 年，第 133 页。

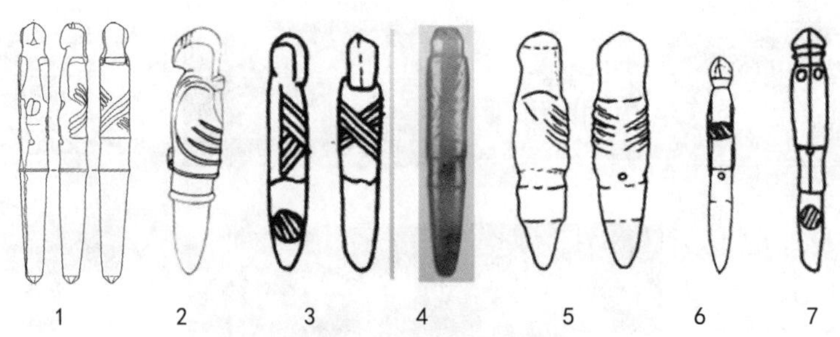

图十二 肖家屋脊文化抽象玉鹰笄

1. 孙家岗遗址出土（M136：7）[1]；2. 天津博物馆藏；3. 孙家岗遗址出土（M9：5）[2]；4. 妇好墓出土（M5：942）[3]；5. 瓦店遗址出土（IVT4W1：4）[4]；6. 孙家岗遗址出土（M9：1）[5]；7. 枣林岗遗址出土（WM39：4）[6]

肖家屋脊文化玉器中也有呈现于平面的鹰形象。这类鹰形象见于圆形牌饰和片雕鹰形器上，且形象固定，均为站立、侧首、展翅状（图十三），具有固定符号化特征。这一形象与山东龙山文化玉器上平面鹰纹的形象完全一致（图十四），前述玉鹰笄的立体造型，其构型要素如羽翅、鹰爪，鹰首的形态，实则和平面鹰纹是一致的。

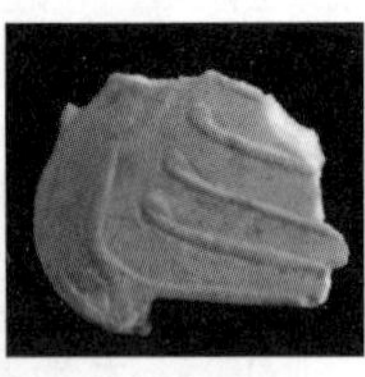

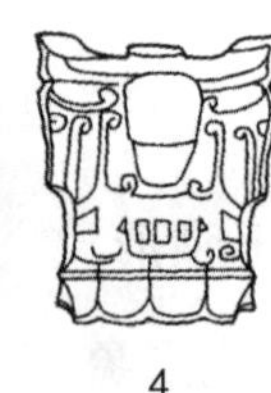

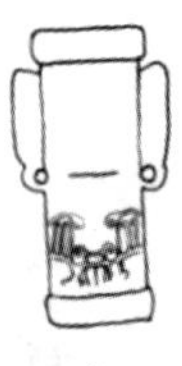

图十三 肖家屋脊文化平面鹰纹

1. 谭家岭遗址出土牌饰（W8：34）[7]；2. 孙家岗遗址出土玉鹰残片（M71：1）[8]；3. 麒麟岗墓地出土玉鹰残片；4. 前掌大墓地出土玉鹰残片（BM3：60）[9]；5. 藁城台西遗址出土玉鹰残片（M20：2）[10]；6. 上海博物馆藏鹰纹人首

另有两件圆雕玉鹰。肖家屋脊遗址出土玉鹰（W6：7）延续了平面鹰纹的特征，展翅、粗喙内勾，双翅饰以一段勾卷的平行阳线纹，其首部仍然保持与平面鹰纹一致的上昂形态（图十五 -1）。谭家岭遗址出土玉鹰（W9：6）为特例，其形象独特、设计新颖，玉鹰双翅与羽尾合围成圆形轮廓，尖喙处以活套工艺制作（图十五 -2）。

1 湖南省文物考古研究所等：《湖南澧县孙家岗遗址墓地 2016 ~ 2018 年发掘简报》，《考古》2020 年第 6 期。
2 湖南省文物考古研究所等：《澧县孙家岗新石器时代墓群发掘简报》，《文物》2000 年第 12 期。
3 中国社会科学院考古研究所等：《妇好墓玉器》，岭南美术出版社，2016 年，第 234 页。
4 河南省文物考古研究所：《禹州瓦店》，世界图书出版公司，2004 年，第 109 页。
5 湖南省文物考古研究所等：《澧县孙家岗新石器时代墓群发掘简报》，《文物》2000 年第 12 期。
6 湖北省荆州博物馆：《枣林岗与堆金台——荆江大堤荆州马山段考古发掘报告》，科学出版社，1999 年，第 36 页。
7 湖北省文物考古研究所等：《石家河遗珍——谭家岭出土玉器精粹》，科学出版社，2019 年，第 60 页。
8 湖南省文物考古研究所等：《湖南澧县孙家岗遗址墓地 2016 ~ 2018 年发掘简报》，《考古》2020 年第 6 期。
9 中国社科院考古研究所：《滕州前掌大墓地》，文物出版社，2005 年，第 430 页。
10 河北省博物馆等：《藁城台西商代遗址》，文物出版社，1977 年，第 141 页。

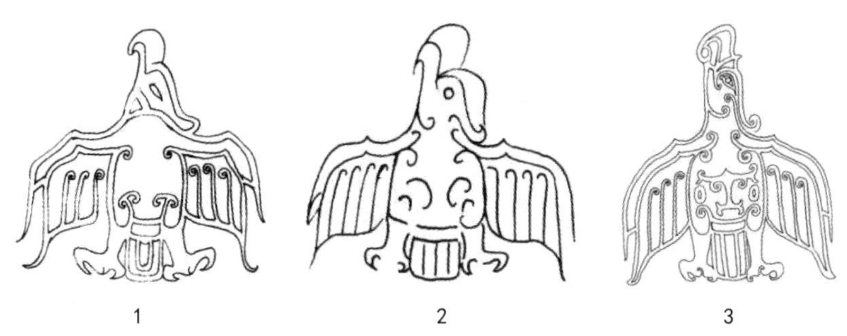

图十四　山东龙山文化玉器上的鹰纹

1. 上海博物馆藏玉圭饰纹；2. 天津博物馆藏玉圭饰纹；3. 台北故宫博物院藏玉圭饰纹

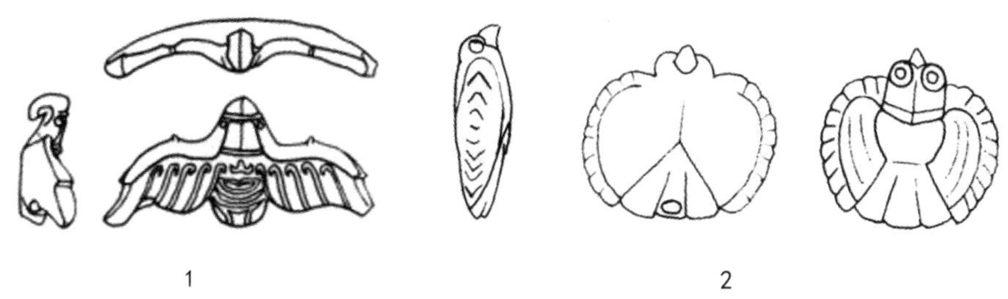

图十五 肖家屋脊文化圆雕玉鹰

1. 肖家屋脊遗址出土（W6：7）[1]；2. 谭家岭遗址出土（W9：6）

值得一提的是，出现于肖家屋脊文化中的玉凤形象未出现于山东龙山文化玉器中。但从分析来看，凤形象中的凤首、羽翅部分均是以鹰形象作为表征的，只是在鹰形象之外添加了羽尾部分，而羽尾在山东龙山文化玉圭、玉刀刻纹上亦有体现（图十六）。可见，凤鸟形象以鹰形象为主体构成，其可视为鹰形象的衍化。

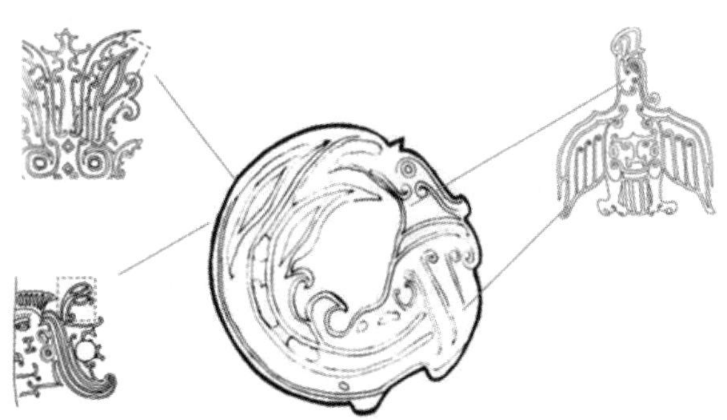

图十六 肖家屋脊文化凤鸟图像与山东龙山文化神人首、鹰图像的关联性

综上，肖家屋脊文化和山东龙山文化玉器中体现的神人首、鹰的视觉形象特征高度重合，无论是艺术母题的组成要素，还是各要素间的组合关系均相同。

1　湖北省文物考古研究所等：《石家河遗珍——谭家岭出土玉器精粹》，科学出版社，2019 年，第 327 页。

神人首和鹰的艺术形象并非即时性的，而是在两文化区呈现历时性状态。可以说在肖家屋脊文化和龙山文化中存在相同的神人首和鹰形象图式。

二、形象图式的生成

形象图式具有稳定的、传承性的造型要素、构成方式。从视觉表征看，神人首形象中较为凸显的有冠冕、獠牙、圈目等要素，而构型方式主要是以类象思维主导的。

（一）冠冕传统

自崧泽文化晚期，宁镇古芜湖地区及苏南平原地区先民即开始重视冠元素的刻画。如安徽烟墩山遗址、高淳朝墩头遗址、赵陵山遗址出土的玉人都呈现戴冠造型。肖家屋脊文化和山东龙山文化神人首形象中，以“介”字形冠为构型要素。“介”字冠的艺术形象也有持续的传统，其在河姆渡陶钵、凌家滩玉人、薛家岗石钺、大汶口陶尊等诸多器物上，都有不同形式的体现（图十七）。上述出现“介”字冠元素的文化区，均存在浓厚的有阳鸟崇拜传统，这在考古学界已达共识。“介”字冠的形态本身与正视角度下的鸟首轮廓相吻合。可推测，“介”字形冠这一构型元素的生成和阳鸟形象相关。

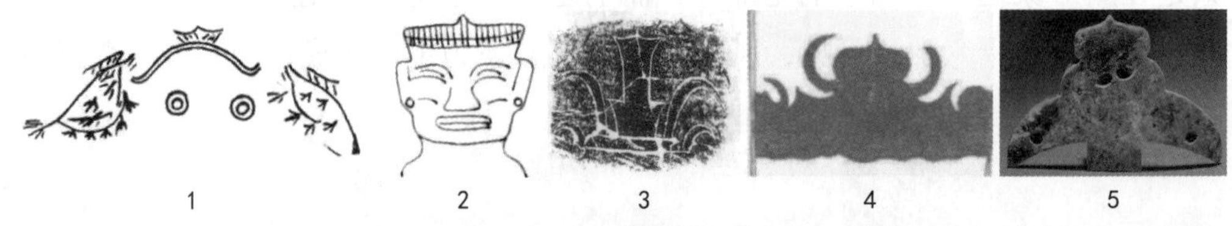

图十七 “介”字形冠的艺术形象

1. 河姆渡文化陶钵饰纹[1]；2. 凌家滩文化人首形象；3. 大汶口文化陶尊刻符[2]；4. 薛家岗文化石钺饰纹[3]；5. 良渚文化玉鸟[4]

良渚文化晚期的好川墓地及大汶口文化晚期的莒县陵阳河遗址均出土有台阶形玉片（图十八-1、2）[5]。这类玉片常被认为象征祭台，笔者认为，其应是“介”字冠的另一种表现方法。如肖家屋脊文化玉蝉的端部，均表现“介”字冠元素，

---

1 浙江省文物考古研究所：《河姆渡——新石器时代遗址考古发掘报告》，文物出版社，2003 年，第 47 页。

2 山东省文物考古研究所等：《山东莒县陵阳河大汶口文化墓葬发掘简报》，《史前研究》1987 年第 3 期。

3 安徽省文物考古研究所：《潜山薛家岗》，文物出版社，2004 年，第 135 页。

4 杭州良渚遗址管理区管理委员会等：《良渚玉器》，科学出版社，2018 年，第 132 页。

5 浙江省文物考古研究所等：《好川墓地》，文物出版社，2001 年，第 99 页；古方主编：《中国出土玉器全集》第 4 卷，科学出版社，2005 年，第 82 页。

通常呈中部尖凸的造型，个别则似上述玉片，呈三级台阶状（图十八 -3）[1]。这类台阶形图像，还作为图符刻画于良渚文化璧、琮之上（图十八 -4）。若将“祭坛”理解为“介”字形冠，则图像的构型可理解为“介”字冠上立有一鸟（图十八 -5）。这与羊舍晋侯墓出土玉人冠部构型相似，该玉人头顶为“介”字冠，冠上立鸟。“介”字冠与立鸟的关系可理解为冠与冠徽[2]。可推测，单体的台阶状玉片即为“介”字冠。肖家屋脊文化出土有单体冠状器（图十八 -6）[3]，与该器类似的高冠也出现于神人首、虎的头顶（图十八 -7—12）。这类高冠下方饰弦纹，好川墓地玉片饰也有下端饰弦纹者，另，以平行弦纹象征性简化表示头冠的方式也见于良渚文化玉琮上（图十八 -13）。综上，自大汶口、良渚以来即有“介”字冠和高冠传统，冠在史前东部地区具有重要的象征性，其既可单独存在，也可组构成形。

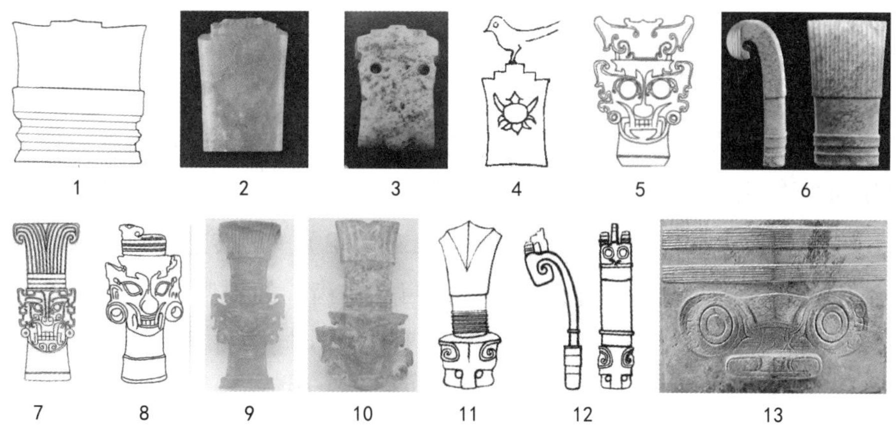

图十八　冠冕的不同表现形式

1. 好川墓地出土台阶形玉片；2. 莒县陵阳河遗址出土台阶形玉片；3. 谭家岭遗址出土玉蝉（W9：39）；4. 良渚文化玉璧上图符（原器藏良渚博物院）；5. 羊舌晋侯墓出土玉神人首（M1：88）；6. 孙家岗遗址出土单体玉冠（M141：7）； 7. 新干大洋洲出土玉神人首（XDM：633）[4]；8. 河南博物院藏玉神人首；9. 史密斯尼国立亚洲艺术博物馆藏玉神人首；10. 赛克勒美术馆藏玉神人首；11、12. 谭家岭遗址出土高冠玉虎（W9：62、60）；13. 良渚文化玉琮饰纹

（二）獠牙传统

獠牙艺术形象，最早出现于距今约 8000 年的高庙遗址白陶器上，由篦点纹

1　湖北省文物考古研究所等：《石家河遗珍——谭家岭出土玉器精粹》，科学出版社，2019 年，第 68 页。
2　山西省考古研究所，曲沃县文物局：《山西曲沃羊舌晋侯墓地发掘简报》，《文物》2009 年第 1 期。
3　湖南省文物考古研究所等：《湖南澧县孙家岗遗址墓地 2016 ~ 2018 年发掘简报》，《考古》2020 年第 6 期。
4　江西省文物考古研究所等：《新干商代大墓》，文物出版社，1997 年，第 156 页。

组成，獠牙两侧常刻画有对称鸟翅，个别配以吐舌形象（图十九 -1）[1]。这类图像以獠牙为核心，以局部代整体表现兽面，凸显了獠牙元素的重要性。良渚文化早期张陵山遗址 M4 出土玉琮，被认为是最早的玉琮，其上有带獠牙的完整兽面形象（图十九 -2）[2]。类似形象在之后的良渚文化玉器上大量出现，继而于肖家屋脊文化、山东龙山文化玉器上得到传承。

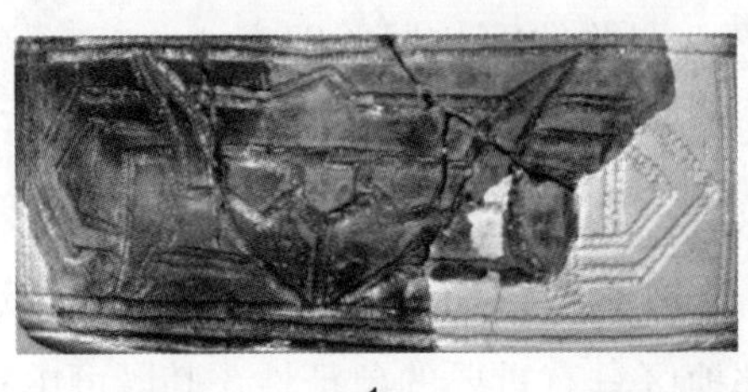

1

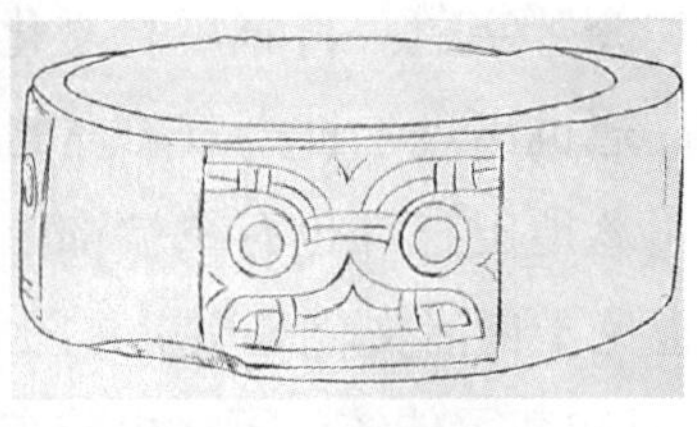

2

图十九 早期器物上的獠牙图像

1. 高庙遗址出土饰獠牙白陶（T15-01）；2. 张陵山遗址出土饰兽面玉琮（M4：2）

（三）圈目传统

圆形重圈目图案最早出现于河姆渡文化，既能充当为眼部，也被作为动物纹腹部的装饰图案（图二十 -1）[3]。良渚文化玉器上，亦显示圈目作为造型要素的移用，兽面纹上的圈眼与鸟腹同形（图二十 -2）。旋转态圈目的形象最早出现于红山文化勾云形佩，整体为“旋态圈目 + 排齿”的构型（图二十 -3）[4]。这与龙山时代“圈形眼 + 排牙”的神人首表现方式类同。可见，龙山时代圈目形象的使用，兼蓄了河姆渡、红山、良渚文化的艺术传统。

1

2

3

图二十 早期器物上的圈目图像

1. 河姆渡文化陶钵饰纹（T243：235）；2. 良渚文化玉器上的圈目形象；3. 红山文化勾云形器（N16M15：3）

（四）“类象思维”传统

自崧泽文化时期，即有人、鸟、兽形象组合构型的设计思维，如昆山赵陵

1 湖南省文物考古研究所：《湖南洪江市高庙新石器时代遗址》，《考古》2006 年第 7 期。

2 王巍：《良渚文化玉琮刍议》，《考古》1986 年第 11 期。

3 浙江省文物考古研究所：《河姆渡——新石器时代遗址考古发掘报告》，文物出版社，2003 年，彩版一四。

4 辽宁省文物考古研究所：《牛河梁：红山文化遗址发掘报告（1983—2003 年度）》，文物出版社，2012 年，图版三〇〇。

山出土玉人（M77：71）即为人、高冠、鸟、兽组合构型，[1]凌家滩文化玉器，则首开鸟、兽复合构型之先河，创作出鹰兽复合形器。复合造型是以“类象思维”为前提的，“视之则形也，察之则象也”[2]，“象”非实体，与内在精神相关。同象者，即可相互融合、替代或转化。龙山时代的神人首形象，为神人首、鹰、兽三位一体，由同“象”但不同形的元素复合组构。在部分器物中，如玉圭的两面分饰神人首纹和鹰纹，也说明这两类形象内在精神统一、性质相契，可用以表征同一信仰观念。可以说，类象思维是中国早期造像的传统思维，其中人、鸟、兽同象复合的观念从良渚文化开始有了较为明确的表达，而后在龙山时代神像艺术图式中延续。前文所述“介”字冠、圈目、獠牙等传统构型要素则被视为能赋予崇拜物象神格的徽记，在艺术图式中被传承下来。

综上，龙山时代玉器艺术中的神人首、鹰艺术形象图式，吸收了河姆渡、崧泽、凌家滩、红山、良渚文化等史前东部文化区传统元素构型，并经历改造、创新生成的，延续的是史前东部地区的艺术谱系。肖家屋脊文化与山东龙山文化玉器艺术的形象图式相同，但分析来看，后者是史前东部地区艺术传统的主要继承者，是神人首、鹰艺术形象图式的缔造方与传播方。首先，从艺术形象的筛选看，神人首和鹰形象中，均凸显鹰鸟元素。山东龙山文化为东夷族文化，本是以崇拜鹰鸟为特征的，出土山东龙山文化玉器较多的日照两城镇、五莲丹土均属于“淮夷”文化区。“淮”与“隹”相通，“淮夷”即“鸟夷”。《左传·昭公十七年》载，东夷族高祖少皞挚“以鸟名官”[3]，“挚”与“鸷”通，指鹰一类猛禽。鹰鸟为少皞族图腾。而江汉地区在肖家屋脊文化之前是缺少鹰鸟崇拜传统的。可推测，山东龙山文化先民将神祖形象表现于玉器之上，并传播至江汉地区。其次，从局部构型元素看，神人首形象中常见覆舟形短发造型（图二一-1—5）。浙江绍兴出土的一件春秋时期青铜鸠杖的杖墩处跪坐人像，其发式与上述神人首发式如出一辙，表现为额上中分短发，脑后长发挽髻（图二一-6）。该器出土于吴越文化区。吴越先民流行断发，同时也有脑后绾发髻的风尚。吴越地区和山东龙山文化所处的海岱地区在古史传说中都被称为夷，存在同风共俗的情况。可推测，额前断发的风俗流行于史前东夷文化区，并一直延续至东周。最后，结合局部构型特征分析，山东龙山文化玉器上有直接传承于良渚文化玉器艺术造型的演变痕迹。如最初的鸟形饰即可循迹至良渚文化神人像外

1　江苏省赵陵山考古队：《江苏昆山赵陵山遗址第一、二次发掘简报》，《东方文明之光——良渚文件发现 60 周年纪念文集》，海南国际新闻出版中心，1996 年，第 31 页。

2　[清]王夫之著，王孝鱼点校：《尚书引义》，中华书局，1962 年，第 150 页。

3　杨伯峻注：《春秋左传注》，中华书局，2015 年，第 1387 页。

轮廓所表现的“尖喙”形象（图二二 -1）。芝加哥艺术研究院藏玉圭所饰神人首纹可视为龙山时代神人首形象的早期样态，其上填饰有脱胎于良渚文化螺旋纹的回曲型纹样，神人首鼻部底端还体现有类似良渚神人面像中的尖喙元素（图二二 -2）。龙山时代以直线段构型的神人首中的鸟形纹饰与之形象近似，但进一步强化了侧面鸟形特征（图二二 -3）。

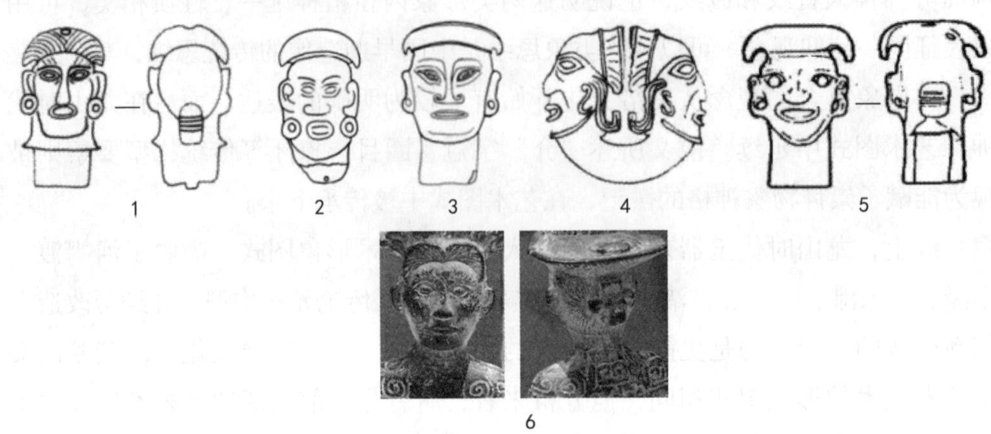

图二一　覆舟发式人像

1、4 谭家岭遗址出土玉神人首（W9：6、2）；2. 六合遗址出土玉神人首（W18：1）；3. 枣林岗遗址出土玉神人首（WM4：1）；5. 黄君孟墓出土玉神人首（G2：27B107）[1]；6. 浙江博物馆藏绍兴春秋墓出土青铜鸠杖局部

图二二　鸟形饰在不同时期的演变形式

1. 良渚文化神人面纹局部；2. 芝加哥艺术研究院藏玉圭局部刻纹；3. 赛克勒美术馆藏玉刀局部刻纹

三、传播图式

据前文，山东龙山文化族群吸收了史前东部地区的艺术传统，缔造了神人首、鹰鸟的形象图式，并将之传播至肖家屋脊文化。传播的内容、形式，以及传播者与接受方的关系，则需要通过传播图式来加以分析。形象图式呈现的是可视性艺术形象，传播图式则不仅呈现艺术形象，还强化文化导向思维，是将不同的艺术形象与文化观念连接的图式。传播图式最核心的概念是“传播”，能被

1　河南信阳地区文管会，光山县文管会：《春秋早期黄君孟夫妇墓发掘报告》，《考古》1984 年第 4 期。

传播的艺术形象和艺术观念的筛选，由图式的传播者主导的。以下从传播图式的角度，分析山东龙山文化与肖家屋脊文化之间艺术形象和观念的传播特征。

（一）艺术形象的传播

肖家屋脊文化先民接受山东龙山文化神人首、鹰形象图式后，仍以玉石作为呈现图式的媒介材料，但两地先民在同类媒材上表现同类图式所使用的艺术语言却是存在差异的。具体来说，肖家屋脊文化玉器多为小巧的服饰缀玉，以长2厘米，厚度0.5厘米左右的块状器居多，其上综合运用浅浮雕、阳线、阴刻、透雕等工艺来表现艺术母题的形象。山东龙山文化玉器则多是刀、钺、圭等大型礼器，在平面上以线刻手法饰纹。如前文述，山东龙山文化玉器上的平面艺术形象，基本都能在肖家屋脊文化玉器中找到对应的立体化表达。值得注意的是肖家屋脊文化中以镂孔表现抽象造型的玉器，镂孔边缘常带L型或T型的线纹（图二三）。若对比山东龙山文化以直线段饰纹的玉器，则可发现其上线纹与上述线纹形态如出一辙，而后者的镂空孔与旁边的线条走向一致。可推测，肖家屋脊文化先民接受了山东龙山文化玉器中以直线段构图的形式后，将之化平面为立体，并减少了直线段的线纹密度，使图像风格更为疏朗。可见，肖家屋脊文化先民对于山东龙山文化玉器艺术形象图式的吸收，是带有本土审美习惯的创新性吸收，由山东龙山文化重视平面的艺术风格，发展出体现纵深感的艺术表现形式。体现玉器纵深感，一方面能最大程度上体现玉材的美感，另一方面也符合服饰缀玉的使用功能要求。艺术语言上的创新，即是展现个性，体现了图式的接受者与传播者在思想观念上的差异。

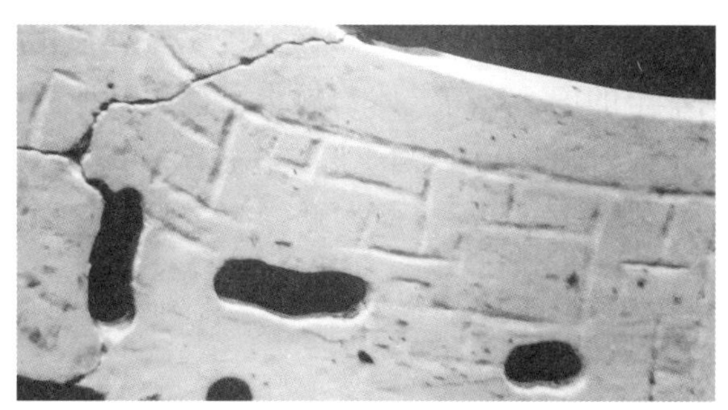

图二三 谭家岭遗址出土镂空玉器（W4：24局部）[1]

（二）观念的传播

传播图式除了在形式结构上具有严密的内在逻辑关系，还有丰富的思想内

1 湖北省文物考古研究所等：《石家河遗珍——谭家岭出土玉器精粹》，科学出版社，2019年，第61页。

涵。其构建于特定社会的特定语境，植入了彼时社会上主流的思想意识形态和价值观念，可以反映当时的社会主流文化中所要凸显的、崇拜的是什么，而需要遮蔽的、阻挡的又是什么。在艺术传播领域，图式即是“话语权”。艺术图式决定了哪些文化符号可被传播及如何被传播。龙山时代的神人首、鹰艺术图式即是被筛选的、承载了文化传导使命的图式。

传播图式在创作者与接受者间具有共识性，肖家屋脊文化和山东龙山文化先民，均以神人首、鹰形象作为原始信仰的核心。肖家屋脊文化所在地公认为是三苗文化区。而历史上有禹伐三苗的记载，也就是夷夏联盟曾攻克三苗。东夷先民来到三苗驻地，并获得了政治军事的主导权，继而在这一地区导入了象征祖先崇拜的神人首和鹰形象图式。神人首是东夷部族祖先的神格化形象。鹰既是东夷祖先象征，也象征兵刑之事。如《大雅·大明》载：“维师尚父，时维鹰扬。”可以说，神人首与鹰均有浓厚的王权象征意味。

从传播图式特征看，肖家屋脊文化先民接受了这两类崇拜物象后，将它们融入了自身宗教信仰体系当中。相比较于山东龙山文化，肖家屋脊文化玉器的题材更丰富，除人、鹰之外，还有虎、蝉、蛙等艺术母题。虎、蝉、蛙是长江流域先民的原始宗教信仰物。如虎的艺术形象最早出现于凌家滩文化中，蛙、蝉艺术形象在崧泽、良渚文化玉器中都有呈现。山东龙山文化社会重视王权，不重视巫术观念，未受肖家屋脊文化中原始宗教观念的影响，故几乎不着重体现对虎、蝉、蛙等物象的崇拜。可见，两族群间是视觉文化的单向输入，这体现了强势和弱势政治军事实力的差异。

肖家屋脊文化玉器中的虎、蝉形象中，都融入了“介”字冠这一构型要素。“介”字形冠是一类容易被识别的文化符号，肖家屋脊文化先民通过重构的艺术手法将之移植到本土的虎、蝉等艺术母题上，说明其地先民接受了新的象征王权威严的视觉文化，对强势文化基因进行了吸收，但同时也保留有本地传统宗教信仰，将王权和神权相结合。

四、结语

龙山时代是一个大变革的时代，是社会文明形态向更高等级过渡，中华文明走向成熟的关键期。彼时各文化区域间互动频繁，交流整合增多。玉器在龙山时代为专门化的受到定向控制的器物，肖家屋脊文化玉器作为新的文化符号，反映着社会变革后的政治、礼制观念。神人首、鹰艺术图式承载着王权、军权观念和祖先崇拜意涵，由山东龙山文化传播至肖家屋脊文化。后者在接受神人首、鹰图式后，将之融入自身的宗教信仰体系，使王权与神权相结合，此外，还渗透进本地区的审美传统、民族气质。从传播图式的角度看，肖家屋脊文化虽受到外来文化的强势影响，但也保留了本地区的宗教礼制思想，在视觉艺术传播过程中有一定的话语权。肖家屋脊文化和山东龙山文化玉器艺术的关联性，反映着中华文明起源期跨区域文化间的交流与整合，本文对相关论题仅粗浅涉及，望后续有更多学者予以关注，以对中华文明多元一体的演进格局有更深认识。

故宫博物院院藏后石家河文化玉器研究

刘梦媛（故宫博物院）

【摘要】在新石器时代晚期，长江中游地区的后石家河文化以其风格鲜明的玉文化大放异彩。在后石家河文化遗存中先后发现玉器六百余件，玉器种类丰富，不仅为后石家河文化玉器研究奠定了充分的材料基础，也为辨别后世遗散各地又难觅根源的后石家河文化玉器提供了参照。笔者在对故宫博物院院藏新石器时代玉器梳理过程中，通过对比相关考古资料，从中发现 16 件后石家河文化的珍贵玉器，玉器种类有玉人首、玉笄、玉蝉、玉虎。按类型介绍院藏各种后石家河文化玉器状况，以此探究其治玉工艺、文化属性和功能用途。

【关键词】后石家河文化；玉人首；玉笄；玉蝉；玉虎

在故宫博物院珍藏玉器里，新石器时代玉器数量颇丰，文化属性多样，极具研究价值。笔者在对院藏新石器时代玉器文物梳理过程中，通过对比考古出土文物相关资料，从中发现一批后石家河文化的珍贵玉器，现撰文介绍，探究其背后的文化属性和功能。

后石家河文化是长江中游地区继石家河文化之后的最后一支史前考古学文化，年代距今约 4200—4000 年，后石家河文化虽继承了部分石家河文化因素，但其文化面貌也受到了中原龙山文化的王湾三期文化等其他文化因素影响而异于石家河文化，尤以其风格鲜明的玉文化独树一帜。后石家河文化玉器集中发现于湖北天门罗家柏岭遗址、湖北钟祥六合遗址、湖北天门肖家屋脊遗址、湖北荆州枣林岗遗址、湖南澧县孙家岗遗址、湖北天门严家山遗址、湖北天门谭家岭遗址等，数量达六百余件，种类多样，其中以玉人首、玉蝉、玉虎、玉鹰、玉凤等最为典型，也有璜、璧、琮、牙璋、柄形器等礼仪用玉，环、珠、管、坠、笄等装饰用玉，以及钺、刀、锛、钻等玉质工具。学者林巳奈夫、巫鸿等人曾在传世品中发现类似风格的玉器，认为其归属于“东夷”、山东龙山文化[1]。而随着后石家河文化遗存考古发掘工作揭露出大量类似风格的玉器，学者们方才真正明确这些传世品的文化归属。

一、院藏后石家河文化玉器介绍

目前故宫博物院院藏后石家河文化玉器约16件，主要是玉人首、玉笄、玉蝉、玉虎。其中清宫旧藏6件[2]，新中国成立后入藏10件。

（一）玉人首类

院藏玉人首类玉器有5件，其中清宫旧藏1件，造型不一。

清宫旧藏玉人首（图一，彩图十八），高6厘米，宽3.5厘米，厚0.9厘米。白玉赭色沁重，呈片状，上下有穿孔，雕人首形，正面微隆起，背面微内凹，人首头戴船形冠，双耳大且佩珥，面颈部及背面布满春秋时期流行的浅浮雕式兽面纹、夔龙纹。玉人首面部纹饰亦见于河南叶县旧县春秋楚墓M4（图二-1）和河南淅川下寺春秋楚墓M1出土的兽面纹玉牌饰[3]（图二-2）。由此可知此玉人首在春秋时期存在改雕纹样的情况。相似的改造玉器还有春秋早期河南光山县宝相寺黄君孟夫妇墓里的人首环形玉饰（图三）[4]，此玉饰本属后石家河文化，在春秋时期被一剖为二，一面暴露原本阳文，另一面仿刻阴文，并饰以春秋时期流行的夔龙纹。这些以小块片状为主、正面或侧面细致刻画醒目五官、长颈大耳、佩珥戴帽的特点都是后石家河玉人首的典型特征。

图一 清宫旧藏玉人首

1 ［日］林巳奈夫：《先殷式的玉器文化》，载《东京国立博物馆美术志》第334号，1979年；巫鸿：《一组早期的玉石雕刻》，《美术研究》1979年第1期。

2 故宫博物院旧藏一件鹰攫双人首玉佩，原归于清宫旧藏“一统车书”玉玩套装内。从考古材料出发，笔者也对其是否属于后石家河文化尚存疑，其造型形似而神不似，纹饰线条生硬不流畅，难以比拟出土所见后石家河文化玉器，也有学者如杨建芳对其存在异议。故这件玉佩在此文不作讨论。

3 平顶山市文物管理局，叶县文化局：《河南叶县旧县四号春秋墓发掘简报》，《文物》2007年第9期；河南省文物研究所，河南省丹江库区考古发掘队，淅川县博物馆：《淅川下寺春秋楚墓》，文物出版社，1991年，第100页。

4 河南信阳地区文管会等：《春秋早期黄君孟夫妇墓发掘报告》，《考古》1984年第4期。

1

2

图二 兽面纹玉牌饰

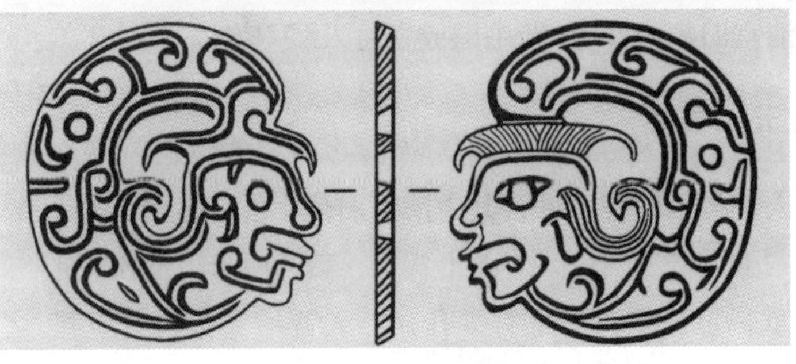

图三 人首环形玉饰

故宫博物院后入藏两件瞠目獠牙的怪异像玉人首，其中一件上半部已残，仅保留圆目、蒜头鼻、獠牙、佩珥等特征（图四，彩图十九），残长 4.2 厘米，宽 3.5 厘米，厚 0.7 厘米。完整的一件呈片状，高 3.7 厘米，宽 4.2 厘米，厚 1.7 厘米，正面隆起，人首浅浮雕刻画出果核形大眼、蒜头鼻、张口露齿并显露出上下交错的四颗獠牙、圆形下颌凸起、大耳戴珥的面部形象，其中鼻尖凸起，头戴张扬怪异的长角或羽冠，冠正中一孔，颈部两个穿孔（图五，彩图二十）。怪异像玉人首尤以肖家屋脊 W6：32（图六 -1）[1]、谭家岭 W9 ：7（图六 -2）[2]典型，其中肖家屋脊 W6：32 可能是用玉琮的一角改制的，面中部为凸棱形，冠两侧有弯角形饰物（似鹰翼），面部五官刻画相似，下颌尖而翘起，颈部呈喇叭形片状，从头顶到颈部对钻一深孔，与院藏这件玉人首很相近。

院藏还有一件写实形象的玉人首（图七，彩图二一），高6.3 厘米，宽2.6 厘米，厚0.7 厘米，面中部微凸，刻画出浓眉、杏核眼、蒜头鼻、大嘴微张，头戴平沿帽或绳箍的人物，帽或绳箍上刻画出细密的竖阴线，人首长颈下端有一突起，似可插嵌在某物上。谭家岭瓮棺墓葬出土玉器里也有这类头饰的人首形象，如谭家岭 W9：2 双人首连体玉玦（图八 -1）和谭家岭 W8：2 玉人首（图八 -2）[3]。

1 荆州博物馆：《石家河文化玉器》，文物出版社，2008 年，第 25—26 页。

2 湖北省文物考古研究所，北京大学考古文博学院，天门市博物馆：《湖北天门市石家河遗址 2014 ~ 2016 年的勘探与发掘》，《考古》2017 年第 7 期。

3 湖北省文物考古研究所，北京大学考古文博学院，天门市博物馆：《湖北天门市石家河遗址 2014 ~ 2016 年的勘探与发掘》，《考古》2017 年第 7 期。

图四　故宫博物院藏玉人首

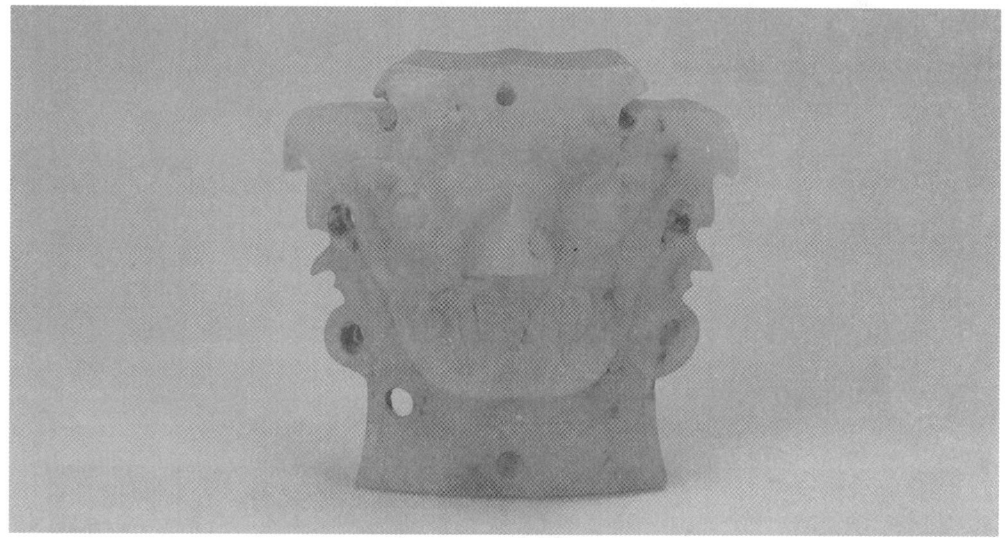

图五　故宫博物院藏玉人首

1

2

图六　玉人首

1. 肖家屋脊 W6：32；2. 谭家岭 W9：7

图七　故宫博物院藏玉人首

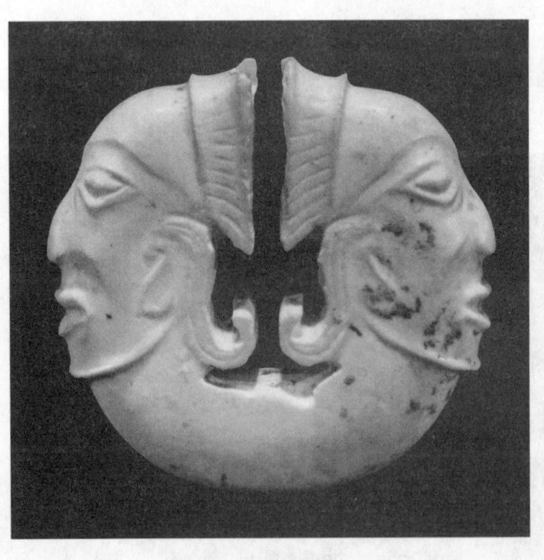

1

2

图八　玉人首

1. 谭家岭 W9：2；2. 谭家岭 W8：2

此外，尚有一件人首、神兽组合玉佩颇为特别（图九，彩图二二），呈长方形片状，高 8.2 厘米，宽 4 厘米，厚 0.6 厘米，上端为人首正面像：披发，头戴凸角装饰，额上缠一周发箍，杏核眼、蒜头鼻、厚唇微张，大耳佩珥。人首下端镂雕组合神兽面。玉佩背面无纹，人像头顶至下贯穿一孔。佩戴斜线纹发箍的人物造型见于肖家屋脊文化谭家岭 W7：9（图十 -1）[1]，披发外卷的形象也见于谭家岭 W9：2 双人首连体玦（图八 -1）。相近的长方形片状镂雕造型亦见于肖家屋脊文化谭家岭 W71：5（图十 -2）[2]。特别的是玉佩在人首下端的透雕图案，亦见于谭家岭出土兽面玉佩（图十一）[3]，在山东日照两城镇玉圭上（图十二）、山东临朐西朱封遗址 M202：1 玉冠饰上都能找到相似的图案[4]，可能是模仿龙山文化的某种神兽纹样，可见后石家河文化与龙山文化之间的渊源。

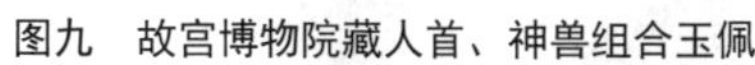
图九　故宫博物院藏人首、神兽组合玉佩

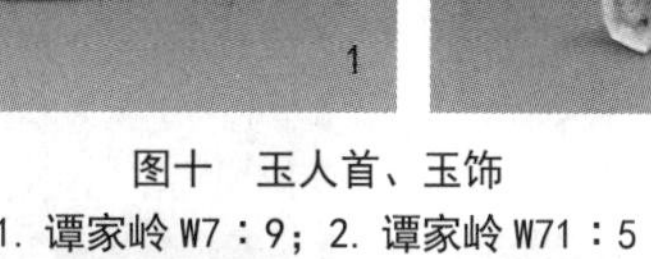
图十　玉人首、玉饰
1. 谭家岭 W7：9；2. 谭家岭 W71：5

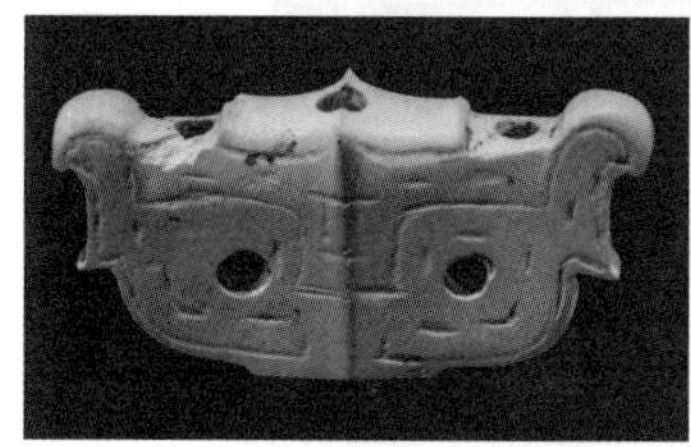

图十一　谭家岭出土兽面玉佩

图十二　日照两城镇玉圭图案

1　荆州博物馆：《石家河文化玉器》，文物出版社，2008 年，第 28 页。
2　荆州博物馆：《石家河文化玉器》，文物出版社，2008 年，第 90 页。
3　湖北省文物考古研究所，北京大学考古文博学院，天门市博物馆：《石家河遗珍——谭家岭出土玉器精粹》，科学出版社，2019 年，第 51、122 页。
4　中国社会科学院考古所山东队：《山东临朐朱封龙山文化墓葬》，《考古》1990 年第 7 期；刘敦愿：《记两城镇遗址发现的两件石器》，《考古》1972 年第 4 期。

（二）玉笄类[1]

院藏后石家河文化玉笄 8 件，其中 3 件为清宫旧藏。从造型纹饰来看，有 3 件是典型的鹰形笄。

清宫旧藏一件简雕的鹰形笄（图十三，彩图二三），青玉质，长 10.7 厘米，首端内凹窄于笄身，仅仅雕出鹰首轮廓，而中端明显保留有以减地阳纹与斜向交错的四道平行棱脊纹构成的双交鹰翅，鹰翅下部也有一周凸棱，其上有一单向穿孔。由此推测这件玉鹰形笄可能是件半成品或者简雕品。

另两件后入藏故宫博物院的鹰形笄则表现出更明晰的鹰的形象：一件青玉质，长 6 厘米，短锥形（图十四，彩图二四）；另一件受沁严重，呈深褐色，长 9.9 厘米，锥形（图十五，彩图二五）。两件都在首部上端浮雕立形鹰，鹰首两侧有橄榄形目，喙粗壮内钩，后颈部有两道羽纹，收翅，双翅有四道弯曲且平行的羽翎纹交于背部，背部从首至尾有一道棱线凸起，立爪、尾羽等略去未雕。笄中端有一周凸棱线，中间一单向穿孔，下端近似圆锥。

图十三　清宫旧藏鹰形玉笄

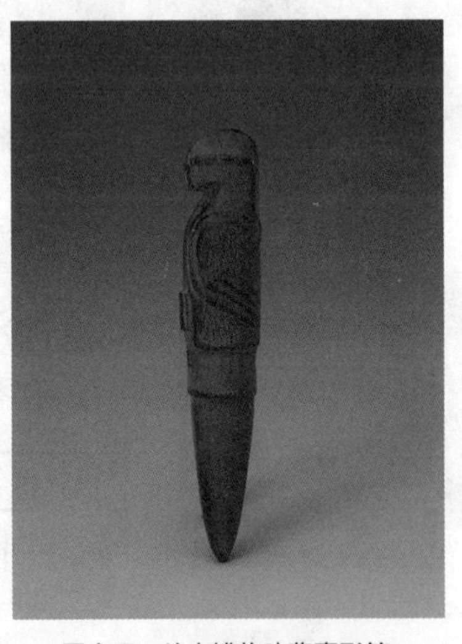

图十四　故宫博物院藏鹰形笄

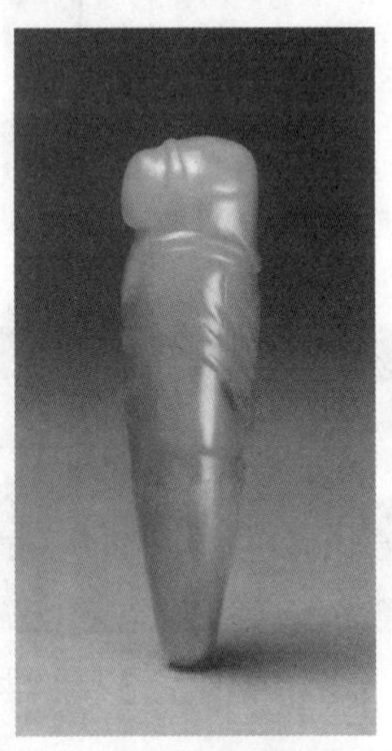

图十五　故宫博物院藏鹰形笄

1　考古报告文集均将此类形似笄的棒状器归于玉笄，其用途可能并非只是作为发饰，也存在玉笄改制而成的可能，笔者在后文有进一步分析。此类玉器暂循旧法名为“玉笄”。

鹰形笄是后石家河文化的代表性玉器之一，出土所见鹰形笄有长锥形和短锥形两种，长度在5—16 厘米不等，中部一般存在单向钻孔。在鹰的形式雕刻上也存在细腻的精雕和粗具轮廓的简雕。短锥形玉鹰笄以湖北荆州枣林岗后石家河文化瓮棺墓葬出土的玉鹰笄（枣林岗 WM1：2）为代表（图十六 -1）[1]，这件玉鹰笄雕琢更为细腻完整、更为形象，把鹰目、鼻孔钩喙、颈后披羽、收翅尾羽到下身双腿并立、勾爪相对等各个细节都雕刻出来，线条流畅，栩栩如生。长锥形玉鹰笄以湖北天门肖家屋脊出土的鹰形笄（肖家屋脊 012）为代表[2]（图十六 -2），上段方棱柱形，鹰的形象较前者略有简化，着重刻画的鹰翅在背上斜交，鹰背部自上而下有一道棱线。简雕的鹰形笄，除鹰首、身轮廓外，保留鹰翅的羽翎纹。而羽翎纹表现在鹰背部的收翅状态，主要有两种：一种是斜向平行相连的羽翎纹，另一种是斜向交叉的羽翎纹。这两种鹰羽翅在故宫博物院的鹰形笄上都有体现。

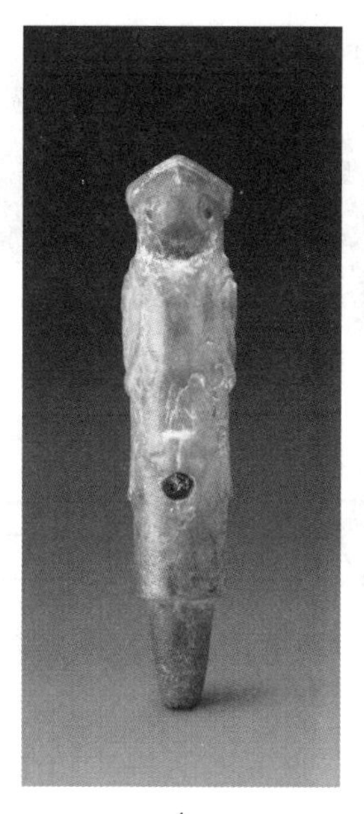
1

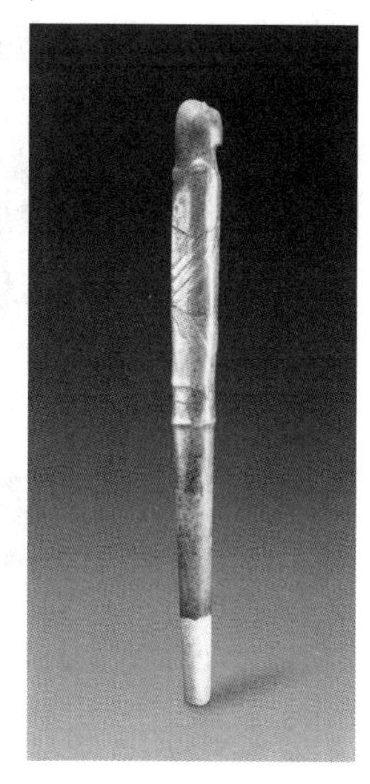
2

图十六　鹰形玉笄

除了典型的鹰形笄外，考古所见尚有一批类似鹰形笄但抽象简化的玉笄，可能是鹰形笄的半成品，基本都保留在玉笄中下端有一孔的特征，可见功能用途是一致的。

清宫旧藏的一件玉笄似乎正是鹰形笄的未完成品。这件玉笄青玉质，长11.5 厘米，通体磨光，首端似蘑菇头，束颈，首部三周凸棱线，笄身为八棱体，保留有鹰首和鹰尾端出棱的基本轮廓，只是未有穿孔（图十七，彩图二六）。相似的有枣林岗 JZWM30：1、孙家岗 M9：1 等。枣林岗 JZWM30：1 笄首菱形体顶，束颈，颈部二道凹棱，笄体四边起棱脊，中段有单向钻孔（图十八）[3]，大体形态特征很接近鹰形笄。

1　荆州博物馆：《石家河文化玉器》，文物出版社，2008 年，第 108 页。

2　荆州博物馆：《石家河文化玉器》，文物出版社，2008 年，第 107 页。

3　湖北省荆州博物馆：《枣林岗与堆金台——荆江大堤荆州马山段考古发掘报告》，科学出版社，1999 年，第 30 页。

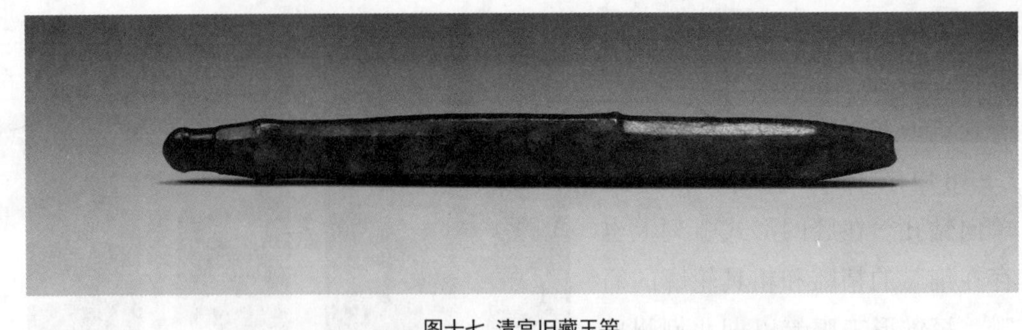

图十七 清宫旧藏玉笄

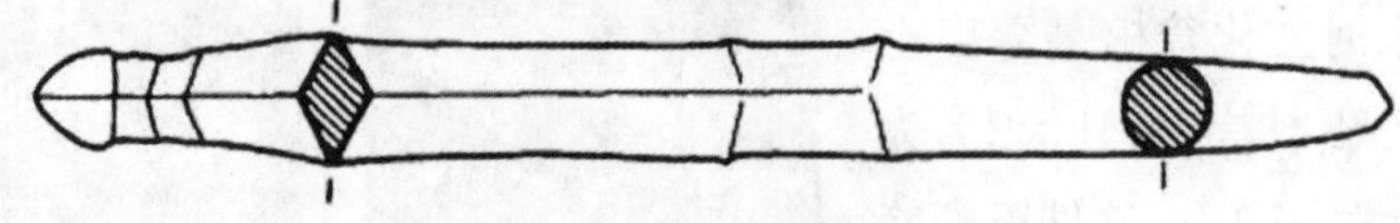

图十八 枣林岗 JZWM30：1 玉笄

后入藏的尚有一件被改制的玉笄（图十九，彩图二七），长 6 厘米，似乎是短锥形鹰形笄的未完成品。其上粗下细，中端一周凸棱，首端凸起有穿孔，推测穿孔年代较晚。相似的有湖南澧县孙家岗墓地出土有半成品短锥形鹰形笄（图二十）[1]，仅雕刻出鹰首、鹰喙、鹰翅的部分轮廓，其尖凸鹰首轮廓与故宫博物院这件玉笄首端颇为相近，其凸棱下圆锥形下端更为相似，似可作为佐证。

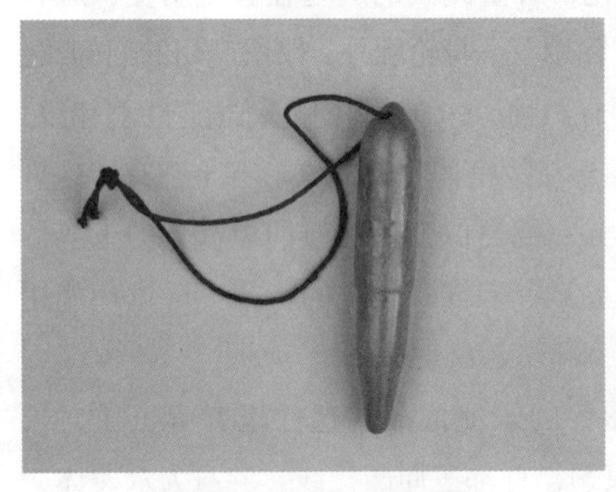

图十九 故宫博物院藏玉笄

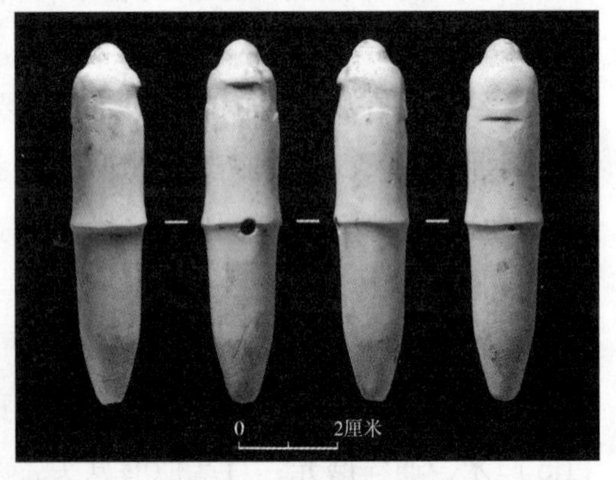

图二十 孙家岗出土玉笄

院藏另一件下端残断的玉笄也能在孙家岗墓地出土玉笄中找到参照特征。这件玉笄大体呈圆锥形，上宽下窄，笄首部似蘑菇顶，束颈处有三道棱线（图二一，彩图二八）。笄首特征与孙家岗墓地出土的残端笄首（图二二）基本一致[2]，由此可以确定其后石家河文化属性。

1 湖南省文物考古研究所，澧县博物馆：《湖南澧县孙家岗遗址墓地 2016 ~ 2018 年发掘简报》，《考古》2020 年第 6 期。

2 湖南省文物考古研究所，澧县博物馆：《湖南澧县孙家岗遗址墓地 2016 ~ 2018 年发掘简报》，《考古》2020 年第 6 期。

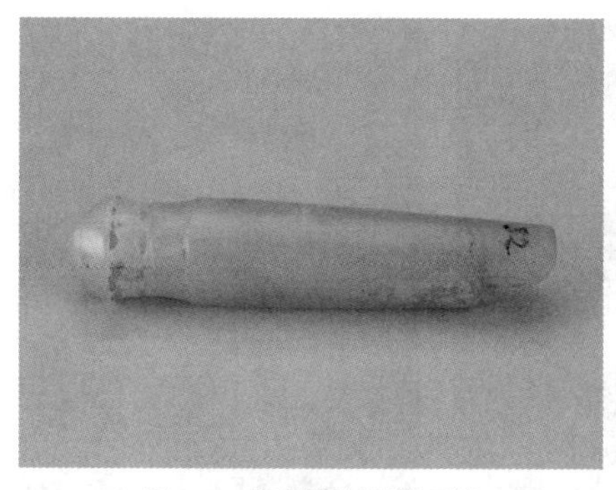

图二一 故宫博物院藏玉笄

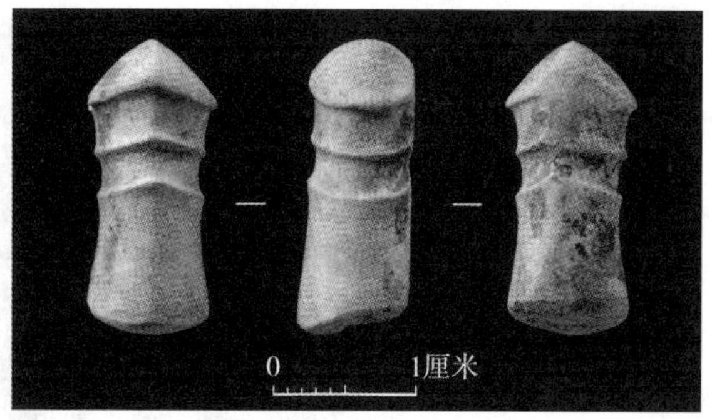

图二二 孙家岗出土残笄首

此外，院藏还有两件笄首似钻头的玉笄，亦见于后石家河文化玉器。一件为清宫旧藏，青玉质，长 7.5 厘米，短锥形，上端似钻头尖起，中段上下各起一周棱线，下端中有穿孔，这件玉笄为长条圆柱形，首端近似圆锥形，其下部有一周凸棱，中段下部有一个单向穿孔，其下一周凸棱，下部似鹰形笄的下端部分（图二三，彩图二九）。另一件为后入藏，玉质呈深青色，长 11.6 厘米，长锥形，其他特征与前者基本一致（图二四，彩图三十）。与之形态相近的有孙家岗 M9：2、M219：1（图二五）、M142：1[1] 和枣林岗 WM19：3、WM1：8[2]。枣林岗 WM19：3、WM1：8 被判断为玉钻，但无使用痕迹。在孙家岗 M9 中钻头形的玉笄与鹰形笄同出于墓葬西部[3]，由此推测两种功能相似。这类玉笄可能是鹰形笄的简化变形，也有模拟玉钻的可能。

图二三 故宫博物院藏玉笄

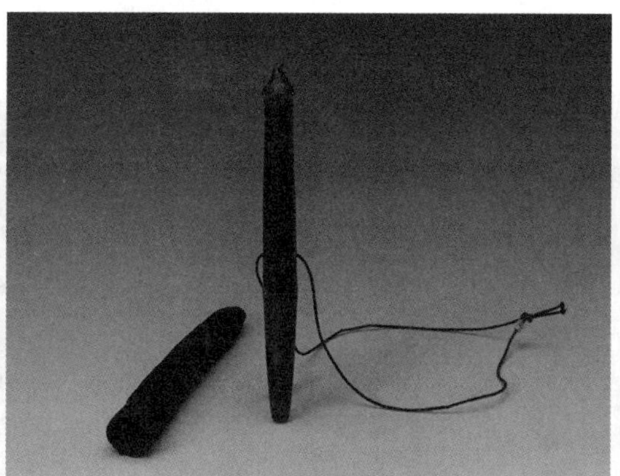

图二四 故宫博物院藏玉笄

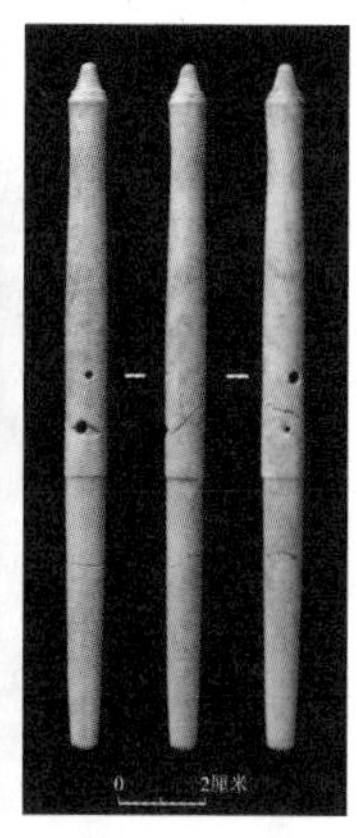

图二五 孙家岗 M219：1 玉笄

1 湖南省文物考古研究所，澧县博物馆：《湖南澧县孙家岗遗址墓地 2016 ~ 2018 年发掘简报》，《考古》2020 年第 6 期。

2 荆州博物馆：《石家河文化玉器》，文物出版社，2008 年，第 108 页。

3 湖南省文物考古研究所，澧县博物馆：《湖南澧县孙家岗遗址墓地 2016 ~ 2018 年发掘简报》，《考古》2020 年第 6 期。

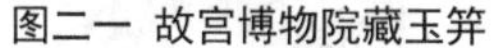

（三）玉蝉

清宫旧藏1件后石家河文化玉蝉。

玉蝉，青玉质，有褐色沁，长5.5厘米，宽1.7厘米，厚0.5厘米，成片状，口吻部人字形凸起，双目为凸起方形，颈背部有凸棱线成条带状，翼尖外撇，翼尾部豁口（图二六，彩图三一）。玉蝉在后石家河文化墓葬里出土数量较多，多数为小巧的长方形片状玉雕，如肖家屋脊AT1115②：5（图二七）[1]，人字形吻部、凸眼、翼尾间分开且有豁口等都是典型特征。

图二六　清宫旧藏玉蝉

图二七　肖家屋脊 AT1115 ②：5 玉蝉

（四）玉虎

院藏2件后石家河文化玉虎，分别是玉虎首和片状玉虎，其中1件为清宫旧藏。

玉虎首为清宫旧藏（图二八，彩图三二），青玉质，有黄斑褐色沁，长3.4厘米，宽2.4厘米，厚1.4厘米，呈长方块状，一面为隆起弧面浅浮雕虎面纹，虎

图二八　清宫旧藏玉虎首

1　荆州博物馆：《石家河文化玉器》，文物出版社，2008年，第58页。

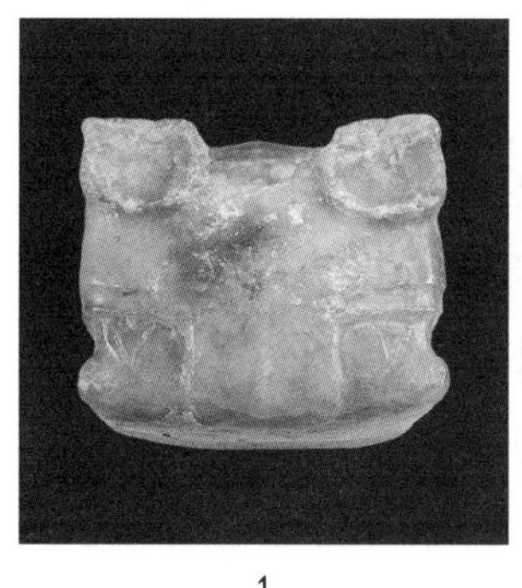

1

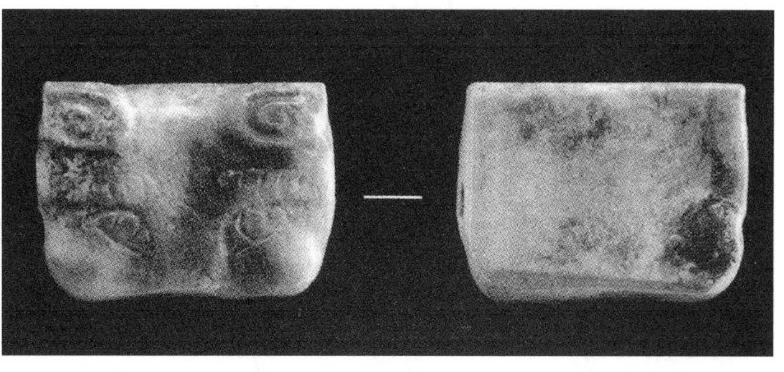

2

图二九　玉虎首

面两侧及前方各穿一圆孔，三孔间相互贯通。玉虎在后石家河文化玉器里也很常见，在玉管或是玉片上浅浮雕玉虎面，双耳似宽叶外撇，阴线刻耳涡，宽鼻下凸，鼻根与眉脊相连，圆目，如肖家屋脊 010（图二九 -1）[1]、孙家岗 M71：2（图二九 -2）[2] 等，都具有一定立体度，且虎头两侧都有穿孔。

故宫博物院后入藏的一件片状玉虎（图三十，彩图三三），白色沁重，长 7.6 厘米，宽 2.4 厘米，片雕，卧虎侧身像，昂头龇牙，上下齿尖利，残缺耳部，尾卷而上翘，首尾两端都有穿孔，两牙与嘴部表现为一圆形孔。造型近似玉璜，可能取玉璧中一截或是玉璜改雕而成。相似璜形的有谭家岭出土的两件片状玉虎（图三一 -1）[3]，虎首部细节可以对比孙家岗出土的残玉虎首[4]（图三一 -2），张嘴利齿间的圆孔在上述玉虎上都有表现。

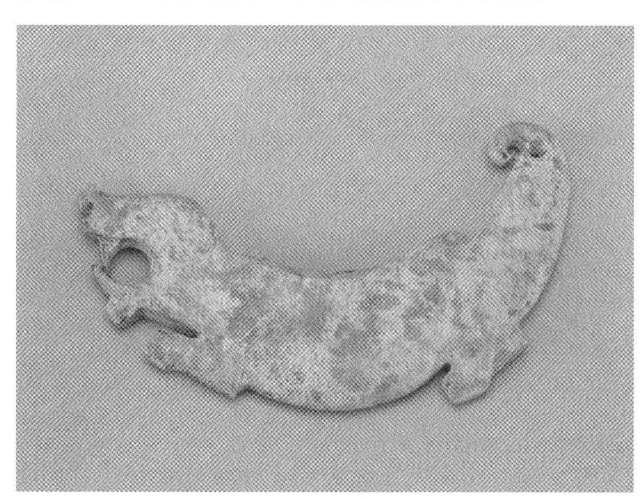

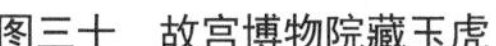

图三十　故宫博物院藏玉虎

1

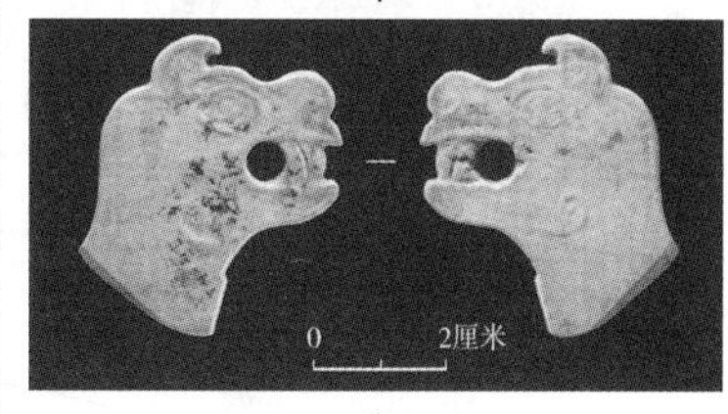

2

图三一　玉虎、玉虎头

1. 谭家岭出土玉虎；2. 孙家岗出土玉虎头

1　古方主编：《中国出土玉器全集》第 10 卷，科学出版社，2005 年，第 10 页。

2　湖南省文物考古研究所，澧县博物馆：《湖南澧县孙家岗遗址墓地 2016 ~ 2018 年发掘简报》，《考古》2020 年第 6 期。

3　湖北省文物考古研究所：《石家河遗址 2015 年发掘的主要收获》，《江汉考古》2016 年第 1 期。

4　湖南省文物考古研究所，澧县博物馆：《湖南澧县孙家岗遗址墓地 2016 ~ 2018 年发掘简报》，《考古》2020 年第 6 期。

二、后石家河文化玉器制作工艺

后石家河文化玉器大多数体形较小，以片状或小块玉料加工而成，这很可能跟玉料来源有关。玉料经检测以透闪石软玉为主[1]，玉料应当非本地所产。外来玉料可能很紧张，导致出现石家河文化玉器小型化以及玉器改制的情况。如肖家屋脊 W6：32 玉人首呈三棱形（图三二）[2]，院藏的怪异玉人首也有明显的中间厚两边薄的特征，人像面部突出且鼻尖部高耸，这些都表明有利用玉琮一角改雕成玉人首的可能。而玉琮在后石家河文化遗存里只有零星几件，应当是外来玉器。枣林岗墓葬出土玉器残件，经观察其中就有被打碎的玉琮，还有一些玉坯块、玉残件的切割边缘处有钻孔痕[3]，暗示着后石家河文化时期的工匠对外来玉器改造二次利用的情况。

玉料虽外来，但后石家河文化时期已有自己的玉石器制作作坊和玉匠群体。在罗家柏岭遗址，考古发现有出土石凿、石钻、有加工痕迹的石、玉器半成品的手工作坊建筑遗迹。肖家屋脊遗址出土大量石钻、石棒。枣林岗墓葬里也发

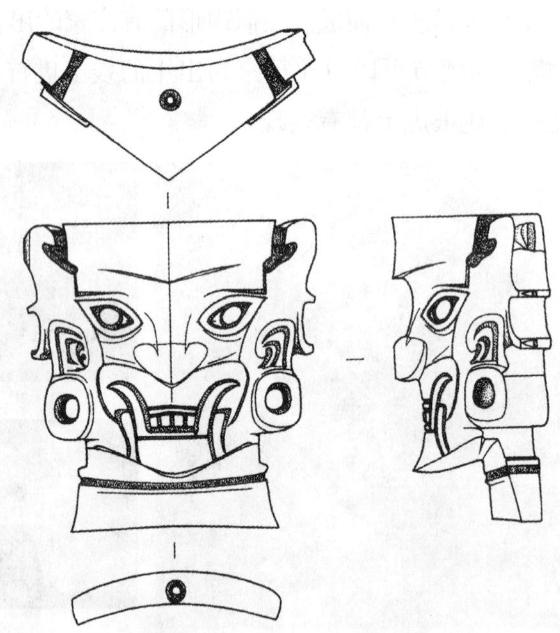

图三二 肖家屋脊 W6：32 玉人首

1 北京大学地质系等：《肖家屋脊遗址出土石家河文化玉器鉴定报告》，载石家河考古队：《肖家屋脊》，文物出版社，1999 年，第 430 页。

2 荆州博物馆：《石家河文化玉器》，文物出版社，2008 年，第 25—26 页。

3 湖北省荆州博物馆：《枣林岗与堆金台——荆江大堤荆州马山段考古发掘报告》，科学出版社，1999 年，第 15—17 页。

现有不少半成品坯件、玉料。在开料上，两件玉璜（孙家岗 M14：1）和（肖家屋脊 W6：56）分别保留了线锯、片锯切割的痕迹[1]。钻孔方面，后石家河玉器大多数存在钻孔，钻孔痕迹多为单向，且孔圆而细小。罗家柏岭遗址出土一件玉凤，研究者对其圆孔内残留检测后发现铜化合物的黑色物质，推测当时可能存在有钻孔的金属工具[2]。而在罗家柏岭遗址也发现了铜器残片和铜矿石等遗物[3]，暗示着金属工具在治玉上使用的可能性。

在玉器雕刻上，后石家河文化最突出的特点是减地阳纹和透雕工艺。减地浅浮雕技术颇为娴熟，阳纹起线流畅且转折衔接不生硬，使得纹样立体而生动，毫不呆板。雕琢无明显砣工具痕迹，应当是以治玉砂手工磋磨完成。有抛光，以磨去磋磨痕迹。透雕主要在片状玉器上，孙家岗出土的玉龙、玉凤保留有镂孔前的画图打稿的线痕[4]，当时玉工应是依据这些线纹再进行钻孔定位和拉线切割完成透雕。故宫博物院所藏玉人首兽面组合玉佩正好展现了减地阳纹和透雕这两种工艺，显示了后石家河文化时期高超的治玉水平。

三、后石家河文化玉器功能及文化属性探究

故宫博物院院藏后石家河文化玉器以玉人首、玉虎、玉蝉、鹰形笄为主，故下文着重讨论这几类玉器的功能属性。

考古所见后石家河文化玉器主要集中于瓮棺葬中，贴近墓主身体，且大部分玉器存在穿孔且体积较小，由此可以推断这些玉器很可能是用在身体或衣帽服饰上，作身体装饰或身份象征之用。瓮棺葬在后石家河文化墓地是主要埋葬方式，瓮棺大小无法体现墓葬等级差别，但随葬品便能体现墓主身份的高低。瓮棺容量小，难以容纳很多随葬品。因而随葬玉器的意义就变得尤为特殊。而玉器不同的造型、纹样则暗示着不同的含义。以肖家屋脊瓮棺墓葬群为例，已发掘 77 座瓮棺墓葬，其中有 16 座随墓葬玉器 109 件，但 16 座瓮棺墓葬在随葬玉器的数量和种类极为不均，暗示着等级身份的差异。

依据随葬玉器数量多少，笔者对随葬玉器的后石家河文化瓮棺墓葬粗略划分了三个等级，以下列表说明：

1 荆州博物馆：《石家河文化玉器》，文物出版社，2008 年，第 156—158 页。

2 马秀银：《中国历史博物馆珍藏石家河玉器小记》，《中国历史文物》2002 年第 4 期。

3 湖北省文物考古研究所，中国社会科学院考古研究所：《湖北石家河罗家柏岭新石器时代遗址》，《考古学报》1994 年第 2 期。

4 湖南省文物考古研究所，澧县博物馆：《湖南澧县孙家岗遗址墓地 2016 ~ 2018 年发掘简报》，《考古》2020 年第 6 期。

等级（依据随葬玉石数量及种类划分）	墓葬	随葬玉器数量	玉器种类	出处
高等级	肖家屋脊W6	56	玉人首6、玉虎头5、玉龙1、玉蝉11、玉鹰1、玉璜2、玉管10、玉坠1、玉珠5、玉圆片2、玉笄2、柄形器5、玉碎块5	《天门石家河考古发掘报告之一：肖家屋脊》，第425页。
	谭家岭W9	63	玉人首、双人连体头像玦、玉虎头、玉虎、玉鹰、玉蝉、玉冠饰、玉笄、玉笄帽、玉佩、玉璜、玉环、玉璧、圆形牌、叉形器、玉管等	《考古》2017年第7期。
	谭家岭W8	45	玉人首、玉虎头、虎头座双鹰、鹰纹圆牌、玉蝉、玉笄、玉笄帽、玉佩、牙壁形器、玉璜、玉璧、圆形牌、方形牌、玉管、玉珠、残玉料等	同上。
中等级	枣林岗JZWM1	14	鹰形玉笄1、玉蝉1、绿松石虎头1、玉珠1、玉管1、玉笄帽1、玉锛2、玉凿2、玉钻2、玉牌坯1、圆形玉坯1	《枣林岗与堆金台——荆江大堤荆州马山段考古发掘报告》，第11页。
	枣林岗JZWM37	12	玉虎1、玉蝉2、玉璜1、玉D1、玉粒1、玉坯片6	《枣林岗与堆金台——荆江大堤荆州马山段考古发掘报告》，第11页。
	肖家屋脊W71	7	玉虎头1、玉蝉1、玉笄1、玉片饰1、玉纺轮1、玉碎片2	《天门石家河考古发掘报告之一：肖家屋脊》，第428页。
较低等级	肖家屋脊W24	2	玉蝉1、玉坠1	《天门石家河考古发掘报告之一：肖家屋脊》，第428页。
	肖家屋脊JZWM58	2	玉珠2	《天门石家河考古发掘报告之一：肖家屋脊》，第427页。
	肖家屋脊W59	2	玉牌饰2	《天门石家河考古发掘报告之一：肖家屋脊》，第427页。

从随葬玉器的数量和组合来看，最高级且最具特殊意义的是玉人首，只有特殊人群才能拥有。玉人首均采用优质透闪石玉制成，而鹰、虎等其他造型的玉器还杂用绿松石、水晶、滑石等制作[1]，可见玉人首的受重视程度和意义非其他玉器所比。

玉人首的形象具有多样性，可分为两大类：一类头戴长角羽冠且瞠目露出獠牙的怪异人像，一类头戴平沿冠或绳箍的写实人像。两类或有不同所指。对此，邓淑苹认为："所有玉人面像都是神祖，其造型来源于现实生活中的常人，再加上一些代表神灵动物等的符号，比如獠牙、鸟羽等。"[2]怪异人像应该是古人对神灵的模仿与想象。后石家河文化玉器里有不少鹰、虎的造型，可能是当时人崇拜的动物形象，鹰与虎可以对应神像的羽冠和瞠目獠牙。而神人的头冠造型似乎也与龙山文化存在着亲缘关系，这点在玉器上有所印证。孙家岗 M149：1（图三三）在玉片上以正面阳刻、背面阴刻的雕刻方式细致表现了獠牙人首的形象[3]，尤其是头顶的冠饰，顶平而两角向外延伸翘起，颇为繁杂，具有一定的特殊含义。这类怪异玉人首表现的可能是特殊的宗教神灵。

图三三　孙家岗 M149：1 玉饰

1 湖北省荆州博物馆：《枣林岗与堆金台——荆江大堤荆州马山段考古发掘报告》，科学出版社，1999 年，第 41—43 页。

2 邓淑苹：《再论神祖面纹玉器》，载邓聪主编：《东亚玉器》第一册，香港中文大学中国考古艺术研究中心，1998 年。

3 湖南省文物考古研究所，澧县博物馆：《湖南澧县孙家岗遗址墓地 2016 ~ 2018 年发掘简报》，《考古》2020 年第 6 期。

写实类玉人首的形象可以在邓家湾遗址出土的后石家河文化陶塑人偶“抱鱼人偶”上得到呼应，特别是平顶冠和出沿冠的造型（图三四）。[1]“抱鱼人偶”的身份被较多学者认为是参与祭祀的巫师[2]。那么，有类似冠发造型的玉人首也可能象征着巫师。巫觋通神，在部落群体中掌握着至高权力，地位非同一般。因此，无论是表现神灵的怪异玉人像，还是表示巫师身份的写实玉人像，都与巫师这一人群有关。这些玉器都应该是巫师身份的标识。

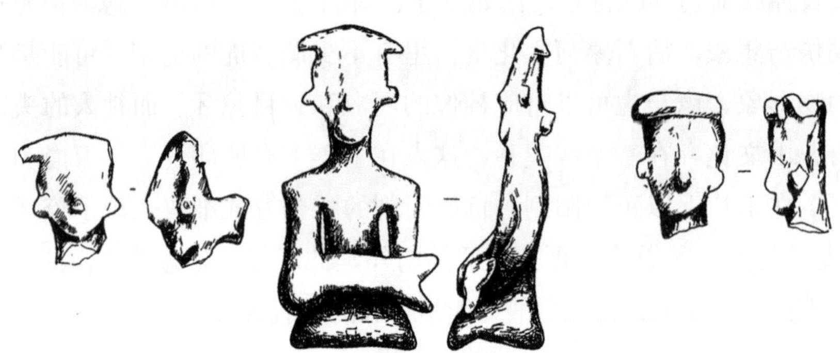

图三四 邓家湾出土陶塑人偶

玉人首普遍存在上下穿孔的情况，且多为单面刻纹，可见应该是佩戴于身的。无上下穿孔的片状玉人首在双耳处雕饰耳孔，耳孔亦可作为穿孔挂系。此外，杜金鹏认为玉人首还可能被捆缚在冠冕之上作徽章之用[3]，在醒目之处标明身份，也有一定道理。而由玉管改制的玉人首像，内孔较大，似乎可以套插在某物之上。故宫博物院藏一件下端出榫的玉人首像，也可能是插楔在某物之上。由此推测可能有某类小型权杖，首端组合玉人首来配套使用，以显示身份。

相较之下，玉笄、玉虎、玉鹰、玉蝉的含义就没那么特殊，在不同级别的瓮棺墓葬里都有所见，只是等级更高的瓮棺墓葬里其数量更多。玉蝉多呈片状，多见穿孔；玉虎头呈片状或扁管状，小巧精致，便于穿系。肖家屋脊 W6 出土玉虎头 5 个、玉蝉 11 个、玉管 10 个、玉珠 5 个，结合这些玉器穿孔特征，似乎能组合成一串玉项链。而片状玉虎形似玉璜，也可能就是玉璧或玉璜改制而成，其两端皆有穿孔，也应该是项饰之一。

1 湖北省文物考古研究所，北京大学考古学系，湖北省荆州博物馆：《邓家湾》，文物出版社，2003 年，第 174 页。

2 龙啸：《后石家河文化“抱鱼人偶”与祭山活动》，《江汉考古》2021 年第 5 期。

3 杜金鹏：《石家河文化玉雕神像浅说》，《江汉考古》1993 年第 3 期。

鹰形笄应该最初脱胎于普通玉笄，而且功能可能不同于玉笄。对比肖家屋脊、孙家岗出土玉笄和柄形器，其下端一周棱线后下收成锥形，这点与鹰形笄下端颇为相似。在长度上，玉笄多在 10—15 厘米长，柄形器在 5—10 厘米长；玉鹰笄长度也在 5—15 厘米不等，也较为符合。且后石家河文化玉器中有不少改制现象，令人不得不怀疑鹰形笄可能是由这些柄形器或是玉笄改制而成。孙家岗 M33 :采 2 是一件明显的玉笄，上段锥形头可安插笄帽（图三五）[1]。与之上段同样式细线竖条纹的孙家岗 M64 : 1 却变得不同（图三六）[2]，首部开始收束一周，下端变为锥形，有一周凸棱线，这一变化开始向鹰形笄造型靠拢，让人不得不怀疑鹰形笄和首端似钻头的玉笄是由此改雕而成的。枣林岗 WM39 : 4 可能是一件未完成的鹰形笄，其上段保留着四棱柱特征，下段被改为圆锥体（图三七）[3]。长条四棱柱、下端圆锥体的特征主要出现在后石家河文化墓地出土的柄形器如肖家屋脊 W6 : 29 上（图三八）[4]，而这些柄形器使用意义不明，其下端似榫卯结构可能用于组合成某类复合玉饰。不同之处在于后石家河文化所见玉笄、柄形器中端无孔，而鹰形笄普遍中端穿孔。穿孔位置的不同暗示着不同的用途。而穿孔一般是用于挂系，那么鹰形笄的用途很可能不同于当时的玉笄、柄形器，不是单一作为发饰而使用。

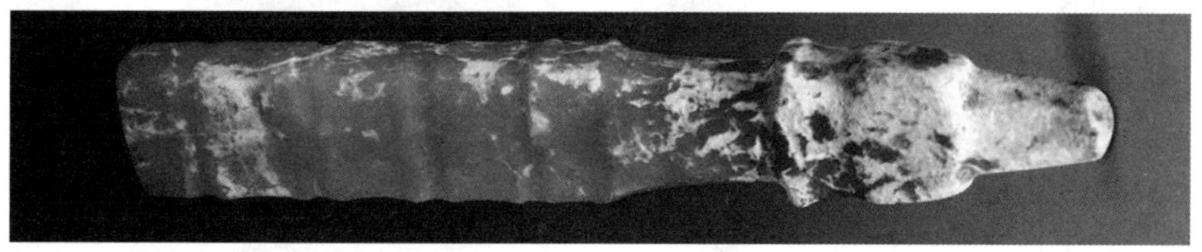

图三五　孙家岗 M33 :采 2 玉笄

图三六　孙家岗 M64 : 1 玉笄

1　荆州博物馆：《石家河文化玉器》，文物出版社，2008 年，第 115 页。

2　湖南省文物考古研究所，澧县博物馆：《湖南澧县孙家岗遗址墓地 2016 ~ 2018 年发掘简报》，《考古》2020 年第 6 期。

3　荆州博物馆：《石家河文化玉器》，文物出版社，2008 年，第 110 页。

4　荆州博物馆：《石家河文化玉器》，文物出版社，2008 年，第 121 页。

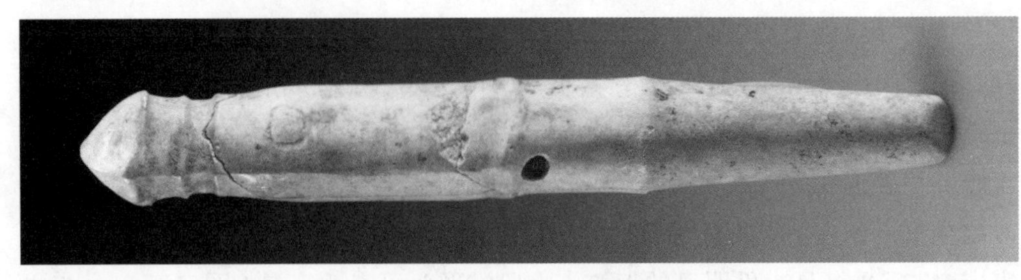

图三七　枣林岗 WM39：4 玉笄

图三八　肖家屋脊 W6：29 玉柄形器

鹰形玉笄首先突出的是鹰的形象，鹰的形象亦见于其他类型的后石家河文化玉器上（图三九）[1]。由此推测鹰可能是一种族徽图腾，鹰形玉笄作为某种身体的装饰，具有亮明自己本族身份的功能。

图三九 谭家岭 W8 ： 34 玉饰

综上所述，代表后石家河文化玉器的玉人首、玉虎、玉蝉、鹰形笄普遍存在穿孔或是榫端，且随人贴身随葬于瓮棺内，不仅具有身体装饰功能，更是身份地位和族群标志的象征，展示了后石家河时期玉文化的繁荣。

1　湖北省文物考古研究所，北京大学考古文博学院，天门市博物馆：《湖北天门市石家河遗址 2014 ~ 2016 年的勘探与发掘》，《考古》2017 年第 7 期。

以玉为葬 以玉为神

——谈新石器时代玉人像造型与内涵

乔万宁（中国国家博物馆）

【摘要】 新石器时代，玉作为一种非实用的精神文化玉器，它不仅是神灵的象征，也是政治权力、人格道德、吉祥福瑞、财富的象征。而且，所载的文化内涵被古代先民赋予了特殊的社会功能，最终逐渐演变成为“玉神物”。其中，玉器中的玉人像成了原始巫教中巫觋沟通天地的玉神器，并具有非同一般的神力。据考古发掘，新石器时代的玉人像出土地域广泛、造型各异、内涵丰富，其主要用于祭祀或作为权力的象征。雕琢技法多采用圆雕、浮雕和片雕。主要造型有立姿人像、半蹲玉人像、人头像、人面形玉饰、人兽组合玉人像、双人兽形玦和单人开立玉玦等。尤其在新石器时代，以玉为葬、以玉为神的习俗，成为玉文化的共同点。因此，可以说新石器时代的原始玉巫教的信仰和崇拜已逐渐辐射全国。

【关键词】 新石器时代；玉人像；造型；内涵

新石器时代，玉作为一种非实用的精神文化玉器，为世人尊崇和珍爱。它坚韧的质地，光洁莹润、细腻而通透的特征，被古人珍视为美石，并通过打磨加工成玉器，它所载的文化内涵也被古代先民赋予了特殊的社会功能，最终逐渐演变成为“玉神物”。杨伯达认为：“‘玉神物’是巫神之间的中介物，离开‘玉神物’说则无法释读红山文化、凌家滩文化、良渚文化的玉器。”[1] 这就是说玉器不仅是神灵的象征，也是政治权力、人格道德、吉祥福瑞、财富的象征。同时，“玉神物”和巫以玉事神均是玉文化巫教的指导性的核心理论，并被赋予了特殊的含义。杨伯达：“玉是神灵寄托之物体或外壳、玉是神之享物、

1　杨伯达：《中国史前玉巫教探秘》，故宫出版社，2020 年，第 58 页。

玉是通神之神物。"[1]所以，巫以玉上飨神灵，成为沟通天地神灵的神器。同时，玉又多生于山川之间，吸收日月和大自然精华，富有神灵之气。如《山海经》载："黄帝乃取峚山之玉荣，而投之钟山之阳。瑾瑜之玉为良，坚栗精密，浊泽而有光。五色发作，以和柔刚，天地鬼神是食是飨。"因此，古代先民常把玉制作成玉人像充当"玉神器"，来达成与神灵沟通的心愿。据考古发掘，越来越多的玉神器和祭祀用器的出现，说明了中国玉文化的序幕由此开始。

以玉为葬、以玉为神是其玉文化的共同点，也是沟通天地的玉神器。有学者认为：玉人像是巫师在巫术仪式中使用的法器，巫师死后一同随葬，并继续到另一个世界去行法。所以，玉人像作为古代先民心目中的神，它不仅具有非凡而特殊的含义，而且在社会生活中有着举足轻重的地位。并以简朴、神奇的姿态展现在人类面前，进而折射出耀眼的光彩，同时，也被赋予了特殊的社会功能。至此，本文就新石器时代玉人像造型及内涵，作如下探讨。

一、新石器时代玉人像造型及出土概况

在中国古代玉器发展过程中，新石器时代玉人像已成为原始巫教中巫觋沟通天地的玉神器，具有非同一般的神力和功能。同时，也表明墓主人在当时社会的显贵地位，其主要功能用于祭祀或作为权力的象征，并是具有特殊意义的神灵。据考古发掘，玉人像造型主要有立姿玉人像、半蹲玉人像、人头像、人面形玉饰、人兽组合玉人像等，雕琢技法以圆雕、浮雕和片雕为主。涉及的主要文化点有北方的红山文化、南方的良渚文化，安徽的凌家滩文化、湖北的石家河文化、山东的大汶口文化和龙山文化、四川的大溪文化、陕西的神木石峁文化，以及台湾的卑南文化等。从出土的玉人像看，玉料多为地方玉材，造型气质非凡各异，纹饰具有创新性和地域性。雕琢技法娴熟，内涵丰富。

（一）红山文化时期玉人像造型

红山文化是我国新石器时代玉器发展的重要时期，也是我国北方地区考古学文化代表之一，距今 6500 至 5000 年。从地域上看，红山文化主要分布在我国东北辽宁省西部和内蒙古东部的西辽河流域，主要集中在老哈河中上游到大凌河中上游之间，北界跨西拉木河，东界越过巫山达下游西岸，南界东段可达渤海沿岸，西段跨燕山山脉，可达华北平原北部。从目前来看，红山文化出土

1　杨伯达：《"巫·玉·神"泛论》，载《中国玉文化玉学论丛·三编》，紫禁城出版社，2005 年。

的玉人像以辽宁省牛河梁遗址为主。据考古发现，红山文化最高聚落中心的“女神庙”是围绕主神的多神崇拜遗址。如辽宁省牛河梁遗址第十六地点四号墓（N16M4：4）出土一件上下贯通的立姿玉人像[1]（图一），高 18.5 厘米，头宽 4.42 厘米，最厚 2.34 厘米。玉为黄绿色，半圆雕，双眼微闭，嘴微张，双臂弯曲抚胸，腹收敛向两侧鼓胀，脐下部微凸，似是在行气，似巫师作法，其造型正是作法时的真实体现。杨伯达认为：“立姿玉人像的造型表明墓主不仅信仰自然的云气，还在修炼个人气功。”[2]此外，其双腿并足呈站立状，头部方圆，背部光素无纹，颈两侧及后部对钻有三孔可穿系佩挂。另外，立姿玉人像在出土时置于墓主人胸腹部，这说明立姿玉人像应是墓主生前喜爱之物，死后一同入葬。有学者认为：因萨满信奉万物有灵，行神事时主要是昏迷术。此件立姿玉人像正是萨满行神事时必备的神偶，而且也是当地权威极高且最有法力的一位萨满形象。而且，在雕琢技法上多采用古拙的象征手法，十分罕见，这也为我们研究东北地区的原始宗教及萨满文化，提供了宝贵的物证资料。

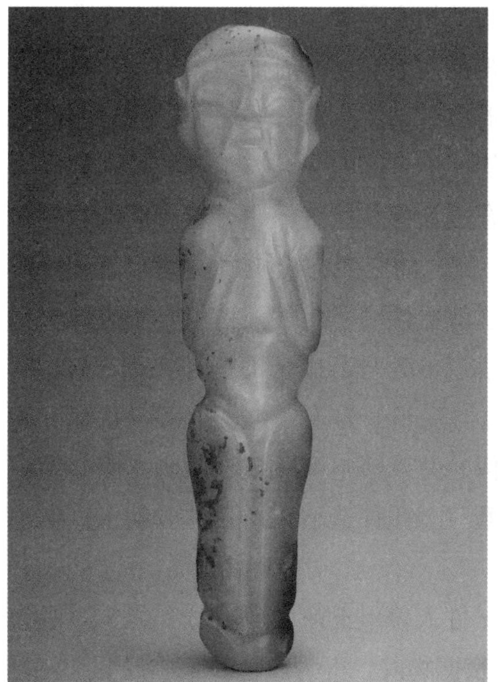
1

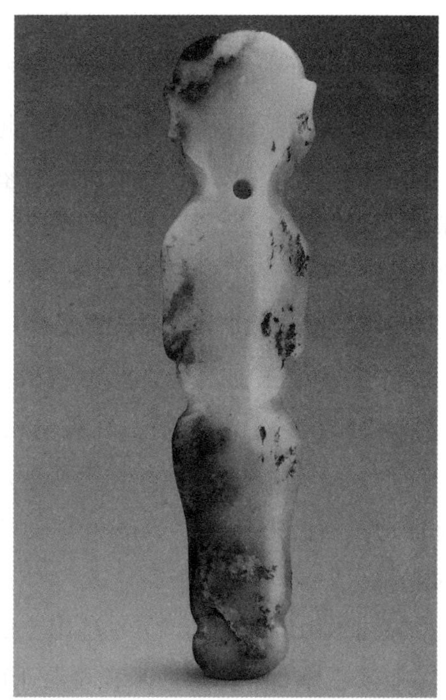
2

图一　立姿玉人像

1　王春法主编：《中国国家博物馆展览系列丛书·红山文化考古成就展》，北京时代华文书局，2020 年，第 174 页，图 1。

2　杨伯达：《中国史前玉巫教探秘》，故宫出版社，2020 年，第 179 页。

（二）良渚文化时期玉人像造型

良渚文化继崧泽文化之后，主要分布于太湖周边及钱塘江流域，其中心地区在今浙江省余杭区。出土玉器种类繁多，距今5300至4000年。从目前出土玉器来看，以瑶山和反山为主，出土玉器种类达20余种。其中，玉器上的纹饰大部分与神徽有关。其中，玉人像成为良渚文化玉器中最具神秘魅力和特殊功能的重要玉器之一，主要造型有玉人像、人兽形玉饰等，是巫觋事神时充当神灵载体的神柱。其雕琢技法以圆雕、浅浮雕、透雕为主，以雕琢在神人兽面上的阴刻纹饰最为精湛，巧妙地采用了与浅浮雕相结合的技法，突出了头部、眼、鼻和嘴。主要出土地点分布在太湖地区，北至江苏常州，南至钱塘江。其遗址有浙江余杭、瑶山、钱山、反山、吴兴杨家山和江苏吴县张陵山、草鞋山、武进寺墩及上海青浦福泉山等地。

江苏省高淳县朝墩头遗址良渚文化早期12号墓中出土一件人兽组合玉人像[1]（图二），高5厘米。玉质温润，正面呈圆弧凸起状，背面平直微内凹，方脸、大耳、长发上束并右盘成大髻。两手相交平置于胸前，底部有穿孔，可供系缚。这种典雅的姿态表达了巫师与神灵沟通时所具有的一种神圣使命。玉人像出土时置于墓主人头下，说明了此器应是墓主生前喜爱之物，死后一同入葬。此墓同出还有鸟、兽、环、珠、坠等。不言而喻，人兽组合的玉人像和这些玉器应是一组组玉佩，其中，人兽组合玉人像在组玉佩中有着非同一般的神力和功能。谷建祥先生推测："此件人兽组合的玉人像出土时应编缀于某种织物之上，有着丰富的原始宗教意义。"这就更说明了此件人兽组合玉人像应是组玉佩中的重要玉器之一。江苏省吴县张陵山5号墓出土的一件人形玉饰[2]（图三)，高6厘米，宽1.2厘米，现藏南京博物院。玉为黄褐色，上部尖状部分为人的高冠，下部是一简化的半身男性人像，并以镂空雕琢技法刻画出眼、鼻。从整体造型看，形如尖状，故被称为"觿"。此种造型在新石器时期玉人像中极为少见。

江苏省昆山市赵陵山77号墓出土的一件人兽形玉饰[3]（图四），高5.5厘米，宽1.3厘米，厚0.2—0.4厘米，现藏于南京博物院。玉为白色。玉质温润细腻，略微有绿色斑纹，雕琢技法上以琢磨和镂空的技法而成"人兽形玉饰"。器顶部为一只仰天长啸的神鸟，下为曲肢男性像，头戴平冠，冠中粗状饰物与神鸟

1 古方主编：《中国出土玉器全集》第7卷，科学出版社，2005年，第19页，图2。
2 古方主编：《中国出土玉器全集》第7卷，科学出版社，2005年，第17页，图3。
3 古方主编：《中国出土玉器全集》第7卷，科学出版社，2005年，第16页，图4。

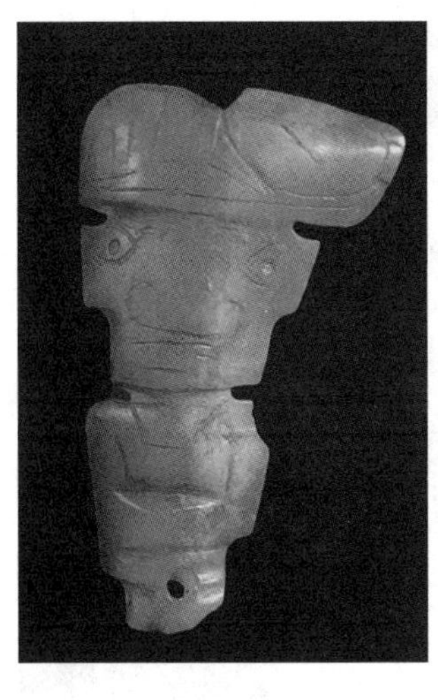
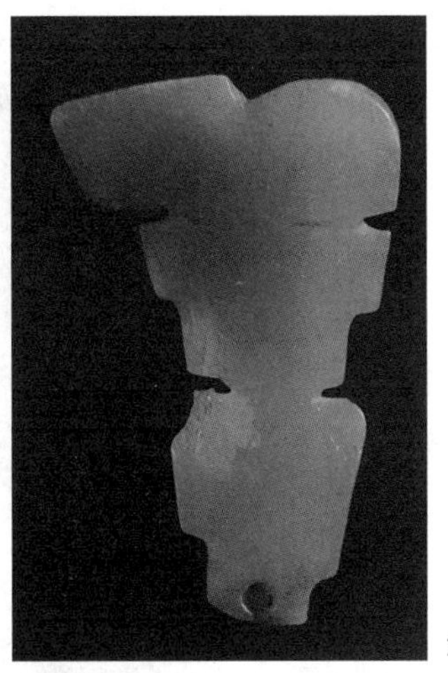

图二　人兽组合玉人像

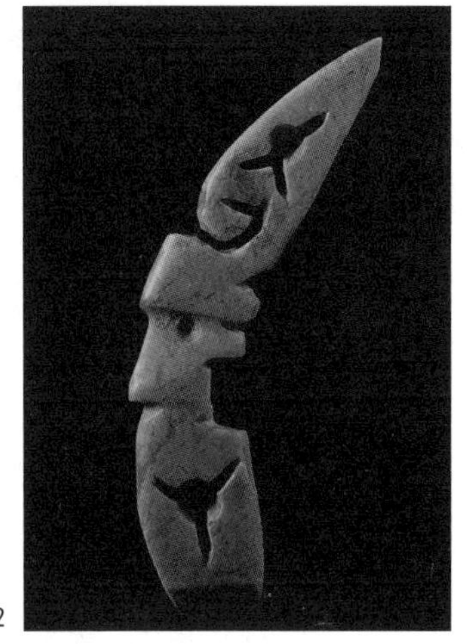

图三　人形玉饰

相连，人鸟间雕一小松鼠，下钻有一孔，应起固定之用。此器造型奇特，应是当时统治阶层在祭祀礼仪盛典时不可缺少的最重要玉器之一，弥足珍贵。

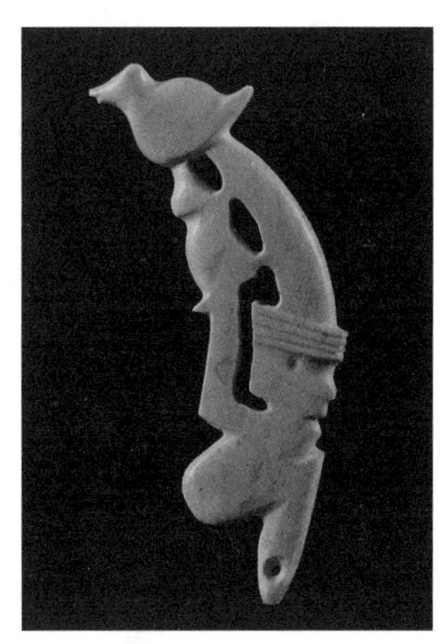

图四　人兽形玉饰

（三）凌家滩遗址出土玉人像造型

凌家滩遗址位于安徽省含山县铜闸镇凌家滩村，它是淮夷群玉巫教巫觋的公共墓地，该遗址从1985年开始发掘至今，对其先后发掘多次，出土玉器极为丰富。其中，6件玉人像分别出土于87M1和98M29，每墓3件，由此证明玉人像是3件一套。造型有立姿人像、坐姿人像、人头像等。玉质温润、雕琢精致、生动传神。玉人像双手均呈抚胸状，这种造型与红山文化出土玉人像造型基本相同，这或许体现两者所崇拜的神灵是相通的，同时也说明原始宗教在凌家滩社会中占有重要地位。据考古发掘，出土的玉人像，头部均戴圆冠饰，冠饰上雕刻有方格纹，冠上中间有长三角形尖顶；顶上钻有三个小孔，并饰有耳环。这种造型表明当时人们已有了帽子。从五官上看，均浓眉大眼、双眼皮、蒜头鼻、双大耳、耳下部各钻一孔，脸为长方形，似蒙古人种特征。人像臂上配有玉环，腰间饰斜条纹的腰带，其中臂上之环，即玉镯，是当时显示玉巫教的巫觋身份高低标志。凌家滩出土的6件玉人像手腕上分别刻有 5—8 条阴线，标志着每腕戴有 5—8 件玉镯[1]。1987 年安徽省含山县凌家滩 1 号墓出土的一件立姿玉人像[2]（图五），高 9.6 厘米，宽 2.3 厘米，厚 0.8 厘米，现藏安徽省文物考古研究所。玉为灰白色，透闪石软玉，受沁较重，扁平体状；玉人呈立姿状，头戴平顶帽，帽前刻饰阴线两排方格纹，中间呈三角形小尖顶扁帽；方脸、双目斜立紧闭、鼻梁较短、宽鼻、弯眉、阔嘴，两侧大方耳，耳垂各钻有一孔；颈短粗，上唇刻短须，似中年男性；上身似裸，两臂弯曲抚胸，十指并列于胸前，腕部刻有七道纹饰，似表示戴七镯；腰部阴刻有一周宽 3 毫米的斜线纹，似表示腰带；下身穿紧腿裤，底部赤足，双脚雕刻五趾，背面用浅淡的阴线勾勒肩胛骨、腰和双腿；双脚短小，背部斜钻一对并列隧孔，便于佩戴。笔者从其冠服、面部中唇上雕刻八字胡看，应为男性。立姿玉人像形象端庄，人体比例协调，雕刻精细，技法精湛，上下形态基本相同，并有着极强的地域特色。该玉人像在文化层面上也反映出了当时社会的宗教与信仰，应是一件极为难得的神人偶像。此外，立姿玉人像除脸部特征外，手指、脚趾、穿戴的织物、方格纹冠帽、无领衣裤以及腰间的斜纹系带等，均应属淮河流域地区特点。整体造型与殷墟出土的玉人像基本一致，堪称一脉相承。

图五　立姿玉人像

凌家滩遗址另一墓葬（98M29）出土的又一件半蹲玉人像（98M29：14）[3]（图六），高 8.1 厘米，肩宽 2.3 厘米，厚 0.5 厘米。玉为灰白色，器呈长扁形，浮雕，长方脸；头戴圆冠，冠饰方格纹，冠上有一小尖顶，冠后面至颈部有横线垂帘；浓眉大眼、双眼皮、阔鼻，两大耳下部各饰穿孔，大嘴微闭，上唇饰八字胡须；臂上刻有八个似玉环的纹饰，两臂弯曲，五指张开置于胸前似在做法事；腰间饰有五斜条纹似腰带；大腿和肩部宽大，腿显短，脚趾张开；背后有对钻的隧孔，

1　杨伯达：《中国史前玉巫教探秘》，故宫出版社，2020 年，第 496 页。

2　张庚：《中国古玉精华》，河北美术出版社，1995 年，第 8 图，图 5。

3　安徽省文物考古研究所：《凌家滩玉器》，文物出版社，2000 年，第 49 页，图 6。

便于缝缀之用。此器雕刻精细，形象生动，是一件难得珍品。而同墓出土的另一件半蹲玉人像造型（98M29：16）[1]（图七），除冠前额两侧雕刻的两条带饰外，均与上述立姿玉人像相似。高8.6厘米，肩宽2.4厘米，厚0.8厘米。上唇饰有明显的胡须，应为男性，牙齿微露；双手腕各戴七个玉环，即玉镯；腰间饰六斜条纹的腰带。此器雕琢精湛，应为凌家滩出土玉人像珍品。然而，同墓出土的98M29：15半蹲玉人像[2]（图八），器高7.7厘米，肩宽2.1厘米，厚0.8厘米。此器脸部表情似显年轻，嘴微张、上唇较厚、露有门齿、双臂手腕各戴六玉镯，腰间饰三斜条纹的腰带。另外，此件半蹲玉人像的身高与上述半蹲玉人像对比来看，显较矮。而且，圆冠顶尖上未饰圆纽，但所崇拜信仰均相同。因此，半蹲玉人像应是一件难得佳作。然而，87M4出土的一件人头像饰（87M4：40）[3]（图九），高8.9厘米，肩宽3.1—4.2厘米，厚0.3厘米。玉为黄中泛白，玉质温润，两面雕，呈不规则长方形状；两短边倾斜，侧面为不规则的梯形，左边靠近两端各钻一圆孔；在下端小孔的侧边又钻一水滴形孔，其上刻阴线双穗谷纹，下面的须根和长根上雕刻两穗，穗内阴刻三角纹，以此来反映谷灵信仰，祈求丰收的景象。尤其一株两穗本是祥瑞之兆。而且，两孔之间雕有眼、鼻、嘴，头部戴羽毛帽，颈中部琢磨出凹孔，孔下饰几何三角纹。这种钻孔的形式与其他地区出土的玉人头像的钻孔有着很大的差异，极具地域性，十分少见。

1

2

图六　半蹲玉人像

1　安徽省文物考古研究所：《凌家滩玉器》，文物出版社，2000年，第46页，图7。
2　安徽省文物考古研究所：《凌家滩玉器》，文物出版社，2000年，第47页，图8。
3　安徽省文物考古研究所：《凌家滩玉器》，文物出版社，2000年，第54页，图9。

图七　半蹲玉人像

图八　半蹲玉人像

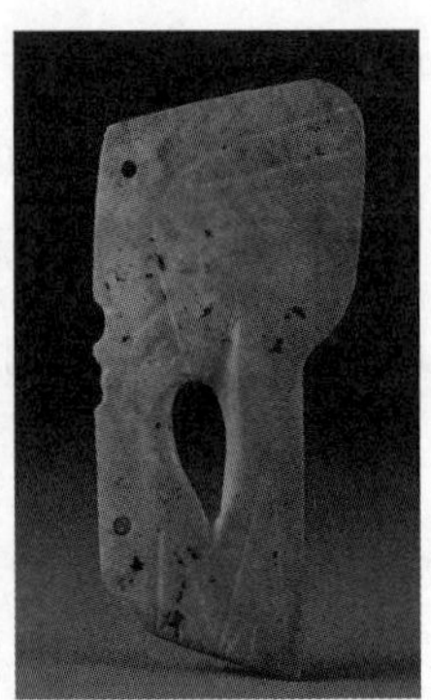

图九　玉人头像饰

至此，凌家滩遗址出土上述五件玉人像造型，各代表着不同的神，特别是立姿玉人像和半蹲玉人像的手腕上玉镯数量的不同，象征着墓主人的权力大小和地位高低，并且具有鲜明的地域特色，这或许是凌家滩玉巫教的教规。因此，上述凌家滩出土的五件玉人像造型，为我们研究凌家滩的文化、服饰、宗教等提供了重要的物证资料。

（四）石家河文化出土玉人像造型

荆蛮方国属石家河文化，位于长江中游的湖北、湖南北部及河南南部的大部分地区，先后出土大量玉器。其中，湖南、湖北江陵出土的玉器均属石家河文化晚期。主要遗址有湖北天门石家河罗家柏岭遗址、肖家屋脊遗址、荆州枣林岗、钟祥六合遗址、湖南澧县孙家岗遗址等。玉器种类繁多，距今4700—4400年，玉料多为就地取材。其中，玉人像的雕琢技法以圆雕、片雕以及浅浮雕为主，雕琢技法娴熟，着重五官的刻画。如1955年湖北省天门市石家河镇罗家柏岭遗址出土的一件人面形玉饰[1]（图十），长2厘米，宽1.5厘米，厚0.3厘米，现藏中国国家博物馆。玉为白色，扁平长方形，上有冠，眼眉斜视、宽鼻、嘴微闭、双耳下有环形物，上下正中各钻一小孔，五官刻画精细，应是缝缀于某物上佩戴之用。雕琢技法上采用减地突起阳线和阴线相结合技法，有着鲜明的地域特色，应为石家河文化人面形玉饰佳作。

荆州枣林岗（WM4：1）出土的一件玉人头像[2]（图十一），上下长3.2厘米，宽2.2厘米，现藏湖北省荆州博物馆。玉为黄绿色，有油脂般光泽，玉质温润，雕刻精细。浅浮雕技法，玉人像面目清秀、梭形眉、宽鼻、口微张、大耳、

1　中国国家博物馆：《中国国家博物馆馆藏文物研究丛书·玉器卷》，上海古籍出版社，2007年，第65页，图10。

2　荆州博物馆：《石家河文化玉器》，文物出版社，2008年，第35页，图11。

图十　人面形玉饰

耳上下略向外卷，双耳垂下各钻一孔，长颈，颈背面右下角残，从额顶至颈底钻有一穿孔，应固定于某处。正面弧凸，背面光素无纹，头戴覆舟形冠，冠两侧有向下弯的尖凸。W6 墓葬（W6：32）出土的一件玉人头像[1]（图十二），高 3.7 厘米，上宽 3.5 厘米，下宽 2.5 厘米，厚 1.4 厘米，孔直径 0.25 厘米，现藏湖北省荆州博物馆。玉为黄绿色，光素无纹，正面呈凸棱状，反面内凹，上下正中各穿一纵向未通孔；角下部有两道翼状凸饰，头戴尖角矮冠，梭形眼、眼角上翘、蒜头鼻、鼻尖凸出；耳上卷勾向内侧戴耳环，短粗圆颈，颈下有喇叭形座，颈部有一细凹槽；头像正中高凸，两耳较薄，耳戴大环，口微张，露四齿，口角上下各出两个大獠牙；上獠牙在外侧，下獠牙在内侧，下颌较尖，略前伸；从头顶到颈下对钻有一孔。此器造型是目前出土带有獠牙玉人头像年代最早的一件，较晚一件应出土于丰镐西周墓之中。此外，同墓（W6：14）出土的另一件玉人头像[2]（图十三），长 2.8 厘米，宽 2.2 厘米，厚 0.55 厘米，现藏湖北省荆州博物馆。器呈长方形片状，玉为黄绿色，正面浮雕，背面光平，头戴浅平冠，冠前面饰涡形云纹，梭形眼、宽鼻、闭口、口角向下，雕琢精细，玉质光洁莹润，应为石家河文化玉人头像佳作。W7 墓葬（W7：4）出土的又一件玉人头像[3]（图十四），长 3.9 厘米，冠直径 2.3 厘米，底直径 1.85 厘米，孔上端直径 1.25 厘米，下端直径 1.05 厘米，现藏于湖北省荆州博物馆。玉为黄绿色，器表有绿斑，玉人头像浮雕于圆管表面，玉管上粗下细，中间略内凹，头发盘成一周，脑后绾成发结，用麻花形发箍固定。五官为浮雕，眼为椭圆形，长鼻上端与眉相连，嘴微张且较宽，耳下戴环，环中间无孔。整体造型雕刻精湛，玉质温润，属典

1　荆州博物馆：《石家河文化玉器》，文物出版社，2008 年，第 25 页，图 12。
2　荆州博物馆：《石家河文化玉器》，文物出版社，2008 年，第 27 页，图 13。
3　荆州博物馆：《石家河文化玉器》，文物出版社，2008 年，第 28 页，图 14。

型的石家河文化玉人头像。石家河文化玉人像造型除上述几件外，W6墓葬（W6：17）出土一件璜形玉人头像[1]（图十五）极为奇特。弧长5.7厘米，厚0.5厘米，现藏于湖北省荆州博物馆。玉为黄绿色，表面有乳白色斑，浮雕技法，两面相同。玉人头戴尖顶帽，披发垂于颈部，发内卷，菱形眼上翘，两眼大小不一；钩鼻、厚唇、大嘴且微张，耳部戴环，环内无孔，下颌和嘴角刻有卷云纹；玉人颈下部钻有一孔，孔与末端之间琢有凹槽，应为固定之用。此器造型独特，玉质温润，这在石家河玉人像中极为少见。上述石家河文化出土的玉人像造型各异，地域性强，这为我们研究新石器时代石家河文化的玉人像造型提供了宝贵的物证资料。

图十一　玉人头像

此外，罗家柏岭（T20③B：16）出土一件扁柱状人头像[2]（图十六），器长3.1厘米，宽0.9厘米，厚0.6厘米。玉为黄褐色，扁柱状，高冠，冠上钻有一孔，长颈、梭形目、鼻下端两侧上卷，口微张、上唇稍短。尤其是五官造型与石家河文化出土的其他玉人像基本相同。整体造型奇特，极为少见，弥足珍贵。

无独有偶，陕西省长安县张家坡17号西周墓出土了一件石家河文化神人兽面形玉佩[3]（图十七），高5厘米，厚0.5厘米，现藏中国社会科学院考古研究所。

1

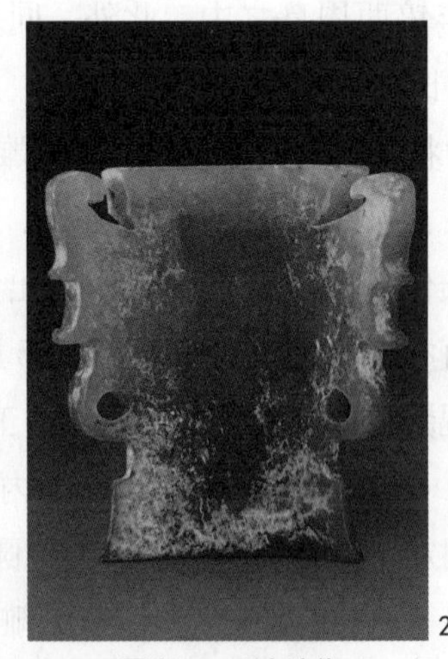
2

3

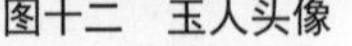
图十二　玉人头像

1　荆州博物馆：《石家河文化玉器》，文物出版社，2008年，第30页，图15。
2　荆州博物馆：《石家河文化玉器》，文物出版社，2008年，第41页，图16。
3　古方主编：《中国出土玉器全集》第14卷，科学出版社，2005年，第28页，图17。

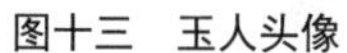
图十三　玉人头像

图十四　玉人头像

图十五　玉人头像

玉为青玉，扁平状，正面为神人兽面形象，背面光素无纹，头戴平顶冠，面颊两侧雕有对称后卷曲的翼状凸饰，双耳下有耳环状物，浮雕梭形大眼、蒜头鼻状、长方形口，其内上下共雕八颗牙齿，左右两侧上下各雕出一对獠牙；双颊、双眼下以及唇上下部的卷曲阳线纹饰，均采用浮雕技法，面下颈部两端各钻一圆孔。从整体造型看，应为石家河文化神人兽面形玉佩，但为何会出现在陕西西周墓葬中，有待考证。

图十六　玉人头像

（五）龙山文化玉人像造型

石峁龙山文化遗址位于陕西省神木市，此地应属鬼方国，而且鬼方国出土的玉器甚早，如《山海经》已有“鬼国”“一目国”的记载。据考古发掘，龙山文化玉器主要出土于陕西、山西、河南和山东等地区，最早发现于山东省章丘城子崖，且多出土于鲁东南地区的龙山文化中心聚落遗址。主要出土地点有山东城子崖、日照两城镇、滕县三里河、海阳司马台、临沂大范庄、临朐朱封，陕西神木石峁，山西襄汾陶寺，河南王湾、孟津等地。同时，华贵美丽的玉材似乎是来源于陕北本地和附近的内蒙古、甘肃一带。其中，陕西神木石峁

图十七　神人兽面形玉佩

出土的一件玉人头像[1]（图十八），造型具有自身的特色，能区别于红山和良渚的玉人头像造型，雕琢技法上极为娴熟，最具地域性。此件玉人头像标志着龙山文化发展已进入了新的阶段。高 4.5 厘米，宽 4.1 厘米，厚 0.4 厘米，现藏陕西省历史博物馆。玉为白色，有蜡脂光泽，人头像造型简洁，扁平体，椭圆形发髻，呈侧面人形头像，鹰钩鼻，口外凸且微张，一只大眼刻于髻下，以阴线琢刻出橄榄形目纹；脑后外凸一弧形大耳，口与颚间钻一大圆孔，短颈，两面造型相同，暗示着墓主人身份非同一般。此器造型简洁大方，朴实无华，表情夸张，具有鲜明地域特色。同时也是我国史前唯一的侧面玉人头像，极为罕见，弥足珍贵。

（六）大溪文化和卑南文化玉人像造型

大溪文化位于重庆市巫山大溪文化遗址，其年代距今 6400—5300 年，东起鄂中南，西至川东，南到洞庭湖北岸，北达汉水中游沿岸。从出土情况看，大溪文化墓葬出土较少的黑玉玉器。如 M64 出土一件黑玉椭圆形人面形玉佩[2]（图十九），现藏四川博物院。器呈椭圆形，扁平状，面部作正视状；双目为圆形，直鼻梁，无耳，顶端钻有两个椭圆形孔。此器造型怪异。杨伯达认为："以地缘观察，楚国远大于古蛮玉巫教板块，古蛮玉巫教板块相当于考古学的大溪文化。"[3]据考古发掘，大溪文化墓中出土大量的龟甲和鱼骨，这说明古蛮人生前信仰龟灵并进行龟卜。根据此造型分析，应为饰品，极为珍贵。

台湾卑南遗址是台湾东部新石器时代卑南文化的代表遗址，该遗址是台湾

1

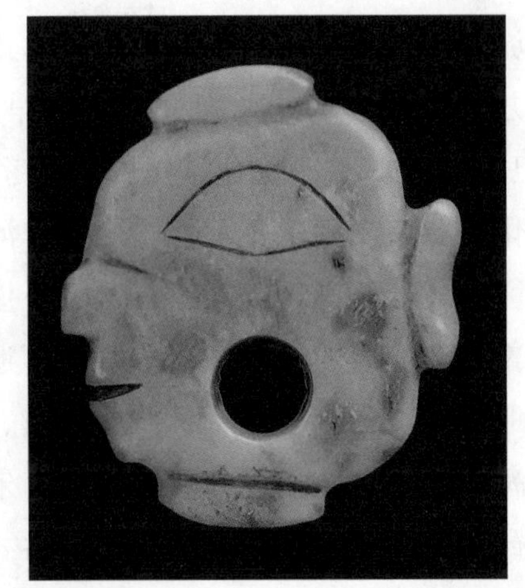
2

图十八　玉人头像

1　古方主编：《中国出土玉器全集》第 14 卷，科学出版社，2005 年，第 15 页，图 18。
2　杨伯达主编：《中国玉器全集》第 1 卷，河北美术出版社，1992 年，第 65 页，图 19。
3　杨伯达：《中国史前玉巫教探秘》，故宫出版社，2020 年，第 50 页。

出土石板棺最多的遗址，也是台湾出土新石器时代玉器最丰富的遗址。卑南文化遗址中玉的成品大多为扁平器物。[1]据考古发掘，出土时人形玉玦置于头骨附近，雕琢技法简洁，富有想象力。从整体造型看，应具有佩戴功能。主要造型有单体和双人合体两种造型，玉为绿色，具有极强地域特点。如台湾台东县遗址出土有双人兽形玉玦（图二十）和单人开立玉玦[2]（图二一）。其中双人开立玉玦头上置昂首之兽，双手插腰站于长方形台座上，人与兽钻有七个镂空孔。长 6.6 厘米，宽 3.9 厘米，厚 0.5 厘米。整体造型简单、奇特。单人开立玉玦，双手插腰站于长方形台座上，头部呈玦形兽头状，人体与玦形兽组合而成；胸、腰及四肢造型与双人兽形玦造型基本相同。所以，单人开立玉玦应是双人兽形玦的一种变形器，两件造型表达的内涵均相同。整体造型简单、抽象、独特，应为陪葬品，均采用变形手法和几何形形制组合在一起，造型极为罕见，充分反映了卑南先民的聪明与智慧，具有鲜明的地域特征，且在东亚、东南亚及环太平洋的考古发掘中有着重要地位。

图十九　人面形玉佩

图二十　双人兽形玉玦

图二一　单人开立玉玦

1　杨伯达：《中国史前玉巫教探秘》，故宫出版社，2020 年，第 465 页。

2　杨伯达主编：《中国玉器全集》，河北美术出版社，2005 年，第 210—212 页，图 20—21。

二、新石器时代玉人像内涵

从上述出土的新石器时期玉人像造型分析来看，其所表现的各区域巫教的信仰和崇拜有相同的一面，也有差异的一面。这种玉巫教的信仰和崇拜已逐渐辐射全国，但各有特色。如红山文化出土的立姿玉人像造型呈上裸，双手抚胸，丹田膨胀，印堂下陷，整体造型粗壮，充满勃勃生机。这正是反映了巫觋在做行气状，且说明气功发明者来自巫觋。又如，良渚文化出土的玉人像造型不仅体现了高超雕琢技法，而且在不同程度上反映了新石器时代江南先民的庄重典雅的风采。同时，也说明了良渚文化部落的社会活动酋长巫师的神圣之责。而凌家滩玉觋像无论站姿像，还是半蹲姿像，均是端庄严肃、温文尔雅，并显示出贤哲之风貌。如凌家滩出土立姿玉人像手腕处分别刻有 5—8 件玉手镯纹饰，这种造型充分说明墓主人已由巫觋身份转变成权力极高的巫觋。同时，也反映出事神时美身功能和舞蹈时有节奏玉音的内涵。而从石家河文化出土的玉人头像与陕西神木石峁出土的玉人头像造型看，它们虽造型发生了变化，但表达内容、表达要素均未改变，仍处于原始人像系统中，在两处文化区均具有崇高的地位，并代表了两处先民共同最高信仰与崇拜，同时也反映出地域性文化信仰与崇拜。台湾卑南文化出土的单人开立玉玦和双人兽形玉玦，同样具有地域性的宗教信仰与崇拜的内涵。

三、结语

综上所述，新石器时代玉人像造型无论是立姿类、半蹲类、人面像，还是台湾卑南文化的单人开立玉玦和双人兽形玉玦，均是原始人用以护身的灵物。此外，雕琢精美，琢玉水平高超，反映出了新石器时代先民的治玉水平。从出土情况看，墓葬中持有玉人像者应为氏族首领巫或巫觋，生前将其充当“玉神器”，成为沟通神灵的媒介；死后将其作为殉葬品埋入墓中。因此，这些出土的新石器时代玉人像，为我们研究新石器时代玉人像造型、纹饰、服饰、内涵、功能以及原始社会的宗教信仰、崇拜，提供了极其珍贵的物证资料。

石峁三题

张明华（上海市历史博物馆）

【摘 要】本文通过对石峁遗址石构城墙中无序堆塞珍贵玉器和精美雕刻纹条石的反常现象，推测这是石峁土著——石峁文化为夏文化所灭亡的征迹。石峁、石家河、三星堆文化都受到过良渚文化的影响，结合石峁雕刻纹条石上的人面形象及装束与良渚“神徽”类似，反映其同样是地位崇高的首领（王）、大巫师的身份。石峁雕刻纹条石上有些居中人面的左右两侧出现猛兽的形象，学界罕见论及，其实这在先秦文献及艺术表现中屡见不鲜，这应该是石峁某位大巫师正处在被神兽吞食之前（之中）的一种虚拟的升天成仙的隆重仪式。

【关键词】石构城墙；玉器；雕刻纹条石；巫师面具；成仙仪式

陕西石峁遗址的发现轰动一时，400 多万平方米的城邑面积，体量庞大、结构复杂的石构城墙和前所未见的 20 多件玉器堆塞城墙中的奇特现象，被考古界评为 2012 年“全国十大考古新发现”，其后又被评为“世界重大考古发现”。2019 年发现的一个神面纹圆型石立柱及城墙里出现的神面纹雕刻条石等，被誉为是石破天惊式的考古发现。目前，学术界的研究已经全面展开。笔者不揣浅陋，对石峁古城墙中的玉器、雕刻纹条石及其刻纹内容等试作梳理与探索。

一、石墙中的玉器与雕刻纹条石是土著被夏灭亡的实证

石峁的石雕，主要是雕刻纹条石和大小不一的石雕人头像。

雕刻纹条石是作为城墙石构件无规律地堆叠其中的（图一），有些纹样明显被颠倒了。从精雕细刻的工艺及相当神秘神圣繁复的人面像等观察，它们并非筑墙者的作品和构件，应该是从另外重要的大型建筑物上拆卸下来后的废物

图一　夹杂在城墙内的雕刻纹条石 石峁遗址

利用。王仁湘先生有过研究：石雕并非为它所在墙体特置的构件，应是由它处拆解搬运而来，而不是原生位置状态。石雕多表现的是神灵雕像，是应当慎重处置的艺术品，可是却并没有受到敬重，而被随意处置，这说明它们也许是前代的神灵，与石峁主体遗存无干。如此将石雕神面杂置甚至倒置，似乎还表达出一种仇视心态。[1]笔者十分赞同王先生的判断。说得直白一点，这是外来强势一方将原有石峁统治集团的斩尽杀绝、彻底摧毁，也是他们对石峁先民精神信仰层面上的一次枯本竭源、斩草除根的罕见遗存。至于那些被加塞在城墙里形象各异，特别粗糙丑陋，没有显贵权威感的石雕人头像，以及外瓮城长墙外侧和门道入口两处均埋24个被烧、被斩的人头骨的惨象[2]，应该证明它们分别是受到城墙所有者鄙弃、仇视、镇压、推翻的前政权、宗教首领的象征性形象和活生生被杀的人祭。

谁是石峁城墙的建设者？也就是说，是谁灭绝了石峁的土著文化？考古发现没有十分直接的资料。很可惜，海内外数量庞大[3]且被称为石峁的“出土”玉器，基本是征集品。1999年，陕西省考古研究所在神木县西南大保当镇新华遗址一个玉器坑中发现的32件玉器，经相关资料碳十四测年在公元前2100—前1900年之间。孙周勇先生认为新华遗址文化面貌与石峁遗址内涵基本一致，因此，石峁玉器自然也可归属于夏代纪年范围之内[4]。笔者认为，孙先生的判断有嫌笼统，因为石峁玉器中有不少是夏代以前的成分，至少出自石峁外瓮城石墙里的玉铲（图二）、玉璜之类，形式相对原始，肯定早于城墙或接近城墙的年代。时代特征强烈的玉牙璋在石峁较多的出现，早已引起学界的注意。朱乃诚先生认为：“玉牙璋、玉圭、玉戈是夏时期创作发明的三种形制特殊的玉器，是因夏王朝创立对玉器形制的需求而兴起的。这三种玉器的产生，是一个新时代已降临的标志，它们的起源都要追溯到陶寺文化。其中玉牙璋伴随着夏王朝的覆灭、夏部族的散布而流传四方，并伴随着夏社的消失而逐渐退出历史舞台。”朱先

1　王仁湘：《石峁石雕——颠覆我们认知的发现》，《光明日报》2019年11月3日第12版。

2　陕西省考古研究院等：《陕西神木县石峁遗址》，《考古》2013年第7期。

3　据统计约2000件；夏一博：《浅论神木石峁龙山文化玉器》，《文物天地》2015年第8期。

4　孙周勇：《神木新华遗址出土玉器的几个问题——兼论石峁玉器的时代》，载《中国玉文化玉学论丛·续编》，紫禁城出版社，2004年，第120页。

生在邓聪先生所绘基础上修改的《夏人牙璋分布图》更加直观，夏代的势力范围东达山东半岛，西至四川盆地，南抵广东，跨境越南，北到陕北石峁[1]。文博界对古文化的认定历来都有公认的标志物。以玉器为例，红山文化——玉猪龙（亦称玉熊龙）、勾云形玉佩，良渚文化——玉琮、玉璧，石家河文化——玉人面、玉蝉，龙山文化——玉锛、玉璇玑等。玉璋恰如诸位学者的见解，是夏王朝创立对玉器的需求而兴起的“形制特殊的玉器”，朱乃诚先生在详细分析了石峁30件牙璋之后，认为它们的“年代又晚于石峁遗址的石棺墓，所以在石峁遗址的石棺墓中是不会发现牙璋的”[2]。结合北京大学从皇城台遗址采集的墙内纴木，壁画草拌泥、骨、白灰面、木炭等82个样品碳十四年代测定，皇城台建造和早期使用的年代在公元前2200年到公元前1900年这一时间范围的结论[3]，笔者认为，“石峁城址（皇城台）最早当修建于龙山中期，或略晚，夏时期毁弃”[4]一说欠妥，石峁石墙城址夏时期非但未毁，它本来就是夏时期的伟业。土著的石峁文化就是被东来的、以玉牙璋为重要礼器、石垒城墙为标志的夏王朝所摧毁的。石峁文化则以堆塞在城墙内的玉铲为典型礼器（图三、图四）、以精美雕

图二　夹杂在城墙内的玉铲　石峁遗址

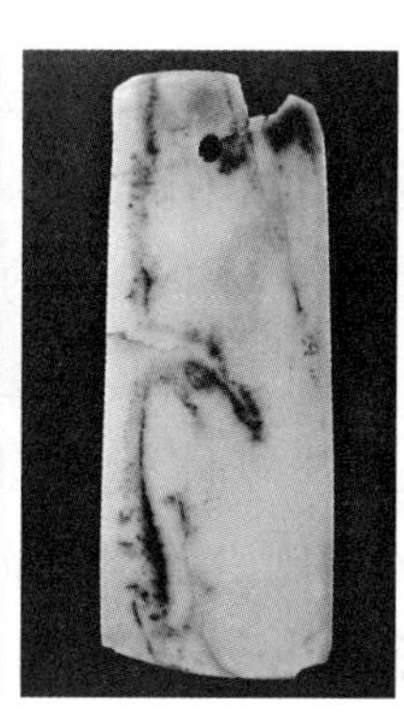

图三　玉铲　石峁遗址城墙出土

图四　玉铲　石峁遗址城墙出土

图五　雕刻纹条石（拓片）　石峁遗址城墙出土

1　朱乃诚：《时代巅峰　冰山一角》，载中华玉文化中心等：《玉魂国魄——玉器·玉文化·夏代中国文明展》，浙江古籍出版社，2013年，第64页。

2　朱乃诚：《时代巅峰　冰山一角》，载中华玉文化中心等：《玉魂国魄——玉器·玉文化·夏代中国文明展》，浙江古籍出版社，2013年，第46页。

3　杨一苗：《最新研究数据进一步确定石峁遗址核心区建造年代》，《西安晚报》2019年9月24日。

4　陕西省考古研究院等：《陕西神木县石峁遗址》，《考古》2013年第7期。

刻纹条石（图五）装饰的大型建筑为代表，是石峁地区的土著文化。玉石器精美发达的石峁文化的覆灭，如果不是更加强大的夏文化东来，是不可想象的。显而易见，人们习以为常地将玉牙璋等玉器笼统归入“石峁（文化）出土玉器”来认识、述说、议论的现象值得商榷。至于“石峁文化”的性质，陕西考古工作者发现：“石片堆砌的城墙……覆压在一些龙山遗迹之上。”[1]我们认为暂且可将其归入龙山文化讨论，但恰当一点应该直称“石峁文化”。

但愿陕西考古同行再努力一把，早日找到未经损毁的、用雕刻纹条石修建的石峁文化大型建筑，以及以此为代表的更加丰富的“石峁文化”的遗迹遗物，为中华文明再建新功。

二、石雕神面像是戴着面具的石峁大巫师

石峁雕刻纹条石上的纹样有多种，主角是形式复杂、多有变化被称为“人面”或“神面”的形象。由于过于夸张的五官和脸面（图六），笔者始终觉得仅仅如此认识都不在点子上，这在研究良渚文化玉器上的“神徽”时，也有这种感觉。良渚“神徽”若是人面，它的轮廓不可能是与常人五官完全不搭的凹弧边倒梯形，大鼻阔嘴，同心圆眼的样子（图七）。巧合的是顶插放射状羽毛冠，形式极似笔者在美国普林斯顿大学博物馆见到的一件从非洲原始部落中征集过来的木制面具（图八）。因此，笔者认为玉琮上的“人面”应该是戴着倒梯形羽冠面具的巫师。[2]对照石峁石雕“神面”，其图案化的形象应该与良渚“神徽”上戴面具的巫师性质相同。相比之下，石峁巫师面具有特大的、更加抽象的耳朵，头上的羽冠也极其图案化，与良渚巫师面具的羽冠，其上羽毛都有羽骨、正羽、绒羽三部分的具象刻画略有不同（图九），巧合的是与四川三星堆的一些青铜面具风格更加接近（图十）。在石峁雕刻纹条石没有发现的年代，笔者曾撰文《三星堆文化源出中华》，认为三星堆青铜面具与石家河文化的玉人面（图十一）有传承关系。都是用当年社会上最珍稀贵重的材料制作，两者都有异于人类生理结构的大耳朵等夸张的五官，区别只在体量悬殊、材质（玉、铜）不同和使用方法及场合上。因此，它们在先民的心目中都具有非同一般的强大、神秘功能[3]。

1 陕西省考古研究院等:《陕西神木石峁遗址皇城台地点考古取得重要收获》,《中国文物报》2019年1月11日。

2 史前巫师一般多是掌握军政大权的首领（王）、医师、知识分子; 张明华:《良渚古玉》, 渡假出版社有限公司, 1995年, 第37页。

3 张明华:《三星堆文化源出中华》,《文物天地》2016年第8期。

图六　雕刻纹条石上的戴面具巫师特写（拓片）　石峁遗址城墙出土

图七　戴羽冠面具的巫师御虎纹线图
良渚文化　浙江反山遗址玉“琮王”

图八　羽冠皮革木面具线图　近代　非洲　美国普林斯顿大学博物馆

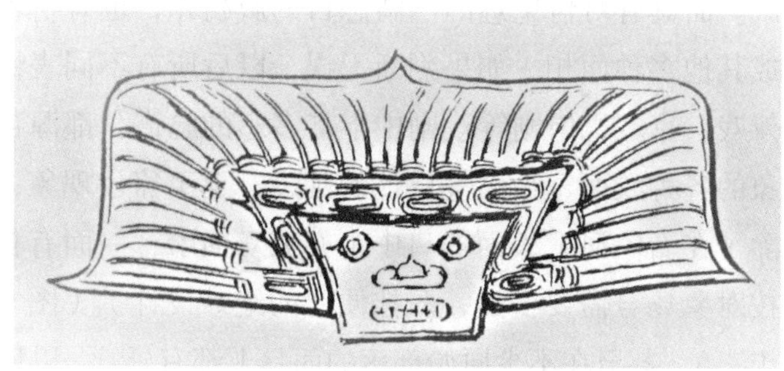

图九　浙江反山玉“琮王”上巫师面具的羽冠线图　每根羽毛都由羽绒、正羽、羽骨三部分组成

图十　羽冠青铜人面　商代　四川三星堆遗址

图十一　獠牙玉人面　石家河文化
湖北天门肖家屋脊遗址

石峁、石家河、三星堆文化都受到过良渚文化的影响。良渚文化距今约5300—4300年，石家河文化距今约4600—4000年，“石峁遗址是龙山文化晚期至夏代的城邑”[1]。因此，从时序上排列，应该是：良渚文化—石家河文化—石峁文化—三星堆文化。奇怪的是，在三星堆遗址的商前二里头文化中并没有（今后也许会出现？）青铜面具形象的前源因素，反倒是与一千多公里外，时差千余年的东邻的石家河文化玉人面、北域石峁文化雕刻纹条石人面贴近，这需要考古学上的进一步发现、研究、支持。

1　刘云辉：《致辞》，载《玉魂国魄——玉器·玉文化·夏代中国文明展》，浙江古籍出版社，2013年。

有学者研究发现："（石峁）神面多是阔嘴形，有的见到明确的牙齿刻画，但没见到獠牙……史前中国在距今8000—4000年之间盛行獠牙神崇拜，南北大范围认同的艺术神面在这之后不再风行，暗示发生过一次非常深刻的宗教变革，这也许就是文献上记述的黄帝之后颛顼时代'绝地天通'事件的折射影像。"[1]这一发现很重要。不过，笔者认为神面内容很复杂，细分有假面、大面、代面、面罩、面像、假头、套头等，复杂到不计其数。其中，假面的定义似与良渚、石峁的面具形式比较贴切。形如人脸，戴在人的面部，嘴巴和眼睛留有孔眼。面具有对付鬼魅的凸睛怒目的威猛相，也有祈求上苍的慈眉善目的讨喜相或其他多种面相。如果判断无误，以后所有不同表情的面具，甚至至今能见的傩戏、京剧、川剧等戏剧中丰富多彩的脸谱，都源自巫师当年为了应付不同对象的各种纹面、绘面等设计的延续。至于獠牙现象，其实以后并未完全消失，除了在石家河玉人面的口中（亦见双面雕，一面有獠牙，一面无獠牙；是一种按对象场合需要变换，佩挂便捷的绝妙设计）（图十二），在商周玉人面（图十三），甚至在不少原始部落的面具上都有延续。以后又在浙江越剧、西府秦腔、同州梆子等的传统戏曲中能见一种被称为"耍牙"（口含猪獠牙）的表演节目（图十四），它们都源自远古巫师驱鬼辟邪时起震慑作用的威猛形象。[2]

值得注意的是，在面具当中，还有一种被称作"面像"的，是先民专门置放于神庙、社坛、门户、墓室等场所，专供人们祭献、膜拜、祈禳的英雄、祖先或神灵的形象。石峁先民将其雕刻在大型建筑物装饰性条石上的玛雅式陈设，是中国古文化中的首见。良渚神徽是刻凿在良渚文化最重大、神圣的"琮王"等玉礼器上，三星堆面具（尤其是一些大型沉重并不戴用的套头）是用当时稀

图十二　羽冠勾云耳戴珥玉人面线图（一面无獠牙）　石家河文化　美国华盛顿国家博物馆

图十三　勾云耳戴珥獠牙玉人面线图　西周　陕西长安张家坡墓葬

图十四　戏剧中的耍牙表演

1　王仁湘：《石峁石雕——颠覆我们认知的发现》，《光明日报》2019年11月3日第12版。

2　张明华：《玉人面功能及其獠牙由来》，《收藏家》2018年第5期。

贵的青铜铸造，它们都是先民刻意制作的“面像”，在先民心目中都应该是端庄、崇高、神圣高高在上的形象。

三、双兽拱食人头像是石峁巫师成仙的虚拟仪式

石峁雕刻有双兽拱食人头像的条石，中心同样是一个戴着面具，橄榄形双眼的巫师头像。一件面具阔嘴、羽冠、大耳，两侧是俯视状抽象双尾兽（图十五）；一件面具阔嘴、无冠、无耳（图十六）；另一件面具嘴形不明，头顶及两侧有头发（图十七，该图据央视中文国际频道《国宝·发现》公布图片描绘）。后面两件的双兽都呈侧身状，形体偏具象，不少人都称其为虎。按照如前认识的中间的石雕戴面具巫师像，应该都是威风凛凛、地位甚高的角色，为什么会被两只虎视眈眈的猛虎所胁迫、拱食？

其实类似的人兽关系图案在中国台湾、美国所藏的龙山文化玉器上早有发现。在商周春秋战国的鼎、尊、卣、盉等青铜器上更多，一人一虎、一人二虎、多人多龙等。说法很多，有说虎、龙在吃人，如：“虎龙食怪人、怪物。”[1]“虎所食者虽具有人形，但形象颇狞厉，周身绘有怪纹——应正是鬼魅的象征。”[2]“表示以人牲奉献虎神。表示他们是虎神的子孙，应该得到虎的福佑……”[3]也有说虎并没吃人，“巫觋借助于某些动物以与鬼神相通。人便是巫师的形象，兽便

图十五　双虎拱食巫师纹雕刻条石　石峁遗址石城墙出土

图十六　双虎拱食巫师雕刻纹条石　石峁遗址石城墙出土

图十七　双虎拱食巫师纹局部　石峁遗址出土

1　马承源：《商周青铜器纹饰》，文物出版社，1984 年，第 14 页。
2　何新：《诸神的起源》，三联书店，1986 年，第 205 页。
3　刘敦愿：《云梦泽与商周之际的民族迁徙》，《江汉考古》1985 年第 2 期。

是巫师通灵的助手‘蹻’的形象”。“动物张开大口，嘘气成风，帮助巫师上宾于天。”[1] 大部分学者的观点倾向虎在吃人，而且此人是个鬼魅之类的坏蛋。最典型的一件是中国国家博物馆的螭虎食人纹玉环。环由双翼螭虎的长尾盘成，中间呈螭虎双足执人揽腰吞噬状，两边出郭处各有一飞翼神人。三人胸部明显有乳房，当为女性（图十八）。螭虎为什么要吞食这个人？目前似乎仅见“与古代饕餮食人的传说有关”，而被咬的人呈“举手抬腿似作挣扎（状）”。[2] 另一本图录里描述用词更强烈：“人奋臂挣扎状，造型极其恐怖。”[3] 其他几件上人的表情几乎都曾被描述成惊恐、痛苦、挣扎、扭曲的状态。为此，笔者专门搜集了这方面的图片资料，发现情况恰恰相反，被食人的肢体动作都很自在，面部表情都很平和。浙江一件战国青铜提梁盉，盖面上多条蛟龙正在食人。有几个人头被吞进龙腹的只剩两条大腿伸在外面，头在外的人脸，居然露出了乐不可支的笑容（图十九、图二十）。河南安阳后母戊青铜鼎立耳和安徽阜南青铜尊肩腹部纹饰中，虎口下的人呈现的同样是笑脸（图二一、图二二）。法国、日本青铜卣虎口下的人，身穿着云龙纹的刺绣华服，面容祥和，还亲密无间地与虎相拥（图二三）。由此认为，这些与龙虎相处的人们被描述为“惊恐”“痛苦”“挣扎”“扭曲”状是不客观的，是主观臆想出来的。观察错了，描述错了，得出的结论肯定有问题。可以判断，这些人被猛兽所吞噬的行为，并非如自然界中的人遇不测。而是一种仪式，是一种以龙虎之口作为门槛，一进一出，以改变这些人由“凡”成“仙”的过程。这在当时是一件人所自愿、乐意，甚至可以说是祈盼的大好事。中国国家博物馆玉环和浙江提梁盉上的人，已在被食过程中，另如虎食人青铜卣等器物上的人尚处食前的感情交流中。由于中国国家博物馆玉环上螭虎肩有双翼，后半个躯体亦呈蛇身而“龙化”为一只仙虎、神虎、虎首龙，因此经过它的大口，凡

图十八　螭虎食人纹玉环线图　战国　中国国家博物馆藏

1　张光直:《商周青铜器上的动物纹样》,《考古与文物》1981 年第 2 期;《中国青铜时代》，三联书店，1983 年，第 332、333 页。

2　国家文物局:《中国文物精华大辞典·金银玉石卷》，上海辞书出版社、香港商务印书馆，1996 年，第 43 页。

3　杨伯达主编:《中国玉器全集》第 3 卷，河北美术出版社，1993 年，第 239 图。

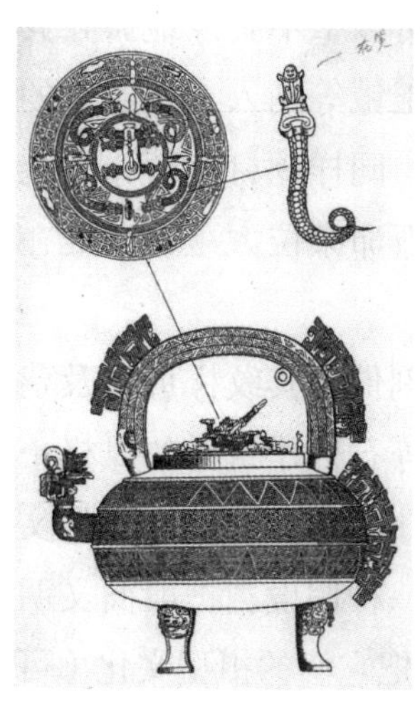

图十九　龙食人纹青铜盉线图　战国　浙江省博物馆藏

图二十　被龙食人在笑（特写）　浙江省博物馆藏战国青铜盉盖

图二一　双虎拱食人纹（人在笑）　商代 采自河南安阳后母戊鼎立耳

图二二　双体虎拱食的人纹线图（人在笑）　商代　采自安徽阜南青铜尊

图二三　日本泉屋博古馆藏商代虎食人卣线图

人自然成仙。我们很容易地分辨出轻抚在虎两侧的人，与正在被食人的最大区别是，在两侧人的肩上已有飞翼，说明他们已是被虎食后改变了性质的天上的神仙，那个正在被食人的肩上还是光光的，说明他还是个凡人，正在“自然”“安详”“幸福”地接受一个“成仙礼”[1]。在此，笔者必须强调一个规律，纵观中国古代玉文化中的玉器，不存在哪怕一个负面用途及题材，都是神圣的礼器、驱邪的法器，漂亮的饰件、用具和吉祥美好的造型及纹样。因此，当我们对某

1　张明华：《可能被误读了的先秦龙、虎食人纹》，《中国文物报》2004 年 11 月 12 日；张明华：《螭虎食人和鹰攫人首纹玉器所阐明的宗教意义》，载《中国玉文化玉学论丛 · 三编》，紫禁城出版社，2005 年。

一样、某一件玉器无法判断其用途、意义的时候，几乎可以毫不犹豫地摒弃其负面性质。而这也是笔者始终不赞同有些学者把玉斧、玉钺等纳入实用凶杀的兵器而引发的任何阐论（“玉器时代”等）。依此类推，同样题材的石峁大型建筑上的双虎食人石雕条石图案的意义无外乎：虚拟的石峁某位大巫师正处在被神虎吞食之前，一种升天成仙的隆重仪式之中。

石峁那件神面纹圆柱形石雕和神、人、兽纹条石雕刻件，其纹样形式及建筑构件功能，与万里之外的玛雅文化金字塔、大型神庙等石构建筑上的风格十分相似，让人思绪万千，浮想联翩。张光直先生认为：“中国古代与美洲古代文明之间有许多在美术象征符号上的相似性，我最近提出一种假设，把殷商文明与中美（洲）的奥尔梅克和玛雅等文明看做同祖的后代，把它们的祖型文化（可以追溯到一万多年以前美洲印第安人祖先还在亚洲的旧石器时代）叫做‘玛雅-中国文化连续体’。”[1]也有古人类学家直接从DNA测定上判断玛雅人与中国人的渊源关系。笔者对这方面缺乏研究，不敢置喙。不过，以我的感觉，石峁的发现其可探索性之大、之广、之深，无可限量，它必将是20世纪七八十年代良渚文化大发现之后，又一次引发学术界思想火花迸发，学术理论多有突破的空前事件。

---

1 张光直：《古代中国及其在人类学上的意义》，《史前研究》1985年第2期。

夏商独山玉质斧钺璋戈的分布与调查研究

韩哻[1] 王志戈[2]
（1. 南阳市文物保护研究院；2. 镇平县工艺美术中等职业学校）

【摘要】夏商王朝是中国最早王朝，很多文献反映，夏商是一个崇尚玉文明的国度。“禹会诸侯于涂山，执玉帛者万国”，瑞玉是诸侯参与会盟时所持重礼。斧钺璋戈被公认为进入文明时期夏商王朝核心玉礼器之演变。距今约 4500—3000 年前，二里头文化向南发展，经南阳盆地到达汉水流域，进入长江水系，再分西南与东南两支扩散。因此南阳盆地是夏文化传播的重要节点之一。专题研究独山玉质的斧钺璋戈分布规律，对探索中国古代文明起源，研究夏商文化的发展传播提供了无可替代的实物资料。

【关键词】夏商；玉礼器；南阳；独山玉质；斧钺璋戈

夏商王朝是中国最早王朝，很多文献反映，夏商是一个崇尚玉文明的国度。“禹会诸侯于涂山，执玉帛者万国”，瑞玉是诸侯参与会盟时所持重礼。斧钺璋戈被公认为进入文明时期夏商王朝核心玉礼器之演变。距今约 4500—3000 年前，二里头文化向南发展，经南阳盆地到达汉水流域，进入长江水系，再分西南与东南两支扩散。因此南阳盆地是夏文化传播的重要节点之一。[1]

通过十几年对独山玉的研究（整理单位出版的《南阳古玉撷英》与《独山玉文明之光》玉器的绘图及书稿），并亲手制作、试验，发现国内许多地方出土的斧钺璋戈与沁色过的独山玉质非常类似。因独山玉质颜色、纹理、化学成分的多样性，并且很大一部分独山玉颜色与沁色后是截然两个状态，而且同一件材质的两个采集点化学成分都不能完全吻合。鉴定技术还有待提高完善，因此很多独山玉质的出土器物都笼统地归入地方玉种。专题研究独山玉质的斧钺

1 邓聪主编：《牙璋与国家起源——牙璋图录及论集》，科学出版社，2018 年。

璋戈分布规律，对探索中国古代文明起源，研究夏商文化的发展传播提供了无可替代的实物资料。

南阳是河南省西南部重镇，古称宛，是我国四大名玉独山玉集中地区。在今南阳市所辖的 2 个行政区、4 个开发区、10 个县、1 个直管市中出土有大量仰韶文化、屈家岭文化、龙山文化、石家河文化等新石器时期及夏商时期的独山玉质玉石器。

一、以独山玉质为大宗的玉器作坊遗存的发掘（南阳黄山遗址）填补了中原和长江中游地区新石器时代的空白

黄山遗址位于南阳市东北部卧龙区蒲山镇黄山村北、白河西岸，分布在一处五级台地组成的高 17 米小土山上及周围。白河、汉江是连接江汉文化和中原文化的重要纽带，是沟通长江和黄河两大文明的重要桥梁。从仰韶时代开始，两大文明就在南阳盆地碰撞、融合，推动了中国早期文明形成与发展，玉文化从“斧”的实用工具到“钺”之礼器转变的关键节点，黄山遗址正是这场史前文化融南汇北的重要舞台。

1959 年 1 月，原河南省文化局文物工作队为配合焦枝铁路建设，在遗址西南部和北部试掘，发掘面积 1600 平方米。黄山遗址文化层厚 1 米至 3 米，屈家岭文化、仰韶文化、裴李岗文化、龙山文化等多层次文化叠压。试掘共发现墓葬 57 座，发现石器、骨器、陶器等遗物。有 5 件石器，经专家鉴定为独山玉制品，是中原地区最早玉制品，距今有五六千年历史，它们把独山玉开采历史提前了 5000 余年。其中一件玉铲，被称为“中华第一铲”。[1]

2018 年，黄山遗址迎来第二次考古发掘。此次的惊世发现，让南阳黄山“红”出了文物圈。近期南阳黄山遗址考古发掘现场不断取得的惊世发现，把产玉的独山和采玉、治玉、用玉的黄山“捆绑”在一起，是目前我国已知的新石器时代遗址出土玉制品最多的遗址之一；大量独山玉制品与独山玉料共存，是目前南阳地区乃至黄河流域与江汉平原间最大的一处新石器时代独山玉加工场；黄山遗址的发现，填补了中原和长江中游地区新石器时代玉器作坊遗存的空白，在南北文化交流碰撞的关键地区、距今五千年左右的关键时间为研究中华文明形成提供了关键材料，也有望推进独山与黄山成为国家文物局世界自然遗产与文化遗产预备名单项目。专题研究独山玉质的斧钺璋戈分布规律，对探索中国

1　江富建：《南阳黄山新石器时代玉器的玉质研究》，《中国宝玉石 》2007 年第 5 期。

古代文明起源，研究夏商文化的发展传播提供了无可替代的实物资料。

据不完全统计，此次发掘黄山遗址共出土制玉石工具为大宗的遗物 2.3 万余件，分别是磨棒近 1800 件、磨片 5672 件、磨挫 308 件、钻头 13 件、钻杆帽 3 件、石锤 272 件、石球 20 件、完整磨墩 50 余件、残磨墩 15000 余块。另出石坯料 300 余件、石核 274 件、人工石片 1021 件、石器约 300 件。玉器 116 件、独山玉半成品或废品 500 余件、玉片 3518 件、玉料 4500 余件，象牙器 14 件，骨器 73 件，陶器近 700 件，猪下颌骨 1500 余个。还有大量石工具、石器、玉料、陶器等文物原地保存。一件磨石墩上甚至绘有褐红色人物劳动、卧猪、兰草写意图，堪称绝品。石器质地主要是独山石，以农具、工具和兵器为主，有耜、铲、刀、斧、锛、凿、钺、镞等。玉材主要为独山玉，其次为黄蜡石、石英、汉白玉、方解石等，个别为玛瑙、透闪石、蛇纹石、云母。玉器有钺、耜、斧、铲、锛、凿、璜、珠等。象牙器有梳、环、弓握饰等。骨器主要有镞、针、鱼钩等。陶器主要来自瓮棺葬、墓葬和房址，少数是灰坑所出，种类有碗、盆、鼎、钵、罐、缸等，多为实用器。

黄山遗址的发掘，清理出一批仰韶文化早期墓葬，与玉石器制作有关的仰韶文化晚期大型长方形“前坊后居木骨泥墙式”建筑、工棚式建筑。屈家岭文化中小型玉石器作坊址、活动面多处、祭祀坑、瓮棺葬，出土了数量丰富的钻、刻刀、磨墩石质制玉石工具、玉石料残次品、陶器、骨器等。说明黄山遗址在仰韶文化晚期和屈家岭文化时期就是一处集加工、交流玉石器为主（玉石器制造基地 + 港口）的大型中心聚落遗址。

2019 年 4 月 29 日至 30 日，中国考古学会新石器时代考古专业委员会、河南省文物考古研究院、南阳市文物考古研究所共同举办“南阳黄山遗址发掘与保护专家论证会”，20 余名专家形成会议纪要称：“南阳黄山遗址面积大、文化堆积深厚，是新石器时代南阳盆地大型遗址，对研究我国南北文化交流和文明起源等意义重大。”

二、南阳独山玉与南阳独山玉文物的著述

有关南阳独山玉的最早记载见于汉代，张衡著《南都赋》，盛赞南阳丰富的物产：“其宝利珍怪，则金彩玉璞，随珠夜光……”璞，含玉的石头，也指没有琢磨的玉。张衡的出生地西鄂县治，距产玉的独山仅约10 公里，其所指的玉璞应是南阳独山玉。明李时珍《本草纲目》引南朝梁陶弘景文云：“好玉出蓝田及南阳徐善亭部界中。”战国时期，南阳独山玉治玉已进入低谷期，从考古出土实物资料上看，独不见南阳独山玉踪影。汉至宋，几乎未有南阳独山玉的器

物出现，这说明南阳独山玉在此时已湮没无闻。宋人苏颂《本草图经》云:“今蓝田、南阳、日南不闻有玉，礼器及乘舆服御多是于阗国玉。”先民们用独山玉石制作的器物，因独山玉成分、状态的多样性，经沧桑时沁多已湮。随着现代考古学、鉴定技术的兴起、发展，南阳独山玉质文物渐显于世。并已为玉学专家、考古学者所珍视。[1]

1952年，著名学者李济著《殷墟有刃石器图说》一文，选录殷墟出土的444件有刃玉石器中，7件玉的质料不像和田的硬玉（按：应作软玉），也不像西南的软玉。经阮维周教授鉴定，认为都是南阳玉。著名玉器专家、故宫博物院原副院长杨伯达对南阳独山古玉非常关注，20世纪80年代后期迄今，曾多次到南阳一些地方和博物馆进行专题考察，寻求独山玉文物的踪迹。他首先认定南阳黄山遗址出土的一件玉铲为独山玉磨制。又在他主编的《中国美术全集·工艺美术编·玉器》一书中，对二里头三期出土的玉戈，审慎鉴别，确认为南阳独山玉制作。1979年，罗山蟒张商代晚期的22座墓葬，共出土玉器75件。原报告称，其中1件为翡翠制品，15件为硬玉制品。“考察到早在距今3000多年前，无论是我国云南所产，还是缅甸出产的翡翠，或硬玉制品，很可能是产于距此不远、早已开采的南阳独山玉。”[2]

通过近几年的研究，发现新石器时代仰韶、屈家岭文化时期，器物种类虽然较少，但是劳动生产工具与斧钺占据主流，并且以独山石或独山玉围岩制作的器物占较大的比例。

仰韶时期至屈家岭时期，是独山玉治玉的发展期。龙山期的玉石器除保留仰韶时的一些特点外，还有了明显的区别。邓州八里岗出土的龙山期器物，与其他遗址拣选器物相比，多有相似和雷同者。有些器物则与其他地区遗址相当时段文化层出土的器物相类。即是说，属于龙山时的器物数明显增多，器物造型相对规范，玉质档次相对较高，磨制光滑。用玉的范围已超出南阳盆地，东北已到了今安阳、郑州一些区域。[3]向南已到江汉平原，甚至凌家滩遗址、石家河遗址出土的玉器很大一部分都是南阳出产的青白独玉。通过沁色对比研究疑似独山玉质器物也可能到达良渚、三星堆、金沙等地。夏商时期，随着考古新发现的不断增多，调查的广泛深入，玉材产地鉴定工作的逐步完善，将会有更多的标本出现。即便以现有的标本，亦可见夏商之前南阳独山玉的发展状况。其分布范围在仰韶、龙山文化的基础上，有进一步大的跨越。商中期以后独山

1　胡焕英：《南阳独山玉器》，《中国文化画报》2012年第3期。

2　南阳市文物考古研究所：《南阳古玉撷英》，文物出版社，2005年，第18页。

3　胡焕英：《南阳独山玉器》，《中国文化画报》2012年第3期。

周边地表独山玉逐渐减少，独山玉矿脉坚硬稀疏，表层下的矿脉难于开采，使独山玉质的器物至周代淡出了历史。

三、独山玉特色及夏商早期独山玉质斧钺璋戈等器形的分类

（一）独山玉及其特色

南阳独山玉既不是闪石玉，也不是辉石玉，而是“黝帘石化斜长石”或者说是斜长石类玉石。

南阳独山位于南阳市东北方向，属伏牛山绵延低山，由辉长岩体构成，因孤然孑立而得名。其岩体裸露面积约 2.3 平方千米，海拔 367.9 米。玉脉产于山体中部次闪石化辉长岩碎裂带上部的次闪石化中粗粒辉长岩中，形成矿区东坡与西坡两个玉脉密集带。玉石多分布于辉长岩体浅层，一般在标高 203 米以上，最深可延至 446 米。呈鱼群状产出，平面呈雁行状，具等间距分布的特点。

独山玉的分类沿用传统方法，即按颜色分类。依颜色，可将其分为八大类，分别为白独玉、绿独玉、黄独玉、青独玉、红独玉、紫独玉、墨独玉，其他多色玉统称杂色独玉。独山玉中产量最大的是杂色独玉。多种颜色不同的玉常混杂在一起，呈现绚丽多彩的面貌（图一）。[1]

图一　独山玉质部分标本

对独山玉的研究表明，白独玉类有透水白玉、干白玉、乌白玉之分，其岩石依次为细粒化斜长岩、黝帘石、强黝帘石化斜长石；绿独玉有绿玉、绿白玉、

1　胡焕英：《南阳独山玉器》，《中国文化画报》2012 年第 3 期。

天蓝玉、翠玉之分，其岩石的矿物依次为：含铬白云母化斜长岩，含透辉石、黝帘石化斜长岩，含铬白云母斜长岩，含透辉石、强黝帘石化斜长岩；青独玉类的岩石为糜棱岩化透石岩、次闪石化辉长糜棱岩；黄独玉有棕玉、黄玉之分，其岩石依次为：黑云母化斜长岩，绿帘石、黝帘石化斜长石；墨独玉类岩石为糜棱岩化、黝帘石化辉长岩。[1]

（二）独山玉质器形的分类

我们通过调查、发掘或从民间收藏中了解到独山玉的情况，尤其是2018年以来对南阳黄山遗址两年多的考古发掘中，出土了玉石作坊及大量的独山玉质实物，确认了黄山遗址是一处仰韶文化晚期和屈家岭文化时期集加工、交流玉石器为主（玉石器制造基地+港口）的大型中心聚落遗址，填补了中原和长江中游地区新石器时代玉器作坊遗存的空白，在南北文化交流碰撞的关键地区、距今五千年左右的关键时间为研究中华文明形成提供了关键材料。

我们将其分为生产工具、礼器、生活用具等三大类（表一）。其中礼器包含钺、戚、璋、戈。

表一　独山玉质器物部分标本登记表

序号	名称	尺寸（厘米）	出土、拣选地点	色　泽	时　代
1	石斧	长14.3，宽4.5，厚4	方城遗址拣选	黑	
2	石斧	长15，宽7，厚3.9	方城遗址拣选	黑绿相杂	
3	石斧	长10.8，宽7.7，厚3.3	内乡县小河遗址拣选	黑绿	
4	石斧	长7.1，宽8.2，厚2.8	宛城区高河头遗址拣选	黑	
5	石斧	长11.1，宽5.4，厚2.4	92DBDH150：2	黑	屈家岭晚
6	石斧	长10.4，宽4.3，厚2.4	98DBDH649：45	黑绿	屈家岭晚
7	石斧	长16.5，宽6.8，厚4.1	宛城区高河头遗址拣选	黑	
8	石斧	长10.2，宽8，厚2.9	92DBDH24：2	杂色、偏黑	龙山晚期偏晚
9	石斧	长8.2，宽7.7，厚3.2	92DBDT409③：4	黑	
10	石斧	长8.1，宽5.4，厚2.7	邓州市八里岗遗址拣选	黑绿	

1　南阳市文物考古研究所：《独山玉文明之光——南阳黄山遗址独山玉制品调查报告》，中州古籍出版社，2020年。

（续表）

序号	名称	尺寸（厘米）	出土、拣选地点	色泽	时代
11	石斧	长 8.5，宽 5.6，厚 2.9	邓州市八里岗遗址拣选	黑绿	
12	石斧	长 8.4，宽 5.1，厚 2.6	平顶山市卫东区蒲城店遗址拣选	黑	龙山
13	石斧	长 9.3，宽 6.2，厚 3.2	平顶山市卫东区蒲城店遗址拣选	黑	龙山
14	石斧	长 7.2，宽 4.1，厚 2.4	平顶山市卫东区蒲城店遗址拣选	黑	龙山
15	玉斧	长 9.8，宽 4.4，厚 1.8	98DBDH666 下	黑	东周
16	扁平玉斧	长 8.9，宽 7.6，厚 1.3	92DBDT804F11：3	黑绿	仰韶晚
17	扁平玉斧	长 12.5，宽 6.8，厚 1.6	新野县东赵遗址拣选	杂	新石器时代
18	石锛	长 3.8，宽 2.9，厚 0.8	92DBDT803②c：17	黑	屈家岭时期
19	玉锛	长 8.6，宽 5.2，厚 2.3	平顶山市卫东区蒲城店遗址拣选	黑绿相间	龙山
20	玉锛	长 5.1，宽 3.95，厚 1.3	98DBDH833：1	深绿	
21	玉锛	长 6，宽 3.3，厚 1.2	镇平县安国城遗址拣选	黑绿	
22	玉锛	长 6.6，宽 4.6，厚 1.1	邓州市太子岗遗址拣选	黑	
23	石锛	长 4.7，宽 4.5，厚 1.25	新野县邓禹台遗址拣选	黑绿	
24	玉凿	长 10.7，宽 3.1，厚 1.35	00DBDT306M165：13	黑	
25	玉凿	长 9.1，宽 1.7，厚 1.2	98DBDT1413④：5	黑绿	屈家岭早
26	玉凿	长 6.5，宽 2.15，厚 1.2	98DBDT809②：2	黑	屈家岭时期
27	石凿	长 6.4，宽 2.1，厚 0.9	98DBDH514：1	黑	龙山晚期偏晚
28	石凿	长 4.6，宽 2.3，厚 1.2	98DBDH406：1	黑	龙山晚期偏晚
29	凿	长 8.5，宽 2.4，厚 2	新野县邓禹台遗址拣选	黑绿	
30	玉刀	长 8.2，宽 4.6，厚 0.6	98DBDH512②：2	黑	龙山晚期偏晚
31	玉刀		安阳殷墟出土	黑绿	商
32	扁平玉钺	长 15.4，宽 10.1，厚 1.4	卧龙区黄山遗址出土	黄褐	
33	扁平玉钺	长 13.2，宽 8.6，厚 1.8	许昌市许昌县谢庄遗址拣选	绿白	
34	扁平玉钺	残长 16.4，宽 8.3，厚 1.6	社旗县谭岗遗址拣选	绿白	

（续表）

序号	名称	尺寸（厘米）	出土、拣选地点	色 泽	时 代
35	扁平玉钺	残长 16.4，宽 8.3，厚 1.6	社旗县谭岗遗址拣选	绿白	
36	扁平玉钺	长 21.3，宽 10.9，厚 1.65	镇平县安国城遗址拣选	黑绿	
37	扁平玉钺	长 19.3，宽 9.3，厚 1	镇平县安国城遗址拣选	绿白	
38	扁平玉钺	长 17.5，宽 6.9，厚 1.4	94DBFM112：17	绿白	仰韶早
39	扁平玉钺	长 43.2，宽 10.2，厚 1.7	南召县红石坡遗址拣选	绿白	
40	扁平玉斧	长 25，宽 8.4，厚 1.9	社旗县谭岗遗址拣选	绿白	
41	扁平玉钺	长 17.9，宽 7.1，厚 1.4	镇平县安国城遗址拣选	绿白	
42	扁平玉钺	长 24，宽 9，厚 1.4	镇平县安国城遗址拣选	绿白	
43	扁平玉钺	长 26.4，宽 8.1，厚 2.1	镇平县冢洼遗址拣选	绿白	
44	扁平玉钺		西坡遗址		
45	扁平玉钺		黄山遗址 M77		屈家岭
46	玉钺	长 11.9，宽 10.5—11.6，厚 1.2	宛城区黄台岗镇高堂村拣选	黑白相杂	夏
47	玉戚	长 2 2，宽 16	湖北保康的穆林头遗址 M26-28		屈家岭
48	玉戚	长 16.2	二里头遗址		夏
49	玉戚		流失海外（德国）		夏
50	玉戈	长 24，宽 6.7	郑州十四中出土		商
51	玉戈	长 23.9，宽 4.5—4.8，厚 0.6	桐柏月河墓 M1		春秋
52	玉戈		市场		商
53	玉矛	长 21.3，宽 5，厚 0.8	桐柏县月河春秋墓	黑	夏
54	玉璧	外径 5.8—6，内径 2.2，厚 0.6	信阳市罗山县天湖 M8：21	绿褐	商
55	玉璧	外径 10.7，内径 4.5—4.6，厚 0.8	信阳市罗山县天湖 M12：11	青绿	商
56	牙璋	长 37.8，宽 9.8，厚 0.6	南阳望城岗	花独玉	夏

（续表）

序号	名称	尺寸（厘米）	出土、拣选地点	色　泽	时　代
57	牙璋	长 31.4，宽 4.1–5.9	南阳月河墓	黑独玉	夏
58	牙璋	长 39.2，宽 10.2	河南新郑	青独玉	商中
59	牙璋	长 66，宽 13	河南郑州	青独玉	商中
60	牙璋		市场	花独玉	夏
61	牙璋	长 54.5，宽 6—8.8，厚 0.8	三星堆 k2 ③：201– 4	疑似独玉	
62	牙璋		三星堆	疑似独玉	
63	玉凿	长 15.3，厚 1.3	妇好墓	独山玉	
64	玉斧	长 20，宽 6	三星堆二号祭祀坑	独山玉	
65	玉虎	长 28，宽 8.88，高 20.03	金沙	疑似独玉	
66	玉人	长 8.73，宽 10.63，高 22.7	金沙	疑似独玉	
67	玉牛		加拿大	花独玉	商

1. **生产工具**

从玉器工艺角度，独山玉有打制玉器、磨制玉器和其他玉器几种。打制的独山玉生产工具有盘状器、砍砸器、刮削器、玉片、玉铲、玉凿、玉镰等。磨制的独山玉有斧、铲、楔、锛、凿、镰、刀、镞、球等。

（1）斧

标本 1：通体浑圆，横截面呈短轴与长轴比值较大的不规则椭圆形。刃窄于体，双面斜弧刃（图二 –1）。

标本 2、3、4：形体略同。双面弧刃。其中 1 件体浑厚；2 件较扁，横截面为不甚规则的椭圆形（图二 2、3）。

标本 5、6、7：个体较长，横截面为不规则长方形，四边有弧度，棱角磨圆。其中 2 件刃微弧而近于平直，1 件为斜弧刃（图二 –4、5 ）。

标本 8、9、10、11、12、13、14：体较短，横截面呈或基本呈长方形。3 件双面弧刃，4 件为两面直刃（图二 –6）。

标本 15：近长方体，斧身扁薄。体部稍加琢磨，大部分保留打制后的原始

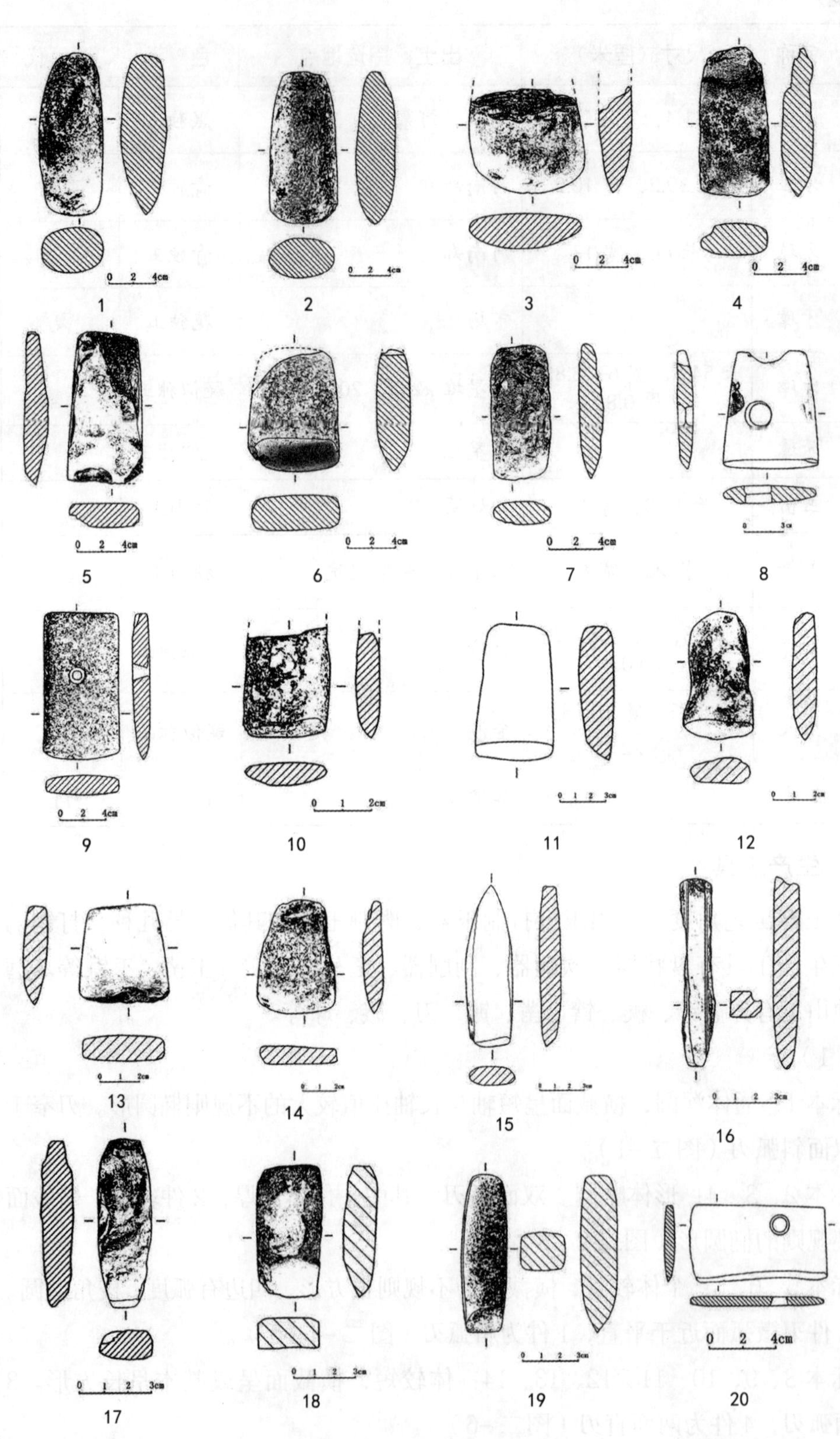

图二　独山玉玉器（线图）

痕迹。双面弧刃（图二 -7）。

扁平玉斧：从刃部痕迹观察，属劳动工具类。

标本 16：扁平玉斧。邓州市八里岗遗址 92DBDT804F11：3，新石器时代仰韶文化晚期。独山玉，黑绿色，润泽细腻。体扁薄，呈梯形，下饰单面刃。背饰一残单面钻穿，器中部饰一对钻穿。通体磨光。刃部有密度细长的擦划痕迹，应是劳动工具（图二 -8、图三 -1）。

标本 17：南阳市独山玉，杂色，形状近玉戚状。长方体。长 12.5 厘米，宽 6.8 厘米，厚 1.6 厘米。两侧近刃部向外略侈张。双面弧刃，擦划痕短而密集。中部有单面钻孔。新野县东赵遗址拣选（图二 -9、图三 -2）。

（2）锛

标本 18：近长方体，扁薄。器身残损。刃微弧（图二 -10）。

标本 19：一侧面近平直，一侧面略弧。刃在近平直的侧面一边（图二 -11）。

标本 20、21：近梯形，一侧面磨制较平整，一侧面横向磨成弧鼓状，使刃部呈弧形。锋刃亦呈弧形。八里岗遗址出土的一件，体短宽，而镇平县安国城遗址的，体形修长（图二 -12）。

标本 22、23：近梯形，刃稍弧。标本 22，背平直，体较厚。邓州太子岗遗址拣选的一件，弧背，体薄（图二 -13）。

（3）凿

标本 24：体扁平，光滑。个别处有原始打制疤痕。尖端呈楔形；宽端呈凿状，平刃（图二 -15、图三 -3）。

标本 25：长条状。为解玉后的边料制成，两侧尚保留宽大的锯痕。刃端周侧有多个不规则的磨面，锋刃呈弧秃状（图二 -16）。

标本 26：窄背、窄刃，中间较宽，整体略呈梭形（图二 -17）。

标本 27、28：器形呈长方体。刃斜直，锋利。前者修长而扁薄。标本 28 短而厚（图二 -18）。

标本 29：磨制规整，四棱体，中间较宽，横截面略呈正方形。中锋，刃厚直（图二 -19、图三 -4）。

（4）刀

标本 30：长方片状。单面刃。刃部经长期使用变为不规则的弧形（图二 -20；图三 -5）

标本 31：呈长方形。双面弧刃。安阳市妇好墓出土，商代（前 1600—前 1046）（图三 -6）。

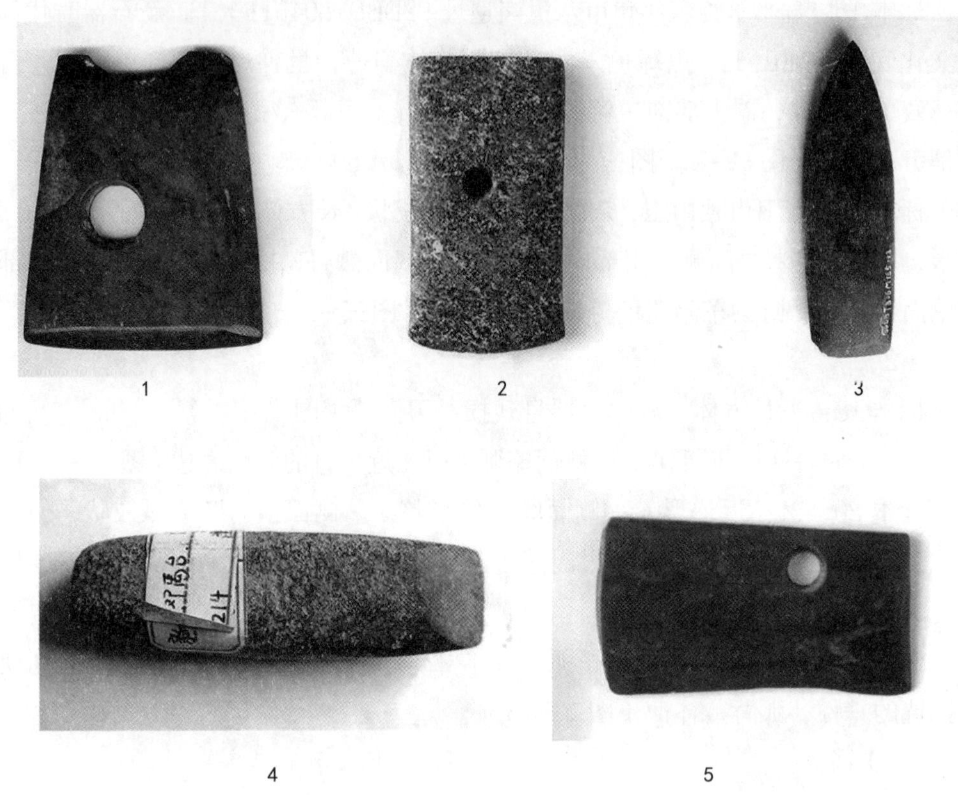

1　　2　　3

4　　5

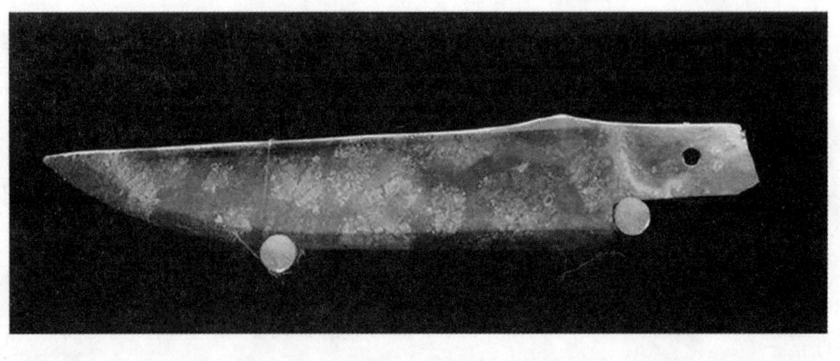

6

图三　独山玉玉器

2. 礼器

夏、商、周三代，南阳独山玉的使用范围向外有了大幅度拓展。在夏、商京畿腹心地带出现，在黄河、淮河、海河流域的一些地域出土的事实，说明其已步出狭小的区域，在广袤的中原大地驻足。甚至石家河、凌家滩、三星堆、金沙遗址都有部分独山玉质器物出土。

玉钺是对短兵相接时近身搏杀武器石钺的玉礼化，一向被认为是“以玉为兵”军事指挥权的象征。南阳最早的独山玉质钺出现在距今5000年左右的黄山遗址，经过长期演变的玉钺成为最重要的玉礼器。[1]

（1）独山玉钺

部分带有原制作时留下的疤痕。无使用痕迹。虽有撞击致残断或块状崩碴(根据遗址发掘情况来看，残断或崩碴的斧形钺大多为墓葬出土，且无使用磨痕），应该不是由原本劳动所留，暂将其放入礼器类。

标本32、33：梯形，短宽。近顶部有钻孔，顶微弧，双面弧刃。许昌县谢庄遗址拣选的一件，体稍厚（图四-1）。

标本34、35、36、37：体呈长梯形。一件两侧斜直，刃部残缺较甚。一件自孔中间以上残缺，两侧微内凹，刃两侧向前聚拢成秃尖。标本36，近顶有钻孔，顶近平，双面弧刃。标本37，磨制光滑，无穿，刃微斜，略弧（图四-2、3）。

标本38、39、40、41、42、43：呈梯形或近似梯形，器体特别长。钺体浑实、厚重。扁平玉钺，新石器时代。长43.2厘米，宽10.2厘米，厚1.7厘米。独玉，绿白，润泽细腻。扁平体，体较长，背尖凸，体上部略窄，向下渐宽，弧形双面刃，通体磨光。南召县红石坡遗址采集。现藏南召县博物馆（图五-1）。扁平玉钺，新石器时代。长19.3厘米，宽9.3厘米，厚1厘米。独玉。润泽细腻，绿白，有褐色沁斑。体扁平，呈梯形。背微弧，弧形双面刃。精工琢磨而成。镇平县安国城遗址采集。现藏南阳市博物馆(图五-3)。扁平玉钺，新石器时代。长17.9厘米，宽7.1厘米，厚1.4厘米。独玉。色润，墨绿色。首略平，弧形双面刃。背部居中饰一对钻孔。精工琢磨而成。镇平县安国城遗址采集。现藏南阳市博物馆（图五-4）。

标本44：西坡遗址扁平玉钺 。2005年河南省文物考古研究所与中国社会科学院考古研究所等单位组成的联合考古队，对西坡遗址进行了第五次发掘，最重要的收获是揭露了22座仰韶文化中期最晚阶段的墓葬。[2]这是在仰韶文化中期

1 胡焕英：《南阳独山玉器》，《中国文化画报》2012年第3期。

2 马萧林，李新伟，杨海青：《河南灵宝市西坡遗址墓地2005年发掘简报》，《考古》2008年第1期。

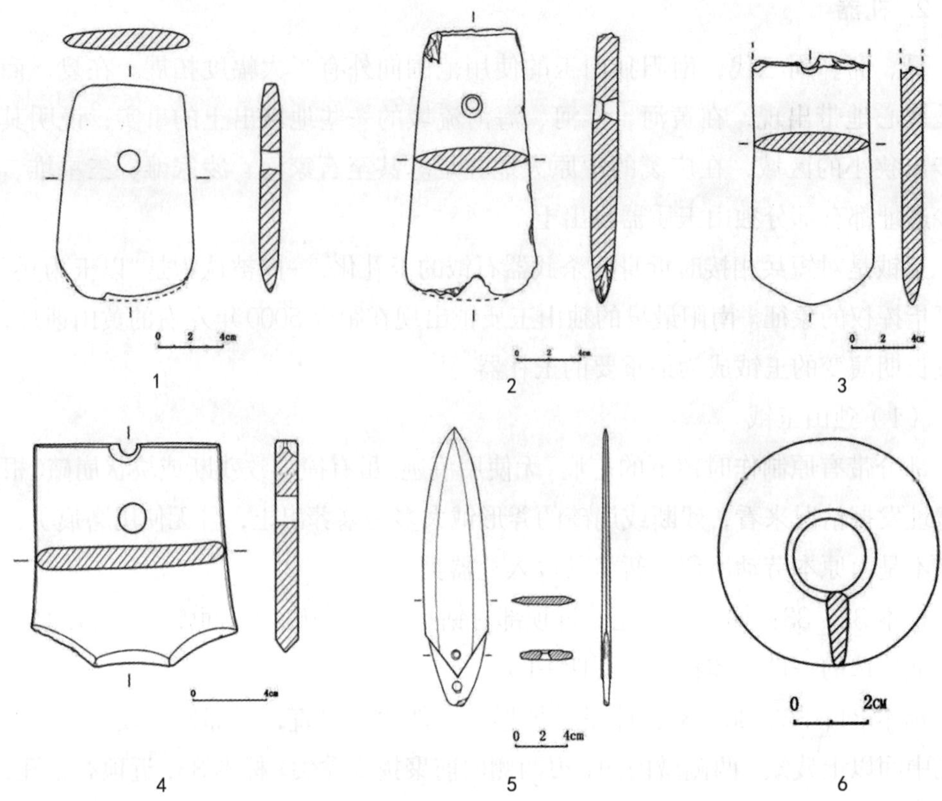

图四　独山玉玉器（线图）

的核心地区首次发现该时期墓葬。墓葬随葬品中有十几件玉器，大部分为独山玉质，是黄河中游地区时代最早的成批出土玉器（图五 -2、图十一）。

标本 45：黄山遗址发掘出土部分独山玉（图八、图九）。

标本 46：长 11.9 厘米，宽 10.5—11.6 厘米，厚 1.2 厘米。独玉。色润微透，黑白花。平首，两侧下端略外侈，三个月牙形双面凹刃。首部居中存一半对钻孔，钺中上部饰一单面钻孔。器首两面残留有切割线。孔中有螺旋状钻痕。精工琢磨而成，制作精美。此当为一旧器改造。黄台岗采集。现藏南阳市博物馆（图四 -4、图五 -5）。

（2）独山玉戚

标本 47：湖北保康的穆林头遗址出土，长 22 厘米，宽 16 厘米，压于右肱骨及背部下。穆林头遗址屈家岭文化时期高级别墓地系长江中游文明进程考古的重大发现，特别是大型玉钺、玉牙璧等权力象征物的首次发现，对于今后屈家岭文化时期高级别墓葬的认识意义重大。M26-28 玉钺（图五 -6）。[1]

1　湖北省文物考古研究所：《湖北保康穆林头遗址 2017 年第一次发掘》，《江汉考古》2019 年第 1 期。

图五　独山玉玉器

标本 48：玉戚。著录：邓淑苹《群玉别藏》，台北，1995 年。二里头文化，约公元前 1800—前 1600 年（图五 -7）。

标本 49：玉戚（图五 -8）。

（3）独山玉戈

标本50：商代，郑州十四中出土。独山玉质。长24 厘米，宽6.7 厘米。戈援呈长条三角形，有一穿孔。无内阑，援后部有用于绑束的齿，前锋犀利，通体磨光，青灰色。为贵族的仪仗礼器（图五-9）。

标本 51：桐柏县月河 M1 出土。春秋晚期。长 23.9 厘米，援宽 4.5—4.8 厘米，厚 0.6 厘米。蚀变微晶辉长岩。黑色，有灰白色沁斑。直援较长，圭首形锋，两侧刃对称，长方形内饰一单面钻穿。援部一面有凹下的解玉台痕。素面，通体磨光。现藏南阳市文物考古研究所（图五 -10）。

标本 52：商代，市场所见（图五 -11）。

（4）独山玉矛

标本 53：蚀变辉长岩（独山玉），桐柏县月河 M1 出土。春秋晚期。长 21.3 厘米，宽 5 厘米，厚 0.8 厘米。独玉，黑色。扁平柳叶状，柄部饰两个单面钻孔。精工琢磨。现藏南阳市文物考古研究所（图五 -12）。

（5）独山玉璧

标本 54、55：信阳市罗山县天湖商周墓地出土。两件形制相同，肉大于好，肉近好处较厚，至边沿渐薄[1]（图四 -6）。

（6）独山玉牙璋

玉牙璋是中原及山东龙山文化、二里头文化、殷墟商墓、四川三星堆遗址、金沙遗址等常见的“玉礼”。传统认为夏商玉器的璋、戈大量使用“布丁石”制作。据调查，“布丁石”的产地主要在甘肃省境内。与“马鬃山玉”“马衔山玉”“三危山玉”同属甘肃闪石玉范畴，然与典型的透闪石软玉有明显区别。西周时期亦偶见“布丁石”材质的玉器。这类玉料质地细腻均匀，柔韧性很好，是制作牙璋、玉刀、玉圭、玉戚、玉钺、玉铲、玉戈等玉器主要用材。但在中原商代早期很少有“布丁石”材质的玉器。反而中原地区二里头、龙山文化、屈家岭、石家河文化甚至更早的仰韶文化时期以独山玉质以及伏牛山周边所产的伊源玉、梅花石、重阳石、黑绿石、彩色砭石等材质居多。

标本 56：玉牙璋，独山玉，长 37.8 厘米，宽 9.8 厘米，厚 0.6 厘米。灰黑色，体扁薄，器体有一定程度扭曲。凹弧形双面刃。阑两侧饰凸齿，内近阑处钻一孔。

1　河南信阳地区文管会，罗山县文化馆：《罗山天湖商周墓地》，《考古学报》1986 年第 2 期。

通体磨光，夏代，1972 年出土于南阳市宛城区溧河乡望城岗。现藏南阳市博物馆（图六 –2）。

标本 57：牙璋，独山玉，桐柏县月河 M1 出土。春秋晚期。长 31.4 厘米，宽 4.1—5.9 厘米，厚 0.7 厘米。蚀变基性岩，黑色。形体规整。体狭长扁平，器身一面微凹成弧形，器身中部两侧略内收，向下渐侈。单面刃。柄有单面钻孔。素面，精工琢磨。现藏南阳市文物考古研究所（图六 –1）。

标本 58：牙璋，商代，河南省新郑市望京楼新村出土。长 39.2厘米，宽 10.2厘米（图六 –3）。现藏河南博物院。

标本 59：牙璋，1958年河南省郑州市南郊扬庄出土。长 66厘米，宽 13厘米，青玉质（图六 –4）。

标本 60：牙璋，市场所见（图六 –5）。

标本 61：四川省广汉市三星堆祭祀坑出土的刻有“祭祀图”的牙璋，是一件特殊的牙璋。通长 54.5 厘米，牙璋没有明显的扉棱扉牙，可能是一件形制原始、年代较早的牙璋。遍体装饰图案，生动刻画了原始宗教祭祀场面。图案上下两幅对称布局，内容相同，最上一幅平行站立三人，头戴平顶冠，戴铃形耳饰，双手在胸前作抱拳状，脚穿翘头鞕，两脚外撇站成一字形。第二幅是两座山，山顶内部有一圆圈（可能代表太阳），在圆的两侧分别刻有“云气纹”，两山之间有一盘状物，上有飘动的线条状若火焰（图七 –3）。[1]

标本 62：牙璋，1986 年三星堆一号祭祀坑出土（图七 –7）。

（7）玉凿

标本 63：长 15.3 厘米，厚 13 厘米。商代晚期礼仪用玉，河南省安阳市妇好墓出土，现藏中国社会科学院考古研究所。一面深绿色，另一面黄褐色。器作扁平长条形，顶端略呈弧形，上部有一圆形穿。平刃，系两面磨成，体两侧有边棱。研磨、抛光都较精细，无使用痕迹（图七 –1）。[2]

（8）玉斧

标本 64：三星堆二号祭祀坑出土，长 20 厘米，宽 6 厘米。形状略呈梯形，刃部较宽，为单面弧形刃，器身两侧平直，端部呈方形，中部有一圆穿（图七 –2）。

（9）玉虎

标本 65：玉虎，金沙遗址出土，疑似独山玉。长 28 厘米，宽 8.88 厘米，高 20.03 厘米。虎呈卧姿，昂首，嘴巴大开，正视虎口呈方形，四角各雕一个硕大的三角形犬齿，上、下颌各雕四颗门齿。喉部保留管钻痕，侧视虎的口呈三角形，

1 四川省文物考古研究所：《三星堆祭祀坑》，文物出版社，1999 年，第 361 页。

2 古方主编：《中国古玉器图典》，科学出版社， 2007 年，第 117 页。

1

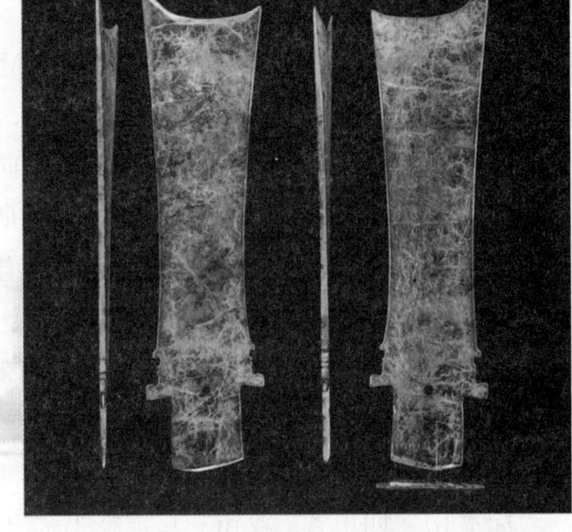
2

3

4

5

图六　独山玉玉器

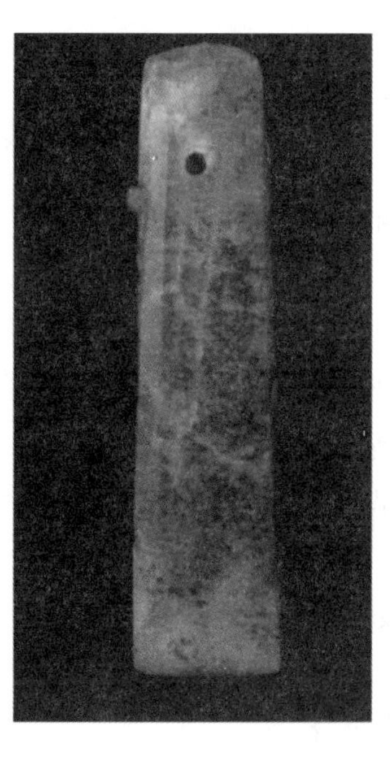

1

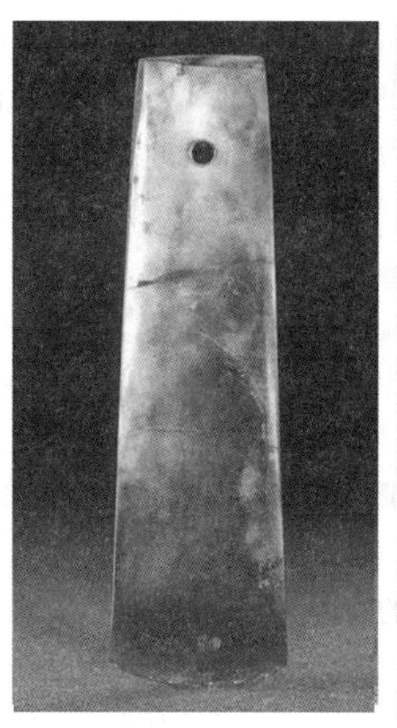

2

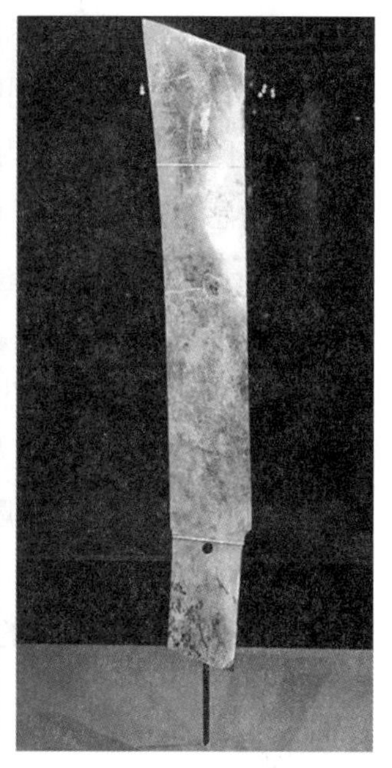

3

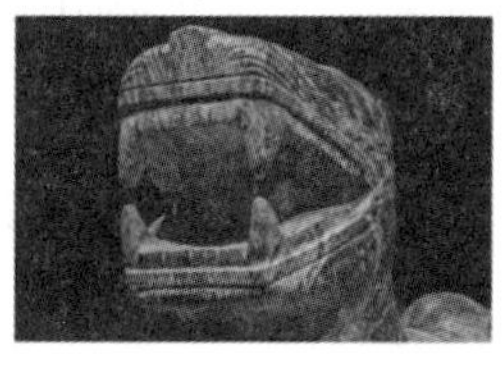

4

5

6

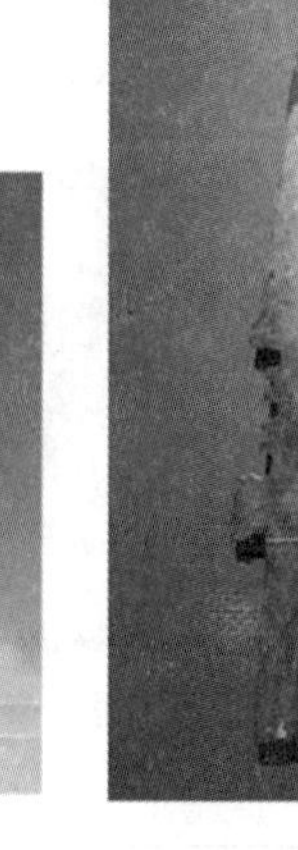

7

图七　独山玉玉器

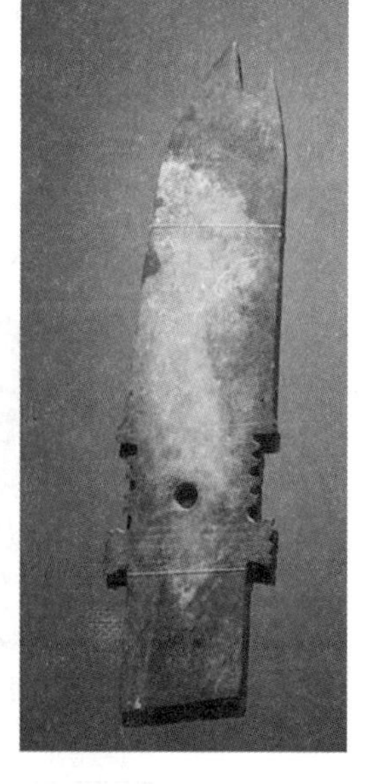

上、下颌各雕三颗门齿，虎口的后部两侧又各有一个小钻孔。虎额的两侧各阴刻五道胡须，其后阴刻两个“目”字形眼和三角形卷云耳，两耳间又阴刻四条

平行线纹。直颈，虎头和颈较虎身大，略显夸张。前爪前伸，后爪向前弯曲卧于地上。臀部有一圆形小孔。腿与身之间往臀部延伸形成一条凹槽，与臀部孔下的一条凹槽将臀部分为六部分。玉虎威猛而狞厉，自然而拙朴，在静态之中蕴藏着动感，生机勃勃，充满力量，确实是商周时期不可多得的石刻圆雕艺术精品（图七 -4）。[1]

（10）玉人

标本 66：金沙遗址出土，疑似独山玉。2001 年开始发掘的金沙遗址出土了大批遗物，其中 12 件玉人像形制独特、制作精美，是不可多得的相当于商周时期的玉雕作品。[2] 这些玉雕人像形制基本相同，即都呈双手被反绑的跪坐状，头顶均呈 V 字形，相关报道与研究均认为这是一种奇特的发式，即头发中分并且向左右分开，如同翻开的书本。头左右两侧没有头发，脑后有发辫垂至腰间，人脸方正瘦削，高鼻，大嘴，耳上有穿孔。双手在后背交叉，双膝屈跪，臀部坐于足跟上。人身上未刻纹饰，也未见有彩绘，似为全身赤裸。但人像的细部有所不同。[3] 长 8.73 厘米，宽 10.63 厘米，高 22.7 厘米（图七 -5）。

（11）玉牛

标本 67：商代，加拿大安大略博物馆藏，独山玉（图七 -6）。

（12）玉璜

玉璜是产生较早的佩玉，在早期人类文明遗址中玉璜通常以单璜或双璜并列组合形式出现。先秦文献《山海经 · 海外西经》中有“夏后启……右手操环，

图八　黄山遗址 M77

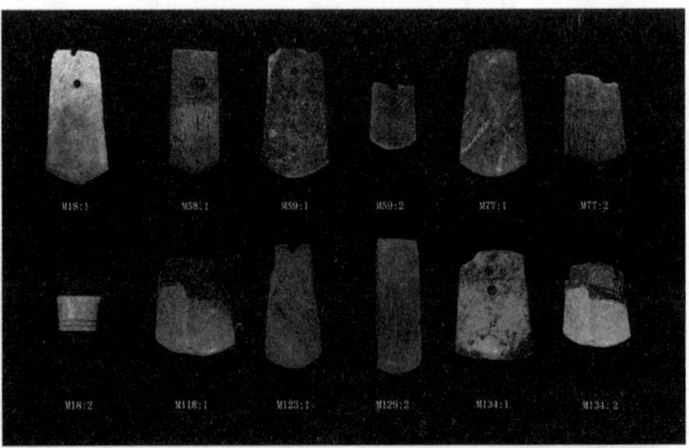

图九　黄山遗址出土部分独山玉玉钺

1　王方：《对成都金沙遗址出土石雕作品的几点认识》，《考古与文物》2004 年第 3 期。

2　成都市文物考古研究所，北京大学考古文博院：《金沙淘珍》，文物出版社，2002 年，第 166—181 页；成都市文物考古研究所，《成都金沙遗址 I 区“梅苑”地点发掘一期简报》，《文物》2004 年第 4 期；成都文物考古研究所：《金沙：再现辉煌的古蜀王都》，四川出版集团、四川人民出版社，2005 年，第 110—114 页；成都文物考古研究所：《金沙——21 世纪中国考古新发现》，五洲传媒出版社，2005 年，第 104—108 页。

3　施劲松：《金沙遗址出土石人像身份辨析》，《文物》2010 年第 9 期。

佩玉璜”的记述。《周礼》中有所谓“半璧为璜”之说，即璜的造型是玉璧的一半。那志良先生认为最早玉璜的产生与古人观察自然界的彩虹有关，后世的文献也的确将玉璜和彩虹相联系，《太平御览》卷十四《天部》引《搜神记》云：“孔子修《春秋》，制《孝经》，既成孔子。斋戒向北斗星而拜，告备于天。乃有赤气如虹，自上而下，化为黄玉。”（图十）

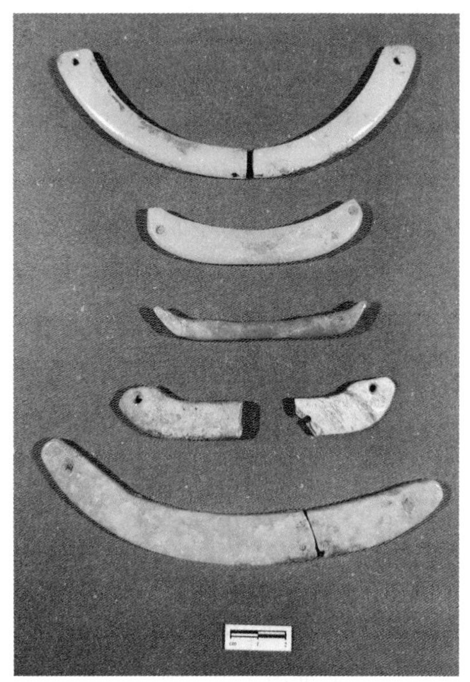

图十　黄山遗址出土部分独山玉玉璜

黄山遗址 M77 和一批玉石工匠墓为代表的屈家岭文化墓地的发掘，此类墓葬等级森严、人骨保存之好国内罕见。“梯形独木棺、双玉钺、单弓、成捆骨簇、少量陶器、大量猪下颌骨成为酋长类墓的标配。”从已清理墓葬随葬品和发现葬具的情况看，基本可以确定这是一处豫西南乃至汉水中游地区已发现的屈家岭文化最高等级氏族墓地之一，墓主们为一玉石工匠族群。尤为值得一提的是，M77 随葬的猪下颌骨约在 400 个以上，远远超越了其他墓地，代表着墓主人拥有至高无上的权力和财富，掌管着这片区域的玉器生产和交流。

从已知的 3000 多处新石器文化遗址所发掘出来的大量玉石器物说明，中国新石器时代的玉石业已相当发达，其所利用的矿产资源有萤石、蛋白石、燧石、玛瑙、雨花石、蓝田玉、绿松石、软玉、昆山玉、岫玉、独玉（南阳玉）、滑石、寿山石、大理石、花岗石、煤精等。例如，1959 年独山附近南阳市卧龙区黄山仰韶文化遗址，其中发掘出了独山玉铲、独山玉凿、独山玉璜、独山玉簪等物。独山玉铲长 15.5 厘米，宽 10.2 厘米，为绿白独玉，一面沁色较深为黄色。玉铲上部有一穿孔，孔洞极圆，可见当时琢玉技术之高超。1976 年文物普查时，在镇平县城郊乡王庄村发现新石器时代的独山玉铲一件，此玉铲长 26.5 厘米，上宽 5.7 厘米，下宽 8.5 厘米，最厚 1 厘米，上部有圆孔，下有弧形刃，弧长 10 厘米，刃处仅厚 0.3 厘米。另外，在新野县凤凰山新石器时代遗址中也出土了两件独山玉铲，时代为仰韶文化中期。一件长 18 厘米，宽 11.3 厘米，厚 0.7 厘米，另一件长 17.5 厘米，宽 13.3 厘米，厚 1 厘米。两件玉铲均为黑花独山玉。[1]

1　江富建：《南阳玉文化的历史渊源与地位》，《南都学坛》2004 年第 3 期。

2005年，河南省文物考古研究所与中国社会科学院考古研究所等单位组成的联合考古队，对西坡遗址进行了第五次发掘，最重要的收获是揭露了22座仰韶文化中期最晚阶段（公元前3300年左右）的墓葬。这是在仰韶文化中期的核心地区首次发现该时期墓葬。墓葬随葬品中有十几件玉器，因为这是黄河中游地区时代最早的成批出土玉器，备受瞩目。这批玉器虽然数量不多，但器身保留下来的加工痕迹，为了解当时的玉器加工方法与技术提供了重要线索（图十一）。[1]

南阳盆地周围的仰韶文化、屈家岭文化、石家河文化、龙山文化以及早商已出土的独山玉质器物，绝不应当只分布在南阳盆地周围，在河南西部、湖北中北部、山西南部也出土独山玉质器，如玉刀、玉戈、玉璋、玉琮、玉圭、玉璧、玉臂环、玉梳、玉管、玉镞、玉钺等。1975年3月，镇平县城东北三里处的安古城出了两枚带穿玉铲，经鉴定，属夏王朝前的作品。湖北黄陂叶店盘龙城遗址（公元前16世纪—前14世纪）出土的一件玉戈是用独山玉制成的。偃师二里头遗址出土的独山玉玉戈，通长30.2厘米，援宽6.6—6.9厘米，厚0.5—0.7厘米，每面刃中有凸棱，刃峰交界处呈弧形隆起，是典型的玉礼器。[2]

图十一　西坡遗址出土的独山玉玉器

1　马萧林，李新伟，杨海青：《灵宝西坡仰韶文化墓地出土玉器初步研究》，《中原文物》2006年第2期。

2　江富建：《南阳玉文化的历史渊源与地位》，《南都学坛》2004年第5期。

四、独山玉文化研究的意义

南阳是夏文化的重要分布地区。夏朝初，禹在今南阳境内建城，尧曾战于丹水之浦以服南蛮，舜帝之子曾封于南阳。在夏代及其前后较长时期内，邦国林立，是夏族活动的核心区域。《史记·货殖列传》载："颍川、南阳，夏人之居也。夏人政尚忠朴，犹有先王之遗风。"《汉书·地理志》："颍川、南阳，本夏禹之国。夏人上忠，其敝鄙朴。"

可以说，南阳作为南北文化的传输通道，通过对新石器时代中原地区的裴李岗文化、仰韶文化、龙山文化与南方的屈家岭文化、石家河文化独山玉的研究，把遗址中出土的玉料和玉器，从石料和石器中分离出来，从而能揭开新石器时代至夏商过渡时期，南阳独山玉以磨制玉铲到斧钺璋戈为主要特征的礼器演变的文化面貌，对于促进"夏文化探源"具有十分重要的意义。并能通过研究独山玉的传播解决夏商文明时期文化融合的相互关系问题等等。

对梁带村芮国墓地出土玉器的探讨

林皓（大同市博物馆）

【摘要】玉文化是中华文明的重要标志之一。在神州大地上玉器的使用一直伴随着中华文明的发展。爱玉、礼玉、崇玉的基因深深植入中华民族的血液之中。陕西省梁带村芮国墓葬群考古发掘中出土大量玉器，丰富了周代玉器的实物资料。本文对梁带村芮国墓地出土玉器进行科学梳理与分析，结合考古学及相关历史文献，分析在两周之际社会变革中芮国玉器所蕴含的文化内涵。

【关键词】梁带村；芮国玉器；周礼；社会变迁

2005 年 4 月至 2009 年 12 月，陕西省考古研究所对韩城梁带村芮国墓葬群进行科学的考古发掘。在发掘的 1300 余座西周中晚期至春秋早期芮国墓葬中出土大量精美的玉器文物，不但对芮国历史研究提供了新线索，而且极大地促进了两周之交社会变迁的历史研究朝着纵深发展。

"芮"始于商末。最早出现在《诗经·大雅·绵》中："虞芮质厥成，文王蹶厥生。"[1] 芮国属于周代京畿内的封国。公元前 11 世纪，周武王封始祖芮良夫于芮邑，周成王时正式建立芮国，国君被称为芮伯，曾在周王室任司徒一职。《尚书》载："巢伯来朝，芮伯作《旅巢命》。"秦穆公二十年（公元前 640 年）芮国被秦所灭，享国三百余年的芮国就此退出历史舞台。[2] 悠久的历史创造出惊世的文化，留下了大量珍贵的遗存。目前科学考古发掘出土有关芮国文物主要有：2004 年山西翼城县大河口 M1 中出土的霸伯簋，第一次出现"芮公"铭文。[3] 2005—2009 年陕西韩城梁带村发掘的芮国墓葬群，M19 中出土带有"内(芮)太子作铸鬲，子子孙孙永宝享用"铭文的青铜鬲，M26 中出土带有"内（芮）太子白""内（芮）

---

1 程俊英：《诗经译注》，上海古籍出版社，2016 年。

2 [汉]司马迁：《史记·秦本纪》卷五，中华书局，1959 年。

3 宋建忠、吉琨璋、田建文、李永敏：《山西绛县横水西周墓发掘简报》，《文物》2006 年第 8 期。

公作为旅簋”“中姜作为桓公尊鼎”等铭文字样的器物。2016年，陕西澄城刘家洼发现春秋时期芮国故地遗址，在东Ⅰ区的M2中出土带有“芮行人”铭文字样的铜戈，M3中出土带有“芮太子”铭文的铜鼎。两周时期的文献记载：芮有南北两城，南在大荔，北在韩城。梁带村位于关中平原东部，西周时属于三芮之一的韩城芮。

一、考古出土的芮国玉器

考古工作者经过四载的发掘，梁带村芮国墓葬群出土精美文物36000余件。其中大量玉石类器物的出土为此次考古发掘增添了浓墨重彩的一笔。

根据公开发表的《陕西芮国墓地考古发掘报告》，笔者统计了梁带村芮国墓地出土玉石器的基本情况，如表一：

表一 梁带村芮国墓地出土玉器情况表

出土墓葬	出土玉器
M02	玉玦2件，玛瑙项饰1组（47件玛瑙珠、1件玉珠），玉琀2件
M05	玉圭1件，汉白玉料2件
M11	玉玦1件
M17	玉玦2件，玛瑙项饰1组17件，玛瑙腕饰1组14件
M18	玉管1件，玉璋形器1件
M19	玛瑙佩饰1组（1876件），玉戈1件，玉玦6件，玉牌1件，玉管1件，玉牛2件，串饰3组，玉握2件，玉佩饰1组（玉环、玉鱼、玉觿、柄形器等若干）
M21	玉玦2件，绿松石珠1件
M26	人形饰2件，玉觿10件，玉管1件，竹节状柄形器1件，玉牛1件，玛瑙珠饰1组（3001件玛瑙珠），玉戈2件，玉握2件，玉猪龙1件，煤晶玉串饰1组，玉玦8件，腕饰1组，口含若干碎玉，七璜组玉佩1组，玉牌项饰2组，玉挖耳勺2件，残玉若干，玉匕1件，梯形玉牌玉佩1组，玉兽面1件，玉贝2件，玉戚1件，玉鸟2件，玉虎1件，玉熊1件，玉蝉1件，花蕾形玉佩1件，玉人2件

（续表）

出土墓葬	出土玉器
M27	玉圭4件，玉玦6件，玉管1件，玉兽面1件，七璜组玉佩2组，玉戈2件，玉璧5件，梯形玉牌1件，人龙纹佩1件，鱼形璜3件，兽面饰4件，龙形玉觿3件，方柱形玉管1件，龙纹玉璧1件，玉剑饰1件，神人形佩1件，龙纹玉管1件，玉兽面2件，凤鸟纹柄形器1件，玉龙1件，柄形器2件，玉韘2件，玉鸟2件，双兽面玉饰2件，玉琮4件，玉耳勺2件
M28	石圭2件，石磬10件，石饰38件，石刀1件，石坠53件
M31	玉圭1件，玉佩1件（残），玉玦2件，玉珠1件，玉璜2件，项饰1组（71件玛瑙珠、玉珠）
M35	玉玦2件
M49	玛瑙项饰1组（45件玛瑙珠）
M502	玉戈1件，玉钫1件，柄形器2件，玉璋1件，玉刀1件，玉璜1件，口含碎玉片若干，玉铲2件，玉环3件，戈形玉佩1件，玉项饰1组，玉管2件，玉环2件，鸟形玉佩2件，玉琮1件，指甲形玉佩8件，兽面牌饰玉佩1件，玛瑙珠94件，玉片3件，玉玦1件，长条形玉2，玉饼1件，石贝若干
M508	玉玦1件，玉版1件，玉铲1件，玉饰片14片，残玉器1件，玉坠饰2件，绿松石珠1件
M51	玉玦2件，项饰1组（玛瑙珠27件、绿松石珠4件、玉鱼1件、玉片1件、玉佩3件、玉珠3件），长方形玉佩1件，束帛形玉佩1件，玉管3件，指甲形玉佩1件，玉琀8件
M517	玉玦1件，玉琀17件
M518	玉玦1件
M521	玉玦3件，石环1件
M525	口中含若干碎玉
M526	玉玦1件
M586	玉戈1件，玉璜3件，虎纹玉璜1件，云纹玉璜1件，素面玉璜1件，玉环1件，玉玦6件，龙纹玉佩2件，玉坠饰3件，条形玉饰2件，玉钫1件，玉匕1件，碎玉若干

依据上述表格与宗周、成周地区及其他诸侯国墓葬出土的玉器对比后可以得出：梁带村芮国墓葬群出土玉器的墓葬数量及单位墓葬出土玉器的数量比其他强大的诸侯国而言相对较少。就分布情况而言，出土的玉石类器物主要集中于墓葬群南部的贵族墓葬。数量较多的墓葬有芮桓公墓（M27）、芮桓公夫人墓（M26）及芮桓公次夫人墓（M19），另外在一些中小墓葬中也有零星的玉石器出土。根据墓葬等级的不同，玉器出土的数量和质量也有明显差异。芮国墓地出土玉器主要集中在大型的贵族墓葬之中。中小型墓葬出土玉器数量相对较少，有的墓葬仅仅出土有一两件石质类器物陪葬，甚至出现个别墓葬没有任何陪葬品的现象。就玉器种类而言，高等级墓葬出土玉器的种类相对较多，低等级墓葬出土玉器的种类也相对较少。出土玉器的主要种类有圭、琮、玦、璧、动物纹雕件、组玉佩、串珠、玉片等，其中数量最多的是作为组佩中起连接作用的玛瑙珠，数量次之的是玉圭、玉玦。其中值得深入研究有两点：一是M28为甲字型墓葬仅出土若干石质文物而无透闪石类文物陪葬，对比该墓葬中其他材质的陪葬品，玉石类陪葬品存在数量少、质量差的特点。这与该墓葬的规制存在差异导致男性墓主人的身份值得研究者去探讨。二是M502为中级墓葬却出土一件高规格的商代旧玉——鹦鹉与龙纹相结合的玉佩，墓主身份与墓葬等级之间出现一定偏差。有学者认为该墓主人为毕伯克，此中缘故还需要进一步研究。

二、芮国玉器的来源

根据考古发掘及相关文献的记载，梁带村芮国墓葬的年代大致在西周晚期早段到春秋早期晚段这一范围。这一时期是西周向东周转变的重要过渡阶段，社会出现剧烈变革，以周礼为基础的西周旧有秩序与新生的各强大诸侯国的统治者之间发生激烈思想碰撞。玉器作为文化的载体，反映了当时社会的诸多人文现象。笔者认为，芮国玉器的来源主要有芮国旧藏、周王室赏赐、诸侯国之间交往三大方面。第一方面，芮国享国300余年，经过数代的积累，在西周晚期芮国已拥有可观的财富。梁带村芮国墓葬出土的部分玉器造型与纹饰等诸多方面皆有殷商之风。根据M27中出土的玉璜上雕琢臣字眼轮廓，并带有明显商代晚期“双阴起阳”雕刻技巧的玉器。笔者推测自西周初年起，历代芮国国君不断收集前代玉器，甚至出现红山文化时期、龙山文化时期的玉器。此类玉器在西周晚期的芮桓公时期已成为芮国王室的财富。M27出土的七璜组玉佩中就发现有殷商时期和西周早中期风格的玉璜，这些玉璜应该是芮国早年收藏的玉器。第二方面，周王室对芮国的赏赐而得。据史料记载，周代有俘玉与分器的现象。西周初年周武王灭商后，对殷商玉器进行大规模掠夺并分赐给有功之臣。西周时期历代周天子常赏赐有功之臣一些精美玉器，这一点西周青铜器铭文可作为辅证。历代芮国国君作为周王室的近臣公卿势必接受过周天子的赏赐玉器，作为荣耀死后多陪葬于主人身边。如梁带村芮国墓葬群出土大量带有凤鸟纹的玉器，出土于M27墓主人左脚下的凤鸟纹柄形器（M27：209）就是一件被改制的具有典型西周中期风格的凤鸟纹玉器。凤鸟是周王室的图腾，并非普通人可以拥有，结合芮国国力相对孱弱，境内没有玉矿且至今未发现制玉作坊，故而笔者认为这些有凤鸟纹的芮国玉器大部分来源于周王室赏赐。第三方面，从诸侯国交往中获得。在两周之交社会大变革的前提下，各诸侯国为了自身利益与其他诸侯国进行各种方式的交往，玉作为一种代表契约的媒介流通于各诸侯之间。芮国因为地理区域特殊，常与秦晋通婚、盟约，M26出土的梯形牌串饰及M19出土的玉腕饰就带有明显三晋、西秦风格，推测它们是通过与各诸侯国交往而得到的。

三、芮国玉器材质特点

玉器起源于石器技术的发展。玉石珠宝因为有着绚丽色彩及温润细腻的特色成为古人所追求的贵重物品。就所选用的玉料来讲，梁带村芮国玉器突出特点有三个：一是颜色艳丽的玛瑙管珠大量运用在组玉佩之上。二是石质材料所占出土玉石器的数量比重相对较大，透闪石类玉仅出现在高等级贵族墓葬之中。绿松石、煤精、蛇纹石玉等也有零星出现。三是出土许多具有较高品质的新石器时代及殷商、西周早中期的透闪石类玉。出现上述现象与芮国的国家性质有一定的关系。芮国作为姬姓封国，属于畿内封国，受周礼影响深刻，内服周天子，在国力与财力上理应不及外服诸侯，故而只能在周礼制度的框架下选取前代遗留下来的玉料进行改制，甚至使用石质性材料来替代上等的透闪石玉。七璜组玉佩（M27：198、M27：200—206）可见到同一造型不同规格不同时代的器物有意识地组合起来构成一套组玉佩的现象，其美感远不及河南三门峡虢国墓地出土的组玉佩，山西天马－曲村的晋侯墓地出土的11璜组玉佩，客观上也说明芮国国力不强盛的事实。值得一提的是，在梁带村芮国玉器上出现两种金玉结合的装饰现象。一种为在一件器物之中黄金镶嵌在玉器之上。例如：玉韘（M27：227）在玉韘中央纵向凸起一脊背，脊带上镶有金质鹰首。另一种为组合器，由一件金质一件玉质组合成一件金玉器。例如：玉剑（M27：247）与金剑鞘（M27：1221），玉质剑的外部配以镂空蟠虺纹金质剑鞘。这种金玉结合方式是出现在春秋早期的新工艺，可见手工技艺随着时代的审美发展而创新。

四、芮国玉器类别及用途

两周之交社会变革剧烈，周天子为维护自身地位大肆强调周礼，导致文化上出现仿古与复古的思潮。与此同时，强大诸侯国的贵族喜欢追求新鲜事物。这一时期的玉器与西周早中期相比，有些器物在功能上也发生了变化。实用器大量出现，并且玉器装饰地位得到显著提高。各诸侯贵族墓葬多出现色彩艳丽、装饰繁复的珠串饰品。梁带村芮国墓葬出土玉器可分为礼器类、装饰器类、葬玉类、工具类四大类别。贵族高等级墓葬往往皆能出现上述四类玉器，中低等级墓葬则不会出现四种类别同时存在的现象。西周时期陪葬玉器数量的多寡、材质的优劣、形制的大小都要与墓主人的身份、地位相符合。西周中后期贵族流行选用制作精美、装饰性效果极强的美玉来装饰佩戴。梁带村芮国墓葬出土的组玉佩往往用玛瑙、料珠等具有鲜艳色彩的材料加以点缀，以突出华丽之感，这与周代玉文化制度相吻合。就玉器的放置位置而言，笔者通过阅读《陕西韩城梁带村芮国墓地西区发掘简报》可以得出结论：在椁室外的封土中多出土有石圭等一些质地相对粗糙的玉石器，而在棺内靠近墓主的棺室中多出土有制作精细、材质上乘的玉璧、玉琮等玉器。笔者认为前者属葬玉类范畴，后者则属于礼器类。例如芮桓公墓（M27）就出现玉圭、玉璧、玉琮等带有礼器性质的玉器，同时又出土两件具有礼制性质的殷商时期留传下来没有开刃、非实战用器的大玉戈。礼制性玉器多出现在男性墓葬之中，这一现象也符合西周晚期、春秋早期男性占据社会主导地位的客观事实。而由透闪石玉与玛瑙及其他宝石组成的带有明显装饰性质的组玉佩，常常出现在女性墓葬之中。笔者又将芮桓公墓（M27）与芮桓公夫人墓（M26）出土的玉器进行横向比较，发现这两座墓所出土玉器数量上并无太大差异，而且芮桓公夫人墓（M26）的玉器在装饰性上更显华丽。其墓所出土的七璜组玉佩复原后极为优美雅致，进而折射出在当时佩戴玉器已成为贵族，特别是女性贵族追求时尚的标志。可以看出，在两周之交玉器已由重礼制向重装饰过渡。

梁带村出土的芮国玉器总体数量上葬玉占有绝大部分，多以口琀的形式表现。琀："送死口中玉也，口含玉石，欲化不得。"两周时期玉琀已作为一种传统的事亡如事存的信仰而存在。无论是高等级墓葬或者中低等级墓葬，在墓主人口中都有碎玉片或碎石质状口琀。芮桓公墓（M27）中有出土玉质动物型口琀，这种口琀一直延续到西汉中期。湖北随州战国早期曾侯乙墓出土的 21 件玉质口琀有着同样的含义。两汉时期发展成为琀蝉的习俗，都是周代丧葬文化的延续。握：“以物著尸手中，使握之也。”梁带村芮国墓葬群出土一对玉握（M26：267、M26：380），从原始出土位置看，墓主人左右手之中各放置由透闪石玉和玛瑙珠组成的玉握珠串以彰显财富。有周一代王族与诸侯在日常生活中常使用玉石做成各种实用工具来表现身份地位，所有者死后这些工具类往往一并下葬。梁带村芮国墓地出土有零星几种工具类玉器。芮桓公墓（M27）就出土有玉耳勺2件、龙形玉觿3件、玉韘2件，M19出土玉觿等具有实用性工具类的玉器。这与河南南阳桐柏月河春秋墓中出土的3件玉耳勺及玉觿、玉韘造型极度相似，侧面印证周代时期贵族死后随葬玉器是有特定组合规制的。

五、芮国玉器反映的多元文化

芮国地处关中平原的东部，西周时期属于京畿重地内的小国，西周晚期周平王东返之后，导致秦、晋两诸侯国的国力快速增长。芮国比邻秦、晋等强大诸侯王国，备感生存压力，迫切需要周天子的政治庇护，故而芮国重视遵从周礼制度，以博得周天子道义上的支持。玉器是宣传礼乐制度不可替代的物质载体，通过对芮国墓葬玉器尺寸、材质、组合等方面分析，我们发现西周晚期芮国用玉制度严格恪守周礼规制。例如玉戈，区别于殷商的钺，西周常用戈来作为权力的象征。梁带村出土玉戈尺寸多在20—35厘米范围之内，不及同一时期周天子玉戈的尺寸。从玉器选材上讲，西周时期色彩与等级制度联系紧密，玉器的色彩就体现出礼制等级的深层文化内涵。《周礼·考工记·玉人》记载：“天子用全，上公用龙。”解释为：周天子用纯色的玉，诸侯用地方杂色玉。梁带村出土的芮国玉器非上乘的透闪石材质而大量使用地方玉诠释了这一点。再者梁带村芮国玉器在组合配置上也恪守周礼制度。《周礼·春官·典瑞》：“驵圭璋、璧琮、琥璜之渠眉。疏璧琮以敛尸……圭在左，璋在首，琥在足，璧在背，琮在腹，盖取象方，神明之也。”如M27墓主人的下腹处出土有玉琮。以M27出土的七璜组玉佩为切入点，对比年代相近的诸侯墓出土玉璜组玉佩有：虢国墓地M2001虢季墓出土的七璜组玉佩[1]，应国墓地M84应侯爯墓出土的玉璜组玉佩等，这些来自不同区域的姬姓诸侯国贵族墓葬出土玉璜组玉佩虽有地域上的差异，但文化上还是趋同一致的。可见在两周之际，类似芮国一般的弱小封国还是以周文化为本。与此同时，西周晚期的芮国在生存空间上受制于秦、晋两

1 张崇宁、孙庆伟、张奎：《天马－曲村遗址北赵晋侯墓地第三次发掘》，《文物》1994年第8期。

大诸侯国，但是生机勃勃的秦、晋区域文化也影响着芮国。梁带村出土的芮国玉器，其形制与埋葬规制皆可见西周时期的礼制文化元素，同时也伴有大量三晋、西秦元素色彩。例如，芮国高等级墓出土的玉佩、玛瑙珠串饰与山西天马－曲村北赵晋侯墓地出土的带有大量玛瑙珠的组玉佩的形制相差无几。梁带村芮国墓地 M502 出土的玉兽面纹佩，M51 出土的“亚”字形玉佩与陕西省陇县边家庄三号秦墓出土的“亚”字形玉佩，从形制、用材等方面相吻合，说明当时强大的诸侯国对芮国这等弱小诸侯国文化具有很强的影响力。长期的文化交流使芮国形成了以周文化为主体，兼有三晋、西秦等区域特色的一种多元文化。

六、结语

每种文化都有特定的生长环境，都离不开其所处的时代背景。芮国属姬姓封国，在遵循西周礼乐制度的基础上，又受到两周之际社会大变迁所带来的各种冲击。芮国贵族通过对诸如青铜器、玉器、漆器等各种特殊器物的使用，表达自身的文化属性。历史是文物的灵魂，文物是历史的见证。梁带村芮国墓葬群出土的玉石类器物客观诠释了由西周早中期重视玉器中“礼”的内涵，转变到西周晚期到春秋早期利用玉器彰显自我心性的表达。在周朝疆域内不同区域出现带有地方风格的玉器，削弱了礼制对玉器的束缚，增添了玉器的美感和艺术性。这些带有多样化审美的纹饰、造型与功能的玉器，对后世玉器艺术的发展起到重要的推动作用。

商周出土玛瑙器研究

王一岚（云南大学）

【摘要】商代出土玛瑙器较少，时至晚商时期始有成组的玛瑙串饰发现。自西周建立之后，玛瑙器迅速盛行，以红色玛瑙珠、管为重要构件的组玉佩和各类串饰大量出现，分布范围自北方地区向南扩展，衍生出环、觿等新的流行器形，也丰富了玛瑙器的使用方式。春秋晚期之后，不同地域的玛瑙器逐渐出现地方化特征，一定程度上体现了不同的文化面貌。

【关键词】玛瑙器；商周；中原；组玉佩；珠饰

一、引言

玛瑙古称“琼”“赤玉”，具有色彩鲜艳、质地坚硬、蕴藏丰富等特征，天然适宜作为装饰品。我国有悠久的玛瑙器使用传统，早在新石器时代已有一定数量出土，如安徽含山县凌家滩遗址发现有白色玛瑙璜、玛瑙环、玛瑙钺、玛瑙管[1]，浙江余杭梅园里遗址、嘉兴吴家浜遗址出土黄色玛瑙玦，海盐县仙坛庙遗址出土白色玛瑙玦、玛瑙璜[2]，江苏南京鼓楼岗北阴阳营也有白色玛瑙璜、玦出土[3]。以上玛瑙器都有相同器形的玉器同出，器物尺寸、出土位置也都很相似，当是作为一般玉器使用，尚未与软玉类器物区分开。

从我国全境的考古发现来看，夏代已有一定数量的玛瑙器出土[4]。20世纪70—80年代，内蒙古赤峰大甸子夏家店下层文化墓地17座墓葬出土213件红

1 安徽省文物考古研究所：《凌家滩玉器》，文物出版社，2000年，第2—6页。
2 古方主编：《中国出土玉器全集》第8卷，科学出版社，2005年，第5、6、21页。
3 南京博物院：《北阴阳营——新石器时代及商周时期遗址发掘报告》，文物出版社，1993年，第78页。
4 此处“夏代”的时间范围以夏商周断代工程为依据，界定为公元前2070年至公元前1600年。因此后文提及的夏家店下层文化、四坝文化计入夏代范围。

玛瑙珠[1]，形制以扁圆形为主，从出土位置来看，基本都是作为项饰使用（图一）；内蒙古库伦旗南泡子崖遗址[2]、胡金稿墓葬北区 M2[3] 和辽宁阜新县代海遗址 HG4[4]、阜新县界力花遗址 M3[5] 等夏家店下层文化遗址有少量白色玛瑙玦、红色玛瑙珠出土，被判定为先商文化的辽宁北票丰下遗址也有 6 件扁圆形玛瑙珠出土[6]；甘肃瓜州鹰窝树四坝文化遗址 2 座墓葬出土 7 件红色或暗红色的圆饼状玛瑙珠，部分玛瑙珠与蚌饰、海贝、绿松石等饰品位置相近，另采集有 1 件蚀花玛瑙珠[7]；火烧沟四坝文化遗址出土的红玛瑙珠与绿松石、海贝、骨管组合为串饰[8]，酒泉干骨崖四坝文化遗址出土 29 件红色、橘黄或紫红色的算盘珠状玛瑙珠（图二）和 6 件玛瑙管，以及玛瑙原料块遗存[9]，出土位置多在墓主人腰部或胸部，或置于陶器内。

夏代玛瑙器大部分为扁圆形红玛瑙珠，不同的发掘报告给予这种遗物以“扁圆形”“圆饼形”“算盘珠状”等不同描述，实际上是同一种器形，且都为串饰。玛瑙器出土地点集中在内蒙古赤峰、辽宁西部的夏家店下层文化与河西走廊一带的四坝文化。夏家店下层文化、四坝文化与以二里头为代表的中原文化已经存在文化交流，相互之间并不存在不可逾越的地理障碍，但中原地区在夏代尚未发现玛瑙器出土。

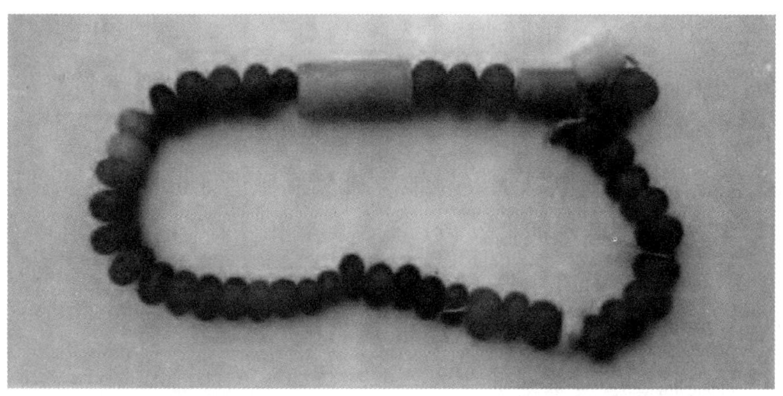

图一　大甸子 M453：5 项链

1　中国社会科学院考古研究所：《大甸子——夏家店下层文化遗址与墓地发掘报告》，科学出版社，1998 年，第 168 页。

2　郝维彬：《内蒙古库伦旗南泡子崖夏家店下层文化遗址调查简报》，《北方文物》1996 年第 3 期。

3　郝维彬：《内蒙古库伦旗胡金稿古墓葬清理简报》，《北方文物》2002 年第 3 期。

4　徐韶钢、高振海、赵少军：《辽宁阜新县代海遗址发掘简报》，《考古》2012 年第 11 期。

5　司伟伟、徐政、张桂霞：《辽宁阜新县界力花青铜时代遗址发掘简报》，《考古》2014 年第 6 期。

6　辽宁省文物干部培训班：《辽宁北票县丰下遗址 1972 年春发掘简报》，《考古》1976 年第 3 期。

7　甘肃省文物考古研究所，北京大学考古文博学院：《河西走廊史前考古调查报告》，文物出版社，2011 年，第 353—394 页。

8　玉门市文化体育局，玉门市博物馆，玉门市文物管理所：《玉门文物》，甘肃人民出版社，2014 年，第 122 页。

9　甘肃省文物考古研究所，北京大学考古文博学院：《酒泉干骨崖》，文物出版社，2016 年，第 118—121 页。

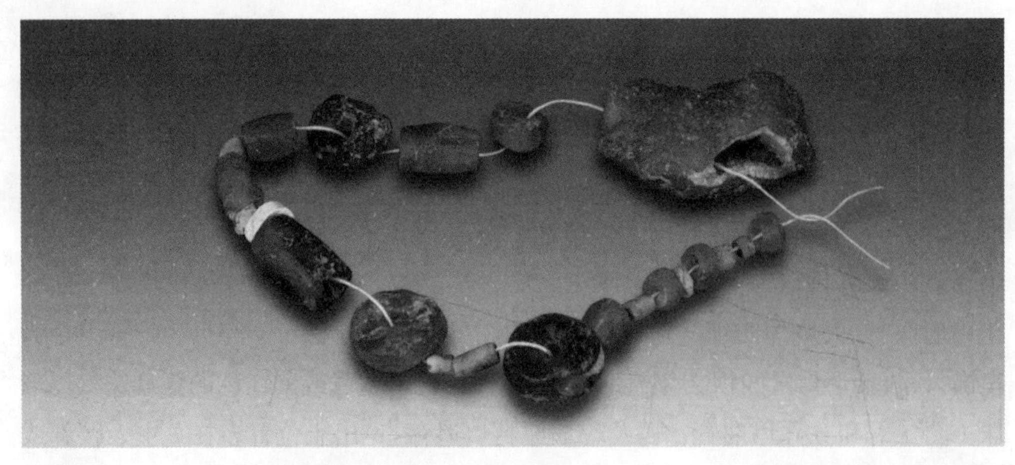

图二　酒泉干骨崖 M100：11 串饰

总之，新石器时期的玛瑙器多发现于长江下游，以白色玛瑙环、玦、璜为主，其使用与一般玉器相同；夏代玛瑙器多发现于东北和西北地区，以红色扁圆形珠为主，使用方式多为项饰。在商代之前，这两种使用习俗先后出现，未见交集。

二、出土情况

公元前 1600 年左右，中原地区进入商代以后，玛瑙器开始出现了一些变化。商代早期的白家庄商代墓葬出土 1 件玛瑙玦，全身作环状，上带一缺口，截面菱形，磨制精细，色黄白，半透明，外径长 3.8 厘米，内径长 2.2 厘米，缺口 0.3 厘米，出于墓三的二层台上的殉人胸部[1]。郑州商城遗址也发现有 1 件玛瑙玦[2]。殷墟妇好墓则有 26 件殷红或橘红色玛瑙珠、管出土（图三），其中 23 件为算珠形珠，大小不一，直径在 1.1—1.7 厘米之间[3]，2 件为矮直形珠，直径 0.9—1.1 厘米，又有 1 件玛瑙管，高 2.3 厘米，中腰微鼓。

稍晚的甘肃临潭磨沟墓地随葬一件枣红色残半玛瑙珠[4]。山东滕州前掌大墓地随葬 1 件红色玛瑙管，高 2.7 厘米，腰部微凹[5]。新疆鄯善洋海墓地有上百件类似器物得到发掘。成都金沙遗址出土 2 件玛瑙管，其中 2001CQJC：394 高 1.7 厘米，壁有伤痕[6]。广汉三星堆祭祀坑出土红色玛瑙珠、管各 2 件（图四），玛

1　张建中：《郑州市白家庄商代墓葬发掘简报》，《文物参考资料》1955 年第 10 期。
2　赵全古、韩维周、裴明相，等：《郑州商代遗址的发掘》，《考古学报》1957 年第 1 期。
3　中国社会科学院考古研究所：《殷墟妇好墓》，文物出版社，1980 年，第 204 页。
4　毛瑞林、谢焱、钱耀鹏，等：《甘肃临潭磨沟墓地寺洼文化墓葬 2009 年发掘简报》，《文物》2014 年第 6 期。
5　胡秉华：《滕州前掌大商代墓葬》，《考古学报》1992 年第 3 期。
6　朱章义、王方、张擎：《成都金沙遗址Ⅰ区“梅苑”地点发掘一期简报》，《文物》2004 年第 4 期。

图三　殷墟妇好墓出土的红玛瑙串饰

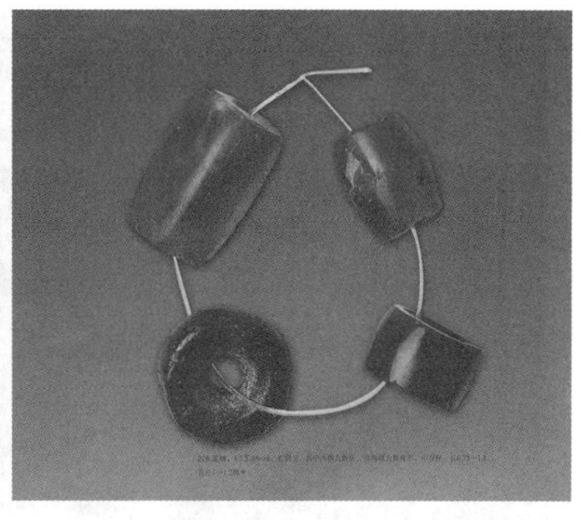

图四　三星堆 K2 ③ 88-8 红玛瑙串饰

瑙珠同样呈扁圆形，直径 1—1.2 厘米，玛瑙管高 1.8 厘米 [1]，腰部微鼓的造型与妇好墓所见玛瑙管相似。

西周时期中原地区出土玛瑙器颇为丰富。西周早期，陕西宝鸡𢐗国墓地竹园沟 BZM13、BZM20 等墓葬发现玛瑙珠、玛瑙管串饰，一般多出于死者颈部，个别出在胸腹部位 [2]，有殷红色和橘红色两种，如 BZM13：86 串饰，玛瑙管中部鼓起，略呈腰鼓形，长 2.0—3.7 厘米，直径 0.6—1.1 厘米，孔径 0.3—0.6 厘米，玛瑙珠为扁圆形，大多为漏斗形单面钻穿，直径 0.5—1.1 厘米，厚 0.3—0.6 厘米。北京琉璃河燕国墓地出土了一件由玛瑙、绿松石和玉饰件组成的项饰，使用红玛瑙珠、管达 110 件 [3]，玛瑙管多呈腰鼓形，玛瑙珠为扁圆形。山西天马 - 曲村墓地 M6080、M6121、M131、M6197、M6214、M6231 等墓葬出土大量玛瑙器，颜色有红、紫红、深红、黄红、浅红、黄、红白、黄白、茄蓝等 [4]，器形仍是珠、管两类，玛瑙珠为扁圆形，大者直径 0.8—1.2 厘米，小者直径 0.3—0.5 厘米，玛瑙管多呈圆柱形或腰鼓形，长管高度多在 2.5—2.8 厘米，短管高度在 1 厘米以下，高度介于两者之间的中型管数量最多。这些珠、管有的与玉牌和其他珠饰组成项饰，有的与玉璜和其他珠饰组成组玉佩，又或者不使用其他珠饰，单纯用红玛瑙串成项饰（图五）。西周中期出土红玛瑙器的墓葬略有增多，除𢐗国墓地、天马 - 曲村墓地之外，强家墓地 M1 出土的串饰和组玉佩均使用了大

1　四川省文物考古研究院，三星堆博物馆，三星堆研究院：《三星堆出土文物全纪录》，天地出版社，2009 年，第 699 页。

2　卢连成，胡智生，宝鸡市博物馆：《宝鸡𢐗国墓地》，文物出版社，1988 年，第 87 页。

3　古方主编：《中国出土玉器全集》第 1 卷，科学出版社，2005 年，第 6 页。

4　北京大学考古学系商周组，山西省考古研究所：《天马 - 曲村（1980—1989）》，科学出版社，2000 年，第 312 页。

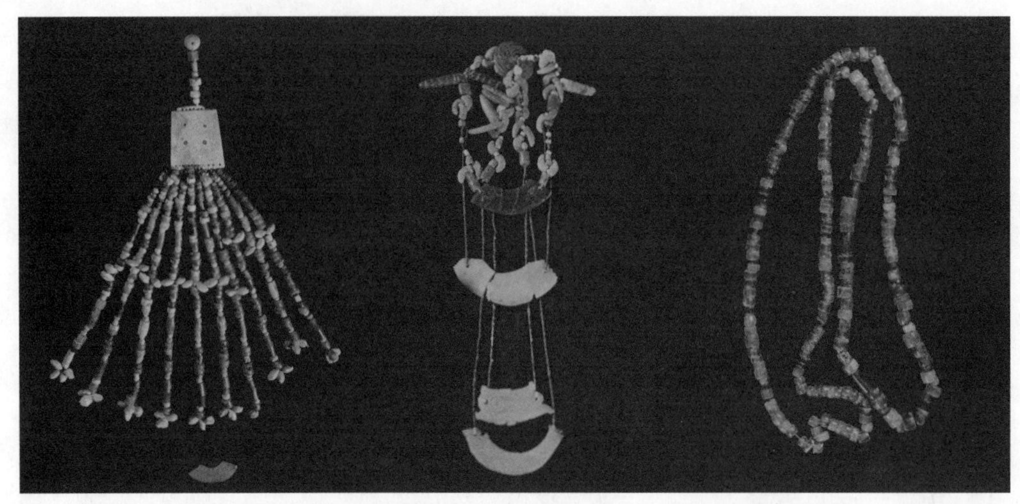

图五 天马－曲村西周墓葬所出串饰和组玉佩（左起：M6214：23、M6214：35、M6080：37）

量红玛瑙珠，又有1件长3.8厘米的白色玛瑙觿，上端束一圈金箔[1]，为此前所未见。山西绛县横水墓地M1出土一件由小玉璧、玉蚕和红色玛瑙珠组成的发饰[2]，也是比较新颖的形制（图六）。

图六 绛县横水墓地M1：126玉发饰

西周晚期，山西晋侯墓地、陕西张家坡墓地、河南三门峡虢国墓地出土了更多的项饰、腕饰、组玉佩等，这些串饰几乎全都使用了红色玛瑙珠、管，器物形制和尺寸大致与竹园沟、天马－曲村墓地出土玛瑙器相似。山东仙人台墓地和曲阜鲁国故城也有项饰出土，形制与天马－曲村、虢国墓地等处所出玛瑙器基本一致。平顶山应国墓地部分西周墓葬出土了较多的玛瑙器[3]，除组玉佩之外，其玉项饰、玉发饰也使用了红玛瑙，形制与上述墓葬所出略有差异（图七）。西周出土玛瑙遗存的墓葬和遗址较多，以上只是择其墓葬规格高、保存状况好、具有代表性的进行举例，此外如山东刘台子M6出土574件算珠形玛瑙珠[4]、山西洪洞永凝堡墓地出土400余件红色玛瑙珠[5]等，篇幅所限，不多作介绍。

1 罗西章、王均显：《陕西扶风强家一号西周墓》，《文博》1987年第4期。
2 宋建忠、吉琨璋、田建文、李永敏：《山西绛县横水西周墓发掘简报》，《文物》2006年第8期。
3 河南省文物考古研究所，平顶山市文物管理局：《平顶山应国墓地》，大象出版社，2012年，第938—950页。
4 佟佩华：《山东济阳刘台子西周六号墓清理报告》，《文物》1996年第12期。
5 张素琳：《山西洪洞永凝堡西周墓葬》，《文物》1987年第2期。

图七 平顶山应国墓地 M85：34 玉项饰、M85：27 玉发饰

春秋时期，三门峡虢国墓地、淅川下寺楚墓、黄君孟夫妇墓、益门村二号春秋墓、边家庄五号墓、太原赵卿墓等墓地出土的玉串饰、组玉佩都使用了较多的玛瑙珠、管，形制与西周时期一致，不作赘述[1]。春秋早期的韩城梁带村M19 出土玛瑙珠（管）达 1876 件[2]，使用方式仍是作为各种串饰的组成部分。

玛瑙环在春秋时期有多处发现，如春秋早期的河南桐柏月河墓地 M18 出土2 件“截面略呈弧面三角形”的玛瑙环，标本 M18：4 外径 4.5 厘米，内径 2.62厘米[3]；上马墓地 M13 墓主人胸部发现“血红色，断面成六角形”的玛瑙环[4]，外径 2 厘米，与串珠和玉饰件摆放在一处，显系串饰的一部分。河南登封告成M2 出土 1 件红色扁圆形玛瑙环，外径 1.5 厘米，内径 0.4 厘米[5]。平顶山应国墓地 M10 有 2 件蓝色玛瑙环，出土时位于墓主人左右肘部，其下方分别与一串玛瑙珠、水晶管、珠组成的腕饰相邻近，外径分别为 10 厘米，10.6 厘米[6]。春秋晚期的太原金胜村 251 号墓、吴县春秋吴国玉器窖藏、唐县北城子 2 号墓等也发现了数量不等的玛瑙环，特别是浙江东阳前山越墓，出土大量玛瑙、水晶质的环、珠、管、月牙形饰、菱角形饰等[7]，大抵皆为串饰之用（图八），玛瑙环的外径在 1.6 厘米左右，内径约 0.8 厘米。

1 东周时期出土玛瑙器的墓葬较多，在此选择有代表性的加以叙述，更多墓葬仅提及名称，不再添加引文注释，下同。

2 孙秉君、赵县民、梁存生、孙韶华、王安、张伟、陈建彬、刘银怀、陈江峰、程蕊萍、陈建凌、王仲林、张明惠、屈麟霞、李建峰：《陕西韩城梁带村遗址 M19 发掘简报》，《考古与文物》2007 年第 2 期。

3 樊温泉：《河南桐柏月河墓地第二次发掘》，《文物》2005 年第 8 期。

4 王克林：《山西侯马上马村东周墓葬》，《考古》1963 年第 5 期。

5 李昌韬、王彦民、耿建北、傅得力、耿金生、李佑华、刘彦峰、陈伟、王蔚波、张文霞、李杨、陈萍、焦建涛、汪旭：《河南登封告成春秋墓发掘简报》，《文物》2009 年第 9 期。

6 王胜利、王广才、王宜选、鲁红卫、钟振远、陈素英、王同绪、陈英、王龙正、王宏伟、郑永东：《平顶山应国墓地十号墓发掘简报》，《中原文物》2007 年第 4 期。

7 浙江省文物考古研究所：《浙江越墓》，科学出版社，2009 年，第 25—30 页。

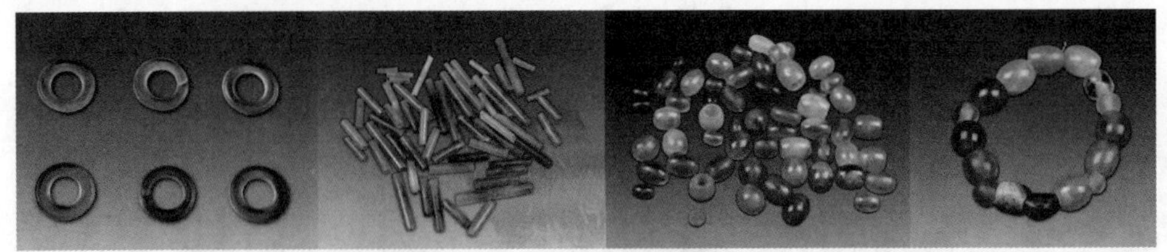

图八 东阳前山越墓 M1：34-12 玛瑙水晶环、M1：34-13 玛瑙水晶管、M1：34-14 玛瑙水晶珠、M1：34-16 玛瑙水晶串饰

除此之外，春秋时期玛瑙器还有多种新器形出现。春秋早期到中期有河南南阳万家园 M199 出土白色微黄玛瑙圭 1 件[1]。山东滕州薛国故城出土近白色玛瑙璜 1 件[2]，位于各种玉器和珠饰之间。春秋中期到晚期有湖北荆州熊家冢墓地 3 号殉葬墓出土米黄色玛瑙珩 1 件[3]。山西长子牛家坡 M7 出土 14 件素面玛瑙环[4]。春秋战国之交的山东临淄郎家庄一号墓陪葬坑出土了 20 组以玛瑙、水晶构成的组佩（图九），其中玛瑙器有红色和白色两类，包括管、球形珠、觿（或称蚕形器）、环、璜等器形[5]，玛瑙环的断面多为六边形，玛瑙觿首端都有撞击痕迹，长 5—11.5 厘米。

战国时期出土玛瑙器的墓葬较多。在河北平原至燕山地带，新乐县中同村战国墓、永年县何庄遗址、唐山市贾各庄战国墓、涉县李家巷墓地、三河大唐廻双村、临城县中羊泉东周墓、邢台南大汪村战国墓、邯郸百家村战国墓、灵寿县西岔头村战国墓、内丘张夺墓地、迁西县大黑汀战国墓、北京怀柔城北东周墓葬均有数量不等的玛瑙环出土，外径最小 2.9 厘米，最大 6.8 厘米，大部分在 4—5 厘米的范围内，而玛瑙珠出土数量和地点相对都比较少。出土玛瑙器数量最大的是平山县战国中山王厝墓，发

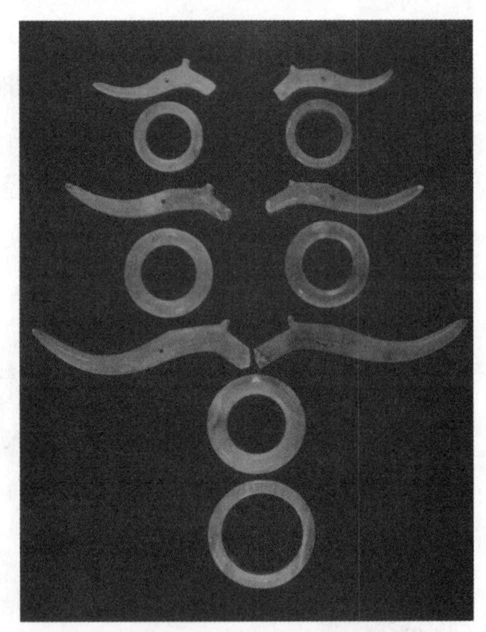

图九 郎家庄一号墓坑 12：15A 玛瑙组佩

1 潘洁、张海滨、蒋宏杰、刘新、付建刚：《河南南阳万家园 M199 春秋墓发掘简报》，《江汉考古》2015 年第 5 期。

2 宫衍兴、解华英、胡新立：《薛国故城勘查和墓葬发掘报告》，《考古学报》1991 年第 4 期。

3 彭军、王家政、王莉、金陵、王明钦、杨开勇、丁家元、赵晓斌：《湖北荆州熊家冢墓地 2006—2007 年发掘简报》，《文物》2009 年第 4 期。

4 陶正刚、李奉山：《山西长子县东周墓》，《考古学报》1984 年第 4 期。

5 山东省博物馆：《临淄郎家庄一号东周殉人墓》，《考古学报》1977 年第 1 期。

现玛瑙环共234件，绝大部分外径在4厘米左右，也有1件外径8.3厘米，4件外径6厘米左右。

在泰沂山脉至胶东半岛也有大量玛瑙器出土。其中最密集的是山东淄博，永流战国墓、范家南墓地、淄河店战国墓、辛店战国墓、国家村战国墓、范家墓地战国墓、隽山战国墓集中出土了各色玛瑙环、珠、管、觿、璜、珩等器物数百件，多为成组佩饰，大致沿用了春秋晚期郎家庄一号墓的组合方式。范家墓地还发现了玛瑙觿（或称冲牙）与紫水晶珠、管组成的小型串饰（图十）。泰沂山脉西侧的济南千佛山战国墓出土23件玛瑙珠，曲阜鲁国故城M52和M58则在棺内发现3件红色或绿色玛瑙环。胶东半岛的蓬莱市站马张家战国墓、平度东岳石村战国墓、长岛王沟东周墓群各有玛瑙珠、环、觿等遗物出土。这一区域出土的玛瑙环外径最小2.9厘米，最大7.5厘米，大部分在4—5厘米的范围内。

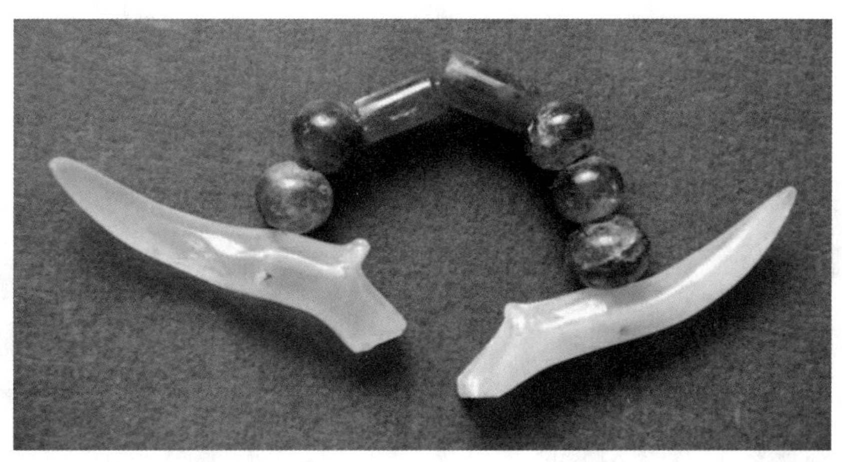

图十 范家墓地M174P1：5水晶玛瑙串饰

山西地区出土玛瑙器最集中的是临汾盆地和上党盆地，侯马乔村战国墓、侯马牛村古城南遗址、万荣县庙前村战国墓出土少量玛瑙环、觿；长治分水岭战国墓、长子县东周墓也有玛瑙珠、管、环、觿出土，多用于玉石串饰，总数在百件以下。此外，柳林县看守所墓葬、晋中地区的忻州上社战国墓、榆次市锦纶厂战国墓各发现1件玛瑙环。本地区玛瑙环外径在2—7.5厘米之间，大、中、小尺寸均有一定数量。

伊洛地区出土玛瑙器集中在洛阳和郑州。洛阳战国粮仓遗址，西工区C1M3943、C1M8503、M7602，王城花园战国墓，西郊M4战国墓，中州路北东周墓，凯旋路南东周墓，唐宫西路东周墓出土玛瑙器以环为主，也有少量珠、管，其中西工区C1M8503所出的一组串饰中有3件“球形，中部有一穿孔。血红色，有流云状纹理”[1] 的玛瑙珠，比较少见，与春秋晚期齐地所出类似（图十一）。陕县后川出有红、白、黄等色彩的玛瑙环、觿、珠共 17 件[2]，多与玉、绿松石、水晶、煤精等器物组成串饰（图十二）。新郑大高庄东周墓、铁岭墓地、西亚斯东周墓地，郑州信和置业普罗旺世住宅小区 M126 战国墓均有玛瑙环出土，铁岭墓地 M308 所出珠饰极为丰富，玛瑙珠达 2100 件以上。[3] 辉县琉璃阁 M60 出土了包含玛瑙环、珠、管在内的诸多串饰，玛瑙珠分红、白、紫等多种色彩[4]。伊洛地区的玛瑙环外径在 1.6—8 厘米之间，大、中、小尺寸均有一定数量。

图十一 洛阳西工区 C1M8503：16-1、16-2、16-3 球形玛瑙珠

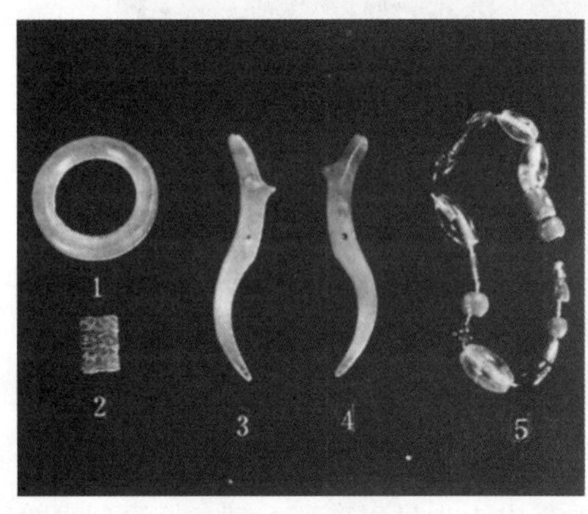

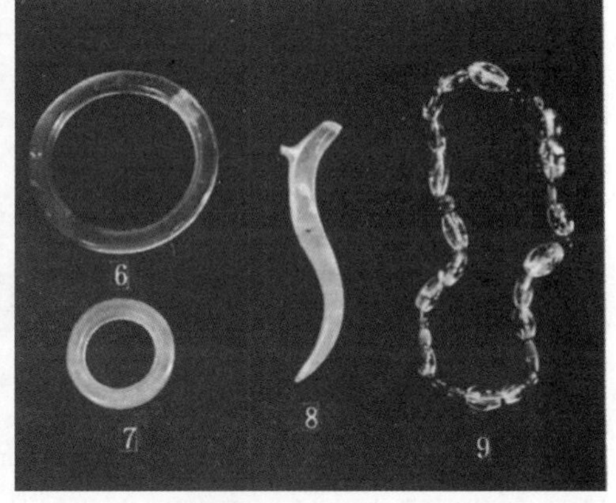

图十二 后川墓地 M2115、M2042 出土的串饰

长江中游也有大量战国墓地出土了玛瑙器。择其资料较完整者，有丹江口金陂墓群、谷城尖角墓地、江陵武昌义地楚墓、江陵九店东周墓、荆州八岭山冯家冢楚墓、江陵葛陂寺 34 号墓、荆州天星观二号墓、随州擂鼓墩二号墓、宜

1 潘海民：《洛阳西工区 C1M8503 战国墓》，《文物》2006 年第 3 期。

2 中国社会科学院考古研究所：《陕县东周秦汉墓》，科学出版社，1994 年，第 91—98 页。

3 郝红星、董建国、周明生、李中敏、蔡强、姜楠、宋歌：《新郑铁岭墓地 M308 发掘简报》，《中原文物》2014 年第 2 期。

4 郭宝钧：《山彪镇与琉璃阁》，科学出版社，1959 年，第 59 页。

城罗岗车马坑、云梦睡虎地十一号秦墓、枝江姚家港楚墓、江陵马山楚墓、江陵溪峨山楚墓、襄阳蔡坡 12 号墓、当阳赵家湖楚墓、常德德山茅湾战国墓、临澧九里楚墓、长沙马益顺巷一号楚墓等，出土玛瑙器大多为玛瑙环，数量大部分在 10 件以下，外径最小 2.3 厘米，最大 7.8 厘米，大部分在 5—6 厘米的范围内。其他器形的玛瑙器很少，仅擂鼓墩 M2、冯家冢 BXM19、荆门呼家岗遗址有 1—3 件玛瑙珠，茅湾 M16 有 1 件玛瑙觿出土。以玛瑙环随葬的礼俗又可沿江上溯至三峡地区，重庆忠县洞天堡楚墓 M13 发现有 2 件玛瑙环。

杭州湾地区出土玛瑙器相对中原为少，年代定在战国初期的绍兴狮子山 306 号墓出土 102 件玛瑙器[1]，与绿松石珠、琥珀珠、水晶珠等饰品同出，其中玛瑙珠、月牙形饰的形制与东阳前山越墓略同，竹节形玛瑙管较有特色，自西周以来颇为罕见（图十三）。年代稍晚的绍兴凤凰山战国木椁墓 M3 则有 2 件玛瑙环出土，外径 5 厘米，形制与长江中游相仿。

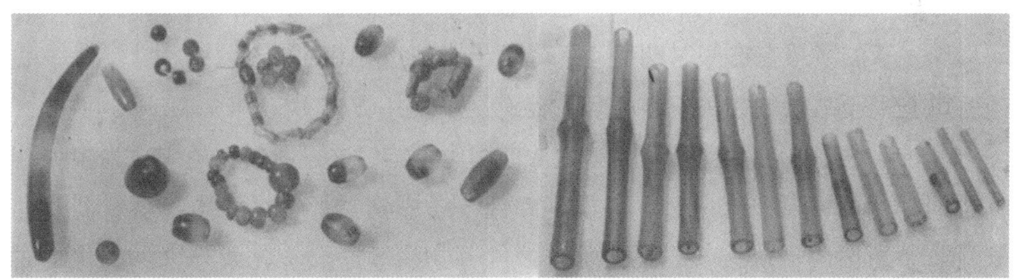

图十三 绍兴狮子山战国墓 M306 出土的玛瑙珠、管等饰品

三、地域分布与使用方式

商代早期出土玛瑙器仅 2 件白色玛瑙玦，皆出自郑州。商代晚期，红色玛瑙器出土于河南安阳、山东滕州和相对边远的四川成都、广汉，甘肃甘南州及新疆鄯善。以上出土地点间隔甚远，玛瑙器是独立兴起还是互相影响产生，尚无定论。由于妇好墓所出形制均为扁圆形红玛瑙珠和腰鼓形玛瑙管，与此前夏家店下层文化、四坝文化的玛瑙器一致，再考虑到殷墟妇好墓和三星堆所出玛瑙珠、管均有明显的剥落和破损现象，应不是本地作坊所造，而是从外地输入，经过长时间的使用，最终作为珍奇之物随葬或献祭，因此，推测妇好墓和三星堆的玛瑙器可能来自东北地区或河西走廊。

红色玛瑙珠和玛瑙管在西周时期得到大规模使用。西周早期玛瑙器分布地

1 牟永抗：《绍兴 306 号战国墓发掘简报》，《文物》1984 年第 1 期。

域主要在关中平原、燕山地区和汾河下游，中晚期进一步扩展，向南到达豫中南地区的应国，向东到达鲁北平原的逢国，在豫西北的虢国也有出土。鉴于西周出土的串饰和组玉佩中常见器形完整、无磨损痕迹的玛瑙珠饰，加之使用量庞大，推测这个时期中原地区的制玉作坊已经开始自行生产玛瑙器。

春秋时期的玛瑙器分布范围继续向南扩展，到达了长江中游的楚国、长江下游的吴国、越国。在不同的地域，玛瑙器开始呈现地方性的分化。璜、圭、珩、觽、环等传统上使用软玉制作的器形都出现了玛瑙质器物，特别是玛瑙环，在黄河中下游、长江中下游多个墓地都有少量发现。齐国使用玛瑙环、觽和水晶制品组成了具有本地文化特征的组佩，具有显著的以玛瑙代玉的倾向[1]；越国的玛瑙、水晶和玉质菱角形饰、月牙形饰为其他地区所未见。

战国时期玛瑙器出土地点密集，分布范围包括洛阳周王畿和三晋、齐鲁、楚、燕、中山、越等主要诸侯国，唯独秦国出土很少。玛瑙环成为这一时期的主流器形，制作比较费工的觽数量明显增多，也印证了玛瑙的制作工艺得到了长足进步[2]。玛瑙珠、管的数量在这一时期显著下降，出土地点亦相对减少。

纵观商至战国的相关资料，玛瑙器有以下使用方式：

耳饰。玛瑙玦在夏家店下层文化常被用为耳饰，这一习俗在商周殊为少见，商早期郑州商城、白家庄墓葬各发现 1 件，考虑到器形、尺寸均与新石器时期长江下游所出玛瑙玦类似，不排除这 2 件器物为凌家滩文化或马家浜文化、崧泽文化所造，一直传世沿用至商代。此后仅春秋时期安徽怀宁桐国墓葬随葬 4 件玛瑙玦，战国时期再无发现。

项饰。这是玛瑙器最古老的用途之一，在古埃及、古印度和两河流域古文明均有大量使用，我国从夏代即有发现。商周玛瑙项饰可分为两个类型：一为纯以玛瑙珠、管串连而成，如殷墟妇好墓所出玛瑙珠、管，出土位置当在墓葬第 6 层，与玉璇玑、玉管、小玉璧、红螺壳、朱绘骨片等随葬品摆放在一处，当为装饰品之用无疑，其器物数量和形制与大甸子、干骨崖所出项饰相似，初步可以判断为项饰。另一类型是以玛瑙珠、管混合绿松石、软玉、料器等其他珠饰串连而成，如天马 – 曲村西周墓 M6080：37 以玛瑙和钟乳石珠构成、应国墓地应侯夫人墓 M85：34 以玛瑙、软玉和料珠构成，都属于此类。

组玉佩。组玉佩是周代最复杂的服饰用玉，结构灵活，形制多变，大多含

1　张明东在《从商王村出土玉器论齐国玉器问题》一文中认为，“齐国墓葬无论规模大小，多以水晶、玛瑙、滑石为代玉用品，的确是齐国丧葬用玉方面的一大特点”，值得参考。但玛瑙代玉也可能是存在于齐国礼制的普遍现象，未必仅限于丧葬用玉。

2　霍有光：《从玛瑙、水晶饰物看早期治玉水平及琢磨材料》，《考古》1992 年第 6 期。

有玛瑙珠、管、环等构件。孙庆伟指出西周至春秋早中期流行佩于颈部或肩部的胸佩，春秋晚期至战国流行佩于革带的腰佩[1]，从现有的考古资料来看，西周至春秋大量出土的扁圆形玛瑙珠、腰鼓形玛瑙管皆为胸佩的构件，而战国时期广泛出土于三晋、燕赵、齐鲁和楚地的玛瑙环、玛瑙觿，大多是腰佩的构件。自西周伊始，组玉佩常以直径0.5—1.2之间的红玛瑙珠、软玉和其他珠饰构成，至春秋晚期，齐国产生了以玛瑙器和水晶器构成的组玉佩。值得注意的是，春秋时期玛瑙环的尺寸有大有小，未见主流尺寸，进入战国时期，燕赵、中山、齐鲁等地所出玛瑙环大部分制作为外径4—5厘米的尺寸，楚、越等地则以外径5—6厘米为常见尺寸，只有魏、韩、周王畿所在区域的玛瑙环延续了春秋时期尺寸多变的风格，其中原因有待探讨。

发饰。玛瑙器用于发饰相对少见，西周时期仅发现两例，墓主人均为女性。绛县横水倗伯夫人墓M1：126，以小玉璧束发，后有玛瑙珠、蚕形饰和料管分两排垂下。平顶山应侯夫人墓M85：27以戈形玉佩、圭形玉佩、红玛瑙珠、料管交错串连（见图七），全长21.5厘米，使用时可能是将中部系于发髻，两端垂下。战国时期仅山西柳林县看守所墓地98LYM51：10一件玛瑙环出土于墓主人顶骨下。

腕饰。最早见于西周时期虢国墓地M2011号太子墓，红玛瑙珠和兽首形玉佩组成一对腕饰[2]，左右手形制基本相同（图十四），右手用玛瑙珠81件，左手用玛瑙珠70件。春秋早期，韩城梁带村M19墓主人左手处发现一组腕饰，以玉贝、玉鸟、玉蚕和54件红玛瑙珠、管串连（图十五）。春秋晚期，应国墓地M10墓主人左右手处各有一组以玛瑙珠、管、水晶管、玉管组成的腕饰，又有蓝色玛瑙环置于肘部，与腕饰相邻，可能是腕饰的另一种使用方式，即将玛瑙环缝缀

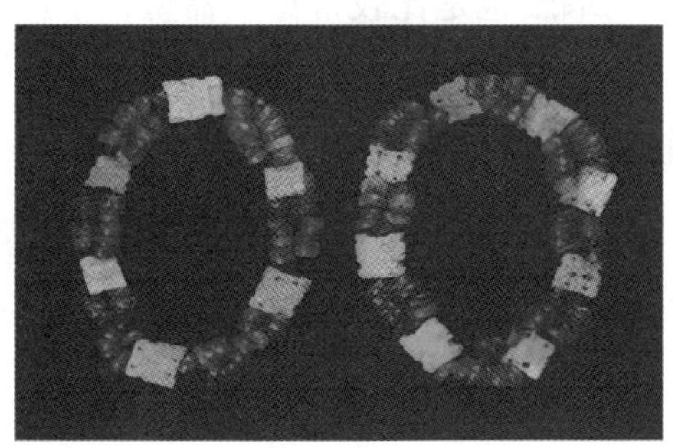

图十四 三门峡虢国墓地M2011：449（右手）、M2011：446（左手）腕饰

图十五 韩城梁带村M19出土的玉腕饰

1 孙庆伟：《周代用玉制度研究》，上海古籍出版社，2008年，第179页。
2 河南省文物考古研究所，三门峡市文物工作队：《三门峡虢国墓》第一卷，文物出版社，1999年，第355—361页。

于衣袖中间，再与腕饰相连。

棺饰。玛瑙环用作棺饰出现于战国时期，河北平山县中山王厝墓在椁室有“大量的玛瑙环，主要分布于南部，东北西三部分分布较少，很可能是棺上的饰件”，“椁室内玛瑙环均分布在大棺外四周，知原为棺外的饰物……棺外使用近二百件玛瑙环作装饰是罕见的”[1]，这些环的尺寸比较统一，外径都在 4 厘米左右。

贮存。如中山王厝墓西库有“玉石、玛瑙器、水晶环……当时可能盛放在不同的漆匣之内”。东阳前山越国贵族墓 M1：34 有大量的玛瑙、软玉、绿松石等不同质料的珠饰盛装在一件圆形漆木（竹）盒内。可能当时人以玛瑙为珍贵的宝石，装在漆器之内收藏贮存，以备他用。以容器收纳玛瑙的现象出现很早，早在夏代的酒泉干骨崖就发现有陶器盛装玛瑙。

四、结语

经过以上对商周时期出土玛瑙器的梳理，可以得到以下几点认识：

中原地区从商代开始出现红色玛瑙珠，但其来源尚不明确。从器形、尺寸、使用方式等方面来看，可能与夏家店下层文化或四坝文化有关系。新石器时代长江下游使用白色玛瑙器的传统在夏商时期并未得到直接继承。

红色玛瑙器自西周开始大量使用，出土地点主要分布在关中平原和晋、燕等地，后逐渐向华北平原扩展，又于春秋时期扩展到了长江中下游。战国时期，玛瑙器的分布范围覆盖了秦国之外各主要诸侯国。

自商代至春秋中晚期，玛瑙器主要器形为扁圆形玛瑙珠和腰鼓形玛瑙管，常作项饰、组玉佩、腕饰或发饰的构件使用。春秋晚期至战国时期，主要器形为玛瑙环，常作组玉佩的构件或棺饰使用，玛瑙觿也是比较常见的器型，多用于组玉佩的构件。

玛瑙器的形制在西周到春秋中晚期比较统一，自春秋晚期之后逐渐出现地域性分化。如齐国纯以玛瑙、水晶器构成组玉佩，越国采用具有本地特色的玛瑙饰件，燕、赵、中山、齐、鲁、楚、越等地的玛瑙环呈现一定程度的标准化制作等。

1　河北省文物研究所：《厝墓——战国中山国国王之墓》，文物出版社，1996 年，第 240 页。

湖北随州叶家山西周曾侯墓出土玉鸟形制与玉文化特征

朱勤文[1、2] 闵梦羽[2] 黄凤春[3] 陈春[4] 罗泽敏[2]
[1. 中国地质大学（武汉）珠宝学院；2. 湖北省人文社科重点研究基地——珠宝首饰传承与创新发展研究中心；3. 湖北省文物考古研究所；4. 湖北省博物馆]

【摘要】在中国近9000年玉器与玉文化的长河中，西周玉器是一颗闪耀的明珠，西周玉器凸显礼玉和饰玉的文化特征。商周时期人们崇拜凤鸟的文化，也体现在玉器与玉文化中。湖北随州叶家山西周曾侯墓地出土玉器共401件（套）有43种器形种类，划分为礼仪玉器、佩饰玉器、生活用玉器、丧葬用玉器、玉石工具五类。佩饰玉器的品种和数量最多，有25种（58.1%）、262件（套）（65.3%）；将所有54件玉鸟划归为佩饰玉器，在佩饰玉器中，玉鸟的数量仅次于玉鱼。本文根据玉鸟的基本姿态将玉鸟分为A—G七型，其中B、C、D型均可细分出Ⅰ—Ⅲ式；文章对每种型式的玉鸟，从鸟的喙、眼、冠、尾和纹饰工艺等方面，进行了详细的描述，展示出玉鸟形态的多姿多彩以及斜刀工艺的一致性，进而分析了玉鸟蕴含的玉文化。这些都为中国西周时期玉器与玉文化的研究提供了又一个案例。

【关键词】出土玉鸟；形制分类；工艺；玉文化；西周曾国墓

一、概述

（一）叶家山墓地简介

湖北随州叶家山墓地是西周早期曾国的一处高等级贵族墓地，位于随州市经济开发区淅河镇蒋家村八组。2011年和2013年，湖北省文物考古研究所对该墓地进行了两次抢救性发掘工作。考古发掘研究表明，叶家山墓地的时代为距今3100多年，是30余年来湖北省首次发现的西周高等级贵族墓地，规格和规模在江汉地区乃至长江流域都是首屈一指。[1]共发掘墓葬140座、马坑7座，共出土各类文物2000余件（套），以青铜器为主，出土玉（石）器也较丰富。

（二）叶家山墓地出土玉器概述[2]

已发掘的墓葬中有41座或多或少都出土了玉（石）器（极少数为石器），数量多达544件（套）（不含29个鹅卵石子），计401件（套）（将M27的148件玛瑙珠管、绿松石珠管和云母质珠管计为5套）；玉（石）器的功能形制较齐全，包括礼仪玉器、佩饰玉器、生活用玉器、丧葬用玉器、玉（石）工具五大类，有43种器形种类。其中，以礼仪玉器和佩饰玉器为主，共35种，占81.4%；礼仪玉器10种99件，其中以玉柄形器（35件、35.4%）、玉璧（31件、31.3%）、玉璜（12件、12.1%）为主；佩饰玉器有25种262件，其中以玉鱼（51件、19.2%）、玉鸟（34件、13.2%）、玉龙（20件、7.6%）和玉戈形佩（21件、8.0%）为主。玉器涉及的玉石（玉料）品种也比较全面，包含透闪石玉317件（套）、蛇纹石玉10件、绿松石7件（套）、石英质玉17件（套）、云母质玉5件（套）等品种，以透闪石玉为主，在鉴定了玉料的360件（套）玉器中，透闪石玉占88.1%。

二、玉鸟形制研究

（一）玉凤鸟文化

以凤鸟为对象的玉雕器物，是中国玉文化的重要题材。从新石器时代开始，商周至汉代尤为风行，直至明清而不衰。[3]在商朝，人们视凤鸟为图腾，赋予其神权，此时期的玉凤纹、玉凤鸟纹甚至玉鸟纹，在造型上都以鸟为主体，形态较为庄严，富有神秘感，但三者无法从外观上进行明确划分；至西周，人们虽崇拜凤鸟，但已不再赋予凤鸟较大的神力，此时期的玉凤纹和玉凤鸟纹仍无法严格区分，

1　黄凤春：《随州叶家山曾国墓地二期考古发掘再获大批西周青铜器》，《中国文物报》2013年10月25日第8版。

2　朱勤文、罗泽敏等：《湖北随州叶家山西周曾国墓地出土玉（石）器宝石学特征及工艺特征研究报告》，中国地质大学（武汉），2019年。

3　院文清、余乔：《西周早期曾国墓出土玉器撷英》，《收藏家》2015年第8期，第23—29页；赵静：《新石器时代鸟纹玉器区域性研究》，郑州大学硕士学位论文，2012年。

但在造型上相对统一且具有一定标准，整体形态写实，已脱去了商代凤鸟纹的庄严和神秘感，透露出优雅和高贵之态。[1] 我国出土的两周玉器中，大多有玉鸟，且形制大同小异，只是数量多少、玉材优劣和工艺精细程度有所不同。[2]

（二）叶家山玉鸟分类与分布

随州叶家山西周曾国墓出土的玉鸟划归为佩饰玉器，即鸟形玉佩，共34件。玉鸟的种类和造型都非常丰富，首先可以分为两大类：一类是人鸟、龙鸟合体的神化动物，另一类是以自然界中常见的鸟类为原型进行雕琢、风格写实的玉鸟。人鸟、龙鸟合体的玉鸟共6件，4件出自M111，1件出自M27，1件出自M109。普通玉鸟共28件（含2件残件），分布在M1、M2、M27、M28、M65、M107、M109、M111等8座墓葬。M111和M27两座大墓出土玉鸟数量最多，M111有12件，M27有10件，其他6座墓各出土1—3件不等，这表明叶家山的西周人也有着鸟崇拜的文化。根据普通玉鸟的形态与现实鸟类比，可将叶家山玉鸟分为玉鸽、玉鹦鹉、玉鸮、玉燕、玉鹅、其他玉鸟。从玉鸟的雕刻手法看，有片雕和圆雕玉鸟两种类型，圆雕玉鸟只有2件（M111：715玉鸟、M107：36玉燕）。从玉鸟的纹饰工艺看，一般都有纹饰，有的纹饰丰满，有的纹饰简单，多为斜刀纹饰，如斜刀圆眼、翅膀饰斜刀涡纹、足饰斜刀谷纹、尾饰斜刀线纹等。从观察视角看，分为俯视即俯身状和侧视即侧身状玉鸟。

（三）叶家山玉鸟分型特征

笔者根据玉鸟的基本姿态将玉鸟分为七型。A型：人鸟、龙鸟合体，共6件；B型：侧身状且具尖勾喙和齿冠的玉鸟，共6件；C型：侧身卧姿玉鸟，共8件；D型：侧身蹲卧或蹲立玉鸟，共6件；E型：俯身状玉鸟，共4件；F型：侧身玉双鸟，仅1件；G型：侧身玉鹅，也是仅1件。下面分述各型玉鸟的特征。

1.A型：人鸟、龙鸟合体

在商周时期，常见人兽（禽）合体玉器。[3] 叶家山西周墓地出土的含有玉人的人鸟合体玉器共5件，龙鸟合体玉器只有1件。5件人鸟合体玉器主体是人，但具有鸟翅和鸟尾，称之为“鸟羽人形玉佩”，虽然归到佩饰玉器描述，但是，既不是写实的人，也不是写实的鸟，而是具有神化色彩的飞翔动物或玉神人，

1 李雪平：《商周时期玉凤鸟纹的演化及文化意义研究》，中国地质大学（北京）硕士学位论文，2015年。

2 陕西省考古研究所，渭南市文物保护考古研究所，韩城市文物局：《陕西韩城梁带村遗址M26发掘简报》，《文物》2008年第1期；鲍怡等：《虢仲墓出土玉器的科技分析和相关问题》，《文物》2023年第4期。

3 院文清、余乔：《西周早期曾国墓出土玉器撷英》，《收藏家》2015年第8期。

应该具有礼仪功能，主要出土于M111和M27这2座大墓中，也说明了这一点。玉神人的共同特征是人首具臣字眼或圆眼、阳线凸嘴、勾连谷纹或云纹耳朵、有后飘或高耸的头发。每一件玉器的特征有所不同，但纹饰和工艺最精致。分别描述如下。

鸟羽人形玉佩 M27：122（图一-1）：整体呈侧面的飞翔姿态，头冠上的冠缨后飘，双翅展起，似玉鸟飞翔姿态。神人面部饰宽阴刻线臣字眼和S形线眉毛，凸齿示鼻子，宽阴刻线示嘴；双臂后展，身饰斜刀涡云纹的鸟翅，双腿并拢略弯曲，粗腿，方足。

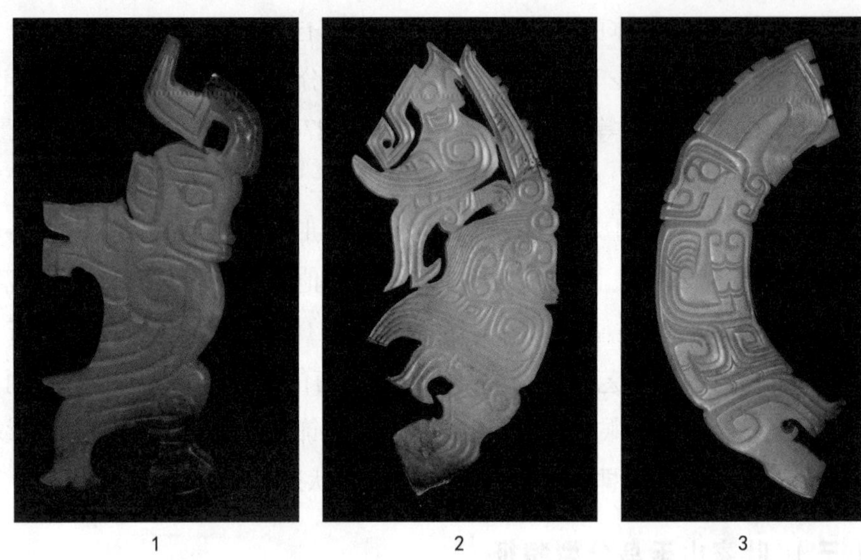

1　　2　　3

图一　叶家山西周墓地出土3件鸟羽人形玉佩（A型）
1. M27：122；2. M111：647；3. M111：648

鸟羽人鸟形玉佩 M111：647（图一-2）：整体呈侧面的飞翔姿态，神人的高头冠竖立，头上站立着一只鸟，与高头冠相连，头冠的前侧饰有4组凸出的扉棱，冠上饰云雷纹；玉鸟斜刀圆眼勾喙，翅膀后翘、饰斜刀涡云纹，鸟颈饰斜刀皿纹，尾部较长拖至神人翅膀部位；鸟爪呈抓握状，勾在神人的冠部；神人具有斜刀圆眼，大嘴，嘴边饰谷纹，耳朵为两个连接在一起的谷纹，头发用细阴刻线表示，下垂至翅膀，神人具鸟翅鱼尾，与头上的鸟具有同样的翅膀，翅膀后展，尾部分叉下垂，双腿并拢弯曲状。

璜形鸟羽人形玉佩 M111：648（图一-3）：整体为侧面璜形片雕，具有人首、人身、鸟尾和高冠。双面纹饰，冠部为阴刻线，其余均为斜刀纹；人首具臣字眼、一个眼角为勾线、绹纹眉、云纹示鼻子、阳线示嘴；冠饰U形密集阴刻线纹，宽窄不一；人手举在胸前、内以斜刀纹示5个手指；人身鸟羽自上而下为2个谷纹、4条人字纹、2个云雷纹；1个云雷纹示鸟尾；人腿无纹饰；无孔；厚薄均匀、平度好，表面残留较细的抛光直线。

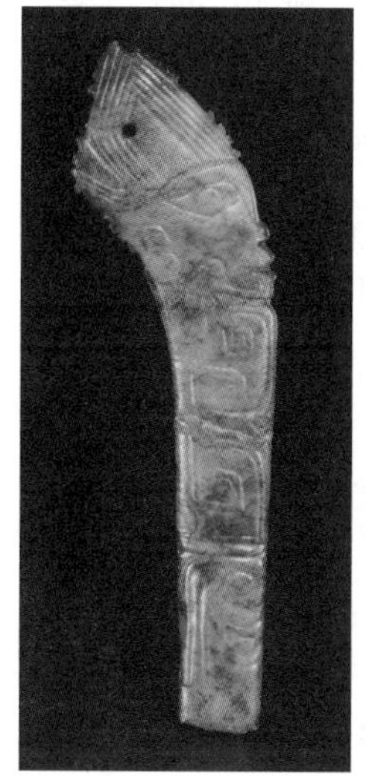

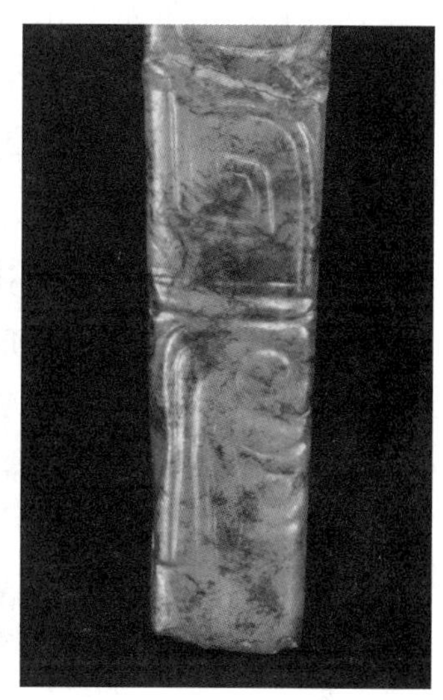

图二　叶家山西周墓地出土鸟羽高冠人形玉佩（M111：657）及局部放大（A 型）

鸟羽高冠人形玉佩 M111 ：657（图二）：半圆雕，双面纹饰，以剔地阳线纹为主。人首为斜刀臣字眼、推碾凸出的阳线示鼻子和嘴；冠饰长方形密集阴刻线纹，宽窄较均匀；耳朵以斜刀双头云纹示，脸颊饰 1 个斜刀谷纹；人身鸟羽以 2 个斜刀双阴刻线云雷纹表示，腿饰长尾谷纹。

图三　叶家山西周墓地出土鸟羽人形玉佩（M109：33）及局部放大（A 型）

鸟羽长发人形玉佩 M109：33（图三）：厚板状，人首鸟身、侧面直立式；双面饰相同斜刀纹饰，纹饰精致繁复。人首有长眼角线臣字眼、云纹耳、谷纹凸嘴，长发后飘，发内饰竹节纹、圆圈纹和卧蚕纹；人手垂直举在脸前、内饰水滴纹，其下兽爪顶在颌下；身为涡云纹鸟羽，人腿直立、内饰谷纹和皿纹；鸟尾 3 条阴刻线。

对龙衔鸟形玉佩（M111：725）（图四）：形象十分夸张，略带狰狞之感，该龙鸟佩的龙首口中衔着鸟首，却具有鸟身和鸟爪；整只龙鸟呈站立姿态，龙嘴大张，双唇外翻，上唇较长，下唇较短，龙嘴中的鸟首有斜刀圆眼、喙下勾；龙首有斜刀长眼角臣字眼，两个凸出的齿示龙角，阴刻线长鬃列后飘；鸟身较小，鸟翅扬起，饰斜刀涡云纹、谷纹和皿纹；鸟腿粗长，一只腿饰有两个谷纹，另一只腿饰人字纹。这一对龙鸟佩出土时一件发现于棺北，另一件发现于棺南，经比对2件玉器的断口、厚薄、长短和纹饰，能够很好地拼合起来，确认是用一块玉雕琢而成的一件玉器，入葬时被掰断放置。

图四　叶家山西周墓地出土对龙衔鸟形玉佩（M111：725）（A型）

2. B型：侧身状尖勾喙齿冠玉鸟

B型的6件玉鸟为玉鹦鹉，造型很独特、工艺考究，共同特征是尖勾喙、斜刀圆眼、有冠。又可分为三式。Ⅰ式M28：65和M2：42玉鹦鹉姿态为立式、弧形，头顶有两束齿状高冠，直尾分叉；M28：65玉鹦鹉头上2个花形冠，一个3齿，一个4齿，冠下部各饰2个斜刀谷纹；颈部饰斜刀“山”字形纹和2条短弧线纹；鸟身饰2个涡云纹（半个斜刀雷纹接阴刻曲线）；立足、足饰斜刀谷纹、后勾成1个水滴形孔；尾饰3条宽阴刻线、V字形口；背部和冠部各有1个对钻圆孔；平度较好，厚度不够均匀（图五-1）。Ⅱ式M111：712和M27：142玉鹦鹉姿态也为立式、弧形，但其工艺最精致；M27：142头顶为倒U形高冠饰细密阴刻线，有1对钻圆孔；勾喙上方饰阴刻线人字纹、喙角处饰阴刻线谷纹；圆眼上方有阴刻线推碾阳纹示眉毛，这一特征在鸟首中罕见，一般眉毛与臣字眼组合出现在人首中；平尾饰 6 条短阴刻线；鸟身饰 4 个阳线云雷纹（图五 -2）；也有认为该鸟身似人体[1]；M111：712 特征基本同 M27：142。Ⅲ式 M111：734 和 735 玉鹦鹉则为蹲卧姿态，鸟身硕宽，头顶为齿状低冠，直尾分叉；鸟身的纹饰和工艺最简单，鸟喙未勾成孔，1 个涡云纹示翅膀，鸟尾 3 条斜刀阴刻线（图五 -3）。

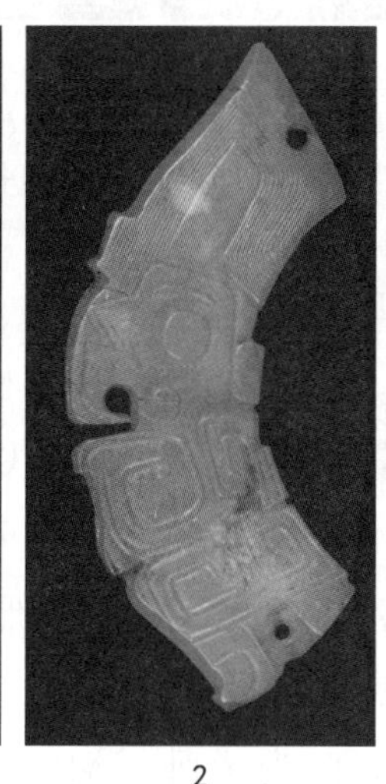

1　　2　　3

图五 叶家山西周墓地出土玉鹦鹉（B 型）
1. M28：65；2. M27：142；3. M111：735

3. C 型：侧身卧姿玉鸟

C 型玉鸟有 8 件，可分三式。Ⅰ式 M111：715 为侧卧体态、圆雕工艺的玉鸟（图六 -1），阔喙下勾上翘，嘴部圆孔表示弯曲的鸟喙，鸟首浑圆、浅浮雕圆眼；鸟翅和鸟尾上的羽毛皆以大斜刀阴刻线表示，鸟翅较短微翘，似是刚收翅或想要起飞的姿态；鸟爪粗大，呈抓握状；鸟尾较长呈方形内卷状，似凤尾；鸟胸一对钻圆孔，为佩戴穿孔。Ⅱ式 M27：121、M27：144、M109：34 为卧姿低态的玉鸟，双面相同纹饰，曲足前伸，尖勾喙、斜刀圆眼、冠后飘压于背上，喙下勾成一孔，鸟冠部的羽毛呈飘扬的动感，头顶有两处扉棱；长宽尾平直分叉呈对称的上勾下卷状；以 4 条斜刀曲线纹示翅膀，以 3 条阴刻直线示尾，以 3 条楔形阴刻线示爪；厚薄均匀，平度好；鸟胸一对钻圆孔，为佩戴穿孔（图六 -2）。Ⅲ式 M65：147、M28：73 为卧姿、长阔喙玉鸟，同Ⅱ式也是曲足前伸、斜刀圆眼、冠后飘压于背上，但是冠有纹饰，饰斜刀谷纹或皿纹；宽尾分叉下坠或上勾下坠；鸟翅和鸟尾上的羽毛也以大斜刀阴刻线表示，鸟翅为涡云纹、鸟尾为曲线；鸟胸也有一对钻圆孔，为佩戴穿孔（图六 -3）。

1　阮文清、余乔：《西周早期曾国墓出土玉器撷英》，《收藏家》2015 年第 8 期。

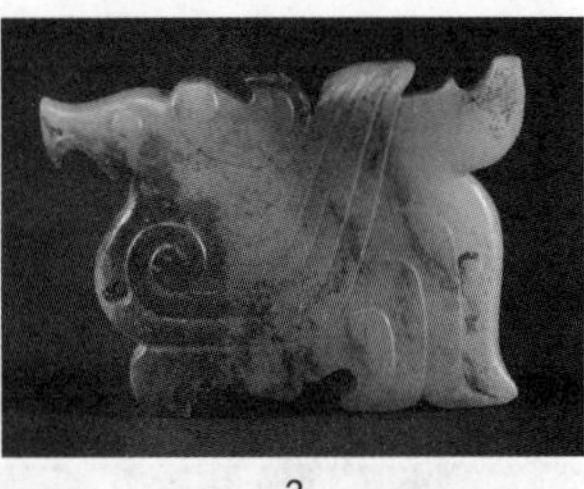

1　　2　　3

图六　叶家山西周墓地出土侧身卧姿玉鸟（C 型）
1. M111：715；2. M27：121；3. M65：147

4. D 型：侧身蹲卧或蹲立玉鸟

D 型玉鸟有 6 件，可分三式。Ⅰ式 M27：163、M27：175 为蹲卧、尖喙、无冠的玉鸽，尽管工艺较简单且较粗糙，但玉鸽的飞翔形态非常形象，在较小的鸟头上琢有较大的斜刀圆眼；M27：175 的鸟尾分叉下坠，鸟身仅 1 条弧形阴刻线将鸟身与鸟尾区分开来；M27：163 的鸟尾呈弧形微翘，鸟身一面一条直阴刻线、另一面两条直阴刻线将鸟身与鸟尾区分开来，且宽窄不一（图七 -1）。Ⅱ式 M27：183、M27：184、M1：21 为蹲卧、阔喙昂头状，均具斜刀圆眼；M27：183 和 184 冠后飘压于背上、尾下坠、一条阴刻曲线示鸟翅，3—4 条阴刻线示爪（图七 -2）；M1：21 则无冠、尾分叉下坠、斜刀涡纹示翅膀，尾巴饰一条阴刻曲线和两个阴刻水滴纹。Ⅲ式 M27：187 为蹲立、尖喙的玉鸟，斜刀圆眼，冠呈云纹状立头顶，长尾分叉下坠，斜刀涡云纹示翅膀、5 条阴刻曲线示尾、2 条楔形阴刻线示爪，工艺较精湛（图七 -3）。

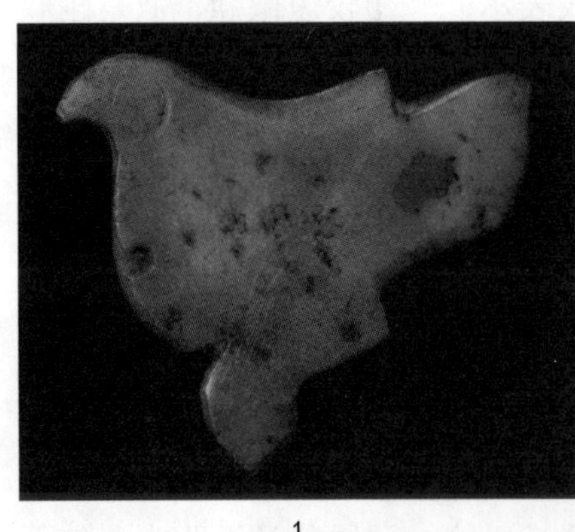
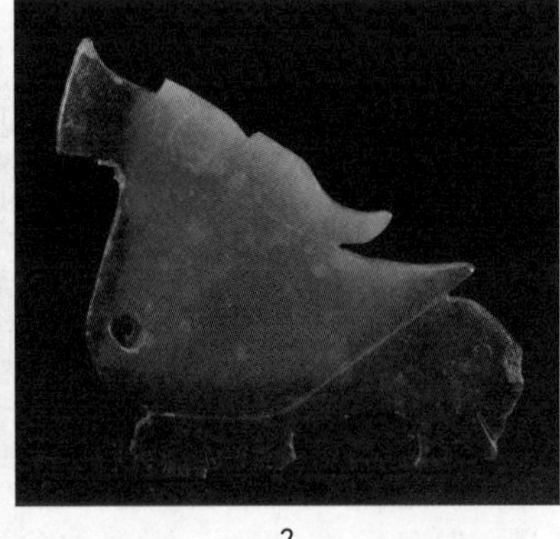
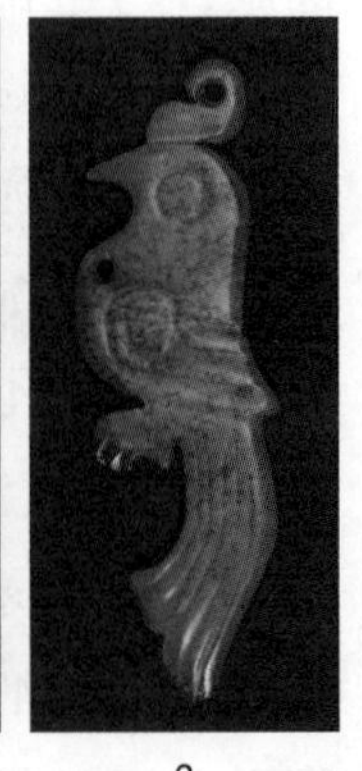

1　　2　　3

图七　叶家山西周墓地出土蹲卧或蹲立玉鸟（D 型）
1. 玉鸽 M27：163；2. M27：183；3. 玉鸽 M27：187

5. E 型：俯身状玉鸟

E 型俯身状玉鸟只有 4 件，即 M107：36 玉燕、M111：659、M111：660 玉

鸮、M111：719 玉鸟。图八 -1、2 分别为 M107：36 玉燕的正面和背面，半圆雕，整体呈三角形，为一只呈展翅滑翔状态的玉燕；正面凸，反面平，双面纹饰；正面小尖嘴，斜刀菱形眼、中间 1 条阴刻线示瞳孔，鸟身饰一对剔地阴刻雷纹，翅膀饰阴刻半雷纹和短阴刻线，尾饰宽阴刻线；反面浅浮雕田字纹以示鸟爪，鸟喙上还有一牛鼻孔，用以穿绳佩戴；纹饰中均显示反复推碾直线痕，表面可见较细的方向不一的直线抛光痕。图八 -3 为 M111：660 玉鸮，玉鸮有一对，造型和工艺一致，亦呈俯视滑翔态，双面斜刀纹饰，一对圆眼，脊背处刻有皿纹，双翅上涡纹代表羽毛，尾巴分叉并刻有平行的阴刻线。M111：719 玉鸟，扁平体，两面平，鸟作尖嘴，斜刀圆形双眼，颈部阴刻两道平行线，背部 2 条斜刀弧线示翅膀，尾微弧小分叉。两面纹饰相同。

1

2

3

图八 叶家山西周墓地出土俯身状玉鸟（E 型）
1. 玉燕 M107：36 正面；2. 玉燕 M107：36 背面；3. 玉鸮 M111：660

6. F 型：侧身玉鹅

F 型只有 1 件，M27：180（图九 -1），脖颈较长，呈回首状，似在梳理羽毛；喙较长，宽扁嘴、斜刀圆眼、无冠，颈部刻有 3 组人字纹，鹅身以斜刀涡纹示翅膀，身下一排平行的阴刻线表示水中的浮毛，胸口处的脚掌用 3 道阴刻线来表示，颈部弯曲形成的孔可用于佩戴。

7. G 型：侧身玉双鸟

G 型也只有 1 件，M65：134（图九 -2），两只鸟叠置，雄鸟在上，雌鸟在下，雄鸟圆眼、勾喙、鼓肚，鸟翅饰涡云纹，鸟尾饰曲线纹，尾部下垂分叉，与下面的雌鸟尾部相接触；雌鸟也具有圆眼、勾喙，鸟身纤细，鸟尾回勾成方圆形，与上面的雄鸟尾尖相触。造型别致、生动。

1　　　　　　　　　　　　2

图九　叶家山西周墓地出土玉鹅和双鸟佩（F、G 型）

1. 玉鹅 M27：180；2. 双鸟佩 M65：134

三、叶家山玉鸟文化

（一）凤鸟崇拜文化

随州叶家山西周曾国墓出土的玉鸟数量多、种类丰富。玉鸟归属于佩饰玉器，而佩饰玉器的种类和数量均多于礼仪玉器，佩饰玉器有 25 种，占所有玉器种类 43 种的 58.1%，有 262 件（套），占玉器总件（套）数 401 件（套）的 65.3%。佩饰玉器分为动物形佩饰和几何形佩饰，动物形佩饰的种类和数量略多于几何形佩饰，动物形佩饰有 13 种（占比 52%），154 件（占比 58.8%）；几何形佩饰有 12 种（占比 48%），108 件（占比 41.2%）。动物形佩饰中最多的为玉鱼、玉鸟和玉龙，这 3 种玉器共 106 件，占动物形玉佩的 68.8%。玉鱼共 51 件，玉鸟共 34 件，数量仅次于玉鱼。玉鸟又可以分两大类：一类是人鸟、龙鸟合体的神灵动物，另一类是以自然界中常见的鸟类为原型进行雕琢、风格写实的玉鸟。写实玉鸟可以分辨出玉鸽、玉鹦鹉、玉鸮、玉燕、玉鹅，其他玉鸟也形态各异。[1] 这映射出叶家山西周曾国人热爱自然、崇敬鸟的文化，将各种鸟精心雕琢成玉佩，天天佩戴在身上。这与西周时期人们崇拜凤鸟的文化是一致的。

（二）“神人”“神鸟”具有礼仪功能

叶家山西周曾国墓出土的玉鸟中，有 6 件人鸟、龙鸟合体的神灵动物，可

1　朱勤文、罗泽敏等：《湖北随州叶家山西周曾国墓地出土玉（石）器宝石学特征及工艺特征研究报告》，中国地质大学（武汉），2019 年。

称为“神人”“神鸟”。这些人鸟、龙鸟合体玉器，显然不是纯粹的佩饰玉器，而是具有礼仪功能。这6件“神人”“神鸟”中的5件出自M111和M27大墓，1件出自M109，且形制特殊、工艺精湛，应该是体现墓主人身份和地位的具有礼仪性质的器物。象征着佩戴者的权力和神圣地位，也蕴含着佩戴者想飞天的欲望。

（三）玉鸟与虢国墓鸟相似

与河南省三门峡市西周虢国墓出土玉鸟比较，也说明西周时期玉鸟是身份等级高的王者才能拥有的玉器。虢国墓地的虢仲墓（M2019）是国君墓，出土了较多玉鸟，其数量多、种类丰富，有的是作为组佩（如发饰）的组件（图十）[1]，很多玉鸟与叶家山西周曾国墓出土的玉鸟相似，甚至基本一样。而太子墓（M2011）出土单佩22件，其中只有1件玉鸟（M2011：337），该玉鸟作回首立姿。梁姬（国君虢季的夫人）墓（M2012）出土单佩24件，有多种动物形佩饰（鹿、牛、猪、蝉、蚕、鱼等），但是没有玉鸟。因为太子和梁姬的身份低于虢仲国君。

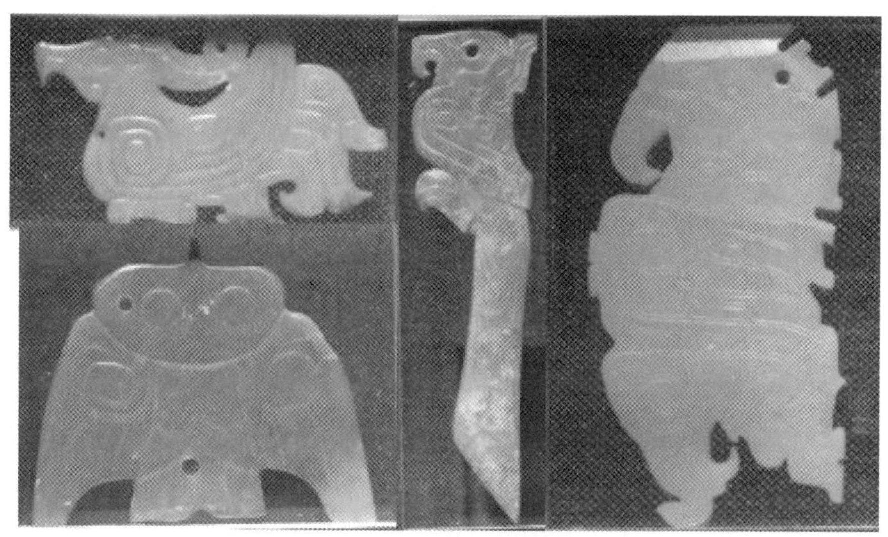

图十　三门峡西周虢仲墓出土玉鸟

叶家山C型Ⅲ式玉鸟与洛阳博物馆藏的洛阳市林校M10出土的西周玉鸟，以及洛阳市机瓦厂M418出土的西周玉鸟，在形制上也很相似。[2]

（四）玉鸟的工艺具标志特征

叶家山西周曾国墓出土的玉鸟的工艺具有西周时期玉器的标志特征。各种

1　鲍怡等：《虢仲墓出土玉器的科技分析和相关问题》，《文物》2023年第4期。

2　长沙博物馆编，喻燕姣主编：《玉魂——中国古代玉文化》，湖南人民出版社，2022年，第64页。

纹饰基本上都是斜刀工艺[1]，包括圆形眼睛、翅膀的涡云纹、谷纹、云纹等。人、鸟、龙的眼睛具有标志性区别：人均为臣字眼、鸟均为圆眼、龙均为菱形眼，且都是斜刀工艺。

（五）玉鸟材质均为透闪石玉

据笔者团队研究结果[2]，叶家山西周曾国墓出土的34件玉鸟的材质均为透闪石玉，并以青白玉和白玉质为主，青白玉占比56%、白玉占比24%，两者共占比80%，其余为青玉占比15%、糖玉占比5%。青白玉和白玉质玉鸟的占比要高于叶家山西周曾国墓出土的所有透闪石玉质玉器的青白玉和白玉质比例，后者为46.72%。这表明叶家山西周人对玉鸟的重视，所以选用更好的玉料。再看看6件人鸟、龙鸟合体玉器的玉质，其青白玉和白玉质的占比为83%，因为这些人鸟、龙鸟合体玉器是出自大墓、具有礼仪功能的玉器，即“神人”“神鸟”。

附记：本文系国家社科基金一般项目“两周曾国玉器整理与研究”（20BKG045）的阶段性成果。

1 刘凌云：《西周玉器的斜刀技法实验考古研究》，《南方文物》2015年第4期。

2 朱勤文，罗泽敏等：《湖北随州叶家山西周曾国墓地出土玉（石）器宝石学特征及工艺特征研究报告》，中国地质大学（武汉），2019年。

柳泉九沟西周墓出土的龙纽玉印相关问题再议

刘云辉[1] 刘思哲[2]

（1. 陕西省文物局；2. 陕西省文物考古研究院）

【摘要】澄城县柳泉九沟西周早期墓出土的龙纽玉印，首先纠正了对妇好墓中类似器物的误读。但学术界对这枚龙纽玉印的制作时间和印面上的动物形象，均有两种不同的解读。关于玉印的制作时代，第一种意见认为它出土在西周早期墓葬中，为周人制作的可能性是存在的，第二种意见认为它和妇好墓的龙纽石印风格是一致的，应是商代的遗物，但并未进行详细论证。对印面十字格划出四个区域内的动物图像，一种认为是迄今为止发现的最早的四神形象，但对具体的动物也有不同看法，另一种认为它不是所谓的四神形象。笔者从龙纽的造型和纹样方面进行细致对比，认为它属商代晚期前段的作品无疑。对印面的动物图像尽管有不尽相同的解读，但为最早的四神形象是确定无疑的。对这件商代器物何以出现在周代早期贵族墓中，笔者也进行了推测。

【关键词】玉印；雕琢时间；玉印图像

一、妇好墓龙纽夔纹石器盖的误读

判断一件器物的制作时间，一是依据它出土的墓葬时代，二是要根据它的造型特征。墓葬时代是断定这件器物使用的下限，但并不能断定它产生的上限。玉器不像陶器使用时间短，更新换代快，它是十分珍贵且经久耐用的器物，传之后世的可能性较高。在古代墓葬中传世品玉器的实例，多不甚举。

研究柳泉九沟龙纽玉印，1976 年殷墟妇好墓出土的龙纽夔纹石器盖是极其重要的比较参照物。考古发掘报告说器盖出于距墓口深 5.6 米墓室中部偏南填土中。标本 49，白色，微灰，大理岩。椭圆形，面部微鼓，上雕龙形纽，龙口微张，露舌，眼、耳、鼻清晰，双足前屈，作伏状，尾蟠于边沿，背、尾均饰菱形纹。背面略凹，中间刻十字形阴线，长径上下侧各雕夔纹一对，头相对，张口，身、尾极短。高 3 厘米，长径 5.4 厘米，短径 4.5 厘米，厚 0.8 厘米（图一）。[1]

1　2　3　4　5

图一　妇好墓龙纽夔纹石器盖

现在看来《殷墟妇好墓》考古发掘报告认为是器盖，完全是误读。因为它并不具备器盖的基本特征。柳泉九沟龙纽玉印的发现，反证了妇好墓这件与其基本相同的器物是龙纽石印是确凿无疑的。另外，考古发掘报告对印面十字形阴线形成的四个单元内的图像辨识也存在着明显错误。实际上只有一个图像可认作夔纹（龙纹），其余三个图像都不是所谓夔纹。我们从横置的印面进行辨识，左上角单元是一只头上有角、昂首张口呈行走状雄鹿的侧面形象（图一 -2）。按照顺时针方向，第二个单元是一个阴刻尖勾喙的雄鹰图像（图一 -3），第三个单元就是一个头上有云纹大角、阴刻长方形目纹、张大口的龙首图像，第四个单元阴刻一个头上竖起大耳、阴刻长形目纹、张口裂嘴的虎首形象。因此，这四个单元阴刻的是四种不同形象的动物，所以，将其认定为早期四神形象是恰当的。当然在一块较小的石头上所阴刻的动物图像还不是十分精准，但其基本形象和主要特征还是可以区分出来的。

1　中国社会科学院考古研究所：《殷墟妇好墓》，文物出版社，1980 年，第 198 页。此注之后凡举例的妇好墓出土玉器，仅在正文中标明标本编号，不再一一注释。

妇好墓出土的这枚龙纽石印从龙的造型风格观察，与该墓中出土的其他文物比较，风格是一致的。如这件龙纽所饰大量阴刻的双线菱形纹间三角形纹（为龙鳞纹）的装饰手法，在妇好墓中出土的龙形玉器中亦有许多，例如标本 408 圆雕玉龙（图二）、标本 422 玦形玉龙（图三）以及标本 345 和标本 935 两件璜形玉龙身上都是此种纹样。另外，我们在周原凤雏西周宗庙遗址发现的一件商代龙图像玉腕饰，龙身上装饰的纹样也是双线斜菱形纹[1]（图四）。韩城梁带村 M502 西周墓出土的龙鸟合雕玉佩中龙身上亦装饰此种纹样[2]（图五）。凡龙身上装饰双线菱形纹并夹三角纹样的玉器，其制作时代均属商代晚期前段（殷墟前期）。由此证实妇好墓出土的这件龙纽石印的制作时代和使用时代就属于妇好生前时期。

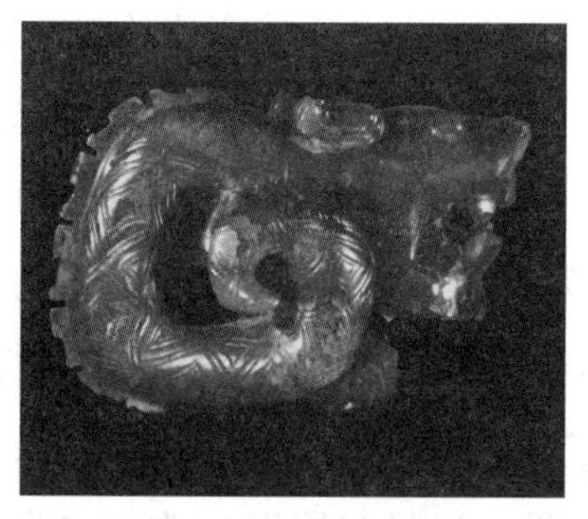
1

2

图二 妇好墓圆雕玉龙（408）

1

2

图三 妇好墓玦形玉龙（422）

图四 周原凤雏商代龙图像

图五 韩城梁带村龙鸟合雕纹饰

1 刘云辉：《周原玉器》，台湾中华文物学会出版，1996 年，第 195 页。

2 陕西省考古研究院等：《梁带村芮国墓地——二〇〇七年度发掘报告》，文物出版社，2010 年，第 33—34 页，图 32：1、2。

二、柳泉九沟龙纽玉印与妇好墓龙纽石印之比较

我们再来观察柳泉九沟墓出土的龙纽玉印，考古发掘简报对柳泉九沟龙纽玉印进行了极为详尽的描述，它出土于西周早期墓（M4）的墓底居中部分，应是佩戴在墓主身上下葬的。玺印的玉质近似和田玉白玉质，玉质温润，玉色不太纯，有褐色和灰色的沁色。玺印印面为椭圆形，印纵轴 4 厘米，横轴 3.1 厘米，龙纽长 3.6 厘米，龙纽身侧鋬下宽 1.1 厘米，龙纽前宽 0.8 厘米，龙纽最高 1.7 厘米，印通高 2.9 厘米。椭圆印面微内凹，内凹深约 0.3 厘米。在龙纽的身体后部有两个牛鼻对穿孔，孔径 0.5 厘米。在印纽座上有两道裂璺，璺不及底。玺印有不太明显的印台，高约 0.6 厘米；印台下印面的边缘内收约 0.1 厘米。印台上部略有隆起，在印台上部正中、和横轴同向，置一龙纽。龙阔口方鼻方眼，角似耳而后掠，龙的两前爪做有力的支撑，龙后身及尾巴沿印台的台缘作顺时针方向绕过龙的前胸，再绕至龙的后半身，恰形成绕印台一周。龙纽的背上有三处重环纹，其中后两个重环纹恰围绕牛鼻穿孔。支撑起龙纽身上的鳞纹，在盘桓一周的龙身上有十三个重环纹。龙的前爪臂上有浅刻的云纹。该龙纽造型生动有力，昂首前探，超出了印台的边缘。在微微内凹的玺印印面上刻有环形边栏，中间有十字界格，把印面分为四个区。每个区内有一个图纹，或为一个图像文字；按照秦汉印章的正常读序，记录于下：第一个图文为竖向尾巴内钩的虫形或龙形，第二个为横向的带角鹿形，第三个为横向的张口虎形，第四个为竖向的直立鹰形[1]（图六）。

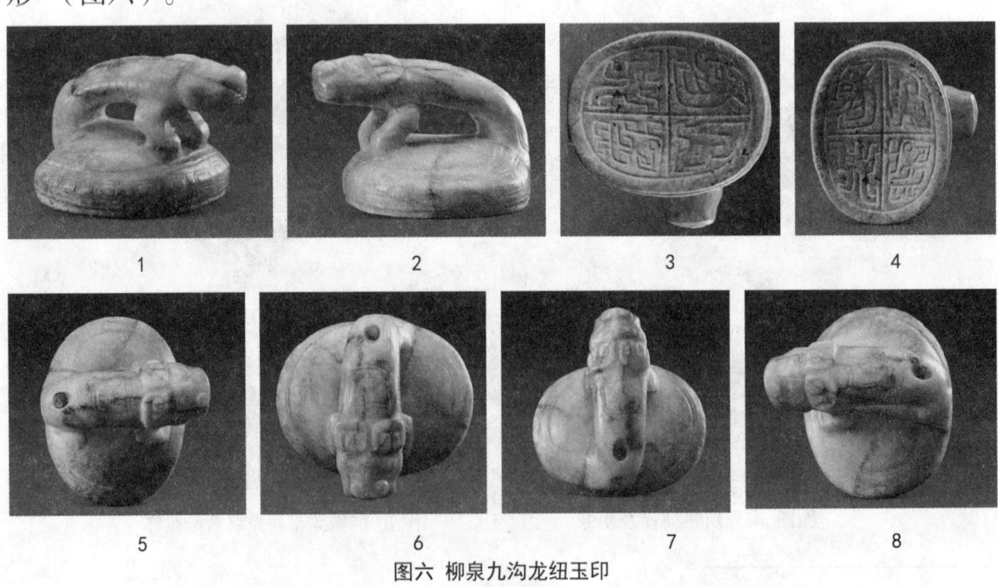

图六 柳泉九沟龙纽玉印

1 渭南市文物旅游局：《陕西澄城县柳泉村九沟西周墓发掘简报》，《考古与文物》2017 年第 2 期。

笔者赞成考古发掘简报对其描述和基本判断，但仍然有部分观点不尽相同。其一是在这里将第四区的动物图像判断为立鹰，似乎并不完全准确，将这件所谓立鹰只要和妇好墓标本389的玉鹦鹉放在一起，两者何等相似，所以第四区动物定为鹦鹉较为合适（图七）。其二是周晓陆和同学猛的论文将其龙纽玉印的制作时代定为西周早期[1]。笔者认为并不准确。柳泉九沟这枚玉印的制作时代问题，仅从墓葬时代观察，将其定为西周早期，这只是可能性之一，另一种可能性要考虑传世品的问题。尤其材质优良造型复杂且不易损坏的玉器传之后世的实例比比皆是，总之具体情况要具体分析。还有不少学者认为这件龙纽玉印因其与妇好墓的龙纽石印风格相同，因此认定它们是同一时期的作品。但持此观点的学者均缺乏详细严密的论证。

图七 纹饰对比（左玉印四区动物，右妇好墓标本389）

笔者认为两枚印之大小也相差无几。两件龙纽印整体形制和风格看，的确是基本相同的，如印体呈椭圆形，背部微鼓，印面略凹，中间刻十字阴线，在四个区内阴刻四个动物形象。但如果仔细比较，除了相同的一面，还有若干处不同。首先从印面动物形象观察，两者的区别主要有：龙纽石印中的飞禽是鹰，龙纽玉印中的飞禽是鹦鹉；龙纽石印是以龙首代表龙，龙纽玉印中的龙是回首卷体呈玦形。龙纽石印中玉鹰和奔鹿的眼睛是圆形，龙首和虎首均是阴刻的长方形目纹，龙纽玉印除鹦鹉是圆睛之外，龙、虎、鹿均是阴刻的长方形目纹。

两件器物上均雕龙形纽，龙双足前屈，作伏状，尾蟠于边沿。但如果我们仔细观察两件龙纽上的装饰纹样则会发现有许多不同：妇好墓石印的龙纽造型尾蟠于边沿，背、尾均饰双线菱形纹并夹有三角纹，而柳泉九沟玉印的龙纽龙背上有三处重环纹（双勾阴刻带尖盾形纹，在盾形纹中部还套叠小盾形纹），在盘桓一周的龙身上有十三个重环纹，对于这种重环纹，学界有不少学者称之为鳞纹，它在玉雕动物中作为装饰纹样，但并不代表鳞片，因此，笔者在文中通称之为双勾阴刻带尖盾形纹，这是一种客观描述，弃用将这种纹样称之为“鳞纹”的描述，以免造成误解。龙纽石印和龙纽玉印最为明显的不同之处，是龙纽上装饰纹样的不同。

1 周晓陆、同学猛：《澄城出土西周玉质玺印初探》，《考古与文物》2017年第2期。

考古发掘简报称这件玉印上作为纽的龙是方眼，但若精准描述则是双勾阴刻长方形纹，这种阴刻的长方形纹，有些是四角略带弧形。玉雕动物眼睛使用这样的纹样是有明确的时代属性。玉雕动物装饰双勾阴刻带尖盾形纹更是有比较明确的时代属性。

三、龙纽玉印定为商代晚期前段的证据

笔者认为，要判断这件龙纽玉印的制作时代除了要与龙纽石印比较之外，还要从这件龙纽玉印自身的特点方面去同其他玉器比较，方能得出较为可靠的结论。笔者认为玉印龙纽上的双勾阴刻的长方形目纹和龙身尾上的双勾阴刻带尖盾形纹是确定这件玉印时代最有力的证据。笔者检索了迄今所见的商周玉器，在商代晚期前段的玉雕中流行以双勾阴刻长方形纹来刻画人物或动物的眼睛，商代晚期前段的玉雕中亦流行双勾阴刻带尖盾形纹，作为龙、虎、牛、鹿、狗、鸟、兽面等装饰纹样。如在殷墟前期玉雕中这两种纹样使用十分广泛，它们或单独出现在一件玉器中，或两种纹样出现在同一件玉器中。以下列举此类较为典型的玉器予以说明。

（一）以双勾阴刻长方形纹表现动物眼睛的玉雕（图八）

妇好墓标本600，玦形玉龙，以双勾阴刻长方形纹表现龙目（图八-1）。

妇好墓标本995，玦形玉龙，龙眼是双勾阴刻长方形纹（图八-2）。

河南洛阳M210西周早期墓出土一件圆雕玉鸮，因鸮头上有两弯角可称之为怪鸟，鸮身上装饰纹样全是双勾技法雕琢，故其为商代晚期前段制作的玉雕，其双眼为双勾阴刻长方形纹[1]（图八-3）。

妇好墓标本967，浮雕玉兽头，双眼是双勾阴刻长方形（眼角微弧）纹（图八-4）。

妇好墓标本968，浮雕的兽头鱼身，可称之为怪兽，兽头的双眼是双勾阴刻长方形纹（图八-5）。

妇好墓标本356，浮雕玉蛙，两面纹样相同，双目均是双勾阴刻长方形（四角微弧）纹（图八-6）。

妇好墓标本1291，浮雕玉蛙，造型呈几何形状，头小，前足外伸，两只眼睛为双勾阴刻长方形纹（图八-7）。

妇好墓标本416，铲形玉器，上段饰饕餮纹，双目为双勾阴刻的长方形纹（图

1　洛阳市文物工作队：《洛阳北窑西周墓》，文物出版社，1999年，第155页，彩版一一，2；图版五八，1。

八 -8）。

妇好墓标本 572，玉匕，匕上分别有蝉纹、饕餮纹、兽面纹，其动物眼睛均是双勾阴刻的长方形纹（图八 -9）。

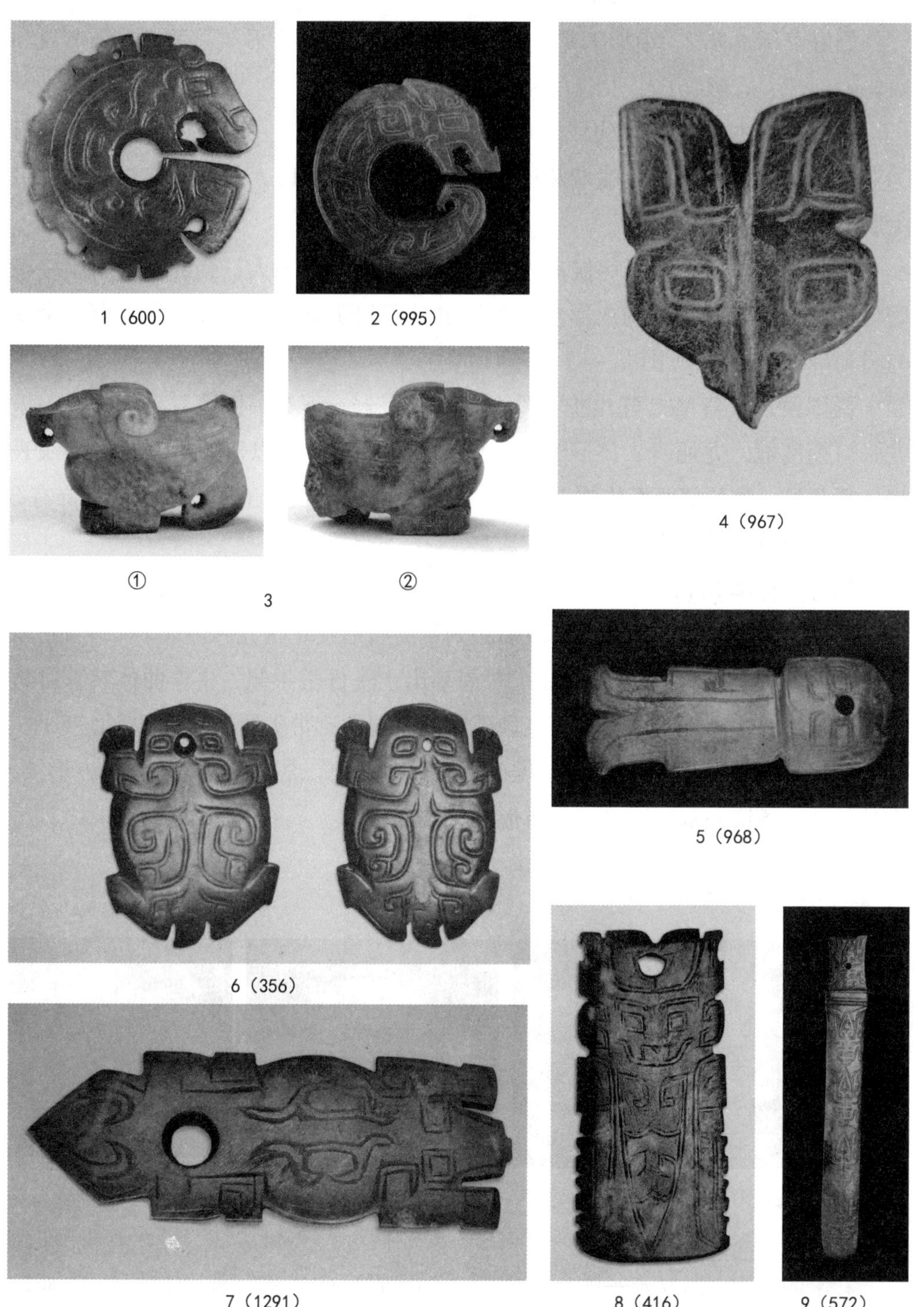

1（600）　2（995）　3 ①　②　4（967）　5（968）　6（356）　7（1291）　8（416）　9（572）

图八 以双勾阴线长方形纹表现动物眼睛的玉雕

（二）同时饰有双勾阴刻长方形纹和双勾阴刻带尖盾形纹的玉器（图九）

妇好墓标本 917，璜形玉龙，龙目为双勾阴刻长方形纹，颈、身饰节纹和双勾阴刻带尖盾形纹 6 个（图九 -1）。

妇好墓标本 872，璜形玉龙，龙目亦为双勾阴刻长方形纹，颈、身饰节纹和双勾阴刻带尖盾形纹 6 个（图九 -2）。

妇好墓标本 1030，未完成的玦形玉龙，一面光素，一面饰龙形图像，龙目为双勾阴刻长方形纹，龙嘴端和尾部之间尚未切出缺口，龙身饰有双勾阴刻带尖盾形纹 6 个（图九 -3）。

山西曲沃晋侯墓地晋穆侯夫人墓 M63 出土的一件玉人，腰部左侧附缀一条宽带玉龙，这条龙头上为瓶形角，龙目也是双勾阴刻长方形纹，龙身有 4 个双勾阴刻带尖盾形纹[1]（图九 -4）。

晋穆侯夫人墓 M63 还出土一件龙鸟合雕玉器，下为一圆雕立鹰，上有一玉龙张口衔鹰冠，龙屈身，尾回卷，大体呈平置的 S 形，以双勾阴刻长方形纹表现立鹰双目，鹰颈部两面均饰 1 个双勾阴刻带尖盾形纹。玉龙身体两侧均饰有 3 个双勾阴刻带尖盾形纹[2]（图九 -5）。

妇好墓标本 577，圆雕，为一人面与兽面合体雕刻，兽面的双眼是双勾阴刻长方形纹。颈部两侧各饰有 1 个双勾阴刻带尖盾形纹（图九 -6）。

陕西扶风县周原遗址齐家 M41 西周墓出土一件玉牛佩，牛作曲体转首卧地状，双目为双勾阴刻长方形纹，在颈部饰有双勾阴刻带尖盾形纹[3]（图九 -7）。

妇好墓标本 405，圆雕玉虎，虎头上为一对龙角，虎眼为双勾阴刻长方形纹，虎颈部两侧各饰一双勾阴刻带尖盾形纹（图九 -8）。

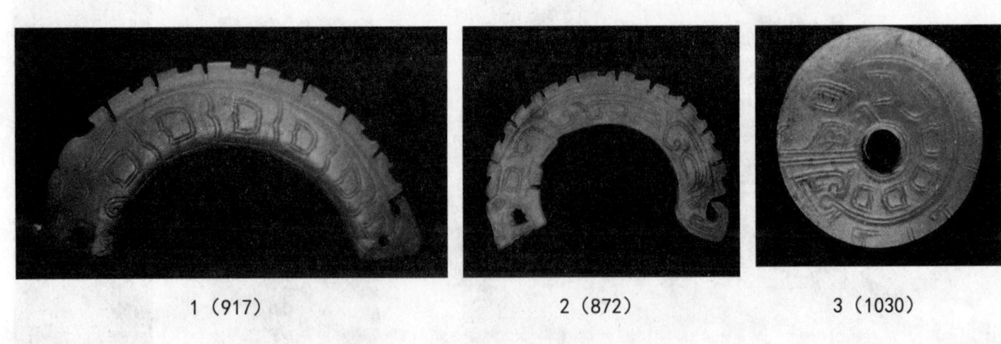

1（917）　2（872）　3（1030）

1　上海博物馆博物馆:《晋国奇珍——山西晋侯墓群出土文物精品》, 上海人民美术出版社, 2002 年, 第 180 页。

2　上海博物馆博物馆:《晋国奇珍——山西晋侯墓群出土文物精品》, 上海人民美术出版社, 2002 年, 第 184 页。

3　刘云辉：《周原玉器》，台湾中华文物学会出版，1996 年，第 100 页。

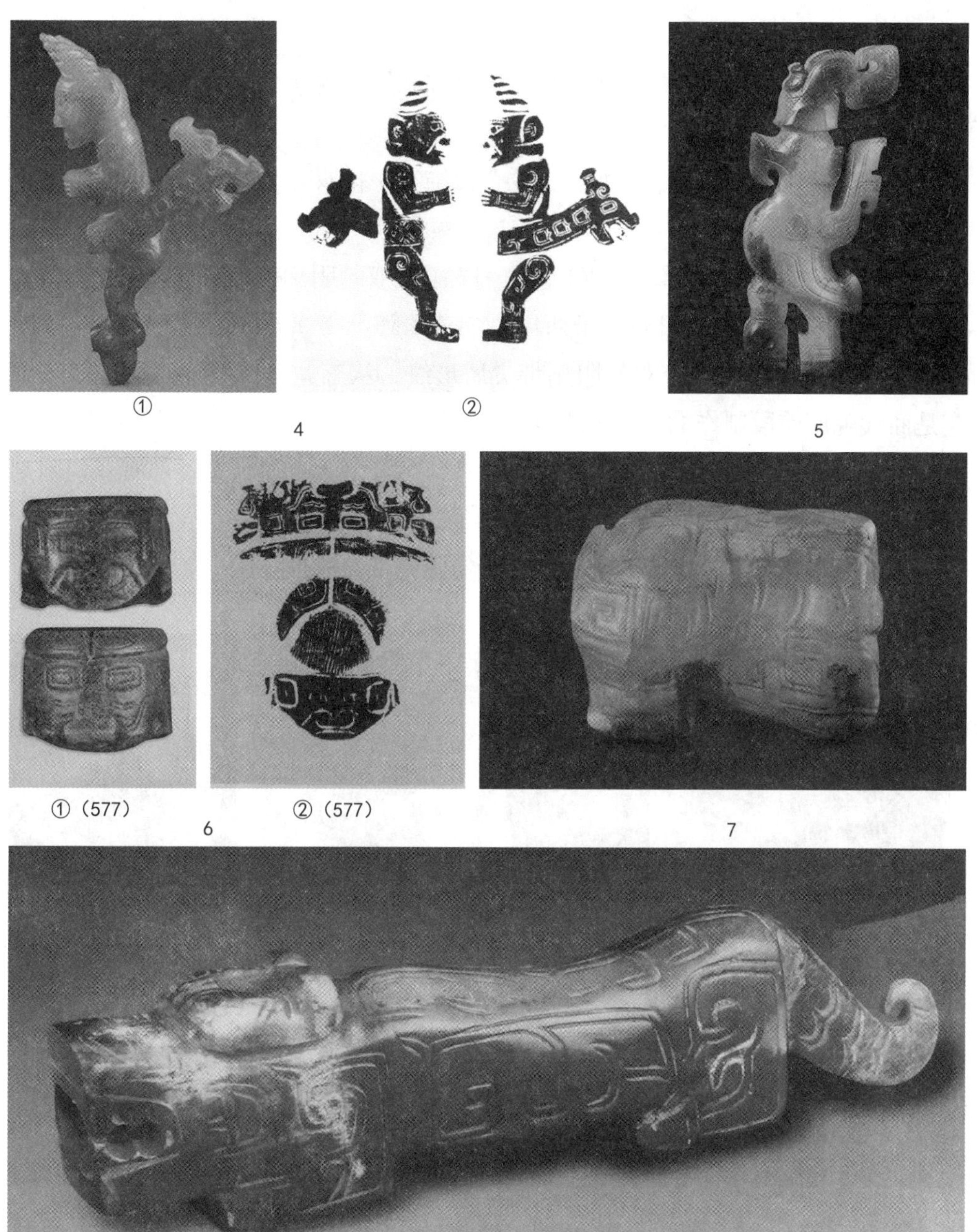

图九 同时饰有双勾阴刻长方形纹和双勾阴刻带尖盾形纹的玉器

（三）装饰双勾阴刻带尖盾形纹的玉雕动物

1. 身饰双勾阴刻带尖盾形纹的玉龙（图十）

妇好墓标本408，圆雕玉龙，是迄今所仅见的商代最典型的圆雕玉龙，在龙左侧颈部饰有1个双勾阴刻带尖盾形纹。考古发掘报告和已出版的殷墟玉器图录均未叙述此特点。

妇好墓标本992，圆雕玉龙，从龙的背部和尾部观察，至少饰有双勾阴刻带尖盾形纹16个（图十-1）。

妇好墓标本466，圆雕玉龙，玉龙背部饰有一排双勾阴刻带尖盾形纹若干个（图十-2）。

妇好墓标本413，圆雕玦形龙（虺），身饰6个双勾阴刻带尖盾形纹（图十-3）。

龙纹玉璧，山东济阳刘台子西周早期墓（M6：81）出土，玉璧两面各刻1条玉龙，龙颈部各饰1个双勾阴刻带尖盾形纹，从玉龙雕琢技法观察，该玉璧应是商代晚期前段制作的[1]（图十-4）。

妇好墓标本354，片状浮雕的龙与怪鸟，鸟背上驮一龙，龙颈部有双勾阴刻带尖盾形纹1个（图十-5）。

妇好墓标本360，浮雕玉龙，颈饰双勾阴刻带尖盾形纹1个（图十-6）。

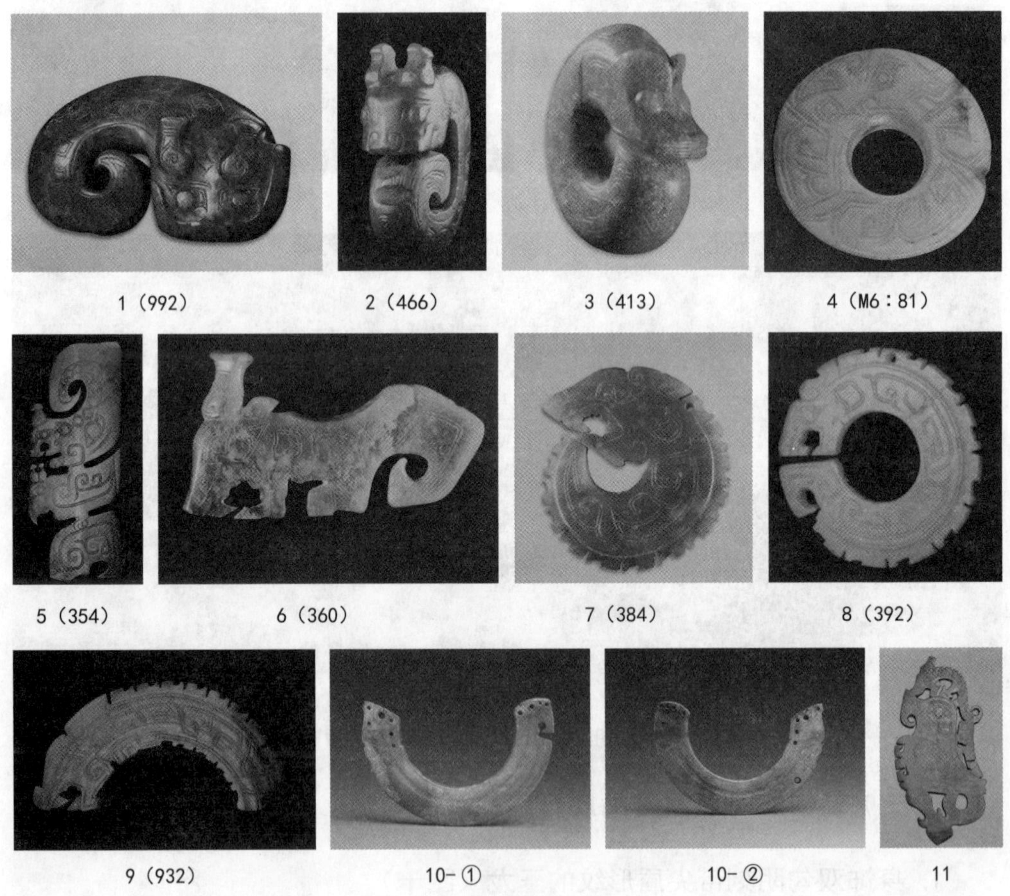
1（992） 2（466） 3（413） 4（M6：81）
5（354） 6（360） 7（384） 8（392）
9（932） 10-① 10-② 11

图十 身饰双勾阴刻带尖盾形纹的玉龙

1 山东省文物考古研究所等：《山东济阳刘台子玉器研究》，台湾众志美术出版社，2010年，第97图文。

妇好墓标本 384，玦形玉龙，颈部饰 1 个双勾阴刻带尖盾形纹（图十 -7）。

妇好墓标本 392，玦形龙，龙颈两面均饰 1 个双勾阴刻带尖盾形纹（图十 -8）。

妇好墓标本 932，浮雕的璜形龙，颈部两面各饰 1 个双勾阴刻带尖盾形纹（图十 -9）。

韩城梁带村春秋早期 M26 芮国国君墓出土的七璜组玉佩，其中一件玉璜是典型的商代晚期前段器物，玉龙颈部两面均饰有 1 个双勾阴刻带尖盾形纹[1]（图十 -10）。

台北故宫博物院收藏的商代晚期前段的鸟龙合雕玉佩，下为立姿猛禽，猛禽头上站一张口卷尾走龙，猛禽颈部两面各有并排的 2 个双勾阴刻带尖盾形纹[2]（图十 -11）。

2. 饰双勾阴刻带尖盾形纹的玉虎、玉牛、玉鹿、玉狗（图十一）

洛阳北窑西周早期墓 M198 出土一件商代晚期圆雕玉虎，在颈部两侧各饰 1 个双勾阴刻带尖盾形纹，在尾部两面亦有相同的纹样 8 个[3]（图十一 -1）。

妇好墓标本 358，片状浮雕玉虎，玉虎颈部两面各饰 1 个双勾阴刻带尖盾形纹（图十一 -2）。

妇好墓标本 359，片状浮雕玉虎，玉虎颈部两面均饰 1 个双勾阴刻带尖盾形纹（图十一 -3）。

妇好墓标本 991，片状浮雕玉虎，在玉虎颈部两面均饰 1 个双勾阴刻带尖盾形纹，在长尾两面均饰 3 个双勾阴刻带尖盾形纹（图十一 -4）。

妇好墓标本 1301，一件玉牛，牛背上共饰 3 个双勾阴刻带尖盾形纹（图十一 -5）

妇好墓标本 361，一奇蹄形似狗的动物，颈部饰 1 个双勾阴刻带尖盾形纹（图十一 -6）。

妇好墓标本 983，形似奇蹄的玉鹿，颈饰 1 个双勾阴刻带尖盾形纹（图十一 -7）。

3. 身饰双勾阴刻带尖盾形纹的玉鸟（图十二）

妇好墓标本 1292，浮雕片状鹦鹉，两面颈部各饰 1 个双勾阴刻带尖盾形纹（图十二 -1）。

妇好墓标本 472，站立状浮雕鸱鸮，其颈部两面各饰 1 个双勾阴刻带尖盾形

1 陕西省考古研究院，渭南市文物保护考古研究所，韩城市文物旅游局：《梁带村芮国墓地——2005、2006 年度发掘报告》，文物出版社，2020 年，第 314—319 页。

2 那志良：《中国古玉图释》，南天书局发行，1990 年，彩版 101。

3 洛阳市文物工作队：《洛阳北窑西周墓》，文物出版社，1999 年，第 155 页，彩版一一，1；图版五七，4。

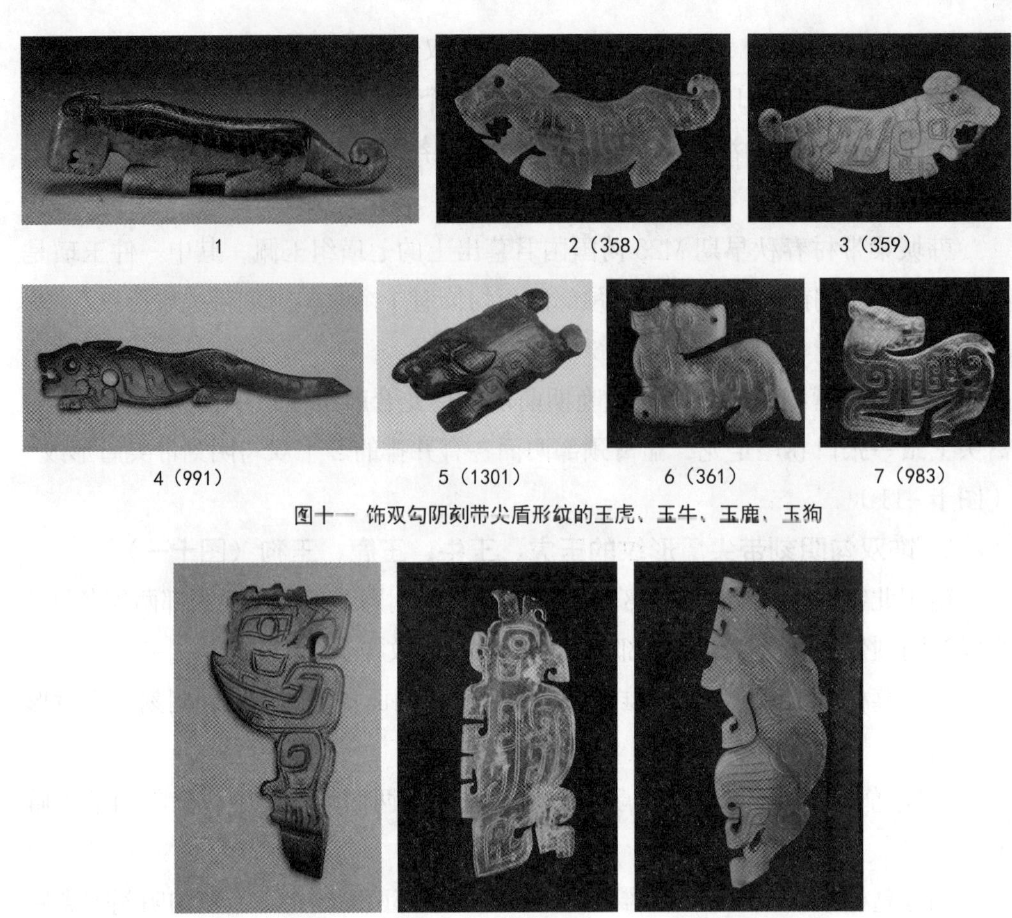

1　2（358）　3（359）

4（991）　5（1301）　6（361）　7（983）

图十一　饰双勾阴刻带尖盾形纹的王虎、玉牛、玉鹿、玉狗

1（1292）　2（472）　3（M6：50）

图十二　身饰双勾阴刻带尖盾形纹的玉鸟

纹（图十二 -2）。

山东济阳刘台子西周早期墓（M6：50），出土一件凸齿高冠鹦鹉玉佩，在鹦鹉头部饰有两个双勾阴刻带尖盾形纹，玉佩虽出自西周早期墓中，但从玉雕风格观察它属于商代晚期前段的作品[1]（图十二 -3）。

综上所述，以双勾阴刻长方形纹来表现龙目、饕餮双目、兽面双目、鸮目、鹰目、蛙目、蝉目的技法在商代晚期前段玉雕中十分流行，而且也仅限于此阶段。以双勾阴刻带尖盾形纹作为装饰纹样，在商代晚期前段的许多玉雕动物中更为流行，如出现在各种造型的玉龙、玉虎、玉牛、玉鹿、玉狗身上，也出现在鹦鹉、鸱鸮等禽鸟身上。此种装饰纹样出现在龙鸟以及其他走兽的颈部表现的是颈椎，出现在背、身、尾上表现的是脊椎和尾椎。在各种动物玉雕中装饰此种纹样流行于商代晚期前段，也仅限于此段。这和青铜器上装饰此类纹样流行的时间有

1　山东省文物考古研究所等：《山东济阳刘台子玉器研究》，台湾众志美术出版社，2010 年，第 138—141 图。

所不同。正如李零先生所指出的在西周早中期仍然流行所谓的重环纹，如李先生所列举的四川彭竹瓦街1959年出土的铜罍饕餮纹蟠龙盖，盖上一龙盘踞，角上出面三歧，前两脚踞于盖顶，不见后脚。身具鳞甲，背项有扉棱，尾尖细。[1]辽宁喀左县北洞村二号窖藏出土的西周早期龙凤青铜罍，盖上亦为一龙盘踞，两足踞前，龙躯和长尾蟠于边沿一周。龙后身和尾巴上布满了带尖盾形纹（图十三）。[2]从表面看似乎这些青铜器上的鳞纹与玉雕中双勾阴刻带尖盾形纹非常相似，实际两者还是有一定区别，青铜器是铸造的，玉器纹样是琢磨出来的，双勾技法只在商代晚期前段流行，商代晚期后段和西周早期玉器上已经不再使用这种装饰纹样了。因此，这枚龙纽玉印的制作时代只能是商代晚期前段。

图十三 辽宁喀左西周早期龙凤青铜罍

四、商代龙纽四神玉印何以在周墓中出现

这枚商代晚期前段的玉印何以在西周初年的墓葬中出现，笔者以为这枚玉印是武王灭商时的战利品，诚如《逸周书·世俘解》所云“凡武王俘商旧玉，亿有百万”，及如《史记·周本纪》所载“封诸侯，班赐宗彝，作分殷之器物”。周王赐给了这位墓主人。从另外一个角度看，这位墓主人虽然是一个贵族，但他的身份还不是很高，不可能受赐这件器物。是否有这样的一种可能性，就是这位墓主人本身就参加了武王灭商的这场战争，从商王室获取了这枚玉印，将其私藏，后在玉印龙纽上钻了牛鼻穿孔，说明根本就不知道这是多此一举，而且钻孔洞损伤了龙纽上的带尖盾形纹。这位贵族生前曾佩戴此印，死后就随葬在墓中。这枚龙纽玉印是商代晚期前段制作的，玉印印面的四种动物是迄今所见的最早的四神形象。所以这枚龙纽四神玉印发现的意义和价值是不容忽视，是值得再深入研究不可多得的文物瑰宝。

---

1 李零：《妇好墓“龙纽石器盖”、九沟西周墓“龙纽玉印”及其他》，《中国国家博物馆馆刊》2019年第6期；参见 四川省文物管理局：《四川文物志》上册，巴蜀出版社，2005年，第619页。

2 徐秉琨、孙守道：《中国地域文化大系东北文化——白山黑水中的农牧文明》，上海远东出版社，1998年，第65页，图63-6。

也论觿

谷娴子（上海博物馆）

【摘要】宽而扁平的一类玉石觿起源不明、定名多样、功能解读不一，是觿相关研究中的一个重要争论点。本文通过对此类玉石觿传世及出土实物的梳理，结合对出土位置、器物共同特征、墓葬文化特征等的分析，认为此类玉石觿的制作年代主要集中于商代晚期至西周早期，使用地域主要集中于河南；其与殷商王朝关系密切，拥有者多为等级地位较高的贵族或王侯；其与北方族群或者说北方地区青铜时代文化密切相关，不具备实用功能，而是一种表现等级、象征弓射技能的礼仪性器物。

【关键词】玉器；觿；射礼；北方青铜文化

一、引言

玉器被冠以“觿”之名的最早记载目前可见为清代道光十二年（1832）成书的《奕载堂古玉图录》，金石学家瞿中溶所著，收录其私藏玉器三百余件，包括“扁圆玉觿”等。有图文对照的最早记载则为清代光绪十五年（1889）成书的《古玉图考》，金石学家吴大澂所著，收录其私藏及鉴赏过的近两百件古玉器，包括“大觿”“小觿”各一（图一）。其中，《古玉图考》又引《诗经》《说文》等记载，考释认为觿用于佩戴，多用角及象骨制作。之后，李凤雅[1]、黄濬[2]、滨田耕作[3]、梅原末治[4]等援引瞿、吴观点，在相关著作中也对玉觿有所提及。再之后，随着中国考古事业的发展和觿实物的出土，郭宝钧、那志良、杨建芳、钱伊平、

1　李凤雅：《玉雅》，岭南玉社，1935 年。

2　黄濬：《衡斋藏见古玉图》，载《说玉》，上海科技教育出版社，1994 年。

3　滨田耕作：《古玉概说》，中华书局，1936 年。

4　[日] 梅原末治：《洛阳金村古墓聚英》，京都小林出版部，1937 年。

卢兆荫、梁彦民、么乃亮等相继对觿作过梳理研究[1]，李继红、米海若、常军、曹妙聪、朱启新、杨玉彬等多位学者也作过相关的介绍或分析[2]。2009 年，朱永刚先生发表《论觿》，对青铜、骨角、玉石等多样材质的觿进行全面梳理及整合研究，并从文化因素的角度就三者的内在联系进行了分析[3]，是近年可见最重要的研究推进之一。文中，细长弯锥状的玉石觿被朱永刚先生归为 A 型，细分作两式，年代集中于春秋至战国，推测由青铜觿发展而来。其余宽而扁平的玉石觿被归为 B 型，细分作三式，年代自商至西汉，被认作是一个独立的文化现象，来源不明。这其中，B 型Ⅱ式玉石觿更是学界争论的焦点，可见定名觿、弭、饰、佩或匕等，并有解结、承弦、装饰或医疗按摩等功能推测，说法不一。笔者梳理并考察了相关实物资料，有一些思考，略陈如下。

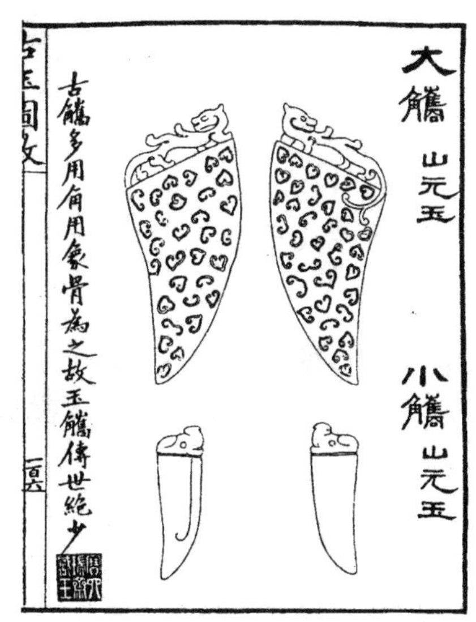
詩芄蘭童子佩觿傳觿所以解結成人之佩也禮內則左佩小觿右佩大觿注小觿解小結也觿貌如錐以象骨為之陳氏詩疏云鄭謂小觿解小結則大觿解大結歟說文觿佩角銳耑可以解結說苑襍言篇百人操觿不可為固結又修文篇能治煩決亂者佩觿

古觿多用角用象骨為之故玉觿傳世絕少

大觿 山元玉

小觿 山元玉

图一 《古玉图考》中与觿相关的著录

1 杨建芳：《春秋玉器及其分期——中国古玉断代研究之四》，《中国文化研究学报（第 18 卷）》，1987 年，第 1—30 页；钱伊平：《玲珑剔透话觿、韘》，《故宫文物月刊》1990 年第 9 期；卢兆荫：《玉觿与韘形玉佩》，载《玉振金声——玉器与金银器考古学研究》，科学出版社，2007 年，第 51—57 页；梁彦民：《觿的用途及象征意义》，《陕西历史博物馆馆刊》第 2 辑，三秦出版社，1995 年，第 278—280 页；么乃亮、黄晓雷：《玉觿研究》，《辽宁省博物馆馆刊》，辽海出版社，2013 年，第 228—235 页；那志良：《觿——古玉介绍之五》，《故宫文物月刊》1983 年第 5 期。

2 李继红：《牙形玉饰的发展与演变》，《收藏界》2010 年第 7 期；米海若：《玉觿的发展过程及其时代特征》，《东方收藏》2020 年第 17 期；常军、张敏、杨海青：《虢国墓地出土玉柄形器和玉觿鉴赏》，《收藏》2016 年第 7 期；曹妙聪：《李洲坳东周墓玉觿的研究》，《长春工程学院学报（自然科学版）》2011 年第 3 期；朱启新：《说佩觿》，《文物物语——说说文物自身的故事》，中华书局，2006 年，第 96—99 页；杨玉彬：《玉觿与玉冲牙》，《收藏界》2009 年第 6 期、2009 年第 7 期。

3 朱永刚：《论觿》，载吉林大学边疆考古研究中心：《新果集——庆祝林沄先生七十华诞论文集》，科学出版社，2009年，第247—260页。

二、传世及出土实物

据已发表的传世文物资料，B型Ⅱ式玉石觿可见20余件（图二），分散收藏于中国国家博物馆、故宫博物院、上海博物馆、天津博物馆、天津艺术博物馆、广西壮族自治区博物馆以及加拿大的皇家安大略博物馆和美国的明尼阿波利斯艺术研究设计院、哈佛艺术博物馆、赛克勒美术馆、菲尔德自然历史博物馆等，器物年代集中于商周时期（个别器物被误定为汉代）。其整体多呈兽首衔角状，柄部多为龙形或龙首，部分为虎形或虎首，个别为螳螂形、牛形，有侧向或纵向对穿孔。角部多光素，少数饰有三角纹。器长6.4—13.3厘米，宽1.03—3.2厘米。

 故宫博物院藏玉觿 长8.5厘米，宽1.7厘米	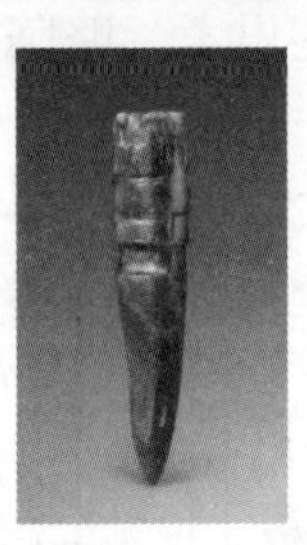 故宫博物院藏玉觿 长10.8厘米，宽2.2厘米	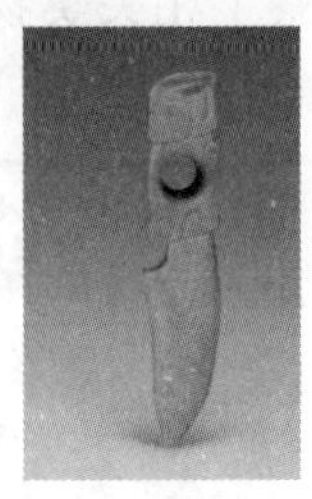 故宫博物院藏玉觿 长8.2厘米，宽1.7厘米
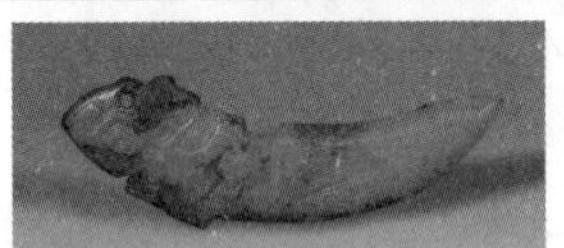 上海博物馆藏玉觿 长9.6厘米，宽2.5厘米	 上海博物馆藏玉觿 长8.6厘米，宽1.9厘米	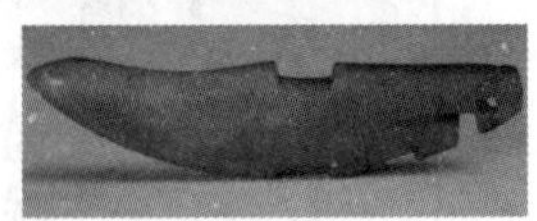 天津博物馆藏玉觿 长9.7厘米，宽2.2厘米
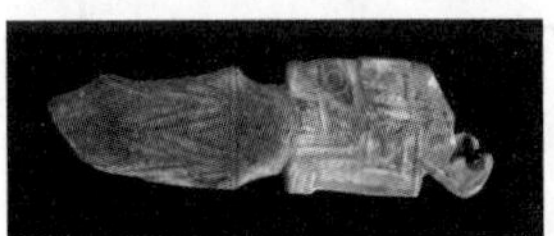 加拿大皇家安大略博物馆藏玉觿（明义士旧藏） 长8.7厘米，宽2.7厘米	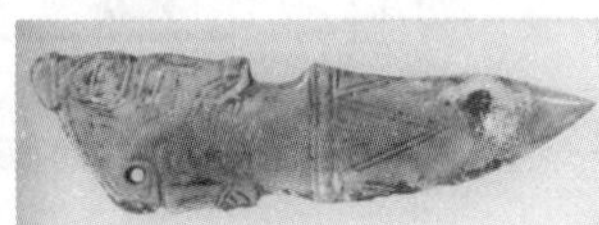 明尼阿波利斯博物馆藏玉觿（皮尔斯伯里捐赠） 长9.21厘米，宽2.54厘米	 明尼阿波利斯博物馆藏玉觿（皮尔斯伯里捐赠） 长8.89厘米，宽1.91厘米
 明尼阿波利斯博物馆藏玉觿（皮尔斯伯里捐赠） 长10.16厘米，宽1.03厘米	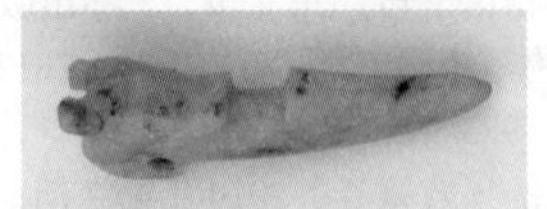 赛克勒美术馆藏玉觿（赛克勒捐赠） 长9.9厘米，宽3.2厘米	 菲尔德自然历史博物馆藏玉觿（巴尔旧藏） 长6.7厘米，宽不详

图二 收藏于海内外博物馆的B型Ⅱ式玉石觿举例

据已发表的考古出土资料，B 型Ⅱ式玉石觿共出土 21 件（朱永刚先生《论觿》一文中收录 3 件），可见白玉、青白玉、青玉、碧玉质，所在墓葬年代集中于殷墟二期至西周末年。其整体同样多呈兽首衔角状，柄部多为龙形或龙首，部分为虎形或虎首，个别为夔龙形、螳螂形，有侧向或纵向对穿孔。角部多光素，少数饰有三角纹，或称蕉叶纹。器长 6.1—10.8 厘米，宽 1.3—2.6 厘米。

（1）殷墟妇好墓出土玉觿 1 件（M5：1300）[1]。长 7.4 厘米，宽 0.8 厘米。墓主为殷王配偶妇好，墓葬年代为殷墟二期武丁阶段晚期。玉觿（图三）出于棺内，具体位置不详。其他随葬器物众多，包括铜车马器（含铜弓形器）、铜镞等。

（2）河南安阳花园庄墓地 M54 出土玉觿 5 件（M54：325、347、363、370、380）[2]。长 7—10.4 厘米不等，宽 1.3—2.4 厘米不等。墓主为军权在握的“长”姓高级贵族，墓葬年代为殷墟二期偏晚阶段。玉觿（图四—图八）均出于棺内，因椁室坍塌下落，具体位置不详，可见与 6 件铜弓形器、1 件青铜铃首觿和若干铜镞、骨镞等共出。

（3）河南安阳大司空村殷墓 M14 出土玉觿 1 件（M14：3）[3]。长 6.1 厘米，宽不详。墓主为权贵的亲从或家臣，墓葬年代为殷墟二期偏晚阶段。玉觿（图九）出于棺内，具体位置不详。出土遗物以墓葬群计，有铜镞，但未写明所出墓葬编号。

（4）安阳殷墟郭家庄商代墓葬 M82 出土玉觿 1 件（M82：6）[4]。长 8.1 厘米，宽不详。墓主为“亚址”族中的贵族，墓葬年代为殷墟三期。玉觿（图十）出于棺内，具体位置不详，有铜戈、铜铃等共出。

（5）河南安阳殷墟小屯 C 区车马墓 M20 出土玉觿 2 件（M20：59、26）[5]。M20：59（图十一）长 9.2 厘米，宽 2 厘米。M20：26（图十二）长 9.3 厘米，宽 2.1 厘米。M20 为贵族墓陪葬坑，墓葬年代晚于殷墟三期[6]。M20：59 出土于车舆内，M20：26 出土于车舆旁，有两件铜弓形器和若干铜镞、石镞、骨镞及兽首铜刀等共出。

1　中国社会科学院考古研究所：《殷墟妇好墓》，文物出版社，1980 年，第 146 页，图版一二一。

2　中国社会科学院考古研究所：《安阳殷墟花园庄东地商代墓葬》，科学出版社，2007 年，第 194—198 页，图一四二，彩版四一、四二。

3　马得志、周永珍、张云鹏：《一九五三年安阳大司空村发掘报告》，《考古学报》1955 年第 1 期。

4　中国社会科学院考古研究所：《安阳殷墟郭家庄商代墓葬：1982—1992 年考古发掘报告》，中国大百科全书出版社，1998 年，第 60 页，图四五，图版三一。

5　杨泓：《中国古兵器论丛·增订本》，中国社会科学出版社，2007 年，第 272—273 页，图一二四；石璋如：《遗址的发现与发掘（丙编）》，载李济：《中国考古报告集之二：小屯（第一本）》，台湾“中央研究院”历史语言研究所，1970 年，第 114—116 页。

6　郑若葵：《试论商代的车马葬》，《考古》1987 年第 5 期。

（6）河南安阳大司空村车马坑 M175 出土石觿 1 件（M175：17、22）[1]。断成两截，通长 10.6 厘米，宽 1.2 厘米，无图片发表。M175 为贵族墓陪葬坑，墓葬年代为殷墟晚期。石觿出土于车舆内，与两件铜弓形器和若干铜镞等共出。

（7）山东滕州前掌大墓地 M132 出土玉觿 1 件（M132：9）。长 9.2 厘米，宽 1.5 厘米。墓主为史氏高级贵族，墓葬年代为商代晚期—西周早期偏早阶段。玉觿（图十三）出土于车舆内，与铜车马器、一件铜弓形器、一组铜镞等共出。

（8）山西浮山桥北商周墓地车马坑 M1 出土玉觿 1 件（M1：12）[2]。长 7.5 厘米，宽不详。墓主为方国王侯首领，墓葬年代为商代晚期—西周早期。玉觿（图十四）出土于车舆内，与铜车马器、一件铜弓形器和一组铜镞等共出。

（9）河南洛阳北窑西周墓 M215 出土玉觿 1 件（M215：52）[3]。长 10.7 厘米，宽 2.1 厘米。墓主为贵族丰伯，墓葬年代为西周早期。墓室曾被盗，玉觿（图十五）出土于墓葬东北偏中部填土中，墓中另余有铜车马器、铜镞等。

（10）湖北随州叶家山 M65 出土玉觿 1 件（M65：135）[4]。长 8.5 厘米，宽 1.4 厘米。墓主为方国国君曾侯谏，墓葬年代为西周早期康昭之际。[5] 玉觿（图十六）出土于棺内墓主腰部。椁内有铜车马器、铜弓形器等出土，无铜镞。

（11）北京昌平白浮木椁墓 M2 出土玉觿 1 件（M2：27）[6]。长 7.7 厘米，宽不详。墓主为燕国武将夫人或女将军，墓葬年代为西周早期或中期。[7] 玉觿（图十七）出土于棺内墓主腰部。椁内有铜车马器、铜弓形器等出土，无铜镞。

（12）上村岭虢国墓地 M2006 出土玉觿 3 件（M2006：107、84、85）[8]。长 9.1—10.8 厘米，宽 2.2—2.6 厘米。墓主为贵族元士夫人孟姞，墓葬年代为西周晚期。M2006：107（图十八）出土于棺内墓主颈部之上，M2006：84、85（图十九、二十）出土于棺内墓主面部偏左。椁内有铜车马器等出土。

---

1 注：未见彩图发表，材质为石或玉有待证实。马得志、周永珍、张云鹏：《一九五三年安阳大司空村发掘报告》，《考古学报》1955 年第1期，第67 页。

2 田建文、范文谦、侯萍等：《山西浮山桥北商周墓》，《古代文明》（辑刊）2006 年第 5 卷，第 357 页，图九，图版一〇。

3 洛阳市文物工作队：《洛阳北窑西周墓》，文物出版社，1999 年，第 26—29 页，图八七，图版五七。

4 湖北省博物馆，湖北省文物考古研究所，随州市博物馆：《随州叶家山——西周早期曾国墓地》，文物出版社，2013 年，第 18、19、49 页，图一六。

5 曾令斌、黄玉洪、胡志华等：《湖北随州叶家山 M65 发掘简报》，《江汉考古》2011 年第 3 期。

6 北京市文物管理处：《北京地区的又一重要考古收获——昌平白浮西周木椁墓的新启示》，《考古》1976 年第 4 期。

7 韩建业：《略论北京昌平白浮 M2 墓主人身份》，《中原文物》2011 年第 4 期。注：文中认为 M2 是商遗民性质的西周中期燕国墓葬。

8 江涛、王龙正、贾连敏等：《上村岭虢国墓地 M2006 的清理》，《文物》1995 年第 1 期，图五七；常军、张敏、杨海青：《虢国墓地出土玉柄形器和玉觿鉴赏》，《收藏》2016 年第 7 期。

（13）上村岭虢国墓地 M2009 出土玉觿 2 件（M2009∶1009、1010）[1]。一对两件，长 8.1 厘米，宽 1.4 厘米，器背保留朱砂和丝织物痕迹。墓主为虢国国君虢仲，墓葬年代为西周晚期。玉觿（图二一）出土于棺内墓主左股骨左侧，因 M2009 的发掘报告尚未正式出版，共出器物等其余信息不详。

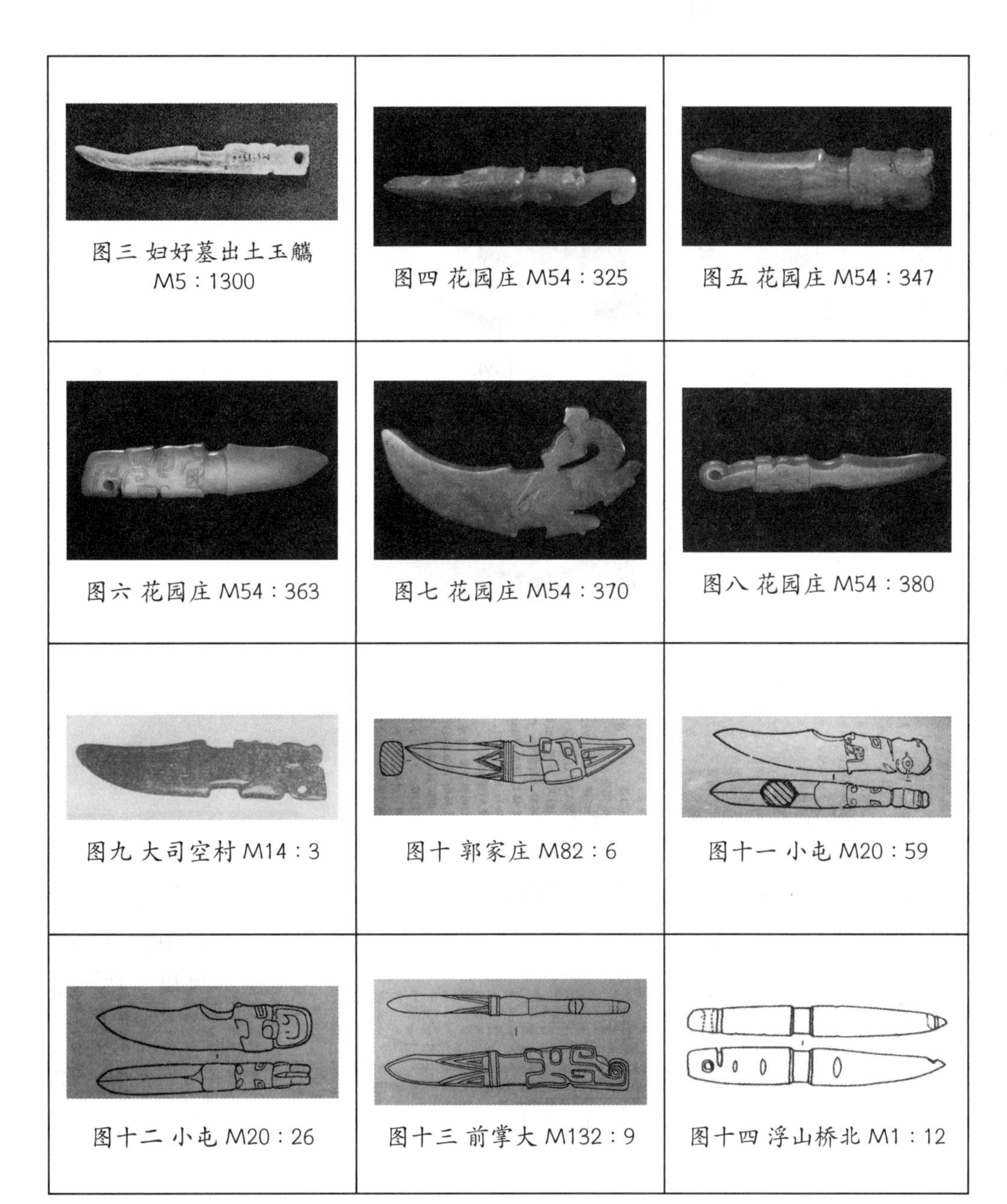

<table>
<tr>
<td>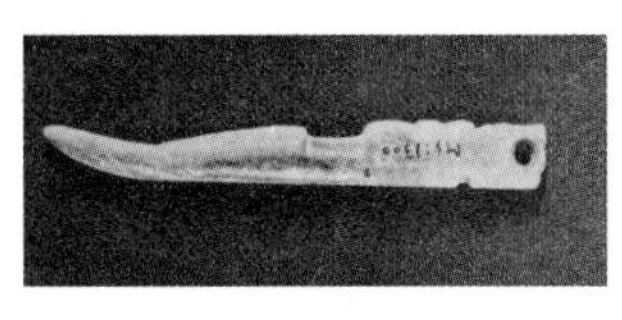
图三 妇好墓出土玉觿 M5∶1300</td>
<td>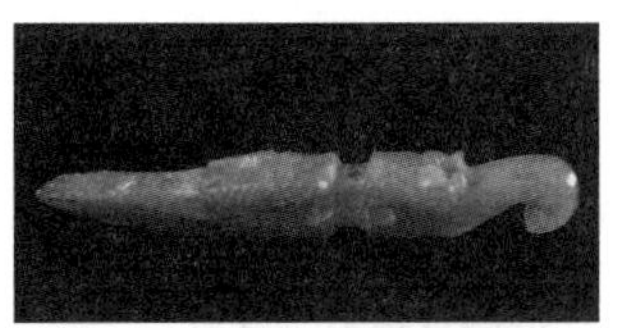
图四 花园庄 M54∶325</td>
<td>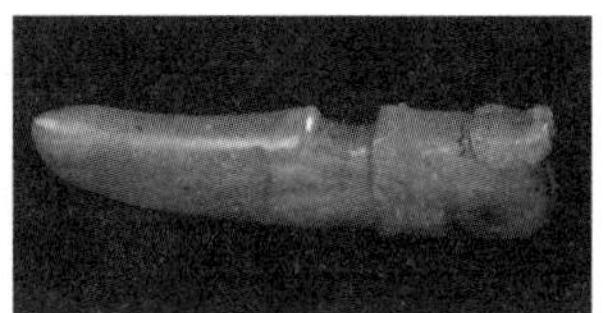
图五 花园庄 M54∶347</td>
</tr>
<tr>
<td>
图六 花园庄 M54∶363</td>
<td>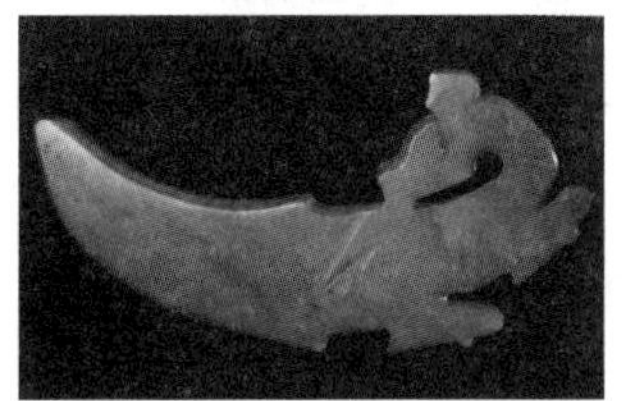
图七 花园庄 M54∶370</td>
<td>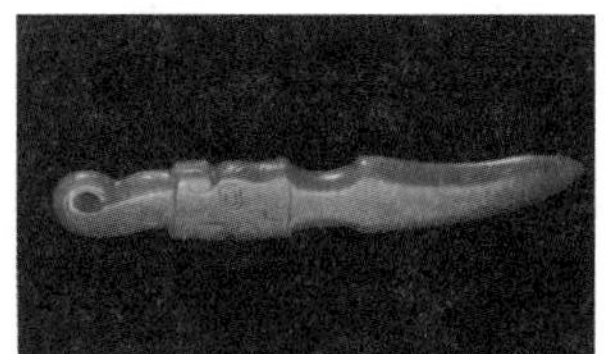
图八 花园庄 M54∶380</td>
</tr>
<tr>
<td>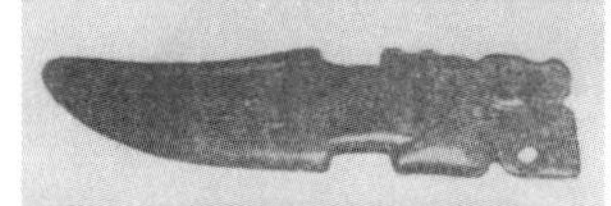
图九 大司空村 M14∶3</td>
<td>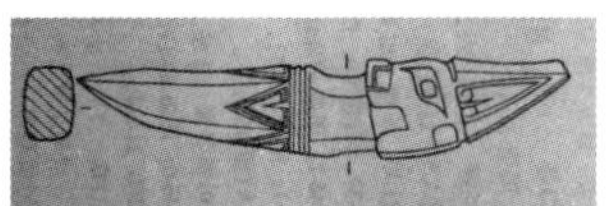
图十 郭家庄 M82∶6</td>
<td>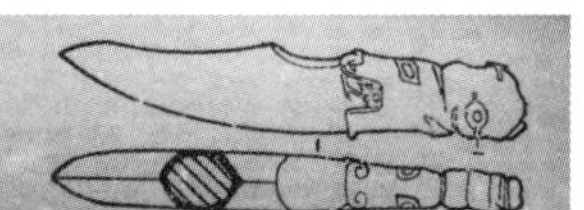
图十一 小屯 M20∶59</td>
</tr>
<tr>
<td>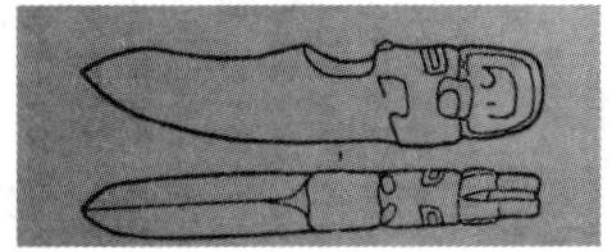
图十二 小屯 M20∶26</td>
<td>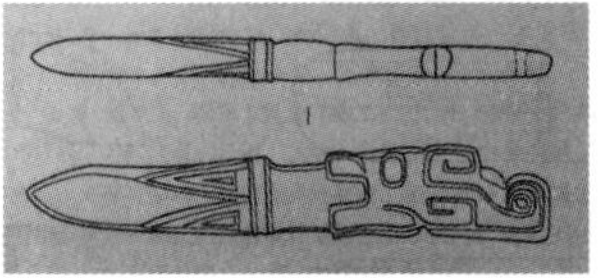
图十三 前掌大 M132∶9</td>
<td>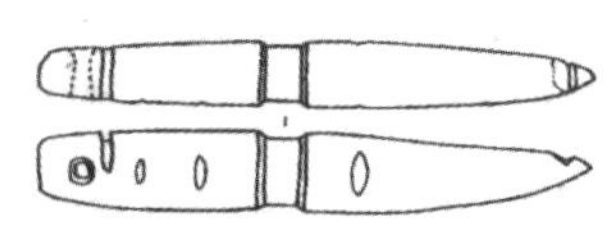
图十四 浮山桥北 M1∶12</td>
</tr>
</table>

1　杨海青、王军震：《虢国墓地出土的玉韘与玉觿赏析》，《收藏家》2015 年第 11 期；贾连敏、姜涛：《虢国墓地出土商代王伯玉器及相关问题》，《文物》1999 年第 7 期；注：发掘报告尚未正式出版，部分信息来自三门峡虢国博物馆李清丽副馆长。

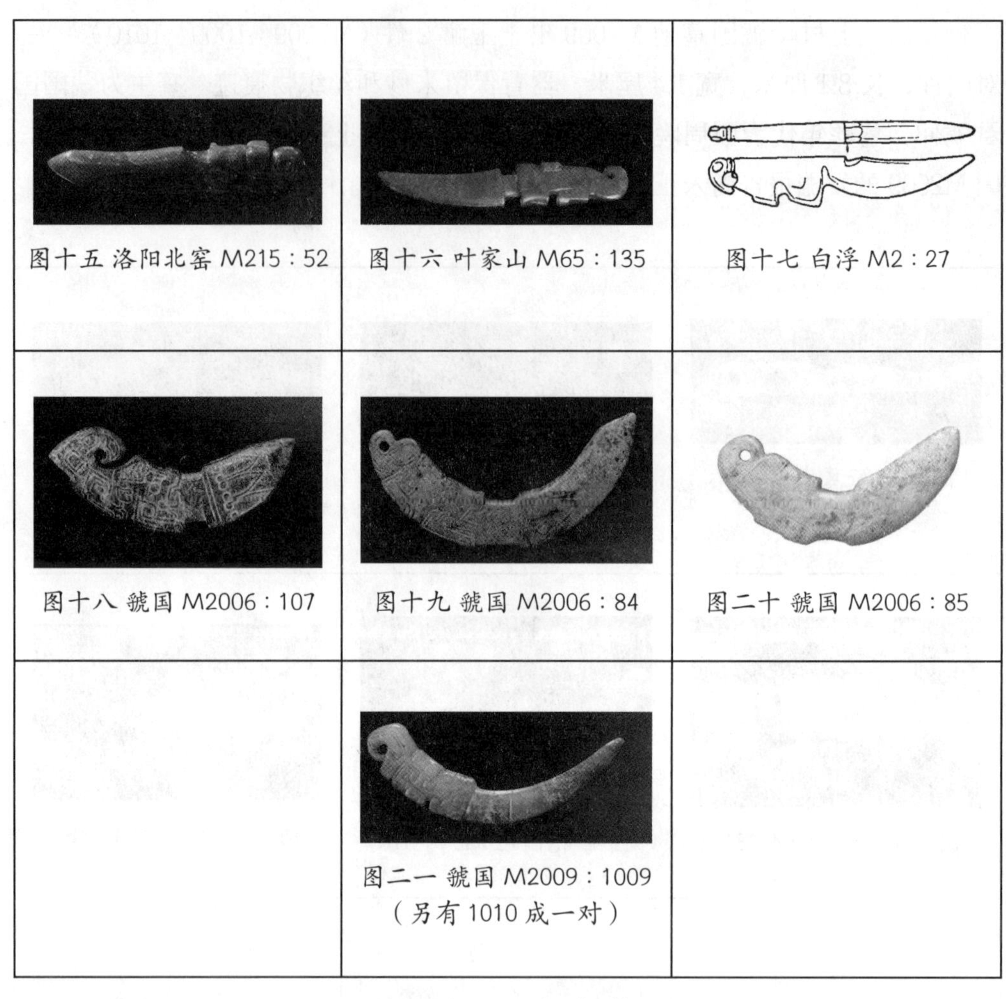

图十五 洛阳北窑 M215：52	图十六 叶家山 M65：135	图十七 白浮 M2：27
图十八 虢国 M2006：107	图十九 虢国 M2006：84	图二十 虢国 M2006：85
	图二一 虢国 M2009：1009 （另有 1010 成一对）	

考古出土可见 B 型 II 式玉觽

三、器物共出及墓葬文化特征

传世玉器缺少原始出土信息，而从已知出土 B 型Ⅱ式玉石觽的梳理来看，它们均出现于殷墟二期及以后，主要出土于河南。河南以外的墓葬中，山西浮山桥北商周墓地 M1 是商王朝管辖下的方国王侯首领墓葬，山东滕州前掌大墓地 M13 是鲁南地区附属于商王朝的史氏家族墓地，湖北随州叶家山 M65 是商王朝管辖下的方国国君曾侯谏墓，北京昌平白浮木椁墓 M2 是商遗民性质的燕国墓葬[1]。至于河南三门峡上村岭虢国，是周武王灭商之后分封的重要诸侯国。虢国墓地 M2006 和 M2009 出土遗物中有诸多商王朝遗物，是周人灭商时的战利品，被周王分赐于诸侯。尤其是“王白”铭玉觽（M2006：107），经考证原主为商

1　韩建业：《略论北京昌平白浮 M2 墓主人身份》，《中原文物》2011 年第 4 期。

王之伯。[1]此外，张绪球先生还认为河南洛阳北窑西周墓M215出土玉觿(M215∶52)为商晚期后段遗物[2]。如此可知，B型Ⅱ式玉石觿与殷商王朝关系密切，制作年代主要集中于商代晚期，使用者多为贵族或王侯，仅河南安阳大司空村M14的墓主被推测为贵族的亲信或家臣，或为特赐。

另一方面，B型Ⅱ式玉石觿出土位置主要有墓葬棺内和车马坑之车舆内两种，且无论来自车马坑或棺内，直到西周早期均与铜弓形器等北方式青铜车马器共出，也常与北方式青铜兵器，如銎内戈、兽首铜刀、三凸纽环首铜刀等共出（由于出土器物信息庞杂，前文没有一一列出）。对B型Ⅱ式玉石觿所在墓葬其他出土实物的研究还发现，殷墟妇好墓出土的诸多器物都有北方文化因素[3]，妇好本人可能就是入嫁商王朝的北方族群女子[4]；白浮木椁墓M2所在的昌平是当时中原文化与北方文化传播交流的枢纽，墓中随葬的大量北方系兵器可能是与北方民族打仗时缴获。[5]综上，无一不显示出兽柄觿与北方族群或者说与北方地区青铜时代文化的关联密切。

四、器物功用分析

前文梳理发现B型Ⅱ式玉石觿常出于车马坑，且与铜车马器、铜鞢、铜镞、骨镞等共出。岳占伟、孙玲在《也论商周时期弓形器的用途》一文中统计殷墟出土82件铜弓形器的器物组合关系，发现其与觿（多为本文讨论的B型Ⅱ式玉石觿）共出多达13次[6]，由此，明显可见B型Ⅱ式玉石觿与车马弓战的相关性。此外，以下三条出土实物材料值得重视：

（1）殷墟西北岗贵族殉葬墓M1311出土1件骨觿（图二二）[7]，柄部为相对的两虎首，造型与B型Ⅱ式玉石觿十分相似。该墓年代为殷墟二期偏晚阶段，墓中有护指及箭（镞）共出。

（2）河南安阳大司空车马坑M231出土2件象牙觿（图二三）[8]，柄部为虎首，造型与B型Ⅱ式玉石觿完全相符。该墓为殷墟四期的一座贵族陪葬坑，墓

1 贾连敏、姜涛：《虢国墓地出土商代王伯玉器及相关问题》，《文物》1999年第7期。
2 注：2016年在广东省博物馆“夏商玉器与玉文化学术研讨会”发言。
3 何毓灵：《殷墟“外来文化因素”研究》，《中原文物》2020年第2期。
4 杨建华、邵会秋：《商文化对中国北方以及欧亚草原东部地区的影响》，《考古与文物》2014年第3期。
5 韩建业：《略论北京昌平白浮M2墓主人身份》，《中原文物》2011年第4期。
6 岳占伟、孙玲：《也论商周时期弓形器的用途》，《三代考古（五）》2013年第1期。
7 朱凤瀚：《由殷墟出土北方式青铜器看商人与北方族群的联系》，《考古学报》2013年第1期。
8 中国社会科学院考古研究所：《安阳大司空：2004年发掘报告》，文物出版社，2014年，第467—469页，图四三四，图版一三三。

中有一件铜弓形器和三组铜镞等共出。

（3）新疆鄯善洋海墓地 M90 出土 1 件角觿（M90：7）（图二四）[1]，柄部为马头形，穿孔系有带活扣的皮绳，出土时扣在皮弓箭袋（也称弓囊）上，与木箭（M90：9—1、2）、皮护指（M90：16）等共出。新疆文物考古研究所推测 M90 的墓葬年代为公元前 2000 年末至公元前 1000 年的前半期，约相当于商至西周时期。[2]

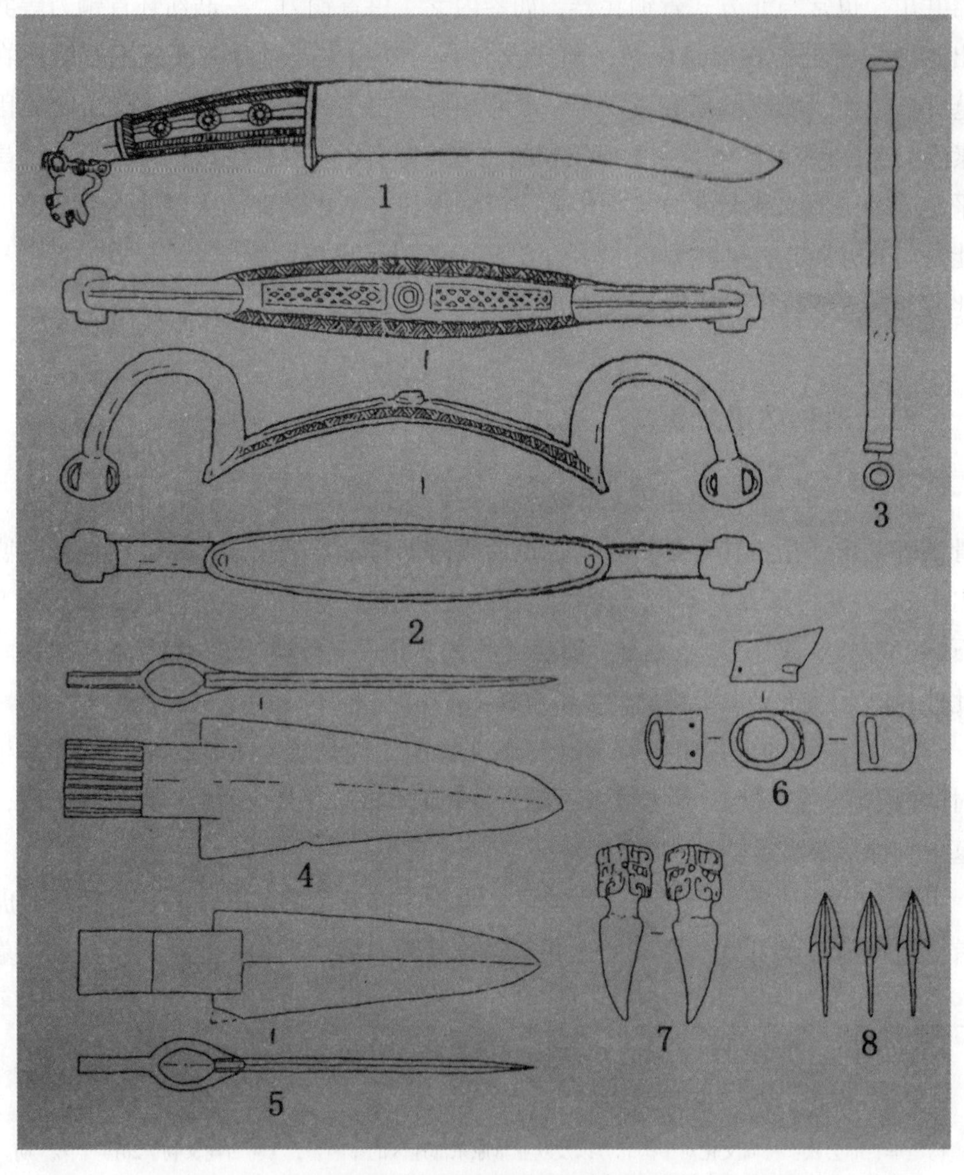

图二二 殷墟西北岗 M1311 出土骨觿（7）等

1 李肖、吕恩国、张永兵：《新疆鄯善洋海墓地发掘报告》，《考古学报》2011 年第 1 期。

2 新疆文物考古研究所，吐鲁番地区文物局：《鄯善县洋海一号墓地发掘简报》，《新疆文物》2004 年第 1 期。

图二三 大司空车马坑 M231 出土象牙觿（左：M231：33，右：M231：38）

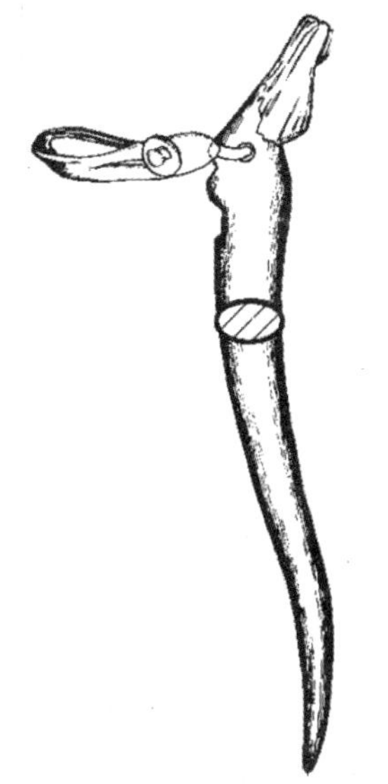

图二四 新疆洋海墓地出土角觿（M90：7）

回头观察 B 型Ⅱ式玉石觿所在车马坑的出土信息，可以发现一个很有意思的现象：器物组合中有铜弓形器等马车用具，有箭镞等兵器，却无弓（及弓囊）。韩江苏先生根据殷墟甲骨卜辞研究，认为有三种不同的弓在商代被使用，且卜辞中的“弜”字常作弛弓反曲状态，复合弓弓体特征非常明显。[1] 安阳大司空村等地考古发现的骨弓末饰可以证实商晚期已有弓随葬，只因弓体主要为竹、木质，已腐朽不存。那么，弓有弓囊如同箭有箭箙般顺理成章，贵族阶层使用玉器装饰弓囊更可与商周时期射礼的流行相呼应。正如以弓箭武备闻名于世的斯基泰人，其所用之弓同样为反曲复合弓，且特别重视弓囊的制作，甚至以黄金托底，作为身份的象征。[2] 结合分段的器物结构特征，笔者认为 B 型Ⅱ式玉石觿不具备解结的实用性，而是一种表现等级、象征弓射技能的礼仪性器物。从目前已知的出土资料来看，殷墟二期至西周早期时，其部分出土于棺内，部分出土于车马坑，显然既用于人身佩戴，也用于弓囊装饰。西周早期偏晚之后，其均出土于棺内墓主身侧。尤其是西周晚期虢国 M2009 出土的两件（M2009：1009、1010），背面有朱砂及丝织物痕迹，佩饰之用明显，可见已仅作人身佩饰。

1 韩江苏：《殷墟花东 H3 卜辞中“迟弓、恒弓、疾弓”考》，《中原文物》2011 年第 3 期。

2 秦延景：《怀中揽月：斯基泰复合弓（下）》，《轻兵器》2016 年第 17 期。

春秋战国之际楚式玉器阴刻纹饰探析

谢春明　陈程（荆州博物馆）

【摘要】春秋战国之际，楚式玉器中流行阴刻纹样，种类主要有简化龙首纹、S 纹、卷云纹、谷纹、羽毛纹、拂尘纹及各种不同形状的网纹。这些纹样通过单线阴刻和双线阴刻以不同的组合形式出现在玉器上，布局紧凑、繁而不乱，富有层次感。龙纹简化S 纹保留反向斜刀工艺特点，这类阴刻纹饰流行的年代为春秋战国之际。文化性质属楚式。

【关键词】春秋战国之际；楚式玉器；阴刻纹饰；文化性质

一、发现情况

玉器阴刻纹饰通过单线阴刻和双线阴刻而呈现，纹样种类有简化龙首纹、S 纹、卷云纹、谷纹、羽毛纹、拂尘纹及各种不同形状的网纹。这类玉器主要出现在战国早期和战国中期前段墓葬中，荆州熊家冢殉葬墓出土50 多件，其中玉璧、玉环数量最多，玉珩次之，玉龙佩最少。[1]

其他墓葬中发现较少，淅川徐家岭 M10 出土玉璧、玉珩各 2 件[2]，曾侯乙墓出土玉龙佩 1 件[3]，这两座墓年代均为战国早期。当阳乌龟包 M1 出土玉珩 2 件[4]，该墓被盗严重，年代可能为战国早期。当阳杨家山 M4 出土 1 件系璧[5]，墓葬年代为战国早期后段。荆州纪南凤凰山墓地出土玉环 1 件[6]，墓葬年代属于西汉初期。这件玉环内侧纹饰不完整，可能是早期玉璧经过改制，但保留了璧面纹饰。

1　荆州博物馆：《湖北荆州熊家冢墓地 2006 ~ 2007 年发掘简报》，《文物》2009 年第 4 期。
2　河南省文物考古研究所等：《淅川和尚岭与徐家岭楚墓》，大象出版社，2004 年，第 320、325 页。
3　湖北省博物馆：《曾侯乙墓》，文物出版社，1989 年，第 416 页。
4　湖北省博物馆等：《江汉地区先秦文明》，香港中文大学出版社，1999 年，第 105、164 页。
5　湖北宜昌地区博物馆，北京大学考古系：《当阳赵家湖楚墓》，文物出版社，1992 年，第 150 页。
6　荆州博物馆：《荆州楚玉——湖北荆州出土战国时期楚国玉器》，文物出版社，2012 年，第 67 页。

二、器类及纹饰

从考古发掘情况看，阴刻纹饰的玉器有玉龙佩、玉璧、玉环、玉珩，以下分类介绍。

（一）玉龙佩

根据玉龙佩造型特点，可分为两类：

1. 双龙玉佩

曾侯乙墓 E.C.11：159（图一）为横置背向 S 形双龙，二龙之间有两处连接。龙身饰双线阴刻 S 纹、卷云纹、谷纹，还有单线阴刻三角形、长方形网纹、绹索纹等。S 纹带有反向斜刀工艺，龙首下颌阴刻绹索纹。

图一　曾侯乙墓 E.C.11：159 双龙玉佩

2. 单体玉龙（凤）佩

熊家冢 M8：8（图二）、M8：9 玉龙佩（图三），两件为一对，器形、纹饰大同小异。龙首向上，龙身极度弯曲。主纹为双线 S 纹、卷云纹、谷纹，辅纹有花瓣形、箭头形、树叶形、长方形、旗幡形、三角形等不同形状网纹，还有单线卷云纹、谷纹等。龙身有多个弯钩形和截头状凸饰，表示简化凤鸟，也有的代表某种器官。M8：9 玉龙佩颈部有反向斜叠圆首尖钩纹、拂尘纹。

熊家冢 M17：6 玉龙凤佩（图四），一端为龙首，椭圆形目；另一端为凤首。龙背高拱呈风字形。龙凤全身饰 S 纹、卷云纹、山字形纹、羽纹、涡纹、圆首尖钩纹、网纹。S 纹保留反向斜刀工艺。

熊家冢北 M2：3 玉龙佩（图五），W 形，龙首回顾，橄榄形目。纹饰阴刻，主纹有宽深的 S 纹和卷云纹，辅纹有单线卷云纹、谷纹、蝌蚪纹、方形网纹。宽深的 S 纹和卷云纹带有反向斜刀工艺，卷云纹较多。龙尾和腹部有简化的凤鸟形凸饰。

图二 熊 M8：8 玉龙佩

图三 熊 M8：9 玉龙佩

图四 熊 M17：6 玉龙凤佩

图五 熊北 M2：3 玉龙佩

（二）玉璧、玉环

数量较多，纹样丰富，以熊家冢殉葬墓出土为主。主纹均为双线阴刻，辅纹为单线阴刻。根据玉璧、玉环上主纹的差异，可以分为四类：

1. 主纹为简化龙首纹、S 纹、卷云纹

熊家冢 M6：13 玉环（图六），饰四组双线阴刻纹饰，每组主纹包括一个简化龙首纹、两个卷云纹（其中一个桃心形）、一个谷纹。简化龙首纹上下颌为 S 形，弧形眉内填绹索纹，椭圆形目。下方涡纹表示龙舌。辅纹有箭头形、树叶形网纹。

熊家冢 M27：12 玉璧（图七），主纹分为四组，每组外侧包括简化龙首纹、圆首尖钩纹、S 纹、卷云纹各一个，内侧包括对称和不对称卷云纹各一个。辅纹有单头云纹、谷纹和弯柄箭头形、树叶形网纹。

熊家冢 M4：1 玉璧（图八），纹样复杂，分外、中、内三区。内、外区纹饰用细线雕刻，属于辅纹，构图基本相同，由多个正反三角形组成连续波折纹，

部分三角形内填网纹或斜叠简化圆首尖钩纹。中区是主纹，纹饰分为四组。每组中心雕一对相向简化龙首纹。龙首内外配有宽深卷云纹、S 纹、圆首尖钩纹。空隙处饰多种形状网纹及拂尘状羽纹。

图六 熊 M6：13 玉环

图七 熊 M27：12 玉璧

图八 熊 M4：1 玉璧

2. 主纹为 S 纹、卷云纹

熊家冢 M4：61 玉璧（图九），主纹为四对 S 纹，每个 S 纹表示龙首上下颌。辅纹有单勾谷纹、三角形和花瓣形网纹。纹样相近的系璧还有熊家冢 M3：8、M9：15。[1]

熊家冢 M7：7 玉璧（图十），主纹为四对 S 纹和内外侧各四个大卷云纹，皆为双线阴刻。空隙处填满各种辅纹，有八个单勾卷云纹、八个菱形网纹（其中四个带有须状饰）。荆州纪南凤凰山墓地出土一件玉环，纹饰与熊家冢 M7：7 相近，主纹也有四对 S 纹和内外侧各四个大卷云纹，辅纹为菱形网纹、箭头形网纹和单勾长尾谷纹。玉环内侧双勾卷云纹不完整，可能为改制玉器。

熊家冢 M57：6 玉璧（图十一），主纹有双勾 S 纹，由卷云纹（一端填有网纹）和谷纹组成的山字形纹。辅纹有单线谷纹、树叶形和箭头形网纹。

图九 熊 M4：61 玉璧

图十 熊 M7：7 玉璧

图十一 熊 M57：6 玉璧

---

1 荆州博物馆，张绪球编著：《荆州楚王陵园出土玉器精粹》，台湾众志美术出版社，2015 年，第 166、199 页。

3. 主纹为卷云纹

熊家冢 M10：9 玉环（图十二），主纹全部为宽深的卷云纹，有斜刀工艺特点。外侧纹饰分四组，每组三个卷云纹，以带尖坛形网纹作分隔；内侧等距分布四个卷云纹，以带尖坛形网纹和两个变形涡纹分隔。

熊家冢 M16：7 玉环（图十三），主纹为宽深的卷云纹，辅纹有谷纹、树叶形和塔形网纹。

4. 主纹为斜叠双 S 纹、卷云纹

熊家冢 M15：2 玉环（图十四），主纹分为内外侧，外侧有八个斜叠双 S 纹，内侧是四个大卷云纹。辅纹有单勾卷云纹、涡纹和各种形状网纹，以及带柄双人字纹。

图十二 熊 M10：9 玉环　　图十三 熊 M16：7 玉环　　图十四 熊 M15：2 玉环

（三）玉珩

珩体呈弧形，少数半环形。两端边缘有凹缺，象征简化龙首。主纹有简化龙首纹、S 纹、卷云纹、斜叠双 S 纹、谷纹，辅纹有谷纹、羽纹和各种形状的网纹。根据纹饰特点分为三类：

1. 主纹为简化龙首纹、S 纹、卷云纹

淅川徐家岭 M10 出土两件，造型和纹饰基本相同。以 M10：94-1（图十五）为例，两端各有一个简化龙首纹，上下颌呈 S 形，椭圆形目，宽弧形眉内填网纹。主纹还有单头卷云纹、心形卷云纹、S 纹。辅纹有谷纹、带尖坛形和树叶形（弯柄箭头形）网纹。当阳乌龟包 M1 也出土一对相似纹样的玉珩，中部上半段有一对相向的简化龙首纹，还有 S 纹、卷云纹、圆首尖钩纹以及各种不同形状的网纹。

熊家冢 M2：18（图十六），单面纹饰，全部为阴刻，分三区，以菱形网纹带分隔。两端外侧龙首纹较为具象，S 形上下颌，椭圆形目，单线弧形眉，桃心形角；内侧龙首纹较为简化。中区龙首纹也比较具象。在三区的内缘各有两个双勾卷云纹。

熊家冢 M27：5 玉珩（图十七）两端各有一简化龙首纹，椭圆形目，弧形眉加刻绹索纹，圆首尖钩纹代表角。其他主纹有 S 纹、卷云纹、谷纹，辅纹有单勾谷纹。

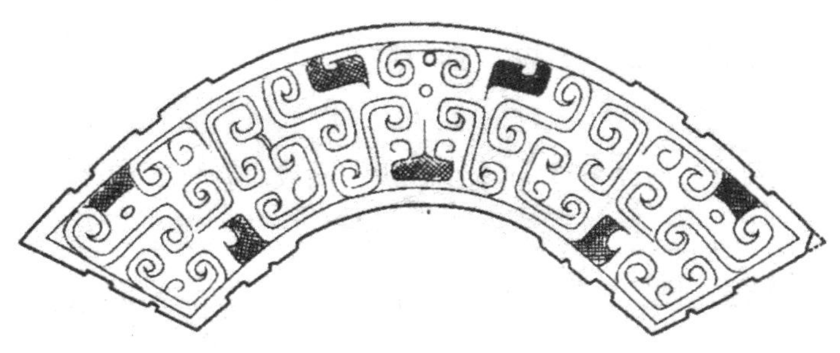

图十五 徐家岭 M10 ：94-1 玉珩

图十六 熊 M2 ：18 玉珩

图十七 熊 M27 ：5 玉珩

2. 主纹为 S 纹、卷云纹

熊家冢 M8：15（图十八），主纹有双线阴刻 S 纹、卷云纹、谷纹，辅纹有单线阴刻 S 纹、卷云纹、谷纹，还有曲尺形、带尖坛形网纹。

熊家冢 M14：8（图十九），主要纹饰为 S 纹、卷云纹、单头谷纹，S 纹最多，卷云纹包括对称卷云纹、不对称卷云纹和山字形勾连卷云纹。辅助纹饰有单线谷纹和长方形、三角形、多边形等网纹。

图十八 熊 M8：15 玉珩

图十九 熊 M14：8 玉珩

3. 主纹为斜叠双 S 纹、S 纹、卷云纹

熊家冢 M12：32（图二十），主纹为四个相互斜叠的双 S 纹，还有双勾 S 纹、不对称卷云纹、涡纹。辅纹主要为各种形状的网纹，有长方形、树叶形、箭头形、扁花瓣形、旗幡形等。

熊家冢 M57：5（图二一），两端各有一个龙首纹，中间以两个斜叠双 S 纹代表简化凤鸟纹。主纹中还有卷云纹、S 纹、谷纹。辅纹有谷纹、羽毛纹和各种形状网纹。

图二十 熊 M12：32 玉珩

图二一 熊 M57：5 玉珩

三、纹饰特点

阴刻纹饰都以宽深的双线阴刻纹为主纹，以单线阴刻纹为辅纹。宽深的简化龙首纹、S纹、卷云纹、变形凤鸟纹格外显眼，引人注目，成为纹饰中的主体纹样。纤细的单线阴刻纹样装饰在主纹空白处，成为辅纹（底纹）。辅纹种类丰富，最多的是各种不同样式的网纹，视空隙面积及形状而定，主要有三角形、方形、长方形、椭圆形、菱形、树叶形、花瓣形、带尖坛形、束腰形、菱形及不规则形等。辅纹还有单线 S 纹、卷云纹、谷纹、羽毛纹、拂尘纹等。阴刻纹饰根据主纹的不同组合大致分为四类：简化龙首纹、S 纹、卷云纹，S 纹、卷云纹，卷云纹，斜叠双 S 纹、卷云纹（表一）。主纹之间的空白处再以单线阴刻纹饰填充，就出现了不同视觉效果的纹饰。

表一　阴刻纹饰中的主纹、辅纹及代表性器物

种类	主纹（双线阴刻）	辅纹（单线阴刻）	代表器物	器物纹样
第一类	简化龙首纹 S 纹 卷云纹	网纹（三角形、箭头形、树叶形、带尖坛形、菱形、椭圆形、花瓣形）、单头云纹、谷纹、羽毛纹、S 纹、卷云纹	徐家岭 M10：94–1 玉珩	
第二类	S 纹 卷云纹	网纹（束腰形、三角形、柿蒂形、曲尺形、带尖坛形、长方形、多边形）、谷纹、卷云纹、圆首尖钩纹	熊 M8：9 玉龙佩	
第三类	卷云纹	网纹（带尖坛形、树叶形、塔形）、谷纹	熊 M10：9 玉环	
第四类	斜叠双 S 纹 卷云纹	网纹（三角形、花瓣形、长方形、菱形、树叶形、箭头形、扁花瓣形、旗幡形）、带柄双人字纹、谷纹、羽毛纹	熊 M12：32 玉珩	

圆形、弧形玉器上的阴刻纹饰构图多注重对称。璧、环类玉器阴刻主纹常为四组或四个，如熊家冢 M7：7 玉璧，主纹有四组，环绕分布在玉璧肉部。每组有一对 S 纹和一个宽深的大卷云纹，组与组之间内外侧各有一大一小两个卷云纹。每组纹饰的单线阴刻纹样也基本相同。又如熊家冢 M57：6 玉璧，主纹为四个双勾 S 纹、四个卷云纹（一端填有网纹）和谷纹组成的山字形纹以及四个箭头形网纹。纹饰呈环形旋转对称。弧形玉器玉珩上的阴刻纹饰以弯弧最高点为轴线对称。徐家岭 M10：94–1、当阳乌龟包 M1 玉珩左右阴刻纹饰几乎完全对称；熊家冢 M2：18、M8：15 玉珩主纹对称，阴刻纹饰略有不同。也有少数纹饰不对称，

如熊家冢 M27：5 玉珩两端简化龙首对称，但中间 S 纹、卷云纹雕刻较随意。

上述玉器阴刻纹饰的组合有两大特点：其一，主纹突出，辅纹多样。主纹和辅纹组合在数量、比例、疏密上的区别，使表现出来的纹饰效果就不同。其二，排列有序，富有层次感。主纹、辅纹位置紧凑，但各自独立，少有连接。仅在熊家冢 M15：2 玉环、熊家冢 M12：32 和 M57：5 玉珩中出现一大一小 S 纹倾斜叠加的情况，这种斜叠双 S 纹表现的是一种变形凤鸟纹的形象，粗体 S 表示凤身，细体 S 表示双翼。[1]

四、纹饰年代

阴刻纹饰中主纹以简化龙首纹、S 纹、卷云纹最多。简化龙首纹从龙纹发展而来，有 S 形上下颌，部分刻有眼、眉、角和长舌等器官，主要流行于春秋中晚期。从龙纹的发展、演变过程看，"春秋早期玉器上的龙纹多为具象；春秋中期有些龙纹趋于简化，上下颌相连成 S 形；春秋晚期玉器上的龙纹多数呈简化，甚至产生分解的现象"[2]。如春秋早期襄阳王坡 M55：9-1 龙纹玉玦（图二二），龙纹具象，龙首完整，眉、目、舌清晰可见[3]；春秋中期钟祥黄土坡 M35：21 长方形挂饰（图二三），两个宽面各饰七个龙纹，龙纹趋于简化，由 S 纹和卷云纹勾连组成山字形上下颌，有眉、向下伸吐的龙舌[4]；春秋晚期末段熊家冢 M4：17 玉环[5]（图二四），主纹为八个龙首纹，龙首器官已开始分解为蝌蚪纹、S 纹、谷纹，但上下颌仍然连接，龙首形象尚存。

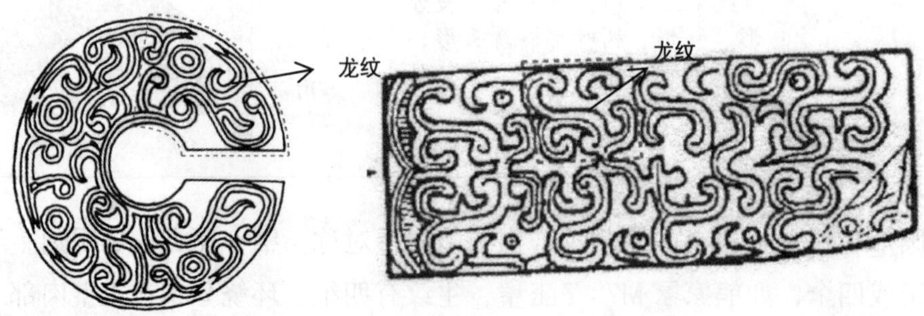

图二二 王坡 M55：9-1 玉玦　　图二三 黄土坡 M35：21 长方形挂饰

1 杨建芳：《中国古玉研究论文集》（下册），台湾众志美术出版社，2001 年，第 26 页。
2 杨建芳：《中国古玉研究论文集》（下册），台湾众志美术出版社，2001 年，第 65 页。
3 湖北省文物考古研究所等：《襄阳王坡东周秦汉墓》，科学出版社，2005 年，第 56 页。
4 荆州博物馆，钟祥市博物馆：《湖北钟祥黄土坡东周秦代墓发掘报告》，《考古学报》2009 年第 2 期。
5 荆州博物馆，张绪球编著：《荆州楚王陵园出土玉器精粹》，台湾众志美术出版社，2015 年，第 175 页。

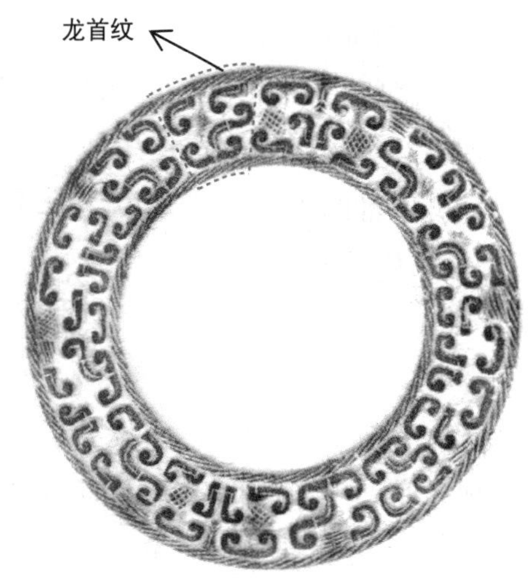

图二四　熊家冢 M4：17 玉环

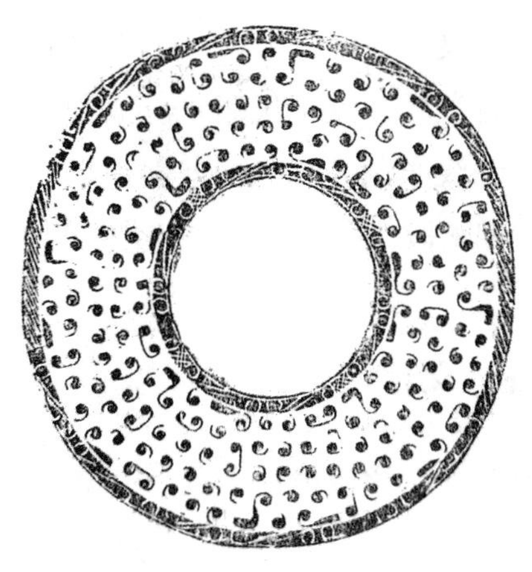

图二五　曾侯乙墓 E.C.11：62 玉璧

到战国早期中段，龙首纹进一步分解，上颌（谷纹）、下颌（卷云纹）、角（长尾蝌蚪纹）分别成为独立纹样。如曾侯乙墓中出土的玉璧（图二五），璧面纹饰有谷纹、卷云纹、长尾蝌蚪纹和变形长尾蝌蚪纹（长尾向外折），实则是八个分解后的龙纹（内外缘各四个）。[1]到战国早期后段，谷纹占绝大多数，仅剩一至二个长尾蝌蚪纹。杨建芳先生详细研究过龙纹的简化过程，并通过表格形式清晰地展现了龙纹是如何一步步分解的。[2]

从龙纹分解过程可知，S 纹可能是春秋晚期龙首分解后，S 形上、下颌保留下来，成为单独的纹样，流行于春秋晚期至战国；卷云纹也可能是龙首分解后的某个器官独立而成。

再来看辅纹，以各种不同形状的网纹数量最多，造型最丰富。有学者研究认为："在玉器的空隙处加填阴刻网纹，主要见于春秋晚期至战国时期的带阴刻纹饰的玉器。"[3]在春秋晚期楚地玉器中，网纹已经十分流行。熊家冢 M4：17 玉环上，浅浮雕纹饰空隙处有五个方形网纹。到春秋战国之际，阴刻纹饰玉器中网纹更加普遍。

此外，从雕刻技法看，双线阴刻 S 纹几乎都带有反向斜刀特征。斜刻刀法主要表现在阴刻线条中，刻槽略宽，槽底似斜坡状。"斜刀工艺主要流行于西周到春秋晚期，战国罕见"[4]，"龙纹部件的 S 形纹饰，从春秋中晚期开始出现反

1　湖北省博物馆：《曾侯乙墓》，文物出版社，1989 年，第 407 页。
2　杨建芳：《再论战国玉器分期》，《玉文化论丛・7》，台湾众志美术出版社，2020 年，第 93—94 页。
3　杨建芳：《中国古玉研究论文集续集》，文物出版社、台湾众志美术出版社，2012 年，第 139 页。
4　张绪球：《湖北地区出土春秋时期玉器》，《荆楚文物》第 4 辑，科学出版社，2018 年，第 169 页。

向斜刀工艺，这种工艺到了战国早中期已经运用得非常纯熟”[1]。

从龙纹的变化过程看，简化龙首纹和双线阴刻S纹都出现在春秋战国之际，简化龙首纹较S纹年代略早。而独立的卷云纹、谷纹出现并流行于战国时期。再结合双线阴刻S纹的反向斜刀工艺特点，可以推断第一类阴刻纹饰年代约在春秋晚期末段；第二、三、四类阴刻组合纹饰年代略晚，到战国早期前段之初。

五、文化性质

春秋战国之际的阴刻纹饰玉器主要出现在楚墓中，与同时期中原和其他地区玉文化玉器的造型或装饰特点不同，属于楚地特有的玉器纹样和装饰风格。

从纹饰上看，双S斜叠简化凤鸟纹由一个小S斜叠一个大S组成，最早出现在湖北襄樊真武山春秋晚期楚墓随葬的细把陶豆豆盘上。[2]玉器上略晚，熊家冢殉葬墓出土的春秋战国之际玉璧、玉珩上已有。众所周知，楚人崇凤，楚地出土的漆器、铜器、丝绸上有不少凤鸟主题的装饰造型和纹样。玉器上的这种斜叠双S纹也是楚人崇凤观念的体现，是一种楚式纹样。

网纹在春秋晚期楚地出土玉雕上已十分流行，单件玉器上饰有一种或多种网纹，如熊家冢M2∶18玉珩，饰有三角形、菱形、箭头形网纹；熊家冢M4∶1玉璧，内外缘饰二十七个三角形网纹，中区还有旗幡形、带弯柄箭头形、长方形网纹。而网纹在同时期其他地域文化玉器中少见或不见，如洛阳中州路M115∶15石璧，璧面饰有六个龙首纹，方折S纹和卷云纹构成上下颌，椭圆形目，绹索纹舌。石璧S纹带有反向斜刀工艺，以双勾阴刻S纹、卷云纹为主，没有单线阴刻辅纹，年代为春秋战国之际。[3]这说明网纹是楚式玉雕中流行纹样。

圆首尖钩纹在西周玉器上少见，在东周楚地玉器中广泛流行，是一类具有特色的纹样。单一圆首尖钩纹最早出现在河南温县春秋晚期盟誓遗址出土的玉龙佩上；反向相叠的圆首尖钩纹出现稍晚，在战国时期楚地玉雕中盛行，部分层叠的圆首尖钩纹的尖钩部分还填以网纹。

从造型上看，阴刻纹饰玉器都为片状。玉龙佩有横置相连形；有背部高拱、宽平，整体轮廓似风字形，还有龙凤结合造型：一类为附连式，龙身有多个弯钩状和截头状凸饰，表示简化凤首或代表某种器官；另一类为同体式，一端为

1 荆州博物馆，张绪球编著：《荆州楚王陵园出土玉器精粹》，台湾众志美术出版社，2015年，第86页。

2 湖北省文物考古研究所等：《湖北襄樊真武山周代遗址》，《考古学集刊》第9集，科学出版社，1995年，第150页，图一三：12—13。

3 中国科学院考古研究所：《洛阳中州路（西工段）》，科学出版社，1959年，第113页，图八一，图版五七。

龙头，另一端为凤首。这些特殊的造型在楚式玉雕中流行，在中原或其他地区则阙如。[1]

综上所述，这类以简化龙首纹、S纹、卷云纹、谷纹、羽毛纹、拂尘纹及各种不同形状的网纹为装饰，采用双线和单线雕刻的阴刻纹饰，流行于春秋战国之际的楚式玉雕中。它们具有明显的时代特征和文化属性，反映了这一时期楚人在玉器上的审美特点和雕刻技法。

1　杨建芳：《楚式玉龙佩（上）——楚式玉雕系列之一》，载《中国古玉研究论文集》（下册），台湾众志美术出版社，2001年，第39—59页。

刍议春秋战国时期玉观念的形成与发展

——以长沙博物馆馆藏玉器为例

何枰凭（长沙博物馆）

【摘要】纵观中国玉器发展史，春秋战国时期是一个辉煌灿烂的历史时期，随着社会大变革的到来，人们思想观念的嬗变，进而深刻地影响并改变了人们玉观念的发展，具有十分鲜明的时代艺术特色。春秋早期玉器与西周一脉相承，玉礼器尚具一定地位。及至战国，随着旧思想的更替、观念的剧变，一改春秋时期玉器的传统，被赋予道德内涵的佩饰明显占据了主导地位，成为玉器发展的主流。本文试图以长沙博物馆馆藏玉器为例，通过对春秋战国时期与玉相关的文化、历史的研究，分析春秋战国时期玉观念的形成与发展。

【关键词】春秋；战国；玉观念；文化；历史

一、概述

纵观中国几千年的历史，玉器的发展经历了几个阶段的转化，比如新石器时代晚期的巫术化、神器化的过程，商周时期的礼器化、政治化过程，到了春秋战国时期的人格化、道德化过程。这些转化过程赋予了玉器不同的文化内涵，从而产生了具有一定象征符号的玉器，比如琮、璜、璧、圭等。

二、玉观念的形成

进入商周时期，王权加强，神权逐渐衰退，王权成为国家社会控制的主要力量。西周时期，周王制礼作乐，就是希望通过礼制建设来改变统治方式，来区分社会的等级、强化先民的观念、形成内心的秩序。无论是青铜器，还是玉器，都在礼制建设过程中赋予了周礼的内涵。统治阶层通过各种方式强调玉器的礼用功能，玉器所代表的礼制以及各种规定潜移默化地影响到每个人。在这种背景下，先民对于玉器的认识实现了一次升华，也就是玉器等同于礼器，用玉制度等同于周代礼制。对于玉器的认同，实际上就是对于周礼的认同，也是对于政治权力的认同。

同时，贸易的繁荣、玉料的丰富、用玉制度的僭越、用玉人群的普及让这些知识分子不得不思考现实中存在的问题，也就是如何将玉器和道德联系到一起，将用玉观念和内心秩序联系到一起，从而提升玉器在礼制建设、道德建设中的作用。《周礼·春官宗伯·典瑞》所云："子执谷璧，男执蒲璧。"图一为1986年长沙市湖桥火把山出土，现藏于长沙博物馆的战国双面谷纹白玉璧。古时以璧之圆喻天，并以璧礼天神，玉璧作为一种礼器，常被用作祭天、祭神、祭星等祭祀活动中，这也是玉德论产生的根本原因。[1]

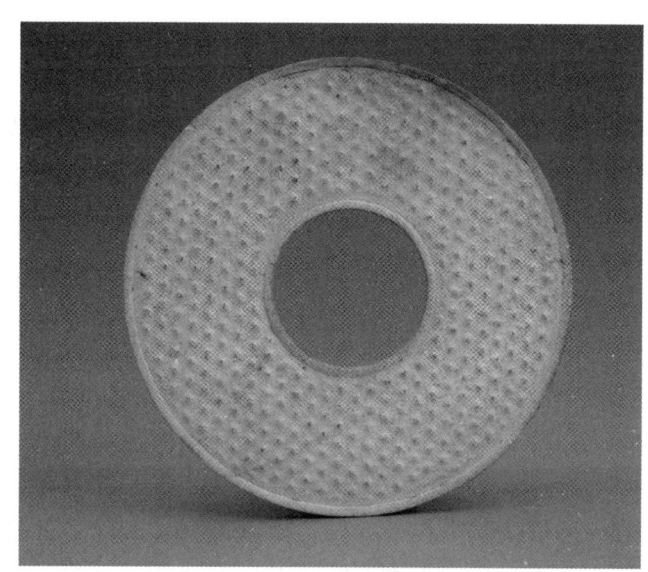

图一　战国双面谷纹白玉璧

当然，也有学者认为，《礼记·聘义》借孔子之言指出，玉器具有仁、义、礼、智、乐、忠、信、天、地、德、道等十一种品德。早期的管子也有相似的论述。玉德论的出现，和儒家塑造君子形象、君子人格的需求是相契合的，这也许就是玉德论出现的原因所在。[2]实际上，归根结底，玉德论的出现主要还是因为统治阶层和知识分子在面临礼崩乐坏、等级僭越等现象时，不得不寻找新的社会控制的方式。西周时期通过垄断玉器的使用、规定玉器的用途等方式，已经不能完全控制臣民的日常行为，更不能控制臣民的意识形态。因此，《论语·阳货》认为："礼云礼云，玉帛云乎哉？乐乎乐乎，钟鼓云乎哉？"也就是说，玉帛、钟鼓等外在物质表现并非礼乐，真正的礼乐应该是内心的秩序。

先秦诸子对周王是非常认可的，在不同场合都强调周王制礼作乐的贡献。

1　尤仁德：《古代玉器通论》，紫禁城出版社，2002年，第173页。

2　叶友琛：《周代玉瑞文化考论》，福建师范大学博士学位论文，2007年，第34页。

实际上，周代的礼制建设是一个渐进的过程，通过规定旗帜、命服、乐器、车马器等物品的使用来体现等级差别，同时也通过规定青铜器、玉器等奢侈品的使用来强化等级观念。西周社会所制定的等级制度在当时来说是非常有效的，以至于后世的统治阶层和知识分子一直在缅怀这种社会控制的方式。

三、玉观念的发展

学者陈淳认为，从二里头文化到商周的青铜器是贵族权威和等级法则的象征，从最早铸造的二里头青铜爵上，我们可以体会到礼仪和宴饮在维系等级社会中的重要性。三代期间，青铜器的使用成了贵族权威和权力合法性的象征。[1]实际上，玉帛、钟鼓等外在物质表现仅仅起到提示的作用，真正的权威来自内心的敬畏，无论是石器时代对于神权的敬畏，还是青铜时代对于王权的敬畏，都是统治阶层通过各种方式灌输给臣民的，都是用来构建内心的秩序。

因此，无论是儒家的内圣外王，还是其他学派的治国方略，都试图将玉礼纳入到自己的理论体系中，将玉观念提升到道德层面，从而在各个社会阶层中形成价值认同。孔子的内圣外王理论，实际上就是强调修身养德，加强修养，才能齐家、治国、平天下。在修身养性的过程中，孔子将玉器的特性和为人之道结合到一起，如孔子《礼记·聘义》云“夫昔者，君子比德于玉焉”，《荀子·法行》云“夫玉者，君子比德焉”。他把玉这种最质朴的自然物，赋予温良、儒雅、坚毅的品性，并以此比喻天子、贵族和君子的道德行为，把玉推崇至品德美的极高程度，反映了东周用玉的道德文化内容。

这一时期玉器在维护等级、维护政权等方面同样发挥着积极的作用，在维护内心秩序、修身养性等方面起到了媒介的作用。统治阶层正是通过玉器的人格化和道德化，玉礼的理论化和系统化，来实现对于各个阶层的社会控制。在这过程中，逐渐形成了玉观念的升华。卢兆荫先生认为，汉前先民识玉有三次升华，第一次是原始社会后期的神化，第二次是原始社会到奴隶社会的等级化，第三次是奴隶社会向封建社会过渡的春秋战国时期的人格化和道德化。

图二是1987年长沙市五里牌出土，现藏于长沙博物馆的战国双面透雕龙凤纹青玉佩，彰显了王公贵族至高无上的地位。

1　陈淳：《文明与早期国家探源——中外理论、方法与研究之比较》，上海书店出版社，2007年，第216页。

图二　战国双面透雕龙凤纹青玉佩

《礼记·玉藻》云：“古之君子必佩玉……君子无故，玉不去身，君子于玉比德焉。”就是随时随地以“佩玉”中展现的“玉德”来警示自己，用“玉音”来端正自己，用“玉步”来要求自己，使“非辟之心无自入”。这其中贯穿着儒家意识形态中的礼、义、忠、信等学说的哲理。[1]佩玉的使用不仅增添了贵族仪表上的威严显赫，同时又彰显出美玉的艺术价值和品德，两者互为表里，相得益彰，使得王室和贵族对玉器尤为重视。

当然，还有学者认为，真正的玉礼更多的是一种理想，存在于那些积极主张复礼的士人心中。经过这些士人不懈的系统化、理想化的构建，玉礼得以以近乎完善的面貌存在于以三礼为代表的礼经之中，作为儒家圣经中一个重要的组成保留下来。文献中的西周玉礼，似乎存在被后人构建的可能。但有一点，春秋战国时期玉观念的形成特别是对于佩玉的重视，和这一时期出土较多玉佩这一现实基本相符。

四、玉观念的具体表现

春秋战国时期玉雕工艺在百家争鸣的形式影响下，以“海纳百川而成其大”的姿态不断完善，玉器用途空前广泛，种类众多，有璧、琮、圭、玦、佩、璜、管、珠等三十多个品种，学者们根据其用途分为礼仪用玉、丧葬用玉、装饰用玉、实用玉器等四大类，笔者较为赞同这样的划分。

（一）礼玉

中华民族自古就是礼仪之邦，西周时期，周公制礼作乐，出现了一套规范

1　陈淳：《文明与早期国家探源——中外理论、方法与研究之比较》，上海书店出版社，2007年，第216页。

的礼乐制度，即《周礼》，其中有较多关于玉的记载，对管玉的机构、用玉范围、玉的用途、用玉规定等都有明确说明，《周礼》也成为维护宗法分封制度、防止僭越行为必不可少的工具。而到了春秋战国时期，诸侯争霸，周王室衰微，礼崩乐坏促使用于礼仪的玉器越来越少，礼玉的功能也被逐渐弱化。

1. 礼器

《周礼》云："以苍璧礼天，以黄琮礼地，以青圭礼东方，以赤璋礼南方，以白琥礼西方，以玄璜礼北方。"上述提到的璧、琮、圭、璋、琥、璜，也就是先人用来礼天地四方的"六瑞"，随着社会的发展和意识形态的变化，至春秋战国时已失去其礼仪的意义，只多见璧和璜。玉璜作为中国最传统的玉器之一，既有礼仪功能，也作佩饰使用，还可以作为随葬玉器，在此时期颇为流行，纹饰和造型极为丰富，在湖南战国墓中较为多见。图三为1987年长沙市八一路小学M1出土的战国双面云纹青玉璜，玉质呈青色，弧形扁平体，双面均雕琢卷云纹，纹饰之外以阴线刻画边阑，线条遒劲有力，精准清晰。

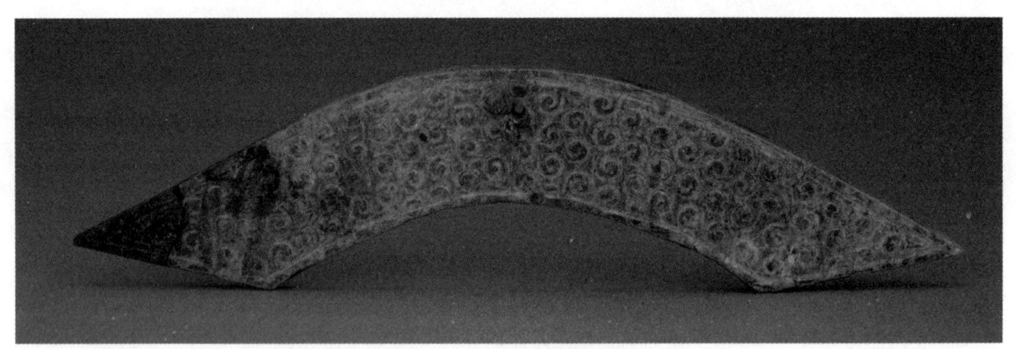

图三　战国双面云纹青玉璜

2. 玉兵器（象征性礼器）

楚人素有尚武的传统，楚墓中也出土了戈、矛、锁、刀、剑等武器的象征品。黄帝时期就开始以玉器制作兵器，作为一种象征性的工具，因为玉在当时被认为是神物，具有一定的神力，轩辕、神农、赫胥之时，以石为兵，至黄帝之时，以玉为兵，以伐树木为宫室，凿地。春秋战国时期，冶铁业的发达促使铁制工具开始普遍使用，玉兵器逐渐退出，成为一种象征性的礼器或装饰品出现在人们的生活中。

（二）葬玉

丧葬之礼在中国起源很早，早在旧石器时代山顶洞文化中，就发现有许多

图四　战国双面蒲纹青玉璧

散布在尸骸附近的石珠、兽牙等，这说明当时已有随葬的器物及风俗。古人信巫鬼，有着多元的信仰，认为人与万事万物都存在某种神秘的联系，并认为人死后其灵魂仍存在于另一个世界，仍可以与常人一样衣食作息，再加上受“事死如事生”习俗的影响，人死后会把其生前佩戴的玉器随葬。战国两汉时期受道教思想的影响，出现食玉以求长寿的行为 。西晋葛洪在《抱朴子》中说：“金玉在九窍，则死人为之不朽。”此话道出了当时人们使用葬玉的目的，使“死人为之不朽”的思想在当时较为流行。

玉璧是春秋战国时期最重要的礼器，同时还是当时最重要的丧葬用玉，特别是王公贵族无论生前或死后大多玉璧不离身。春秋早期的玉璧多为素面玉璧，发展到后期多在玉璧璧面上饰有纹饰，玉器双面饰纹已相当流行。主要纹饰有谷纹、蒲纹、卷云纹、蟠虺纹、涡纹等。图四为 1980 年长沙市五里牌邮电局 M3 出土的战国双面蒲纹青玉璧。此类玉璧多采用深青或墨绿色玉料制作，故称“玄玉”，是一种专用于丧葬的玉璧。其体扁平，正圆形， 璧上饰蒲纹，行距规整，琢磨精细，反映了战国时期高超的制玉水平和典型的审美特征。

（三）装饰玉

图五　战国镂雕玉舞人佩饰

春秋战国时期五霸迭兴，战争频繁，礼制的崩溃，改变了原有的政治、经济以及社会体系。前期作为礼器的璧、环等物，礼器功能减弱，实用性增强，逐步转化为佩饰和装饰品。这一时期由于统治阶级对玉的高度崇尚，并以佩玉来显扬自己的地位、权势、仪表和风雅，与之相应的装饰品开始大量出现，得到了空前的发展。这类玉器的造型丰富，形态万千，大致可以分为服饰玉、剑饰玉两类。

1. 服饰玉

服饰玉一般是随身佩戴玉器的统称，简单释之为“佩”。一般包括珩、璜、玦、璧、环、琚等，其上龙纹、谷纹、蟠螭纹、勾云纹、蒲纹等纹饰多样而华美，镂雕玲珑而剔透，佩玉与衣物的丝绸锦绣相匹配，充满着富贵华丽之气度。战国晚期还出现了玉舞人等新型玉器。[1] 图五为1989年长沙市八一路小学M1出土的战国镂雕玉舞人佩饰，扁平体，一面光素无纹，一面镂雕转腰展袖的玉舞人，舞人以阴线勾勒五官和衣纹，线条舒卷流畅，刀法粗略简概，尽显动态美感，当属战国佩玉的典型器物。

2. 剑饰玉

镶嵌在铜质或铁质长剑（含剑鞘）上的玉饰在汉代被称为玉具剑，然而镶有玉饰的礼仪佩剑发端于春秋时期。吴国玉器窖藏出土的剑首、剑格及剑珌；江苏六合程桥东周M2出土的剑首和剑格等；金胜村出土的谷纹璏和剑珌，证明镶有玉饰的剑，从一开始就有剑首、剑格、剑璏和剑珌四种完整成套玉饰的规制，为战国和汉代玉具剑的形制提供了规范。图六为长沙博物馆收藏的战国透雕双龙纹玉剑璏。其时人们将玉剑璏镶嵌于剑鞘上，供穿戴佩系之用，它是上层统治阶级和贵族特有的佩饰，用以显示“尊卑有度”，是地位和权力的象征，更是君子贵玉思想的深刻反映。

图六　战国透雕双龙纹玉剑璏

（四）实用生活玉器

春秋末年“礼崩乐坏”，社会制度发生了极大变化，玉器功能的装饰性和实用性大大增强。楚地出土玉器也出现了较多实用器具，其种类有玉镜架、玉梳、玉带钩等。

玉镜架，淮阳平粮台16号楚墓出土了1件玉镜架，形如梭形，上窄下宽，器表饰卷云纹、贴金，时代这么早的镜架尚属首次发现。

玉梳，是一种梳妆用具，其形制和现代木梳相同，差别在于古代的玉梳背

1　杨伯达主编：《中国玉器全集》第3卷，河北美术出版社，1993年，第22页。

部多有纹饰，楚地出土的为长方形。淅川下寺春秋1号楚墓中出土1件饰有双钩阴刻龙纹的长方形梳。

图七　战国素面青玉玦

玉笄，是一种连冠于发的用具，起到固定和装饰的作用。

玉带钩，是一种用来束带佩饰的玉制品，其渊源可追溯到5000年前的良渚文化，作为实用器在春秋战国时期达到鼎盛。玉带钩除了实用功能以外，也应是身份等级的象征。固始侯堆一号墓、擂鼓墩一号墓、信阳长台关楚墓、江陵望山楚墓等一些大型楚墓中均有出土，这也说明使用玉带钩的人一般身份地位都较高。

玉玦，主要被用作耳饰和佩饰。春秋战国时期玉玦形体较小，普遍饰有纹饰，素面的很少。图七为2004年汨罗高泉山司法局宿舍工地M1出土，现藏于长沙博物馆的战国素面青玉玦。

五、余论

纵观春秋战国时期玉器，不难看出，玉器成了各种力量交织在一起的产物。既有统治阶层的推崇，也有文人阶层的推崇，更有其他各阶层的追捧。当用玉行为和道德结合在一起，当玉礼上升到道德层面，并纳入儒家“内圣外王”的理论体系中，那么人们对于玉器的认识就开始发生质的飞跃，人们就可以在生活中使用玉器，通过玉器的使用来检讨自己的德行。总之，春秋战国时代的玉器，其艺术上承商周，下启秦汉，第一次突破了传统玉器的模式与审美取向，着力于变革创新，建立了新传统和新风范，是中国玉器发展史上重要的一环，无论从艺术的高度还是从技术的角度对其加以考察，都具有很高的价值。

重庆涪陵小田溪墓群出土的玉具剑

梁冠男（重庆中国三峡博物馆）

【摘 要】以玉饰剑在西周开始出现，完整的玉具剑萌芽于东周，包括了玉剑首、玉剑格、玉剑璏和玉剑珌四个部分，两汉时期达到极盛，是王公贵族的身份象征，之后便逐渐消亡。重庆涪陵小田溪墓群的巴人墓葬中出土了四套玉具剑，本文结合墓葬情况和四套玉具剑的形制、纹饰进行了全面的介绍和论述。

【关键词】玉具剑；小田溪；巴人

玉具剑是指以玉石装饰的剑，一套完整的玉具剑包括玉剑首、玉剑格、玉剑璏、玉剑珌四个部分。用精美的玉石器装饰在剑上，早在西周时期已经开始出现，如 1990 年在河南省三门峡市上村岭西周虢国墓地 M2001 出土的一把玉茎铜芯铁剑（图一），长约 33 厘米，因受压折成两段，剑身为铁质，先以铜芯与之相接，而后将铜芯部分嵌入玉茎内，剑首及茎身接合部均镶以绿松石片。[1] 这件玉茎铁剑的剑茎和剑首均为玉质，剑茎为圆柱形，阴刻简练的细线纹，与之套接的剑首呈短管状，前圆后方，两端以圆形孔贯通，以容纳剑茎，前端作圆

图一 玉茎铜芯铁剑

1 河南省文物研究所，三门峡市文物工作队：《三门峡上村岭虢国墓地 M2001 发掘简报》，《华夏考古》1992 年第 3 期。

弧状向上内收，后端为正方体底座形，末端饰有四瓣花萼形浮雕，玉料精良，纹饰细腻。这应该是玉具剑最初的形态，但此时尚未形成一套完整的玉具剑。

玉具剑萌芽于东周时期，主要是供高层统治者使用，显示尊卑有度，战国和汉代十分流行，汉以后逐渐消亡。以玉饰剑，在文献中有相关记载，《晋书·舆服志》："汉制，自天子至于百官，无不佩剑，其后惟朝带剑。晋世始代之以木，贵者犹用玉首，贱者亦用蚌、金银、玳瑁为雕饰。"[1] 后《隋书·礼仪志》："一品，玉具剑，佩山玄玉。二品，金装剑，佩水苍玉。三品及开国子男、五等散品名号侯虽四、五品，并银装剑，佩水苍玉。"[2] 可见，玉具剑的使用者皆身份尊贵，是当时王公贵族的宝物，代表着身份和地位。

战国时期的巴国地处西南边陲，巴人的主要活动区域在重庆。据《华阳国志·巴志》载："巴子时虽都江州，或治垫江，或治平都，后治阆中。其先王陵墓多在枳。"[3] 枳即今之重庆市涪陵。从 1972 年以来，考古工作者先后在涪陵小田溪巴人墓群进行了多次发掘，在 2002 年的发掘中，出土玉石器较为丰富，其中有四套玉具剑，对于我们了解小田溪墓群主人的身份非常重要。这四套玉具剑分别出土于 M12、M15、M22 三座晚期巴文化墓葬中，三座墓葬均分布于小田溪墓群中部，M15、M22 的长宽比在 2∶1 以上，M12 的长宽比为 1.3∶1，墓葬的长都在 4 米以上，属于大型墓葬，可以推断为王陵或者高级贵族墓葬。[4] 故四套玉具剑的主人地位显赫。巴人尚武，战国时期巴国的青铜兵器出土甚多，玉具剑的出现，不仅充分说明了巴人对战争中使用的青铜兵器的重视，同时也向我们揭示了小田溪墓地的主人极有可能是巴国的王族或高级贵族。

一、M12 出土的玉具剑

M12 是 2002 年的发掘中规模最大、随葬品数量最多、等级最高的墓葬，[5] 出土了两套玉具剑，形制较为接近，均由青铜剑身和玉剑饰组成，玉剑饰多为青玉质，均有褐色瑕疵及浸蚀痕迹。

一套由青铜剑身和玉剑首、后、格、璏、珌 5 种剑饰共 9 件器物组成，是

1 ［唐］房玄龄等：《晋书》，中华书局，1974 年，第 771 页。

2 ［唐］魏徵、令狐德棻：《隋书》，中华书局，1973 年，第 242 页。

3 ［晋］常璩著，刘琳校注：《华阳国志新校注》，四川大学出版社，2015 年，第 26 页。

4 重庆市文物考古研究所，重庆市文物局：《涪陵小田溪墓群发掘简报》，《重庆库区考古报告集·2002 卷·中》，科学出版社，2010 年，第 1373 页。

5 重庆市文物考古研究所，重庆市文物局：《涪陵小田溪墓群发掘简报》，《重庆库区考古报告集·2002 卷·中》，科学出版社，2010 年，第 1345 页。

巴文化出土剑饰最全的玉具剑（图二）。[1]青铜剑身通长59.6厘米，宽4厘米，茎长8.8厘米，截面呈菱形，剑脊呈直线，从斜而宽，前带收狭而锋锐；玉剑首（图三）呈圆台形，直径4.8厘米，厚1.4厘米，正面正中凸起呈扁形球面，以环形浅槽分为内、外两区，内区中心为四角星纹，周边有4个勾连云纹，外区四周无纹饰，背面正中凸起呈平台状，台面有圆形凹槽，可套入剑柄，槽外对称分布3个桯钻的斜向圆孔，供剑首固定于剑柄之用；玉剑后位于剑茎处，由4个半圆形白玉片组成，直径2.8厘米，厚0.6厘米，中间有V形凹槽以容柄，两两相对合成剑柄箍饰；玉剑格宽4.8厘米，高2.3厘米，厚2.1厘米，中脊凸起，似蝙蝠，前面尖端似头部，两侧似蝠翼，素面，截面呈菱形，中有銎孔以纳剑身，饰于剑身与剑茎之间；玉剑璏（图四）长5.7厘米，宽1.8厘米，厚1.9厘米，长条形，璏面微弧，有两组竖向凹弦纹，两端皆向外出檐，一檐内卷，背面有长方形銎孔，可供穿戴；玉剑珌（图五）高3.9厘米，宽4.5—5.5厘米，厚1.6—1.9厘米，呈上窄下宽的梯形，中腰略收，素面，上下两端截面呈橄榄形，与剑鞘末接触的顶端有一竖向的粗圆孔，两侧有两个对称的斜向圆孔。

图二　玉具剑

图三　玉剑首

图四　玉剑璏

图五　玉剑珌

另一套由青铜剑身和玉剑首、格、璏、珌4种剑饰共5件器物组成（图六）。青铜剑身通长62.8厘米，宽4厘米，茎长8厘米；玉剑首（图七）呈圆台形，直径4.5—4.6厘米，厚1.4厘米，正面正中凸起呈扁形球面，以环形浅槽分为内、外两区，内区中心为四角星纹，周边有4个勾连云纹，外区饰谷纹，背面正中凸起呈平台状，台面有圆形凹槽，可套入剑柄，槽外对称分布3个桯钻的斜向

1　重庆市文化遗产研究院，重庆市涪陵区博物馆，重庆市文物局：《重庆涪陵小田溪墓群M12发掘简报》，《文物》2016年第9期。

圆孔，供剑首固定于剑柄之用；玉剑格宽 4.8 厘米，高 2.2 厘米，厚 2 厘米，中脊凸起，似蝙蝠，前面尖端似头部，两侧似蝠翼，素面，截面呈菱形，中有銎孔以纳剑身，饰于剑身与剑茎之间；玉剑璏浸蚀严重，残断，残长 3.1 厘米；玉剑珌高 3.9 厘米，宽 4.5—5.5 厘米，厚 1.1—2 厘米，呈上宽下窄的梯形，中腰略收，素面，上下两端截面呈橄榄形，与剑鞘末接触的顶端有一竖向的粗圆孔，两侧有两个对称的斜向圆孔。[1]

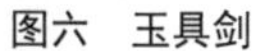

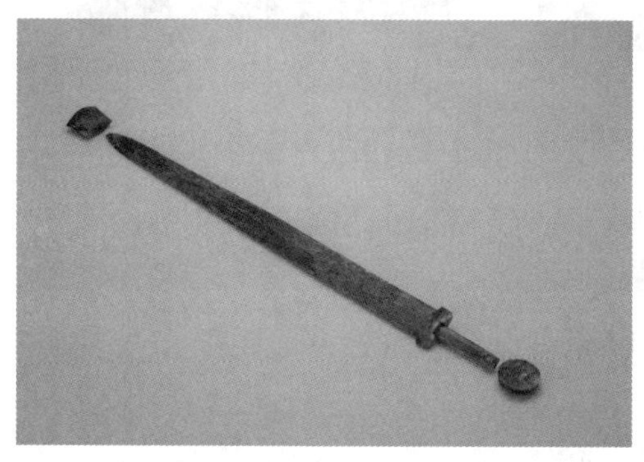

图六　玉具剑

图七　玉剑首

二、M15、M22 出土的玉具剑

M15 属于大型长方形竖穴土坑墓，出土了 6 把剑，均置于棺内中部靠南侧，重叠放置。玉具剑仅有一把（图八），青铜剑身通长 34.6 厘米，宽 4.2 厘米，茎长 12.8 厘米，剑身与剑茎间饰有玉质菱形剑格，素面，不见其余的玉剑饰。[2]

M22 是小型长方形竖穴土坑墓，是小田溪墓群出土玉具剑最小的一个墓葬。玉具剑由青铜剑身、玉剑首、玉剑格、玉剑璏、玉剑珌组成。青铜剑身通长 73.6 厘米，宽4.4 厘米，茎长8.8 厘米，截面呈椭圆形，剑身腐蚀严重，纹饰模糊；玉剑首（图九）呈圆台形，直径 4.8 厘米，厚 1.2 厘米，正面正中凸起呈扁形球面，以环形浅槽分为内、外两区，内区中心为四角星纹，周边有 4 个勾连云纹，外区饰谷纹，背面正中凸起呈平台状，台面有圆形凹槽，可套入剑柄，槽外对称分布 2 个桯钻的斜向圆孔，供剑首固定于剑柄之用，其中一个斜向圆孔旁有一小圆圈；玉剑格（图十）宽 5.4 厘米，高 2.9 厘米，厚 2 厘米，中脊凸起，似蝙蝠，前面尖端似头部，两侧似蝠翼，对称直角勾连云纹，截面呈菱形，中

1　重庆市文化遗产研究院，重庆市涪陵区博物馆，重庆市文物局：《重庆涪陵小田溪墓群 M12 发掘简报》，《文物》2016 年第 9 期。

2　重庆市文物考古研究所，重庆市文物局：《涪陵小田溪墓群发掘简报》，载《重庆库区考古报告集・2002 卷・中》，科学出版社，2010 年，第1347 页。

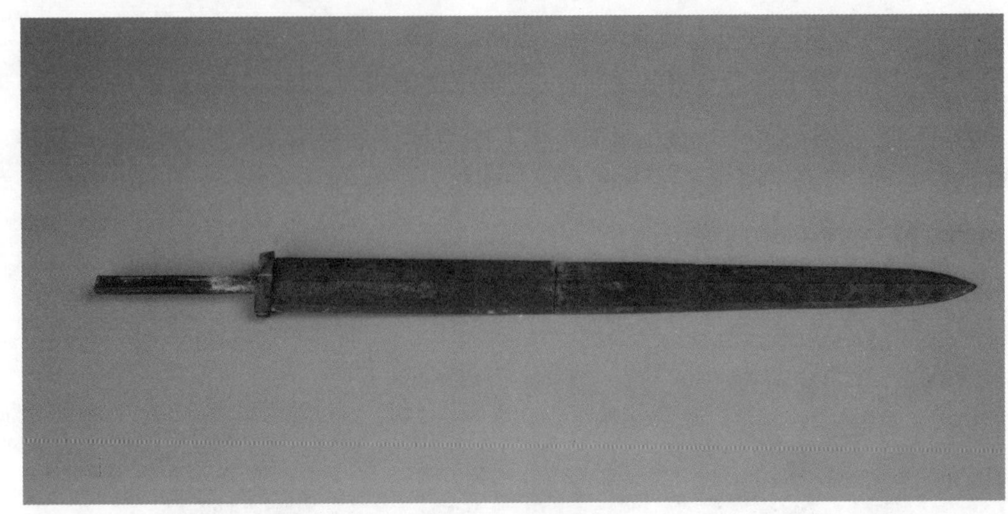

图八　玉具剑

图九　玉剑首

图十　玉剑格

图十一　玉剑璏

图十二　玉剑珌

有銎孔以纳剑身，孔内有铜绿和拉丝痕迹，应原饰于剑身与剑茎之间；玉剑璏（图十一）长 6.3 厘米，宽 2.3 厘米，厚 1.8 厘米，长条形，璏面微弧，有两组竖向凹弦纹，两端皆向外出檐，一檐内卷，背面有长方形銎孔，可供穿戴，孔内有铜绿；玉剑珌（图十二）高 6.5 厘米，宽 4.7—5.8 厘米，厚 1—2 厘米，呈上宽下窄的梯形，中腰略收，面上饰有对称直角勾连云纹，上下两端截面呈橄榄形，底端有几何形刻画纹，与剑鞘末接触的顶端有一竖向的粗圆孔，两侧有两个对称的斜向圆孔。

三、玉具剑的分析研究

从涪陵小田溪墓群出土玉具剑的墓葬情况来看，M12、M15 和 M22 都属于晚期巴文化墓葬[1]，其中 M12 的规模最大。三个墓的葬具皆为一棺一椁，M12 棺内的墓主人尸骨保存较为完整，两套玉具剑位于棺内南侧中部（图十三）[2]，M15 的墓主骨架完全腐朽，玉具剑位于棺内南侧中部（图十四）[3]，M22 仅剩一具人骨灰痕，玉具剑也是位于棺内南侧中部（图十五）[4]。

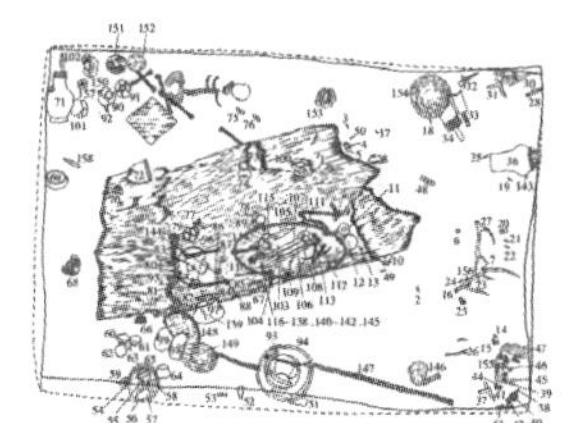

图十三　M12 玉具剑出土位置图

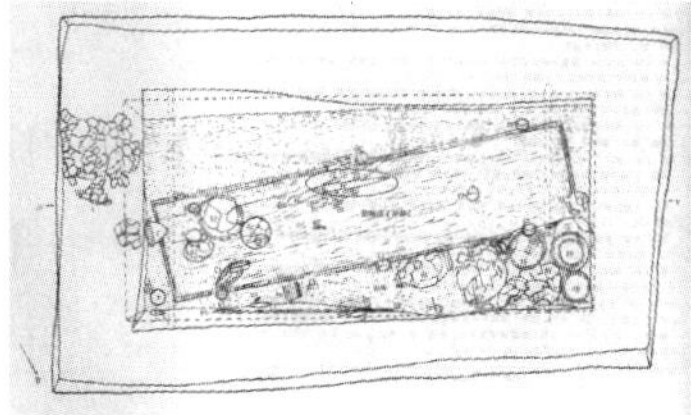

图十四　M15 玉具剑出土位置图

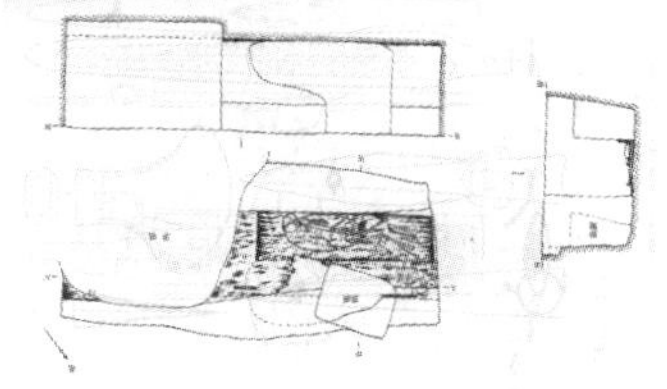

图十五　M22 玉具剑出土位置图

三个墓葬出土的随葬品丰富，大部分器物如蛇首带钩、有巴蜀图语的柳叶形青铜剑都体现出明显的巴文化特征，玉具剑、柳叶形刮刀等具有明显的楚（越）文化特征，还有一些大型的青铜器如鸟形尊、兵器如弩机等又具有明显的秦（三晋）文化特征。[5] 随葬器物的三种文化因素汇集于墓葬中，不仅表明了楚文化对

1　重庆市文物考古研究所，重庆市文物局：《涪陵小田溪墓群发掘简报》，载《重庆库区考古报告集·2002 卷·中》，科学出版社，2010 年，第1345 页。

2　重庆市文化遗产研究院，重庆市涪陵区博物馆，重庆市文物局：《重庆涪陵小田溪墓群M12 发掘简报》，《文物》2016 年第9 期。

3　重庆市文物考古研究所，重庆市文物局：《涪陵小田溪墓群发掘简报》，载《重庆库区考古报告集·2002 卷·中》，科学出版社，2010 年，图八。

4　重庆市文物考古研究所，重庆市文物局：《涪陵小田溪墓群发掘简报》，载《重庆库区考古报告集·2002 卷·中》，科学出版社，2010 年，第1368 页，图二九。

5　重庆市文物考古研究所，重庆市文物局：《涪陵小田溪墓群发掘简报》，载《重庆库区考古报告集·2002 卷·中》，科学出版社，2010 年，第1373—1374 页。

巴文化的影响，同时也说明了秦国的势力已经进入了巴地，故墓葬的年代在秦灭巴之后。

玉具剑中除了 M15 的玉具剑只有玉质剑格之外，其余三套玉具剑的剑首、剑格、剑璏、剑珌皆齐备，构成了完整的玉具剑（表一）。

表一 M12、M15、M22 玉具剑统计表

墓葬编号	剑身通长（厘米）	茎长（厘米）	玉剑首	玉剑格	玉剑璏	玉剑珌	备注
M12	59.6	8.8	√	√	√	√	另有玉剑后
	62.8	8	√	√	√	√	
M15	34.6	12.8		√			
M22	73.6	8.8	√	√	√	√	

《周礼·冬官考工记》云：“桃氏为剑……身长五其茎长，重九锊，谓之上制，上士服之；身长四其茎长，重七锊，谓之中制，中士服之；身长三其茎长，重五锊，谓之下制，下士服之。”[1] 按此注解，M15 出土的玉具剑的剑身最短，通长为 34.6 厘米，剑茎长 12.8 厘米，其剑身茎之比应为下士之剑；M12 与 M22 出土玉具剑的剑身较长，通长分别为 59.6 厘米、62.8 厘米、73.6 厘米，剑茎分别为 8.8 厘米、8 厘米、8.8 厘米，其剑身茎之比皆属上士之剑。可见，M12 和 M22 的墓葬规格应高于 M15。

M12 与 M22 出土的玉具剑剑饰齐备，风格基本一致。玉剑首镶嵌于剑柄顶端，多为圆形，从东周到西汉，玉剑首的形制经历了从厚重到扁薄的发展过程，其装饰纹饰也从粗糙逐渐变为精细，并形成了固定的形制和纹饰组合。战国时期的玉剑首形制不规整，有椭圆形和圆形两种类型，且纹饰简单，如云南省江川县李家山 M22 和 M11 出土的剑首（图十六、图十七），呈椭圆形，素面；河北省平山县三汲乡中山国 M3 出土的剑首（图十八）呈圆饼状，纹饰刻画粗糙不规整，中心阴刻有大小两个同心圆圈，外四周为长尾卷云纹，边缘刻一周弦纹；浙江省长兴县鼻子山战国墓出土的剑首（图十九）为圆形，中间的圆孔嵌塞有圆形

1 ［清］孙诒让：《周礼正义》，中华书局，1987 年，第 3253—3258 页。

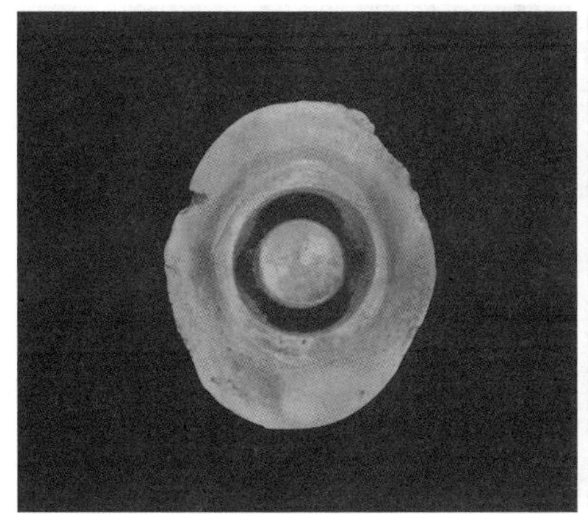

图十六　玉剑首

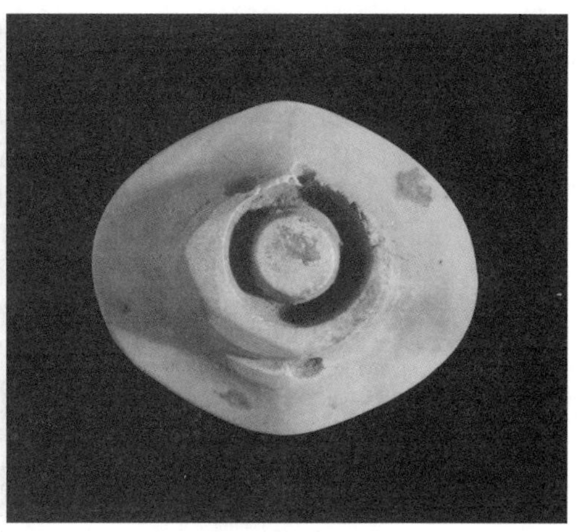

图十七　玉剑首

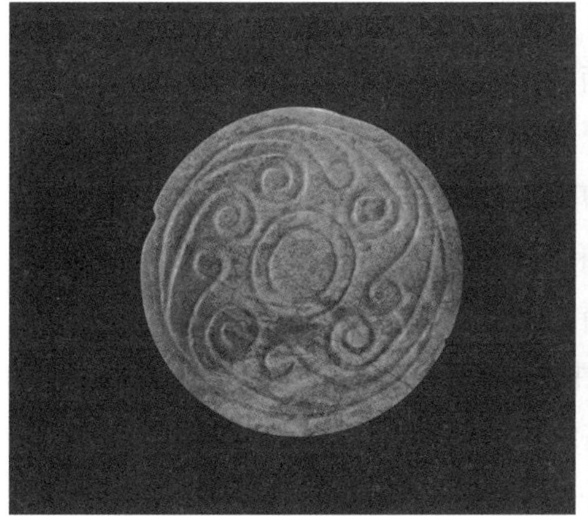

图十八　玉剑首

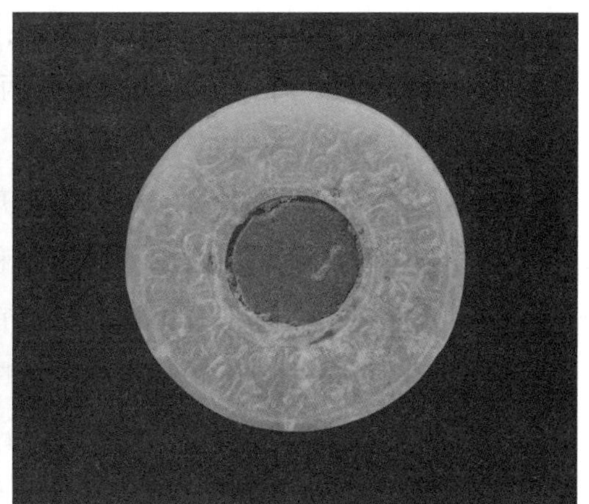

图十九　玉剑首

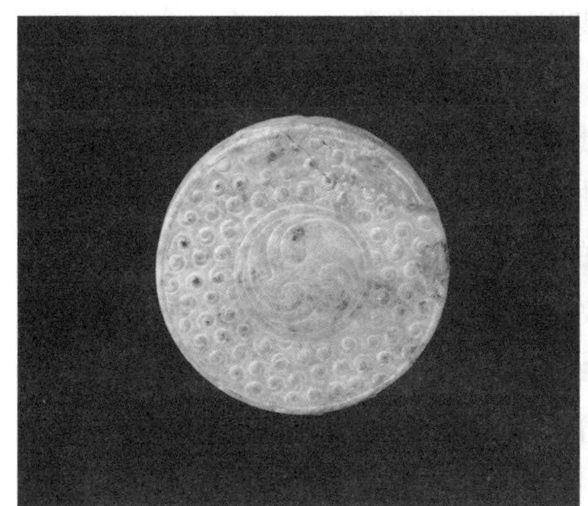

图二十　玉剑首

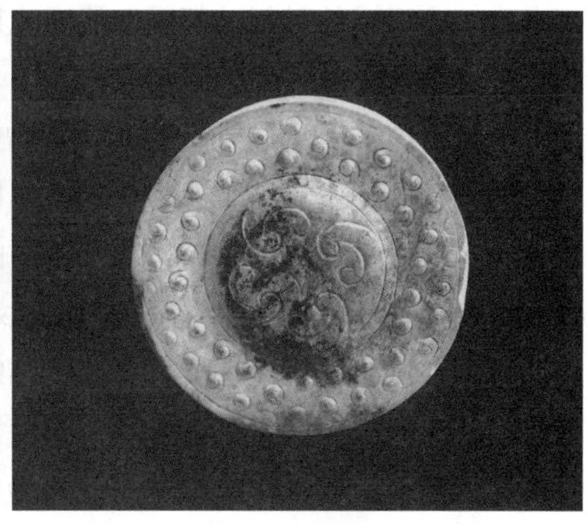

图二一　玉剑首

图二二　玉剑首

图二三　玉剑格

的石片，正面浅浮雕的卷云纹比较规整；浙江省余姚市老虎山 M14 出土的战国晚期的玉剑首（图二十）开始出现内外两区，内区饰有卷云纹，外区浮雕谷纹，纹饰雕刻整齐划一。秦代的玉剑首不多，湖南省长沙市左家塘 M1 出土的玉剑首（图二一），正面内区为勾连云纹，中心开始出现了四角星纹，内有阴刻网格纹，外区为谷纹。西汉时期，玉剑首的形制和纹饰多样，富有鲜明的时代特征。广东省广州市象岗山南越王墓出土的玉剑首（图二二）类型最为丰富，其中与前期相似的剑首类型呈圆饼状，正面内区中心凸起，刻四角星纹，内有阴刻网格纹，四周为 4 组勾连云纹，外区为浮雕谷纹。小田溪出土的玉剑首皆为圆饼状，厚度在 1.2 厘米至 1.4 厘米之间，正面正中凸起呈扁形球面，以环形浅槽分为内外两区，内区中心饰有四角星纹，内有阴刻网格纹，周边有 4 个勾连云纹，M12 其中一件外区为素面，另一件与 M22 的玉剑首的外区一致，均饰有谷纹。从造型来看，小田溪的玉剑首都属于战国晚期以后出现的类型，简练的纹饰风格接近于秦代至西汉初期。

玉剑格饰于剑柄与剑锋之间，早期出现的玉剑格，如江苏省六合县程桥 M2 出土的春秋晚期玉剑格（图二三），呈椭圆形，中间为菱形穿孔，后来逐渐形成长条形和蝙蝠形两种形制，为了构图的需要，在剑格的中部往往凸起一道脊线，两侧的表面光素无纹或饰以勾连云纹、兽面纹等，两面的纹饰相同或各异，西汉时期在剑格的表面还出现了高浮雕螭虎纹。小田溪出土的玉剑格两种形制皆有，M15 的玉剑格为长条形，中间出脊，表面无纹饰，风格简朴，应是仿制青铜剑的剑格；M12 和 M22 的玉剑格为蝙蝠形，这类蝙蝠形剑格多见于战国晚期至两汉，是在长条形剑格的基础上加宽加大，中间出脊，前面的尖端似头部，两侧似蝠翼，体现了浓厚的装饰趣味。M12 的剑格两侧为素面，M22 的剑格则在中脊两侧对称饰以直角勾连云纹，线条流畅，构图规整，属于战国晚期至西汉初期的纹饰风格。

玉剑璏饰于剑鞘一侧，用以穿戴佩系，形制多为长条形，璏面微拱呈弧形，璏面上的纹饰丰富，多为谷纹、兽面纹、浮雕螭虎纹等。从东周至两汉，玉剑璏出土较为丰富，剑璏的长度由短变长，大致分为无檐、一端出檐和两端出檐三种类型，两端出檐的剑璏出现最晚且形成定式。如山西省太原市金胜村赵卿墓出土的春秋晚期玉剑璏（图二四），一端出檐向内卷，璏面饰以谷纹；安徽省阜阳市赵王庄出土的汉代玉剑璏（图二五），无檐，璏面中间饰有凸弦纹，一侧面端饰以兽首纹，正面饰有勾连云纹；安徽省马鞍山市寺门口汉墓出土的汉代玉剑璏（图二六），两端出檐向内卷，璏面浅浮雕对称勾连云纹，云

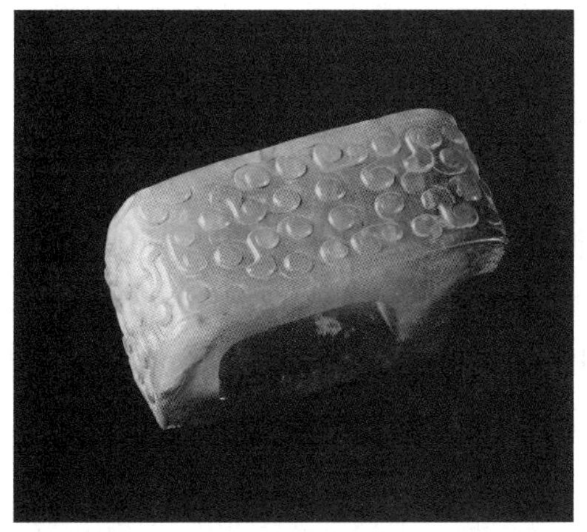

图二四　玉剑璏

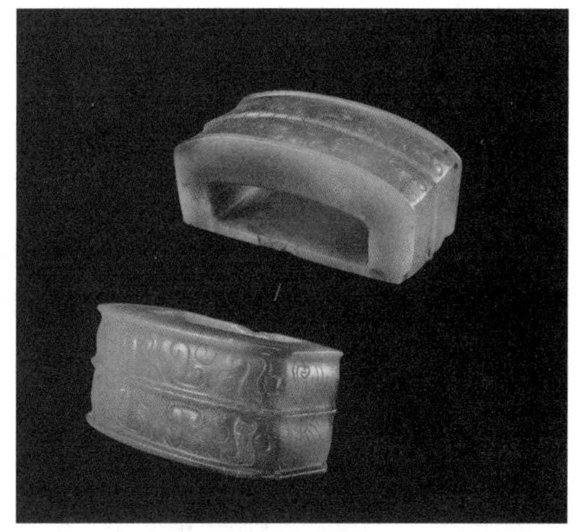

图二五　玉剑璏

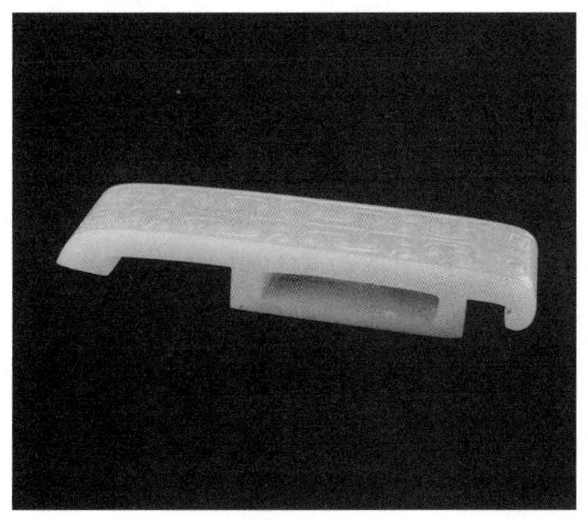

图二六　玉剑璏

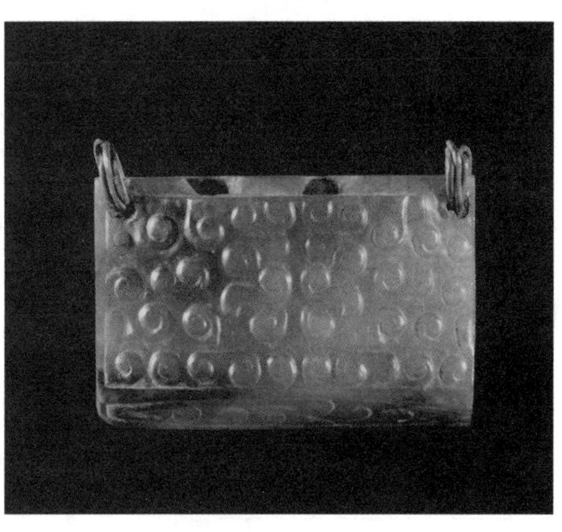

图二七　玉剑珌

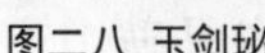

图二八 玉剑珌

图二九 玉剑珌

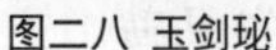

纹之间辅饰节纹、网格纹等，一端饰有兽面。小田溪出土的玉剑璏形制统一，除M12的一件玉具剑的剑璏残断之外，其余的玉剑璏皆为弧面，两端向外出檐，其中一端出檐较长并向内卷，弧面饰有两组竖向凹弦纹，玉剑璏的长度适中，分别为5.7厘米和6.3厘米，接近于战国晚期至西汉初期的剑璏风格。

玉剑珌饰于剑鞘末端，一般呈长方形或梯形，上下两端的截面为橄榄形。早期的玉剑珌短而厚，呈长方形，如山西省太原市金胜村赵卿墓出土的春秋晚期玉剑珌（图二七），呈扁长方形，高2.7厘米，宽4厘米，满饰谷纹。战国以后，玉剑珌开始变得扁而长，束腰，如山东省淄博市临淄区商王村M2出土的战国玉剑珌（图二八），高8.3厘米，宽5—6.6厘米，呈束腰梯形。两汉时期的玉剑珌形制多样，除了沿袭前期的束腰梯形，还出现了四方柱形、不规则形等，纹饰丰富，浮雕、透雕工艺精湛，构图精致。如河南省永城市芒山镇僖山汉墓出土的西汉玉剑珌（图二九），通体透雕，上部为兽面纹，中部有一蟠螭，下端为一小熊咬住螭尾，极具画面感。小田溪出土的玉剑珌均呈上宽下窄的梯形，中腰略收，上下两端截面呈橄榄形，M12的剑珌高3.9厘米，宽4.5—5.5厘米，素面，M22的剑珌稍长，高6.5厘米，宽4.7—5.8厘米，面上饰有对称直角勾连云纹，底端有几何形刻画，属于战国晚期至西汉初期束腰形玉剑珌的标准样式。

玉剑后是饰于剑茎处的箍饰。小田溪巴人墓葬中，仅M12出土的一套玉具剑饰有玉剑后，由四个半圆形的白玉片组成，两两相对，形成两道玉箍，形似中原地区流行的青铜圆茎双箍剑。有此类玉剑后的玉具剑在成都羊子山M172也出土了一套[1]，隆脊扁茎，不同于小田溪的圆茎双箍剑，而是巴蜀特色的“柳叶形”

1 四川省文物管理委员会：《成都羊子山第172号墓发掘报告》，《考古学报》1956年第4期。

青铜剑，茎上有四瓣青白色小玉，合成茎上的两个凸棱。

四、结语

综上分析，涪陵小田溪巴人墓群出土的成套玉具剑风格质朴，属于中原剑的样式。每套玉具剑上的剑饰均采用同一玉料所制，玉剑首、玉剑格、玉剑璏和玉剑珌的造型规整，是战国晚期至西汉初期的标准样式，纹饰琢制精细，素面或饰以谷纹、四角星纹、勾连云纹和弦纹等，线条流畅，风格简约，已不见巴人自身的文化元素，更多体现的是中原地区和楚地玉具剑的风格。巴人偏居西南，玉石资源匮乏，故巴人墓葬中少见玉石器，而成套的玉具剑在小田溪巴人墓群中出土，不仅说明了墓葬主人的高级别，而且也证明了周边文化对巴地的深刻影响。

滇文化出土“珠襦”的使用研究

赵美　王一岚 赵俊杰（云南大学）

【摘要】本文通过对滇文化墓葬出土文物的观察和研究，结合前辈学者的研究成果，对江川县李家山墓地发掘出土的大量玉器的使用情况进行了进一步探讨，提出江川县李家山等滇文化墓地出土的数量巨大的玛瑙、绿松石珠、管、扣、玦形器等玉石器物不是前辈学者认为的“珠襦玉匣”，而是滇人衣服上的装饰品，与其他出土遗物一样是墓主人生前使用物品，死后随墓主人一同下葬，而非专门制作的敛葬用品，与中原地区的用玉殓葬制度有本质的区别。

【关键词】珠襦；珠衣；滇文化；李家山

1972年，考古工作者对云南省江川县李家山古墓群进行了第一次发掘，发

图一 李家山墓地出土部分玛瑙、绿松石、琉璃珠、管

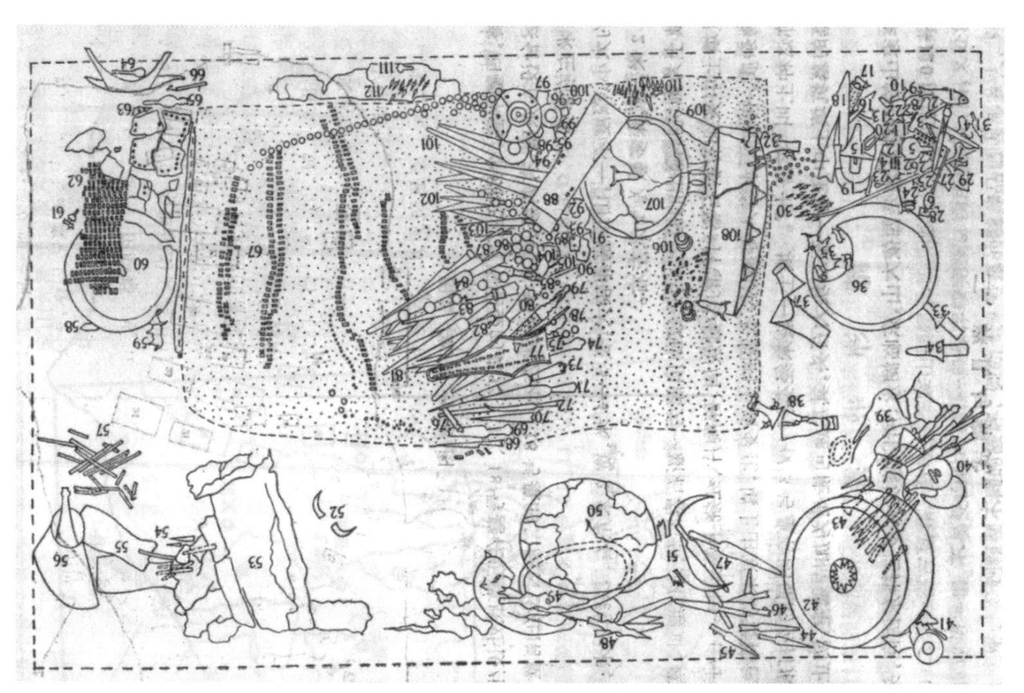

图二　李家山 24 号墓平面图

掘墓葬 27 座。随葬器物出土 1300 余件（数以万计的玉石玛瑙等质料的小饰品以及大量海贝未计入），按其质地可分为铜、铁、玉、石、玛瑙以及少量的漆器、陶器和铅、竹、木器等。1991 年 12 月至 1992 年 5 月，云南省考古研究所专家又一次对李家山古墓群进行了发掘，共发掘墓葬 60 座，出土铜器 2395 件、铁器和铜铁合制器 344 件、金银器 6000 余件、玉器约 4000 件、石器 21 件以及数以万计的用玛瑙、绿松石、玻璃、水晶、蚀花石髓、琥珀等制成的珠、管等饰品，此外还有为数不多的竹木漆器、陶器和重达 50 余千克的海贝（图一）。

两次发掘的 87 座墓葬，在 M24、M17、M47、M51、M57、M68、M69、M85 等大墓中，棺内都发现了大量用玛瑙、绿松石、玻璃、水晶、蚀花石髓、琥珀等制成的珠、管、扣等遗物，发掘报告描述为：

M24……死者骨架已朽。骨架痕迹上有一件用数以万计的玛瑙、软玉、绿松石连缀而成的长方形覆盖物[1]（图二）。

M47……主棺覆有“珠襦”，田野观察“珠襦”似两面缝缀，里面以蓝、红色琉璃珠、管为主，间少量金珠、泡、片等缝缀；外面则缝缀玉珠、管，玛瑙珠、管，绿松石珠、扣，间金珠、片饰、神兽形片饰等。“珠襦”覆盖在上面，

1　张增祺、王大道：《云南江川李家山古墓群发掘报告》，《考古学报》1975 年第 2 期。

两侧向下卷曲，没有包裹下面。因此棺底木板上留有清晰的捆扎尸体的麻绳痕，纵9道横19道成网格状，纵粗横细，每一纵横交叉处穿系一白色玛瑙扣[1]（图三）。

M51……棺内有“珠襦”，田野清理时发现，棺盖板下即露出大量的玛瑙扣、珠，绿松石管、珠等各式“珠襦”饰物，其下有松软的黑色腐物堆积层，而在较厚的腐物堆积层下，又见大量的各式“珠襦”饰物和玉镯、玉玦、金银簪、金腰带饰、金银夹、金银指环、各式铜扣饰等随身佩戴装饰品[2]（图四）。

M57……棺内覆“珠襦”，棺底板上缝缀“珠襦”的玛瑙扣和绿松石扣有穿孔的一面朝上，可知棺内“珠襦”卷曲包裹尸体[3]（图五）。

M68……数百件随葬器物分布棺椁内，棺内裹“珠襦”及随身佩戴的装饰品[4]（图六）。

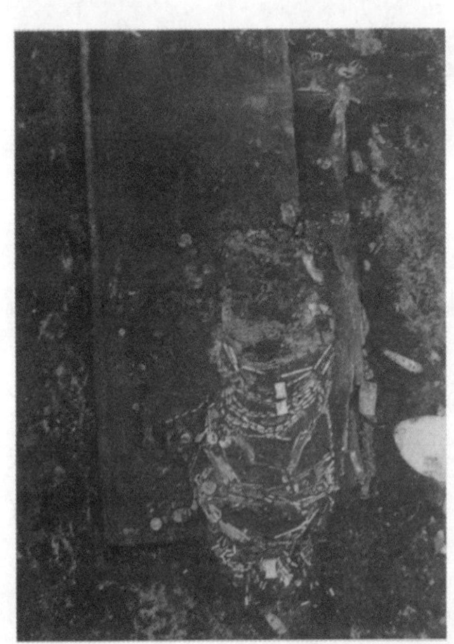

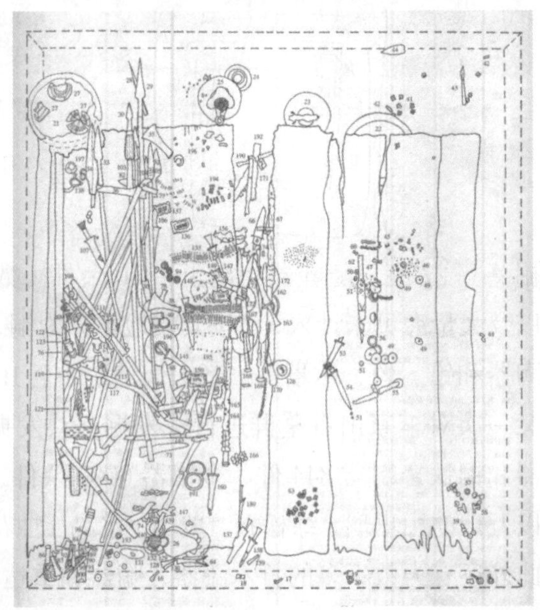

图三 李家山47号墓（注：照片和线绘图属不同层位）

1 云南省文物考古研究所，玉溪市文物管理所，江川县文化局：《江川李家山——第二次发掘报告》，文物出版社，2007年，第14页。

2 云南省文物考古研究所，玉溪市文物管理所，江川县文化局：《江川李家山——第二次发掘报告》，文物出版社，2007年，第15页。

3 云南省文物考古研究所，玉溪市文物管理所，江川县文化局：《江川李家山——第二次发掘报告》，文物出版社，2007年，第20页。

4 云南省文物考古研究所，玉溪市文物管理所，江川县文化局：《江川李家山——第二次发掘报告》，文物出版社，2007年，第22页。

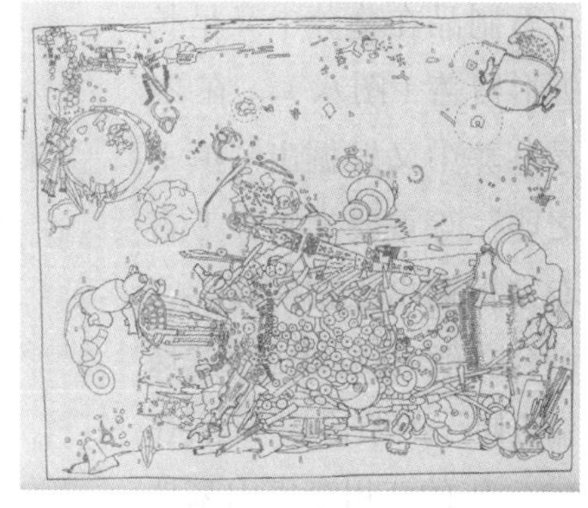

图四　李家山 51 号墓（注：照片和线绘图属不同层位）

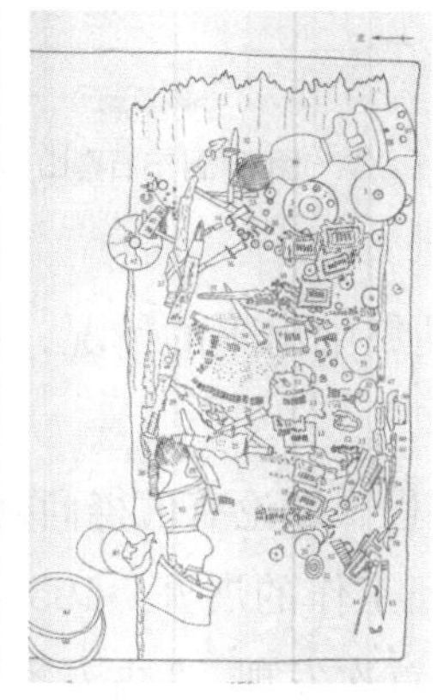

图五　李家山 57 号墓（注：照片和线绘图属不同层位）

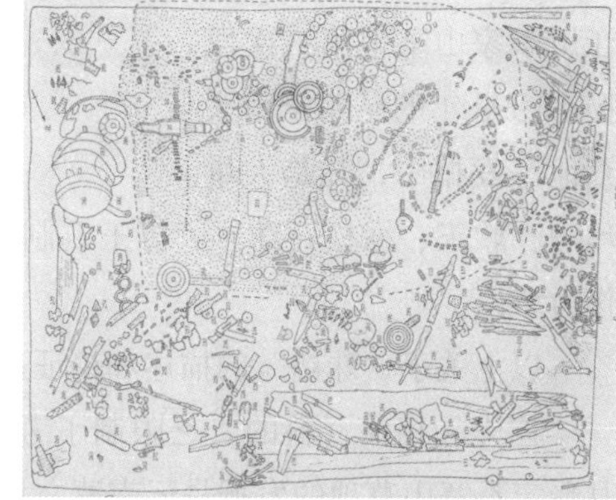

图六　李家山 68 号墓

M69……棺内覆“珠襦”，底板上留有殓尸捆扎的麻绳痕迹；陪棺长 2.1 米、宽 0.72 米，也覆“珠襦”，较简单[1]（图七）。

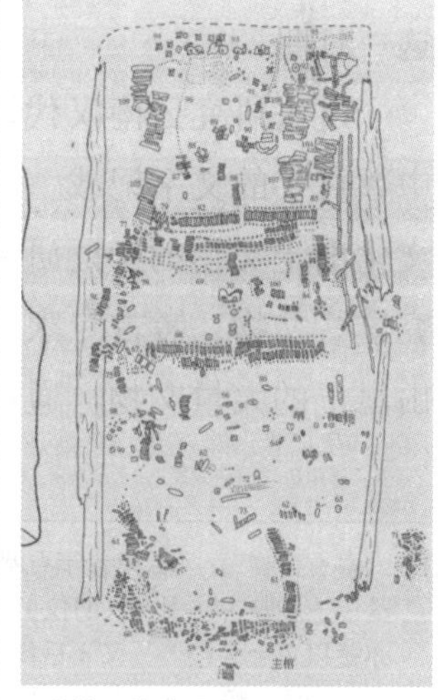

图七　李家山 69 号墓（注：照片和线绘图属不同层位）

将这一现象描述为“珠襦”并非李家山墓地发掘者首创。早在 1956 年晋宁石寨山墓地发掘时，由于出土了数以万计的玛瑙、软玉、绿松石制成的珠、管等玉石制品，而且这些

1　云南省文物考古研究所，玉溪市文物管理所，江川县文化局：《江川李家山——第二次发掘报告》，文物出版社，2007 年，第27 页。

玉石制品在墓葬中又呈长方形覆盖（图八），在24号墓葬中又发掘出“滇王之印”等重要文物，考古专家根据出土物的特点，结合文献记载，提出了“珠襦玉匣”的结论。[1] 随后在1972年的江川李家山墓地第一次发掘、1991年的江川李家山墓地第二次发掘、1998年的昆明羊甫头墓地等发掘中，凡是大量玛瑙、软玉、绿松石珠、管等玉石制品集中出土的情况，都采用“珠襦玉匣”作为结论。

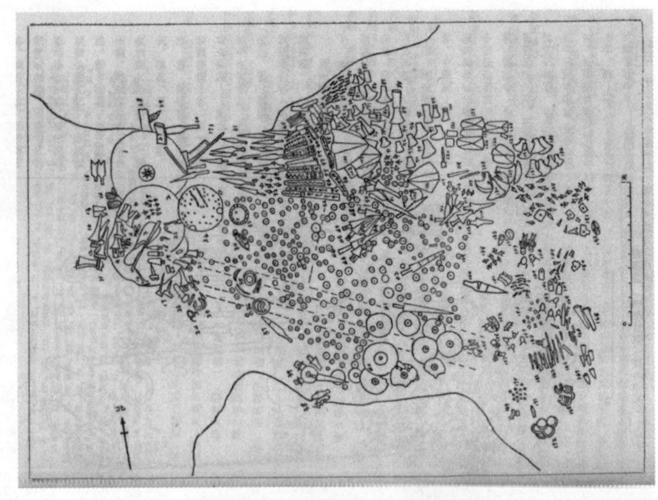

图八 晋宁石寨山12号墓

以上关于“珠襦”的描述和论证过程、结论有值得商榷的地方：

首先，相关资料的匮乏限制了考证工作的展开。1956年11月至1957年1月晋宁石寨山墓地的发掘是云南滇文化首次发现，考古专家发掘出土“滇王之印”等重要的文物，首次以实物资料的形式向世人证明滇文化的存在，为云南古代史研究提供了最重要的实物资料。考证玛瑙、绿松石等珠、管的制成物就是在这一时期。

过去研究云南汉代以前的历史，主要根据《史记》《汉书》和《后汉书》中数百字的文字记载。云南在汉代以前严重缺乏供史学研究的资料，这就为滇文化出土文物的考证研究带来了困难。晋宁石寨山出土了丰富的文物，为了研究这些文物，考古专家只有广泛参考中国古代的有关文献资料来考证晋宁石寨山出土的大量文物。通过查阅中国古代文献和参考中原发掘出土文物的研究，

1 云南省博物馆：《云南晋宁石寨山古墓群发掘报告》，文物出版社，1959年，第126页。报告载：“《汉书·董贤传》颜师古注引《汉旧仪》云：‘珠襦以珠为襦，如铠状，连缝之，以黄金为缕。要以下玉为柙，至足，亦缝以黄金为缕。’又《后汉书·礼仪志》刘昭注亦引《汉旧仪》云：‘以玉为襦，如铠状，连缝之，以黄金为缕。腰以下玉为札（柙），长一尺二寸半为柙，下至足，亦缝以黄金缕。’据此可以推知‘珠襦玉柙’是两部分合成的。第六号墓的‘珠襦’上还缀有十多片金质镂空的龙虎形饰品，这和文献上的记载也颇相似。《西京杂记》云：‘汉帝送死皆珠襦（衣）玉匣，形如铠甲，连以金缕。武帝匣上皆镂为蛟龙鸾凤龟麟之象，世谓为蛟龙玉匣。’此墓中曾出滇王金印一方，墓主当为一代之滇王，故用镂金龙虎的‘珠襦玉柙’随葬。……以‘珠襦玉匣’随葬的制度，这种制度本身是内地统治阶级才能享用的，非经天子许可不得擅用，否则就是僭越。汉代四夷国王也有用的，是汉朝所颁赐，如《后汉书·东夷传》载夫余国：‘共王葬用玉匣，汉朝常豫以玉匣付玄菟郡，王死则迎取以葬焉。’石寨山的各墓中的‘珠襦玉匣’，疑亦出于汉朝的赐用。”

考古专家得出晋宁石寨山出土的玛瑙、绿松石等玉石制成的珠、管是文献中记载的“珠襦玉匣”的结论，滇王之印为西汉时一代滇王之印则无疑问……此印的发现，对石寨山这批古墓的年代和墓主身份的推断，提供了重要的证据，也验证了《史记》及两汉书所载滇国史事基本上皆为实录，等等。这些结论在当时是比较重要的研究成果。但是由于文献记载资料少，石寨山墓地又是当时唯一的一次滇文化考古发掘，加之云南考古工作刚刚开始，各方面的工作都不成熟的原因，这些结论存在着不全面之处，属时代局限使然。

其次，以中原文化的文献资料考证滇文化遗存有失准确。考古出土资料的考证应该首先从本文化的资料入手，但在考古专家考证晋宁石寨山出土的玛瑙、绿松石等珠、管玉器是“珠襦”时，江川李家山、昆明羊甫头等滇文化墓葬尚未发掘，可供参考的滇文化实物遗存还很少，这就为出土文物的考证带来了困难。同时，滇文化资料在历史文献上记载很少，不能为文物考证提供比较确切的参考，考古专家在研究石寨山墓地出土的文物资料时，只能运用《汉书》《后汉书》等文献资料，但这些资料主要记载的是中原文化的情况。云南的滇文化虽然受中原文化的影响，但从现在滇文化的整体情况研究，滇文化的早、中期却是一个有自身特点、独立发展的文化。尽管中原地区与滇池地区很早就有时断时续的联系，但根据文献和滇文化考古资料，汉文化对滇文化的影响主要是在汉元封二年（公元前 109）后，而根据发掘出土的滇文化墓葬的分期研究，出土所谓“珠襦”的墓葬大部分在元封之前，同时一直延续到滇文化的后期，这就说明在汉文化进入前，“珠襦”这种文化现象就在滇文化中大量存在，与汉文化的影响没有多少关系。用记载中原文化的文献资料来论述和考证滇文化出土的资料，难免存在很多不确定因素。

再次，文献记载并非绝对可靠。例如，在中原地区的考古发掘中，合计出土了大约 22 套用玉片制成、专为殓葬而制作的玉衣，证实了历史文献中关于玉衣敛葬的记载；但至今还没有发现任何一例用玉珠、玉管等制成的类似“珠襦”的文物，这也说明文献的记载可能有一定的偏颇。

随着晋宁石寨山墓地发掘后江川李家山墓地、泸西大逸圃墓地、昆明羊甫头墓地等一大批滇文化墓地的发掘，为从滇文化本身出发研究滇文化出土的文物提供了丰富的实物资料，使我们得以从滇文化自身出发，重新探讨“珠襦”的问题。

以上滇文化墓地出土的青铜器文物中，发现了很多滇人生产、生活活动的场面，被称为“滇文化的铜照片”，在这些“铜照片”中，泸西大逸圃墓地、昆明羊甫头墓地、江川李家山墓地出土的五人奏乐场景铜扣饰、三人奏乐场景铜扣饰、喂牛铜扣饰、剑箙、狩猎、祭祀铜扣饰等出土文物为我们重新探讨“珠襦”问题提供了最为有力的证据。铜扣饰照片和线绘图见图九至图十四。

1. 昆明羊甫头墓地 M554：8

2. 泸西大逸圃墓地 M78：1

图九　五人奏乐场景铜扣饰

图十　三人奏乐场景铜扣饰 昆明羊甫头墓地 M578：15-2（注：经过对比，线绘图与实物图有出入）

图十一　三人奏乐场景铜扣饰（昆明羊甫头墓地 M689：6）

图十二　喂牛铜扣饰（江川李家山墓地 M71：38）

局部照片　　展开图　　局部线图

图十三　剑箙（昆明羊甫头墓地 M113：365）

在此，我们暂不讨论这些文物的活动场景，而主要观察分析其人物的衣着情况。归纳以上青铜扣饰，可以判断扣饰上的人物所穿服装主要有两种：

第一种是图九至图十一和图十四-1、4、5、6，在这8件铜扣饰上，人物主要着褂式对襟服装，腰部用腰带束腰。图九、图十线图呈现了相同的奏乐场景，每个人物的披帔上都装饰有纵向排列的珠串，部分人物长衫或短裙的下摆装饰有横向排列的珠串。图十、图十一照片显示在奏乐人物的披帔上也缀有珠串饰品，且居中人物的衣袖上也可见珠和管状的装饰物。

图十四　狩猎、祭祀铜扣饰

江川李家山墓地出土（1. M68X1：35　2. M68X1：18　3. M68X1：51-3　4. M68X1：51-2　5. M68X1：31　6. M68X1：51-5）

第二种是图十二、图十三、图十四 -2，在这 3 件青铜人物上，上身服装主要是披衣式，在图十二青铜人像的披衣上装饰有圆形的形似玛瑙扣饰的装饰品，在图十三剑箙的线刻人物的披衣上装饰有形似玉玦等玉器的饰品。披衣式服装上缝缀的饰品没有明显的排列线，大致为散点式分布，布满全衣各个部位。

以上两种服装出现在奏乐、喂牛、狩猎、祭祀等场景，可见都是滇人日常生活中的着装。这些服装上装饰有用玛瑙、绿松石等串成的珠串，或以玛瑙、绿松石等饰品构成的图案，有的整件服装上满缀玛瑙、绿松石扣、玦等。可以推测，滇人死后就将这些装饰有玉器的服装随葬入墓葬中，装饰有玛瑙、绿松石珠、管等饰品的服装在墓葬中就形成图一、图二、图五、图六的形状，装饰有玛瑙扣等玉器的服装就形成图三、图七的形状。同时说明羊甫头墓地出土的一些无穿孔的玉玦，是缝缀在滇人服装上的装饰品，而不是佩戴在耳上的，这就为无孔玉玦的使用问题寻找到了比较合适的解释。

通过对以上滇文化墓葬出土青铜人物服装及服装上装饰品的观察和分析，可以得出这样的结论：李家山及其他滇文化墓葬出土的集中排列的玛瑙、绿松石等玉石制成的玉器，特别是珠、管、扣、玦等玉器，是滇人服装等生活用品上的装饰品，滇人死后，这些生活用品与其他生产、生活用品一起随葬到墓中，因而属于随葬品，不属于专为死者制作的殓葬器物，与文献记载中的“珠襦”没有关系。过去一直使用“珠襦”的名称有待商榷，应该命名为“珠衣”，但考虑到长期使用“珠襦”一词已经成为习惯，此名称可以继续使用，但是应该明确其功能是生活用品，而非史书上记载的具有殓葬功能的“珠襦”。

试论汉代玉覆面的兴衰

——以西汉楚国出土材料为中心

刘照建（徐州博物馆）

【摘要】汉代楚国玉覆面殓葬盛行一时，对汉代葬俗研究具有重要意义。近年来，在西汉楚国的统治中心彭城（今徐州地区）周围发现较多玉覆面，且形制较为复杂，放在西汉楚国背景下进行研究，其发展演变特点非常清晰。起源于西周的玉覆面，重新兴起于汉初，主要是西汉楚王刘交及其后继者推崇儒家文化的结果。吴楚"七国之乱"后，中央政权与诸侯王之间关系发生巨大改变，诸侯王的力量削弱，楚王不再使用玉衣，受此影响之下，玉覆面遽然衰落。从玉覆面发展特点和玉衣出现时间节点来推论，汉代玉覆面的制作和使用，不是制度化安排，只是中下层对上层的一种模仿。

【关键词】西汉；楚国；徐州；玉覆面

汉代以玉殓葬盛行，玉衣出现是重要标志，与玉衣几乎同时重新兴起的玉覆面也发现不少，相对于玉衣研究的丰富成果，玉覆面专题研究相对偏少，已有学者对玉覆面形制复原研究[1]，探讨了玉覆面名称、组合、工艺制作特点和使用者身份，但是对于其兴衰演变原因及其时代背景，则少有学者论及。鉴于此，笔者拟梳理近年来汉代玉覆面发现情况，分析其分布区域、流行时间等发展演变特点，并对其兴起和衰落的原因作初步探讨。

一、汉代玉覆面发现情况

西汉一代，全国范围内玉覆面发现较多，徐州地区尤为集中，从 1977 年徐

1　李银德：《徐州出土西汉玉面罩的复原研究》，《文物》1993 年第 4 期。

州子房山M3发现第一个玉覆面开始，截至2021年，徐州地区累计发现玉覆面22件，完整的有10件，不完整的有12件（表一）。其中出土完整的玉覆面分别是：子房山M3玉覆面[1]（图一）、奎山药检所玉覆面[2]（图二）、后楼山M1玉覆面[3]（图三）、后楼山M5玉覆面[4]（图四）、小长山双层玉覆面[5]（图五）、铁刹山M11

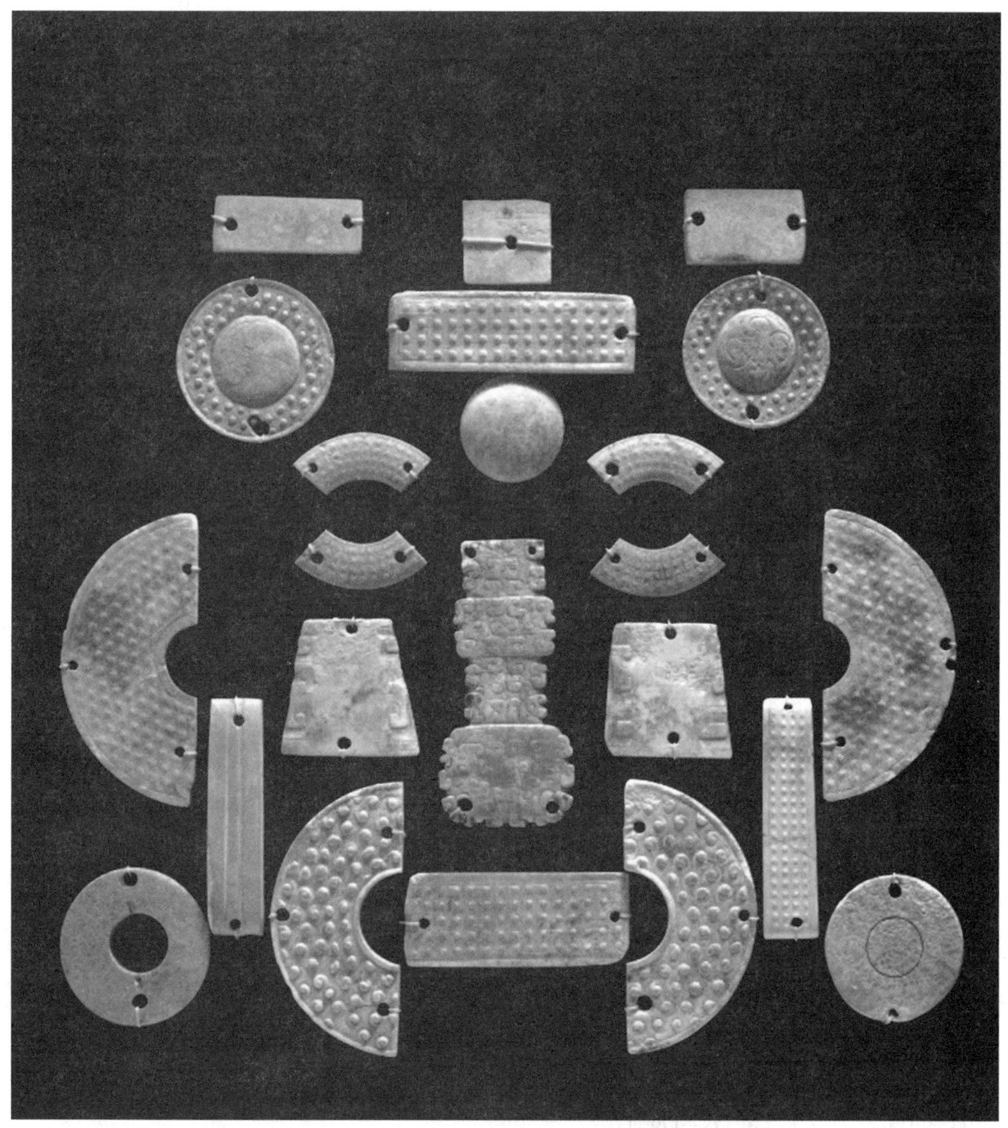

图一　子房山M3玉覆面

1　徐州博物馆：《江苏徐州子房山西汉墓清理简报》，《文物资料丛刊》（4），文物出版社，1981年，第63页。

2　该墓发掘原始资料目前存徐州博物馆。转引自李银德：《汉代的玉覆面和镶玉漆面罩》，载杨晶、陶豫主编：《玉魂国魄——中国古代玉器与传统文化学术讨论会文集（七）》，科学出版社，2016年，第405—416页。

3　徐州博物馆：《徐州后楼山西汉墓发掘报告》，《文物》1993年第4期。

4　徐州博物馆：《古彭遗珍——徐州博物馆馆藏文物精选》，国家图书馆出版社，2011年，第214页。

5　徐州博物馆：《江苏徐州小长山汉墓M4发掘简报》，《中原文物》2010年第6期。

玉覆面[1]（图六）、苏山头 M2 玉覆面[2]（图七）、天齐 M1 刘犯墓玉覆面[3]（图八）、铁刹山 M47 玉覆面[4]（图九）、奎山 M11 玉覆面[5]（图十）。发现不完整玉覆面的墓葬较多，累计有 10 余座，分别是米山 M2、M3[6]，韩山 M2[7]，后楼山 M2[8]，东店子 M1[9]，小猪山 M1[10]，苏山头 M1，白云山汉墓 M9、M10、M11、M12[11]，这些墓葬均被盗掘，但遗留一些玉片和金箔，如徐州小猪山汉墓出土玉覆面残片及少量金箔、银片[12]，与同类墓葬出土的玉覆面比对，基本能够确定存在玉覆面殓葬现象。

在徐州地区以外，近年来考古工作者在安徽天长三角圩汉墓[13]、陕西米脂卧虎湾汉墓[14]、山东长清双乳山济北王墓[15]、四川邛崃羊安汉墓 M36[16]、辽宁普兰店市铁西办事处姜屯 M45 墓[17]、江苏建湖县沿岗朱家墩 M13[18] 和山东临淄范家村汉墓也有发现[19]。同时，一些早年发掘的墓葬中也有玉覆面。限于当时条件，没有得到甄别确认，现在经过比对，基本也能认定是玉覆面。如 1958 年长沙杨家山发掘的长杨铁 1 号墓，棺内靠近头部位置出土玉片 57 片，从出土位置和玉片数量来看，应该为玉覆面。[20] 另外，江西发现的海昏侯刘贺墓，墓主面部也有玉覆面[21]。

1 李祥、刘照建：《江苏徐州云龙区铁刹汉墓 M11 的发掘和相关问题研究》，《东南文化》2022 年第 4 期。
2 徐州博物馆：《江苏徐州苏山头汉墓发掘简报》，《文物》2013 年第 5 期。
3 耿建军、马永强：《徐州市天齐汉墓群》，载《中国考古学年鉴（2002）》，文物出版社，2003 年，第 194 页。
4 目前该件玉覆面和同时出土的石棺复原陈列在徐州博物馆二楼“天工汉玉”厅殓葬玉器单元。
5 徐州博物馆：《江苏徐州市奎山四座西汉墓葬》，《考古》2012 年第 2 期。
6 徐州博物馆：《江苏徐州市米山汉墓》，《考古》1996 年第 4 期。
7 徐州博物馆：《徐州韩山西汉墓》，《文物》1997 年第 2 期。
8 孟强、李祥：《徐州后楼山汉墓群》，载《中国考古学年鉴（1997）》，文物出版社，1999 年，第 135 页。
9 徐州博物馆：《徐州东店子汉墓》，《文物》1999 年第 12 期。
10 刘照建：《徐州小猪山汉墓》，载《中国考古学年鉴（1997）》，文物出版社，1999 年，第 135—136 页。
11 徐州博物馆：《江苏徐州市白云山汉墓的发掘》，《考古》2019 年第 6 期。
12 刘照建：《徐州小猪山汉墓》，载《中国考古学年鉴（1997）》，文物出版社，1999 年，第 135—136 页。
13 安徽省文物考古研究所：《天长三角圩墓地》，科学出版社，2013 年，第 384—386 页。
14 周健：《米脂卧虎湾 M103 出土玉覆面、玉鞋研究》，《考古与文物》2019 年第 3 期。
15 山东大学历史系，山东省文物局，长清县文化局：《山东长清县双乳山一号汉墓发掘简报》，《考古》1997 年第 3 期。
16 索德浩：《汉代“大官”铭文考——从邛崃羊安汉墓 M36 出土“大官”漆器谈起》，载《成都考古研究（三）》，科学出版社，2016 年，第 178—179 页。
17 辽宁省文物考古研究所，普兰店市博物馆：《辽宁普兰店姜屯汉墓（M45）发掘简报》，《文物》2012 年第 7 期。
18 建湖县博物馆：《建湖县沿岗地区出土汉墓群》，《东南文化》1996 年第 1 期。
19 山东临淄范家村汉墓也有玉覆面的信息来自李银德先生 2017 年在全国文博系统专业人员汉代玉器鉴定及辨伪培训班上的讲座。
20 袁建平：《西汉长沙王、王后墓出土玉器及有关问题的探讨》，载《湖南博物馆馆刊》第 10 辑，岳麓书社，2014 年，第 255—267 页。
21 徐长青、杨军：《西汉王侯的地下奢华——江西南昌海昏侯墓考古取得重大收获》，《中国文物报》2016 年 3 月 11 日第 5 版。

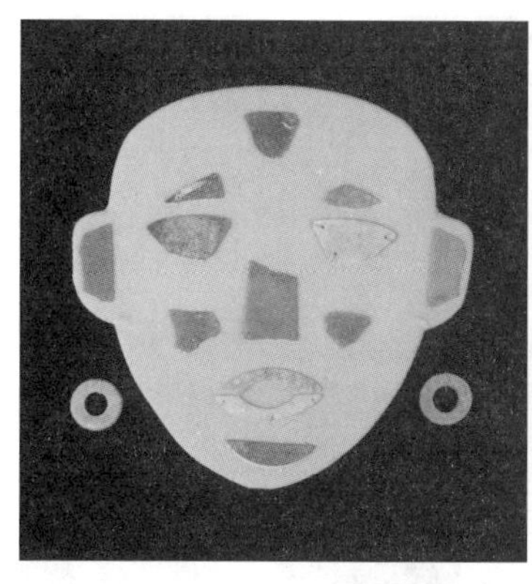

图二　奎山药检所玉覆面

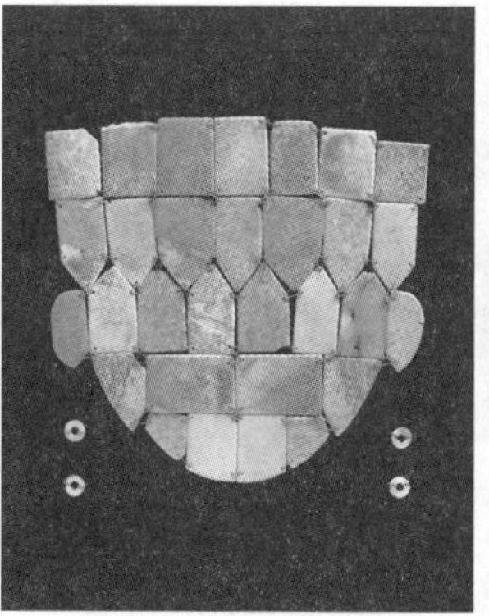

图三　后楼山 M1 玉覆面

图四　后楼山 M5 玉覆面

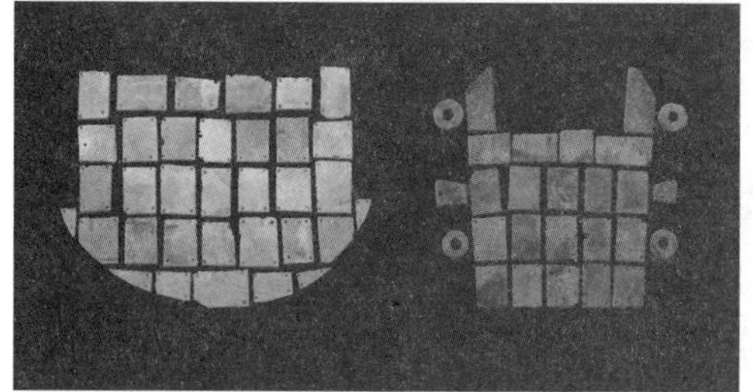

图五　小长山双层玉覆面

图七　苏山头 M2 玉覆面

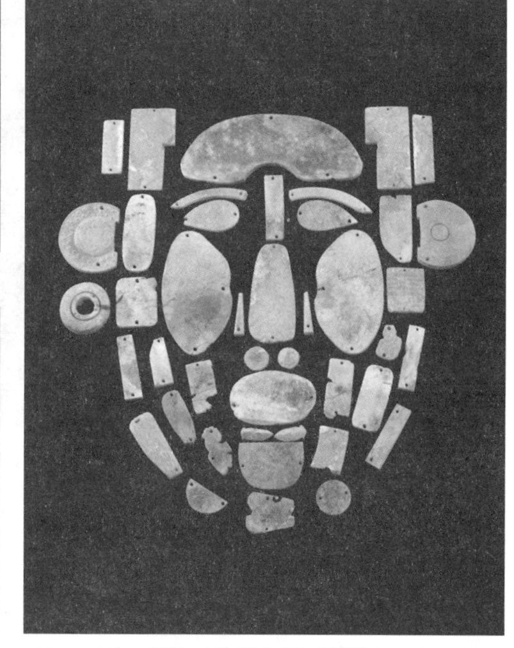

图六　铁刹山 M11 玉覆面

图八　天齐 M1 刘犯墓玉覆面

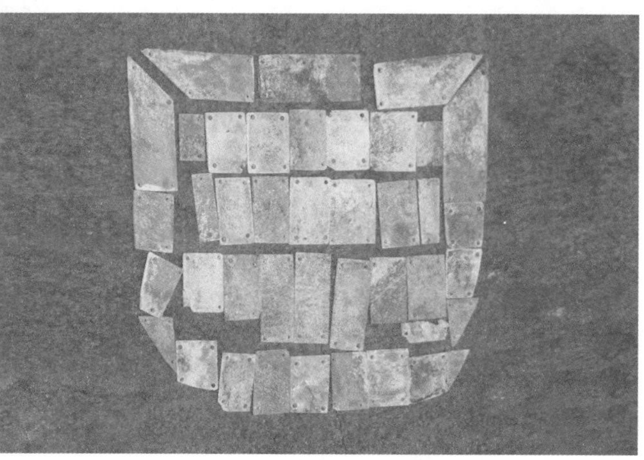

图九　铁刹山 M47 玉覆面

图十　奎山 M11 玉覆面

二、汉代玉覆面分布区域和流行时间

全国范围内玉覆面发现较多，从目前考古发现来看，玉覆面在江苏、安徽、湖南、江西、四川、陕西、辽宁和山东等地均有发现。西汉政权建立之初，除了推行郡县制外，还继续推行分封制，汉廷自有区域与诸侯王几半，对照汉代行政区划图，玉覆面分布区域特点明显，传统的京畿地区几乎没有发现，呈现出以关东诸侯王国——楚国集中分布的特点，楚国之外区域偶有发现，但也不是其他诸侯王的政治中心。徐州地区为西汉初年楚国封地，楚国下辖彭城、薛郡、东海三郡，史书记载其辖县有 32、36、40 县等几种观点，后来韦正先生根据狮子山和北洞山楚王墓出土的印章封泥，结合文献资料考证认为西汉早期的楚王国属县为51个，范围东到大海，西至河南，南到淮河，北至汶河，大致在今天苏鲁豫皖一带，包括徐州、连云港、枣庄、临沂、济宁、宿迁、宿州和商丘部分区域，境内城邑林立，高官贵爵众多。然而在广阔的楚国境内，除彭城郡（现徐州）之外，再无一例玉覆面发现，即使是处于东海郡和薛郡的郡治核心区域。楚国玉覆面全部集中在彭城周围山上，具体来看主要集中区域有3处，分别为徐州东部的白云山、东店子、小猪山，北部的后楼山、九里山，以及西部的韩山、小长山。彭城是刘氏楚王的都城，以刘交为首的楚王及其子孙均葬在彭城周围，由分布范围进而推出使用者的范围，大致不出刘氏楚王的家族，因此玉覆面显然是刘氏特权在丧葬领域的反映。

至于玉覆面流行时间，根据出土玉覆面墓葬的形制特征和墓内出土具有纪年的文物考察，如徐州子房山M3、奎山药检所汉墓均为西汉早期，安徽天长三角圩汉墓、辽宁普兰店市铁西办事处姜屯M45为西汉晚期，就全国范围而言，玉覆面流行时间贯穿西汉始终，学界基本无甚疑义。但是徐州地区的玉覆面数量多，且集中于西汉早期，其流行时间则需以楚国纪年作进一步细化讨论，有助于搞清楚汉代玉覆面发展演变规律。西汉楚国一共有十二代楚王，一般以龟山第六代楚王为界[1]，将前五代楚王列为西汉早期，他们分别是第一代楚王刘交、第二代楚王刘郢（客）、第三代楚王刘戊、第四代楚王刘礼、第五代楚王刘道等五位楚王（表二）。狮子山楚王墓的时代在前期楚王中最早，其墓主长期以来有二代或三代之说，现在越来越多证据指向为第一代楚王刘交[2]，墓内发现了目前时代最早、玉片最多、玉质最好、工艺最复杂的玉衣，但是在狮子山楚王墓周围发现大量陪葬墓却无玉覆面出土，如狮子山西汉楚王墓内之食官监陪葬墓，陪葬于狮子山楚王墓的墓道，墓内出土玉枕和五鼎，唯独没有玉覆面；位于狮子山楚王墓陵园范围内的绣球山汉墓[3]，显然是狮子山楚王之陪葬墓，该墓是目前徐州地区发现的最大的竖穴式崖洞墓，但是墓内无玉覆面发现；在狮子山以东3公里发现土山寺汉墓，墓内出土印章“公主之玺”[4]，可能是狮子山楚王之女，在陵园北侧的骆驼山汉墓和段翘墓，墓主可能为狮子山楚王之陪葬墓，也均未使用玉覆面，这说明西汉初期第一代楚王时期玉覆面尚未在楚国出现。

1 刘照建：《徐州地区大型崖洞墓初步研究》，《东南文化》2004年第5期。

2 刘照建：《徐州西汉前期楚王墓的序列、墓主及相关问题》，《考古学报》2013年第2期；邱永生、刘照建：《徐州狮子山西汉楚王墓墓主新考》，载龚良主编：《南京博物院八十周年纪念文集》，三联书店，2013年；梁勇：《汉楚王墓群若干问题的思考》，载白云翔、李银德主编：《汉代陵墓考古与汉文化》，科学出版社，2016年；卢小慧、邱永生：《徐州狮子山楚王墓的考古新得》，载李晓军、宗时珍主编：《汉代玉文化国际学术研讨会论文集》，科学出版社，2019年。

3 徐州博物馆：《徐州绣球山西汉墓清理简报》，《东南文化》1992年第3、4期。

4 资料存徐州博物馆，墓内出土“公主之玺”印章，表明墓主身份为楚王之公主。

与楚王使用玉衣的发展演变情况比较，玉覆面在楚国消失时间也一目了然，第六代楚王刘注时期楚国已经不再使用玉衣，楚国葬玉制度发生重大变化，在玉覆面使用上同样得到体现，墓主为楚王妃嫔的小龟山汉墓[1]，位于龟山楚王墓墓道口北侧，该墓未被盗掘，出土文物数量多、档次高，铜器铭文有“御食官”“文后家官”“楚私官”，出土玉器有玉璧、玉环、玉觿、玉璜、玉佩、玉带钩、玉舞人等30余件，唯独不见玉覆面和玉枕，说明玉覆面已经不再流行。该墓出土五铢钱832枚，时代不早于公元前118年，则进一步明确界定在第六代楚王时期，玉覆面殓葬的制度已经不再流行。由此可见徐州地区出土的玉覆面时代相当于楚国第二代、三代、四代、五代楚王时期，绝对年代为公元前129年之前。考虑第三代楚王刘戊公元前154年谋反，兵败自杀后国除，后继任第四代楚王刘礼仅领1郡7县，国力大为减弱，王国经济社会受到沉重打击，虽然一些王室贵族还在使用玉覆面，但是数量已经减少，因此玉覆面的盛行时代大致应为公元前179—前154年之间，至公元前118年已不再使用。相对于两汉四百年的历史，玉覆面在西汉楚国的流行堪称昙花一现。

总体而言，从分布区域和流行时间来看，全国范围内玉覆面发现较多，但是呈现出以西汉楚国为中心的特点，且时代明显偏早，西汉楚国以外区域发现的玉覆面时代较晚，分布地点零散，数量与徐州地区不可同日而语，因此研究西汉楚国玉覆面出现和消失原因，对汉代玉覆面丧葬习俗研究具有重要意义。

三、汉代玉覆面的重新兴起

作为一种文化现象，玉覆面并非新兴事物，而是在汉代初期的重新兴起。过去学者认为汉代玉覆面、漆面罩的出现，是受周人丧葬习俗影响而产生的[2]，这个说法比较笼统，具体而言，在西汉初年，天下封国较多，但是玉覆面只是在关东楚国重新出现，时代早、数量多，并短暂流行一段时间，因此出现和消失原因必须与楚国政治经济社会环境结合起来探讨。

公元前201年，汉高祖封其弟刘交为楚王，王彭城、东海和薛郡等三郡，都彭城。刘交一系世代相传8代楚王，依次为刘郢（客）、刘戊、刘礼、刘道、刘注、刘纯、刘延寿，第八代刘延寿谋反，被除国为彭城郡。刘交薨于文帝元年，在位23年，史书记载刘交好书，多才艺，在幼年时期，曾到曲阜师从当时大儒

1 南京博物院：《铜山县小龟山西汉崖洞墓》，《文物》1973年第4期。

2 郑同修、崔大庸：《考古发现的玉覆面及相关问题》，载杨伯达主编：《中国玉文化玉学论丛·四编》，紫禁城出版社，2006年，第784页。

浮丘伯学习，由于秦始皇焚书坑儒，才被迫中止学业，后跟随刘邦出生入死，推翻秦朝建立汉朝。刘邦登基后，封刘交到楚国任楚王，刘交又延请老同学白公、穆公和申公任楚国中大夫，协助其治理楚国，在政事之余，共同钻研儒学，申公为《诗》作传，号“鲁诗”，刘交写出《元王诗》，是彭城有史以来最早的学术专著。同时刘交对子孙后代教育非常重视，聘请韦孟为楚元王傅，韦孟亦通《诗》，历辅其子楚夷王刘郢（客）及孙刘戊，还安排其子刘郢（客）到长安跟随自己的老师浮丘伯学习，刘交一支成为诗礼家族，儒学在楚王家族发展壮大。尤其需要指出的是，刘交为楚王时，统治范围并非今天的徐州及其下属县（市），如同上文所言，而是今天苏鲁豫皖一带，传统的儒学中心是山东曲阜，这一时期恰好也是处于楚国管辖范围之内，曲阜学者的仕进之路无疑首选是彭城，因此彭城一度成为当时儒学中心，鲁迅先生曾言，“汉初治《诗》大师，皆居于楚”[1]，由此可见刘交统治集团受儒学影响之深。

玉作为文化重要载体，在中国人心目中具有重要地位，尤其受儒家推崇，先后有管子指出玉有九德，孔子认为玉有十一德，荀子也提出玉有七德，对玉的认识逐渐道德化和人格化，将人的品性与玉的性质完美结合，这一切深深影响刘交及其子孙后代。另外，中国葬玉传统久远，春秋战国以玉殓葬、玉能寒尸的理念盛行，这对于出身底层、通过反秦取得王侯身份的刘交，诱惑实在太大，一旦具有支配地位，理所当然要重新恢复战国时期贵族的做法，因此出于彰显身份和保存肉身不腐之需要，以玉殓葬在楚国上层兴起，用玉制作所有殓葬用品，包括玉棺、玉衣、玉覆面、玉枕、玉九窍塞、玉握等，几乎用玉包裹全身。目前发现汉代殓葬玉器的玉棺、玉衣、玉握等均最早发现于徐州地区，甚至包括蝉形口琀，有学者研究认为，在汉代徐州地区可能首先使用了蝉形口琀，这种习俗很快传入西安地区，当地便模仿蝉形佩制作口琀。[2]玉覆面当然也不例外，“这种写实风格和直接将玉片缝缀在锦绢上，表现出对汉代以前面罩的承袭关系”[3]。因此笔者认为起源于西周的玉覆面，重新兴起于汉初楚国，主要是西汉楚王刘交及其后继者推崇儒家文化的结果。

1　鲁迅：《中国小说史略·汉文学史纲要》，载《鲁迅全集》第9卷，人民文学出版社，1995年，第395页。

2　王煜、谢亦琛：《汉代蝉形口琀研究》，《考古学报》2017年第1期。

3　李银德：《徐州出土西汉玉面罩的复原研究》，《文物》1993年第4期。

四、汉代玉覆面的遽然衰落

西汉早期楚国玉覆面出现并流行，到西汉中期就基本消失，过去学者认为玉覆面衰落原因是玉衣制度确立，玉覆面退出历史舞台。[1] 其实仔细梳理西汉楚国的玉覆面和玉衣发现情况，发现事实并非如此。西汉中期一些中小型墓葬固然不再使用玉覆面，但是楚王级别的大墓同样也不再出土玉衣，如墓主为第五代楚王刘道的卧牛山汉墓，出土小型玉片，显然不是玉衣；[2] 墓主为第六代楚王的龟山汉墓，墓内明确没有出土玉衣[3]，东洞山二号墓墓主为第七代楚王刘纯[4]或第八代楚王刘延寿之王后[5]，墓内明确未使用玉衣，这说明在西汉楚国玉殓葬制度发生重大变化。梳理楚国历史，第一、二代楚王与中央朝廷关系良好，均得以善终，死后埋葬能够按照本人意愿进行，殓葬形式符合常规。但是第三代楚王刘戊时期，中央专制皇权和地方王国势力的矛盾日益激化，御史大夫晁错开始与汉景帝谋划削藩。景帝三年（公元前154）冬，楚王刘戊来朝，晁错进谏景帝，刘戊为薄太后服丧时偷偷淫乱，请求乘机诛杀他，景帝下诏赦免死罪，改为削减东海郡作为惩罚。景帝的削藩之举在朝野引起很大震动，楚王刘戊和吴王刘濞联合串通七国诸侯王公开反叛，以“请诛晁错，以清君侧”的名义，吴楚联军举兵西向，周亚夫坚守壁垒，断绝叛军的粮道，大破吴楚联军，最后落得“戊自杀，军遂降汉”的可悲下场。这是西汉历史上的吴楚七国之乱，导致中央政权与诸侯王之间关系发生巨大改变，诸侯国实力大大削弱，并逐步取消诸侯王任免封国官吏和征收赋税的权力，由皇帝派去官吏管理王国事务，诸侯王不能自治其国，无权过问封国的政事，只能按朝廷规定的数额，收取该国的租税作为俸禄。至此，中央朝廷的权力大大加强，诸侯国依然存在，但是诸侯王失去政治权力，其实际地位已与汉郡无异，不再具有同中央对抗的物质条件，这是楚国玉殓葬制度发生变化的时代背景。谋反的七国被废六国，只有楚国得以保存，

---

1 龚良、孟强、耿建军：《徐州地区的汉代玉衣及相关问题》，《东南文化》1996年第1期；郑同修、崔大庸：《考古发现的玉覆面及相关问题》，载杨伯达主编：《中国玉文化玉学论丛·四编》，紫禁城出版社，2006年，第784页。

2 耿建军：《徐州卧牛山西汉楚王墓地墓主人及相关问题的认识》，《中原文物》2019年第3期；耿建军、刘超：《徐州市泉山区西卧牛山汉墓发掘》，载刘谨胜主编：《江苏考古（2010—2011）》，南京出版社，2013年，第90—91页。

3 南京博物院，铜山县文化馆：《铜山龟山二号西汉崖洞墓》，《考古学报》1985年第1期；尤振尧：《铜山龟山二号西汉崖洞墓一文的重要补充》，《考古学报》1985年第3期；徐州博物馆：《江苏铜山龟山二号西汉崖洞墓材料的再补充》，《考古》1997年第2期。

4 刘照建：《徐州东洞山汉墓相关问题研究》，《中国国家博物馆馆刊》2019年第3期。

5 李银德：《徐州出土“明光宫”铜器及有关问题探释》，载李银德主编：《徐州文物考古文集（一）》，科学出版社，2011年，第462页；孟强：《徐州东洞山三号汉墓的发掘及对东洞山汉墓的再认识》，《东南文化》2003年第7期。

但另立楚王，景帝乃立宗正平陆侯礼为楚王，以奉元王祠祀，是为第四代楚文王刘礼。虽然刘礼墓葬尚不清晰，但是第五、六、七（或八代楚王）墓葬均未使用玉衣殓葬，而目前驮篮山汉墓被认为是第三代楚王刘戊墓葬[1]，墓内未发现一枚玉片，与刘戊同时参与谋反的宛朐侯刘埶墓内也未有玉覆面[2]，这说明在第三代楚王刘戊谋反之后，其实楚国在玉殓葬制度上有巨大改变，楚王不再使用玉衣，受此影响之下，玉覆面遽然衰落，在楚国官僚贵族中使用范围逐渐缩小甚至消失，至此清晰可见西汉楚国玉覆面之演变规律。

搞清楚国玉殓葬发展面貌后，我们对玉覆面与玉衣的关系也有新的认识。过去长期认为玉衣是由玉覆面演变而来[3]，并设定一条玉覆面、玉头套、玉衣三者之间渐进演变理想线路。[4]其实仔细分析玉衣、玉覆面和玉头套的制作工艺、流传时间以及使用者身份，三者制作工艺难易相同，几乎同步出现，且使用者身份等级不同，因此玉覆面并非玉衣的前身。[5]恰恰相反，从汉代楚国玉覆面发展特点和玉衣出现时间节点推论，玉覆面在楚国复兴，应是深受楚王玉衣殓葬之制影响。所谓“上有所好，下必甚焉”，对此汉代时人也有认识，指出“夫改政移风，必有其本”[6]，过去一些学者对玉覆面进行分型研究时，存在概念交叉，标准不统一，分型方法不具有排他性的缺陷，以致对玉覆面的源流发展面目不清，其实从玉片形状的特点入手，以玉衣为参照，玉覆面发展可分前玉衣阶段、玉衣同步阶段、后玉衣阶段。在西汉楚国初期，一些较有影响的中型墓葬没有随葬玉覆面，这是前玉衣阶段；当楚王随葬玉衣后，楚国中小贵族和高级官吏开始上行下效，玉覆面使用也随之空前繁荣，在彭城周围出现数量众多的玉覆面，这是与玉衣同步发展阶段。后楼山、小长山和铁刹山的玉覆面玉衣化明显，均为规整玉片，与玉衣片形制相同，毋庸置疑深受玉衣影响。当楚王不再使用玉衣殓葬，玉覆面也随之凋零，西汉中期楚国进入后玉衣阶段。综观西汉楚国玉覆面形制多样，没有统一的形制，说明没有形成统一制度，正如玉衣一样，存在一个自由发展的时期，如果没有经济实力，做一个简单的拼凑制作，如果经济实力较好，则做得比较规整，经济实力再强些则像火山汉墓墓主刘和一样

1 邱永生、徐旭：《徐州市驮篮山汉墓》，载《中国考古学年鉴（1991）》，文物出版社，1992 年，第 173—174 页。

2 徐州博物馆：《徐州西汉宛朐侯刘埶墓》，《文物》1997 年第 2 期。

3 史为：《关于“金缕玉衣”的资料简介》，《考古》1972 年第 2 期；卢兆荫：《试论两汉的玉衣》，《考古》1981 年第 1 期；郑绍宗：《汉代玉匣葬服的使用及其演变》，《河北学刊》1985 年第 6 期。

4 龚良、孟强、耿建军：《徐州地区的汉代玉衣及相关问题》，《东南文化》1996 年第 1 期。

5 刘照建：《汉代玉衣起源问题研究》，《考古》2022 年第 5 期。

6 [南朝宋]范晔撰，[唐]李贤等注：《后汉书 · 马援传》，中华书局，1965 年，第 853 页。

直接使用玉衣殓葬。[1]与玉衣的专业化制作相比，玉覆面的制作显得业余，玉衣片背后发现编号众多，玉覆面则无一发现。与玉衣分布区域相比，玉覆面分布范围明显偏小，与玉衣流行时间相比，玉覆面在汉代流行时间较短，玉衣后来有文献明确记载其使用规则，玉覆面一直没有任何记载，说明最终没有上升到国家制度层面，玉覆面的制作和使用，不是制度化安排，只是中下层对上层的一种模仿。

汉代玉覆面重新兴起，其中以徐州为中心的西汉楚国发现数量最多，可谓盛行一时，放在西汉楚国的背景下进行研究，探讨清楚玉覆面重新兴起、发展轨迹以及衰落原因，无疑将有助于推进汉代以玉殓葬的葬俗制度研究。

表一　考古发现玉覆面情况统计表

序号	墓葬名称	时代	特征	备注
1	徐州子房山汉墓 M3	西汉早期偏早	23片呈五官形，不直接连接，有玉枕	旧玉改制 玉枕、秦半两钱
2	徐州药检所汉墓	西汉早期偏早	15片，简陋	玉枕1件，握璜2件
3	徐州奎山 M11	西汉早期偏晚至中期偏早	简陋、残玉片为主，布局稀疏，有玉枕	头部有一钻孔玉壁 五铢钱18枚
4	徐州后楼山 M1	西汉早期偏晚	30片，类似玉衣，连接紧密，长24.5厘米、宽23厘米，有玉枕，伴出陶俑，高18厘米左右	平面，中间无缝，玉枕精美
5	徐州后楼山 M5	西汉早期	54片，类似玉衣，连接不紧密，长24.5厘米、宽22.5厘米，伴出陶俑	鼻子凸起，中间有孔，有旧玉，有玉枕
6	徐州小长山汉墓	西汉早期后段	61片，双层，高22.6厘米、宽21.5厘米，塞、壁、有枕无握	
7	徐州铁刹山 M11	西汉早期	用玉数量多，写实，眉毛、下巴齐全，头部有壁、枕	

1　耿建军、盛储彬：《徐州汉代考古又有重大发现——徐州汉皇族墓出土银缕玉衣等文物》，《中国文物报》1996年10月20日；耿建军、盛储彬：《徐州火山汉墓》，载《中国考古学年鉴（1997）》，文物出版社，1999年，第132—133页。

（续表）

序号	墓葬名称	时 代	特 征	备 注
8	徐州铁刹山 M47	西汉早期	41片，排列整齐，以方形玉片为主，有枕、镜	展厅、复原陈列
9	徐州苏山头 M2	西汉早期后段（文帝至武帝前期）	66片，用玉数量较多，彩绘，配玉枕；小陶俑高18厘米，陶饼96枚，上有螺旋纹	
10	徐州天齐刘犯墓	西汉早期	28片，简洁，玉片形制、颜色统一，外框用玉片围成，中间点缀几片成五官，有玉枕、陶俑	展厅，未发表，伴出玉器多，还有金带扣
11	徐州后楼山 M2	早期偏晚	玉片2枚	残，有玉枕、玉璜共2件，玉猪1件
12	徐州韩山刘宰 M1	西汉早期	玉枕呈长方形 伴出陶俑高18厘米，陶饼110枚，文帝四铢半两1枚	被盗
13	徐州韩山 M2	西汉早期	玉片、金箔出土，应有玉覆面、玉枕	
14	徐州米山 M2	西汉早期偏晚	玉枕片3枚，能组合成玉枕的一个侧面，推测有玉覆面	被盗
15	徐州米山 M3	西汉早期偏晚	玉片1枚，伴出陶饼	被盗
16	徐州东店子 M1	西汉早期偏晚	14片玉片，玉片规整，可能有玉衣。伴出陶俑	被盗，发掘者认为是玉衣片
17	徐州白云山 M9	西汉早期偏晚	被扰乱，残存玉片、金箔	被盗，有玉枕
18	徐州白云山 M10	西汉早期偏晚	被扰乱，残存玉片	
19	徐州白云山 M11	西汉早期偏晚	被扰乱，残存玉片	
20	徐州白云山 M12	西汉早期偏晚	被扰乱，残存玉片	
21	徐州小猪山 M1	西汉早期	被扰乱，玉片规整	被盗，有玉枕
22	徐州苏山头 M1	西汉早期	1972年徐州苏山头M1出土几十片玉片	

表二　西汉楚国前期六王世系年表

序号	楚王	在位年限	在位时间	谥号
1	刘交	23 年	高祖六年至孝文元年（公元前 201—前 179 年）	元王
2	刘郢（客）	4 年	孝文二年至孝文五年（公元前 178—前 175 年）	夷王
3	刘戊	21 年	孝文六年至孝景三年（公元前 174—前 153 年）	
4	刘礼	3 年	孝景四年至孝景六年（公元前 153—前 151 年）	文王
5	刘道	22 年	孝景七年至武帝十二年（元光元年）（公元前 150—前 129 年）	安王
6	刘注	12 年	武帝十三年（元朔元年）至武帝二十五年（元狩六年）（公元前 128—前 117 年）	襄王

长沙西汉墓用玉、仿玉现象蠡测

廖薇（长沙市文物考古研究所）

【摘要】汉长沙国时期，长沙为区域内重要的政治、经济、文化中心，玉器的出土多集中在此。随葬仿玉滑石器、仿玉玻璃器的现象始于战国中期的长沙地区，并辐射至周边。长沙西汉墓继承了长沙战国墓用玉、仿玉葬俗，在此基础上进一步发展。我们系统搜集相关材料，初步探讨了长沙西汉墓用玉、仿玉现象，将战国墓、西汉墓的用玉、仿玉葬俗进行了对比分析及研究。

【关键词】西汉墓；仿玉滑石器；社会变革；汉长沙国葬俗；地方约束

据已公开资料显示，湖南出土的汉代玉器多集中在长沙地区，西汉尤为明显，约占 90%。[1] 随葬仿玉玻璃器、仿玉滑石器的现象也起源于战国中期的长沙地区。长沙地区属于战国楚地，西汉墓深受楚文化影响，西汉墓对战国墓的用玉、仿玉葬俗存在继承与发展。我们曾对长沙战国墓用玉、仿玉现象做过初步探析。[2] 到目前为止，长沙市已发掘西汉墓数量超过 2500 余座。但公布材料非常有限，长沙西汉墓的用玉、仿玉现象缺乏具有规模的分析样本。现搜集一定数量的考古材料，试图对长沙西汉墓用玉、仿玉现象进行初步分析。并将其与长沙战国墓用玉、仿玉现象进行初步比对，探讨社会变革对长沙地区用玉、仿玉葬俗的影响。并探讨汉长沙国在用玉、仿玉葬俗方面，是否存在独特的地方性约束。

一、不同阶层墓葬的用玉、仿玉情况

学界一度认为战国秦汉时期，本地区玉器多为权贵阶层使用，中间阶层使用仿玉玻璃器，社会底层使用仿玉滑石器。但是在本地区西汉墓的考古发掘中，

1 喻燕姣：《湖湘出土玉器研究》，岳麓书社，2013 年，第 247 页。

2 廖薇：《长沙地区战国墓用玉及仿玉现象探析》，《文博学刊》2022 年第 3 期。

通常认为出土仿玉滑石璧的墓葬等级并不低。近年来，也有学者注意到汉代长江中下游地区（战国楚地），低级官吏或贵族多随葬仿玉滑石璧。[1] 由于中小型墓公布材料有限，长沙西汉墓的用玉、仿玉现象缺乏深入、系统的研究。我们搜集已公布材料，另结合长沙地区20 世纪70 年代至今中小型西汉墓的考古材料，[2] 试图对长沙西汉墓用玉、仿玉现象进行分阶层的初步探讨。

长沙西汉墓分为封王、列侯、各级官吏、平民、奴婢等。有学者将长沙西汉墓分为甲、乙、丙、丁、戊五类，分别对应长沙王墓，列侯及二千石的王室成员墓，秩千石至六百石官吏的墓，秩四百石至二百石官吏的墓，百石及以下斗食、佐史、乡官和广大平民的墓。[3] 囿于材料，我们粗略将随葬玉石器的长沙西汉墓分为封王、列侯、中小型墓（含中低级官吏、中低级贵族、地主、平民等）。

（一）封王墓

此类墓葬为长沙王及王后、王妃之墓。目前有公开发表资料的有9座（表一），其中已发掘5座。[4] 封王级别墓葬均随葬玉器，且种类较丰富，数量较多。如西汉早期象鼻嘴一号墓虽被盗扰，仍残存3件玉器，中棺盖板顶端出土玉璧1件，棺房底板缝隙出土镶嵌绿松石玉剑首1件，内椁北回廊出土玉璧1件。[5] 象鼻嘴一号墓被认为是吴氏长沙王墓葬。西汉早期望城坡渔阳墓随葬玉器经修复有23件，种类有璧、环等。[6] 除前室出土1件玉环，其他玉器均出于内棺盖板与棺内。另遣策有载“陛下赠青璧三”。渔阳墓墓主被认为是吴氏长沙国的某代王后。西汉早期陡壁山曹𡟰墓出土玉器42件，种类丰富，有玉璧13、玉印1、玛瑙印2、玉璜4、玉环2、玉韘形佩2、玉带扣2、玉贝12、长条形玉饰2、玉棍形饰1、玉剑璏1等。[7] 另出土玛瑙水晶珠24件，其中1件为蚀花玛瑙珠，有学者认为应是境外传入。陡壁山曹𡟰墓有学者认为是吴氏长沙国的王后之墓。西汉中期风盘岭汉墓虽盗扰严重，但仍出土3件玉器，有玉璜1、玉剑格1、玉剑璏1。[8] 墓主应属刘氏长沙国成员。有学者推测该墓年代应在武帝建元五年到元狩五年之

1 石文嘉：《汉代玉璧的随葬制度》，《中原文物》2013 年第 3 期。

2 长沙市文物考古研究所资料，统计样本已超过区域内总数的 50%。

3 高至喜：《长沙西汉早、中期墓分类研究》，载《湖南省博物馆馆刊》第 12 辑，岳麓书社，2016 年，第 188 页。

4 按：5 座为科学发掘，另 4 座为 1229 被盗案相关。但是 9 座墓均存在盗扰情况，出土玉器不能完全说明长沙西汉墓封王级别的原始随葬情况。

5 湖南省博物馆：《长沙象鼻嘴一号西汉墓》，《考古学报》1981 年第 1 期。

6 长沙市文物考古研究所，长沙简牍博物馆：《湖南长沙望城坡西汉渔阳墓发掘简报》，《文物》2010 年第 4 期。

7 长沙市文化局文物组：《长沙咸家湖西汉曹𡟰墓》，《文物》1979 年第 3 期。

8 长沙市文物考古研究所，长沙市望城区文物管理局：《湖南长沙风盘岭汉墓发掘简报》，《文物》2013 年第 6 期。

间，墓主可能为戴王刘庸的王后。[1]西汉晚期风篷岭汉墓虽被盗扰，但仍出土玉璧2、玉圭1、金缕玉衣片32片，中列后室西南部出土残玉盒1。[2]该墓另出土水晶串饰5件。有学者认为该墓应为刘氏长沙国某代王后。另有4座刘氏长沙国王室墓追缴一批玉器，经盗墓者供认，桃花岭汉墓（M11）出土3件玉璧（图一-2）。有学者认为桃花岭汉墓可能与风篷岭汉墓关系紧密，风篷岭汉墓墓主可能为桃花岭汉墓墓主的王后。另狮子拱一号汉墓（M7）追缴玉器6件，有玉璜1、玉韘形佩3（图一-3）、玉带钩1、玉剑璏1，该墓还出土水晶珠管15、兽形琥珀饰2。狮子拱二号汉墓（M8）追缴玉器4件，有玉璧2（图一-1）、龟纽无字玉印1、玉剑格1。[3]

表一　长沙封王级别西汉墓用玉、仿玉情况表

墓葬	玉器	仿玉器	金属货币	泥质钱币	珠饰	备注
象鼻嘴M1	3件：玉璧2、嵌绿松石玉剑首1			泥半两 泥郢称		吴氏
望城坡渔阳墓	23件：玉璧、玉环等	木璧4（东藏室）		泥半两		吴氏
陡壁山曹娭墓[4]	42件：玉璧13、玉印1、玛瑙印2、玉璜4、玉环2、玉韘形佩2、玉带扣2、玉贝12、长条形玉饰2、玉棍形饰1、玉剑璏1	滑石璧4（南边东便房）			玛瑙水晶珠24	吴氏
风盘岭汉墓	3件：玉璜1、玉剑格1、玉剑璏1			泥半两		刘氏
风篷岭汉墓	36件：玉璧2、玉圭1、金缕玉衣片32、残玉盒1		金饼19 铜五铢		水晶串饰5	刘氏
墓葬	玉器	仿玉器	金属货币	泥质钱币	珠饰	备注

1　赵晓华：《长沙风盘岭汉墓墓主及相关问题探讨》，《中国国家博物馆馆刊》2016年第8期。

2　长沙市文物考古研究所，长沙市望城区文物管理局：《湖南望城风篷岭汉墓发掘简报》，《文物》2007年第12期。

3　长沙市文物考古研究所：《长沙"12·29"古墓葬被盗案移交文物报告》，载《湖南省博物馆馆刊》第6辑，岳麓书社，2009年。

4　按：陡壁山一号墓随葬玉器数量及定名与发掘报告略有不同，参考玉器研究专文：喻燕姣：《汉代长沙国王侯墓出土玉器述论》，载北京艺术博物馆，徐州博物馆：《龙飞凤舞：徐州汉代楚王墓出土玉器》，北京美术摄影出版社，2016年，第130页。

（续表）

桃花岭汉墓（M11）	追缴3件：玉璧3	不明	不明	不明	不明	刘氏
庙坡山汉墓（M5）	不明	有滑石容器	不明	不明	不明	刘氏
狮子拱一号汉墓（M7）	追缴6件：玉璜1、玉韘形佩3、玉带钩1、玉剑璏1	不明	不明	不明	水晶珠管15、琥珀饰2	刘氏（出土“长沙王玺”）
狮子拱二号汉墓（M8）	追缴4件：玉璧2、龟纽无字玉印1、玉剑格1	不明	铜五铢铜金饼	不明	不明	刘氏（出土“长沙王印”）

封王级别墓葬除随葬玉器外，也有随葬仿玉器的情况。西汉早期墓葬，如渔阳墓出土木璧4件，曹𡠕墓南边东便房随葬滑石璧4件，其中1件为圈点纹、3件为素面。有学者认为是作为财富随葬。长沙“12·29”古墓葬被盗案追缴的249件（套）器物中，除2件清代玉镯外，其余均出土于4座王室墓中。这批器物中有仿玉玻璃璧1件、滑石璧8件。虽暂时无法对应具体墓葬，但是也可以说明西汉中晚期长沙封王级别墓葬也有随葬仿玉器的情况。此外，封王级别墓葬也有随葬其他类型明器的情况。如西汉早期的象鼻嘴一号墓出土泥郢称、泥半两，西汉早期渔阳墓出土泥半两。庙坡山汉墓（M5）出土滑石容器，此类滑石容器以往多被归为仿青铜器、仿日用器等。但是沅水下游汉墓D3M13出土2件滑石器，器身有漆书文字“玉锺”“玉钫”，为此类滑石器的归类提供了新的思考方向。[1]

由此可见，无论是吴氏长沙国时期，还是刘氏长沙国时期，长沙西汉墓中封王级别墓葬均随葬玉器，且数量较多，种类较丰富。尽管湖南地区产玉少，但是区域性的统治阶层对玉器资源还是有较强的掌控力。西汉早期封王级别墓葬有随葬仿玉器的情况，有滑石、木质，暂未见仿玉玻璃质。西汉中晚期，封王级别墓葬可能也存在使用仿玉滑石器的情况。但是封王级别墓葬是否存在使用仿玉玻璃器的情况，还有待进一步考证。

1 湖南省常德市文物局，常德博物馆等：《沅水下游汉墓（中）》，文物出版社，2016年，第671页。本文研究仿常规玉器的滑石器，其他滑石器的归类问题暂不涉及。

1
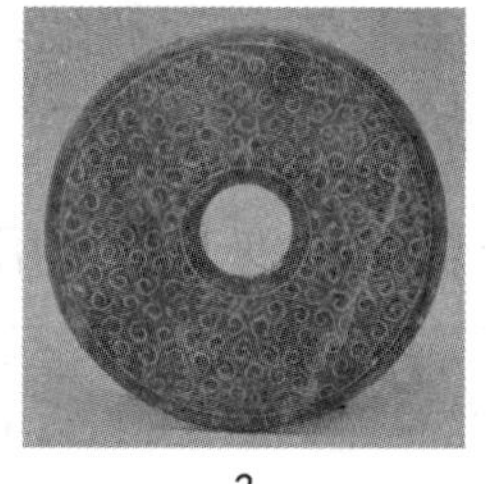
2

3

图一　长沙封王级别西汉墓出土玉器举例
1. 狮子拱二号汉墓（M8）出土玉璧；2. 桃花岭汉墓（M11）出土玉璧；
3. 狮子拱一号汉墓（M7）出土玉韘形佩

（二）高级贵族墓

此类墓葬包含列侯及秩二千石的王室成员、翁主、郡守等高级贵族。[1]此类墓葬只有部分用玉，也有完全不随葬玉器的情况。与封王级别墓葬相比，玉器种类简单，数量也急剧减少。随葬仿玉器的情况增多，有玳瑁、滑石、漆木等质地（表二）。如西汉早期的列侯墓葬马王堆M2（利苍墓）虽被盗扰，但两棺挡板间仍出土玉璧1，另有玉环1、玉管1、玉璜2、玉印1、玉卮1，为目前高级贵族墓中出土玉器最多者（图二-1）。有学者认为或含一套组玉佩。[2]此墓另随葬玳瑁璧2、玳瑁卮1，其中玳瑁璧被认为是漆棺附件（图二-2）。[3]西汉早期马王堆M1（辛追墓）也属列侯级别，随葬玳瑁璧、木璧等仿玉器（图二-3、4）。[4]西汉早期马王堆M3出土玳瑁璧1、玳瑁贴片木剑饰4（图二-5）。[5]西汉早期61长砂M1头部可能随葬玉璧1，另有木璧数十件，封泥匣有“白璧”，或指木璧。[6]西汉早期59长左新随葬“桓启”玛瑙印1，另出土滑石璧1、滑石剑格、滑石剑珌等（图二-6）。[7]西汉早期1998长沙阿弥岭西汉墓被认为是昭陵王墓葬，出土谷纹玉璧残片3。[8]西汉早期58长杨M1，出土玉片57件，其中长方形玉片13件，有学者认为是缀玉服饰，也有学者认为或为玉面罩。此墓另出土滑石璧1。[9]西汉晚期的刘骄墓

1　高至喜：《长沙西汉早、中期墓分类研究》，载《湖南省博物馆馆刊》第12辑，岳麓书社，2016年，第188页。
2　喻燕姣：《汉代长沙国王侯墓出土玉器述论》，载北京艺术博物馆、徐州博物馆：《龙飞凤舞：徐州汉代楚王墓出土玉器》，北京美术摄影出版社，2016年，第130页。
3　湖南省博物馆：《马王堆汉墓漆器整理与研究》（上），中华书局，2019年，第115页。
4　湖南省博物馆：《马王堆汉墓漆器整理与研究》（上），中华书局，2019年，第66、19页。
5　湖南省博物馆：《马王堆汉墓漆器整理与研究》（上），中华书局，2019年，第192、200页。
6　湖南省博物馆：《长沙砂子塘西汉墓发掘简报》，《文物》1963年第2期。
7　喻燕姣：《湖湘出土玉器研究》，岳麓书社，2013年，第344页；湖南省博物馆：《湖南省博物馆藏古玺印集》，上海书店，1991年，第152页。
8　中国考古学会：《中国考古学年鉴（1999）》，文物出版社，2001年，第245页。
9　湖南省博物馆：《长沙市东北郊古墓葬发掘简报》，《考古》1959年第12期。

出土玉髓环 + 半球形印章 1。[1] 63 长汤 M1（张端君）出土云母片若干、滑石璧 6。[2] 长发 M211 出土玉璧 1、滑石璧 2（图二 -7）。[3]

表二　长沙高级贵族类别西汉墓用玉、仿玉情况举例

墓葬	玉器	仿玉器	金属货币	泥质钱币	珠饰	备注
马王堆 M2（利苍）	7 件：玉璧 1、玉环 1、玉管 1、玉璜 2、玉印 1、玉卮 1	玳瑁璧 2、玳瑁卮 1		泥金饼、泥半两、泥珠玑		铜印 2
马王堆 M1（辛追）		玳瑁璧 1、木璧 50		泥郢称、泥半两、白膏泥珠玑		泥质或蜡质印章
沅陵侯吴阳墓（非长沙）	玉璧 1、玉印 1					滑石容器
马王堆 M3		玳瑁璧 1、玳瑁贴片木剑饰 4（剑首 1、剑格 1、剑璏 1、剑珌 1）				
61 长砂 M1	玉璧 1（头部），盗墓者回忆	木璧数十件，封泥匣 33、“白璧”		泥郢称、泥半两		
59 长左新 M1	“桓启”玛瑙印 1	滑石璧 1、滑石剑格、滑石剑珌				桓启
1998 长沙阿弥岭西汉墓	谷纹玉璧残片 3			泥半两		昭陵王
58 长杨 M1	玉片共 57（长方形 13）	滑石璧 1		泥金饼、泥半两		滑石容器
刘骄墓 M401	玉髓环 + 半球形印章 1		金饼 1、铅金饼、铜五铢	泥金饼、泥五铢		滑石容器
63 长汤 M1	云母片若干	滑石璧 6	金饼 1、铜五铢	泥金饼、泥钱	绿松石羊 1、玛瑙珠 3	张端君
长发 M211	玉璧 1	滑石璧 2	金饼 1、铜五铢	泥金饼、泥五铢	琥珀、水晶、绿松石珠	

1　中国科学院考古所：《长沙发掘报告》，科学出版社，1957 年，第 173 页。
2　湖南省博物馆：《长沙汤家岭西汉墓清理报告》，《考古》1966 年第 4 期。
3　中国科学院考古所：《长沙发掘报告》，科学出版社，1957 年，第 172 页。

跟封王级别墓葬相比，高级贵族墓葬的出土玉器在种类、数量上都大幅度减少，使用仿玉器的情况也逐渐增多。西汉早期虽经济凋敝，但三座吴氏长沙国时期的封王级别墓葬出土玉器数量较多、种类丰富。西汉早期列侯级别的利苍墓出土7件玉器，为高等级贵族中出土玉器最多者。而西汉早期的沅陵侯吴阳墓也随葬玉璧1、玉印1。但是西汉早期同样列侯级别的辛追墓、马王堆M3虽并未随葬玉器，却出土了珍贵的玳瑁璧、玳瑁贴片剑饰等。高等级贵族墓葬中，我们认为用玉、仿玉器的差异或与墓主的政治地位有关。利苍身份特殊，为汉廷委派的长沙国丞相，有监督诸侯国的政治用意。辛追、马王堆M3虽级别不低，却使用玳瑁璧，可能与辛追无官职、马王堆M3墓主人官职不高有关。这也从一个侧面反映，吴氏长沙国时期开始，在用玉、仿玉的使用上，或已有较为严格的地方性约束。

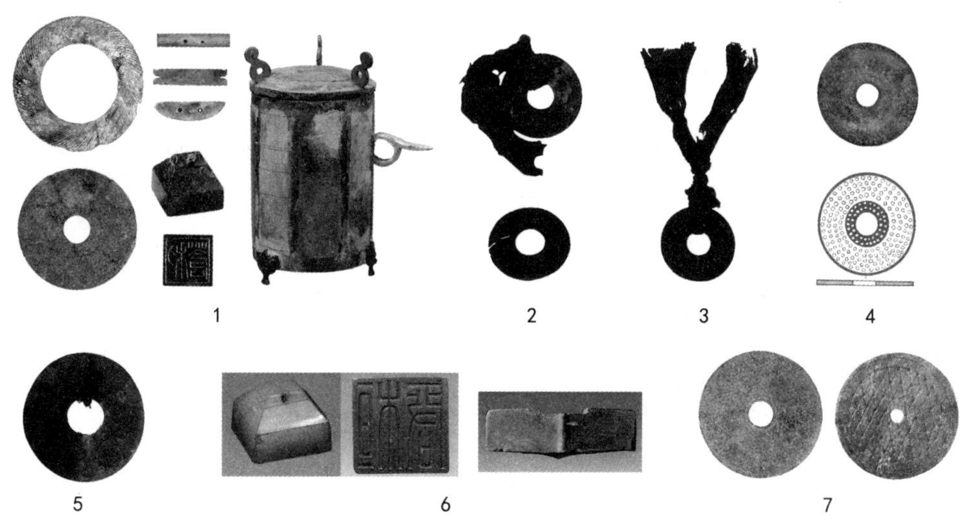

图二　长沙高级贵族西汉墓出土玉器、仿玉器举例

1. 利苍墓出土7件玉器；2. 利苍墓出土仿玉玳瑁璧；3. 辛追墓出土仿玉玳瑁璧；4. 辛追墓出土仿玉木璧；5. 马王堆M3出土仿玉玳瑁璧；6. 桓启墓出土玛瑙印、仿玉滑石剑格；7. 长发M211出土玉璧、仿玉滑石璧

（三）中小型墓

中小型汉墓的分级为学界的难点之一，曾有相关学者引进国外统计学软件对安徽中小型汉墓分级进行了分析，但是对墓葬要求高，尚未大范围推广。长沙中小型汉墓较为复杂，各种文化因素杂糅，因此划分难度大，目前尚未形成有据可依的文化序列。谨慎起见，我们暂将这类墓葬合并称为中小型汉墓，大致包括可以明确的中低级官吏墓葬、中低级贵族墓葬，以及其他类墓葬等。

1. 中低级官吏墓

长沙中小型汉墓中，有部分墓葬可以明确为中低级官吏墓葬，其划分主要依据就是滑石官印的出土。这类中低级官吏墓葬的级别大致为秩千石到两百石。如54长政魏M4，出土滑石官印“春陵之印”、仿玉滑石璧1（图三-1）。粗略统计了一下此类墓葬，西汉早、中期居多，大部分均随葬仿玉滑石璧，偶有玉器出土。[1] 现列表如下（表三）。

表三 长沙中小型西汉墓（中低级官吏）用玉、仿玉情况举例

墓葬	玉器	仿玉器	金属货币	泥质钱币	滑石官印	备注
60长铁M6	“苏郢”玉印1、水晶环1	滑石璧1、滑石剑具1套、滑石镜1、滑石带钩1			“洮阳长印”“逃阳令印”	“苏将军印”铜印
54长政魏M4		滑石璧1			“春陵之印”	
54长月M25		滑石璧1		泥半两	“陆粮尉印”	
54长白沙M2		滑石璧1		泥半两	“靖园长印”	
54长斩M7		滑石环1、滑石剑首、滑石剑格、滑石剑璏、滑石带钩、滑石棋子、滑石镜		泥半两	“门浅”	
60子弹库M2		滑石璧1、滑石镜、滑石带钩、滑石耳杯、滑石猪		泥五铢	“桂丞”	
55长侯中M18	透雕龙纹玉佩1	滑石环1、滑石镜1、滑石剑首1、滑石剑格1、滑石剑璏2		泥金饼、泥珠玑、泥半两	“长沙仆”	
55长潘M2		滑石璧1、滑石剑璏1	铜钱	泥五铢	“长沙顷庙”	
53长子M23		滑石璧1		泥五铢	“广信令印”	

1 按：由于相关资料尚未系统公布，本文表格举例的数据综合参考：喻燕姣：《湖湘出土玉器研究》，岳麓书社，2013年；高至喜：《长沙西汉早、中期墓分类研究》，载《湖南省博物馆馆刊》第12辑，岳麓书社，2016年；湖南省博物馆：《湖南省博物馆藏古玺印集》，上海书店，1991年。

（续表）

墓葬	玉器	仿玉器	金属货币	泥质钱币	滑石官印	备注
58 长杨铁 M3	“陈平”玉印	滑石璧 2		泥金饼、泥半两	“武冈长印”	
75 长银盆王佩龙子山 M3		滑石璧 1[1]		泥半两、泥金版、泥金饼	“都乡啬夫”	
53 长冬 M3	玉佩 1	滑石璧 1			“家丞”	
55 长政魏 M8		滑石璧 1			“上沅渔监”	铜印
75 长火南 M24		滑石璧 1			“镡成令印”	
60 长窑 M1	玉饰 1	滑石璧 1			“宫丞之印”	
54 长陈 M1		滑石璧 1			“临湘令印”	
64 长五 M6		滑石璧 1			“攸丞”	
59 长下 M6		滑石璧 1			“御府长印”	
2000 长沙王家垅西汉墓		滑石璧 1			“孱陵长印”	

也有一部分官员墓葬未随葬玉器、仿玉滑石璧的，但数量较少。如 60 长杨南 M7（“宫司空丞之印”）、52 长杜 M801（“故郴令印”，原为“故陆令印”）、55 长魏 M19（“荼陵”）、60 长南 M8（“泠道尉印”）等。

2. 中低级贵族墓

长沙中小型汉墓中，有部分或为中低级贵族墓葬，常随葬有印章，多为私印，材质以铜、玉为主，也有滑石质地（表四）。与明确为中低级官员墓葬不同，此类墓葬玉器随葬情况反而稍多，但仍然以仿玉滑石器为主。西汉早、中、晚期都是此类情况。如 2013 识字岭 M3 出土“华义信印”私印，另随葬滑石璧 2（图三 -2）、玉剑格 1。[2] 与中低级官员墓相比，用玉情况似乎更加随意，推测或是受约束相对较弱的人群。

1 按：与已公开发表资料不同，参考长沙市文物考古研究所资料。

2 长沙市文物考古研究所：《湖南长沙识字岭西汉墓（M3）发掘简报》，《文物》2015 年第 10 期。

表四　长沙中小型西汉墓（中低级贵族）用玉、仿玉情况举例

墓葬	玉器	仿玉器	金属货币	泥质钱币	私印
64 砂子塘 M2		滑石璧 9、滑石环 1、滑石圭 1、滑石璜形饰 1、滑石珠 23、滑石剑璏 2、滑石剑珌 3、滑石剑格 4、滑石剑首 2		泥半两、泥郢版、泥金饼	无字印章 4
86 火把山 M10		滑石璧 1、滑石镜 1、滑石犀角 1、滑石棋子 1、滑石带钩 1 、陶璧 11（单面圆圈纹）		泥郢称、泥半两	龟纽滑石无字印
57 长左家塘西汉墓（革皮长 M18）	玉印	滑石璧 1		泥半两、泥两版	“陈间”玉印
1956 长沙岳麓山 801 工地 M105		玻璃璧 1			“仆吉”铜印
1976 杨家山 M46	玉璧、玉带钩、玉剑首			泥半两、泥郢称	“苦燕”印
1956 长沙黄土岭 M27	玉印	滑石璧 1			“周诱”玉印
59 长沙魏家堆 M3	玉璧 1、玉佩 1、玉印		铜五铢		“谢李”玉印
52 长沙颜家岭 M972		滑石璧 1	铜五铢		“陈寿”铜印
54 长沙新河 M54		滑石璧 1			“邓弄”铜印
77 长沙杨家山 M276		滑石璧 1			“何辅之印”
66 长沙子弹库 M2		滑石璧 1			“谢千秋”
81 长袁友 M23		滑石璧 1	铜五铢	泥五铢、泥金饼	“红叶信印”铜印
81 长袁友 M24		滑石璧 1	铜大泉五十、铜货泉		“红宽舒印”铜印

（续表）

墓葬	玉器	仿玉器	金属货币	泥质钱币	私印
2013 识字岭 M3	玉剑格 1	滑石璧 2		泥金饼 16、泥五铢数千枚	“华义信印”龟纽铜印
59 长五 M007	玉璧 1、玉鞢形佩 1、玉剑璏 2、玉剑格 1		铜货泉 15		无字铜印

3. 其他类墓葬

另有大量身份不明的墓葬，由于未出印章等，且长沙地区中小型汉墓序列尚未建立，暂时未能分级。这部分墓葬可能有中低级贵族、地主、平民等阶层。如 2017 污水处理厂西汉早期 M2 未见印章，出土仿玉滑石璧 1（图三 -3），伴出泥半两。[1] 大量身份不明的墓葬（未出印章）以仿玉滑石璧为主，偶有玉器出土（表五）。用玉情况与中低级贵族墓类似，推测也是受约束相对较弱的人群。西汉晚期甚至出现仿玉玻璃璧、仿玉滑石璧共出的情况。

表五　长沙中小型西汉墓（其他类）用玉、仿玉情况举例

墓葬	玉器	仿玉器	金属货币	泥质钱币	备注
2021 五里牌 M19		滑石璧 1		泥五铢	
2021 五里牌 M21	玉璧 1				
2021 五里牌 M22		滑石璧 1			
2021 五里牌 M28		滑石璧 1			
2016 都正街 M1		滑石璧 1			
2017 污水处理厂 M1		滑石璧 1		泥金饼 4、泥半两	
2017 污水处理厂 M2		滑石璧 1		泥半两	
2017 污水处理厂 M6		滑石璧 1		泥半两	

1 长沙市文物考古研究所：《长沙市望城区南村污水处理厂工地考古发掘简报》，载《湖南省博物馆馆刊》第 15 辑，岳麓书社，2019 年，第 183 页。

（续表）

墓葬	玉器	仿玉器	金属货币	泥质钱币	备注
2008 窑矿山 M5	组玉佩 1			泥半两、泥金饼	
2008 窑矿山 M3		滑石壁 1	铜半两、铜货泉、铜大泉五十	泥半两	
长发 M217（伍家岭）	玉琀 1、玉瑱 2、玉块 3	玻璃壁 1、滑石壁 5		泥五铢	鸡血石、玻璃、绿松石珠
长发 M240（伍家岭）	玉剑璏 1	玻璃壁 1、滑石壁 3		泥金饼、泥五铢	玛瑙珠 1
长发 M255（伍家岭）		玻璃壁 1、滑石壁 2	铜五铢	泥五铢	

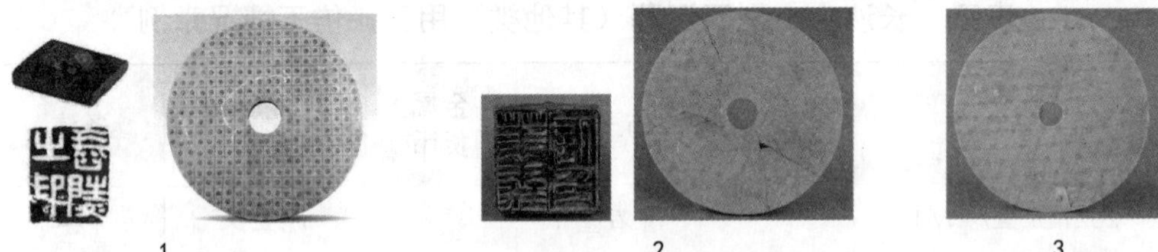

图三　长沙中小型西汉墓出土玉器、仿玉器举例
1. 54 长政魏 M4 出土滑石官印、仿玉滑石璧（中低级官吏类）；
2. 2013 识字岭 M3 出土铜质私印、仿玉滑石璧（中低级贵族类）；
3. 2017 污水处理厂 M2 出土仿玉滑石璧（其他类）

（四）小结

由上述材料可知，长沙西汉墓封王级别墓葬均随葬玉器，且种类较丰富，数量较多。也有随葬仿玉器的情况，根据出土位置，可能作为财富随葬。高级贵族墓葬只有部分用玉，也有完全不随葬玉器的情况。与封王级别墓葬相比，玉器种类简单，数量也急剧减少。随葬仿玉器的情况增多，有玳瑁、滑石、漆木等质地。中小型墓方面，中低级官吏墓葬（伴出滑石官印）大部分均随葬仿玉滑石璧，偶有玉器出土。中低级贵族墓葬（伴出铜、玉材质私印）随葬玉器情况反而稍多，但仍然以仿玉滑石璧为主。大量身份不明的墓葬（未出印章）以仿玉滑石璧为主，偶有玉器出土，也是受约束相对较弱的人群。

二、与战国墓的对比研究

长沙地区用玉、仿玉葬俗源于本地区战国墓葬，为楚文化南渐对长沙地区的影响。长沙西汉墓继承了战国墓的用玉、仿玉葬俗，在此基础上却又有变化与发展。有观点认为长沙西汉墓的仿玉滑石璧是取代了长沙战国墓玉璧的地位。[1]但据材料分析似乎有进一步发现。我们以《长沙发掘报告》、长沙地区 20 世纪 70 年代至今的考古资料为样本进行数据分析，得出长沙西汉墓的用玉、仿玉的相关结论，并将其与长沙战国墓的数据进行对比。

（一）用玉、仿玉情况对比

长沙战国墓，玉石器墓葬在总墓数中占比为 10% 左右。中小型的玉石器墓葬中，纯玉器墓葬占比为 33.7%、仿玉玻璃器墓葬占比为 44.5%、纯仿玉滑石器墓葬占比为 17.3%、其他类共计 4.5%（含玉 + 仿玉玻璃器墓葬占比为 3.3%、玉 + 仿玉滑石器墓葬占比为 1.2%）。长沙西汉墓，玉石器墓葬在总墓数的比例为 24.4%，较战国墓有大幅提升。中小型的玉石器墓葬中，纯玉器墓葬占比仅为 6.7%、仿玉玻璃器墓葬占比仅为 3.2%、仿玉滑石器墓葬占比飙升至 85.1%、其他类合计 5.0%（含玉 + 仿玉滑石占比 3.2%、仿玉滑石 + 仿玉玻璃占比 0.9%、仿玉滑石 + 仿玉陶器占比 0.9%）。

由中小型墓葬数据对比可知，玉石器墓葬在总墓数的占比情况，长沙战国墓为 10%、长沙西汉墓提升至 24.4%（彩图三四）。可见，长沙西汉墓不但继承了长沙战国墓用玉、仿玉的葬俗，还有了某种程度上的推广；但是从中小型墓葬用玉、仿玉器的材质来看，长沙西汉墓较长沙战国墓产生了较大变化（彩图三五）。长沙战国墓以仿玉玻璃器为主，占比 44.5%，玉器占比也有 33.7%，说明战国时期中小型墓主能支配一定的玉器资源。仿玉滑石器占比仅为 17.3%，并不盛行。但是长沙西汉墓则以仿玉滑石器为主，占比飙升至 84.5%，可见仿玉滑石器葬俗在西汉时期得到了大力推广。玉器占比下降至 6.7%，说明西汉时期中小型墓主可随葬的玉器资源大幅减少。原先占主导地位的仿玉玻璃器占比

1 杨慧婷、国红：《湖南省博物馆馆藏汉代滑石器考述（续）》，载《湖南省博物馆馆刊》第 11 辑，岳麓书社，2015 年，第 358 页。

大幅下降至3.2%，显示仿玉玻璃器葬俗在西汉时期遭到了摈弃。

另外还有一种变化值得关注，长沙战国墓不见仿玉玻璃、仿玉滑石器同出的情况。与两种仿玉器功能不同有关，前者具有装饰功能，后者仅为明器。但是在长沙西汉晚期墓中，却有仿玉玻璃器、仿玉滑石器同出的情况。而且，西汉早、中期墓葬一墓一璧的情况普遍，西汉晚期一墓多璧的情况逐渐增多。可见，长沙地区西汉晚期墓葬用玉、仿玉的葬俗受到了冲击，呈现出受约束趋弱的情况。而相关资料也显示长沙西汉墓的用玉、仿玉葬俗在长沙东汉墓几乎消失殆尽。

（二）用玉、仿玉葬俗研究

由此可见，无论是战国墓，还是西汉墓，社会较高阶层对玉石器资源均有较强的掌控能力。战国墓甲类墓随葬玉器数量多、种类丰富，西汉墓封王阶层、高级贵族出土玉器数量多、种类丰富；中小型玉石器墓，战国墓随葬玉器的情况更多，到西汉骤减。说明西汉社会上层对玉器资源的掌控力强于战国时期；中小型玉石器墓，战国墓以仿玉玻璃器为主，玉器次之，仿玉滑石器很少。到西汉时期仿玉滑石器大幅增加，玉器大幅减少，仿玉玻璃器急剧减少。说明仿玉滑石器在西汉时期得到了大力推广，取代了原先玉器、仿玉玻璃器的地位，成为主流仿玉器。用玉、仿玉葬俗在短期内产生如此大的变化，并非常规的文化流变造成。推测西汉长沙地区，不同阶层在连璧（悬璧）材质的选择上，可能存在地方性的约束。此类约束，对汉长沙国的官员体系影响较强，对贵族、平民影响相对较弱，且在西汉晚期趋于弱化。

从战国到西汉，类玉程度低的仿玉滑石器得到大力推广，类玉程度高的仿玉玻璃器遭到了摒弃。这可能与社会变革有直接关系，战国时期社会阶层流动性大，士族阶层使用类玉程度高的仿玉器来彰显社会地位。西汉早期，社会秩序重新建立，吴氏长沙国作为唯一未被翦除的异姓诸侯国，在本地区将玉器资源收回至较高阶层，推广类玉程度低的仿玉滑石器，摒弃类玉程度高的仿玉玻璃器，抑或是迎合汉廷的政治需要，并非单一的资源匮乏。相似功能的葬俗还有本地区各阶层墓葬随葬泥质冥币、中低级官吏随葬滑石官印等。而源于长沙地区独特的用玉、仿玉葬俗对其他区域也产生了深远影响，如西汉海昏侯墓出土仿玉玻璃席，东汉各阶层墓葬出土滑石衣片。关注长沙地区用玉、仿玉葬俗从战国至西汉的变化，有助于将本地区材料与其他地区材料进行对比研究，厘清不同时代、不同地区、不同阶层用玉及仿玉情况的异同。

汉代玉玺印的考古发现与研究[1]

李银德（徐州博物馆）

【摘要】汉代印章材质丰富，其中玉印独具特色。在迄今出土的300多方玉印中，材质有玉、水晶、玛瑙、琥珀、绿松石、煤精、滑石和石材等；类别有官爵印、无字印、私印和吉语形肖印等；玉材珍贵又琢磨繁难，自非一般平民所能使用。使用者的身份非贵即富，从帝后、诸侯王和王后、列侯和夫人、封君、宗室到官吏豪室等。玉印具有明器、私印及厌胜、装饰、口琀等性质和功能。玉官爵印和无字方印都属于随葬明器；无字方印的印面原来都有朱或墨书的印文，内容为墓主生前曾任的官职。玉官印明器是汉代丧葬玉器的组合之一。

【关键词】汉代；出土；玉印；无字玉印

考古资料表明我国商代即已出现玺印。1998年河南安阳殷墟等地陆续出土3方青铜印章，是我国发现最早的青铜玺印实物[2]。与青铜等材质的印章相比，商周时期玉印甚为罕见。殷墟妇好墓的龙纽"器盖"[3]，背面"十"字阴线内各雕夔龙纹（图一），周晓陆指出实为龙纽石质阴阳合文图像玺印[4]。近年于陕西澄城县西周早期墓葬中也发现一方龙纽玉玺[5]，印面四区内各有一个图纹，即为图文玉玺（图二）。考古发掘出土战国时期的玉印稍多，如湖南长沙窑岭M9出土"阳缓"覆斗形玉印，长沙左家公山M41出土"中身"玻璃印[6]，益阳羊舞岭乡M9出土"信"字圆柱形玉印[7]，沅水下游楚墓M576出土玉"信"玺[8]，洛阳

1　本文系国家社会科学基金项目"汉代葬玉制度研究"（批准号：19BKG015）的阶段性研究成果。
2　何毓灵、岳占伟：《论殷墟出土的三枚青铜印章及相关问题》，《考古》2012年第12期。
3　中国社会科学院考古研究所：《殷墟妇好墓》，文物出版社，1980年，第197—198页。
4　周晓陆、同学猛：《澄城出土西周玉质玺印初探》，《考古与文物》2017年第2期。
5　渭南市文物旅游局：《陕西澄城县柳泉村九沟西周墓发掘简报》，《考古与文物》2017年第2期。
6　湖南省博物馆：《湖南省博物馆藏古玺印集》，上海书店，1991年，第142页，编号586。
7　湖南省博物馆编，喻燕姣主编：《湖南出土珠饰研究》，湖南人民出版社，2018年，第86页。
8　湖南省常德市文物局等：《沅水下游楚墓》，文物出版社，2010年，第715页。

图一　妇好墓出土玉玺

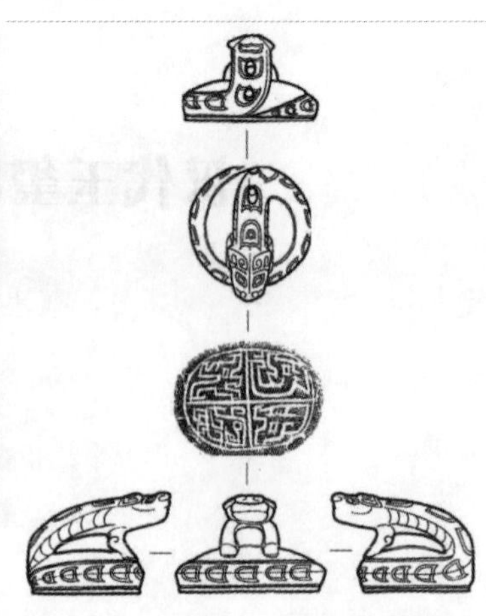

图二　滑城县出土玉玺

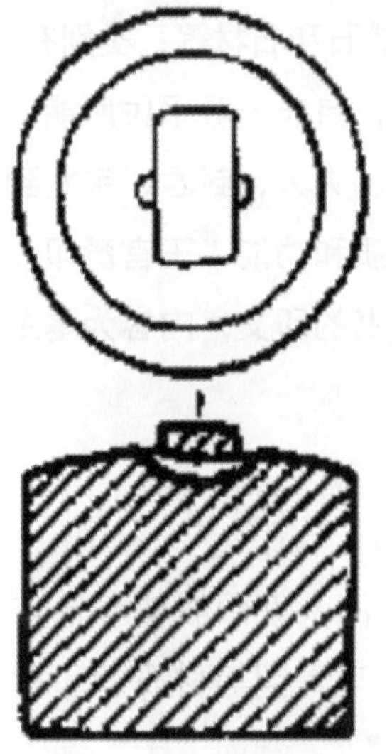

图三　洛阳西工区战国墓 M3943 出土“事君子”玉印

1　2

图四　西咸新区坡刘村秦墓出土“共”玉印（M214）及印文

1　2

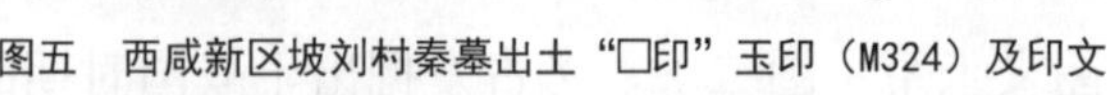

图五　西咸新区坡刘村秦墓出土“□印”玉印（M324）及印文

西工区 M3943 出土“事君子”圆柱纽玉印，等等[1]（图三）。

秦统一后对于玉印有专门的规定。《史记·秦始皇本纪》集解引卫宏《汉旧仪》：“秦以来，天子独以印称玺，又独以玉，群臣莫敢用。”说明秦代玉印独享尊位，但更可能秦始皇独享称玺特权，玉私印或未禁绝。如湖北江陵凤凰山秦墓 M70 出土 1 方为盝顶坛纽“冷贤”玉印，河南泌阳秦墓出土“姚章”“偃”2

1　洛阳文物工作队：《洛阳市西工区 C1M3943 战国墓》，《文物》1999 年第 8 期。

方玉印[1]，陕西西咸新区坡刘村秦墓出土圆柱体盝顶“共”字吉语印（图四）、盝顶坛纽“□印”（图五）[2]，临潼新丰 M344 秦墓出土鼻纽“吉士”玉印，等等[3]。凡此说明，秦人私印用玉也是较为常见的。

汉代使用玉印达到了高峰，尽管绝对数量和其他材质相比仍然小众，但是在中国古代玉器史、玺印史上都应有较高的地位。汉代出土玉印研究方面，周世荣先生无疑有开创之功[4]，邓淑苹[5]、孙慰祖[6]、王人聪[7]都对玉玺印进行过精辟的论述，最近崔璨、周晓陆还对琥珀印章进行了深入研究[8]。不过这些研究或限于地域，或囿于材质，或时过境迁，或缺乏对最新考古成果的关注，颇有遗珠之憾。目前考古发掘出土汉代玉玺印的数量已经非常可观，具备全面系统整理研究的条件。笔者试作抛砖之论，期方家指正。

一、汉代玉玺印出土概况

自 1946 年邯郸五里郎村出土“刘安意”玉印以来，很多省区都出土了不少玉印，尤以陕西、湖北、江西、湖南、广东、广西、安徽、江苏、山东、河南和河北出土较多。

（一）陕西出土汉代玉玺印

陕西出土玉印中，以 1968 年咸阳市渭城区窑店乡狼家沟村汉高祖刘邦长陵西南约 1 公里土沟中发现的“皇后之玺”白玉印最为重要。[9]这方皇后玉玺印文阴刻篆体，印纽浮雕一只螭虎，印座四侧阴刻勾连云纹。

西安凤栖原富平侯张安世家族墓 M4 出土龟纽“长乐未央”绿松石吉语印 1 方[10]。西安西北医疗设备厂 M170 陈请士墓出土印章 4 方：覆斗形“陈请士”水晶印 1 方、覆斗和桥形纽无字玉印各 1 方[11]，其中名章出土于棺内墓主腰部，

1 河南省文物研究所，泌阳县文化馆：《河南泌阳县发现一座秦墓》，《华夏考古》1990 年 4 期。

2 陕西省考古研究院：《陕西西咸新区坡刘村秦墓发掘简报》，《考古与文物》2020 年第 4 期。

3 陕西省考古研究院：《临潼新丰——战国秦汉墓葬考古发掘报告》（中册），科学出版社，2016 年，第 780—781、1499 页。

4 周世荣：《长沙出土西汉印章及其有关问题研究》，《考古》1978 年第 4 期；周世荣：《长沙出土西汉滑石印研究》，载《金石瓷币考古论丛》，岳麓书社，1998 年，第 243 页。

5 邓淑苹：《玉玺印》，《故宫文物月刊》1984 年第 8 期，总第 20 期。

6 孙慰祖：《古玉印概述》，载《孙慰祖论印文稿》，上海书店出版社，1999 年，第 136—143 页。

7 王人聪：《汉代玉印简论》，载邓聪主编：《东亚玉器・Ⅲ》，香港中文大学，1998 年，第 151—157 页。

8 崔璨、周晓陆：《考古发现所见两汉琥珀印探述》，《文博》2022 年第 1 期。

9 秦波：《西汉皇后玉玺和甘露二年铜方炉的发现》，《文物》1973 年第 5 期。

10 张仲立、丁岩、朱艳玲：《凤栖原汉墓——西汉大将军的家族墓园》，《中国文化遗产》2011 年第 6 期。

11 西安市文物保护考古所：《西安龙首原汉墓（甲编）》，西北大学出版社，1999 年，第 178 页。

无字玉印与铜镜、铜耳勺等置于一长方形漆木盒内。西安北郊顶益公司生活园M51出土覆斗形“韩咎私印”玉印1方，北郊张千户村汉墓出土“陈乐成”玉印1方，北郊郑王村M175出土无字玉印1方[1]，北郊铁一村M4出土桥纽“鲜于平君”玉印1方[2]。汉阳陵司马道北侧陪葬墓M553出土“王安国”覆斗纽玉印1方，M84出土“雍黔”鸟虫书白玉印1方，陪葬墓出土白玉桥纽无字玉印1方。长陵陪葬墓M193出土“胡获”玉印1方。韦曲西汉中期墓出土无字玉印1方[3]。咸阳马泉西汉晚期“君惠”墓出土琥珀印章2方[4]，一方虎纽无印文，另一方圆形刻阴文篆书“君惠”2字。凤翔县八旗屯西沟道汉墓出土“王意”覆斗形纽玉印1方。

（二）湖北出土汉代玉印

湖北江陵凤凰山168号墓“在死者口中含有玉印一枚”，印面阴刻“遂”字，墓葬的年代为文帝前元十三年（前167年）[5]。云梦大坟头1号汉墓出土“遬”字玉印1方[6]，襄樊市岘山M3出土“赵臣”覆斗形玉印1方[7]，襄阳王坡墓地出土“盈意”玉印1方[8]。

（三）江西出土汉代玉印

江西莲花县出土“安成侯信印”玉印1方[9]，南昌新建海昏侯刘贺墓出土“大刘记印”“刘贺”和无字玉印共3方[10]，另出1方当口琀使用的“合欢”吉语铃形玉印（图六）。南昌市区施家窑村东汉墓出土琥珀素面印章1方[11]。

图六 刘贺的玉印口琀出土现场

---

1 陕西省考古研究院：《西安北郊郑王村西汉墓》，三秦出版社，2008年，第395页，图版五三：6。

2 中国社会科学院考古所唐城队：《西安北郊汉墓发掘报告》，《考古学报》1991年第2期。

3 刘云辉：《陕西出土汉代玉器》，文物出版社，2009年，第66、68页。

4 咸阳市博物馆：《陕西咸阳马泉西汉墓》，《考古》1979年第2期。

5 湖北省文物考古研究所：《江陵凤凰山一六八号汉墓》，《考古学报》1993年第4期。

6 湖北省博物馆：《云梦大坟头一号汉墓》，《文物资料丛刊》（4），文物出版社，1981年。

7 襄樊市博物馆：《湖北襄樊市岘山汉墓清理简报》，《考古》1996年第5期。

8 湖北省文物考古研究所等：《襄阳王坡东周秦汉墓》，科学出版社，2005年，第301—302页。

9 左骏：《江西罗汉山西汉安成侯墓发覆》，载南京师范大学文物与博物馆学系主编：《东亚文明》第2辑，社会科学文献出版社，2021年，第75—89页。

10 江西省文物考古研究院，厦门大学历史系：《江西南昌西汉海昏侯刘贺墓出土玉器》，《文物》2018年第11期。

11 程应林：《江西南昌市区汉墓发掘简报》，《文物资料丛刊》（1），文物出版社，1977年。

（四）湖南出土汉代玉印

湖南长沙出土的玉石官爵印主要有：长沙新火车站汉墓出土“迁陵侯印”；下河街 M6 出土“御府长印”；侯家塘 M8 出土“长沙仆”印；五一路邮局汉墓出土龟纽“长沙都尉”印；杜家坡 M2 出土“靖园长印”；潘家坪 M2 出土“长沙顷庙”印；砂子塘西汉墓出土 4 方无字玉印[1]；燕子嘴西汉墓出土无字玉印 2 方[2]；王佩龙子山 M3 汉墓出土“都乡啬夫”印；野坡 M2 出土“舆里乡印”[3]；杨家山 M6 苏郢墓头部有“洮阳长印”“逃阳令印”2 方覆斗形滑石印[4]，腰部有“苏将军印”龟纽铜印 1 方、“苏郢”玉印 1 方[5]；长沙近郊汉墓出土“长沙祝长”“长沙司马”印等；长沙火把山 M10 出土无字滑石印 1 方[6]。

大庸三角坪 M171 出土“侯”印 1 方[7]；常德汪家山 M2 出土“安陵君印”“临湘之印”“□道之印”3 方[8]；常德县出土“长沙邸”“器印”2 方[9]；常德南坪 D3M27 出土“长沙郎中令印”1 方[10]；樟树山 M30 出土桥纽“长沙邸丞”印 1 方；大庸东汉墓 WM2 出土“索左尉印”1 方，WM4 出土“沅南左尉”印 1 方[11]；沅水下游汉墓 M2277 出土鼻纽“彭三老印”滑石印 1 方；常德南坪东汉墓 M63 出土“汉寿左尉”滑石印 1 方[12]，南坪东汉 M1 出土“酉阳长印”1 方[13]；津市市新洲豹鸣村东汉墓出土“索尉之印”1 方[14]；湘西保靖县洞庭村 M77 出土武宁郡及辖县的“沅陵丞印”“辰阳长印”“镡成长印”“零阳长印”“临沅长印”“索长之印”“府行丞事印”共 7 方，东汉 M79 出土“迁陵丞印”1 方[15]。

湖南出土玉私印也较多。长沙马王堆二号汉墓出土轪侯“利苍”玉印 1

1 湖南省博物馆：《长沙南郊砂子塘汉墓》，《考古》1965 年第 3 期。
2 周世荣：《长沙东郊两汉墓简介》，《考古》1963 年第 12 期。
3 长沙市文物工作队：《长沙西郊桐梓坡汉墓》，《考古学报》1986 年第 1 期。
4 湖南省博物馆：《湖南省博物馆藏古玺印集》，上海书店出版社，1991 年，第 151 页。
5 湖南省博物馆：《湖南省博物馆藏古玺印集》，上海书店出版社，1991 年，第 151 页。
6 长沙市文物工作队：《长沙火把山楚汉墓》，《湖南文物》第 3 辑，1988 年。
7 陈松长：《湖南古代玺印》，上海辞书出版社，2004 年，第 89—90 页。
8 湖南省文物考古研究所：《湖南常德德山西汉墓发掘报告》，《湖南考古辑刊》第 7 辑，岳麓书社，1999 年，第 133—140 页。
9 常德地区文物工作队等：《湖南常德县清理西汉墓葬》，《考古》1987 年第 5 期。
10 湖南省常德市文物局等：《沅水下游汉墓》上册，文物出版社，2016 年，第 67 页。
11 湖南省文物考古研究所：《湖南大庸东汉砖室墓》，《考古》1994 年第 12 期。
12 常德市博物馆：《湖南常德南坪“汉寿左尉”墓清理简报》，《江汉考古》2004 年第 4 期。
13 湖南省博物馆：《湖南常德南坪东汉“酉阳长”墓》，《考古》1980 年第 4 期。
14 津市市文物管理所：《津市市新洲豹鸣村东汉墓》，《湖南考古·2002》，岳麓书社，2004 年，第 411—419 页。
15 袁伟：《保靖县四方城洞庭墓群考古发掘情况介绍》，湖南考古网，2019 年 11 月 18 日，http://www.hnkgs.com；罗小华：《湖南保靖汉墓 M77 出土官印杂识》，徐卫民、王永飞主编：《秦汉研究》第 16 辑，西北大学出版社，2021 年，第 286—289 页。

图七　沅水下游汉墓 D3M26 出土的“廖宏”玉印出土情况

方[1]；谷山 M8 出土龟纽无字玉印 1 方[2]；咸家湖曹娛墓出土玉印 3 方，分别为台纽系金丝环“曹娛”玉印 1 方，白玛瑙“曹娛”“妾娛”印 2 方[3]；长沙附近还出土苏郢、陈平、石贺、周诱、陈閒、刘说、梅野、谢李、邓弄、絑婴、廖宏（图七）、“齐”等玉印，“桓启”玛瑙印，“刘殖”半球形琥珀印等[4]，滑石私印有“邓忠”“陈□”“吕三卿”“惠子印”等；沅陵县出土沅陵侯“吴阳”玉印[5]；沅水汉墓有“蔡但”“李忌”“胡平”“黄文”玉石印等，其中“黄文”印纽上刻画细菱格纹；零陵东汉 M1 出土琥珀兽纽“陈□”印[6]；泸溪县桐木垅 M74 出土底部及一侧面刻“唐子平”的石印 1 方[7]。

此外，商承祚先生曾记载 20 世纪 50 年代以前长沙出土“长沙祝长”滑石印，金陵大学中国文化研究所藏长沙古器物“丁类・石”中列印 10 方，分别是龟纽“合浦太守章”、瓦纽“长沙司马印”、瓦纽“益阳长印”、瓦纽反文“连道长印”、瓦纽“长沙祝长”（破为二）、龟纽“文冉武印”、瓦纽“周文”印、龟纽伪字印（原当无字）、瓦纽无字印、瓦纽“叶阳巨长印”等[8]。

1 湖南省博物馆，湖南省文物考古研究所：《长沙马王堆二、三号汉墓》，文物出版社，2004 年，第 25 页，彩版三：1—2。
2 喻燕姣：《湖湘出土玉器研究》，岳麓书社，2013 年，第 246 页。
3 长沙市文化局文物组：《长沙咸家湖西汉曹娛墓》，《文物》1979 年第 3 期。
4 陈松长：《湖南古代玺印》，上海辞书出版社，2004 年，第 67 页。
5 湖南省文物考古研究所：《沅陵虎溪山一号汉墓》（上册），文物出版社，2020 年，第 111 页。
6 湖南省文物管理委员会：《湖南零陵东门外汉墓清理简报》，《考古通讯》1957 年第 1 期。
7 湘西自治州文物管理处，泸溪县文管所：《泸溪桐木垅战国、汉墓发掘报告》，《湖南考古・2002》，岳麓书社，2004 年。
8 陈松长：《湖南古代玺印》，上海辞书出版社，2004 年，第 5 页。

（五）广东出土玉玺印

1. 广州南越王墓出土玉玺印

南越王赵眜墓共出15方玉、石、牙印章[1]。

其中主棺室赵眜身上有3组玺印：当胸一组为1方“文帝行玺”金印及2方无字玉印；腹部一组为“泰子”金印、玉印（D80）各1方，无字玉印1方（图八）；腹腿之间一组为“赵眜”（D33）、“帝印”玉印（D34）及无字绿松石印（D83）1方。每组3方印章原都用漆盒盛装。

图八　南越王棺内置胸腹部的玉印出土情况

东侧室出土“夫人”鎏金铜印3方、“右夫人玺”金印1方、“赵蓝”象牙印章（E141）1方、无字玉印3方、绿松石印（E140-1）1方、长方形穿带玉印（E140-3）1方，西侧室殉人（R Ⅶ）出土无字小玉印（F81）1方。

西耳室出土绿松石印（C139）、玛瑙印（C97）、水晶印（C260）各1方。3方玉印印面皆无文字。

2. 广州汉墓出土玉印

广州汉墓M1010、M1097、M2034共出土无字玉印3方，M1175出土“辛偃”“臣偃”覆斗纽玉印2方，M1180出土“李嘉”玉印1方，M1075出土“赵安”玛瑙印1方，M1173出土长柱纽“灑”字玉印1方[2]。此外，淘金坑M21出土“孙憙”“郑未”覆斗形玉印2方[3]，登峰花果山M3出土“向贲”玉印1方，太和岗M18出土“杨嘉”玉印1方[4]，太和岗淘金家园M112赵延康墓出土螭虎纽无字玉印1方[5]。

3. 广州汉墓出土的琥珀印

广州恒福路银行疗养院二期工地M21出土无印文半球形琥珀印1枚、龟纽琥珀“毛明君印”1方；先烈路市委党校M2出土琥珀半球形无字印1枚；登峰

1　广州市文物管理委员会，中国社会科学院考古研究所，广东省博物馆，《西汉南越王墓》，文物出版社，1991年。

2　广州市文物管理委员会，广州市博物馆：《广州汉墓》（上册），文物出版社，1981年，第171页。

3　广州市文物管理处：《广州淘金坑的西汉墓》，《考古学报》1974年第1期。

4　吴凌云主编：《考古发现的南越玺印与陶文》，内部印刷，2005年，第228页。

5　《广州发现价值连城的鎏金铜俑（组图）》，《广州日报》2009年7月21日。

路横枝岗 M36 出土琥珀半球形无字印 1 枚；西村后岗 M12（M4025）东汉墓出土琥珀半球形无字印 1 枚[1]。这些半球形琥珀印均系佩戴串饰中的组件之一。

（六）广西汉墓出土玉印

广西贵县罗泊湾 M1 出土无字玉印 1 方，M2 出土“夫人”玉印和无字玉印各 1 方[2]；贺县金钟村 M1 出土“左夫人”龟纽玉印 1 方、无字玉印 1 方[3]；贺县河东高寨 M4 出土“须甲”玉印 1 方[4]；藤县鸡谷山西汉墓出土“猛陵 □印”石印 1 方。[5]

广西合浦堂排 M1 出土“劳邑执封”琥珀蛇纽印 1 方，M4 出土半球形琥珀“王以明印”1 枚[6]；合浦望牛岭 M1 出土半球形琥珀无字印 2 枚[7]，龟纽“庸母印”琥珀印 1 方；合浦金鸡岭堂排 M2A 出土半球形琥珀无字印 1 枚[8]；合浦九只岭东汉墓 M5 出土琥珀印章 2 方，其中半球形“黄□□印”出土时与众多饰物一起，龟纽琥珀印为“黄昌私印”[9]；合浦凸鬼岭汽齿厂 M25 出土琥珀半球形印 2 枚，其中一枚阴刻篆书白文“陈夫印”[10]，另一枚素面无文；合浦凸鬼岭汽齿厂 M30B 出土无字琥珀印章 2 方，一为龟纽方印，一为半球形圆印[11]；合浦县北插江盐堆 M1 出土琥珀半球形无字印章 2 枚[12]，M5 出土琥珀半球形无字印 1 枚[13]；合浦第二麻纺厂 M23 出土琥珀半球形无字印 1 枚；合浦风门岭吴茂墓（M23B）出土半球形琥珀印 2 枚，其中一枚无印文，另一枚印文为“孟子君”；合浦风门岭 M26 出土半球形无字印 2 枚[14]；合浦黄泥岗东汉陈褒墓出土“徐闻令印”1 方[15]。

---

1 广州市文物考古研究院：《广州出土汉代珠饰研究》，科学出版社，2020 年。
2 广西壮族自治区博物馆：《广西贵县罗泊湾汉墓》，文物出版社，1988 年，第 54、110 页。
3 广西壮族自治区文物工作队等：《广西贺县金钟一号汉墓》，《考古》1986 年第 3 期。
4 广西壮族自治区文物工作队，贺县文化局：《广西贺县河东高寨西汉墓》，《文物资料丛刊》(4)，文物出版社，1981 年。
5 藤县博物馆：《藤县鸡谷山猛陵墓清理简报》，《广西文物》1993 年第 1 期；藤县博物馆：《广西藤县鸡谷山西汉墓》，《南方文物》1993 年第 4 期。
6 广西壮族自治区文物工作队：《广西合浦县堂排汉墓发掘简报》，《文物资料丛刊》（4），文物出版社，1981 年；黄展岳：《“朱庐执封”印和“劳邑执封”印——兼论南越国自镌官印》，《考古》1993 年第 11 期。
7 广西壮族自治区文物考古写作小组：《广西合浦西汉木椁墓》，《考古》1972 年第 5 期。
8 广西壮族自治区文物工作队：《广西合浦县堂排汉墓发掘简报》，《文物资料丛刊》（4），文物出版社，1981 年。
9 广西壮族自治区文物工作队等：《广西合浦县九只岭东汉墓》，《考古》2003 年第 10 期。
10 熊昭明：《汉代合浦港考古与海上丝绸之路》，文物出版社，2015 年，第 106 页，图八三。
11 熊昭明：《汉代合浦港考古与海上丝绸之路》，文物出版社，2015 年，第 105 页，图八一。
12 熊昭明：《汉代合浦港考古与海上丝绸之路》，文物出版社，2015 年，第 106 页，图八二；李青会、左骏、刘琦等著：《文化交流视野下的汉代合浦港》，第六章《合浦出土的金银、宝玉石串饰与微雕》，广西科学技术出版社，2019 年，第 364 页，图 6—11。
13 熊昭明：《汉代合浦港考古与海上丝绸之路》，文物出版社，2015 年，第 100 页，图七四。
14 广西壮族自治区文物工作队等：《合浦风门岭汉墓》，文物出版社，2006 年，第 42、83 页。
15 蒋廷瑜：《有关广西的汉代官印》，《广西文史》2005 年第 3 期。

贵港深钉岭 M12 出土绿松石半球形无字印 1 枚[1]；贵县（今贵港市）初中部宿舍东汉墓 M2 出土琥珀半球形无字印 3 枚；贵县东汉墓出土龟纽琥珀印 1 方，印文莫辨[2]；贵县加工厂东汉墓 M4 出土玉质或玛瑙半球形肖形印 1 枚，印面雕刻人牵羊纹饰[3]；昭平东汉墓（风 8）出土滑石印 1 方，印文不清[4]。

（七）安徽汉墓出土玉印

安徽六安双墩六安王墓出土无字玉印 1 方[5]；巢湖北山头汉墓出土“曲阳君胤”1 方、放王岗 M1 出土玉“吕柯之印”1 方[6]；天长三角圩汉墓群出土覆斗桥纽玉“桓平之印”1 方[7]；淮南谢家集唐山乡乳山村双孤堆汉墓 M12 出土“周安”玉印 1 方[8]，唐山乡邱岗村砖瓦厂出土鸟虫书“蛮禾”覆斗形玉印 2 方[9]；阜阳女郎台汉墓出土“吉”字玉印 1 方[10]。

（八）江苏汉墓出土玉印

徐州狮子山楚王墓女性陪葬墓出土无字玉印 1 方，墓道内食官监墓出土无字玉印 1 方[11]。徐州北洞山楚王墓[12]、卧牛山楚王后墓（M1）各出土无字玉印 1 方。

徐州东郊黑头山刘慎墓出土玉印 3 方[13]，其中一方（M1：37）印面右侧内凹，外框凸起与印面平，阴刻篆书“刘”字，左侧于印面直接阴刻篆书“慎”字；一方“刘慎”印（M1：38）印面阴刻鸟虫书；还有一方为“刘慎·臣慎”双面印。天齐山汉墓出土鸟虫书“刘犯”玉印 2 方，“刘犯·臣犯”双面玉印 1 方[14]。韩山汉墓出土“刘婞·妾婞”双面玉印 1 方[15]，火山刘和墓出土“刘和”玉印和无字

1 广西壮族自治区文物工作队等：《广西贵港深钉岭汉墓发掘报告》，《考古学报》2006 年第 1 期。
2 广西省文物管理委员会：《广西贵县汉墓的清理》，《考古学报》1957 年第 1 期。
3 蒋鸣镝：《“人羊肖形玉印”小识》，http://www.gxmuseum.cn/a/science/31/2018/7707.html。
4 广西壮族自治区博物馆等：《广西昭平东汉墓》，《考古学报》1989 年第 2 期。
5 汪景辉、杨立新等：《寻找六安国王陵》，《中国文化遗产》2007 年第 4 期。
6 安徽省文物考古研究所，巢湖市文物管理所：《巢湖汉墓》，文物出版社，2007 年，第 131、83 页。
7 安徽省文物考古研究所：《天长三角圩墓地》，科学出版社，2013 年，第 154 页。
8 淮南市博物馆：《淮南市双孤堆西汉墓清理简报》，《文物研究》第 12 辑，黄山书社，2000 年。
9 徐孝忠：《淮南市出土战国西汉文物》，《文物》1994 年第 12 期。
10 张殿兵、李梅：《出土西汉人佩戴的玉印》，《江淮晨报》2005 年 5 月 11 日。
11 狮子山楚王陵发掘队：《徐州狮子山西汉楚王陵发掘简报》，《文物》1998 年第 8 期。
12 徐州博物馆，南京大学历史系考古专业：《徐州北洞山西汉楚王墓》，文物出版社，2003 年，第 124 页。
13 徐州博物馆：《江苏徐州黑头山西汉刘慎墓发掘简报》，《文物》2010 年第 11 期。
14 耿建军、马永强：《徐州市天齐山汉墓》，载中国考古学会：《中国考古学年鉴·2002》，文物出版社，2003 年，第 193—194 页。
15 徐州博物馆：《徐州韩山西汉墓》，《文物》1997 年第 2 期。

玉印各1方（图九）[1]。拖龙山刘习墓出土“刘习·臣习”双面玉印1方[2]，翠屏山出土“刘治·臣治”双面玉印1方[3]。徐州汉墓还出土“李恶天”“陈女止”[4]“王讳”[5]“王霸”[6]“李多”[7]“寒固”[8]“曾信”等玉印。徐州子房山M28出土楔形纽无字玉印2方[9]，九里山汉墓[10]、骆驼山汉墓各出土无字玉印1方。

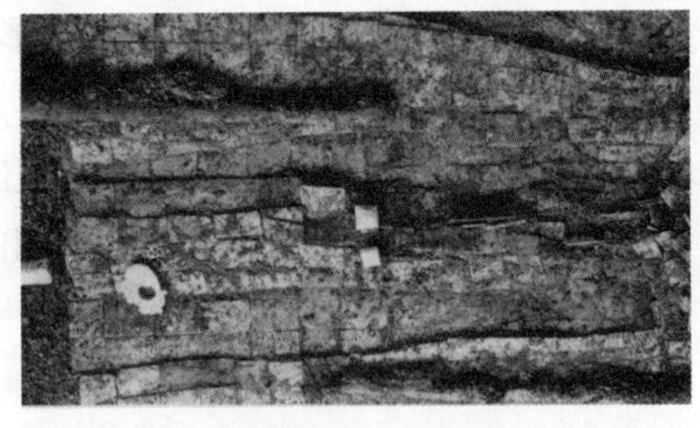
图九 徐州火山刘和玉印出土现场

宿迁泗阳贾家墩汉墓出土玉龟纽“贵富”龙虎纹肖形吉语印1方。盱眙大云山江都王墓园东司马道M17“郭义”墓出土无字玉印1方[11]。扬州西湖镇蒋巷蜀秀河工地汉墓出土“庆”字玉印1方[12]，邗江区杨庙汉墓出土“刘毋智”玉印1方[13]，甘泉姚庄102号墓女棺出土玛瑙印1方、虎纽琥珀“长乐富贵”印1方；[14]邗江甘泉东汉广陵王刘荆墓出土虎纽玛瑙印1方，印面方2.7厘米[15]。仪征刘集联营汉墓群出土“范胥奇”玉印1方，其他墓葬也有多方无字玉印出土[16]。

（九）山东汉墓出土玉印

菏泽巨野红土山汉墓出土玉印1方，出土时尚有朱书遗痕[17]；济南腊山汉墓出土“傅嫖”水晶印1方、“妾嫖”玛瑙印1方[18]；青岛黄岛区土山屯刘赐墓出

1 耿建军、盛储彬：《徐州汉皇族墓出土银缕玉衣等文物》，《中国文物报》1996年10月20日第1版；耿建军、盛储彬：《徐州火山汉墓》，载中国考古学会：《中国考古学年鉴·1997》，文物出版社，1999年，第132—133页。

2 耿建军：《徐州市拖龙山西汉墓》，载中国考古学会：《中国考古学年鉴·1993》，文物出版社，1995年，第136页。

3 徐州博物馆：《江苏徐州市翠屏山西汉刘治墓发掘简报》，《考古》2008年第9期。

4 徐州博物馆：《江苏徐州市后楼山八号西汉墓》，《考古》2006年第4期。

5 梁勇：《徐州市万寨汉墓群》，载中国考古学会：《中国考古学年鉴·1993》，文物出版社，1995年，第137页。

6 徐州博物馆：《江苏徐州市大孤山二号汉墓》，《考古》2009年第4期。

7 耿建军：《徐州琵琶山二号汉墓发掘简报》，《东南文化》1993年第1期。

8 徐州市文物局，徐州市文物考古所：《铁刹山墓群》，《溯·源——“十二五”徐州考古》，江苏凤凰美术出版社，2016年，第64页。

9 徐州博物馆（徐州市文物考古研究所）：《徐州市子房山汉墓群发掘》，载《江苏考古2016—2017》，南京出版社，2018年，第138页。

10 徐州博物馆：《江苏徐州市九里山二号汉墓》，《考古》2004年第9期。

11 南京博物院，盱眙县文广新局：《江苏盱眙县大云山西汉江都王陵东区陪葬墓》，《考古》2013年第10期。

12 扬州市文物考古研究所：《广陵遗珍——扬州出土文物选粹》，江苏凤凰美术出版社，2018年，第66页。

13 扬州市文物考古研究所：《江苏扬州西汉刘毋智墓发掘简报》，《文物》2010年第3期。

14 扬州博物馆：《江苏邗江县姚庄102号汉墓》，《考古》2000年第4期。

15 南京博物院：《江苏邗江甘泉二号汉墓》，《文物》1981年第11期。

16 李则斌、刘勤：《江苏仪征刘集联营西汉墓群》，《大众考古》2019年第5期。

17 山东省菏泽地区汉墓发掘小组：《巨野红土山西汉墓》，《考古学报》1983年第4期。

18 济南市考古研究所：《济南市腊山汉墓发掘简报》，《考古》2004年第8期。

土墨书“萧令之印”“堂邑令印”玉印2方[1]；土山屯M6刘林墓出土无字玉印1方[2]；临沂洪家店汉墓出土“刘疵”玉印1方[3]；临沂银雀山M11出土“许庄”覆斗形玉印1方[4]；沂南宋家哨M2出土“张循印”玉印1方[5]；枣庄台儿庄区涧头公社出土“武原令印”双面石印1方[6]；淄博市临淄区乙烯工地M78出土“史踦”滑石印1方，M21出土“徐余”滑石印1方；1989年临淄出土汉代“都司马印”滑石印1方[7]；青州马家冢子东汉墓出土无字石印1方[8]。

（十）河南汉墓出土玉印

陕县出土秦末汉初的“秦狼”玉印和绿松石“赵敬”印各1方[9]。三门峡火电厂M21出土“恬章”覆斗形玉印1方[10]。河南沈丘蚌壳墓出土“秦□”玉印1方[11]。

南阳市拆迁安置办公室M76出土“杨差”玉印1方，印文有界格[12]；南阳川光仪器厂M27出土“路人”覆斗形玉印1方[13]；南阳防爆厂M281出土覆斗形纽“周志之印”玉印1方[14]；南阳百里奚路M10出土螭虎纽“褚随”玉印1方、M12出土“孔调”双面穿带玉印1方[15]；南阳体育中心游泳馆M18东汉画像石墓出土龟纽无字琥珀印1方[16]。

（十一）河北汉墓出土玉印

满城中山王（后）墓共出土玉印7方。其中刘胜主室棺床前案上置未刻字

1 青岛市文物保护考古研究所，黄岛区博物馆：《山东青岛土山屯墓群四号封土与墓葬的发掘》，《考古学报》2019年第3期。

2 青岛市文物保护考古研究所等：《琅琊墩式封土墓》，科学出版社，2018年，第29页。

3 临沂县文物组：《山东临沂刘疵墓出土的金缕玉面罩等》，《文物》1980年第2期；临沂地区文物组：《山东临沂西汉刘疵墓》，《考古》1980年第6期。

4 国家文物局：《中国文物精华大辞典·金银玉石卷》，上海辞书出版社、商务印书馆，1996年，第417页。

5 山东省文物考古研究院：《山东沿海汉代墩式封土墓考古报告集》，文物出版社，2020年，第214页。

6 枣庄市文物管理站李锦山：《山东枣庄市出土石印母及铜官印》，《文物》1985年第5期。

7 赖非：《山东新出土古玺印》，齐鲁书社，1998年，第262、252、18页。

8 山东省青州市博物馆：《山东青州市马家冢子东汉墓的清理》，《考古》2007年第6期。

9 中国社会科学院考古研究所：《陕县东周秦汉墓》，科学出版社，1994年，第152—153页。

10 三门峡市文物工作队：《河南三门峡市火电厂西汉墓》，《考古》1996年第6期。

11 河南省文化局文物工作队：《河南沈丘附近发现古代蚌壳墓》，《考古》1960年第10期。

12 南阳市文物考古研究所：《河南南阳市拆迁办秦墓发掘简报》，《华夏考古》2005年第3期。

13 南阳市文物考古研究所：《南阳古玉撷英》，文物出版社，2005年，图219、228。

14 长沙博物馆：《玉出山河——南阳地区出土古玉精品展》，内部印刷，2019年，第122页。

15 游晓鹏：《麒麟岗出土神秘木棺》，《大河报》2015年5月5日；《南阳市百里奚路西汉木椁墓》，《大河报》2015年4月24日。

16 南阳市文物考古研究所：《河南省南阳市体育中心游泳馆汉画像石墓M18发掘简报》，《黄河·黄土·黄种人》2019年第8期。

方形螭虎纽、螭虎纽座缘阴刻卷云纹的玉印2方；玉衣左袖内有“信”“私信”小玉印2方；王后窦绾颈部有玉印2方、腰部有水晶印1方[1]。

1946年，邯郸柏乡王郎村象氏侯刘安意墓出土覆斗形纽“刘安意”玉印1方[2]。邢台南郊南曲炀侯刘迁墓出土无字玉印2方，“盝面平顶，顶上有柿蒂纹”[3]。卢龙范庄西汉墓出土“蔡文”白玉印1方[4]。

此外，云南晋宁区上蒜镇金砂山M190出土桥纽“郭张儿印”玉印1方[5]。四川成都老官山M2出土“万氏奴”玉印2方[6]。山西榆次王湖岭M4出土“安国君”印1方[7]；太原东山M1祔葬墓恒大悦龙台M6出土无字玉印1方[8]。宁夏永宁县通桥东汉墓出土琥珀虎纽“廉眺印”1方[9]。辽宁朝阳袁台子汉墓（东M119）出土覆斗形“张高”玉印1方[10]。内蒙古赤峰宁城县黑城古城址墓出土“宜官”滑石印1方[11]。新疆尼雅遗址出土“司禾府印”煤精印1方[12]，巴楚脱库孜萨来遗址出土汉晋时期玛瑙肖形印1方[13]。乐浪郡石岩里9号墓出土“永寿康宁”龟纽玉印1方[14]。

二、汉代玉玺印的类别

周晓陆鉴于爵、官印等较为复杂，将其称为“公印”[15]。汉墓出土的玉爵、官玺印数量较少，我们仍笼统地称为官爵印，其中官印又有官署印与官名印之别。玉印纽式虽然不同，玉印面也有方圆之别，但总体上形制并不复杂。这里我们不拟进行分型分式，而是根据使用者的不同身份等级和性质将玉玺印大致分为六类。

1 中国社会科学院考古研究所，河北省文物管理处：《满城汉墓发掘报告》，文物出版社，1980年。

2 国家文物局：《中国文物精华大辞典·金银玉石卷》，上海辞书出版社，商务印书馆（香港），1996年，第416页。

3 河北省文物管理处：《河北邢台南郊西汉墓》，《考古》1980年第5期。

4 秦皇岛市年鉴编辑部：《秦皇岛年鉴1987—1989》，中国标准出版社，1990年，第462页。

5 杨质高：《昆明出土汉代玉印章，墓主身份等级高多谜团》，2017年3月28日新华网云南频道。

6 成都文物考古研究所，荆州文物保护中心：《成都市天回镇老官山汉墓》，《考古》2014年第7期。

7 王克林：《山西榆次古墓发掘记》，《文物》1974年第12期。

8 冯钢、冀瑞宝：《山西太原悦龙台M6室内考古的新发现》，《中国文物报》2018年11月19日。

9 转引自崔璨、周晓陆：《考古发现所见两汉琥珀印探述》，《文博》2022年第1期。

10 辽宁省博物馆文物队：《辽宁朝阳袁台子西汉墓1979年发掘简报》，《文物》1990年第2期。

11 冯永谦、姜念思：《宁城县黑城古城址调查》，《考古》1982年第2期。

12 贾应逸：《新疆尼雅遗址出土“司禾府印”》，《文物》1984年第9期。

13 国家文物局：《丝绸之路》，文物出版社，2014年，第187页。

14 王培新：《乐浪文化：以墓葬为中心的考古学研究》，科学出版社，2007年，第57页。按：印蜕承孔品屏女史惠赠，特此鸣谢。

15 周晓陆：《考古印史》，中华书局，2020年，第69页。

（一）帝后玉玺

出土的两汉玉玺，最为重要的便是“皇后之玺”（图十），这是迄今为止出土汉代等级最高的帝后用玺。南越王曾自立为帝，赵昧尸身上有印章九方，其中帝印二方，一为“文帝行玺”龙纽金印；一为腹腿间玉覆斗形纽“帝印”（D34）（图十一），印台四周与“皇后之玺”饰同样的勾连云纹。

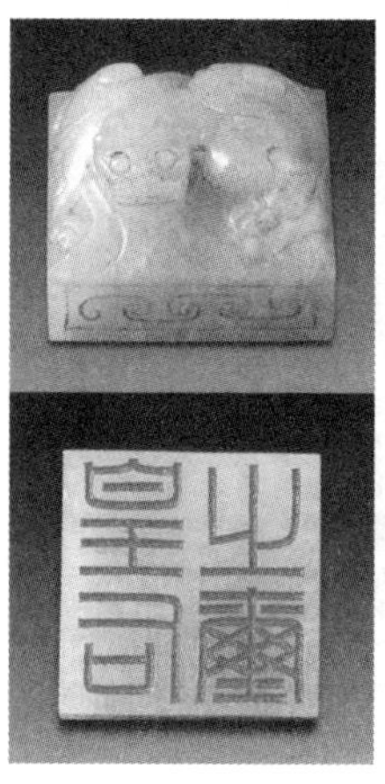

图十 咸阳渭城区窑店乡狼家沟村出土“皇后之玺”

图十一 南越王墓出土“帝印”

（二）诸侯王、列侯和封君玉印

1. 诸侯王玉印

目前出土可见朱书文字遗痕的诸侯王玉印，仅有山东菏泽巨野红土山汉墓出土的1方玉印，可惜文字莫辨。此外，现藏中国国家博物馆的传世覆斗形纽“淮阳王玺”玉玺（图十二），也是较为重要的诸侯王玉玺。《汉旧仪》称西汉诸侯印为黄金玺，刻某王之玺。此玺质地、纽式与记载不同。

图十二 中国国家博物馆藏“淮阳王玺”

2. 列侯

列侯及相应等级的玉印出土稍多。如江西莲花县出土“安成侯信印”玉印（图十三）[1]。湖南长沙新火车站汉墓出土“迁陵侯印”（图十四）滑石印，大庸三角坪M171出土的桥纽“侯”滑石印[2]。广西合浦堂排M1出土蛇纽“劳邑执刲”

1 左骏：《江西罗汉山西汉安成侯墓发覆》，载南京师范大学文物与博物馆学系：《东亚文明》第2辑，社会科学文献出版社，2021年，第75—89页。

2 陈松长：《湖南古代玺印》，上海辞书出版社，2004年，第28—29页。

琥珀印（图十五），贵县罗泊湾 M2 出土“夫人”玉印（图十六），贺县金钟村 M1 出土“左夫人”龟纽玉印。传世的“婕妤妾娋”玉印（图十七）[1]，宋代即由王晋卿收藏，也具有重要的参考意义。《汉书·外戚传上》载元帝时“昭仪位视丞相，爵比诸侯王。婕妤视上卿，比列侯”。因此婕妤娋的身份比同于列侯。

1

2

图十三　江西莲花县安成侯墓出土“安成侯信印”玉印

图十四　长沙新火车站汉墓出土“迁陵侯印”滑石印

图十五　合浦堂排 M1 出土“劳邑执封”琥珀印

图十六　贵县罗泊湾 M2 出土“夫人”玉印

图十七　故宫博物院藏“婕妤妾娋”玉印

3. 封君玉印

汉代沿袭战国和秦代的封君制度，但封君墓葬发现较少，出土玉印更是凤毛麟角。安徽巢湖北山头汉墓出土“曲阳君胤”玉印（图十八），湖南常德汪家山 M2 出土“安陵君印”（图十九）[2]，堪称汉代封君玉印的代表。

1

2

图十八　巢湖北山头汉墓出土“曲阳君胤”玉印及印文

图十九　常德汪家山 M2 出土“安陵君印”滑石印

1　罗福颐主编：《故宫博物院藏古玺印选》，文物出版社，1982 年，图 483。

2　湖南省文物考古研究所：《湖南常德德山西汉墓发掘报告》，《湖南考古辑刊》第 7 集，岳麓书社，1999 年，第 133—140 页。

（三）王国郡县职官印

汉代诸侯王国及郡县乡职官印仅出土“萧令之印”“堂邑令印”玉印和“司禾府印”煤精印（图二十）等，其余除“武原令印”石印外，都是滑石印。

王国职官的滑石印主要出于湖南。如长沙国的“御府长印”、“长沙仆”（图二一）、“长沙邸丞”（图二二）、“长沙都尉”、“长沙郎中令印”（图二三）、“宫司空丞之印”（图二四）、“靖园长印”、“长沙顷庙”、“长沙祝长”、“长沙司马”，等等。

郡县令长丞尉滑石印如“沅陵丞印”、“辰阳长印”、“镡成长印”（图二五）、“零阳长印”、“临沅长印”、“迁陵丞印”、“酃右尉印”（图二六）、“猛陵□印”、“阴道之印”（图二七）等。保靖县洞庭村 M77 出土与武宁郡及辖县有关的官印 7 方，分别为“沅陵丞印”“辰阳长印”“镡成长印”“零阳长印”“临沅长印”“索长之印”“府行丞事印”，墓主生前转任职位之多堪称少见。东汉时期的有“汉寿左尉”（图二八）、“索左尉印”、“沅南左尉”、“酉阳长印”、“索尉之印”、“徐闻令印”等[1]。乡印有“都乡啬夫”、“舆里乡印”（图二九）、“彭三老印”（图三十）等。

还出土一些半通滑石印，如“家丞”（图三一）、“攸丞”（图三二）、“器印”[2]（图三三）、“家印”、“发弩”等。

图二十　新疆尼雅遗址出土“司禾府印”煤精印

图二一　长沙侯家塘 M8 出土“长沙仆”滑石印

图二二　常德樟树山 M30 出土“长沙邸丞”滑石印

图二三　常德南坪 D3M27 出土“长沙郎中令印”滑石印

图二四　长沙杨家山 M7 出土“宫司空丞之印”滑石印

图二五　保靖汉墓 M77 出土“镡成长印”滑石印

1　蒋廷瑜、王伟昭：《黄泥岗 1 号墓和“徐闻令印”考》，载吴传钧主编：《海上丝绸之路研究：中国·北海合浦海上丝绸之路始发港理论研讨会论文集》，科学出版社，2006 年，第 214—216 页。

2　常德地区文物工作队等：《湖南常德县清理西汉墓葬》，《考古》1987 年第 5 期。

1　2

图二六　常德武陵酒厂 M3 出土“酃右尉印”滑石印

1　2

图二七　常德汪家山 M2（沅水 M2138）出土“阴道之印”滑石印

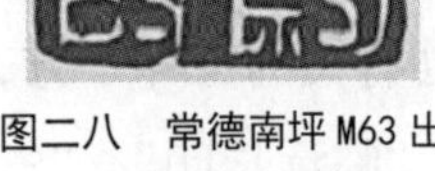

图二八　常德南坪 M63 出土“汉寿左尉”滑石印

图二九　长沙野坡 M2 出土“舆里乡印”滑石印

图三十　沅水 M2277 出土“彭三老印”滑石印

图三一　长沙冬瓜山 M3 出土“家丞”滑石印

图三二　长沙五里牌 M6 出土“攸丞”滑石印

图三三　常德樟树山 M30 出土“器印”滑石印

（四）无字玉印

汉代玉玺印中最具特色的是无字玉印。在汉代高等级的墓葬中，常常出土一些无字玉印章，目前已发现113 方（枚）[1]。无字玉印中一直未受关注、极富特色的是两广出土的无字琥珀印（图三四），也有个别为绿松石材质。这种琥珀玉印造型呈半球形，半球体上有穿孔，圆形印面，过去也被称作“馒头形”穿带印。半球形琥珀印一般和胜、珠、管等组成串饰，原来的用途可能是印坯。琥珀无字印中也有少数方印。

方形无字玉印的墓主身份有诸侯王，如中山王刘胜主室棺床前案上放置的无字玉印 2 方（图三五），徐州北洞山楚王、卧牛山楚王后（M1）各出土无字玉印 1 方（图三六），中山王后窦绾颈部有玉印 2 方、腰部有水晶印 1 方。列侯如南昌海昏侯刘贺墓出土无字玉印 1 方（图三七），河北邢台南郊西汉南曲炀侯刘迁墓出土无字玉印 2 方，广西罗泊湾 M1 和 M2、金钟“左夫人”墓都出

1　李银德：《汉墓出土无字玉印及相关问题》，待刊稿。

图三四　广州恒福路疗养院 M21 出土半球形无字琥珀印

图三五　中山王刘胜墓出土无字玉印

图三六　徐州卧牛山楚王（后）出土无字玉印

图三七　海昏侯刘贺墓出土无字玉印

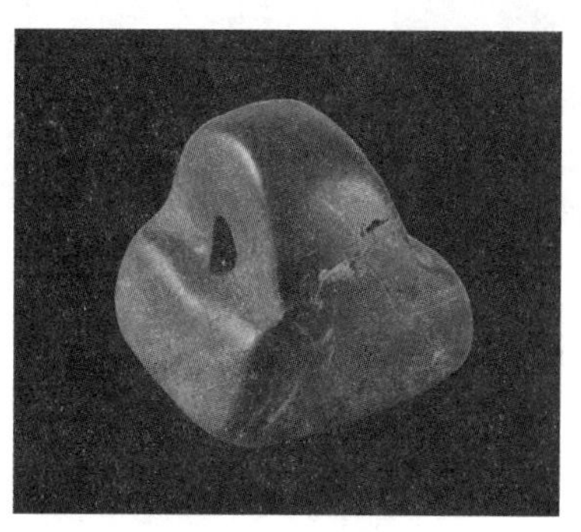
图三八　南昌市施家窑村出土无字玉印

土无字玉印 1 方；东汉的有南昌施家窑村出土的琥珀印 1 方（图三八）。除半球形琥珀无字印外，方寸无字玉印的形制毫无疑问都是爵官印，反映出汉代高等级墓葬使用明器玉印的特殊丧葬礼俗。

（五）私印

汉代印章主要用于缄封物品钤印封泥，因此即使是私印也是身份和地位的象征。玉印由于材质稀缺，玉工难求，非普通人能所及。私印都是墓主的名章，是墓主生前的实用印章，随着墓主死亡不再使用而随葬，所以私印都是实用印章。

玉质私印的墓主身份从诸侯王（后）、列侯（夫人）到宗室，更不乏郡县豪家等。如广州南越王“赵眜”（图三九）、长沙咸家湖长沙王后“曹𡡞”（图四十）、轪侯“利苍”（图四一）、沅陵侯“吴阳”（图四二）、海昏侯“刘贺”（图四三）、象氏侯“刘安意”（图四四）、列侯夫人“傅嫕”（图四五）等等。

汉代的刘氏玉印令人印象深刻，其墓葬规模也几与列侯相侔。如徐州出土的“刘慎”（图四六）、“刘婞·妾婞”、“刘犯”（图四七）、“刘和”、“刘习·臣习”、“刘治·臣治”等玉印。扬州邗江出土的“刘毋智”，临沂出土的“刘

图三九　南越王“赵眜”玉印

图四十　长沙王后“曹娱”玉印

图四一　轪侯“利苍”玉印

图四二　沅陵侯“吴阳”玉印

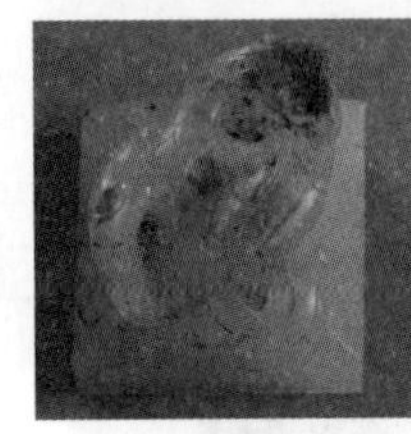

1

2

图四三　海昏侯“刘贺”玉印

图四四　象氏侯“刘安意”玉印

图四五　济南腊山列侯夫人“妾嫕”玛瑙印

疵”（图四八），长沙出土的“刘说”，以及广州出土的南越赵氏宗室“赵安”（图四九）玉印等。《汉书·昭帝纪》记载：“始元元年春二月，黄鹄下建章宫太液池中。公卿上寿。赐诸侯王、列侯、宗室金钱各有差。”说明宗室虽不能都封侯拜相，但其贵族身份确实非同一般。

此外，身份不甚明确的玉玛瑙、水晶私印名章如“许庄”（图五十）、“张高”、“桓启”（图五一）、“辛偃”（图五二）、“杨差”（图五三）、“路人”（图五四）、“李嘉”（图五五）、“向贲”（图五六）、“陈请士”（图五七）、“王霸”（图五八）、“桓平之印”（图五九）、“吕柯之印”、“吕万年印”（图六十）、“廉眺印”（图六一）、“毛明君印”（图六二）、“齐”（图六三）、“遬”等等。根据墓葬规模和随葬品，推断墓主的身份也非同一般。江陵凤凰山 M168 墓主“遂”的爵位是五大夫，在汉代二十等爵制中位列九等，属于官爵。

圆形印面在东周时即已出现，但汉代的圆形私印与东周圆柱体印不同，印体采用半球形。这种半球形琥珀印都用于私印，如“刘殖”（图六四）、“君惠”、“孟子君”（图六五）、“陈夫印”（图六六）等。

高等级汉墓中往往并非一墓一印，有些墓葬有出土 3 方玉印。如长沙咸家湖曹娱墓出土“曹娱”玉印 1 方、“曹娱”“妾娱”玛瑙印 2 方。满城中山王后窦绾墓出土无字玉印 2 方、无字水晶印 1 方。徐州火山刘犯墓、黑头山刘慎墓也都出土 2 方名章玉印和 1 方双面玉印。这些使用 3 方玉印墓主的身份都是刘氏宗室甚至是诸侯王和王后。

图四六　徐州黑头山汉墓出土“刘慎”玉印

图四七　徐州天齐山汉墓出土“刘犯”玉印

图四八　临沂洪家店汉墓出土“刘疵”玉印

图四九 广州汉墓 M1175 出土“赵安”玛瑙印

图五十　临沂银雀山 M11 出土“许庄”玉印

图五一　长沙左家塘 M1 出土“桓启”玉印

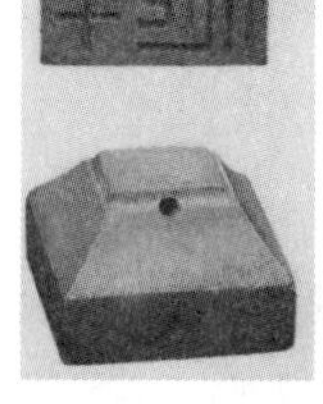
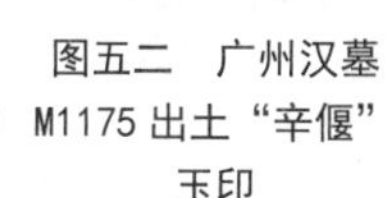

图五二　广州汉墓 M1175 出土“辛偃”玉印

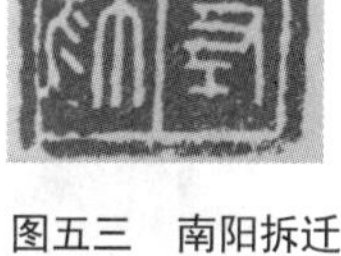

图五三　南阳拆迁办 M76 出土“杨差”玉印

图五四　南阳川光仪器厂 M27 出土“路人”玉印

图五五　广州汉墓 M1180 出土“李嘉”玉印

图五六　广州登峰花果山 M3 出土“向赍”玉印

1

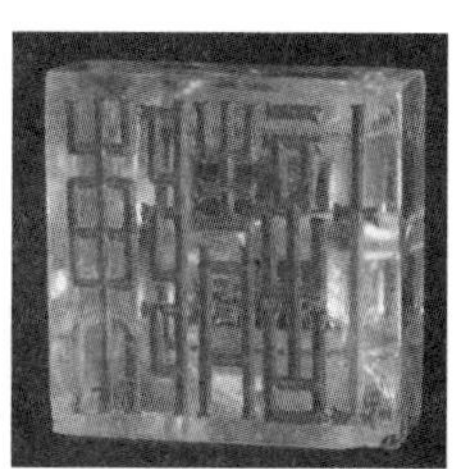

2

图五七　西安北郊范南村 M770 出土“陈请士”水晶印

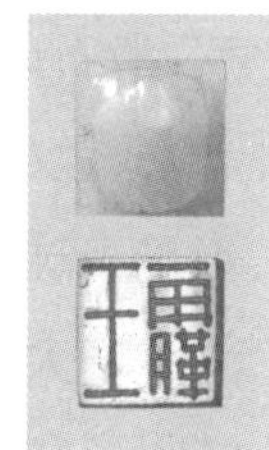

图五八　徐州大孤山 M2 出土“王霸”玉印

图五九　天长市三角圩 M1 出土“桓平之印”玉印

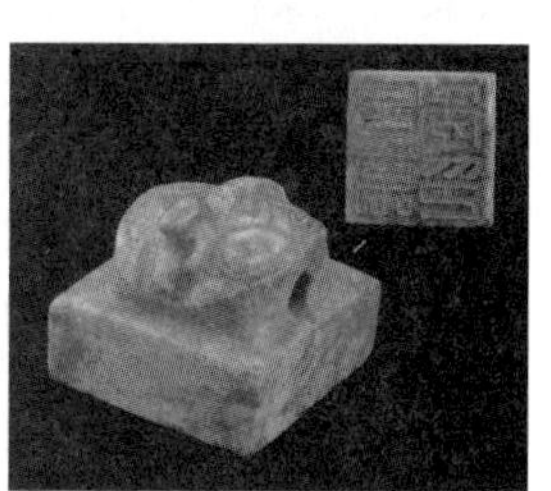

图六十　贵县火车站 M74 出土“吕万年印”玉印

图六一　宁夏永宁县通桥东汉墓出土“廉眺印”玉印

图六二　广州恒福路疗养院汉墓出土“毛明君印”玉印

图六三　长沙裕湘纱厂 M1 出土“齐”玉印

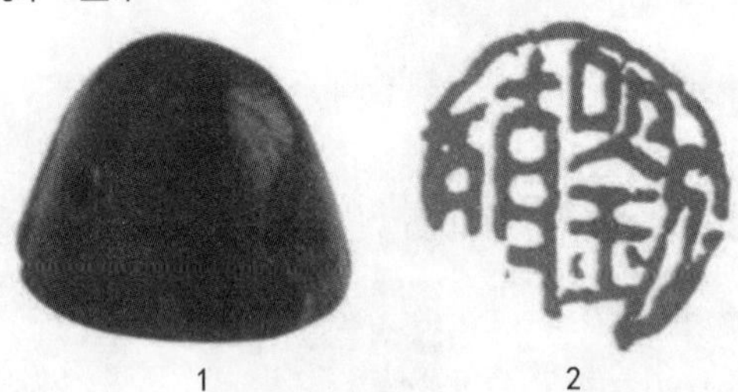

1　　2

图六四　长沙汉墓出土“刘殖”琥珀印

图六五　合浦风门岭吴茂墓 M23B 出土“孟子君”琥珀印

图六六　合浦县凸鬼岭汽齿厂 M25 出土“陈夫印”琥珀印

（六）吉语与肖形印

吉语或肖形玉印出土极少。主要有西安富平侯张安世家族墓 M4 出土龟纽“长乐未央”绿松石印（图六七），扬州甘泉姚庄 102 号墓出土的虎纽玛瑙“长乐贵富”印（图六八），海昏侯刘贺墓出土的“合欢”印，赤峰宁城出土的“宜官”滑石印，平壤石岩里 9 号墓出土的“永寿康宁”玉印（图六九），宿迁泗阳贾家墩汉墓出土“富贵”龙虎纹吉语与肖形印，贵县加工厂东汉墓 M4 出土的人牵羊半球形肖形印等（图七十）。新疆巴楚脱库孜萨来遗址出土玛瑙肖形印，印体略大于半圆形，中部有圆形穿系孔。长2.5 厘米，宽1.5 厘米，高2.2 厘米。椭圆形印面上的男子深目高鼻、长发戴宽卷檐圆形高帽，腰间系裙，脚穿长靴，肩挑鱼和草，作侧身行走姿。人物造型风格明显与中原地区不同（图七一）。

1

2

图六七　西安张安世墓出土“长乐未央”绿松石印

1

2

图六八　扬州甘泉姚庄 M102 出土“长乐贵富”玛瑙印

1

2

图六九　乐浪郡石岩里 M9 出土“永寿康宁”玉印

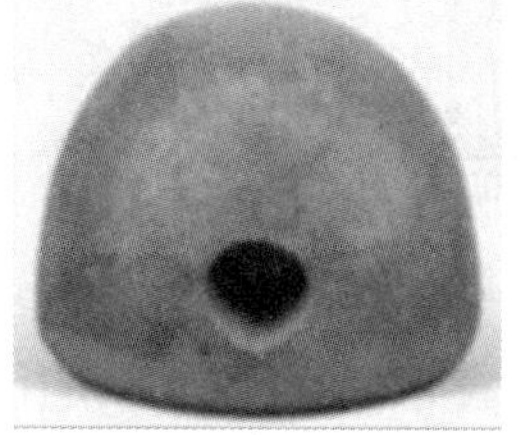
1

2

图七十　贵县加工厂东汉墓 M4 出土人牵羊印

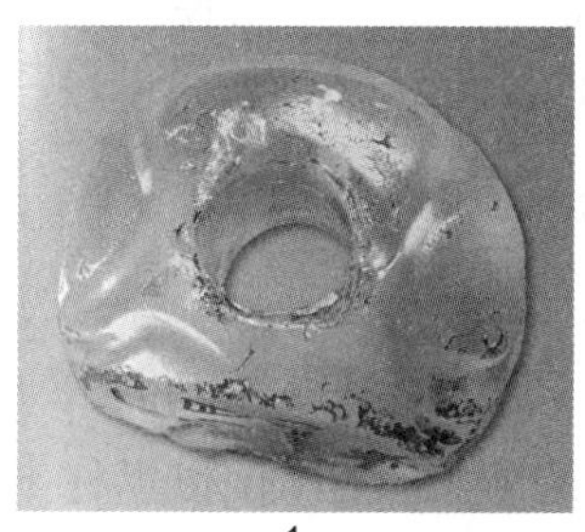
1

2

图七一　新疆巴楚脱库孜萨来遗址出土肖形印

三、汉代玉玺印的特点

考古出土数量如此众多的玉印，有其鲜明的特点。

（一）玉材丰富、纽式与规格多样

1. 玉材丰富

汉代流行使用玉材制作玺印，但玉材珍贵难求。于是在玉材稀少的情况下便广采博取，除透闪石和蛇纹石系列外，旁及玻璃、水晶、玛瑙、琥珀、绿松石、煤精、滑石和其他石材等等。当然这也都在许慎《说文解字》“玉，石之美”的范畴之内。从出土情况看，制作玉印的材料主要使用玉、琥珀和滑石。

过去一般将石印主要是滑石印独立于玉印之外，这种认识随着湘西沅水汉墓 D3M13 出土滑石壶颈腹间红漆书写的“□锺”（图七二）、滑石钫腹部一侧红漆书写的“玉钫”（图七三）文字而应予纠正。自铭解决了滑石在汉代的属

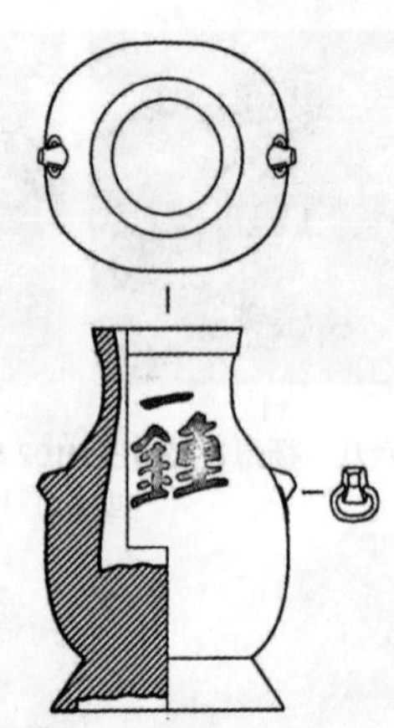

图七二　沅水下游 D3M13 出土漆书“□锺”

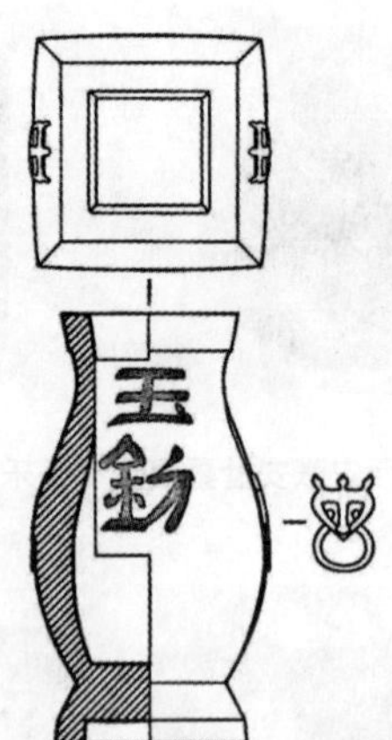

图七三　沅水下游 D3M13 出土漆书“玉钫”

性问题，即在今天看来硬度非常低的滑石，汉代人认为就是玉或者代表玉，至少在湖南及周围地区如此。

玉材的使用也反映出鲜明的地域特点，中原主要使用玉材，湖南较多使用滑石，两广以琥珀常见。琥珀是西汉中晚期出现的域外玉材，也是仅次于玉和滑石的印章材料，是海上丝绸之路中外交流的直观反映[1]。

2. 纽式多样

印纽用于穿系，《说文·金部》：“钮，印鼻也。”《广雅·释器》：“（印）钮谓之鼻。”玉印纽受玉材硬度限制，不能随意塑形，但也堪称丰富多样。如螭虎、虎、熊、鸱鸮、雁、蛇、龟、羊、蛙等动物纽，以及覆斗（亦作盝顶）、楔形、鼻、瓦（桥）、坛、穿孔等几何形纽（图七四至图九十），几乎包含了汉印的主要纽式。纽式中龟纽在甘肃敦煌悬泉置出土的“元致子方”帛书中被称为“龟上”[2]。

应劭《汉官仪》：“印者因也。所以虎钮，阳类。虎，兽之长，取其威猛以执伏群下也；龟者阴物，抱甲负文，随时蛰藏，以示臣道，功成而退也。”按此规定只有帝后和诸侯王才能使用虎纽，但根据出土玉印纽式的情况，实际使用并不严格。“皇后之玺”、南越王赵眜的“帝印”和中山王刘胜的两方螭虎纽无字印符合规制，4 方印中除刘胜的 1 方（1：5170）外，3 方印座的 4 个侧面均阴刻卷云纹。显然螭虎纽玉印印座周侧阴刻卷云纹，才是最高等级的帝王玺印。广州赵延康墓螭虎纽无字印、徐州黑头山刘慎墓螭虎纽名章、扬州甘泉姚庄 102 号墓的虎纽“长乐贵富”吉语印等，虽然使用的也是螭虎纽，但不仅螭虎造型与帝王印螭虎纽有异，印座也没有卷云纹装饰，墓主身份最高也只是宗室。

覆斗形纽几为玉印所独有，这种纽式在其他材质的印章中很少使用。覆斗

1　崔璨、周晓陆：《考古发现所见两汉琥珀印探述》，《文博》2022 年第 1 期。
2　甘肃省文物考古研究所：《敦煌悬泉汉简释文选》，《文物》2000 年第 5 期。

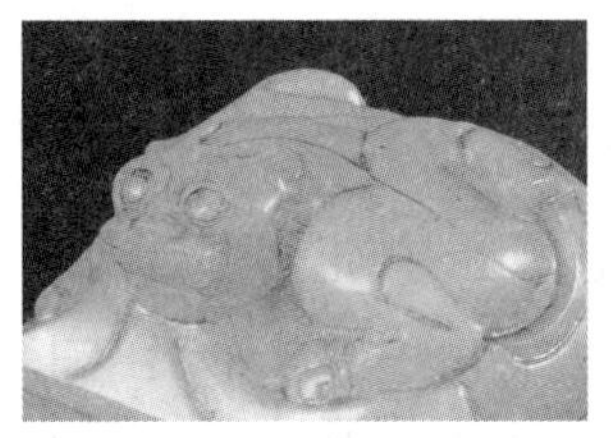
图七四　咸阳出土螭虎纽“皇后之玺”

图七五　徐州黑头山出土螭虎纽“刘慎”玉印

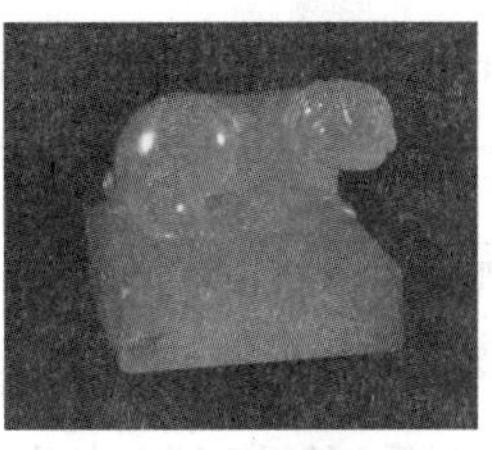
图七六　邗江甘泉东汉2号墓出土虎纽玛瑙印

图七七　海昏侯刘贺墓出土龟纽玉印

图七八　徐州大孤山王霸墓出土龟纽玉印

图七九　合浦望牛岭M1出土龟纽“庸母印”

图八十　合浦九只岭M5：83出土龟纽琥珀印

图八一　盱眙县东阳汉墓出土羊纽玉印

图八二　合浦堂排M1出土蛇纽琥珀印

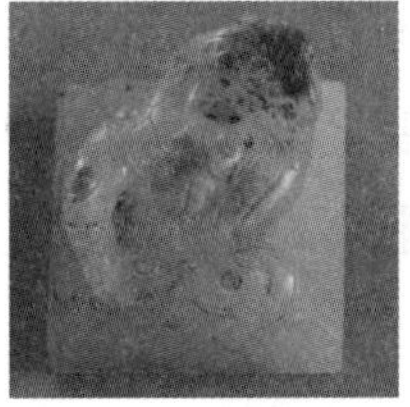
图八三　海昏侯刘贺墓出土鸮纽玉印

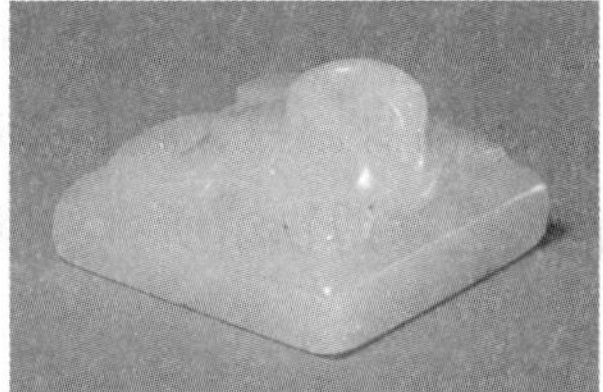
图八四　婕妤妾娋雁纽玉印

图八五　青岛黄岛巴土山屯M6出土覆斗纽“刘林”玉印

图八六　沅水下游D8M3出土鼻纽滑石印

图八七　汉阳陵陪葬墓出土瓦（桥）纽玉印

图八八　广州汉墓M1173出土楔形纽玉印

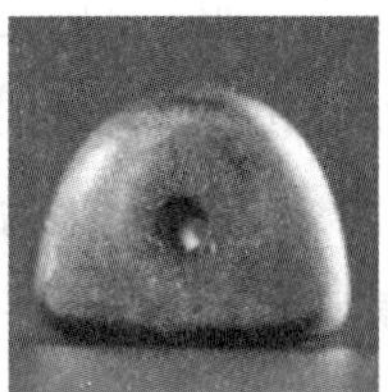
图八九　广州恒福路银行疗养院M21出土穿纽琥珀印

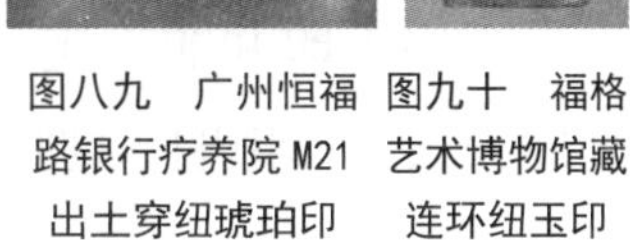

图九十　福格艺术博物馆藏连环纽玉印

虽然相同，但四个斜面又有些许变化，如斜直面、斜凹弧面等；纽孔有覆斗两侧对钻，覆斗上对钻孔，以及覆斗上鼻纽孔等。南越王墓还有未穿透覆斗形纽孔、印纽顶端较圆滑成抛物线形等情况。

覆斗形纽无字玉印在诸侯王墓中出土较多，如广州南越王墓、徐州北洞山楚王墓、卧牛山楚王（后）墓、巨野红土山汉墓等都是如此。传世的“淮阳王玺”也是覆斗形纽。从上述例证看，诸侯王可能主要使用覆斗形纽玉印。

目前所见列侯使用玉印的纽式，海昏侯刘贺无字玉印使用的是龟纽，莲花罗汉山“安成侯印”玉印纽已残。结合长沙马王堆汉墓出土“轪侯之印”龟纽铜印[1]，徐州簸箕山出土“宛朐侯埶”龟纽金印[2]，莲花罗汉山出土“安成侯印”龟纽金印[3]等情况，尽管印章材质不一，都符合使用龟纽印制的规定。邢台南曲炀侯刘迁墓出土覆斗形纽无字玉印2方，南越王墓陪葬夫人出土覆斗形无字玉印多方，贵县罗泊湾M1和M2夫人墓、贺县金钟村M1左夫人墓各出覆斗形无字玉印1方，表明列侯及夫人也可以使用覆斗形纽玉印。

一些玉印的印纽还具有很高的艺术性。如“刘慎”螭虎纽玉印，螭虎卧姿，虎目圆睁，双耳耸立，虎鼻凸起，爪平放，尾蜷曲于身侧，背上有一桥形凹穿，穿面刻画阴线菱形纹。又如传世的“婕妤妾娋”印集印材、印纽、印文之美于一身，其印纽造型灵动，过去被称为凫纽、鸟纽、隼纽、鸳鸯纽等，不一而足。实际为雁纽。《汉书·刘向传》记载秦始皇陵有“黄金为凫雁”，《汉书》记载玉璧中有雁璧。秦始皇陵7号铜水禽陪葬坑出土20只铜雁[4]，陕西神木、山西朔县及襄汾、广西合浦[5]和江西南昌海昏侯刘贺墓[6]等都出土了雁衔鱼铜灯，至于出土的雁足铜灯更是枚不胜举。可见雁在秦汉时期出现较为普遍，是祥瑞的象征。再如刘贺的鸮纽玉印[7]，鸮匐身回首，瞠目张喙，玉质温润，堪称汉印印纽中的上乘之作。哈佛大学福格艺术博物馆所藏战国西汉时期的双连环纽无字玉印[8]，是仅见的玉印纽式（图九十）。

3. 规格多样

由于玉材难求，玉器往往规格大者更显珍稀，玉印也是如此。身份高者玉印的尺寸更大，如“皇后之玺”、刘胜的螭虎纽无字玉玺等，印面尺寸达2.8厘米。但是滑石制作的明器官印则尺寸偏大，印面不少为2.5厘米，“门浅”印面尺寸达2.7厘米，“临湘令印”尺寸为2.7—2.8厘米，“长沙顷庙”尺寸为2.7—2.9厘米，“长沙仆”印甚至达到了2.8—3.1厘米。这些都大于制度上的方寸之印。

无字玉印并非一定比同墓中有印文的尺寸大、等级高。例如广西罗泊湾M2“夫人”玉印边长2厘米，高1.5厘米；而无字玉印（M2：103）仅边长1.6厘米，

1 湖南省博物馆，湖南省文物考古研究所：《长沙马王堆二、三号汉墓》，文物出版社，2004年，第24页，彩版三：第1—2页。

2 徐州博物馆：《徐州西汉宛朐侯刘埶墓》，《文物》1997年第2期。

3 江西省文物考古研究院，萍乡市莲花县文物办：《江西莲花罗汉山西汉安成侯墓》，上海古籍出版社，2017年，第63页，彩版九七：1—4。

4 陕西省考古研究所，秦始皇兵马俑博物馆：《秦始皇陵园K0007陪葬坑发掘简报》，《文物》2005年第6期。

5 麻赛萍：《汉代灯具研究》，复旦大学出版社，2016年，第39页。

6 江西省文物考古研究院，中国人民大学历史学院考古文博系：《江西南昌西汉海昏侯刘贺墓出土铜器》，《文物》2018年第11期。

7 王仁湘：《围观海昏侯鸮啸方寸间》，“器晤”微信公众号文章，2016年5月18日。

8 邓淑苹：《玉玺印》，载《故宫文物月刊》第2卷第8期，1984年，第78—88页。

高 0.9 厘米。金钟 M1 出土无字玉印（M1∶74）边长 1.5 厘米，高 1.1 厘米；而“左夫人印”（M1∶77）边长 2.2 厘米，高 1.6 厘米。西安西北医疗设备厂 M170 陈请士墓出土印章 4 方中，有印文的玉印（M170∶36）印面边长 2.1 厘米，高 1.5 厘米；水晶印（M170∶35）印面边长 2 厘米，高 1.5 厘米。无印文的覆斗形瓦纽玉印（M170∶33）印面边长 1.65 厘米，高 1.1 厘米，桥纽玉印（M170∶34）印面边长 1.55 厘米，高 1.45 厘米。上述有印文的官私印，无论印面尺寸还是印章高度都比无字的玉印大，无字玉印的尺寸距方寸之印也尚有距离，个中的原因仍有待探讨，不过显然不宜简单地认定为“同墓中，无字玉印一定比有印文的印章职级更高[1]”。

（二）玉玺印的性质

玉印相对于其他材质的印章，使用者的身份、等级较高，但墓葬中的出土玉印也并非单一性质。

1. 官印明器

汉代官爵玺印有严格的管理制度，诸侯王、列侯的玺印必须传给嗣王（侯），国除或无继承人则须上缴汉廷。从考古发现分析王侯薨后可以制作明器印章随葬，这种随葬明器印以金、玉、铜质为主，玉明器印较为多见。王侯薨后随葬印面朱墨书印文的玉印，并不降低其在随葬品的重要地位。玉印在墓内放置的位置也非常突出，如中山王刘胜主室玉衣的南侧，推测在棺床前原当置有漆案之类的器物。与案饰共出的随葬品有鼎、釜、勺、带钩等铜器，尊、盘等漆器，以及未刻字的玉印等，估计这些器物原来可能置于案上，不过更多的是随身放置或放在椁箱中。

汉代官员离职即被收缴印绶，《汉书·龚舍传》记载汉哀帝时拜龚舍为太山太守，“上书乞骸骨……天子使使者收印绶”。类似的记载颇多。孙慰祖认为“秦汉时代官吏殉葬用印是需要另作明器的”，“以原印殉死则需要由皇帝特赐”[2]。考古发掘出土印章表明，诸侯国和侯国的职官，郡县守令长丞尉以及乡啬夫、三老等也使用明器官印随葬。有些墓主生前曾在多地任职，为了彰显生前荣耀，墓内便随葬多方明器官印。

张家山汉简《二年律令·贼律》[3]，对伪写官印、盗印、私假人者和失印的惩罚措施从腰斩直到黥为城旦舂；张家界古人堤东汉简《贼律》则更加全面、完善[4]。根据上述相关律令，以明器玉印随葬显然是经过朝廷同意或默许的，是

1 周波、刘聪、周黎：《徐州狮子山楚王陵“食官监”陪葬墓墓主人探析》，《四川文物》2020 年第 3 期。

2 孙慰祖：《中国印章历史与艺术》，外文出版社，2010 年，第 73—74 页。

3 张家山二四七号汉墓竹简整理小组：《张家山汉墓竹简［二四七号墓］（释文修订本）》，文物出版社，2006 年。

4 张春龙、胡平生、李均明：《湖南张家界古人堤遗址与出土简牍概述》，《中国历史文物》2003 年第 2 期。

一种制度性行为，当然也可以看做是一种丧葬习俗。

2. 装饰功能

玉印本身温润晶莹，除实用功能外还具有很强的装饰性。官印与绶带有相应的制度，印、绶佩戴可以相得益彰（图九一）。私印也可以丰富多彩。如长沙咸家湖长沙王后墓中，出土的“曹娱”玉印有金丝穿在纽孔中，说明并非用绶带直接系结。徐州翠屏山刘治墓洞室东部的漆奁中，放置1方“刘治·臣治”双面穿带玉印，并和圆形墨玉珠、铲形绿松石片、扁圆形玉珠、玛瑙珠等串饰在一起，说明原来是共同穿系佩戴的（图九二），体现出汉人佩戴玉印的情趣和审美。两广的半球形琥珀印多和珠、瑞兽、扁壶珠、胜形饰等形制多样的微雕玉饰一起出土（图九三），又如合浦风门岭 M23B：27 串饰由玉管 2、葫芦形

图九一　北洞山楚王墓彩绘陶俑右腿外侧丝带悬挂的“郎中”半通印

图九二　“刘治·臣治”穿带双面玉印及玉串饰

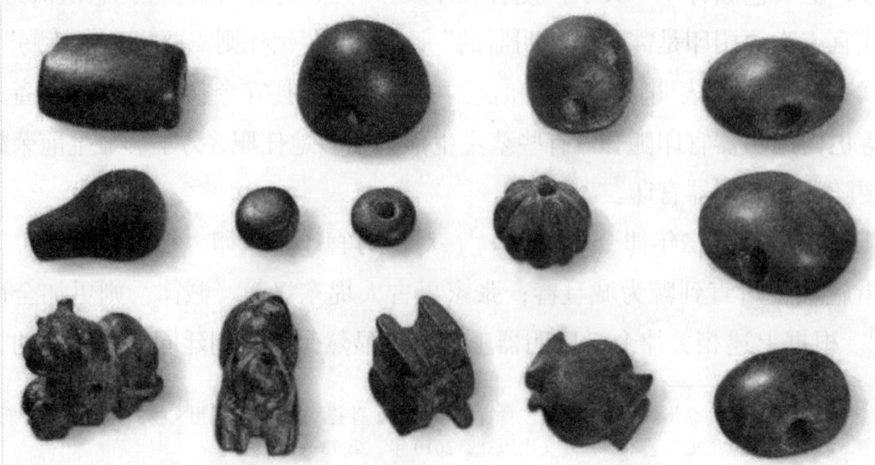

图九三　合浦县北插江盐堆 1 号墓出土珠饰和琥珀印

玛瑙1、橄榄形玛瑙18、缠丝玛瑙2、半球形琥珀印2枚组成，其中一件印文“孟子君”。显然这些琥珀印作为串饰佩戴，装饰性和实用性并重。其中与串饰组合的半球形琥珀无字印，可能仅仅是具有装饰功能的印坯。

作为战国、秦汉时期私印中的吉语印，吉祥词语蕴含着修身自省等特殊的意义。吉语印既是印玺，也是古人佩戴的装饰品；肖形印除装饰外，还具有辟邪厌胜的功能。

3. 口琀

汉墓内出土的玉印基本都表示墓主的身份或姓名，但有些玉印也被用作口琀。用作口琀也有三种不同情况：其一是用墓主的名章作琀，如江陵凤凰山168号墓以自名“遂”的玉印作口琀（图九四），长沙咸家湖王后墓以系金丝环的“曹㜎”覆斗形玉印作口琀（图九五），徐州黑头山汉墓以3方“刘慎”玉印作口琀（图九六至图九八）。其二是用其他玉印作口琀，如海昏侯刘贺以“合欢”吉语印作口琀（图九九），徐州琵琶山卫武墓以“李多”玉印作口琀。其三是以无字玉印作口琀，如徐州九里山M2以1件无字玉印作琀（图一〇〇），徐州子房山M28则以两件无字玉印作琀（图一〇一）。

图九四　江陵凤凰山M168出土“遂”玉印口琀

图九五　长沙咸家湖王后墓出土“曹㜎”玉印口琀

图九六　黑头山刘慎墓出土覆斗形纽“刘慎”玉印口琀

图九七　黑头山刘慎墓出土螭虎纽“刘慎”玉印口琀

图九八　黑头山刘慎墓出土穿带纽“刘慎”双面玉印口琀

图九九　海昏侯刘贺“合欢”玉印口琀

图一〇〇　徐州九里山M2出土无字玉印口琀

图一〇一　徐州子房山M28出土无字玉印口琀

（三）东汉玉玺印的衰退

与西汉出土大量玉玺印相比，东汉玉印已经明显趋于衰落，出土的数量很少。其原因首先应是玉材匮乏。经西汉大量使用，东汉与西域“三通三绝”，使玉材非常匮乏，甚至东汉玉衣片很多也用石材制作。其次可能与东汉墓葬半地穴式或建于平地隐蔽性差、封土规模比较小更易于盗掘有关。再次更可能与东汉使用玉印减少有关。目前所见具有代表性的有邗江甘泉双山 2 号东汉广陵王刘荆墓出土的虎纽玛瑙无字印，广西合浦黄泥岗东汉墓的“徐闻令印”，新疆民丰尼雅遗址的东汉煤精“司禾府印”，湖南出土东汉的多方长丞滑石印，等等。

四、余论

汉代印章出土相对较多，但玉印则是少之又少。河南洛阳烧沟 225 座汉墓中，无 1 方玉印出土。湖南益阳罗家嘴 42 座汉墓中也未出土 1 方玉印[1]。广州的 409 座汉墓中，仅出土 9 方玉印，其中无字玉印 3 方。沅水下游 485 座汉墓中，有 32 座墓葬出土各种材质的印章 39 方，其中玉印 2 方，无印文的滑石印 9 方，有印文的滑石印 19 方；出土玉印的墓葬 12 座，占墓葬总数的 2.5%，这个占比在各地考古发掘的汉墓群中已是最高的，足见玉印的稀少程度。[2]

根据已公布的资料，截至目前出土玉印 327 方（枚）。其中官印 89 方（表一），无字玉印 54 方，无字滑石印 33 方，私印 119 方（表二），琥珀半球形无字印 25 枚，吉语形肖印 7 方。此外，商承祚先生著录的 10 方滑石印未统计在内；有些虽然已经公布，但缺乏出土地点等信息的未统计在内；此外已发掘出土尚未公布的还有一些；当然，笔者在搜集资料中也不免挂一漏万。综合这些因素，保守估计汉墓出土玉印的数量约 350 方。

出土汉代玉玺印中的“皇后之玺”比较特殊，与史料记载并不一致。东汉卫宏撰《汉旧仪》称汉代“皇帝六玺，皆白玉螭虎钮，文曰‘皇帝行玺’‘皇帝之玺’‘皇帝信玺’‘天子行玺’‘天子之玺’‘天子信玺’。‘皇后玉玺，文与帝同，皇后之玺，金螭虎钮’”。蔡邕《独断》说：“皇后赤绶玉玺。”孙慰祖认为《汉旧仪》中有关皇后玺的文字似有脱讹，“现在的实际情况似乎是：皇后玉玺与帝同，文曰‘皇后之玺，玉螭虎钮’”[3]。周晓陆认为“皇后之玺”印文

1　湖南省文物考古研究所：《益阳罗家嘴楚汉墓葬》，科学出版社，2016 年。

2　湖南省常德市文物局，常德博物馆等：《沅水下游汉墓》，文物出版社，2016 年。

3　孙慰祖：《从“皇后之玺”到“天元皇太后玺”——陕西出土帝后玺所涉印史二题》，《上海文博论丛》2004 年第 4 期。

风格应是景、武时期制作，是为寝庙中的供奉之玺[1]。周氏之论笔者深以为然，该玺虽然也是出土，但印文风格表明其并非吕后陵内随葬的明器玉玺，而是寝庙中的供奉玺或其他皇后陵墓内早年被盗出的明器玉玺。

有关王侯以下使用玺印制度《汉旧仪》有详细的记载："诸侯王印，黄金橐驼钮，文曰'玺'，赤地绶；列侯，黄金印，龟钮，文曰'印'；丞相、将军，黄金印，龟钮，文曰'章'；御史大夫、匈奴单于黄金印，橐驼钮，文曰'章'；御史、二千石银印，龟钮，文曰'章'；千石、六百石、四百石铜印，鼻钮，文曰'印'。二百石以上皆为通官印。"这些记载与发掘出土的印章只能说大体相符，其原因有学者认为记载中有传误[2]，或为墓葬出土都是明器印。

汉代官印明器亦被称为蜜印、密印、冥印[3]。蜜印最早见诸记载是魏晋时期，系用蜜蜡仿制生前官印赠予死者随葬，如魏时王基、晋时山涛等死后追位司空或司徒，赠以侯伯等蜜印绶等[4]。罗福颐先生认为古官印："今据所知，其实传世者皆明器，殉葬物尔。印章乃一朝制度，当时官吏之升降死亡，莫不由主者收回，不能流散民间也。"[5]滑石印亦被认为多为非专业治印、文字素养缺失的技工所作，可能就是明器制作者所为[6]。滑石印中不仅印文草率，而且有如"御府长印"的正书现象，实用印文应作反书刻制后，钤印封泥形成印迹的才是正体；有些印文正反书并用，如"宫司空丞之印"等。汉印的印文顺序基本都是顺时针右上左下，但"临湘丞印"顺序则为左右右左，"临沅令印"逆时针由左向右读。我们不能说这些印文的书刻者连基本的阅读顺序也不懂，如此随意皆为明器之象，应该从明器官印的丧葬制度和习俗来理解。

无字玉印中除半球形琥珀圆印尚不确定是否有书写印文外，入葬时都应有朱、墨书印文，也都属于官印范畴。随葬无字玉印的现象在战国中期楚墓中即已出现，汉代较为流行。这种书写印文的情况在其他材质的印章上也有发现，如广州华侨新村玉子岗汉墓[7]、广州汉墓、合浦母猪岭汉墓都有少量无字铜印出土。沅水下游汉墓出土无印文的铜印2方，M2408出土铜印仍可辨墨书"□长之印"（图一〇二）。长沙湖南省政府工地M5还出土了印面只有刻痕的龟纽铜印。

1 周晓陆：《考古印史》，中华书局，2020年，第236页。

2 叶其峰：《秦汉南北朝官印鉴别方法初论》，《故宫博物院院刊》1989年第3期。

3 黄展岳：《关于武威雷台汉墓的墓主问题》，《考古》1979年第6期。

4 萧亢达：《关于汉代官印随葬制度的探讨》，载《秦汉史论丛》第7辑，中国社会科学出版社，1998年，第272—283页。

5 罗福颐主编：《秦汉南北朝官印征存》，文物出版社，1987年，第1页。

6 曾子云：《长沙出土滑石印风格概述》，《书画艺术学刊》第5期，台湾艺术大学，2008年，第185—206页。

7 吴凌云：《考古发现的南越玺印与陶文》，内部印刷，2005年，第228页。

再如连云港尹湾汉墓出土的木印上也有朱书遗痕[1]。长沙汉墓出土1方滑石印面上的墨书印文仍保存较好，印文“御府长印”清晰可辨（图一〇三）。青岛土山屯刘赐墓出土“萧令之印”“堂邑令邑”墨书印文保存完好（图一〇四），已为那些出土时已无印文的玉印，提供了下葬前可能都有书写印文的例证。上述例证还说明官印明器朱、墨书印文是较为普遍的现象，并非玉印所独有，只是目前发现玉印的数量较多而已。

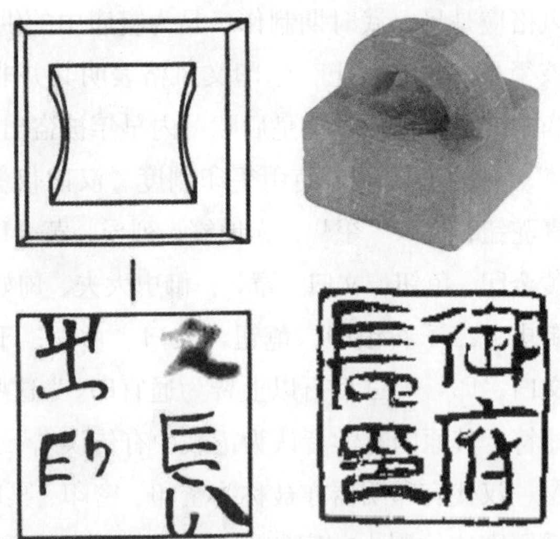

图一〇二　沅水下游 M2408 出土墨书“□长之印”铜印

图一〇三　长沙下河街 M6 出土墨书“御府长印”滑石印

图一〇四　土山屯刘赐墓出土 2 方墨书玉印

玉材具有耐腐性的优点，使玉印虽经漫长的二千年岁月仍能很好地保留本真面目，这是其他材质的印章无法比拟的。玉有独特的质地和美感，被秦汉王朝特别重视，玉印成为显示等级地位的实用品、礼仪用品、装饰品和随葬品。汉代玉印大部分是白文样式，布局端庄严整。文字的面貌丰富多样，除滑石印刻制粗率外，其代表性的风格是雅致工稳，也有线条盘曲萦绕、极具动态美感的鸟虫篆。竖长字形的竖势笔画，修长舒展，俊穆而雍容，构成了汉代玉印的独特风格。玉印是文字与玉材的完美结合，印文丰富的内涵，涉及政治、经济、职官、地理、军事诸方面。黄宾虹曾言：“一印虽微，可与寻丈摩崖、千钧重器同其精妙。”玉印既是印章又是玉器，明器玉官印还是汉代葬玉体系的组合之一，其蕴含的多方面意义理应受到玉学研究者的重视。

附记：笔者在搜集资料过程中，得到邓淑苹、周晓陆、陈松长、喻燕姣、李则斌、徐琳、左骏、孔品屏、索德浩、朱棒等师友的热忱帮助，特此致谢！

1　连云港市博物馆：《江苏东海县尹湾汉墓群发掘简报》，《文物》1996 年第 8 期。

表一　出土汉代爵官印登记表

编号	名称	质地	纽式	尺寸（厘米）	出土地点	年代
1	皇后之玺	玉	螭虎	2.8×2.8–2	咸阳狼家沟	西汉
2	帝印	玉	螭虎	2.3×2.3–1.6	广州南越王墓	西汉
3	泰子	玉	覆斗	2.05×2.05–1.25	广州南越王墓	西汉
4	夫人	玉	桥	2.0×2.0–1.5	贵县罗泊湾 M2	西汉
5	左夫人	玉	龟	2.2×2.2–1.6	贺县金钟村 M1	西汉
6	曲阳君胤	玉	覆斗	2.×12.1–1.8	巢湖	西汉
7	安陵君印	石	鼻	2.6×2.3–1.2	常德汪家山 M2	西汉早
8	劳邑执刲	琥珀	蛇	2.3×2.3–2.1	合浦排堂 M1	西汉
9	猛陵□印	石	桥	2.9×2.9	藤县鸡谷山 M1	西汉晚
10	迁陵侯印	滑石	鼻	2.2×2.2–1.3	长沙新火车站汉墓	西汉
11	侯	滑石	桥	1.9×1.8–1.6	大庸三角坪 M171	西汉
12	安国君	滑石	坛	1.2×1.2	榆次王湖岭 M4	秦汉
13	桂丞	滑石	坛	2.3×2–1.3	长沙子弹库 M2	东汉
14	都武	滑石	鼻	2.4×2.3–1.6	长沙黄土岭 M2	西汉
15	萧令之印	玉	无	2.47×267	青岛土山屯刘赐墓	西汉
16	堂邑令印	玉	无	2.47×2.67	青岛土山屯刘赐墓	西汉
17	都司马印	滑石	桥	3.0×3.0–1.5	淄博临淄区 M1	西汉
18	武原令印	石	无	2.3×2.3–1	枣庄台儿庄	西汉
19	长沙都尉	滑石	龟	2.6×2.5	长沙五一路邮局 M1	西汉
20	长沙仆	滑石	鼻	3.1×2.8–1.7	长沙侯家塘 M8	西汉早
21	御府长印	滑石	鼻	2.0×2.2	长沙下河街 M6	西汉早
22	长沙郎中令印	滑石	孔	2.9×2.9–1.4	沅水下游 D3M27	西汉
23	长沙邸丞	滑石	桥	2.3×2.3–1.9	常德樟树山 M30(M2248)	西汉早
24	长沙□长	滑石	鼻	2.2×2.2–1.6	长沙近郊汉墓	西汉早
25	长沙祝长	滑石	鼻	2.2×2.2–1.1	长沙近郊汉墓	西汉早
26	长沙司马	滑石	鼻	2.6×2.5–1.2	长沙近郊汉墓	西汉早
27	长沙司马	滑石	鼻	2.5×2.5–1.7	长沙近郊汉墓	西汉早
28	逃阳令印	滑石	坛	2.3×2.1–1.4	长沙杨家山苏郢墓	西汉早
29	洮阳长印	滑石	坛	2.7×2.6–1.7	长沙杨家山苏郢墓	西汉早
30	洮阳丞印	滑石	鼻	2.7×2.5	长沙火车站汉墓	西汉早

（续表）

编号	名称	质地	纽式	尺寸（厘米）	出土地点	年代
31	临湘令印	滑石	鼻	2.8×2.7–2.6	长沙陈家大山 M1	西汉中
32	临湘之印	滑石	瓦	2.3×2.3–1.6	沅水下游 M2137	西汉
33	临湘丞印	滑石	鼻	2.5×2.4–1.2	长沙近郊	西汉早
34	临沅令印	滑石	覆斗	2.1×1.8–1.1	长沙近郊	西汉早
35	家丞	滑石	鼻	2.2×1.3–1.1	长沙冬瓜山 M3	西汉早
36	家丞	滑石	覆斗	2.2×1.3	长沙人民医院 M4	西汉
37	家印	滑石	覆斗	2.5×1.6–1.5	常德武陵酒厂 M2	西汉
38	宫司空丞之印	滑石	鼻	2.4×2.4–1.6	长沙杨家山 M7	西汉
39	宫丞之印	滑石	鼻	2.1×2.1–1.5	长沙窑岭上 M1	西汉早
40	发弩	滑石	覆斗	2.2×2.1	长沙城南水厂 M3	西汉
41	器印	滑石	覆斗	1.9×1.5–1.9	常德樟树山灌溪 M30	西汉早
42	泠道尉印	滑石	鼻	2.3×2.2–1.7	长沙南塘冲 M8	西汉早
43	广信令印	滑石	鼻	2.6×2.5–2.3	长沙子弹库 M23	西汉中
44	舆里乡印	滑石	龟	2.4×2.4–1.7	长沙野坡 M2	西汉
45	都乡啬夫	滑石	鼻		长沙王佩龙子山 M3	西汉
46	舂陵之印	滑石	鼻	2.5×2.1–0.8	长沙魏家堆 M4	西汉早
47	门浅	滑石	覆斗	2.6×2.7–2	长沙斩犯山 M7	西汉早
48	荼陵	滑石	鼻	2.5×1.8–1.9	长沙魏家堆 M19	西汉早
49	攸丞	滑石	坛	2.3×2.3–1.8	长沙五里牌 M6	西汉中
50	右尉	滑石	覆斗	2.4×2–1.3	沅水下游 M2261	西汉
51	酉阳长印	滑石	鼻	2.4×2.2–1.9	长沙近郊	西汉早
52	沅陵丞印	滑石			保靖汉墓 M77	西汉晚
53	辰阳长印	滑石			保靖汉墓 M77	西汉晚
54	镡成长印	滑石			保靖汉墓 M77	西汉晚
55	零阳长印	滑石			保靖汉墓 M77	西汉晚
56	临沅长印	滑石			保靖汉墓 M77	西汉晚
57	索长之印	滑石			保靖汉墓 M77	西汉晚
58	府丞事丞印	滑石			保靖汉墓 M77	西汉晚
59	靖园长印	滑石	鼻	3×2.8–2.1	长沙杜家坡 M2	西汉早
60	长沙顷庙	滑石	鼻	2.9×2.7–2	长沙潘家坪 M2	西汉中

（续表）

编号	名称	质地	纽式	尺寸（厘米）	出土地点	年代
61	罗长之印	滑石	鼻	2.5×2.5−1.5	长沙近郊	西汉早
62	鄐右尉印	滑石	坛	2.6×2.6−1.8	常德武陵酒厂 M2113	西汉
63	陆粮尉印	滑石	坛	2.4×2.3−1.7	长沙月亮山 M25	西汉早
64	镡成令印	滑石	鼻	2.7×2.6−1.7	长沙南塘中 M24	西汉晚
65	镡成长印	滑石	瓦	2.5×2.3−2	武陵酒厂 M2096	西汉
66	镡成长印	滑石	桥	2.4×2.3−2	沅水下游 D10M1	西汉
67	阴道之印	滑石	瓦	2.5×2.4−1.8	常德汪家山 M2	西汉早
68	武冈长印	滑石	鼻	2.2×2.2−1.5	长沙杨家山 M3	西汉早
69	故陆令印	滑石	龟	2.1×2−1.8	长沙杜家坡 M801	西汉中
70	长赖长印	滑石	鼻	2.3×2.3	长沙解放路 M15	西汉
71	孱陵长印	滑石		2.4×2−1.3	长沙王家珑 M1	西汉
72	长沙司马	滑石	桥	3.2×2.2−1.9	沅 M2281	西汉早
73	孱陵丞印	滑石	瓦	2.05×1.8−1.2	沅 D1M2	西汉中
74	彭三老印	滑石	鼻	1.75×1.55	沅 M2277	西汉早
75	汉寿左尉	滑石	残	2.7×2.7−2	常德南坪 M63(M2401)	东汉中晚
76	酉阳长印	滑石	坛	2.5×2.5	常德南坪 M1	东汉
77	酉阳丞印	滑石	覆斗	2.7	常德武陵东江汉墓	东汉中晚
78	索左尉印	滑石	桥	2.8×2.8	大庸 WM2	东汉中
79	索左尉印	滑石	覆斗		常德武陵东江汉墓	东汉
80	索尉之印	滑石	龟	2.5×2.5	津市市新洲豹鸣村汉墓	东汉
81	索丞之印	滑石	鼻	2.8×2.8	大庸邮电公寓 M56	东汉
82	沅南左尉	滑石	桥	2.7×2.7	大庸 WM4	东汉中
83	沅南丞印	滑石	覆斗	2.3×2.1	武陵东江汉墓	东汉
84	迁陵丞印	滑石			保靖四方城 M79	东汉
85	孱陵长印	滑石	鼻	2.1×2	长沙东塘汉墓	东汉
86	龙川长印	滑石	桥	3.2×2.9	郴州国庆中路 M3	东汉早
87	浈阳丞印	滑石	桥	2.2×2.2	郴州磨心塘 M2	东汉早
88	徐闻令印	滑石	瓦	2.3×2.3	合浦黄泥岗汉墓	东汉早
89	司禾府印	碳精	桥	2×2×1.5	民丰尼雅遗址	东汉

表二 出土汉代玉私印登记表

编号	印文	质地	纽式	尺寸（厘米）	出土地点	年代
1	秦狼	玉	桥	1.7×1.7–1.5	陕县东周秦汉 M3411	秦末汉初
2	赵敬	绿松石	桥	1.12×0.92–1.9	陕县东周秦汉 M3026	秦末汉初
3	屠下印	玉			徐州马棚山	战末汉初
4	陈请士	玉	覆斗	2.1×2.1–1.2	西安西北医疗设备厂 M170	西汉中
5	陈请士	水晶	覆斗	2×2–1.5	西安西北医疗设备厂 M170	西汉中
6	韩咎私印	玉	覆斗	1.9×1.9–1.4	西安顶益公司 M51	西汉早
7	陈乐成	玉	桥	1.4×1.4–1.3	西安张千户村汉墓	西汉
8	王意	玉	覆斗	2.1×2.1–1.2	凤翔西沟道汉墓	西汉中
9	王安国	玉	覆斗	1.9×1.9–1.6	西安阳陵陪葬墓 M553	西汉
10	雍黔	玉	覆斗	2×2–1.3	阳陵陪葬墓 M84	西汉
11	胡获	玉	覆斗	2.2×2.2–1.5	咸阳长陵陪葬墓 M193	西汉
12	君惠	琥珀	穿	径 1.1–0.5	咸阳马泉汉墓	西汉晚
13	鲜于平君	玉	桥	1.3×1.3	西安北郊铁一村 M4	西汉晚
11	大刘记印	玉	龟	1.76–1.64	南昌海昏侯墓	西汉中
12	刘贺	玉	鹰	2.13–1.57	南昌海昏侯墓	西汉中
13	利苍	玉	覆斗	2×2–1.5	长沙马王堆 M2	西汉早
14	吴阳	玉	覆斗	1.9×1.5–1.5	沅陵虎溪山 M1	西汉早
15	曹嫘	玉	覆斗	2.3×2.3–1.6	咸家湖曹嫘墓	西汉
16	曹嫘	玛瑙	覆斗	1.85×1.85–1.3	咸家湖曹嫘墓	西汉
17	妾嫘	玛瑙	覆斗	2.1×2.1–1.5	咸家湖曹嫘墓	西汉
18	苏郢	玉	覆斗	1.3×1.3–0.9	长沙杨家山 M6	西汉早
19	陈平	玉	覆斗	2.1×2.1–1.6	长沙杨家山 M3	西汉早
20	石贺	玉	覆斗	2.3×2.3–1.7	长沙黄土岭 M29	西汉早
21	周诱	玉	覆斗	2.2×2.2–1.7	长沙黄土岭 M27	西汉早
22	陈閒	玉	覆斗	2.2×2.2–1.6	长沙左家塘 M18	西汉
23	刘说	玉	覆斗	2.3×2.3–1.5	长沙杨家山 M244	西汉

（续表）

编号	印文	质地	纽式	尺寸（厘米）	出土地点	年代
24	梅野	玉	覆斗	1.4×1.4–1.1	湘乡义冢山 M1	西汉早
25	谢李	玉	坛	2.3×2.3–1.7	长沙魏家堆 M3	西汉
26	邓弄	玉		2.3×2.3–1.6	长沙新河 M54	西汉中
27	絑婴	玉	覆斗	2×2–1.5	常德鼎城区 M1	西汉中
28	廖宏	玉		1.4×1.4–1.1	常德南坪 D3M26	西汉
29	桓启	玛瑙	坛	2.4×2.4–1.7	长沙左家塘 M1	西汉
30	桓驾	玛瑙	覆斗	2.6×2.6–2.1	长沙长岭 M1	西汉
31	齐	玉	覆斗	0.7×0.7	长沙裕湘纱厂 M8	西汉
32	刘殖	琥珀	穿孔			
33	邓忠	滑石	覆斗	1.6×1.5–0.9	长沙子弹库 M3	西汉早
34	陈□	滑石	鼻	1.8×1.5–1.4	长沙杜家坡 M10	西汉中
35	吕三卿	滑石	残	1.7×1.6–1.5		汉
36	惠子私印	滑石	残	1.8×1.8–1		汉
37	涌喜	滑石	龟		长沙窑岭东 M2	汉
38	黄子平	石	穿	2.5×2.5–2	泸溪桐木垅 M74	西汉晚
39	长君之印	滑石			长沙李家山 M13	
40	蔡但	滑石	桥	1.7×1.5 – 残 1.2	沅水下游 M2113	西汉早
41	李忌	滑石	残	1.9×1.9 – 残 1.5	沅水下游 M2261	西汉早
42	胡平	滑石		1.9×1.7 – 2.6	沅水下游 M2198	西汉中
43	黄文	滑石	覆斗	1.55×1.05 – 0.8	沅水下游 M2259	西汉
44	陈□	琥珀	兽	1.2×1.2–1.3	零陵东门外 M1	东汉
45	赵眜	玉	覆斗	2.3×2.3–1.6	广州南越王墓	西汉
46	赵蓝	象牙	覆斗	1.9×1.9–1.4	广州南越王墓东侧室	西汉
47	辛偃	玉	覆斗	2.3×2.3	广州先烈路麻鹰岗	西汉
48	臣偃	玉	覆斗	1.05×1.05	广州先烈路麻鹰岗	西汉
49	李嘉	玉	覆斗	2.0×2.0	广州华侨新村	西汉
50	赵安	玛瑙	覆斗	2.2×2.2–1.6	广州华侨新村	西汉

（续表）

编号	印文	质地	纽式	尺寸（厘米）	出土地点	年代
51	灑	玉	柱状	0.9×1.2–2.1	广州先烈路麻鹰岗	西汉
52	孙憙	玉	覆斗	1.3×1.3	广州北郊淘金坑	西汉
53	郑未	玉	覆斗	1.4×1.4	广州北郊淘金坑	西汉
54	向贵	玉	覆斗	2.3×2.3–1.7	广州登峰花果山 M3	西汉
55	杨嘉	玉	覆斗	2.1×21.3–1.53	广州太和岗 M18	西汉
56	毛明君印	琥珀	龟		广州恒福路疗养院汉墓	西汉
57	王以明印	琥珀	穿	1.9×1.6–？	合浦堂排 M4	西汉
58	庸母印	琥珀	龟	1.5×1.2 – 1.5	合浦望牛岭 M1	西汉
59	黄□□印	琥珀	穿	底径 0.6–1.2	合浦九只岭 M5	东汉
60	黄昌私印	琥珀	龟	1.3×1.3–1.4	合浦九只岭 M5	东汉
61	陈夫印	琥珀	穿	底径 1.1	合浦凸鬼岭汽齿厂 M25	西汉
62	孟子君	琥珀	穿	底径 1.1	合浦风门岭 M23B	西汉
63		玉	龟		贵县东汉墓	东汉
64		滑石			昭平东汉墓	东汉
65	私信	玉	蟠龙	底径 0.9 – 1	满城中山王刘胜墓	西汉
66	信	玉	覆斗	1×1 – 1	满城中山王刘胜墓	西汉
67	刘安意	玉	覆斗	2.5×2.5–1.7	邯郸柏乡五里郎村	西汉
68	蔡文	玉			秦皇岛卢龙范庄汉墓	西汉
69	刘慎	玉	螭虎	2.4×2.4 – 1.5	徐州黑头山汉墓	西汉
70	刘慎	玉	覆斗	2.1×2.1 – 1.8	徐州黑头山汉墓	西汉
71	刘慎·臣慎	玉	穿	1.5×1.5 – 0.7	徐州黑头山汉墓	西汉
72	刘婞·妾婞	玉	穿	1.9×1.9 – 0.9	徐州韩山汉墓	西汉
73	刘犯	玉髓	覆斗	2.5×2.5 – 1.9	徐州天齐山汉墓	西汉
74	刘犯	玉髓	覆斗	2.4×2.4 – 1.7	徐州天齐山汉墓	西汉
75	刘犯·臣犯	玉	穿	1.43×1.35 – 0.75	徐州天齐山汉墓	西汉

（续表）

编号	印文	质地	纽式	尺寸（厘米）	出土地点	年代
76	刘和	玉	桥	1.9×1.9 － 1.7	徐州火山汉墓出土	西汉
77	刘习·臣习	玉	穿	1.4×1.5 － 0.7	徐州拖龙山汉墓出土	西汉
78	刘治·臣治	玉	穿	1.6×1.5 － 0.7	徐州翠屏山汉墓出土	西汉
79	李恶天	玉	覆斗	2×2 － 1.6	徐州望城汉墓出土	西汉
80	陈女止	玉	覆斗	1.85×1.9 － 1.5	徐州后楼山 M8	西汉
81	王讳	玉	穿	2×2 － 1.38	徐州万寨汉墓	西汉
82	王霸	玉	龟	1.7×1.7 － 1.6	徐州大孤山 M2	西汉
83	李多	玉	覆斗	1.4×1.5 － 1.4	徐州琵琶山卫武墓	西汉
84	寒固	玉	覆斗		徐州铁刹山 M55	西汉
85	曾信	玉	覆斗		徐州韩山 M38	西汉
86	刘毋智	玉	覆斗	1.6×1.6 － 1.2	扬州邗江区杨庙汉墓	西汉
87	庆	玉	桥	1.56×1.25−2.1	扬州西湖蜀秀湖汉墓	西汉
88	范胥奇	玉	覆斗		仪征刘集联营西汉墓	西汉
89	傅嫖	玛瑙	覆斗	1.9×1.9−1.4	济南腊山汉墓	西汉
90	安嫖	水晶	覆斗	2.4×2.4−1.7	济南腊山汉墓	西汉
91	刘疵	玉	覆斗	2.3×2.3−1.8	临沂洪家店汉墓	西汉
92	许庄	玉	覆斗	2.1×2.1−1.5	临沂银雀山 M11	西汉
93	张循印	玉	覆斗	2×2 － 1.5	沂南宋家哨 M2	西汉
94	史踦	滑石	覆斗	1.9×1.9−1.6	淄博临淄乙烯 M78	西汉
95	徐余	滑石	覆斗	1.7×1.7−1.3	淄博临淄乙烯 M21	西汉
96	遂	玉	鼻	1.3×1.3−1.8	江陵凤凰山 M168	西汉
97	遨	玉	鼻	1.4×1.4−1	云梦大坟头 M1	西汉
98	赵臣	玉	覆斗	1.2×1−1.15	襄樊市岘山 M3	西汉
99	杨差	玉	桥	2.2×1.9−1.75	南阳拆迁安置办 M76	西汉
100	路人	玉	覆斗	2.1×2.15−2.1	南阳川光仪器厂 M27	西汉

（续表）

编号	印文	质地	纽式	尺寸（厘米）	出土地点	年代
101	周志之印	玉	覆斗	1.9×1.9−1.1	南阳防爆厂 M281	西汉
102	褚随	玉	穿		南阳百里奚路 M10	西汉
103	孔调·臣调	玉	穿		南阳百里奚路 M12	西汉
104	秦□	玉			沈丘蚌壳墓	西汉
105	恬章	玉	覆斗	1.3×1.3−1.3	三门峡火电厂 M21	西汉
106	吕柯之印	玉	覆斗	1.9×1.9−1.4	巢湖放王岗 M1	西汉
107	桓平之印	玉	覆斗	2×2−1.5	天长三角圩汉墓	西汉
108	周安	玉		2.1×2.1−1.3	淮南唐山双古堆 M12	西汉
109	盈意	玉	覆斗	2.2×2.2−1.9	襄阳王坡	西汉
110	蛮禾	玉	覆斗	2.35×2.35−1.5	淮南唐山乡邱岗村砖瓦厂	西汉
111	蛮禾	玉	覆斗	2.1×2.1−1	淮南唐山乡邱岗村砖瓦厂	西汉
112	吉	玉	覆斗		阜阳女郎台汉墓	西汉
113	郭张儿印	玉	桥	2×2−0.6	晋宁金砂山 M190	西汉
114	万氏奴	玉	覆斗	2−1.3	成都老官山 M2	西汉
115	蒌奢	玉		1.5	泾阳大堡子 M68	西汉
116	张高	玉	覆斗	2.15×2.15−1.6	朝阳袁台子 M119	西汉
117	须甲	玉	覆斗	1.8×1.8−1.9	贺县河东高寨 M4	西汉
118	陶道之印	滑石	瓦	2.5×2.4−1.8	常德德山 M2	西汉
119	廉眺印	琥珀	虎	1.5×1.5−1.2	永宁通桥东汉墓	东汉

注：“尺寸×尺寸－尺寸”表示“长×宽－高”

安徽出土汉代玉器的初步研究

张宏明（安徽省文物局）

【摘要】安徽地处华东，跨越江淮，南北贯穿，从黄淮平原到江南山区，天然分成平原、丘陵、河湖、平原、山区五种地理地貌环境，而且除了皖西大别山屏障和皖南黄山山脉以外，其他区域都是海拔不高的长江中下游平原、江淮丘陵区和淮北大平原（黄淮平原的南端）。安徽在汉代得到广泛发展，在实行“郡县制”的同时，分封了一些诸侯王与侯国。在全省境内发现的众多汉代玉器中，有一部分可以见证历史文献的记载，同时在类型上有着出新、出彩和别的区域所没有的特色之处，是研究汉代玉器和汉代历史、文明不可或缺的重要区域。

【关键词】安徽；汉代；玉器；研究

安徽省是适合古代人类居住的活动场所，境内淮河也是中国南北地理、植被、气候、物产、文化和汉民族语言的重要分界线，所以人类起源的踪迹、打制石器文化、新石器时代遗址一直到汉代的各种历史遗存，如同星罗棋布般地分布在八皖大地之上，成为东方人类探索自然和人文发展的重要印迹与文明支撑。

安徽省域在秦汉时代的发展具有极其重要的历史地位，秦的灭亡与汉的建立，都与在“东楚之地”的重大历史事件发源地的安徽有着非常紧密的关系。比如由秦末的反秦“大泽乡起义”和楚汉相争时项羽“兵败垓下”的“一头一尾”，都发生在安徽皖北的宿州和蚌埠两市境内。全省过去发现的汉代玉器资料十分丰富，这些玉器的出土，既有偶然发现的可能概率，亦有历史文化分布的必然。安徽文物考古部门为此先后编纂整理出一系列的图书、发掘报告与图录，来展示汉代各种玉器的精彩纷呈、卓尔不群。比如具有集大成性质的第一部《安徽省志·文物志》（1998）、《安徽省出土玉器精粹》（2004）、《巢湖汉墓》（2007）、《天长三角圩墓地》（2013）、《安徽馆藏珍宝》（2011）、《灵动飞扬——汉代玉器掠影》（2014）、《玉英溯源——安徽历代玉器研究文萃》（2015）、《建国60周年安徽重要考古成果展专辑图录》（2014）、《安徽文物鉴定40年》（2018）等，此外还有一些汉代玉器的研究、鉴赏文章，其中较为全面的综述是王莉明的文章[1]，而张宏明、古方、吴沫、李银德、王蓉等人对汉代玉器的专题论述，则是较为深入的研究[2]。

一、安徽省汉代历史的简要回顾

公元前202年，汉高祖刘邦在“楚汉相争”中战胜楚霸王项羽之后，创立了大汉王朝，在国家管理制度上继承了秦朝建立的“郡县制”，同时又对立有军功的将士和亲属予以封赏，“王侯制”是享受俸禄和待遇的一种制度，与西周社会“封建”的性质有所不同，每个王、侯都有一定的县属领地和拥有数目不等的食户，可以世袭，由汉王朝派“长史”予以管理，在一定程度上加强了中央集权和对各地的控制，但是从国家税收的角度考察，这种分封制又会减少国库税收的收入，还容易造成“尾大不掉”的恶果，所以在“七国之乱”以后，汉王朝开始以各种罪名对诸侯王进行削藩，并将其并入郡县。

安徽境内在汉代设有许多郡县治所，也分封了一些同姓王国和异姓侯国。根据《史记》《汉书·地理志》的记载，李天敏著有《安徽历代政区治地通释》，对安徽省境内汉代郡县和王侯国的分布有所归纳：安徽江南区域的历史开发比较晚，秦汉时仅有黝、歙、石城（今当涂）三个县级治所；两汉时增加芜湖（今芜湖市）、广德王国、宛陵、泾、丹阳等几处，隶属于会稽郡；地处皖中的江淮之间是安徽文化渊源独立的区域，商周时期的虎方、南巢、群舒的遗存，构成了秦汉古城址的历史依附，整个庐江郡、九江郡所设县的城址都在皖中，九江王国、淮南王国、六安王国、阜陵侯、颉仆侯、居巢侯、历阳侯、当涂侯等封地也在于此；地处皖东偏南的天长、来安属于广陵王国，偏北一侧的定远、凤阳、明光与蚌埠、怀远等属临淮郡；皖北区域现有亳州、宿州、淮北、阜阳四市，秦汉时分属泗水郡、砀郡、陈郡、豫州之谯郡、沛郡、汝南郡等，辖县有相、萧、苦、铚、虹、洨、蕲、向、谷阳、山桑、竹邑、符离、龙亢等。关

1　王莉明：《初探安徽汉代玉器》，载《中国和阗玉：玉文化研究文萃》，新疆人民出版社，2004年。

2　张宏明、魏彪：《亳州出土东汉玉双卯小考》，载《中国和阗玉：玉文化研究文萃》，新疆人民出版社，2004年；古方、魏彪：《亳州曹操宗族墓地出土玉器研究》，载《中国玉文化玉学论丛·续编》，紫禁城出版社，2004年；吴沫：《中国汉代玉器的工艺进步和艺术创新——由安徽出土汉代玉器所见》；李银德：《安徽出土汉玉四札》，王蓉：《从寿县新见材料谈汉代韘形佩的形制演变》，以上三文均刊于张宏明、王建军主编：《玉英溯源——安徽历代玉器研究文萃》，黄山书社，2015年。

于汉代县城的地望，张宏明等人有专文研究[1]，这对于了解汉代玉器出土的背景是很有意义的。

二、安徽省出土汉代玉器概述

安徽历史上出土的汉代玉器，早在宋代已见诸文献。在北宋吕大临编著的金石学著作《考古图》里，收录了当时在宫廷画院任职的舒州人李公麟所藏的13件战国至汉代的玉器，其中就有“寿阳”（今淮南市）出土的璘玉璏。李公麟不光是画画得好，有“宋画第一”之称，还是一名文物鉴别大师，他曾经应权宦蔡京之邀请，对出土于陕西的一枚秦代玉玺，从多方面予以论证，取得了“议由是定”的结果[2]。

中华人民共和国建立后，在安徽境内，伴随着各地城市改造和工农业生产以及治河、公路、铁路、西气东输、高铁等基础建设，陆续发现了许多汉代墓葬，出土了一些精美的汉代玉器，下面择要简介如下：

1951年，中华人民共和国在芜湖市出土青玉羽觞椭圆形耳杯1件[3]。

1969年，在合肥市皖安机械厂挖掘防空洞时，出土水晶质的司南佩1件，被定为二级文物[4]。

1970年，中华人民共和国在寿县南门外养猪厂1号汉墓，出土青白玉谷纹玉璧1件[5]。

1972年8月，在亳县城南凤凰台一号东汉丁奉墓出土玉刚卯1对、玉饰1件（即白玉司南佩）、玉猪2件[6]。

1973年夏，在亳县城南董园村一号东汉曹嵩墓出土银镂玉衣1件，玉片2464枚，铜缕玉衣玉片若干，长方条形玉片3件，玉笄1件，玉鞋底1件，玉猪4件（其中青灰色玉猪1件、受沁鸡骨白玉猪3件），圆桃形和扁桃形水晶片3件，蜻蜓眼玻璃珠数枚，料珠50枚；在二号曹腾石室墓出土铜镂玉衣残片、玉枕1件[7]。

---

1 张南、张宏明：《安徽汉代城市功能初探》，《安徽史学》1991年第4期。

2 [元]脱脱：《宋史·李公麟传》，中华书局，1985年。

3 安徽省地方志编纂委员会：《安徽省志·文物志》，方志出版社，1998年，第410页。

4 安徽省文物局，安徽省文物鉴定站：《安徽文物鉴定40年》，安徽美术出版社，2018年。

5 安徽省文物局，安徽省文物考古研究所：《建国60周年安徽省重要考古发现成果展专辑图录》，文物出版社，2014年。

6 亳县博物馆：《亳县凤凰台一号汉墓清理简报》，《考古》1974年第3期。

7 安徽省文物考古研究所，安徽省考古学会：《文物研究》第20辑，科学出版社，2013年；安徽省亳县博物馆：《亳县曹操宗族墓葬》，《文物》1978年第8期。

1974年，在滁县地区全椒县陈浅乡石庄汉墓出土白玉谷纹璧、白玉蒲纹璧、兽面卷云纹白玉璏、白玉质男侍俑与女侍俑（稍小）各1件[1]。

1975年，在合肥市建华窑厂出土白玉质地勾连云纹剑格1件，被定为三级文物[2]；还有1件白玉“工”字形佩。

1975年3月，在安徽省涡阳县石弓山嵇山西汉中期崖墓出土玉人俑、鎏金铜座玉杯[3]。

1975年，在天长县安乐北岗汉墓群出土白玉舞人佩2件、勾连云纹青白玉环1件[4]。

1977年，在枞阳县钱桥出土汉代玉带钩1件[5]。

20世纪80年代征集兽面卧蚕纹青玉璧1件，现藏省文物总店；1979年，在固镇县濠城镇汉墓，出土1件青玉蝉[6]；1981年，在全椒县襄河镇征集汉代谷纹青玉环1件，现藏全椒县文物管理所[7]。

1984年11月至12月，省、县文物部门对怀远县唐集区“皇姑坟”西汉晚期墓进行了清理发掘，出土镂空玉饰1件、玉塞1件[8]。

1987年，在和县十里乡汉墓，出土1件青玉蝉[9]。

1989年3月，在萧县老虎山汉墓出土青白玉蝉1件，被定为二级文物[10]。

1991年12月至1997年7月，安徽省文物考古研究所和天长市文管所在祝涧村北三角圩墓地清理发掘了27座西汉土坑木椁墓，共出土春秋至西汉玉器95件（玉具剑除外），按实际用途可以分为礼玉、葬玉、实用玉三大类。礼玉的数量27件，器形为璧、璜、佩、环、玑；葬玉的数量65件，器形为琀、耳塞、鼻塞、眼罩、玉握、木枕饰片、头罩饰片；实用玉3件，器形为印、带钩、兽面饰件[11]。

2001年，在固镇县濠城2001HMM4出土白玉几何云纹剑珌1件，被定为二级文物[12]。

---

1 滁州市文物所：《滁州馆藏文物精萃》，黄山书社，2014年。

2 安徽省文物局，安徽省文物鉴定站：《安徽文物鉴定40年》，安徽美术出版社，2018年。

3 安徽省文物事业管理局：《安徽馆藏珍宝》，中华书局，2008年，第281—282页。

4 安徽省文物局，安徽省文物鉴定站：《安徽文物鉴定40年》，安徽美术出版社，2018年。

5 安徽省地方志编纂委员会：《安徽省志·文物志》，方志出版社，1998年。

6 安徽省文物局：《安徽省出土玉器精粹》，台湾众志美术出版社，2004年。

7 滁州市文物所：《滁州馆藏文物精萃》，黄山书社，2014年。

8《文物研究》编辑部：《文物研究》第2期，黄山书社，1986年。

9 李晓东、钱玉春主编：《中国巢湖文物精华》，北京五洲传播出版社，1999年。

10 安徽省文物局，安徽省文物鉴定站：《安徽文物鉴定40年》，安徽美术出版社，2018年。

11 安徽省文物考古研究所：《天长三角圩墓地》，科学出版社，2013年。

12 安徽省文物局，安徽省文物鉴定站：《安徽文物鉴定40年》，安徽美术出版社，2018年。

1996年6月，在巢湖市郊放王岗发掘一座西汉时期的大型土坑木椁墓，发现过去未曾见过的“内外椁与档板”墓室结构和“吕柯之印”玉印以及众多随葬物品，其中玉器总计20件：包括铜剑漆鞘上有玉璏、玉珌各1件（FM1：323-2、3），铁剑鞘上有龙纹玉璏（FM1：245）、菱形玉剑格（FM1：244-1），此外还有玉器（含玛瑙、水晶）16件，器形有璧、佩、环、璜、口琀、耳瑱、鼻塞、玉印、带钩、管、觿、片饰等12种[1]。

1996年5月，在马鞍山市寺门口汉墓出土兽面纹白玉剑格和兽面纹白玉剑璏各1件[2]。

1998年1月，在巢湖市东门外火车站附近的北山头发现两座西汉大型土坑木椁墓，出土一批带有璧、璜、佩、环组玉佩性质的精美的西汉玉器，计有41件，玉质有白玉、青玉和碧玉，部分受沁呈黑、黄褐色斑块和灰白色斑点。雕刻的纹饰有涡纹、谷纹、云纹、凤鸟纹、鳞纹、卧蚕纹、朱雀纹、螭虎纹、熊纹、兽面纹、几何纹和花草纹。其中玉璧二式6件、玉璜四式17件、玉卮2件、带钩2件、粉盒1件、玉环2件、刀柄2件、青玉觿1件、鸟形饰1件、桃形饰2件、玉贝2件、玉佩2件、玉印1件、玉管1件、圆形料珠1串计109颗[3]。

1999—2001年，为配合连霍高速公路萧县段工程建设，安徽省文物考古研究所在萧县的张村M22、冯楼M88、王山窝M50、破阁M114、车牛返M44等5个地方共发掘战国墓（少量）和两汉时期土坑墓、砖室墓和画像石墓共计318座（公布151座），出土少量玉器。其中有束腰形玻璃耳珰2件，蝉形玉琀1件，蝉形石琀3件，石塞3件，玉饰1件，玉塞4件，青玉蝉形琀1件，石握1件，玉璏1件，石塞3件；XPM108出土玉器较多，有蝉状玉琀1件，玉窍塞4件，石塞1件，石琀1件，蚌琀1件，玉璧残件，阴刻有图案玉片1件，玉琀1件，石琀2件，石窍塞3件，蝉形石琀1件，石塞4件；蚌蝉与石塞。在《萧县汉墓》“第三章整理与研究”里有玉器的小结：共11件套，主要有玉握、玉琀、玉塞、玉璏、玉璧等，在分类介绍里又有“玉串饰、玉残片”。石器中石琀10件、石塞20件[4]。

2003年，在合肥市颐和花园工地出土东汉白玉蝉1件[5]。

2005年，在淮南市杨公镇窑厂土坑墓出土西汉蟠螭纹镂空透雕白玉剑璏

1 安徽省文物考古研究所，巢湖市文物管理所：《巢湖汉墓》，文物出版社，2007年。
2 安徽省文物局：《安徽省出土玉器精粹》，台湾众志美术出版社，2004年。
3 安徽省文物考古研究所，巢湖市文物管理所：《巢湖汉墓》，文物出版社，2007年。
4 安徽省文物考古研究所，安徽省萧县博物馆：《萧县汉墓》，文物出版社，2008年。
5 《安徽通史》编纂委员会：《安徽通史》第2册，安徽人民出版社，2011年。

1件[1]。

2006年3月至2007年1月，为配合铁路工程建设，安徽省、六安市文物部门对六安市金安区三十铺镇双墩村的双墩一号汉墓进行了发掘，墓室为罕见的“黄肠题凑”结构，出土玉璜、白玉璏2件、方形玉印坯、玉环、青玉龙形佩、玉板、玉圭、玛瑙璜、白玉片、牙形饰、玉璧残片以及菱形、圆珠形玛瑙饰件等，研究认为墓主为汉代六安国第一代封君共王刘庆[2]。

2006年，在六安市经开区韩国CSS工地M82汉墓出土青玉翁仲1件，被定为一级文物[3]。

2006年，在肥西县高店乡仪城村东汉砖室墓出土煤精兽1件，被鉴定为一级文物[4]。

2007年8月，在庐江县工业园区相继发现松棵墓地和董院墓地，其中在董院发掘汉墓124座，发现一批汉代玉器：蓝色圆形料珠2件、残碎玉璧与玉环、乳白色石珠、黑色管、橘红色八棱梭形坠、残碎谷纹玉璧、碧绿色谷纹玉璧、翠绿色谷纹玉璧等[5]。

2007年，在六安市的经开区建设工地M201，出土玉剑首、剑格各1件。2009年在此发现M386，出土青玉谷纹环和白玉素面环各1件、玉璧1件、素面玉剑珌1件。2010年又在此发现M119，出土白玉剑璏1件[6]。

2010年，在宿州市埇桥区曹村亮山汉代墓地M2，出土青玉蝉形玉琀1件。2010年在合肥南岗金晓汉代墓群M8，出土青玉素面剑璏1件[7]。

2010年，寿县城关镇在寿春城遗址上建设计生站时发现一座东汉墓，后被盗，公安部门追缴一批东汉玉器等物品，经鉴定，其中3件玉器为一级文物，镂雕龙纹“长宜子孙”白玉璜形佩、镂雕螭纹白玉璜形佩、镂雕螭纹白玉韘形佩，另外3件定为三级文物，绿松石兽、青金石兽和螭纹白玉残件[8]。

2011年8月，在寿县国际新桥产业园发现西汉墓一座，出土滑石器5件，器形为璧和完整的“玉具剑”一套，有剑首、剑格、剑珌、剑璏[9]。

---

1 安徽省文物事业管理局：《安徽馆藏珍宝》（下册），中华书局，2008年，第281—282页。

2 安徽省文物考古研究所，安徽省考古学会：《文物研究》第17辑，科学出版社，2010年，第107页。

3 安徽省文物局，安徽省文物鉴定站：《安徽文物鉴定40年》，安徽美术出版社，2018年。

4 安徽省文物局，安徽省文物鉴定站：《安徽文物鉴定40年》，安徽美术出版社，2018年。

5 安徽省文物考古研究所：《庐江汉墓》，科学出版社，2013年。

6 安徽省文物考古研究所：《新萃——大发展 新发现：“十一五”以来安徽建设工程考古成果展》，文物出版社，2015年。

7 安徽省文物考古研究所：《新萃——大发展 新发现：“十一五”以来安徽建设工程考古成果展》，文物出版社，2015年。

8 安徽省文物局，安徽省文物鉴定站：《安徽文物鉴定40年》，安徽美术出版社，2018年。

9 安徽省文物考古研究所，安徽省考古学会：《文物研究》第20辑，科学出版社，2013年。

2011 年，在灵璧县孟山口发掘战汉古墓 23 座，出土滑石质口琀蝉 3 件、圆锥状滑石质鼻塞 3 对[1]。

2012—2013 年，在肥西县乱墩子墓群的 M38 出土汉代青玉谷点纹环 1 件、方形台纽玉印章 1 件；M146 出土汉代青白玉素面小璧 1 件；M136 出土汉代青玉谷纹璧 1 件[2]。

2012 年在肥东县小尹汉代墓群 M10 出土 2 件青玉素面珩[3]。

除了上述有明确考古出土地点和发掘的汉代玉器资料外，在全省各地文物收藏单位里，也有一些汉玉的踪影，下面是不完全的统计。

1978 年 9 月，由铜陵市文化馆移交汉蝉 1 件，现藏铜陵博物馆[4]。

设在芜湖市的安徽师范大学博物馆收藏有汉代谷纹青玉璧 1 件、玉珩 1 件（原定名璜有误，为玉璧改件）[5]。

阜阳市博物馆收藏汉玉多件，它们分别是舞人玉佩 2 件，出土于临泉县西郊古城曾庄；玻璃蝉 1 件，出土于原阜阳县城郊新储砦；青玉蝉 1 件，出土于颍上县王岗镇小庄；耳塞与鼻塞各 1 件，出土于原阜阳县城南王店镇九里沟汉墓；白玉剑璏 1 件，出土于原阜阳县城郊区斜庄；青玉谷纹璧 1 件，出土于原阜阳县潘庄；白玉珌和青玉谷纹珩（原定名璜有误）各 1 件，出土于阜阳女郎台墓[6]。

淮南市博物馆收藏的汉玉有鸡骨白谷纹玉璏、白玉兽面纹璏、白玉质覆斗形“周安”玉印各 1 件和青玉质谷纹玉珩（原定名玉璜有误。1987 年 6 月唐山乡梁郢村双古堆 M11 出土）2 件、鸡骨白卧形玉舞人佩（1972 年 10 月于谢家集区唐山公社九里大队出土）、玛瑙环、青玉质龙首觿（2006 年 3 月谢家集区唐山镇出土）、青白玉质地饰有红褐色沁斑的龙凤纹玉珌（1973 年 11 月谢家集赖山桂家小山出土）[7]。

皖西博物馆收藏汉玉多件，已发表有双面谷纹青玉璧 1 件，出土于六安经开区 M96；双面谷纹青玉环和白玉珌各 1 件，出土于经开区 M97；青玉勾连云

1 安徽省文物考古研究所，安徽省考古学会：《文物研究》第 20 辑，科学出版社，2013 年。

2 安徽省文物考古研究所：《新萃——大发展 新发现：“十一五”以来安徽建设工程考古成果展》，文物出版社，2015 年。

3 安徽省文物考古研究所：《新萃——大发展 新发现：“十一五”以来安徽建设工程考古成果展》，文物出版社，2015 年。

4 铜陵市文物局，铜陵市博物馆：《铜陵博物馆文物集粹》，黄山书社，2012 年。

5 安徽师范大学博物馆：《安徽师范大学博物馆文物精粹》，内部印刷，2009 年。

6 阜阳博物馆：《阜阳博物馆文物集萃》，文物出版社，2017 年。

7 淮南市博物馆：《淮南市博物馆文物集珍》，文物出版社，2010 年。

纹璏 1 件，出土于经开区 M99[1]。

宣城市博物馆收藏汉玉数件，已见刊有青玉璧、黄褐色玉镯（？）、白玉蝉等[2]。

三、安徽省汉代玉器的分类

以上在安徽省境内发现的汉代玉器，概括而言有以下显著特点：重要的墓葬出玉多，大多数小墓无玉；数量上丰富众多；保存状况有好有坏；体量有大有小；形制以片雕为主，立体圆雕为辅；材料多种多样；纹饰繁华复杂；雕刻技艺纷呈；沁色美轮美奂；功能用途广泛。按照文献记载和考古出土现状判定的玉器的用途性质予以区别，进行类型上的归纳划分，大体上可以把上述玉器分为礼玉、装饰、葬玉、实用四大类型，自然这只是概念上的大致划分，并不代表着每一件玉器的归类都是那么恰如其分，也不代表今天的认识与汉代的实际用途完全吻合，学术研究的细化深入将永远伴随新的材料的发现而更新，目前我们能做的只是尽可能的详尽和罗列、归纳并努力提升而已。

（一）礼仪用玉

汉代用玉与西周和春秋战国时期的列国用玉相比，整体上出现了弱化和简化的大趋势，在玉器的神灵性质上也有所淡化，尽管东汉《越绝书》中首次对玉器的神灵功能予以肯定，“夫玉，亦神物也”，也不过是史前与夏商玉神物的余波。代表着礼制玉和装饰玉的“组玉佩”的组合形式，在此时的特点有四：一是不易区分；二是远没有周代那样繁琐复杂；三是在纹饰的雕刻上有简化的趋势，蟠螭纹和兽面纹大量减少，螭龙、螭虎的动物形象和谷点纹、谷纹大量增多；四是先秦时代“六瑞”器形的璧、琮、璋、圭、琥、璜中的琮、璋、圭、琥的数量在汉时锐减，而璧、璜、珩、环的数量大量增多。

（二）装饰用玉

玉具剑饰和人体所戴的各种佩饰，是汉代两大装饰用玉的主要构成，其类型有刚卯、严卯、司南佩、韘形佩、“工”字形佩，形式多姿的玉舞人、翁仲、玉俑，以及水晶管、玛瑙管、玻璃耳珰等。

1　皖西博物馆：《皖西博物馆文物撷珍》，文物出版社，2013 年。

2　宣城市博物馆：《宣城博物馆文物集萃》，黄山书社，2012 年。

（三）丧葬用玉

葬玉类型复杂多样，有口琀玉蝉、玻璃蝉七窍塞玉、目罩、玉衣、木枕嵌玉、棺木嵌玉、玉握猪等。

（四）实用玉（包括陈设玉）

汉代生活实用玉器的发展，主要体现在圆雕容器类型的增多和代表着个人信用见证的印章的普及。其种类有玉印、带钩、玉盒、玉卮、玉杯、羽觞、玉奁等。

四、安徽省汉代玉器的个性化特色

安徽省出土的汉代玉器甚多，代表着宫廷玉器、诸侯王国玉器和官府的一般玉器三大来源不同的雕刻技艺。鉴于汉代“工商食官”的历史背景，民间琢玉、售玉、用玉的可能性基本没有，故凡是出土玉器的墓葬，总与官方和军方有着一定的关联。从出土玉器的类型和其造型考察可知，安徽汉玉基本上是汉代礼制的产物，但不知道是当地玉工制作，还是得自于王朝宫廷赏赐的什么原因，安徽汉玉的一些具体造型有其明显的与众不同之处，无论是构图的复杂，还是用料的晶莹，或者雕琢的精致，装饰花纹的繁密，都可以在汉代的同类玉器里别出一格，独领风范，这种现象已经得到了玉器学术界的重视和关注，比如香港学者杨建芳先生就在其研究中有过论述：“极其细致繁密的纹饰——安徽巢湖北山头一号西汉墓出土的朱雀衔环踏虎玉卮及涡阳县嵇山汉墓 M1 出土的玉人，堪称汉代玉雕中纹饰极其细致繁密的典型。”[1] 下面选择 8 件在形制上比较新颖奇特的玉器予以介绍，以便有兴趣的玉友们继续深入研究。

（一）天长市出土的汉代白玉龙环

1991 年，在天长县三角圩水利工地发掘一批西汉土坑木椁墓，编号 M1：58 的玉环，是一个白玉质地的环形龙，为片雕圆形环，直径 5.1 厘米，厚 5 毫米，环体截面为方形，环边棱角分明（图一）。

这是汉代环形玉龙的一次重大发现，在玉龙首尾相连的基本形态上，它继承了史前凌家滩环形玉龙和商周玉龙的传统又有所变化发展，龙体向内卷尾，

1 杨建芳：《安徽古代玉雕的超前性》，原刊于 2004 年《安徽省出土玉器精粹》，继收录于杨建芳著《中国古玉研究论文集》，文物出版社、台湾众志美术出版社，2012 年。

龙首的飘发卷曲与五官的精细雕刻，都体现出汉代玉龙的特色：其轮廓造型的首尾相连、卷尾三叠，方形龙体蜷曲成环状，中间大面积镂空透雕，龙形的纤细弧形和毛发的向后飘逸，产生了小巧玲珑、优雅可爱的艺术效果。整个玉龙环使用质地细密的优质和田白玉雕刻，玉质晶莹剔透，间有淡黄色水沁黄斑，双面工片状透雕，打磨光洁，表面微凹，侧棱切割笔直，整体透露出设计精细、制作精良、一丝不苟的工匠技艺。造型仿生写实，勾勒极为精致，体态栩栩如生，具有浓烈的感染效果。天长三角圩墓地是西汉广陵国"广陵宦谒"桓平的家族墓地，玉龙的制作有着广陵王国的背景，雕琢洗练、形状生动的环形玉龙，在全国其他地方也不多见，与之相类似的玉龙，仅有河北省定县 M40 出土的玉环相似[1]。

图一　汉代白玉龙环

（二）巢湖出土西汉双钩鱼鳞纹龙形玉环

1996 年，在巢湖市东郊放王岗的东侧山岗上，因当地基本建设发现了一座西汉时期的大型竖穴土坑木椁古墓，根据墓里出土的覆斗式纽的方形玉印章可知，墓主人叫"吕柯"，同时出土了这件形制极其少见的西汉镌刻着双钩半月形鱼鳞纹的龙形玉环（FM1：240）。外径 4.8 厘米，内孔径 2.4 厘米，厚 0. 6 厘米（图二）。根据发掘者李德文所写《巢湖汉墓》发掘报告的简单描述：A 型环 1 件，玉色呈灰白，质润光洁，无沁斑。龙的两面雕刻纹饰完全相同，整器由一条龙首回顾与卷尾相连的龙组成圆环状，中间有一个不规则的穿孔，龙口

图二　西汉双钩鱼鳞纹龙形玉环

1　张宏明：《天长市出土的汉代环形玉龙赏析》，《文物鉴定与鉴赏》2020 年第 21 期。

微张，两目正视。龙首用双线刻成鱼鳞状纹，龙鳞纹以双线镂刻，在汉代出土玉器中极为少见。

《安徽馆藏珍宝》对玉龙环具体形制有更加详细描绘：西汉环形鳞纹玉龙，出土于棺内。和田青白玉质，局部（近尾处）有褐色沁痕。体扁平，龙的首尾相连呈不规则环形，中部（间）有径为 2.4 厘米的不规则孔。龙，杏眼，短角内凹，口微张衔其尾，龙尾向内弯曲，饰阴刻二字纹。前后足折曲饰利爪，在足的边缘均用整齐规则的短小阴刻线表示毛发。龙体粗壮刚健，满饰阴线双钩鳞纹。这件玉龙环是汉代佩饰的一种，指佩挂在胸前或系在衣带上，用来装饰的玉质器物。它雕琢精细，造型别致，构思奇特，神态生动，飘逸洒脱，自由奔放。与天长市出土的形制简洁的玉龙形相比较，巢湖玉龙环的体态更加肥硕，尾部的交叉三个半月形鱼鳞与龙腹中部的五个鱼鳞相比，形成了鲜明的粗细变化，龙首处的张口衔尾、龙腿与爪部位的折曲锐利刚劲有力、龙尾处的圆弧蜷曲与象征龙脊椎的阴刻线上的“二字纹”、龙身体上密布交错叠压的双钩鳞纹和环孔大面积的透雕去地等特征，充分展示了这件玉龙环的设计与雕琢的高超技艺，充满着如同工笔画一样的写实主义的风格，反映了汉代人对龙虎（爪代表着虎的存在）精神的崇尚与敬畏。

与之形态相类似的环形鱼鳞纹玉龙在其他地方发现 2 件，一件是在安徽潜山市汉墓发现的龙形环[1]，一件是在江苏省仪征市汉墓发现的龙形环[2]。从形态上观察，潜山龙与巢湖龙接近；而半月形龙鳞片上的细部刻画，潜山龙则与仪征龙完全相同。值得注意的是，这 3 件形制特点极其相近的玉龙环，都出土于江淮之间近水的区域，缘何如此，它的产生，是不是具有某种历史必然性的规律，尚待学术界继续关注。

（三）寿县出土西汉形制独特的玉璧

1970 年 4 月，在寿县南门外养猪厂坝西一号汉墓的发掘中，出土了一件青玉质地的谷点纹玉璧，也是全国目前所知唯一的一件形制极其罕见独特的玉璧（《安徽省出土玉器精粹》第 160 页、《建国 60 周年》和《安徽馆藏珍宝》下册均有著录），其尺寸为外直径 13.84 厘米，孔径 2.8 厘米，厚 0.74 厘米（图三）。

该璧系用和田青白玉雕琢，在璧的边缘有四处小的绺裂，左右两侧有大面积的黄色沁斑。璧呈扁平状圆形，中间有一圆形好孔，孔边与璧边均有凸起的内外廓边，其宽度分别为 0.4 厘米与 0.5 厘米。廓边内的璧体上，其间布满用减

1 古方主编：《中国出土玉器全集》第 6 卷，科学出版社，2005 年，第 147 页。

2 仪征市博物馆：《仪征出土文物集粹》，文物出版社，2008 年。

地技法雕成排列整齐的斜列谷纹，类似斜方格去底，双面工，纹饰一致。谷纹间距相同，颗粒饱满，圆钝柔和，底子磨平，显示出制作上的精工细作，一丝不苟。最为显著醒目的玉璧形制，是在璧的上方位置，正反两面都浮雕凸出一道宽度在0.5厘米的月牙形弦纹与璧的外相连，弦内二道谷纹。该玉璧别具一格，极为罕见。谷纹玉璧通常流行于战国晚期至汉代，镌有双面工月牙形弦纹在汉代谷纹璧上仅此一见，它蕴含象征着什么值得思考。

图三 西汉玉璧

春秋文献有“衔璧”一说，弦纹的制作，是否有助于长时期的口衔不易滑掉？《左传·僖公六年》记载“许男面缚衔璧”，春秋玉璧上尚无这种形制，到汉代时出现了，表达什么含义，是衔璧，还是象征日月同体，尚待进一步分析考证。

（四）亳州市出土的东汉玉双卯

亳州市是魏武帝曹操的故里，在市区有东汉时期的“曹氏家族墓群”，现为全国重点文物保护单位，其中经发掘出土的凤凰台一号汉砖室墓，出土了形制上极其少见的一对白玉刚卯、严卯和司南佩（发掘简报称为玉饰），是我国东汉末年少见的有明确出土地点和历史纪年的刚卯、严卯与司南佩实物，因其玉质较好，制作精湛，拥有长篇铭刻文字，具有较高的科学研究与工艺价值，均被安徽省文物鉴定机构定为国家馆藏一级珍贵文物[1]。

玉刚卯是西汉晚期到东汉时期伴随着谶纬学而流行的一种用于避邪消灾、驱逐疫鬼的厌胜佩戴物品，也是玉器史上比较少见的有长篇刻铭文字的特殊器具，玉双卯铭文应该是汉代统一颁发的官方法定文献，同时具有宗教文物、标准器和文字史料三种属性，它的产生出现，是汉代社会宗教思想发展变化的产物，在宋至明清时期模仿者众多。刚卯重6.4克，高2.28厘米，上端左右面宽0.99厘米，厚1.1厘米，下端宽1厘米，厚0.99厘米。系用优质和田白玉籽料磨制，通体晶莹洁白，毫无沁斑与瑕疵，玉质缜密，隐隐可见闪石结构，色泽白中闪灰闪黄，六面抛光呈玻璃光，温润感欠佳。表面目测为正长方体，实际上为上

---

1 张宏明、魏彪：《亳州出土东汉玉双卯小考》，载《中国和阗玉：玉文化研究文萃》，新疆人民出版社，2004年。

图四　东汉玉双卯（左刚卯，右严卯）

端大，下端略小；形体为竖长方体，竖长四面抛光刻字，上下近方形两端四角不平，中孔处稍高；穿孔为上下贯穿孔，上面孔洞呈椭圆形，直径1.4×1.8毫米，下孔圆形，直径1.5毫米，穿孔特征上大下小，不在中心位置，孔壁较直。所刻卯文的特点有五：一是文字上下排列，行列是自右而左竖排；二是文字阴刻，刀法简练刚劲；三是篆书体，笔画欠工，方折多于圆折，大小间距不一；四是文字排列顶天立地、左右靠边，晚期挤在中间；五是笔画纤细见锋，多次划画，因而粗细、深浅不同，走刀现象严重。四面卯文的内容依次为：正月刚卯既央，灵殳四方，赤青白黄，四色是当。帝令祝融，以教夔龙；庶疫刚瘅，莫我敢当（图四）。

严卯，重6.5克，上下高2.29厘米，上下端方形，边长1厘米，卯文中有“严卯”自名。形制略同刚卯，上下端平整，竖侧长面打磨平齐，均加抛光，呈玻璃光泽。玉质缜密，温润感强，微透明中可见纤维叠层结构，第二面下部有一道斜向绺裂，略有黄斑沁入，系选用上等优质白玉籽料制成。正中有一圆形孔上下贯穿，上孔大而下孔稍小，穿孔的口门未打磨。严卯的文字，每面两行，每行各4字，其排列、行距、书体乃至韵文、韵脚，都与刚卯相同。字体修长，笔画细浅，笔锋尖利，细如毛发，笔画存在走刀，但比刚卯文字显得熟练，此种差异现象，或因刻工不同。卯文为：疾日严卯，帝命夔化；填玺固状，化兹灵殳；既正既直，既觚既方；赤疫刚瘅，莫我敢当。

（五）巢湖市出土的汉代朱雀衔环踏虎纹玉卮

1997年，在巢湖市北山头一号汉墓出土，通高13.1厘米，卮体高9.8厘米，口径7.91厘米，底径7.4厘米，壁厚0.3厘米，足高1.2厘米（图五）。该玉卮的器物形制独特，纹饰构图复杂，雕琢技艺精湛，造型出类拔萃，是目前所知出土的几十个汉代圆雕玉卮中最为精彩的一件，甚至超过一般王侯墓（如河北省中山靖王刘胜墓）所出的玉卮。

图五 汉代朱雀衔环踏虎纹玉卮

玉卮青白玉质地，通体有水锈形成的黄褐色沁痕。圆筒形，平底，三兽面纹足，缺盖。卮的一侧高浮雕出展翅飞翔的朱雀，形象极为生动写实：双爪紧紧抓住虎背，踏于卷尾弓背翘首的螭虎之上，螭虎圆眼，张口、短耳，胸部阴线刻水滴纹，绞丝尾呈S形向上翻卷。朱雀昂首高于卮口，雀口衔一绞丝活环，双目鼓突，扇形冠，两耳上翘，双翼展开。另一侧浮雕立熊，熊身弯曲呈环形鋬手，两侧浅浮雕对称凤鸟。卮体装饰五层图案，上下依次分别是浅浮雕兽纹、勾连云纹、龙纹、勾连云纹、龙凤纹，在卮的底部阴线刻几何纹和三组流云纹。这件玉卮集高浮雕、镂空透雕、减地浅浮雕、平面雕与阴刻线相结合的工艺技术于一体，用写实与艺术夸张的表现手法，设计新颖，形态夸张，讲究对称，比例适度，是一件令人称绝的艺术瑰宝，代表着汉代玉雕技术的最高水平。

（六）阜阳市出土的汉代玉人佩饰

阜阳市博物馆所藏的这件玉人佩饰玉器，1975年出土于涡阳县石弓山的嵇山西汉中期崖墓，与我们通常所见的玉人、舞人、玉俑、翁仲等比较，人物的造型和纹饰上有着明显的不同，因为在其他地方出土及传世的玉人，绝大多数是片状的雕有简单阴刻线勾勒人体的形象，而属于圆雕的玉俑和翁仲在造型上较为简单，缺少阴线刻的细部刻画。这件一反薄片玉人的常态，在立体圆雕雕刻的工艺上加上了推磨打洼五官身躯和通体使用细密阴刻线与曲折几何纹组合的衣服纹饰，呈现出更加饱满与精细的特点，其纹饰的细致繁密和人物服饰与形象的逼真，达到了十分写实肖形的程度，堪称无与伦比。玉人高 5.75 厘米，宽 3.23 厘米，厚 0.15—1.08 厘米（图六）。

玉人青玉质地，正面与背后的表面有一些褐色沁斑。玉人整体呈扁圆体，中厚边薄，横截面近梭形，立体圆雕。玉人作袖手直立状，头戴向右侧外伸下垂的冠帽，脑后纤细而密的阴线发丝压于冠下。正面团脸，用推磨技法琢出浅浮雕的五官，葱管鼻，圆脸。身着右衽交领宽袖弋地长袍，肩上交领似平板的肩章向两侧伸出，长袍肥大而宽，衣褶外敞。正面与背面的袍上满饰阴刻线构成的变形菱形花纹图案，前胸与后背琢刻排列细密的阴线纹饰，胸前系挂一件圆璧形佩饰。玉人双腿直立，足蹬履，背面下端有一凹槽可以插嵌，自冠帽顶部有一圆孔贯穿至足下，似为组玉佩件。玉人通体纹饰繁缛，阴线细密流畅，人物形象形神兼备，服饰层次分明，造型立体感强，或为汉代达官贵人、少数民族酋长之写实，对汉代服饰及礼仪习俗有重要参考价值。

图六 汉代玉人佩饰

（七）芜湖市出土西汉蝉纹圆筒形玉奁

安徽省的江南部分，现在有五市二十多个县市区，在秦汉时却是山高林密、地广人稀之地，仅有黟、歙、丹阳三个县级治所，所以总体上出土汉代玉器比较少，因此这件玉奁是安徽省长江以南区域出土的极其少见的汉代精美玉器之一，也是中国汉代极少见的形制小巧而实用的圆雕玉器。

李银德先生在多年以前的论文里，即对这件玉器予以关注，“特别是芜湖月牙山五号墓出土的三蝉带盖玉卮，由于出土原始资料尚未刊布，其时代见仁见智，需引起重视和深入研究”[1]。2021年，李银德先生专程到安徽博物院鉴赏了这件玉器，对其时代、工艺、定名有了重新的认识。根据北京出版集团2014年出版的《灵动飞扬——汉代玉器掠影》一书第121页的介绍,定名为“青白玉蝉纹盖瓶”。文字介绍为：“西汉，通高4.7厘米，底径2.2厘米（图七）。青白玉，表面有沁色斑。直口，腹部呈圆筒形，通体饰规整的回纹底，其上均匀分布三只浮雕蝉纹，口沿处有三个穿鼻孔，盖饰花瓣纹，边缘有三个穿孔，可与口沿的穿孔相连。”

图七 西汉蝉纹圆筒形玉奁

根据我们上手的仔细观察，这件玉奁（本文不称卮、瓶与盒）是具有圆雕性质的玉容器，是汉代玉器为数不多的精品之一。它是一件盖、体可以连缀的完整器物，形制上为圆管状而内径极小，可以排除用途上的酒具，功能上属于可以随身携带的容器，或用于盛药丸、药膏、防冻药剂等。其制作工艺卓尔不群，小巧玲珑，精工细作，代表汉代玉器取得的艺术高峰。从材质、褐黄水沁、管钻开膛、锃钻打孔、奁盖减地、奁腹高浮雕伏蝉、奁体减地阴线刻以及蝉体上细密分布的阴线刻所达到的“薄如蝉翼”的视角效果上分析，它是汉代玉工精心设计并细致雕琢的集实用与艺术于一体的珍品。玉质晶莹温润，选用致密的青白玉加工制作，如奁盖平顶微凹，雕刻八瓣连弧纹，中间为圆形花蕊；平顶边缘形成台级，弧形至盖的底部边沿，盖下有榫卯伸出，插入下面奁体，严丝合缝；盖底周边口沿上有三个突棱，棱上钻上下贯通的圆孔，可与奁体口沿边上的三突棱孔洞相合，可以穿绳连接密合，设计上十分精巧。

（八）怀远县出土的青玉椭圆形蟠螭纹镂空立体透雕韘形佩饰

这件玉器在最早的发掘简报中被定为“西汉晚期”（M1：2），现在的几本玉器图录统一更正为“东汉”，有命名为“透雕三螭环韘玉佩”“蟠螭纹玉饰件”者，是东汉时期少见的十分难得的具有立体圆雕性质的镂空透雕玉器，将其称

1　李银德：《安徽出土汉玉四札》，载《玉英溯源——安徽历代玉器研究文萃》，黄山书社，2015年。

为“玲珑剔透”恰如其分。其尺寸为：长7厘米，宽4.27厘米，厚2.88厘米，孔径1.7厘米（图八）。

图八 东汉镂空立体透雕韘形佩饰

玉质为青玉，通体泛灰色，部分地方受水沁为黄褐色。器物形状近似椭圆形球体，镂空透雕三条相互缠绕且形态各异的螭螭，宛转盘曲呈一空心圆。螭体呈S形蜷曲，相互嬉戏，间有云气纹饰。螭首短而宽，猫面、鼓腮、立耳、鼻作凸榫形，五官清晰，双目圆睁，眼角向上，细颈，脑后有宽大长角后卷，两前肢肌肉丰满，刻有细阴线腿毛，螭体弧形弯曲，首尾相连，身上刻有细阴线毛发，动态逼真。整体造型有十多处形状不一的镂孔相连，内里去底较多，显得通透玲珑，动感十足。

总之，安徽省汉代玉器，器形上的独特别致，材料上的丰富多彩，工艺上的设计奇特，纹饰上的精妙繁密，地域上的文明传承，在中国玉文化的历史长河中留下了浓墨重彩的一页。

略论湖南出土的汉代珠子

——兼谈湖南在汉代海上丝绸之路上的地位和作用

喻燕姣（湖南博物院、科技考古与文物保护利用湖南省重点实验室）

【摘要】湖南出土了大量的汉代珠子，材质丰富，品种多样，数以千计，其中一部分如多面金珠，多棱面的水晶、玛瑙珠管，蚀花玛瑙珠，缠丝纹玛瑙珠，浅蓝色的海蓝宝石珠管，琥珀辟邪形珠，算珠形红色玛瑙珠，石榴子石珠，多面体玻璃珠，夹金和瓜棱形玻璃珠，印度－太平洋珠，费昂斯珠等，材质、造型、制作工艺均有别于中国传统风格，经检测和研究属于海外输入品；也有一部分如铅玻璃、钾玻璃珠，玻璃耳珰等，是利用国外的样式和制作技术，在广西合浦、广州本地模仿自制产品，然后再通过贸易等方式，流布内陆腹地。这些珠子是汉代海上丝绸之路的文化交流与科技传播直接影响到两广地区，并进而向我国内陆辐射延伸的结果。根据已有的出土资料，湖南是汉代海上丝绸之路向内陆延伸与辐射的重要区域，尤其是长沙，出土的汉代珠子特别多，可以认定，长沙是汉代海上丝绸之路内陆段的重要聚集地，并由湖南向周边区域延伸，揭示了汉代海上丝绸之路对内陆文明的影响与发展。

【关键词】湖南；汉代；珠子；地位

湖南出土的汉代珠子数量非常多，材质非常广泛，有金、银、铜、骨、瓷、玻璃、玉、石、玛瑙、水晶、绿松石、琥珀、角、木、煤精等质地，其中宝玉石珠数量最多。在这些珠子中我们发现有大量金、水晶、玛瑙、琥珀、玻璃等质地的外来珠子，总数数以千计[1]，分析这些珠子来源，我们发现，湖南汉代珠子与海上丝绸之路有极为重要的关系。汉代海上丝绸之路是指正史《汉书·地理志》记载的、最早由官方开通的远洋贸易交往航线。该书记载“自日南障塞、徐闻、合浦船行可五月，有都元国；又船行可四月，有邑卢没国；又船行可二十余日，

1 湖南省博物馆编，喻燕姣主编：《湖南出土珠饰研究》，湖南人民出版社，2018 年，第 414—472 页。

有谌离国；步行可十余日，有夫甘都卢国。自夫甘都卢国船行可二月余，有黄支国，民俗略与珠崖相类。其州广大，户口多，多异物，自武帝以来皆来献见。有译长，属黄门，与应募者俱入海市明珠、璧流离、奇石异物，赍黄金杂缯而往”。这段文字详细记述了汉武帝至王莽辅政期间，汉王朝派遣使团携“黄金杂缯”到东南亚、南亚一带交换“明珠、璧流离、奇石异物（主要包括玻璃、水晶、石榴子石、肉红玛瑙、缠丝纹玛瑙和黄金等珠子，今多发现于南方许多汉代墓葬之中）”的历史。可看到汉朝海上丝绸之路的贸易线路，汉朝使者从合浦郡的徐闻、合浦两港启航，沿岸前行经过越南南部、泰国－马来半岛、孟加拉湾，到达印度东海岸南部的“黄支国”（今康契普腊姆，Conjevaram）和已程不（今斯里兰卡），采购宝石珍珠黄金玻璃之后经马来群岛返航。谌离国、夫甘都卢国是公元 1 世纪存在于泰国境内的两个古国，它们分别位于马来半岛克拉地峡的东侧和西侧。克拉地峡是泰国湾和安达阿曼海的分界，最狭窄处只有 50 公里。从此处步行，由太平洋进入印度洋，比绕行马六甲海峡要方便很多。该航线以商贸为主，也伴随着一系列文化交流及政府主导的朝贡和外交活动，对日后海上丝绸之路的延伸与扩大发展，影响深远。

湖南出土的汉代珠子，大部分就是通过这条海上丝路传入进来的。本文梳理了湖南汉代四类珠子，对其中海丝特征鲜明的珠子进行了分析研究，阐述了湖南在汉代海上丝绸之路上的地位和作用。

一、宝玉石珠

湖南出土的汉代宝玉石珠较多，以长沙地区为大宗，西汉时尤为集中在一些大型的贵族墓葬中，以诸侯王室墓葬出土的最为精美，材质、工艺、造型均属上乘。东汉时分布范围稍广，以小巧的珠、管为多，宝玉石珠出土量更大，往往一个墓葬就出土十几件或几十件珠子。很多珠子都可以在国外和丝绸之路上找到同款。珠子质地有玛瑙、水晶、绿松石、琥珀、海蓝宝石、石榴子石等。器形有珠、管、耳珰（喇叭形管）、蹲伏的小动物形等。

西汉早期受经济和薄葬政策的影响，珠子数量不多。至西汉中期，政治经济逐渐强盛，海路、陆路的贯通使珠子的数量、材质、种类都丰富起来，海外输入的水晶、玛瑙、琥珀珠数量多，材质好，雕琢精。尤其是出土了大量缠丝纹玛瑙珠管，肉红色玛瑙珠，多棱面体肉红色玛瑙、水晶珠管，海蓝宝珠管，小动物辟邪形珠，石榴子石珠等，从形制、工艺和材质分析，其应来自印度或中亚、东南亚，是中外文化交流的物证。这些珠子在广西合浦[1]、广州的汉代墓葬[2]有过不少发现，为海外输入之物。它们出现在湖南地区，说明海上丝绸之路对湖南影响深远。

（一）蚀花玛瑙珠、缠丝纹玛瑙珠

湖南出土的汉代玛瑙珠中，有 100 多件为黑白相间、褐白相间圈带纹的玛瑙珠管，考古报告中多称之为“缠丝玛瑙”，多呈腰鼓形，或呈圆柱形，或呈蚕蛹形，为有天然纹带的玛瑙。目前也发现一件被学者公认的蚀花玛瑙珠（图一），它是用一种特殊的腐蚀方法制作而成，来自域外，与早期的中外文化交流有关[3]。笔者曾对之有过粗浅论述[4]。东南亚发现的蚀花玛瑙珠分布在泰国全境、越南南部、缅甸、马来西亚、菲律宾等地。我国境内发现的这种玛瑙珠管较多，尤其是在汉代的港口城市合浦、广州港出土较多，应为海外输入之物。从玛瑙蚀花珠的发展历史来看，在其早期和中期阶段，即英国学者培克（Horace C. Beck）所指的早期是公元前 2000 年以前（相当于夏代以前），中期是公元前 300 年至公元 200 年（相当于战国晚期、秦汉时期）[5]，印度都是主要的生产基地[6]。

图一 西汉蚀花玛瑙珠 1975 年长沙咸嘉湖曹嫘墓出土 长沙博物馆藏

天然的缠丝纹玛瑙珠湖南出土数量较多（图二），主要出土于长沙，仅 1959 年长沙五一路 M9 就出土一串 38 件（图三），永州、郴州、常德、益阳也有少量发现[7]。这种珠子在欧亚大陆上有非常广泛的分布，贸易范围非常广泛，具体的制作地点尚不完全清楚，应该有多个制作中心。在俄罗斯乌拉尔山南

1 熊昭明：《汉代合浦港考古与海上丝绸之路》，文物出版社，2015 年。本文引用的广西合浦汉代珠子资料，均出自此书，下文不再标注。

2 广州市文物考古研究院：《广州出土汉代珠饰研究》，科学出版社，2020 年。本文引用的广州汉代珠子资料，均出自此书，下文不再标注。

3 作铭：《我国出土的蚀花的肉红石髓珠》，《考古》1974 年第 6 期。

4 喻燕姣、戴君彦：《解析西汉长沙国王后曹嫘墓天珠的蚀花工艺与受沁现象》，杨建芳师生古玉研究会玉文化论丛系列之八《玉文化论丛（八）》，台湾众志美术出版社，2022 年。

5 Beck H.C., Etched Carnelian Beads, *The Antiquaries Journal*. 1933, 13(4)

6 熊昭明、李青会：《广西出土汉代玻璃器的考古学与科技研究》，文物出版社，2011 年，第 171 页。

7 本文涉及的湖南汉代珠子资料及图片，均出自湖南省博物馆编，喻燕姣主编：《湖南出土珠饰研究》，湖南人民出版社，2018 年。

麓[1]、黑海北岸[2]、地中海地区以及中东伊朗北部[3]、印度西北部至巴基斯坦北部一线[4]、恒河河口[5]、蒙古高原边缘[6]、东南亚[7]等地都有大量发现。并通过海路传

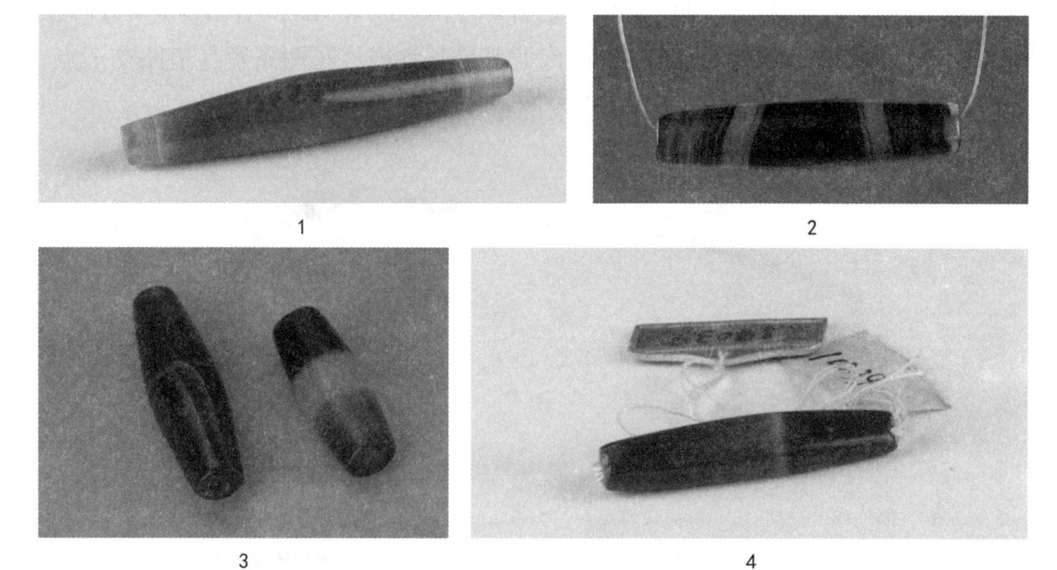

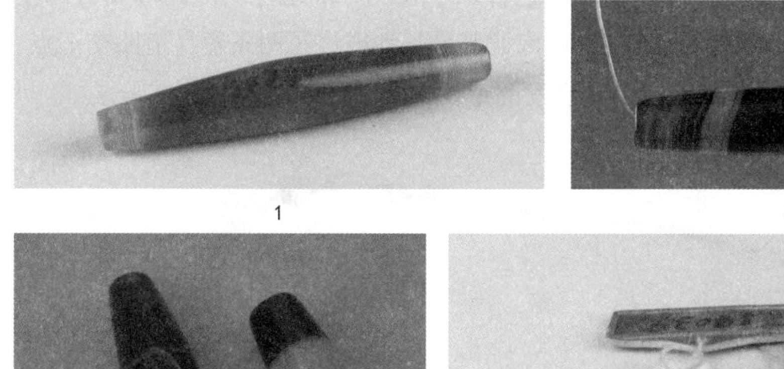

1　2　3

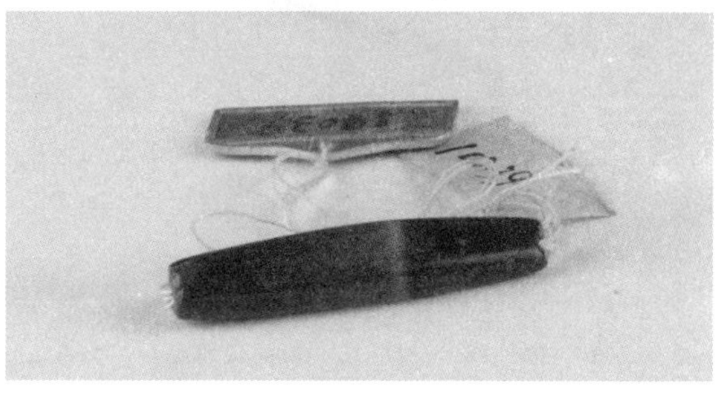

4

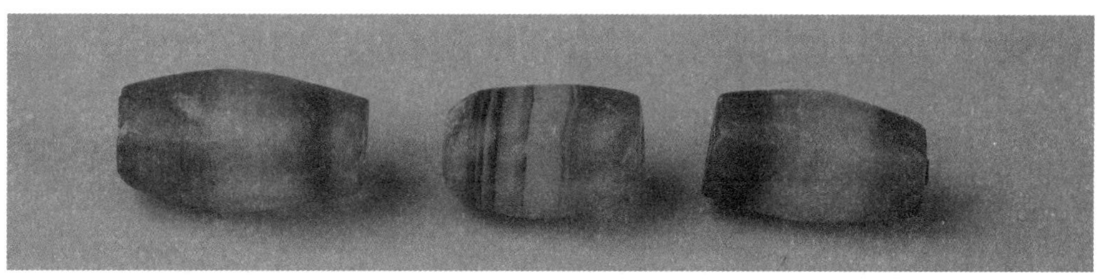

5

图二　缠丝纹玛瑙珠管

1. 东汉玛瑙管，1976年长沙杨家山东汉墓 M107出土，湖南博物院藏；2. 东汉玛瑙管，1981年常德市东江出土，常德市博物馆藏；3. 东汉玛瑙管，1997年郴州马家坪湘运公司工地 M11出土，郴州市博物馆藏；4. 东汉玛瑙管，1974年零陵和尚岭跃进砖瓦厂 M11 出土，湖南博物院藏；5. 东汉玛瑙珠，1985年益阳赫山庙工地出土，益阳市博物馆藏

---

1 Anikeeva O. V., *Regularities of Emergence of the Composition of Bead Sets from Burials of the Early Nomads of South Ural (the late VIth — II centuries B.C.).* Материалы IX Международной научной конференции “Проблемы сарматской археологии и истории”, посвященной 100-летию со дня рождения Константина Федоровича Смирнова: сборник статей. Институт археологии РАН, ФГБОУ ВПО «Оренбургский государственный педагогический университет», Оренбургский губернаторский историко-краеведческий музей. 2016. p21-31.

2 Алексеева Е.М., Античные бусы Северного Причерноморья. СДИ. ГI-12.М., 1962.С.20. Табл. 36,31,33.

3 Dubin L. S., *The History of Beads: From 100000B.C. to the Present.* Harry N, Abrams, 2009. p65-78，p201-222.

4 Beck H. C., The Beads from Taxila (Memoirs of the Archaeological Survey of India No. 65). *The Director General Archaeological Survey of India Janpath*, Manager of Publications, 1941. p46.

5 Jahan S.H., Archaeology of Wari-Bateshwar. *Ancient Asia,* 2010(2).

6 Higham C. F. W., Kijngam A., The Origins of the Civilization of Angkor, Vol. VI—the Excavation of Ban Non Wat: The Iron Age, Summary and Conclusion. *The Fine Arts Department*, 2012.

7 C. F. W. Higham, A. Kijngam. The Origins of the Civilization of Angkor, Vol. VI—the Excavation of Ban Non Wat: The Iron Age, Summary and Conclusions. *The Fine Arts Department,* 2012.

入两广，在合浦和广州也有大量出土。传入湖南后，又向内陆其他地方流传，江西（如海昏侯汉墓）[1]、江苏（如广陵国汉墓）[2]、河南[3]、新疆[4]等多个省份的汉墓均有这种珠子出土。可以看出，这种珠子在北方陆地丝绸之路和南方海上丝绸之路沿线都有，贸易特征明显，湖南尤其是长沙或许是两条贸易道路交汇点，但更重要的是海上丝绸之路向内陆进发的重要中转站。

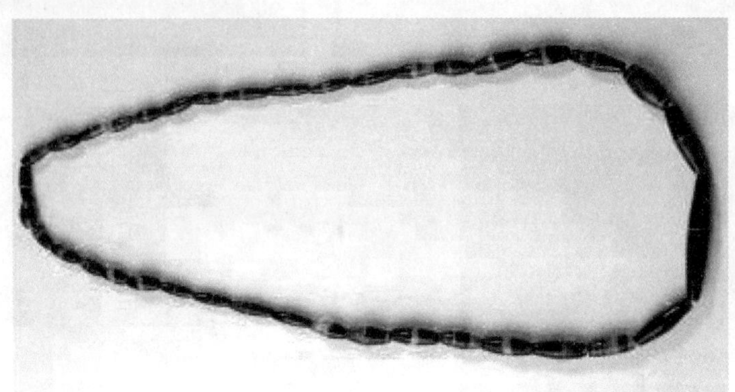

图三 东汉花斑纹玛瑙珠管　1959 年长沙五一路 M9 出土　湖南博物院藏

（二）多棱面体的水晶、玛瑙珠管

多棱面体的水晶、玛瑙珠管在湖南汉墓出土较多，形状有六方双锥形、六棱柱形、扁平六方桶形等，是比较典型的海上丝绸之路风格器物。

湖南汉代多棱面体玛瑙珠管均为红色，长沙汉墓出土最多，益阳、耒阳、泸溪、永州等地都有少量发现（图四）。出土文物已表明，多棱面体红玛瑙珠管广泛发现于海上丝绸之路沿线各地遗址，这种珠子使用的材料应该来自印度西北部[5]，在印度多地有发现。东南亚缅甸毛淡棉[6]、克拉地峡[7]、泰国中部[8]、泰

1 江西省文物考古研究院，厦门大学历史系：《江西南昌西汉海昏侯刘贺墓出土玉器》，《文物》2018 年第 11 期。

2 扬州博物馆：《江苏邗江姚庄 101 号西汉墓》，《文物》1988 年第 2 期。

3 河南省文物局南水北调办公室，河南省文物考古研究所，平顶山市文物管理局《河南郏县黑庙 M79 发掘简报》，《华夏考古》2013 年第 1 期。该墓出土有缠丝纹玛瑙珠，多棱面体红玛瑙、水晶珠管。黄河水库考古工作队：《河南陕县刘家渠汉墓》，《考古学报》1965 年第 1 期。

4 新疆社会科学院考古研究所：《帕米尔高原古墓》，《考古学报》1981 年第 2 期；新华时政：《新疆帕米尔高原吉尔赞喀勒黑白石条古墓群探秘》，新华网，2013 年 6 月 15 日。

5 Insolla T., Polya D. A., Bhan K., et al. Towards an Understanding of the Carnelian Bead Trade from Western India to Sub-Saharan Africa: the Application of UV-LA-ICP-MS to Carnelian from Gujarat, India, and West Africa. *Journal of Archaeological Science*. 2004(31).

6 李青会、左骏、刘琦等：《文化交流视野下的汉代合浦港》，广西科学技术出版社，2018 年，第 155—157 页。

7 Bellina B., Maritime Silk Roads' Ornament Industries: Socio-political Practices and Cultural Transfers in the South China Sea. *Cambridge Journal of Archaeology*. 2014(3).

8 Rispoli F., Ciarla R., Pigott V. C., Establishing the Prehistoric Cultural Sequence for the Lopburi Region, Central Thailand. *Journal of World Prehistory*. 2013(26).

国暹罗湾北班东达潘[1]、柬埔寨[2]、越南沙莹文化遗址[3]等地有不少出土，甚至菲律宾[4]、马来西亚[5]也有零星发现，是一种具有明显贸易色彩的珠饰。传入中国后，广州汉墓、合浦汉墓、湖南汉墓有大量出土。江苏[6]、河南[7]、河北[8]、陕西[9]、安徽[10]等地也有零星出土。

1

2

图四 多棱面体红玛瑙珠管

1. 东汉多棱面体玛瑙珠串，1978 年长沙妹子山 M17 出土，湖南博物院藏；2. 东汉多棱面体玛瑙珠，1997 年益阳赫山工地出土，益阳市博物馆藏

另外还有一类扁圆珠形的红玛瑙珠（图五），表面或粗糙，或光滑，它们多见于公元1—3世纪海上丝绸之路沿线国家，越南南部、柬埔寨、泰国非常常见。

1 Glover I. C., Bellina B., Ban Don Ta Phet and Khao Sam Kaeo: the Earliest Indian Contacts Re-assessed. In Manguin P. Y., Mani A., Wade G. *Early Interactions between South and Southeast Asia: Reflections on Cross-cultural Exchange*. Institute of Southeast Asian Studies. 2011, p17–46.

2 Reinecke A., Laychor V., Sonetra S. Prohear— An Iron Age Burial Site in Southeastern Cambodia: Preliminary Report after Three Excavations. In Tjoa-Bonatz M. L., Reinecke A., Bonatz D. *Crossing Borders: Selected Papers from the 13th International Conference of the European Association of Southeast Asian Archaeologists*. NUS Press, 2012, p268–284.

3 Lam Thi My Dzung. Sa Huynh Regional and Inter-regional Interactions in the Thu Bon Valley, Quang Nam province, central Vietnam. *Bulletin of the Indo-Pacific Prehistory Association*. 2009(29).

4 Fox R. B., *The Tabon Caves: Archaeological Explorations and Excavations on Palawan Island, Philippines*. Manila National Museum, 1970, p141.

5 Ramli Z., Shuhaimi N. H., Rahman N. A. Beads Trade in Peninsula Malaysia: Based on Archaeological Evidences. *European Journal of Social Sciences*. 2009(4).

6 南京博物院，盱眙县博物馆：《江苏盱眙东阳汉墓群 M30 发掘简报》，《东南文化》2013 年第 6 期。该墓群出土有多棱面体的玛瑙、水晶珠，缠丝纹玛瑙管及多件紫晶、玻璃辟邪形珠。扬州博物馆：《江苏邗江姚庄 101 号西汉墓》，《文物》1988 年第 2 期。

7 姚玲玲：《丝路贸易的历史见证——咸阳马泉汉墓出土的珠宝串饰》，《文物鉴定与鉴赏》2018 年第 7 期。该墓出土有多棱面体的红玛瑙、水晶珠管，红玛瑙珠，琥珀辟邪形珠等。潘付生：《洛阳纱厂路西汉大墓出土的玉器》，《大众考古》2021 年第 3 期。该墓出土的红色球形玛瑙珠和短六棱双锥水晶为典型的海丝珠饰。

8 中国社会科学院考古研究所，河北省文物管理处：《满城汉墓发掘报告》（上），文物出版社，1980 年，第 245 页。

9 姚玲玲：《丝路贸易的历史见证——咸阳马泉汉墓出土的珠宝串饰》，《文物鉴定与鉴赏》2018 年第 7 期；陕西省考古研究院：《陕西西安西咸新区西石羊汉墓发掘简报》，《文博》2020 年第 6 期。

10 安徽省文物工作队，芜湖市文化局：《芜湖市贺家园西汉墓》，《考古学报》1983 年第 3 期。该墓出土有红色玛瑙珠、多棱面体玛瑙珠管。

广东、广西、湖南汉墓出土数量也多。河南、陕西、安徽等很多省份都有一些发现[1]。

图五 东汉红玛瑙珠 2004年郴州家具厂工地M1出土 郴州市博物馆藏

湖南出土的多棱面体水晶珠多为白色，次为紫色，少量黄色，也以长沙出土数量最多，永州、衡阳、常德、益阳、湘乡、张家界都有出土（图六）。它们广泛发现于印度南部、孟加拉恒河三角洲、泰国南部、越南南部、中国广东和广西，是典型贸易珠。江西、江苏、河南、陕西等多个省份都有发现。

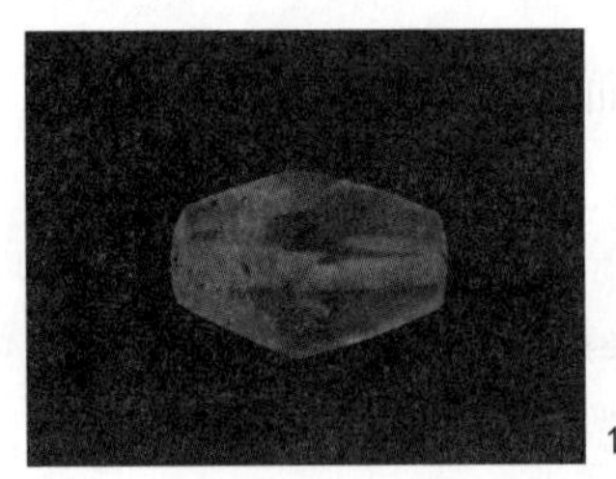

图六 多棱面体水晶珠管

1. 西汉多棱面体水晶珠，1985年于永州市零陵区黄古山路出土，永州市博物馆藏；2. 东汉水晶珠，1981年长沙市袁家岭友谊商店M24出土，长沙市博物馆藏；3. 汉代紫水晶珠，1986年张家界永定区三角坪武陵大学墓DSM119出土，张家界市永定区博物馆藏

多棱面体的玛瑙、水晶珠管在国内的很多汉墓都有发现，但以广东、广西、湖南为多，可明显看出它们与海上丝绸之路的贸易联系。

（三）辟邪形珠

湖南汉墓出土有绿松石小羊、小狮、小鸟，琥珀小狮、小鸟、小兽等动物形小玉饰，均雕琢大致轮廓，仅以数刀即勾勒出兽的眼、鼻和四肢，均为圆雕，造型较简单，个体较小，颈部或身体上有一穿孔，小巧玲珑。另外也有煤精（图

---

1 湖北文理学院襄阳及三国历史文化研究所，河南省文物局南水北调中线管理办公室，岳阳市文物考古研究所：《河南淅川李沟汉墓发掘报告》，《考古学报》2015年第3期。该墓出土有红色玛瑙珠。安徽省文物工作队，芜湖市文化局：《芜湖市贺家园西汉墓》，《考古学报》1983年第3期。河南省文物考古研究所，永城市文物旅游管理局：《永城黄土山与酂城汉墓》，大象出版社，2010年。

七）和金质的小动物形饰。其中琥珀辟邪形珠，大部分因风化氧化呈现松散的颗粒结构，表面很多裂纹，保存状况不好。但长沙谷山被盗西汉王室墓[1]中出土一对琥珀小兽保存状况非常好，透明度强（图八）。

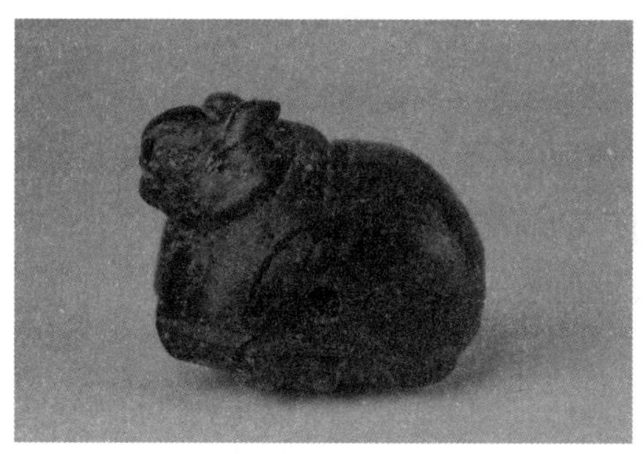

图七　东汉羊形煤精珠子　1995 年湖南永兴县粮食局工地 M1 出土　永兴县文物管理所藏

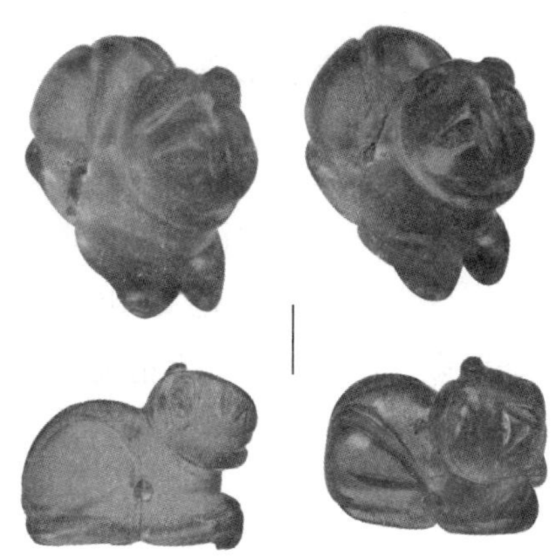

图八　西汉琥珀虎形饰 2008—2009 年长沙谷山被盗西汉长沙王室墓 M7 出土　长沙市文物考古研究所藏

孙机认为这些小动物珠都是系臂之物，在平时可以佩戴，属于《急就篇》中所说的“系臂琅玕虎魄龙”“射魅辟邪除群凶”，是简化了的辟邪[2]。这类动物形珠在全国各地有大量发现，有学者称之为“辟邪形珠”，最初应是由印度传入，后与中国本土文化结合，形成为一种特殊的珠子。[3]但这类珠子是否均作为臂饰使用，目前尚缺乏足够的考古资料支撑，而其上皆有穿孔，作为佩饰使用是无疑的。

湖南出土的这类辟邪形珠，从材质、造型、工艺与广西合浦出土的海上丝绸之路文物比较，早期的这些珠子大多应是通过海上丝绸之路进入广州、合浦，然后向内陆出发，水陆并举，进入湘江流域，运进湖南各地。到了汉代晚期，已出现仿制的珠子。

辟邪形珠在国内其他汉墓也有一定发现，南亚、东南亚都有制作宝石微雕

1　长沙市文物考古研究所：《长沙“12·29”古墓葬被盗案移交文物报告》，载《湖南省博物馆馆刊》第 6 辑，岳麓书社，2010 年。

2　孙机：《汉镇艺术》，《文物》1983 年第 6 期；孙机：《汉代物质文化资料图说》，文物出版社，1991 年，第 407 页。

3　赵德云：《西周至汉晋时期中国外来珠饰研究》，科学出版社，2016 年，第 126 页。

珠饰的传统[1]，可能与宗教崇拜有关，当地称为"吉祥珠"。广西、广东、湖南、江西、江苏、河南、陕西、北京等[2]国内其他汉墓出土有部分直接进口自域外的辟邪形珠，也有本地使用外来（琥珀、玻璃）或本地材质（和田玉）按中国样式制造的小型辟邪形珠子，显示审美或信仰的跨地域传播，甚至有工艺的传播。

（四）海蓝宝石珠

海蓝宝石珠是具有典型海上丝绸之路传播性的一类珠子，原产地为印度南部，印度东南部奥迪沙有制作遗址，印度泰米尔有矿床和制作遗址。成品于塔克西拉[3]、喜马拉雅山南麓[4]、印度东南部[5]、缅甸怒江河口[6]、克拉地峡[7]多见。合浦汉墓非常多，广州汉墓有零星出土，湖南汉墓出土的已公布资料的有 20 多件，主要见于长沙地区（图九，彩图三六），仅 2008—2009 年长沙谷山被盗西汉长沙王室墓 M7 出土有 15 件之多。有圆球形、椭圆球形、不规则圆柱形等。

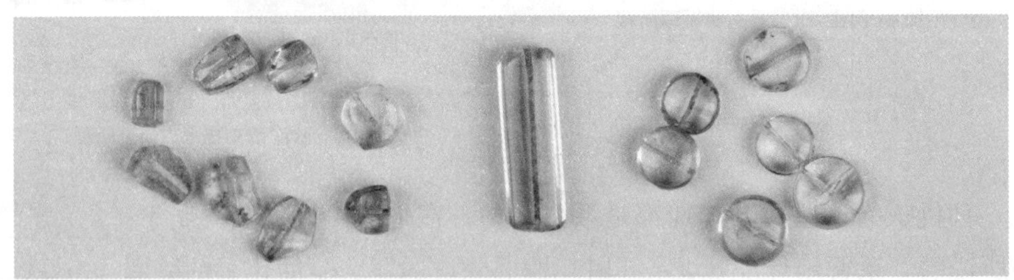

图九　西汉海蓝宝石珠、管 2008—2009 年长沙谷山被盗西汉长沙王室墓 M7 出土　长沙市文物考古研究所藏

（五）石榴子石珠

石榴子石珠是海上丝绸之路贸易的一类重要的半宝石珠饰，湖南汉墓也有

1 班查·彭帕宁著，林景玟译：《一定要收藏的古珠·天珠珍贵图鉴》，维他命文化，2013 年，第 87—100 页；另见 Moore E., *Early Landscapes of Myanmar,* River Books Press. 2007, p24；另见 Jyotsna M., *Distinctive Beads in Ancient India*（*BAR International*）. British Archaeological Reports. 2000, p36-63.

2 左骏：《合浦的金银及宝玉石串饰与微雕》，参见李青会、左骏、刘琦等：《文化交流视野下的汉代合浦港》，广西科学技术出版社，2019 年，第 363—404 页；郑州市文物考古研究所，巩义市文物保护管理所：《河南巩义市新华小区汉墓发掘简报》，《华夏考古》2001 年第 4 期。该墓出土有 3 个水晶虎形辟邪形珠。刘卫鹏：《陕西咸阳杜家堡东汉墓清理简报》，《文物》2005 年第 4 期。该墓出土有琥珀、水晶辟邪形珠。

3 约翰·休伯特·马歇尔著，秦立彦译：《塔克西拉 I》，云南人民出版社，2002 年，第 194 页。

4 Uesugi A., Rienjang W. K., Stone Beads from Stupa Relic Deposits at the Dharmarajika Buddhist Complex,Taxila. *Gandhāran Studies*. 2018(11).

5 Behera P. K., Hussain S. Early Historic Gemstone Bead Manufacturing Centre at Bhutiapali, the Middle Mahanadi Valley, Odisha. *Heritage: Journal of Multidisciplinary Studies in Archaeology*. 2017(5).

6 刘珺、刘琦、刘松、李青会：《泰国铁器时代宝石珠饰的科学研究》，《宝石和宝石学杂志》2020 年第 22 卷第 1 期。

7 Bellina B., Maritime Silk Roads' Ornament Industries: Socio-political Practices and Cultural Transfers in the South China Sea. *Cambridge Archaeology Journal*. 2014(3).

出土（图十）。虽然我国也是石榴子石的主要产地，但在汉代及更早时期，印度和斯里兰卡是石榴子石加工的重要地区。印度石榴子石不仅向东方贸易，也广泛贸易到乌拉尔山南麓及地中海地区。泰国南部、柬埔寨、越南也常见。我国广西、广东等岭南地区出土石榴子石珠较多，也是通过海上丝绸之路传入的[1]。

图十 东汉石榴子石珠 1955 年耒阳营建工地 BM017 出土 湖南博物院藏

二、金珠

湖南金珠主要出土于东汉墓中，以长沙地区为主，永州、郴州、衡阳、常德等地均有出土。分金珠、鎏金珠两大类，数量不是很多。金珠可以分成素面金珠和镂空花形金珠两大类。素面金珠有圆球形、算珠形、腰鼓形、茉莉花苞形（也称棒槌形、水滴形）（图十一）、折腰体菱形（图十二）、梭形、不规则球形、动物形等，花形金珠多为多面镂空。工艺有捶打、焊接、掐丝、焊缀金珠、鎏金、镂空、模铸等，制造工艺达到了较高水平。其中最有特色的是多面镂空花金珠（图十三），是典型的具有“海丝”风格的舶来品。它是将若干小金环或小金框焊接成多面体，然后在金环、金框外再焊接小金珠，形成精巧美丽的图案。湖南出土的多面金珠形体一般不大，多在直径 1—1.5 厘米之间，数量并不多，且出土于较高等级的东汉墓葬，与之一同出土的还有来自境外的玛瑙、水晶、玻璃珠子。类似花金珠饰品在“海丝”沿线国家有较多发现，如印度西南部的帕特南[2]、缅甸骠文化遗址[3]、泰国的三乔山、越南俄厄[4]。在中国南方多处有出土，尤以合浦汉墓数量最多，学者们认为它们应是由海外传入。[5]据此推断，湖南这些极为类似的多面镂空花金珠应纯属舶来的奢侈品，作为佩饰使用，均由南方海上丝绸之路传入。

此外，茉莉花苞形金珠、折腰体菱形金珠等，在广州汉墓、合浦汉墓均有出土，埃及、中亚、南亚、东南亚也有金质或玛瑙、玻璃、琥珀等不同材质的类似器物，

1 熊昭明、李青会：《广西出土汉代玻璃器的考古学与科技研究》，文物出版社，2011 年，第 167 页。

2 Cherian P.J., Menon J. *Unearthing Pattanam——Histories, Cultures, Crossings*. National Museum New Delhi, 2014.

3 Tan T. *Ancient Jewellery of Myanmar: from Prehistory to Pyu Period*. Mudon Sar Pae Publishing House,2015.

4 Bennett A. T. N., Gold in early Southeast Asia. *Archeo Sciences*, 2009(2)

5 陈洪波：《汉代海上丝绸之路出土金珠饰品的考古研究》，《广西师范大学学报（哲学社会科学版）》第 48 卷第 1 期，2012 年；蒋廷瑜、彭书琳：《汉代合浦及其海上交通的几个问题》，《岭南文史》2002 年增刊；岑蕊：《试论东汉魏晋墓葬中的多面金珠用途及其源流》，《考古与文物》1990 年第 3 期。

判断它们也是由海外输入的饰品。

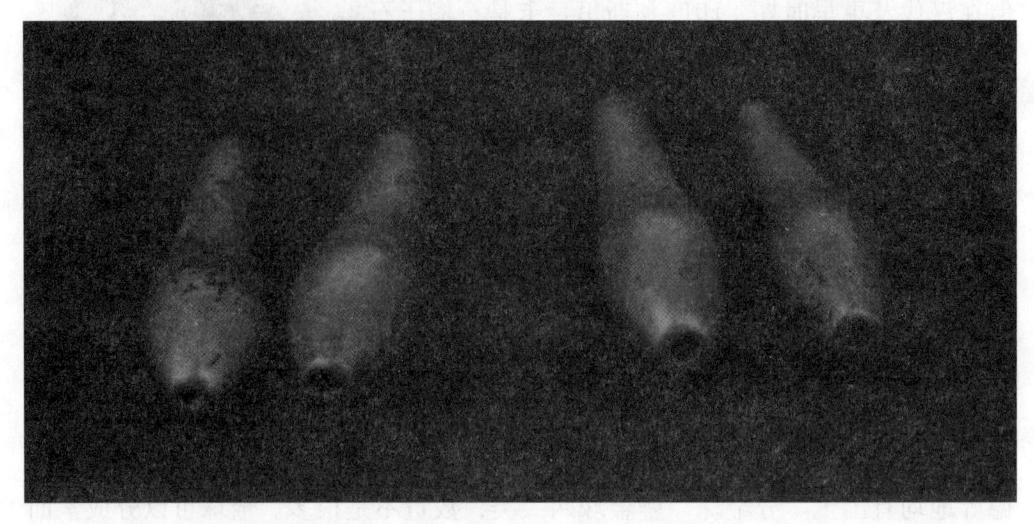

图十一　西汉茉莉花苞形金珠 1995 年永州鹞子岭西汉泉陵侯 2 号墓出土 永州零陵区文物管理所藏

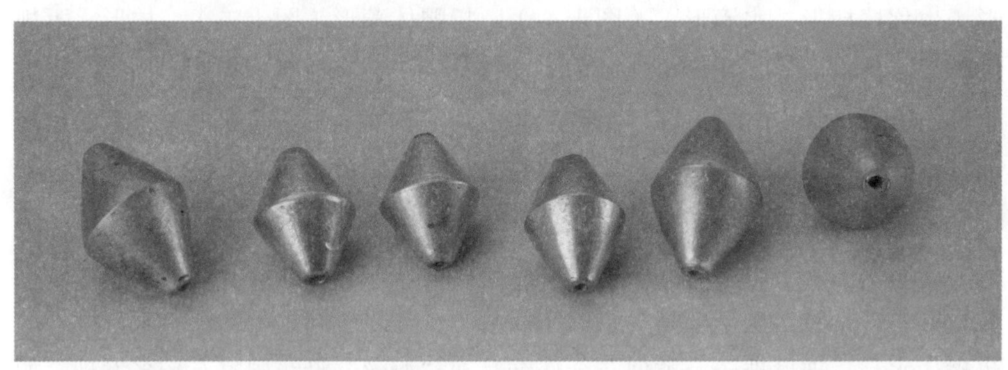

图十二　东汉折腰体菱形金珠　2004 年郴州家具厂工地 M1 出土　郴州市博物馆藏

1　　2

图十三 多面镂空花金珠

1. 东汉多面镂空金珠，2003年郴州骆仙岭北湖区政府新址工地M32出土， 郴州市博物馆藏；2. 东汉镂空花金珠，1959年长沙五里牌李家老屋M9出土，湖南博物院藏

三、玻璃珠

湖南两汉时期的玻璃珠子数量较大，有上万件之多，以长沙地区出土的数量最多，永州、郴州、资兴、耒阳、衡阳、衡东、湘乡、益阳、常德、张家界、古丈、龙山等地均有出土。主要品种有珠、管、耳珰等，珠、管均为素面，颜色多样，有绿色、深蓝色、天蓝色、紫色、草绿色、黄色、黑色、红色、灰色、褐色、白色等；珠多作椭圆球形、算珠形、球形、圆珠形、扁圆球形、短圆柱形、短梭形、瓜棱球形、葫芦形等，管有六棱面体梭形、长圆柱状等；耳珰数量较多，作喇叭形，一端粗、一端细，两端平直，中部束腰，类似于汉代玛瑙喇叭形耳珰。

湖南汉代玻璃珠子既有国内自制的，也有海外输入的。具有“海丝”风格的玻璃珠主要有以下几类。

（一）印度－太平洋贸易珠

湖南两汉玻璃珠中有大量深蓝色、绿色、天蓝色玻璃珠，形状有圆珠形、扁圆珠形、扁算珠形、短圆柱形，经检测为钾玻璃，是典型的印度－太平洋贸易珠。主要出土于长沙，永州、郴州、益阳、张家界、古丈均有一些发现（图十四）。

“印度－太平洋贸易珠”是公元前4世纪左右，南亚次大陆南部的玻璃工匠发明了拉制法批量生产的玻璃珠。拉制法，是将熔融的玻璃液用特别的工具拉成空心的细管，再将细管截成小珠子。此法制成的珠子可以看到以下特征：珠子的基本形态为圆珠形，珠体表面的条纹与穿孔平行，穿孔内壁一般是光滑的，没有黏结物。拉制法制成的珠子，体积较小，一般直径不会超过0.5厘米。大部分小型圆形、扁圆形、联珠形单色玻璃珠都采用拉制法制成。这类玻璃珠制造迅速，存世量巨大，自公元前4世纪开始沿着海上贸易路线向外输出，在印度洋及西太平洋海域上流行，因此在“海丝”沿线地方有大量发现。

广西合浦汉代墓葬出土有上万件的“印度－太平洋贸易珠”，部分经鉴定为中等钙铝型钾玻璃。这种玻璃珠在印度南部[1]、缅甸南部[2]、泰国克拉地峡[3]以及红河三角洲地区[4]和我国广西有广泛分布，说明可能存在多个制造中心。它既

1 Francis P. Jr. Beadmaking at Arikamedu and Beyond. *World Archaeology*, 1991(1).

2 Dussubieux, L., Bellina, B., Oo, W.H. et al. First Elemental Analysis of Glass from Southern Myanmar: Replacing the Region in the Early Maritime Silk Road. *Archaeol Anthropol Sci*, 2020(12).

3 Bellina B. Maritime Silk Roads' Ornament Industries: Socio-political Practices and Cultural Transfers in the South China Sea. *Cambridge Archaeology. Journal* 2014(3).

4 Lam Thi My Dzung. Sa Huynh Regional and Inter-regional Interactions in the Thu Bon Valley, Quang Nam Province, Central Vietnam. *Bulletin of the Indo-Pacific Prehistory Association*, 2009, (29).

不同于西方的钠钙玻璃，又不同于中国式的铅钡玻璃，它可以承受更高的温度，是当时玻璃工艺的创新品，有学者认为这种钾玻璃可能是合浦当地生产，再通行于南方各地和周边其他国家。[1]但也有学者认为它们是从东南亚、印度传入的[2]，并从战国时期就开始传入我国[3]，在很多地方都有发现[4]，显示了物质与技术的双重流动。

1

2

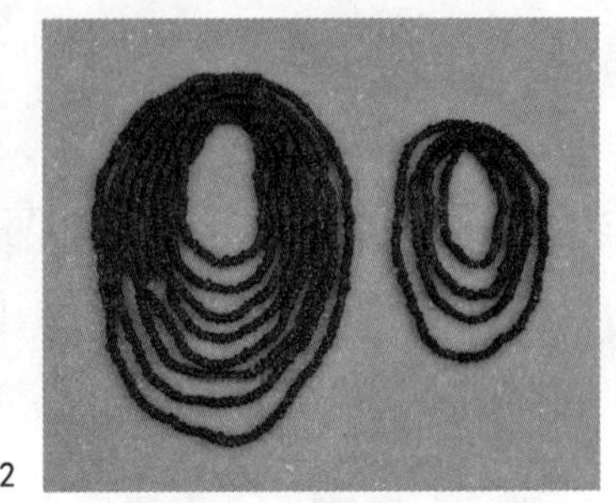

3

图十四　印度-太平洋贸易珠

1. 西汉玻璃珠，1954年长沙唐家巷M1新莽墓出土，湖南博物院藏；2. 东汉玻璃珠，4808颗，1981年长沙市火车站新邮电局M19出土，长沙市博物馆藏；3. 汉代玻璃珠，1450颗，1986年张家界永定区三角坪武陵大学墓DSM44出土，张家界市永定区博物馆藏

（二）夹金玻璃珠

湖南也出土有数量不多的夹金玻璃珠。张家界永定区南庄坪大农M1汉墓出土的葫芦形夹金玻璃珠，通高1.4厘米，直径0.7厘米。其制作方法是：在葫芦形玻璃表面先装饰一层金箔，然后在金箔外面再覆以少量玻璃液（图十五）。夹金玻璃珠在希腊罗德斯岛公元前3世纪的玻璃作坊遗址中有发现，在地中海

图十五　汉代葫芦形夹金玻璃珠　1989年张家界永定区南庄坪大农M1出土　张家界市永定区博物馆藏

1　王俊新等：《广西合浦堂排西汉古玻璃的铅同位素示踪研究》，《核技术》1994年第17卷第8期。

2　熊昭明、李青会：《广西出土汉代玻璃器的考古学与科技研究》，文物出版社，2011年，第124页。

3　熊昭明、李青会：《广西出土汉代玻璃器的考古学与科技研究》，文物出版社，2011年，第126页。

4　南京博物院，溧阳市文体广电和旅游局，溧阳市博物馆：《江苏溧阳青龙头汉墓M35、M22发掘简报》，《东南文化》2022年第2期，M22出土一串蓝色印度-太平洋贸易珠43颗；另见Xu S. W., Qiao B. T., Yang Y. M. The Rise of the Maritime Silk Road about 2000 Years Ago: Insights from Indo-Pacific Beads in Nanyang, Central China. *Journal of Archaeological Science: Reports*, 2022 (42)；浙江省文物考古研究所，海盐县博物馆：《浙江海盐龙潭港遗址汉墓发掘简报》，《东方博物》2005年第1期。

沿岸罗马帝国范围内很流行[1]。海上丝绸之路沿线都有出土，如越南沙莹文化遗址，广州、合浦汉墓都发现夹金玻璃珠，因此这种珠子也应为外来输入[2]。

（三）多棱面体玻璃珠

湖南汉墓出土的多面体玻璃珠数量不多，主要包括六棱柱形、双锥六棱柱状珠等（图十六），呈透明或半透明，颜色主要为蓝色，钾玻璃质地，呈钴色。来源于南亚地区，主要出土于海上丝绸之路沿线地区，泰国多见。合浦汉墓、广州汉墓均有这种形制的玻璃珠出土。

1

2

图十六　多棱面体玻璃珠

1. 汉代双锥六棱柱状玻璃珠，1952 年长沙杨家湾 M42 出土，湖南博物院藏；2. 东汉六棱柱形玻璃珠，1955 年耒阳营建工地 BM017 出土，湖南博物院藏

另外，湖南汉墓也出土有铅钡玻璃多面体玻璃珠，如 1960 年长沙杨家山铁路工地 M7 西汉墓出土的玻璃珠串，共 18 件。其中玻璃珠 12 件、管 6 件。玻璃珠为蓝色，形制极小，为扁算珠形，中有穿孔。经检测，为低铷低锶低钙型钾玻璃，为印度－太平洋贸易珠；玻璃管均为六棱面体梭形，浅黄色，表面覆有白色物质。经检测有较高含量的 Ba、Pb 和 As，应为中国自制铅钡玻璃（图十七 -1）。1986 年张家界永定区大庸桥 DDM8 汉墓出土 3 件多棱面体玻璃珠，高 1— 1.1 厘米，为铅钡玻璃（图十七 -2）。这种铅钡玻璃珠在广州和合浦汉墓均有发现。铅钡玻璃是被学界公认的中国自制玻璃，这表明外来器物的风格已被中国工匠接受，他们利用本地材料进行仿制，由此也可以看到中国本地文化与外来文化的碰撞与融合。

1　Lankton J.W. *A Bead Timeline, Vol. I: Prehistory to 1200 CE*. The Bead Society of Greater Washington, 2003, p53-67.

2　熊昭明、李青会：《广西出土汉代玻璃器的考古学与科技研究》，文物出版社，2011 年，第 130 页。

图十七　玻璃珠

1. 西汉玻璃珠串，1960 年长沙杨家山铁路工地 M7 出土，湖南博物院藏；2. 汉代多棱面体玻璃珠，1986 年张家界永定区大庸桥 DDM8 出土，张家界市永定区博物馆藏

（四）瓜棱球形玻璃珠

瓜棱形玻璃珠湖南汉墓也有出土。1985 年耒阳第三中学 M3 出土 1 件，高 1 厘米，直径 1 厘米，孔径 0.3 厘米，半透明，呈蓝色，瓜棱球形（图十八）。从其上下穿孔不平整可以看出，它属于用分段法制作的玻璃珠。分段法是将附有黏土的金属棍表面均匀涂上较厚的熔融玻璃液，并可添加额外的装饰，待玻璃半凝固时用工具均匀地碾轧塑型成一排珠饰，待完全凝固后取下依次掰断分离。此种方法能较好控制珠子表面的装饰纹饰，故可生产表面装饰复杂的珠饰（如瓜棱形珠等）。这种瓜棱形珠子在国外有大量发现，在印度的 Nevasa 便发现有与广西合浦汉墓出土的蓝色瓜棱分段玻璃珠相似的玻璃珠。化学成分分析结果表明，合浦汉墓出土的蓝色瓜棱分段玻璃珠为中等钙铝钾玻璃，与印度的钾玻璃的成分体系也相符合。这说明合浦汉墓出土的蓝色瓜棱分段珠应来自印度。[1] 湖南衡阳耒阳出土的这一件也应为同一来源。

图十八　东汉瓜棱形玻璃珠 1985 年耒阳第三中学 M3 出土 衡阳市博物馆藏

瓜棱球形水晶珠湖南汉墓也有出土，也应该是来自海外。

1　李青会、左骏、刘琦等：《文化交流视野下的汉代合浦港》，广西科学技术出版社，2019 年，第 332 页。

四、费昂斯珠

费昂斯是一种非黏土质含玻璃态物质的人造材料。使用含碱性助熔剂液体或有机物黏合砂粒塑成一定造型的砂芯，再经高温烧结至表面熔融成玻璃质薄层或釉质层，内部的砂粒尚未完全熔融，可视为玻璃制品的前身。目前湖南发现的汉代费昂斯珠已有10多件，主要出土于长沙地区，永州、耒阳、张家界也零星出土。多为瓜棱扁球形（图十九），也有截角立方多面体球形（图二十）、不规则长圆筒形，直径在1厘米左右。这些费昂斯珠形体均小巧玲珑，制作较为精细。在出土时往往与玛瑙珠、琥珀珠、绿松石珠、水晶珠等同出，有的还与其他质地的饰珠用丝绳串在一起，可见同视为珍宝作为佩饰，且与其他饰珠混合使用。瓜棱形费昂斯珠，是典型的来自地中海的珠子。大量发现于黑海东岸和北岸及新疆尼雅遗址[1]等地，在陆地丝绸之路沿线多有发现，其他地区如阿富汗、巴基斯坦北部亦有出土[2]，泰国暹罗湾东岸偶尔出土[3]。而国内在广州汉墓、合浦汉墓亦见，这种珠子显示了贸易的复杂性以及南北贸易之路交互的特性。

图十九　东汉费昂斯珠 1955年长沙丝茅冲M9出土　湖南博物院藏

立方截角的费昂斯珠，在北方陆地丝绸之路沿线地区，如黑海北岸、阿尔泰山等地有发现，“海丝”沿线如泰国、广州汉墓也有出土。它是一种具有明显地中海风格的珠子，来源复杂，通过“海丝”和“陆丝”传入中国。

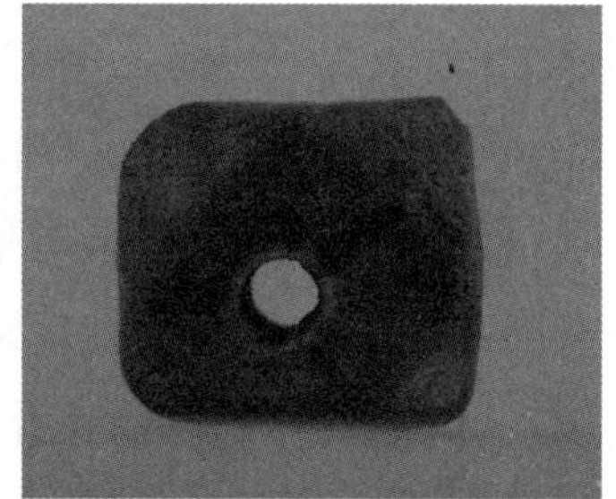

图二十　东汉费昂斯截角立方多面体球形珠 1954年长沙伍家岭杨家公山M1出土　湖南博物院藏

1　林怡娴：《新疆尼雅遗址玻璃器的科学研究》，北京科技大学博士学位论文，2009年，第159—161页。

2　Beck H. C. The Beads from Taxila (Memoirs of the Archaeological Survey of India No. 65). *The Director General Archaeological Survey of India Janpath*, Manager of Publications, 1941.

3　班查·彭帕宁著，林景玟译：《一定要收藏的古珠·天珠珍贵图鉴》，维他命文化有限公司，2013年，第87—100页。

五、小结

通过对湖南出土的汉代珠子进行分析，我们发现，湖南尤其是长沙，出土的汉代海外珠子材质丰富，数量相当多，仅次于广西合浦，可与广州汉墓相媲美，而且湖南汉墓出土的这些珠子来源复杂，风格多样，既有来自西方地中海世界的产品，也有南亚次大陆和东南亚制造的贸易品。不仅是单个或同类多个的珠子是如此，而且即使是同一墓葬不同材质的串珠来源也是如此。湖南有 70 多座汉墓出土有不同质地的珠串，其中绝大部分集中在长沙。这些珠串主要由玛瑙、水晶、琥珀、玻璃、海蓝宝石、金珠子等串成，来源很复杂，来自多个产地。以湖南耒阳营建工地 M17 东汉墓出土的串珠（图二一）为例，此墓出土的串珠有 9 颗：（1）球形红玛瑙珠；（2）球形琥珀珠；（3）钾玻璃质地的六棱柱状珠；（4）石榴子石珠；（5）六方双锥红玛瑙珠；（6）六棱桶状水晶珠；（7）有白线的缠丝纹玛瑙珠；（8）琥珀小兽形珠。分析这串珠子，不难发现它们来源可能中南半岛、南亚次大陆等多个地区红河三角洲，或为外来原料本土制造。

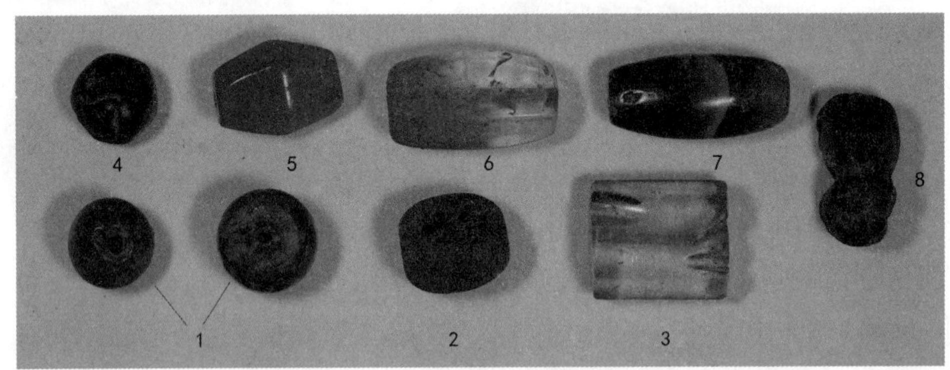

图二一　东汉串珠　1955 年耒阳营建工地 BM017 出土　湖南博物院藏

这些外来珠子传入中国后，先进入广西、广东，从合浦、番禺登陆，通过陆路如潇贺古道，或水路穿过灵渠进入湘江的通道到达湖南中部。从内河水路和陆路到达长沙的货物，又在长沙进行分散，顺陆路穿过湖北、河南到长安京畿地区，或者沿着水路向江西、安徽、江苏等地延伸。由于内地各省出土的汉代珠饰资料发表图像的尚少，我们对其研究尚不够充分，目前很难厘清珠饰品由长沙向其他各地流布的清晰线路，但不可否认的是，湖南尤其是长沙，是汉代海上丝绸之路内陆段的重要节点，在海上丝绸之路文化传播中发挥了非常重要的作用。

附记：本文系国家社科基金重大项目“汉代海上丝绸之路沿线国家考古遗存研究及相关历史文献整理（项目批准号：21&ZD235）”阶段性成果

汉代珠饰使用及功能初探

李明洁（湖南博物院、科技考古与文物保护利用湖南省重点实验室）

【摘要】本文选取有明确出土位置的珠饰作为研究对象，通过其出土位置分析和厘清汉代珠饰的使用方式及功能属性。探讨了珠饰作为个人身体装饰品、缝缀在衣物或器物上的点缀和象征财富储藏的三种功能。

【关键词】汉代；珠饰；功能；出土位置

装饰身体是珠饰的基本功能，同时珠饰有彰显社会地位、财富的作用，在人类社会发展史上具有重要意义。古埃及贵族穿戴以红玉髓、青金石、费昂斯、玻璃以及贵金属等材质制作的繁缛项饰、头饰和腕饰，两河流域乌尔王陵墓中出土了数量惊人的精美珠饰，印度河谷文明遗存中也发现大量珠饰制作及使用的证据[1]。珠饰在地中海周边、南亚、西亚等地的使用和流行亦有系统的延续和传承[2]。

中华文明区域内自古以对玉的喜好和崇拜而形成的玉文化为特色，珠饰并非主流，其对珠饰的使用有明显的阶段性、地区性或受外来文化因素影响。西周组玉佩中大量使用扁平形的红玉髓珠及费昂斯（釉砂）、绿松石等珠饰[3]。春秋晚期在中原地区出现的“玻璃眼纹珠”最初来自地中海地区，战国时被楚国工匠运用自创的铅钡玻璃大量仿制。

汉代珠饰的出现和使用是继两周之后的又一个高峰，珠饰的流行分几个阶段，即：汉初罕见且零散；西汉中期内陆中高级墓葬中的珠饰陪葬数量开始显

---

1 Dubin L. S. *The History of Beads: From 100,000B.C. to the Present.* Harry N. Abrams, 2009.

2 多种类型的珠饰在地中海和印度已流行上千年，如红玉髓质地六棱形直筒形珠和双锥六棱形珠在印度次大陆地区的制作和使用可达2000余年，“印度－太平洋贸易珠”在公元前4世纪至公元16世纪之间广泛流行。

3 扁平形的红玉髓珠饰在欧亚草原西侧较为常见，甚至在非洲北部的马里、突尼斯等地都有发现，中国地区出土的扁平形红玉髓珠饰或为本土工匠在外来审美情趣的启发下，采用本地材料和相似技术制作而成，而中国的费昂斯（釉砂）制作技术也很有可能为中国本土工匠自创而来。

著地“稳步增加”[1]，随着南部贸易路线的繁荣，来自南亚乃至地中海的珠饰大量涌入内陆，中小贵族及士绅开始将大量珠饰作为随葬品置于墓中，对珠饰的喜爱和使用逐渐打破阶级壁垒而向下扩散；西汉末年到新莽时期此风达鼎盛[2]；东汉中后期陷入短暂的低谷。

由于盗扰、破坏和自然损毁等，汉墓中珠饰等细小器物的原始出土位置大多不明，这为复原其原始组合形式及推断其确切功能带来困难。故本文多选取有明确出土位置的珠饰作为研究对象，目的在于初步分析和厘清汉代珠饰的使用方式及功能属性，并为汉代珠饰整体面貌的研究乃至古代中外物质、文化交流的研究提供一些有限的资料。

一、出土位置及功能分析

（一）作为个人身体装饰品使用的珠饰

装饰身体是珠饰最基本的功能，曾被制成头饰、项饰、腰饰或者腕饰。罗马帝国的大量壁画、雕塑，埃及法尤姆木乃伊画像以及叙利亚帕尔米拉石像等图像学资料均反映了古代珠饰的使用方法及佩戴组合。中国汉代亦出土了此类珠饰。

河北满城汉墓 M1 墓主玉衣内胸部处发现一条暗红色玛瑙珠组成的项链[3]。扬州市邗江甘泉姚庄 M101[4] 西汉合葬墓女性墓主的颈、胸部出土了由玛瑙、玉等质地组成的精美串饰。江苏盱眙东阳汉墓群 M30 南棺内中部出土微雕宝石项链，该组项链由 13 件不同质地的坠饰穿饰而成，其中包括玉工字佩 1 件[5]。广州恒福路人民银行广州分行疗养院二期工地 M21 出土一串由多种珍贵材质珠饰组成的颈饰[6]。巩义市新华小区 M1 东汉夫妻合葬墓女性墓主脖颈处出土由水晶虎形佩、胜形佩、琥珀珠组成的项饰 1 串，出土位置及排列顺序未经扰乱[7]。

1　如广州地区西汉中后期至东汉时期墓葬中出土的珠饰与西汉前期相比成倍增长。参见黄淼章：《广州汉墓中出土的玻璃》，《岭南文史》1986 年第 2 期。

2　左骏：《合浦的金银及宝玉石串饰与微雕》，载李青会、左骏、刘琦等：《文化交流视野下的汉代合浦港》，广西科学技术出版社，2018 年，第 363—404 页。

3　中国社会科学院考古研究所，河北省文物管理处：《满城汉墓发掘报告》（上），文物出版社，1980 年，第 245 页。

4　扬州博物馆：《江苏邗江姚庄 101 号西汉墓》，《文物》1988 年第 2 期。

5　南京博物院，盱眙县博物馆：《江苏盱眙东阳汉墓群 M30 发掘简报》，《东南文化》2013 年第 6 期。

6　卓文静：《汉唐时期的颈饰》，《大众考古》2016 年第 6 期。

7　郑州市文物考古研究所，巩义市文物保护管理所：《河南巩义市新华小区汉墓发掘简报》，《华夏考古》2001 年第 4 期。

少数民族墓葬出土珠饰制作的项链、头饰等装饰品则更多。内蒙古准格尔旗布尔陶亥西沟畔 M4 的墓主为匈奴贵族女性，出土了一组华丽项饰[1]，相似的珠子也出土于中亚、乌拉尔山南麓乃至地中海东岸地区。新疆尉犁县营盘墓地的汉晋时期墓葬亦出土较多珠饰，如 M26 女性墓主颈戴一条由 34 颗玻璃珠、42 颗骨珠组成的项链，此外 M1、M31 亦发现大量珠饰[2]。辽宁省西丰县西岔沟西汉墓群出土的金属耳饰上常穿缀蓝色玻璃、白色石、红玉髓和绿松石等珠饰，并由男性墓主佩戴[3]。内蒙古东部的完工墓地[4]、辽宁桓仁望江楼[5]，以及吉林榆树老河深汉墓[6]等也有类似缀珠耳饰发现。

（二）缝缀在衣物、器物上作为点缀的珠饰

除以线绳、金属丝穿系珠饰作为珠串外，直接将珠饰编缀为衣，或被缝缀在衣服、皮带、鞋子上作为点缀，或作为工具及武器的配饰使用的情况较为常见，且历史悠久。如青海民和核桃庄辛店文化墓地中，部分墓主身体多个区域发现大量各类材质珠饰，可能曾为衣物上缝缀的装饰。

江苏徐州北洞山西汉楚王墓附属墓室出土女跽坐俑一件，俑身穿三重右衽式深衣。外衣为曲裾袍服，镶珠，饰流苏。领、襟边缘皆镶珠，后颈及前襟饰流苏，衣着极为华丽，这应是西汉时期衣物穿缀珠饰样式的重要旁证[7]。湖南长沙五里牌 M9 东汉墓墓主头部见有宝石珠共 34 颗，足部出土玛瑙、红玉髓珠饰 42 颗，其中不乏有红玉髓微雕珠饰及长形细腰耳珰等，另外有金质胜佩等小金饰百余件[8]。发掘者认为五里牌 M9 墓主足部出土的珠饰为皮质鞋履上覆“帛面”的“缀珠玉以为饰”。新疆营盘汉晋时期墓地 M22 船形棺的墓主为老年女性，胸前置以 272 颗玻璃珠装饰缘边的花卉纹刺绣品，前额系一条贴金印花绢带，下缘缝缀铜片饰、珠饰[9]。值得注意的是，中原地区可能附着珠饰的纺织品、皮质品等文物通常已完全损毁，但欧亚草原上青铜时代中晚期至铁器时代游牧民族墓葬

1　潘玲：《西沟畔汉代墓地四号墓的年代及文化特征再探讨》，《华夏考古》2004 年第 2 期。

2　新疆文物考古研究所：《新疆尉犁县营盘墓地 1995 年发掘简报》，《文物》2002 年第 6 期。

3　李芽：《汉魏时期北方民族耳饰研究》，《南都学坛》2013 年第 4 期。

4　潘玲：《完工墓地的文化性质和年代》，《考古》2007 年第 9 期。

5　梁志龙、王俊辉：《辽宁桓仁出土青铜遗物墓葬及相关问题》，《博物馆研究》1994 年第 2 期。

6　吉林省文物考古研究所：《榆树老河深》，文物出版社，1987 年，第 211 页。

7　徐州博物馆，南京大学历史系考古专业：《徐州北洞山西汉楚王墓》，文物出版社，2003 年，第 68 页。

8　该墓的发掘者引叙商承祚先生在《长沙古物闻见记》中“楚革履三则”的记载认为珠饰属鞋履装饰，但该墓主足部出土的玛瑙、红玉髓饰品中有具有耳饰功能的耳珰，而原出土记录关于珠饰出土位置记叙不清晰，笔者认为这些珠饰是否可被视为“鞋履”的缀珠应再慎重讨论。参见湖南省博物馆：《长沙五里牌古墓葬清理简报》，《文物》1960 年第 3 期。

9　新疆文物考古研究所：《新疆尉犁县营盘墓地 1995 年发掘简报》，《文物》2002 年第 6 期。

中发现较多[1]。

在男性墓葬中，珠饰可被用作剑、刀等武备工具的装饰，此俗在汉代以前墓葬中即有发现。如河南洛阳74C1M4战国墓发现12颗穿孔珍珠位于剑茎前方，推测为剑茎垂饰[2]。浙江湖州方家山第三号墩M26为西汉晚期墓葬，棺内铁剑剑柄附近有一串玻璃珠[3]，为剑鞘或剑柄上拴缀的装饰物。广西合浦母猪岭东汉墓M5的墓主应为男性，随葬的铁削旁有一枚可能作为铁削装饰物的红玉髓珠[4]。

有学者认为"珠襦"是将珠管等珠饰缝缀在衣物织品上，或直接使用珠饰穿缀成服饰，可作为华服盛装穿着，也可用于敛葬、随葬。也有学者认为"珠襦玉柙""珠玑玉衣"为汉时高级贵族的专用敛具。广东广州象岗山南越王墓墓主身穿的丝缕玉衣胸腹部发现许多小珠饰，以浅蓝色小玻璃珠居多，在胸腹间散落成片，当中分布着蓝色玻璃贝、金银泡饰，部分珠饰底部有丝绢痕迹，发掘者推测为"珠襦"[5]。滇文化高级墓葬亦出土大量珠饰，如江川李家山M47主棺附有珠襦，两面缝缀，以蓝、红玻璃珠、管为主，间少量金珠、金片等缝缀，外面则缝缀金珠、管，玛瑙珠管，绿松石珠及扣、片饰、神兽形饰等[6]。

（三）象征财富储藏的珠饰

珠饰、玉器除了装饰身体、彰显身份地位、用于礼制之外，其本身还具有经济价值。《管子·国蓄》中记载："以珠玉为上币，黄金为中币，刀布为下币。"汉以前的墓葬就发现有用盛具对珠饰予专门贮藏的现象，如江苏苏州浒墅关真山春秋吴王大墓棺椁西南处发现大量玛瑙珠、水晶珠、绿松石珠等珠饰被置于一长方形漆盒中，在棺东北部还发现有海贝以及绿松石仿制的海贝千余枚，亦被贮藏于完全腐烂的漆盒内[7]，这应该是象征财富贮藏。

山东巨野红土山西汉崖墓的男性墓主可能为昌邑哀王，其棺内骨架脚下端出土竹笥一件，内装有骑马俑、玉带钩、小铜鼎、小铜钫、带钩以及珠饰等属

1 如纳乌什基（Наушки）匈奴贵族墓出土一条缀有萤石、琥珀、红玉髓及若干玻璃珠作为装饰的皮带。参见：Miniaev S. S., Sakharovskaia L. M. Investigation of a Xiongnu Royal Tomb Complex in the Tsaraam Valley. Part 2: The Inventory of Barrow No. 7 and the Chronology of the Site. *The Silk Road,* 2007, 5.

2 赵振华、叶万松：《河南洛阳出土"繁阳之金"剑》，《考古》1980年第6期。

3 浙江省文物考古研究所：《浙江湖州市方家山第三号墩汉墓》，《考古》2002年第1期。

4 广西合浦县博物馆：《广西合浦县母猪岭汉墓的发掘》，《考古》2007年第2期。

5 广州市文物管理委员会，中国社会科学院考古研究所，广东省博物馆：《西汉南越王墓》，文物出版社，1991年，第155、158、251页。

6 云南省文物考古研究所，玉溪市文物管理所，江川县文化局：《江川李家山——第二次发掘报告》，文物出版社，2007年，第14页。

7 苏州博物馆：《江苏苏州浒墅关真山大墓的发掘》，《文物》1996年第2期。

于墓主私有的贵重物品[1]。广西贵港深钉岭汉墓 M1 出土装有 22 枚基本炭化珍珠的铜盒[2]。广西合浦母猪岭 M1 西汉晚期墓内棺西南处两个朽烂漆盒中分别置玻璃珠共 1634 粒[3]。乐浪郡治梧里 M20、石岩里 M9 中的情况表明部分珠饰用漆匣贮藏[4]。

有一些墓葬珠饰出土位置较为特殊，虽缺少明确的盛具，但出土位置似乎很难解释为穿戴在身上的装饰品。如广东肇庆康乐中路 7 号墓，该墓为东汉初期墓葬，虽经盗扰但仍出土丰富随葬品，在棺床一侧靠近墓主腰部附近，左手处发现聚集的蓝色细小玻璃珠 369 粒[5]，根据出土位置和状态推测可能曾装盛在某种容器中。浙江龙游县东华山汉墓 M28 棺室内头向一侧出土有铜镜、铜削刀、玻璃珠数枚和一些钱币，这些物品似乎被集中收纳于墓主头顶附近[6]。

值得注意的是，马王堆一号汉墓西边厢 327 号竹笥内出土千余枚白膏泥制成的大小相近的无孔土珠，以绢袋盛之[7]，遣册载“土珠玑”即此，应是替代珍珠象征财富储存的明器。汉代中晚期以后玻璃、滑石珠或许都曾用作珍珠的替代品，那些被明确装在盛器内且置于墓主遗体附近甚至边厢中的珠饰，或许具有财富贮藏的象征意义。

二、结论

（一）汉代珠饰使用现象及功能

汉代珠饰的使用大致可分为：（1）个人身体装饰。这是珠饰最主要的使用方式，包括直接穿戴于身上的头饰、项饰、腰饰和腕饰等，以绳具或金属丝串系，单独的珠饰也可作为耳环等配饰的重要部件。（2）珠饰可作为衣物、皮具或武备、工具等器物上的装饰。缀缀珠饰于衣物、皮具上的考古实证罕见，陶俑、画像砖等图像学资料或许能提供更多证据。需要着重指出：所谓“珠襦”尚有争论，南越王墓、滇文化高级墓葬等出土的大量珠饰是否为“珠襦”，是否被穿缀为衣；

1 山东省菏泽地区汉墓发掘小组：《巨野红土山西汉墓》，《考古学报》1983 年第 4 期。

2 左手处见有玻璃珠、双联小玉饰、绿玉髓珠、玉环状饰、水晶珠等，右手处有红玉髓珠、水晶珠、圆玉饰、三角玉饰、金粒、琥珀及金质小坠饰、骨珠和绿松石珠。参见广西壮族自治区文物工作队，贵港市文物管理所：《广西贵港深钉岭汉墓发掘报告》，《考古学报》2006 年第1 期。

3 广西合浦县博物馆：《广西合浦县母猪岭汉墓的发掘》，《考古》2007 年第 2 期。

4 转引自李青会、左骏、刘琦等:《文化交流视野下的汉代合浦港》,广西科学技术出版社,2019 年,第 382 页。

5 广东省文物考古研究所：《广东肇庆市康乐中路七号汉墓发掘简报》，《考古》2009 年第 11 期。

6 朱土生：《浙江龙游县东华山汉墓》，《考古》1993 年第 4 期。

7 湖南省博物馆，中国科学院考古研究所：《长沙马王堆一号汉墓》（上集），文物出版社，1973 年，第 126 页。

以珠制的“衣”是否为专用的敛具或也可为日常穿着;诸多问题尚需谨慎探讨。(3)被收纳于某些盛器中的珍珠、各类珠饰及其代用品可能用于象征财富储存随葬。

(二)汉代珠饰使用的特征及意义

(1)从墓主性别角度来说:用作身体装饰的珠饰多出土于女性墓葬。如江苏盱眙东阳汉墓群M30,扬州市邗江甘泉姚庄M101、M102西汉合葬墓的女性墓主,湖南长沙河西陡壁山M1长沙王后墓[1],河南巩义市新华小区M1女性墓主等皆见有项饰、腕饰出土。少数民族墓葬,如内蒙古准格尔旗布尔陶亥西沟畔M4墓主;新疆尉犁县营盘墓地的墓主,乃至乌兹别克斯坦拉巴特墓地月氏文化遗存中多为女性墓主有珠饰陪葬[2];柬埔寨Phum Snay地区铁器时代遗存的女性墓葬只有玻璃、玛瑙、红玉髓珠和耳玦等装饰物,说明女性对珠饰的喜爱是普遍的,并以以此装饰身体为美,这也与古代文献记载“宫人簪瑇瑁,垂珠玑”是符合的。男性墓主多将珠饰用作武备、工具的装饰。作为财富贮藏随葬的珠饰多出土于男性墓葬,汉代不同阶级人群对珠饰的喜爱是普遍的,珠饰所代表彰显财富的功能应是一致的,只是在珠饰的使用方式上有区别。同一时期单一墓葬出土珠饰的数量差别很大,如广东广州汉墓M3012出土821粒,但大部分墓葬珠饰出土不足10粒,汉代社会经济活动中产生的贫富差距也真实地体现在对珠饰的获得和持有上。

(2)从墓主的族属角度来说:很显然中原地区墓葬出土珠饰要大大少于周边地区,公元前2世纪至公元2世纪之间其他族属文化遗存有大量珠饰出土,如越南中南部的沙莹文化遗址、缅甸萨蒙河谷文化遗址、南亚次大陆铁器时代遗址、欧亚草原上各游牧民族等文化遗存都出土数量可观的珠饰。这也更说明珠饰文化在汉文化体系内具有明显的外来性和阶段性。汉帝国的强盛促进了对周边文化和物质的吸纳融合,珠饰文化及其制品被作为“异域”的新奇装饰体系,被短暂地吸收到中国首饰文化体系中。

三、余论

纵观两周时期出现的以多璜式组玉佩为主流形制的大型组玉佩饰,是“礼制”

1 喻燕姣:《湖湘出土玉器研究》,岳麓书社,2013年,第150、278页。

2 参见西北大学中亚考古队,乌兹别克斯坦科学院考古研究所:《乌兹别克斯坦拜松市拉巴特墓地2017年发掘简报》,《文物》2018年第7期;西北大学中亚考古队,乌兹别克斯坦科学院考古研究院,洛阳市文物考古研究院:《乌兹别克斯坦拜松市拉巴特墓地2018年发掘简报》,《考古》2020年第12期。

的体现，多件玉佩为核心，大量珠、管起到串联、装饰的作用。春秋晚期起组玉佩以环、珩、龙形佩为主要构件，通过各类珠管连缀，楚地多使用眼纹玻璃珠，如重庆涪陵小田溪 M12 出土的组玉佩，以玻璃珠起首的串珠风格与楚地组玉佩相近[1]。但眼纹玻璃珠也是组玉佩中的点缀，几乎从来没有构成独立的整体。西汉早中期高等级墓葬中仍然表现出以玉器为核心的审美、崇尚体系的特征，珠饰无论多寡几乎始终处于从属地位。

组玉佩在一些汉代高等级墓葬特别是西汉中期之前的墓葬中仍有出现，如广东广州象岗山南越王墓墓主胸腹部发现的珠饰都是墓主组玉佩上的配饰[2]。湖南长沙河西陡壁山 M1 长沙王后墓所出组玉佩以多件玉佩为主体，珠饰作为点缀和缀连。江西南昌海昏侯墓 M1 墓主人腰部出土玉器及水晶珠、玛瑙珠等可能构成小型组玉佩[3]。河北满城 M2 刘胜夫人胸部和腰部发现水晶珠、玛瑙珠、小玉蝉、小玉瓶和玉舞人等，应是以玉佩为主体的串饰。除了与大型玉器搭配出土外，江苏盱眙东阳 M30，扬州邗江甘泉姚庄 M101、M102 所出土的串饰中或多或少地都出现有“胜佩”等玉佩。河南洛阳纱厂路西汉墓 C1M16090 出土的琵琶形玉饰，其周围有红玉髓珠饰穿缀，玉觿头部有玛瑙饰和红玉髓小珠点缀，在这两件玉饰中红玉髓珠饰是明显的附庸者[4]。

这些例证无疑是西汉早中期外来珠饰文化与本土玉文化激烈碰撞，而又相互融合的生动反映。西汉晚期至新莽后期大量各种材质和形制的珠饰涌入岭南乃至中原地区，中国本土也出现零星的珠饰制造手工业，岭南地区可能有玻璃工坊使用钾硅酸盐玻璃制作拉制珠，或以铅钡玻璃制作多面体仿宝石珠饰[5]；具有明显中国审美风格的煤晶、绿松石、琥珀、水晶甚至软玉微雕饰品在多地出现，纯粹以各类珠饰组成的串饰在新莽以后的墓葬中大量出土，玉佩与珠饰搭配融合的串饰在中低等级汉墓中日渐式微。

1 代丽鹃：《涪陵小田溪 M12 出土组玉佩刍议》，《江汉考古》2022 年第 1 期。

2 广州市文物管理委员会，中国社会科学院考古研究所，广东省博物馆：《西汉南越王墓》，文物出版社，1991年，第 155、158、251页。

3 江西省文物考古研究院，厦门大学历史系:《江西南昌西汉海昏侯刘贺墓出土玉器》,《文物》2018 年第 11 期。

4 潘付生：《洛阳纱厂路西汉大墓出土的玉器》，《大众考古》2021 年第 3 期。

5 李青会、左骏、刘琦等：《文化交流视野下的汉代合浦港》，广西科学技术出版社，2019 年，第 286 页。

汉代玉剑璏及其仿制品在欧亚草原上的流行

刘 琦（湖南博物院，科技考古与文物保护利用湖南省重点实验室）

【摘要】本文对欧亚草原上出土玉（石）质剑璏进行了梳理，少部分透闪石玉剑璏为中原汉朝制品，出土于蒙古高原、克里米亚和东欧地区；而大部分是汉式剑璏的仿制品，采用玉髓、大理石及少量透闪石玉制作，多出土于乌拉尔山南麓、黑海北岸、伏尔加河下游等地。汉式剑璏及其仿制品在欧亚草原上的流行是长剑等汉式武备对外传播的结果，传播方式为汉王朝的对外赏赐和域外民族之间贸易等正面交流，以及武装冲突等负面交流双重影响。欧亚草原上的汉式及仿制剑璏或许反映了中原玉文化，乃至玉器所承载的经济价值、身份象征意义的对外传播和影响。玉器在中原地区的使用有严格的制度规范，包括玉剑璏在内的玉器向外留传及仿制现象是中西方文化、物质交流中的独特现象。

【关键词】汉代；玉文化；玉剑璏；仿制品；欧亚草原；文化交流

一、玉文化与“玉具剑”

加工、使用乃至崇拜透闪石质软玉器物是中国古代文化核心之一，中原以外一些地区虽然也有零星的透闪石质玉器使用的现象，但并未形成真正意义上的“玉文化”。西方学者很早之前就注意到中亚乃至俄罗斯南部游牧民族遗存出土的包括透闪石玉在内的各种材质制作的剑具，中外学者对于“璏式佩剑法”的起源有不同的见解[1]；美玉与金属兵器的结合早在商代即出现，但商周时期以玉为锋刃，金铜为柄；西周晚期出现玉制作的柄、鞘等剑具。剑的装饰风格转

---

1 西方学者如 Trousdale W. 认为璏式佩剑法起源于南乌拉尔地区，公元前 5 世纪时传到中国；以孙机先生为代表的中国学者根据出土证据认为璏式佩剑法早在公元前 8 世纪就在中原地区出现，并在公元前 2 世纪后向西传播，参见孙机：《玉具剑与璏式佩剑法》，《考古》1985 年第 1 期；孙机：《玉具剑与璏式佩剑法》，载《中国圣火：中国古文物与东西文化交流中的若干问题》，辽宁教育出版社，1996 年，第 15—43 页。

变乃至佩剑习惯的流行或许受到草原民族的影响[1]。但无可否认以玉石（特别是透闪石质软玉）为剑饰的“玉具剑”应是起源于中国的，并且在此后通过月氏、匈奴、萨尔马提亚等部落向中亚、黑海乃至东欧地区传播，反映了中原地区人群和中、西亚人群之间通过贸易交流乃至军事冲突而相互学习的现象[2]。西汉中晚期汉朝与匈奴的关系日趋紧张，频繁的军事冲突大背景下为中西方单兵装备的交流创造了条件[3]。除了战争冲突中的负面交流外，我们更应当注意汉代的用玉制度与汉代赏赐现象中的玉及玉文化交流。

相对于东周末期，西汉高级墓葬大量出现玉剑饰，汉代工匠对“玉”石矿物学判定与定义更加清晰，对玉矿来源的控制更加牢靠，先进铁质工具的普及也促进了包括制玉技术在内的各项技术的发展。汉代森严的等级体现在用玉制度上，玉制品作为上层阶级所垄断的资源和制品，在严格的用玉制度控制下，软玉制品进入民间互市交易的可能性非常之小，以玉装饰的剑等级颇高。《字林》记载“琫，佩刀下饰也。天子以玉，诸侯以金”，又可见《说苑·反质篇》载“经侯往适魏太子，左带羽玉具剑，右带环佩，左光照右，右光照左”。所谓“玉具剑”可理解为“摽、首、镡、卫尽用玉为之也”，此类佩剑多为诸侯王、列侯级别皇室成员及贵族权贵阶级所有，如江西南昌第一代海昏侯刘贺墓[4]，以及广州象岗山南越文王赵眜墓[5]都出土大量装配完整的玉具剑，这些器物基本都使用优良的透闪石软玉制成；剑饰不齐全的玉具剑级别可能相对较低，或多赏赐给皇室私属的近臣和随侍等中小贵族及郎官阶层[6]。另外玉器也曾作为重要的赏赐品赠予域外民族政权首领，如《汉书·匈奴传》记载，甘露二年（前 52）正月：“单于正月朝天子于甘泉宫，汉宠以殊礼，位在诸侯王上，赞谒称臣而不名。赐以冠带衣裳、黄金玺戾绶、玉具剑、佩刀、弓一张、矢四发、棨戟十、安车一乘、鞍勒一具、马十五匹、黄金二十斤、钱二十万、衣被七十七袭、锦绣绮縠杂帛八千匹、絮六千斤。”汉朝皇帝对于匈奴单于来朝非常高兴，甚至给予“在诸侯王上”的礼遇，级别甚高，所赠“玉具剑”和各类赏赐具有“政治信物”的作用。

本文之所以选择玉剑璏作为讨论之重点：首先，欧亚草原地带上不同文化

---

1 代丽鹃：《早期玉剑具研究》，《文物》2011 年第 4 期。

2 M. 罗斯托夫采夫著，卓文静译：《南俄罗斯的伊朗人与希腊人》，载《汉译丝瓷之路历史文化丛书》，商务印书馆，2021 年，第 200 页。

3 李韬：《浅析杜拉·欧罗巴斯的冲突考古学——续论璏式佩剑法的西传及古丝路军事交流》，《欧亚学刊》2008 年第10 期。后文简称“李韬，2008”。

4 江西省文物考古研究所，首都博物馆：《五色炫曜：南昌汉代海昏侯国考古成果》，江西人民出版社，2016年，第 1—216 页；蔡冰清：《海昏侯刘贺墓出土玉剑饰研究》，厦门大学硕士学位论文，2019 年，第 5—49 页。

5 广州西汉南越王墓博物馆：《南越王墓玉器》，两木出版社，1991 年，第 236—248 页。

6 代明先：《汉代佩剑制度研究》，郑州大学硕士学位论文，2013 年，第 20—30 页。

遗存中发现公元前2世纪—公元4世纪之间若干中国制作的玉剑璏及其仿制品实物证据；其次，汉代是古代中国对外交往的关键节点，“凿空”西域的陆上丝绸之路以及沟通地中海与南海的海上丝绸之路为东西方物质文化交流提供了前所未有的通畅渠道，东西方物质文化交流贸易乃至冲突对抗，以及玉文化的相互传播等问题或答案或许潜藏其间。本文将通过对部分出土于中国以西欧亚草原地带上的玉（石）质剑璏梳理总结和描述讨论，试图得出一些粗浅的结论。

本文以Trousdale W.的重要研究著作《亚洲的长剑与剑璏》为基础[1]，同时参阅Безуглов С.И.的论文《萨尔马提亚晚期的剑》[2]，ЛИ Джи Ын的学位论文《俄罗斯南部历史遗迹中的中国制品（公元前1世纪—公元3世纪）》[3]，和A.B. Симоненко的著作《黑海北部的萨尔马提亚骑士》[4]等资料中关于欧亚草原地带出土长剑及剑具的资料，结合新的考古资料和报告整理得来。限于笔者水平有限，所整理资料年代久远，涉及多种语言文体，梳理过程中难免出现疏漏和错误，敬请各位专家批评斧正。

二、系统描述

孙机先生将中国剑璏分为原始璏、无檐璏、单檐璏、双檐璏和双卷檐璏几种[5]，Trousdale则将有檐璏归为一类称为“II型璏”。为了描述上的方便，本文将欧亚草原地带上常见的石玉质“双卷不对称檐长璏”以Trousdale的命名法[6]为蓝本，将器物各个部分要素分别赋予术语并描述其特征（图一）。

1 Trousdale W., *The Long Sword and Scabbard Slide in Asia. Smithsonian Contributions to Anthropology. no. 17.* Smithsonian Institution Press, 1975. p1-332.

2 Безуглов С.И., Позднесарматские мечи (по материалам Подонья). in the Don Archaeology: New Materials and Its Analysis Issue I. *The Sarmatians and Their Neighbours on the Don, Collected Articles.* Terra Publishers, 2000. p169-193.

3 ЛИ Д. Ы., Китайский импорт в памятниках юга России (I в. до н.э. - III в. н. э.). кандидата исторических наук. Южный федеральный университет. Ростов-на-Дону. 2010. p287.

4 А.В. Симоненко., Сармат ские всадники Северного Причерноморья (издание 2-е). Киев: Издатель Олег Филюк, 2015.p1-475.

5 孙机:《玉具剑与璏式佩剑法》,《中国圣火：中国古文物与东西文化交流中的若干问题》，辽宁教育出版社，1996年，第15—43页。

6 同Trousdale W., 1975, 第121页，图95。

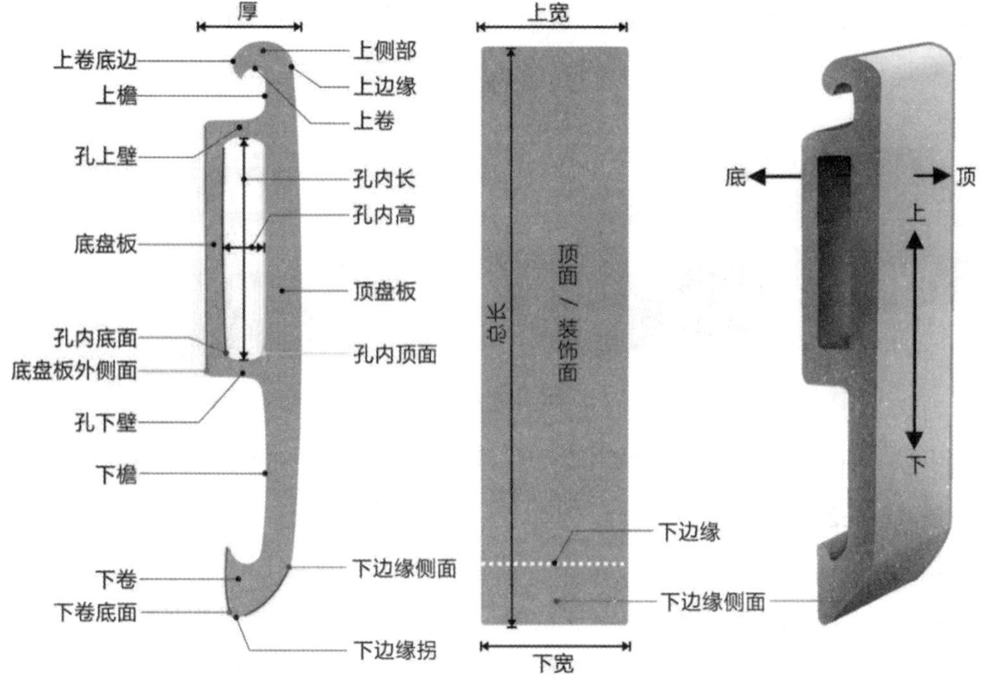

图一 双卷檐长璏各个部分要素术语示意图，根据文献 Trousdale W., 1975

（一）中亚及蒙古地区

1. 璏 Z-1（图二）

乌兹别克斯坦撒马尔罕西北50公里的奥拉特(Orlat)遗址出土。出土大量金、银、青铜、象牙、陶制、雪花石膏、玻璃等材质的希腊化和贵霜文化属性文物8000余件。20世纪80年代后又发现10个墓葬，其中2号和4号墓出土有雕刻精美的骨质带板，2号遗址发现一个光素无纹的残璏[1]。此璏可能由透闪石质玉制成，残长71毫米，宽25毫米[2]，左右侧边平行。顶面光素无饰，上侧部拱曲圆润，向内勾成上卷，上卷底边高于底盘板外侧面；底盘板矩形，略薄于顶盘板，外侧面光素；孔上、下壁与顶、底板垂直，壁内侧近呈光滑的凹沟状，孔内顶、底面都可见有凹底沟槽。下檐缺失。乌兹别克斯坦的考古学者认为这件玉璏来自中国，墓葬的年代定为公元1—2世纪[3]，根据同一墓葬出土的武器的形制有学

1 发掘的结果已多次发表，详见 Пугаченкова Г.А., Новое о художественной культуре античного Согда. ПК. 1985; 以及 Пугаченкова Г.А., Образы юэчжийцев и кангюйцев в искусстве Бактрии и Согда,1989a; Пугаченкова Г.А. Древности Мианкаля. Из работ Узбекистанской искусствоведческой экспедиции. Ташкент. 1989б. 另见：李韬，2008，第295、203页。

2 Pugachenkova G. A. *Antiquities of Southern Uzbekistan*. Soka University Press. 1991.

3 Ilysov J.Y. Rusanov D. A Study on the Bone Plates from Orlat. *SRAA*, 1997-1998(5).

者提出该墓葬的年代应该为公元1世纪[1]。也有学者认为这件玉璏可能不是中国制造而是别的地区仿制的，其年代应该介于公元3—4世纪之间[2]。

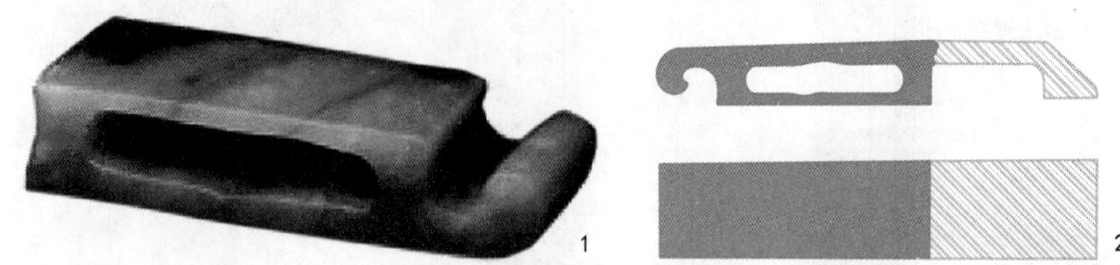

图二 璏 Z-1

1. 图片引 Симоненко А.В.，2015，图版 21 图 4；2. 器物线描图，根据 Пугаченкова Г.А.，1989 6．改绘

2. 璏 Z-2（图三）

塔吉克斯坦西南部 Katirnigan 山谷河畔西侧 Ak-Tepe II 第15号建筑遗址出土。该遗址的年代可能为公元3—4世纪。东南角有一处宗教祭祀场所，出土大量陶器碎片、骨头、纺织物残片、金属器具残片、钱币和有机物残留等。其中第15号遗址的地板灰泥堆积中发现两件石制品和一个陶纺锤，以及剑璏残片[3]。该器物仅存有下檐部分，左右两侧边向下收缩，顶面光素平整，顶盘板厚重，下边缘侧面亦平整并与顶面相交清晰的下边缘；下边缘拐略圆钝，下卷末向内勾，底面平整。

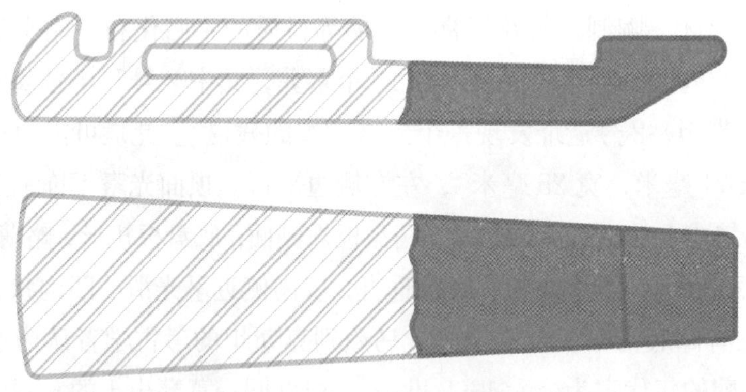

图三 璏 Z-2（根据 Седов А.В，1987，图版 1，图 5 改绘）

1 Симоненко А.В., Сарматские всадники Северного Причерноморья (издание 2-е). Киев: Издатель Олег Филюк, 2015. p75-77, pl. 21 fig 4, 5.

2 Литвинский А., Бактрийцы на охоте. ЗВОРАО. Новая серия. Том I (XXVI). 2002. p181-213.

3 СедовА.В., Ко бадиан на пороге раннего средневековья. Наука. Главная редакция восточной литературы. 1987. p12-13, p166, pl. I, fig.5.

3. 璏 Z-3（图四）

出土地点咸海地区杰塔萨尔遗址是民族交流和贸易路线交叉地带，公元5世纪左右毁于战火，该地遗留有大量的居住、要塞遗址和墓葬，俄罗斯考古学者于1979年至1981年以及1984年分别对其进行了两次发掘，该地文化层叠加复杂，在12号遗址中发现有一枚半透明的残璏[1]。残璏顶面平整光素无饰，左右两侧边平行，上侧部顶面方向略尖突，显得非常厚重，向底折曲但未成卷，上檐厚，呈槽状；底盘板矩形，但宽度略小于顶盘板，孔上、下壁皆向底部倾斜，故从底视图上看底盘板及孔部似呈倒置的四方形梯台。孔上壁靠近孔内底面一侧有钻孔痕迹。下檐缺失。此璏的上侧部非常厚重且形制特殊，此外，底视图中底盘部分呈四方梯台的特征也与其他璏不同。

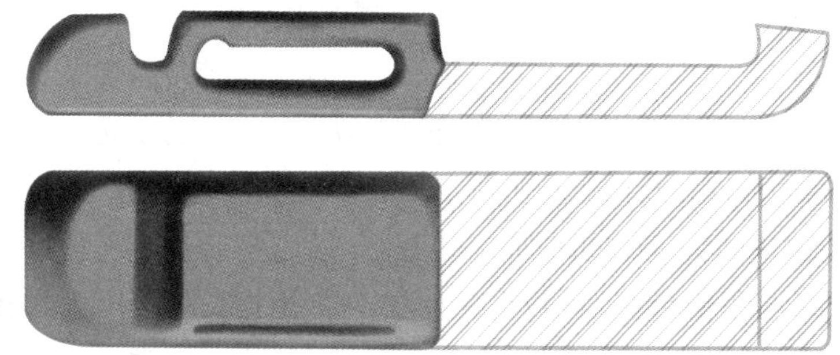

图四 璏 Z-3（根据 Л.М.ЛЕВИНА，1996，图版 86，图 6 改绘）

4. 璏 Z-4（图五）

出土地点不详，由皮特·怀特（Peter Wright）于1980年至1981年间在阿富汗的集市上购得[2]，后捐献给喀布尔博物馆。该璏外观灰绿色半透明石质，未经矿物学鉴定，推测可能为玉髓或软玉。该璏残长56.6毫米，宽30毫米，厚15毫米，顶面平整光素无饰，左右两侧边平行，上侧部厚重，外形方正，上檐厚，直切为槽状，上卷未向内勾，底面与底盘板外侧面齐平。底盘板矩形，孔上、下壁与顶、底板垂直，壁内侧略成凹沟状，孔内长19毫米，内高5毫米，底盘板外侧面长31毫米。下檐下部缺失，但残部可见其厚。可能是贵霜时期（约公元1—3世纪）的制品。残口经过后期改磨加工为平直状。

1 ЛЕВИНАЛ.М., Памятники джетыасарской культуры середины I тысячелетия до н.э. —середины I тысячелетия н.э. Степная полоса Азиатской части СССР в скифо-сарматское время. Археология СССР. 1992(69), pl. 23. fig. 66; 另参见 ЛЕВИНАЛ.М., Этнокультурная история Восточного Приаралья. I тысячелетие до н.э.— I тысячелетие н.э. 1996. МОСКВА Издательская фирма "ВОСТОЧНАЯ ЛИТЕРАТУРА". p281, pl.86, fig. 6.

2 Trousdale W., A Kushan Scabbard Slide from Afghanistan. *Bulletin of the Asia Institute, New Series*, 1988(2). fig.1.

图五 璏 Z-4（引自 Trousdale W.，1988(b)，图 1。分别为侧视、底视和顶视）

5. 璏 Z-5（图六）

蒙古国后杭爱省高勒毛都 2 号墓地 M10 出土，M10 为中小型甲字形积石墓葬，外围随葬有马车和马骨，下部为一棺一椁的木质葬具，墓主人为成年男性，棺椁之间和棺内发现玉剑璏、金箍、银簪、银箍、银柿蒂纹饰品、小玉饰、包金铁条形饰等陪葬品[1]。玉璏外观灰绿色半透明，应为上好的透闪石质软玉，顶面微凸、光素无饰，左右两侧边平行，顶盘板略厚于底盘板，上侧部平切，上边缘明显，上檐短窄，向内折曲成勾状上卷，上卷底边高于底盘板外侧面。底盘板矩形，孔上、下壁与顶、底板垂直，孔方正；下檐长直，下侧边缘侧面微凸，下边缘不清晰，下边缘拐尖锐，向内折曲成勾状下卷，下卷底面高于底盘板外侧面。这应是一件典型的汉式素面玉剑璏，出土此物的墓葬虽然较小，但具备匈奴贵族墓葬的基本要素，玉剑璏的出土印证了史书中关于汉朝皇帝赐给匈奴“玉具剑”的记载，反映玉具剑在汉王朝对匈奴赠与的礼品中具有重要地位。

图六 璏 Z-5（引自河南省文物考古研究院，洛阳市文物考古研究院，乌兰巴托大学考古学系，2021，图一〇、4）

（二）俄罗斯皮尔姆地区以及伏尔加河下游

1. 璏 PV-1（图七）

此物为偶然拾得，出土情况不详。据称发现于 19 世纪末，来源有不同的记录，

---

1 河南省文物考古研究院，洛阳市文物考古研究院，乌兰巴托大学考古学系：《蒙古国后杭爱省高勒毛都 2 号墓地 2017—2019 年考古发掘简报》，《华夏考古》2021 年第 6 期。

有文献称该璏发现于卡玛（Kama）河畔的一个工厂附近，而另外一份文献记载该璏发现于同一地区的一个村庄中。关于其材质有“白色大理石”“玉髓”“绿色软玉”和“玉”等不同描述，根据 Trousdale 的总结，玉髓质的可能性最大[1]。而关于其尺寸也有不同记载，长度可能介于 90—115 毫米之间，宽度 28.7 毫米，厚度 19 毫米，整体短宽[2]。顶面平直，上侧部拱曲，向底部弯曲成勾状的上卷，上檐短窄，上檐底边与底盘板外侧面齐平。顶盘板厚，底盘板矩形，外侧面长 39.6 毫米，孔内长 25.4 毫米，孔高 96.5 毫米，孔上、下壁与顶、底板垂直。下檐厚，亦较短呈槽状，下边缘侧面平整，与顶面相交具明显下边缘，下边缘拐锐利，下卷未向内勾，底边与底盘板外侧面齐平。该璏下檐较短且厚。年代估计为公元 3—4 世纪。

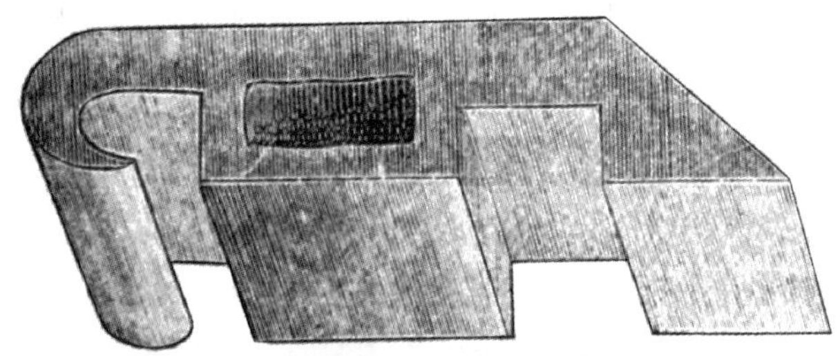

图七 璏 PV-1（引自 Trousdale W.，1975，图版 17e）

2. 璏 PV-2（图八）

偶然发现于皮尔姆地区的波禄登（Poluden）河畔[3]。应为玉髓质，长度 119.9 毫米，厚度 26.2 毫米，整体短宽，左右两侧边平行，顶面平整、光素无饰，上侧部浑圆拱曲，上檐短窄直切呈槽状，上卷未向内勾，顶盘板极厚，开孔置于顶盘板体中，孔内长 25.4 毫米，孔高 5 毫米，底盘外侧面长 33 毫米，孔上、下壁与顶盘板体浑然一体。下边缘侧面平直宽展，与顶面相交可见有明显下边缘，下边缘拐尖锐，没有向内包卷的下卷，下卷底面平直并与底盘板外侧面齐平，下檐平直且较上檐长。这件璏显得很粗壮，制作工艺粗放，年代估计为公元 3—4 世纪。

---

1 同 Trousdale W., 1975, 第 235 页，图版 17e。依据 Trousdale W., 1975 的转述，原文献分别见于：Kusheva-Grozevskaya E., Один из типов Сарматского меча. 1929, pl. I, fig. 2. 以 及 Rostovtsev D., *Le porte-epee des Iraniens et des Chinois*. 1930, p339, fig. 258, no. 4.

2 参见 Кушева-Грозевская А., Один из типов сарматского меча, Известия Нижне-Волжского института краеведения. т. III. Саратов, 1929, табл. 1, рис. 2.。记录中“№ 1220”号即本件藏品，该文献记录为长度 8.5 厘米，宽 3 厘米，厚 2 厘米，孔长 1.9 厘米，宽 0.9 厘米，发现自皮尔姆卡马河畔的波热夫斯基工厂大庄园，后被纳入耶舍夫斯基的收藏。

3 同 Trousdale W., 1975, 第 234 页，图版 18a。另见：Rostovtsev D., *Le porte-epee des Iraniens et des Chinois*. 1930, p.339, fig. 258, no. 5.

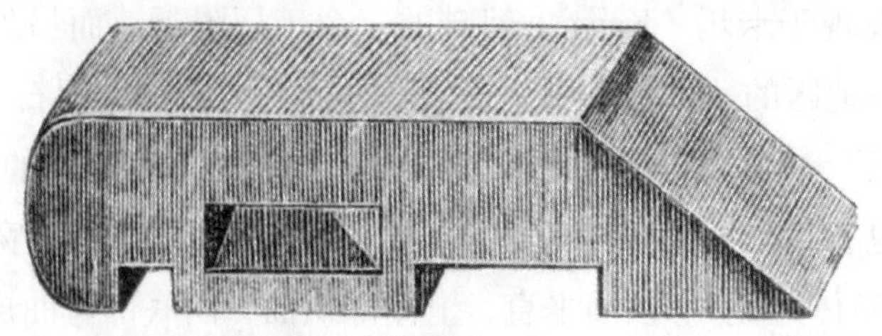

图八 璏 PV-2（引自 Trousdale W.，1975，图版 18a）

3. 璏 PV-3（图九）

偶然发现于皮尔姆地区卡玛河畔的别克列米舍夫卡（Бекремишевка），没有明确的墓葬出土记录，多被认为是软玉质，也有学者认为是玉髓[1]。顶面平整、光素无饰，上侧部浑圆拱曲，上檐短窄直切呈槽状，上卷未向内勾，顶盘板厚，开孔一半置于顶盘板体中，孔上、下壁与顶盘板近垂直，孔壁边缘似有磨损。下边缘侧面平直宽展，与顶面相交可见有明显下边缘，下边缘拐尖锐，下卷未向内勾，下卷底面平直并与底盘板外侧面齐平，下檐平直且较上檐长。推测其年代可能为公元 3—4 世纪。

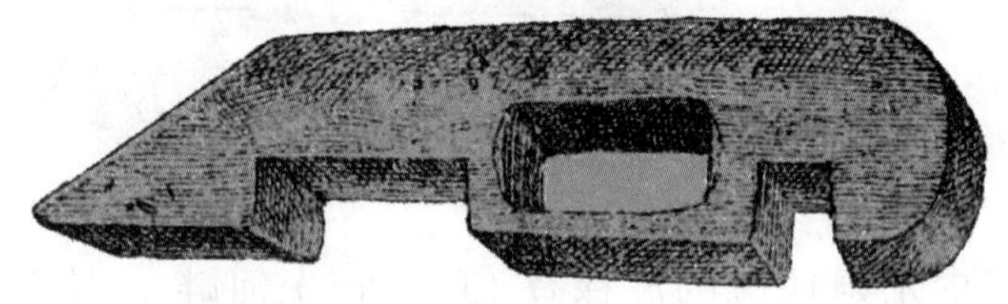

图九 璏 PV-3（引自 Trousdale W.，1975，图版 18b）

4. 璏 PV-4（图十）

1926年由 P. Rau 在伏尔加河下游地区阿尔特维玛（Alt-Weimar）库尔干发掘。此璏与一把长 115 厘米的长剑一起出土，剑鞘木质并且几乎完全腐朽，仅有一些朱红漆片残留，剑体本身也严重腐朽为碎片，墓主为萨尔马提亚的一中年男性。璏为玉髓质，长 90.4 毫米，整体细长，呈上宽下窄的倒梯形，上边缘宽 23.1 毫米，下边缘宽 19 毫米。整体厚度也呈上厚下薄，上端最厚处 12.7 毫米，下端顶底之间最薄 9.9 毫米。该璏顶面平整，光素无饰，上侧部厚重拱曲，上檐短窄，具上卷，上边缘柔和，上卷底部近乎与底面齐平；底盘板外侧平直，孔上壁内侧似有明显的磨损痕迹，孔下壁内侧与顶底面近垂直，孔下壁外侧朝底面略微倾斜。下边缘侧面平直，与顶面相交具明显下边缘，下边缘拐圆钝，底面亦平直，且

1 同 TrousdaleW., 1975, 第 235 页，图版 18b。另见：Спицын А.А., Древности Камской Чуди по коллекции Теплоуховых. Материалы по археологии России №26.

与底盘板外侧面齐平，下卷未向内勾，下檐较厚，内侧长直。Trousdale[1]认为这件器物的线描图有误，他根据实物的照片认为此璏的孔上壁和外侧孔下壁外侧都向底部倾斜，但重新检查图片发现受彼时图片排版技术的限制，照片应该经过修剪而造成误解，笔者认为 P.Rau 于 1927 年发表时[2]所绘线图应较如实反映真实状况。年代约为公元 3—4 世纪。

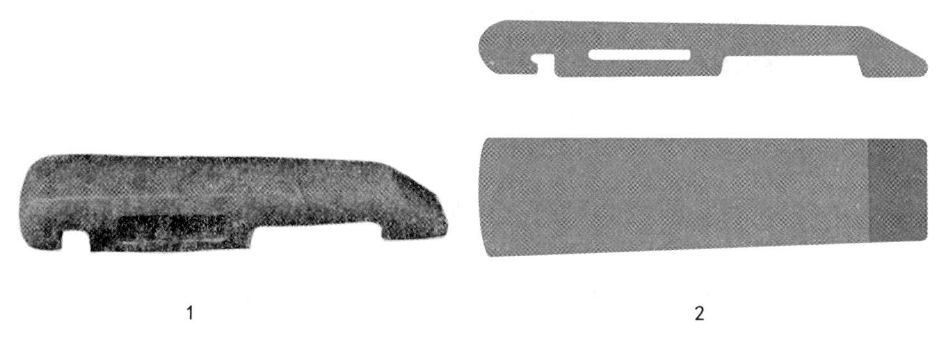

图十 璏 PV-4（引自 Trousdale W.，1975，图版 22，图 a）

5. 璏 PV-5（图十一）

1929 年 4 月 25 日发掘自距离波克沃斯基（Покровске-Восход）东南 4 公里左右的墓葬中，该墓葬是由一个当地的工人在工作中偶然发现的，该璏现藏于俄罗斯波克沃斯基中央博物馆中。这件璏随一把长 89.5 厘米的保存良好的双刃铁剑一道出土，该剑还配有金底嵌石榴石的剑格[3]（图十一 -2）。此墓出土物丰富，见有长矛头、绿色玻璃镶嵌和金配件的青铜腰带扣、两个银扣、一条金链子及一些马具。P.Rau 曾于同年 5 月对其研究，外观整体呈绿白色半透明状，认为是软玉质，但随后又推测可能是玉髓质。整体长 115 毫米，宽 23.1 毫米，厚 17 毫米。该璏整体细长，顶面平直，顶盘板厚重，顶面微微拱曲，上卷不明显，上檐厚，直切呈槽状，孔上、下壁与顶、底板垂直，孔内方正。下檐厚且长直，下檐两侧边向下部尖缩为子弹头状，下边缘拐尖锐，下卷厚重，略向内回转呈钩状。整体形制与璏 PV-4 接近，顶面形制特殊，从下檐处开始尖缩，也可能是后期损坏改制所致。墓葬年代约为公元 5 世纪后，但有学者认为这件璏的年代应该更早。

---

1 Trousdale W., 1975, 第 244 页，图版 22，图 a。

2 同 Trousdale W., 1975, 以及 Rau P., Prähistorische Ausgrabungen auf der Steppenseite des deufschen Wolgagebiets im Jahre 1926. *Mitteilungen des Zentralmuseums der Aut*. Sozial Räte-Republik der Wolgadeutschen. Jahrgang 2. 1927. Heft 1. Pokrowsk. 1927, стр. 11, примеч. 1-е, 37 и 39, рис. 29-31a, b, d, e на стр. 36-38.

3 Menghin W., Schwerter des Goldgriffspathenhorizonts im Museum für Vor- und Frühgeschichte. *Acta Praehistorica et Archaeologica (Berlin)*, 26/27, 1994-1995, p140–91.178, 185, ill. 35.

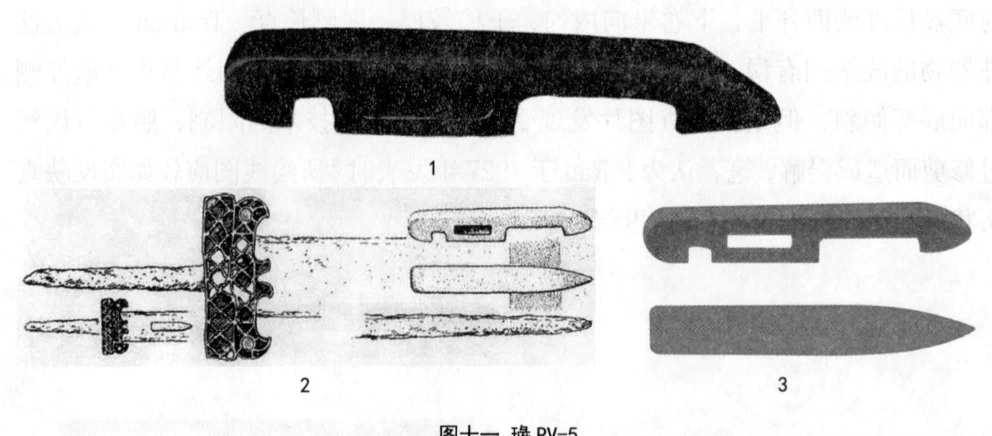

图十一 璏 PV-5

1. 引自 Trousdale W., 1975, 图版 22, 图 b; 2. 引自 Menghin W., 1994 1995, 插图 35; 3. 根据【2】改绘

（三）克里米亚刻赤（Керчь / Керч）和俄罗斯南部

1. 璏 SR-1（图十二）

出土地点不详，原文献中仅给出了简单的线图[1]，但可看出这应是一件典型的汉代双卷檐式浮雕螭纹剑璏。顶面上或以浮雕手法表现有大螭及一无法辨认的小兽，二兽相互对峙；大螭尾部分叉，尾末卷曲，无法确认鬃毛、耳等特征，亦无法观察头顶是否具角。璏上部的小兽可能部分出廓于璏主体外。该璏两侧平直，上侧部圆润，上檐短窄，具内勾的上卷，下边缘侧面圆润，下边缘拐向内转折成下卷，下檐长宽。孔上、下壁应与顶、底板垂直，原图上可能由于透视似为倾斜状。底盘板平直。本件器物著录较早，与本文的“璏 B-1”出土于保加利亚的器物时间不同，应不是同一件。这件玉剑璏很可能是萨尔马提亚人从其他游牧民族手中间接得到的，应是典型的汉代中原玉制品。

图十二 璏 SR-1（引自 Max Ebert 1927，图版 40，图 D. f）

1 原文给出了线图，附注说明“tragügel aus Jadeit（玉配件 / 把手）刻赤出土”，并被列入斯基泰 - 萨尔马提亚时期（Skytho-sarmatische Periode）的出土品中，但具体出土信息不详。参见：Reallexikon der., Vorgeschichte.Band 13 Südbaltikum -Tyrus. herausgegeben von Max Ebert. Berlin: Walter de Gruyter, 1929. p.107. pl 40. D.f。另参见：Otto M. H., Crenelated Mane and Scabbard Slide. Central Asiatic Journal, 1957(2).

2. 璏 SR-2（图十三）

此璏曾是贝尔蒂埃－德拉加德将军的个人收藏，1923 年入藏大英博物馆（登记号：no. 1927.7-18.88）[1]。有记录认为此剑璏于 1894 年发现于北高加索库班中心区域[2]，也有记录称这件剑璏和萨尔马提亚人的珠宝等其他文物发现于刻赤附近的一个墓葬中[3]。该璏外形细长，外观灰白色半透明状，透闪石玉质，长 94.5 毫米，宽 26.5 毫米，左右侧平行。顶面为方正的长矩形，饰有浅浮雕纹饰，具长短双卷檐，顶盘板向上微凸，磨损严重；上侧部上边缘圆润并向内弯曲为上卷，上檐短窄，下边缘亦圆润不明显，下边缘拐处转折向内成下卷，下檐长。底盘板矩形，略薄于顶盘板，底盘外侧面平直；孔上、下壁与底盘板垂直相交，内孔方，孔顶壁磨损严重。璏上侧部可见有一条不规则斜出的裂痕，并有铁沁，器物底部有铁质污染物黏附。这是一件典型的汉代玉剑璏，装饰面上部似饰有变形的兽面纹，中下部浅浮雕左右对称的勾连云纹，间有小面积的网格纹、节纹，几乎雷同的器物多见于中原汉墓。Trousdale 认为这件璏在被埋葬之前曾被长时间使用。由于非考古墓葬出土，依据与中国出土器物的对比，该剑饰推测制作于公元前 2 世纪晚期到公元前 1 世纪间，使用及埋葬于公元 3 世纪左右，可能出土于萨尔马提亚人的墓葬。

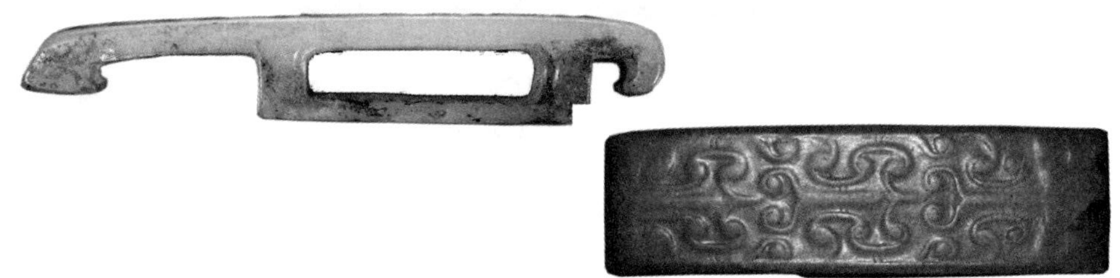

图十三 璏 SR-2（引自大英博物馆网站，参见注释 1）

3. 璏 SR-3（图十四）

据传出土于刻赤的一座墓葬中，据说出土时这件剑璏垂直于剑身固定，该双刃长剑约 1 米长，为典型的萨尔马提亚长剑[4]。Trousdale 重新详细描述了这枚剑璏[5]，其外观灰白色不透明，可能为玉髓（Chalcedony）质。长 122.1 毫米，宽

1 参见网络资源：https://www.britishmuseum.org/collection/object/H_1923-0716-88。以及 Andrási. *The Berthier-Delagarde Collection of Crimean Jewellery in the British Museum and Related Material*. MBP. 2008. London.

2 根据大英博物馆的记录，以及 Alexandre Volgenioff 的陈述，参见 Trousdale W., 1975, SR.1.

3 参见 Rostovtzeff M., Une trouvaille de l'époque gréco-sarmate de Kertch. Au Louvre et au Musée de SaintGermain. In:Monuments et mémoires de la Fondation Eugène Piot, tome 26. fascicule 1-2, 1923, p134. n. 2. 无插图。

4 Rostovtzeff M., 1923. p99-164. Fig. 4.

5 同 Trousdale W., 1975, 第 238 页，图版 20。图 a-b. SR2。

26.7毫米，厚19.8毫米，上宽略大于下宽，左右两侧边平直，向下部渐收缩。顶面光素无纹，抛光精细，纵向有裂纹贯穿，裂缝中可见铁沁[1]，上侧部平直，上边缘近乎直角，上檐短窄直切为槽状，无上卷；该器物的顶盘板较之底盘板明显厚实，孔上、下壁与顶、底盘板垂直，孔上壁内侧略呈内凹沟槽状，孔下壁平整。底盘板平整呈矩形，也见有裂纹。下檐长直，下边缘侧面平直，与顶面呈钝角相交，并形成明显的下边缘，下边缘拐及下卷未见。缺失的下卷或是后期使用损坏所致，整体加工生硬，转角唐突。根据一同出土的三个罗马皇帝普皮恩努斯的金币[2]来看，这个墓葬的年代大约为公元3世纪中期，而璏的年代大概可能为公元3世纪早期，也有学者根据同墓葬出土的其他器物综合判断墓葬年代应该晚于金币，即公元4世纪前半叶[3]。

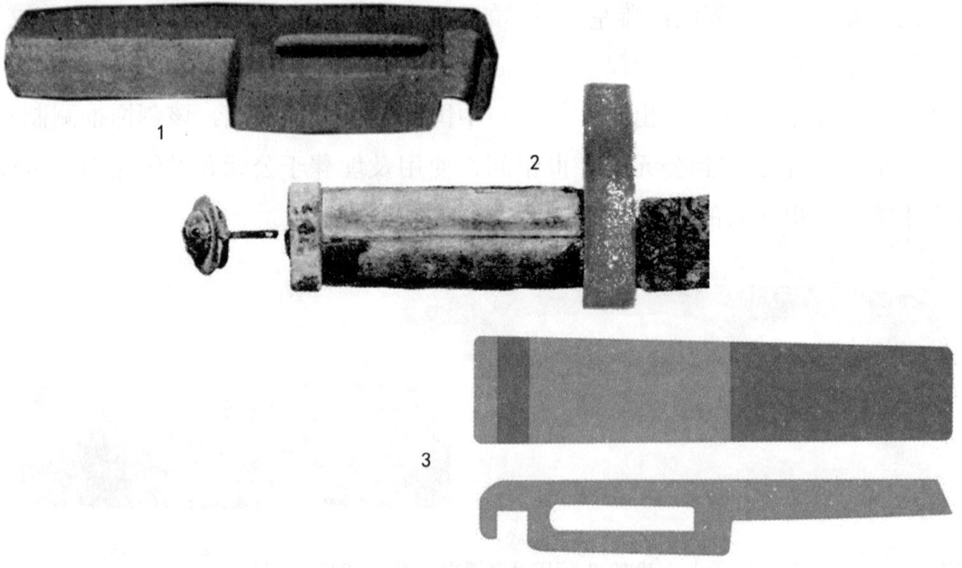

图十四 璏 SR-3

1、2. 引自 Rostovtzeff Michel, 1923, 图4; 3. 根据 Trousdale W. 1975, 图版 20. 图 a-b 改绘

4. 璏 SR-4（图十五）

据称采购自俄罗斯南部地区，出土地点不详[4]。该璏外观呈绿白色，可能为

---

1 形容为“iron corrosion penetrating”（铁质腐蚀渗透），此处或可理解为“铁沁”。

2 Emperor Pupienus，罗马帝国皇帝，于公元238年7月29日在罗马弗拉维安宫遇刺身亡，在位仅99天。

3 Beck F., Kazanski M., Vallet F. La riche tombe de Kertch du Musée des Antiquités Nationales, Antiquités Nationales. 1988(20), p64, fig.1-26.

4 同 Trousdale W., 1975, 第240页，图版20d。最初著录于：Кушева-Грозевская А.,Один из типов сарматского меча, Известия Нижне-Волжского института краеведения. т. III. Саратов, 1929, табл. 2, рис. 1. 本文的复原图亦依照其线描图绘制，参见图十五。

透闪石软玉质，底面多处有铁氧化物的残留，长105毫米，宽24毫米，厚17毫米，左右两侧边平直，顶面平整且光素无饰，上檐短窄，上侧部圆润拱曲，向内折成上卷，上卷底边高于底盘板外侧面。顶盘板厚重，底盘板矩形，孔上、下壁与顶、底盘板近垂直，孔内长28毫米，孔内高5毫米。下檐长直，下边缘侧面平，与顶面以钝角相交，并构成平直明显的下边缘。下边缘拐圆钝，向内转折，不具卷，下卷底面平直，似与底盘板外侧面齐平。估计为公元3—4世纪的制品。

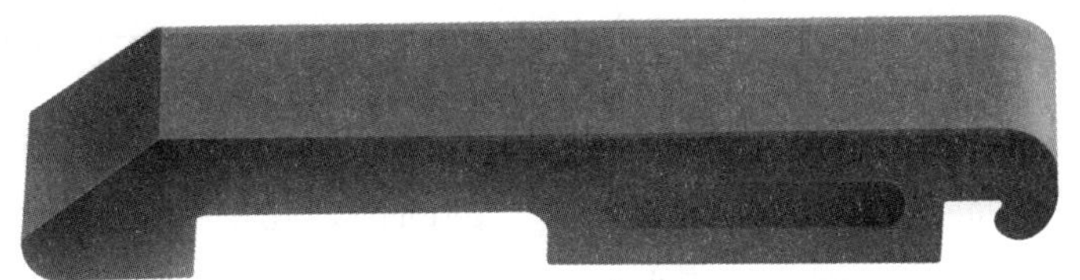

图十五 璏 SR-4（根据 Кушева-Грозевская А.，图版 2，图 1 改绘）

5. 璏 SR-5（图十六）

据称采集自北高加索的库班地区[1]。该璏灰色软玉质，整体较为短宽；表面有棕色和白色的条纹及污损斑块，底面可见有铁锈蚀物黏附，长104.9毫米，宽37.5毫米，厚20毫米；左右两侧边平直，顶面平整；上侧部厚重，微微拱曲，上边缘清晰，上檐极厚，且短窄直切为槽状，无上卷，其底边与底盘板外侧面齐平。顶盘板厚，底盘板厚度仅为顶板的一半，孔上、下壁与顶、底板垂直，孔上壁可见有明显的残孔痕，孔内长22毫米，孔高6.8毫米，底盘板外侧面长36毫米。前檐厚，长直；下边缘侧面平整且与顶面相交有清晰的下边缘。下边缘拐略圆钝，下部未成卷，底面平直且与底盘板外侧面齐平。该璏与璏PV-2、PV-3形制类似，推测年代也为公元3—4世纪。

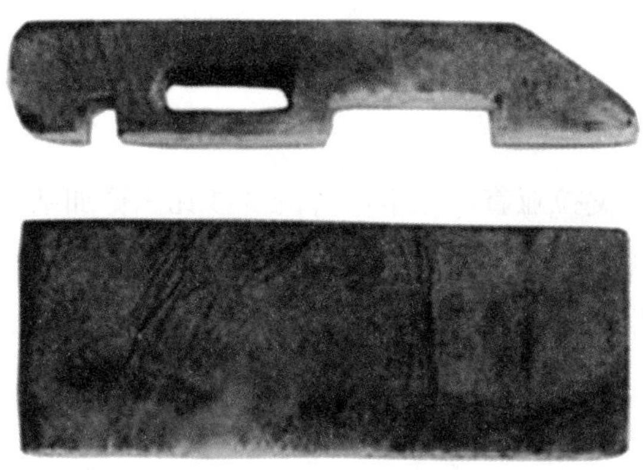

图十六 璏 SR-5（引自 Trousdale W.，1975）

1 同 Trousdale W., 1975，第242页，图版21, 图c。

6. 璏 SR-6（图十七）

出土于黑海北侧亚速海东北端罗斯托夫地区斯特拉（Bystraya）河畔的斯拉多夫斯基（Sladkovsky）萨尔马提亚库尔干 19 号墓[1]。该璏附于一把双刃长铁剑上，铁剑置于墓主的左手侧下方，除了这件剑璏外，该剑的剑格亦为典型的汉式，并也使用同样质地的玉石制成，长剑本身应也是汉式的。该璏外形细长，顶面平直光滑无饰，上宽大于下宽，整体呈倒梯形；上侧部拱曲，与顶面圆润过渡，上边缘模糊，上卷内弯，上卷底边与底盘板外侧面几乎齐平，上檐极短。下檐厚且长；下边缘侧面平整，与顶面相交并具明显的下边缘；下边缘拐呈切尖状，并向内转折形成下卷，下卷内极浅；下卷底面平整，也与底盘板外侧面齐平。孔上壁外侧与顶面垂直，内侧略微呈圆弧的凹槽；孔下壁外侧向底面倾斜，内侧呈凹槽状。底盘板平整，较顶盘板薄；底盘板底内面平直，底盘板顶内面向下侧倾斜汇入孔下壁内侧的凹槽中。另外值得注意的是：下卷钩部两侧向外略延展，故从顶面观察甚至突出于顶盘板之外如小翼状。而剑格似乎是典型的汉式，但剑璏却表现出欧亚草原仿制品特征。年代为公元 2 世纪中叶之后到公元 3 世纪之间。

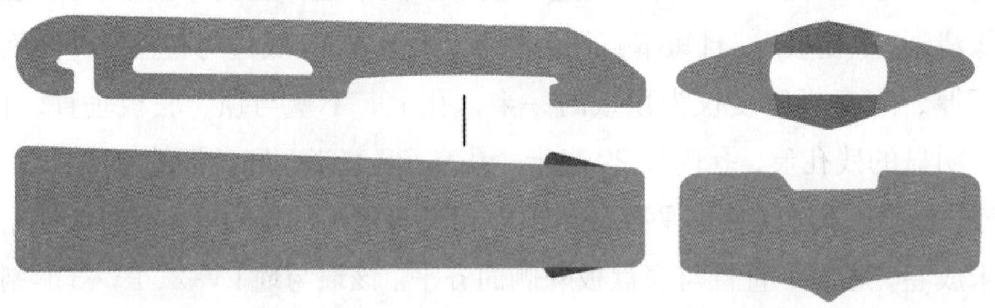

图十七 璏 SR-6（根据 Максименко В. Е., Безуглов С. И., 1987，图版 2，图 2、7 改绘）

（四）东欧

璏 B-1（图十八）

保加利亚的扎戈拉亚查塔尔卡河畔的罗沙瓦·德加纳丘地墓葬群中一座陪葬品丰富的武士墓出土[2]，同时还出土有 1 件希腊式的面具头盔、2 把剑、2 副盾牌、6 个长矛头、55 个箭头和箭袋，以及锁子甲等。其中罗马式的头盔豪华精美，

1 Максименко В. Е., Безуглов С., И. Позднесарматские погребения в курганах на реке Быстрой , Советская Археология. 1987(1).

2 Negin A., Kamisheva, M. Armour of the Cataphractarius from the "Roshava Dragana" Burial Mound. *Archaeologia Bulgarica,* 2018(1), p45-70；另外参见 Gonthier É., Kostov R. I., Strack E. A Han-dated "hydra"-type Nephrite Scabbard Slide Found in Chatalka (Bulgaria): the Earliest and Most Distant Example of Chinese Nephrite Distribution in Europe. *ArkéoLog* , 2014(65).

其他的武器则来自萨尔马提亚和帕提亚，另见有其他贵重物品，如起居器具、大烛台、香水和个人护理用品等。该璏外观细长，长 110 毫米，宽 25 毫米，总高 30 毫米左右，半透明灰白偏黄绿色，表面由于腐蚀而局部不透明。顶面微凸，其上高浮雕一大一小螭，两螭相望；大螭呈攀援状，昂首，折耳，长尾卷曲且分叉。小螭侧卧攀伏，螭身未出廓；顶面左右两侧可见有长直阴刻线。顶盘板略厚，上侧部圆润拱曲，内弯成上卷，上卷底边高于底盘板外侧面，上檐短窄。孔上、下壁与顶、底板垂直，孔内方正。下檐长，下边缘侧面圆滑，下边缘拐尖突并勾折向内成内卷，下卷底面高于底盘板外侧面。此璏为典型的西汉浮雕螭纹玉剑璏，或许是汉代玉器在中原地区以外地区出土最遥远的一件，相似器物主要见于西汉中后期墓葬中。根据这个武士墓葬的规模和陪葬物品的级别，可以大致推断他生前是一个来自特雷斯为罗马效力的高级军官。根据文献印证这位武士可能参加了萨尔马提亚人与罗马皇帝图拉真（Trajan）[1] 的达契亚（Dacian）战役，在战斗中打败了 Inismeus 王的骑士团，并缴获了他们的武器，这把双刃剑可能就在其中。这件西汉螭龙玉剑璏并不是直接从汉王朝获得，而更可能是通过欧亚草原地带上的游牧民族间接获取 [2]。

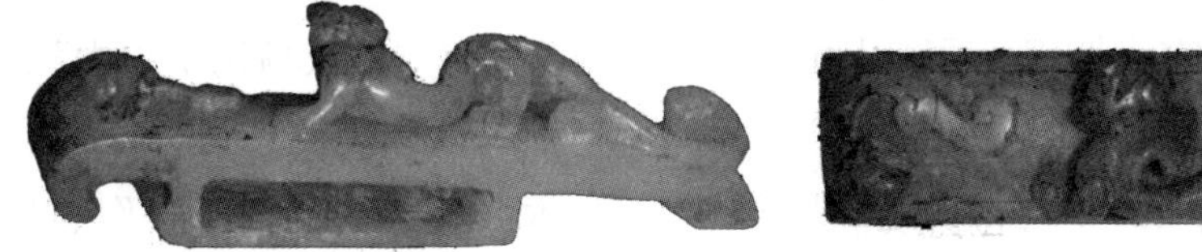

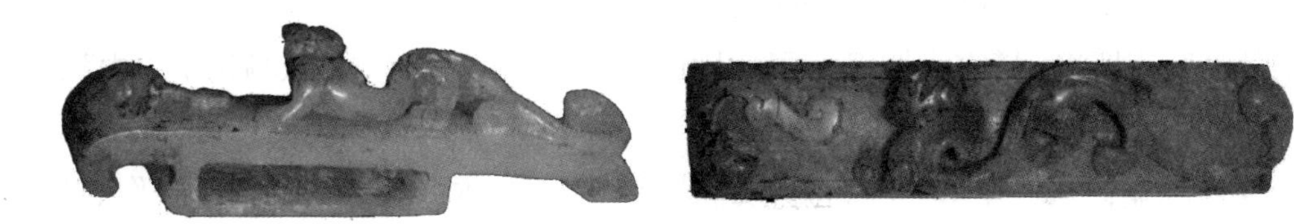

图十八 璏 B-1（引自 Gonthier Érik, Kostov Ruslan I., Strack Elisabeth. 2014）

三、总结

（一）欧亚草原地带出土玉石质剑璏的分类（表一）

第 I 组：保加利亚的璏 B-1、克里米亚附近的璏 SR-1 和璏 SR-2，以及蒙古国的璏 Z-5 为典型的中原玉制剑饰，中亚出土的璏 Z-1 可能也是中原制品的残器，这组器物材质的选择、样式和装饰风格具有浓厚的汉代风格，原产于中原制玉作坊。相似的玉剑饰多见于中国西汉中后期的重要墓葬中。

1 公元 98—117 年在位。

2 Alexander S., Chinese and East Asian Elements in Sarmatian Culture of the North Pontic Region. *Journal of the Institute of Silk Road Studies*, 2001. p53-72. 以及 Симоненко А.В. Сарматские всадники Северного Причерноморья（издание 2-е). Киев: Издатель Олег Филюк, 2015, p81, pl.22, fig.4,4a.

第Ⅱ组：包括璏 Z-2、璏 PV-4、璏 PV-5、璏 SR-3、璏 SR-4，这类璏多见于俄罗斯南部，少许出土于伏尔加河下游，其中璏 SR-6 可能是本类型器物的改制品；Ⅱ组璏的外形细长，上檐短窄，下檐长直，多呈倒梯形，这个特征是在中国所造玉璏中所罕见的，仿制所用石材或许也以透闪石质软玉为主，但这组器物顶面皆平直并光素无饰，与中国器物相比其下边缘侧面多平整并与顶面相交构成明显的下边缘，另外这组璏的下卷通常不明显，或干脆以直切无卷的方式处理，虽然形制与中原制品有明显差别，但在用料和设计上似乎无不透露对中原器物的崇拜和学习。

第Ⅲ组：璏 PV-1、璏 PV-2、璏 PV-3 和璏 SR-5 为代表，多见于俄罗斯乌拉尔山西侧一带。这组璏所用材质更劣，透闪石软玉罕见，形制上显得更加粗笨，上侧部厚重，上檐直切为短窄槽状且无卷，下檐也多采用直切宽槽处理，下侧边缘面宽且平直，下卷不向内勾。另外与第Ⅱ组制品相比这些璏的顶盘板非常厚实。

（二）汉代玉剑璏及其仿制品在欧亚草原地带的分布特征

玉石质剑璏、剑格等器物及仿制品广泛出土于欧亚草原上，大多集中于中亚的哈萨克斯坦、塔吉克斯坦、阿富汗和巴基斯坦北部地区，以及乌拉尔山南麓、伏尔加河下游地区，乃至东欧的高加索山脉北侧、黑海北岸、亚速海，最远直达保加利亚，与欧亚草原上的游牧民族活动范围基本一致。其他材质制作的具有剑璏功能的器物更是不胜枚举。中亚地区的璏多半发现于公元 2—3 世纪的墓葬和遗存中，最早可以追溯到公元 1 世纪，而 4 世纪以后罕见，而乌拉尔山以西的东欧地区多出土于 3—4 世纪的墓葬中。欧亚草原地带上的玉石质剑璏行用年代普遍晚于中原地区。

原产于中国的玉制剑饰分布范围很广，结合东欧、俄罗斯南部等地出土的典型汉代铜镜、漆器、纺织品等器物来看，彼时中国制品在欧亚草原各民族中颇为流行，广受欢迎[1]。但必须指出的是：铜镜、漆器和丝织品等或可通过民间贸易互市等商业行为交换和流通，但包括玉剑璏在内的玉器在中原地区有严格的规制和等级，通过与汉王朝的直接商业行为交换贸易的可能性较小。但不论是中国原产的玉剑璏，还是异域仿造的玉石质剑璏，在彼时彼地都应是珍贵物品，或是地位象征，具有特定地位的人群方可拥有和使用，如本文中璏 Z-1、璏 PV-5 和璏 B-1 皆出土于高等级墓葬中，甚至残器依然被珍视传承。

---

1 Трейстер М.Ю., Китайские «импорты» в погребениях кочевников Восточной Европы во второй половине I тыс. до н.э. – первых веках нашей эры, Stratum plus. 2018(4).

透闪石玉质地坚韧，制品坚固耐用且美观，但在欧亚草原地带矿源稀缺，玉石质仿制璏多采用玉髓甚至大理石等材质制造，加厚顶盘板、孔上壁、孔下壁、上侧部等处应是限于材质性质的限制，出于耐用性考虑而对造型做出改进。II 类和 III 类璏在地理分布上或有重叠，由于其中一部分器物非考古出土，缺乏年代地层学证据，两组器物之间是否有年代上的先后顺序暂无法得出结论，但似乎有多个中心制造的可能性，即在中国以外存在不止一个玉石璏的仿制作坊。

（三）汉代玉质剑饰及其文化的向外传播

流传于中原之外的包括玉剑璏在内的汉代玉器应属于赏赐或游牧民族之间贸易（正面交流）以及武装冲突（负面交流）双重作用的结果。包括汉式长剑在内的武备，在中亚草原地带、俄罗斯南部和东欧地区的萨尔马提亚人等游牧民族墓葬中大量出土，这些武器在其文化结构、游牧民族生活方式的研究中有重要意义[1]，也是中原汉式武备对外交流影响的体现。但需要注意的是：在靠近中原地区如匈奴墓葬中，汉式玉质剑具等高等级武备通常与其他玉器以及各类中原高级制品同出，对于与汉王朝有直接交流关系的周边域外民族政权来说，这些高等级制品具有中原王朝赐予边疆地区首领作为“政治信物”的性质。虽然保加利亚和克里米亚出土的汉代透闪石质剑璏是汉代玉器本身流传的直接体现，但这些出土于远离中原王朝地区的玉质剑饰的性质则应属于游牧民族之间的间接贸易的异域“商品”，甚至是武装冲突的“战利品”，而与前者有本质区别。但无论是正面还是负面的交流，先进的佩剑方式及装具的传播却是如影随形的。李韬认为来自地中海的罗马军团在通过与波斯的冲突中吸收了长剑使用及挎法，并在接受了整套璏式佩剑法的基础上，对东方式的璏和配带法做了改进，将武装带与剑璏结合，最终形成罗马璏式佩剑法[2]。汉式长剑的广泛流传无疑是汉式玉质剑饰输出的动因和载体。

玉质剑饰的功能、设计乃至价值体系在中原地区构建并完善，器物的功能属性随着武器装备向西传播进入欧亚草原，被不同文化人群所吸收借鉴，并对造型加以改造以适合实际用途。在体现实用性的同时，玉质剑饰所承载的价值认识和地位象征意义也被接受。而欧亚草原上的仿制品不少直接采用透闪石质软玉或观感类似的玉髓制作，对中原制品主动靠近和模仿的现象也从侧面说明

1 С.И. Безуглов., Позднесарматские мечи (по материалам Подонья). *In: The Don Archaeology: New Materials and Its Analysis Issue I. The Sarmatians and Their Neighbors on the Don, Collected Articles*. Terra Publishers, Rostov-On-Don. 2000. p169-193.

2 同：李韬，2008。

了中原玉器文化、价值承载和身份象征意义的对外传播与影响。

四、余论

首先，中原地区也曾有仿制玉剑饰的现象，楚地曾以铅钡玻璃仿制玉器，对长型璏不对称双檐璏的仿造早在战国晚期就已出现，且多用作陪葬明器；玻璃仿造剑饰中无檐璏或单檐璏罕见[1]，欧亚草原地带的仿制玉石剑璏基本都以“双卷不对称檐长璏”作为模仿对象，对这种形制璏的偏爱出于何种原因值得探讨。

其次，欧亚草原地带上双刃长剑装具中更多以金属、骨、木、角甚至皮革制作剑璏，以石、玉制作的剑璏显然是少数，但其功用都是在璏式佩剑法中用以悬挂长剑，同一时期以非石、玉制作的剑璏形制上或有较大区别，故在今后的研究中应当注意同一功能（悬挂长剑）的器物——剑璏在器形上的横向比较。

再次，欧亚草原地带出土的玉石剑璏很多都没有经过矿物学的鉴定，其中到底哪些属于透闪石玉，哪些为其他材质，透闪石玉可能来自哪些矿源，这些都需要今后在条件允许的时候进一步开展关于原料溯源的科技考古研究。

最后，几乎可以肯定的是，欧亚草原上出土的玉石剑璏并不仅限于此，如20世纪70—80年代俄罗斯Камышевский（卡米舍夫斯基）和Сладковка（斯拉德科夫卡）等地也有汉式长剑和玉石剑璏出土或收集，有些缺乏明确的考古地层证据，更多的报道不详细，但从线图上来看似乎是典型的汉式剑璏[2]，另外塔克西拉[3]等地也出土有石玉质的类璏器物。对更多资料的梳理无疑将有助于对璏、璏式佩剑法传播、演变的理解与研究。

中国的玉璏以及不同材质的仿制品在欧亚大陆上流传行用主要发生于1—4世纪间，这或许与4世纪以后双刃长剑逐渐被刀所取代，璏作为双刃长剑的配具便也不再流行有关。中国宋代以后发现并被仿造的玉剑璏也蜕变为“好古”的玩赏器物，或挪作文房笔搁之用。19世纪以后得益于现代考古学的兴起与发展，以及东西方文化的再次大交流，玉石璏这种承载了东西方物质交流、战争历史乃至文化传承的器物，便又带着新的文化使命，再一次回到了东西方考古学者的视野中。

1 傅举有：《战国汉代的玻璃剑饰（下）》，《收藏家》2010年第6期。

2 同Trousdale W.,1975，图21，8、9。

3 同Trousdale W.,1975，第230—232页，另见：A. Marshall, *Excavations at Taxila*, 1933, pl. XX, 4, p. 58.

表一　欧亚草原地带出土剑璏分类

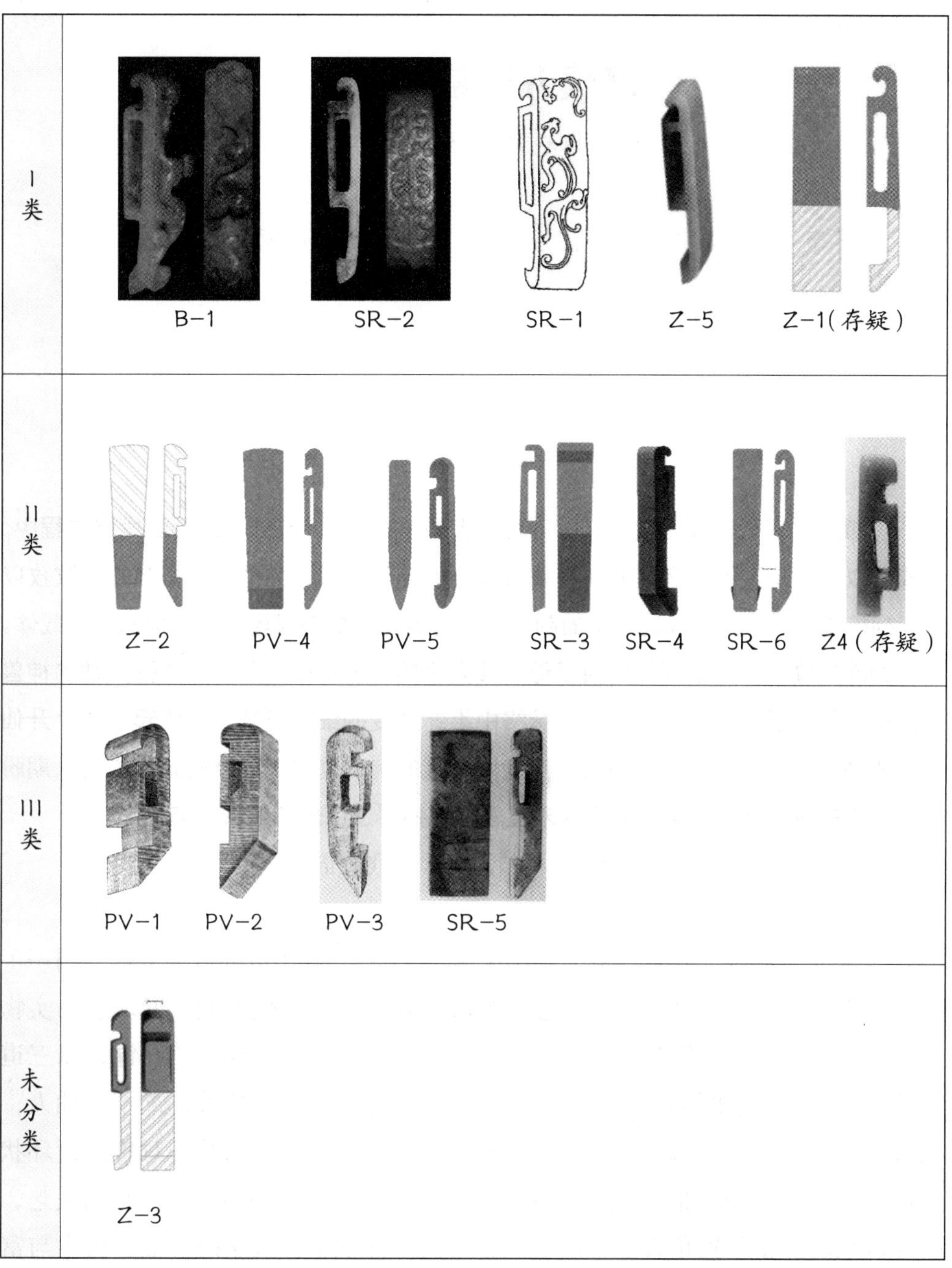

汉代升仙信仰初探
——以神兽纹玉樽为契机

许宁宁（湖南博物院、科技考古与文物保护利用湖南省重点实验室）

【摘要】汉代仙风极盛，升仙与长生成了人生主题。在升仙理念的发展过程中，形成了以西王母、不死药、羽人等要素构建的神仙世界，为世人憧憬向往，孜孜以求。神兽纹玉樽不仅是高超的玉器制作技艺的典范，更是汉代升仙信仰的重要载体。器表的雕刻纹饰，肩生双翼的西王母、仙人化的“玉兔捣药”以及夸张灵动的神兽形象等，印证了汉代升仙信仰发展脉络中不断嬗变的细节特征，串联起了整个升仙信仰体系。神兽纹玉樽以及消失的器盖所呈现的神仙世界，既承载着玉樽主人期盼升仙长生的殷切期望，又推动了汉末道教“成仙得道”理念的形成与发展。

【关键词】神兽纹；玉樽；汉代；西王母；飞升信仰

1991年，湖南安乡西晋刘弘墓出土玉器17件，其中以神兽纹玉樽（图一）最为精美，它不仅是汉代玉雕技艺的巅峰之作，也是汉代升仙信仰理念的实物见证。神兽纹玉樽呈筒状，方唇平底，三熊足，器表为减地浮雕纹饰，以三道凹弦纹分成上、下两部分（图二）。上部雕刻有西王母与持着灵芝草的仙人；在云海中翻腾的两只螭龙，两只头背对峙的长喙独角兽，以及一对兽首衔环状双耳。下部雕刻有持仙草戏螭龙的羽人，独角兽与螭龙争抢着云中生长的灵芝，张牙舞爪的熊正与独角兽云中嬉戏。整个纹饰体现了世人企盼升仙、长生与富贵的愿景，这与东汉时期道教始兴、世人崇尚神仙方术、祈求长生不老的社会风气息息相关。

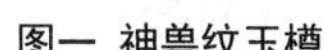
图一 神兽纹玉樽

图二 神兽纹玉樽纹饰线图

一、神兽纹玉樽绘就的汉代神仙世界

汉代仙风极盛，自汉武帝开始，汉代帝王对成仙长生充满了向往和迷恋，《史记·孝武本纪》就记载汉武帝听信方士李少君之言，以求修仙长生，文言："天子始亲祠灶，而遣方士入海求蓬莱安期生之属，而事化丹砂诸药齐为黄金矣。"[1]几年后，更是亲自东巡入海，求仙访道，"上（汉武帝）遂东巡海上，行礼祠八神。齐人之上疏言神怪奇方者以万数"[2]。在帝王喜好的推动下，汉人对仙人的崇拜以及对长生的渴望都达到了新的高度。两汉之际，谶纬神学大行其道，方士们创造出的符箓隐语，以及假托神仙预言祸福吉凶，为世人渲染出了一个令人神往的神仙世界。在汉末《太平经》中描绘的神仙居于天庭玉宇之上，吞日精，服月华，超凌三界之外，游浪六合之中，让世人好生艳羡。[3]经过多年的侵染，世人对神仙世界的憧憬与向往，成为不可或缺的精神追求。

回看神兽纹玉樽，它表面所刻画的西王母、芝草、熊怪、螭龙、羽人、独角兽等要素所生活的地方，正是汉代世人心中所向往的神仙世界，如同汉乐府诗《董逃行》中写到的那般："遥望五岳端，黄金为阙班璘。但见芝草叶落纷纷，百鸟集来如烟。山兽纷纶麟辟邪其端，鹍鸡声鸣。但见山兽援戏相拘攀。"[4]图中掌管服之可以升仙的不死药的西王母是整幅画卷的核心（图三），也是汉代世人追求长生、渴望升仙的思想寄托与崇拜对象。芝草便是服之可以长生的"不死药"，它可以治愈万症，服之成仙。整幅画卷也是以芝草作为纽带，穿插其间，引得螭龙、独角兽、熊怪们互相争抢，嬉戏打闹。羽人则身生羽翼（图四），可变化飞行，与不死同义，渐渐成为世人渴望跨越死亡、永住神仙爰居乐土的飞升使者。在整幅画卷中，如果说西王母所处的上部为神仙所居的仙界，那处

1 ［汉］司马迁：《史记》，中华书局，1959 年，第 455 页。
2 ［汉］司马迁：《史记》，中华书局，1959 年，第 474 页。
3 ［汉］于吉：《太平经》，上海古籍出版社，1993 年，第 512 页。
4 王青、李敦庆：《两汉魏晋南北朝民歌集》，南京师范大学出版社，2014 年，第 66 页。

于下部的羽人所扮演的正是引导下界凡间的世人向上飞升步入仙界的使者，他手持可以长生的不死灵药，正是飞升入仙界的那把钥匙。如此，我们再看神兽纹玉樽所描绘的场景，已经不单单是世人脑海中想象的神仙世界，其中更充斥着玉樽主人期盼长生、追求不死灵药的殷切期望。

图三 西王母与持芝草的仙人　　图四 羽人　　图五 争抢芝草的独角兽与螭龙

二、汉代西王母形象的嬗变以及升仙信仰发展

西王母作为神祇，流传广泛，但她的形象却并非一成不变，《山海经·西山经》中言："西王母其状如人，豹尾、虎齿而善啸，蓬发，戴胜，是司天之厉及五残。"[1]此处的西王母被描绘成一个人形却有虎齿、豹尾的半人半兽的形象，她负责职掌上天灾厉、刑杀的大权。而《庄子·大宗师》中西王母又有另外一番形象，文言："夫道有情有信，无为无形；可传而不可受，可得而不可见；……西王母得之，坐乎少广，莫知其始，莫知其终。"[2]西王母俨然成了一位得道的仙人。所以，至迟在战国时期的庄子之世，西王母作仙人的形象就已经流传起来。

同样，西王母成为掌管不死药的仙人也非一蹴而就，《山海经·大荒西经》中讲到西王母穴居于昆仑之丘，此山万物尽有。[3]《尸子》卷下中又讲到食之可以长生的红芝草生长于昆仑山，"昆仑之墟土……红芝草生焉。食其一实，而醉卧，三百岁而后醒"[4]。如此，西王母、昆仑山与长生不死的红芝草便汇集到了一处，于是西王母便有了明确的职能，成为掌管不死药的神祇。也就有了《淮南子·览明训》中所载嫦娥偷药飞升的典故："羿请不死之药于西王母，姮娥窃以奔月。"[5]也不由得联想起那句"嫦娥应悔偷灵药，碧海青天夜夜心"，无限慨叹与孤寂。至此，西王母与长生不死绑定到了一起。在世人梦寐以求长生与升仙的愿景下，拥有不死药的西王母也就自然而然地为人信仰，尊奉有加。她的形象也大量出现于世人的生活之中，或绘画于西王母祠，或绘画于墓葬中，成为一种希冀与

1 贺红梅绘，陈民镇译注：《山海经》，岳麓书社，2020 年，第 86 页。

2 [战国]庄子著，贾云编译，支旭仲主编：《庄子》，三秦出版社，2018 年，第 69—70 页。

3 贺红梅绘，陈民镇译注：《山海经》，岳麓书社，2020 年，第 544 页。

4 [战国]尸佼著，汪继培辑，朱海雷撰：《尸子译注》，上海古籍出版社，2006 年，第 51 页。

5 沈雁冰选注，卢福咸校订：《淮南子》，崇文书局，2014 年，第 26 页。

寄托。

对于西王母图像，香港中文大学文物馆藏有一枚标注为战国时期的西王母、神兽纹肖形绿松石印（图六）。这枚绿松石印章为双面印，一面刻纹为西王母，她端坐，戴胜，左右两侧疑似为简化的神兽，画面下部则刻有两位侍从，手中持有物品；另一面刻纹为神兽，似龙，但有双尾。由于此印没有出土信息，故而年代以及地域无法准确判定。但依照“戴胜”这一西王母的标志特征，依旧可以认定其为西王母图像。但由于图像刻画过于简单，无法读取更多信息，列于此处，仅作参考。

1

2

图六 西王母、神兽纹肖形绿松石双面印

目前，可以明确年代的最早西王母图像来自汉宣帝神爵三年（前59）的海昏侯墓，墓中出土的一件衣镜的镜框上方绘有西王母图像（图七），在镜掩处残留有相关的墨书文字《衣镜赋》，文言：“右白虎兮左苍龙，下有玄鹤兮上凤凰，西王母兮东王公，福憙所归兮淳恩臧，左右尚之兮日益昌。”[1]细校文意，不难发现，文中所言西王母与东王公意在与白虎、苍龙、玄鹤、凤凰等神灵神兽类比，寓意借助神灵之力实现“辟非常”“除不祥”“顺阴阳”“乐未央”的美好愿望。在这里，西王母既是高高在上的神祇，更是追求生活幸福、长生安乐的希望。

图七 海昏侯墓衣镜镜框上部彩绘图案

1 刘子亮、杨军、徐长青：《汉代东王公传说与图像新探——以西汉海昏侯刘贺墓出土“孔子衣镜”为线索》，《文物》2018年第11期。

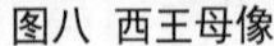
图八 西王母像

图九 东王公像

图十 西王母旁人物像

细观图像，西王母（图八）正襟端坐，长袍右衽，头顶挽髻，似佩戴有饰物，双手握于胸前。与之对坐的东王公（图九），长袍右衽，面有胡须，头戴高冠，似为进贤冠，双手握于胸前。两位神祇生活气息十足，俨然一副汉代贵族的装扮。与汉武帝时期，《大人赋》中描绘西王母时的“暠然白首戴胜而穴处兮，亦幸有三足乌为之使”[1]迥然不同。在西王母右侧有一人物像（图十），有学者认为其面向西王母跪坐，左手持臼，右手持杵，做捣药状，或与玉兔捣药相关。[2]关于“玉兔捣药”，乐府诗《董逃行》中言：“玉兔长跪捣药虾蟆丸，奉上陛下一玉柈，服此药可得神仙。”[3]玉兔与虾蟆（蟾蜍）所捣制的药丸就是不死药，服之可以成仙。而玉兔与蟾蜍居于何处？马王堆一号汉墓非衣中有相关描绘。在非衣的左上角，清晰地绘制出了月牙、玉兔、蟾蜍，以及蟾蜍口中含着的灵芝（芝草）、托月女神（也有一说为嫦娥）。如此，西王母与嫦娥偷药、玉兔、月亮、蟾蜍、芝草等诸多元素联系起来，共同营造了一个围绕西王母与不死药的仙境世界。在这个世界里，西王母是核心，玉兔与蟾蜍是制作、把持不死药的灵兽，并侍奉西王母左右。

图十一 马王堆一号汉墓非衣上部解构图

图十二 玉兔、蟾蜍、月亮、托月女神解构图

1 [汉]司马迁：《史记》，中华书局，1959年，第3060页。
2 刘子亮、杨军、徐长青：《汉代东王公传说与图像新探——以西汉海昏侯刘贺墓出土“孔子衣镜”为线索》，《文物》2018年第11期。
3 王青、李敦庆：《两汉魏晋南北朝民歌集》，南京师范大学出版社，2014年，第66页。

与海昏侯墓同时期的卜千秋墓中西王母的图像（图十三）也与之类似，西王母处在墓主夫妇行进队伍的前方云气中，在她面前为一只玉兔，头顶似为可以长生的芝草；其后为墓主夫妇，其中墓主夫人怀抱三足乌与三头凤鸟为伴，墓主则手持灵物与蛇为伴，另有一只奔跑的九尾狐以及一只跳舞的蟾蜍。[1] 在此处西王母世界中，出现的元素比较多，有前文提及与不死药相关的玉兔、芝草、蟾蜍，也有《大人赋》中提及的“戴胜”“三足乌为之使”，也有鲜见的九尾狐、蛇以及三头凤鸟等。这说明，其中内蕴的精神思想是非常丰富的，通过它既可以发现西王母不断发展变化的神仙属性，又可以反映出传世文献记载的历史真实性。

图十三 卜千秋墓西王母壁画

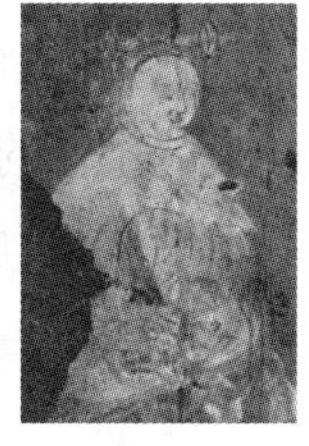

图十四 辛村墓西王母壁画

图十五 西王母兽带镜

在比之较晚的新莽时期的墓葬中，西王母的图像则更为明晰。洛阳偃师辛村墓西王母壁画中（图十四），西王母面容饱满，端坐于云气之上，戴胜，身披天蓝色云肩，面前有捣药的玉兔，云中有蟾蜍、九尾狐等。[2] 此处西王母的着装与之前稍有不同，在海昏侯墓、卜千秋墓中的西王母仅着长袍，而辛村墓的西王母则在长袍外另穿有云肩，且颜色分明，这或与之后西王母形象的再次变化有关，如神兽纹玉樽中西王母是有双翼的，而双翼的由来或与云肩有关。此外，中国国家博物馆藏的一面新莽始建国二年（10）的方格规矩纹兽带镜上也描绘有西王母图像（图十五）[3]，可以发现西王母端坐，戴胜，形态飘逸，对面有一玉兔做捣药状，符合新莽时代特征。

及至东汉，西王母图像有了地域性的变化，四川地区的东汉画像砖中，西王母往往端坐于龙虎座上（图十六、图十七），三足乌、九尾狐、跳舞的蟾蜍、肩生羽翼的仙人、祈药人等元素围绕在她周围。仅从图像元素看，四川地区的西王母图像中，龙虎座是其最典型的地域特征。龙、虎作为四灵之一，汉代人相信，死后灵魂可以白虎为引而御龙升天，成为仙人。龙虎座的出现与升仙长生的思想密不可分。当然，学界也有认为龙虎座是受到中亚、西亚等地文化的

1 洛阳博物馆：《洛阳汉代彩画》，河南美术出版社，1986 年，第 24 页。
2 黄明兰、郭引强：《洛阳汉墓壁画》，文物出版社，1996 年，第 137 页。
3 信立祥：《汉代画像石综合研究》，文物出版社，2000 年，第 149 页。

影响，是汉人学习与模仿的成果，此处暂且不论述。

图十六 四川博物院藏西王母画像砖及另一件的摹本

图十七 四川彭县东汉画像砖

在山东，西王母图像又有了新的地域性变化，西王母往往端坐于榻上，戴胜，背生双翼。西王母肩生双翼（图十八、图十九），寓意飞升成仙，有专家认为："人们以两翼张开的细节，突出西王母'飞翔'的神性功能。正是两汉时期仙化的西王母形象超越生命时空的限制这一神仙思想的反映。"[1]西王母掌管不死药，具有长生不老的神性，拥有突破生命限制的能力，肩上的这一对羽翼正是体现这一神性的标志。同时，西王母的羽翼既有翘起上扬的形态，也有向下展开、收拢的形态（图二十），图二十中西王母的双翼羽毛纹路清晰，覆盖于肩上，当然也有羽翼形态不明显的情况（图二一），有学者就认为图中双翼应为云肩，这就与卜千秋墓中西王母身披云肩的情况相似。其实，无论是云肩还是双翼，二者所表达的内涵是相同的，云肩可以看做为没有展开的双翼，但它同样具有飞升的能力。所需要注意的是，由云肩到双翼的转变，不仅是形态上的改变，更是对西王母的人性到神性的转变，着重加强了她飞升成仙的属性。神兽纹玉樽上西王母也有明显的双翼特征，自然也与其飞升成仙的属性相关。

图十八 山东莒县东汉画像石

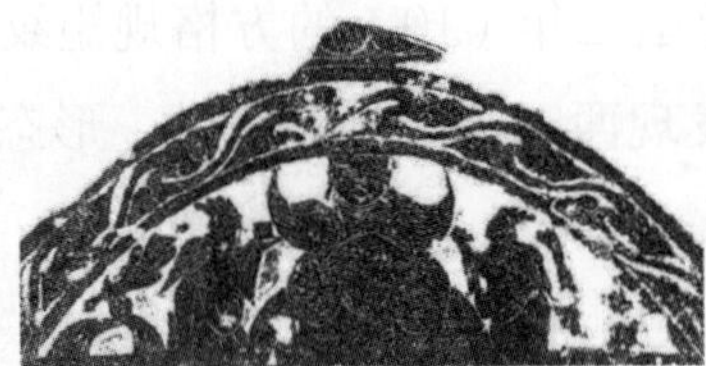

图十九 山东沂南汉墓画像石

图二十 陕西大保当画像石

图二一 山东嘉祥宋山画像石

以上，通过对历史文献记载、墓室壁画以及画像石中西王母图像的分析，可以发现一条西王母图像的发展演变脉络。在汉代之前的典籍记载中，西王母是一位负责掌管刑杀的半人半兽形象的神祇；之后在修仙长生思想的逐步影响下，西王母摆脱了兽形，回归为普通的神人形象，并与昆仑山、不死药、玉兔、蟾蜍等诸多元素一起共同构建起了西汉时期世人想象中的神仙世界图景；到了

1 李立：《汉墓神画研究》，上海古籍出版社，2004 年，第 219 页。

东汉，西王母形象又受到了地域差异的影响，开始出现地域特色，北方地区把西王母的云肩逐步演变为形象突出的双翼，意在展示她飞升仙界的神性；四川地区则把西王母端坐的云气改变为龙虎座，以龙虎神兽的身份，抬高西王母的神性，使其可以御龙升天。从战国至汉末，西王母形象虽不断嬗变，但内蕴其中的思想逻辑则是不变的，即飞升以求长生的升仙理念。伴随着升仙理念逐步扩大，走入民间，西王母的形象也会随着地域的差异而发生变化，形成了汉末各地丰富多姿的西王母飞升图卷。

此外，两汉时期，西王母的形象是普遍存在的，这里仅仅是以几个重要的特征演变入手，展开分析，虽不能以点概全，但可以管中窥豹，探求汉代以西王母为主神的升仙体系的发展轨迹与内在理路。

三、神兽纹玉樽及樽形酒具呈现的汉代升仙信仰

如果说墓室壁画以及画像石所呈现是汉代升仙信仰的大环境，那么，以神兽纹玉樽以及樽形酒具所呈现的就是汉代升仙信仰的小环境。樽在汉代多为盛酒器，根据饮宴的需要而有不同的容量，有大小的区别。器形上，多为筒形，三足，双铺首衔环，使用时便于搬运。在升仙长生理念的影响下，樽作为实用酒具，器表也多刻画有西王母、羽人、神兽等纹饰图案，以寄托主人祈愿升仙的美好愿望。

山西博物院藏的胡傅温酒樽（图二二）铸造于河平三年（前 26），圆筒形，盖中央有提环，周有三凤形纽，熊形三足。器身纹饰分上下两层浮雕动物纹，可以清晰辨认的有羽人、老虎、熊怪、九尾狐、龙、凤等神异动物十余种。胡傅温酒樽与神兽纹玉樽二者形制相近，纹饰布局相仿，图中描绘的羽人和熊怪的图案也类似（图二三、图二四）。剩余的图案中，胡傅温酒樽则更加偏重于写实，依照现实中的动物形态进行描绘，而神兽纹玉樽则更加神秘，把想象中的神仙世界描绘得更加缥缈神秘。究其缘由，可能是因时代因素产生的差异，升仙理念还没有后世成熟完备。但是羽人的出现也印证了胡傅温酒樽所承载的期盼长生升仙的愿望。

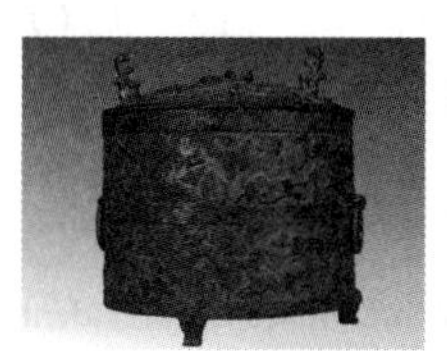

图二二 胡傅温酒樽

图二三 二樽所绘羽人

图二四 二樽所绘熊怪

包头博物馆藏的西汉晚期黄釉陶樽（图二五），直筒形，壁微斜，三熊足，尊体表面布满浮雕纹饰，有山峦、西王母、九尾狐、玉兔捣药、羽人以及多种神兽，俨然一幅神仙世界图景。器盖隆起表面呈峰峦状，为博山式盖的变体，营造出海上仙山“博山”的氛围，并与器身一起烘托出令人神往的神仙世界。陶樽中西王母（图二六）[1]站立于山峦之上，仰头戴胜，身穿长袍，肩无双翼，面前有玉兔捣药、九尾狐、羽人等诸多元素，以升仙和长生不死为主题，彰显出浓厚的升仙信仰意蕴。

图二五 黄釉陶樽

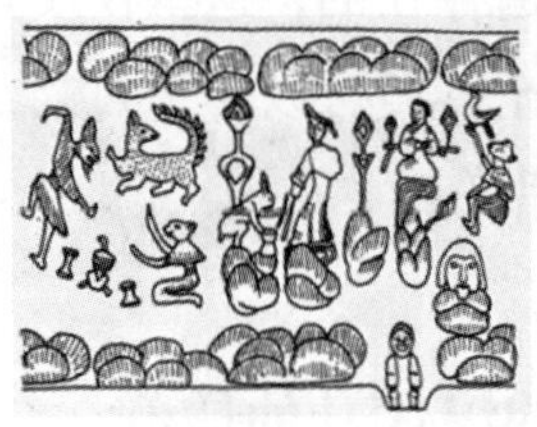

图二六 黄釉陶樽西王母图像

图二七 鎏金熊足铜樽

图二八 铜鎏金羽人瑞兽纹樽

南阳市博物馆藏的东汉鎏金熊足铜樽（图二七），直筒形，三熊足，盖面和腹外壁饰有上下两层鎏金花纹，纹饰繁密而流畅，形象可辨者有应龙、羽人、鹿、朱雀、飞雁、独角兽等。此樽纹饰虽未见西王母，但应龙、羽人、神兽、瑞鸟等纹饰具有鲜明的时代特征，依旧向世人传递出祈愿长生不死、羽化升仙等思想。

《青铜与黄金的中国：东波斋藏品》一书图版22中收录了一件汉代铜鎏金羽人瑞兽纹樽[2]（图二八），此件铜樽器形硕大，圆筒形，三熊足，通体鎏金，樽盖呈博山状隆起，靠近樽盖中心处饰流云纹一周，另有异兽穿行云间，若隐若现。樽身以三组鎏金弦纹分成上下两层，以金色流云纹为底，西王母、神兽、羽人、禽鸟、瑞兽出没云气间，动作飘逸。其中西王母端坐于龙虎座上（图二九），戴胜，肩生双翼，向上弯曲，大有随时飞升的姿态。左右两侧各有一位服侍的羽人（图三十），左侧的羽人手持可以长生的灵芝（芝草），右侧的羽人做捣药状，作为“玉兔捣药”的故事情景。在整幅场景中，还有一幅完整的东王公单元图像（图三一），西王母与东王公成对偶出现，体现出“汉代社会对西王母图像系统的进一步改造，东王公的出现也是汉代人阴阳平衡观念在汉画像上的反映”[3]。此外，场景中还有弹奏瑟与舞动的神兽（图三二），两位

1 信立祥：《汉代画像石综合研究》，文物出版社，2000年，第151页。

2 Gilles Béguin and others, eds., *Chine de Bronze et D'or: Collection Dong Bo Zhai,* Sarran: Musée du président Jacques Chirac, 2011.

3 谢伟：《汉画像西王母图像近三十年研究综述》，《平顶山学院学报》2021年第4期。

手持旗幡骑乘独角兽奔跑的羽人（图三三），独角兽的形态与神兽纹玉樽中独角兽形态非常类似（图三四），都已经不注重写实，突出飘逸、灵动、神秘之感，是东汉中后期升仙观念深化之后，汉代社会对神仙境界的想象也愈发缥缈神秘。

图二九　鎏金铜樽西王母

图三十　西王母左右两侧羽人

图三一　东王公单元图像

图三二　弹奏瑟与舞动的神兽

图三三　骑乘独角兽的羽人

图三四　神兽纹玉樽独角兽

综上所论，回归神兽纹玉樽，我们可以更加清晰地来解读它、认识它。首先，神兽纹玉樽的时代应当是东汉中晚期。西王母拥有明晰的双翼特征，这是新莽之后，在北方地区逐步由云肩发展而来的特征；玉樽器表雕刻的神兽纹样相对夸张，符合东汉中后期的时代风格。其次，就器形来看，神兽纹玉樽原本应该是有器盖的，且造型可能为博山式风格，用以渲染整件玉樽以求升仙与长生的主题。这一特征可以从形制类似的樽形器具中发现，除了文中所列举的樽形器具，还有中国国家博物馆藏的西汉鎏金青铜樽（图三五）、故宫博物院藏的东汉青釉刻花三足瓷樽（图三六）等，都拥有博山式器盖。所以，神兽纹玉樽在制作完成之初也当有博山式器盖，可能在之后的使用中损坏或遗失了。再次，对于器表纹饰元素的解读，如在西王母身边侍奉的仙人（图三七），其原型当为“玉兔捣药”，是西王母从半人半兽转变为神仙的重要元素，伴随升仙长生理念的发展，“玉兔捣药”逐步向羽人、神人转变。对于羽人（图四）内涵的解读，王充在《论衡·无形》就讲到了人化为羽人而升仙的过程，文言：“图仙人之形，体生毛，臂变为翼，行于云，则年增矣，千岁不死。”[1]羽人是人在升仙过程中所需要变化的一个形态，即双臂化翼，飞行于云，长生不死。所以，羽人的出现确定了整幅画卷升仙长生的主题，为玉樽主人带来了希冀与期望。

1　黄晖：《论衡校释》，中华书局，1990年，第66页。

图三五 西汉鎏金青铜樽

图三六 青釉刻花三足瓷樽

图三七 神兽纹玉樽侍奉仙人

神兽纹玉樽虽然器形不够硕大，但是玉质细腻，雕工精湛，在刻画西王母、神兽、侍者仙人以及羽人的过程中，精雕细琢，活泼灵动，毫毛毕现，为世人呈现了一幅充满想象与灵动的汉代神仙世界。更加难能可贵的是，神兽纹玉樽通过器表的雕刻纹饰，串联起了汉代以西王母、羽人、不死药为核心的升仙长生信仰体系，肩生双翼的西王母、仙人化的“玉兔捣药”以及夸张灵动的神兽形象等，都成为印证升仙信仰发展脉络中不断嬗变的细节特征，为汉代追求升仙与长生的人生主题提供了实物资料。曹子建《七启》诗云：“盛以翠樽，酌以雕觞，浮蚁鼎沸，酷烈馨香，可以和神，可以娱肠，此肴馔之妙也。”[1]酒与樽相遇，犹如鱼与水相合，樽酒入口，可以和神，可以娱肠，可以畅游天际之外，可以游荡仙界之中，可以见西王母而求药，可以羽化而升仙，恍恍惚惚间天地易位，酒醒时分，怡然自得，回味升仙长生之乐。或许，这便是汉代世人在酒樽之上刻画神仙世界的初衷所在。

1 宋效永、向焱点校：《三曹集》，黄山书社，2018年，第239页。

湖南汉墓出土微型圆雕玉石珠饰之浅见

欧阳小红（湖南博物院、科技考古与文物保护利用湖南省重点实验室）

【摘要】湖南地区西汉晚期至东汉时期的高等级墓葬出土一批带穿孔的微型圆雕玉石珠饰。此类珠饰造型多样，包括胜形、狮形、虎形、羊形和鸟形等动物形象，质地各异，有琥珀、玉、水晶、绿松石、煤精等。从出土位置来看，此类珠饰应为日常所用的佩饰，其不同造型反映了一定的辟邪压胜思想。微型圆雕玉石珠饰的出现，与汉代海上丝绸之路的发展息息相关，反映了文明之间的相互交流与联系。

【关键词】汉代；湖南地区；微型圆雕；玉石珠饰；辟邪；海上丝绸之路

在较早的历史时期，造型相对简单的几何形珠饰是玉石珠饰的主流。西汉晚期以后，造型各异的微型圆雕玉石珠饰开始广泛出现，呈现出更加丰富的文化内涵。本文对湖南地区汉墓出土微型圆雕玉石珠饰进行整理，根据出土位置分析其使用方式和功能，探讨不同造型珠饰的寓意及其反映的思想文化，最后通过追溯其来源，进一步认识两汉时期的对外文化交流情况。

一、湖南汉墓微型圆雕玉石珠饰的出土情况

湖南境内的汉代微型圆雕玉石珠饰主要出土于长沙、常德、张家界、郴州、永州等地，时代跨度为西汉晚期至东汉，主要集中在东汉时期。出土微型圆雕玉石珠饰的汉代墓葬普遍为大型墓葬，随葬品丰富，墓主身份等级较高。

1951 年至 1952 年在长沙发掘的西汉后期 211 号墓葬中，墓主右手腕部出土多件珠饰，包括绿松石胜形珠 1 件和琥珀珠 5 件（其中 2 件为游禽状，1 件为伏兽状）等。[1]

1　中国科学院考古研究所：《长沙发掘报告》，科学出版社，1957 年，第 129 页。

长沙谷山西汉长沙王室墓M7出土形制相同的虎形琥珀饰2件（标本177、178）。二者均为橘黄色，透明度强，造型呈蹲伏状，腹部有一穿孔。标本177，长1.75厘米，宽0.8厘米，高1.35厘米。[1]

1963年长沙汤家岭发掘的西汉宣、元帝时期的张端君墓中，墓主颈部出土绿松石小羊1件。其为伏卧状，身部中心及近腹底各一对穿眼，长1.5厘米，宽9厘米，高1.2厘米。[2]

1963年发掘的零陵东汉砖室墓中，M2棺内和M4后室后端分别出土兽形琥珀珠一颗，均呈蹲伏状。[3]

1976年在长沙麻园岭警备区采集1件胜形水晶珠饰，长1.6厘米，宽1.1厘米，厚0.7厘米。[4]

1977年在常德县南坪公社发掘的东汉墓中，常南M5前室（南M5：30）和常南M10分别出土兽形琥珀饰一件，均为暗红色，雕成虎、狮动物形象，作蹲伏状，中心有一个穿孔。M10出土的长1.3厘米，直径0.8厘米。[5]

1978年发掘的郴州资兴东汉墓M577出土胜形琥珀饰1件。总体呈椭圆形，纵贯一孔。暗红色，半透明。长1.9厘米。[6]

1978年发掘的长沙李家塘汉墓M5出土1件“工”字形玉牌佩。该玉佩呈扁长方体，分上下两层，束腰，腰际有一横穿孔，可供系挂，长3.3厘米，宽3.3厘米。[7]

1981年常德东江东汉墓出土蝉蛹形琥珀饰1件。该饰呈褐红色，通体透明，腹上部有一横向穿孔，长1.5厘米，宽1厘米。[8]

1986年至1987年发掘的大庸东汉墓中，东汉早期的DM14出土胜形琥珀饰1件（DM14 ：1）。该饰呈黑色，长2.6厘米，宽2.2厘米，厚1.5厘米。[9]

1995年郴州永兴县粮食局工地东汉墓M1出土1件羊形煤精珠饰，保存完好，呈黑色，立体圆雕羊形，身体粗短，双耳竖起，作蹲伏状，腰部有一穿孔。长2.5

---

1 长沙市文物考古研究所：《长沙“12·29”古墓葬被盗案移交文物报告》，载《湖南省博物馆馆刊》第6辑，岳麓书社，2010年，第329—368页。

2 湖南省博物馆：《长沙汤家岭西汉墓清理报告》，《考古》1966年第4期。

3 周世荣：《湖南零陵出土的东汉砖墓》，《考古》1964年第9期。

4 长沙博物馆编，喻燕姣主编：《玉魂——中国古代玉文化》，湖南人民出版社，2022年，第102页。

5 湖南省博物馆：《湖南常德东汉墓》，载《考古学集刊》第1集，中国社会科学出版社，1981年，第158—176页。

6 湖南省博物馆：《湖南资兴东汉墓》，《考古学报》1984年第1期。

7 长沙博物馆编，喻燕姣主编：《玉魂——中国古代玉文化》，湖南人民出版社，2022年，第103页。

8 湖南省博物馆编，喻燕姣主编：《湖南出土珠饰研究》，湖南人民出版社，2018年，第168页。

9 湖南省文物考古研究所，湘西自治州文物工作队，大庸市文物管理所：《湖南大庸东汉砖室墓》，《考古》1994年第12期。

厘米，宽 1.8 厘米，高 1.9 厘米。[1] 现藏于永兴县文物管理所。

1997 年郴州马家坪湘运公司工地 M1 出土 1 件鸟形琥珀珠，红褐色，立体圆雕，昂首，束颈，体短肥硕，合翅，作栖息状，腹部有一穿孔。长 1 厘米，高 0.8 厘米。[2]

2003 年郴州骆仙岭北湖区政府新址发掘的东汉墓 M32 出土兽形琥珀珠 1 件，为红褐色质地，局部受沁有黄色斑块。立体圆雕，形似虎，作蹲伏状，昂首，嘴微张，四肢粗壮，屈膝，胸部有一穿孔。长 1.8 厘米，宽 0.9 厘米，高 1.2 厘米。[3]

古代珠饰的出土位置是我们认识其用途的重要依据。然而，原本的珠饰串绳经长久埋藏后，多已朽断，加之这些珠饰墓葬规格较高，多经盗墓贼侵扰，使得原来成串的饰品在发现时多已散乱不全。

从出土位置较为明确的两例来看，长沙 211 号汉墓中的多件珠饰出土于墓主右手腕部，长沙汤家岭张端君墓的羊形绿松石饰出土于男性墓主颈部。由此可以推测这类微型圆雕玉石珠饰是日常所佩戴的腕饰或项饰，且佩戴者性别并不限于女性。

此外，结合其他墓葬出土的微型圆雕玉石珠饰来看，虽经扰乱，但周围大都散布其他管饰、珠饰，可见原本多是组合串饰。

二、微型圆雕玉石珠饰的造型及寓意

微型圆雕玉石佩饰普遍体积较小，就湖南地区汉墓出土者而言，大都长 1—3.3 厘米，宽 0.8—9 厘米，高 0.8—1.9 厘米。其造型主要分为两类，一类为蹲伏状的狮或虎形、伏卧状的羊形、栖息状的禽鸟形、蝉蛹形等动物形态，另有少数胜形或“工”字形（图一）。

在动物形态的微型圆雕玉石佩饰中，狮或虎的造型居多，这些不同的动物形象或许具有某些特殊的含义。

狮子并非我国原有的物种，一般认为是在武帝通西域后才传入中国。狮子在佛教中具有神圣地位，是带有神力的灵兽，具有辟邪护法的特异功能。汉代中期以后的有翼神兽，主要是以西域进贡的狮子为原型创作的，根据有角、无角和角的多少命名有天禄、辟邪和符拔 [4]。

---

1 湖南省博物馆编，喻燕姣主编：《湖南出土珠饰研究》，湖南人民出版社，2018 年，第 229 页。

2 湖南省博物馆编，喻燕姣主编：《湖南出土珠饰研究》，湖南人民出版社，2018 年，第 175 页。

3 湖南省博物馆编，喻燕姣主编：《湖南出土珠饰研究》，湖南人民出版社，2018 年，第 173 页。

4 徐琳：《两汉用玉思想研究之一——辟邪厌胜思想》，《故宫博物院院刊》2008 年第 1 期。

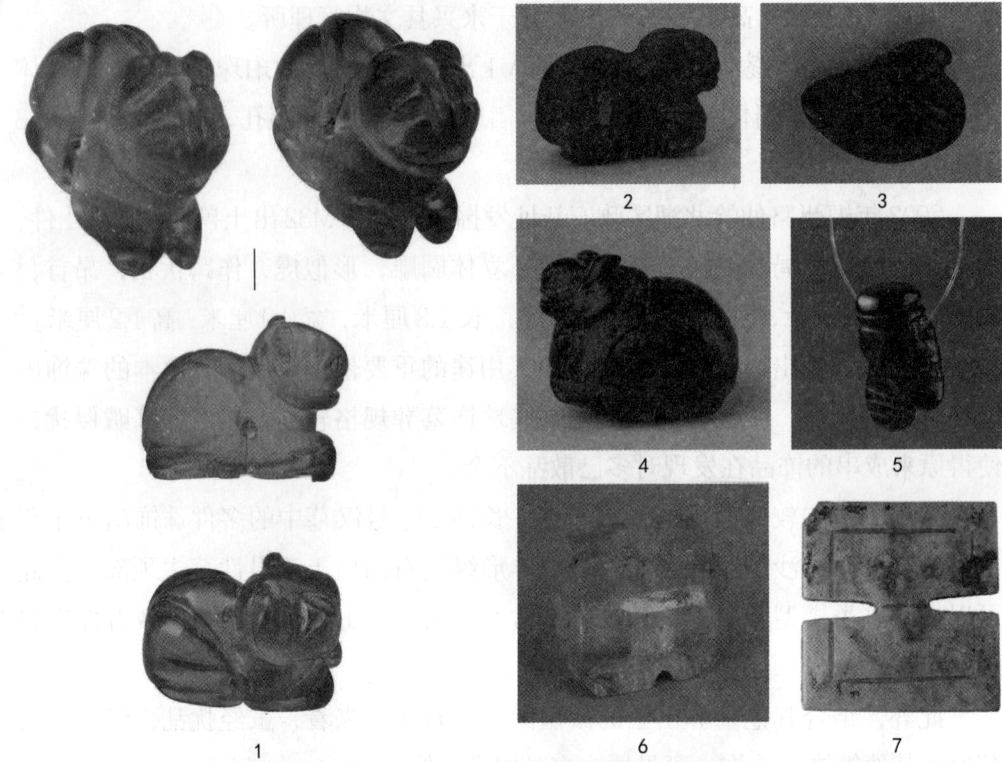

图一 湖南地区出土和采集汉代圆雕玉石珠饰造型

1. 虎形，长沙谷山西汉长沙王室墓出土；2. 狮形，郴州骆仙岭北湖区政府新址 M32 出土；3. 禽鸟形，郴州马家坪湘运公司工地 M1 出土；4. 羊形，永兴县粮食局工地 M1 出土；5. 蝉蛹形，常德东江东汉墓出土；6. 胜形，长沙麻园岭警备区采集；7. 工字形，长沙李家塘 M5 出土

东汉应劭《风俗通义·祀典》云："虎者，阳物，百兽之长也，能执搏挫锐，噬食鬼魅。"[1] 虎不仅以其威猛的形象受到古人的敬畏，更被赋予神性，进而成为驱逐邪恶，辟除不祥的"四神"之一。王充《论衡·解除篇》云："宅中主神有十二焉，青龙、白虎列十二位，龙虎猛神，天之正鬼也。飞尸流凶，安敢妄集。"[2]

西汉元帝时黄门令史游所作以教幼童识字的《急就篇》有"系臂琅玕虎魄龙，璧碧珠玑玫瑰瓮，玉玦环佩靡从容，射魃辟邪除群凶"四句。首句颜师古注："琅玕，火齐珠也。一曰，石之似珠也。言以虎魄为韵，并取琅玕系著臂肘，取其媚好，且珍贵也。"[3]

孙机先生认为这类狮或虎形的琥珀小兽是简化了的辟邪，又有孔可系，与"系

1 [汉]应劭撰，王利器校注：《风俗通义校注》，中华书局，1981 年，第 368 页。

2 黄晖：《论衡校释》，中华书局，1990 年，第 1043 页。

3 高二适：《新定急就章及考证》，上海古籍出版社，1982 年，第 197—199 页；另参考孙机：《汉代物质文化资料图说》所引注《急就篇》，上海古籍出版社，2008 年，第 118 页。

臂琅玕虎魄龙”之句相合，故应是系臂之物，有驱走邪秽、拔除不祥的含义[1]。

羊以其性情温顺，代表着安宁美好。《晋书·礼下》引汉郑众《婚物赞》说“羊者祥也”[2]，故而羊形珠饰可能带有祈求祥瑞的寓意。

蝉蛹蜕变的过程则暗喻新生命的轮回。西汉刘安《淮南子·精神训》云：“夫至人……学不死之师，无往而不遂……生不足以挂志，死不足以幽神……若此人者，抱素守精，蝉蜕蛇解，游于太清，轻举独往，忽然入冥。”[3]蝉蛹形珠饰可能反映了汉代人死后灵魂有知、灵魂不灭的生死观。

胜形则是一种似“工”字形联体柱的特殊珠饰造型，出现时间较晚，最早见于东汉时期。

“胜”又称“方胜”，取形自汉代广泛信仰的西王母头部所戴的一种发饰。邓淑苹先生认为此类珠饰的主体为两个厚实的“胜”，故应称作“胜形佩”[4]。胜形饰可能作为西王母的象征，具有驱鬼辟邪保祥福的寓意。

值得一提的是，其他地区出土的部分胜形饰在一端顶部琢磨成小勺形，底部为盘形，故殷志强等学者认为它是由司南转变的辟邪佩物，应称为“司南佩”[5]。司南有指导、指引之意，寓意不迷失方向，趋利辟邪。

张明华先生则认为司南佩的主体是玉琮的衍变形状，上体勺形司南喻天，下体琮形喻地，表达了上天下地、通天彻地的巫术内容，有渴望天地之助的美好祈求。[6]

此外，也有学者将其定名为“食货佩”，认为器上的勺与盘（碗）象征“食”，其主体是束帛的变形，象征“货”，比喻好衣美食，象征家福势足，是一种典型的吉祥玉佩[7]。

至于“工”字形玉牌佩，上下端无出柱，体更扁平，其顶端不再有小勺和小圆盘的司南状装饰，一般认为是胜形佩或司南佩简化后的造型。

从胜形珠饰与其他佩饰的组合来看，长沙211号汉墓中胜形珠饰与禽兽形珠饰同时出土，可能共同组成串饰，而其他地区还多见胜形佩与刚卯同时出土

1 孙机：《汉镇艺术》，《文物》1983年第6期。

2 [唐]房玄龄等：《晋书》，中华书局，1974年，第669页。

3 何宁：《淮南子集释》，中华书局，1998年，第537页。

4 邓淑苹：《由蓝田山房藏玉论中国古代玉器文化的特点》，载邓淑苹：《蓝田山房藏玉百选》，年喜文教，1995年，第37、286页。

5 殷志强：《汉代司南玉佩辨识》，载杨伯达主编：《传世古玉辨伪与鉴考》，紫禁城出版社，1998年，第72—74页。

6 张明华：《司南佩考》，《故宫博物院院刊》2000年第1期。

7 喻燕姣：《湖湘出土玉器研究》，岳麓书社，2013年，第204页。

的情况[1]。

所谓刚卯，前引《急就篇》“射魃辟邪除群凶”句下颜注曰，“一曰射魃，谓玉刚卯也”,可见是一种辟邪的佩饰。西汉墓中已有刚卯出土,多以两枚为一组,一枚名刚卯，另一枚名严卯。那志良先生认为司南佩（即胜形佩）可能与刚卯一样有厌胜之意。[2]卢兆荫先生也认为汉代流行的辟邪玉石佩饰主要有刚卯严卯、司南佩和翁仲，又称为“辟邪三宝”。[3]

总而言之，湖南汉墓出土的微型圆雕玉石佩饰尽管造型不同，但有着相近的寓意。除“取其媚好，且珍贵”，作为展示身份地位和财富的装饰品外，同时还具有辟邪祈福的含义，这正是两汉社会，尤其东汉时期盛行的辟邪压胜风俗的体现。

三、微型圆雕玉石珠饰的来源与两汉时期的文化交流

微型圆雕玉石珠饰从西汉晚期才开始在汉朝疆域内广泛出现，其来源问题涉及两个方面：一为材质，二为题材。

湖南汉墓出土的微型圆雕玉石珠饰的材质有琥珀、绿松石、水晶和煤精石，其中以琥珀为原料的微型圆雕珠饰最多。

关于琥珀的产地和传入中国的路线，前人已有专题研究。

根据目前的考古发掘情况来看，我国出土的先秦时期的琥珀及其制品数量稀少，分布零散。两汉时期，琥珀制品的数量较前代明显增多，且遍及南北，其中又以两广地区的重要港口城市出土的琥珀制品为多，年代也较早，这无疑与海上丝绸之路的发展密切相关。[4]

许晓东先生指出我国古代的琥珀原料绝大多数来自波罗的海和缅甸(掸国),两地琥珀不同时期所占进口比例及输入路线均有不同。早在春秋战国时期，波罗的海琥珀就有可能经欧亚草原进入北方地区。两汉时期，波罗的海琥珀输入的路线至少有南北、水陆两条：其一经北方绿洲丝绸之路，其二经南方海上丝绸之路，分别运抵中国内陆或沿海。而更主要的琥珀来源则是缅甸琥珀，经西南丝路进入云南境内，既而运往各地。[5]

---

1 徐琳：《两汉用玉思想研究之一——辟邪厌胜思想》，《故宫博物院院刊》2008 年第 1 期。

2 那志良：《中国古玉图释》，台湾南天书局，1990 年，第 327 页。

3 卢兆荫:《秦·汉——南北朝玉器述要》,载杨伯达主编:《中国玉器全集》第 4 卷,河北美术出版社,1993 年,第 15 页。

4 任欣、练春海：《汉代琥珀制品的来源及文化内涵》，《美术大观》2022 年第 2 期。

5 许晓东：《琥珀及中国古代琥珀原料的来源》，《故宫学刊》2009 年第 3 期。

左骏先生更为详细地分析了两汉时期琥珀经海上丝绸之路，从南方两广地区输入北方内地的传播线路：从南海郡、合浦郡这样重要的港口向内陆出发，水陆并举，利用秦时开凿的灵渠从珠江流域进入湘江流域的长沙，再以此为中转站，利用长江水路顺流而下，沿途经过豫章郡，最终到达广陵。另一条路线则是渡过长江，再通过陆路水路并举到汉帝国的京畿，也就是今日陕西关中地区。[1]

可以看到，湖南地区是琥珀北流的重要节点，这也是湖南汉墓出土较多琥珀珠饰的原因之一。

从微型圆雕玉石珠饰的题材来看，既有外来文化因素，也包含先秦两汉时期的传统母题。

狮子形象显然为外国传入。在佛教观念中，狮子是佛陀的化身，拥有辟邪护法的神力。与两汉对应的古印度时期，狮子形珠饰作为佛教的象征物在佛教起源和流行的南亚和东南亚地区大量存在，例如越南 Lai Nghi 墓地[2]以及泰国春蓬府 Thung Raya 遗址[3]等均发现了形制相似的狮形珠饰。

左骏先生注意到合浦凸鬼岭出土的一件狮形石榴子卧兽在特征与细节部位的表现上与长沙、扬州、西安等地出土的微雕卧兽截然不同，而合浦、广州地区发现有石榴子石组成的串饰中，串珠形态及加工技法与印度东部港口 Arikamedu 所发现的均大致相同，因此判断这件石榴子石卧兽是来自海外“原装”舶来品。[4]

这说明汉代琥珀珠饰至少有一部分是以成品的形态作为商贸物品流入中国。而长沙等地出土的虎形、辟邪等卧兽造型珠饰，应该有一部分为汉朝匠人以本土的雕刻技法对外来的狮子形象加以改造和转化的结果。

至于禽鸟、羊、蝉、方胜或司南等题材，均属于先秦两汉时期的传统母题，只是采用了微型圆雕珠饰的新型呈现形式，体现了汉文化对异域文化审美意趣的吸收与融合。

综上所述，两汉时期通过海上丝绸之路加强了与南亚和东南亚各国的贸易关系和文化交流。以琥珀为代表的多种宝石和半宝石的大量输入，在“美石为玉”

1 左骏：《西汉至新莽宝玉石微雕——从系臂琅玕虎魄龙说起》，《故宫文物月刊》2013 年第 369 期。

2 Nguyen Kim Dung. *The Sa Huynh Culture in Ancient Regional Trade Networks: A Comparative Study of Ornaments*//P.J.Piper, H.Matsumura, D.Bulbeck. *New Perspectives in Southeast Asian and Pacific Prehistory*. Canberra: Australian National University Press, 2017:324.

3 B.Bellina. *The Development of Coastal Polities in the Upper Thai-malay Peninsula*//N.Revire, S.Murphy, *Before Siam: Essays in Art and Archaeology*. Bangkok: River Books, 2014:86.

4 左骏：《西汉至新莽宝玉石微雕——从系臂琅玕虎魄龙说起》，《故宫文物月刊》2013 年第 369 期。

的观念下，为先秦以来的用玉传统增添了新的形式。而西汉晚期以后，汉代匠人结合汉文化中的辟邪祈福思想与传统母题，给作为舶来品的微型圆雕玉石珠饰注入了新的内涵。

湖南汉代仿玉风格握猪初探

申国辉（湖南博物院、科技考古与文物保护利用湖南省重点实验室）

【摘要】本文选取湖南汉代葬玉中的握猪作为研究对象。通过对该地区滑石和玻璃材质的握猪进行统计，对仿玉风格的握猪产生的原因、历史背景、丧葬习俗等方面进行探讨。

【关键词】汉代；握猪；仿玉；滑石；玻璃

中国人对玉器情有独钟，根据其用途，基本上可分为仪礼用玉、装饰用玉、丧葬用玉和日常用玉。早在新石器时代，精美的玉器就被作为权力的象征和祭祀天地、神灵的礼器。商周以后玉器的用途不断扩大，到了汉代，由于人们对玉的迷信日益深化，认为玉取天地精华，佩戴可以辟邪，吞食可以长寿，敛尸可以不朽，因此人们除制作大量佩戴和实用的玉器外，还专门为去世的人准备了葬玉。[1]于是，墓主人身穿玉衣，口含玉琀，手持玉握，全身用玉以求尸体不朽。

一、汉代玉握猪

《释名·释丧制》记载："握，以物著尸手中，使握之也。"握即指古代丧葬礼俗中死者手中所握之物。玉握通常做成猪的形状，所以称之玉握猪。湖南出土的汉代玉猪通常成双成对出现，大小、长短、粗细不一。玉猪大多为圆柱形，头部尖细，用几道简单的直线和弧线表示猪腿与眼、鼻。1959 年长沙五一路 M9 出土一对玉猪（图一），呈伏卧状，无尾，圆雕而成，头部用阴线刻出双眼、鼻翼和耳朵，线条简练，形象逼真，器身表面光滑，有玻璃光。1956 年长沙公安仓库 M2 出土一件玉猪（图二），两头平齐，作伏卧状，瘦长。[2]汉代玉

1　马美艳：《汉代猪形玉握》，《文物春秋》1997 年第 1 期。

2　喻燕姣：《湖湘出土玉器研究》，岳麓书社，2013 年，第 231 页。

工采用粗犷的线条，寥寥几笔，便把一头猪的形象刻画得栩栩如生。造型简单，刀法简练，寥寥数刀，便具神韵，后人将这种粗犷豪放的风格称为“汉八刀”。这件握猪是汉八刀的典型作品。

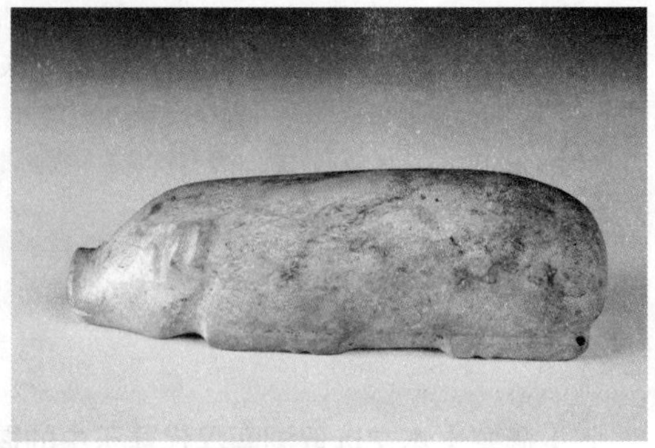

图一　玉猪 2 件　新莽一东汉　长 12.3 厘米，宽 4 厘米，高 3.7 厘米
1959 年长沙五一路 M9 出土　湖南博物院藏

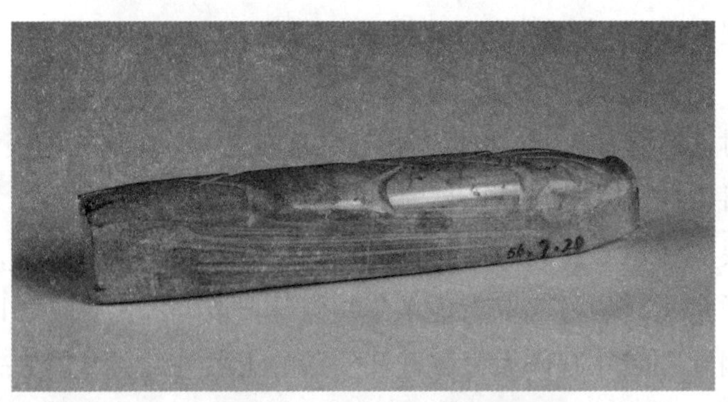

图二　玉猪　汉　长 11.5 厘米，　高 1.7 厘米
1956 年长沙公安仓库 M2 出土　湖南博物院藏

湖南出土的汉代玉器集中在贵族墓葬中，一般的平民墓葬很少出土玉器，所以汉代用玉都是一些有身份和地位的人。[1] 从这一时期湖南出土的玉器看，葬玉较多，因为玉器是富贵、等级的象征，只有权势的人才能佩戴，价格堪比黄金。平民百姓每日为生计奔波，生活中很少佩戴玉石，更别说将玉器随葬。受政治制度和财力的影响，仿玉风格的滑石器以及玻璃器应运而生。虽然材质不同，但都与同类型的玉器是一样的作用。本文将主要以仿玉风格的滑石和玻璃握猪为例予以分析、探讨。

1　喻燕姣：《湖湘出土玉器研究》，岳麓书社，2013 年，第 247 页 。

二、滑石握猪

湖南出土的滑石器数量较多，多见于汉墓和魏晋南北朝的墓葬。滑石握猪作为玉猪的替代品从汉代开始发展。湖南博物院藏汉代出土的较完整的滑石猪18套29件（表一），皆出自中小型墓葬，长度10厘米左右（6.5—12.5厘米），基本与成人手掌宽度相符。西汉的滑石器在选材和工艺方面都较为讲究，注重细节刻画，尤以西汉中晚期的制作最为精良。新莽至东汉以后，则渐趋简单粗糙，手法越发简洁抽象，大部分仅具其形，不甚注重细节的逼真。汉代滑石猪多作伏卧状，两耳倒竖，口微张，尾巴藏在屁股内，用几道阴刻线将猪的轮廓雕琢出来。如1963年长沙林业设计院M18出土的滑石握猪（图三），肥头大耳，呈伏卧状，用寥寥数刀把肥猪的模样雕刻出来：1955年耒阳野鹅塘BM16汉墓出土的滑石猪（图四），器呈长条形伏卧状，采用“汉八刀”技法雕成，寥寥数刀，看似漫不经心，不求形似，但求神似。[1]其刀法之矫健粗野和锋芒有力，颇有“汉八刀”的神韵。东汉墓葬中出土的一些工艺古拙、粗放的滑石猪因此成为汉代墓葬断代的依据。

图三　滑石猪 西汉 长12厘米，高4厘米
1963年长沙林业设计院M18出土　湖南博物院藏

图四　滑石猪 汉代 长9.2厘米，高2厘米
1955年耒阳野鹅塘BM16出土　湖南博物院藏

1　喻燕姣：《湖湘出土玉器研究》，岳麓书社，2013年，第346页。

表一　湖南博物院藏滑石握猪一览表 [1]

序号	名称	时代	数量（件）	尺寸（厘米）、重量（克）	出土地点、标号	照片
1	石猪	西汉中	2	1/2: 长 7.7, 高 2; 2/2: 长 5.8, 高 1.8	长沙砂子塘小学 M002 : 3	
2	石猪	西汉中	5	1/5：长 6.8，高 3.4; 2/5：长 5.4，高 2.4; 3/5：长 5，高 1.4; 4/5：长 4，高 2; 5/5：长 4.2，高 1.5	长沙杜家山 M786 : 27	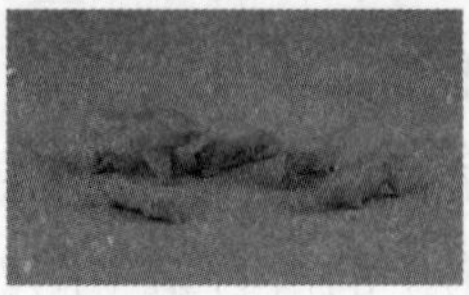
3	石猪	汉	3	1/3：长 5.7，高 1.9; 2/3：长 5.3，高 1.7; 3/3：长 4.7，高 2	常德西郊 M004 : 1	
4	石猪	东汉	1	长 9.7，高 1.6	长沙大冬瓜山 M015 : 20	
5	石猪	汉末	1	长 9.6，高 2	耒阳野鹅塘 BM016 : 1	
6	石猪	汉末	1	长 9.3，高 2.2	耒阳野鹅塘 BM016 : 2	

1　表一中图 3、4、13、14、15、16、17、18 滑石握猪照片和有关信息由湖南博物院覃璇提供。

（续表）

序号	名称	时代	数量（件）	尺寸（厘米）、重量（克）	出土地点、标号	照片
7	石猪	西汉	1	长 7.2，高 3	长沙林子冲下公路 M002：7	
8	石猪	西汉	1	长 12，高 4	长沙林业设计院 63 长牛 M018：30（1/2）	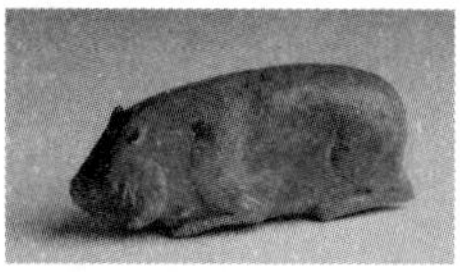
9	石猪	西汉	3	1/3：长 7.2，高 2.5；2/3：长 6.5，高 3.3；3/3：长 7，高 3.1	长沙东塘印染厂 M007：5	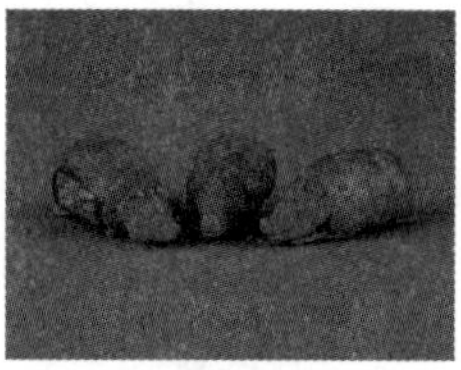
10	滑石猪	汉	1	长 12.5，高 5.2	长沙牛角塘林业设计院 M18：30（1/2）63.7.15	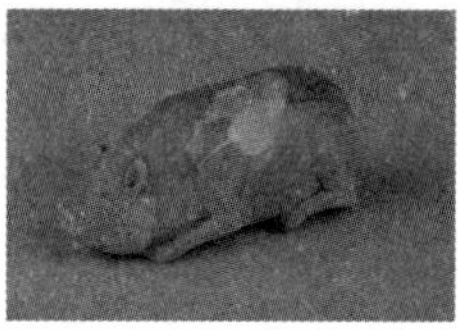
11	滑石猪	汉	1	长 9，高 4.1	长沙牛角塘林业设计院 M18：30(2/2) 63.7.15	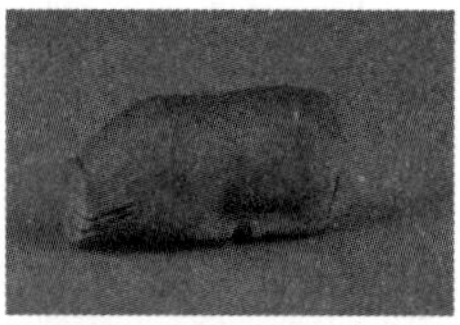
12	石猪	西汉	1	长 11，高 5.5	长沙子弹库水利设计院 M2：6 60.9.28	

（续表）

序号	名称	时代	数量	尺寸（厘米）、重量（克）	出土地点、标号	照片
13	连体滑石猪	西汉	1	长 6.5，高 2.5	78 长桥 M11：1	
14	滑石猪	汉	1	长 7.3，宽 0.6，高 0.7		
15	滑石猪	汉	1	长 4，宽 1.1，高 1.4		
16	滑石猪	汉	1	长 10.5，宽 3.2，高 3.6		
17	滑石猪	汉	2	1/2：重 81，长 8.2，宽 2.4，高 1.8；2/2：重 83，长 8.3，宽 2.4，高 2	78 长湖 M1：4	
18	滑石猪	汉	2	1/2：重 103，长 9.8，宽 2.3，高 2;2/2：重 83，长 8.3，宽 2.4，高 2	78 长湖 M1：4	
合计			29			

滑石是一种常见的硅酸盐矿物，石质较软，化学成分为$Mg_3[Si_4O_{10}](OH)_2$，颜色为白色和米黄色，有的也略带棕黄、青黄或淡绿色。滑石硬度为1，比重2.7—2.8，有油腻感。因其硬度较低，具有滑润感与脂肪感，常被用作雕刻的原材料，又因其在外观和质感上都比较接近于玉，因而在中国古代常被作为玉的替代品来制作随葬物品。[1]清代《湖南通志·食货志》记载："道州出滑石。"道州就是现在湖南零陵地区的道县。现今湖南南部山区，依旧是中国优质滑石的重要产出地。正因为湖南有优质的滑石资源，才得以成就两汉时期湖南滑石制造的辉煌。

三、玻璃握猪

湖南多地的汉墓中发掘了不少仿玉风格的玻璃器，总数有一百余件，器形主要有璧、环、剑饰等，但是玻璃猪却只有一对，即1988年湖南省永州市芝山区鹞子岭省三监狱西汉墓出土的玻璃握猪（图五），淡绿色，长条形，造型与汉代玉猪一样，有明显的"汉八刀"艺术风格，背呈圆弧状，半圆面，翘鼻，短而肥的头颈，肥圆的臀部和纽状尾巴，口、眼、耳、前肢、后肢皆用粗阴刻线装饰，颈部、尾部各有孔。[2]

图五　玻璃猪2件　西汉　长10.84厘米，宽2.4厘米
1988年永州市芝山区鹞子岭省三监狱出土，永州市博物馆藏

玻璃是以二氧化硅（SiO_2）为主要成分的非晶态物质，有天然形成的玻璃，但大多为人造制品。湖南玉料匮乏，楚国工匠仿照西方玻璃制造技术，独创以铅盐作助熔剂，硅钡化合物为乳浊剂的铅钡玻璃器代替玉器，由于在玻璃基料中添加有起乳浊作用的钡化合物，乳白色和灰绿色的铅钡硅酸盐玻璃外观温润

1　喻燕姣：《湖湘出土玉器研究》，岳麓书社，2013年，第352页。
2　喻燕姣：《湖湘出土玉器研究》，岳麓书社，2013年，第330页。

似玉，除珠饰外亦以此制作璧、环、璋、璜、剑饰、圆雕动物等器物，西汉铅钡玻璃承袭了楚国仿玉的技术路线，转而走上了专注于对玉器的模拟道路。[1]

湖南地区从战国时期起就是玻璃器的生产基地，湖南地区生产铅钡玻璃的原材料十分丰富。《史记·货殖列传》记载："长沙出连锡。""连"就是铅，长沙盛产铅矿，这是铅钡玻璃不可缺少的主要原料。《湖南省志·地理志》记载，临湘、郴县、桂阳等20个县都有丰富的铅锌矿。衡南、衡阳、绥宁、隆回、湘潭、新化等县都有重晶石（$BaSO_4$），这是高铅钡玻璃必不可少的另一种主要原料。株洲、湘潭、常宁、临澧等地均有含铁量低、储量大的二氧化硅，这也是玻璃最主要的原料。[2]

四、仿玉握猪形成的原因

战国两汉时期是中国玉器发展史上继新石器时代、商代的又一次发展高潮，尤其是经孔子等儒家学者的推崇，把玉人格化，提出"君子比德于玉""君子无故，玉不去身"。于是在儒家贵玉学说的推动下，人们身上佩戴玉、相互交往中赠送玉、室中陈设玉、器物上镶嵌玉、礼仪活动中使用玉，玉已经深入到人们生活中的一切领域。人们不仅生前大量用玉，人死后，还要用大量玉器陪葬。因湖南旧属楚地，因楚人对祖先的崇拜、对灵魂的关注和对神鬼的敬畏，催生了湖南地区恢诡谲怪的丧葬文化与浪漫多样的随葬器物。王逸《楚辞章句·九歌》云："昔楚国南郢之邑，沅、湘之间，其俗信鬼而好祠。"因而湖南汉墓中所见的丧葬器物与礼俗，往往蕴含了颇多的楚文化因素。战国两汉的墓葬随葬玉器丰富可以证明这一点。由于人们普遍用玉，人死后，又把大量的玉带进坟墓，使当时玉的开采远远满足不了社会需求，因此，人们除在极力寻找天然玉外，也在寻找天然玉的替代品，此外也想方设法制造"人造玉"。

西汉初年政局渐趋稳定，社会经济逐步得到恢复。经历了战乱之苦，社会生产遭到严重破坏，物资匮乏，汉初以汉文帝率先垂范，治霸陵皆以瓦器，不得以金银铜锡为饰，不治坟，欲为省，毋烦民。因此逐渐出现了仿玉风格的滑石和玻璃。汉武帝时加强了中央统治力量，罢黜百家而独尊儒学。先秦时期儒家的"君子贵玉"思想得到了继承和发扬。还提倡孝道等伦理道德，厚葬习俗

1 申国辉、王卉、陈锐：《摭谈玻璃制造工艺发展历程》，载《我们亚洲——亚细亚古代文明》，湖南人民出版社，2021年。

2 喻燕姣：《湖湘出土玉器研究》，岳麓书社，2013年，第334页。

流行。汉代的皇室贵族等上层阶层的人们生前佩玉，死后也用大量的玉器随葬。这时期的玉器制作因此得到了蓬勃的发展。汉代用玉不仅数量多，种类也颇多。[1]特别是丧葬用玉显著增多。当时的丧葬用玉主要有玉衣、玉握及玉九窍塞等。但由于封建礼制的约束，中下层官吏和普通百姓“虽有其财，而无其尊，不得逾制”，因而普通民众在置备随葬物品时，并无太多选择的余地。为了恪守尊卑之序和贵贱等级，仿玉明器无疑成为底层民众体面而不违礼制的选择。

（一）以石代玉

人们在竭力发掘玉材的过程中，发现了外观似玉的滑石，因此滑石就成了玉的代用品。战国两汉时，湖南由于玉的原料供不应求，就出现了以滑石代玉的现象。古代文献关于湖南出产滑石的记载颇多，如北宋苏颂《本草图经》：“道、永州出者，白滑如凝脂。”南朝陶弘景《名医别录》：“滑石，色正白，仙经用之为泥。今出湘州、始安郡诸处。初取软如泥，久渐坚强，人多以作冢中明器物。”光绪年间《湖南通志·食货志》亦云：“道州出滑石。”现在勘探得知，湖南大量出产滑石，优质矿床在湖南多地皆有分布，这与本省考古发现滑石器最多的地域基本吻合。这为本土墓葬随葬滑石器提供了原料保障。因而，在湖南境内玉料匮乏的情况下，“滑石代玉”的现象自然应运而生。湖南地区发现最早的滑石璧，即是仿玉而做，也从侧面印证“以石代玉”潮流的发轫。[2]东汉后期偶有玉猪出土，但除个别为和田玉料之外，多数为滑石猪，这就反映出此时玉猪的使用已有等级差别，贵族使用玉猪，而一般平民只能使用滑石猪。

另外，滑石物美价廉、易于雕刻，十分适合制作明器代替玉器。中国的滑石雕刻有着相当久远的历史，虽然其最早出现时并没有太多明器色彩，而是用于制作装饰品和实用器，因滑石质软，只需用简单的工具即可随心所欲地雕刻，而且即使雕刻不理想，还可刮去重刻，这无疑是一种上好的雕刻原料。由于滑石具有较高的可塑性，在随葬品需求迅速增长的两汉时期，其被广泛应用于明器制作。人们模仿葬玉制作了各种品类的滑石随葬品。特别是墓主生前遭遇不测时，滑石明器制作快捷、省时省力的好处尤为突出，既解燃眉之急，又节省人力、物力与财力。加上滑石矿物多呈现白色、淡绿色、棕黄或棕黑，拥有蜡质光泽和类玉的外观，南宋《岭外代答》记载：“滑石在土，其烂如泥。出土遇风则坚。白者如玉，黑如苍玉。或琢为器用，而润之以油。似与玉无辨者。”滑

1　严钊周：《汉代琀玉和握玉》，《南方文物》2000年第2期。

2　杨慧婷、国红：《湖南省博物馆馆藏汉代滑石器考述（续）》，载《湖南省博物馆馆刊》第11辑，岳麓书社，2015年。

石在价格上也比玉便宜很多，用滑石器代替玉器随葬，对低阶层民众来说更加合适。在湖南，滑石产地比玉普遍，材料来源多，产量巨大又利于开采。[1]在汉代经济发展相对滞后的湖南地区，滑石代玉十分受欢迎，寻常百姓家都能使用。

（二）玻璃仿玉

人们在制造玻璃的长期实践过程中，无意中发现在玻璃配方中加入含钡的原料，能使玻璃混浊而失透，外观上产生与玉神似的效果。汉代王充的《论衡·率性篇》说："道人消烁五石，作五色之玉，比之真玉，光不殊别。"这本中国古代最早记载制造玻璃的书告诉我们，古人用五种矿石作原料，可以制造出"五色之玉"，它跟真玉没有什么区别。而且在长期实践中，无意中加入某种矿石能使玻璃产生一定的混浊，有玉的外观，这种矿石就是重晶石（$BaSO_4$）。这种高铅钡仿玉玻璃一经发明，马上就受民众欢迎，并且风行一时，成为战国汉代玻璃的主流。[2]仿玉玻璃在战国西汉这六七百年内达到它的顶峰，东汉三国之后开始衰落。正因为滑石、玻璃具有玉器外观的一些特征，用之仿照葬玉中的玉握，也就在情理之中了。

五、握猪的丧葬寓意

湖南汉代最常见的玉握是玉猪，学界也叫握猪，属于葬玉中的一种。古人认为人死后不能空手而去，要握着财富及权力，象征死者生前的财富。在死者手中握物，新石器时代就有，但大多手握兽牙及贝壳。西周至春秋战国时期，玉器作握的习俗渐趋流行。西汉早期，死者手中设握的丧葬习俗开始盛行，既有丝织物制成的握，也有玉握。长沙马王堆一号汉墓墓主辛追出土时双手中就各握一个绣花绢面香囊。但此时的玉握最常见的是圆柱形，中央穿孔，易于把握。西汉早期，玉握形制仍然没有固定，或以玉玦玉刀作握，或以玉猪作握。一直到东汉时，玉握则定形为玉猪，这一习俗一直到魏晋南北朝时仍十分流行。

握猪在中国古代丧葬礼俗中经历了由制度向习俗的转变过程。在东汉晚期之前，其作为葬玉制度的一部分，与玉衣等葬玉组合在一起，有着较为严格的制度和等级规定，基本上仅限于高等级阶层的人群使用。而东汉晚期以来，汉代的葬玉制度已经遭到破坏，对于猪形玉石手握的使用开始频繁地突破等级和

1　杨慧婷、国红：《湖南省博物馆馆藏汉代滑石器考述（续）》，载《湖南省博物馆馆刊》第11辑，岳麓书社，2015年。

2　喻燕姣：《湖湘出土玉器研究》，岳麓书社，2013年，第333页。

制度规范，也逐渐脱离其他的葬玉而单独使用，逐渐成为汉代人的一种流行的丧葬习俗。那么，握为什么定形为猪呢？

一般认为猪代表财富，猪是人类最早驯化圈养的动物之一，也是先民的主要肉类食品，以猪献祭或握于死者手中，有期盼死者在地下丰衣足食之意。汉代的贵族们离开这个世界时，除少数人握有玉璜外，多数人都双手成对地握着“猪”。这是因为在汉代人的眼里、心里，玉猪已经是财富的代名词，是人间的珍宝之一。人们认为，死者握着“猪”而去，在另一个世界里可以继续享受荣华富贵。另外猪的繁殖能力很强，死者手中握有玉猪，还寄寓着多子多孙、子孙兴旺的希冀。玉猪作为财富、珍宝、子孙兴旺的传统象征物。

另一种观点认为，早期人类视猪为神，人们想借它的威风去对付邪祟。同时也反映了一种宗教思想，认为随葬玉猪是对死者灵魂的一种护卫。死者手握物品习俗的出现与早期人类灵魂不死的观念有着直接的关系。还有一种观点认为，汉代与猪关系最为密切的丧葬信仰为司命信仰。司命不仅可以主宰人的生死，还可以使人死而复生，最终成仙。[1]

1　王煜、李帅：《礼俗之变：汉唐时期猪形玉石手握研究》，《南方文物》2021 年第 4 期。

中国国家博物馆馆藏唐代至元代装饰玉器研究

张润平（中国国家博物馆）

【摘要】装饰玉器指人们随身佩戴的、具有装饰功用的首饰、带饰、佩饰和冠帽服饰等佩玉。唐宋辽金元时期是我国玉器发展史上又一高峰时期，玉器朝实用性、装饰性和造型艺术等世俗方向发展，更注重玉器造型美，玉雕的品种也较前代更为丰富，纹饰富有生活气息。这一时期装饰玉器包括首饰，品种有发饰、耳饰、颈饰、臂饰、手饰、带饰、佩饰、帽顶、冠巾饰和霞帔坠等。玉材多用新疆和田玉，玉质优良，造型精美，琢玉技法高超娴熟，充分展现出造型艺术之美和时代特征，有很高的历史、艺术和文化价值。中国国家博物馆藏唐宋辽金元时期装饰玉器非常丰富，本文重点对这一时期装饰玉器年代、种类、造型、纹饰和用途等方面进行系统梳理和研究，并结合考古出土器进行对比研究。

【关键词】 馆藏；唐宋辽金元；装饰玉器研究；佩玉

一、前言

中国是历史文明古国，有悠久的历史与灿烂辉煌的文化，而玉文化在中国古代文明史上占有重要地位。中国用玉历史源远流长，从未间断。科学考古发现证明，中国发现最早的玉器最迟为9000年前黑龙江饶河小南山遗址出土的玉器，其质量之高，发源之早，开启了玉器起源研究新纪元。但中国玉器萌生的时代可能比之更早，达10000年左右。从玉器产生以来，形成了多元一体并贯穿始终的玉文化，玉器成为一种高层次的文化载体。

中国国家博物馆藏玉非常丰富，多达87000余件，数量居全国乃至世界博物馆前列，种类齐全，质量上乘。时间跨度从新石器时代一直到清代，贯穿了整个中华民族玉器发展史。装饰类玉器包括人们随身佩戴的、具有装饰功用的首饰、带饰、佩饰和冠帽服饰等佩玉。玉器最早是以装饰玉器出现的，装饰玉器与玉器产生相伴而生。早在新石器时代就已出现，如黑龙江小南山遗址出土的玉玦和玉坠，兴隆洼和查海文化出土的玉玦和玉管，红山文化出土的玉镯，良渚文化出土的玉带钩等。这些装饰玉器出现后，一直延续发展至清代。

唐宋辽金元时期装饰玉器种类：首饰有发饰、耳饰、颈饰、臂饰和手饰等，带饰有带銙、绦带饰和带钩等，还有佩饰、冠巾饰、帽顶和霞帔坠等。中国国家博物馆馆藏唐宋辽金元时期玉器，题材丰富，器形多样，玉质精良。本文主要以中国国家博物馆馆藏唐宋辽金元时期装饰玉器为例，参照出土器物，对这一时期装饰玉器年代、种类、造型、纹饰和用途等方面进行系统梳理和研究。

二、馆藏唐宋辽金元时期玉首饰种类、纹饰及用途

隋唐五代时期，玉器功能发生了转变，玉器从造型、纹饰和功能上朝实用性、装饰性等世俗方向发展，更注重玉器造型美，新型玉器不断涌现，玉雕种类较前代更丰富，纹饰富有浓厚的生活气息，以现实世界的花鸟纹为主，纹饰更加写实，玉器发展进入到繁荣时期。

唐代装饰用玉非常丰富，其中首饰种类较多，包括玉梳背、玉钗、玉簪、金玉步摇、金玉手镯和玉臂环等。陕西西安何家村窖藏出土一对唐代镶鎏金嵌珠宝玉臂环和白玉镶金镯[1]，非常精美。西安交通大学出土的3对6件白玉簪花嵌饰[2]，阴刻海棠石榴和鸳鸯纹，应是金玉步摇饰件。浙江杭州临安明堂山水邱氏墓出土五代白玉刻花玉梳背[3]，一面刻荷花和鸳鸯纹，另一面刻荷花和鱼化龙纹，纹饰极其精美。馆藏唐至元代玉首饰主要有梳背、钗、簪、步摇、颈饰、发冠和耳饰等。

（一）玉梳背

最早的玉梳背出土于新石器时代，山西省襄汾陶寺龙山文化晚期墓葬有出土，红山文化遗址和良渚文化遗址都有冠状玉梳背出土。

河南安阳殷墟妇好墓出土商代玉梳，梳背与齿连为一体。淅川下寺一号楚墓出土春秋晚期玉梳，梳背两面刻变形龙纹，下连18个长梳齿，制作精美。湖

1　杨伯达主编：《中国玉器全集》第5卷，河北美术出版社，1993年，第13页。
2　杨伯达主编：《中国玉器全集》第5卷，河北美术出版社，1993年，第8页。
3　杨伯达主编：《中国玉器全集》第5卷，河北美术出版社，1993年，第11页。

北随县曾侯乙墓出土战国云纹玉梳[1]，梳背两面阴刻云纹，下连23个梳齿，雕琢精细。

唐代玉梳是贵族妇女头部装饰物，唐代妇女流行插梳之风，常以金、银、玉、犀角等贵重材料制作。唐代张萱《捣练图》中绘唐代贵族妇女头上插有玉梳，唐代诗人元稹《恨妆成》载:“满头行小梳，当面施圆靥。”《六年春遣怀》诗：“玉梳钿朵香胶解，尽日风吹玳瑁筝。”从这些书画和古诗词中，可知唐代妇女插梳风尚。

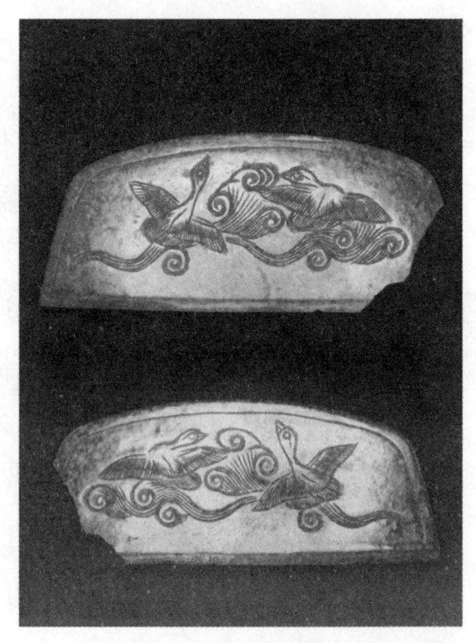

图一 青玉云雁纹梳背 唐代 1959年陕西西安唐墓出土 中国国家博物馆藏

青玉云雁纹梳背（图一），1959年陕西西安唐墓出土，中国国家博物馆藏。长14厘米，宽5.6厘米。一角残缺，两面阴刻双雁云纹，两只雁呈展翅飞翔状，相互呼应。雁尖喙，翅膀用细密阴线表示羽毛，身下琢三歧形云朵，云纹内刻长阴线纹，线条流畅飘逸，纹饰精美。梳背下方平直有榫，用来插嵌其他质地的梳齿。其造型纹饰与1958年陕西西安南郊唐墓出土的双雁纹玉梳背相近。

图二 白玉宝相花纹梳背 唐代 中国国家博物馆藏

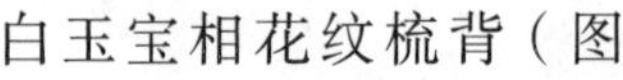

白玉宝相花纹梳背（图二），中国国家博物馆藏。唐代，长14厘米，宽5.1厘米。近似半圆形，双面纹饰，正中隐起三朵宝相花，花苞饱满，周围雕叶脉和含苞待放的花朵，叶脉刻细密并呈放射状的阴线纹，花瓣用打洼技法。下部平直有榫，便于镶嵌其他质地的梳齿。玉质白润纯净，纹饰具有唐代艺术特征。

唐代玉梳背多雕琢隐起的花卉和云雁纹，是唐代创新纹饰，云纹写实优美，雕刻技法高超，花朵花蕊多雕成细密的网格纹，花朵轮廓用阴线雕刻，花叶边缘雕琢细密的短阴线纹，纹饰布局采用对称式。唐代梳背薄且双面雕刻，纹饰细腻，充分展现出唐代玉雕高超技艺和琢刻水平。

---

1 王红星：《曾侯乙墓——战国早期的礼乐文明》，文物出版社，2007年，第106页。

（二）玉钗

双股玉发钗最早起源于隋代，有出土和传世品。陕西省咸阳原底张湾隋代尉迟运及其妻贺拔氏墓（隋开皇十九年，599），出土了4件青白玉双股钗，形制与馆藏隋代李静训墓出土的3件白玉双股钗[1]（图三）相同，白玉钗出土时位于墓主头骨顶部，是墓主生前所使用。玉质光润，和田白玉制成。李静训墓出土装饰玉器非常丰富，除白玉双股钗外，还出土了水晶双股钗、白玉戒指[2]、白玉扣[3]、白玉兔佩和镶珍珠宝玉石金项链等。贺拔氏为北周秦州刺史尉迟运之妻；李静训身世显赫，外祖母是隋文帝长女、其母宇文蛾英是周宣帝之女。说明这种形制的玉钗，是隋代贵族妇女用于发型的固定和装饰。

唐袭隋制，双股玉发钗更为流行。唐代双股玉发钗顶部相连呈圆弧状，较隋代更加圆润饱满，至头部呈尖锥状，与隋代双股玉发钗基本相同，均素面无纹饰。白玉双股钗（图四），中国国家博物馆藏。唐代，长11.1厘米，宽2.7厘米。顶部呈圆弧形，内呈圆形，从上而下逐渐细瘦呈尖状。器形饱满，制作精良，线条流畅，玉质洁白，温润光泽，充分展现出唐代玉钗造型之美。

器形与陕西西安电缆厂唐墓出土白玉钗[4]相同。北京房山长沟峪石椁金墓出土青玉双股钗[5]，器形延续了隋唐双股玉钗形制，玉钗一端尖，另一端弯曲并相连。

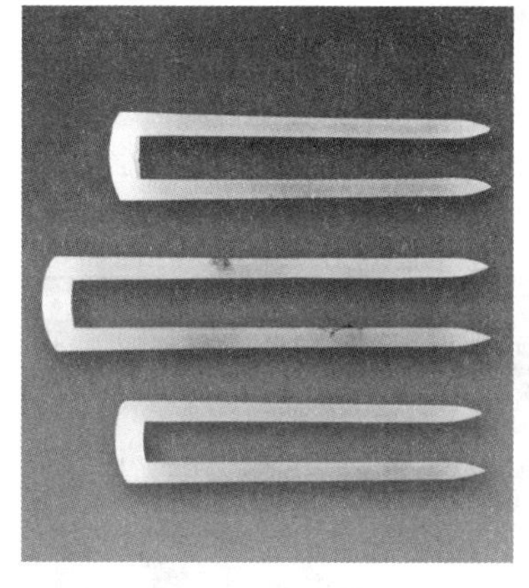

图三 白玉双股钗 隋代 1957年陕西西安隋李静训墓出土 中国国家博物馆藏

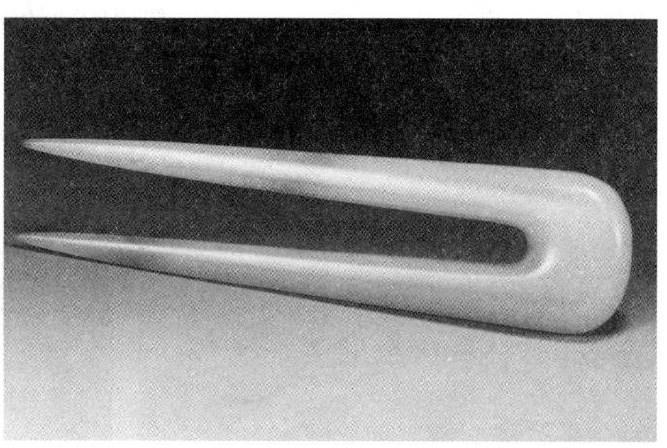

图四 白玉双股钗 唐代 中国国家博物馆藏

1 中国国家博物馆：《中国国家博物馆馆藏文物研究丛书·玉器卷》，上海古籍出版社，2007年，第214页。
2 中国国家博物馆：《中国国家博物馆馆藏文物研究丛书·玉器卷》，上海古籍出版社，2007年，第215页。
3 中国国家博物馆：《中国国家博物馆馆藏文物研究丛书·玉器卷》，上海古籍出版社，2007年，第216页。
4 杨伯达主编：《中国玉器全集》第5卷，河北美术出版社，1993年，第7页。
5 杨伯达主编：《中国玉器全集》第5卷，河北美术出版社，1993年，第58页。

（三）玉簪

簪，是古代束发盘髻的工具。《说文》载："笄，簪也。"笄是簪的前身，是古代束发盘髻的工具。新石器时代肖家屋脊文化已出土鹰形玉笄[1]，殷墟妇好墓出土有簪首雕刻精美纹饰的玉笄，秦汉以后，笄则统称为簪，多为单股。

秦汉时期贵族妇女发饰以高大为美，高耸的发髻需插入数根单股发簪固定。玉簪也称"玉搔头"，《西京杂记》记载，汉武帝在李夫人处取玉簪搔头，故名。说明玉簪在西汉时期已广泛使用。经魏晋发展，到唐代贵族妇女仍流行高髻发饰，式样有半翻髻、惊鸿髻、盛唐式高髻等，故唐代妇女玉发饰极为丰富，除插梳、双股钗外，大量出现的是玉簪和步摇。陕西省乾县唐李贤墓壁画中绘有一贵族女子用玉簪搔头。

宋代玉簪可用作固定贵族男子发冠，固定发冠的簪也称"衡笄"。故玉簪可起"男以定冠，女以绾发"之作用。1970 年江苏吴县金山天平灵岩山毕沅墓出土插在白玉莲花冠上的碧玉簪[2]，尺寸较短，顶部琢圆帽，簪股光素无纹。作为女性绾发作用的玉簪，簪首一般雕刻纹饰，钗部则插嵌其他质地的簪体。

白玉透雕云龙纹簪首（图五），中国国家博物馆藏。唐代，长 9.6 厘米，宽 3.3 厘米。双面透雕云龙纹，龙踏卷云，弓背行走状，一爪举珠至颏下，龙首有角，发后披，张口衔莲花。造型精美，玉质优良白润，传世稀少，龙纹具有典型的唐代特征，簪首有桃形榫，便于插嵌其他质地的簪柄。

白玉透雕云雁纹簪首（图六），中国国家博物馆藏。唐代，长 5.3 厘米，宽 3.4 厘米。双面透雕云雁纹，雁长喙，三角眼，长颈，展翅飞翔，长腿挺立云端，

图五 白玉透雕云龙纹簪首 唐代 中国国家博物馆藏

图六 白玉透雕云雁纹簪首 唐代 中国国家博物馆藏

1 长沙博物馆编，喻燕姣主编：《玉魂——中国古代玉文化》，湖南人民出版社，2022 年，第 25 页。

2 杨伯达主编：《中国玉器全集》第 5 卷，河北美术出版社，1993 年，第 57 页。

翅膀用树叶和短阴线纹表示羽毛。云纹端部可以嵌接其他质地的簪柄。此器为唐代玉簪首代表作，采用透雕和阴刻等技法，纹饰精美，具有唐代玉雕风格。云雁纹在唐宋较为流行，宋张先《雨中花令·赠胡楚草》词云："近鬓彩钿云雁细。好客艳、花枝争媚。"

白玉透雕孔雀衔绣球簪首（图七），中国国家博物馆藏。宋代，长 5.9 厘米，宽 3.7 厘米。双面透雕孔雀衔绣球，展翅翘尾，尾翎展开，前爪踩卷云，呈飞翔状。尖喙，长颈，凹点眼，翅膀用平直的阴线表示羽毛。尾部与绣球端部有上下并列圆钻孔，可以嵌接其他质地的簪柄，为宋代玉簪首代表作。玉质优良，姿态优美，体现出娴熟的玉雕技艺和造型艺术之美。1974 年北京房山长沟峪石椁金墓出土一件白玉孔雀簪[1]，则为孔雀与簪柄巧妙结合于一体。馆藏宋代簪首还见有莲花纹。

碧玉龙首簪（图八），中国国家博物馆藏。宋代，长 14.5 厘米。碧玉，簪首为龙首，龙双角，发后背，双目圆睁，张口露齿，眉用数道阴线装饰。簪首与簪柄呈钝角，簪柄光素扁平，尾部扁尖。此簪龙首雕刻具有宋代工艺特征，使用者应为身份等级较高的贵族，传世稀少。

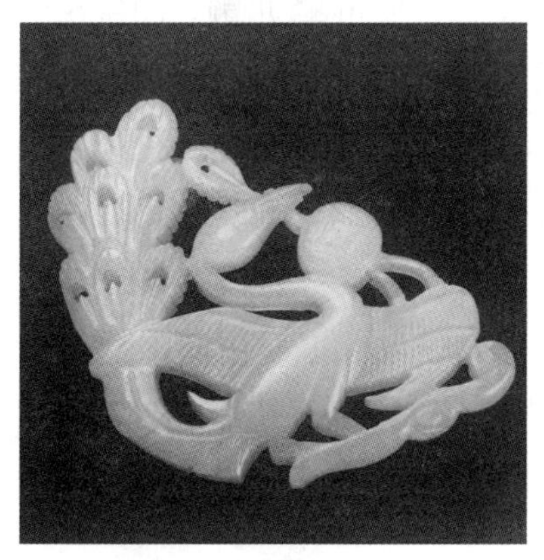

图七 白玉透雕孔雀衔绣球簪首 宋代 中国国家博物馆藏

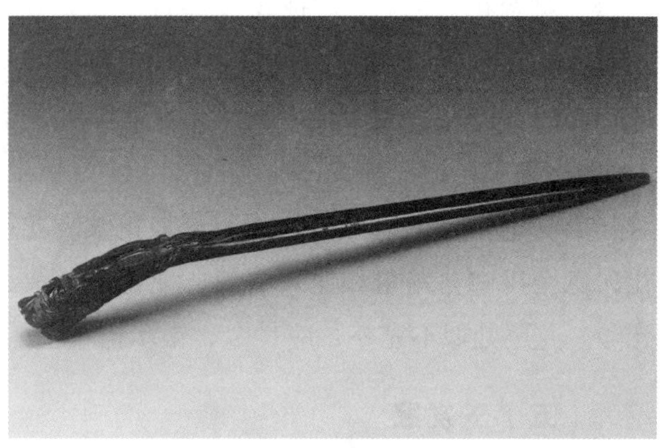

图八 碧玉龙首簪 宋代 中国国家博物馆藏

（四）金玉步摇

步摇是古代妇女插于发髻上的首饰，取其行步则动摇。"步摇"一词最早出现于战国，楚国宋玉《讽赋》有"垂珠步摇，来排臣户"之诗句。金步摇出现于汉代，湖南长沙马王堆西汉墓出土的帛画上，贵妇头上就插有步摇。有文献记载："汉之步摇，以金为凤，下有邸，前有笄，缀五采玉以垂下，行则动摇。"

1 杨伯达主编：《中国玉器全集》第 5 卷，河北美术出版社，1993 年，第 58 页。

图九 马头鹿角金步摇冠 北朝 1981 年内蒙古达尔罕茂明安联合旗出土 中国国家博物馆藏

图十 金镶玉步摇 五代 1965 年安徽合肥农学院南唐汤氏墓出土 转引自《中华历代服饰艺术》

图十一 白玉透雕云龙纹嵌饰一对 唐代 中国国家博物馆藏

魏晋南北朝时期，金步摇在北方少数民族地区流行，是当时鲜卑贵族男女共同佩戴的步摇冠，如馆藏 1981 年内蒙古达尔罕茂明安联合旗出土的北朝马头鹿角金步摇冠[1]（图九），既是精美的发饰，也是身份地位的象征。

唐代贵族妇女使用步摇装饰发髻非常普遍，步摇簪或钗首缀有可活动花枝，花枝上缀有金、银或玉饰片，妇女在走路时花枝上的饰片随着步履的震动而不停地摇曳。白居易《长恨歌》诗云："云鬓花颜金步摇，芙蓉帐暖度春宵。"宋谢逸《蝶恋花》词有："拢鬓步摇青玉碾，缺样花枝，叶叶蜂儿颤。"1965 年安徽合肥农学院南唐汤氏墓出土五代金镶玉步摇（图十），玉为一对形状和纹饰相同的玉饰片，嵌于步摇钗的金花卉架托中。白玉透雕云龙纹嵌饰一对（图十一），中国国家博物馆藏。唐代，长 5.5 厘米，宽 3.6 厘米。玉质白润，成型对开方法制作，呈扁平薄片状，透雕龙纹，龙呈弓身行走状，龙口大张，一爪托火珠至口中，龙角和龙发后展，龙身下托灵芝形卷云纹。玉质白润，泛油脂光泽。龙尾处似不完整，应是金、银步摇簪上的嵌饰。

（五）玉发冠

五代时期出现玉质束发冠，是男子束在发髻上的发罩。玉发冠在宋代较为流行，是上层贵族使用的一种束发用具。宋《清异录》载："士人暑天不欲露髻，则顶矮冠。"矮冠也称为小冠。宋代绘画作品中有头戴玉发冠的人物形象，如宋徽宗《听琴图》，弹琴者头上戴的正是玉发冠。北宋时期也有妇女戴冠的习俗，山西太原晋祠宋宫女塑像中就有戴团冠者。

青玉莲花冠（图十二），中国国家博物馆藏。宋代，高 7.4 厘米，长 10.6 厘米，宽 7.4 厘米。冠四面凸起，浮雕双层莲瓣，冠顶拱起，冠内掏空，冠壁较薄，光

1 中国国家博物馆：《中国国家博物馆》，伦敦出版公司，2011 年，第 163 页。

图十二 青玉莲花冠 宋代 中国国家博物馆藏

图十三 玉发冠 宋代 中国国家博物馆藏

滑平整。底口为椭圆形，底口正中透雕圆孔，可供插衡笄固发。莲瓣纹是古代传统的佛教纹饰，在宋代较为流行。造型别致，雕琢精巧，抛光精良，掏膛技术达到很高水平，为传世宋代玉发冠艺术佳作，造型与江苏吴县金山天平灵岩山毕沅墓出土的宋代白玉莲花冠[1]相近。

玉发冠（图十三），中国国家博物馆藏。宋代，高7.3厘米，长12厘米，宽5.7厘米。青白色，有黄色沁。形似银锭，冠顶正中隆起，两边低平，透雕月牙形孔。冠面与背中间饰凸弦纹，旁饰凸“S”形弦纹。冠两侧为梯形，冠内掏空，冠底口呈弧形，底部正中透雕圆孔，可供插衡笄固发。冠边角及弦纹皆用减地阳文雕刻技法，造型古朴，线条流畅，具有宋代工艺特征。

（六）玉耳饰

玉耳饰源自新石器时代，是出现最早的装饰玉器之一。玉玦出土时，多置于墓主头骨两侧，应是垂挂于耳垂部位的一种装饰品。西周晚期和春秋时期，玉玦多为圆形片状，多雕刻夔龙、蟠虺和卷云纹等。1957年河南陕县上村岭出土的碧玉龙纹玦，雕刻双龙首共身纹，为春秋耳饰精品。战国以后，玉玦从耳饰逐渐演变为佩饰，并产生新的含义。

青玉耳饰（图十四），中国国家博物馆藏。辽代，长4.3厘米，宽3.8厘米。青玉质，光素无纹，耳环呈“C”形，外侧雕一小圆球作为装饰，底部连接一圆状凸起环形饰，穿耳头部呈尖状，端部较粗。这种形状的耳饰，见于辽代早期，造型与《辽代金银器》中辽宁锦州张杠村辽墓出土鎏金银耳饰造型基本相同，应为辽代玉耳饰代表作，传世稀少。

---

1 杨伯达主编：《中国玉器全集》第5卷，河北美术出版社，1993年，第57页。

三、馆藏唐宋辽金元时期玉带饰种类、纹饰及用途

图十四 青玉耳饰 辽代 中国国家博物馆藏

唐宋辽金元时期玉带饰包括带銙（带板、铊尾、带扣、蹀躞、提携、带穿、带环）、绦带饰（绦环、绦钩）和带钩。玉带板起源于西周，经汉魏晋南北朝发展，到唐代形成玉带制度，宋辽金元时期进入到繁荣时期，明代是玉带发展的高峰时期。

玉带是由蹀躞带发展演变而来，最开始的用途是以环悬物，称蹀躞带，蹀躞是带鞓上垂下来的系物之带，最早的玉带为陕西省咸阳市底张湾北周若干云墓出土的九銙八环蹀躞玉带。带銙是指在革带上或缝缀在较硬的丝绢带上的玉銙，一条完整的革带是由鞓、銙、铊尾和带扣组成。唐宋辽金元时期玉带被定为朝廷官服专用，成为皇帝、大臣正式服饰的一部分，是皇帝及朝廷官员使用的玉器，并有严格的规定，用来表示佩戴者的身份和官阶。

带钩是古代服饰中直接勾连束腰的装饰玉器，是出土时间最早，使用时间最长的腰间玉饰，一直延续至清初。战国是使用玉带钩的高峰期，还出现了各种材质的带钩，工艺繁复华美，制作精湛。秦始皇陵出土兵马俑上带钩[1]（图十五）使用情况，是将带钩直接钩入腰间革带中。汉代使用玉带钩也较为普遍，制作工艺考究，在造型和式样上都有所创新。南北朝以后由于晋式带具开始流行，带钩使用开始衰落。

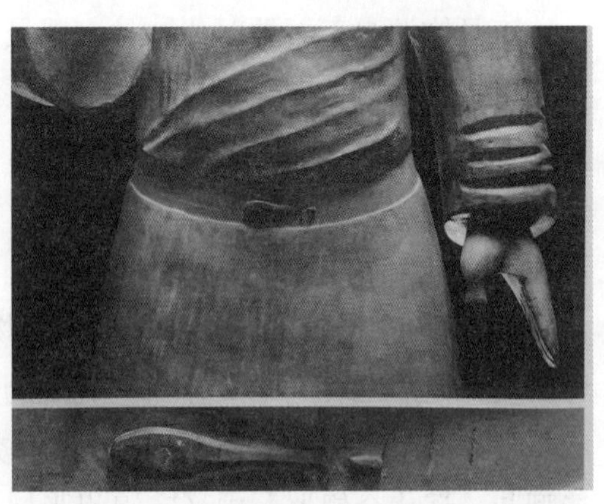

图十五 秦始皇陵兵马俑上带钩 秦代 转引自《中国古代服饰文化》

元代是玉带钩发展又一高峰时期，由于绦环玉带饰的大量使用，与之配套使用的玉绦钩数量大增。绦环原指丝绦带上用作带扣的圆环，使用时将丝绦带系在圆环内。“玉绦环”一词始见于宋人著《古今考》，该书记载：“士

1 王春法主编：《中国古代服饰文化》，北京时代华文书局，2021 年，第 72 页。

大夫民庶贵玉绦环，以丝为绦，多用道服腰之为美观。”宋代出土器见有将前代玉璧改作成绦环，在宋代绘画作品中也可见到。元代玉绦环与玉绦钩配套使用，系于丝绦带上。元代还有一种形体较大的玉带钩，可单独使用，直接将钩首钩入与之相配的玉环或丝绢带上的环套内。

（一）唐五代玉带饰

唐五代时期有严格的玉带制度，玉带多为单带扣双铊尾带。唐代以带銙的数量、质料及纹饰，来区分官员的品级，品级越高，带銙数越多。《唐实录》记载：“高祖始定腰带之制，自天子以至诸侯，王公卿相，三品以上许用玉带。天子二十四銙，诸王将相许用十三銙而加两尾焉。”皇帝、亲王和三品以上官员才能使用玉带。

唐代玉带以陕西何家村窖藏出土器为代表，何家村窖藏出土唐玉带[1]有十二至十六銙等多种规格，多双铊尾带。唐代玉带多雕刻纹饰，有西域胡人伎乐、狮纹、人物、花鸟、鹿纹和兽面纹等，有些纹饰有异域特征，反映了当时中外文化交流，雕刻技法多为池面隐起浅浮雕。

五代时期玉带以四川成都前蜀帝王建墓出土龙纹玉带[2]为代表，带銙上琢刻龙纹，非常精美，铊尾背部还刻有铭文。

碧玉狮纹带銙（图十六），中国国家博物馆藏。唐代，长4.5厘米，宽4.1厘米。碧玉正中池面隐起一狮纹，辅以细密短阴线琢刻出地毯纹。狮昂首蹲卧，形象威武。发、肢体轮廓和尾用阴线雕刻，背面平整，四角各有一组对穿孔。本馆还藏有碧玉腰圆形狮纹带銙，应与这件为一套。狮纹造型与何家村窖藏所出唐代白玉狮纹带銙相近。

图十六 碧玉狮纹带銙 唐代 中国国家博物馆藏

1 刘云辉：《北周隋唐京畿玉器》，重庆出版社，2006年，第21—24页。

2 杨伯达主编：《中国玉器全集》第5卷，河北美术出版社，1993年，第5页。

碧玉产自新疆和田，唐代称“于阗”，唐代玉带一部分来自西域一些方国进贡或派官员前去西域购置，见于文献记载的就有于阗、大食、回鹘和康国等。《旧唐书·大宛列传》记载于阗：“其国出美玉，俗多机巧……，贞观六年（632），遣使献玉带。”《新唐书·西域传》记载：“德宗（780—805）即位，遣内给事朱如玉之官西求玉，于于阗得圭一、珂佩五、枕一、带銙三百、簪四十……”故唐代玉带銙有些是在西域雕刻完成，其中狮纹和胡人形象可能为这些地区制作。

白玉浅浮雕兽面纹带銙（图十七），中国国家博物馆藏。唐代，长3.5厘米，宽2.5厘米。白玉，腰圆形，一面纹饰，正中浅浮雕一兽面纹，背面平整，有三组对穿孔。玉质精良，为和田籽玉制成，唐兽面纹饰非常罕见，具有异域特征，为唐代兽面纹的典型作品，是唐代玉带板罕珍之作。何家村窖藏出土唐代白玉伎乐人物带銙[1]，形状有正方形、腰圆形和长方形铊尾。

白玉鹿纹铊尾（图十八），中国国家博物馆藏。晚唐至宋初，长7.7厘米，宽4.1厘米。白玉，长方形，正中池面隐起一鹿回首跪卧于地毯上，鹿双角后背，菱形眼，口吐灵芝状卷云纹，身饰圆圈纹，肢体轮廓周围饰短密阴线纹，地毯为十字斜格纹和莲花瓣纹，雕琢技法具有晚唐至宋代早期过渡时期工艺特征。布局舒阔，技艺精湛，纹饰极具装饰和艺术性。

图十七　白玉浅浮雕兽面纹带銙　唐代　中国国家博物馆藏

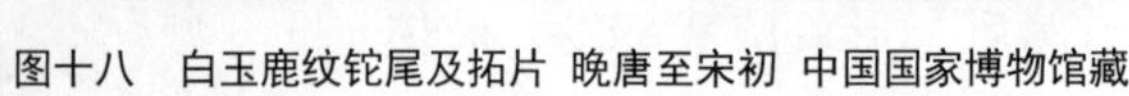

图十八　白玉鹿纹铊尾及拓片　晚唐至宋初　中国国家博物馆藏

（二）宋代玉带饰

《宋史·舆服志》记载：“宋制尤详，有玉，有金，有银，有犀。……各有等差……请从三品以上服玉带。”记载玉带中方素銙为皇家专用，若皇帝赐有功将相玉銙，需将方素玉銙琢成别样，以示区别。其他各品官员依次为金、银、犀。宋代玉带銙仍是最高级别，是帝王的奖赏品，并创立金銙之制。馆藏宋代玉带銙纹饰

1　杨伯达主编：《中国玉器全集》第5卷，河北美术出版社，1993年，第4页。

见有荔枝、石榴、云雁、龙纹、童子、婴戏和人物纹等，多采用透雕技法。

青玉透雕荔枝带板（图十九），中国国家博物馆藏。宋代，长 3.6 厘米，宽 2.5 厘米。青玉，一面纹饰，雕三荔枝果、四花叶和枝干纹，荔枝呈“品”字形布局，饰细密方格纹。背部平整，四角各有一组对穿孔。叶纹采用打洼技法，边缘呈锯齿状。采用均齐式布局，纹饰舒展美观，使用透雕和阴刻技法，立体感强，具有宋代玉雕特征。《宋史·舆服志》记载，荔枝带“官至三品乃得服之”，并记载：“荔枝带本是内出，以赐将相。”馆藏出土器中见有宋荔枝纹金带板[1]。

白玉透雕云雁纹提携（图二十），中国国家博物馆藏。宋代，长 7.7 厘米，宽 4.9 厘米。白玉，有褐色沁。长方形，通体透雕鸿雁云纹，鸿雁圆目长喙，长颈展翅，翅羽用长阴线浅雕，雁颈上下和尾端刻三组卷云纹。鸿雁雕刻生动形象，似正在云中遨游飞翔。背面四角各有一组对穿孔。下连一椭圆形环，环面饰云纹。提携带是蹀躞带的变体，流行于宋金元时期，也称带环。南宋章如愚《群书考索》记载：“中国常服，全用窄袖短衣，长旄靴，蹀躞带。”

白玉镂雕童子荷莲纹提携（图二一），中国国家博物馆藏。宋代，长 6.1 厘米，宽 4.4 厘米。白玉，长方形，正中透雕一童子坐于莲花之上，五官端正，面带微笑，桃形发，双手肥硕似正在抚琴；两旁饰荷莲纹，边缘呈锯齿状。下连一长方形环，饰卷草纹。背面四角各有一组对穿孔。使用镂雕和打洼等技法，纹饰具有宋代早期特征，器形少见。

（三）辽代玉带饰

《辽史·舆服志》记载：“偏带，正、从一品以玉，或花，或素。二品以花犀。三品、四品以黄金为荔枝。五品以下为乌犀。并八銙，鞓用朱革。”皇帝公服：捺钵衣时服，均系玉束带，五品以上金玉带[2]。辽代出土玉带以辽陈国公主墓出

图十九 青玉透雕荔枝带板 宋代 中国国家博物馆藏

图二十 白玉透雕云雁纹提携 宋代 中国国家博物馆藏

图二一 白玉镂雕童子荷莲纹提携 宋代 中国国家博物馆藏

1 中国国家博物馆：《中华文明·古代中国陈列·文物精粹》，中国社会科学出版社，2016 年，第 644 页。
2 《辽史》卷三十二《营卫志中》，中华书局，1999 年，第 259 页。

土白玉丝鞓蹀躞带[1]为代表。

白玉海棠花式绦环（图二二），中国国家博物馆藏。辽代，长7.7厘米，宽4.7厘米。玉质白润，局部有沁。椭圆形四瓣海棠花式，中空，器表光素无纹，花形环面正中起棱呈凸脊状，但一侧环面磨制光润，或在丝绦带上用作带扣的玉绦环。海棠花式为辽契丹民族典型器，造型与馆藏辽三彩模印落花流水游鱼纹海棠花式盘[2]相近。北京丰台王佐乌古伦金墓出土六瓣海棠花形玉饰[3]与此器相近。

白玉透雕摩羯纹带板（图二三），中国国家博物馆藏。辽代，长5.7厘米，宽4.8厘米。白玉，有黄色沁。长方形，透雕双摩羯纹、卷云和海水纹。摩羯为龙首，长角，张嘴，水滴形眼，鱼身，鸟翅，鱼尾。辽代盛行佛教，摩羯又称摩伽罗，源自印度神话，意为大体鱼或巨鲨。摩羯作为佛教圣物，公元4世纪随佛教传入中国。辽代摩羯形象为龙首、鱼身、鸟翅，雕刻技法有唐代遗风。此摩羯造型与北票水泉1号辽墓出土摩羯玉坠、辽宁阜新出土辽三彩摩羯注壶上的摩羯形象相近，为研究辽代摩羯造型提供了实证。

白玉熊带板（图二四），中国国家博物馆藏。辽代，长4.3厘米，宽2厘米。熊呈卧伏状，双臂贴于头下，昂首，大头，双耳，圆坑眼，身体肥胖圆润，四肢用阴线刻出轮廓和爪纹。背部扁平，有两组对穿孔。玉质白润精良，造型饱满圆润，纹饰简洁流畅，具有辽代北方草原民族玉雕特色。内蒙古巴林右旗白音汉窖藏出土的辽白玉熊，为辽代动物形玉雕中精品。

辽代契丹人尚白，喜用和田白玉，和田玉料通过当时西域小国派使节进贡；或通过与西域地区商业贸易，优质和田玉大量流入辽国。《契丹国志》记载："高昌国、龟兹国、于阗国、大食国、小食国、甘州、沙州、凉州，以上诸国三年

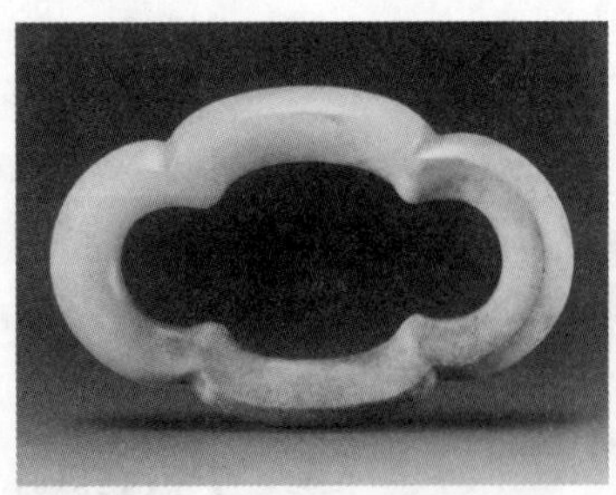

图二二 白玉海棠花式绦环 辽代 中国国家博物馆藏

图二三 白玉透雕摩羯纹带板 辽代 中国国家博物馆藏

图二四 白玉熊带板 辽代 中国国家博物馆藏

1 许晓东：《辽代玉器研究》，紫禁城出版社，2003年，第47页。
2 中国国家博物馆：《中华文明·古代中国陈列·文物精粹》，中国社会科学出版社，2016年，第665页。
3 杨伯达主编：《中国玉器全集》第5卷，河北美术出版社，1993年，第105页。

一次遣使，四百余人，至契丹贡献玉、珠、犀、乳香、琥珀、玛瑙器。”

（四）金代玉带饰

玉带銙是金代朝廷用玉，以玉带为最高等级。双带扣双铊尾玉带在金代成为定制。吉林扶余金墓出土金扣白玉带[1]，由长方形玉銙和铊尾用金铆钉连缀。金代继承了唐代以来的玉带銙形制，但在装饰上有自己本民族特色。

金代舆服制度中有春水、秋山纹饰玉带銙的记载。金熙宗（1135—1148）时，于皇统三年（1143）主谕尚书省：“将循契丹故事，四时游猎，春水秋山，冬夏捺钵。”[2]金章宗明昌年间（1190—1195）确定“衣服之制，……三年之内当如制矣”[3]。金人常服，“其从春水之服则多鹘捕鹅，杂花卉之饰，其从秋山之服则以熊鹿山林为文……”其束带曰吐鹘。“……吐鹘，玉为上，金次之，犀象骨角又次之。銙周鞓，……左右有双铊尾，纳方束中。其刻琢多如春水秋山之饰。”[4]规定皇帝穿衮服时所搭配的凉带上也有七件玉鹅饰件，铊尾束各一[5]。

金代正式确立了春水、秋山玉带銙多作“鹘捕鹅”与“熊鹿山林”纹饰。《金史·舆服志》中将金人服饰上的鹘捕鹅图案称为“春水之饰”，将金人服饰上的熊鹿山林图案称为“秋山之饰”。这些记载为鉴定传世鹘捕鹅、熊鹿山林玉器的年代提供了依据。

青玉镂雕鹘啄鹅带饰（图二五），中国国家博物馆藏。金代，长 8.3 厘米，宽 7.6 厘米。青玉，在圆形环托上高浮雕、镂雕鹘捕天鹅的春水图案，天鹅形体高大肥硕，长颈弯曲，嘴微张，似正展翅悲鸣。鹘别名海东青，体形似鸽子，高展双翅，双爪紧抓天鹅头部，锐利的尖喙正欲啄鹅的头顶。环托背有对穿孔。纹饰简洁，形象生动，存世稀少，为金代春水玉艺术杰作。采用镂雕技法，鹘和鹅的羽毛用排列整齐的粗阴线表示，具有写实风格。

图二五 青玉镂雕鹘啄鹅带饰 金代 中国国家博物馆藏

---

1 杨伯达主编：《中国玉器全集》第 5 卷，河北美术出版社，1993 年，第 93 页。
2 傅乐焕：《辽史丛考》，中华书局，1984 年，第 37 页。
3 《金史》卷四十三《舆服下》，中华书局，1999 年，第 649 页。
4 《金史》卷四十三《舆服下》，中华书局，1999 年，第 649 页。
5 《金史》卷四十三《舆服中》，中华书局，1999 年，第 644 页。

图二六 白玉镂雕花卉鹿纹提携 金代 中国国家博物馆藏

图二七 白玉镂雕巧作虎纹带穿 金代 中国国家博物馆藏

不杂花卉或少杂花卉，是辽金春水玉特征。出土金代“吐鹘”玉带铐实物不多，湖北明梁庄王墓出土的金代白玉春水吐鹘带，为其代表。

白玉镂雕花卉鹿纹提携（图二六），中国国家博物馆藏。金代，长 8.8 厘米，宽 5.5 厘米。长方形，其上镂雕秋山图景，柞树山林中，雌雄双鹿昂首，体态肥硕。辅以花卉、山石及灵芝纹，一片祥和的氛围。下附一环，背面有六组对穿孔。玉质白润，具有金代工艺特征，为金代秋山图景提携带精细之作。

白玉镂雕巧作虎纹带穿（图二七），中国国家博物馆藏。金代，长 6.5 厘米，宽 4.3 厘米。两只老虎在柞树下嬉戏，母虎慈爱地看着幼子，颇具情趣。柞树树叶用整齐细密的阴线雕刻。带穿顶部饰柞树叶纹，两侧饰菱格纹并有矩形透孔，可直接穿进革带，背透雕长方形孔，用以减轻带穿的重量，带穿流行于金元时期。造型新颖，采用多层镂雕技法，纹饰雕刻精细，老虎、柞树叶巧用黄色玉皮雕刻，展现出北方虎鹿山林之秋山意境，为金代秋山图案带饰精品。

白玉镂雕牡丹花纹带板（图二八），中国国家博物馆藏。金代，长 8.8 厘米，宽 5.5 厘米。镂雕缠枝牡丹花和花叶纹，叶纹边缘呈锯齿状。花卉形象非写实，有较强的装饰效果，花瓣肥大丰满，采用镂雕技法，使花瓣花叶立体感强，形似宝相花。玉质精良白润，具有金代工艺特征。牡丹花寓意富贵吉祥，花卉纹是金代常见的玉器装饰纹样，馆藏白玉镂雕秋葵花绦环（图二九），金代，高 5.5 厘米，长 8.8 厘米。白玉，镂雕盛开的秋葵花，花枝琢成半圆形绦环。造型精巧别致，玉质精良温润，雕工精细，器形稀少。

图二八 白玉镂雕牡丹花纹带板 金代 中国国家博物馆藏

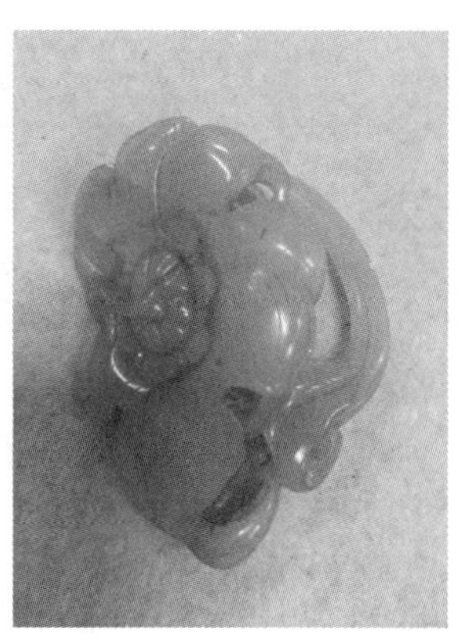

图二九 白玉镂雕秋葵花绦环 金代 中国国家博物馆藏

（五）元代玉带饰

《元史·舆服志》记载："偏带，正从一品以玉，或花，或素。二品以花犀。三品、四品以黄金为荔枝，五品以下为乌犀。并八鞓。"并记载皇帝玉带数量为24块。元代玉带制度仍以玉带銙为最高等级。

馆藏元代玉带饰非常丰富，有带銙、鞢韄、提携、带穿、带环、带扣、绦环、绦钩和带钩等。题材丰富，纹饰精美。主要纹饰有春水秋山、胡人戏狮、狮戏球、螭穿花、花果、人物、花鸟、云龙、云凤、莲鱼、荷莲龟游和龟鹤等纹样，具有写实风格，采用镂雕、高浮雕和阴刻等技法。

1. 玉带

白玉带（图三十），1955年安徽安庆棋盘山元范文虎墓出土，中国国家博物馆藏。元代，方銙长7厘米，宽6.9厘米；长方铊尾长14.5厘米，宽7厘米。白玉，方銙光素无纹饰，边缘处刻阴线纹，抛光精良；长方铊尾一侧为直角，另一侧为半圆形；带扣呈椭圆形。方銙背部平整，四角各有一组对穿孔；铊尾背部有六组对穿孔；椭圆形带扣背部有二组对穿孔。史料记载，范文虎原是南宋殿前副都指挥使知安庆府，至元十二年（1275）二月，降元。至元二十年（1283）为尚书省右丞商议枢密院事，元朝高官。此器与明宋濂《元史》"公服偏带正、从一品以玉，或花或素，并八銙"的记载相符合。

白玉浮雕胡人戏狮纹带（图三一），中国国家博物馆藏。元代，方銙长6.8厘米，宽5.9厘米。桃形銙长5.8厘米，宽5.4厘米。长方铊尾长10.7厘米，宽6厘米。白玉，胡人戏狮纹带銙也称"狮蛮带"。采用边框打洼和剔地高浮雕技法，人物高鼻深目、头戴高帽、身着具有异域风格的胡人形象，神态各异。狮子或卧或跃，形象生动，富有情趣。玉质优良，雕工精湛，具有元代工艺特征和风格，为元代玉带中精细之作。

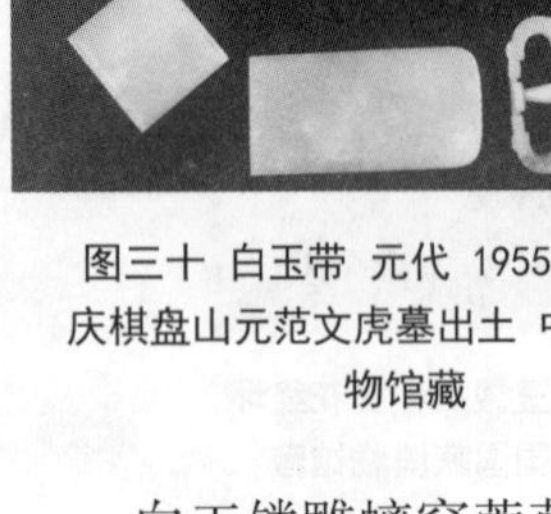

图三十 白玉带 元代 1955 年安徽安庆棋盘山元范文虎墓出土 中国国家博物馆藏

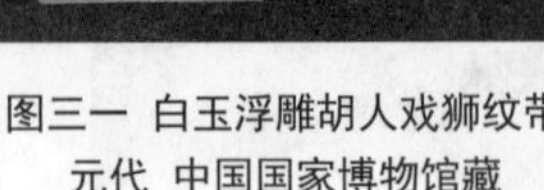

图三一 白玉浮雕胡人戏狮纹带 元代 中国国家博物馆藏

图三二 白玉镂雕螭穿萱草花纹带板 元代 中国国家博物馆藏

白玉镂雕螭穿萱草花纹带板（图三二），中国国家博物馆藏。元代，长 6.4 厘米，宽 6.3 厘米。白玉，四方倭角，雕螭穿萱草花纹，采用镂雕技法，螭曲颈，长发后披，四肢关节处圆润粗阔，姿态刚劲舒展。四方倭角式带板仅见于元代，纹饰凸起于边框的做法，流行于宋元时期。萱草花又称宜男草，在金代常用作贵族服饰图案和秋山玉雕图案。元代非常流行螭穿花图案，常见螭穿莲、螭穿牡丹等，螭穿萱草花纹非常少见。

2. 玉绦带饰

元代绦带饰，出土器见江苏无锡大浮乡钱裕墓出土元代春水玉绦带饰[1]，由青玉镂雕鹘啄鹅绦环和青玉浮雕荷莲纹绦钩组成。中国国家博物馆藏有一套传世绦带饰，为白玉镂雕鹅穿莲绦环和白玉莲花鹘纹绦钩（图三三）组成。中国文物信息咨询中心编著的《中国古代玉器艺术》一书中，两件春水绦带饰是分离的，没有钩套在一起。笔者在撰写此文时，发现二者应为一套。

白玉镂雕鹅穿莲绦环（图三四），中国国家博物馆藏。元代，长 9.6 厘米，宽 8 厘米。白玉，在椭圆形环托上高浮雕、镂雕鹅穿莲春水图案，辅以莲花和荷叶等纹饰。天鹅穿梭于芦苇丛中，翅膀和荷叶用排列整齐的阴线表示。环托一侧较大的隧孔应是与绦钩相钩套，另一侧稍小的透孔应与绦带固定。采用深挖翻卷、翻转交搭、交错叠压等镂雕工艺，立体感强，充满了浓厚的艺术气息，有很强的装饰效果。

白玉莲花鹘纹绦钩（图三五），中国国家博物馆藏。元代，长 8.3 厘米，白玉，钩首浅浮雕莲花纹，钩腹浮雕一只鹘，回首展翅飞翔状。钩首小而扁平，与腹部纹饰有一定距离，便于钩首能顺利钩入绦环中。绦钩腹面雕鹘，与之配套的绦环纹饰应为鹅穿莲的春水图案，其上没有鹘，故此绦钩应与白玉镂雕鹅穿莲

1 古方主编：《中国出土玉器全集》第 7 卷，科学出版社，2005 年，第 187 页。

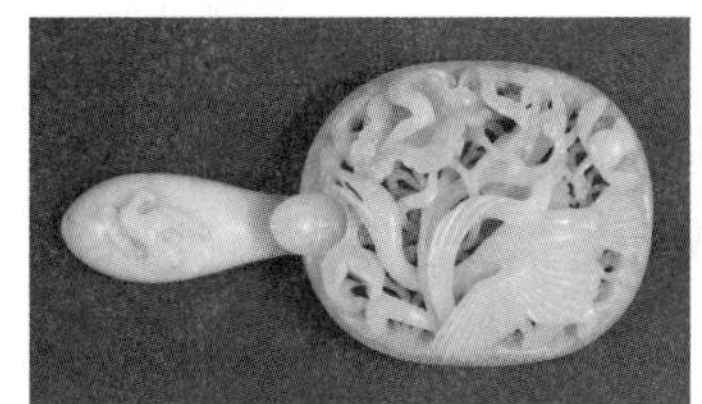
图三三 白玉镂雕鹅穿莲绦环和白玉莲花鹘纹绦钩 元代 中国国家博物馆藏

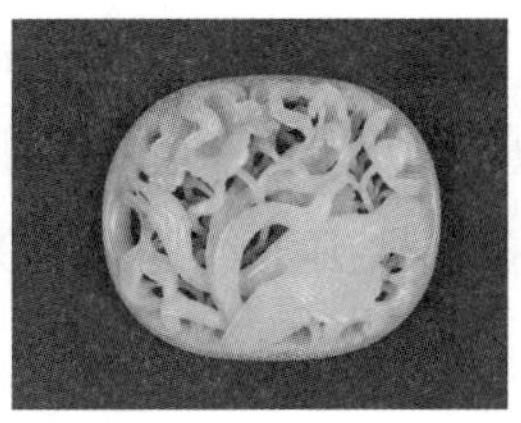
图三四 白玉镂雕鹅穿莲绦环 元代 中国国家博物馆藏

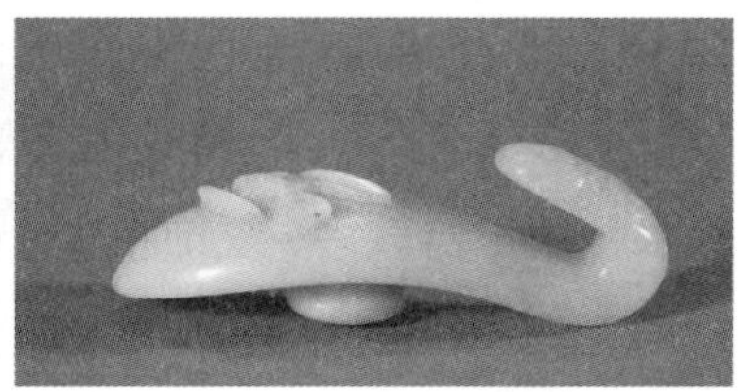
图三五 白玉莲花鹘纹绦钩 元代 中国国家博物馆藏

绦环配套使用，系于丝绦带上。

两件绦带饰均为白玉制成，玉质精良，雕工精湛，传世罕见，二者在玉质、纹饰和雕刻技法上都相近，钩套在一起严丝合缝，为仅见传世春水图案绦带饰中精湛的艺术珍品。元代蒙古人穿袍服，需在服外束带，称之为“腰线”。上层贵族喜用玉质绦钩扣绦环装饰，环有的光素，有的高浮雕、镂雕玉图画。元代画家所绘《名贤四像图》中的虞眉庵像，腰部用绦钩扣绦环作饰。考古发现元代道士冯道真入殓时，其袍服外束有丝绦带，带上用绦钩扣绦环为饰[1]。

白玉镂雕云龙纹绦环(图三六)，中国国家博物馆藏。元代，长5.3厘米，宽4.4厘米。一面纹饰，镂雕一条盘曲穿云龙，龙回首，细颈，张口露齿，角和毛发前冲，一手举火珠，龙身向左盘曲，背面平整，四角与正中有五对穿孔。玉质精良白润，龙纹雕刻精湛，使用者的级别应较高。馆藏青玉浮雕巧作蟠螭教子图绦环（图三七），纹饰生动，双环对称，为另一种形制的绦环。

白玉浮雕巧作狼猎兔纹绦环（图三八），中国国家博物馆藏。元代，长6.6厘米，宽5.3厘米。采用剔地高浮雕技法，琢狼猎兔秋山图案，植物用黄色玉皮巧作，渲染秋天场景。背面平整，有两组对穿孔。一侧有较大的隧孔，有损坏，当是承钩之孔，便于与绦钩相套接。纹饰生动，传世稀少。

图三六 白玉镂雕云龙纹绦环 元代 中国国家博物馆藏

图三七 青玉浮雕巧作蟠螭教子图绦环 元代 中国国家博物馆藏

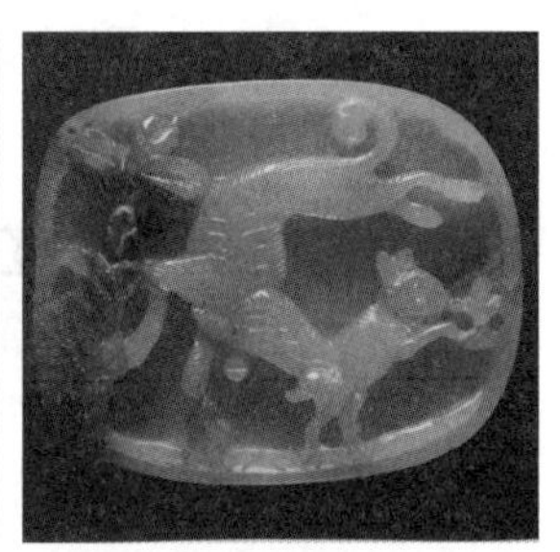
图三八 白玉浮雕巧作狼猎兔纹绦环 元代 中国国家博物馆藏

1 大同市文物陈列馆：《山西省大同市元代冯道真、王青墓清理简报》，《文物》1962年第10期。

受辽金影响，元代蒙古族的狩猎活动在社会生活中占有重要地位。春季喜爱以海东青畋猎，诸如奴尔干等部族，以专门饲养训练海东青为生。馆藏元代春水秋山玉器较多，纹饰精美。春水秋山玉经辽金创兴和发展，到元代达到高峰。

3. 玉带钩

青玉浮雕巧作龙首秋山图带钩（图三九），中国国家博物馆藏。元代，高 4.4 厘米，长 15.5 厘米。青玉，琵琶式，桥形纽。钩首为龙首，长发分三股，上刻细密的阴线纹。钩腹为秋山图案，高浮雕、镂雕狮子、狼、山石和柞树等秋山景象。这件秋山图案玉带钩非常罕见，制作工艺精湛，具有元代工艺特征。

此带钩宽大，龙首高浮雕，与腹部高浮雕纹饰距离很近，钩首很难伸进有镂雕花纹的绦环隧孔中，应不是与绦环一起使用的绦钩，应单独使用，直接将钩首钩入圆环或丝绢带的环套内。馆藏白玉龙首龙纹带钩[1]，与此器在造型和用途上相同。

图三九 青玉浮雕巧作龙首秋山图带钩 元代 中国国家博物馆藏

四、馆藏唐宋辽金元时期玉佩饰种类、纹饰及用途

史前人类已经开始用单件佩玉美化人体，新石器时代北阴阳营遗址出土了由玉管和玉璜组成的颈饰。商代佩饰有大量动物玉雕，西周以璜为主体，杂以珠、管的多璜组玉佩开始出现，从出土组玉佩看，地位越高，所佩组玉佩结构越复杂，

1 中国文物信息咨询中心：《中国古代玉器艺术》，人民美术出版社，2003 年，第 226 页。

长度越长[1]。山西晋侯墓地出土一套西周组玉佩[2]，由204件玉饰组成，其中玉璜多达45件，堪称组玉佩之最，体现出西周用玉礼制化。

战国组玉佩较西周更丰富，河南洛阳中州路出土战国早期组玉佩[3]，是组玉佩新型组合形式。此时组玉佩成为玉器发展的主流，强调贵族佩玉的仪态和行步要与所挂玉佩保持和谐关系。

西汉早期，组玉佩的组合形式达到最为繁复的程度。如南越王墓共出土11套组玉佩，玉佩饰种类有珩、环、璧、璜、舞人佩和冲牙等，最精美的一套组玉佩[4]的墓主为赵眜。汉代玉佩饰丰富，有韘形、龙凤形、蟠螭、舞人和玉剑饰等。西汉中期以后，组玉佩趋于简化。

东汉明帝重定组玉佩制度，形成以大佩、璜、瑀、冲牙为主体的组玉佩。魏晋以后，玉佩出现了新形制，新的组玉佩制度创始人为魏侍中王粲。挚虞《决疑要注》记载："汉末丧乱，绝无玉佩。魏侍中王粲识旧佩，始复作之。今之玉佩，受法于粲也。"馆藏1959年山东省东阿县东阿王曹植墓出土三国魏组玉佩[5]，为其创新形式，由云形、玉璜和梯形玉佩组成，是出土组玉佩中最早的王粲所创新型组玉佩式样，其影响力一直延续到隋唐时期。

考古资料证实西晋、东晋、北齐、隋唐墓葬都出土过王粲所创组玉佩样式。如湖南安乡西晋刘弘墓[6]、南京仙鹤观东晋高崧家族墓[7]、山西太原北齐娄睿墓[8]、陕西咸阳隋王士良墓[9]和唐独孤思贞墓[10]出土的组玉佩。组玉佩构件有飞蝠形、云形、梯形、半圆形佩，玉璜、玉环和玉珠等，佩戴之人多为皇室成员或高级贵族。

宋辽金元时期组玉佩各具自己本民族特色。《宋史·舆服志》记载：（哲宗元佑二年）"冕玄表而朱里，今乃青罗为覆，以金银饰之。佩用绶以贯玉，今既有玉佩矣，又有锦绶以银、铜二环，饰之以玉。"还记载近世冕服制度："佩有衡、璜、琚、瑀、冲牙而已，乃加以双滴，而重设二衡。绶以贯佩玉而已，乃别为锦绶，而间以双环。"宋代组玉佩未见出土实物，宋梅尧臣《天上》诗有：

1 孙机：《周代的组玉佩》，《文物》1998年第4期。
2 上海博物馆：《晋国奇珍——山西晋侯墓群出土文物精品》，上海人民美术出版社，1991年，第170页。
3 中国国家博物馆：《中国国家博物馆馆藏文物研究丛书·玉器卷》，上海古籍出版社，2007年，第150页。
4 广州西汉南越王墓博物馆：《南越王墓玉器》，两木出版社，1991年，彩色图版52。
5 中国国家博物馆：《中国国家博物馆馆藏文物研究丛书·玉器卷》，上海古籍出版社，2007年，第361页。
6 安乡县文物管理所：《湖南安乡西晋刘弘墓》，《文物》1993年第11期。
7 南京市博物馆：《江苏南京仙鹤观东晋墓》，《文物》2001年第3期。
8 山西省考古研究所，太原市文物管理委员会：《太原市北齐娄睿墓发掘简报》，《文物》1983年第10期。
9 员安志：《中国北周珍贵文物》，陕西人民美术出版社，1992年。
10 中国社会科学院考古研究所：《唐长安城郊隋唐墓》，文物出版社，1980年。

“紫微垣里月光飞，玉佩腰间正陆离。”

辽代组玉佩多为两件以上的组合形式，陈国公主墓出土多套组玉佩，其中凤鸟摩羯、工具、肖生组玉佩，与中原组玉佩不同，组合形式具有契丹民族特色。陈国公主墓出土的白玉鱼盒组玉佩[1]，上端为连环花结纹佩，下连白玉鱼盒，盒以子母口扣合，并用金铆钉扣合固定。

金代女真族组玉佩称为“列鞢”，以黑龙江绥滨中兴金墓出土器为代表，由鎏金银盒、水晶、玛瑙和玉珠坠组合而成。

组玉佩萌芽于新石器时代，历代传承，一直延续至明代。用于人体佩戴的玉佩是使用时间最长、品种最丰富和数量最多的装饰玉器之一。

（一）唐代玉佩

隋唐时期，皇室贵族身着佩玉尊卑有序。《隋书·礼仪表》记载，天子白玉，太子瑜玉，王玄玉，自公以下皆苍玉等，唐代沿用。

青玉梯形佩（图四十），中国国家博物馆藏。唐代，长 12.3 厘米，宽 5.2 厘米。长方梯形，上部正中边缘有三个连续凸起的弧形脊，中间弧形凸下部有一透孔，用于穿系悬挂，两面光素无纹饰。此佩为组玉佩饰件之一，是唐代组玉佩最下端居中之佩，此佩形制与唐独孤思贞墓出土组玉佩[2]最下端玉佩相同。

白玉透雕云雁纹佩（图四一），中国国家博物馆藏。唐代，长 5.5 厘米，宽 3.4 厘米。白玉，双面雕云雁纹，雁长喙，三角形眼，长颈，呈展翅飞翔状，翅用短阴线表示羽毛，周围云纹呈灵芝状，采用透雕和打洼技法。玉质优良，布局匀称，纹饰简洁，具有唐代玉雕风格，为文官使用的纹饰图案。

唐代官员衣服上皆绣文，称为“补子”。明代将补子制度化，规定：文臣用飞禽，武官用走兽，称文禽武兽。明《三才图会》记载，文官补子一至九品依次为仙鹤、锦鸡、孔雀、云雁、白鹇、鹭鸶、鸂鶒、黄鹂（鹌鹑）、练雀等，武官一至九品依次为狮、虎、豹、熊、彪、犀牛、海马等。

白玉镂雕云龙纹佩（图四二），中国国家博物馆藏。唐五代，长 7.5 厘米，宽 4.5 厘米。双面雕行走在云端的龙纹，弓背细颈，龙首张口卷舌露齿，角发后披，身体粗壮呈走兽状，脊背边缘锯齿状；一肢前伸捧珠至吻前，三爪，一腿压尾，脚踏卷云。玉质白润，采用镂雕技法，造型别致，纹饰精美。造型与浙江临安康陵出土五代玉行龙风格相近，具有唐五代时期龙纹风格，为云龙纹玉佩中珍品。馆藏隋唐五代时期玉佩饰还有飞天和动物纹佩等。

---

1 许晓东：《辽代玉器研究》，紫禁城出版社，2003 年，第 61 页。

2 中国国家博物馆：《中国国家博物馆馆藏文物研究丛书·玉器卷》，上海古籍出版社，2007 年，第 363 页。

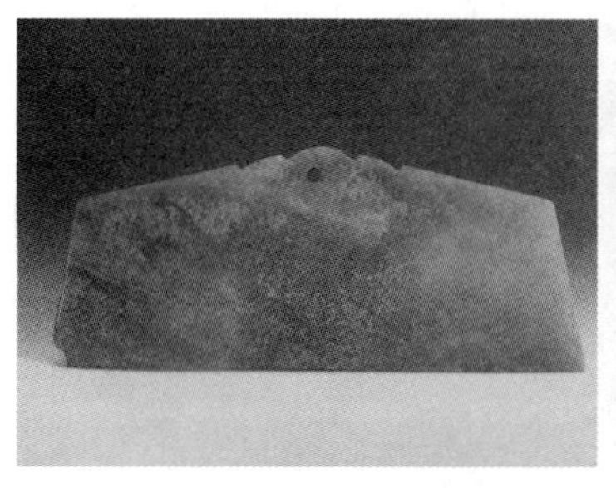
图四十 青玉梯形佩 唐代 中国国家博物馆藏

图四一 白玉透雕云雁纹佩 唐代 中国国家博物馆藏

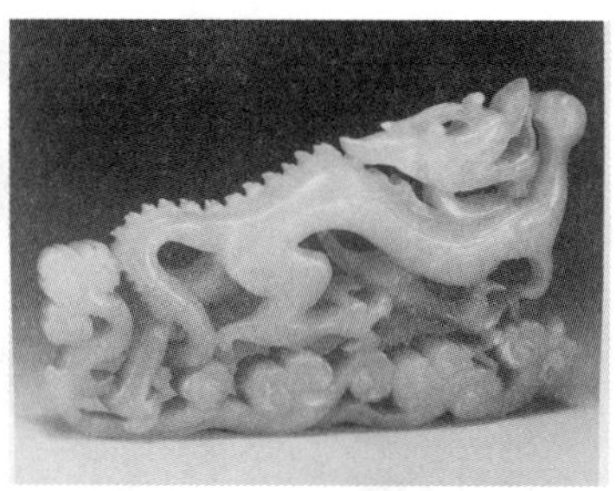
图四二 白玉镂雕云龙纹佩 唐五代 中国国家博物馆藏

（二）宋代玉佩

白玉镂雕三童子执莲佩（图四三），中国国家博物馆藏。宋代，长7.7厘米，宽5.7厘米。白玉，镂雕三童子分别站于莲花座上，一童子双手高举一枝莲枝；一童子高举手臂扶莲；一童子肩扛莲枝，头顶盛开的莲花，造型别致。童子持莲玉雕在宋代流行，常见童子持莲或肩扛荷花，莲花高过头顶。童子桃形发，大耳，八字眉，葱管小鼻，樱桃小口，双手粗宽，身穿坎肩，衣裤方格内，常有“米”或“十”字纹。形象稚气可爱，寓意吉祥。宋代童子执莲佩，取自中国传统节日七夕节乞巧乞子活动。宋童子持莲佩多雕一或两童，三童子持莲较为稀少，为持莲童子玉佩珍品。

白玉透雕孔雀衔花纹佩（图四四），中国国家博物馆藏。宋代，长6.6厘米，宽4.3厘米。白玉，双面透雕孔雀展翅翘尾，曲颈回首，口衔一枝折枝花，高冠，凹坑眼，长喙，展双翼，翅膀刻细密长阴线纹，尾翎透雕呈椭圆形，翅和尾翎边缘呈锯齿状。孔雀有尊贵和祥瑞寓意。玉质精良，采用透雕技法，造型优美新颖，纹饰细腻生动，传世稀少，具有很高的造型艺术之美。此佩造型和纹饰与北京房山长沟峪石椁金墓出土的白玉孔雀簪和故宫博物院藏宋青玉透雕孔雀佩相近，为宋代孔雀衔花佩中精湛的艺术杰作。

白玉透雕云龙纹佩（图四五），中国国家博物馆藏。宋代，长6.2厘米，宽3.6厘米。白玉，双面透雕，两面纹饰相同。龙昂首挺胸，张口露齿，身体粗壮盘曲，右爪托举火珠，一腿缠尾。龙身下琢刻云纹。玉质精良温润，造型延续唐、五代时期云龙纹风格，具有宋代雕刻技法，为宋代云龙佩中精品。馆藏宋代玉佩饰还有飞天、花果、人物和动物纹佩等。

图四三 白玉镂雕三童子执莲佩 宋代 中国国家博物馆藏

图四四 白玉透雕孔雀衔花纹佩 宋代 中国国家博物馆藏

图四五 白玉透雕云龙纹佩 宋代 中国国家博物馆藏

（三）辽代玉佩

青白玉镂雕飞天佩（图四六），中国国家博物馆藏。辽代，高 2.8 厘米，长 3.8 厘米。青白玉，飞天面部宽大，慈眉善目，长发后飘，上身直立，腰腿和帔帛衣纹向后飘浮，双手放于胸前。背部正中有一透孔。造型厚重，面部表情人格化，不如唐代飞天灵动飘逸。辽代佛教兴盛，佛教题材玉器多见，有飞天、摩羯、迦楼罗神鸟和金刚杵等。此器造型与内蒙古翁牛特旗解放营子墓出土青白玉镂雕飞天佩[1]相近。

白玉透雕连环花结纹佩（图四七），中国国家博物馆藏。辽代，长 7.4 厘米，宽 5.1 厘米。白玉，双面透雕，形似用连环花盘曲成两个相连的盘肠纹，上部有三个圆透孔，下部正中镂雕一圆孔，孔左右透雕八个不规则孔洞，便于系挂各种玉饰件，此佩应为辽代组玉佩居中之佩。造型和纹饰与辽陈国公主墓所出凤鸟摩羯组玉佩上端白玉透雕连环花结纹佩[2]相近，此佩下系 5 条金链连 5 件玉佩，

图四六 青白玉镂雕飞天佩 辽代 中国国家博物馆藏

图四七 白玉透雕连环花结纹佩 辽代 中国国家博物馆藏

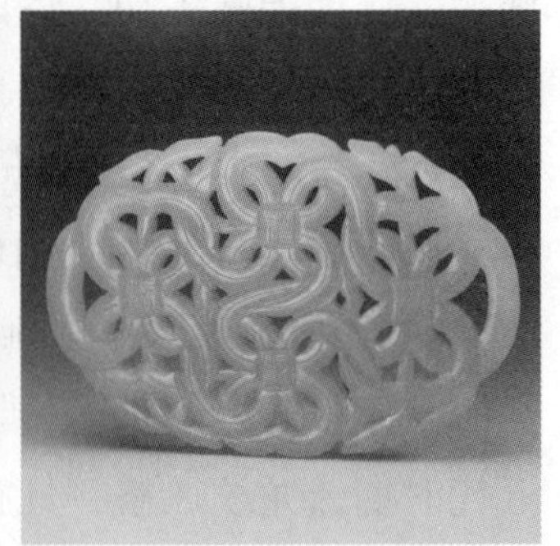
图四八 白玉透雕连环花结纹佩 辽代 中国国家博物馆藏

1 杨伯达主编：《中国玉器全集》第 5 卷，河北美术出版社，1993 年，第 105 页。

2 杨伯达主编：《中国玉器全集》第 5 卷，河北美术出版社，1993 年，第 82 页。

有双龙、双鱼、双凤、摩羯和鱼衔枝等，均为白玉。辽代组玉佩多为两件以上组合形式。馆藏另一件白玉透雕连环花结纹佩（图四八），双面透雕，玉质精良白润，造型和纹饰更为繁复精美，为辽代连环花结纹佩中的艺术佳作。

白玉透雕荷莲双鱼纹佩（图四九），中国国家博物馆藏。辽代，长 3.5 厘米，宽 2.7 厘米。白玉，上部透雕三朵荷花，花下双鱼相对衔莲梗，下部饰水波纹。受西亚波斯艺术风格影响，唐代玉器流行两动物相对组成图案，如对凤、对鹤和对鸳鸯等，辽金继承了唐代动物的雕刻技法。玉质精良白润，荷花采用打洼技法，有唐代玉雕遗韵，具有辽代工艺特征。辽陈国公主墓共出土 8 件玉鱼，其中有 2 套双鱼形玉佩。辽代喜用鹅雁、鱼荷、鸳鸯、莲花、熊虎鹿等动物形玉器，应与辽契丹族四时捺钵习俗有关。

图四九 白玉透雕荷莲双鱼纹佩 辽代 中国国家博物馆藏

辽帝有一年四季春、夏、秋、冬“四时捺钵”的渔猎活动。《辽史》记载，每年当辽帝行至春捺钵：“曰鸭子河泺。皇帝正月上旬起牙帐，约六十日方至。天鹅未至，卓帐冰上，凿冰取鱼，冰泮，乃纵鹰鹘捕鹅雁。晨出暮归，从事弋猎。”此外辽代服饰制度中有佩鱼之制。馆藏辽代玉佩饰还有花卉、佛教元素和动物纹佩等。

（四）金代玉佩

金代组玉佩，女真族称为“列鞢”。《金史·谢里忽传》记载：“列鞢者，腰佩也。”为女真贵族腰间佩戴的金、银和组玉佩。金代玉佩饰还有龟巢荷叶、鱼荷、花卉、人物以及嘎拉哈等佩饰。

鎏金银盒玉列鞢（图五十），1973 年黑龙江绥滨中兴金墓出土，中国国家博物馆藏。金代，全长 37.7 厘米。列鞢由鎏金银盒、玉、玛瑙和水晶制成。上部为鎏金银盒，银盒下两侧串 27 颗椭圆形玛瑙珠，珠底有金叶托；下连 2 件长方形玉管、菱形玉坠和 15 颗红玛瑙珠。银盒下缀长方形金盒，錾刻缠枝花纹，内嵌 2 件红玛瑙管。金盒下方缀多面体水晶球，下连白玉坠。造型新颖，装饰华丽，用材珍贵，具有浓郁的民族特色。据考古发掘报告，出土时，最上面的鎏金银盒，被数层丝绸包裹，说明此列鞢非常珍贵。该墓还出土了玉鱼、玉人、玉飞天、水晶雕羊距骨等。

白玉镂雕海棠花纹佩（图五一），中国国家博物馆藏。金代，长3.4厘米，宽2.2厘米。白玉，圆形，雕琢七朵折枝海棠花，海棠花琢刻花瓣花蕊，叶脉纹用阴线表示，叶边缘琢出锯齿纹。玉质精良，采用镂雕技法，布局巧妙，工艺精湛，为金代秋山花卉图案之一，具有金代玉雕艺术特征。白玉镂雕巧作鸳鸯纹佩（图五二），中国国家博物馆藏。金代，长4.1厘米，宽3.3厘米。雌、雄鸳鸯分别立于洞石之上。鸳鸯寓意夫妻恩爱，幸福美满。上等和田籽料制成，使用镂雕、巧作等技法，珠宝链为清代后配，为金代玉佩佳作。

图五十 鎏金银盒玉列鞢 金代 1973年黑龙江绥滨中兴金墓出土 中国国家博物馆藏

图五一 白玉镂雕海棠花纹佩 金代 中国国家博物馆藏

图五二 白玉镂雕巧作鸳鸯纹佩 金代 中国国家博物馆藏

白玉嘎拉哈佩（图五三），中国国家博物馆藏。金代，长3.4厘米，宽2.2厘米。白玉，仿羊距骨形状，腰眼部有一凸起对穿孔，可穿系佩带。羊距骨是北方地区常见的儿童玩具，俗称“拐”。馆藏3件金代白玉嘎拉哈佩，另两件的对穿孔在顶部。此器玉质精良白润，泛油脂光泽，为和田白玉籽料制成。雕琢精湛，具有金代玉器特征，造型与黑龙江绥滨县奥里米古城金墓出土器相近。

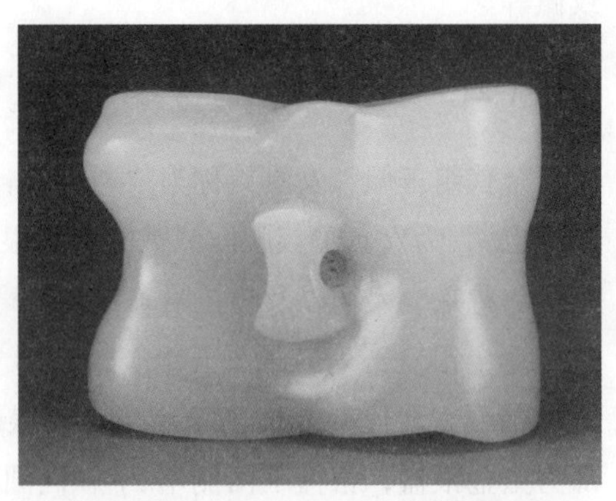

图五三 白玉嘎拉哈佩 金代 中国国家博物馆藏

（五）元代玉佩

白玉镂雕凌霄花纹佩（图五四），中国国家博物馆藏。元代，长 10.4 厘米，宽 7.5 厘米。椭圆形，镂雕四朵凌霄花，旁辅以枝干和花叶纹。唐白居易《咏凌霄花》诗云："有木名凌霄，擢秀非孤标。偶依一棵树，遂抽百尺条。"宋陆游用"高花风堕赤玉盏"来形容凌霄花之美。凌霄花又称紫葳花，有慈母之爱的寓意。此佩玉质白润，布局对称，线条简洁流畅，采用镂雕和阴刻等技法，制作工艺精湛，具有元代工艺特征，为元代花卉佩中精湛的艺术佳作。

青玉鳜鱼佩（图五五），中国国家博物馆藏。元代，长 5.5 厘米，宽 2.3 厘米。青白玉，形似鳜鱼，大嘴微张，圆圈眼，厚唇，胡须上扬，脊背鱼鳍直立呈波折状，鳍内阴刻三角形，身阴刻细密斜方格纹表示鱼鳞，鳃和鳍用阴线刻画，高扬的尾部边缘呈波折扇面形状，内饰折角和直线纹。上部有一孔与腹下相通，便于系佩。造型饱满，体态肥硕，摆身翘尾，制作精细，工艺精湛，具有元代鳜鱼典型特征。"鱼"与"余"谐音，鳜鱼佩有连年有余和富贵吉祥之寓意。馆藏元代玉佩饰还有人物和动物纹佩等。

图五四　白玉镂雕凌霄花纹佩　元代　中国国家博物馆藏

图五五　青玉鳜鱼佩　元代　中国国家博物馆藏

五、馆藏唐宋辽金元时期玉冠帽服饰种类、纹饰及用途

中国历代冠、帽、巾等都属于头顶服饰，但在不同的历史时期，其形制和式样各有不同。古代，冠开始是套在发髻上的发罩，如始于五代时期的玉发冠，并不是盖住整个头顶。古代士以上阶层男子，二十岁为成人行冠礼，不同地位和阶层，所戴的冠也不同。如历代帝王祭祀时头戴冕冠，唐代帝王着朝服时，戴通天冠。古代武官戴鹖冠。

帻，开始是包发的头巾，后演变成便帽等。唐代，受胡服和鲜卑族服饰影响，创制了头裹幞头、着圆领襕袍、系革带、穿靴子的常服。宋袭唐制，着窄袖短衣，长旌靴，蹀躞带。辽金时期，因发式不束髻，形成头戴蹋鸱巾、着盘领衣、系革带、穿乌皮靴的常服。元代蒙古贵族头戴“冬帽夏笠”，笠有钹笠和幔笠，贵族可在笠顶部嵌宝石、金和玉的帽顶。馆藏明《元武宗画像》[1]，元武宗头戴钹笠，帽顶饰枣形红宝石、底座为金镶宝石。

（一）玉帽饰

1. 玉帽饰

白玉镂雕牡丹花帽饰（图五六），中国国家博物馆藏。宋代，长7厘米，宽7厘米。正面镂雕一朵盛开的牡丹花纹，共八瓣花，花纹立体感强。正中有三角形透孔，便于固定；底部平整。玉质白润，工艺精湛，整体造型具有宋代工艺特征，应为帽饰。辽墓出土有白玉牡丹花形帽饰，造型和纹饰仿唐代花卉纹帽饰。

图五六　白玉镂雕牡丹花帽饰　宋代　中国国家博物馆藏

植物题材的花卉纹在唐代开始出现，以莲花和牡丹花纹最为常见，但形式并非写实，有较强的装饰和美化意义，特别是花瓣肥大丰满。此器采用镂雕和打洼技法，使花叶翻转交搭，立体感强，花纹像宝相花图案。宝相花非现实世界的花卉，而是集中了莲花、牡丹和菊花等花卉特征，寓意富贵吉祥。帽饰又称帽花，这种花卉纹帽饰，一直延续至明代。

2. 玉帽顶

帽顶是元代冠服制度中笠帽顶部的玉饰，是元代蒙古族独有的玉器。白玉镂雕巧作鹘啄鹅帽顶（图五七），中国国家博物馆藏。元代，高3.7厘米，长3.1厘米，宽3.1厘米。白玉，镂雕鹘啄鹅的春水图案。一只张口展翅的天鹅将长颈探入到芦苇交错的荷莲丛中，以躲避鹘的攫捕。荷叶上面一只鹘已经发现了天鹅，正伺机俯冲下来捕捉天鹅。底部有两组对穿孔。工匠巧妙利用黄色玉皮琢制荷叶和鹅顶，来渲染阳光照耀下的荷塘景色，为元春水玉帽顶中珍品。馆藏白玉镂雕巧作鹿纹柞树帽顶（图五八）为元秋山玉帽顶中精湛之作。

1　王春法主编：《中国古代服饰文化》，北京时代华文书局，2021年，第216页。

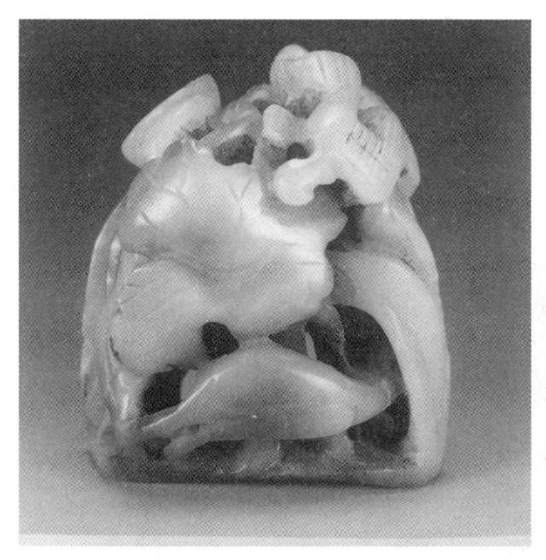

图五七 白玉镂雕巧作鹘啄鹅帽顶 元代
中国国家博物馆藏

图五八 白玉镂雕巧作鹿纹柞树帽顶 元代
中国国家博物馆藏

馆藏元代帽顶较多，纹饰还有龙穿花、螭穿花、莲鹭、鸳鸯衔莲、孔雀牡丹和人物纹等，雕刻技法高超，均采用深层镂雕技法，立体感强，纹饰生动。

关于玉帽顶，明沈德符《万历野获编》记载："近又珍玉帽顶，其大有至三寸，高有至四寸者，价比三十年前加十倍，以其可作鼎彝盖上嵌饰也。问之，皆曰：'此宋制。'又有云：'宋人尚未辨此，必唐物也。'竟不晓此乃故元物。元时除朝会后，王公贵人俱戴大帽，视其顶之花样为等威，常见有九龙而一龙正面者，则元主所自御也。当时俱西域国手所作，致贵者值数千金。本朝还我华装，此物斥不用，无奈为估客所昂，一时竞珍之，且不知典故，动云：'宋物。'其耳食者从而和之，亦可哂矣。"[1] 沈德符有关元玉帽顶的记述，应较为准确。明代去元不远，其说有一定的可信度。沈德符否定了炉顶唐宋说，提出了元代帽顶说，提出帽顶是元代区分等级的标志。元以后，由于服饰的改变，将帽顶移作他用，改作炉顶。明清时期也有大量仿制品。

（二）玉冠巾饰

《金史·舆服志》记载："金人之常服四：带、巾、盘领衣、乌皮靴。"其中"巾"指冠巾，即戴在头上的帽服，其上嵌缀的玉饰，称为冠巾饰。

1988 年 5 月，黑龙江阿城巨源乡城子村发现了金齐国王夫妇墓，墓主是金齐国王完颜晏（？—1162）夫妇。完颜晏夫妇冠巾上分别缝缀玉饰，称为冠巾饰。

1 ［明］沈德符：《万历野获编》卷二十六《玩具》，中华书局，1959 年，第 662 页。

缝缀于齐王妃花珠冠（图五九），冠后正中的白玉透雕双绶带鸟衔荷蕾纹冠饰[1]（图六十），长6.6厘米，宽5.7厘米。绶带鸟又称练鹊。缝缀于齐国王皂罗垂角幞头巾（图六一），巾后左右两侧底缘的白玉透雕鹅衔荷叶纹巾饰[2]（图六二、图六三），长4.5厘米，宽4厘米。

图五九 金齐国王妃花珠冠冠后玉冠饰 转引自《金代服饰——金齐国王墓出土服饰研究》

图六十 白玉透雕双绶带鸟衔荷蕾纹冠饰 转引自《金代服饰——金齐国王墓出土服饰研究》

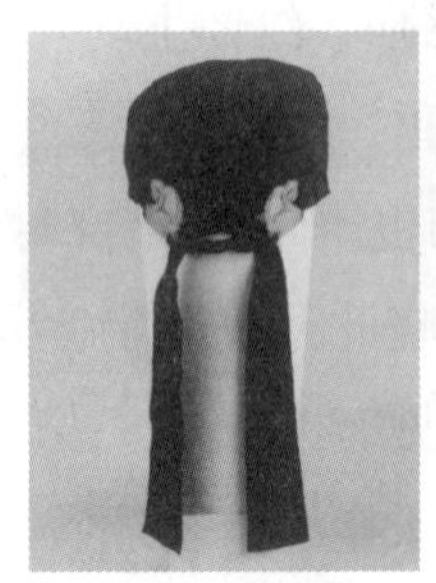

图六一 金齐国王完颜晏皂罗垂角幞头巾巾后左右两侧玉巾饰 转引自《金代服饰——金齐国王墓出土服饰研究》

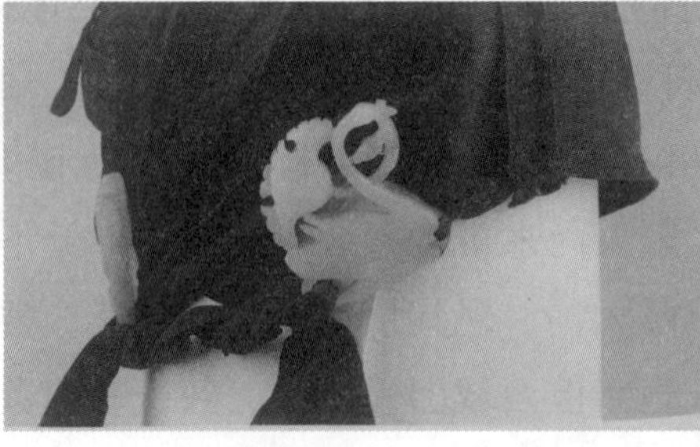

图六二 白玉透雕鹅衔荷叶纹巾饰 转引自《金代服饰——金齐国王墓出土服饰研究》

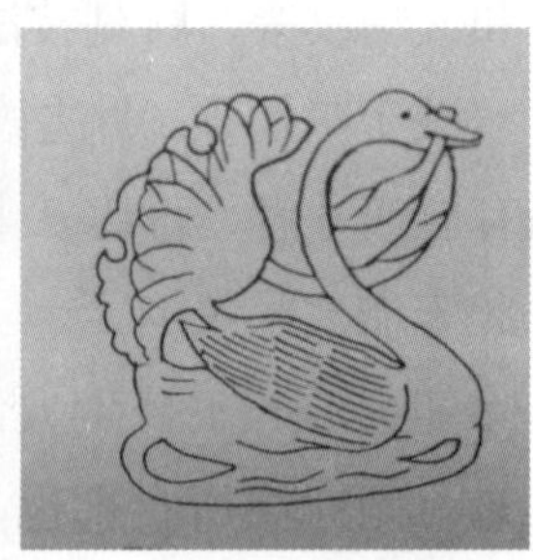

图六三 白玉透雕鹅衔荷叶纹巾饰线图 转引自《金代服饰——金齐国王墓出土服饰研究》

《金代服饰——金齐国王墓出土服饰研究》中，将齐王妃花珠冠和齐国王皂罗垂角幞头巾上所缀玉饰称为“纳言”。纳言，古官名，《尚书·尧典》记载，舜设置九官，有“纳言”一官，主出纳王命。“纳言”从汉代开始是官员帽子上的配饰，《后汉书·舆服志》记载：“巾，合后施收，尚书巾帻，方三寸，名曰纳言，示以忠正，显近职也。”唐宋辽金因之。

杨伯达认为金代玉纳言应叫“玉逍遥”，是依据《金史·舆服志》记载：“年

1 赵评春、迟本毅：《金代服饰——金齐国王墓出土服饰研究》，文物出版社，1998年，彩色图版104—114。

2 赵评春、迟本毅：《金代服饰——金齐国王墓出土服饰研究》，文物出版社，1998年，彩色图版17—21。

老者以皂纱笼髻如巾状，散缀玉钿于上，谓之玉逍遥。此皆辽服也，金亦袭之。”

男性幞头当时也称为巾，宋代已经出现各种有脚或无脚幞头巾，在幞头巾后两侧，由束巾之带穿过巾环将幞头巾束紧，在宋代绘画作品中有在人物头戴幞头巾上画出“巾环”，如宋代绘画《中兴四将图》等。元明文学作品中也有对“巾环”的描述，巾环质地多为铜、铁、金和银，至今未见宋冠巾玉饰出土。金代服饰受中原汉文化影响，官服中有幞头，在常服制度中，其名称为巾，即幞头巾，幞头巾在女真语中称蹋鸱巾，故金代玉巾饰应为一套两件。

齐王妃花珠冠冠后左右两侧底缘各穿缀一件竹节状金环[1]，也称“竹节环纹金钿窠”，便于与冠后皂罗长脚幔带穿缀。据《金史·舆服志》记载，花珠冠“后有金钿窠二，穿红罗铺金款幔带一”。钿窠在宋金时期，其名为通称。《宋史·舆服志》记载，天子红蔽膝“饰以金钑花钿窠”，冠“金轮等七宝，元（原）真玉碾成，今更不用。如补空缺，以云龙钿窠”。“韠、绂、舄、大小绶，亦去珠玉、钿窠、琥珀、玻璃之饰”；命妇花钗冠“宝钿窠”。

除金齐国王夫妇墓出土玉冠巾饰外，黑龙江哈尔滨新香坊金墓出土了鹅衔莲玉巾饰[2]；1974 年北京房山长沟峪石椁金墓出土了白玉镂雕竹节巾饰[3]、白玉透雕绶带鸟衔枝冠饰[4]和白玉镂雕折枝花冠饰[5]等。

以黑龙江阿城巨源乡金齐国王夫妇墓、哈尔滨新香坊金墓、北京房山长沟峪石椁金墓出土玉冠巾饰等造型为依据，对比馆藏传世金代玉冠巾饰，纹饰有天鹅、鱼藻、绶带鸟衔莲和双龙衔珠纹等，造型和纹饰具有金代女真民族特色。

青玉透雕双鹅巾饰（图六四），中国国家博物馆藏。金代，长 5.5 厘米，宽 4.4 厘米。青玉，透雕交颈双鹅栖息于莲池水草旁，神态亲昵，一鹅口衔莲朵，羽翅用阴线刻画。下部左右透雕大小孔洞，便于穿缀皂罗垂角幞头巾。造型与黑龙江阿城金齐国王墓出土玉巾饰相近，应为金代男性皂罗垂角幞头巾后左右两侧的玉巾饰。玉巾饰又称纳言或玉逍遥，孙机称其为玉屏花[6]。

白玉透雕双鹅巾饰（图六五），中国国家博物馆藏。金代，长 3.7 厘米，宽 3.2 厘米。扁平状，透雕交颈双鹅栖息于莲池水草旁，神态亲昵，羽翅用阴线刻画。下部左右透雕大小孔洞，下部边框透雕三个小透孔。天鹅属候鸟，随季节迁徙，秋天飞往南方，开春再飞回北方，这与金代春季鹘捕鹅的捺钵活动紧密相关。

1 赵评春、迟本毅：《金代服饰——金齐国王墓出土服饰研究》，文物出版社，1998 年，彩色图版 112。

2 许晓东：《辽代玉器研究》，紫禁城出版社，2003 年，第 152 页。

3 杨伯达主编：《中国玉器全集》第 5 卷，河北美术出版社，1993 年，第 47 页。

4 杨伯达主编：《中国玉器全集》第 5 卷，河北美术出版社，1993 年，第 47 页。

5 杨伯达主编：《中国玉器全集》第 5 卷，河北美术出版社，1993 年，第 48 页。

6 孙机：《玉屏花与玉逍遥》，载《仰观集——古文物的欣赏与鉴别》，文物出版社，2012 年，第 415—424 页。

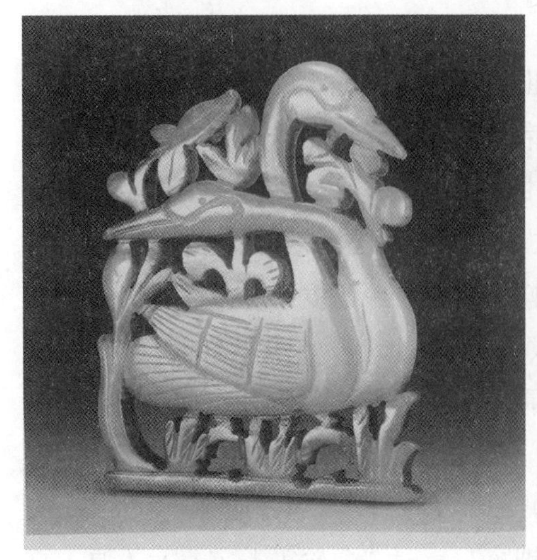

图六四 青玉透雕双鹅巾饰 金代 中国国家博物馆藏

图六五 白玉透雕双鹅巾饰 金代 中国国家博物馆藏

此器造型与黑龙江哈尔滨新香坊金墓出土鹅衔花玉巾饰相近。

白玉透雕绶带衔莲巾饰（图六六），中国国家博物馆藏。金代，长 6.8 厘米，宽 3.8 厘米。白玉，透雕绶带鸟衔莲，羽翅用阴线刻画。下部左右透雕孔洞，绶带鸟又称练雀，《禽经》记载：“带鸟性仁……练雀之类是也。”玉质精良，造型和纹饰具有金代工艺特征。绶带衔花纹样在金代大为流行。

白玉透雕鱼莲纹巾饰（图六七），中国国家博物馆藏。宋金，长 4.8 厘米，宽 4.4 厘米。透雕一条弯尾上翘鱼纹，鱼身细长，凹点眼，鱼鳍刻画阴线纹。其旁缠绕一折枝莲花，鱼头旁、腹下等处形成大小孔洞。玉质白润，纹饰简洁，构思巧妙，展现出造型艺术之美。

图六六 白玉透雕绶带衔莲巾饰 金代 中国国家博物馆藏

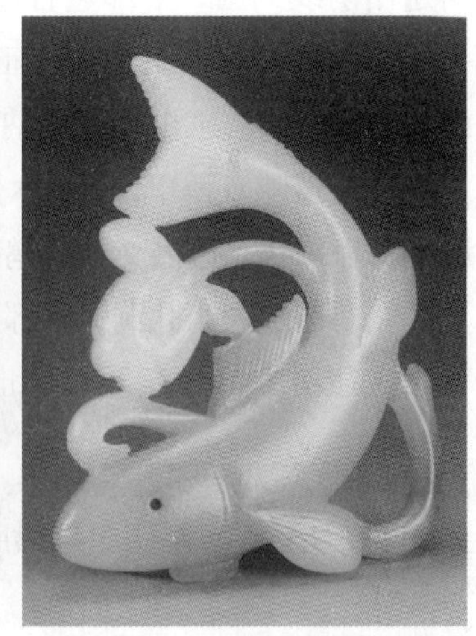

图六七 白玉透雕鱼莲纹巾饰 宋金 中国国家博物馆藏

白玉镂雕鱼藻纹巾饰（图六八），中国国家博物馆藏。宋金，长 5.3 厘米，宽 3.7 厘米。透雕一条弯尾上翘鱼纹，圆圈眼，半圆形鳃，背、腹出鳍。鱼旁缠绕折枝水藻，鱼头旁、腹下透雕成大小孔洞。玉质洁白光润，纹饰精美，制作精湛。

白玉透雕双龙衔珠纹冠饰（图六九），中国国家博物馆藏。金代，高 5.7 厘米，长 7.7 厘米。一面纹饰，双龙衔珠躬身相向而对，腿尾相缠；背面平整。采用一面透雕技法，玉质精良白润，造型独特，纹饰精美，是金代女真贵族妇女独有的玉器，造型与黑龙江阿城金墓出土齐国王妃花珠冠冠后白玉透雕双绶带鸟衔荷蕾纹冠饰和北京房山长沟峪金墓出土青玉双绶带鸟衔莲纹冠饰相近。

图六八 白玉镂雕鱼藻纹巾饰 宋金 中国国家博物馆藏

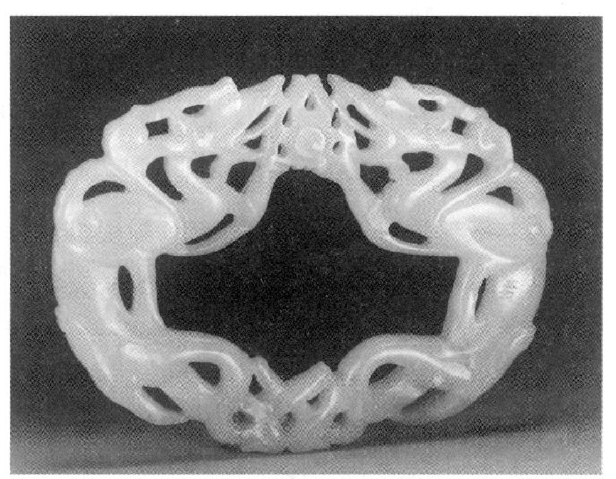

图六九 白玉透雕双龙衔珠纹冠饰 金代 中国国家博物馆藏

（三）玉服饰

玉服饰有霞帔和霞帔坠，为古代披在肩背上的服饰。帔子出现于南北朝时期，“霞帔”一词出于唐白居易《霓裳羽衣歌》记有：“案前舞者颜如玉，不著人家俗衣服。虹裳霞帔步摇冠，钿璎累累佩珊珊。”唐代妇女的帔帛则不用帔坠。

宋代把凤冠霞帔作为皇后常服列入舆服制度，霞帔及霞帔坠作为礼仪服饰，是身份和等级的标志。《宋史·舆服志》记载：“后妃大袖，生色领，长裙，霞帔，玉坠子。”霞帔原为宫中后妃礼服中所佩，后遍施于命妇，后民间也广泛使用。宋代霞帔多为锦缎金线刺绣，披于胸前，垂至膝部以下，底端系坠子，称霞帔坠。使妇女在行走时，霞帔不会发生偏移，落座起身时，霞帔能平贴附在衣服上，自然平正下垂。依据佩戴者身份，霞帔坠有金、玉、银等不同质地。

辽金时期受中原文化影响，亦使用霞帔和霞帔坠。《金史》记载：“又五品以上官母、妻，许披霞帔。”馆藏内蒙古辽墓出土錾刻凤纹金霞帔坠（图七十）

和錾刻对龙纹金霞帔坠（图七一），顶部有透孔，纹饰精美。

明代后妃、命妇礼服中关于霞帔花纹和霞帔坠材质及禽鸟种类有明确等级规定，亦是佩戴者身份象征。《明史·舆服志》记载，一品至五品命妇的霞帔上缀金霞帔坠。馆藏1958年江西南城明益庄王朱厚烨墓出土的凤纹金霞帔坠[1]，为明代命妇金霞帔坠代表。

宋代金霞帔坠出土较多，如江苏南京幕府山北宋墓、武进南宋墓，浙江湖州龙溪三天门南宋墓，福建福州仓山南宋黄昇墓，上海宝山月浦南宋谭氏墓等。出土玉霞帔坠，有浙江新昌南宋墓出土玉透雕双鸳鸯牡丹花卉纹霞帔坠，江苏南京江宁南宋墓出土玉透雕双凤纹霞帔坠等。《历代帝后像》中披霞帔和系霞帔坠的宋代皇后[2]（图七二）也可作为鉴定依据。

以两宋墓葬出土金和玉霞帔坠造型和纹饰为依据，可以鉴定传世宋代玉霞帔坠。故宫博物院藏白玉双凤纹霞帔坠为传世宋代玉霞帔坠代表。白玉透雕连环花结纹霞帔坠（图七三），中国国家博物馆藏。宋代，长7.6厘米，宽5.5厘米。白玉，菱形扁平体，双面纹饰，上部透雕缠枝莲纹，下部透雕凸脊状连环花结纹环。玉质优良，造型新颖别致，纹饰雕刻流畅细腻，花纹布局对称，纹饰和雕刻吸取了辽代工艺技法，应是宋代贵族妇女霞帔下方所系的玉霞帔坠。

图七十 錾刻凤纹金霞帔坠 辽代 内蒙古出土
中国国家博物馆藏

图七一 錾刻对龙纹金霞帔坠 辽代 内蒙古出土
中国国家博物馆藏

1 王春法主编：《中国古代服饰文化》，北京时代华文书局，2021年，第272页。
2 王春法主编：《中国古代服饰文化》，北京时代华文书局，2021年，第194页。

图七二　披霞帔和系霞帔坠的宋代皇后
转引自《中国古代服饰文化》

图七三　白玉透雕连环花结纹霞帔坠　宋代
中国国家博物馆藏

六、结语

综上所述，中国国家博物馆藏唐宋辽金元时期装饰玉器较多，种类齐全，题材丰富，造型和纹饰非常精美，具有浓郁的地域、时代特征和民族特色。

馆藏唐宋辽金元时期装饰玉器，玉材多用新疆和田白玉和带黄色玉皮的籽料，有少量青玉、碧玉、墨玉、水晶和玛瑙等，玉质精良，琢玉技法高超娴熟。

馆藏唐宋辽金元时期装饰玉器种类包括人们的服饰和随身佩戴的首饰、带饰、佩饰、冠帽饰等。玉首饰种类有梳背、双股钗、簪、金玉步摇、发冠和耳饰等。玉带饰种类有带銙、带板、铊尾、带扣、蹀躞、提携、带穿、带环、带饰、绦环、绦钩和带钩等。玉佩饰种类有组玉佩饰件、列鞢及云雁、云龙、童子执莲、孔雀衔花、飞天、花卉、连环花结、人物、动物、鸳鸯、嘎拉哈和鱼莲佩等。玉冠帽饰种类有帽饰、帽顶和冠巾饰等。玉服饰种类有霞帔等。种类繁多，纹饰精美。中国国家博物馆馆藏唐宋辽金元时期装饰玉器，充分展现出造型艺术之美和独特的艺术魅力，具有很高的历史、艺术和文化价值。

宋代霞帔坠子考略

邵雯（天津博物馆）

【摘要】本文从霞帔制度的历史源流着手，将其如何从唐代出现逐渐至宋代作为命妇礼服重要佩饰的历史渊源进行梳理。根据中国古代服饰文献史料，结合考古发掘简报和实物资料，对宋代颇具特色的器物种类之一的霞帔坠子进行整理与总结，对其造型、纹饰有了更加清晰的认识，并对其功用进行了探讨。

【关键词】帔帛；霞帔；礼服；帔坠；纹饰

一、霞帔制度溯源

“霞帔”一词最早见于唐，唐代诗人白居易曾在《霓裳羽衣歌》中赞咏：“虹裳霞帔步摇冠，钿璎累累佩珊珊。”诗中所提到的霞帔，其实在唐代的称谓是“帔帛”，是由一条很长且质地轻柔的披帛演变而来，自颈肩环绕于双臂的披肩，随风飘扬起舞，曼妙绮丽，是唐代仕女的经典服饰搭配。“唐式披帛的应用，虽早见于北朝石刻（如巩县石窟寺造像）伎乐飞天身上，但在普通生活中应用，实起于隋代，盛行于唐代，而下至五代，宋初犹有发现。”[1] 披帛是隋唐五代时期女子服饰襦裙服的重要组成部分。“襦裙服为上着短襦或衫，下着长裙，佩披帛，加

图一 周昉《簪花仕女图》

1 沈从文：《中国古代服饰研究》，上海书店出版社，1997 年，第 247 页。

半臂。”[1]辽宁省博物馆收藏的唐周昉《簪花仕女图》（图一），描绘的便是高髻、花冠、金步摇、蛾翅眉、着长裙、帔帛绕肩的贵族仕女形象。

至宋代，开始出现霞帔正式作为命妇礼服佩饰称谓的现象，霞帔成为重要的服饰装饰品之一。《宋史·舆服志》：“其常服，后妃大袖，生色领，长裙，霞帔，玉坠子。”[2]

总而言之，隋唐时期的帔帛更多是为了契合当时的审美风尚而装扮，尚未形成服饰礼制。“及至宋代，妇女日常已不着帔，但正像若干前一时代的常服在后一时代变作礼服一样，帔帛在宋代妇女的礼服中却以霞帔的名称出现，成为一宗隆重的装饰品”。[3]

二、宋代出土和传世的霞帔坠子

霞帔坠子（下文简称“帔坠”）是宋代颇具特色的器物种类之一，在过去的很长一段时间，学术界对其功用没有一个准确清晰的认知，在很多发掘简报和文献资料中称其为“香囊”“香薰”或者“佩饰”等。近年来随着越来越多宋墓文物的出土，发现系有帔坠的霞帔成套出土，人们对此才有了较为全面的认识。在福州北郊黄昇墓的发掘简报中[4]，提到了一件置于墓主头颈下，刺绣有

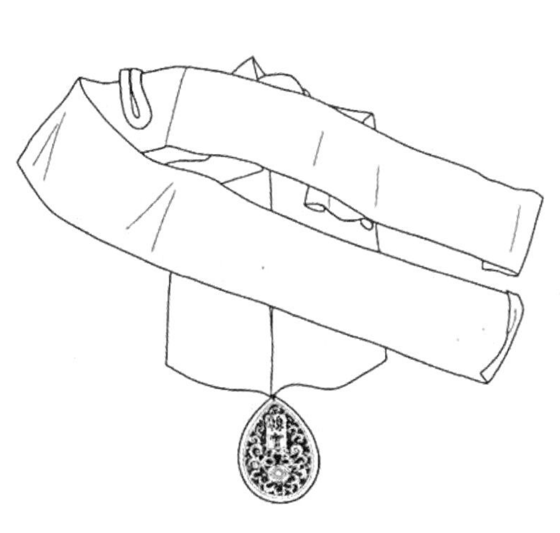

图二 双凤纹金坠绶带线图

图三 宋宣祖后佩霞帔和玉帔坠形象

1 华梅：《中国服装史》，中国纺织出版社，2007年，第49页。

2 [元]脱脱：《宋史》卷一五一《志第一百四·舆服三》，中华书局，1977年，第11册。

3 孙机：《霞帔坠子》，《文物天地》1994年第1期。

4 福建省博物馆：《福州市北郊南宋墓清理简报》，《文物》1977年第7期。

18种花卉并在末端系有一件浮雕双凤纹金坠的绶带（图二），其实这便是一副成套出土的霞帔与帔坠组合，这也与绘画作品得以相互印证，非常难得。台北故宫博物院收藏的《历代帝后像》中就描绘了宋宣祖后佩霞帔和玉帔坠的人物形象（图三）。由于霞帔采用丝织品制成，多已朽腐，帔坠因其材质的耐腐性才得以保存下来，帔坠的质地多金、银和玉，器形纹饰纷繁精美，甚为珍贵。

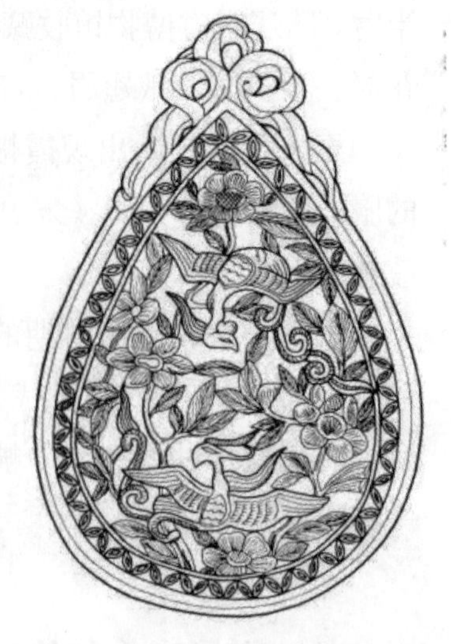

图四 宋代透雕凤凰牡丹纹金帔坠线图

南京幕府山北宋中期夫妇分室合葬墓女室出土了一件透雕凤凰牡丹纹金帔坠[1]（图四），高8.5厘米、宽5.7厘米，上端可开合，尖端有一穿线孔。正反两面花纹一样，一对金色的凤凰翱翔在牡丹丛中、葵花之下。出土位置在墓主胸前，帔坠用金丝系挂。是目前发现年代最早的帔坠。出土时系挂于胸前，印证了宋代霞帔及帔坠的实际功用。

图五 宋代银鎏金鸳鸯荷纹帔坠

上海宝山月浦南宋宝庆二年（1226）谭思通夫人墓中出土了一件银鎏金鸳鸯荷纹帔坠[2]（图五），高8.3厘米，宽6.6厘米，厚1.6厘米，重20克。鸡心形，由两块银片捶打而成，中空，正反两面均镂空錾刻交颈鸳鸯衔绣球图，两只鸳鸯分开站立于盛开的荷花上，张翅、交颈。尖端有一圆孔，便于系挂。

浙江湖州龙溪三天门南宋墓出土的一件透雕连理枝纹金帔坠[3]（图六），高10.3厘米，宽6.5厘米，重39.66克。由两金片捶打包合而呈鸡心形，中空略鼓。主体两面镂空錾刻连理枝纹，边缘錾刻对叶纹。尖端有小孔，穿有圆形金质绳系。

安徽宣城西郊窑场宋墓出土的一件透雕双龙纹金帔坠[4]（图七），高7.8厘米，双面刻首尾相对的双龙，龙各有三翼，上卷成为图案化的卷草纹，纹饰构造独特。

浙江新昌南宋墓M4季氏墓出土了1件桃形透雕玉佩[5]（图八），白玉，高7.5厘米，宽5.5厘米，采用透雕技法琢池荷鸳鸯戏水纹，一对鸳鸯在荷池中前后追

---

1 南京市博物馆：《南京幕府山宋墓清理简报》，《文物》1982年第3期。

2 何继英：《上海唐宋元墓》，科学出版社，2014年，第63—87页。

3 湖州市博物馆：《浙江湖州三天门宋墓》，《东南文化》2000年第9期。

4 中国文物精华编辑委员会：《中国文物精华（1993）》，文物出版社，1993年，图版123。

5 潘表惠：《浙江新昌南宋墓发掘简报》，《南方文物》1994年第4期。

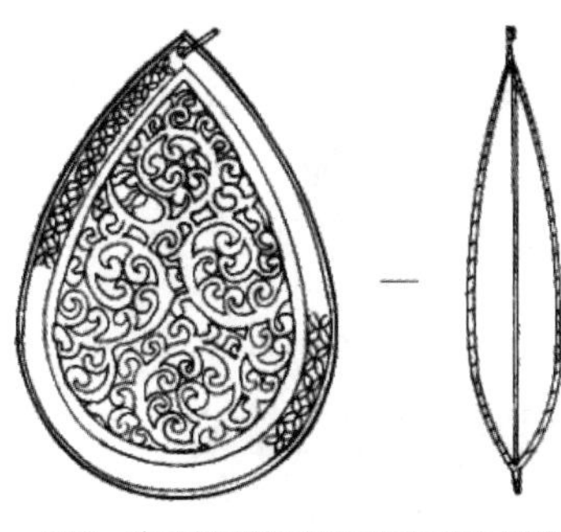
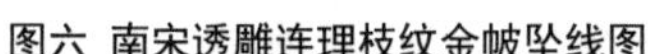

图六 南宋透雕连理枝纹金帔坠线图

图七 宋代双龙纹金帔坠

图八 南宋桃形玉线图

逐嬉戏，相偎相依，器底部琢一“心”字形藕节，上部莲叶满布，花叶繁密。整器设计精巧，别具匠心，也反映出宋代玉雕的设计水平和雕琢技巧。发掘报告所提到的桃形透雕玉佩应是玉帔坠。

江苏南京江宁清修南宋秦熺夫人墓出土的一件透雕双凤纹玉佩（图九），有出版物中也将此器归类为玉佩[1]。通过笔者对其形制、纹饰及加工工艺的研究比对，这件双凤纹玉佩应是玉帔坠，是南宋早期有明确出土地点的珍贵器物。这件玉帔坠呈近橄榄形，高 7.5 厘米，宽 5 厘米。顶部较底部尖。纹饰和左右对称，雕琢首尾相对的双凤，仿佛火焰般的修长尾羽上扬至顶部相对，将凤凰大气柔美的身姿淋漓展现。顶部正中有穿孔。

故宫博物院收藏了一件北宋白玉双凤纹帔坠[2]（图十），高 6.5 厘米，宽 5 厘米，厚 0.6 厘米。局部有黄褐色沁斑。器呈近橄榄形，上端较尖，底部平缓。主题图案是左右对称的两只凤鸟，脚踏两朵莲花，双尾羽上翘，周身辅以花叶纹。图案繁密，雕琢精细。整体布局和雕琢技艺显示了宋代高超的治玉水平。这件玉帔坠与南京江宁南宋秦熺夫人墓出土的双凤纹玉帔坠在形制上基本一致。

故宫博物院收藏了一件宋代镂雕连环花结玉帔坠[3]（图十一），高 7.6 厘米，宽 5.5 厘米，厚 0.8 厘米。器呈橄榄形，整器花枝弯曲缠绕，相互交错，环环相扣，造型有佛教八宝之一的盘肠之感，设计巧妙雅致，雕工精湛。

中国国家博物馆收藏了一件宋代镂雕连环花结玉佩（图十二），出版物将此件文物定名为“玉帔坠”[4]，高 6 厘米，宽 5.3 厘米，厚 0.6 厘米。器呈椭圆形，采用镂雕工艺雕琢，图案为四周枝叶向中心花朵缠绕交织，环体四角分别琢磨 2

1 陆建芳主编，张宏明、吴沫等著:《中国玉器通史·宋辽金元卷》，海天出版社，2014 年，第 125 页，图版 5-31。
2 陆建芳主编，张宏明、吴沫等著:《中国玉器通史·宋辽金元卷》，海天出版社，2014 年，第 113 页，图版 5-16。
3 陆建芳主编，张宏明、吴沫等著:《中国玉器通史·宋辽金元卷》，海天出版社，2014 年，第 112 页，图版 5-14。
4 陆建芳主编，张宏明、吴沫等著:《中国玉器通史·宋辽金元卷》，海天出版社，2014 年，第 113 页，图版 5-15。

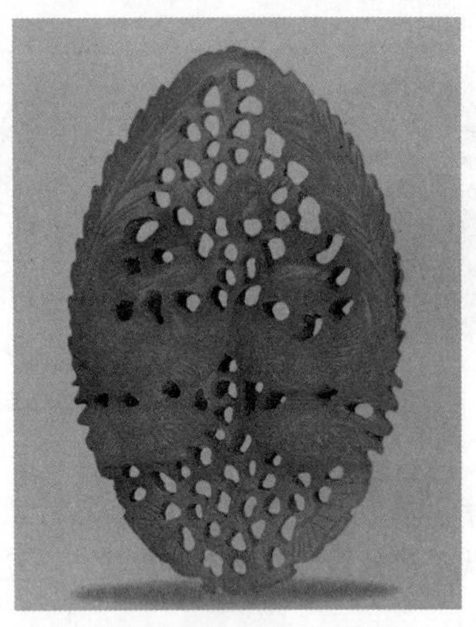

图九 南宋双凤纹玉帔坠

图十 北宋白玉双凤纹帔坠线图

图十一 宋代镂雕连环花结玉帔坠

图十二 宋代镂雕连环花结玉佩

个三角形孔。笔者认为，这件玉器的造型和穿孔方式与帔坠的构造完全不同，不应定名为“帔坠”，应属于宋代有装饰作用的玉佩。

三、宋代霞帔坠子的总结与问题探讨

目前国内宋代帔坠出土地点主要集中在南方地区，如浙江、江苏、安徽、上海等省市，历史上均在两宋时期的行政管辖区域内，而传世文物尚没有确切地点可依，目前仅有几件玉帔坠出于北京。

通过文中的实物资料，可对宋代帔坠的特征做以下几方面总结，质地多为金、银和玉质；帔坠平均尺寸高在7至10厘米之间，宽在5至6厘米之间；造型多为鸡心形，还有一些呈近橄榄形等，多上端尖窄下端宽平，尖端有孔供穿系；金、银帔坠采用鎏金、錾刻和捶打工艺，玉帔坠则更多使用透雕、镂雕和碾磨等工艺制成，也代表了宋代最高的制玉水平；主题画面结构有对称式和不对称式两类；帔坠纹饰多成对的龙凤纹、禽鸟纹（多数为鸳鸯或交颈鸳鸯）与花朵纹及枝茎纹相结合；帔坠整体画面布局饱满，呈现出禽鸟生机勃勃、矫捷灵动，花朵纷繁细密、枝繁叶茂的生动之美。

而对宋代帔坠功用方面的探讨也是非常重要的问题。首先，帔坠坠于霞帔最底端，使其通过胸腹垂顺于长裙下摆处，保证了霞帔的平整度，又增加了整体的装饰性，这是它的实际功用，而更深层次的是帔坠的政治功用，它作为后妃或高级官员命妇昭明身份、彰显地位的象征，在反映宋代服饰礼制的同时，玉帔坠更多肩负了礼玉性质。

四、结语

综合以上考古发掘资料不难看出，霞帔坠子作为两宋时期一种重要的礼服佩饰，在造型、纹饰等方面并没有形成严格且统一的形制。孙机先生在《霞帔坠子》一文中也提到："在南宋时，霞帔坠子还没有形成严格的制度，其纹饰样式比较纷繁，民间也广泛使用。"[1]但也正因如此，才使得我们看到两宋时期如百花齐放般不同艺术风格自由发展的帔坠样式，更为后代霞帔制度的完善与成熟奠定了重要基础。

1　孙机：《霞帔坠子》，《文物天地》1994年第1期。

部分文献所见宋代玉器及相关情况

张广文（故宫博物院）

【摘要】宋代玉器出现了较大的发展，目前，宋代遗址的考古发掘中发现了部分宋代玉器，尚不能反映宋代玉器全貌，人们对宋代玉器的认识，主要来源于考古发掘、文献记录及对传世玉器的鉴选等方面，有关文献是了解宋代玉器的重要材料。文献记录的宋代玉器，主要见于《宋史》等史书、宋元时期的金石著作及宋以后的文人笔记。元人脱脱所撰《宋史》，对于宋代的礼制及礼制用玉有较详尽的记述。《三礼图集注》《古玉图》《考古图》等著作，力图明确古文献中所记述的玉器之形状，并对一些传统玉器在宋代的应用进行了推测，其中所绘玉器图形同宋代玉器也有联系，这对于了解宋代玉器的情况很有帮助。《东京梦华录》《武林旧事》《梦粱录》《游宦纪闻》等一批文人笔记，记述了宋代城市的组织、市场、宫廷生活与风俗人情等方面的情况，其中不乏关于宋代玉器使用的记述。这些文献为我们研究宋代玉器提供了一定的依据。

【关键词】《宋史》；《三礼图集注》；《考古图》；《东京梦华录》；《武林旧事》；《梦粱录》；《游宦纪闻》；宋代玉礼器；宋代玉带；玉带饰；宋代玉佩；宋代玉酒器

唐代是古代玉器发展的缓慢期，相对金银器的大量使用，人们在社会生活中使用的玉器品种较少、数量不多、制作简单。宋代，玉器出现了较大的发展，这种情况在一些文献记录中有所反映。目前宋代遗址的考古发掘发现的玉器还较少，人们对宋代玉器的认识，主要来源于考古发掘、文献记录及对传世玉器的鉴选。

文献记录的宋代玉器，主要见于《宋史》等史书、宋元时期的金石著作及宋以后的文人笔记。历史上流传下来的宋代文献很多，元人脱脱所撰《宋史》，对于宋代的礼制及礼制用玉有较详尽的记述。《三礼图集注》《古玉图》《考古图》等金石著作，力图明确古文献中所记述的玉器之形状，并对一些传世玉器进行了考证，其中所绘玉器图形同宋代玉器也有联系，这对于了解宋代玉器的情况很有帮助。《东京梦华录》《武林旧事》《梦粱录》《游宧纪闻》等一批文人笔记记述了宋代城市的组织、市场、宫廷生活与风俗人情等方面的情况，其中不乏关于宋代玉器使用的记述。这些文献为我们研究宋代玉器提供了一定的依据。

一、《宋史》记载的部分宋代玉礼器

宋代是礼制与礼器异常发达的时代，公元960年，宋太祖赵匡胤于陈桥驿发动兵变夺取后周政权后，“受周禅，收揽权纲，一以法度振起故弊”[1]。制定礼法，加强礼制便是他巩固政权的一项措施。即位第一年，太常博士聂崇义呈上《三礼图集注》之后，宋太祖又亲自下令编撰《开宝通礼》二百卷、《通礼义纂》一百卷，作为推行礼制的依据。宋真宗即位后，“寻改礼仪院”，设置议礼局和礼制局，加强了礼制活动的管理机构。《宋史》一书有关“礼”的记述计28卷，反映出宋代礼制的完备和严密，尤其对于玉礼器的使用更有详尽记载，表明在宋代礼制的推动下，礼器用玉又有新的发展。

按照《周礼·大宗伯》“以玉作六器，以礼天地四方，以苍璧礼天，以黄琮礼地，以青圭礼东方，以赤璋礼南方，以白琥礼西方，以玄璜礼北方”[2]的说法，成体系的玉礼器包括璧、琮、圭、璜、琥、璋六种玉器。但是目前考古发掘到的宋代器物中，尚不见这六种器物，这就给研究宋代玉礼器带来了一定的困难。宋代使用过哪些玉礼器？这些器物的形状、特征如何？这些问题需要通过文献研究和对传世文物进行考察来解决，有关文献所记具体情况如下。

（一）璧、琮

璧、琮是古代重要礼器，《周礼》有“以苍璧礼天，以黄琮礼地”的记载，汉之后的许多王朝都制定了以璧、琮礼天地的制度，并使这一制度成为礼制的重要内容。这一制度一直延续到清代，璧与琮也就成为古代最重要的玉礼器，宋代也不例外。

宋王朝尤其重视璧的使用，沿用了古代的用璧制度，并制造了大量玉璧。《宋

1 ［元］脱脱：《宋史·礼一》，载《文渊阁四库全书》电子版，上海人民出版社，1999年。

2 《周礼·大宗伯》，载《文渊阁四库全书》电子版，上海人民出版社，1999年。

史·礼一》记载："庆历三年，礼官余靖言：'祈谷、祀感生帝同日，其礼当异，不可皆用四圭有邸，色尚赤。'乃定祈谷、明堂苍璧尺二寸，感生帝四圭有邸，朝日日圭、夕月月圭皆五寸，从祀神州无玉，报社稷两圭有邸，祈不用玉。"[1]据此而知，宋代苍璧用于祈谷、明堂之举。祈谷是帝王祭祀谷神，祈祷丰收的典礼，使用玉璧是表示对上天的敬意。

苍璧的另一个用途是作为燔燎的玉璧。《宋史·礼四》："监查御史里行王祖道言……详定所言：'宋朝祀天，礼以苍璧，则燎玉亦用苍璧；礼神以四圭有邸，则燎玉亦用四圭有邸。而议者欲以苍璧礼神，以四圭有邸从燎，义无所主。《开宝》《开元礼》，祀昊天上帝及五帝于明堂，礼神、燔燎皆用四圭有邸。今诏唯祀上帝，则四圭有邸，自不当设，宜如南郊，礼神、燔燎皆用苍璧。'"[2]

何为苍璧，宋代苍璧有何特点，这是需要研究的。依据《周礼》关于六瑞的记述,"苍"应为璧的颜色,《宋史·礼三》中陈旸讲得很清楚:"其位板之制……书徽号以苍色,取苍璧之义。"《庄子》有"天之苍苍,其正色耶"[3]之语,因而"苍"是指接近于天色的灰白色，这也是苍璧的颜色。

目前，能够断定为宋代素璧的发现较少。因此，宋代的礼器用璧，是使用传世古器还是使用宫廷制作的新璧，这也是应该弄清楚的问题。根据文献记载来分析，宋代所用的苍璧多数是本朝制造的。《宋史·礼四》："皇祐二年三月，仁宗……仍诏所司，……帝谓前代礼有祭玉，燔玉，今独有燔玉，命择良玉为琮、璧。"[4]这一记载说明宋代曾用好玉制造玉璧，这些玉璧中肯定有大量苍璧，但在礼仪活动之后"皆置神坐前，燔玉加币上"，进行了焚烧。除苍璧外，宋代制造的玉器中还有其他类型的璧，吕大临《考古图》中辑录了一件汉以前的谷纹璧，说明这类玉璧在宋代已受到人们的重视，存在着照样仿制的可能。

目前，宋代玉璧已有一定的考古发现，一些已残破：

浙江兰溪南宋墓出土有谷纹璧[5]。四川蓬安西拱桥出土有青玉三螭纹璧，直径10.4厘米，璧的一面饰三螭，一面饰云纹[6]。由璧的花纹来看，不属礼器用的苍璧。江西上饶赵仲湮墓出土的白色玉璧，直径8.8厘米[7]。辽宁朝阳北塔天宫收藏有玉璧，青白玉，素面无纹，应属苍璧[8]。宋、辽玉器各有独立性，又相互

1 [元]脱脱：《宋史·礼一》，载《文渊阁四库全书》电子版，上海人民出版社，1999年。
2 [元]脱脱：《宋史·礼四》，载《文渊阁四库全书》电子版，上海人民出版社，1999年。
3 《庄子注》卷一，载《文渊阁四库全书》电子版，上海人民出版社，1999年。
4 [元]脱脱：《宋史·礼四》，载《文渊阁四库全书》电子版，上海人民出版社，1999年。
5 兰溪市博物馆：《浙江兰溪市南宋墓》，《考古》1991年第7期。
6 上海博物馆：《中国隋唐至清代玉器学术研讨会论文集》，上海古籍出版社，2002年，图版三一。
7 古方主编：《中国出土玉器全集》第9卷，科学出版社，2005年，图版98。
8 朝阳北塔考古勘察队：《辽宁朝阳北塔天宫地宫清理简报》，《文物》1992年第7期。

影响，宋代苍璧应与此类相似。

有关宋代使用玉琮的记述主要见于《宋史·礼三》："又言'《大礼格》，皇帝祇玉用黄琮，神州地祇、五岳以两圭有邸。今请二者并施于皇地祇，求神以黄琮，荐献以两圭有邸。神州惟用圭邸，余不用。玉琮之制，当用坤数，宜广六寸，为八方而不剡。两圭之长，宜共五寸，并宿一邸，色与琮同……'并从之。"[1]宋代有关使用玉琮的规定源于《周礼》。玉琮的实物在新石器时期到汉代的考古发掘中都有出现,《说文》释其形为"瑞玉,大八寸,似车釭"[2],《周礼》之注："圆曰璧，方曰琮。"在这里并没有表明玉琮是片状还是立体的，宋以后的一些古玉器图注中，多将玉琮图释为片状，清后期，学界对玉礼器进行研究，将玉琮确定为方柱体玉器。

宋人所说的玉琮同当代人所言之琮似有区别，聂崇义《三礼图集注》把玉琮绘成中心无孔且八瓣梅花形的玉片，把驵琮绘成八瓣梅花形且中心有孔可穿丝绳的玉片[3]，这种形状的玉器与古文献所言玉琮绝不相同。《三礼图集注》所绘玉琮是聂崇义个人对玉琮形状的猜测,还是依照当时实物而绘,目前尚难确定。这种玉琮同《宋史》中"为八方而不剡"之说也不符，《三礼图集注》所绘玉琮的实物目前尚未确定。

（二）圭

圭是长方形、片状、顶端有角的玉器，在宋代玉礼器中，玉圭的使用量很大，依据《宋史》记载，宋代使用的圭分别为日圭、月圭、镇圭、大圭和玄圭。

日圭用于朝日，月圭用于夕月。《宋史·礼一》："朝日日圭、夕月月圭，皆五寸。"[4]两种圭的形状皆无描述。

镇圭与大圭用于政和祈谷仪中的奠圭与搢圭。《宋史·礼三》："政和祈谷仪：……皇帝搢大圭，执镇圭，诣上帝神位前，北向，奠镇圭于缫藉，执大圭，俛伏，兴。又奏请搢大圭，跪，受玉币。"[5]除政和祈谷仪使用大圭、镇圭外，郊祀活动中还要利用大圭、镇圭进行奠圭、执圭、搢圭、受圭等活动。《宋史·礼二》："神宗元丰六年十一月二日，帝将亲郊，……殿中监进镇圭，嘉安乐作，诣上帝神坐前，北向，跪，奠镇圭于缫藉，执大圭，俛伏，兴，搢圭，跪，三上香，奠玉币，执圭，俛伏、兴，再拜。内侍举镇圭授殿中监，乐止。广安乐作，

1 ［元］脱脱：《宋史·礼三》，载《文渊阁四库全书》电子版，上海人民出版社，1999 年。
2 ［汉］许慎：《说文解字》，载《文渊阁四库全书》电子版，上海人民出版社，1999 年。
3 ［宋］聂崇义：《三礼图集注 》，载《文渊阁四库全书》电子版，上海人民出版社，1999 年。
4 ［元］脱脱：《宋史·礼一》，载《文渊阁四库全书》电子版，上海人民出版社，1999 年。
5 ［元］脱脱：《宋史·礼三》，载《文渊阁四库全书》电子版，上海人民出版社，1999 年。

诣太祖神坐前，东向，奠圭，币如上帝仪，……再诣罍洗，帝搢大圭，盥帨，洗爵拭爵讫，执大圭。宫架乐作，至坛下，乐止。……登歌禧安乐作，诣上帝神坐前，搢圭，跪，执爵祭酒，三奠讫，执圭，俛伏，兴，乐止。……禧安乐作，帝再拜，搢圭，跪，受爵，……礼仪使跪奏：'礼毕。' 宫架乐作，帝出中壝门，殿中监受大圭，归大次，乐止。"[1]

宋代的玄圭用于祭祀圜丘与方泽。《宋史·礼四》："蔡攸……又言：……夏祭方泽，两圭有邸，与黄琮并用。明堂大享，苍璧及四圭有邸亦宜并用。圜丘、方泽，执玄圭则搢大圭，执大圭则奠玄圭。……"[2]玄圭是指圭的颜色为黑色，《尚书·禹贡》有"禹锡玄圭"之说。故宫博物院收藏的黑色玉圭多为龙山文化晚期到商代的作品，宋元时期的黑色玉圭尚未发现。

按照《礼记》的说法，大圭应是很长的圭，且光素无纹，"大圭长三尺，杼上终葵首""大圭不琢，大羹不和"。[3]长而薄的条状大玉件，目前只在商代前的玉器中有，其他时代的作品都比之小而短，绝不见三尺之器。已确定的宋代的玉器中尚未发现三尺大圭。

（三）圭璧、两圭有邸、四圭有邸

圭璧、两圭有邸、四圭有邸源于《周礼》，宋代将其定为礼仪活动中使用的礼器。对两圭有邸，《宋史》中多有记载："报社稷两圭有邸""神州，地祇，五岳以两圭有邸。""荐献以两圭有邸""夏祭方泽，两圭有邸，与黄琮并用"。[4]对四圭有邸《宋史》中也有许多记载，最初祈谷与祀感生帝皆用四圭有邸，后经礼官余靖进言，祈谷与祀感生帝同日，其礼当异，"乃定……感生帝四圭有邸"[5]。另外，"明堂大享，苍璧及四圭有邸亦宜并用"[6]，"神州惟用圭邸，余不用"[7]。《周礼》所言圭邸为何，目前尚不能确定。《宋史》卷一零三："先王制礼。用圭璧以祀日月星辰，所谓圭璧者，圭，其邸为璧，……夫两圭有邸，祀地之玉，以祀星辰，非周礼也，乞改用圭璧以应古制。"[8]所谓邸，《说文》释："……舍也"[9]，《尔雅·释器》："注，邸即底"[10]"所谓圭璧者，圭其邸为璧"。一是宋代的圭璧有邸"。

1 ［元］脱脱：《宋史·礼二》，载《文渊阁四库全书》电子版，上海人民出版社，1999 年。
2 ［元］脱脱：《宋史·礼四》，载《文渊阁四库全书》电子版，上海人民出版社，1999 年。
3 《礼记·礼器》，载《文渊阁四库全书》电子版，上海人民出版社，1999 年。
4 ［元］脱脱：《宋史·礼三》，载《文渊阁四库全书》电子版，上海人民出版社，1999 年。
5 ［元］脱脱：《宋史·礼一》，载《文渊阁四库全书》电子版，上海人民出版社，1999 年。
6 ［元］脱脱：《宋史·礼四》，载《文渊阁四库全书》电子版，上海人民出版社，1999 年。
7 ［元］脱脱：《宋史·礼三》，载《文渊阁四库全书》电子版，上海人民出版社，1999 年。
8 ［元］脱脱：《宋史》卷一零三，载《文渊阁四库全书》电子版，上海人民出版社，1999 年。
9 ［汉］许慎：《说文解字》，载《文渊阁四库全书》电子版，上海人民出版社，1999 年。
10 《尔雅·释器》，载《文渊阁四库全书》电子版，上海人民出版社，1999 年。

就是置圭于璧上的玉器[1]（对此邓淑苹老师多有论述）。

《宋史》卷一零一："帝谓前代礼有祭玉、燔玉，今独有燔玉，命择良玉为琮、璧。皇地祇黄琮、黄币，神州两圭有邸、黑币，日月圭、璧，皆置神坐前，燔玉加币上……夏祭方泽，两圭有邸，与黄琮并用。明堂大享，苍璧及四圭有邸亦宜并用。圜丘、方泽，执玄圭则搢大圭，执大圭则奠玄圭。"[2]《三礼图集注》对圭璧、两圭有邸、四圭有邸都有图解。宋代之后的玉器中出现了与《三礼图集注》图示相似的圭璧及两圭有邸的玉器。这些器物的出现同宋代使用的圭邸有一定的关系。这类器物中制造年代较早的作品，是故宫博物院收藏的一件圭璧。圭璧的边缘向外伸出圭角，这件器物的玉为旧玉，饰仿古云纹。从这件作品风格上看，宋代的可能性较大。作品上有乾隆诗，其中一句为"却是千年以上物"，因此认为它是宋代或以前作品。[3]

（四）玉册

玉简册战国时期已出现，唐及五代玉册较流行。上海博物馆藏有唐代玉册，北京唐史思明墓出土有玉册，后蜀王建墓及南唐陵墓中都曾发掘到玉哀册。宋代承袭唐制，大量使用玉册。使用的方式有多种，首先，宋代玉册用于封禅。《宋史·礼七》："初，太平兴国中，有得唐玄宗社首玉册、苍璧，至是令瘗于旧所。其前代封禅坛址摧圮者，命修完之。……以玉为五牒，牒各长尺二寸，广五寸，厚一寸，刻字而填以金，联以金绳，缄以玉匮，置石䃭中。正坐、配坐，用玉册六副，每简长一尺二寸，广一寸二分，厚三分，简数量文多少。"第二，用于祀汾阴后土："祀汾阴后土……正坐玉册，玉匮一副；配坐玉册，金匮二副。"[4]第三，用于郊坛行礼。

从上述情况看，宋代使用玉册的数量较大，所言每册简数也不少。《宋史》记玉册简长 1 尺 2 寸、宽 1.2 寸，其上刻文而涂金，是一种很重要的玉器，因用后埋于地下，所以不易发现，目前考古发掘中唐及其后的玉册多有发现，台北故宫博物院藏有传世宋代玉册，宋代玉册实物的出土，还有待于今后的考古发现。

（五）玉斝、玉瓒

使用玉斝、玉瓒是古代重要礼仪。《左传·昭公十七年》："若我用瓘斝玉瓒，

1 [元]脱脱：《宋史》卷一零三，载《文渊阁四库全书》电子版，上海人民出版社，1999 年。
2 [元]脱脱：《宋史》卷一零一，载《文渊阁四库全书》电子版，上海人民出版社，1999 年。
3 故宫博物院：《故宫博物院藏文物珍品大系·玉器》（上），上海科学技术出版社，2008 年，第 265 页。
4 [元]脱脱：《宋史·礼七》，载《文渊阁四库全书》电子版，上海人民出版社，1999 年。

郑必不火。”[1]《说文》释“瓘”：“玉名也。”[2]《宋史·礼一》记载宋代祭祀活动中使用玉斝、玉瓒：“太庙初献，依开宝例，以玉斝、玉瓒，亚献以金斝，终献以瓢斝。”[3]玉斝与玉瓒是两种器皿，在使用时还有洗瓒、拭瓒的仪式。“帝亲祠南郊，……帝搢圭，盥帨，洗瓒，拭瓒讫。”[4]

玉斝是玉制的斝，一种玉琢仿古彝。玉瓒的形状，《礼记·明堂位》“灌用玉瓒大圭”之注曰：“瓒形如盘，容五升，以大圭为柄，是谓圭瓒。”[5]。

二 、文献记载的宋代玉带及玉带饰

宋代服饰，衣外有带，这种装饰用带称为大带。《太平广记》中有“轻裘大带，白玉横腰”[6]，也就是说大带上也有镶玉事件。而玉带则多称玉束带。《宋史》卷一五一记载：“皇帝服……红袍，玉束带……”。

《宋史》卷一五四记所获金人玉带，其各部称谓应为宋人之语言：“理宗端平元年，从大元兵夹攻金人……所获亡金宝物……金人上其祖阿骨打谥宝也，其法物有……透碾云龙玉带一，内方八胯，结头一。塌尾一，并玉涂金结头一，涂金小结攀一，连珠环玉束带一，垂头里拓上有金龙，带上玉事件大小一十八，又玉靶铁剉一，销金玉事件二，皮茄袋一，玉事件三。”玉带主要有铐、塌尾、结头、嵌缀事件。[7]

宋史还记有皇帝用玉束带赏赐的情况。《宋史》卷三七零：“上嘉叹劳勉……擢磁州团练使。赐袍带锦帛加赠玉束带，时方与金盟。”[8]《宋史》卷四八零：“太祖宴饯于讲武殿，赐窄衣玉束带，玉鞍勒马，玳瑁鞭……赐玉束带，金唾壶、椀、盎等。”[9]

玉带所嵌玉件唐代称为“带铐”。《新唐书》卷二十四：“其后以紫为三品之服，金玉带铐十三。”[10]唐代玉带对宋代玉带有影响。明方以智《通雅》卷三七释宋玉带：“宋建隆元年，赐宰相、枢密犀玉带，熙宁，解白玉带赐王安石，宣和七年，赐皇太子碾龙排方玉带，……驸马都尉赐白玉带，宗室服金雕玉白玉通犀带。

1 《左传·昭公十七年》，载《文渊阁四库全书》电子版，上海人民出版社，1999 年。
2 《左传·昭公十七年》，载《文渊阁四库全书》电子版，上海人民出版社，1999 年。
3 [元]脱脱：《宋史·礼一》，载《文渊阁四库全书》电子版，上海人民出版社，1999 年。
4 [元]脱脱：《宋史·礼十一》，载《文渊阁四库全书》电子版，上海人民出版社，1999 年。
5 《十三经注疏》之《礼记·明堂位》，载《文渊阁四库全书》电子版，上海人民出版社，1999 年。
6 [宋]李昉：《太平广记》卷四九二，载《文渊阁四库全书》电子版，上海人民出版社，1999 年。
7 [元]脱脱：《宋史》卷一五四，载《文渊阁四库全书》电子版，上海人民出版社，1999 年。
8 [元]脱脱：《宋史》卷三百七零，载《文渊阁四库全书》电子版，上海人民出版社，1999 年。
9 [元]脱脱：《宋史》卷四百八零，载《文渊阁四库全书》电子版，上海人民出版社，1999 年。
10 [宋]欧阳修：《新唐书》卷二十四，载《文渊阁四库全书》电子版，上海人民出版社，1999 年。

今时革带，前合口曰三台，左右各排三圆桃。排方左右曰鱼尾，有辅弼二小方。后七枚，前大小十三枚。唐之十三銙，即此式之初式也。”认为唐代带板方式影响到宋代排方玉带，又影响到明代玉带。[1]

玉绦环应是大带上的玉件，宋人著《古今考》，元人方回续之，《续古今考》记：“……俗人喜带玉绦环。”[2]既然是考，所记应是旧事，所谓玉绦环，也是宋代称谓。

另外，宋代尚有蹀躞带的称谓，宋章如愚《群书考索·续集》卷二十六有所记录：“中国常服，全用窄袖短衣，长旄靴、蹀躞带。”[3]从文献来看，宋代使用的玉带、玉带饰种类是很多的，大量作品的情况我们尚未了解，从考古发现及传世玉器整理来看，有以下一些情况：

（一）关于玉带

宋代及相关时期玉带，考古发掘已有出土：

1. 四川成都五代王建墓出土玉带，“由……玉銙七方及铊尾组成”[4]，玉銙为方形，玉带饰皆饰凸起的龙纹，玉饰的背面刻有铭文。

2. 宋代使用的玉带、玉带饰，江西上饶南宋赵仲湮墓已有出土，玉带板九件，八件为方形，一件为长方形，池面，每件皆饰单一人物纹，带板背面雕有序号，最大号为“十”，可能带板有缺失。

3. 方形玉带、玉带饰，内蒙古自治区敖汉旗萨力巴乡水泉辽墓出土，《中国出土玉器全集》录其九块，其中8块边长6—7厘米，近似方形，一块为长方形，表面雕单一人物图案。[5]

4. 带饰12件，辽宁朝阳姑营子辽耿氏墓出土。[6]

5. 金扣玉带，吉林省扶余县金墓出土。[7]由十八件素面带銙和一件较长玉件组成。用金铆钉连缀于马尾带，金质带扣。

由考古发现的宋及相关时期玉带来看，宋代玉带，应以嵌缀方形玉带板为，并称为排方玉带。宋人熊克《中兴小纪》卷一：“皇帝解排方玉带以赐。”“排方玉带”或为皇室玉带主要样式。

---

1 [明]方以智：《通雅》卷三十七，载《文渊阁四库全书》电子版，上海人民出版社，1999年。

2 [元]方回：《续古今考》，载《文渊阁四库全书》电子版，上海人民出版社，1999年。

3 [宋]章如愚：《群书考索·续集》卷二十六，载《文渊阁四库全书》电子版，上海人民出版社，1999年。

4 杨伯达主编：《中国玉器全集》第5卷，河北美术出版社，1993年，图7。

5 古方主编：《中国出土玉器全集》第2卷，科学出版社，2005年，图版82—90。

6 朝阳地区博物馆：《辽宁朝阳姑营子辽耿氏墓发掘报告》，载《考古学集刊·3》，中国社会科学出版社，1983年。

7 古方主编：《中国古玉器图典》，文物出版社，2007年，第299页。

（二）玉带饰、佩玉

宋代玉带除了排方玉带外还有其他带饰，民间使用的玉带饰，样式更为复杂。古文献、考古发现及传世玉器中出现有玉带钩、花式带板、绦环、玉挂环等玉件。

1. 玉带钩

带钩的使用，自东周到宋，已逾千年，发展得非常成熟。文献多有记载。宋李昉《太平御览》卷三五四："浚池得一金革带钩，隐起镂甚精巧"[1]。吕大临《考古图》卷八："所谓玉者，凡十有六，双琥璏，三鹿卢带钩，琫珌，璃琢杯，水苍佩，螳蜋带钩，佩刀柄，珈瑱，拱璧是也。"[2] 元朱德润《古玉图》收录多个旧带钩，其中"汉双螭钩"，钩头螭发短如刷，分向两侧，应属宋制，"琱玉双头钩"一端作马头，一端作张口螭头。[3] 亦属宋代作品。

宋代玉带钩的实物，样式较多，有马首、鱼式，重要的、影响较大的典型作品有三类：

（1）窄玉钩，以四川广汉窖藏玉带钩为代表，该器长 8.1 厘米，高 2.3 厘米，钩身窄而厚，方棱形，素面无纹，钩头为鹿首形。[4]

（2）宽腹兽面纹钩，考古发现多件。江西省吉水县南宋墓出土玉带钩，长 12 厘米，宽 2.6 厘米，钩头扁且宽，为兽面纹。[5] 吕大临《考古图》所绘，南宋郑继道墓出土玉带钩皆属此类。

（3）雕琢精细的仿汉玉带钩，明高濂《遵生八笺》卷十四对此有评论："碾法之工宋人亦自甘心，其制人物、螭玦、钩环并殉葬等物，古雅不烦，无意尚形而物趣自具，尚存三代遗风，若宋人则克意模拟求物象形，徒胜汉人之简，不工汉人之难，所以双钩、细碾、书法、卧蚕则迥别矣，汉宋之物入眼可识。"[6]

这里讲到宋代仿汉代多种器物，带钩、带环就是其一。这类制造精细、造型复杂的宋代玉带钩故宫博物院有藏，镂雕，螭纹或兽面纹，较汉代作品略宽，精细、线条厚重，由于制造年代证据不足，出版物尚不见采用，拍卖市场可见作为汉代作品拍卖。

2. 玉带饰

除"桃圆""排方""辅弼""鱼尾"外，宋代玉带还有其他缀玉样式：

（1）植物样式玉带板，也就是带板不是方形，而是某些生物样式。四川省

1 [宋]李昉：《太平御览》卷三五四，载《文渊阁四库全书》电子版，上海人民出版社，1999 年。

2 [宋]吕大临：《考古图》卷八，载《文渊阁四库全书》电子版，上海人民出版社，1999 年。

3 [元]朱德润：《古玉图》，载《说玉》，上海科技教育出版社，1993 年。

4 上海博物馆：《中国隋唐至清代玉器学术研讨会论文集》，上海古籍出版社，2002 年，图版一三。

5 上海博物馆：《中国隋唐至清代玉器学术研讨会论文集》，上海古籍出版社，2002 年，图版一六。

6 [明]高廉：《遵生八笺》卷十四，载《文渊阁四库全书》电子版，上海人民出版社，1999 年。

广汉市和兴乡联合村出土乌龟荷叶带饰[1]，应是缀玉玉带的饰物。此图案带饰，传世玉器中多有出现。

（2）穿带式玉带饰

即革带从玉饰中穿过，玉饰裹在带上。故宫博物院藏有连珠纹龙纹玉带饰多件，《宋史》卷一五四记所获金人玉带："理宗端平元年，从大元兵夹攻金人……所获亡金宝物……金人上其祖阿骨打谥宝也，其法物有……透碾云龙玉带一，内方八胯，结头一。塌尾一，并玉涂金结头一，涂金小结攀一，连珠环玉束带一，垂头里拓上有金龙，带上玉事件大小一十八。"[2]金人玉器有许多仿宋人而造，一些作品宋、金难分，故宫博物院所藏这类玉饰，应属这里所述"透碾云龙玉带""连珠环玉束带"。这类玉带饰，两侧间有通孔，革带可穿过。另元末苏州张士诚母曹氏墓出土玉带一副，其上一些玉饰亦呈柱状，两侧有通孔，可穿过革带。[3]玉器中亦常出现此类玉饰，有些极其简练。

3. 玉佩

宋代是佩玉发展时期，佩玉较唐代多了许多，宋代的佩戴用玉，多见头部饰玉、腰部饰玉、多种佩玉。

《宋史》对于宋代玉佩制度的记载不多，佩玉已不那么显赫，不那么尊贵。《宋史》卷一五一舆服三："天子之服……记，佩白玉玄组绶，革带博二寸玉钩艓以佩绂，……红罗勒帛，鹿卢玉具剑，玉镖首、镂白玉双佩……。"[4]对于这里讲的玉饰由于缺乏图鉴和相应的考古资料，我们很难知道其样式，宋人陈祥道著了一部《礼书》解释古代礼制，涉及玉佩。《礼书》卷十九《天子佩》"白玉玄组绶"，并绘图，其图上部为珩，珩之左、中、右下垂三系，垂系下端，左、右为璜，中为玉件，标为"冲牙"，垂系有两条斜系交叉，交叉点有一环，标其名"琚瑀"[5]。此类玉佩，古称"杂佩"，今人简称"组佩"，应与宋人玉珮佩戴方式相近，苏州吴曹氏墓出土组玉佩与之相近[6]。宋代组玉佩样式有多种，因年代、人物身份不同而不同，浙江衢州南宋墓出土的如意形合页状玉器，即为成组玉佩的一件，这从宋代人物雕塑作品上可以看到。

《宋史》及多个文献提到了"白玉双佩"，但现在还不能明确白玉双佩的

1 上海博物馆：《中国隋唐至清代玉器学术研讨会论文集》，上海古籍出版社，2002 年，图版一三。

2 [元]脱脱：《宋史》卷一五四，载《文渊阁四库全书》电子版，上海人民出版社，1999 年。

3 苏州博物馆：《苏州吴张士诚母曹氏墓清理简报》，《考古》1965 年第 6 期。

4 [元]脱脱：《宋史》卷一五一·《舆服三·天子之服》，载《文渊阁四库全书》电子版，上海人民出版社，1999 年。

5 [宋]陈祥道：《礼书》卷十九《天子佩》，载《文渊阁四库全书》电子版，上海人民出版社，1999 年。

6 苏州博物馆：《苏州吴张士诚母曹氏墓清理简报》，《考古》1965 年第 6 期。

具体样式，宋代玉器是唐五代玉器低潮后的爆发，较历代玉器有很大的变化。同时，传统的战国汉代玉器的仿制也占有非常高的地位。仿汉代玉佩在宋代非常流行。元朱德润《古玉图》收录六件环形玉佩，三件名“盘螭环”[1]，清代出现的托名“龙大渊”的《古玉图谱》称这类玉佩为“螭玦”[2]，应该说这类仿汉代风格的玉韘形佩，在宋代玉佩中占重要地位。明代高濂有评论：“其大小图书碾法之工，宋人亦自甘心，其制人物、螭玦、钩环并殉葬等物，古雅不烦，无意肖形而物趣自具，尚存三代遗风，若宋人则克意模拟求物象形，徒胜汉人之简，不工汉人之难，所以双钩、细碾、书法、卧蚕则迥别矣，汉宋之物入眼可识。”[3]现代考古发现了一些宋代这类作品，如四川广汉窖藏的宋代螭纹环形饰，两面皆饰双螭龙纹。

三、《武林旧事》《东京梦华录》《游宧纪闻》等笔记记载的宋代玉器

宋代的文人笔记中，有一些关于玉器使用的记载，尤其《武林旧事》《东京梦华录》《游宧纪闻》等纪闻、杂记，所记虽零散，能从多角度表现宋代玉器的情况。

（一）宋代仿古玉

仿古玉大量出现于宋代，这一观点已为许多学者认可，但是宋代仿古玉的全貌目前尚不明了。有关宋代仿古玉的文献及实物材料非常零散，另外，考古发现的宋代玉器就很少，其中仿古玉器就更少。因此，确定宋代仿古玉器的典型器物，研究其风格，还要借助其对宋代玉器进行总体的排比和类比。

宋代尚古之风盛行，大量仿古器物出现，其根源在于皇室的提倡。“初，议礼局之置也，诏求天下古器，更制尊、爵、鼎、彝之属……”[4]设置议礼局，更制古器是宋代礼制的需要，它大大地推动了仿古器物的生产。仿古器物出现的另一个原因是古玩市场的存在。宋代商品经济发达，玉器是当时的重要商品，市场上出现了专门贩卖玉器的商店，这些商店贩卖的玉器，除了应时作品之外，还包括仿古玉器。

---

1 ［元］朱德润：《古玉图》，载《说玉》，上海科技教育出版社，1993 年，第 601 页。

2 《青芝堂重镌古玉图谱》第六十三册，载《说玉》，上海科技教育出版社，1993 年，第 1190 页。

3 ［明］高廉：《遵生八笺》卷十四，载《文渊阁四库全书》电子版，上海人民出版社，1999 年。

4 ［元］脱脱：《宋史》礼一，载《文渊阁四库全书》电子版，上海人民出版社，1999 年。

《武林旧事》较多地记述了宋代玉器的使用情况："宝器，御药带一条、玉池面带一条、玉狮蛮乐仙带一条、玉鹘兔带三条、玉璧环二、玉素钟子一、玉花高足钟子一、玉枝梗瓜杯一、玉瓜杯一、玉东西杯一、玉香鼎二盖全、玉盆儿一、玉椽头碟儿一、玉古剑璏等十七件、玉圆临安样碟儿一、玉靶独带刀子二、玉并三靶刀子四、玉犀牛合替儿一，……玛瑙碗大小共二十件。"[1] 对仿古玉的使用也有一些记述："淳熙六年……车驾过宫，恭请太上、太后幸聚景园"，景园陈设"……就中间沉香卓儿一只，安顿白玉碾花商尊，约高二尺，径二尺三寸，独插照殿红十五枝"[2]。商代大件的白玉制品很少，更不见玉尊，这里所指的白玉碾花商尊，无疑是一件仿古作品，高二尺，径二尺三寸，属矮墩形，是目前知道的最大的宋代玉雕仿古彝。《武林旧事》卷九《高宗幸张府节次略》记："进奉盘合，……宝器……玉香鼎二，盖全。玉古剑璏十七件。"[3]"玉古剑璏"名称中虽称古器，其中也可有仿古作品。从这段记载中可以知道，宋代一些人曾通称玉器为"宝器"。所谓"玉香鼎"为何物，目前已经发现的宋代以前的玉器中，尚未确定有鼎，这里所言玉香鼎，应为宋代本朝所造，造型应与宋代陶瓷仿古鼎彝相仿，宋代的各类仿古鼎，似曾用来焚香，后人称为炉。

宋人张世南《游宦纪闻》记述了所见古器的纹饰及器形特点："其制作则有云纹，雷纹，山纹，轻重雷纹，垂花雷纹，鳞纹，细纹，粟纹，蝉纹，黄目，飞廉，饕餮，蛟螭，虬龙，麟凤，熊虎，龟蛇，鹿马，象鸾，夔牺，蜼凫，双鱼，蟠虺，如意，圜络，盘云，百乳，鹦耳，贯耳，偃耳，直耳，附耳，挟耳，兽耳，虎耳，兽足，夔足，百兽，三螭，球草，瑞草，篆带，星带，辅乳，碎乳，立夔，双夔之类，凡古器制度一有合此，则以名之。"[4] 这些纹饰少量为战国、汉代器物纹饰，双鱼、如意、偃耳、附耳、三螭、瑞草，皆为唐宋以来器物纹饰，少数云、雷、山、蝉古纹饰，或为仿古纹饰，其中个别纹饰可能出现较晚。了解这些宋代发现的古器物纹饰或仿古纹饰，对了解宋代仿古玉器纹样有重要的意义。

（二）对礼器使用的补充

《东京梦华录》记有玉册使用情况，"……亚终献毕，降坛驾小次前立，则坛上礼料币帛玉册，由西阶而下"[5]。

---

1 [宋]周密：《武林旧事》卷九，载《文渊阁四库全书》电子版，上海人民出版社，1999年。
2 [宋]周密：《武林旧事》卷七，载《文渊阁四库全书》电子版，上海人民出版社，1999年。
3 [宋]周密：《武林旧事》卷九《高宗幸张府节次略》，载《文渊阁四库全书》电子版，上海人民出版社，1999年。
4 [宋]张世南：《游宦纪闻》卷五，载《文渊阁四库全书》电子版，上海人民出版社，1999年。
5 [宋]孟元老：《东京梦华录·驾诣郊坛行礼》，载《文渊阁四库全书》电子版，上海人民出版社，1999年。

宋代礼乐活动中使用玉磬，《宋史》中多有记载。关于宋代磬的形状，《东京梦华录》卷十中有描述：“驾诣郊坛行礼，……玉磬状如曲尺，系其曲尖处，亦架之，上下两层挂之。”[1]

另外，使用的玉器还有玉柱斧。“一日庭鹊噪，令占之曰：‘来日晡时，当有宝物至’……李全果以玉柱斧为贡。”[2]宋周密《齐东野语》卷九：“大礼计……寻常从架，裹乾天角幞头，捧浑金纱罗，金洗嗽，金提量，玉柱斧，黄罗扇之类。……诸行市……解玉板，碾玉蕖。”[3]现今常见古代玉斧主要为两个类型：一为战国汉代前作品，以素或兽面纹为主，古朴简练；一为有装饰华丽，形状多变，带有柄及安柄的仓孔或仓穴。宋代玉柱斧的形象尚不得知，名为柱斧，应属仓斧，所见文献说明，宋代已有此类玉器。明、清玉器中有一种玉斧，宽刃，斧顶处尖而有弧度，安斧柄的仓的上面有一玉柱，其形象可能源于宋代玉柱斧。

（三）宋代玉酒器

玉酒器在战国时就已出现，汉、魏之时又有发展。目前发现的主要是筒式杯、角形杯和羽觞。据文献记载看，还有玉卮、玉斝等，造型受青铜器影响较大。唐代是玉器发展的低潮期，但也有玉杯出现。宋代玉酒器中玉杯的数量最大，这时的玉杯，既有仿古作品，又继承了唐代玉器造型灵活，风格写实的传统，摆脱了青铜器的影响，并吸收唐宋瓷制茶具造型的特点，形成了独特的风格。

赵宋宫廷使用的玉酒器数量较大，皇室的需要无疑对玉酒器的发展起了很大的推动作用，目前传世的宋代玉酒器中，很多是当时的宫廷用品。古文献中有许多关于宋代宫廷使用玉酒器的记载，这些记载说明宋代宫廷玉酒器主要用于祭祀、赏赐和宫廷生活。用于祭祀的玉器为爵盏，属仿古类器物。《东京梦华录·驾诣郊坛行礼》：“再登坛，进玉爵盏，皇帝饮福矣。”[4]这里所言爵盏，不单是供器，而为皇帝直接使用。用于赏赐的玉酒器多为酒杯，数量较多，造型也较灵活。《武林旧事》卷七：“太上以白玉桃杯赐上御酒，……太上又赐官里玉酒杯十件。”[5]另外，在宫廷御筵上也要使用一定数量的玉酒器。《武林旧事》卷七：“再至瑶津西轩，入御筵，……上亲捧玉酒船上寿酒，酒满玉船，船中人物，多能举动如活，太上喜见颜色。”[6]

---

1 ［宋］孟元老：《东京梦华录》卷十，载《文渊阁四库全书》电子版，上海人民出版社，1999 年。
2 ［宋］周密：《齐东野语》卷九，载《文渊阁四库全书》电子版，上海人民出版社，1999 年。
3 ［宋］孟元老：《东京梦华录》，载《文渊阁四库全书》电子版，上海人民出版社，1999 年。
4 ［宋］孟元老：《东京梦华录·驾诣郊坛行礼》，载《文渊阁四库全书》电子版，上海人民出版社，1999 年。
5 ［宋］周密：《武林旧事》卷七，载《文渊阁四库全书》电子版，上海人民出版社，1999 年。
6 ［宋］周密：《武林旧事》卷七，载《文渊阁四库全书》电子版，上海人民出版社，1999 年。

目前能确定的宋代玉器皿较少，浙江衢州南宋史绳祖墓出土玉荷叶杯，安徽休宁南宋朱晞颜墓出土玉卣，安徽肥西出土宋代玉匜式杯，前一件为仿植物造型，后两件为仿古类玉器皿，故宫博物院存在一些明宫廷遗存玉器皿，某些特点与其相似，这类作品多数被确定为明代制作，其中应有一些为宋代器物。

（四）宋代玉器的玉材、玉色

宋代玉器用料非常崇尚好玉，《宋史·礼四》："帝谓前代礼有祭玉、燔玉，今独有燔玉，命择良玉为琮、璧。"[1]这种良玉所制的琮、璧是在祭礼活动后进行燔燎的，燔燎之玉尚且要良玉，陈设与佩饰用玉则更需好玉了。所谓良玉，应该是指新疆玉。据文献记载，宋代使用的礼器、服饰、乘舆用玉多是新疆于阗玉。"玉出蓝田、昆冈，《本草》亦云'好玉出蓝田及南阳徐善亭部界，日南庐容水中……于阗、疏勒诸处皆善'。今蓝田、南阳、日南不闻有玉，国朝礼器及乘舆服御，多是于阗玉。晋天福中，平居诲从使于阗为判官，作记纪其采玉处云：'玉河在国城外，源出昆山，西流千三百里，至国界牛头山，分为三：曰白玉河，在城东三十里；曰绿玉河，在城西二十里；曰乌玉河，在绿玉河西七里。源虽一，玉随地变，故色不同。每岁五六月，水暴涨，玉随流至，多寡由水细大，水退乃可取。'《方言》曰：'捞玉，国主未采，禁人至河滨。'"[2]

除了温润，古人还强调了玉的硬度、韧度、透明性。《东坡志林·玉石》记：有一种"假玉"产地不详，颜色、光泽与新疆玉相似，硬度略低，"玉石篇，辨真玉条，今世真玉甚少，虽金铁不可近，须沙碾而后成者，世以为真玉矣，然犹未也，特珉之精者。真玉须定州磁芒所不能伤者乃是云，问后苑老玉工，亦莫知其信否"[3]。

新疆玉材大量进入内地，历史上出现过多次，周代和汉代尤为突出，每一次都对内地玉器的发展起到极大的推动作用。宋代新疆玉大量出现的原因，主要在于制玉业发展的需要，当时的商品流通也为新疆玉进入内地创造了条件。宋代宫廷对玉器的需求量非常大，不仅使用大量玉礼器、玉酒器，还使用体积较大的玉陈设和玉法器，制造这种大件玉器的材料，有些是通过外交途径直接从新疆得来的，"太观中，添创八宝，从于阗国求大玉，一日忽有国使奉表至，……其表云：'日出东方……你前时要者玉，自家甚是用心力，只为难得似你尺寸底。自家已令人两河寻访，才得似你尺寸底，便奉上也。'当时传以为笑，后果得之，

1 ［元］脱脱：《宋史》礼四，载《文渊阁四库全书》电子版，上海人民出版社，1999年。

2 ［宋］张世南：《游宦纪闻》卷五，载《文渊阁四库全书》电子版，上海人民出版社，1999年。

3 ［宋］苏轼：《东坡志林·玉石》，载《文渊阁四库全书》电子版，上海人民出版社，1999年。

厚大逾二尺，色如截肪，昔未始有也”[1]。

从文献记载来看，宋代制造的大件玉器确实很多，其中不乏宫廷用器，而最大件的玉器，当属《武林旧事》所记宋内廷使用的直径二尺三寸的白玉碾花商尊，据判断，所用玉材宽度可能超过三尺。宋宫廷对玉材的使用也非常重视，对所得玉料要进行严格的质量鉴别，还要权衡重量排定档次。“宣和殿有玉等子，以诸色玉次第排定，凡玉至，则以等子比之，高下自见，今内帑有金等子，亦此法。”[2]

宋代用玉的玉色，较之汉唐两代更为复杂，“大抵今世所宝，多出西北部落，西夏、五台山、于阗国。玉分五色，白如截肪，黄如蒸栗，黑如点漆，红如鸡冠，或如胭脂。惟青碧一色，高下最多，端带白色者，浆水又分九色：上之上，之中、之下；中之上、之中、之下；下之上、之中、之下”[3]。

从目前发现的宋代玉器来看，宋代用的玉料多见如下几色：

白玉。宋代用的白玉一般做佩饰，有的“白如截肪”，太阳光照射下似有五色光，磨光较亮，又不如战国玉器的玻璃光，一些白玉泛有青色，含旧玉之韵。

青玉。按张世南的说法“浆水又分九色”，从实物来看，的确种类复杂，多数带有苍旧之色，其中较重要的为青灰色及青碧色两种，青灰色玉于青色中似有灰色，青碧色玉于青色中似含碧色，玉色同清代使用的青玉有不同。目前见到的古代玉璧中，属于素璧的多是商代之前的器物及少数清代作品。

染色是玉器制作的古老工艺，汉代玉器已多见，宋代玉器更多见染色作品，汉代玉器染色的目的应该是美观的需要，宋代玉器染色的目的，很多偏向于仿古做旧。宋、金时代治玉染色种类较多，较常见的有染黑色，见黑龙江省绥滨出土的金代玉人[4]。染铁锈色，沿玉器材料的细微牛毛裂进行的褐红色染色。陕西户县元贺氏墓出土有玉带钩，观其样式、纹饰应为宋代工艺所制，其上满布细裂纹，纹中染色[5]。20世纪末，一些玉器鉴定家曾将识别“红丝沁”作为识别宋代玉器的一个方面……宋及以后，人们对此问题较为重视并有染色做旧的系统工艺。《春渚纪闻》记：“玉蟾蜍砚。吴兴余拂君厚家所宝玉蟾蜍砚，……视之，蜍脑中裂如丝，盖觸尸气所致也。”[6]此处谈及玉器在墓中的颜色变化，但蟾蜍砚应是宋代作品，所谓尸气所致也应是人工所为。

1 [宋]张世南：《游宦纪闻》卷五，载《文渊阁四库全书》电子版，上海人民出版社，1999年。
2 [宋]张世南：《游宦纪闻》卷五，载《文渊阁四库全书》电子版，上海人民出版社，1999年。
3 [宋]张世南：《游宦纪闻》卷五，载《文渊阁四库全书》电子版，上海人民出版社，1999年。
4 上海博物馆：《中国隋唐至清代玉器学术研讨会论文集》，上海古籍出版社，2002年，图版二五。
5 上海博物馆：《中国隋唐至清代玉器学术研讨会论文集》，上海古籍出版社，2002年，图版三一。
6 [宋]何蓬：《春渚记闻》卷第九《记砚》，中华书局，1983年，第133页。

四、《三礼图集注》《礼书》《古玉图》所记宋代玉器

宋代的金石考据学对仿古玉的产生有较重要的影响。一般看来，一个时代的仿古玉制造，尤其是仿古效果的好坏，不仅取决于琢刻与作伪技术，还取决于当时社会对于古玉的认识。因而宋代对于古玉的研究与鉴别，曲折地反映着当时仿古玉制造的某些情况。目前能够看到的宋代金石研究书籍主要为《三礼图集注》《考古图》。

宋聂崇义著《三礼图集注》为早期著作，对古器名与实物的对应关系进行了开创性的研究，其书“提要”中简述成书来历，并引时人评论：“聂氏三礼图全无来历”“然其书抄撮诸家亦颇承旧式，不尽出于杜撰。”[1]《三礼图集注》对宋金及其后的玉器制作有一定影响。《金史》卷四十三记：“皇统九年……礼部下太常，画镇圭式样大礼使据《三礼图》以进用之。”[2]

《三礼图集注》书中实物依据似不充分，因而某些器物的图形并不准确。后来的古器图著，多从实物出发加以考证，描绘图形，研讨其古，一些图著对古代青铜鼎彝之器颇有研究，并涉猎玉器。受此影响，宋代的玉制仿古彝器在造型上与古器较接近。从整体上看，宋代对于古玉器名称与对应关系的研究较薄弱。聂崇义《三礼图集注》第十卷、第十一卷对各式圭、璋、琮、几种璧进行了图解，第二十卷，无图，其中玉瑞一节，对各式圭及圭冒、牙璋、大璋进行了解释，祭玉一节中对玉六器及四圭有邸进行了解释。此书瑞玉图、祭玉图考定的器物虽多，但绘图所示绝少古器，不知所本，后世按图仿制者颇多。[3]

关于玉琮，宋人所说的玉琮同现在人所言之琮似有区别，聂崇义《三礼图集注》把玉琮绘成中心无孔、八瓣梅花形的玉片，把驵琮绘成八瓣梅花形、中心有孔可穿丝绳的玉片，这种形状的玉器与古文献所言玉琮绝不相同。《三礼图集注》所绘玉琮是聂崇义个人对玉琮形状的猜测，还是依照当时实物而绘，目前尚难确定。这种玉琮同《宋史》“为八方而不剡”[4]之说也不符，《三礼图集注》所绘玉琮的实物目前尚未发现。

关于玉圭。宋代的《三礼图集注》所绘镇圭之状为长方形，片状，顶端缩窄，有一圆形隆起，器物底部及肩部绘有山形图案。大圭为长方形、片状，顶端有尖角，尖角上顶一方片[5]。同对玉琮的描绘一样，《三礼图集注》对玉圭的描绘，

---

1 ［宋］聂崇义：《三礼图集注》提要，载《文渊阁四库全书》电子版，上海人民出版社，1999年。

2 ［元］脱脱：《金史》卷四十三，载《文渊阁四库全书》电子版，上海人民出版社，1999年。

3 ［宋］聂崇义：《三礼图集注》卷十、卷十一、卷二十，载《文渊阁四库全书》电子版，上海人民出版社，1999年。

4 ［元］脱脱：《宋史》卷一百《礼三》，载《文渊阁四库全书》电子版，上海人民出版社，1999年。

5 ［宋］聂崇义：《三礼图集注》卷十，载《文渊阁四库全书》电子版，上海人民出版社，1999年。

只能作为进一步研究时参考，目前发现的类似《三礼图集注》所绘图形的玉圭，只有清代制品。

关于苍璧。对于苍璧的形状及纹饰，聂崇义在《三礼图集注》中曾经考释并摹绘图形，聂氏所绘苍璧为圆形，素面无纹饰，中心有一孔。古代玉璧的形状与特征，《尔雅》等古文献中已讲得很明确，聂崇义为太常博士，对此不会搞错，他所绘的苍璧与宋代实际使用的璧也不会有太大的区别。

《三礼图集注》对圭璧有邸、两圭有邸、四圭有邸进行了图解，这些图所绘器物，在宋代及以前的古代遗址中尚未发现，传世玉器中有较多的依图可称圭璧或圭璧有邸的作品，应属明清时期依《三礼图集注》而作。

《三礼图集注》依古文献，将瓒绘成以璋为柄的玉勺，勺头带有一龙头。

目前发现的宋代玉器中，何为宋代的玉斝、玉瓒还很难考定。

《考古图》卷八考定玉器数件，其中包括谷璧、佩玉、带钩及玉剑饰，所绘图形绝似古物。直到元代，金石考据学者对古玉考定的范围还很窄，所考玉器应是旧玉器，或旧样式玉器。

宋陈祥道著《礼书》对古代礼法进行讨论。其中十九至二十一卷涉及古玉器，卷十九图解天子佩，卷二十图解组绶、玭珠、象妇人佩、绪结佩、男子事佩、妇人事佩。卷二十一列多种杂佩，其中有觿、韘、捍、纷帨、砺等[1]。元朱德润于至正年所著《古玉图》考定古玉十数件。宋代对于古玉的认识，仍是刚刚起步，准确的认识仅限于部分剑饰、饰玉及为数有限的器皿、礼器，《古玉图》所考玉器一些应为宋代作品。《古玉图》所绘玉辟邪、玉璁、玉环，大量为后人仿制[2]。

1 ［宋］陈祥道：《礼书》，载《文渊阁四库全书》电子版，上海人民出版社，1999 年。

2 ［元］朱德润：《古玉图》，载《说玉》，上海科技教育出版社，1993 年，第 601 页。

玉鼻烟壶造型装饰与文化内涵流变

王忠华（辽宁省博物馆）

【摘要】鼻烟壶是盛贮鼻烟的容具，自康熙朝创制产生后，迅速传播发展开来，曾风靡一时。在传播与发展过程中，鼻烟壶产生了一些具有规律性的现象与特征，此前并未有人对此进行专题研究。本文依据相关史料记载，结合国内外各大博物馆庋藏清代玉鼻烟壶实物，首次从鼻烟壶的创制，玉鼻烟壶的造型装饰与工艺特征、鼻烟壶使用者和收藏者、各类型鼻烟壶的流行时间、鼻烟壶壶体形制的演变、鼻烟壶的盖与匙部的特征、鼻烟壶所蕴含的社会文化内涵等几个方面进行梳理和归纳，以期对研究清代玉器有所裨益。

【关键词】创制；称谓；工艺；盖与匙；文化内涵

一、鼻烟壶的创制

鼻烟壶是盛贮鼻烟的容器，是一种烟具，随着鼻烟的传播而产生与发展。

鼻烟是舶来品，传入之初，我国并没有专门盛贮鼻烟的容器，从海外运来的鼻烟只有少量精品以鼻烟盒包装，其余皆以玻璃瓶盛装。这种西洋玻璃瓶容量很大，可盛贮鼻烟逾斤，最小也逾四两，它虽利存贮，却不便携，故吸闻者需将玻璃瓶内存贮的鼻烟分装至小包装来使用。吸闻者多以旧时存贮贵重药品的小药瓶来分装鼻烟，这种小药瓶多为瓷质，小口大膛，以软木塞封口，能够达到鼻烟存贮和便携的基本功能，但在使用中仍多有不便，尤其是鼻烟的拿取十分不易操作，分量难以控制，附着于小药瓶内膛壁和底部的鼻烟甚至难以取出。因此亟须一种功能完备、使用便利的特制鼻烟容器出现。

于是我国工匠根据吸闻者的需求进行了设计，以小药瓶为雏形，配以特制的盖，并在盖下加装一小细匙，能够伸入膛内舀取适量的鼻烟，同时增强了盖与口部的密封性，使其能够随身携带而不会发生溢漏或泄味，大大便利了吸闻者，专为盛贮鼻烟的容器——鼻烟壶由此创制产生。

（一）鼻烟壶的创制年代

关于我国创制鼻烟壶的年代这一问题，目前主要有三种观点，分别是明代末期和清代顺治年间、康熙年间。需要明确的是：鼻烟壶仅指专为盛贮鼻烟而特制的容具，而非小药瓶或其他带盖小瓶等此前使用的替代品。

烟草原产自美洲，约明万历年间传入我国，但吸闻鼻烟在当时并未流行，因此我国创制鼻烟壶的时间势必晚于此时。且传世鼻烟壶中并不见明代作品，明清两代文献中亦不见记载有关于“明代鼻烟壶”的只字片语，因此鼻烟壶创制于明代这种观点是不可靠的。清代中期文人沈豫著《秋阴杂记》记载“鼻烟壶起于本朝”[1]，其中明确阐述了鼻烟壶起始于清代。

关于传世“最早的鼻烟壶”这一问题的讨论，不得不提到顺治年间程荣章造款铜胎鼻烟壶，许多研究者正是基于它的存在，将鼻烟壶的创制年代提早到了顺治年间。程荣章造款铜胎鼻烟壶海内外藏品至少有15件，其中最早的年款为顺治元年。经过仔细的推敲，可以发现程荣章造款铜胎鼻烟壶存在以下几点问题：

1. 程荣章造款铜胎鼻烟壶壶体的正面微凹，呈盘状，凹陷处恰好可以作为烟碟使用，具有多种功能，是鼻烟壶与烟碟的结合物。器物在造型方面具有一定的发展规律，即器物产生初期所具备的功能单一，而后功能逐渐增加、复杂，发展成可以兼具多种功能于一身。鼻烟壶发展至一定阶段，有配烟碟使用者，此后才能够产生兼容烟碟功能形制的鼻烟壶。程荣章造款鼻烟壶兼容烟碟的功能，违背了器形演变的规律，所以它应该不属于鼻烟壶初创时期的作品。

2. 程荣章造款鼻烟壶的云龙纹不具备顺治时期的特征，甚至不属于清代龙纹的样式。

3. “顺治元年程荣章造”款同时包含了年代与工匠名字，这种款识在明清工艺品中极为罕见，且程荣章造款鼻烟壶有多件，但其款识的字体却并非出自同一人之手，这有违常理。

4. 程荣章造款鼻烟壶皆现世于20世纪50—70年代，现世时间过于集中，令人生疑。

5. 程荣章造款铜胎鼻烟壶名款中的“荣”字的写法十分怪异，有繁体“榮”、简体“荣”和“荣”“米”多种写法。写法产生变化的原因很可能与1956年中国文字改革委员会公布简体字有关。1956年前所制款识用“榮”，之后用其他写法。

1 转引自清代赵之谦著，戴家妙整理：《勇卢闲诘》，载《浙江文丛·赵之谦集》第4册，浙江古籍出版社，2015年，第1211页。

根据上述理由，可以判断：程荣章造款铜胎云龙纹鼻烟壶是1952年前后所作的一批伪器，程荣章这一名字也是杜撰而来的。[1] 因此不能将程荣章造款鼻烟壶作为研究鼻烟壶创制时间的依据，此外也再无其他证据显示鼻烟壶的创制时间为顺治年间。

在清代文献和档案中，最早关于鼻烟壶的记载都集中于康熙四十年（1701）左右，王士祯撰《香祖笔记》中记载："近京师有制为鼻烟者，云可明目，尤有避疫之功，以玻璃为瓶贮之，瓶之形象，种种不一，颜色亦具红、紫、黄、白、黑、绿诸色，白如水晶，红如火齐，极可爱玩。以象齿为匙，就鼻嗅之，还纳于瓶。皆内府制造，民间亦或仿而为之，终不及。"[2]《香祖笔记》撰于康熙四十二年（1703）至四十三年（1704），其中描写盛装鼻烟的容器为玻璃材质，颜色多样，设计巧妙，匙为象牙材质，用后可以收纳于容器膛内，这种形制已经是发展成熟的鼻烟壶了。可以说此时鼻烟壶已经创制产生了，且在京师地区颇为流行，为内府制品。根据器物创制和发展的一般规律，一件器物从创制产生，到在一定范围内流行开来，并产生较大的影响，需要一定的发展时间，由此可以推断，鼻烟壶的创制时间势必要早于康熙四十二年（1703）。

《香祖笔记》明确记载康熙时期流行于京师地区的玻璃鼻烟壶是由内府制造，因此可以根据内府生产玻璃制品的时间来推测鼻烟壶的创制时间。清内府的玻璃制品生产始于康熙三十五年（1696），康熙皇帝建立御用玻璃厂，隶属于养心殿造办处，早期的玻璃质鼻烟壶即由内府玻璃厂制造，内府玻璃厂极可能就是鼻烟壶的设计创制之所。

依据现有材料综合比对分析可推测得出：鼻烟壶的创制时间应在清内府玻璃厂建立之际，即康熙三十五年（1696）前后。

（二）鼻烟壶的称谓

鼻烟壶的器形是一个小瓶，其样式与用途均与"壶"之名称不符，因何最终以"壶"命名？

鼻烟传入之初，我国工匠尚未创制专用于盛贮鼻烟的容器，从海外运来的西洋鼻烟大多以大玻璃瓶盛装，这类西洋原装大玻璃瓶便被称之为"鼻烟瓶"。鼻烟壶创制产生后，为避免与西洋原装大玻璃鼻烟瓶发生混淆，引发误会，便无法以"鼻烟瓶"命名，需另觅称谓。

---

1 杨伯达：《顺治年程荣章造款铜胎鼻烟壶辨》，《故宫博物院院刊》1999年第4期。

2 转引自清代赵之谦著，戴家妙整理：《勇卢闲诘》，载《浙江文丛·赵之谦集》第4册，浙江古籍出版社，2015年，第1211页。

存世最早、最可靠的鼻烟壶是清宫旧藏的“康熙御制”款铜胎画珐琅鼻烟壶，现藏于故宫博物院。这些早期的鼻烟壶器形呈扁体、小口、短颈、无足或矮椭圆足状，配以半球形盖与牙质小匙，器形特征与明代永乐、宣德年间烧制的瓷质扁壶和清宫旧藏银背壶极为相似，存在明显的继承关系特征。由此推断：清内府最早生产的鼻烟壶在造型上仿照了明代扁壶与银背壶的样式，连同名称中的“壶”字也一并承袭沿用下来。[1]清代内府制造鼻烟壶早于民间制造，“鼻烟壶”的称谓即始于清内廷，继而通行全国，最终成为统一的标准名称。

二、玉鼻烟壶的造型装饰与工艺特征

从广义上来讲，石之美者为玉，黑龙江省饶河县小南山遗址的发现将我国的琢玉工艺追溯到9000年前，至清代已积累了丰富的治玉经验。玉鼻烟壶是继玻璃鼻烟壶之后兴起者，是鼻烟壶中的上品，以和田玉、翡翠、玛瑙、水晶材质数量最多，也选绿松石、青金石、寿山石、端石、碧玺等瑰材，这些材料性与质具有高度的近似性，其制作加工所选用的工具和采用的技术也基本相同，均运用古代治玉工艺雕制。

（一）清代和田玉鼻烟壶的制作

和田玉，是严格意义上的真玉。在诸材质的玉鼻烟壶之中，和田玉鼻烟壶是最重要、最具代表性的一类，和田玉鼻烟壶的工艺与发展极大地影响了玉鼻烟壶整体的工艺与发展。

至康熙晚期，鼻烟壶的加工选材已经不再限于玻璃、瓷等材质，金属鼻烟壶、玉鼻烟壶等都有制作。从各类材质鼻烟壶的数量上来看，和田玉鼻烟壶相对来说数量很少。这种情况一直持续到乾隆二十四年（1759），是年清军平定了准噶尔部、回部叛乱，打通了玉路。据文献记载，在此之前，和田玉鼻烟壶制作数量最多的一次是乾隆三年（1738），皇帝命宫内玉作承造35件玉烟壶，经过两年多方完工。[2]这种现象与当时玉料的稀缺有直接关系，而且鼻烟壶器形小巧，琢制工艺复杂，难度很高，因此当时很少选择以和田玉来制作鼻烟壶。玉路畅通后，大量和田玉进入中原地区，玉作工匠开始选择和田玉作为材料来大量制作鼻烟壶，加之乾隆帝对玉器的痴爱与推崇，和田玉鼻烟壶的制作达到了盛期，从而带动了其材质玉鼻烟壶的生产和发展。

1　杨伯达：《鼻烟壶：烙上中国印记的西洋舶来品》，《东方收藏》2011年第3期。

2　夏更起：《清宫鼻烟壶概述》，载《故宫鼻烟壶选粹》，紫禁城出版社，1995年，第9页。

清代和田玉鼻烟壶的制作分为官造与民造两种。官造鼻烟壶是为皇室造办处制作的鼻烟壶，生产程序通常为如意馆选玉料、设计画样、交办各处承造。清代琢玉技艺最高的工匠集中于苏州、扬州和内府玉作三处，和田玉鼻烟壶的琢制多交由他们来完成。生产鼻烟壶的玉材种类不限，有白玉、青玉、碧玉、墨玉、黄玉等，其中以白玉、青玉数量最多，不同颜色玉材琢制的鼻烟壶呈现出不同的美感。许多和田玉鼻烟壶的足底雕琢有年款，如“乾隆年制”，而玛瑙、水晶等其他材质玉鼻烟壶却鲜少有雕琢款识者，从中也可以看出和田玉鼻烟壶与众不同的重要地位。

（二）玉鼻烟壶的掏膛工艺

鼻烟壶器形小巧，玉材坚硬，在大小不足盈握的器物上施展掏膛、浮雕、线刻等技艺绝非易事，因此相较于其他器物而言，玉鼻烟壶的制作工艺更为复杂，难度更高。玉鼻烟壶的制作工序主要分为：选料、画样、开料做坯、掏膛、壶面上花、抛光，各工序之间环环相扣，不容一丝闪失。

在玉鼻烟壶的制作中，掏膛是最重要的一道工序。鼻烟壶体小巧玲珑，工匠无法直接以手扶握，口部直径仅有数毫米，内膛却极为开阔，且壶体膛壁薄厚均匀，内壁光滑，掏膛工艺难度极大。

清代玉鼻烟壶的掏膛工艺可以通过《玉作图》来窥其究竟，《玉作图》为光绪十七年（1891）李澄渊绘制，共 12 幅，并配有 13 条图说，翔实地描绘和记录了清代玉作的治玉方法与工具。其中《打眼图说》记载：“凡小玉器如烟壶、班指、烟袋嘴等不能扶拿者，皆用七八寸高大竹筒一个，内注清水，水上按木板数块，其形不一，或有孔或有槽窝，皆像玉器形，临作工时则将玉器按在板孔中或槽窝内，再以左手心握小铁盅按扣金钢钻之丁尾，用右手拉绷弓助金钢钻以打眼。”《掏膛图说》记载：“掏堂（膛）者去其中而空之之谓也。凡玉器之宜有空堂者，应先钢卷筒以掏其堂，工完，玉之中心必留玉梃一根，则遂用小锤击钢錾以振截之，此玉作内头等最巧之技也。至若玉器口小而堂宜大者，则再用扁锥头有弯者就水细沙以掏其堂。”

通过《打眼图说》和《掏膛图说》可以总结得出玉鼻烟壶的掏膛工艺，主要分为四步工序：制槽加固、钻孔、扩膛、磨光。

1. 制槽加固。首先按照玉鼻烟壶的外形在木板上挖出窝槽，向大竹筒内注入清水，将带槽木板置于竹筒内，再将待掏膛的实心玉鼻烟壶壶坯放入槽内，以竹筒和带槽木板代替人手，牢牢固定实心壶坯。

2. 钻孔。在实心玉鼻烟壶壶坯口部以管钻工艺进行钻孔，钻至膛内底部的深度，管钻内会留有一玉梃，用小锤击打管钻，使玉梃震断脱落，形成“一钻膛”。

3. 扩膛。用头部弯曲的扁锥深入“一钻膛”内，在解玉砂的辅助下旋转剐磨，一点点扩大内膛，直至将多余玉料全部磨除，形成所需大小的内膛。

4. 磨光。将解玉砂放入膛内，反复摇动打磨，使内膛壁平整光滑。

玉鼻烟壶十分注重掏膛，掏膛工艺是评价玉鼻烟壶优劣的重要指标，膛壁越薄越佳。《二知轩诗钞·春明杂忆》云：“香气氤氲鼻观超，如烟一缕碾兰椒。银晶壶配珊瑚盖，时式剜成水上飘。”[1]诗文为道光时期进士方浚颐所作，“兰椒”指兰花烟，诗文咏赞的水晶鼻烟壶配有珊瑚盖，运用精湛的掏膛工艺雕成“水上飘（漂）”。水上飘，也称漂壶，将掏膛工艺发挥至极致，膛大质轻，膛壁莹薄如纸，置水中可浮于水面，是道光时期十分流行的样式。

（三）玉鼻烟壶的造型与装饰

玉鼻烟壶的壶体造型多样，除了最常见的扁椭圆形、圆形、扁壶形、扁长方形、瓶形等样式外，还可见葫芦形、八方棱形、双连形、自然形，以及各类仿生造型。器表上花是玉鼻烟壶重要的装饰工艺。在造型优美的壶坯表面施以浮雕、镂雕、巧雕、阴线刻等技法，雕刻出题材丰富的装饰图案，有五蝠捧寿、瓜瓞绵绵等具有吉祥寓意的，也有诗词书法、山水花鸟等格调文雅的。

《勇卢闲诘》记载：“玉之属，白截肪、黄蒸栗，所共知也。或留皮色为之，赤黄相间。或改古玉琫为之，尤奇丽。”[2]其中明确提到留皮和古玉改作两种特殊的玉鼻烟壶。玉料皮壳部分有天然的糖红或褐黄色，工匠在雕琢鼻烟壶时，有意将皮色部分保留下来，并加以利用，使皮壳与玉肉细润的颜色、质地形成鲜明的对比。这种留皮技法与巧雕技法具有明显的不同，巧雕技法是利用皮壳颜色精雕细琢，显得构思巧妙，图案精致，而留皮技法则无纹饰雕琢，呈现出质感朴拙、浑然天成之感。琫，剑饰，受乾隆帝喜爱古玉的影响，民间亦十分崇尚古玉，常常将古玉进行改作，工匠利用古玉琫作为材料，可以将其改制成为鼻烟壶。虽有史料记载，但在存世的大量清代鼻烟壶中，以古玉琫改制者却是极其罕见的。

我国古人以玉比附“仁”“德”“洁”“勇”等美德，注重玉质本身的美感，玉鼻烟壶的制作深受传统玉器审美观念的影响，因此制作了大量无任何雕饰的素面玉鼻烟壶。尤其是品质极佳的羊脂白和田玉，多以光素形式呈现。素

---

1 张维用：《鼻烟壶诗话》，载《冰花楼诗文集》，远方出版社，1998 年，第 86 页。

2 ［清］赵之谦著，戴家妙整理：《勇卢闲诘》，载《浙江文丛·赵之谦集》第 4 册，浙江古籍出版社，2015 年，第 1213 页。

面鼻烟壶极其注重器身基本形体的美感，壶体肩、颈、腹部线条转折非常优美，周身打磨光滑圆润，器表无任何纹饰，以玉材本身的温润质美与内涵品格取胜，素美无华。玛瑙颜色丰富，构成了美妙的天然图案，素面玛瑙鼻烟壶无须过多的人工雕琢即可妙趣天成，所谓影子壶即一种珍贵的素面玛瑙鼻烟壶，它器表不施任何雕琢装饰，图案完全由玛瑙的天然花纹形成，如山水、花鸟等，这种天然图案与中国画的美学意境相通，形神兼备，可遇不可求，彰显了工匠在选料上的独具慧眼。水晶材质透明度高，光素面更能凸显它晶莹的美感，若在水晶表面雕琢复杂的图案装饰，反而效果不佳，因此水晶鼻烟壶大多光素无纹。

和田玉鼻烟壶多见成套出现者，被收藏于精美的匣内，每套有 4 件、8 件、10 件甚至更多。套内的鼻烟壶玉质、颜色相同，器身与盖的造型也完全一致，且运用统一的工艺进行上花，雕琢出一模一样的装饰图案，使套内每件鼻烟壶都极尽相同，如出一辙。也有一些成套的和田玉鼻烟壶玉材和造型相同，装饰图案却不同，但这些不同的图案之间皆存在密切的关联性，能够相互呼应，常常组合出现，如梅兰竹菊四君子、福禄寿、岁寒三友等。套内每一件鼻烟壶均应出自同一工匠之手，制作一整套鼻烟壶，远比制作单件鼻烟壶的难度大。

三、鼻烟壶的传播与发展

鼻烟壶创制后，皇帝以其颁赏朝臣和馈赠他国使臣，大量鼻烟壶由清宫流向民间，甚至海外，鼻烟壶的受众群体不断扩大，曾风靡一时。工匠将各类材质、工艺施于鼻烟壶，制作了各种不同类型的鼻烟壶，它们相继流行，各领风骚。

（一）鼻烟壶的传播——从皇帝到平民

康熙朝早期，西洋传教士将鼻烟作为礼品敬献皇帝，受到皇帝的青睐，我国最早接触和吸闻鼻烟的人便是康熙皇帝。康熙三十五年（1696）前后，我国工匠创制了鼻烟壶，最初由内府玻璃厂生产，所制仅供康熙皇帝与皇室使用，而后迅速传播开来，发展成为社会各阶层普遍使用的烟具与收藏品。从使用和收藏者的角度来看，鼻烟壶传播的具体顺序是：皇帝—达官贵胄—平民。

《勇卢闲诘》引沈豫《秋阴杂记》中明确记载了鼻烟壶的这一传播过程："鼻烟壶起于本朝，其始止行八旗并士大夫，近日贩夫牧竖无不握此。壶则水晶、羊脂、玛瑙、翡翠、茄、瓢、瓷、石等质，而盖则珊瑚、珍珠、猫眼，无不镂金错采。最行者，烧料套红，以藕粉地为上。”[1]《秋阴杂记》成书于道光时期，此时鼻烟壶已经在民间风靡开来，发展到市井大众几乎人人手握鼻烟壶的盛况，鼻烟壶已成为平民阶层的社会风尚。

《秋阴杂记》中还提到，鼻烟壶在创制早期仅在八旗贵族和官僚士大夫阶层中传播。这一传播范围特点与康熙皇帝有直接的关系。鼻烟壶创制之初，康熙皇帝下令组织内府生产玻璃鼻烟壶制品，供皇室使用，随后也将其作为赏赐品，封赏朝臣，以示恩德，极大地促进了鼻烟壶的发展。一般而言，只有贵族和官员才有机会接受皇帝封赏，并深以为荣，所以早期鼻烟壶在他们之中开始流行。可以说，康熙朝内府制御赐玻璃鼻烟壶，在京师地区的八旗贵族与官员中率先流行，是我国鼻烟壶兴起的肇始。

鼻烟壶从宫廷流入民间后，吸闻鼻烟且雅好鼻烟壶的人群逐渐扩大，乾隆时期，鼻烟壶跨越了阶级，从八旗贵族、达官富商的上层阶级逐渐向市井平民阶级扩散传播。

《戈壁道中竹枝词》云：“皮冠冬夏总无殊，皮带皮靴润酪酥。也学都门时样子，见人先递鼻烟壶。”[2]作者升寅，是嘉庆、道光时期官员，诗文记述了嘉庆十八年（1813）升寅奉旨出使，自京城赴外蒙古喀尔喀往返沿途的见闻，当时蒙古族人有着会面时互致鼻烟壶的习俗，诗文点明该习俗是学自京城，说明在此之前，北京地区的鼻烟壶就已经十分流行，形成了友人见面互致鼻烟壶的礼仪。

另外，鼻烟壶还登堂入室，进入深闺，受到女性群体的喜爱。《香祖笔记》载：“今世公卿士大夫，下逮舆隶妇女，无不嗜烟草者。”[3]从中可以得知，康熙四十二年（1703）左右便有大量女性吸闻鼻烟。故宫博物院藏《雍亲王题书堂深居图屏》共有十二幅，描绘了康熙时期宫苑女子闲适生活的情景，其中一幅绘有一名女子侧坐案前，半展书卷，案上即有一件红色鼻烟壶，说明康熙时期宫廷女子已有使用鼻烟壶。烟草诗《淡巴菰》词曰：“消寒辟疫信无疑，争羡收藏器皿奇。一样皇城买两种，郎瓶火齐妾玻璃。”[4]此诗为乾隆四十七年（1782）朱履中所作，诗文中“郎”指男性，“妾”指女性，说明至乾隆朝中后期，鼻烟壶已经可以区分出男女款式了。《草珠一串》云：“满身翡翠与金珠，婢子扶来

1 [清]赵之谦著，戴家妙整理：《勇卢闲诘》，载《浙江文丛·赵之谦集》第4册，浙江古籍出版社，2015年，第1211页。

2 雷梦水，潘超，孙忠铨，钟山：《中华竹枝词全编》，北京出版社，2007年，第457页。

3 [清]王士祯撰，湛之点校：《香祖笔记》卷三，上海古籍出版社，1982年，第45页。

4 [清]赵之谦著，戴家妙整理：《勇卢闲诘》，载《浙江文丛·赵之谦集》第4册，浙江古籍出版社，2015年，第1215页。

意态殊。不过婚丧皆马褂，手中亦有鼻烟壶。”[1] 此诗为得硕亭所作，嘉庆二十二年（1817）刊行，从翡翠、金珠、婢子、马褂可以推测，诗文描绘的是富贵阶层女子的服饰装扮，说明嘉庆朝中期，鼻烟壶已经由宫廷女子传播至民间富贵阶层女子之中，成为民间富贵阶层女子日常把玩的物件。

自康熙皇帝始，清代皇帝无不嗜好鼻烟，更十分雅好鼻烟壶。故宫博物院藏清代宫廷绘画上多见有鼻烟壶的形象：在《道光帝行乐图》中，道光皇帝端坐案前，右手中把玩的是一件深绿色的鼻烟壶；在《道光帝喜溢秋庭图》中，道光皇帝坐于榻上，左手搭放木几之上，手旁摆放的是一绿、一白两件鼻烟壶；在《同治帝便服像》中，同治皇帝亦坐榻上，左手中把玩的也是一件绿色鼻烟壶。光绪皇帝也极嗜鼻烟，据史料记载，他每晨必饮茶、闻鼻烟少许之后，方去向慈禧太后行请安礼。

清代鼻烟壶由皇室、贵族逐渐向市井平民阶层传播，这种传播并非是转向性的，而是扩散性和普及性的，鼻烟壶在市井平民中风靡之际，清代皇帝与官僚士绅们仍然保留了吸闻鼻烟和收藏鼻烟壶的习惯。自康熙中期创制之始，到嘉庆时期，不过百年左右，鼻烟壶已经发展成为社会各个阶层共同的爱好和收藏。

（二）各类鼻烟壶的流行时间

鼻烟壶选材丰富，工艺多样，按照材质和工艺的差异，可以划分为多种类型，各类型鼻烟壶的发展也有一定的顺序，它们曾分别在不同时期先后占据历史舞台的核心位置，相继流行与发展。

赵之谦论及鼻烟壶引沈豫文后有按语曰：“制壶之始，仅有玻璃，余皆后起也。”[2] 阐明了鼻烟壶创制之初只有玻璃鼻烟壶，在各类鼻烟壶中，玻璃鼻烟壶是最早生产制作并流行的一类，是我国鼻烟壶历史的发轫之作。

《杶庐所闻录》记载：“清初至于烟壶尚玻璃，中叶则尚珠尚玉，而晚季则尚瓷尚料。”认为玻璃材质鼻烟壶是清代初期的风尚，直接印证了赵之谦“制壶之始，仅有玻璃”的观点，同时也阐明清代中叶流行玉鼻烟壶，清代晚期流行瓷鼻烟壶和玻璃鼻烟壶。

大致来说，康熙时期，虽然已有鼻烟壶的生产加工，但是所制鼻烟壶的数量并不多，雍正时期鼻烟壶的生产有所增加，从传世作品来看，此时期的鼻烟壶以金属胎画珐琅者最为精美。

---

1 张维用：《鼻烟壶诗话》，载《冰花楼诗文集》，远方出版社，1998 年，第 87 页。

2 ［清］赵之谦著，戴家妙整理：《勇卢闲诘》，载《浙江文丛·赵之谦集》第 4 册，浙江古籍出版社，2015 年，第 1211 页。

乾隆时期是我国古代工艺美术发展史的巅峰，此时人们使用、把玩、收藏鼻烟壶的习惯和风尚已经形成，所制鼻烟壶选材最珍贵，做工最精巧，艺术价值最高，并形成了北京、苏州、广州等多个鼻烟壶生产加工中心，几个地区各有所长。苏州玉匠雕制的和田玉鼻烟壶用料考究，极尽精巧；广州生产的鼻烟壶以精密复杂的雕刻见长，材质丰富，水晶、端石、竹、木、牙、角皆有制作，玳瑁和砗磲鼻烟壶更是广州独有的。此时期生产的古月轩鼻烟壶不计工本，精美绝伦，其他时期作品难以望其项背。

至道光时期，吸闻鼻烟和赏玩鼻烟壶更加流行，从皇帝、官员到市井平民，几乎人人手握鼻烟壶，此时期生产的鼻烟壶数量非常多，材质上延续了乾隆时期的丰富多样，各类鼻烟壶均有制作，但选材的质量与工艺水准却远不及前代，以玛瑙鼻烟壶、瓷鼻烟壶二者数量最多。

此后鼻烟壶的发展渐行渐衰，和田玉、古月轩等曾经历了繁荣阶段的鼻烟壶的发展均一路下行，所制一代不如一代。直至光绪时期，内画鼻烟壶逆势而发，取得了突飞猛进的发展，产生了周乐元、马少宣等一系列名家巨匠，绘制了大量精美的内画鼻烟壶，这种发展势头一直延续至民国时期，可以说，内画鼻烟壶是清末民初时期最引以为傲的佳作。

（三）鼻烟壶器形的演变

鼻烟壶的造型丰富多样，根据其存贮鼻烟的功能，要求鼻烟壶的器形需阔膛敛口，小巧便携，此外对其具体造型并无过多要求，因此鼻烟壶的器形呈现出千姿百态的样式，以时间为序，可以梳理归纳出鼻烟壶器形产生和演变的大致脉络。

鼻烟壶的创制以瓷质小药瓶为雏形，在器形设计上仿照了明代扁壶和银背壶的样式，因此创制之初的鼻烟壶主要呈扁体椭圆式，与明代扁壶与银背壶的器形相似。

早期鼻烟壶的器形受到当时流行的瓷器造型影响，与几何形瓷器造型相似，如高而细长的圆柱形、四方形等，壶体线条简洁优美，紧随其后出现了更为丰富的造型，如垂胆形、梅瓶形等。雍正朝出现了四方、委角等造型，形成了以“精、巧、雅、秀”为固定特征的宫廷样式。

至乾隆朝中期，玉鼻烟壶得到迅猛发展，由于运用雕刻工艺制作，因此在器形设计上彻底突破了瓷器造型的限制。此时期鼻烟壶的器形更为丰富，且高雅脱俗，涌现出大量如葫芦、多方棱面、仿古、肖生、连体等各种复杂的造型。连体鼻烟壶是鼻烟壶的特殊样式，以双连式数量最多，也有少量三连、四连等多连式鼻烟壶。双连鼻烟壶的两个壶身相连在一起，造型相互呼应，但壶体内部并不连通，是两个独立的内膛，可以同时盛贮两种鼻烟。多连式鼻烟壶的壶体内部也并不贯通，可以同时分别存放数种不同类型的鼻烟，极大便利了吸闻者。

乾隆时期，逐渐确立了鼻烟壶壶体造型的标准样式。这种标准样式为扁体，整体呈圆弧角的长方形，上连短而直的颈部，圆肩，直腹，下腹部作弧形内收，下连椭圆形矮圈足。该标准样式被认定是鼻烟壶造型的黄金比例，在此后的玉和玻璃材质鼻烟壶中大量出现，成为鼻烟壶器形的常式，十分深入人心，尤其是内画鼻烟壶，绝大多数壶体的器形都采用该样式。

据《勇卢闲诘》记载："昔时造壶，取便适用，式多别异，器但逾寸，且有小如指节者。嘉庆后，始务宽大，浸至盈握。贵家陈设，有玛瑙壶，中容二升，其初壶口径或逾四分，后改而窄，不得逾二分，云可使气不旁泄。"[1]从中可知，早期鼻烟壶样式虽然有差别，但壶体器形都很小，普遍仅一寸左右，还有更小的，仅如手指大小，嘉庆朝之后，鼻烟壶器形开始变大，甚至出现了 2 升容量的大鼻烟壶，初期壶体的口径大小能够超过 4 分，后来考虑到密封性，将口径缩小到 2 分以下，这种大容量鼻烟壶无法随身携带，只能陈设于家中。现今存世的清代鼻烟壶已不见这种大至 2 升容量的，辽宁省博物馆藏有多件体积较大的鼻烟壶，皆为瓷质，其中清青花釉里红百兽图鼻烟壶为道光朝制品，高 13.8 厘米，腹径 5.3 厘米，呈圆柱形，直腹，其容量虽不足升，但已是普通鼻烟壶容量的数倍。从传世清代鼻烟壶来看，嘉庆、道光时期出现了许多体积很大的鼻烟壶，这与当时人们嗜好鼻烟有密切的关系，由于吸闻者对鼻烟的需求量增大，小容量的鼻烟壶已经无法满足需求，因此出现了许多大容量的鼻烟壶。尽管如此，同时期仍有大量器体小巧玲珑的鼻烟壶，并且还出现了许多异形鼻烟壶。可以说，至道光时期，鼻烟壶的器形并非整体由小变大了，而是壶体的器形与大小发展至更加丰富多样了。

道光朝及之后，鼻烟壶生产以民间制造为主，由于使用鼻烟壶者众多，此时期鼻烟壶的制造呈现出批量化生产的特点，主要体现在瓷鼻烟壶和玻璃鼻烟壶上。由于瓷土和玻璃材质可塑性强，很适于批量化生产，因此该时期制作了大量器形与纹饰完全相同的瓷鼻烟壶和玻璃鼻烟壶。

晚清民国时期，鼻烟壶的器形更为丰富多样，发展至千奇百怪、无所不至之态，既有大量仿照前朝样式器形精美的鼻烟壶，也出现了许多一味追求标新立异而粗制滥造的鼻烟壶，这类粗制滥造的鼻烟壶大大丧失了前朝鼻烟壶精致

1　转引自清代赵之谦著，戴家妙整理：《勇卢闲诘》，载《浙江文丛 · 赵之谦集》第 4 册，浙江古籍出版社，2015 年，转引自第 1211 页。

典雅的美感。

概括而言，从康熙朝创制之始，至清末民国之终，鼻烟壶的器形是由单一、简单向丰富、多元的方向逐渐演变发展。

（四）鼻烟壶的盖与匙

鼻烟壶的加工制作总体上可以分为两个部分：其一是壶体制作；其二是配制盖与匙。盖与匙是鼻烟壶十分重要的组成部分，一件完整的鼻烟壶盖部可以分为盖、匙、塞三部分，制作十分考究。

盖部通常以金属镶嵌宝玉石制成，其中以红珊瑚材质最多见，造型多呈半球形。盖部下连一细长、精巧的小匙，可以深入膛内挑取适量的鼻烟。

小匙材质大多选用与盖部相同的金属或牙、骨等，样式有象腿式、瓜粒式等，匙的宽度略小于壶体口径，长短与壶体膛深相适宜，以便将附着于内膛底部和侧壁的鼻烟悉数挖出。

作为鼻烟的容具，鼻烟壶需要具有极强的密封性，所以在盖与匙的连接处设计有塞部，使盖与壶体口部紧密结合，保证鼻烟不外泄、不受潮、不走气。

鼻烟壶的盖部与壶体大多分别制作，后配置组合成一套。《雍正六年各作成活计清档》记载："四月十三日，内管领穆森交来各色玻璃鼻烟壶六十个，传着配铜镀金盖、象牙匙，记此。"[1] 此时期清代内廷造办处作坊分工细致，鼻烟壶壶体制作好后，由内府金玉作配盖，其配盖甚为讲究，多为铜鎏金材质，并连有象牙材质小匙，极为精巧。

道光时期，鼻烟壶在民间大肆流行，此时期制作的鼻烟壶数量非常多，但精美程度较前代有所下降，鼻烟壶盖部亦然。此时期生产了大量材质、造型、尺寸完全相同的鼻烟壶，同时也批量化生产了大量材质、造型、尺寸一模一样的盖，其中以半球形的素面玻璃盖数量最多，颜色多呈珊瑚红色。此时期还出现了许多通用的盖与匙，可以与口部尺寸相当的壶体任意搭配使用。另外，也有大量前代鼻烟壶原盖遗失，其主人后补配通用盖继续使用者，此类后补通用盖若与壶体搭配得当，也不会产生违和感。

清代鼻烟壶盖的塞部早期与晚期存在明显不同，主要体现在材料的选用上。《雍正四年各作成活计清档》记载八月初二日："据圆明园来贴内称，首领太监程国用持来玻璃鼻烟壶八个，内六个有匙盖，二个无匙盖，说太监焦进朝传旨：'将此八个鼻烟壶内二个无盖子的配盖子，其余鼻烟壶匙盖上安煖（暖）皮，

---

1 中国第一历史档案馆，香港中文大学文物馆：《清宫内务府造办处档案总汇》第3册，人民出版社，2005年，第65页。

俱收拾妥当。钦此。’”[1]同年“八月初三日，将玻璃鼻烟壶八件匙盖上安煖（暖）皮完，交太监焦进朝持去讫”。《乾隆四十三年各作成活计清档》记载七月：“十八日，员外郎四德五德来说，太监厄勒里交金胎珐琅鼻烟壶二件，随盖。传旨：‘将盖上裹暖（暖）皮，收什匙。钦此。’于本月十九日将金胎珐琅鼻烟壶二件安得暖（暖）木，呈进讫。”[2]据以上记载可知，雍正、乾隆时期鼻烟壶的盖就已经设计有塞部，制塞选用的材质是暖木。从大量传世清代鼻烟壶来看，到清代晚期，鼻烟壶盖的塞部大多由棉线或布条缠绕制成，已不再选用暖木作为材料，塞部的制作材料与工艺更加简化。因此，暖木材质的塞部是早期鼻烟壶盖部的重要特征之一。

（五）鼻烟壶的社会文化内涵

清代的能工巧匠将珍贵材质与精良工艺施于鼻烟壶，并融入了具有民族与时代特色的艺术思想，使鼻烟壶跻身成为兼具实用与审美价值的工艺品，受到人们的追捧，在社会各阶层中广泛传播开来，并逐渐衍生出了十分丰富的社会文化内涵。

在创制之初，鼻烟壶是皇帝用于封赏朝臣与赠送外国使臣的重要礼品。如康熙四十二年（1703），在畅春园皇帝将御用鼻烟壶二个并鼻烟一瓶赏赐给高士奇。由于鼻烟壶代表了皇帝的封赏，因此鼻烟壶从贵族与士绅中率先流行，而后逐渐发展，互致鼻烟壶成为友人相见时的社交礼仪，互相鉴赏鼻烟壶成为高明的交际应酬方式，人们以拥有多而精的鼻烟壶来夸耀斗富，鼻烟壶成为身份的象征，鼻烟壶原作为烟具的实用功能反而不足为道。

清代中期，人们使用和收藏鼻烟壶尤其注重数量，以多取胜，需经常更换使用。清末民国时期则全然不同，人们使用和收藏鼻烟壶贵精不贵多，在购置鼻烟壶时，不再注重数量，以质取胜。清代人们在鼻烟壶的更换使用上颇有讲究，例如：随四季的自然景观和天气的阴晴冷暖来更换相应图案的鼻烟壶，更换使用的鼻烟壶须价值相当。另外，还需参考使用者与所会晤之人的身份地位，严格把握社交礼仪的分寸来更换使用鼻烟壶。

李调元《赋得鼻烟——答屏岭陆文祖》诗云：“达官腰例佩，对客让交推。”[3]描述的就是乾隆时期高官们将鼻烟壶随身佩于腰带上，以互相递送鼻烟壶吸闻

---

1 中国第一历史档案馆，香港中文大学文物馆：《清宫内务府造办处档案总汇》第2册，人民出版社，2005年，第14页。

2 中国第一历史档案馆，香港中文大学文物馆：《清宫内务府造办处档案总汇》第42册，人民出版社，2005年，第75—76页。

3 ［清］周继煦：《勇卢闲诘评语》，载杨国安：《中国烟业史汇典》，光明日报出版社，2002年，第121页。

鼻烟作为官场交往的礼节，同时他们也收藏有大量鼻烟壶，和珅府查抄出了巨量鼻烟壶，包括白玉鼻烟壶 800 余个，碧玺鼻烟壶 300 余个，玛瑙鼻烟壶 100 余个，汉玉鼻烟壶 100 余个。此时期，鼻烟壶已成为官场中常见的馈赠礼品。

嘉庆时期刊行的《都门竹枝词》云："烧料烟壶运气通，水晶玛瑙命何穷。地须藕粉雕工好，才是当年老套红。"[1] 此时期鼻烟壶已经发展出了更丰富的文化内涵，人们认为水晶和玛瑙鼻烟壶代表富贵，玻璃鼻烟壶能带来好运气。

《勇卢闲诘》按语曰："补堂久居淮上，习见达官巨商竞以羊脂、翡翠为尚。"[2] 羊脂玉、翡翠价格昂贵，使用者非富即贵，羊脂玉和翡翠鼻烟壶是同治时期流行于达官巨商中的时尚用品。

清代盛行厚葬之风，帝王后妃、八旗贵族、官宦富商雅好鼻烟者众多，因此在许多清代墓葬中都可以看到鼻烟壶作为随葬品出现，如雍正皇帝为自己钦点的三件棺内随葬品即有玻璃鼻烟壶；孙殿英盗掘清东陵乾隆墓、慈禧墓上交文物清单中有玛瑙双口鼻烟壶、白玉鼻烟壶；李莲英墓出土有翡翠鼻烟壶；荣禄墓出土有白玉带皮鼻烟壶、浮雕双螭翡翠鼻烟壶；辽宁省喀左县丹巴多尔济墓、抚顺李石寨清墓也有多件鼻烟壶出土。

在蒙古族地区，鼻烟壶是蒙古族人生活的伴侣，能够用于传达情感，包含尊重、友谊、和睦的社会意义。蒙古族人的财富、身份和社会地位可以从其拥有的鼻烟壶上得以体现，鼻烟壶是衡量社会阶层的标准。此外，鼻烟壶还是蒙古族人祭祀神佛和祖先礼仪中最严格的信物。在宗教礼仪场合中，蒙古族妇女需要佩带精巧的石刻鼻烟壶（平时一般不佩带），以示对神佛和祖先的尊敬、虔诚，宗教仪式上，男人在接受妇女的鼻烟壶时，必须保持庄重、严肃。[3] 对蒙古族人而言，鼻烟壶既是日常生活与人际交往的必需品，也是象征财富的收藏品，还是宗教祭祀的礼器。其中必需品和收藏品的意义与我国其他地区相似，而作为宗教祭祀礼器的意义则是蒙古族鼻烟壶所独有的，在其他地区均不见有以鼻烟壶来祭祀神佛和祖先者。

20 世纪之后，鼻烟逐渐被卷烟所取代，鼻烟壶慢慢淡出人们的日常。作为"中国古代工艺美术的集大成者"，鼻烟壶需要当代研究者继续保持关注与研究。

---

1 张维用：《鼻烟壶诗话》，载《冰花楼诗文集》，远方出版社，1998 年，第 86 页。

2 [清]赵之谦著，戴家妙整理：《勇卢闲诘》，载《浙江文丛·赵之谦集》第 4 册，浙江古籍出版社，2015 年，第 1211 页。

3 朱培初，夏更起：《鼻烟壶史话》，紫禁城出版社，1988 年，第 17—21 页。

清代玉牌形佩造型纹饰分类研究

——以北京艺术博物馆馆藏为例

高埉（北京艺术博物馆）

【摘要】清代，由于玉料充盈、市场繁荣、帝王偏爱，玉器制作迎来了中国古代历史上的最后一个高峰。玉牌形佩俗称玉牌子，属装饰玉范畴，是一种系挂于腰间的玉佩饰。其在宋元时期出现，明清时期流行。北京艺术博物馆藏 35 件清代玉牌形佩，玉料上乘，造型多样，题材纹饰丰富。本文通过对馆藏玉牌形佩造型纹饰的整理，试析清代玉牌形佩的发展过程及特点。

【关键词】清代；玉牌形佩；分类；时代特点

一、起源概述

自玉器诞生之初，玉的装饰功能就受到了人们的重视。在九千年的玉文化发展历程中，玉佩饰从不曾退出过历史的舞台，而是几经演变，在明清时期达到鼎盛。玉牌形佩俗称玉牌子，属装饰玉范畴，是一种系挂于腰间的玉佩饰。之所以称为牌子，是因为其造型以扁平的长方形为主。玉牌形佩兴起于宋元，流行于明清时期，是明清装饰玉中的重要一类。

宋元时期，传世与出土的牌形佩数量较少。台北故宫博物馆藏松下弈棋图牌形佩（图一）[1]为长方形，镂雕了两仕女在松树下对弈的场景。器物没有边框，图案立体感强烈，画面层次分明，代表了宋代牌形佩的艺术风格。元代出土玉器中偶有牌形佩的身影，如上海西林塔出土观音梵文玉牌（图二）、镂雕观音“佛”

1　邓淑苹：《敬天格物——中国历代玉器导读》，台北故宫博物院，2011 年，第 112 页。

字玉牌[1]，两牌子均为长方形，外有双阴刻边框，上有镂雕的顶饰，牌子一面为图案，另一面刻字。除简单的阴刻边框，元代牌形佩还常见连珠纹边框。元代琢玉工艺粗放的特点同样体现在牌形佩上，在器物表面留下明显的钻痕、琢痕。

图一 松下弈棋图牌形佩 宋 台北故宫博物院藏

图二 观音梵文玉牌 元 上海西林塔出土

明代是牌形佩发展到鼎盛的时代，传世与出土器比宋元时期增多。明代牌形佩的内容纹饰受绘画影响非常大，往往雕琢风景图案并附以诗文或印款（图三）[2]。苏州工匠陆子冈所制作的玉牌子，琢工精致、图案文雅，将仿古元素、文人书画等完美融合，受到世人追捧。子冈牌（图四）[3]常见的形制为顶部镂雕云、龙头、花卉、螭、蝙蝠等。牌子所琢画面内容丰富，人物山水、亭台楼阁及花卉等均有涉猎；画面景致带有明显"吴门画派"文征明的风格；纹饰与文字一般用阳纹雕琢，地子浅平，纹饰细腻秀雅，对后世影响深远。明代晚期以及清代，

1 陆建芳主编，张宏明，吴沫，于宝东，张彤著：《中国玉器通史 · 宋辽金元卷》，海天出版社，2014 年，第 516、537 页。

2 杨捷：《明清玉器识真 · 佩件》，江西美术出版社，2009 年，第 111 页。

3 杨捷：《明清玉器识真 · 佩件》，江西美术出版社，2009 年，第 111 页。

出现了不少仿“子冈”或“子刚”款的作品。

图三 山水纹玉牌形饰件 明 故宫博物院藏

1　　2

图四 “子冈”款山水诗文牌形佩 明 故宫博物院藏

二、馆藏清代牌形佩的造型、题材分类

北京艺术博物馆藏清代玉器中，共有 35 块牌形佩，造型多样、纹饰丰富、玉质莹润，体现了清代玉牌形佩的整体水平。

长方形是牌形佩的基础造型，牌子的顶端与底端可琢刻各种纹饰，牌子四角与两腰也可凹进或琢出一定弧度改变形状。清代牌形佩的造型以长方形为基础，注重附饰的设计，依据顶饰、底饰、腰饰衍生出很多样式，有些则完全脱离长方形。牌形佩的雕琢手法丰富，以剔地隐起、浅浮雕技法为主，同时施以阴刻、镂空等技法。馆藏清代牌形佩从造型上大致可分为无顶饰长方形、有顶饰长方形、有顶饰和底饰类型、椭圆形、镂雕类型和其他造型共六类。

（一）无顶饰长方形

无顶饰长方形玉牌造型简练，一般为委角或圆角长方形，着重于纹饰的刻画。有的两面均琢不同图案，有的一面琢图案、一面附诗文。其中玛瑙俏色山水人物纹牌（图五），整体呈圆角长方形，两面均不设边框，俏色巧雕山水人物图案。采用浮雕、阴刻技法，一面在高山上雕琢松树、亭台，山下波涛滚滚，一帆船破浪而行；另一面为松树荫下山石上坐一老人，一童子立于老人面前。白玉仙人乘槎纹牌（图六），为规整的长方形，四角略带弧度。牌子一面琢图案，一面附诗句。琢图案的一面不做边框，浅浮雕一位仙人乘着槎在波浪中行进，船尾挂葫芦，仙人头上云雾缭绕，望向远处的仙山楼阁；附诗句的一面上部浮雕双螭纹，下部剔地隐起边框，框内琢刻阳文隶书诗句："疑是银河落，九天高源云，外悬入东洋，不离此迳穿。"录张解元词句及"子冈作"，并附"子冈"篆书款。另一件青玉李白饮酒图牌（图七）与仙人乘槎纹牌一样，为一面图案、一面诗文，但两面图文均在边框内琢制。图案一面上部浅浮雕一对夔龙纹，下边框内以剔地隐起的手法琢李白饮酒，他头戴巾帻，身穿长袍，右手举杯，其旁有侍童，执酒壶倒酒。另一面在边框内琢阳文行书七言诗句："天子呼来不上朝，自称臣是酒中仙。"诗句出自杜甫的《饮中八仙歌》，将"不上船"改为"不上朝"，此牌同样有"子冈"篆书款。两件带有"子冈"款的牌子均为清代仿品。

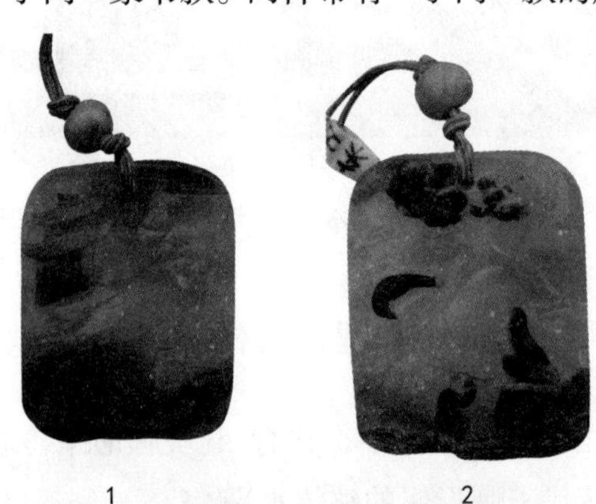

1　　　2

图五　玛瑙俏色山水人物纹牌　清　北京艺术博物馆藏

图六　白玉仙人乘槎纹牌
清　北京艺术博物馆藏

图七　青玉李白饮酒图牌
清　北京艺术博物馆藏

（二）有顶饰长方形

这一类型的玉牌子根据琢玉手法，可分为以浅浮雕、剔地隐起的技法制作的顶饰和以镂雕为主要技法制作的顶饰。

1. 以浅浮雕、剔地隐起技法表现顶饰的牌形佩

这类牌形佩的顶饰多作卷云纹、双夔龙纹、双螭纹等。如白玉山水纹牌（图八），器身近委角长方形，边缘凸凹有致。顶部浅浮雕卷云纹，下部一面浅浮雕山水纹：独树、孤亭、远山、流水，画面线条简练，深沉宁静；另一面琢阳文行书诗句“日长睡起无情思，闲看儿童捉柳花”，诗文后琢凸起一枚方印，印文为阴线刻篆书“山川”。诗与画同体，富于文人情趣。白玉麒麟纹牌（图九），卷云纹顶饰，器身一周起高棱，上下和左右边缘对称凸凹。一面饰浅浮雕麒麟纹，麒麟颈系飘带，回首伏卧，塌腰垂腹，正望向天上的祥云；另一面中心处的圆角方形开光内刻阳文篆书“紫微高照”四字，象征驱邪避凶、迎福祈祥，与瑞兽麒麟纹相呼应。白玉莲荷纹牌（图十），器顶部以减地法琢两条夔龙纹，龙回首，彼此相背，身体细长，顺佩的边缘转折，中间有一圆穿。相较于前两件，这件牌子的顶饰若有似无，属于这一类型中的特殊样式。

图八 白玉山水纹牌 清
北京艺术博物馆藏

图九 白玉麒麟纹牌 清
北京艺术博物馆藏

图十 白玉莲荷纹牌 清
北京艺术博物馆藏

除一面琢图案、一面琢字的样式外，还有牌子两面都为图案的样式：如白玉八骏纹牌（图十一），器身为长方形片状，上有云纹顶饰，下部剔地阳起的窄边框内两面均以浅浮雕技法各琢四匹姿态各异的骏马。它们或立或卧，或抬头，或回首，以稀疏的细阴线刻颈部鬃毛。青玉人物花卉纹牌（图十二），牌子顶部琢卷云纹，器身两面均以减地法琢纹，一面为花卉山石纹，左取势构图，右高低错落，花瓣或展或卷，修长的叶片长而上弯，与突兀的石头相互呼应；另一面为松树人物纹，山路崎岖，路旁青松多姿，一老人拄杖，回望身后小童，

两面纹饰均无边框所限。两块牌形佩的主体图案都表现出了中国传统绘画的韵味。

图十一 白玉八骏纹牌 清
北京艺术博物馆藏

1

2

图十二 青玉人物花卉纹牌 清
北京艺术博物馆藏

2. 以镂雕为主要技法表现顶饰的牌形佩

镂雕顶饰的牌形佩的装饰感更直观，由于镂雕技法的施展需要一定的空间，这类型的牌形佩顶饰往往占比更大。馆藏白玉“子冈”款猫蝶纹牌、青玉山水纹牌属于此类型。白玉“子冈”款猫蝶纹牌（图十三），顶部镂雕两只相向的螭，两螭之间及外侧面以阴线刻回纹。下部两侧主体纹饰亦是比较常见的图画配诗文的搭配：一面浅浮雕牡丹、蝴蝶和猫；另一面刻阳文行书诗句“百蝶狸兽山上卧，富贵长枝花下海”，末署篆书“子冈”二字。诗句对花蝶猫纹做了很好的概括，指明其富贵长寿的吉祥内涵。青玉山水纹牌（图十四），顶部镂雕蝙蝠纹，双翅展开若花形，呈现出图案化的特征。牌子主体部分呈委角方形，一面浅浮雕加阴线刻饰山水纹，另一面浅浮雕行书诗句“明月松间照，清泉石上流”，诗句后有一圆一方两处篆书款识，系“珍玩”二字。诗句出自王维《山居秋暝》，与所饰山水纹的意境相和，富于文人情趣，但顶饰镂雕的蝙蝠又给此牌增添了几分世俗意味。

图十三 白玉“子冈”款猫蝶纹牌
清 北京艺术博物馆藏

1

2

图十四 青玉山水纹牌　清　北京艺术博物馆藏

（三）有顶饰和底饰类型

顶饰和底饰的增加，使牌形佩从外观上改变了固有的长方形，根据其两腰线条不同可分成以下样式：

1. 主体长方形

这一样式的牌形佩虽然附加顶饰和底饰后形状偏椭圆，但其主体部分为规矩的长方形。青玉松鹤纹牌（图十五），顶部浅浮雕双夔纹，底部饰卷云纹。主体部分以减地法作圆角长方形开光，内部一面浅浮雕一回首、口吐仙气的瑞兽；另一面浅浮雕松鹤纹。瑞兽寓意吉祥，松鹤则为长寿的象征。青玉刘海戏金蟾纹牌（图十六），顶部阴刻一对螭纹，底饰卷云纹。主体部分一面浅浮雕刘海戏金蟾；另一面书行草阳文“金龟来作□，含笑向蜂蝶”，诗句后有圆方二形款识两处，一为“文”，另一为“玩”。

1

2

图十五 青玉松鹤纹牌 清 北京艺术博物馆藏

图十六 青玉刘海戏金蟾纹牌 清 北京艺术博物馆藏

2. 主体“亚”字形

亚字形牌形佩指牌子主体部分两腰向外突出呈“亚”字形状的牌形佩。如白玉佛手纹牌、青玉葡萄纹牌、青玉梅爵纹牌三件属于此类。三件牌形佩均为一面琢花卉图案，一面琢四字吉语的样式。其中白玉佛手纹牌（图十七），顶饰、底饰均琢云纹，使牌形佩整体近椭圆形。器身剔地隐起一周凸棱作为边框，一面浅浮雕折枝佛手纹，佛手与枝叶舒朗匀称；另一面中心呈凸起的长方形，上刻阳文篆书“荣华富贵”四字，并以双阴线饰边框。整体琢工精致，装饰简洁，图文充满吉祥寓意。青玉葡萄纹牌（图十八），着重在顶部饰镂空的卷云纹，而底部则饰窄窄的凸缘。佩身减地阳起凸缘，浅浮雕葡萄纹；另一面中心处减地隐起一圆角长方形边框，内阳文篆书“百子福寿”四字。青玉梅爵纹牌（图十九）的造型与之类似，顶部浅浮雕云纹，底部仅作两段凸棱。器身剔地阳起的边框内一面浅浮雕梅花与一件爵，另一面中部有一圆角长方形边框内阳文篆书“增花进爵”四字。

图十七 白玉佛手纹牌 清
北京艺术博物馆藏

图十八 青玉葡萄纹牌 清
北京艺术博物馆藏

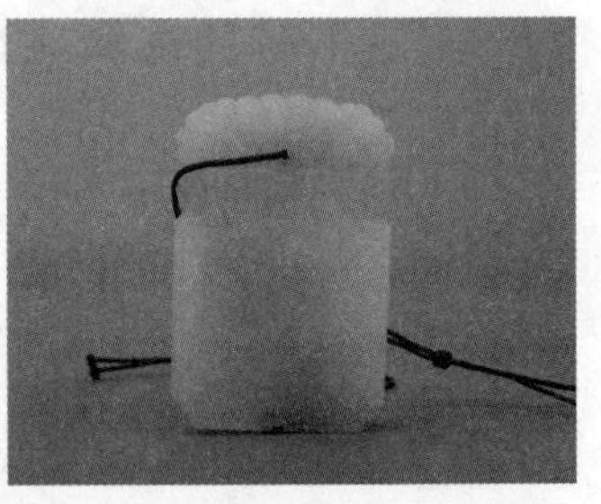
图十九 青玉梅爵纹牌 清
北京艺术博物馆藏

3. 两腰内凹形

此类牌形佩主体部分两腰相对处各有一凹坑。如青玉“岁岁平安”牌（图二十），玉牌顶部雕云纹，底饰随形，琢弧形装饰纹。牌子主体部分两腰对称内凹，再琢出一个凸起。边框内一面浅浮雕鹌鹑和谷穗，鹌鹑呈立姿，伸颈；另一面有阳文篆书“岁岁平安”四字。类似样式还有白玉狮纹牌（图二一），牌子主体的两腰相对内凹，一面浅浮雕狮子滚绣球纹，狮子呈蹲卧状，凸目回首，身前有一绣球；另一面阳纹篆书“玉堂锦绣”四字。白玉荔枝纹牌（图二二），主体部分两腰先内凹再辅以纹饰填充。随形一周起棱作边框，内一面浅浮雕两颗荔枝，荔枝皮一饰菱格纹，一饰龟背纹；另一面中心处以双阴线刻圆角长方形，其内有阳文篆书“诸仙祝寿”四字，周围阴线刻卷云纹。

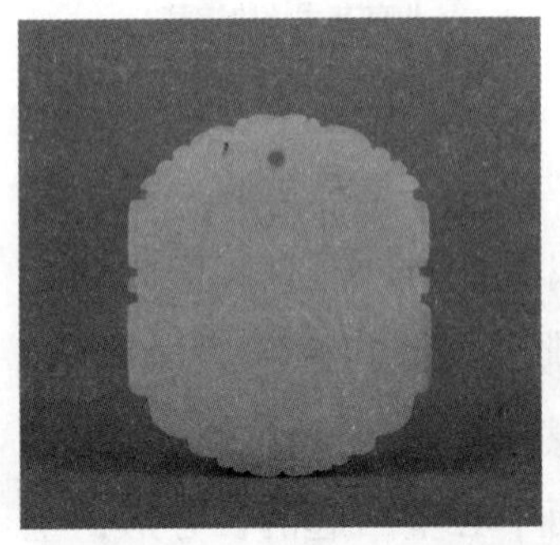
图二十 青玉“岁岁平安”牌 清
北京艺术博物馆藏

图二一 白玉狮纹牌 清
北京艺术博物馆藏

图二二 白玉荔枝纹牌 清
北京艺术博物馆藏

（四）椭圆形

椭圆形牌佩通常无顶饰和底饰，牌子主体为椭圆形。馆藏白玉龙凤纹牌（图二三）、黄玉喜鹊登梅纹牌（图二四）属此类型。两件牌形佩均为剔地隐起雕琢，前者整体琢龙凤纹，一面雕龙、一面雕凤，作龙嘴与凤喙拱卫一珠的造型。后者在牌子一面琢一幅喜鹊登梅的图画：梅树依嶙峋怪石向上生长，枝上有三朵梅花、两只喜鹊，一只站于高枝，昂首翘尾，另一只垂尾站立，回首而视，两只喜鹊，一上一下，彼此相望。梅树枝下有“喜气上眉梢”五字；另一面光素无纹饰。

1

2

图二三 白玉龙凤纹牌 清 北京艺术博物馆藏

图二四 黄玉喜鹊登梅纹牌 清 北京艺术博物馆藏

（五）镂雕类型

镂雕的牌形佩指佩饰的主体部分也进行了镂雕的作品。这类牌形佩数量虽不多，但很有特色，将琢玉工艺重点放在如何以线条来体现纹饰，远远看去如同剪纸窗花的效果，给人玲珑剔透的感觉。馆藏镂空雕牌形佩从雕琢题材内容看，可分为：花鸟题材、龙凤题材和汉字题材。

1. 花鸟题材

馆藏共 4 件花鸟题材镂雕牌形佩，均为鹦鹉与花卉植物搭配的样式。其中青玉镂雕花鸟纹圆牌（图二五）两件，均为正圆形，以竹节纹为边框，内镂雕一回首的鹦鹉。鹦鹉勾喙，翅膀轻盈上翘，尾长而内卷，站于倒垂的花枝之上，周围辅以卷曲的叶片、盛开的花朵。另一件青玉镂雕花鸟纹牌（图二六），镂雕鹦鹉依于一侧粗大的竹节旁，竹节与花卉构成椭圆形的主体形状。白玉镂雕花鸟纹牌（图二七），在镂雕的基础上添加了蝙蝠和灵芝状云朵纹顶饰，其主体部分鹦鹉与花卉造型布局和其余两件大致相同。

图二五 青玉镂雕花鸟纹圆牌 清 北京艺术博物馆藏

图二六 青玉镂雕花鸟纹牌 清 北京艺术博物馆藏

图二七 白玉镂雕花鸟纹牌 清 北京艺术博物馆藏

2. 龙凤题材

青玉镂雕龙凤纹佩（图二八），龙与凤呈左右对称的布局。龙昂首张口，身体蜷曲，占据佩饰的大半部分。凤，头部位置偏低，与龙尾相连，凤尾部长翎上翘至龙口，以阴线简单刻出尾羽。龙大凤小以及龙头上尾下、凤头下尾上的造型似传达了一种尊卑观念。

图二八 青玉镂雕龙凤纹佩 清 北京艺术博物馆藏

3. 汉字题材

明代常见玉器以镂雕单字成佩，如明代江西益庄王夫妇墓中出土镂雕寿字耳环一对[1]。清代延续了这一做法，镂雕牌形佩上主要使用的汉字有“福”“禄”“寿”“喜”等。馆藏白玉镂雕双“喜”字牌（图二九），顶部镂雕成展翅而飞的蝴蝶，翅膀与身体间有穿孔。主体呈委角方形，镂空透雕成双“喜”字，字体表面随形琢出凹槽。下部镂雕对称的卷草纹。白玉镂雕“寿”字牌（图三十），顶部镂雕展翅的蝙蝠，主体部分镂雕篆书“寿”字，线条古拙圆浑。

图二九 白玉镂雕双“喜”字牌 清 北京艺术博物馆藏

图三十 白玉镂雕“寿”字牌 清 北京艺术博物馆藏

1 北京艺术博物馆等：《气度与风范——明代江西藩王墓出土玉器》，北京美术摄影出版社，2014年，第29页。

（六）其他造型

除上述分类以外，清代的牌形佩还有多种不规则的造型，常见如花朵形、葫芦形、如意形等，丰富多样。馆藏青玉大吉葫芦形佩（图三一），整体呈葫芦形，顶部镂空透雕对称的藤蔓，两面正中琢阳文“大吉”二字，字体方正丰厚。“大吉”葫芦造型为清代宫廷常见的装饰母题，瓷、玉、织物、珐琅、金器中都有其身影。白玉佛手纹佩（图三二），顶饰作变形花朵状，椭圆形花心，阴线刻脉纹，减地法琢花朵边缘。佩饰主体一面剔地隐起折枝带叶的佛手纹；另一面阳文篆书“蒿提正指”四字。青白玉“吉庆有余”佩（图三三），玉牌整体呈上小下大的椭圆形，上半部外缘对称浮雕勾云纹。一面阳文篆书“吉庆有余”和“卐”字纹，另一面浮雕磬、双鱼图案，组成传统的谐音寓意吉祥纹饰“吉庆有余”。玉牌底部正下边缘处有对钻的牛鼻穿孔，以供系挂。

图三一 青玉大吉葫芦形佩 清 北京艺术博物馆藏

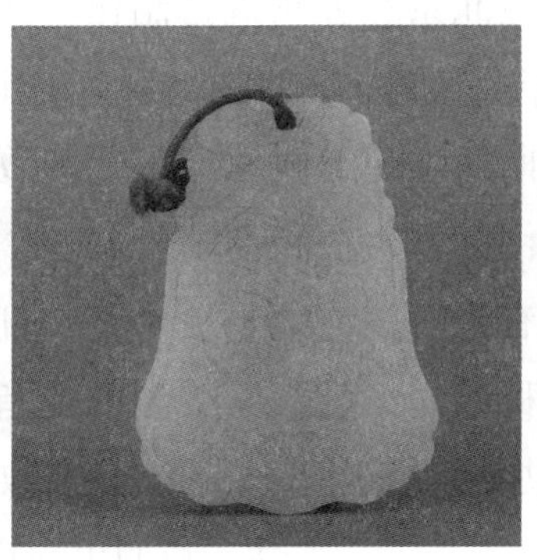

图三二 白玉佛手纹佩 清 北京艺术博物馆藏

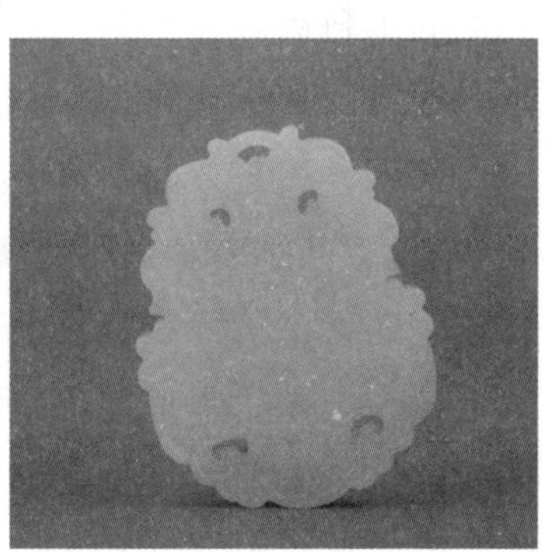

图三三 青白玉“吉庆有余”佩 清 北京艺术博物馆藏

三、清代牌形佩的时代特点

其一，在继承明代牌形佩的基础上进一步发展，清代牌形佩数量多、造型丰富。仿“子冈”牌是清代玉牌形佩对明代牌形佩的艺术继承和追捧，在清代仿品中不乏工艺精湛的作品。除明代流行的长方形牌，清代的牌形佩的造型经历了由简至繁的过程。清中期的牌形佩造型简洁，有些图案纹饰延续了无边框的处理。此后逐渐发展为带有顶饰、底饰的各种造型，同时结合镂雕的手法，使得佩饰的装饰性大大提升。清代中晚期，牌形佩的顶饰越来越复杂，纹饰堆砌，边框厚重，给人装饰过度的印象。

其二，清代牌形佩的纹饰由文人山水向民俗寓意转变。清代中期的牌形佩两面装饰可两面皆为图画，也可一面图画一面附诗，或一面图画一面琢四字吉语，形式多样，尚不固定；至中晚期，玉牌形佩上的纹饰逐渐由山水诗文向吉祥图案和吉语转变，牌子两面的装饰逐渐统一为：一面琢瓜果、瑞草、瑞兽等，另一面居中以印章的形式琢四字吉祥话与图案相呼应。这种样式的佩在画面布局、构图上相对单一，艺术水准不及山水诗文，其中玉质上好、纹饰饱满、琢工精致者还属精品，反之则显现出玉雕艺术的颓势。仿古夔龙纹、卷云纹是清代牌形佩的顶饰常见纹样。此外，蝙蝠纹作为民俗纹饰的代表，成为清代玉牌形佩上最常见的纹饰，可与桃、团寿、佛手等搭配，组成各种吉祥画面，也可作为牌子的顶饰或镂雕装饰出现。

其三，清代牌形佩的玉料上乘，特别是清代乾隆时期制作的。清代玉器原料主要来自新疆和田地区和叶尔羌地区所产的优质玉料。新疆地区的战乱曾一度阻隔了玉料的运送。乾隆三年（1738），由于玉料的短缺，皇室曾下令将明代遗留的玉带板改做为环、佩等其他玉饰品。[1]待后来新疆地区的叛乱被平定，充盈的玉料被源源不断地送往北京和苏州进行制作。选做玉佩饰的玉料，往往玉质细腻、玉色纯净，以羊脂白色为最，青白、青色的细腻玉料同样受到青睐。

其四，工艺方面，清中期的玉牌形佩琢磨工艺细致规整，几乎无一草率之处。花蕊、叶脉以及虫鸟的须翅，均刻画得清晰可见。常见剔地隐起的琢玉手法，相较于明代，清代玉牌剔地有深有浅，地子更平整，打磨更精细，再配上优质的玉料，抛光后常呈现出一种温润细腻而又柔和的油脂光泽，堪称料好工精。同时，由于玉器商品化程度加深，玉牌形佩的造型、纹饰存在程式化的样本，每一类作品的相似度比较高，淡化了艺术性，晚期出现粗制滥造的情况，玉料、琢工等均与清中期差距很大。

附记：本文的撰写得到北京艺术博物馆原研究馆员穆朝娜女士的指导，谨致谢忱。

1　李文儒，杨新：《故宫博物院藏文物珍品大系·玉器》（下），上海科学技术出版社，2008年，第108页。

故宫博物院院藏乾隆御制诗云龙纹玉瓮及相关问题研究

黄 英（故宫博物院）

【摘要】现陈于北海团城玉瓮亭的渎山大玉海，是目前所知最早的云龙纹大玉瓮，此瓮制成于至元二年腊月己丑日，即 1265 年 2 月 1 日，是蒙元时期国之重器。清代乾隆皇帝对其颇多关注，不仅多次题诗，赞誉有加，亦下令清宫造办处和地方治玉机构制作了数件云龙纹玉瓮。本文以云龙纹玉瓮为研究对象，结合清宫内务府造办处档案和相关文献，梳理故宫博物院藏乾隆御制诗云龙纹玉瓮，进而对玉瓮设计与制作过程中的烧补颜色、火镰片（“秦中钢片”）的使用、回残玉的利用、制作玉瓮的原因等相关问题加以探讨。

【关键词】乾隆；玉瓮；烧补；火镰片；回残玉；仿古

一、引言

《符瑞志》云：“玉瓮者，不汲而满，王者清廉则出。”[1]《瑞应图》亦载：“玉瓮者，圣人之应也。不汲自盈，王者饮食有节则出。”[2]玉瓮，传说不汲而满，是帝王清廉与恩德的瑞征。现陈于北海团城玉瓮亭的渎山大玉海是目前所知最早的云龙纹大玉瓮（图一），高 60.3 厘米，通座高 171.5 厘米，口径 130.8×99.3 厘米，腹径 169.6 厘米。此瓮最早见于《元史·世祖纪三》：“（至元二年腊月）己丑，渎山大玉海成，敕置广寒殿。”[3]经查证，至元二年腊月己丑日为 1265 年 2 月 1 日，大玉海制成，元朝尚未建国立都，南宋王朝尚存，因此渎山大玉海的年代应定为“蒙元时期”，称其为“蒙元渎山大玉海”较为恰当。[4]

1 ［南朝·梁］沈约：《宋书》卷二十九，清文渊阁四库全书本。

2 ［隋］杜公瞻：《编珠》卷三，清文渊阁四库全书本。

3 ［明］宋濂：《元史·世祖纪三》，中华书局，1976 年。

4 于平主编：《渎山大玉海科技检测与研究》，科学出版社，2020 年，第 2—4 页。

清宫档案中多见选料设计制作云龙纹玉瓮的记录，从乾隆十六年（1751）至乾隆五十九年（1794）均有记载。从故宫博物院现藏玉瓮看，大者可为室内陈设，亦可贮水，以备不虞；小者可为书案陈设、文房用品；据档案所记，亦可为礼佛用品。本文以云龙纹玉瓮为研究对象，结合清宫内务府造办处档案和相关文献，系统梳理故宫博物院藏乾隆御制诗铭清代云龙纹玉瓮，进而对玉瓮设计与制作过程中的烧补颜色、火镰片（“秦中钢片”）的使用、回残玉的利用、制作玉瓮的原因等相关问题加以探讨。

图一 北海团城渎山大玉海[1]

二、故宫博物院藏乾隆御制诗云龙纹玉瓮

故宫博物院现藏9件乾隆御制诗云龙纹玉瓮，尺寸最小者直径为20厘米，最大者直径为135厘米，体量接近渎山大玉海。9件玉瓮均为清宫旧藏，其中乾清宫东暖阁玉瓮和乐寿堂现陈玉瓮，学者在文章中有所涉及[2]，但未有专文研究，另外7件玉瓮的图片与文字则为首次发表。笔者通过梳理档案，比对实物，找到了部分玉瓮的设计与制作记录。因这些玉瓮均镌刻乾隆皇帝御制诗，故而笔者参考玉瓮上镌刻的乾隆皇帝御制诗文时间，结合清宫档案，列举如下。

（1）乾清宫青玉云龙纹瓮（图二），高60厘米，长135厘米，宽34.5厘米。配有紫檀雕水纹木座及铜座，通座高134.5厘米。旧藏乾清宫东暖阁，玉瓮置于暖阁一楼正中，四周均为书架。点查报告记载为：“青玉雕龙大缸一件（带雕云水硬木座）。”[3]深色青玉质，整器圆雕为巨瓮形，外壁满雕云纹与海水纹，9条龙蜿蜒其间，姿态各异。内壁光素，内底阴刻乾隆三十五年（1770）御制诗《玉瓮联句有序》及《正月六日重华宫茶宴廷臣及内廷翰林等咏玉瓮联句并成是什》近2000字。其中，《正月六日重华宫茶宴廷臣及内廷翰林等咏玉瓮联句并成是

1　图片采自于平主编：《渎山大玉海科技检测与研究》，科学出版社，2020年，图6—67，第152页。

2　杨伯达：《清代宫廷玉器》，《故宫博物院院刊》1982年第1期；张世芸：《乐寿堂里的两件大玉雕》，《紫禁城》1986年第1期。

3　《故宫物品点查报告》，第一编，第一册，卷二，乾清宫东暖阁。

什》诗云："天宝物华出有时，巨璆成瓮适逢斯。讶来西极今传珏，莫遣东方古擅词。彩胜迎人双燕颉，银笺照几七言摛。凤楼玉积诚同庆，应以敬承敢以嬉。一巡三爵古常称，茶宴清班闻几曾。抽秘不忘箴则可，探奇乃觉器相应。尺盘升碗奚堪匹，笔室墨壶恰得朋。莫诩频繇方物贡，较于尧掷愧尤增。"[1]末署"臣于敏中奉旨"，并刻"臣敏中""敬书"二小篆书印，及"小臣宋永泰恭镌"。

这是清宫造办处制作的第一件巨型玉瓮。乾隆皇帝在序言和诗中颂咏了玉材从新疆叶尔羌运来，历经千辛万苦；自癸未冬开始由造办处玉匠制作，至己丑夏完成，历时六年时间；茶宴廷臣、翰林赞颂大玉瓮玉质之美、工程之巨，可与团城承光殿前所陈元代渎山大玉海相媲美。乾隆帝亦在联句诗注内称"元时玉瓮以岁久沦落，乾隆乙丑命以千金易置承光殿中，俾毋失所，今得是瓮，材制巨丽，实为过之"，并在《玉瓮联句有序》末尾说："希珍奕叶蕲永保，慎德名言味最长。"

或许因为是造办处首次制作如此体量庞大、工序复杂的大型玉器，承造工作尚处于摸索阶段，档案中关于这件玉瓮的制作没有系统和完整的记载，但从后续玉瓮的制作记录中可窥一二。其一，乾隆二十九年（1764）二月二十八日，关于伙计、钱粮的主管官员人选问题，因"主事尤拔士管理钱粮尚属结实"，皇帝谕令"尤拔士仍着监造大玉瓮，珐琅处着金辉进内行走"[2]，可见乾隆皇帝对大玉瓮的承造非常重视。其二，乾隆二十九年十月十七日，造办处事务郎中寅著等为宝砂事宜致文广储司，"为做大玉瓮大八件等项活计，原行宝砂一万五千斤，今据贵司来文准工部咨称，查库内现存宝砂仅有一万一百斤，其余不足斤两……将行用宝砂除交外，尚少斤两务赶十二月初间办妥，送到应用，以便昼夜赶做活计，方不致贻怡活计。"[3]其三，"乾隆三十二年正月初十日，催长四德、五德将白石炉凿得糙坯，交太监胡世杰

图二 乾清宫青玉云龙纹瓮

1 《御制诗集》第三集，卷八十五。

2 中国第一历史档案馆，香港中文大学文物馆：《清宫内务府造办处档案总汇》（以下简称《总汇》），《总汇·活计档·记事录》，第29册，人民出版社，2005年，第29页。

3 《总汇·活计档·行文》，第29册，第243页。

呈览。奉旨：着通武磨做，如果磨好，大玉瓮得时亦照此磨做。石炉上年款着于敏中写，刻阴纹字，钦此。”[1]乾隆皇帝下旨，照一件白石炉的方法磨琢大玉瓮。其四，“乾隆三十七年四月二十九日，库掌四德等来说如意馆交出刻得字白玉云龙瓮一件，传旨：着照大玉瓮包镶木座一样配做，先呈样，得时在淳化轩摆，钦此。于五月十三日库掌四德将青玉云龙瓮一件，照大玉瓮木座样式一样配得木座样，交太监胡世杰呈览，奉旨，照样准做，钦此”[2]。乾隆三十四年（1769）完成的大玉瓮所配木座和陈设方式，为三年后完成的两件玉瓮提供了参照。其五，乾隆四十二年（1777）十一月，养心殿造办处承做大玉瓮时，奉皇帝旨意：“将新做玉瓮照乾清宫现安玉瓮紫檀木包镶石心木座一样配座，其石座交工程处成做，得时在乾清宫东暖阁陈设，将现设之青玉瓮换下安设，在宁寿宫之坤宁宫东暖阁对间柱安设，钦此。”十二月二十七日，大玉瓮制作并烧补颜色工作俱已完成，皇帝再次下旨：“朱佐章并伊子俱着回籍，其玉瓮里塘刻诗，配做雕紫檀木包镶石座，其石座交工程处成做，得时在乾清宫东暖阁安设，将现设之玉瓮换下，在宁寿宫之坤宁宫东暖阁安设，钦此。”

（2）青玉云龙纹瓮（图三，彩图三七），高17.5厘米，口径20×26厘米。山料玉琢制而成，外壁高浮雕云纹与9条龙。内底阴刻乾隆三十四年御制诗《题和阗玉云龙瓮》：“方折良材毓，如磨巧匠治。千年露疑贮，二月草先垂。变化难测矣，凭依信有之。昌黎著杂说，精义可深思。”[3]末署“乾隆己丑清和御题”，刻“乾”“隆”二方阴文印。玉瓮旧藏敬事房，点查报告记载为：“雕云龙水槽一个。”[4]

（3）青白玉云龙纹瓮（图四，彩图三八），高52厘米，口径48.5×32.5厘米。口沿略呈海棠式，体量较大。外壁浮雕云纹及5条龙。内底阴刻乾隆三十七年（1772）御制诗《和阗白玉云龙瓮》：“白玉故艰致，巨逾尺益稀，积薪谩相诮，错石俾臻微，求气云龙应，效忱征索非，虽然频有咏，得莫旅獒违。”[5]末署“乾

图三　青玉云龙纹瓮

1 《总汇·活计档·记事录》，第30册，第313页。

2 《总汇·活计档·如意馆》，第32册，第480页。

3 《御制诗集》第三集，卷八十一。

4 《故宫物品点查报告》，第二编，第九册，卷四，敬事房。

5 《御制诗集》第四集，卷十一。

隆壬辰新正月御题”，刻“乾”“隆”“和併积中”三印。乾隆皇帝在诗注中将此件玉瓮与庚寅年大玉瓮（图二）相比较，“庚寅年大玉瓮成，曾与内廷诸臣联句，然彼实青玉铲诸山者，兹瓮虽较小，实白玉，出和阗河中者，尤足珍也”，他认为此瓮虽比庚寅年的山料青玉瓮体量小，然此瓮乃出自和田河中的籽料玉琢制而成，故而更加珍贵。

清宫档案记载，乾隆皇帝亲自督办了这件玉瓮的设计和制作。“乾隆三十四年二月十九日，总管太监王常贵交青白玉小石子三百四十块，传旨：着如意馆分别等次，……着如意馆挑好玉画样呈览。挑出二等玉五块，一块画得云龙瓮一件，交太监胡世杰呈览，奉旨：俱照样准做。”其中，白玉云龙瓮一件，交造办处凿做。“四月初六日，库掌四德等将云龙瓮木样一件纸样一张持进交太监胡世杰呈览，奉旨：先将玉瓮外面花纹凿做再行打钻，钦此。五月十九日，库掌四德等将玉云龙瓮安在奉三无私呈览，奉旨：玉瓮上山峰横了，着方琮另改画呈览，钦此。于二十日库掌四德等将玉瓮上改画得山子持进交太监胡世杰呈览，奉旨：玉瓮背后亦交方琮添画山水画样呈览，再，一面凿錾，一面打钻，钦此。”乾隆三十五年（1770）三月二十六日，“库掌五德将现做白玉云龙瓮一件随小钻心五个持进，安设奉三无私呈览，奉旨：玉瓮持出成做，钻心交如意馆做材料用，钦此”[1]。乾隆三十七年（1772）四月二十九日，库掌四德将如意馆刻好御制诗的白玉云龙瓮呈览，乾隆皇帝审验后下旨，按照大玉瓮的包镶木座样式，为白玉云龙瓮配木座，得时在淳化轩摆放。历时三年的白玉云龙瓮终于按照皇帝的要求制作完成。

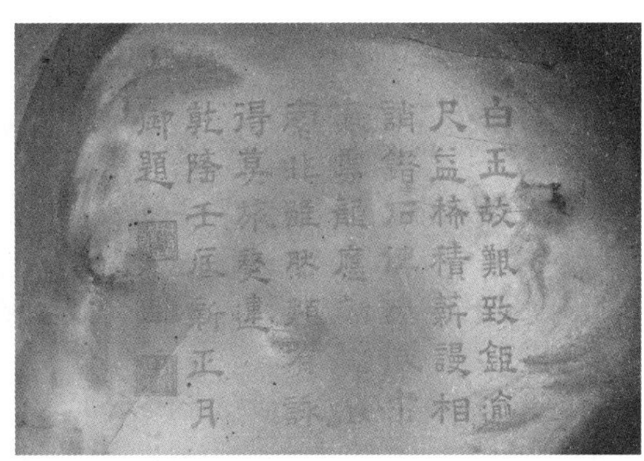

图四 青白玉云龙纹瓮及御制诗

（4）墨玉云龙纹瓮（图五，彩图三九），高19.5厘米，口径23.7×38.5厘米。椭圆形，钵式，外壁浮雕祥云纹，5条龙穿行其间。内底阴刻楷书乾隆三十九年

1 《总汇·活计档·如意馆》，第32册，第480页。

（1774）御制诗《咏和阗玉云龙瓮六韵》：“巨质和阗贡，良材作瓮堪。云容垂碧落，龙德出深潭。从类奇文睹，应声精赜探。僧繇画超绝，韩愈说包含。那有尧年露，非无园客蚕。遐球如近赋，屡获以为惭。”[1] 末署“乾隆甲午孟春御题”，刻“乾”“隆”二正方印，方印周饰勾连回纹。玉瓮旧藏惇本殿，点查报告记载为“带座青玉大水盛一个”[2]。

图五 墨玉云龙纹瓮及御制诗

（5）青玉云龙纹瓮（图六，彩图四十），高 16 厘米，口径 14.5×23.6 厘米。玉瓮以和田玉籽料随形琢制而成，局部保留玉皮色。外壁高浮雕 5 条龙，内底阴刻楷书乾隆三十九年（1774）御制诗《咏和阗玉云龙瓮六韵》，与图五玉瓮所刻御制诗内容相同，落款不同，此件玉瓮末署“乾隆甲午新正御题”，两方印章模糊不清。玉瓮旧藏于颐和轩的一个木箱内，点查报告记载为“青玉夔龙钵一件”[3]。

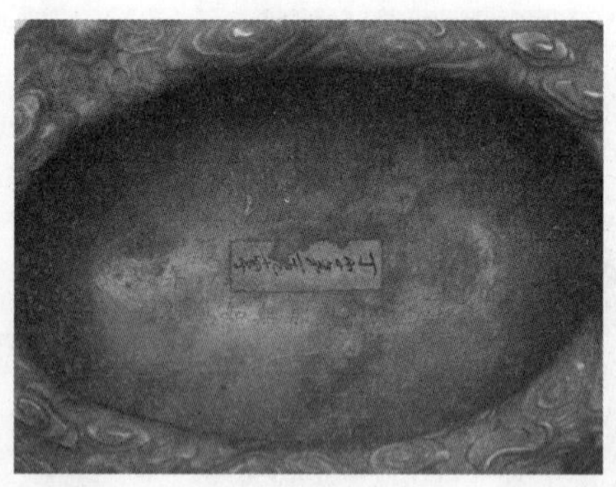

图六 青玉云龙纹瓮及御制诗

（6）青玉云龙纹瓮（图七，彩图四一），高 8.7 厘米，口径 18.5 厘米。椭

1 《御制诗集》第四集，卷十八。

2 《故宫物品点查报告》，第二编，第七册，卷一，惇本殿。

3 《故宫物品点查报告》，第四编，第三册，卷四，颐和轩。

圆形钵式，外壁浮雕祥云纹及 3 条龙。内底阴刻楷书乾隆三十九年（1774）御制诗《咏和阗玉云龙瓮六韵》，与图五玉瓮所刻御制诗内容相同，末署“乾隆甲午御题”，并刻“会心不远”“德充符”二正方印。

图七 青玉云龙纹瓮及御制诗

（7）青玉云龙纹瓮（图八，彩图四二），高 27 厘米，口径 66×39 厘米。深色青玉质，椭圆形钵式，外壁浮雕祥云及 6 条龙。内底阴刻楷书乾隆三十九年（1774）御制诗《咏和阗玉云龙瓮六韵》，与前述三件玉瓮所刻御制诗内容相同。末署“乾隆甲午春御题”，并刻“乾”“隆”二正方印，方印周饰勾连回纹。玉瓮现陈设于颐和轩西夹道内，如亭楼下。

这件玉瓮特殊之处在于其随形石座。对比玉瓮的石座与渎山大玉海石座（图九），二者材质相同，均为大理石；造型相同，均为须弥座式，强化庄重之意；纹饰基本相同，上部以祥云为地，中部束腰处雕山石为背景，其上凸雕“卍”字纹并系以飘带，下部雕翻涌的海水纹，寓意“福山”“寿海”。从档案可知，现陈北海团城的渎山大玉海石座是乾隆帝在乾隆十四年（1749）第三次修琢大玉海时，为其量身配制的，而此件玉瓮内底御制诗末署“乾隆甲午（1774）春御题”，故而此玉瓮的石座当是仿自渎山大玉海的石座。

综合玉瓮御制诗时间及石座纹饰，笔者推测此件玉瓮或为以下档案所记。“乾隆三十八年九月二十五日，库掌四德、笔帖式福庆来说，太监胡世杰交青玉瓮一件（如意馆刻字交来），传旨：着配江山万代花纹高香几座先呈样，钦此。于十月初四日，库掌四德、五德将青玉瓮一件尽得花纹座样，持进交太监胡世杰呈览，奉旨：将玉瓮安上呈览，钦此。于十月初五日，库掌四德、五德，笔帖式福庆将青玉瓮一件尽得江山万代花纹纸样一张，持进交太监胡世杰呈览，奉旨：准照样摔砂子假石座，钦此。于三十九年五月初十日，库掌四德、笔帖式福庆将青玉云龙瓮一件，配得摔砂石座一件，持进交太监胡世杰呈览，奉旨：

着交景阳宫，钦此。于本日随将青玉瓮一件配得座呈进交景阳宫讫。”[1] 从档案描述看，石座上所雕的山石、“卍”字纹、飘带和海水等纹样当为“江山万代花纹”。

图八 青玉云龙纹瓮及御制诗

图九 渎山大玉海石座[2]

（8）“周处斩蛟图”玉瓮（图十，彩图四三），高 27 厘米，通座高 111 厘米，长 60 厘米，宽 50 厘米。椭圆形钵式，外壁浮雕一龙、一童子、三鱼。童子左手撑瓮口沿，右手持宝剑，左腿高抬，似欲攀登。龙首、童子首部已残破不存。内底阴刻楷书乾隆四十七年（1782）御制诗《侯翼周处砺剑》：“阳羡叹父老，三害犹未除。子隐自励志，问害为谁乎。入山射猛兽，水抟蛟而诛。见陆情以告，朝闻夕改涂。克己修忠信，卒为贤大夫。安定写故事，彰善非虚圖。以何重丹青，丹青与道俱。”[3] 末署“乾隆壬寅题?（字迹不清）御笔”，并刻“古稀天子”“犹日孜孜”二印。玉瓮附石座，座饰水波纹。此玉瓮现陈设于碧螺亭南侧、萃赏楼北侧的假山上。

玉瓮纹饰与御制诗表现了“周处斩蛟”的典故。《晋书》记载：“周处，字子隐，义兴阳羡人也。父鲂，吴鄱阳及守。处少孤，未弱冠，膂力绝人。好驰骋田猎，不修细行，纵情肆欲，州曲患之。处自知为人所恶，乃慨然有改励之志，谓父老曰：今时和岁丰，何苦而不乐耶？父老叹曰：三害未除，何乐之有！处曰：何谓也？答曰：南山白额猛兽，长桥下蛟，并子为三矣。处曰：若此为患，吾能除之。父老曰：子若除之，则一郡之大庆，非从去害而已。处乃入山射杀猛兽，因投水搏蛟，蛟或沉或浮，行数十里，而处与之俱，经三日三夜，人谓死，皆相庆贺。处果杀蛟而反，闻乡里相庆，始知人患已之甚，乃入吴寻二陆。时机不在，见云，具以情告，曰：欲自修，而年已蹉跎，恐将无及。云曰：古人贵朝闻夕改，君前涂尚可，且患志之不立，何忧名之不彰！处遂励志好学，有

1 《总汇·活计档·油木作》，第 36 册，第 82 页。
2 图片采自于平主编：《渎山大玉海科技检测与研究》，科学出版社，2020 年，图 6—67，第 152 页。
3 《古今体一百七首千寅壬寅六烟云集绘册》，载《御制诗集》第四集，卷九十。

文思，志存义烈，言必忠信克己。”[1]公元3世纪中叶，义兴阳羡（今宜兴市）传颂着“周处除三害”的故事。周处（公元242—297），字子隐，义兴阳羡人。年少时身材魁梧，臂力过人，武艺高强，好驰骋田猎，不修细行，纵情肆欲，被乡民与南山猛虎、西氿蛟龙合称为阳羡城“三害”。周处自知为人所厌，于是只身入山射虎、下山搏蛟，经三日三夜，在水中追逐数十里，终于斩杀猛虎、孽蛟。他自己也认真习文练武，自此城内三害皆除。周处除三害后，发愤图强，拜文学家陆机、陆云为师，终于才兼文武，得到朝廷的重用，历任东吴东观左丞、晋新平太守、广汉太守，迁御史中丞。他为官清正，不畏权势，受到权臣的排挤。西晋元康六年（296），授建威将军，率兵西征羌人，次年春于六陌（今陕西乾县）战死沙场，死后追赠平西将军，赐封孝侯。

图十 “周处斩蛟图”玉瓮

据清宫档案记载，乾隆二十三年（1758）皇帝就已开始下令制作“周处斩蛟”题材玉器。“太监胡世杰交白玉周处斩蛟陈设一件（系乾清宫入古头等），传旨：着交启祥宫，有收贮玉配做一件，钦此。于本日将收贮青白玉一块，随周处斩蛟陈设交太监胡世杰持去呈览，奉旨：准做，交苏州织造安宁处随玉大小成做，钦此。”[2]在接下来的几年中，皇帝将其作为仿古玉器题材之一，多次下令制作、陈设“周处斩蛟”玉器，如“将现收贮周处除蛟陈设一件，在景阳宫学诗堂殿内陈设”[3]，亦或题诗，或铭“大清乾隆仿古”[4]款。

（9）乐寿堂青玉云龙纹瓮（图十一），高70厘米，直径128厘米，下附铜座及木座。外壁雕九龙戏珠及云纹。玉瓮底镌刻楷书乾隆十五年（1750）御制诗《玉瓮记》：“昔阅《辍耕录》及《金鳌退食笔记》，知有元时玉瓮，而沦为西华门外道人贮菜器，命以千金易之，仍设承光殿。一再题咏，亦既惜荆，凡惕殷鉴矣。既而定回部，悉有产玉之山，孕玉之水。盖水孕者精而山产者巨，因命与致一山产者为玉瓮，则较承光殿所设者质美而工精。于庚寅春与诸翰臣联句而落成之。一之为甚，岂可再乎。乃今复有玉瓮之记，则以事有不期，而

1 ［唐］房玄龄等撰《晋书》，卷五十八，清文渊阁四库全书本。
2 《总汇·活计档·如意馆》，第23册，第497页。
3 《总汇·活计档·如意馆》，第34册，第263页。
4 《总汇·活计档·如意馆》，第26册，第722页。

文有纪实，所以志吾幸，抑以志吾过也。其志吾幸也，若何回部远在万里之外，自古中国所不能臣，今则一视郡县，取携自如。且元时仅能致其一，今则有其二，而质美器巨乃过之，虽弗侈言怀畏，而较有元为胜，此吾所以为幸也。其志吾过，若何方取斯玉于密尔岱之山也。司事之臣盖驻叶尔羌之大臣玛尔兴阿，于凡凿采遄运无不给以日价茶塩。众回初无工役之苦，其后高朴代之，不惟减其官给，抑且劳以私力，为窃取牟利之计。于是穷回胥怨，几致激变。幸因塞提卜阿尔迪之讦，命永贵审明，置高朴于法，而回众始安，此吾所以为过也。夫为幸不过骋一时之观设，为过而反之不速，则或失土地而兴兵戎，成何事体，不将贻笑后世乎。然其反之之速，盖难言矣。夫非明理识人，公而无私，正而能断，未有不因迟疑以致决裂者。今则诛偾辕而致重器，叶尔羌万里以外，羣回安堵，有熈皞之乐，免兵戈之苦，是吾于志过之中，而又有大志幸者存焉，故为文泐瓮中。吾子孙视此文，当以吾之过为戒，不可以吾之幸为可幸徼，尚慎旃哉。”[1]末署“乾隆庚子孟冬之月（下）澣御笔”，刻“古稀天子之宝”“犹日孜孜”二正方印。玉瓮旧藏乐寿堂，点查报告记载为：“青玉雕云龙池一座（带铜座木架，木架残）。”[2]

图十一 乐寿堂青玉云龙纹瓮及局部

有了乾隆二十八年（1763）玉瓮的制作经验，以及十几年间陆续制作大小玉瓮，造办处和地方玉作都积累了丰富的经验，所以将这两块分别为五千斤、四千斤的巨型玉料制作成玉瓮也变得不那么困难了。从最初的设计画样、工具选用、回残利用、所需工时等，以及玉瓮制作期间的每一步进展，造办处均专门设立《大玉瓮》档册进行了详细记录。据记载，乾隆四十一年（1776）新疆送到玉石巨料六块，其中最大两块，一块重五千斤，一块重四千余斤。四月二十八日，“太监如意传旨：重五千斤玉一块做瓮一件，余下钻心回残做宴上全分盘、碗、盅、碟等件，钦此。于二十九日画得玉瓮纸样一张，余下钻心回残

1 《御制诗集》第二集，卷十四（记）。
2 《故宫物品点查报告》第四编，第三册，卷一，乐寿堂。

约估不够做宴上盘碗盅碟等件，随将四千余斤玉一块亦画玉瓮一件余下回残钻心凑做宴上盘碗等做足用呈览”，五月初九日，“五千余斤一块经如意馆料估画样呈览，奉旨：交两淮盐政伊龄阿做玉瓮一件”，随后，“将五千余斤大玉一块，交伊龄阿坐京家人小心运往，成做玉瓮一件”。[1]时隔半年后，乾隆皇帝对副都统金辉面授谕旨，让其寄信伊龄阿，询问大玉瓮现做至何成，并打取钻心材料等现在办理情形一并上报。十二月二十二日，临时调任淮关监督的原两淮盐政伊龄阿，给乾隆皇帝发来折子，陈述了半年来大玉瓮的制作情况：“为声明作玉瓮大玉一块，于九月初八日开工，昼夜赶办。照以原样，现已拉下二块，细看皮糙内虽有三分石性，玉情甚好，如无绺性，定成完器。至钻心材料，拟定随时陆续交苏州成做盘碗。其木样业经成做，按照云龙瓮样，现已雕刻，尚未完工，待有确实情形，再行具奏。”[2]时隔两个月，新年过后没多久，乾隆四十二年（1777）二月二十一日，乾隆帝又把金辉叫到跟前，“着传与两淮盐政寅著，现做大玉瓮做至何成数，应取之钻心如得一件，即先行送来呈览，钦此”[3]。三月二十九日，两淮盐政寅著送到大玉瓮上扎下的一块重达一百七十七斤重的回残玉，以及四个小钻心。乾隆四十五年（1780）十月初一，两淮制作完成的大玉瓮送至京城，员外郎五德等将其安在养心殿呈览，皇帝查验欣赏后，下令“在宁寿宫乐寿堂安设”，至今未移动。这件大玉瓮是继乾隆三十四年（1769）完成的乾清宫大玉瓮后，清代宫廷下令制作的另一件巨制玉瓮，自乾隆四十一年（1776）五月画样起，至四十五年（1780）十月竣工呈进，历时四年半。

三、云龙纹玉瓮制作相关问题探讨

故宫博物院现藏的这几件云龙纹玉瓮是除了“大禹治水图”“会昌九老图”和“秋山行旅图”等大型玉山以外，体量较大的清代玉雕作品。它们得以制成，不仅因为清朝军事力量的强大，统一了天山南北，提供了充足的玉石原料这一物质基础，还因为数千年治玉工艺的积累和传承，为清代大型玉雕作品的完成提供了丰富的经验和成熟的技术。在上文梳理故宫博物院藏乾隆御制诗云龙纹玉瓮的基础上，笔者拟结合清宫内务府造办处档案和相关文献，对玉瓮设计与制作过程中的烧补颜色、火镰片（“秦中钢片”）的使用、回残玉的利用、制作玉瓮的原因等相关问题加以探讨。

---

1 《总汇·活计档·大玉瓮》，第 39 册，第 529 页。

2 李宏为：《乾隆与玉》（上），华文出版社，2013 年，第 237 页。

3 《总汇·活计档·大玉瓮》，第 39 册，第 539 页。

（一）烧补颜色

染色，俗称烧色，是指用人工技法加以染作的颜色，包括烧色、烤色、琥珀烤色等多种方法。染色技法兴盛于宋代，因宋代仿古风潮兴起，为了营造新作玉器的古意，或为单色玉器增加色彩变化，便发展出人工染色的技法。清代玉器染色的目的或为仿制古玉，或为冒充籽料，或为对器物进行俏色雕刻，也有为了遮掩绺纹而烧补颜色。"烧色行是宫廷和民间治玉中别具特色的一个工种。"[1] 清代纪昀的《阅微草堂笔记》和刘大同的《古玉辨》，都记载了许多当时最流行的烧色方法，宫廷仿古玉的制作中也经常使用。从清宫旧藏玉器的染色部位看，宋代至清代的染色玉器主要分为整体染色和局部染色。从染色技法看，宋代至清代玉工常用烧烤或敲打的方式使玉器的质地由密变松，才能让染料从外表渗入玉质结构里，也因此会在玉器表面留下瑕纹或凹点状的破坏痕迹。[2]

乾隆皇帝从清宫旧藏汉代玉器及宫中古书文献，对汉玉的土沁色斑有一定的了解。乾隆四年（1739）二月十七日，"太监胡世杰交烧松绿汉玉双环瓶一件，传旨：多宝格内有次些汉玉的照此样烧造一件"，8个月后，烧造工作完成，"七品首领萨木哈将烧青绿汉玉图章一方，安在乾清宫东暖阁多宝格内"。[3] 这是档案所见乾隆皇帝即位后首次下令玉工烧染旧玉，说明皇帝是清宫最初烧造仿古玉的倡导者。乾隆八年（1743）一月二十七日，皇帝下旨"将考古图二本交与安宁图拉，按图上选定的玉辟邪二件，璊玉马一件，玄玉骢一件，琥一件，仙人一件，共六件，着尔等寻好玉工勉力照书上图样记载之尺寸各仿旧做一件，做得时其书上系何人成做、何人收藏之处，尔等酌量将古人名字刻于其上，尔等将书上图样并尺寸记载一一详悉记下"[4]，还叮嘱玉器做好以后，"将此书（《考古图》）先送来，其书不可污了"。9个多月后，苏州将仿制的古玉呈进，皇帝再次下旨，"将白玉仙人、白玉马俱烧汉玉，配文雅座，再碧玉虎配楠木胎漆座，做旧、做矮、束腰、文雅些座再安，虎足处糟内糊苏锦，将白玉名色刻在座心上"，接下来的三天内，皇帝连续下旨，"将做来白玉人、马照《考古图》内颜色烧造""将碧玉虎持出，在左腿里怀刻十三，其座仍配秀气些，座上面刻隶字'宣和御玩'，底面刻篆字'伯时珍藏'。其白玉仙人留下烧造颜色，白玉马亦持去配座"。[5] 上述档案记载了乾隆帝下令苏州织造仿造古玉仙人、马、虎、辟邪，

---

1 徐琳：《中国古代治玉工艺》，紫禁城出版社，2011年，第212—214页。

2 吴棠海：《古器物学研究——唐宋元明清玉器概论》，载《唐宋元明清玉器》，震旦艺术博物馆，2012年，第17页。

3 《总汇·活计档·玉作》，第9册，第97页。

4 《总汇·活计档·记事录》，第11册，第484页。

5 《总汇·活计档·匣作》，第11册，第634页。

再采用烧补颜色的方法，将上述几件玉器仿做成汉玉，并镌刻“宣和”“伯时”款。乾隆八年（1743）十一月初七，太监胡世杰、张玉传旨：“着传与安宁、图拉，嗣后再做玉器，有仿旧的，必将字样刻上烧造仿旧送来。如新做的，应刻款酌量刻裁呈进，钦此。”[1] 安宁、图拉分别担任苏州织造和两淮盐政，乾隆皇帝要求宫廷造办处和地方玉作务必在仿古玉器上镌刻仿古字样，可见他对于仿古玉器有自己的见解和方法。

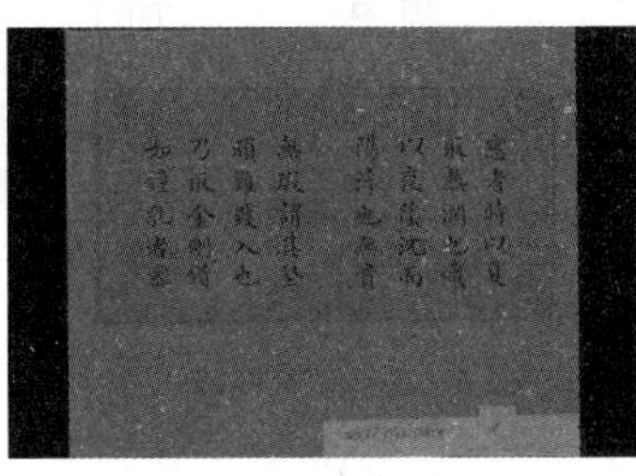
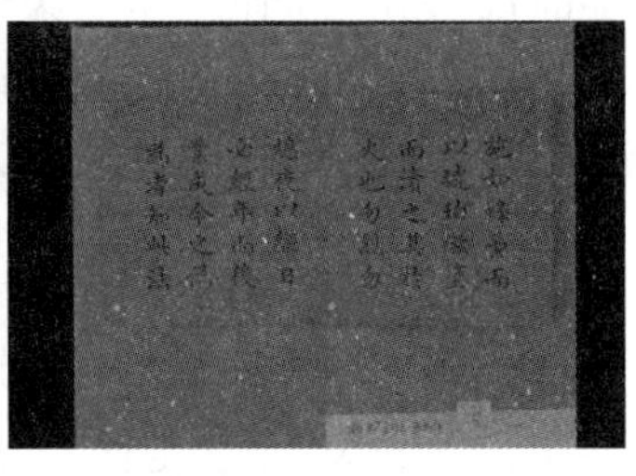

图十二　白玉双婴耳杯及册页

清代玉器的染色做旧，大家比较熟悉的作品是一件白玉双婴耳杯（图十二），玉杯整体染色做旧，极具古风，曾使乾隆皇帝难辨真假，以为是汉代之物。后询问造办处苏州籍玉工姚宗仁，宗仁笑答，此杯乃其祖父所做的仿古之器，用了一种家传的“淳炼之法”，即染玉之法。这种染玉方法经杨伯达先生考证为“琥珀烫”。[2] 乾隆皇帝听后大为称奇，遂作《玉杯记》，记载了苏州姚氏染玉的做法：“取金刚钻如钟乳者，密施如蜂虿，而以琥珀滋涂而渍之，其于火也，勿烈勿熄，夜以继日，必经年而后业成。”[3] 即先在需要染色的玉器表面用尖状金刚钻打成细密如蜂窝状的麻点坑状，再将其长时间浸泡于琥珀液中，然后再用文火慢慢灼烤。由于玉质本身比较坚硬，染色液很难沁入玉内，故要使染色逼真，必须长时间不断操作。[4]

乾隆皇帝通过仔细观察宫廷所藏旧玉，发现除了仿古做旧以外，前人也会利用染色技术来遮挡玉石的瑕疵之处。他将这一方法运用于玉瓮的制作。乾隆四十二年（1777）九月，造办处在琢制一件大玉瓮时，发现“玉瓮上柳道过多必需烧补颜色方为整齐，但遍觅京内，竟无能补各样颜色”[5]。于是，造办处官员托太监鄂鲁里口奏乾隆皇帝，问能否请苏州织造全德送人到京。因皇帝对苏

1　《总汇·活计档·记事录》，第 11 册，第 528 页。

2　杨伯达：《清康熙姚氏染玉法——“琥珀烫”》，载《杨伯达论玉——八秩文选》，紫禁城出版社，2006 年，第 399—407 页。

3　《御制文集》，《初集》，卷五（记）。

4　郭福祥：《宫廷与苏州：乾隆宫廷里的苏州玉工》，载《宫廷与地方：十七至十八世纪的技术交流》，紫禁城出版社，2010 年，第 186—187 页。

5　《总汇·活计档·大玉瓮》，第 39 册，第 551 页。

州玉匠朱佐章的琢玉技艺印象颇深，在以往苏州为宫廷制作玉器的匠役中，他是“领军人物”，烧补玉色应不在话下。请奏皇帝后传旨，“准交苏州织造全德，将玉匠朱佐章作速送京，烧补玉瓮颜色，完时即令伊回南”。十一月二十三日，据苏州织造全德来文称：“遵奉传换玉匠朱佐章，令其即日进京。据补大件玉器，必须帮办之人。匠子朱仁方素常帮做有年，系是熟手，恳携带进京帮做等因，今差人将朱佐章并子朱仁方俱已伴送到京，理合奏明，令其烧补玉瓮颜色，俟完时即令伊等回南。”朱家父子烧补颜色一事得到了皇帝的准许。之后，乾隆皇帝对玉瓮烧补颜色之事极为重视，多次催促造办处尽速烧补，于是造办处官员又对烧造颜色的时限进行了商讨，“问得朱佐章，此项玉瓮活计甚大，不能预为料估定准得日，奴才现派官员送他，昼夜监看，赶紧烧补，务限伊于年内赶完”。皇帝限定了工期，就必须按期完成，于是，“十二月二十七日，将大玉瓮一件，着朱佐章带领伊子烧补得颜色，安在启祥门内呈览”，朱佐章父子俩按照皇帝的要求，在限定时间内完成了为大玉瓮烧补颜色的工作。[1]

从上述几条档案以及其他档案所记，如“交汉玉异兽一件，前左腿磕损，着舒文带往苏州粘好烧补颜色送京”[2]，又“将汉白玉龙首觥一件刷洗好，持进交太监鄂鲁里呈览，奉旨，发往苏州交四德，将有石性处烧补颜色，得时送来”[3]，可以得知，当时熟练掌握玉器染色技法的工匠在苏州，故而小件玉器多发往苏州进行染色，而遇到大玉瓮一类不易搬运的大件玉器，造办处则会直接要求苏州选派染色玉匠进京工作。

（二）火镰片（“秦中钢片”）的使用

火镰片，亦称火链片，边口为锯齿状，最初用于拉锯玉石，后亦用于打钻掏膛和凿錾纹饰，是清乾隆时期制作玉器的辅助工具之一。

秦中钢片，仅在乾隆御制诗《玉瓮联句有序》中提及：“因兹度彼良工，断手须廿年以竢。尔乃资乎利器，匠心甫六载而竣（此瓮初付工琢，按常时宝砂璞石磨治法计之，须二十年乃得蒇事。玉人有请用秦中所产钢片雕镂者，试之殊利捷。自癸未冬迄己丑长至月，阅六年而成程，工省十之七。”[4]根据御制诗记载，为了琢磨这件大玉瓮，玉工引进了“秦中所产钢片”，非常锋利和方便，使原本按旧法需要20年才能完成的工程缩短为6年就已完工。

---

1 李宏为：《乾隆与玉》，华文出版社，2013年，第241页。

2 《总汇·活计档·行文》，第34册，第238页。

3 《总汇·活计档·行文》，第46册，第633页。

4 《玉瓮联句有序》，载《御制诗集》第三集，卷八十五。

关于火镰片的使用，故宫博物院郭福祥研究员有专文论述[1]，他通过对比档案记载，认为是通武将原本淮路所产的火镰片谎称是遥远的甘肃所产，进而达到高价报销的目的，“乃于承办采买所用淮路火镰片，每斤实用价银四分，而巧立名色，诈言甘肃锭锥，谎报每斤价银二钱八分，以图冒销肥己”[2]。通武的谎报直接误导了内务府管理层乃至乾隆皇帝对火镰片的认知，从而误认为火镰片就是甘肃所产，乾隆帝御制诗中的“秦中所产钢片”即源于此。郭福祥研究员得出结论：“秦中钢片”实为“淮路火镰片”，与“山西火链片”一样，都是凿錾玉器的工具，其基本属性和形态都是相同的，只是产地不同而已。这种工具不仅在清宫造办处内使用，而且在苏州织造、两淮盐政为宫廷制作玉器过程中也有使用。[3]

关于“秦中钢片”，在御制诗及清宫档案中涉及非常少，但是“火镰片”或“火链片”则是制玉过程中常用的工具，档案多有记载。乾隆四十一年（1776）六月二十四日，为了承做大玉瓮，副都统金辉面奉谕旨，“现今成造大玉瓮凿錾花纹所用火镰片，着向山西巡抚巴彦（延）三要五万片解交，每斤（年）解交一万斤，钦此”[4]。很快，这道谕旨通过领侍卫内大臣福康安寄给山西巡抚巴延三：“乾隆四十一年六月二十四日奉上谕：造办处琢磨玉石需用火链片之处甚多，此物产自山西，著传谕巴延三，自明年为始，每年将火链片办理一万斤，解交造办处应用，俟五年后即行停止。将此遇便传谕知之，钦此。遵旨寄信前来。”[5]七月十七日，收到谕旨的山西巡抚巴延三专门就采办火链片事宜上奏乾隆皇帝：“奴才查得火链片系山西出产，价值几无。奴才谨遵旨，自明年为始，每年办理一万斤，解交造办处应用，俟五年后即行停办。合将奉到谕旨，遵办缘由先行恭折覆奏，伏乞皇上睿鉴。谨奏。”[6]第二年二月，首批一万斤山西火链片送达造办处，共分大小两种规格，每种规格各五千斤。至乾隆四十四年（1779）山西共送交火链片三万斤，造办处经过测算，已足使用，故于五月初九日上奏请求停止解送，造办处谨奏：“查乾隆四十一年间成做大玉瓮一件，外面琢磨云龙

1 郭福祥：《乾隆宫廷制玉新工具“秦中钢片”考——兼论凿錾技术与清宫大型玉器制作的关系》，《故宫博物院院刊》2017 年第 1 期。

2 中国第一历史档案馆：《奏为员外郎通武侵银入己拟斩监候事折》，内务府奏销档 291-070 号。转引自郭福祥秦中钢片文第 86 页。

3 郭福祥：《乾隆宫廷制玉新工具“秦中钢片”考——兼论凿錾技术与清宫大型玉器制作的关系》，《故宫博物院院刊》2017 年第 1 期。

4 《总汇·活计档·大玉瓮》，第 39 册，第 529 页。

5 中国第一历史档案馆：《著令山西巡抚巴延三采办火链片事》，军机处录副奏折 03-1098-067 号。转引自郭福祥“秦中钢片”文第 82 页。

6 中国第一历史档案馆：《署理山西巡抚巴延三奏为奉旨办理火链片事》，军机处朱批奏折 04-10-14-0042 号。转引自郭福祥“秦中钢片”文第 82 页。

花纹活计，原约于五年即可錾完竣。所需火镰片一项，业经奉旨，交山西巡抚，每年解交火镰片一万片交造办处应用，俟五年后即行停止，钦此。自四十二年（1777）起至四十四年（1779），已经交到火镰片三万斤，按其大小块件已足使用。酌核玉瓮活计趱工赶做，本年即可告竣，其未交之二万斤，相应奏明，行文该省停止，毋庸解交等因，缮折交奏事揔管桂元等具奏。奉旨：知道了，钦此。"[1]

从档案可知，火镰在玉瓮的打钻掏膛和凿錾纹饰方面起到了重要的作用，乾隆中期以前，因宫廷玉石材料有限，琢制玉器数量不多，对火镰片的用量每年为几千斤。乾隆中期以后，宫廷玉料充足，制作玉器数量大增，仅造办处对火镰片的消耗就达万斤。[2]火镰片的使用，不仅在制作玉器上大大缩短了工期，也节约了大量人力和物力，为清代大型玉器的制作奠定了重要基础。

（三）回残玉的利用

回残玉，即制作玉器剩下的玉料。乾隆皇帝将玉石视为珍宝，即使是制作玉器留下的回残剩料，他也不会随意丢弃，而是善加利用。

众所周知，清代回残玉利用的经典之作是现藏故宫博物院的一件白玉《桐荫仕女图》山子（图十三），亦是最能体现清代治玉者设计与艺术修养的经典作品之一。整器以和田白玉籽料雕琢而成，器身保留大面积桂花色黄皮。圆雕庭院景色，主体为一门亭，隐于桐荫之下，前有门柱瓦檐，圆形门洞。屏门两扇，一掩一开，门缝中透过一线光亮。一仕女倚身门后，捧罐而立；另一女手持灵芝立于门柱之侧，二人隔门相望，似正欲交谈。器底刻乾隆帝御制诗："相材取碗料，就质琢图形。剩水残山境，桐簷蕉轴庭。女郎相顾问，匠氏运心灵。义重无弃物，赢他泣楚廷。"[3]后署"乾隆癸巳新秋御题"，刻"乾""隆"二印。旁有乾隆帝诗注："和阗贡玉，规其中作碗，吴工就余材琢成是图。既无弃物，且仍完璞玉。"玉山的玉料为打钻取料制碗后所剩余，苏州玉工因材施艺，设计成一件玉山。清宫档案记载了玉山的制作："乾隆三十七年，库掌四德、五德将苏州织造舒文送到竹骨扇四十把，各色片金二十匹，并做玉碗取下玉钻圈拟做芭蕉美人陈设木样，临画得缂丝妆花佛像纸样二张，持进交太监如意呈览。奉旨：竹骨扇四十把交懋勤殿画十把，其余三十把交如意馆分画。片金十二匹交养心殿收贮，芭蕉美人陈设准照样快做。"获准后，苏州玉工即开始琢制这件玉

---

1 《总汇・活计档・大玉瓮》，第 39 册，第 546 页。

2 李宏为：《乾隆与玉》，华文出版社，2013 年，第 131 页。

3 《咏和阗玉〈桐荫仕女图〉》，载《御制诗集》，第四集，卷十三。

山，于乾隆三十八年完工。乾隆帝见到制作完成的玉山后，大为赞赏，为其赋诗、铭款，并将玉山取名《桐荫仕女图》。此件玉山的图案构思取材于故宫博物院藏油画桐荫仕女图屏风，经过玉工匠心独运的设计和精雕细琢，玉山所呈现出来的人物形象和整体布局较油画屏风更为鲜活、生动，堪称玉雕史上的一绝。

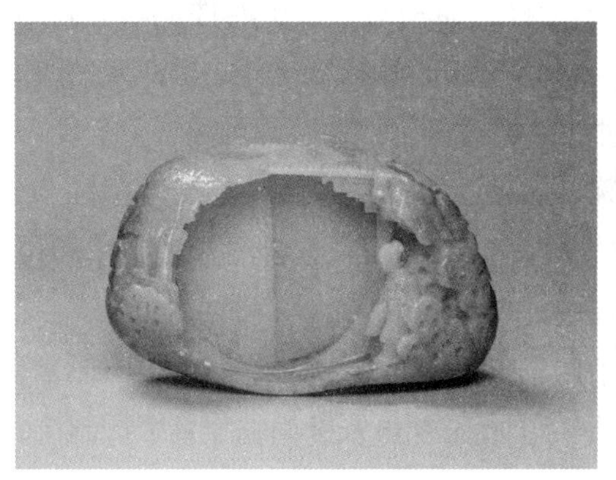
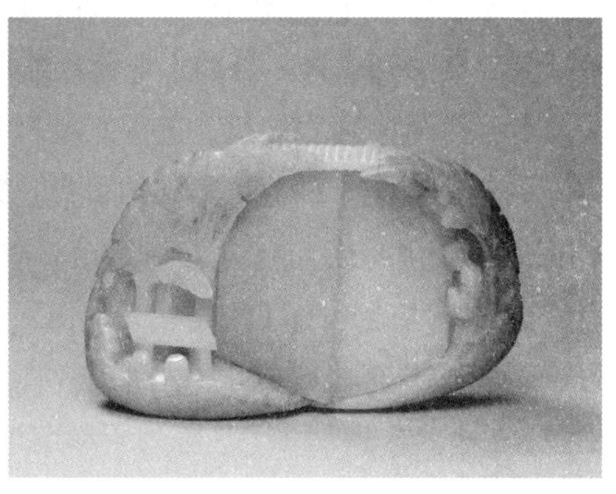

图十三　《桐荫仕女图》玉山

造办处档案中关于皇帝下旨利用回残玉制作合适玉器的记载，不胜枚举。尤其是制作玉瓮时，通过掏膛会得到数量不小的回残玉，这时乾隆皇帝一般都会亲自过问回残玉的利用。乾隆三十四年（1769），造办处在制作玉云龙纹瓮时，留下不少玉回残料，其中一块料“估得足做长七寸五分、宽三寸五分、厚二分册页八片，或做长七寸、宽三寸二分、厚二分册页十片，做得合牌册页样二件，持进交太监胡世杰呈览，奉旨：着交苏州照长七寸五分、宽三寸五分成做册页十片，厚里下略薄些，如长宽尺寸不足，略小些，钦此。”[1]乾隆三十五年（1770）十二月十一日，苏州完成了10片白玉册页的制作并交太监胡世杰呈进。除此以外，还利用回残玉制作了宝玺、玉洗、玉碗、盘、碟等小件玉器，另有17个玉钻心则交如意馆做材料用。

乾隆四十一年（1776），皇帝下旨，拟以“重五千斤玉一块做瓮一件”，“将四千余斤玉一块亦画玉瓮一件”，“余下回残钻心，凑做宴上盘碗”。为了更合理有效地利用回残玉，“员外郎四德、库掌福喜催掌福庆金江等率同如意馆行走玉匠邹景德详慎办理，今据详细踏看，照大玉形势烫成纸样，细加核算，约计两玉瓮所得钻心回残，成做盘碟等项一百九十三件尚有多余。但钻心取出或有瑕绺石性不堪用者，即以此多余者补码，谅无不足，其中尚可得小钻心二三十件，另备别项应用”。不仅数量上要有保证，“其发往两淮大玉瓮钻心回残成做盘碗等件木样物，将尺寸明白发给，着伊按样办理”，对利用回残玉制作盘碗等玉

1　《总汇·活计档·如意馆》，第32册，第480页。

器的造型、尺寸也有明确的要求，须照样制作，不可随意更改。经过仔细核算和严格管理，两块大玉料分别由扬州和造办处制作完成大玉瓮，回残玉料亦得以善加利用，“交两淮做瓮大玉一块，拉六锯，得回残六块。瓮高二尺（面宽四尺，进深三尺五寸）。里塘打十三钻，约做碗四十一件，盅子十八件。回残六块约得碗二十一件，盘子五十一件，盅子十件，瓶一对，碟子四件。以上共约得大宴玉器一份，计一百四十七件。造办处做瓮大玉一块，拉七锯，得回残七块。瓮高一尺六寸（面宽四尺，进深三尺八寸）。里塘打十四钻，约得碗二十七件，盘子九件，盅子十件。以上共约得盘、碗、盅，计四十六件，下剩回残七块”[1]。档案所记乾隆皇帝与造办处如意馆、两淮之间对玉瓮回残玉料的合理利用和设计制作，不失为一份细致完善的回残玉设计计划书。

清宫旧藏有一件碧玉云龙纹瓮（图十四，彩图四四），体量大，高27厘米，长75厘米，宽60厘米，现陈列于珍宝馆展厅。此玉瓮虽未镌刻乾隆皇帝御制诗，但从清宫档案记载中可窥见帝王对其十分重视。乾隆五十五年（1790）二月，宫廷得到一块巨大的绿玉籽料，长四尺余（约140厘米），重量约一千二百斤，乾隆皇帝要求总管内务府大臣舒文先估料、画样，“料估画得云龙瓮纸样一张，膛内画得打钻墨道、香山九老山石陈设纸样一张、大汉瓶纸样一张，呈览，奉旨：照样准做云龙瓮一件，发交两淮成做，膛内打三大钻，余者俱打小钻，四边扎下角头回残，俱先送来呈览，钦此”[2]。这块玉料经估料画样，可制作云龙瓮一件。根据皇帝旨意，交两淮盐政制作。乾隆五十九年（1794）十二月二十一日，玉瓮制作完成，“两淮送到玉云龙瓮一件，呈进交宁寿宫”。从乾隆五十五年（1790）二月玉料运到造办处估料到最后完成，耗时近五年，可谓工程浩大。大玉瓮的回残玉如何处理，皇帝亦亲自过问：“乾隆五十五年十二月二十三日，两淮送到成做玉云龙瓮内取出大小钻心十三个，共重一百一斤十二两，角头回残玉大小三十块，共重四百十四斤四两，呈进交启祥宫画样讫。”[3]据另一

图十四　碧玉云龙纹瓮

1 《总汇·活计档·大玉瓮》，第39册，第529页。

2 《总汇·活计档·行文》，第52册，第43—44页。

3 《总汇·活计档·行文》，第52册，第43—44页。

条档案记载，这些回残玉的一部分用于制作玉轴头，“绿子儿玉云龙瓮内取出大小钻心十三个（共重一百一斤十二两），扎下角头回残玉大小三十三块（共重四百十四斤四两），玉钻心、角头玉交启祥宫画样呈览，其钻心料估做轴头”[1]。

（四）制作玉瓮的原因

1. 慕古情怀

乾隆十年（1745），乾隆帝游历西华门外的真武庙时，发现了流落于玉钵庵的“玉钵”，认为它就是金元旧物的渎山大玉海，遂“以千金以易之”，放在北海团城的承光殿中。乾隆十四年（1749），乾隆皇帝又命人在承光殿前修建一座石亭，名“玉瓮亭”，对渎山大玉海修整后，新配石座，立于亭内。[2]将大玉海安置妥当后，乾隆皇帝数次题诗、铭刻，目前所见器身镌刻有三首御制诗，其中作于乾隆十一年（1746）的《玉瓮歌》镌刻于渎山大玉海内底，作于乾隆十四年（1749）的御制诗镌刻于北侧内壁，作于乾隆三十八年（1773）的《观承光殿玉瓮再作歌》镌刻于南侧内壁。三首御制诗时间跨度长达27年，足见乾隆皇帝对渎山大玉海的珍视与赞美。为了迎合乾隆帝对渎山大玉海的关注和重视，王公大臣亦为其题诗48首，刻于玉瓮亭4根亭柱的16个面上，每面3首。

档案记载，在8年时间里，乾隆帝4次下令对大玉海进行琢磨修整，分别为乾隆十一年（1746）、乾隆十三年（1748）、乾隆十四年（1749）、乾隆十八年（1753）。其中，乾隆十八年档案如是记载：“六月十二日，员外郎白世秀来说，员外郎郎正培奉旨，小玉瓮上龙鳞做得甚好，承光殿上玉瓮龙鳞海兽等件鳞甲，俟小玉瓮刻得时，再着李世金到承光殿，照小玉瓮龙鳞一样刻做钦此。本日奉内大臣海承恩公德，谕承光殿刻磨玉瓮，着派催总五十八、催总海升、轮流带光匠刘进孝、刻字匠李世金监看刻磨记此。”[3]这条档案记录了乾隆皇帝对承光殿渎山大玉海的又一次修整，亦说明了乾隆十八年（1753）六月十二日，造办处已基本制作完成了一件云龙纹玉瓮，且得到了乾隆帝的认可，故而下令刻字匠李世金照小玉瓮的龙鳞刻做修整渎山大玉海。

乾隆皇帝对渎山大玉海从珍爱到痴迷，持续数十年对其题诗、铭刻，亦进行修整、仿制。在保护和仿制的过程中，也让清代玉匠有机会对大玉海进行研究。“清代大型玉雕的工艺与渎山大玉海治玉之工是一脉相承的，仅在加工上以

1 《总汇·活计档·记事录》，第52册，第131页。

2 于平主编：《渎山大玉海科技检测与研究》，科学出版社，2020年，第13页。

3 《总汇·活计档·记事录》，第19册，第532页。

精致取胜罢了。从时间上讲，乾隆十八年（1753），乾隆帝曾命玉工李世金和刘进孝等对渎山大玉海进行修复改制，这一过程也是学习，揣摩元代治玉匠人琢制大型玉雕技术的过程，在此之后，才有了乾隆二十八年（1763）第一件大型玉雕云龙玉瓮的琢制。”[1] 从这个角度分析，乾隆皇帝的慕古情怀和仿古实践在一定程度上推动了治玉工艺的传承和发扬。从故宫博物院现藏玉瓮实物及档案记载可见，乾隆初年就已开始玉瓮的仿制，一直持续到乾隆五十九年（1794），内廷还在收贮淮关呈进的青玉云龙瓮。

2. 殷诫子孙

镌刻于渎山大玉海北侧内壁的乾隆皇帝御制诗注云：“玉瓮为金元旧物，嗣沦没古刹中以贮菜。”[2]（图十五）一件仅具有酒器功能的宫廷“金元旧物”，流落到民间，作为菜瓮使用。经过乾隆皇帝重金收购、精心修琢、添配石座、建造瓮亭、大臣唱和、题诗铭刻，打造成了清王朝的一件宝物。何以至此？通过仔细分析渎山大玉海与清宫旧藏云龙纹玉瓮之间的关联，不断揣摩乾隆皇帝的心思，笔者认为，除了推广和传承大型玉雕艺术、考验大臣品德才华之作用以外，恐怕最重要的目的是昭告后世子孙，以史为鉴、励志图强，同时又隐含了对自身功绩的标榜。

图十五　渎山大玉海乾隆十四年御制诗照片及拓片[3]

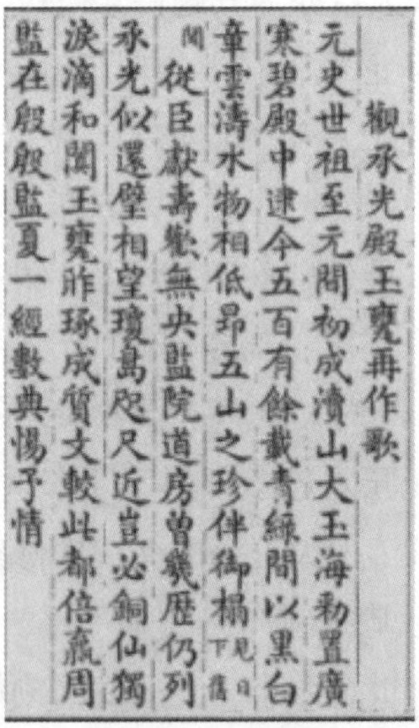

觀承光殿玉甕再作歌
元史世祖至元間初成瀆山大玉海勅置廣
寒碧殿中迄今五百有餘載青綠間以黑白
章雲濤水物相低昂五山之珍伴御榻見日下舊
聞從臣獻壽歡無央監院道房曾幾歷仍列
承光似還璧相望瓊島咫尺近豈必銅仙獨
泱滴和闐玉甕昨琢成質文較此都倍蓰周
監在殷殷監夏一經數典惕予情

图十六　御制诗《观承光殿玉瓮再作歌》

乾隆皇帝仿制云龙纹玉瓮的这一想法和目的，在镌刻于大玉海南侧内壁的

1　徐琳：《中国古代治玉工艺》，紫禁城出版社，2011 年，第 206—208 页。

2　《御制诗集》第二集，卷九。

3　图片采自于平主编：《渎山大玉海科技检测与研究》，科学出版社，2020 年，第 157 页。

御制诗《观承光殿玉瓮再作歌》有所体现："和阗玉瓮昨琢成，质文较此都倍嬴。周监在殷殷监夏，一经数典惕予情。"[1]（图十六）此诗作于乾隆三十八年（1773），因刻于玉瓮上的落款为"癸巳新正"，故诗中所说"昨琢成"的和田玉瓮应完成于乾隆三十七年（1772）。巧合的是，档案中记载这一年苏州织造和造办处制作完成了一件白玉云龙瓮和青玉小云龙瓮，玉料来自新疆春季贡玉，与御制诗内容相符。乾隆帝在诗中将渎山大玉海与刚制作完成的和田玉瓮进行比较，认为和田玉瓮"质文较此都倍嬴"，远超渎山大玉海，既是对宫廷与地方治玉技术与工艺的赞赏，也是对自己平定西域、可以按季获取贡玉之功绩的自得和标榜。

作为历代帝王寝宫和休憩之所的乾清宫，诸多陈设都与帝王的文治武功相关联。如《四库全书》《御制诗文十全集》《御制金川平定告成太学碑文》《御制平定准噶尔告成太学碑文》等。据宣统二年（1910）八月二十四日所立《乾清宫明见现设档》记载，乾清宫东暖阁地下设"玉瓮一件"[2]，即为上文提到的乾清宫青玉云龙纹瓮，这是乾隆平定回疆后，采用新疆叶尔羌玉料制作的第一件巨型玉瓮。清宫造办处完工后，乾隆皇帝将其置于此，正是其平定回疆、文治武功之功绩的实证。

在镌刻于乐寿堂大玉瓮内底的御制诗《玉瓮记》中，乾隆帝进一步阐述自己的想法："回部远在万里之外，自古中国所不能臣，今则一视郡县，取携自如。"自古不臣于中国的回部，经过乾隆时期的几场大战，成为了中国的新疆，"元时仅能致其一，今则有其二，而质美器钜乃过之，虽弗侈言怀畏，而较有元为胜，此吾所以为幸也"。占领了玉山，拥有了好玉，制作出了比渎山大玉海更大更好的玉瓮，乾隆皇帝志得意满之情溢于言表。不过，在诗的末尾，他也提到："吾子孙视此文，当以吾之过为戒，不可以吾之幸为可幸徼，尚慎旃哉。"[3]虽统一回疆，拥有玉山，但制作玉瓮的目的是为了告诫子孙，以为殷鉴。

3. 储水功能

紫禁城内的乾清宫建于永乐十五年（1417）十一月，是后廷的正殿。乾清宫是明代皇帝的寝宫，明代 14 位皇帝都住在这里。有明一代，乾清宫曾发生 4 次火灾，多次重建，明末再次毁于战火。顺治元年（1644）七月，建乾清宫。清代早期承袭明制，乾清宫仍作为皇帝寝宫，顺治、康熙二帝都曾居住在这里。尤其是康熙时期，乾清宫不仅是皇帝寝宫，也是皇帝召对臣工、引见庶僚的地方，

1 《观承光殿玉瓮再作歌》，载《御制诗集》第四集，卷十。

2 王子林：《明清皇宫陈设》，紫禁城出版社，2011 年，第 49 页。

3 《玉瓮记》，载《御制诗集》第二集，卷十四。

正中设宝座，左右列图史、璇衡、彝器。从雍正皇帝开始，皇帝不再居住乾清宫，移居养心殿。嘉庆二年（1797）十月二十一日，乾清宫毁于火灾，嘉庆三年（1798）十月十七日重新建成。乾清宫正殿继续作为召对臣工、引见庶僚之所，东、西暖阁则成为皇帝的临时休憩之所，靠南窗设炕，于炕上铺靠背、坐褥和迎手，东、西壁设通体书架，北为仙楼。东、西暖阁以藏皇帝的御制诗、文、书、画和御临书、画等为主。东暖阁仙楼辟为供奉殿神之处，西暖阁仙楼为藏书室。乾清宫存贮图书册页，始于顺治，顺治帝曾诏修撰徐元文、编修张若霭、华亦祥入乾清宫赐观殿内书籍，见书架有数十架，上陈经、史、子、集、官稗小说、传奇时艺，无所不有。中列长几，商彝、周鼎、哥窑、宣炉、印章、画册毕具。[1]

前文提到，乾清宫东暖阁地下设"玉瓮一件"，从玉瓮陈设现状看（图十七），其位于东暖阁楼下，置于屋子正中间，四周均为书架，点查报告记载为："青玉雕龙大缸一件（带雕云水硬木座）。"[2] 在木质结构建筑的紫禁城，尤其是拥有帝王藏书室和数十书架的乾清宫，又有历史上多次火灾的教训，防火工作更是重中之重。故而笔者推测，清代晚期，此件大玉瓮的主要功能或许已由仿古、警示、标榜功绩等象征意义，转换为实用功能——储水，以备不时之需，或可用于救火。除此以外，旧藏敬事房的一件青玉瓮（图三）在点查报告中记载为："雕云龙水槽一个"[3]；另一件旧藏惇本殿的墨玉瓮（图五）在点查报告中亦记载为"带座青玉大水盛一个"[4]，推测均为宫廷储水所用。

另据档案记载，"乾隆三十七年九月二十五日，库掌五德等将青玉云龙瓮一件配得雕紫檀木座，持进交太监胡世杰呈览，奉旨，玉瓮交三和配石座，看地方供佛"[5]。造办处将一件青玉云龙纹瓮制成配好紫檀座后呈览，皇帝下令改配石座，完成后再寻合适地方放置，

图十七 乾清宫玉瓮陈设现状

1 王子林：《明清皇宫陈设》，紫禁城出版社，2011 年，第 43—44 页。

2 《故宫物品点查报告》，第一编，第一册，卷二，乾清宫东暖阁。

3 《故宫物品点查报告》，第二编，第九册，卷四，敬事房。

4 《故宫物品点查报告》，第二编，第七册，卷一，惇本殿。

5 《总汇·活计档·如意馆》，第 32 册，第 480 页。

供佛用。“三十八年九月二十六日，库掌四德、五德将周处斩蛟木样扫金罩漆持进交太监胡世杰呈览，奉旨：着配木胎搾砂座，得时供佛用，钦此。……于三十九年五月初十日，库掌四德、笔帖式福庆将扫金罩漆周处斩蛟木样一座，配得搾砂石座一件，持进交太监胡世杰呈览，奉旨：着交刘浩看地方供佛，钦此。”[1]这是笔者查到的清宫档案中两次明确提到将玉瓮用于供佛。至于在清代宫廷中如何以玉瓮供佛？尚待进一步研究确认。

四、结语

本文在整理清宫旧藏云龙纹大玉瓮、梳理清宫造办处档案及相关文献的基础上，首次系统梳理故宫博物院藏乾隆御制诗云龙纹玉瓮，首次对玉瓮设计与制作过程中的烧补颜色、火镰片（“秦中钢片”）的使用、回残玉的利用、制作玉瓮的原因等相关问题进行探讨。清代宫廷造办处不仅将自宋代以来的染色技术用于仿古做旧，也会利用染色技术遮挡玉石的瑕疵或绺裂之处，此技术以往多运用于小件玉器上，乾隆四十二年乾隆皇帝下令为大玉瓮烧补颜色，是造办处在苏州玉匠朱佐章的主导下，首次将这一技术运用于大型玉雕上，且取得了成功。乾隆帝御制诗中所称“秦中钢片”实际上是火镰片，是一种凿錾玉器的工具，它在玉瓮的打钻掏膛和凿錾纹饰方面起到了重要的作用，不仅大大缩短了玉器的制作工期，也节约了大量人力和物力，为清代大型玉器的制作奠定了重要基础。乾隆皇帝爱玉、懂玉，也善于用玉，对于玉瓮制作过程中产生的大量回残玉，他都会多加关注、善加利用，档案所见这些回残玉多用于制作玉盘、碗、盅、碟、瓶等实用器皿。关于乾隆帝为什么热衷于制作云龙纹玉瓮这一问题，笔者推测是源于一种慕古、仿古情怀，其中也掺杂了标榜自己平定西域功绩的目的，同时殷殷告诫子孙，“不可以吾之幸为可幸徼”，方能保清朝统治千秋万代。或许是出于实际需要，发现大玉瓮除了用于陈设，亦可发挥储水功能，以备不时之需，于是在日积月累的陈设和使用过程中，大玉瓮逐渐脱离了乾隆皇帝制作的初衷，变成了兼具陈设装饰和储水防火功能为一体的大型玉器。

以往认为渎山大玉海的玉料采自四川岷山，因岷山古称“渎山”，所以玉瓮得名渎山大玉海。经过科学技术检测及实地考察，认为渎山大玉海的材质为河南南阳独山玉。[2]关于上述御制诗玉瓮的玉料产地问题，经笔者目测检视，比对清宫旧藏其他玉器，结合清宫档案记载，认为故宫博物院现藏的几件大玉瓮

1 《总汇·活计档·如意馆》，第34册，第263页。

2 于平主编：《渎山大玉海科技检测与研究》，科学出版社，2020年，第59页。

的玉料全部来自新疆地区。

综上，清宫旧藏云龙纹玉瓮的制作既是清代乾隆时期治玉工具、治玉技术高度发展的反映，也是清代帝王对玉瓮所代表的文化价值的倡导和认可；既是乾隆皇帝慕古情怀和仿古实践的体现，也是对自身文治武功的自得和清廉恩德的标榜。从器向道的研究，既可以让我们进一步剖析器物制作者或是倡导者的思想与心境，也是对文物研究的升华。

惟古与求新

——浅谈乾隆帝的古玉新用

刘晶莹（故宫博物院）

【摘要】乾隆帝从小饱读诗书，他将对传统礼制的继承、发展和完善体现在玉器制作上，通过改变古玉造型、纹饰，并结合当下陈设所需进行再设计，赋予古玉新意并产生独特的功用和艺术效果。本文结合档案、御制诗与院藏实物，从乾隆帝对古玉的改造和再利用的角度，选取典型器，对改造前后古玉的器形、纹饰、用玉理念进行分析比较，从时代特点、艺术史观、文化属性的角度探寻出现这一现象的原因，从文物鉴定与保护的角度探讨这一行为的影响，是一次对时人用器规制、审美理念及乾隆帝惟古与求新的造物观念的辩证分析。

【关键词】乾隆；求新；改造；镶嵌；辩证

人类对历史、对自然的敬畏，造就了其探寻本源、延续传统的思想共识。这种追随与互动在物质层面上的一大体现便是对古物的改造及再设计。通过考古出土实物发现，对玉器进行加工改造自新石器时代已有之，那时处于治玉工艺发展的初级阶段，手段比较单一，改造目的多为对残器的修复加工。随着器用观念的变化，治玉技巧的提高，时代审美需求的发展，古玉改造经历了残器被动修复—旧玉二次加工—主动创新三个阶段。

至清代，玉器生产制作达到空前繁荣，乾隆帝从小饱读诗书，他将对传统礼制的继承、发展和完善体现在玉器制作上，不仅亲自指导玉器的生产制作，而且通过改变古玉造型、纹饰，并结合当下陈设所需进行再设计，赋予古玉新意。改制、组合、镶嵌等手段综合运用，加上题诗钤印，乾隆帝改造后的玉器有着独特的功用和艺术效果。

一、造办处档案可见乾隆时期的古玉新用现象

玉器制作是减法过程，改造玉器在一定程度上会保留原来的特征，同时也将产生打破原器的痕迹。目前学界普遍认为玉器改造可归为两类，一为破损玉器修旧如旧，本文研究的古玉新用则属第二类，即对古玉进行再设计以变作新的器形。

不论是传世玉器还是出土玉器，改造现象都不罕见。清代宫廷所藏前代古玉，除有部分是出土及文物局拨交外，多是宫廷旧藏。乾隆时期改做前代玉器，时间跨度从乾隆早期一直延续到中后期。初期玉器制作还没有形成规模，该时期的制玉有着明显改造现象。《清宫内务府造办处档案总汇》[1]中对此多有记载。

档案记载的乾隆帝登基后第一次提出改造玉器发生在乾隆元年（1736）三月二十九日，这一天，太监毛团奉旨从造办处找来一件旧藏青玉如意，乾隆帝仔细赏看后，觉得这件如意做法明显不合清朝的款式规范。遂令太监毛团到造办处传旨："此如意，玉情材料还好，做法不好，尔等酌量改。"[2]在同一天，太监又找来一件旧藏汉玉圈[3]，呈送乾隆帝御览，乾隆帝看后，觉得素圈过于平庸，命太监毛团到造办处传旨："改做喜或双喜，先做样呈览，准时再做。"[4]此时的乾隆帝可说对前代的玉器玉料极为珍惜，在旧玉上直接改做，固然是因为不符合当时的器形和器用需要，更重要的一点是，省却了漫长的玉料获取过程，还可能节省工匠的加工时间。

我们现在说"文物保护"，乾隆帝心里并没有这个意识，对旧藏汉代玉器，只要是不符合他的审美，看着不顺眼，即随意改做。乾隆十年（1745）十月十五日，太监胡世杰交汉玉单耳腰圆杯一件（随座）到造办处并传旨："将汉玉杯耳，磨半圆耳，内花纹去了，另配文雅座。其汉玉杯旧座，另配糙些古玩用。"[5]显然，乾隆帝觉得这件汉代玉杯的杯耳款式及耳内纹饰不入眼，于是下令改做。同时，把本属于汉玉杯的旧座配给了其他器物。

乾隆十一年（1746）正月二十九日，太监胡世杰交玉笔五十支、玉笔管三十八件、玉笔帽十四件，传旨："改做别子、轴头用。"[6]第二年，又交来内务府玉笔管七十五件、玉笔帽五十四件，传旨："交萨木哈，有配玉轴头做轴头用，

---

1 中国第一历史档案馆，香港中文大学文物馆：《清宫内务府造办处档案总汇》（以下简称《总汇》），人民出版社，2005 年。

2 李宏为：《乾隆与玉》，华文出版社，2013 年，第 140 页。

3 清代档案及乾隆帝御题诗中所说的"汉玉"，并非特指汉代玉器，而是对古玉的统称。

4 《总汇》第 7 册，"玉作"条，第 3 页。

5 李宏为：《乾隆与玉》，华文出版社，2013 年，第 141 页。

6 《总汇》第 14 册，"秘殿珠林"条，第 359 页。

将窟窿堵了。”[1] 这是档案记载乾隆初年旧玉改做数量最多的两次，且匪夷所思地将玉笔改成玉轴头。乾隆时期制玉剩下的边角料都要当材料收贮以备他用，如此大规模把前代玉器当作边角料使用，推测可能是当时前朝旧存此类玉器多，审美上达不到乾隆帝的标准，且在乾隆帝心里不认为这些旧存玉器有收藏保存价值，因此才会随意改制。

乾隆中期以后，由于对玉器制作的了解已经非常深入，在改造时，乾隆帝并不会拘泥于原器形，对于素面器物，乾隆帝经常会根据自己的喜好添刻纹饰，有时直接将器物改型，将汉玉素圈改做镯子“将里口去大些，外身添刻做花纹”[2]。而本已有花纹的“汉玉有字粗花压细花扳指”则根据乾隆帝的旨意将原有的题字和花纹都磨去，琢成圆形，四周刻回纹，琢满文御制诗。[3]

清代用于文房的插屏，是重要的宫廷陈设品，兼具实用性与美观性。实际上乾隆时期的插屏有用旧藏文房用砚改造，有用盘子改造，有用古玉璧改造，此类插屏的制作在乾隆一朝十分盛行。盘子改成插屏，还较为容易，只需将盘子边缘磨去，改成插屏即可；古玉璧改成插屏照紫檀木插屏样式做法即可。这些改法都还符合常理且便于玉匠操作。乾隆帝时常突发奇想随意改做，甚至朝令夕改，令玉匠措手不及。乾隆三十七年（1772）四月，一件旧藏碧玉碗就经历了“传旨如意馆改做荷叶洗”“改做荷苞式花囊”“发往苏州织造舒文处仅玉成做”[4] 三次旨意改变，碗改做花囊本就奇思，令工匠头大，从如意馆到苏州织造历时一年才将花囊做好呈进，这中间耗费的人力、物力、材料成本可想而知。

可见，乾隆时期玉器改造多是将旧器改新，改造方法源于乾隆帝的审美、用玉习惯及对古玉的认识，同时也与当时玉匠、治玉机构完全由乾隆帝一人掌控息息相关。随着治玉工艺的发展，乾隆帝旧玉改造的思路日益复杂，匠人的工艺手段也逐渐高级，从形式到功能都体现出施令者及匠作之人精妙绝伦的想象力和创造性。

二、乾隆时期古玉新用的思路及方法

乾隆时期的古玉新用从设计思路上看主要有改制、组合和镶嵌三种情况。

---

1 《总汇》第 15 册，“秘殿珠林”条，第 107 页。
2 《总汇》第 21 册，“如意馆”条，第 311 页。
3 《总汇》第 21 册，“如意馆”条，第 683 页。
4 《总汇》第 35 册，“行文”条，第 465 页。

(一)改制

一件玉器在制作时一定是先成形，后纹饰，二者的风格应当是统一的。只有在对前人遗存的玉器进行再加工时，才会在原器基础上出现新的时代特征和琢磨痕迹，比如钻孔、切割、雕刻、打磨抛光等。这也成为判断一件玉器是否经过改制的重要依据。

图一 乾隆款玉斧正面及侧面
长 11 厘米，宽 5.7 厘米，厚 1 厘米

故宫博物院藏后世改制前代器物有很多，尤以玉斧、玉璜和玉琮最为典型。这件乾隆款玉斧(图一)，满红沁，平面上窄下宽呈凸梯形，平顶，底部一面磨为斜刃。笔者通过仔细甄别玉斧的玉质和造型，并咨询故宫博物院徐琳研究员，推断其为商代玉锛改制而来，乾隆时期在器身加刻精细兽面纹，一侧刻“乾隆年制”四字隶书款，一侧刻“宙字六号”千字文序号，中部有一穿孔为后钻，使其变成斧佩穿系。从妇好墓出土商代玉器来看，玉斧和玉锛形如长方形平头端刃器，一端有刃，一端可安柄，作为玉工具使用，其形状相似，但用法是不一样的。玉斧主要用来劈砍，较厚重，有双面刃；玉锛主要是刨挖和削平，使用时要向下向里用力，因此有单面斜刃(图

图二 商代玉锛
长 7 厘米，宽 4 厘米，厚 1.5 厘米

图三 乾隆款玉兽面纹斧侧面（1）及正面（2）
长 9.8 厘米，宽 6.5 厘米，厚 1.2 厘米

二）。[1] 另有一件乾隆款玉兽面纹斧（图三），经过鉴定其为商代，乾隆时期改制并刻款题诗。同样为上窄下宽“凸”字形，颈部上段阴刻万字锦纹，下段饰勾云兽面纹，经火后玉呈鸡骨白色。单就器形来看，与玉锛造型类似，应为商代玉锛改制而来，中有一孔改做斧佩作穿系用，上刻乾隆御制诗：“量纵三寸横则二，上复减其寸之半。略加翦拂宛成佩，佩之无射因成赞。”[2] 长方形片状玉器主要起源于新石器时代，依宽度、刃部、厚度变化分成不同器形，承担不同功能，一直延续到商周时期。从上述诗文可知，当时乾隆帝也不能判断这件长方古玉的年代和用途，遂根据尺寸和外形进行打磨钻孔，改制成斧形佩。

玉琮产生于新石器时代，其制作与使用在良渚文化时期达到高峰，呈现出外方内圆的多节造型，成为“以黄琮礼地”的礼器，并作为财富和权势的象征成为高等级男性贵族的随葬品，而后至周代其形制和功能已式微。乾隆帝十分喜爱玉琮，但他的鉴定水平仅能通过玉琮的玉质、颜色、纹饰知其为古器，“为周为汉率难评”[3]。未能辨识其为礼器，而是将其错认为古代辇车套在抬杆上的饰物——杠头（也称辋头），并命人将其改制为笔筒、香薰或花插。

新石器时代齐家文化光素玉琮（图四）的改制便是这一观念下的产物。玉琮青黄玉质，器身有大片糖色和褐色沁斑，乾隆帝称其辋头瓶，即周代的辋头，汉代改做瓶，他曾在诗文注释里写道：“虽无底，作铜胆于中，原可插花也。”[4] 通过这样的方法改制，一端嵌入圆形玉片（图四 -2），使玉琮变成有底的花瓶，后又配镀金铜胆放于内芯，玉琮便改成花插。

图四 玉光素琮（1）及底部（2）
高 13.4 厘米，外径 5.7×6 厘米

查阅《高宗御制诗文全集》，自乾隆四十二年（1777）开始，名为题咏汉玉辋头的御制诗有十多首，无一例外都是把玉琮当作辋头，诗中记载对这种辋头乾隆帝发明了新的用途和用法，“传之以底可当笔筒”“作瓶插时卉，清供雅相投”。直到乾隆五十八年（1793），一

1 夏鼐：《商代玉器的分类、定名和用途》，《考古》1983 年第 5 期。

2 《清高宗御制诗 · 五集》卷十五《咏古玉佩》。

3 《清高宗御制诗 · 五集》卷三《咏汉玉辋头瓶》：“瓶以辋头传俗名，为周为汉率难评。”

4 《清高宗御制诗 · 五集》卷二十四《咏汉玉瓶》。

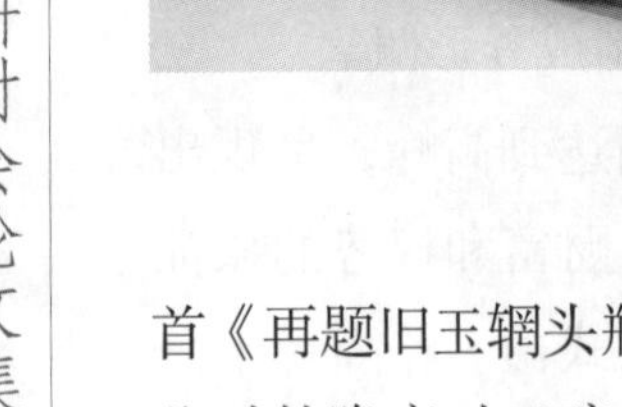

图五 乾隆御题两节玉琮内壁（1）及后配珐琅胆（2）
高6.7厘米，外径11.5×11厘米，内孔径8.8厘米

首《再题旧玉辋头瓶》：“近经细绎辋头错，遂以成吟一再详”[1]，由诗注可知，此时乾隆帝对玉琮是古代辇车套在抬杆上饰物的说法已经有所怀疑，他认为古人虽常以玉为饰，但辇车的抬杆本就很重，玉石又坚硬，若说是抬轿的辋头器的话，那轿夫岂非都因太累要偷懒去了。这首诗被刻于一件新石器时代良渚文化玉琮（图五）上，玉琮应该早期即经过切割，把兽面的嘴鼻部分切掉了，只留下椭圆形兔耳朵似的兽眼，而人面的纹饰较完整，阴刻的圆眼，嘴部为浮雕的回纹，数条凸起的阴线弦纹代表冠帽，最终形成了兽面在上、人面在下的组合。乾隆五十八年（1793）二月，乾隆让玉工将圆孔内壁台阶一样的打磨纹路重新钻孔拓宽打直，打直后的内孔显露出原玉料的青绿色，传旨珐琅作配铜胎掐丝珐琅胆放在玉琮内孔，将其改制为香薰使用[2]。并题诗一首琢于玉琮外壁直槽内及珐琅胆上，记录下自己对这件玉器的认识，镌字时工匠未能分清纹饰，结果把诗文倒琢其上，与玉琮纹饰上下颠倒。

以上两件都是乾隆时期玉琮改造的典型，改造思路除将内孔重新打磨及外壁加刻诗文外，未对射口、纹饰、角面等玉琮所具有的特征有任何加工。这与1965年江苏省涟水县三里墩西汉墓出土的“鹰座玉琮”的改造思路相近，鹰座玉琮的主体白玉琮属于西周时期，鎏金银盖、座的配制则在战国，出土于西汉墓。[3]都是主体未有改造，后配金属部件，就将一件传统礼器发展成为实用香薰器，使其具有新的形式、功能和文化属性。[4]由此说明，将玉器与金属器相结合的制器观念，自春秋战国时期便已兴起，这是因为自西周开始，随着青铜时代的到来，青铜铸造工艺发达，铸金工艺以及金银制造业也得到迅速发展。到了乾隆

1 《清高宗御制诗·五集》卷七十九《再题旧玉辋头瓶》。
2 《总汇》第53册，“珐琅作”条，第624页。
3 陆建芳主编，欧阳摩壹著：《中国玉器通史·战国卷》，海天出版社，2014年，第89页。
4 张洁宁：《春秋战国“器惟求新”的玉器改造研究》，《贵州大学学报（艺术版）》2021年第4期。

时期玉琮内配掐丝珐琅铜胆，则侧面说明了乾隆时期掐丝珐琅工艺的全面兴盛，烧制技术的空前发展与应用广泛，大到屏风佛塔，小到实用陈设，处处可见。

（二）组合配制

组合配制是乾隆时期古玉新用的第二种思路，玉器本身就有易碎易损的特性，再加上经年流传下来，好多玉器会有损坏缺失。这类器物乾隆帝有时会下令挑选玉石重新配制，或是在旧藏玉器中寻找与之相匹配。档案中经常会看到乾隆帝对呈进的玉器作“另配文雅座，旧座另配古玩用”的指示，不仅如此，他还热衷于为前代旧藏或当朝新作进行配对，换种思路，旧玉器就有了新身份。

根据清宫内务府活计档载，内府库中有“成组的玉碗与玉碗托子”，在今日考古学界看来，这种玉碗托实为“有领璧”。乾隆曾题写过一首名为《咏汉玉碗托子》的诗，这首诗被刻在一件商代有领玉璧上，作为一件和田白玉碗的碗托（图六）。诗注中写道：“托子所盛之碗不知何时佚去，因以新制和阗玉碗补配适与吻合。”[1]解读御制诗可知，乾隆帝认为这件玉器是一件汉代的碗托子，原配碗不知所踪，和田白玉碗是专为这件碗托制作，配套放在一起的。在《清高宗御制诗文全集》中有关玉碗托子的诗有八首，台北故宫博物院邓淑苹老师核对出其中五首。需要注意的是，玉碗托这一概念并不是乾隆帝提出来的，早于乾隆帝之前已有人将这种玉器用作碗托，乾隆帝看到内府收藏的一组玉碗及玉碗托子还曾赋诗一首，只不过他自己也不识这种有领璧，因此未作怀疑，还很认真地为宋代的定窑瓷碗匹配适合大小的玉碗托。[2]

1

2

图六 乾隆款白玉碗（1）及汉玉碗托（2）
碗高 4.4 厘米，口径 13 厘米，
碗托径 11.6 厘米，孔径 5.7 厘米，孔高 1.9 厘米

---

1 《清高宗御制诗·四集》卷七十八《咏汉玉碗托子》。

2 邓淑苹：《璧与有领璧——乾隆皇帝的笃信与困惑》，《故宫文物月刊》2015 年第 3 期，实物存于台北故宫博物院。

宫廷旧藏的很多古玉器，清代在使用过程中为合乎用途和当代审美会进行修整配架，将玉璧、玉环、玉璜配以硬木插屏式座，或作为屏风类家具，或置于案几之上。在制作时为能平整装入插屏架，会对玉璧边缘稍加打磨，一般不对器物原貌进行大的改动。

活计档中有记载乾隆帝亲下谕旨，对嵌玉插屏的制作进行详细指导，“乾隆二十六年（1761）十二月初三日，太监胡世杰交汉玉乳丁元璧一件（随座），传旨着配做插屏一件，要两面露玉，绦环内留诗堂刻字，旧座做材料用。钦此……”[1] 这是一种两面都露出玉璧的插屏制作，还有一种样式为按照乾隆帝旨意背后安装紫檀木板。这类插屏背嵌插活动屏板，屏心多刻有乾隆帝的御制诗。这件战国白玉蒲纹璧（图七）起底浮雕密集谷粒，以阴刻蒲格打底，乾隆时作为屏心嵌于云龙纹紫檀木座上，在白玉蒲纹璧的正中心嵌一小块紫檀木圆雕，上刻填金漆的乾卦符号“☰”，圆木雕以活动转榫方式嵌于后侧背板上，既能起到固定装饰玉璧的作用，又便于随时取出玉璧。背面屉板可抽取，对称雕出云龙纹，中间圆形开光刻隶书填金乾隆四十年（1775）御制诗：“古时白玉璧，率被土华侵。此独留本色，因何全至今。鄙哉较厚薄，幸矣免升沉。原自无瑕掩，浑然契素心。”[2] 末署“乾隆乙未孟夏御题”及阳文“会心不远”、阴文“德充符”二印，玉璧一周亦以篆书阴刻同首御制诗及落款，末署“古香”“太玬”篆书印。诗中对玉璧的外貌作了形象的描绘，经年保存下来白玉璧虽遭土沁，但是仍保留

1

2

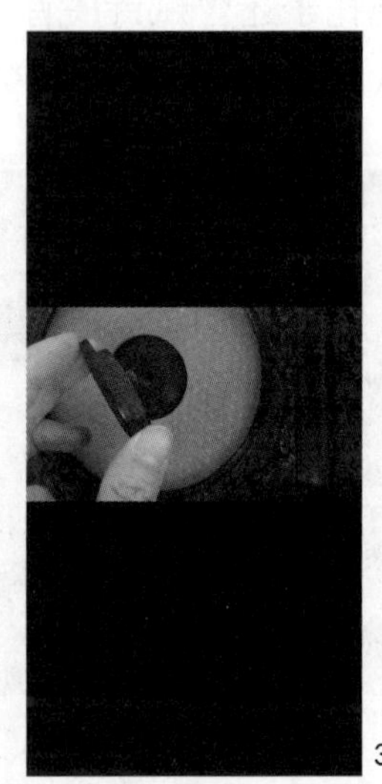

3

图七 嵌白玉蒲纹璧紫檀云龙纹插屏 正面（1）、背面（2）及正面固定转榫（3）
玉璧内径 4.4 厘米，外径 12.5 厘米

1 《总汇》第 26 册，“匣裱作”条，第 572 页。

2 《清高宗御制诗·四集》卷三十《咏白玉谷璧》。

了原来的玉质，并借古玉暗喻要在浊世混流中安守本心的期愿。

乾隆帝对古玉璧很是喜欢，经常摩挲盘玩，反复吟诵，笔者粗略统计，《御制诗全集》中题咏“古玉璧”的诗就有83首之多，在盘玩鉴赏古玉的过程中，乾隆帝也慢慢形成了自己的用玉理念和思想、治玉的审美和方法。档案记载此类插屏的制作在乾隆年间十分盛行，时间跨度从乾隆早期一直延续到中后期，在新疆玉石源源不断朝贡进京后还选用古玉制作插屏，而且乾隆帝本人还参与插屏架的画样，这也侧面反映了他的慕古之风。

（三）镶嵌

镶嵌技术自古以来就是一项重要的工艺手段，镶和嵌最早是分开使用的，据山东大学历史文化学院王强教授所言，至早见于宋代，出现了两字连用的现象，并具备将一物体嵌插在另一物体中的意思。[1] 从技术角度讲，镶嵌与捆绑、穿缀一样，属于联结技术中的一种。乾隆帝就用到了在硬木为主体的器物上局部嵌玉的工艺，将战国之玉佩、汉代之玉璧、宋元之玉带板、明之玉饰等历代古玉镶嵌在木柄如意、家具、围屏上，主体多用紫檀，不易变形，也有用竹、砚石、玉、珐琅、瓷器等材料，凸显了乾隆帝的尚古情怀和艺术趣向。

木柄镶玉如意，尤其是如意头、腹、尾三镶的新款式，是乾隆时期始创的形制，尤以镶古玉为贵。这种形制的如意既有吉祥寓意，又能时刻把玩古玉，乾隆帝曾作诗《咏汉玉檀柄如意》：“汉玉香檀接柄长，两端仍汉玉为相。居今慕古思恒永，得一含三趣可详。”[2] 显示宫廷追求古雅、新奇的审美趣味。档案所见乾隆帝经常会提出比如“红汉玉昭文带底子札下横用”“靶上玉包边”“如意上身去五分下身添三分”等关于玉饰如何改做、镶嵌、切割、包边的具体指示。此处的昭文带是后世对于战汉时期流行的玉剑璏的雅称，《长物志》中说：“压尺以紫檀乌木为之，上用旧玉璏为纽，俗所称昭文带，是也。”[3] 剑璏多呈狭长条形，顶面微拱，

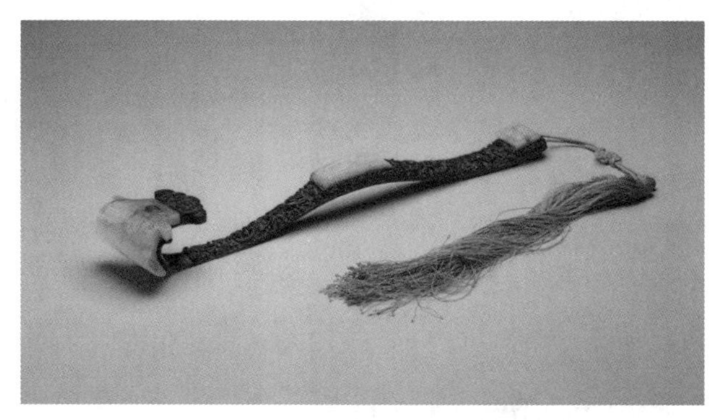

图八 紫檀雕云龙纹柄三镶白玉如意
长 35 厘米，宽 8 厘米

1 王强：《论史前玉石器镶嵌工艺》，《南方文物》2008 年第 3 期。

2 《清高宗御制诗·三集》卷九十四《咏汉玉檀柄如意》。

3 ［明］文震亨：《长物志·12 卷》卷七，清文渊阁四库全书本，第 138 页。

上饰有各式造型，因而镶嵌在如意柄上最为合适（图八）。首部和尾部多嵌佩饰，也有的用玉剑饰（比如剑格和剑珌）装饰在如意尾部。

这件紫檀雕云龙纹柄三镶白玉如意器首镶嵌汉代兽面如意云纹瓦形饰，玉有黄沁，刻兽面纹及回纹边，玉饰下依形承紫檀底托，柄身中部嵌汉代弦纹剑璏，尾部嵌工字形白玉饰，三处镶嵌严丝合缝，紫檀木柄正面立体浮雕龙纹，背面光素，中脊处嵌银丝隶书御题《咏檀玉如意》："古玉非环亦非佩，其名不识用难知。曲琼可作如意首，本色仍存洗垢脂。借击珊瑚原俗事，便挥甲胄更痴为。紫檀相柄虽称雅，却恐绍公未肯斯。"[1]结尾处署嵌金丝图章"古香""太𤤼"二印。由所刻诗文内容可知，乾隆帝看到这几件古玉，非他熟识的玉环、玉佩，因不识名字故不知作何用处，只能根据玉饰外形呈曲面且形似如意所以作为如意首镶嵌，并以紫檀作柄，这样看来颇觉雅致。

除将古玉镶嵌在紫檀柄上，乾隆帝还用玉管或玉勒两头连接紫檀柄制成如意，真正体现了"汉玉香檀接柄长"（图九）。这件商代玉管玉质洁白温润，包浆油亮，被乾隆帝镶嵌在紫檀嵌银字如意柄上，柄上下两端均嵌金银丝书写乾隆御题诗及镌印刻款，足见乾隆帝对其喜爱程度，定是常在手中盘玩。从所刻御题诗"朵是荷藏鹭，根为鹿守芝。夔纹中接妥，檀柄两相宜"[2]，可知乾隆帝当时是专为此件玉管设计了这柄如意，如意头设计为荷叶鹭鸶，如意尾部设计为麋鹿灵芝，中间嵌此龙纹玉管，他认为这样设计相得益彰。靠近头部有嵌银丝"乾隆御玩"篆书款，应为他设计的得意之作。可惜这件如意如今仅剩残柄，否则当能从中一窥乾隆

1

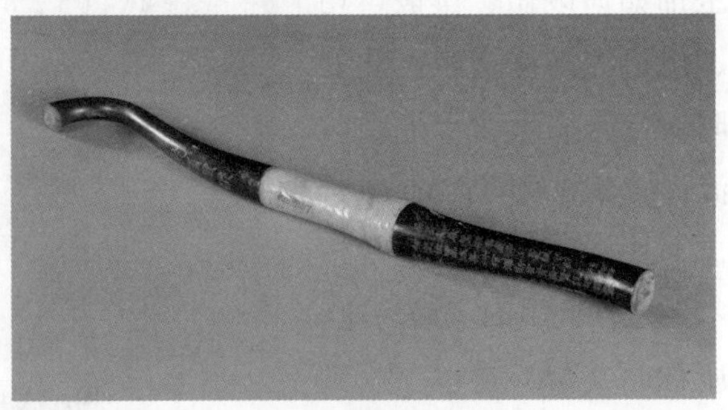

2

图九　白玉龙纹管

白玉龙纹管（1）及改制后的如意残柄管（2）长 7 厘米，直径 1.6 厘米 ×2.1 厘米，柄通长 31.5 厘米

1 《清高宗御制诗·五集》卷五十九，《咏檀玉如意》。

2 《清高宗御制诗·四集》卷四十，《咏檀玉如意》。

帝古为新用的巧思。

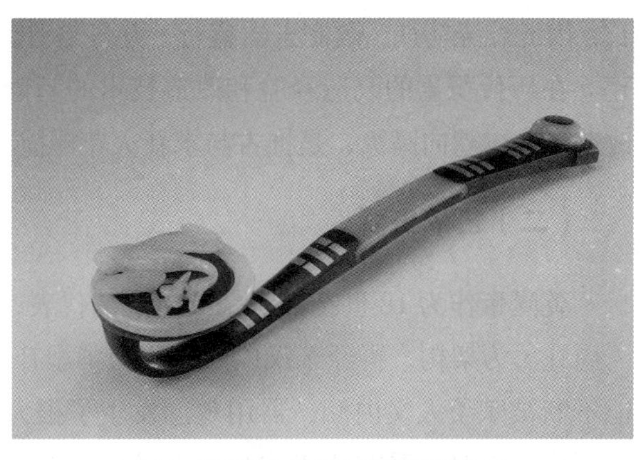

图十 紫檀嵌金八卦纹柄三镶白玉如意
长 35.4 厘米，宽 8 厘米

类似旧玉镶嵌的现象还有很多，除镶嵌在木柄如意上，掐丝珐琅如意、剔红如意上都会镶嵌古玉，而紫檀木家具如宝座、香几、桌案、箱柜、屏风、百宝嵌、文玩盒匣等文物上镶嵌旧玉的现象就更多了，在此不一一说明。宫廷器物上所用到的镶嵌技法主要有两种[1]：一是“挖槽镶嵌”，这种方法比较典型，应用广泛，即先在地子上刻出凹槽，再把嵌件填进去，凹槽深度小于嵌件厚度，嵌件突出于地子之上，上文说到的紫檀雕云龙柄三镶如意即是用到这一技法。第二种技法挖槽的深度与嵌件的厚度基本一致，从而使所镶嵌的构件与地子在同一平面上，表面平整，因而谓之“平嵌”。这柄紫檀嵌金八卦纹柄三镶白玉如意（图十）腹部所嵌玉剑璏即用到了此种技法。

三、惟古与求新 辩证看待乾隆时期古玉新用的功与过

《尚书·盘庚》载：“迟任有言曰：‘人惟求旧，器非求旧，惟新’。”求旧是要重历史，注重在文化上的历史继承和连续性；而求新又要以过去历史文化为基础，观新物，日日新又日新。纵观乾隆一朝，玉器制作不断地发展壮大，旧玉的改制和再利用贯穿始终，这根源于他惟古与求新的治玉理念。同时，这也与物料紧缺、时人不断更新的用器理念和审美诉求及手工业迅速发展息息相关。

（一）时代特点

从乾隆元年（1736）《养心殿造办处收贮清册》中可以看出，除各类成品玉器之外，当时库存的白玉、碧玉、青玉等玉料，不到七百斤。[2] 乾隆二十四年（1759）以前，新疆偶有玉石进贡朝廷，但数量极其有限，供应零散无序。宫廷玉匠多的是对旧器修补见新的活计。为了节省玉料，加上玉匠少，治玉周期

1 杨晓丹：《在故宫修文物——紫檀雕云龙柄嵌仿古白玉三镶如意》，《中华文化画报》2018 年第 8 期。

2 《总汇》第 7 册，《养心殿造办处收贮清册·内务府堂清册·旧存》，第 574 页。

长，因此乾隆初期，改制玉器盛行，并多是对前代旧玉因材施艺进行改制修补。建立在历代积累的改造经验和改造技术的基础上，改造思路日益复杂和创新，改造工艺也趋向高级，是惟古与求新火花碰撞下的物质成果。

（二）艺术史观

乾隆帝作为18世纪知识精英阶层的代表，他所知道的“古代玉礼制”是以《周礼》为架构，再经东汉以后历代增华添补[1]，此时的玉器已由最初的礼制功能不断被赋予人文内涵，器用观念发生了很大转变。因此乾隆帝在面对宫廷旧藏历代古玉时，受前代影响，产生了许多制器、用器的规制和理念不合上古实情的想法。他把良渚时期作为礼器的琮改制成香薰花插，把有领璧当成碗托子，固然是因为他不识旧物，更因为随着历史发展，用玉制度、器用观念、审美诉求发生转变。但是，乾隆帝爱玉成痴，不合时宜的旧物不会轻易废弃，而是通过创新改造延续古物流传至今的价值和意义。这体现了古人的艺术智慧，以及器物能够流传后世、子子孙孙永享用的朴素价值观。

（三）文化属性

乾隆帝好古、缅古、师古，“以古式为宗”。他深受儒家文化“君子比德于玉”的影响，经常挑选古玉，清理尘垢之后，置于眼前细细品味，或者饰以新式配架挂置室内，日日观之，并题写大量咏古玉诗以抒胸臆，以此彰显自己的文人情怀。题咏的同时是不断考证研究，在此过程中，乾隆帝会对古玉的认识产生怀疑和自我否定，这体现了他孜孜以求的探索精神。在御制文《记古玉斧佩记》中，借物喻人，写道：“物有隐翳埋没于下，不期而遇识拔，尚可为上等珍玩；若夫贞干良材，屈伏沉沦，莫为之剪拂出幽，以扬王庭而佐治理，是谁之过欤？吾于是乎知惭，吾于是乎知惧。”[2] 以古玉之良材暗喻“良才”“贞干”是君子、国之栋梁的代名词，乾隆帝以玉比德，借以总结出知人善任、善治良才、仁政德治的治国方略。

（四）文物鉴定与保护

不能否认的是，乾隆帝旧器改做，变换造型，改变古玉的造型、花纹，磨去旧款，在旧器上题诗刻款等一系列堪称“破坏文物”的行为，改变了古物的

1　邓淑苹：《玉器诗文所见乾隆帝的三样情》，载《金玉琅琅——清代宫廷仪典与生活》，巴蜀书社，2020年，第184页。

2　《清高宗御制文·二集》卷十二《记古玉斧佩记》。

原貌，混淆了器物的制作时间。再加上传世玉器流传千年，本就可能经过历代的加刻纹饰、染色、包浆、改制等行为，乾隆的改制加刻对后世进行断代研究来说无疑是“雪上加霜”。这就要求我们在面对这类玉器时，以玉质、沁色、造型、纹饰、工艺为根据，以出土文物为参照，透过表象，抽丝剥茧，排除干扰，从而进行准确的分期断代。

四、 结语

清代是中国古代玉器发展史上的高峰，爱玉如痴的乾隆帝缔造了空前绝后、蔚为壮观的玉器帝国。总体来说，相对于乾隆年间琢玉规模和成玉数量，旧玉改造只占其中很小的比例。但无论是旧器修补，还是古玉新用，都是器物能够继续发挥符合时代要求的价值和子孙后代永续使用的价值观体现，反映出在乾隆帝惟古与求新的思想指导下，玉器的功能及发展越来越趋向世俗化、社会化、商品化。文明的发展一定是以继承过去为基础而朝向未来的，乾隆帝的古玉新用，虽然对后世断代带来困扰，但加速了玉器发展走向巅峰，对同时代的其他工艺品的艺术创作产生了极大的影响，也促进了传统手工业在继承中创新发展。

对改制玉器以及古玉新用的玉器改造现象的研究，对我们认识不同历史时期玉器的外形特征、结构差异、艺术风格，揭示当时社会生活有重要意义。本文只截取乾隆时期古玉新用现象进行剖析，而不同类型器物历代改造的纵向差异及改制工艺的演变，则留待以后另撰文研究。

浅析清宫的南玉匠姚宗仁

唐静姝（故宫博物院）

【摘要】姚宗仁作为宫廷的杰出南玉匠，历经雍正、乾隆两朝。他先后在玉作和如意馆当差，在乾隆朝早期成为南玉匠的领军人物。他做活以设计画样见长，还有祖传的仿古手艺傍身，且获得在御制诗《玉杯记》中留名的殊荣，并在一定程度上影响了乾隆朝早期的宫廷玉器风格。本文根据现有档案资料，从姚宗仁的经历、待遇、技艺三个方面探讨其在乾隆朝早期宫廷治玉活动中的积极作用，旨在为乾隆宫廷玉器研究提供新视角。

【关键词】姚宗仁；南玉匠；乾隆宫廷玉器；南匠

据《清会典》记载，清代的南匠是由地方督抚及三织造选送而来的匠人，多为玉匠、刻字匠、刻字玉匠、画画人、牙匠等。一般所指的南玉匠主要来自苏州地区，由苏州织造选送的在造办处做玉活的玉匠、刻字匠和刻字玉匠[1]。在《清宫内务府造办处档案总汇》[2]（下文简称《总汇》）中多处可见南玉匠选送入宫和治玉的记载，雍乾两朝有记载姓名的南玉匠至少有六十多人。姚宗仁就是这些南玉匠中的杰出代表，他对玉器造型和纹饰的把握深刻地影响了乾隆朝早期的宫廷玉器。前人对姚宗仁的研究或集中于“玉杯记”“琥珀烫”等事迹，或着眼于“南匠”“江南玉匠”的整体面貌，而对姚宗仁在造办处期间的经历则鲜有考略。本文通过梳理活计档、御制诗、陈设档档案资料，厘析姚宗仁在造办处的待遇水平和做活经历，并试图寻得姚宗仁所经手的玉器特点。

---

1 郭福祥：《档案所见乾隆时期宫廷里的苏州玉工传略》，《故宫学刊》2015 年第 1 期。

2 中国第一历史档案馆，香港中文大学文物馆：《清宫内务府造办处档案总汇》，人民出版社，2005 年。共 55 册。又简称活计档，以下相同版本，不另注明。

一、经历

（一）选送经历

不同于明朝世代相承的匠籍制度[1]，清朝采取的是工匠选拔选送制度。家内匠按惯例从包衣三旗中挑选年岁较小的苏拉分到各作当学徒[2]，从学徒、学手小匠逐步成为家内匠。而南匠多为各地选送的熟手，其技艺水平自入宫起就比家内匠要高出很多。南玉匠的选送情况在雍正朝的档案中比较简略，偶见有掌管内务府的怡亲王挑选南玉匠顶替空缺[3]和江西督陶官年希尧选送各类南匠的记录。

《总汇》雍正七年（1729）十月初三日《记事录》记载了姚宗仁被选送入宫的相关情况："怡亲王府总管太监张瑞交来年希尧处送来匠人折一件，内开：画画人汤振基、戴恒、余秀、焦国谕等四名，玉匠都志通、姚宗仁、韩士良等三名，雕刻匠屠魁胜、闫仲如、杨迁等三名，漆匠吴云章、李贤等二名，匣子匠程继儒、速应龙等二名，细木匠余节公、余君万等二名，共十六名（随籍贯折一件、食用银两折一件）。祖秉圭处送来匠人折一件，内开：牙匠陈祖章一名，木匠霍五、小梁、罗胡子、陈斋公、林大等五名。传怡亲王谕：着交造办处行走试看。"[4]由此可知，雍正朝地方督抚及三织造将成批的南匠选送入宫，其中包括画画人、玉匠、漆匠、雕刻匠、匣子匠、细木匠等多种工匠。能够进入造办处的工匠需要经历两次选拔环节，第一次是通过地方的遴选，第二次是经过造办处的行走试看。根据其他工匠的试看经历："着刻字人方希化做堆山子盆景一件试看，记此。于本月三十日做得堆占梅花盆景一件随白端石盆、信郡王带头郎中海望呈进讫。"[5]可知，行走试看是要通过制作器物的方式来实打实地验看工匠的手艺。可见，姚宗仁是经过了地方和宫廷两层筛选，以过硬的手艺进入了造办处。

（二）作坊经历

雍正、乾隆年间，姚宗仁先后在玉作和如意馆当差。雍正七年（1729），姚宗仁选入造办处玉作，在圆明园长住，应差做活[6]。在雍正朝，由于雍正帝喜爱瓷器而非玉器，因此南玉匠并不受皇帝重视。这一点，无论是从造办处的玉

1 陈诗启：《明代的工匠制度》，《历史研究》1955 年第 6 期。

2 林欢，黄英：《清宫造办处工匠生存状态初探》，载《明清论丛》第十一辑，故宫出版社，2011 年，第 439—450 页。

3 前揭《总汇》第 2 册，雍正五年十一月二十五日《记事录》，第 650 页。

4 前揭《总汇》第 3 册，雍正七年十月初三日《记事录》，第 660 页。

5 前揭《总汇》第 2 册，雍正五年十二月十二日《匣作》，第 729 页。

6 前揭《总汇》第 5 册，雍正九年五月十九日《记事录》，第 48 页。

活体量[1]，还是从南玉匠的待遇中都能反映出来。直到乾隆朝，爱玉成痴的乾隆帝发现了身怀绝技的姚宗仁。迟至乾隆六年（1741），姚宗仁已从玉作拔擢至如意馆当差[2]。直至乾隆十九年（1754），姚宗仁还在如意馆做活。目前，在活计档、御制诗、陈设档中仅找到雍正七年（1729）至乾隆十九年（1754）关于姚宗仁的记载，故姚宗仁后续是否离宫等情况不得而知。

如意馆作为首席作坊，其地位之特殊自然不同于玉作等一般作坊。杨伯达先生曾指明："自乾隆元年（1736）始设画院处与如意馆，皆管辖以绘画为主的画家，并包括玉、象牙、犀角、商丝等工艺，并设宗教画院——中正殿。"[3]嵇若昕先生曾总结如意馆的变迁是："乾隆一朝，如意馆从一个房舍名称，变成造办处作坊之一，其地位从设置之初即相当特殊，后来甚至独占鳌头，至清仁宗亲政而逐渐平淡，其演变颇具戏剧性。" 对如意馆的地理位置亦有说明："如意馆原为圆明园内的房舍之一，位于福园门内东侧。当皇帝驻驿于紫禁城时，在如意馆中工作的人员又移至紫禁城内启祥宫服务，皇帝于初春前往圆明园时，所有在启祥宫的人员又移至如意馆中当差。"[4]由此可见，乾隆时期的如意馆为首席作坊，其匠役有玉匠、牙匠、画匠等。在地理位置上，如意馆作坊中的匠役跟随皇帝的驻驿在圆明园的如意馆和紫禁城的启祥宫两处服务。姚宗仁能够从玉作调至如意馆长期当差，足见其水平高于造办处普通玉匠。

二、待遇

（一）银钱

相应地，姚宗仁的银钱待遇直观地反映了其在南匠中的等级和地位。

根据《总汇》雍正五年（1727）十一月二十五日《记事录》记载"郎中海望启称：怡亲王查得……今造办处做玉器南匠甚少，现有玉匠陈宜嘉、王斌、鲍有信等三名"[5]和《总汇》雍正七年（1729）十月初三日《记事录》记载"怡亲王府总管太监张瑞交来年希尧处送来匠人折一件，内开：……玉匠都志通、姚宗仁、韩士良等三名……怡亲王谕：着交造办处行走试看。"[6]可知，南玉匠

1　陈赛格：《雍正朝宫廷玉器与玉作》，中国社会科学院硕士学位论文，2018年。

2　前揭《总汇》第10册，乾隆六年十月初八日《如意馆》，第380页。

3　杨伯达：《清代画院观》，《故宫博物院院刊》1985年第3期。

4　嵇若昕：《乾隆时期的如意馆》,《故宫学术季刊》2006年第1期。

5　前揭《总汇》第2册，雍正五年十一月二十五日《记事录》，第564页。

6　前揭《总汇》第3册，雍正七年十月初三日《记事录》，第660页。

陈宜嘉和王斌早在姚宗仁入宫之前，便已在造办处当差，可谓是姚宗仁的前辈。又据《总汇》雍正九年（1731）五月十九日《记事录》记载“其余人尔酌量按等次赏给。钦此。于本日内务府总管海望定得匠役花名银两数计开：……广木匠罗元、林彩、贺五、梁义、都志通、姚宗仁，以上六人每名银四两；家内漆匠达子、叚六，玉匠鲍有信、王斌、陈宜嘉，以上五人每名银三两”[1]可知，雍正九年（1731），姚宗仁、陈宜嘉、王斌等人因长期在圆明园勤勉应差而受赏，造办处按等次赏给姚宗仁四两、陈宜嘉三两、王斌三两，姚宗仁属于南匠中的第四等，陈宜嘉和王斌属于南匠中第五等（共五等），均是较为末等的南匠。从赏银等次可以看出，雍正九年（1731），姚宗仁的等级略高于陈宜嘉、王斌两人。再根据《总汇》乾隆八年（1743）四月十一日《造办处钱粮库记》载“棠字一号（让字三十八号）各作领南匠闰四月分口粮：姚宗仁每月银十三两……陈宜嘉、王斌此三十人每人每月银四两”[2]可知，乾隆八年（1743），姚宗仁的月银为十三两，其待遇在南匠等级中属第一等（共十一等）。与此同时，陈宜嘉、王斌两人的月银均为四两，其待遇在南匠等级中属第十等（共十一等）。综上所述，姚宗仁、陈宜嘉、王斌三人都是历经雍乾两朝的南玉匠，姚宗仁入宫当差的时间虽晚于陈宜嘉、王斌二人，但姚宗仁待遇水平的增长速度远超两位前辈。这恰恰说明了姚宗仁在南匠中的地位晋升之快远超寻常南匠。

1 前揭《总汇》第5册，雍正九年五月十九日《记事录》，第48页。

2 前揭《总汇》第12册，乾隆八年四月十一日《造办处钱粮库》，第89页。结合其他档案中南匠月银的发放情况。

表一　姚宗仁银钱待遇一览表

档案条目	时间	原档文号	待遇类别	银钱	发放标准	等级	备注
乾隆 060802 造办处钱粮库（总汇 10 页 394）	乾隆六年八月初二	潜字二十五号	南匠月银（钱粮银）	十三两	按等级发放	第一等，共十一等	
乾隆 060904 造办处钱粮库（总汇 10 页 403）	乾隆六年九月初四	羽字三十二号	南匠月银（钱粮银）	十三两	按等级发放	第一等，共十一等	
乾隆 061008 造办处钱粮库（总汇 10 页 409）	乾隆六年十月初八	翔字五十六号	南匠月银（钱粮银）	十三两	按等级发放	第一等，共十一等	
乾隆 061107 造办处钱粮库（总汇 10 页 415）	乾隆六年十一月初七	龙字四十五号	南匠月银（钱粮银）	十三两	按等级发放	第一等，共十一等	
乾隆 061204 造办处钱粮库（总汇 10 页 426）	乾隆六年十二月初四	师字十九号	南匠月银（钱粮银）	十三两	按等级发放	第一等，共十一等	
乾隆 080411 造办处钱粮库（总汇 12 页 89）	乾隆八年闰四月十一日	棠字一号（让字三十八号）	南匠月银（钱粮银）	十三两	按等级发放	第一等，共十一等	相较于乾隆六年，第二等及以下的南匠月银均有所下降，例如第二等南匠从十二两降至十两六钱六分
乾隆 100321 记事录（总汇 13 页 530）	乾隆十年三月二十一日	——	南匠月银（钱粮银）和衣服银	裁减月银五两（月银降为八两）添给衣服银二十四两	按等级裁减	春雨舒和画画人、画大阅图人、如意馆人中七人调降待遇，姚宗仁首当其冲	春秋两季衣服银数额根据在宫做活时间决定

又从表一姚宗仁银钱待遇一览表中可见，姚宗仁从乾隆六年（1741）到乾隆十年（1745）的待遇变动情况。在乾隆初期，姚宗仁月银十三两，在南匠待遇中属第一等（共十一等），一度跃升为头等南匠。尽管至乾隆八年（1743），第二等及以下的南匠待遇有所下降，但身为头等南匠的姚宗仁并没有减薪。直至乾隆十年（1745），乾隆帝意识到春雨舒和、如意馆等处的南匠待遇过于优厚、管理过于宽纵，斥责道“海望一点闲事不管，南匠所食钱粮比官员俸禄还多”，并且点名缩减姚宗仁等七人的待遇：“将姚宗仁钱粮裁减五两、添给衣服银二十四两，其马图、戴洪、吴棫、余稚各将钱粮裁减一两、公费一两，其姚文汉钱粮裁一两、衣服银不必给、每月给公费银三两，再徐焘就是思养不至食许多钱粮。”这七人中，姚宗仁首当其冲，月银被裁减最多，又因在宫中当差时间长而添给衣服银。因此条裁减档案后并未找到后续南匠月银的发放情况，故未见到乾隆早期有待遇比姚宗仁还高的南玉匠。

（二）赏罚

造办处赏罚严明，管理匠役有明确的奖赏和惩戒措施。尽管如此，乾隆帝对姚宗仁的赏识与厚爱，可谓“赏有留名，罚有宽宥”[1]。皇帝的恩荣不仅体现在赏银上，更体现在御制诗文中。乾隆十八年（1753），乾隆帝向玉匠姚宗仁请教一件玉杯的真伪，姚宗仁鉴得玉杯为其祖父所制，为此乾隆帝特作《玉杯记》以示纪念。对于姚宗仁在做活中的失误，乾隆帝也多有宽宥。根据《总汇》乾隆八年（1743）十一月初八日《记事录》记载：“旨：玉匠姚宗仁不过一时之错，今将此青玉着他照样连做托盘一件，如一月做得罚他一月钱粮，如两月做得罚他两月钱粮。”[2]可知乾隆八年（1743），姚宗仁失手将青玉托盘做坏了，乾隆帝念他一时之错，仅罚其做工当月的月钱。而从乾隆七年（1742）至乾隆九年（1744），造办处其他匠役因做活大意出错而受罚的情况如下：

（臣）伏思：钦交之活计该作人员理应尽心成造，不宜稍有草率令玻璃镜做法粗蠢不合样式、漆水亦不好，委系监看之员粗率所致，查系催总五十八、六达塞各罚俸六个月以为疏忽者之戒，就罚之俸银照例交造办处库贮；其玻璃镜另行画要呈览，统候钦定后加谨成造，至所需物料工价即令伊等自行赔补，为此谨奏闻，奉旨：每人罚俸三个月，其余依议。钦此。[3]

奉旨：云锦墅殿内涵虚郎鉴锦边壁子匾一面为何遗漏不挂，着怡亲王内大

1 前揭《总汇》第12册，乾隆九年三月十六日《如意馆》，第359页。

2 前揭《总汇》第11册，乾隆八年十一月初八日《记事录》，第529页。

3 前揭《总汇》第11册，乾隆七年十二月二十八日《记事录》，第169页。

臣海望查明回奏。钦此。于本年五月初三日司库白世秀将怡亲王内大臣海望拟得催总鲁领弟罚俸三个月、副催总强锡罚钱粮三个月缮写折片一件，持进交太监高玉等呈览奏，旨：知道了。钦此。[1]

奉旨：交懋勤殿写字围屏之尺寸白世秀並不经心将尺寸传错，着交海望将白世秀议处。钦此。于本月二十一日七品首领萨木哈将内大臣海望拟得司库白世秀所给懋勤殿御书围屏之尺寸舛错罚俸三个月缮写折片一件，持进交太监胡世杰转奏，奉旨：知道了。钦此。[2]

由此可见，同时期的匠役因疏忽做错活计，至少要被罚银三个月。相较于同期的其他匠役，姚宗仁仅按补做时长罚月钱的处罚确实宽宥。

一言以蔽之，姚宗仁从普通作坊玉作调入首席作坊如意馆，从末等南匠跃升为头等南匠，从默默无闻到史书留名，这一切都离不开乾隆帝的慧眼识珠。

三、技艺

从雍正朝到乾隆朝，姚宗仁逐渐发挥出自己的专业才能。雍正年间，姚宗仁做活较为零散，还有领料、传话等杂事。乾隆六年起（1741），逐渐出现由姚宗仁设计画样，玉料随样发往苏州制作的情况。乾隆十三年（1748）起，陆续产生姚宗仁被钦点修复旧器的活计。至乾隆十五年（1750），料样发往苏州制作的玉活陡然增多。纵观姚宗仁的当差经历，其所做玉活以设计画样为主，兼有少量制作和仿古活计。

姚宗仁经手的玉器虽较为丰富，但碍于工匠不得标记留名等原因，确定姚宗仁所设计或制作的玉器一直是学界难题。笔者试图以玉料、器形、纹饰、沁色、款识、铭文等为线索，寻找与档案描述相近的馆藏玉器以供方家参考。

（一）设计

宫廷治玉要以皇帝的要求为中心，大多数情况下玉匠要根据皇帝的命题设计玉器。碰到一些好的玉料，也会出现皇帝让玉匠自主设计再呈览的情况。从乾隆元年（1736）至乾隆十九年（1754），在乾隆帝的授意下，姚宗仁设计的图样多见于吉祥寓意、汉玉仿古、文人典故等题材。姚宗仁设计画样的玉活共计 40 项，其中吉祥寓意题材 8 项、汉玉仿古题材 21 项、文人典故题材 5 项、其他题材 6 项。

1 前揭《总汇》第 11 册，乾隆八年闰四月十二日《记事录》，第 4987 页。

2 前揭《总汇》第 12 册，乾隆九年十一月十六日《记事录》，第 314 页。

1. 吉祥寓意题材

吉祥题材玉器过半数是由皇帝钦点姚宗仁设计的，其中大部分是由宫中作坊制作的。从乾隆六年（1741）至乾隆十九年（1754），造办处制作吉祥寓意题材的玉活有 12 项，其中姚宗仁设计的就有 8 项。根据《总汇》记载，姚宗仁设计画样的吉祥寓意题材有鸣凤在竹花插、青鸾献寿陈设、岁寒三友玦、圣寿万年玦、荷叶式一路清廉笔洗、日月合璧合符陈设、福寿押纸、如意仙人。

2. 汉玉仿古题材

仿古题材玉器绝大部分是由皇帝钦点姚宗仁设计的，其中有近半数是发给苏州织造制作的。从乾隆六年（1741）至乾隆十九年（1754），造办处制作汉玉仿古题材的玉活有 26 项，其中姚宗仁设计的就有 21 项。根据《总汇》记载，姚宗仁设计画样的汉玉仿古题材可分为“汉玉”仿古造型和“汉纹”仿古纹饰，其中仿古造型多依托于青铜器和明宫旧藏玉器，可见有凫尊、驼洗配玉砚、配玉汉汁瓶、鸠陈设、英雄陈设、龙觥杯、夔龙暖手、云龙瓮、汉瓶、雷纹尊，仿古纹饰多适用于佩饰、带饰、玉镶嵌、扳指等，佩饰尤爱斧佩。

现将汉玉仿古的设计玉活举例一则，具体如下：

根据《总汇》乾隆十五年（1750）元月二十八日《如意馆》记载：“押帖一件，内开为：十四年四月二十五日太监卢成来说太监胡世杰交汉玉素斧佩一件，传旨：着姚宗仁画样呈览。钦此。于本日画得汉纹纸样一张，太监王自云持去交太监胡世杰呈览，奉旨：照样准做。”[1] 可知，乾隆帝钦点姚宗仁添画汉纹的是一件

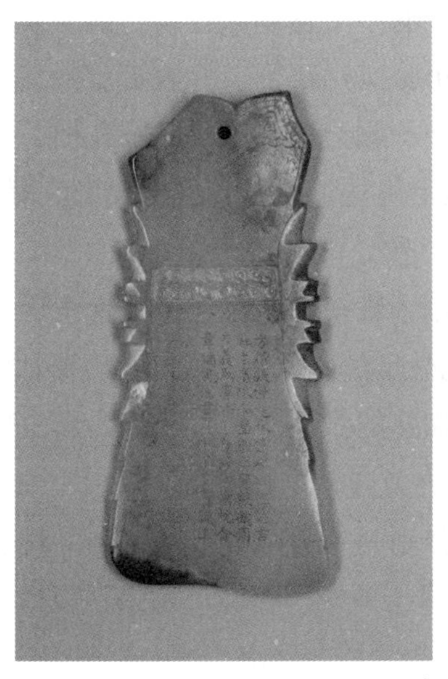

图一 青玉云纹斧佩

1 前揭《总汇》第 17 册，乾隆十五年元月二十八日《如意馆》，第 346 页。

汉玉斧佩。

在故宫博物院的清宫藏玉中，有一件青玉云纹斧佩（图一）。此件玉器是将素玉斧佩加刻了纹饰和御制诗，并附有纹饰纸样，应属乾隆时期改制玉器。此件玉器有“动物纹”“谷纹”“绞丝纹”的汉纹装饰且有分区构图，与西汉双层玉璧等复合纹饰玉璧的布局有相似之处。

3. 文人典故题材

文人典故题材玉器全部是由皇帝钦点姚宗仁设计的，其中绝大部分是发给苏州织造制作的。从乾隆六年（1741）至乾隆十九年（1754），造办处制作的文人典故题材玉活有7项，其中姚宗仁设计的就有5项。根据《总汇》记载，姚宗仁设计画样的文人典故题材可见有茂叔观莲、放鹤图、渊明玩菊、李太白斗酒百篇、三杯草圣。

（二）制作

姚宗仁亲自治玉的活计不多，制作活计主要为新做小式玉器、改做添刻纹饰和收拾粘补做色。姚宗仁制作的玉活共计21项，其中新做4项、改做6项、收拾11项。收拾活计中以粘补做色最为特殊，其中粘补烧色5项、去色1项。

新做的小式玉器以佩饰为主，兼有托盘等小器具。新做佩饰的活计有照汉玉钩白玉带鳅角带头做一份玉饰，做玉带并画纹饰，与太监商量为钩环配做新玉环等。改做添刻纹饰的活计有为汉玉璧改做汉玉宜子孙佩、为紫檀木嵌玉如意的玉瓦子添刻花纹、为紫檀木嵌玉冠架的小玉顶刻做花纹、白玉盒改做花囊加刻花纹等。简单的收拾活计有为青金小雅满达噶佛三尊收拾眉眼、为白玉观音缺处粘好接色、为汉玉獾夕复损处粘补、收拾汉玉回纹卧蚕花插、收拾张廷玉进献的汉玉莲花尊等。可见，姚宗仁的治玉技艺以“上花”[1]等细部雕琢见长。

而粘补做色活计不仅需要对“汉玉”造型和“汉纹”纹饰的精准把握，更需要对沁色的运用自如。在粘补烧色方面，姚宗仁应乾隆帝的旨意为白玉仙人和碧玉异兽烘色做旧、为汉玉飞脊方鼎烧鼎足颜色、为汉玉汉纹破璧粘好接色、为汉玉荔枝水盛粘补烘色。可见姚宗仁娴熟的做色手法，既能为新玉做沁，也能为古玉接色。在去伪去色方面，姚宗仁在乾隆帝的授意下为汉白玉仙人去色。《总汇》中有两项做色活计值得注意，分别是在乾隆九年（1744）姚宗仁应皇帝要求为白玉仙人“烘做旧色”[2]和在乾隆十八年（1753）姚宗仁应皇帝要求将

1　徐琳：《古玉的雕工》，文物出版社，2012年，第161页。

2　前揭《总汇》第12册，乾隆九年元月二十五日《如意馆》，第357页。

汉白玉仙人“颜色去了”[1]。这十载光阴，一烧一去之间反映出姚宗仁见证了乾隆帝仿古理念的转变。

现将改做玉活举例一则，具体如下：

根据《总汇》乾隆十二年（1747）十二月十二日《如意馆》记载：“太监胡世杰交汉玉宜子孙佩一件、汉玉璧一件，传旨：着姚宗仁将璧中间割下照宜子孙佩一样做一件，其余剩璧或做鳌鱼佩、或做双龙佩，先画样呈览准时再做。”[2]可知，乾隆帝钦点姚宗仁改做的是一件汉玉宜子孙佩。因此，改制的汉玉宜子孙佩在保留部分汉玉璧的基础上，带有“宜子孙”纹饰，并且器物尺寸稍小。

在故宫博物院的清宫藏玉中，有一件白玉浮雕“宜子孙”双螭纹璧（图二）。此件玉器是由旧玉璧改做的，玉璧一面留有旧玉双螭纹样、一面改为清制“宜子孙”纹样，推测属于乾隆时期改制玉器。

图二　白玉浮雕“宜子孙”双螭纹璧

现将收拾粘补作色玉活举例一则，具体如下：

根据《总汇》乾隆十三年（1748）七月二十四日《如意馆》记载：“七品首领萨木哈来说太监胡世杰交汉玉飞脊竖耳方鼎一件（随座盖玉顶），传旨：着交姚宗仁将鼎足另烧好。钦此。于十四年正月十八日司库白世秀将汉玉飞脊方鼎一件烧得鼎足随木座盖玉顶持进交太监胡世杰呈进讫。”[3]可知，乾隆帝钦点姚宗仁粘补烧色的是一件汉玉飞脊竖耳方鼎（随木座盖玉顶、鼎足粘补烧色）。

在故宫博物院的清宫藏玉中，有一件青玉兽面纹云耳出戟四足鼎式炉（图

1　前揭《总汇》第19册，乾隆十八年八月十二日《如意馆》，第560页。
2　前揭《总汇》第15册，乾隆十二年十二月十二日《如意馆》，第357页。
3　前揭《总汇》第16册，乾隆十三年七月二十四日《如意馆》，第252页。

三）。此件玉器为明代玉器，属于“汉玉”范畴，造型为飞脊竖耳方鼎，且有紫斑和两足断粘的伤情，推测属于乾隆时期粘补烧色玉器。

图三　青玉兽面纹云耳出戟四足鼎式炉

（三）鉴别

姚宗仁既熟悉仿古玉器的造型和纹饰，又深谙烧色做旧之法。因此，他在鉴别古玉方面有着异乎常人的优势。姚宗仁有据可查的鉴定玉活共计 2 项，一项为认看汉玉穿心陈设[1]，另一项为认看玉杯。

乾隆帝因玉杯而向姚宗仁请教鉴古辨沁之法，姚宗仁不仅认出玉杯乃其祖父所做，还详细地向乾隆帝讲解了“琥珀烫”的烧色做沁技法。乾隆帝听后深感获益，为此特著《玉杯记》一文。

乾隆十八年（1753），乾隆帝因一件玉杯的真伪而向姚宗仁请教，为此乾隆帝特作《玉杯记》以示纪念，铭曰：

玉杯记

玉杯有毫，其采绀其色而磷鳞其文者。骤视之，若土华剥蚀，炎刘以上物也。抚之留手，饕餮非内出。以视玉工姚宗仁，曰：“嘻，小人之祖所为也。世其业，故识之。”“然则今之伪为汉玉者多矣，胡不与此同？”曰：“安能同哉？昔者小人之父授淳炼之法，曰：钟氏染羽，尚以三月，而况玉哉？染玉之法，取器之纰颣且恋者，时以夏，取热润也；炽以夜，阴沉而阳浮也。无贵无瑕，谓其坚完难致入也。乃取金刚钻如钟乳者，密施如蜂虿，而以琥珀滋涂而渍之。

1　前揭《总汇》第 18 册，乾隆十七年十一月初四日《记事》，第 708 页。

其于火也，勿烈勿熄，夜以继日，必经年而后业成，今之伪为者知此法已鲜矣。其知此法，既以欲速而不能待人之亟购者，又以欲速而毋容待，则与圬者圬墙又何以殊哉？故不此若也。”

宗仁虽玉工，常以艺事谘之，辄有近理之谈。夫圬者、梓人虽贱役，其事有足称，其言有足警，不妨为立传，而况执艺以谏者，古典所不废，兹故檃括其言而记之。

《玉杯记》一事既反映出乾隆帝醉心于仿古研究，又反映出姚宗仁对仿古染色技艺的运用自如。关于《玉杯记》以及清宫仿古玉的相关研究一直是乾隆宫廷玉器的学术焦点之一，杨伯达先生指出故宫博物院院藏有两件清初伪作的玉双耳杯并配有《玉杯记》题记[1]，分别是白玉双婴耳杯（图四）和青玉双螭耳杯盘（图五）。经研究表明，白玉双婴耳杯已被证实为《玉杯记》中所提及的玉杯[2]。白玉双婴耳杯质地为白玉，造型为双婴耳杯，沁色绀红成片，配托盘匣盒题册（册记《玉杯记》）。青玉双螭耳杯盘质地为青玉，造型为双螭耳杯盘，沁色微绀多有坑点，配座配匣（匣刻《玉杯记》）。

图四 白玉双婴耳杯

图五 青玉双螭耳杯盘

张广文先生指出，在清宫遗存的带有乾隆《玉杯记》题记的数件玉器中能看到三种不同的琥珀烫染色：第一种，玉表面成斑驳的琥珀色斑片；第二种，玉表面制出成片小坑，烫入琥珀色；第三种，玉器上烫上成片的黄褐色色片，面积较大，色层较厚[3]。如图六所示，青玉兽面纹云耳出戟四足鼎式炉上沁色与上述第一种琥珀烫染色相似，青玉双螭耳杯盘上沁色与上述第二种琥珀烫染色相似，白玉双婴耳杯与上述第三种琥珀烫染色相似。其中，青玉兽面纹云耳出

1 杨伯达：《乾隆帝弘历古玉辨伪的一次经历》，《美术观察》1997 年第 11 期。
2 杨伯达：《玉杯记所记弘历古玉辨伪方法之探讨》，《收藏家》2001 年第 7 期。
3 张广文：《玉器的颜色变化及玉器的染色做旧》，《中原文物》2005 年第 4 期。

戟四足鼎式炉上的紫斑与白玉双婴耳杯上的紫沁相近，两者均为绀红色沁斑且沁斑边缘晕染凝滞。其中方鼎为青玉、双婴耳杯为白玉，故方鼎沁色比耳杯沁色稍深。白玉双婴耳杯已证实为姚宗仁祖父所做，而青玉兽面纹云耳出戟四足鼎式炉或为姚宗仁运用祖传之法“钟氏染羽”（后乾嘉时北方又称“琥珀烫”）[1]来为器物染色烧斑的例证。

第一种琥珀烫染色：斑驳的琥珀色斑片
青玉兽面纹云耳出戟四足鼎式炉（明）
可能是姚宗仁粘足鼎烧色做沁

第二种琥珀烫染色：成片小坑烫入琥珀色
青玉双螭耳杯盘（明）
配匣上刻《玉杯记》

第三种琥珀烫染色：成片的黄褐色色片
白玉双婴耳杯（清初）
姚宗仁祖父制作玉杯烧色做沁
配册《玉杯记》

图六　三种琥珀烫染色对比图

结合姚宗仁的待遇变化和做活情况，其在造办处当差可分为两个阶段：第一阶段，即从雍正七年（1729）至乾隆五年（1740），姚宗仁属于等级较低的南玉匠，所做活计也较为简单。第二阶段，即从乾隆六年（1741）至乾隆十九年（1754），姚宗仁晋升为南玉匠中的领军人物，享受头等待遇，多次被皇帝钦点做活，又有御制诗留名的殊荣。此时开启了“北京—苏州”的宫廷地方联合治玉的新模式，即玉料由造办处的姚宗仁设计画样，经皇帝准许后，再将料样发往苏州制作成器。而这一模式在乾隆二十五年（1760）和田贡玉大量入宫后得到了长足的发展，形成了声势浩大的“新疆—北京—苏州等京外八处”的

1　杨伯达：《清姚氏染玉法与“琥珀烫”》，《美术观察》1998年第6期；王忠华：《乾隆帝古玉鉴考研究》，《荣宝斋》2018年第3期。

宫廷地方联合治玉模式。

综上所述，姚宗仁作为宫廷的杰出南玉匠，在乾隆早期备受乾隆帝青睐。他擅长设计画样，题材多见于吉祥寓意、汉玉仿古、文人典故等方面，又有祖传的仿古技艺傍身。姚宗仁对乾隆宫廷玉器发展有着不可忽视的影响，他在范式和制度上都有所创新。在玉器范式上，姚宗仁应乾隆帝的要求设计了玉凫尊、玉云龙瓮、玉汉纹斧佩等玉器。在乾隆中后期，造办处仍有制作以上同名玉器的活计。在宫廷治玉制度上，姚宗仁正逢其时，自他而兴起了“北京—苏州”的宫廷地方联合治玉模式。姚宗仁与乾隆帝不仅是工匠与皇帝的关系，姚宗仁更是乾隆帝研习古玉路上的半师。乾隆帝向姚宗仁请教玉杯沁色一事，让乾隆帝对仿古做旧产生了新的认识，为此还特作《玉杯记》一文。乾隆帝曾在乾隆九年（1744）和乾隆十八年（1753）钦点姚宗仁为玉仙人烘色和去色，这相隔十年的“一烧”“一去”正是乾隆帝与姚宗仁仿古之路上的小小注脚。

珠海宝镜湾遗址出土玉石器无损分析研究

董俊卿[1]，肖一亭[2]，袁仪梦[1]，李青会[1]
(1. 中国科学院上海光学精密机械研究所科技考古中心、中国科学院大学材料科学与光电工程中心； 2. 珠海市博物馆)

【摘要】采用便携式能量色散型 X 射线荧光光谱和激光拉曼光谱技术对珠海宝镜湾遗址出土的 75 件新石器时代晚期至青铜时代典型玉石器进行了科学分析，探讨了宝镜湾玉石器的材质特点、加工工艺和文化交流。所分析玉石器主要为玦、环、璜、耳珰、芯、饼形器和几何形饰等装饰品，同时也对比分析了一些环砥石、石刀和石镞等石质工具。宝镜湾出土玉石装饰品以玉玦为主，还有少量的环、璜、耳珰、饼形器和几何形饰等。而玉石芯一般是加工环、玦和璜类装饰品遗留下来的余料，这些余料也用于制作饼形器、耳珰等器物。分析结果显示，宝镜湾的玉石器以石英类材料为主，主要有水晶、玛瑙、玉髓、脉石英及石英岩等，少量玉石器采用蛇纹石、白云母质玉石以及含白云母、石英和方解石等矿物的岩石制作而成。而石刀、石镞、环砥石等石质工具原料皆为岩石。这些玉石器以实心钻单面钻孔为主，也有少数玉石器使用了管钻钻孔，说明了宝镜湾的工匠根据器物的不同特点灵活采用不同的钻孔方式。

【关键词】宝镜湾遗址；玉石；无损分析；原料；制作工艺

一、引言

中华民族是最崇尚玉的民族，是世界上最早制作和使用玉器的民族，并形成了独具特色、博大精深的玉文化。以玉器为中心载体的中国玉文化，源远流长，绵延近万年，其延续时间之长、内容之丰富，深深浸润着中国古代的思想、文化和制度，是中国传统文化中不可或缺的重要组成部分，也是中华文明区别于世界其他文明的特殊标志。[1]中国新石器时代玉器遗存数千处，出土各类玉器数万件，玉器遗存遍布我国的东西南北中，主要集中于辽河流域、黄河流域、长江中下游流域、珠江流域和东南沿海地区，并各具特色，折射出我国史前玉器丰富而又深刻的文化内涵。[2]近年来，乌苏里江流域的黑龙江饶河小南山遗址发现距今9000年的玉器200余件，包括玦、环、管、珠、璧、斧和各类坠饰，构成了迄今所知中国最早的玉文化组合面貌，被誉为“中华玉文化的摇篮，东亚玉文化的曙光”，将中国玉文化起源向前追溯了1000年，且向北推进了1000多公里，颠覆了以往对玉器起源的认知。[3]中国不同区域史前玉器和玉文化发展并不平衡，同时相关的玉器研究具有不平衡性。以兴隆洼－红山文化玉器代表的辽河流域、以河姆渡－马家浜－松泽－凌家滩－良渚－石家河文化为代表的长江流域，玉器数量和玉文化发达，而黄河流域史前玉器数量相对少，但在商周时期玉文化再次繁盛，这些区域的玉器一直备受关注，研究成果最为丰富。另外，东南沿海地区的台湾卑南文化和圆山文化遗址等也出土不少史前玉器，台湾学者对此亦有较为详细的论述。[4]

从考古发掘资料来看，珠江流域和东南沿海地域在新石器时代晚期至青铜时代，也存在诸多玉器及作坊遗存，如广东曲江石峡文化遗址，珠海宝镜湾遗址，香港涌浪、深湾、下白泥和大湾遗址，澳门黑沙玉作坊遗址等，具有独特的文化内涵，同时也是连接长江流域与东南亚玉文化传播的桥梁。二十年前，肖一亭[5]对岭南珠江流域新石器时代玉器进行过梳理和研究。邓聪[6]也曾对港珠澳地区的玉器作坊遗址出土玉器和治玉工具及加工工艺进行过研究。近几年，以石峡文化为主的珠江流域的玉器风格及与良渚文化玉器的关系引起一些讨论[7]。

从出土资料来看，环、玦类玉石器在珠江流域史前玉石器中占有较大比重。

---

1 长沙博物馆编，喻燕姣主编：《玉魂——中国古代玉文化》，湖南人民出版社，2022年，第5页。

2 何松：《中国史前时期玉器的主要分布地域与特征及其玉文化》，《宝石和宝石学杂志》2005年第2期。

3 李有骞：《中华玉文化的摇篮——黑龙江考古新突破》，《奋斗》2020年第20期。

4 邓聪，叶晓红：《古代玉器工艺技术发展历程》，载《中国考古学百年史》，中国社会科学院出版社，2021年，第1600—1625页。

5 肖一亭：《岭南史前玉石器的初步研究》，《南方文物》1998年第4期。

6 邓聪：《环状玦饰研究举隅》，载《东亚玉器·Ⅱ》，香港中国考古艺术中心，1998年，第86—99页；邓聪：《环珠江口考古之崛起——玉石饰物作坊研究举隅》，载《珠海文物集萃》，香港中国考古艺术研究中心，2000年，第12—60页。

7 邓聪，张强禄，邓学文：《良渚文化玉器向南界限初探——珠江三角洲考古新发现的琮、镯、钺》，《南方文物》2019年第2期；曹芳芳：《岭南地区良渚风格玉器研究》，《博物院》2019年第2期；黄一哲：《石峡文化的琮、璧、钺》，《中国国家博物馆馆刊》2020年第9期。

早在20世纪70年代开始，台湾学者黄士强[1]、香港学者杨建芳[2]和邓聪[3]对中国早期玉玦进行较多研究，尤以邓聪对东亚玉玦的研究最为系统，研究区域涉及环珠江流域和西辽河流域，详细论述了东亚玦饰的测量、分类、加工工艺、加工工具及起源与传播。此外，大陆学者陈星灿[4]对国内玦饰进行过比较系统的归纳。牟永抗[5]对长江中、下游的史前玉玦进行过区域性专题研究。董俊卿等[6]也对长江下游浙江余姚田螺山、海盐仙坛庙和长兴江家山新石器时代河姆渡文化至崧泽文化遗址出土的玉玦进行过科学分析。总体而言，目前有关珠江流域的玉器研究相对较少，且缺乏对该区域玉器的科学分析。

二、宝镜湾出土玉石器及实验样品

宝镜湾遗址位于广东珠海市南水镇高栏岛南迳湾之南的风猛鹰山坡地上，是珠江口地区一处面积较大的未经后世扰乱的海岛型山岗遗址，总面积达2万多平方米，遗址西南90米为宝镜湾岩画。1997年11月至2000年6月，珠海市博物馆与广东省文物考古研究所和南京大学联合先后对宝镜湾遗址进行了四次考古发掘。出土遗物主要有陶器和玉石器两大类，根据出土器物，宝镜湾遗址分为三期。宝镜湾遗址的第一期文化为新石器时代晚期早段，约距今4300—4500年；宝镜湾第二期文化为新石器时代晚期晚段，年代上限约距今4200年或稍后；宝镜湾第三期文化为青铜时代早期，年代约距今4090年，相当于中原地区的商时期。作为海岛及沙丘遗存，宝镜湾遗址所反映的生态环境及人类的聚落环境都具有典型性[7]。宝镜湾遗址出土玉石器相当丰富，总计2146件，可分为加工器具、工具、装饰品和其他等四类。其中装饰品有222件，主要为玦、芯、环、璜、

1 黄士强：《玦的研究》，《考古人类学刊》1975年第37、38合刊。

2 杨建芳：《耳饰玦的起源、演变与分布——文化传播及地区化的一个实例》，载《中国考古学与历史学之整合研究（下册）》，台湾“中央研究院”历史语言研究所，1997年，第919—959页。

3 邓聪：《东亚玦饰四题》，《文物》2000年第2期；邓聪：《玦饰的测量方法——中国古代玉器研究方法论之一》，载《中国玉文化玉学论丛》，紫禁城出版社，2002年，第51—59页；邓聪：《东亚玉玦之路》，《人类文化遗产保护》第一期，西安交通大学出版社，2003年，第41—44页；邓聪：《从〈新干古玉〉谈商时期的玦饰》，《南方文物》2004年第2期；邓聪：《东亚玦饰的起源与扩散》，载《东方考古》第1集，科学出版社，2004年，第23—35页；中国社会科学院考古研究所，香港中文大学中国考古艺术研究中心：《玉器起源探索——兴隆洼文化玉器研究及图录》，香港中国考古艺术研究中心，2007年，第23—35页。

4 陈星灿：《中国史前的玉（石）玦初探》，载《东亚玉器·Ⅱ》，香港中国考古艺术中心，1998年，第61—71页。

5 牟永抗：《长江中、下游的史前玉玦》，载《牟永抗考古学文集》，科学出版社，2009年，第475—485页。

6 董俊卿，孙国平，王宁远，楼航，李青会，顾冬红：《浙江三个新石器时代遗址出土玉玦科技分析》，《光谱学与光谱分析》2017年第37卷第9期。

7 广东省文物考古研究所，珠海市博物馆：《珠海宝镜湾——海岛型史前文化遗址发掘报告》，科学出版社，2004年，第3—173页。

耳珰、饼形器、几何形饰（如圆形饰、半圆形饰、长方形饰、梯形饰和橄榄形饰）等。这些玉石装饰品主要属于宝镜湾第二期文化（新石器时代晚期后段），其次为第三期文化（青铜时代），第一期文化（新石器时代晚期前段）数量最少（见表一），三个时期出土玉石装饰品比例如图一-1（彩图四五-1）所示。这些玉石器中以玦、芯和饼形器为主，不同玉器种类在三个时期的变化情况见图一-2（彩图四五-2）。

本文选取宝镜湾遗址出土的75件典型玉石器，采用无损分析技术进行科学分析，进而探讨宝镜湾玉石器的材质特点、加工工艺和文化交流。所分析玉石器主要为玦、环、璜、耳珰、芯、饼形器和几何形饰等装饰品，同时也对比分析了一些环砥石和石刀石质工具及石坯和石镞等，样品详情见表二，典型玉石器照片见图二至图六。

表一 宝镜湾遗址出土玉石装饰品器类、数量及所属文化分期和年代情况表

器类	文化分期与年代				小计（件）
	新石器时代晚期早段	新石器时代晚期晚段	青铜时代	采集	
	一期	二期	三期		
芯	2	45	41	3	91
玦	5	30	32	1	68
饼形器	2	34	11		47
几何形饰		3	4		7
环	2	2	2		6
璜		1	1		2
耳珰		1			1
合计（件）	11	116	91	4	222

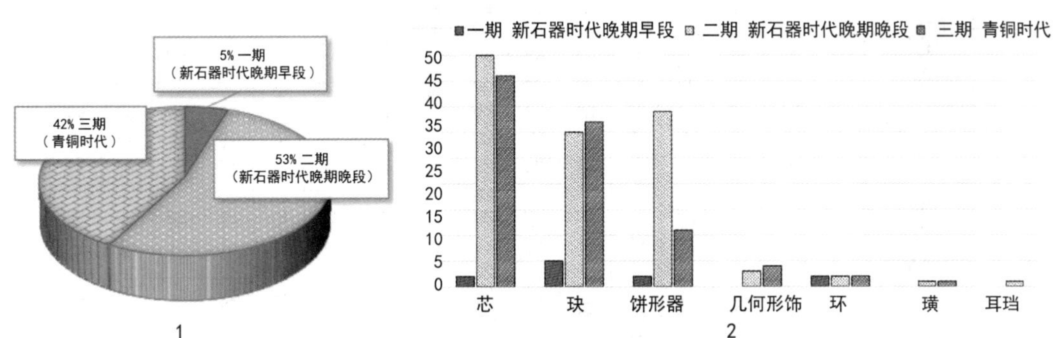

图一 宝镜湾遗址一至三期出土玉石装饰品统计图

1. 不同时期玉石装饰品比例；2. 不同时期玉石装饰品种类柱状图

表二 珠海宝镜湾遗址出土典型玉石器样品一览表

样品编号	文化期	年代	器名	直径（厘米）	肉宽（厘米）	口宽（厘米）	厚（厘米）	重量（克）	描述	材质
H23：l	一期	新石器时代晚期早段	Aa 型玦	7.5	1.3—1.4		0.7	40.0	残断	脉石英
T27③B：105	二期	新石器时代晚期晚段	Aa 型玦	3.9	0.9—1.1	0.25	0.6	11.0	完整	叶蛇纹石
T24③A：20	二期	新石器时代晚期晚段	Ab 型玦	4.0	0.5—1.3		0.8	7.5	残，侧径差别大	玉髓
T15③B：22	二期	新石器时代晚期晚段	Ab 型玦	3.3	0.7—1	0.3—0.4	0.8	9.0	侧面有一周凹槽，伤痕一处	叶蛇纹石
T6③B：24	二期	新石器时代晚期晚段	Ab 型玦	4.8	1.1 — 1.4	0.3—0.4	0.6	19.0	斜切玦口，接痕一条	脉石英
T9③B：31	二期	新石器时代晚期晚段	Ab 型玦		1.3		1.4	18.5	残，对钻口有凸茬	脉石英
T24③A：2	二期	新石器时代晚期晚段	B 型玦	(3.4)	1.3—1.99		1.26	19.0	残	玉髓
T11③B：110	二期	新石器时代晚期晚段	Ab 型玦	(3.3)	1.2— 1.7		0.9	18.0	残断	脉石英
T17③A：7	二期	新石器时代晚期晚段	A 型玦		0.8				残	玉髓
T2③A：7	二期	新石器时代晚期晚段	A 型玦	(3.4)	1.1 — 1.2		0.7	16.0	残	玉髓
T16③B：42	二期	新石器时代晚期晚段	A 型玦	(7.5)	2.2		1.35	35.5	残	脉石英
T19③B：17	二期	新石器时代晚期晚段	A 型玦		1.9		0.8	12.0	残	脉石英
T17③B：025	二期	新石器时代晚期晚段	A 型玦		2.1		1.1	24.5	残	脉石英
T15③A：6	二期	新石器时代晚期晚段	A 型玦		0.9		0.8	6.0	残	脉石英
T11③B：213	二期	新石器时代晚期晚段	A 型玦		1.0		0.7	4.5	残	石英岩
T17③A：33	二期	新石器时代晚期晚段	A 型玦		1.3		0.85	6.5	残	脉石英

（续表）

样品编号	文化期	年代	器名	直径（厘米）	肉宽（厘米）	口宽（厘米）	厚（厘米）	重量（克）	描述	材质
T12②：17	三期	青铜时代	Ab 型玦	5.0	1.0		0.9	8.0	残，一端钻有一小圆孔，外缘圆滑凹槽一周	白云母
H25：1	三期	青铜时代	Aa 型玦	3.4	0.9—1.1	0.2—0.4	0.6	10.0	完整	脉石英
H11：1	三期	青铜时代	Aa 型玦	3.9	1.15—1.5	0.4	1.2	25.0	单面钻孔，完整	脉石英
T6②：18	三期	青铜时代	Ab 型玦		1.8		1.0	14.5	残，内缘旋纹明显	脉石英
T14②：1	三期	青铜时代	Ab 型玦	(3.5)	1—1.2		0.9	18.0	残，玦口锯切面平	玛瑙
T6①：21	三期	青铜时代	A 型玦	(4.5)	1.15		0.7	7.5	残	泥岩
T17②：19	三期	青铜时代	Ab 型玦	(4.6)	1.1—1.5		1.1	32.0	残断	白云母
T12②：44	三期	青铜时代	Ab 型玦	(4.9)	1.1—1.4		0.9	32.0	残，单面钻孔	脉石英
T6①：1	三期	青铜时代	A 型玦		1.6		1.0	10.5	残	玉髓
T12②：14	三期	青铜时代	A 型玦		1.8		1.0	17.0	残	石英岩
T5①：3	三期	青铜时代	A 型玦		1.8		1.0	13.5	残	石英岩
T12②：49	三期	青铜时代	A 型玦		1.0		0.8	4.5	残	脉石英
T13②：10	三期	青铜时代	A 型玦		1.9		0.9	13.5	残	脉石英
T6①：013	三期	青铜时代	A 型玦		1.35		0.9	6.0	残	脉石英
T6②：7	三期	青铜时代	A 型玦	3.9	1.1		0.6	16.0	残断，一端外缘有凹槽	云母角岩
T5①：1	三期	青铜时代	A 型玦		1.5		1.7	15.0	残	水晶
T14②：21	三期	青铜时代	A 型玦	(2.9)	0.7—0.9		0.9	4.0	残断	水晶

（续表）

样品编号	文化期	年代	器名	直径（厘米）	肉宽（厘米）	口宽（厘米）	厚（厘米）	重量（克）	描述	材质
T6②：11	三期	青铜时代	A 型玦	2.9	0.7—1.3	0.4	0.7	7.0	完整	水晶
T15③B：21	二期	新石器时代晚期晚段	A 型玦	(3.6)	1—1.05		0.9	10.5	残	水晶
T11②：30	三期	青铜时代	A 型玦		1.6—1.7		0.7	7.0	残	玉髓
T7①：6	三期	青铜时代	A 型玦		1.2		0.8	8.0	残	脉石英
宝采：145			A 型玦		1.5		1.2	9.0	残	石英岩
T6②：6	三期	青铜时代	B 型玦	3.0	0.7—1	0.4—0.6	0.9	10.0	内芯由锯切产生，接痕一条	脉石英
T13②：12	三期	青铜时代	B 型玦	(4.9)	1.6—1.7		1.3	24.5	残断，两端磨滑	水晶
T20④A：26	一期	新石器时代晚期早段	环	(8.5)	1.0		0.7	7.5	残	石英岩
T18④A：37	一期	新石器时代晚期早段	环	(11.5)	1.3		1.4	38.0	残	脉石英
T17③A：49	二期	新石器时代晚期晚段	环	(9.5)	1.4		1.0	24.0	残	石英岩
T10①：1	三期	青铜时代	环	(10.5)	1.5		1.5	66.5	残	玛瑙
T3②：5	三期	青铜时代	环	(8.0)	1.7		1.7	21.0	残	石英岩
T5②：16	三期	青铜时代	璜		0.8—0.9		1.6	30.0	残断，一端外缘有凹槽	水晶
宝采：148			A 型芯	0.9, 1.3			1.15		单面钻孔，侧面弦纹明显，两面平整光滑，较大一面边缘有断茬经修整	脉石英
T5②：18	三期	新石器时代晚期晚段	A 型芯	2.35, 2.65			0.8		单面钻孔，侧面弦纹明显，两面平整光滑，较大一面边缘有断茬疤痕	脉石英
T12②：67	三期	新石器时代晚期晚段	B 型芯	4.0			1.65		两面钻孔，错开 2 毫米，一面深，一面浅，侧面弦纹明显，两面平整光滑	脉石英

（续表）

样品编号	文化期	年代	器名	直径（厘米）	肉宽（厘米）	口宽（厘米）	厚（厘米）	重量（克）	描述	材质
T9③B：19	二期	新石器时代晚期晚段	A 型芯	1.5，1.7			1.0		单面钻孔，侧面弦纹明显，两面平整光滑，较大一面边缘有断茬疤痕	玉髓
T5②：7	三期	青铜时代	A 型芯	2.05，2.5			0.95		单面钻孔，侧面弦纹明显，两面平整光滑，较大一面边缘有断茬疤痕	玉髓
T3②：1	三期	青铜时代	A 型芯	2.9，3.1			1.3		单面钻孔，侧面旋纹明显，较小一面平整光滑，较大一面不平	脉石英
T4②：7	三期	青铜时代	A 型芯	3，3.5			1.3		单面钻孔，侧面弦纹明显，两面平整光滑，较大一面边缘有断茬疤痕	脉石英
T4①：2	三期	青铜时代	A 型芯	2.7，3.1			0.8		单面钻孔，侧面弦纹明显，两面平整光滑，较大一面边缘有断茬疤痕	脉石英
T12②：19	三期	青铜时代	A 型芯	2.8，3.05			1.0		单面钻孔，侧面弦纹明显，两面平整光滑，较大一面边缘有断茬疤痕	脉石英
99ZHS採：20			A 型芯						完整	脉石英
T7①：1	三期	青铜时代	A 型芯	3.7，4			1.1		单面钻孔，侧面弦纹明显，两面平整光滑，较大一面边缘有断茬疤痕	石英岩

（续表）

样品编号	文化期	年代	器名	直径（厘米）	肉宽（厘米）	口宽（厘米）	厚（厘米）	重量（克）	描述	材质
T5②：9	三期	青铜时代	A 型石芯	4.7, 4.9			1.2		单面钻孔，侧面旋纹明显，两面光滑，中部厚，周围薄，残	脉石英
T6②：10	三期	青铜时代	B 型饼形器		0.8—0.9		1.6	30	残断，一端外缘有凹槽	水晶
T19③ B：76	二期	新石器时代晚期晚段	B 型饼形器	6.5—6.7			2.0		近圆形，两面磨制平整，边缘经琢、打	脉石英
T14③B：42	二期	新石器时代晚期晚段	C 型饼形器	3.4，1.65			1.4、0.2		残，半圆状残品，周边经打、琢，中部两面经砥磨近于相通，两面砥磨面大小、深度相仿	水晶
T13②：15	三期	青铜时代	C 型饼形器	5.9			0.7–1.6		周边经琢、打，两面中部经砥磨呈凹状，大小及深度相仿，该砥磨面较小，深度也不是很大。残	石英岩
T19③B：11	二期	新石器时代晚期晚段	圆形饰物	6.0			0.6		器身磨制。扁薄圆形，中间有一对凿穿孔，外边沿有一小缺，似因系绳所致	页岩
T13②：19	三期	青铜时代	圆形饰物	3.5			1.1		磨制而成。近圆形。上端有一穿孔，孔呈椭圆形，孔壁内弧，无钻痕，似天然孔	富铁岩石
T4②：8	三期	青铜时代	半圆形饰物						白色、浅碧色相间的玛瑙质。整器磨光。呈半圆形，近直的一边较厚，且有一横向凹槽	玛瑙

（续表）

样品编号	文化期	年代	器名	尺寸	重量（克）	描述	材质
T5②：8	三期	青铜时代	长方形饰物	长3.4厘米，宽2.4厘米，槽宽0.4厘米，厚0.5厘米		整器磨制而成，表面光滑。圆角长方形，纵剖面呈弧形。正面近中部有一纵向小磨槽，槽顶端钻一小孔	含白云母黑色页岩
T9②：3	三期	青铜时代	梯形饰物	长4.4厘米，顶宽3.0厘米，底宽3.5厘米，槽宽0.15厘米，厚0.7厘米		整器磨制。体呈圆角微弧边的梯形，扁薄，绕中轴线一周刻有小沟槽，作系绳之用	含白云母粉砂岩
T1③A：22	二期	新石器时代晚期晚段	耳珰	3.1、2.4厘米，腰部直径2.2厘米，厚1.6厘米		整器磨光，局部磕损。一面大，一面小，两面中间有一穿孔，腰部为一周凹槽	叶蛇纹石
T18③B：8	二期	新石器时代晚期晚段	A型石刀	长5.3厘米，顶宽2.4厘米，刃宽2.65厘米，最厚处0.5厘米		通体磨光，顶部和刃部略弧，上部中央对钻一孔，顶部磕损	石英片岩
T9③B：15	二期	新石器时代晚期晚段	石镞	残长4.8厘米，宽1.9厘米，厚0.3厘米		锋略残，刃锐利，叶、铤分界明显，叶横断面为菱形，铤横断面扁平	变质粉砂岩
T18③B：44	二期	新石器时代晚期晚段	环砥石	最大磨面直径4.2厘米，整体10.9厘米×6.3厘米×3.4厘米，乳突长3.3厘米，乳突宽2.7厘米		在不规则器身一端侧有较长乳突伸出，乳状突及周围磨痕明显，做过砺石	石英砂岩
T1①：35	三期	青铜时代	环砥石	最大磨面直径4.0厘米，整体6.0厘米×5.9厘米×3.7厘米，乳突长0.8厘米，乳突宽1.6厘米		扁圆状的器身一端伸出平缓乳突，乳突周围有较多圈不等径磨痕，器身经修整，略残	花岗岩
T2①：2	三期	青铜时代	石坯				脉石英

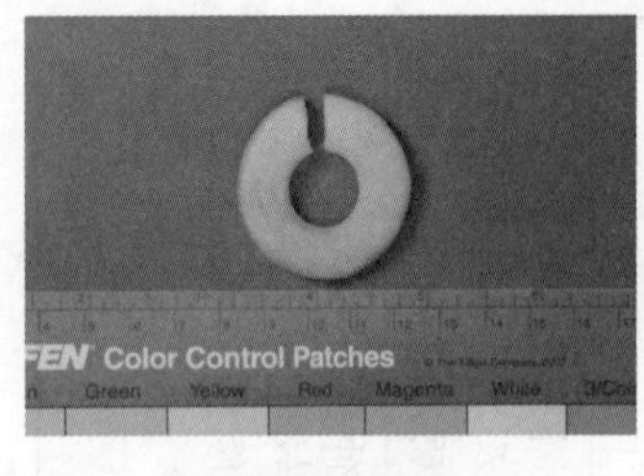

1 Aa 型玦 H11：1

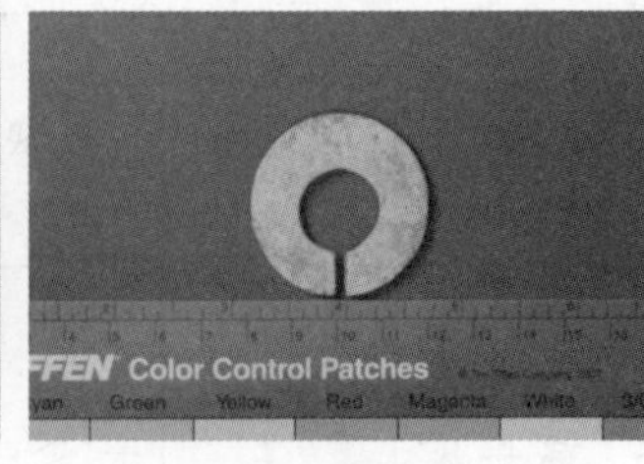

2 Aa 型玦 T27③B：105

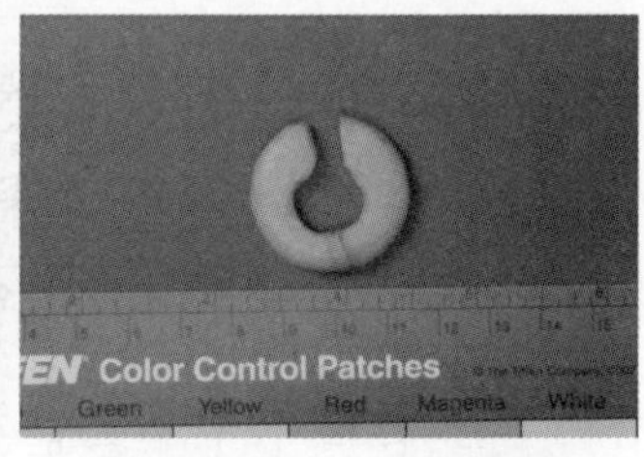

3 Aa 型玦 T6②：6

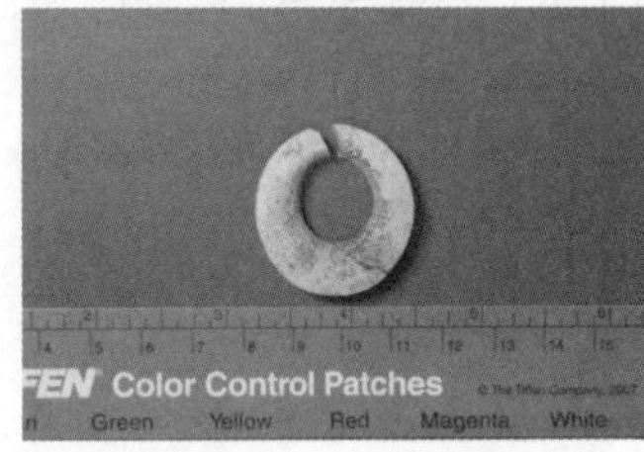

4 Ab 型玦 T15③B：22

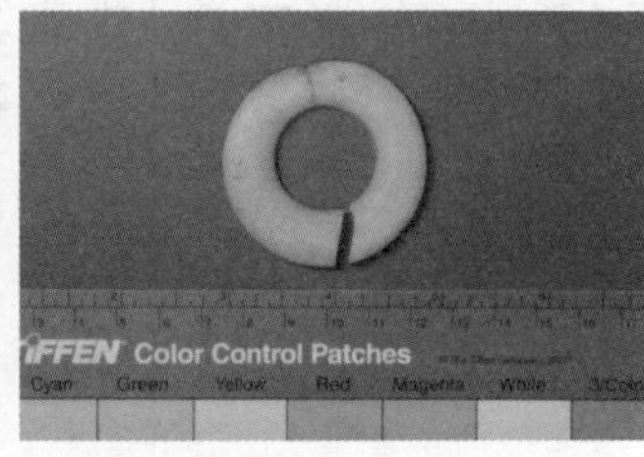

5 Ab 型玦 T6③B：24

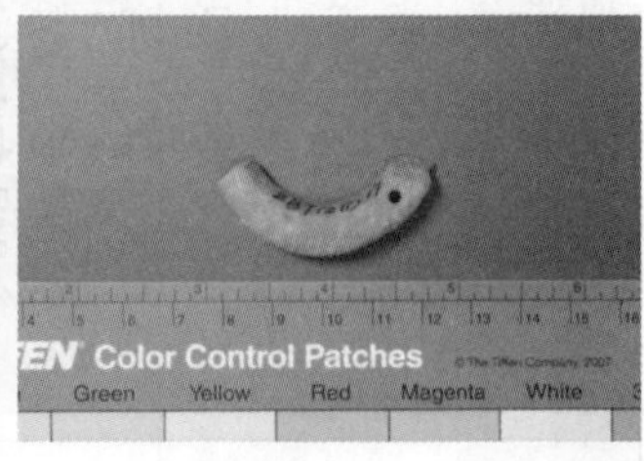

6 Ab 型玦 T12②：17

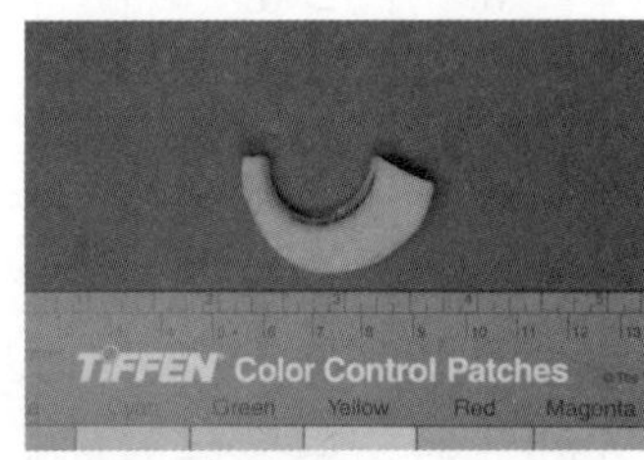

7 Ab 型玦 T24③A：20

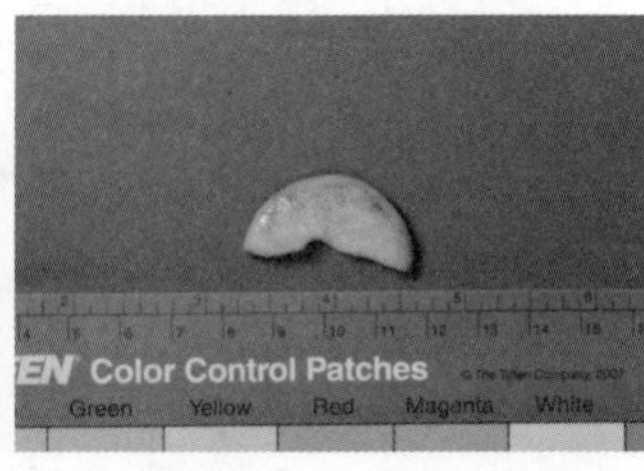

8 Ab 型玦 T11 ③B：110

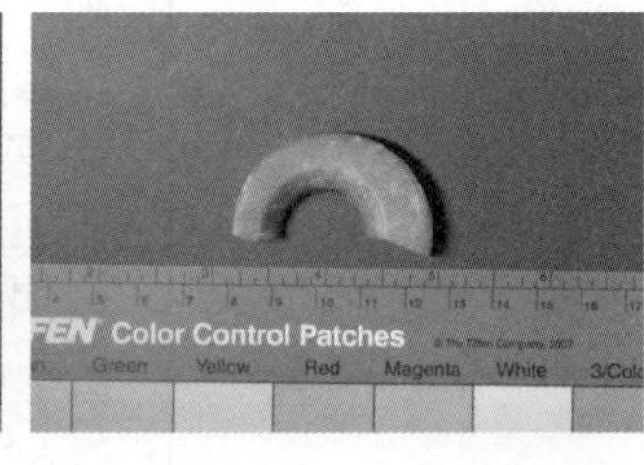

9 Ab 型玦 T17②：19

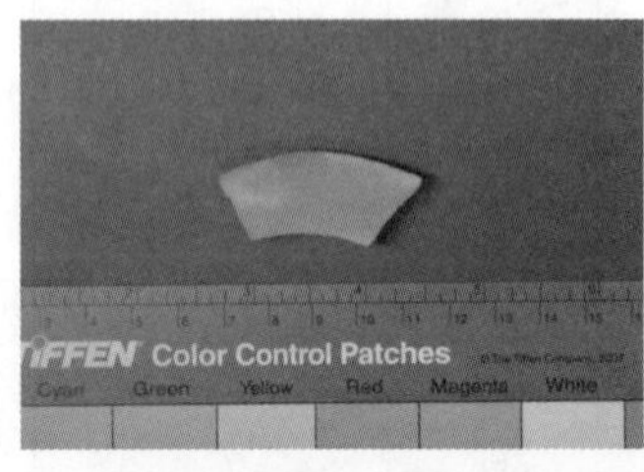

10 Ab 型玦 T6②：18

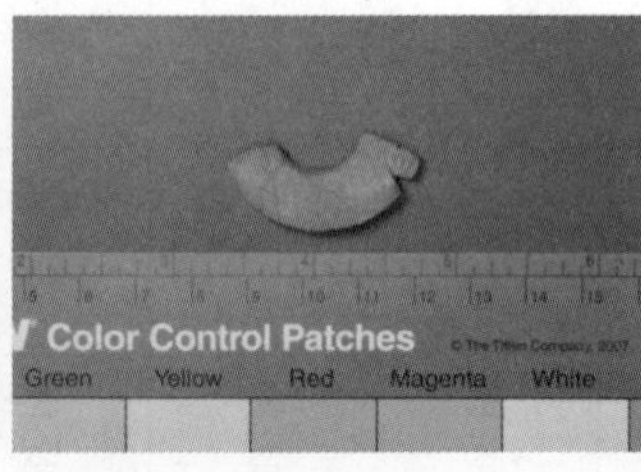

11 A 型玦 T6 ②：7

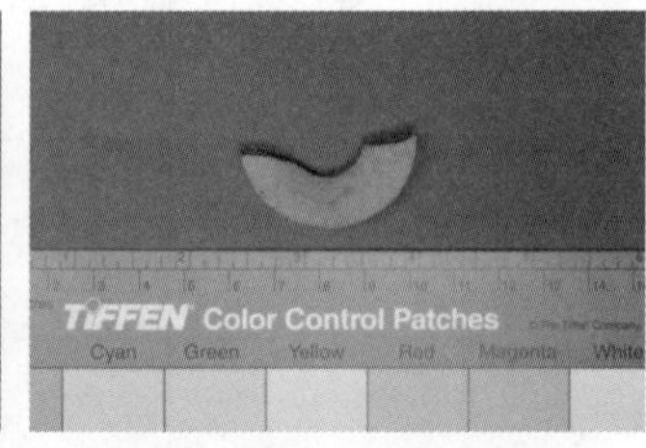

12 A 型玦 T6①：21

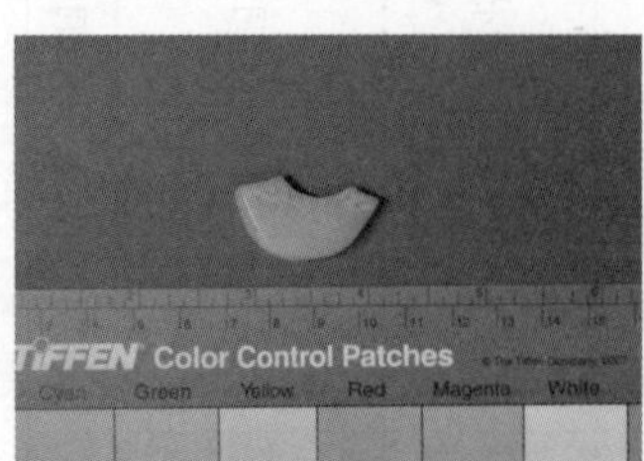

13 A 型玦 T2③A：7

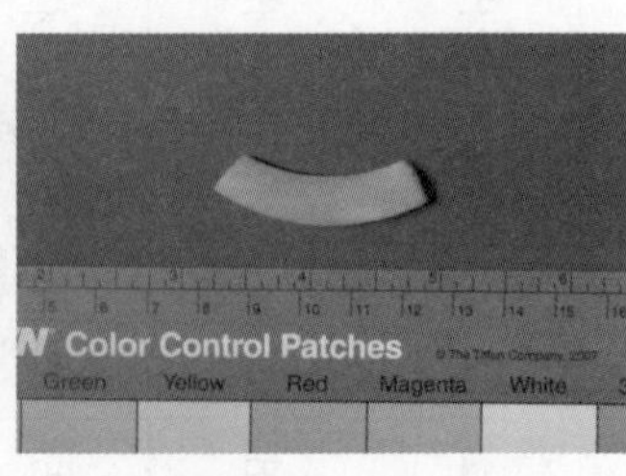

14 A 型石玦 T15③A：6

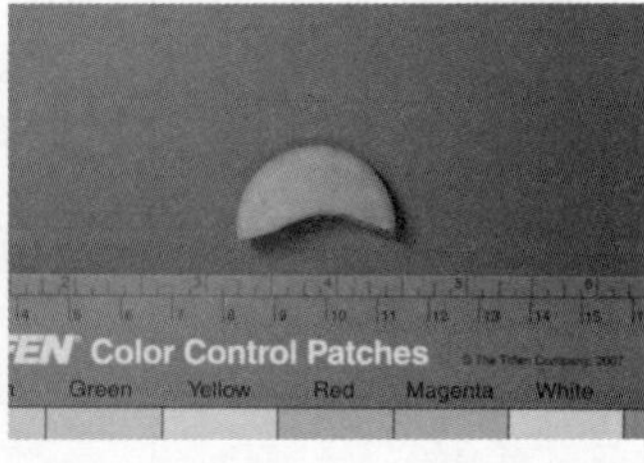

15 B 型玦 T24③ A：2

图二 宝镜湾遗址出土典型玉石玦

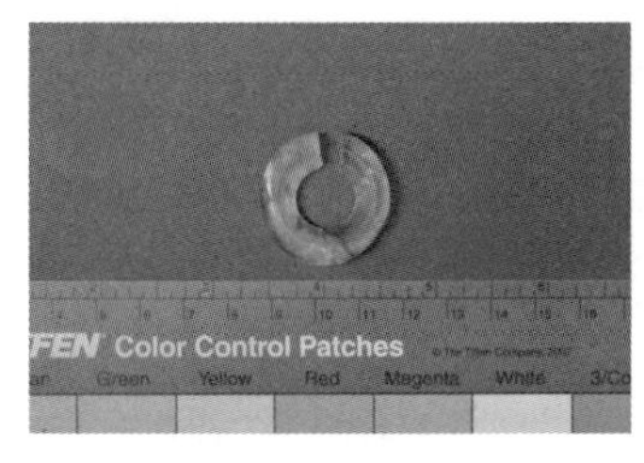

1 A型水晶采 T6②：11

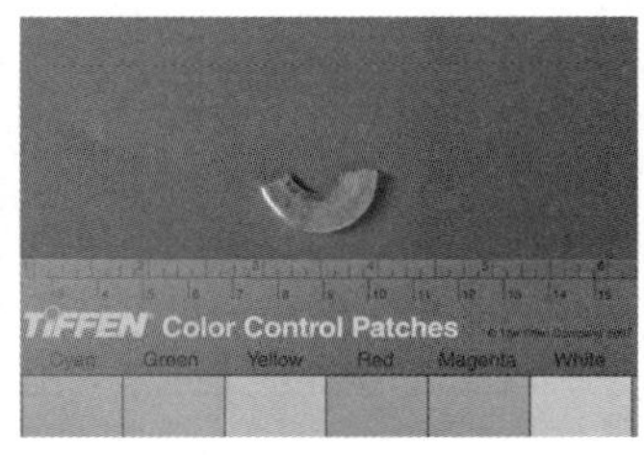

2 A型水晶玦 T14②：21

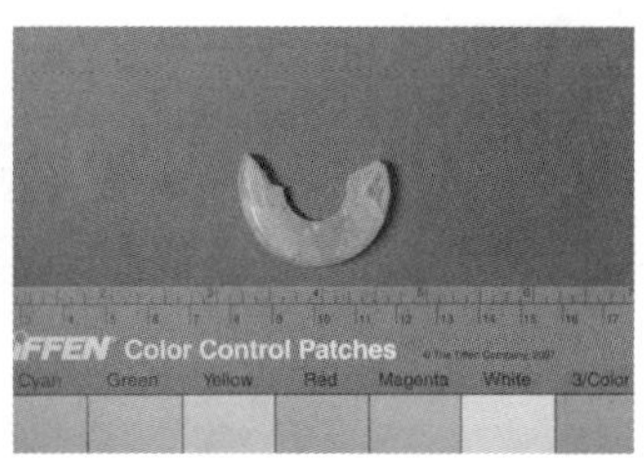

3 A型水晶玦 15③A：21

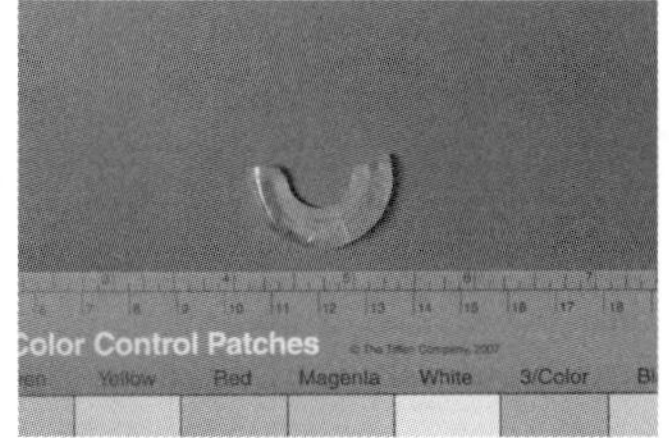

4 A型水晶玦 T11③A：31

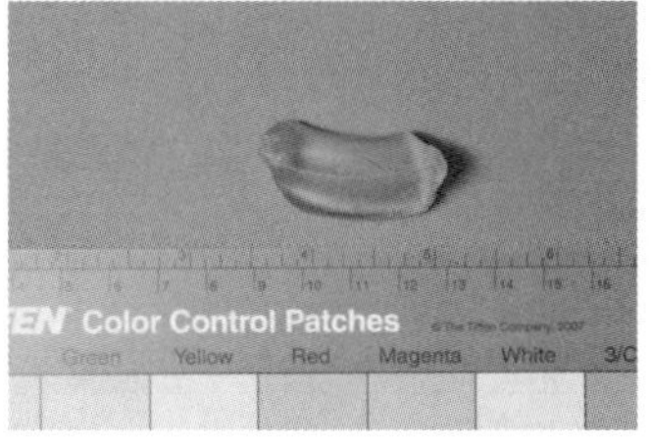

5 A型水晶玦 T5①：1

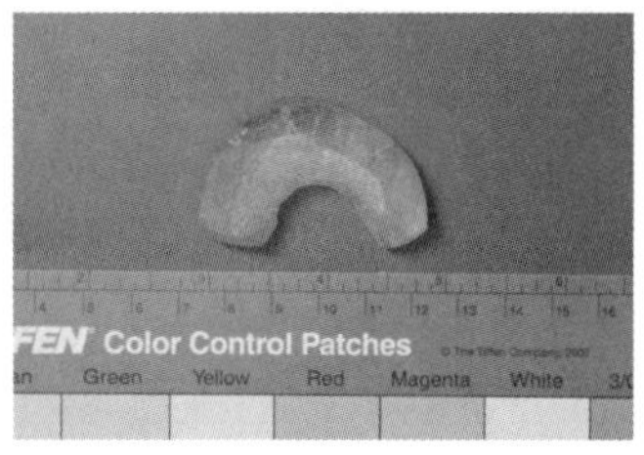

6 B型水晶玦 T13②：12

图三 宝镜湾遗址出土典型水晶玦

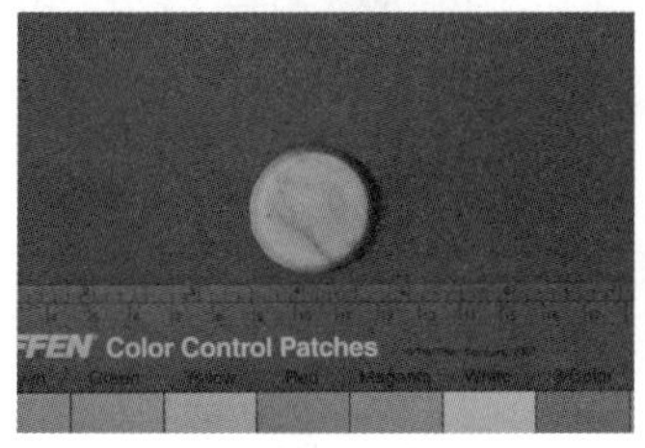

1 A型芯 T4①：2.

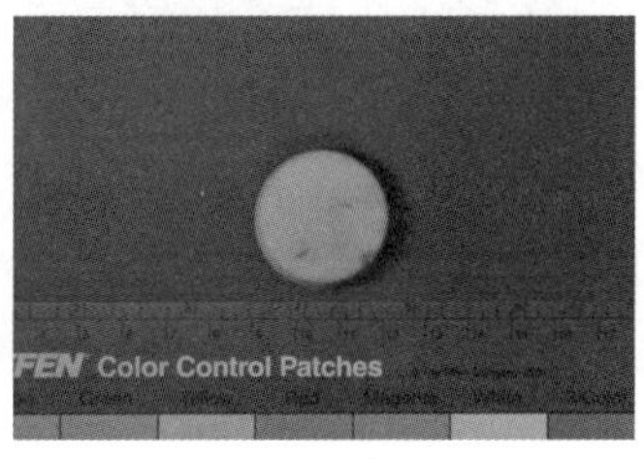

2 A型芯 T3②：1

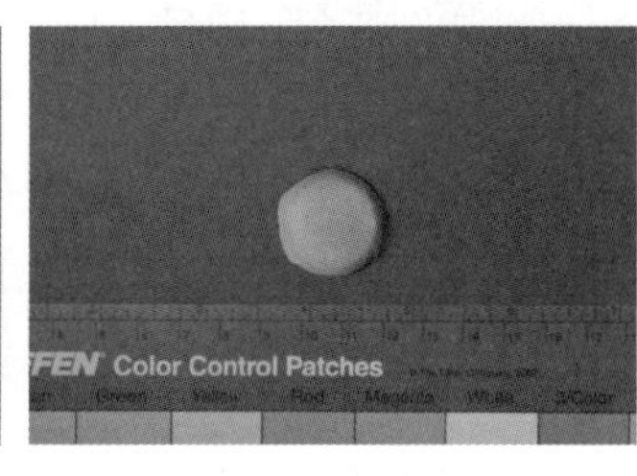

3 A型芯 T5②：7

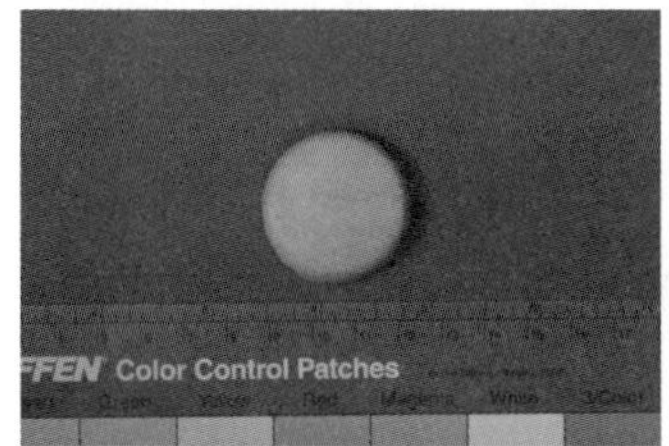

4 A型芯 T4②：7

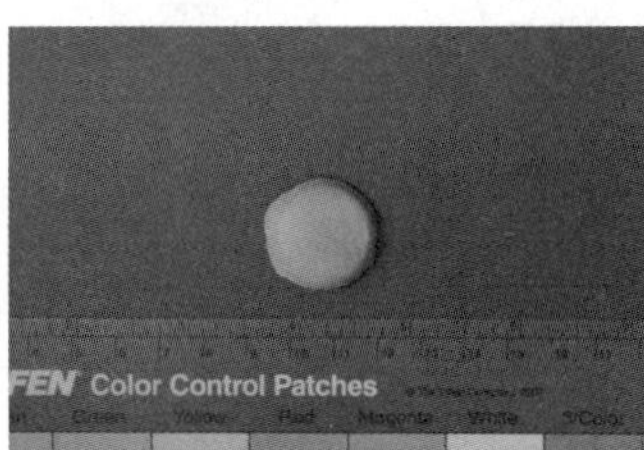

5 A型芯 T9③B：19

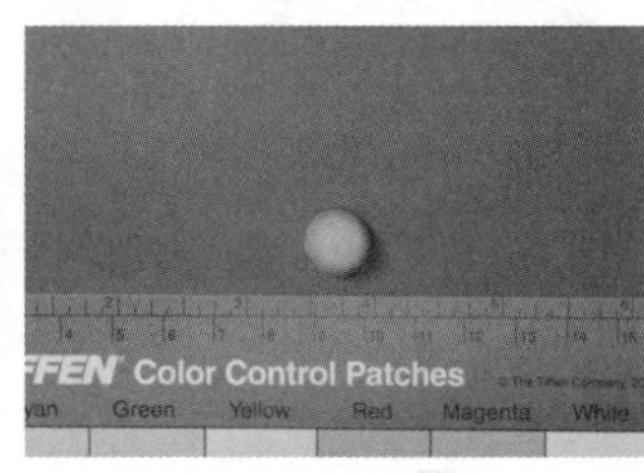

6 A型芯 宝采：148

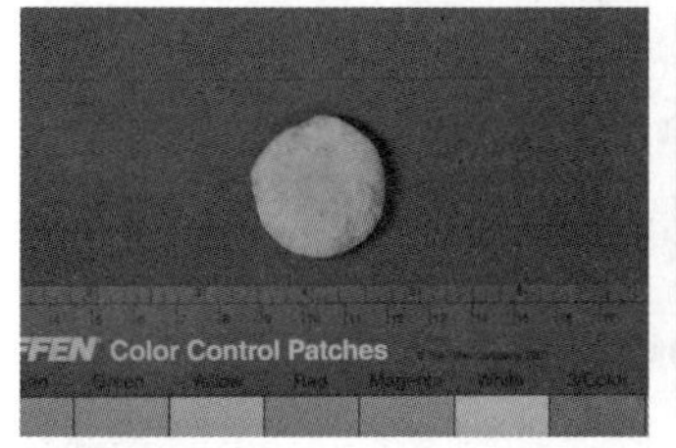

7 A型芯 T12②：19

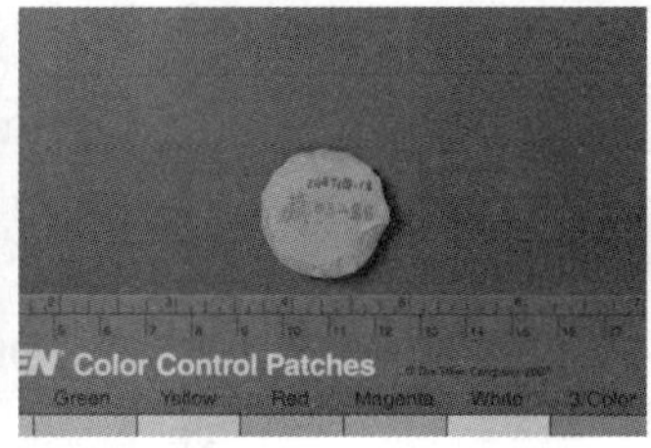

8 A型芯 T5②：18

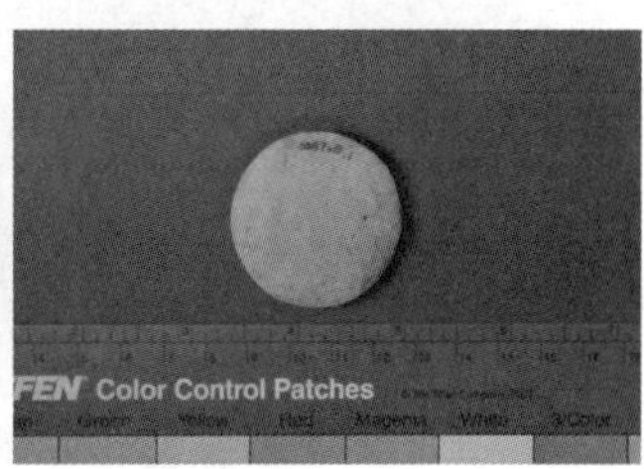

9 A型芯 T7①：1

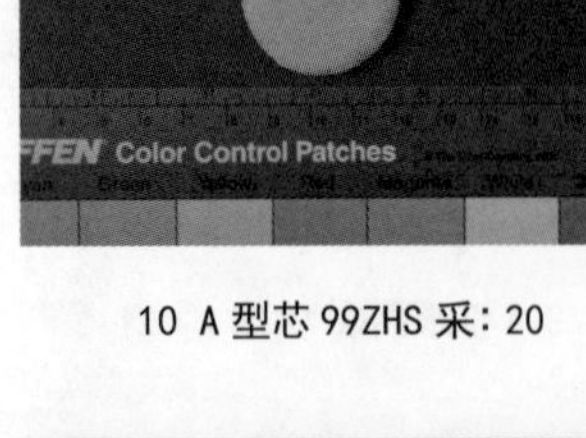

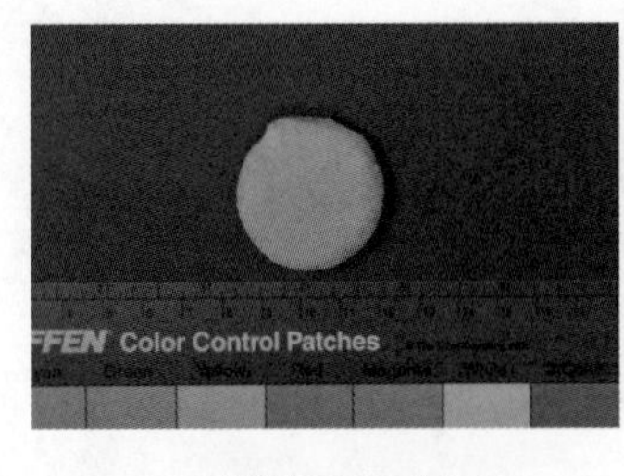

10 A型芯 99ZHS采：20

11 B型芯 T12②：67

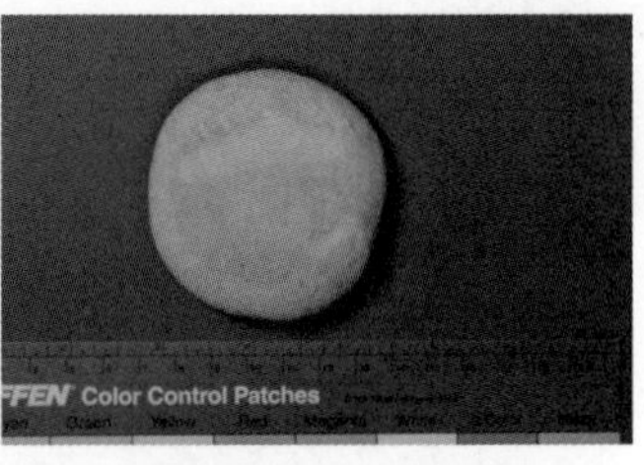

12 B型饼形器 T19③B：76

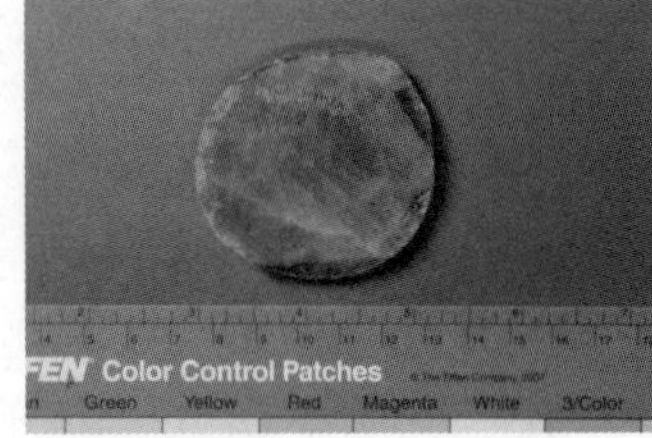

13 B型水晶饼形器 T6②：10）

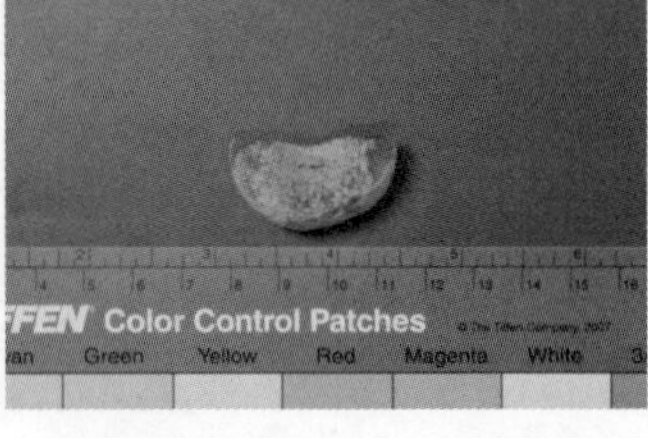

14 C型水晶饼形器 T14③B：42

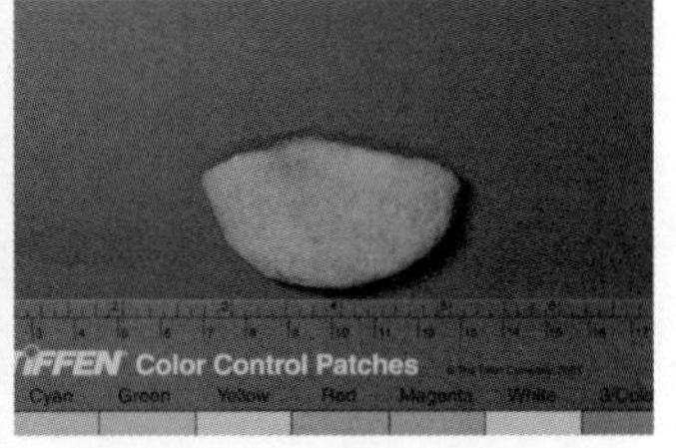

15 C型饼形 T13②：15

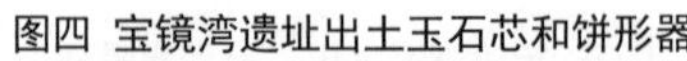

图四 宝镜湾遗址出土玉石芯和饼形器

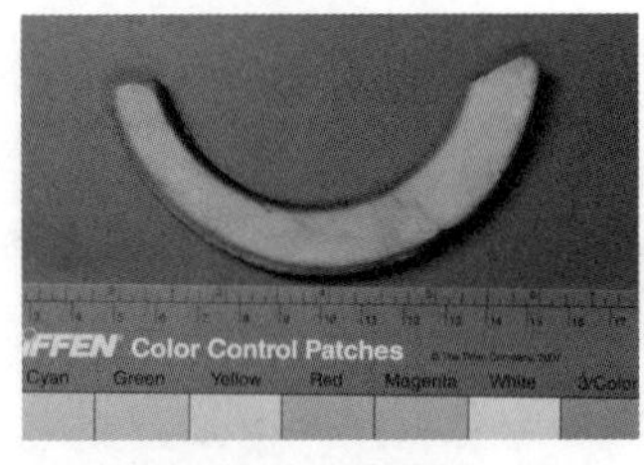

1 环 T10①：1

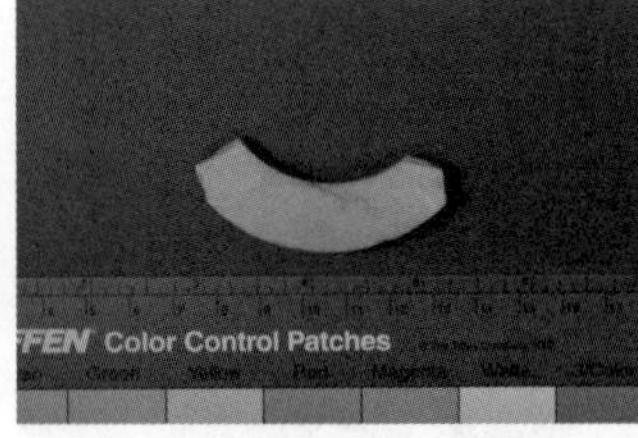

2 环 T3②：5

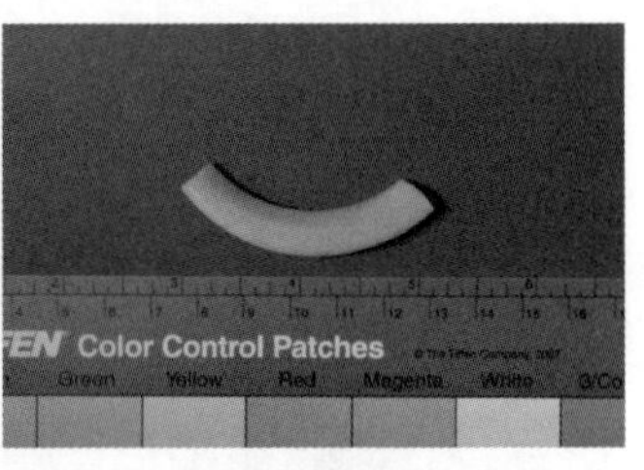

3 环 T20④：26

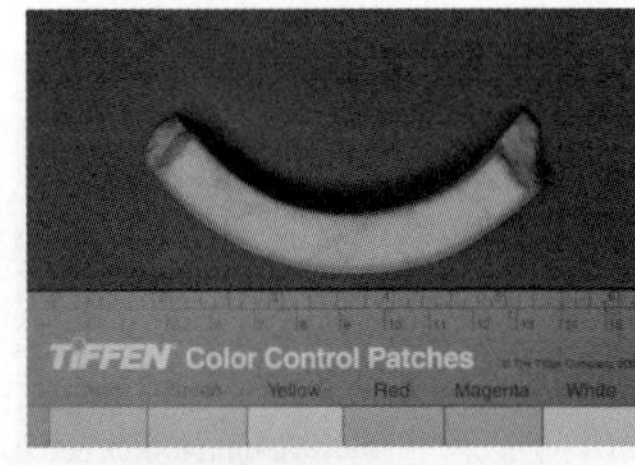

4 环 T18④A：37

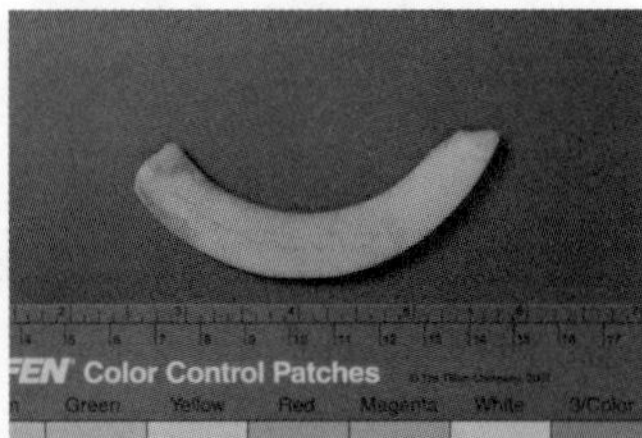

5 环 T17③A：49

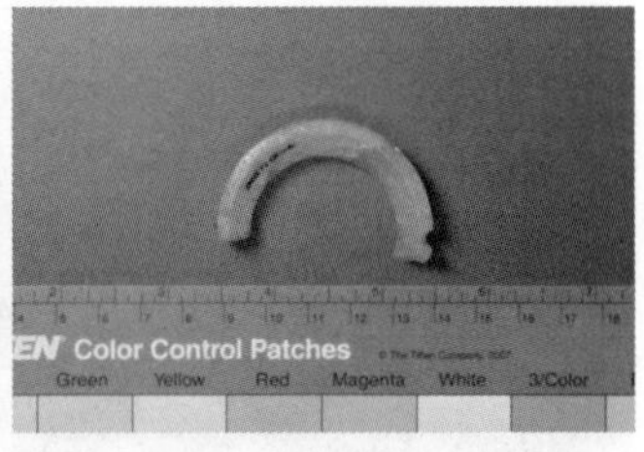

6 水晶璜 T5②：16

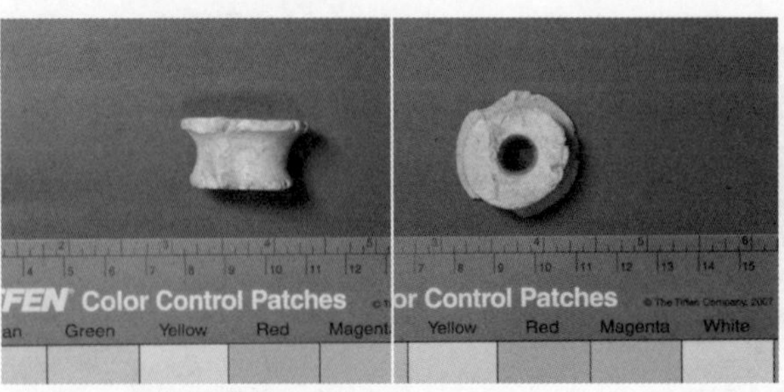

7 耳珰 T1③A：22

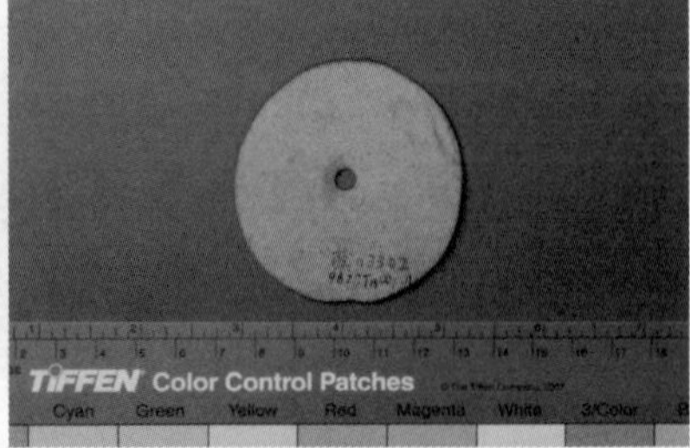

8 圆形饰物 T19③B：11

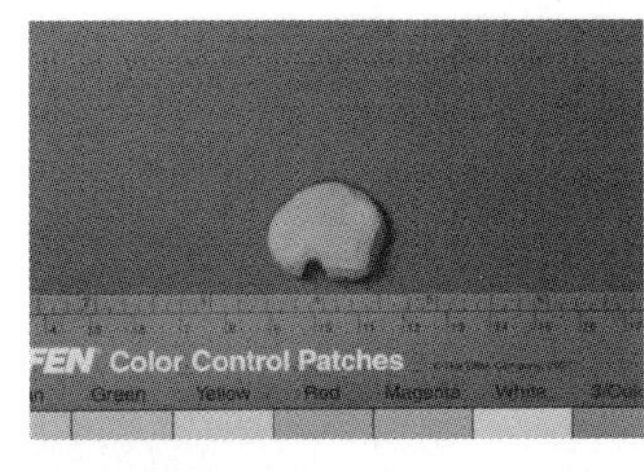

9 半圆形饰物 T4②：8

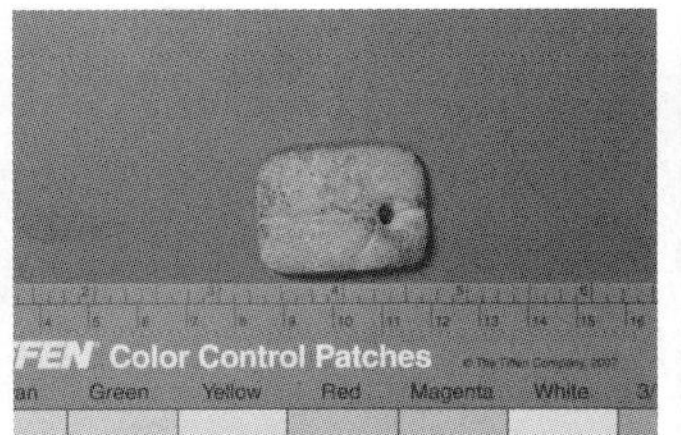

10 长方形饰物 T5②：8

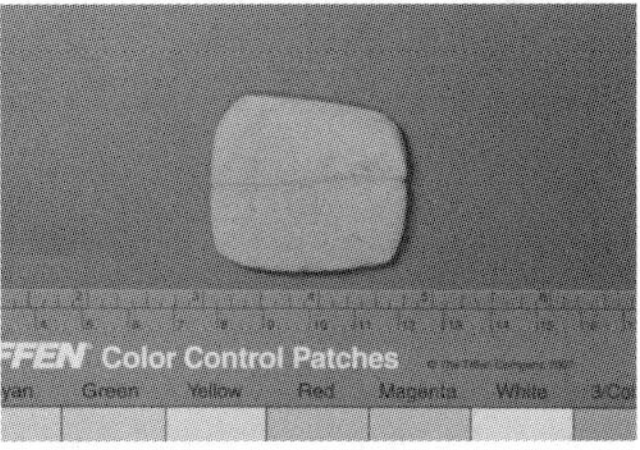

11 梯形饰物 T9②：3

图五 宝镜湾遗址出土玉石环、璜、耳珰及几何形饰

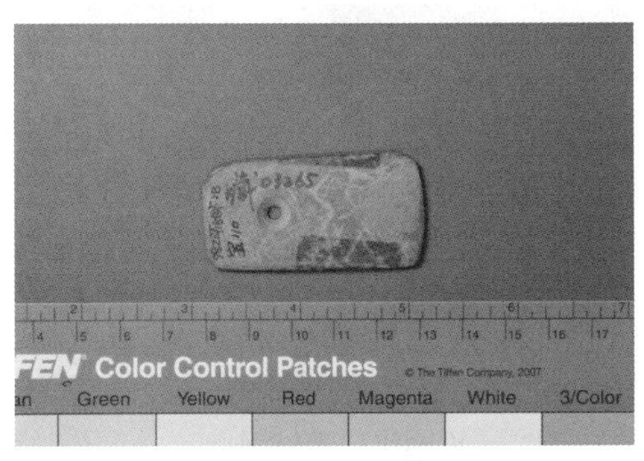

1 A型石刀 T18③B：8

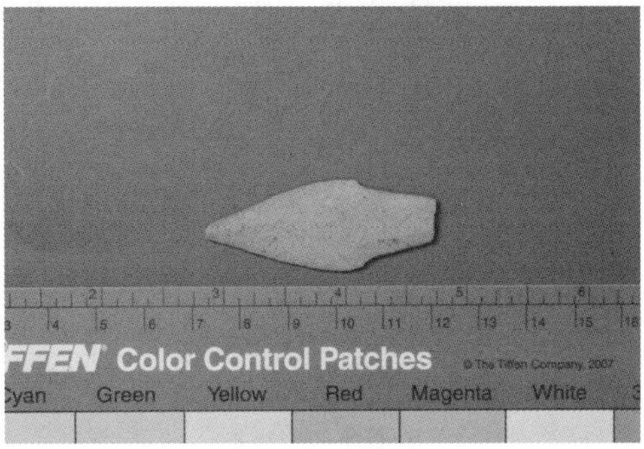

2 石镞 T9③B：15

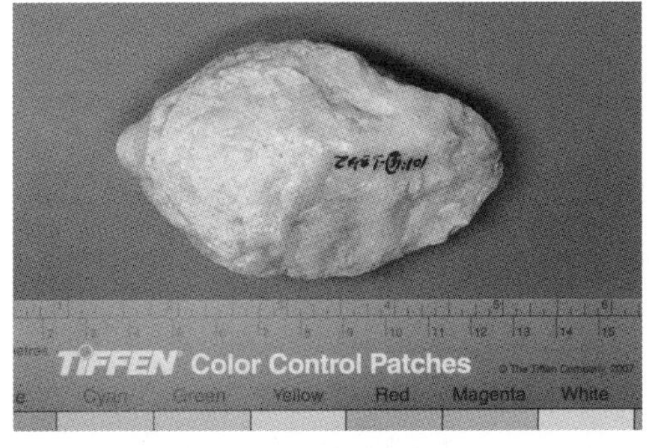

3 环砥石 T1③B：101a

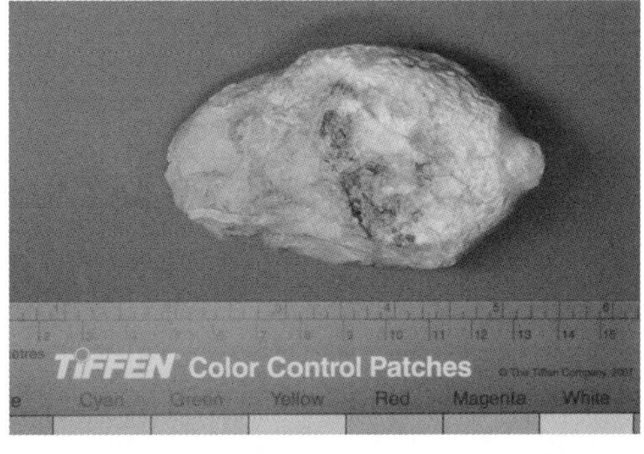

4 环砥石 T1③B：101b

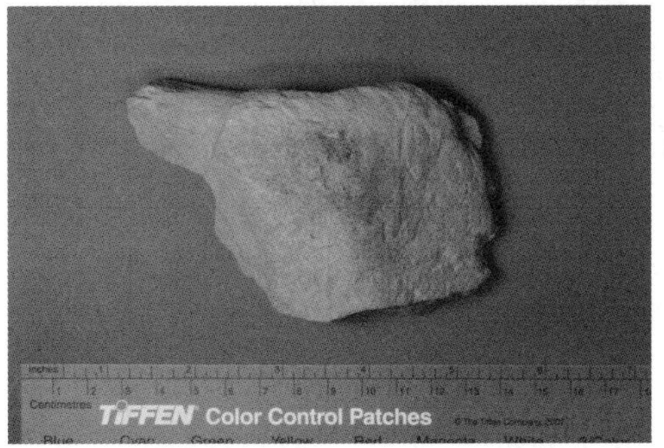

5 环砥石 T18③B：44a

6 环砥石 T1：①35

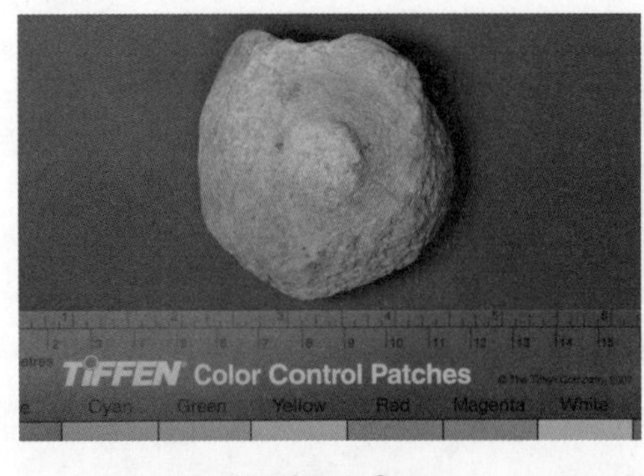

7 环砥石 T1 ①：35

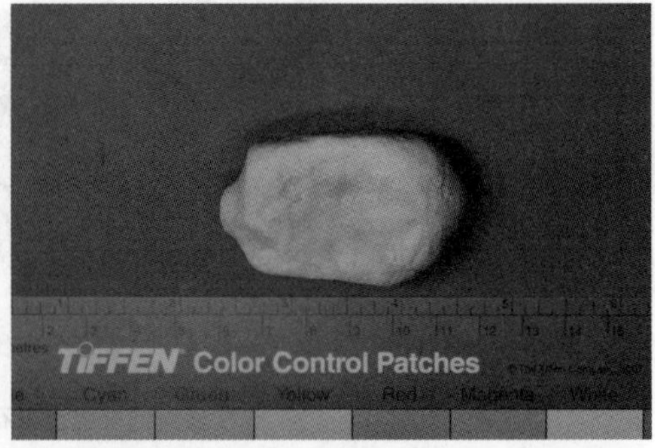

8 环砥石 99ZHS 采

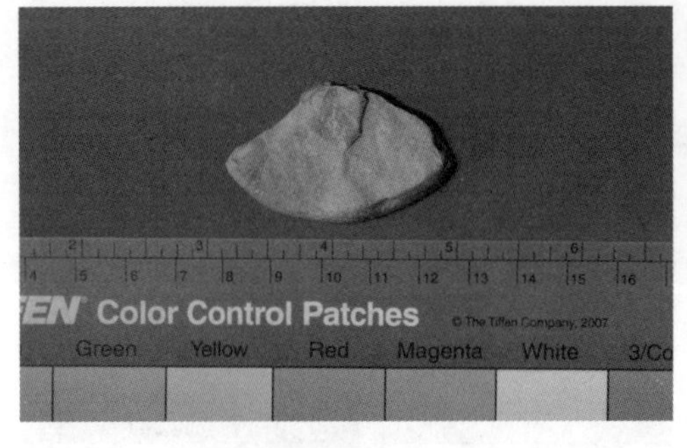

9 石坯 T2 ①：2

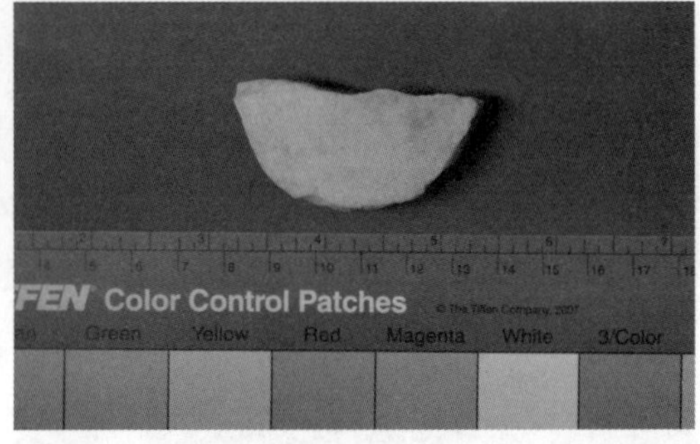

10 石坯 T1 ③ A：24

图六 宝镜湾遗址出土石质工具和石坯

三、实验方法

（一）便携式能量色散型 X 射线荧光光谱分析技术（pXRF）

本实验采用的是中国科学院上海光学精密机械研究所科技考古中心的 OURSTEX 100FA 便携式能量色散型 X 射线荧光光谱仪。本台谱仪的靶材为钯元素（Pd），X 射线管的激发电压为 40 kV 或 15kV，电流为 0.5 mA 或 1.0mA，最大功率为 50 W，X 射线焦斑直径约为 2.5 毫米。谱仪主要由四个部分组成，分别是测量部、X 射线源高压单元、样品腔和数据处理单元（PC）。X 射线高压单元主要是用来产生 X 射线源所需的高压，数据处理单元主要包括控制仪器运转的控制软件及进行定性、定量分析软件。使用的 X 射线荧光探测器为专门针对于轻元素探测的 SDD 探测器，能谱分辨率为 145 eV。为了减少大气对于轻元素特征谱线的吸收，本台谱仪配备了真空泵，最低气压为 400—600 Pa。[1]

（二）激光拉曼光谱技术（LRS）

拉曼光谱分析采用法国 Horiba 公司生产的可移动式 LabRAMXploRA 型共

1 董俊卿，顾冬红，苏伯民等：《湖北熊家冢墓地出土玉器的pXRF无损分析》，《敦煌研究》2013年第 1期。

焦激光显微拉曼光谱仪，具有高稳定性研究级显微镜，物镜包括 5×、10×、100× 和 LWD50×。内置 532nm 高稳定固体激光器（额定功率：25mW）、785nm（额定功率：90mW）高稳定固体激光器。采用针孔共焦技术，与 100× 物镜配合，空间分辨率横向好于 1μm，纵向好于 2μm。光谱仪拉曼频移范围：532nm 激发时为 70—8000 cm^{-1}，785nm 激发时为 150—3100 cm^{-1}；光谱分辨率 ≤ 2 cm^{-1}，每次测定样品前均采用单晶 Si 标样分别对激光拉曼光谱进行校正。[1] 本实验主要采用 532nm 激发波长进行测试。

四、分析结果与讨论

采用 pXRF 对 75 件珠海宝镜湾遗址出土典型玉石器进行了主量元素无损分析，半定量分析结果如表三所示。根据表三分析结果，选取 30 件不同主要化学成分含量的样品进行拉曼光谱无损分析，主要拉曼峰和主要物相分析结果见表四。综合化学成分和物相分析结果，可将这批宝镜湾遗址出土玉石分为石英、蛇纹石、白云母和岩石等几类，可能的原料种类列于表二。

（一）石英类玉石器

由表三可知，有 59件玉石器的主要化学成分为 SiO_2，其中 57件样品的 SiO_2 含量都在 90%以上，分布范围为90.38%—95.60%，次要化学成分为 Al_2O_3，含量分布范围为2.62%—7.50%，Na_2O含量均低于 1.5%，其他氧化物如 Fe_2O_3、K_2O 和 MgO等均低于 1%。有 4件样品（Ab型石玦 T6②：18和 T11③ B：110、石坯 T2①：2及 C型饼形器 T13②：15）的 SiO_2略低于 90%，分布范围为 82.19%—89.91%，Al_2O_3含量也相对较高，分布范围为 7.43%—12.27%。另外，还有 1 件 A型玦 T17③ B：025样品的 SiO_2含量更低，仅 76.90%，并含有较高的 Al_2O_3（15.61%）和 Fe_2O_3（2.48%）。经拉曼光谱分析，这类样品的主要物相为 α-石英，典型拉曼图谱见图七。这些石英类样品中均未检测出 501cm^{-1} 附近的斜硅石的特征峰，不过个别样品在 510cm^{-1} 附近有一个非常弱的拉曼振动峰（表四）。这些玉石器的原料主要为水晶、玛瑙、玉髓、脉石英和石英岩等。鲁智云等[2] 分析发现，“北红玛瑙”中普遍含有斜硅石，而南方玛瑙中的斜硅石含量极少，

1　董俊卿，李青会，刘松，刘珺：《合浦汉墓出土绿柱石宝石珠饰的科学分析》，《文物保护与考古科学》2019 年第 31 卷第 4 期。

2　鲁智云，何雪梅，郭庆丰：《北红玛瑙的颜色成因及光谱学特征研究》，《光谱学与光谱分析》2020 年第 40 卷第 8 期。

由此珠海宝镜湾石英类玉石器应该属于南方的石英类原料。

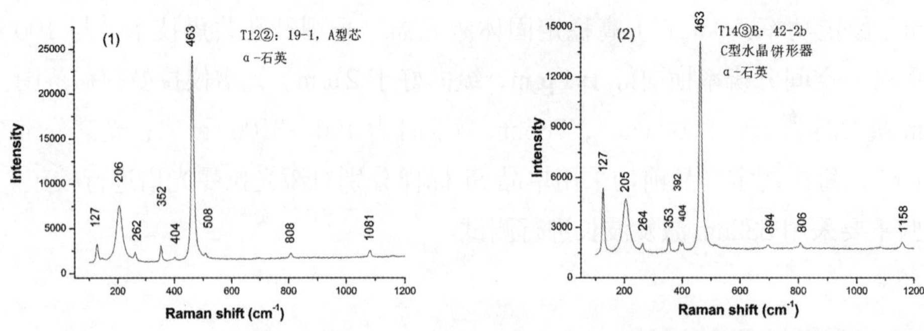

图七 石英类玉石器典型拉曼图谱

（二）蛇纹石类玉石器

Aa 型石玦 T27 ③ B：105、Ab 型玦 T15 ③ B：22 和耳珰 T1 ③ A：22 样品的主要化学成分为 MgO 和 SiO_2，含量分布范围分别为 43.85%—51.55% 和 42.20%—45.67%，这与蛇纹石 {serpentine，$Mg_6[Si_4O_{10}](OH)_8$} 的主要化学成分理论值（MgO 43.36%、SiO_2 34.90%、H_2O 13.01%）比较接近。此外，这 3 件样品中还含有少量的 Al_2O_3（2.15%—6.57%）和 Fe_2O_3（1.88%—2.05%）。经拉曼光谱分析，这 3 件样品的的主要物相均为叶蛇纹石（antigorite）亚种，主要拉曼峰见表四，典型拉曼图谱见图八。

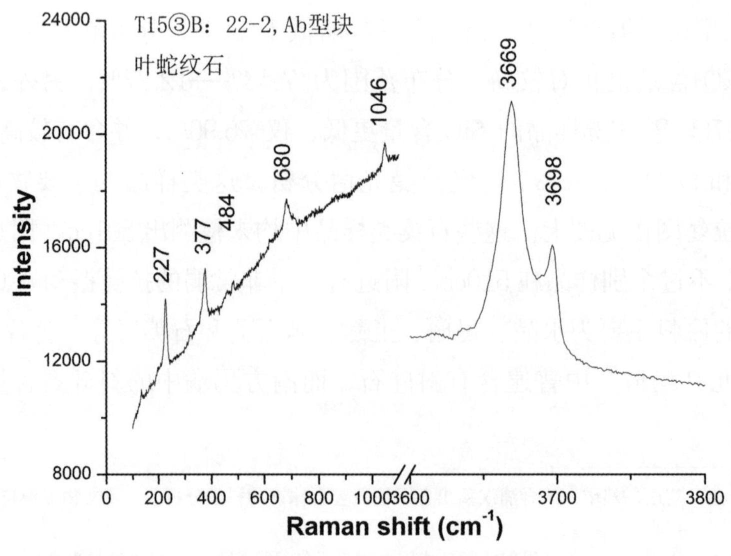

图八 叶蛇纹石玉石器典型拉曼图谱

（三）云母类玉石器

Ab 型石玦T17 ②:19 和T12 ②:17、长方形饰物T5 ②:8 样品的主要化学成分为SiO_2、Al_2O_3 和K_2O，含量分布范围分别为46.24%—47.79%、32.40%—35.39% 和12.33%—13.05%，这与白云母[muscovite，$KAl_2(Si_3Al)O_{10}(OH)_2$] 理论化学成分值（$SiO_2$ 45.25%、$Al_2O_3$38.41%、K_2O 11.82%、H_2O 4.52%）比较接近。样品T17 ②:19 和T12 ②:17 经拉曼光谱分析显示，其主要物相均为白云母（表四），典型图谱见图九。而长方形饰物样品T5 ②:8 未进行拉曼光谱分析，该样品颜色较深，为不透明灰黑色，含有较高的Fe_2O_3（约4%），明显高于2 件块样品（约2%），参考发掘报告鉴定结果，该样品归为含白云母黑色页岩。

（四）其他类型玉石器

有7 件样品如A 型玦T6 ①:21 和T6 ②:7、石镞T9 ③B :15、圆形饰物T19 ③B :11、梯形饰物T9 ②:3、环砥石T1 ①:35 及A 型石刀T18 ③B :8 的主要化学成分为SiO_2 和Al_2O_3，含量分布范围分别为51.44%—69.02% 和16.87 %—24.17 %，并含有一定量的K_2O、Fe_2O_3 和MgO，含量分布范围分别为4.32%—9.74 %、3.58%—9.06% 和1.08%—4.39%。其中，样品T6 ①:21、T6 ②:7 及T9 ③B :15，经拉曼光谱分析表明，其主要物相为石英和白云母（见表四），典型拉曼图谱见图十。而梯形饰物T9 ②:3 的主要物相有石英、白云母和方解石（彩图四六）。另外，还有1 件圆形饰物T13 ②:19 的主要化学成分为SiO_2 和Fe_2O_3，含量分别为51.89 % 和32.87% 还含有6.60% 的Al_2O_3、3.21% 的MnO 和2.68% 的P_2O_5。在该样品中检测到烧棕土（burnt umber，Fe_2O_3+xMnO）的拉曼特征峰（图十一）。上述样品属于多种矿物构成的岩石。

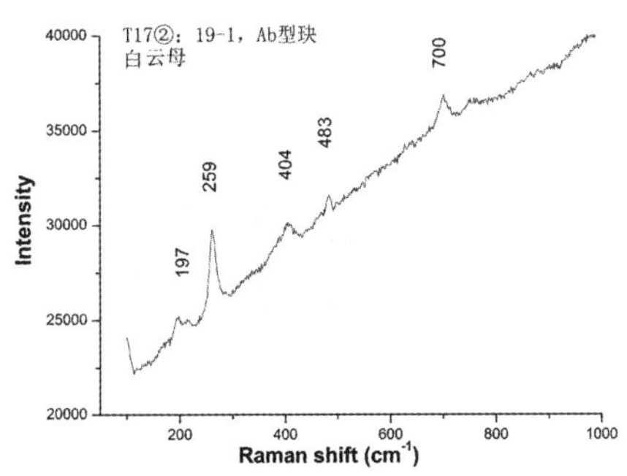

图九 白云母质玉石器典型拉曼图谱

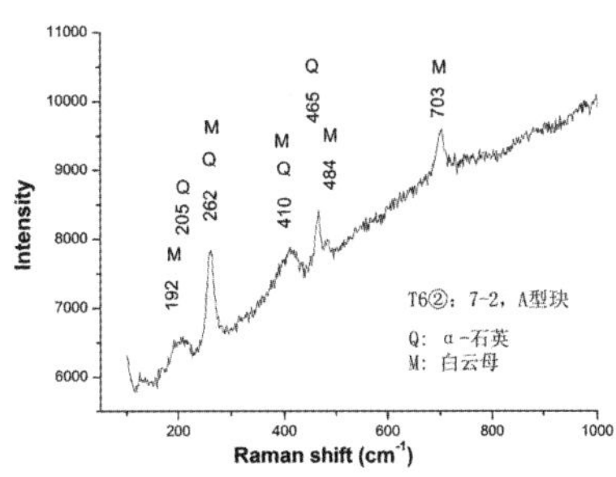

图十 A 型玦 T6 ②：7 的拉曼图谱

表三 珠海宝镜湾出土玉石器 pXRF 化学成分半定量分析结果（wt. %）

样品编号	器名	Na_2O	MgO	Al_2O_3	SiO_2	P_2O_5	K_2O	CaO	TiO_2	MnO	Fe_2O_3
H11：1	Aa 型玦	0.94	0.56	3.75	94.40	n.d.	0.32	n.d.	n.d.	n.d.	0.02
H23：l	Aa 型玦	0.87	0.24	3.23	95.26	n.d.	0.33	n.d.	n.d.	0.06	0.01
H25：1a	Aa 型玦	1.13	0.29	2.76	95.50	n.d.	0.32	n.d.	n.d.	n.d.	n.d.
H25：1b	Aa 型玦	0.74	0.40	2.89	93.29	2.36	0.31	n.d.	n.d.	n.d.	n.d.
T27③B：105	Aa 型玦	n.d.	48.94	4.41	44.22	n.d.	n.d.	n.d.	n.d.	0.11	2.31
T9③B：31	Ab 型玦	1.31	0.68	3.41	92.58	1.54	0.29	n.d.	n.d.	n.d.	0.20
T15③B：22	Ab 型玦	1.79	43.85	6.57	45.67	n.d.	n.d.	n.d.	n.d.	0.06	2.05
T6③B：24	Ab 型玦	0.94	0.29	3.70	94.76	n.d.	0.26	n.d.	n.d.	n.d.	0.04
T11③B：110	Ab 型玦	1.29	0.63	12.27	82.19	2.34	0.82	n.d.	n.d.	n.d.	0.46
T24③A：20	Ab 型玦	1.28	0.48	4.04	93.70	n.d.	0.45	n.d.	n.d.	n.d.	0.05
T6②：18	Ab 型玦	1.46	0.34	7.43	89.91	n.d.	0.43	n.d.	n.d.	n.d.	0.42
T12②：44	Ab 型玦	1.05	0.44	4.83	90.70	n.d.	2.39	n.d.	n.d.	n.d.	0.58
T12②：17	Ab 型玦	0.74	1.73	35.33	46.40	n.d.	13.05	0.38	0.13	0.08	2.16
T14②：1	Ab 型玦	1.05	0.26	3.76	93.01	1.52	0.26	n.d.	n.d.	n.d.	0.14
T17②：19	Ab 型玦	0.73	1.88	35.39	46.24	n.d.	12.95	0.37	0.14	0.08	2.23

（续表）

样品编号	器名	Na_2O	MgO	Al_2O_3	SiO_2	P_2O_5	K_2O	CaO	TiO_2	MnO	Fe_2O_3
T2③A：7	A 型玦	0.84	0.59	4.18	94.04	n.d.	0.29	n.d.	n.d.	n.d.	0.05
T17③A：7	A 型玦	1.08	0.45	5.23	92.43	n.d.	0.51	n.d.	n.d.	n.d.	0.31
T17③B：025	A 型玦	0.86	0.75	15.61	76.90	1.28	1.54	n.d.	0.58	n.d.	2.48
T16③B：42	A 型玦	1.15	0.33	4.61	93.34	n.d.	0.31	0.03	0.13	n.d.	0.11
T19③B：17	A 型玦	0.30	0.49	4.08	94.85	n.d.	0.25	n.d.	n.d.	n.d.	0.03
T17③B：025	A 型玦	0.61	0.42	6.73	91.72	n.d.	0.27	n.d.	n.d.	n.d.	0.25
T15③A：6	A 型玦	0.94	0.28	3.62	94.64	n.d.	0.41	n.d.	n.d.	n.d.	0.10
T11③B：213	A 型玦	1.17	0.45	4.77	93.19	n.d.	0.28	n.d.	n.d.	n.d.	0.14
T17③A：33	A 型玦	0.47	0.33	5.97	90.67	2.11	0.33	n.d.	n.d.	n.d.	0.13
T6②：7	A 型玦	0.33	4.39	23.60	51.44	n.d.	9.74	0.35	1.06	0.04	9.06
T6①：1	A 型玦	0.79	0.48	6.54	90.98	n.d.	0.33	0.77	n.d.	n.d.	0.11
T12②：14	A 型玦	0.92	0.20	4.59	93.89	n.d.	0.28	n.d.	n.d.	n.d.	0.12
T5①：3	A 型玦	0.72	0.41	4.49	94.12	n.d.	0.16	n.d.	n.d.	n.d.	0.11
T12②：49	A 型玦	0.58	0.30	3.36	95.52	n.d.	0.22	n.d.	n.d.	n.d.	0.02
T13②：10	A 型玦	0.97	0.49	5.03	93.01	n.d.	0.44	n.d.	n.d.	n.d.	0.05
T6①：013	A 型玦	1.33	0.44	5.46	92.44	n.d.	0.26	n.d.	n.d.	n.d.	0.06

（续表）

样品编号	器名	Na_2O	MgO	Al_2O_3	SiO_2	P_2O_5	K_2O	CaO	TiO_2	MnO	Fe_2O_3
T11②：30	A 型玦	1.00	0.38	4.80	91.72	1.72	0.29	n.d.	n.d.	n.d.	0.09
T7①：6	A 型玦	0.63	0.42	2.62	93.13	2.86	0.30	n.d.	n.d.	n.d.	0.04
T6①：21	A 型玦	0.94	2.26	16.87	65.01	n.d.	5.29	0.41	1.43	0.05	7.74
宝采：145	A 型玦	0.90	0.47	7.36	90.67	n.d.	0.40	n.d.	n.d.	n.d.	0.20
T11③A：31	A 型水晶玦	0.73	0.27	3.06	92.99	2.54	0.38	n.d.	n.d.	0.02	0.01
T15③A：21	A 型水晶玦	0.87	0.29	3.03	92.21	3.28	0.31	n.d.	n.d.	n.d.	0.02
T6②：11	A 型水晶玦	0.79	0.44	2.74	95.60	n.d.	0.42	n.d.	n.d.	0.01	n.d.
T14②：21	A 型水晶玦	0.67	0.64	3.10	95.15	n.d.	0.44	n.d.	n.d.	n.d.	n.d.
T5①：1	A 型水晶玦	0.63	0.41	3.48	95.08	n.d.	0.38	n.d.	n.d.	n.d.	0.02
T13②：12	B 型水晶玦	0.89	0.37	5.25	92.59	n.d.	0.42	n.d.	n.d.	0.03	0.46
T6②：6	B 型玦	1.15	0.46	5.28	92.72	n.d.	0.31	n.d.	n.d.	n.d.	0.08
T24③A：2	B 型玦	0.85	0.44	3.08	95.17	n.d.	0.37	n.d.	n.d.	n.d.	0.09
T20④A：26	环	1.29	0.51	4.95	92.15	n.d.	0.85	n.d.	n.d.	n.d.	0.26
T18④A：37	环	0.98	0.31	4.44	93.50	n.d.	0.64	n.d.	n.d.	n.d.	0.12
T17③A：49	环	0.98	0.39	4.71	93.63	n.d.	0.24	n.d.	n.d.	n.d.	0.04

（续表）

样品编号	器名	Na_2O	MgO	Al_2O_3	SiO_2	P_2O_5	K_2O	CaO	TiO_2	MnO	Fe_2O_3
T3②：5	环	0.74	0.49	5.38	92.94	n.d.	0.29	n.d.	n.d.	n.d.	0.16
T10①：1	环	0.87	0.48	3.85	94.53	n.d.	0.22	n.d.	n.d.	n.d.	0.05
T5②：16	水晶璜	0.99	0.27	4.43	92.52	n.d.	0.29	1.34	n.d.	0.02	0.14
T19③B：76	B型饼形器	0.75	0.49	7.50	90.39	n.d.	0.37	0.28	n.d.	0.01	0.21
T6②：10	B型水晶饼形器	0.92	0.38	6.17	92.01	n.d.	0.44	n.d.	n.d.	n.d.	0.08
T13②：15	C型饼形器	1.41	0.32	9.55	87.09	0.23	0.87	0.16	n.d.	n.d.	0.36
T14③B：42	C型水晶饼形器	0.77	0.36	6.50	91.47	n.d.	0.58	n.d.	n.d.	0.02	0.31
T4②：8a	半圆形饰物	1.10	0.29	6.16	90.38	1.69	0.25	n.d.	n.d.	n.d.	0.12
T4②：8b	半圆形饰物	0.72	0.79	4.39	9.80	5.00	0.39	n.d.	1.25	5.34	72.30
T19③B：11	圆形饰物	0.78	2.02	24.17	60.52	0.36	4.32	n.d.	0.99	0.06	6.78
T13②：19	圆形饰物	0.79	0.67	6.60	51.89	2.68	0.75	n.d.	0.53	3.21	32.87
T5②：8a	长方形饰物	0.80	1.83	32.40	47.79	n.d.	12.37	0.50	0.17	0.13	4.00
T5②：8b	长方形饰物	0.80	1.73	32.67	47.72	n.d.	12.33	0.48	0.17	0.14	3.97
T9②：3	梯形饰物	0.65	1.64	25.13	57.43	0.15	5.24	n.d.	1.44	n.d.	8.31
T1③A：22	耳珰	2.16	51.55	2.15	42.20	n.d.	n.d.	n.d.	n.d.	0.06	1.88

（续表）

样品编号	器名	Na_2O	MgO	Al_2O_3	SiO_2	P_2O_5	K_2O	CaO	TiO_2	MnO	Fe_2O_3
T9③B：19	A 型芯	0.64	0.43	5.34	93.23	n.d.	0.27	n.d.	n.d.	n.d.	0.09
T5②：7	A 型芯	0.53	0.19	3.59	95.51	n.d.	0.11	n.d.	n.d.	n.d.	0.08
T5②：18	A 型芯	0.59	0.30	4.16	94.56	n.d.	0.27	n.d.	n.d.	n.d.	0.12
T3②：1	A 型芯	0.93	0.24	4.95	93.50	n.d.	0.25	n.d.	n.d.	n.d.	0.13
T4②：7	A 型芯	0.72	0.36	4.45	94.04	n.d.	0.28	n.d.	n.d.	n.d.	0.14
T12②：19	A 型芯	0.80	0.42	4.33	93.47	n.d.	0.91	n.d.	n.d.	n.d.	0.08
T5②：9	A 型芯	0.51	0.24	3.38	95.64	n.d.	0.19	n.d.	n.d.	n.d.	0.04
T4①：2	A 型芯	0.67	0.45	5.23	93.16	n.d.	0.33	n.d.	n.d.	n.d.	0.16
T7①：1	A 型芯	0.78	0.23	3.88	94.74	n.d.	0.25	n.d.	n.d.	n.d.	0.11
99ZHS 采：20	A 型芯	1.00	0.16	3.57	94.85	n.d.	0.18	n.d.	n.d.	n.d.	0.24
宝采：148	A 型芯	1.29	0.31	4.52	93.53	n.d.	0.30	n.d.	0.01	n.d.	0.04
T12②：67	B 型芯	0.77	0.43	3.46	94.99	n.d.	0.20	0.07	n.d.	n.d.	0.07
T1①：35	环砥石	0.94	1.08	18.56	69.02	1.72	4.60	0.29	0.19	0.03	3.58
T18③B：8	A 型石刀	0.62	3.88	16.97	62.09	n.d.	5.97	0.37	1.21	n.d.	8.91
T9③B：15	石镞	1.29	2.49	19.76	64.45	0.11	4.50	0.17	1.12	0.06	6.05
T2①：2	石坯	1.12	0.46	10.50	86.91	n.d.	0.66	n.d.	n.d.	n.d.	0.35
T1③A：24	石坯	0.14	0.42	4.56	94.40	n.d.	0.37	n.d.	n.d.	n.d.	0.11

注：n.d. 表示未检测到该元素或含量低于检出限。

表四 珠海宝镜湾玉石器的主要拉曼峰（λ=532nm）

样品编号	器名	拉曼峰（cm^{-1}）												主要物相
H11：1–1	Aa 型玦	127 s	205 s	261w	353m	392 vw	404 vw	464vs	514 vw	696 vw	807 vw	1081 vw	1160 vw	石英
T12②：19–1	A 型芯	127 m	206 s	262vw	352m		404 vw	463 vs	508 vw		808 vw	1081 vw		石英
T14②：21–1a	A 型水晶玦	127 s	204 s	263vw	353 m	392 w		464vs	512 vw	693 vw	807 vw		1161 vw	石英
T14②：21–1b	A 型水晶玦	127 s	204 s	262vw	353 m	393 w	400 vw	465vs	512 vw	694 vw	809 vw		1158 vw	石英
T5①：1–1	A 型水晶玦	127 s	204 s		353 m	393 m		464 vs		689 vw			1163 vw	石英
T14③B：42–2b	C 型水晶饼形器	127 s	205 s	264vw	353 m	392 vw	404 vw	463vs		694 vw	806 vw		1158 vw	石英
T15③A：6–1	A 型玦	127 m	206 s	262vw	354m		404 vw	465vs	507 vw		808 vw	1083 vw		石英
T6②：18–1	Ab 型玦	127 s	205 s	263vw	355vw		400 vw	464 vs		696 vw	797 vw	1066 vw	1160 vw	石英
T6①：21–2b	A 型玦	128 s	203 s	264vw	355 m	397 w		466 vs						石英
T17③B：025	A 型玦	127 m	206 s	263vw	354m		404 vw	464vs	511 vw		809 vw	1080 vw		石英
T17③A：7–1	A 型玦	127 s	203 s	262vw	353m	391vw		464vs	509 vw	696 vw	812 vw		1161 vw	石英
T6③B：24–1	Ab 型玦	127 s	205 s	264vw	354 vw	391 w		464 vs		694 vw			1160 vw	石英
T2③A：7–1	A 型玦	127 s	201 s	263vw	354 vw	395 w		463 vs		695 vw	803 vw		1160 vw	石英
T6②：11–1	A 型水晶玦	127 s	206 s	262vw	356vw		400 vw	465vs			795 vw	1083 vw	1158 vw	石英
T1③A：24–1	石坯	127 s	205 s	263vw	352m	397 vw		464vs		696 vw	804 vw		1160 vw	石英

（续表）

样品编号	器名	拉曼峰（cm^{-1}）												主要物相
T20④A：26-1	石环	127 s	204 s	263vw	352m	397 w		464vs		693 vw	796 vw		1160 vw	石英
T3②：5-1	石环	128 s	206 s	264vw	357 w	395 vw		463 vs		696 vw	806 vw		1161 vw	石英
T7①：1-1	A 型芯	127 m	206 s	262vw	354w		403 vw	464 vs			808 vw	1082 vw	1163 vw	石英
T3②：1-1	A 型芯	129 s	208 s	262vw	357 vw		401 vw	463 vs						石英
T4①：2-1	A 型芯	124 s	204 s	264vw	353 w	393 vw		463 vs		693 vw	802 vw		1157vw	石英
T4②：7-1	A 型芯	128 s	205 s	262vw	355 vw	393 vw		464 vs		691 vw	806 vw		1161 vw	石英
T5②：7-1	A 型芯	127 s	206 s	262vw	353 m	395 m		464 vs		692 vw	800 vw		1163 vw	石英
T5②：9-1	A 型芯	126 s	203 s	264vw	355 m	397 w		464 vs		692 vw	800 vw		1163 vw	石英
T15③B：22-2a	Ab 型玦	133 vw	228 vs	376 vs	458 vw	483 vw	682 s	1045 m						叶蛇纹石
T15③B：22-2b	Ab 型玦		227 vs	377 vs		484 vw	680 s	1046 m			3669 vs	3698 m		叶蛇纹石
T15③B：22-3a	Ab 型玦		227 s	377 vs	455 vw	481 vw	680 s	1045 m						叶蛇纹石
T1③A：22-1c	耳珰		232 w	377 w			689 w	1048 w						叶蛇纹石
T27③B：105-2	Aa 型玦	136 vw	230 m	377 s	461 vw	485 vw	683 m	1045 w						叶蛇纹石
T6②：7-1	A 型玦	127 m	204 s	260s			w	463 vs		698 vw				石英
T6②：7-2	A 型玦		205 vw	262vs			410 m	465 s						石英
T6②：7-2	A 型玦	192 vw		262vs			410 m		484 vw		703 s			白云母

（续表）

样品编号	器名	拉曼峰（cm^{-1}）												主要物相
T9②：3–1	梯形饰物	150 s	205 vw	277 s							709 w	1085 vs	1339 s	方解石
T9②：3–3	梯形饰物			262s			405 w		464 w		698 vw			石英
T9②：3–5	梯形饰物	190 vw		260vs			402 m				690 w			白云母
T9②：3–6	梯形饰物	125 w	205 vw	262s			409 vw		465 vs					石英
T9②：3–6	梯形饰物	190 vw		260vs			402 m				702 s			白云母
T9③B：15–1	石镞		205 s	263w			403 vw		463 vs					石英
T9③B：15–4	石镞		212 vw	259 s	287 vw		412 vw		478 w	508 m	700 s			白云母
T6①：21–1	A 型玦	125 vw	216 vw	261vs	403 w	463 w		703m						白云母
T6①：21–5	A 型玦	127 w	207w	260vw				463 s					1359 w	石英
T17②：19–1a	Ab 型玦	192 vw		262vs	407 w	483 w		697 m						白云母
T17②：19–1b	Ab 型玦	192 vw		259 vs	404 w	483 w		700 m						白云母
T13②：19–1	圆形饰物		214 s	273 s		480 vw								烧棕土

注：s, strong, 强；m, medium, 中等；w, weak, 弱；v, very, 非常。

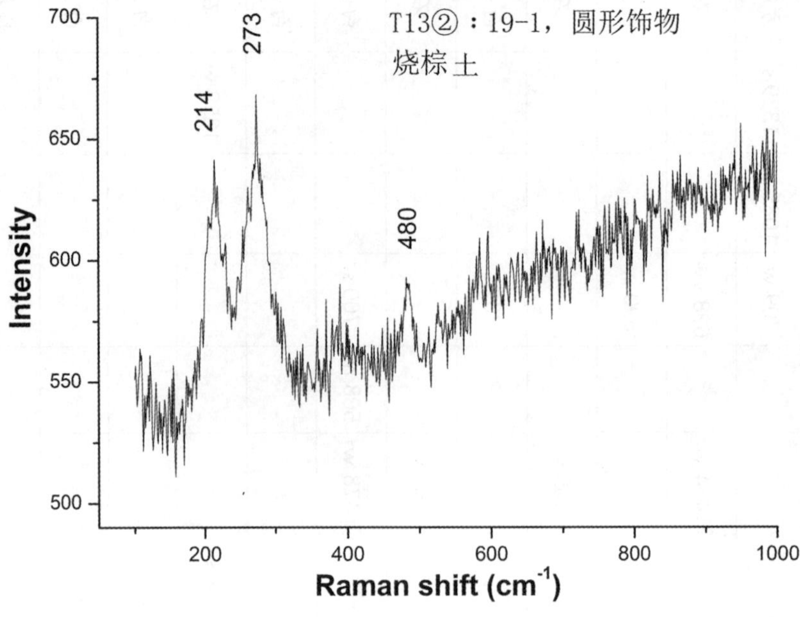

图十一　圆形饰物 T13②：19 的拉曼图谱

五、宝镜湾遗址出土玉石器的加工工艺

整体来看，珠海宝镜湾遗址出土的这批玉石器造型丰富，无繁复纹饰，以素面为主，器形包括环、玦、刀、锛和饼形器等，还有部分环砥石复型石器和未经加工的石坯。

（一）取芯工艺

制作环、玦、璜等中空类器物最重要一步就是取芯工艺，将中心处石材完整地取出，再进一步将剩余的外层原料加工为其他器型。该时期常用管钻取芯，其示意图见图十二，管型钻头从一端钻入直至接近钻透，采取石锤等重物敲击断裂取出内芯。由于取芯过程中管钻钻头的不断深入，钻头磨损，残留的孔道形状呈减缩趋势，取出的石芯形状呈渐扩趋势，最终石芯的剖面图近似等腰梯形。并且由于最后敲击产生断裂应变，边缘处往往会遗留不规则破裂痕。

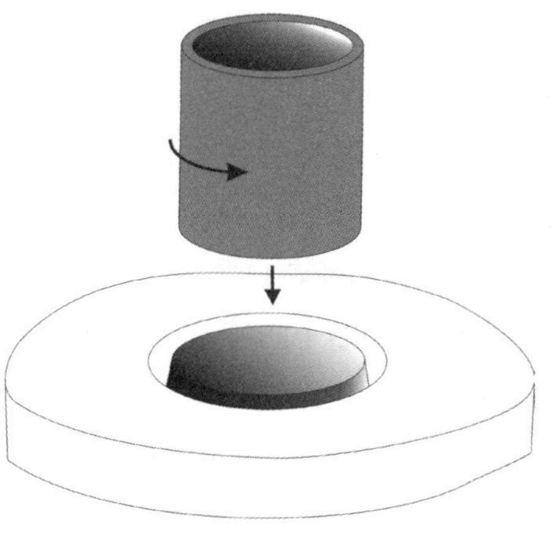

图十二 管钻单面钻取芯工艺示意图

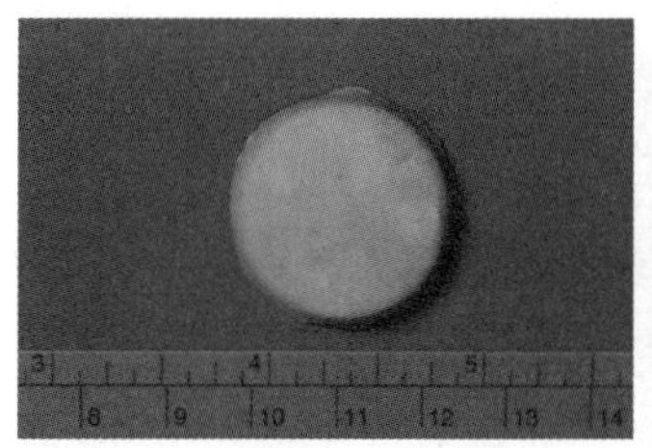

1 A型芯 T5②:18

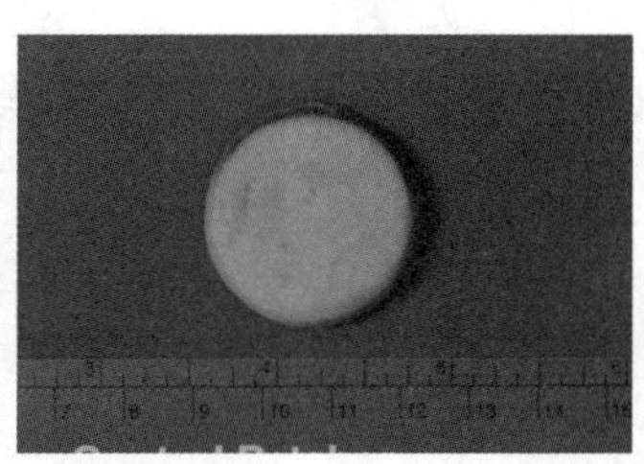

2 A型芯 T12②:19

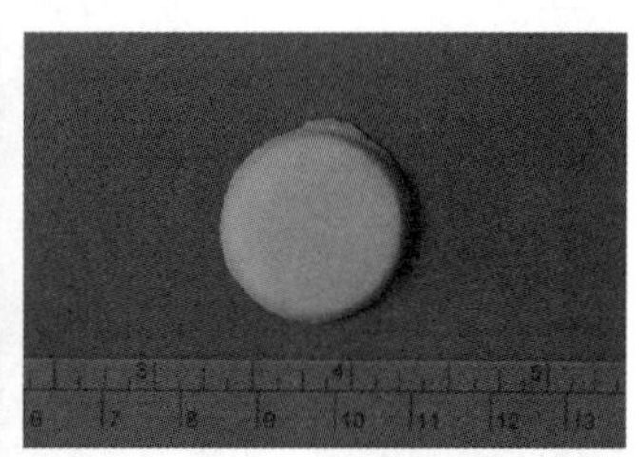

3 A型芯 T2③A:28

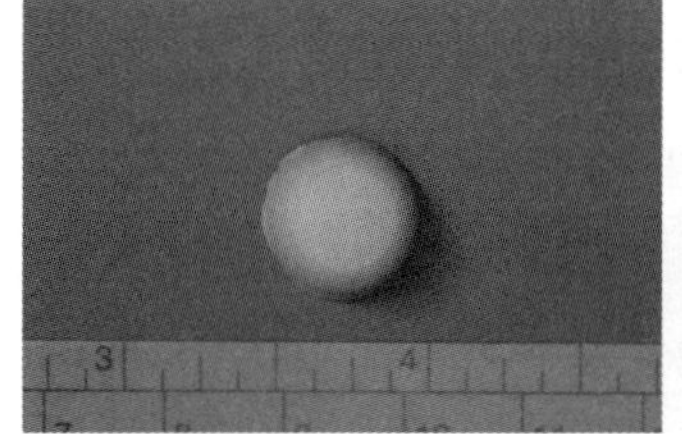

4 A型芯顶面宝采:148

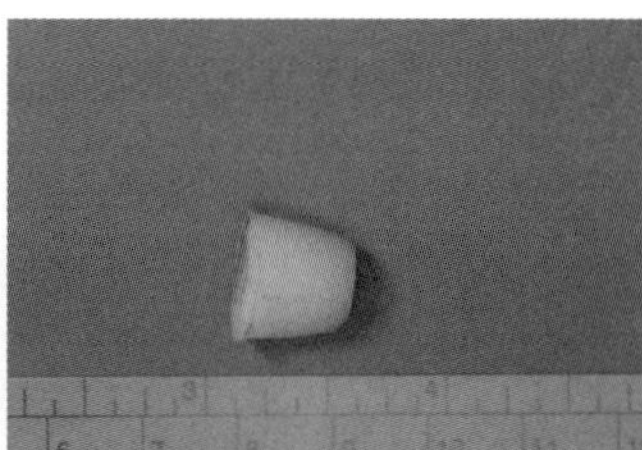

5 A型芯侧面宝采:148

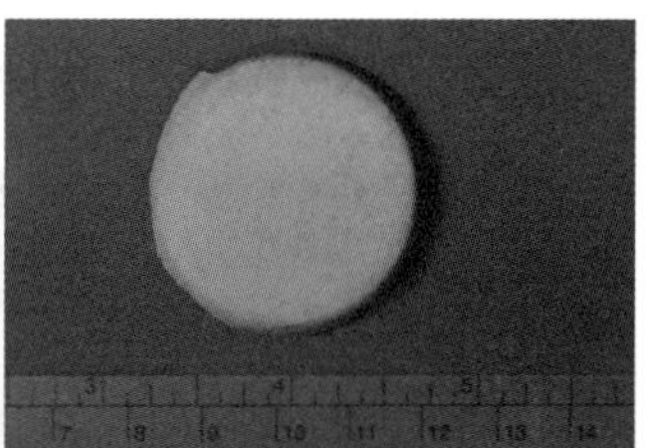

6 A型芯 99ZHS采:20

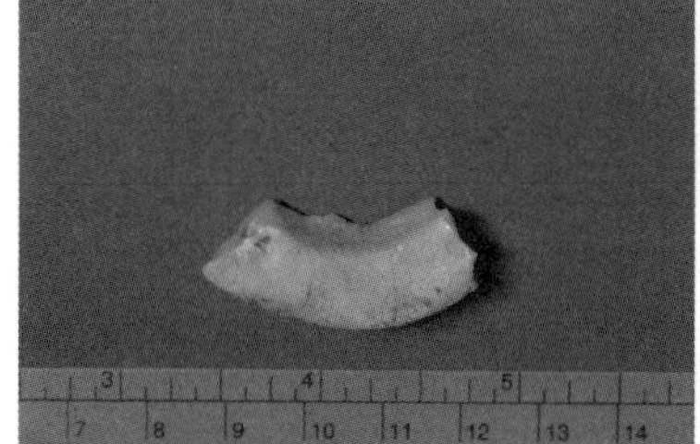

7 A型玦 宝采:145

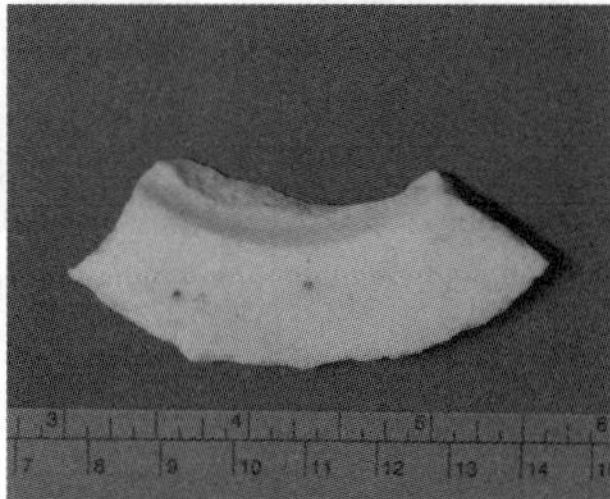

8 A型玦 T17③B:025

图十三 管钻单面钻取芯工艺的典型样品特征图

宝镜湾遗址出土有大量玉石芯（图四 -1—11）。A 类玉石芯样品整体上窄下宽，侧面图近似梯形，底部有不规则边缘，符合管钻单面钻取芯的典型特征（图十三）。如从图十三 -4-5 发现 A 型芯（宝采:148）的顶部有环形凹痕，可能是取芯时定位遗留的管钻痕迹。而有一些尚未完成打磨抛光工序玉石玦的玦口，保留有单面管钻取芯所形成的断茬口（图十三 -7—8）。另外，在 Ab 型玦(T9 ③ B :31) 上发现有台阶痕，如图十四所示，是两面开孔中间贯通的双面钻典型特征。说明该批样品的取芯工艺以单面管钻为主，也有双面管钻的加工方式。

此外，发现部分同时期出土的玉玦和石芯材质相同，玉玦内径与石芯外径近似相同并可交于圆心，如图十五所示。推测可能是同件玉料加工，也再次印证了该批样品采用了管钻取芯工艺。类似的组合方式，在香港新石器时代遗址出土水晶玦中也有发现。[1]

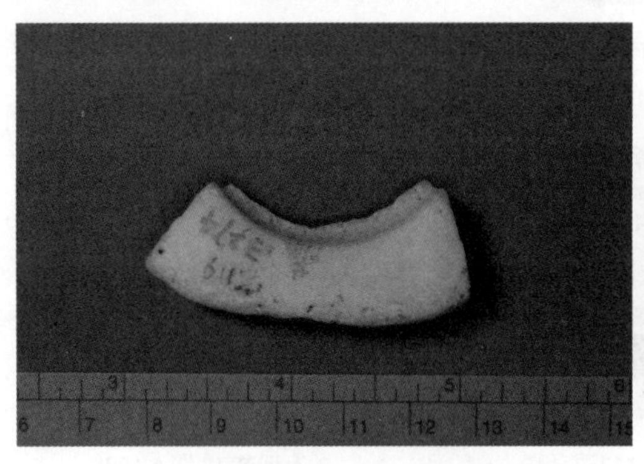

1 Ab 型玦 T9 ③ B :31 正面

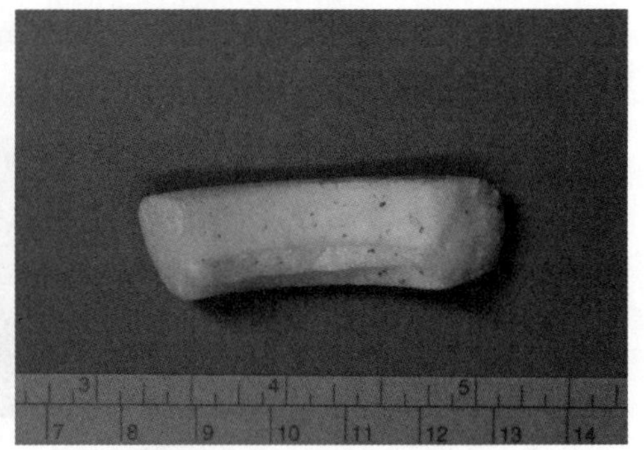

2 Ab 型玦 T9 ③ B :31 侧面

图十四 管钻双面对钻取芯工艺的典型样品特征图

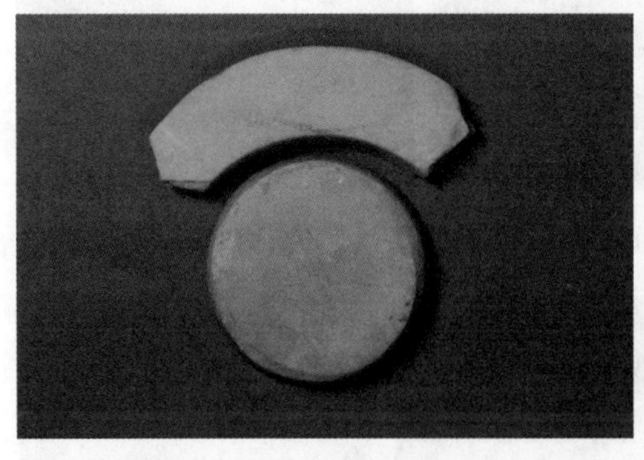

1　A 型芯 T7 ① :1 和玦 T3 ②:5.

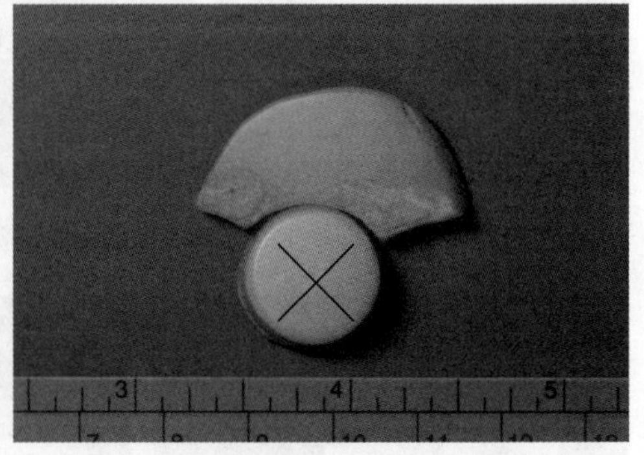

2　A 型芯 T9 ③ B :19 和 A 型玦 T2 ③ A :7

图十五　宝镜湾遗址同时期出土的玉玦和石芯对照图

1　邓聪：《邓聪考古论文选集》，香港中文大学中国考古艺术研究中心，2021 年，第 482—487 页。

（二）取芯后的再加工（环、玦及饼形器类的制作）

取芯后获得的外层玉料是环、玦等器物的原料。玉石玦的玦口的加工方法相对简单，在磨制成形的玉石环上采用石锯切割出缺口。大多数玦类器物都经过切割、打磨等再加工步骤，形成了光滑、高光泽度的表面（如图十六 -1—3 所示）。其中石环 T10①:1 的外侧有圆周状螺旋纹（图十六 -4），未被打磨抛光。且底部有不规则破裂痕，说明该件石环不仅内侧的圆弧是取芯而成的，外侧的圆弧也是使用直径更大的管钻取芯而成。

取芯后的内芯多数不作处理，成为废料。但也发现了一些饼形器，其典型照片如图四 -12—15 所示。该类器物整体呈圆形或半圆形，弧形边缘经打磨抛光处理，圆润流畅。但其中水晶材质的器物弧形边缘处有棱角残痕，如图四 -13—14，可能由于水晶的莫氏硬度较高。但是该类器物制作粗糙，也有可能是废料再利用作为加工工具的使用痕迹，还需后续推敲。C 型饼形器（T13②:15，见图四 -15），较 A、B 型在制作程序上前进了一步，是在制作好的饼状坯上开始钻磨环状器。[1]

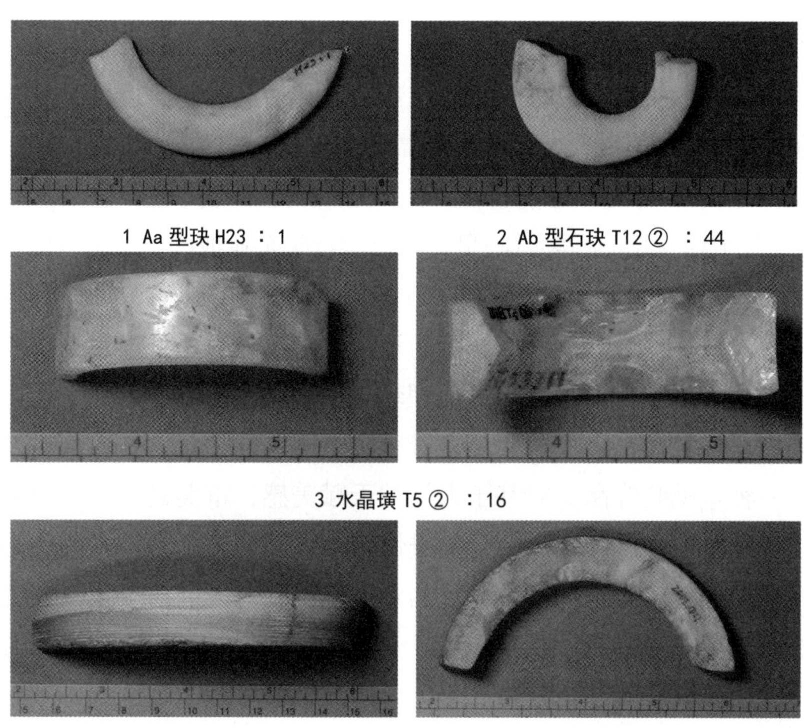
1 Aa 型玦 H23 ：1　2 Ab 型石玦 T12② ：44

3 水晶璜 T5② ：16

4 环 T10① ：1

图十六　环、玦、璜类器物加工痕迹

1　广东省文物考古研究所，珠海市博物馆：《珠海宝镜湾——海岛型史前文化遗址发掘报告》，科学出版社，2004 年，第 3—173 页。

（三）钻孔工艺

钻孔工艺也是一种重要的玉器加工工艺，也见于石刀等薄片状器物上，如图五 -7、图五 -8、图五 -10 和图六 -1 所示。从图中可以看出片状器物钻孔孔道渐缩的特征，形状呈锥形，内部有圆周状螺旋痕，符合实心钻单面钻孔的特征。但是图五 -7 中耳珰的长度较长，孔道无明显渐缩趋势，且孔道口附近有圆周状凹痕，与实心钻钻孔特征不符，可能采用了管钻钻孔，这也说明了宝镜湾的工匠已经能因器物的不同特点采用不同的钻孔方式。

（四）其他

除加工好的成品玉石器外，本次样品中还存在环砥石类石器，如图六 -3—18 所示。该类器物尺寸多在 5—10 厘米之间，一端受力面较大，方便握持；另一端有尖锐凸起，可用作玉石器的加工工具，利用凸起处深入修整研磨环、玦类器物内壁。

六、余论

珠海宝镜湾出土玉石装饰品以玉玦为主，还有少量的环、璜、耳珰、饼形器和几何形饰等。而玉石芯一般是加工环、玦和璜类装饰品遗留下来的原料，这些原料也用于制作饼形器、耳珰等器物。玉玦最早发现于乌苏里江流域的黑龙江饶河小南山遗址，距今 9000 年前。在新石器时代至春秋战国时期（前 6000—前 221）相当长的一段时间里，广泛流行于东亚地区，也是我国主要传统玉器器形之一。从地域上来看，主要集中在东北亚的乌苏里江流域、辽河流域、长江中下游流域、环珠江口流域、岭南地区、东南沿海、日本及东南亚的菲律宾和越南等地。玉玦在上述的不同地理环境中，它的形制、制作、使用方法等存在趋同性和连贯性，反映玉玦包含着一个共同普遍的观念。史前时期的玉玦是先民的一种常见装饰品，应基于人类的天赋美感，审美是其第一要素，还未曾达到宗教礼仪的性质。玉玦的自然秉性带给人们的美感和内在的魅力使人们对审美情趣向往和趋之。在这种思想的背后，包含着人们祈求生活美感的朴素观念。它以绵延不断的传统力量延续至今，成为中国玉文化特色鲜明的组成部分，是中华传统文化的特色之一，在中华大地的范围明显地凸现它的一致性和传承性。玉玦与人的审美情趣紧密结合的文化现象，是其朴素的简洁美感融入人们生活中的审美情趣反映。[1]

1 徐新民：《玉玦产生的文化影响》，载《浙江省文物考古研究所学刊·第六辑·第二届中国古代玉器与传统文化学术讨论会专辑》，杭州出版社，2004 年，第 92—97 页。

从原料材质来说，宝镜湾遗址出土新石器时代晚期至青铜时代的玉石器以石英类材料为主，主要有水晶、玛瑙、玉髓、脉石英及石英岩等。也有少量玉石器使用了蛇纹石、白云母质玉石以及含白云母、石英和方解石等矿物的岩石。而石刀、石镞、环砥石、石坯等石质工具原料皆为岩石。宝镜湾的玉石器的加工工艺以实心钻单面钻孔为主，但也有少数玉石器使用了管钻钻孔，说明了宝镜湾的工匠已经能因器物的不同特点采用不同的钻孔方式。

附记：本研究受到国家社科基金重大项目“汉代海上丝绸之路沿线国家考古遗存研究及相关历史文献整理（项目批准号：21&ZD235）”资助。

古代琥珀原料来源研究的梳理与讨论

赵彤　李妍　王雅玫　卢靭
[中国地质大学（武汉）珠宝学院]

【摘要】人类使用琥珀的历史悠久，琥珀不仅被制作成装饰品和实用器具，也常常被用作祭祀和随葬用品，在国内外出土的墓葬和遗址中几乎都有发现。我国古代的琥珀原料主要为进口，产地包括缅甸和波罗的海沿岸，在琥珀原料进入中国境内的过程中，伴随着中外贸易往来和文化交流，确定出土琥珀的产地有利于考证古代经济、文化和商贸的情况。对国内外古代琥珀产地的相关资料进行了梳理和分析，可分为三个研究视角：一是历史论证，主要通过文献和考古资料推断琥珀制品的来源；二是艺术论证，通过出土琥珀制品的器形、工艺和纹样来推测当时的生产力水平、艺术追求和文化信仰，推测其来源；三是通过科技手段，包括红外光谱、拉曼光谱、气相色谱—质谱等，根据测试结果与矿产琥珀进行对比，从而确定琥珀原料来源。

【关键词】古代琥珀；产地；贸易路线；科技溯源

一、引言

琥珀是由不同地质时期古植物分泌的树脂经数千万年乃至上亿年地质作用形成的树脂化石[1]。作为人类最早的艺术媒介之一，琥珀质地温润，颜色绮丽，香气馥郁，从古至今世界各地不同民族赋予了它许多神秘的传说和美好的寄托。西方的古希腊神话记载琥珀是由泪珠凝结而成的[2]。关于琥珀的最早汉字记载是西汉陆贾所书的《新语·道基》，称："犀象玳瑁，琥珀珊瑚，翠羽珠玉，山生水藏，择地而居。"汉代时人们认为琥珀是"虎目光沦入地所为也，称之为虎

1 Langenheim J. Amber: a Botanical Enquiry, *Science*. 1969, vol.163, no.3872, pp.1157-1169.

2 Gimbutas M，Spekke A. The Ancient Amber Routes and the Geographical Discovery of the Eastern Baltic, *American Slavic and East European Review,*1958, vol.17, no.571, p.571.

魄"[1]。琥珀曾同金、象牙、玉等一样为皇室和权贵的奢侈品，琥珀制成的装饰品、工艺品及实用器具深受追捧和喜爱，其加工工艺也不断精进，在东西方都形成了独特的琥珀艺术。

人类使用琥珀的历史悠久，不仅被制作成装饰品和实用器具，也常常被用作祭祀和随葬用品，在国内外出土的墓葬和遗址中几乎都有发现。我国出土最早的琥珀是距今三千余年前新石器时代的四川广汉三星堆遗址的心形琥珀佩饰[2]。国外出土最早的琥珀器为丹麦日德兰岛出土的公元前8000年至公元前6000年的动物形状饰件[3]。古代琥珀重要产地主要集中在欧洲波罗的海沿岸国家和亚洲的缅甸。据历代古籍记载，中国古代琥珀原料的产地包括永昌郡、罽宾、安息、波斯、大秦、波罗的海等[4]。琥珀原料从邻国甚至欧洲国家抵达古代中国的过程中，不仅涉及了贸易和交通往来，还留下了东西方琥珀工艺及文化交流的线索[5]。

出土琥珀的鉴定和溯源对考古学研究有着极其重要的意义。其一，研究出土古代琥珀有利于佐证古代社会的政治及等级制度。琥珀产量较为稀少，象征着等级和财富，琥珀的使用状况可以侧面反映墓主的等级高低。其二，研究出土琥珀随葬品的材质和产地有利于考证古代经济、文化和商贸交流的情况。琥珀是古代重要的商品之一，琥珀被认识、利用、流通到另一个遥远的地方，没有社会的文化、经济、商贸交流是不可能的。其三，研究出土琥珀随葬品有利于辅助研究古代的文化艺术、思想道德和宗教信仰。琥珀的材质、造型和雕刻题材都有着各自的象征意义，这些意象是受到当时的文化艺术、思想道德和宗教信仰的影响而产生的。出土琥珀随葬品的鉴定和溯源是一项复杂而困难的工作，需要宝石学、历史学、考古学等学科交叉融合，是研究古代社会文化互动和交流时不可或缺的一环。

相比于记录详尽、出土数量多、形制多样的古代玉器，琥珀制品的专门性、系统性研究较少。在现有的国内外研究中，出土琥珀的产地溯源方法主要包括三种：一是通过史料和考古资料记载，对文献中记载的琥珀原料产地和传播路径、出土琥珀墓葬位置、琥珀制品的类型等整理，综合推断某一时期出土琥珀的来源；

1 转引自许晓东：《中国古代琥珀艺术》，紫禁城出版社，2011年。

2 四川省文物考古研究所：《三星堆祭祀坑》，文物出版社，1999年。

3 Czebreszuk J . Amber between the Baltic and the Aegean in the Third and Second Millennia B.C. (an outline of major issues). *International Conference Bronze and Early Iron Age Interconnections and Contemporary Developments between the Aegean and the Regions of the Balkan Peninsula*. Central and Northern Europe University of Zagreb, 11-14 April 2005, pp.363-369.

4 许晓东：《中国古代琥珀艺术》，紫禁城出版社，2011年。

5 许晓东：《中国古代琥珀艺术——商至元》，《故宫博物院院刊》2009年第6期。

二是进行出土琥珀的仪器鉴定分析，包括红外光谱、拉曼光谱、气相色谱－质谱等，根据测试结果与矿产琥珀进行对比，从而确定琥珀原料来源；三是通过出土琥珀制品的器形、工艺和纹样来推测当时的生产力水平、艺术追求和文化信仰，推测其来源。

二、古代琥珀原料来源的历史论证

根据目前的发掘材料和文字记载，战国及之前我国的琥珀制品仅为零星出现和出土[1]，且形制多为珠饰。国内关于古代琥珀的研究多集中于汉代及以后。琥珀在汉代的文献中记载较多，《后汉书》里记录琥珀多来源于西域（波罗的海琥珀），少量来自南部的哀牢（缅甸琥珀），称“大秦国有琥珀”“谓出哀牢”[2]。而《汉书》则称罽宾（今印度北部）也有琥珀的出产[3]。许晓东[4]的著作中将古代文献中记载的琥珀产地进行了详细的解释和探究，哀牢、罽宾、大秦、波斯等只是琥珀原料从缅甸或波罗的海沿岸到达中国境内的中转站，而并不是琥珀的实际产地。

So[5]对中国不同时期不同地区史料中记载及考古资料中的琥珀进行梳理，讨论了琥珀作为芳香剂在中国古代的使用情况，由于其独特的香味，主要用于焚香、随葬、装饰及药用等。文章对中西方琥珀的使用进行了对比分析，结合中外资料对于琥珀贸易的记载，推断波罗的海的琥珀原料经波罗的海—英国—南欧—希腊—东欧—中亚—唐及契丹的路线进入中国，在此之前琥珀主要是通过朝贡到达中国境内的。

琥珀的文献记载始于汉代，安天[6]对考古报道中汉代琥珀制品进行整理，研究了汉代琥珀制品的使用情况和地域特征，琥珀的数量、形制和工艺在汉代都达到了一个新的水平。两汉时期出土琥珀的墓葬几乎均为高等级墓葬，还包括一些皇室墓葬（如河北定县中山王刘胜墓[7]、江西南昌海昏侯墓[8]等）。通过对出土琥珀墓葬的地域分析，发现出土地点集中在西南地区和岭南地区，且出土琥

1 许晓东：《汉唐之际的琥珀艺术》，《收藏家》2011 年第 5 期。

2 [清] 王先谦：《后汉书集解》，中华书局，1984 年。

3 [汉] 班固：《汉书》，中华书局，1983 年。

4 许晓东：《中国古代琥珀艺术》，紫禁城出版社，2011 年。

5 SOJF. Scented Trails: Amber as Aromatic in Medieval China. *Journal of the Royal Asiatic Society,* 2013, vol.23, no.1, pp.85-101.

6 安天：《汉代琥珀制品的考古发现与出土地域分析》，《常州文博论丛》2017 年第 1 期。

7 定县博物馆：《河北定县 43 号汉墓发掘简报》，《文物》1973 年第 11 期。

8 杨军、徐长青：《南昌市西汉海昏侯墓》，《考古》2016 年第 7 期。

珀的墓葬在北方地区的规格普遍高于南方。汉代出土琥珀数量较多，墓葬遍及新疆、甘肃、青海、内蒙古、山西、河北、陕西、江苏、湖南、江西、云南、四川、贵州、广西、广东等多个省区，并出土了较多有代表性的琥珀器，如琥珀兽形器、琥珀印章等。

熊昭明[1]总结了合浦地区出土的汉代外来贸易品，证实了合浦是汉代海上丝绸之路的始发港，并指出当地出土的琥珀珠饰可能为缅甸出产。合浦汉墓群中出土的大量琥珀珠及琥珀料极有可能是通过海上丝绸之路由缅甸传入中国。杨海兰[2]从文献研究收集的角度出发，讨论了汉代海上丝绸之路对龟纽琥珀印的影响，梳理了龟纽琥珀印的发展历程，指出汉代所使用的琥珀原料基本来自波罗的海和缅甸，海上丝绸之路的正式开通，繁荣了海上贸易，并解决了优质原材料的供给问题，促成了龟纽琥珀印的诞生。

Curta[3]通过分析东欧地区墓葬出土的琥珀珠，结合其他陪葬品的装饰风格特征，提出早在公元3世纪时，琥珀就沿着波罗的海沿岸，经中欧罗马省和亚得里亚海沿岸的贸易路线向地中海沿岸传播，到公元6世纪左右时，波罗的海琥珀就被东欧贵族作为代表身份的礼物传入了地中海沿岸，并进一步向南延伸到克里米亚和高加索地区。多瑙河流域的墓葬不仅出土有琥珀珠，也有大量琥珀原料，这表明当时琥珀已经以原料的形式传到多瑙河沿岸。Christ[4]为了证明波罗的海琥珀对早期现代贸易的重要性，使用了商品链的方法，从琥珀的树脂形成和波罗的海沿岸的原料采集，到长途运输和到达亚洲市场进行了深入研究。研究从史料中对波罗的海沿岸经济和资源的记载到不同时期波罗的海琥珀贸易路线着手，讨论琥珀在欧亚贸易中的意义。琥珀这种独特的商品将波罗的海沿岸地区和全球其他地区通过商业模式连接在一起，由于琥珀仅在波罗的海地区，特别是波罗的海东南部地区才能大量获得，因此它在欧洲和亚洲之间的商业互动及推动早期现代商业扩张中发挥了独特的作用。

1 熊昭明：《汉代海上丝绸之路合浦港的考古发现》，《民主与科学》2018年第1期。

2 杨海兰：《汉代海上丝绸之路影响下龟纽琥珀印的应用表现分析》，《美与时代：创意（上）》2020年第9期。

3 Curta F. The Amber Trail in Early Medieval Eastern Europe. *Paradigms and Methods in Early Medieval Studies.* Palgrave Macmillan, New York, 2007, pp.61-79.

4 Christ A. *The Baltic Amber Trade, c. 1500-1800: The Effects and Ramifications of a Global Counterflow Commodity.*University of Alberta, 2018.

三、古代琥珀原料来源的艺术论证

吕富华[1]对辽陈国公主墓出土的胡人驯狮琥珀佩饰所蕴含的东西方文化交流信息进行了研究，在契丹琥珀中对于狮、胡人等题材的运用是辽和西方进行文化交流的直接印证。胡人驯狮题材在琥珀制品上的使用表明古代中亚及西亚崇尚狮子的社会习俗通过草原丝绸之路传入东方，对辽的文化产生了较深的影响。这种西方文化元素表明，琥珀饰物有可能是波罗的海经中亚、西亚地区直接传入辽境，或利用进贡原料由本地工匠加工而成，琥珀原料来源可以基本确定为波罗的海。

Czebreszuk[2]对公元前3世纪波罗的海维斯瓦河口地区史前文化中的琥珀风格进行了整理，Neolithic Globular Amphora 文化中出现了太阳状圆盘和 V 形穿孔珠，Unetice 文化中则出现了相似的太阳状圆盘及琥珀珠和青铜构成的项链，不同文化之间琥珀艺术风格的相似性表明琥珀已以商品形式进行贸易，并且琥珀和金、青铜一样成了象征地位的材料。另外还确定了东边海上航线对于琥珀贸易的重要意义。

四、古代琥珀原料来源的科技论证

（一）国内古代琥珀的科技溯源研究

国内研究主要采用了应用形态分析、放大观察和红外光谱技术对极少量出土琥珀进行材质鉴定和溯源，并对不同朝代琥珀珠饰的年代、材质和产地鉴定进行了初步尝试。红外光谱是琥珀产地鉴别中最常使用的测试手段，红外光谱中 1750—1690 cm^{-1} 之间为 C=O 官能团伸缩振动引起的吸收峰，波罗的海琥珀在此范围内存在 1732 cm^{-1} 处的特征峰；由于缅甸琥珀的成熟度较高，在 1724 cm^{-1} 处存在一强峰，抚顺琥珀在 1724 cm^{-1}、1697 cm^{-1} 均有吸收峰。1300—1000 cm^{-1} 的吸收峰由 C-O 单键振动引起，波罗的海琥珀在 1250—1175 cm^{-1} 存在特征的肩峰，而抚顺琥珀和缅甸琥珀在此范围内有一组强吸收峰，呈“山”字形，另

---

1 吕富华：《从出土的胡人驯狮琥珀佩饰看西方文化因素对辽文化的影响》，《赤峰学院学报（汉文哲学社会科学版）》2014 年第 35 卷第 2 期。

2 Czebreszuk J . Amber between the Baltic and the Aegean in the Third and Second Millennia BC (an outline of major issues). *International Conference Bronze and Early Iron Age Interconnections and Contemporary Developments between the Aegean and the Regions of the Balkan Peninsula,* Central and Northern Europe University of Zagreb, 11-14 April 2005, pp.363-369.

外抚顺琥珀 1136 cm^{-1} 附近的峰较弱，1259—1033 cm^{-1} 之间有多个弱吸收[1]。

覃春雷等[2]利用应用形态分析、放大观察和红外光谱测试对 4 件来自北京珠子博物馆的琥珀珠饰样品开展年代、材质和产地鉴定。测试结果表明，4 个研究样品与 2 个波罗的海对照样品红外反射光谱基本相似，4 个研究样品在 1250—1175 cm^{-1} 均出现了特征的“波罗的海肩峰”，由此可以确定 4 件研究样品均为波罗的海琥珀。Chen 等[3]采用红外光谱指出河南省南阳市体育中心游泳馆汉画像石墓 M18 出土的 3 件琥珀的产地与缅甸琥珀较为相似，推测琥珀样品属于缅甸汉代文化互动与交流的产物。红外光谱测试结果中未见“波罗的海肩峰”及 888 cm^{-1} 吸收峰。推测在汉武帝与印度开放贸易通道后，缅甸琥珀经印度和云南流传至中原。

肖琪琪等[4]对成都光华村街低阶官员唐墓出土的一件疑似琥珀的红色饰品采用红外光谱进行了材质和产地分析。测试样品出土于成都光华村街 M41 唐代砖石墓，颜色橘红，表面斑驳、稍有风化。测试得到红外光谱图符合琥珀中脂肪族结构基本骨架，并将测试所得红外光谱图和柯巴树脂红外光谱进行对比。测试样品的红外光谱中仅在 885 cm^{-1} 处有一弱峰，因此判断这件红色饰品材质为琥珀。我国古代的琥珀进口原料绝大多数来自波罗的海和缅甸，辽宁抚顺是我国最大的琥珀产地，因此将这件琥珀的产地锁定在三地之中。观察出土琥珀样品的红外光谱，羰基峰出现在 1732 cm^{-1}、1725 cm^{-1} 和 1718 cm^{-1}、1732 cm^{-1} 处最强，1725 cm^{-1} 处最弱，易被掩盖，在 1250—1175 cm^{-1} 之间存在“波罗的海肩峰”，符合波罗的海琥珀的特点。

（二）国外古代琥珀的科技溯源研究

国外研究出土琥珀产地溯源的手段相对较多，无损技术常用红外光谱、拉曼光谱，有损技术多采用气相色谱 - 质谱。在红外光谱鉴定琥珀产地时，较多采用定性的方法，很少采用统计方法进行定量分析。而当琥珀经风化和氧化，其红外光谱发生一定程度的漂移时，琥珀产地的区分就会显得较为困难，此时

1 邢莹莹、亓利剑、麦义城等：《不同产地琥珀 FTIR 和 13C NMR 谱学表征及意义》，《宝石和宝石学杂志》2015 年第 2 期；王妍，施光海， 师伟等：《三大产地（波罗的海、多米尼加和缅甸）琥珀红外光谱鉴别特征》，《光谱学与光谱分析》2015 年第 8 期。

2 覃春雷、孙傲：《中国古代琥珀珠饰鉴定及其产地初探》，《岩石矿物学杂志》2016 年第 35 卷第 1 期。

3 Chen D, Zeng Q, Luo W, et al. Baltic Amber or Burmese Amber: FTIR Studies on Amber Artifacts of Eastern Han Dynasty Unearthed from Nanyang. *Spectrochimica Acta Part A: Molecular and Biomolecular Spectroscopy,* 2019, vol.222, pp.117270-117275.

4 肖琪琪、易立、饶慧芸等：《成都光华村街唐墓出土琥珀的红外分析》，《文物保护与考古科学》2020 年第 1 期。

采用统计方法对琥珀产地进行分类研究更为科学和准确。

Teodor 等[1]对罗马尼亚多个考古遗址出土的琥珀进行了材质和产地鉴定，并采用主成分方法对罗马尼亚琥珀和波罗的海琥珀的红外光谱、拉曼光谱数据进行了判别分析，得出了琥珀经风化、氧化、酸性或含盐环境中红外光谱的变化情况。对比新鲜琥珀和仿出土琥珀的红外光谱，发现罗马尼亚琥珀受环境影响较波罗的海琥珀更大：在酸性环境中处理过的罗马尼亚琥珀红外光谱的变化较小，但在碱性环境中处理过的罗马尼亚琥珀红外光谱则会发生较大程度的变化；波罗的海琥珀红外光谱受酸性和碱性环境的影响均较小，但含盐环境会使其发生强烈偏移。经过几次尝试，选择波数范围 1700—1570 cm^{-1} 的红外光谱数据进行主成分分析时，两个产地的样品的分离效果最好，样品沿黑色基准线两端呈明显的分区（彩图四七）。这项研究证明了采用多元统计分析方法结合红外光谱数据判断出土琥珀产地的可行性。

Barroso 等[2]对来自西班牙、葡萄牙不同遗址中出土的琥珀和伊比利亚地区的矿产琥珀样品的 FTIR 数据对比并得出产源信息，根据时间顺序总结出当地青铜器时期琥珀贸易交流的情况。可以确认从旧石器时代到青铜时代伊比利亚半岛北部地区当地琥珀资源的使用情况。在旧石器时期伊比利亚所有的琥珀制品所使用的原料基本都为本地所产，在公元前 6 世纪—前 5 世纪时，外源琥珀原料进入伊比利亚地区。西西里琥珀的到来至少在公元前 4 世纪时进入伊比利亚，在公元前 2 世纪时波罗的海琥珀传播至伊比利亚地区并且逐渐取代西西里琥珀。

由于琥珀为萜类化合物高度交叉聚合形成的天然树脂化石，其化学成分为不溶于有机溶剂的高聚物和有机溶解成分两大类，其中高聚物的化学成分可采用热解气相色谱质谱 Py-GC-MS 方法进行分析，而其有机溶解物则可以使用气相色谱质谱联用 GC-MS 进行分析[3]。化石树脂中鉴定的大多数化合物是由高等植物合成的萜类化合物的成岩作用产物（生物标志物）。尽管在成岩作用期间经历了各种化学变化，但生物标志物仍然具有其前体的特征性基本骨架结构，

---

1 Teodor E.S, Teodor, e.D, Virgolici M, et al. Non-destructive Analysis of Amber Artefacts from the Prehistoric Cioclovina Hoard (Romania). *Journal of Archaeological Science*, 2010, vol.37, no.10, pp.2386-2396.Truica G, Teodor E, Litescu S, et al. FTIR and Statistical Studies on Amber Artefacts from Three Romanian Archaeological sites. *Journal of Archaeological Science,* 2012, vol.39, no.12, pp.3524-3533.Badea G, Caggiani M, Teodor E, et al. Fourier Transform Raman and Statistical Analysis of Thermally Altered Samples of Amber. *Applied Spectroscopy,* 2015, vol.69, no.12, pp.57-63.

2 Murillo-Barroso M, Peñalver E, Bueno P, et al. Amber in Prehistoric Iberia: New Data and a Review. *Plos One*, 2018, vol.13, no.8, pp.e0202235.

3 Clifford D, Hatcher P, Botto R, Muntean J, Michels B, Anderson K. The Nature and Fate of Natural Resins in the Geosphere—VIII. NMR and Py–GC–MS Characterization of Soluble Labdanoid Polymers, Isolated from Holocene Class I Resins. *Organic Geochemistry.* 1997, vol.27, no.7-8, pp.449-464.

并且因此可以用作化学系统标记物，气相色谱质谱和红外光谱相结合可以作为区分琥珀、树脂，以及产地的指纹图谱[1]。

Colombini 等[2]利用热解气相色谱质谱及红外光谱对俄罗斯、波兰等博物馆所藏的 20 块琥珀藏品进行了产地来源和降解机制的研究，以揭示古代文明的贸易路线。谱图（彩图四八）的主峰为琥珀酸，说明样品主要成分为琥珀酸，随着热解温度的升高，单萜和二萜的相对丰度降低，而聚合物基质的热解产物的量增加。不同样品的谱图基本相似，但热解产物的含量之间具有差异。将已知产地的琥珀样品按照相同的条件进行质谱，与测试所得出土琥珀样品谱图进行对比，得出这些琥珀藏品均来自波罗的海，外层多孔粗糙的外观可能与较高的浸出率和游离二萜从表面蒸发有关。波罗的海琥珀的外层受到环境暴露的影响，由于大分子结构的变化，表面呈现出多孔、粗糙和不透明的现象。了解出土琥珀的演化有助于为琥珀文物保护寻找新的方法，同时这项研究证实了公元前 7 世纪波罗的海和地中海国家之间就存在着商业交流，即“琥珀之路”。

Khanjian 等[3]利用红外光谱和热裂解气相色谱－质谱对公元前 600 年至 200 年的 26 件琥珀文物进行了测试，以确定琥珀的产地及有机固化材料对馆藏琥珀的影响。红外光谱显示为波罗的海琥珀的特征峰，气相色谱－质谱图显示出较高浓度的琥珀酸，琥珀酸是波罗的海琥珀的特征标志物，冰片、芬香醇和樟脑等其他化合物以不同的量存在，这些均为波罗的海琥珀的主要成分。结合红外光谱和质谱结果，这些琥珀文物均来自波罗的海。虽然气相色谱－质谱在琥珀中检测出了用来使表面固化的油类物质，但这类物质并不会影响琥珀产地标志物的检测，不会对琥珀的产地鉴定造成影响。

五、结语

国内外学者对史料中记载的琥珀产地及贸易路线、古代琥珀的艺术风格、出土琥珀的科技检测有较为深入的研究，在确定古代琥珀的时代特征、历史风貌等方面发挥了重要作用，也揭示了琥珀从产地到达不同地域被加工、使用的过程中的文化交融和经济发展。历史论证和艺术论证两个视角虽然分析较为全

1 丘志力、陈炳辉、张瑜光：《柯巴树脂与琥珀的鉴定》，《宝石和宝石学杂志》1999 年第 1 卷第 1 期。

2 Colombini M, Ribechini E, Rocchi M, et al. Analytical Pyrolysis with In-situ silylation, Py(HMDS)-GC/MS, for the Chemical Characterization of Archaeological and Historical Amber Objects. *Heritage Ence*, 2013, vol.1, no.1, pp.1-10.

3 H, Khanjian M, Schilling J. Maish FTIR and PY-GC/MS Investigation of Archaeological Amber Objects from the J. Paul Getty Museum. *E-PS,* 2013, vol.10, pp.66-70.

面、深入，或对不同时期的历史资料进行了综合探讨，或将不同地域、不同时期琥珀器的艺术风格对比研究，但其得出的产地相关结论仅为推论，对确定古代琥珀的材质和溯源等方面仍缺乏足够的科学依据。其准确结论有待借助自然科学技术手段提供。

对古代琥珀产地的科技论证研究常用的测试方法包括红外光谱、拉曼光谱和气相色谱-质谱。红外光谱和拉曼光谱均为无损测试，基本无须对样品进行处理，将已知产地的红外或拉曼谱图和测试数据进行对比，就可以得出出土琥珀的产地信息。气相色谱-质谱需要微量的样品粉末进行测试，根据琥珀中的产地标志物可以准确判定出土琥珀的来源，另外还可对样品的降解程度进行研究。但这些测试基本均在实验室中进行，将来可使用便携仪器设备开展对馆藏琥珀的分析，建立各地出土琥珀的产地数据库，有望揭示全球琥珀的产地，再现古代琥珀传播的路线。

殷墟出土黄绿色透闪石玉来源的亚微结构分析

陈典[1,2] 唐际根[3] 于明[4] 杨益民[1,2] 王昌燧[1,2]
（1. 中国科学院大学人文学院考古学与人类学系 2. 中国科学院脊椎动物演化与人类起源重点实验室，中国科学院古脊椎动物与古人类研究所 3. 南方科技大学文化遗产研究中心 4. 中国文物学会玉器专业委员会）

【摘要】安阳殷墟出土透闪石玉的来源一直是人们关注的重要问题。基于元素含量的数据分析是探讨无机质文物矿料来源的主流方法，然而不同来源的透闪石玉料在主、次和微量元素含量范围等方面往往存在重叠现象，因此这一方法难以应用于透闪石玉料矿料来源的探讨。近年来，一些收藏家与学者观察透闪石玉的亚微结构并鉴定其来源，积累了大量的实践经验。本文在此思路的基础上，利用多光谱成像技术分析玉料的亚微结构，并通过均值滤波增强图像清晰度。对比分析殷墟 M54 出土的 3 件黄绿色透闪石玉器物和现代三大产地透闪石玉料的亚微结构图像，发现这些殷墟透闪石玉应为辽宁岫岩玉料，而与新疆、青海两地玉料均有差异。

【关键词】透闪石玉；殷墟；多光谱成像；产地

一、前言

由于原料难得、材质纯美、加工耗时、保存整固，玉器逐渐成为社会复杂化的象征以及精神信仰的载体。继新石器时代后，晚商时期的殷墟玉器无论在质量还是数量上都有显著提升，形成玉器发展史上又一高峰。商代晚期已经进入国家阶段，形成了阶级社会，各种进献、觐礼等礼节制度日趋成熟，玉器与玉料也会作为贵重物品被贡奉，甲骨文中便有“取玉于龠”“征玉”的相关记载。战争带来的掠夺以及部族的迁徙移动，自然也加剧了一部分玉器以及玉料的流通[1]。关于殷墟出土古玉的矿料来源，一直都是学术界关心的重大问题。由于一些殷墟古玉精美异常，品质极高，也引发了人们对殷墟是否存在新疆和田玉的持续争论[2]。

鉴别透闪石玉的产地是一项艰巨的任务。根据地球化学理论，微观的纤维纹理、微量元素和同位素含量可以推断出透闪石玉的地质环境和成矿年代，从而作为追踪产地的标准。近几十年来，对透闪石玉的科学研究，特别是对古玉出处的研究，基本上都是按照这些思路开展[3]。然而，透闪石玉是一种多晶质集合体，这就导致了一些指标，如化学元素、伴生矿物和包裹体，在不同产地的透闪石玉之间有很大的重叠性。此外，从不同实验室获得的同一产地的透闪石玉的地球化学数据（如稀土元素的分布）有时会有明显的差异。例如，不同的科学仪器和不同的测试参数，使得它们无法比较[4]。目前，只有放射性同位素测年技术（如氧同位素）是比较公认的确定透闪石玉产地的准确手段[5]。然而，由于文化遗产领域的检测往往需要非破坏性的技术，因此侵入性（破坏性）的化学成分测试和同位素分析仍然受到限制[6]。

由于形成条件不同，透闪石玉料的结晶度和矿物颗粒的排列在结构上存在细微差别，这些反复出现的暗示性特征可称为亚微结构（因为它在尺度上大于微观结构）。这些可见的特征经常被专家阐述，并在市场上被广泛讨论，为透闪石玉的产地提供线索[7]。此前，我们已经通过多光谱成像分析，根据亚微结构成功区分出几大现代产地的透闪石玉，为玉石考古学开辟了新的思路[8]。在本研究中，该方法首次应用于古代透闪石玉样品，并结合我们已有的现代透闪石玉数据库和相关考古资料，试图揭示这一类殷墟透闪石玉的产地。

---

1 黄可佳：《贡纳与贸易——早期国家的玉石器生产和流通问题初探》，载北京联合大学考古学研究中心编：《早期中国研究》第 1 辑，文物出版社，2013 年，第 198—211 页。

2 杨伯达：《“玉石之路”的布局及其网络》，《南都学坛》2004 年第 3 期；叶舒宪：《“丝绸之路”前身为“玉石之路”》，《中国社会科学报》2013 年 3 月 8 日第 3 版。

3 王荣：《古玉器受沁机理初探》，中国科学技术大学博士学位论文，2007 年。

4 鲁力、边智虹、王芳：《不同产地软玉品种的矿物组成、显微结构及表观特征的对比研究》，《宝石和宝石学杂志》2014 年第 2 期。

5 王时麒、员雪梅：《论同位素方法在判别古玉器玉料产地来源中的应用》，载《首届“地球科学与文化”学术研讨会暨中国地质学史专业委员会第 17 届学术年会论文集》，2005 年，第 222—230 页。

6 Wang, R. Progress Review of the Scientific Study of Chinese Ancient Jade. *Archaeometry*, 2001. 53(4), 674-692.

7 王时麒、孙丽华：《当今市场五个产地透闪石玉特征的肉眼识别》，载《2013 中国珠宝首饰学术交流会论文集》，《中国宝石》杂志社，2013 年，第 157—159 页。

8 Chen D., Pan M., Huang. W Luo, W.G., Wang C.S. The Provenance of Nephrite in China Based on Multispectral Imaging Technology and Gray-level Co-occurrence Matrix. *Analytical Methods,* 2018(10); Dian Chen, Ming Pan, Wei Huang, Wugan, Luo, Changsui Wang. Sub-microstructures of Nephrite from Five Sources Based on Multispectral Imaging and Effect Enhancement. *Asian Journal of Advanced Research and Reports,* 2020(3).

二、样品背景

本次重点考察透闪石玉制品均为典型的黄绿色，由于它们几乎没有受到土壤侵蚀与风化的影响，故而仍然呈现半透明特征与精致的温润感，可以代表这类玉料本身的特点。样品一共 3 件，均来自花园庄东地 M54（图一）。该墓所出玉器已有前人采用便携式近红外矿物分析仪进行过矿物学无损检测[1]，材质信息明确可靠（表一）。

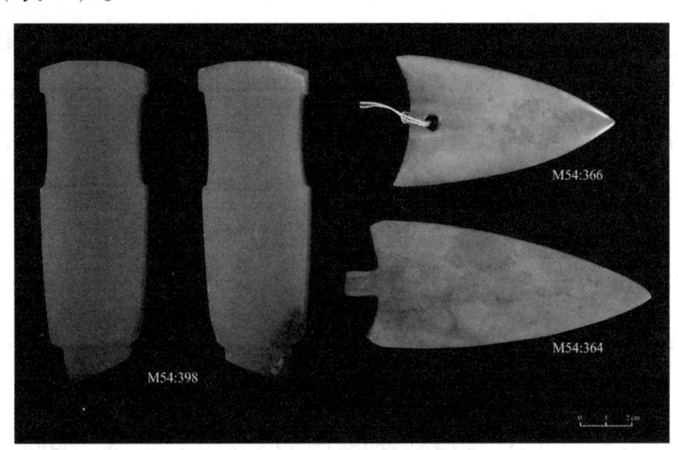

图一　此次所分析的样品

花园庄位于安阳市西北、小屯村南，是殷墟重点保护区内的重要遗址之一。M54 于 2000 年底至 2001 年初发现和发掘。该墓出土玉器共 210 余件，就数量而言仅次于妇好墓。包括礼器、兵器、工具、装饰品及杂器等。其中，装饰用的玉管数量最多，占所出玉器的四分之三左右。从该墓所出青铜礼器上大多有铭文“亚长”二字，一般来说，“亚”是商代武职官名，而“长”字在甲骨文中亦有记载，为族名。推知 M54 号墓主当为“长”族的首领。年代被发掘者定为殷墟二期偏晚阶段[2]。

表一　此次分析玉器的基本信息

编号	器型	颜色（Munsell System）	透光性	材质
M54：364	玉镞	10Y6/2–5Y6/4	佳	透闪石玉
M54：366	玉镞	10Y6/2–10Y4/2	佳	透闪石玉
M54：398	柄形器	5GY6/3	佳	透闪石玉

1　荆志淳等：《M54 出土玉器的地质考古学研究》，载中国社会科学考古研究所：《安阳殷墟花园庄东地商代墓葬》，科学出版社，2007 年，第 345—387 页。

2　徐广德、何毓灵：《河南安阳市花园庄 54 号商代墓葬》，《考古》2004 年第 1 期。

三、分析方法

（一）多光谱成像

多光谱成像技术，全称为多通道光谱成像技术，是利用分光元件对目标样品进行多通道成像。它利用很多很窄的电磁波波段从感兴趣的物体获得有关数据，包含了丰富的空间、辐射和光谱三重信息。每个通道获取的图像具有较高光谱分辨率，代表了目标样品在此通道上的光谱反射情况，所有通道获取的图像组合成数据立方，在直观显示目标样品的二维形态信息的同时，还记录了样品的反射光谱信息[1]。光谱图像信息不仅可以反映样本的大小、形状、缺陷等品质特征，还能充分反映样品内部的物理结构、化学成分的差异。由于不同物质对光谱的吸收不同，在某个特定波长下的图像，对某个缺陷将有较显著的反映。利用高光谱影像分析技术可以精细地刻画物质的属性，区分物质成分的不同，展示不同物质的空间分布状态[2]。凭借这一优势，光谱成像在许多领域取得了成功应用。

早在20世纪60年代，光谱成像技术就被应用于遥感、地面军事等领域，随着半导体光电探测器的出现，其应用范围扩展到药物学、环境科学、食品工程、农业等领域[3]。20世纪90年代，多光谱成像技术在文物研究和保护中崭露头角，相继出现的众多配置各异的多光谱成像系统，被用于油画、文稿、陶质彩绘器物等文物的物质分析与鉴定、状态评估、数字图像存档等方面[4]。利用所采集的多光谱数据，实现光谱分析、光谱分类、光谱去混合等光谱分析功能，可以使文物研究专家观察到肉眼无法看到的影像信息，为文物的保护与鉴定提供了无损的新技术手段[5]。

---

1 解娜：《高光谱成像技术研究》，长春理工大学博士学位论文，2019年。

2 杜丽丽等：《基于液晶可调谐滤光片的多光谱图像采集系统》，《光学学报》2009年第29卷第1期。

3 Liang H. Advances in Multispectral and Hyperspectral Imaging for Archaeology and Art Conservation. *Applied Physics A,*2012(106).

4 闫丽霞：《基于多光谱技术的中国古画虚拟修复研究》，天津大学博士学位论文，2012年；王雪培等：《多光谱成像技术分析彩色艺术品的相关基础研究》，《光学学报》2015年第10期。

5 Papadakis V., Loukaiti A., Pouli P. A Spectral Imaging Methodology for Determining on-line the Optimum Cleaning Level of Stonework. *Journal of Cultural Heritage,* 2010(11).

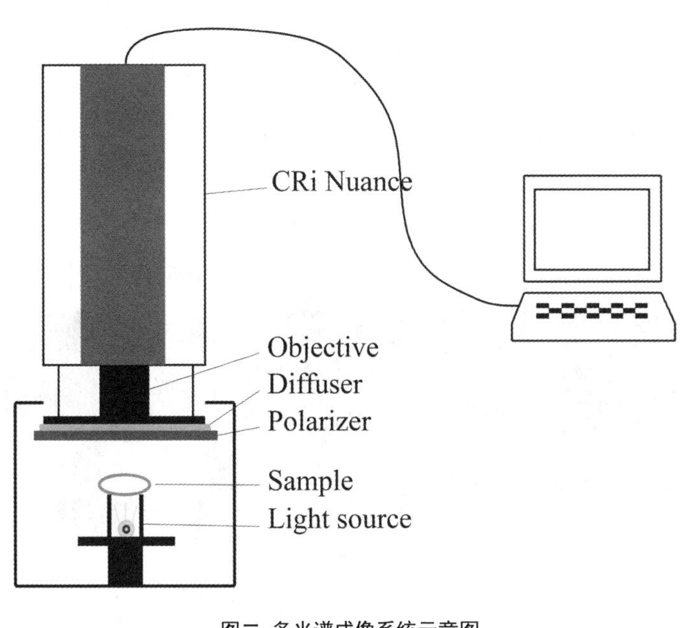

图二 多光谱成像系统示意图

本文采取的多光谱成像系统为CRi Nuance（美国剑桥）。Nuance成像模块主要包含高分辨率科学级CCD成像传感器、带偏振器的固态LCTF、波长调谐元件、光谱优化透镜和内部光学元件（图二）。相机镜头（尼康AF-svr105mmf/2.8G相机IF-ED，AF镜头类型S）在315纳米至1100纳米范围内可复消色差。在暗室条件下，采用发光二极管（LED）光源从样品正下方透过，其输出稳定，功率可调，且可避免杂光干扰。图像在450纳米至500纳米波长范围内采集，扫描步骤为10纳米。样品以适当的高度和角度放置在载物台上，以确保其在透镜的视野范围内。所有样品的平面与透镜之间的距离相同，因此更容易确定焦深。然后调整透镜的焦距，直到样品的图像清晰地显示出来。曝光参数已预先设定并自行调整，图像将由软件记录和保存。笔记本电脑通过电缆与摄像机相连，利用CRi-Nuance和Matlab程序对图像进行后续处理。

（二）光照模拟

每个样品在光谱范围内产生一系列不同波段的灰度图像，如图三所示。显然，不同波段的图像显示的光强分布并不相同，随着波长的增加，图像逐渐由暗变亮，再由亮变暗。其灰度直方图的定量结果如图四所示。纵坐标表示像素值，横坐标表示灰度，其中0表示最暗，255表示最亮。当光波长约为600纳米时，图像的亮度将达到最高，而以600纳米接收波长为中心的灰度分布具有一定的对称性。这种模式似乎是透闪石玉样品的一般规律。透闪石玉的结构纹理主要依靠图像的灰度差来显示，在正常光线下肉眼很难看到。在大多数情况下，灰度值为 0 的区域是在样品之外的背景数据，应当舍弃；而最亮的区域也由于曝光过长将掩盖相关信息，实际上，当某区域的整体灰度值高于 230 时，观测就将受到严重干扰。因此，若经适当处理，使图像的整体灰度分布尽可能平衡，其原始图像势将包含更多细节。基于上述原因，在每个序列中选择 660 纳米波段的图像作为代表，而若考虑对称性，也可以选择 510 纳米波段。

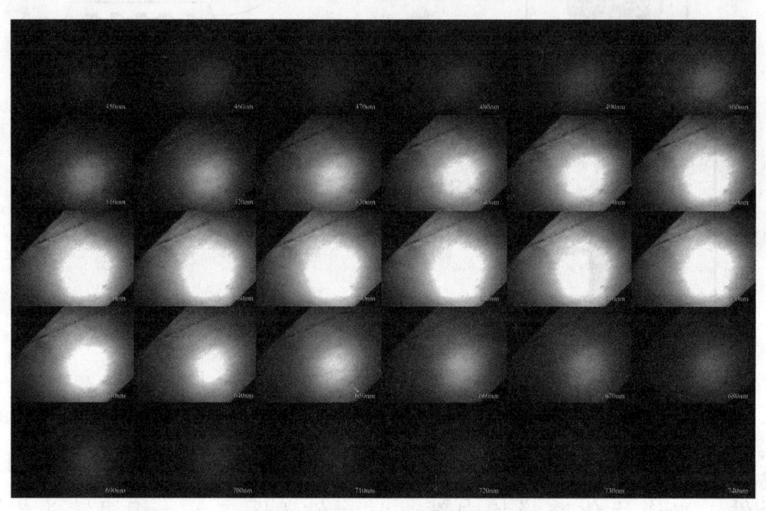

图三　不同波段下的多光谱成像

不难发现，光强分布的严重不均，致使生成的图像模糊不清。因此，必须先去除这一干扰要素，使透闪石玉的亚微结构图像明确显示。一般说来，多光谱形成的灰度图像实际上是光强分布和目标图像的叠加，由此可见，光强分布的估计颇为重要[1]。本文应用图像处理的基本技术——平滑线性滤波，作为低通滤波器，对原始图像进行了处理，以便有效桥接原始图像中光强分布上的间隙与断裂，使图像得以平滑，例如，图像中每个像素的值被周围像素的加权平均值所代替，最大限度地消除图像上的突变区域[2]。

前人的研究已证实，对于光强分布的模拟，最简单有效的方法是在加权平均中取相同的权重，即采用平均滤波器进行滤波处理[3]。一般来说，高斯滤波器主要用于抑制服从正态分布的噪声，而无法拟合图像背景。人们知道，对于滤波效果而言，掩模形状与尺寸的选择至关重要。考虑到透闪石玉的亚微结构图像，其水平方向和垂直方向上的光强分布无明显差异，这样，方形滤波掩模最为合适。

1　Liang L., Wei P., Lei H.E., Zhang L.W., Wang, H.X. Survey on Enhancement Methods for Non-uniform Illumination Image. *Application Research of Computers,* 2010(5).

2　马超玉：《光照不均匀条件下图像增强算法研究》，长春理工大学博士学位论文，2014 年。

3　马超玉：《光照不均匀条件下图像增强算法研究》，长春理工大学博士学位论文，2014 年。

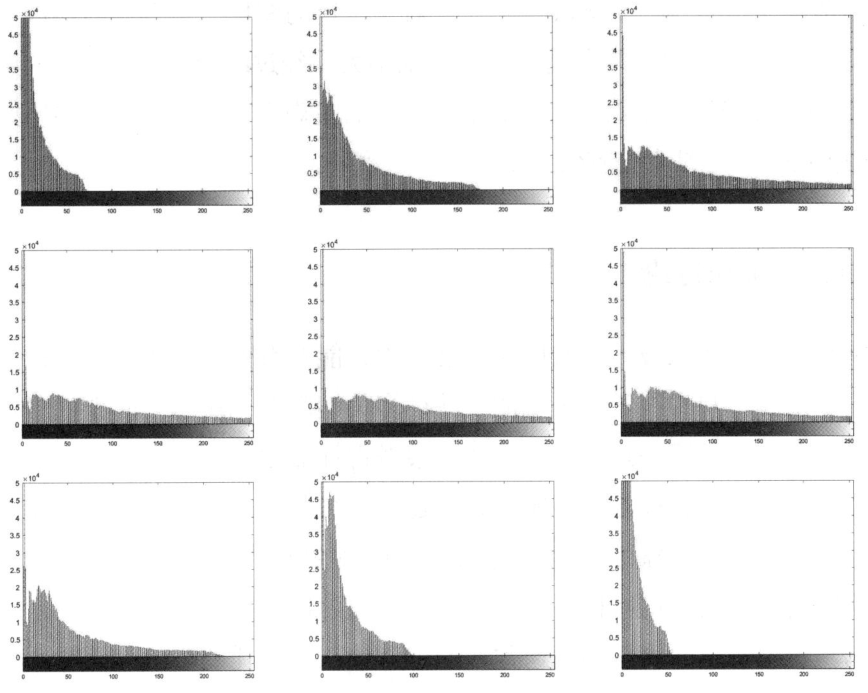

图四 不同波段图片的灰度统计直方图

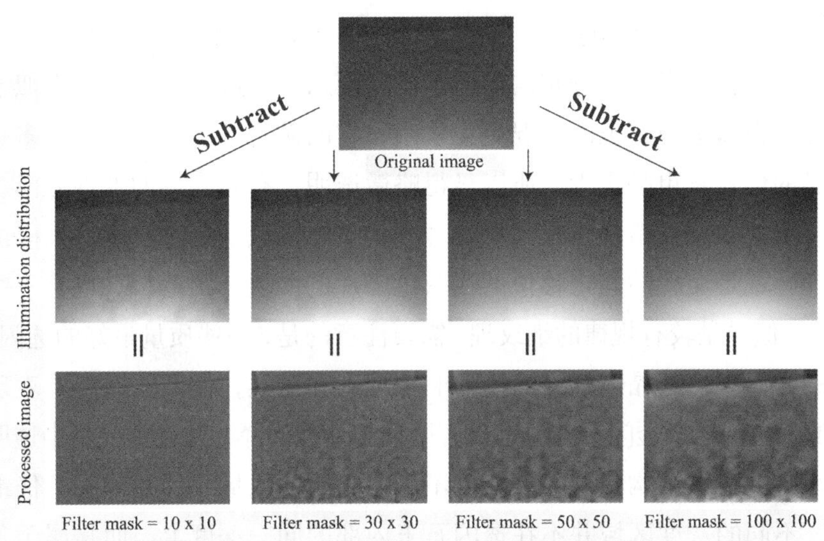

图五 用不同尺寸掩模为基础的均值滤波模拟不均匀光照的图像以及增强效果后的图像

掩模的形状确定后，还需选择合适的尺寸（图五）。为了统一标准，利用MATLAB(2018a)软件对每幅图像聚焦位置约1×1平方厘米的区域进行分析处理。可以看出，掩模尺寸对样品边缘的清晰度影响不大。如果滤镜掩模过小(10×10)，有效信息几乎消失。但是，如果掩模太大(100×100)，则处理后的图像将变得模糊。为了最大情况下保留住有效信息，同时不使其失真，根据经验，掩模尺寸的最佳范围为 30×30—50×50。然而，对于特定的图像，最合适的参数并不完全相同，但是 40×40 左右的滤波掩模差别不大。经过综合考虑，本研究选用了 40×40 的方形掩模。虽然该参数是基于经验的主观选择，但在不偏离原始图像特征的前提下，还是十分有效地提高了视觉效果。

四、结果和讨论

利用多光谱成像技术以及图像增强技术，能够有效揭示透闪石玉样品的亚微结构。由于直观的视觉效果也能反映许多关键问题，所以下面先就图像反映的特征对各个样品逐一进行讨论。在考察考古样品之前，我们应该通过回顾现代样品的典型表象特征来重新审视，以建立一个基本的参考体系。此前已有学者和专家对新疆、青海和辽宁的透闪石玉的表观特征进行了详细描述[1]。由于一些异质结构单元的光谱特征不同，多光谱图像可以直接显示具有灰度差异的亚微结构。透闪石玉的纹理单元通常通过被背景灰度衬托的略微明亮的区域来区分。纹理单元以不同的大小、形状和分布聚集在一起，以显示亚微结构的全貌。

就细节而言，青海透闪石玉一般具有微弱的油性光泽，其中一些是蜡质的或类似玻璃的光泽，但其透明度较高[2]。此外，它的亚微结构表现出许多亮度很高的斑点，颗粒度很小，分布均匀而紧凑（图六）。这一特征特别类似于颗粒状的白糖。新疆透闪石玉的情况更为复杂，它的矿物粒度非常小，大多是微晶和微隐晶的形式，粗晶很少，所以显得略微透明，有相当强的油性光泽。而新疆透闪石玉的主要亚微结构是絮状纹理，其整个区域都是细粒度的天鹅绒状纹理，或者区域是交替的均匀移位的浅灰色鳞片的团块（图七）。也有一些质量相当好的，似乎是较有规律的细纹理。需要注意的是，一些质量最好的透闪石玉，如顶级的和田玉，其晶体纤维的排列非常规则和密集，使其亚微结构表现为几乎均匀的纯色。辽宁透闪石玉总是具有明显的油性光泽，并且主要是半透明的，其模糊片状的亚微结构包含各种灰度不同但连续的区域，尺寸颇大。仔细观察会发现，不同的灰度区域并不在透闪石玉内部的同一深度上，而是属于独立的混合层（图八）。此外，现代市场上流通的透闪石玉还有两宗大类来自韩国春川与俄罗斯贝加尔湖地区。

---

1 王时麒：《当今市场五个产地透闪石玉特征的肉眼识别》，载《2013 中国珠宝首饰学术交流会论文集》，《中国宝石》杂志社，2013 年，第 157—159 页。

2 熊燕：《不同产地白色软玉结构和外观的差异性比较——以新疆、青海、俄罗斯、韩国白玉为例》，中国地质大学（武汉）硕士学位论文，2009 年。

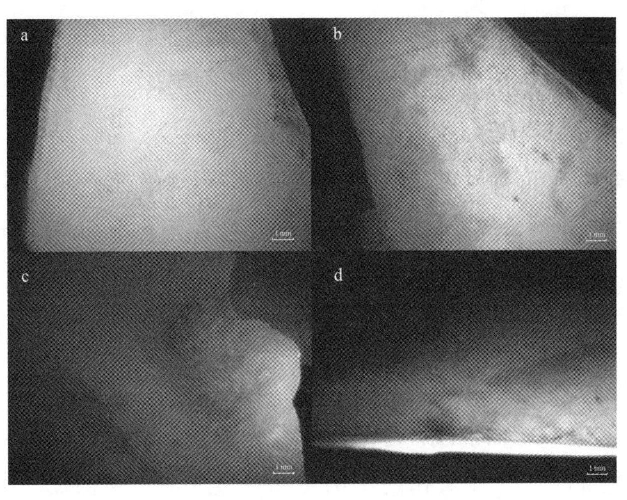

图六 青海透闪石玉的亚微结构

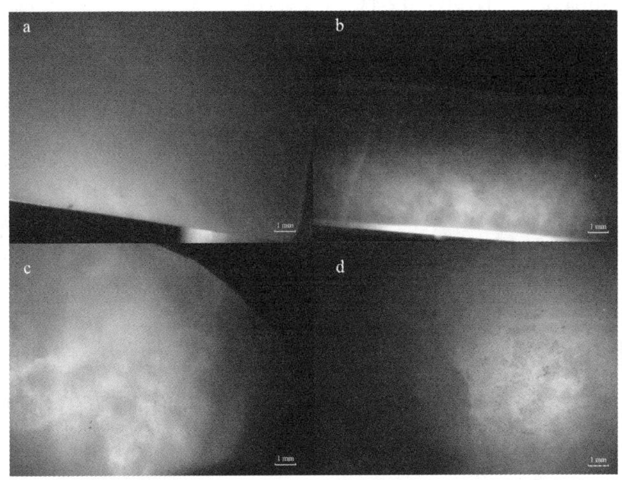

图七 新疆透闪石玉的亚微结构

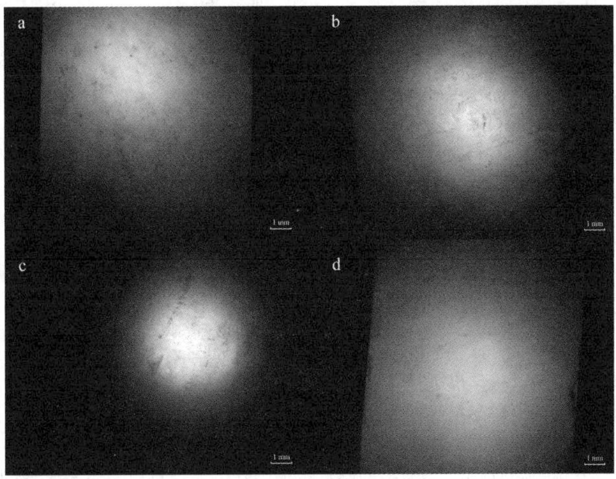

图八 辽宁透闪石玉的亚微结构

对于考古样品，这三块殷墟透闪石玉实物总体上没有受到裂纹的影响，没有特别明显的灰度差异，通过不同程度的透光，仍然可以看出一些内部结构特征。没有过细过密的亚微结构，也没有明亮的颗粒状亚微结构，只有相对随机突出的大面积斑块，而且这些斑块似乎不在同一水平面，这可以通过景深来判断。很明显，三件殷墟黄绿透闪石玉制品与其他三大产地的玉料可以有效区分，尤其是与青海透闪石玉的差距很大。各种特征表明，这些样品更像是来自辽宁的透闪石玉。此外，这些黄绿色透闪石玉样品或多或少都带有红色的次生色，这是铁离子在水中长期侵蚀透闪石玉本体后才出现的特征，表明它是由籽料制成的。众所周知，在辽宁岫岩，有一种被称为“河磨玉”的品种具有这样的特征。

辽宁岫岩透闪石玉的开采和使用历史相当之早。而且根据目前的大量证据，可以推测红山文化大量玉器的主要原料也来自岫岩[1]。一些古老的传说涉及这一地区确实有产玉的山脉。比如，汉代的《淮南子》提到了一个地名——医巫闾，认为在这里可以找到一种罕见的珍贵玉石。许多学者将这一古老的发现与岫岩的透闪石玉联系起来，以证实岫岩玉的声誉，同时也说明当时关于玉石的知识具有很强的延续性[2]。延续这一观点，一些证据慢慢出现，反映了殷墟文化和红山文化之间的一些隐性联系。

在红山文化时期，原始的宗教信仰有所发展。祖先崇拜和龙图腾崇拜的概念已经完成，这两者恰好都是商代祭祀活动的主要对象。例如，妇好墓出土的一些镂空勾云形挂件就是来自红山文化的遗存。其他一些蜷曲的玉龙和玉雕像也深受红山文化的影响。一个更重要的事实是，玉器礼制是在红山文化中形成的，并对后世的玉器信仰和礼制产生了不可磨灭的影响[3]。因此，有观点认为，商朝建立者的祖先可能来自西辽河流域，商朝文明社会的形成和发展以及商文化的起源都与红山文化密切相关。一些学者推测，在古代玉石的开采被固定的家族所垄断，玉石材料的来源可能是一个世代相传的秘密。殷墟时期的某些玉器可能反映出这些掌控玉料的家族并没有断绝对玉石资源的控制，虽然可能仍是通过长距离多环节的交换输送，或者仅是消耗掉了之前的存货[4]。

事实上，种类繁多的殷墟玉器可谓是集前代之大成。例如，一项关于妇好墓玉器风格分析的研究认为，其中约有 30% 来自过去的考古学文化，包括兴隆洼文化、红山文化、夏家店下层文化、陶寺文化、龙山文化、齐家文化、石家

1 王时麒等：《中国岫岩玉》，科学出版社，2007 年，第 160—166 页。

2 王时麒等：《中国岫岩玉》，科学出版社，2007 年，第 160—166 页。

3 王苹：《妇好墓出土人像及相关问题探讨》，《博物院》2018 年第 5 期。

4 朱乃诚：《殷墟妇好墓玉器再认识——关于妇好墓玉器中礼器、仪仗以及玉料来源问题的思考》，载《夏商玉器及玉文化学术研讨会论文集》，岭南美术出版社，2018 年，第 1—21 页。

河文化、二里头文化、二里岗文化等。证实了统治阶级对玉器的强烈喜爱和获取玉器的巨大能力[1]。史前玉文化根据地理分布，大体上呈现为不同的板块，直到商代，各地多样的玉器才像旋涡一样集中在中原地区[2]。除了完整的玉器被搜罗外，更关键的是，统治阶级也会从一些地方获得新的玉器资源，以满足自己的礼制和审美需要。需要指出的是，由于透闪石玉很容易保存后世，玉器成品所构筑的流通交换网络的时空跨度可能相当大。但是，追踪风格文化上典型的透闪石玉器物的出处则是另一回事，它有可能在更高的分辨率上揭示其权力互动的关系。本文的案例反映了在殷墟时期，商代晚期文化与东北辽宁地区之间仍然存在的隐密关系。

五、结论

古代玉石材料的来源问题一直是玉石研究的必要前提，但一直没有得到很好解决。在此，我们首次将多光谱成像技术用于古玉的研究，以追溯其原料的来源。这种方法摆脱了以往的数据解读，直接呈现了传统经验中最依赖的亚微结构图像，突出表明感官特征。我们仔细研究了三件保存非常完好、色调为黄绿色的精美透闪石玉器，并与可能为其出处的现代样品进行了比较，得出结论：这类玉料属于辽宁的岫岩透闪石玉。此外，还粗略讨论了商代晚期文化与红山文化的隐密联系。

本文介绍了多光谱成像技术在研究玉石方面的巨大潜力。之后我们可以期待的是利用一些模式识别和人工智能算法来区分不同图像的特征，然后建立一个自动处理系统。如上文所强调的，殷墟玉器无论是从矿物材料还是从各种视觉特征来看，都是多样化的。作为中国玉文化进程的一大高峰，殷墟玉器自然得到了更多的关注。本文的工作仅仅是一个开始，对透闪石玉的进一步详细研究将逐步澄清殷墟玉石材料来源的奥秘。不仅如此，随着地质资料的不断发现与补充，我们还可以逐渐扩大现代样品的搜集并充实数据库的建设，为解决玉料产地这一难题提供可靠依据。

1 朱乃诚：《殷墟妇好墓玉器再认识——关于妇好墓玉器中礼器、仪仗以及玉料来源问题的思考》，载《夏商玉器及玉文化学术研讨会论文集》，岭南美术出版社，2018 年，第 1—21 页。

2 杨伯达：《“玉石之路”的布局及其网络》，《南都学坛》2004 年第 3 期。

蒙元时期玉料产地及开采状况

于明（中国文物学会玉器专业委员会）

【摘要】历史文献中蒙元时期玉器的记载就较少，更无玉料开采情况的记载，是玉器研究的空白，本文力图对蒙元时期的玉料开采状况作一探讨。首先，本文探讨了蒙元时期新疆和田籽料开采的情况，主要探讨了和田籽料开采地点及开采条件。其次，本文论述了叶尔羌河开采籽料的状况，蒙元时期是中国历史上第一次对叶尔羌河采玉有明确记载的时期。再次，本文分析了蒙元时期新疆开采山料的可能性，结论是蒙元时期没有新疆山料的开采。最后，本文对蒙元时期中国除新疆外其他地区的玉料开采情况作了简略介绍。

【关键词】蒙元时期；于阗（和田）玉料；喀什玉料

蒙元时期地域辽阔，是中国玉器发展的一个重要阶段，但历史文献关于玉器的记载较少，更谈不上玉料的情况，因而较少有人较为深入地研究蒙元时期玉料情况。笔者多年来研究中国各个历史时期玉料情况，对这一时期也有所关注，这里略谈个人认识。

一、新疆玉料的开采

蒙元时期，新疆在察合台的控制之下。察合台为蒙古铁木真次子，于1222年在其封地建立了察合台汗国。初期地域包括天山南北路与玛纳斯河流域及今日阿姆河、锡尔河之间的中亚地区。1346年分为东西察合台两部分，西察合台汗国于1369年被铁木尔帝国灭亡，东察合台汗国于1680年被准噶尔汗国灭亡。东察合台汗国在中国史书中通常不以东察合台汗国称呼，而以他们的国都为名，先后称为：别失八里（今新疆吉木萨尔）、亦力把里（今新疆伊宁市）、吐鲁番（今新疆吐鲁番市）。

新疆在察合台统治时期，玉料的开采持续进行，品类仍以籽料为主，但开采地点有所扩大，超出于阗（和田）地区的范围，在喀什地区的叶尔羌河流域进行了籽料开采。

（一）和田籽料的开采

蒙元时期，察合台政府直接控制斡端（和田）籽料的开采，采玉民户聚集在斡端喀拉喀什河（墨玉河）山口附近的匪力沙（今希拉迪东），以淘玉（采玉）为生，被称为“淘户”。1273年，元世祖命玉工在斡端淘玉，发给玉工李秀才“铺马六匹，金牌一面”，敕令“必得青、黄、黑、白之玉”[1]，表明此时新疆的淘玉是以政府为主导进行的淘玉。

因为在喀拉喀什河淘玉，所淘之玉以青、黄、黑及白色为主，这一时期没有过于强调淘白玉。为减轻淘户的负担，使其专注淘玉，1274年，政府又命令免去淘户差役。淘户开采得到的玉石，由驿站运往大都。在官方从事采玉的同时，也有民间的采玉活动。民间采玉所得玉石，或通过回族商人贩入内地，或贩卖给西北宗王，用以向中央政府进贡。

这里所提到的淘玉，是自唐代以来和田籽料的开采方式，具体来说，淘玉包括捞玉和拣玉两种籽料开采方式。

1. 捞玉

顾名思义，是下河捞玉。是古人在昆仑山脚下的河流采集玉石的一种方法，捞玉主要有这样几个特点：

（1）捞玉方法。古代文献记载的捞玉方法多是“踏玉”，认为捞玉人在河水中仅凭脚下感觉，便可以分辨出玉和石来。《西域闻见录》云：“遇有玉石，回子脚踏知之。”[2]

一般来说，这种情况被认为是采玉人长时间在河中行走，边走边用脚来感知所踩卵石是不是玉石，如果感觉是玉石便入水取出。事实上，这种人在水中行走，靠脚来感知是不是玉的捞玉方法是不可行的。人长时间在和田河的水中行走，身体承受不了。笔者多年前曾在夏季，在和田河中赤脚行走三分钟，脚已麻木，上岸后长时间感觉脚部冰冷，其后数年脚部都有冰冷的感觉（图一）。

---

1 ［明］解缙等撰：《永乐大典》卷一九四一七《二十二·勘·站·站赤二》，引《经世大典》，中华书局影印本，1986年，第7199页。

2 ［清］长白七十一椿园（姓尼玛查，字椿园）：《西域闻见录》，宽政十二年（1800），东京书林刻本。

图一　和田白玉河

（2）捞玉时间。捞玉时间也是有选择的。《新唐书》记载："月光盛处必得美玉。"[1]意思是说，在月光之下，河中的籽料特别亮，如见到月光下很光亮的石头，必得美玉。现代有人解释为：因玉多洁白润滑，反射率较大，故显得月色倍明。实际上，和田玉的折射率和反射率并不大，不具发光性。在夜晚明月当空的水中，和田玉与同一颜色的石英岩或大理岩砾石没有什么区别，玉没有因月色而亮度倍增的情况。但有经验的捞玉者，在有月亮的晚上辨水中之玉，更容易些。因而，在和田河中捞玉，多选择在月明的晚上。

（3）捞玉季节。和田捞玉有很强的季节性。和田的河流，主要靠昆仑山的冰雪融化补给。夏季时气温升高，冰雪融化，河水暴涨，流水汹涌澎湃，这时山上原生玉矿经风化剥蚀后，洪水携带玉石奔流而下，到了出水口地带因流速骤减，玉石就堆积在那里的河滩上或河床中。秋季河水渐落，玉石显露，人们易于发现，这时气温适宜，可以入水，所以秋季是人们捞玉的主要季节。

（4）捞玉之人。古代文献中有"阴人招玉"之说，"其俗以女人赤身没水而取者，云阴气相召，则玉留不逝，易于捞取"。[2]古代官员认为玉聚敛了太阴之气，如有阴气相召，必易得玉，于是多用妇女下河捞玉。尽管女性皮下脂肪较厚，耐寒性更好些，但极少有人能坚持在冰冷刺骨的河水中长时间捞玉，即使是短暂的下河捞玉也是极其辛苦和无奈的，何况长期泡在冰冷的河水中捞玉。

笔者认为，捞玉之人并不是长时间浸泡于河中，而是在秋季月明之夜，在

1　[宋]欧阳修、宋祁撰：《新唐书》列传第一百四十六上《西域上》，中华书局，1975年，第6235页。

2　[明]宋应星著：《天工开物》下卷《珠玉第十八卷》，明崇祯十年（1637）涂绍煃刊本。

昆仑山两条河出山口河水较浅处，有识玉经验且身体健壮的多名女性结伴而行，在岸边边走边看，看到河中有类玉的石头，便脱掉衣服，手挽手地走进河中将其捞拾出来，然后迅速上岸，继续向前捞玉。

图二 和田捞玉图

然而，蒙元时期，于阗的统治者为了获取玉石的高额利润，竟然强迫于阗女奴在夏季长时间水下捞玉。据《佛自西方来——于阗王国传奇》载，元代时期，于阗的首领阿巴拜克曾强迫女奴隶长时间下河捞玉，“每到汛期过去，无数赤裸的女奴隶就会像下饺子一样，在没过胸的河水中，寻找玉石”[1]（图二）。于阗河水系昆仑山雪水融化而成，寒冷刺骨，这种灭绝人性的捞玉方法，不知摧毁了多少维吾尔族女性的健康，这在于阗捞玉史上可能是绝无仅有的一次。

2. 拣玉

拣玉是古代人们在出玉河流的岸边采集玉石的一种方法。拣玉并不是漫无目的地在河边翻拣，而是有目的、有方法地拣拾。

（1）拣玉地点。拣玉人需要有丰富的经验，能够根据河流冲刷的方向选择拣玉地点。这些地点是水流由急变缓处，这些地方有利于玉石的停积。拣玉行进的方向一般是自上游向下游行走，以使目光与卵石倾斜面垂直，易于发现籽料。同时行走的方向要随太阳方位的变化而变换，一般是人背向太阳行走，这样眼睛既不受阳光的刺激，又能清楚地判明卵石的光泽与颜色，从中辨别出玉石。

（2）拣玉季节。于阗河的拣玉季节主要是夏秋。于阗河水受季节影响很大，夏季三个月拥有年径流的70%—80%，秋季骤减至10%左右，冬季基本无水。初夏时洪水到得较晚，每天上午可以拣玉；夏季洪水到来较早，每天中午和下午可以拣玉；秋季水小，部分河床干涸，河滩暴露，气候不热不冷，是拣玉的好季节，则可整日拣玉，因此一年之中拣玉的最好季节是秋季。

1　颜亮、赵靖：《佛自西方来——于阗王国传奇》，中国国际广播出版社，2012年，第144页。

（二）叶尔羌河籽料的开采

有人认为，早期“昆仑山的玉石产地，除于阗外，可失哈儿（又译失呵儿，今译喀什）是为波斯、阿拉伯人所知晓的另一个产地”[1]。文章列举了几个文献作为证据：艺术史家曼努埃尔·基恩（Manuel Keene）认为，最早在11世纪，最迟至13世纪时，可失哈儿就已成为玉石的主要原料供应地之一。在9世纪的阿拉伯语宝石书《宝石的属性》中，就已有玉石出自可失哈儿的记载。[2]11世纪末的波斯赞美诗，描述了一位战士的手臂上佩戴着可失哈儿的玉石。[3]13世纪密昔儿（Miṣr，即埃及）宝石学家惕法昔撰写的《皇家宝石书》也记录了可失哈儿为玉石产地。[4]

然而，上述文章只能表明当时的一些西方人在可失哈儿取得玉料，但不能代表这些玉料都是在可失哈儿出产的。事实上，当时的可失哈儿确实有玉料交易，但早于13世纪只是玉料交易市场，这些玉料应该多数是于阗出产的。当时的人们并不了解也没有必要了解玉料的产地，以至于这些玉料到了西方以后，带回去玉料的人相传是从可失哈儿得到的，因而就被当地人们误认为这些玉料是可失哈儿出产的，当时的学者也就记录成为可失哈儿出产玉料了。

这种情况在中国玉料开采史上发生多次，如清代时期，于阗地区集散玉料的地方叫做流水村，人们以为这些玉料是附近流水山出产的，所以清代文献记载流水山出玉。这种情况就与上面的情况相似。

1273年，元世祖命玉工在斡端、失呵儿等地采玉。这里不仅提到在斡端采玉，更提到在失呵儿（可失哈儿）采玉。[5]斡端是当时的于阗，现在的和田，失呵儿就是现在的喀什。这是新疆玉料开采史中，第一次明确记载在失呵儿开采玉料。在此之前，人们提到新疆玉料，自然就想到于阗玉料，因为除了于阗玉料以外，新疆尚无其他地区有玉料可以开采。

笔者认为，失呵儿地区开采玉料的时间早于1273年。1222年是察合台汗国始建之年，它的疆域涵盖新疆全境及部分中亚地区，从这以后，察合台才能够有效地对他自己的境内进行全面管理。在管理这一地区的过程中，察合台对境内的各种资源进行了调查和开采。由于蒙古统治者非常喜欢玉，并有玉料识别经验的玉工，因而，在其资源的调查过程中，发现失呵儿的叶尔羌河流域有

1 陈春晓：《中古于阗玉石的西传》，《西域研究》2020年第2期。

2 陈春晓：《中古于阗玉石的西传》，《西域研究》2020年第2期。

3 陈春晓：《中古于阗玉石的西传》，《西域研究》2020年第2期。

4 陈春晓：《中古于阗玉石的西传》，《西域研究》2020年第2期。

5 ［明］解缙等撰：《永乐大典》卷一九四一七《二十二·勘·站·站赤二》，引《经世大典》，中华书局影印本，1986年，第7199页。

玉料是大概率的事件。至于失呵儿玉料最早的开采时间，笔者认为，不会早于1222年，不会在察合台汗国始建之初就马上进行开采，会延后一些年，可能是在1230年至1250年之间开始开采。

失呵儿玉料最初的开采地点，文献没有具体说明，只说失呵儿采玉。至于采玉的具体位置，笔者经过实地考证，认为是在失呵儿的叶尔羌河流域。叶尔羌河是塔里木河源头之一，又名葱岭南河，位于失呵儿地区东南部，源出喀什叶城县，止于巴楚县境内。叶尔羌河流域的许多地区都出产山料，较为著名的棋盘乡、西合休乡等地，特别是上游的马尔洋乡，山料出产地点就在叶尔羌的河壁上，这些山料为叶尔羌河籽料提供了丰富的来源。笔者认为，蒙元时期采玉的具体地点，可能是在今泽普县的霍什拉甫—喀群地区。这一地区是叶尔羌河的出山口，地势突然平缓，河面开阔，许多玉料在这一带滞留下来，因而形成了拣拾玉石的较好地点。这种传统一直延续至今，笔者曾在这一带看到当地人在河边拣拾玉石（图三）。

图三 叶尔羌河

由于叶尔羌河流域的玉料，从山料变成籽料的路途相对较短，因而籽料的块体大小不一，既有几千斤甚至几十千斤的玉料，也有几克的玉料。一般来说，青色、青白色的玉料较多，这和这一地区出产的山料颜色基本一致。

叶尔羌河的玉料产出以后，少数运往内地，多数运往中亚或西亚地区。这一时期中亚、西亚玉器使用的玉料，肉眼看起来与叶尔羌河的玉料非常接近。

在这之前，新疆玉料的开采几乎等同于于阗玉料的开采，除了于阗新疆尚无其他地区有玉料出产，蒙元时期叶尔羌河流域玉料的开采有着划时代的意义。叶尔羌河流域虽属新疆，但出玉地点不在于阗域内，是在失呵儿管辖范围，超出了和田地区的管辖范围。这些不在于阗地区所出产的玉料也被当时的人直接称作玉料，并没有对此做特别标注，比如标注是什么地点的玉料。这表明，新疆玉料的概念已经从狭义的于阗地区出产的玉料，扩展到整个新疆地区——包括新疆境内的昆仑山及阿尔金山出产的玉料，和田玉的概念有了巨大突破，即新疆出产的玉料都可以用于阗玉表述，和田玉已经不是于阗地区出产的玉料专称，而是整个新疆玉料的代名词。从此，新疆各地发现的玉料都可以使用和田玉料的名称和田玉料的内涵进入了一个崭新阶段，新疆玉料的运用进入了新的历史篇章。

（三）新疆山料有无开采

蒙元时期较有影响的文献《马可·波罗游记》一书提到新疆有一种品质较劣出于山中的玉料，这种玉料是不是山料，是不是此时新疆已经开始开采山料了，这里，笔者作一探讨。

《马可·波罗游记》成书于1298年，正值中国元代时期，书中所描绘的景象多是中国元代社会景象。涉及新疆地区玉料有这样一段话："忽炭国（于阗国），一城东有白玉河，西有绿玉河，次西有乌玉河，皆发源于昆仑。玉有两种：一种较贵，产于河中，采玉之法，几与采珠人沿水求珠之法相同；另一品质较劣，出于山中。"[1]这段话似乎在说元代时期于阗已有产于山中的玉料了，到底这个山中之玉是什么玉料？笔者认为，这段话和山料开采没有关系。对于马可·波罗本人是否到过中国，《马可·波罗游记》书中内容是否真实，即使到过中国，是否到过新疆，许多学者多有探讨，这里我们不加赘述，我们仅就这段话来分析。马可·波罗说忽炭国有玉，并有产于河中之玉，他认为忽炭国，仍然有三条产玉之河，一城东有白玉河，西有绿玉河，次西有乌玉河，皆发源于昆仑。于阗有三条河说法，是唐代时期后晋使臣高居诲（又称平居诲）在《于阗国行程记》所说：于阗城外有"三河：一曰白玉河，在城东三十里；二曰绿玉河，在城西二十里；三曰乌玉河，在绿玉河西七里"[2]。宋欧阳修在《新五代史》中亦云："于阗河分为三：东曰白玉河，西曰绿玉河，又西曰乌玉河。"[3]实际上，欧阳修没有到过新疆，是在重复高居诲的观点。马可·波罗只是沿用了欧阳修的说法，这些说法在元代已经是文献，而非当时的情况。元代时期，于阗已经只有两条河了，并且已经称为"玉龙喀什河"与"喀拉喀什河"了。马可·波罗仍认为于阗有三条河，使用白玉河、绿玉河与乌玉河这些文献名称，只能说明马可·波罗根本没有到过于阗，所谈于阗玉料情况是道听途说或阅读文献所知。同时，马可·波罗只说有出于山中之玉，并没有说山料，从后来的历史文献看，新疆

---

1 ［法］沙海昂注，冯承钧译：《马可波罗行纪》，商务印书馆，2012年，第89页。

2 ［五代］平居诲撰：《于阗国行程录》，载傅璇琮、徐海荣、徐吉军主编：《五代史书汇编》，杭州出版社，2004年，第1942页。

3 ［宋］欧阳修撰，徐无党注：《新五代史》卷七十四《四夷附录第三》，中华书局，1974年，第918页。

山料的最初产地并不在忽炭国，而在喀什地区叶尔羌河流域的大同乡。即使马可·波罗提到忽炭国有山中之玉，也不是山料，而是于阗两河上游开采的山流水玉料。笔者考察过和田玉龙喀什河和喀拉喀什河的上游玉料出产情况，这些河道已处于山中，在无水枯季，河中偶尔也有玉料，有些玉料还不完全是籽料状态，现在将其称为山流水，相对于下游品质较好的籽料，这些玉料相对就“品质较劣”。综上所述，笔者认为，马可·波罗对新疆玉料情况的叙述，实际上是对于阗两河上下游玉料开采的描述，而不是对山料开采的描述。这说明，蒙元时期新疆尚无山料开采。

二、独山玉料的开采

蒙元时期不仅使用了更多的新疆玉料，而且使用了更广泛地区的玉料，其中河南独山玉是其代表。独山玉因其主要产区位于河南南阳独山而得名。独山距南阳市北约 8000 米，为蚀变辉长岩体构成之孤山，露出面积 2.3 平方千米。玉矿呈脉状分布在辉长岩体的挤压破碎带中，成分是以硅酸钙铝为主的含有多种矿物元素的蚀变辉长岩，硬度为 6—6.5，比重为 3.29。由于矿物成分差异，色彩变化不同，可分为白、绿、紫、黄、红、黑 6 种类型。

独山玉的开采与使用已有数千年历史，早在新石器时期就有独山玉制成的玉器。有人认为，出土的新石器时期玉器中，就有独山玉制品。蒙元时期，南阳玉雕已开始向海外销售。

蒙元时期独山玉的代表作当是“渎山大玉海”。“渎山大玉海”是用整块玉料雕刻而成，颜色呈青灰色，夹生黑斑色，重约 2000—2200 千克，[1] 由元大都皇家玉工于 1265 年完成，制成后被安置于广寒殿。明代万历七年（1579）一场大火，使广寒殿倒塌，“渎山大玉海”被迫运往他处。乾隆时期将其收回，安放在北海团城的承光殿内，至今仍在此处。

“渎山大玉海”是中国古代历史上最早使用大块玉料雕成的作品，这种大块玉料的开采、运输、雕刻都不同于以往的小件作品，为后代玉料的利用提供了宝贵经验。独山玉从元代起，重新成为中国玉器大家族的成员，其五彩斑斓的色彩，为玉器的品类添加了耀眼光芒，至今仍在闪耀。

1　渎山大玉海的重量，是笔者根据《渎山大玉海》（科学出版社）给出的数据计算得出的数据。具体运算过程笔者另有文章阐述。

三、其他玉料的开采

蒙元时期，除了上述两个地区的玉料以外，其他地区对玉料使用的范围也极大拓展，大理岩在一定程度上得到使用。浙江出土的几座玉佛像，就是用大理岩作为材料制作的（图四）。这些大理岩因其质地较软，一般不将其列在玉料的范围之内，但要看其在特定的条件下玉料的雕刻方式。如果以玉雕的方式对材料进行加工，那么，这些作品属于广义的玉器范围，其材料可以列入广义的玉料。蒙元时期这些大理岩作品，明显是以玉器雕刻的方法完成的，应该是广义的玉器，因而，大理岩在元代应视为玉料的一种。大理岩材料来源广泛，不受地域限制，这里就不详谈具体产地了。

图四 浙江出土的佛像

总之，蒙元时期玉料除了新疆和田地区以外，又有了新的产地，扩大了品种，中国玉器使用的玉料有了更大范围，为明清时期即将到来的玉料多元化提供了先行探索。

“渎山大玉海”科技检测与研究成果概要

于平[1] 曾卫胜[2] 赵瑞廷[3]
（1. 北京市文物局 2. 江西省地质调查研究院 3. 首都博物馆）

【摘要】渎山大玉海是中国玉文化发展史上的里程碑，是迄今发现最大的一件宫廷旧藏元代玉器。渎山大玉海传世700多年来，关于它的史料记载甚少，流传经历十分传奇。它的材质与产地、功能与风格、文化背景、后世流传等等，留下了许多值得研究的问题。“渎山大玉海科技检测与研究”课题组首次运用现代仪器设备和检测技术，对渎山大玉海的材质、产地、加工工艺的时代特征等进行微观与宏观相结合的检测分析研究，取得了详细数据和资料。运用现代科技手段与古籍文献相结合的分析研究，取得较客观准确的研究成果。运用多学科人员合作的模式，为渎山大玉海的许多疑难问题，找到答案，同时也提出一些新的问题。[1] 本文是渎山大玉海科技检测与研究课题组的重要成果概要。

【关键词】“渎山大玉海”；科技检测；概要；独山玉

一、课题背景

玉瓮亭，位于北海公园团城内承光殿前庭院中，是一座黄琉璃筒瓦蓝剪边四角攒尖石亭，亭中的石莲花座上供有一个大玉瓮，该瓮以“渎山大玉海”闻名。渎山大玉海是中国玉文化发展史上的里程碑。从蒙元时期琢成陈设于广寒殿前，明代散失于民间，后经乾隆皇帝安置于皇家御苑团城玉瓮亭至今，影响巨大。然而，大玉海传世700多年来，史料记载甚少，流传经历十分传奇，它的材质与产地、功能与风格、文化背景、后世流传等，至今还没有一部完整、科学、权威可信的专著，今人对渎山大玉海还有许多值得研究的问题。

1 于平主编：《渎山大玉海科技检测与研究》，科学出版社，2020年。

基于上述因素，在于平和曾卫胜先生倡议下，由于平牵头组织协调首都博物馆、北京市文物鉴定所、北京市文物考古所、北海公园、新维畅想公司等相关单位组建了“渎山大玉海科技检测与研究”课题组，并聘请杨伯达、赵朝洪先生作为课题组顾问。

二、课题主要成果

（一）首次以科学方法测量、计算并公布渎山大玉海的规格、质量、容积、体积等重要数据信息（图一和表一）

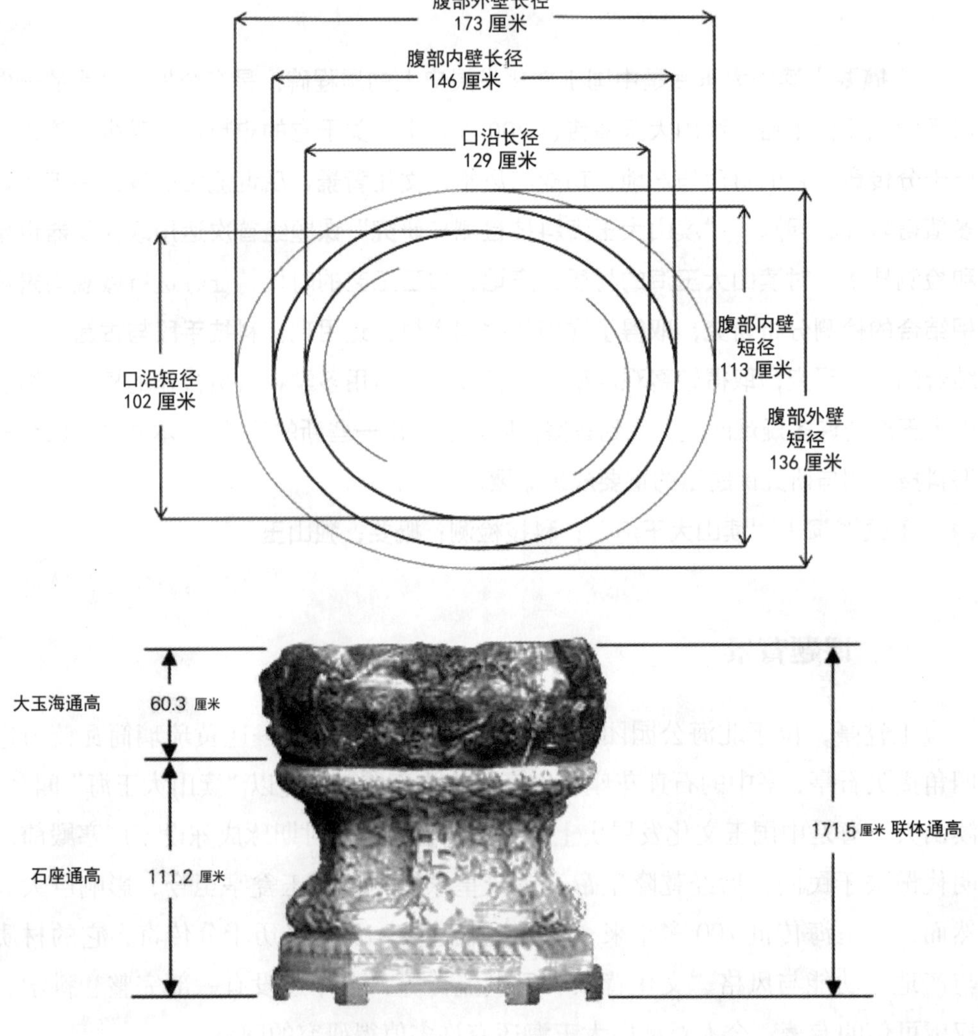

图一　渎山大玉海手工测量规格示意图（左）和三维数字扫描规格示意图（右）（单位：厘米）

表一 大玉海手工测量与三维激光扫描测量结果对比表

单位：厘米

	口沿长径	口沿短径	腹部外壁长径	腹部外壁短径	腹部内壁长径	腹部内壁短径	玉瓮高度	石座高度	玉瓮高度＋石座高度
手工测量	129	102	173	136	146	113	62	112	174
三维激光扫描测量	126.87	99.34	169.93	134.25	138.71	99.34	56.21–60 .36	111.16–111.20	167.37–171.52

将大玉海器体内部模型进行裁切，并使之成为一个封闭模型，使用不规则多面体体积计算算法计算大玉海容积、质量（图二）。

大玉海容积：0.722 立方米（能盛水 722 升）。

大玉海质量：1053—1178 千克。

将大玉海器体底部进行封闭，并使之成为一个封闭模型，使用不规则多面体体积计算算法计算出大玉海所用玉料体积、质量（图三）。

玉料体积：0.357 立方米。

玉料质量：3328—3723 千克。

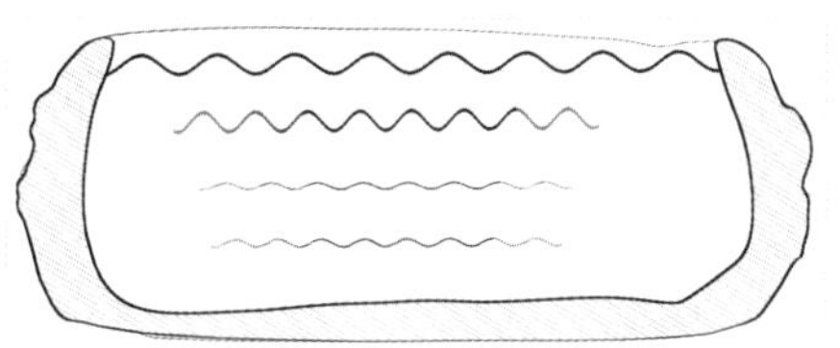

图二 大玉海容积和质量计算示意图

图三 大玉海所用玉料体积和质量计算示意图

运用三维激光扫描测量及计算，用数据处理软件，把器体内部单独切出、封口计算得出：渎山大玉海质量 1053—1178 千克（更新了前人估算 3500 千克的质量数据），渎山大玉海容积 0.722 立方米（能盛水 722 升）（可谓是对乾隆御制诗注释中见有“大可贮酒三十余石”的现代解读）；渎山大玉海原石玉料体积 0.357 立方米，玉料质量 3328—3723 千克。

（二）科学确定渎山大玉海材质为独山玉

1. 关于“渎山大玉海”材质及玉料产地的不同观点

最早研究“渎山大玉海”玉料产地的乾隆帝释义“渎山”即“岷山”，也就是认为该玉材来源于四川岷山。故宫博物院周南泉先生认为是四川永康玉。[1] 关于“渎山大玉海”玉质的判别，主要集中在“透闪石玉、蛇纹石玉、独山玉”

1 周南泉：《团城大玉海和法源寺石钵》，《紫禁城》1980 年第 3 期。

三种材质范围内，多数研究者倾向认为其为“独山玉”。主要观点有：

栾秉璈先生[1]、王春云先生[2]认为大玉海玉质颇似独山玉，可能由独山玉琢成。

江富建等学者[3]通过考察，结合玉石原材料矿物学特征知识以及近距离肉眼观察等方法，提出“渎山大玉海”可能是独山玉，后来确认其就是独山玉。

李劲松先生[4]也在2004年发表文章认为渎山大玉海矿物学材质属于独山玉。

矿物学及玉质研究专家曾卫胜先生对“渎山大玉海”为独山玉的结论认为没有经过现代岩石矿物学的科学检测、没有科技数据作支撑就得出结论，不符合科学程序[5]。

2. 课题组对渎山大玉海材质开展无损科学检测

通过对渎山大玉海现场检测数据与南阳独山玉产地采样检测鉴定数据和“国标”《独山玉　命名与分类》（国家标准释义）[6]进行科学比对、分析，以科学方法研究、分析、鉴定渎山大玉海的材质。

（1）检测所用仪器设备及研究内容包括

使用便携式激光拉曼光谱仪对渎山大玉海矿物学材质检测使用便携式X射线荧光能谱仪对渎山大玉海化学元素检测分析；使用便携式红外光谱仪对渎山大玉海矿物学材质检测使用三维扫描、高像素微距成像对款式、纹饰、加工工艺辨析。

（2）渎山大玉海矿物学材质拉曼检测

课题组对渎山大玉海内、外表面共32个点进行了激光拉曼光谱仪检测。在得到拉曼谱图的32个检测点中，29个点的拉曼谱图指向渎山大玉海矿物学材质为独山玉，3个点指向菱镁矿（彩图四九、彩图五十、彩图五一）。

（3）渎山大玉海化学成分的X射线荧光能谱仪检测

从渎山大玉海X射线荧光能谱图（彩图五二）得知，器物绿色部位的铬元素与独山玉样品绿色部位的铬元素含量基本相同，说明铬元素在其中都起到了相同程度的致色作用。器物含有的常量及微量元素有硅（Si）、钙（Ca）、铁（Fe）、锰（Mn）、钛（Ti）、钒（V）、铬（Cr）、钡（Ba）、锶（Sr）等元素，其中

1　栾秉璈：《中国宝石和玉石》，新疆人民出版社，1989年。

2　王春云：《渎山大玉海及其玉料来源》，《中国文物报》1992年4月2日第3版。

3　江富建、赵树林：《独山玉文化概论》，中国地质大学出版社，2008年。

4　陆建芳主编，张宏明、吴沫、于宝东、张彤著：《中国玉器通史·宋辽金元卷》，海天出版社，2014年，附卷《中国古代玉器材料研究》，第220—221页。

5　陆建芳主编，张宏明、吴沫、于宝东、张彤著：《中国玉器通史·宋辽金元卷》，海天出版社，2014年，附卷《中国古代玉器材料研究》，第220—221页。

6　徐莉：《独山玉　命名与分类》（国家标准释义），中国标准出版社，2016年。

钛（Ti）、钒（V）、铬（Cr）、钡（Ba）、锶（Sr）元素是独山玉的特征元素，尤其是钡（Ba）、锶（Sr）元素，是鉴别独山玉的指纹元素，而渎山大玉海的检测结果具备了独山玉具有的上述特征元素和指纹元素。

（4）渎山大玉海矿物学成分的红外光谱仪检测

课题组对渎山大玉海内、外表面共 18 个点进行了近红外检测，对红外光谱图（彩图五三）进行解谱后得知：渎山大玉海矿物学材质多数谱图（12 个点）指向为黝帘石，其他还检测到有菱镁矿、角闪石、绿泥石、云母等，由于近红外（波长较短的红外线）矿物分析仪，无法测出长石类矿物，但就其黝帘石为主的矿物组合基本判断其种类为独山玉。

（5）渎山大玉海材质检测与南阳独山玉标本材质检测比较研究

课题组对渎山大玉海材质研究的一个重要内容就是赴河南对南阳独山玉产地进行现场考察（图四、图五、图六、图七），包括独山玉的玉石类别、产地、产状、开采方法、加工工艺等；采集相关标本和样品；对河南博物院、南阳市博物馆等馆藏部分玉器中独山玉文物的实物材质进行无损检测。考察、调研了镇平、南阳玉石交易市场，南阳独山玉国家矿山公园，卧龙区玉器市场等，获得了相关重要资料和认识。

图四 南阳独山玉矿山入口

图五 独山玉表层氧化色

图六 独山山体上随处可见的裸露在外的大块玉料

图七 采集的独山玉及标本

本次测试标本所用的红外仪器设备为布鲁克便携红外光谱仪（彩图五四），检测的范围从 0—4000 cm^{-1}。经过测试，除 3 号样品红独山玉谱峰出现了 1500 cm^{-1} 的特征峰之外，其余 1 号、2 号、4 号、5 号独山玉标本均在 490 cm^{-1}、613 cm^{-1}、655 cm^{-1}、705 cm^{-1}、775 cm^{-1}、1102 cm^{-1}、1228 cm^{-1} 出现了明显谱峰，该结果与《〈独山玉命名与分类〉国家标准释义》[1] 中的谱图对应完全一致，证明墨绿独山玉（1 号）、绿白独山玉（2 号）、黑独山玉（4 号）、黑花独山玉（5 号）具有相似的红外谱图，红独山玉（3 号）与其他颜色独山玉的区别为多了 1500 cm^{-1} 特征峰。由此可证，此次采样的 5 件独山玉标本均与《〈独山玉命名与分类〉国家标准释义》的标准独山玉一致，证明此次采集样品为独山玉。

表二 采集独山玉标本的 X 射线荧光光谱测试结果

单位：%

	SiO_2	CaO	Al_2O_3	Fe_2O_3	MgO	Cr_2O_3	TiO_2	K_2O	MnO	SrO	Ni
ds-01	45.61	17.1	9.95	17.8	5.77	0.24	0.47	0.96	0.21	0.16	0
ds-02	42.24	33	10.7	7.13	4.1	0.96	0.31	0.21	0.11	0.07	0
ds-03	46.26	29.96	7.96	7.9	7.47	0.16	0.2	0	0.1	0	0
ds-04	49.48	16.35	23.62	4.48	5.61	0.1	0.1	0	0.1	0.21	0
ds-05	51.82	15.26	15	7.12	10.1	0.1	0.2	0.16	0.1	0	0.1

观察分析表二可知，5 件独山玉标本的主要组成都是 Si、Ca、Al、Fe、Mg 5 种元素，其中硅含量最高；次要元素根据标本种类不同，含有少量 Cr、Ti、K、Mn、Sr、Ni 等，但含量普遍很低。主量元素除了具有 Si 最高的相同特点外，Ca、Al、Fe、Mg 的占比各不相同。其中 1 号标本墨绿独山玉具有较高的铁含量，证明其蚀变相对严重；2 号和 3 号标本 Ca 比 Al 明显偏高，说明含有较多的长石。

1 徐莉：《独山玉 命名与分类》（国家标准释义），中国标准出版社，2016 年。

样品内主要元素与渎山大玉海内元素相似。

采集独山玉标本的拉曼光谱测试（彩图五五、彩图五六、彩图五七、彩图五八）。

渎山大玉海和南阳采集标本材质检测比较研究结论：

（a）激光拉曼光谱仪与红外光谱仪对渎山大玉海的检测，数据结果多指向大玉海的矿物学材质为独山玉。

（b）XRF 检测结果说明渎山大玉海的化学元素，与标准的独山玉标本情况相同。

（c）激光拉曼光谱仪与红外光谱仪对渎山大玉海进行的检测，渎山大玉海矿物成分含有黝帘石、角闪石、辉石、斜长石、绿泥石、菱镁矿、云母等矿物，与独山玉的矿物组成基本相同。

（d）目测识别的大玉海与独山玉标本的矿物岩石特征比对基本相同。经过上述对渎山大玉海现场检测数据与南阳独山玉产地采样检测鉴定数据和《〈独山玉命名与分类〉国家标准释义》的“国标”进行科学比对、分析，以科学方法证实了渎山大玉海材质为独山玉，产地为河南南阳，其开采方法为露天开采。

（三）应用三维激光扫描与拍摄高清影像资料（图八、图九、图十），结合历史文献、档案的研究，对渎山大玉海动物纹饰命名、构图特点、雕刻工艺进行系统分析，识别纹饰中蒙元时期和乾隆时期的不同痕迹与工艺特征

1. 渎山大玉海部分阴刻线纹饰、加工工艺辨识

现场采用三维激光扫描与拍摄高清影像获取了渎山大玉海数字信息，高清晰影像精准呈现了器物外表样貌，采用周身高浮雕间以阴刻线技法构图，纹饰为波涛汹涌的云海和浮沉于云海中的十三种动物，分别为：蟾、龙、螺、犀、鱼、羊、鼠头翼鱼、螭、猪、兔、马、鳌鱼、蚌。

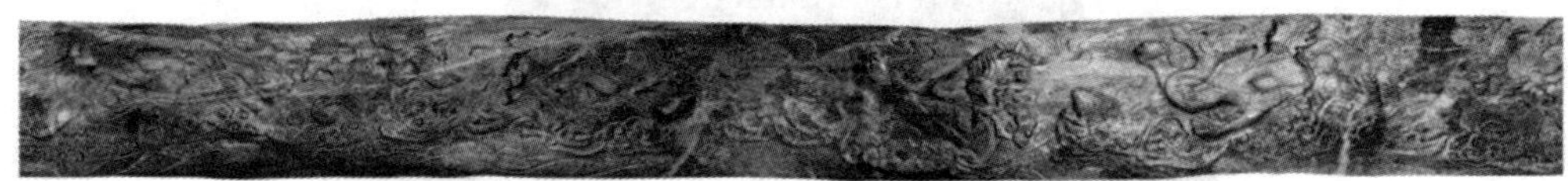

图八　渎山大玉海三维激光扫描纹饰展开图

2. 应用三维激光扫描影像技术，全面、准确地对大玉海、乾隆时期配底座、蒙元时期原配底座进行了高清影像采集，建立了完整的电子信息档案，并绘制纹饰展开图、数字线图、数字拓印图、大玉海与原配石座复合图

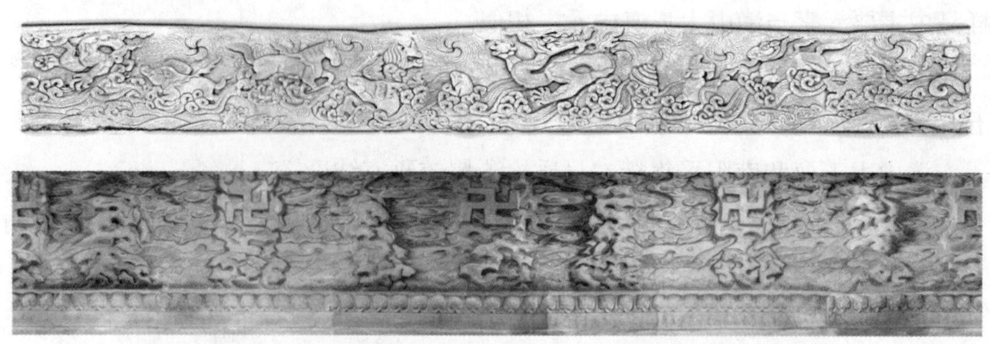

图九 渎山大玉海本体（上）及底座（下）三维激光扫描展开图

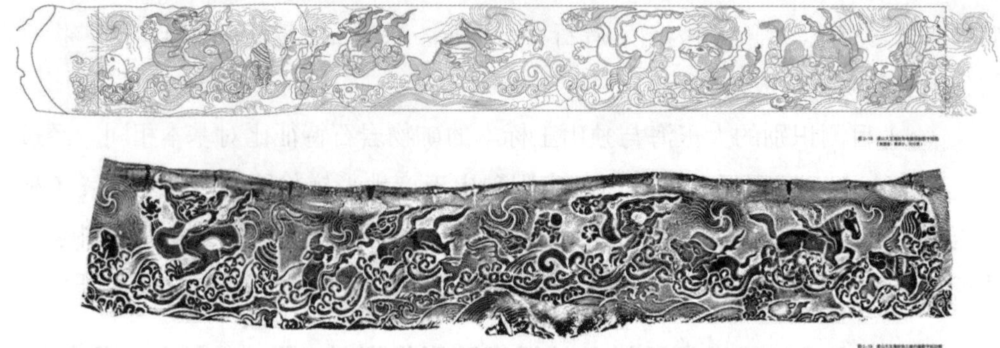

图十 渎山大玉海纹饰电脑绘制数字线图（上）和三维扫描数字拓印图（下）

通过采集渎山大玉海的数据与法源寺底座数据，将两者合并为一个模型生成了虚拟拼合的元代大玉海与底座复合图（图十一）。

图十一 元代大玉海与底座复合图

（四）首次通过对现藏于北京法源寺的蒙元时期渎山大玉海原配石座的无损检测分析、三维扫描采集信息及专家现场研究，得到了科学数据；

对原石座的形制与工艺、纹饰与艺术风格研究也取得了新进展；指出该石座与渎山大玉海同为御制佳作，是同等重要的文物瑰宝

1. 法源寺现存渎山大玉海原石座与乾隆补配石瓮检测信息（图十二、图十三）

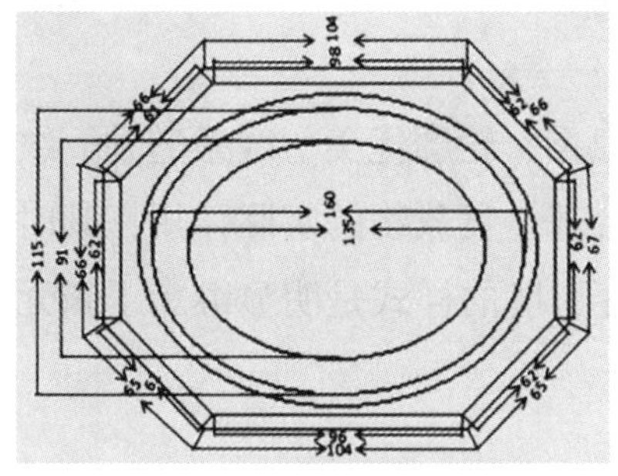

图十二 渎山大玉海原底座俯视图（单位：厘米）

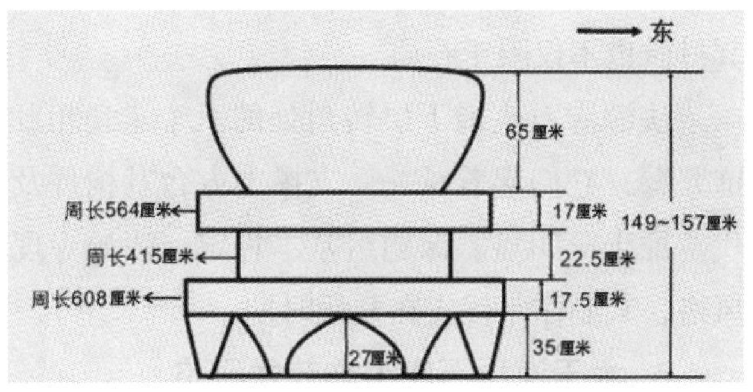

图十三 渎山大玉海法源寺石瓮与石座侧视图及规格

2. 大玉海原石座形制特征研究

（1）石座形制

石座由三块大型石料拼装组合（图十四）。三块石料自上而下分别构成石座的上枋、束腰、下枋及圭角部分。三部分各自单体，叠砌而成。平面略呈等边八边形，其中有一对平行的边略长于其他六边。

图十四 大玉海原石座（局部）

（2）石座形制特征分析

石座上下沿厚度、棱数与棱宽相同，同是八面开光。但是下沿分别在八个角的下部于每两角相邻处雕出八条腿。每相邻的两条腿之间不是骤然断开，而是以荷叶边连接，看起来就像木器家具或香炉类铜器的器物腿。

从该石座的整体造型看，基本符合宋元时期常见石座（又称“须弥座”）的形制与风格特点。作为台基、基座的基本形式，石座在中国古代应用极为广泛，除了用于殿、堂、宫、室等大型建筑外，在牌坊、影壁、华表、石狮、旗杆、香炉、日晷、假山、奇石等小品建筑，乃至室内重要陈设器的底座形式上均有体现，其材质也不仅限于石质。

法源寺石座最下层转角处的八个圭角粗壮稳重、轮廓优美、线条遒劲、纹饰繁缛，它们起着承托、支撑上方台基构件及台基上负载物的实际作用，其时代特征十分明显。课题组基本肯定，法源寺现存石座的样式是明显继承了宋元风格，其制作年代应在蒙元时期。

3. 大玉海原石座纹饰艺术风格

整个石座的纹饰雕刻十分繁密（图十五），几乎不留空白。纹饰的具体分布大致如下：上枋与下枋的台面上，分别雕饰密布的海水、海兽纹；上枋台面受风化损伤纹饰已基本漫漶不清，下枋台面的纹饰尚基本可辨。因石座的平面为长八边形，故上枋与下枋各自分别有八个外立面，每面均有开光，分别雕刻海水、瑞兽纹饰。

该石座上雕刻的海水与瑞兽纹饰，十分精致。石座图案遍布周身，图案可细分为主图、辅图、衬图、单图及双图、写意图五大类，图案又以开光形式相区分。

图十五 渎山大玉海原石座三维扫描线图

该石座上雕刻的海水与瑞兽精美生动、纹饰繁密，多采用分层、开光构图形式。这些鲜明的艺术风格与特征完全符合蒙元时期装饰艺术风格。渎山大玉海上的一些动物纹饰如猪、马、羊、兔、蟾等，在该石座上能够找到对应的形象，可见石座的纹饰题材与渎山大玉海存在相呼应、一体设计的关系。从形制和纹饰的艺术风格来看，现存法源寺的石座，其制作时代应为蒙元时期无疑，它应该就是渎山大玉海置于广寒殿时的原配石座。尤为难得的是，作为渎山大玉海最初的原配石座，它是这件国之瑰宝不可分割的重要组成部分，其历史与艺术价值当与渎山大玉海等量齐观，弥足珍贵。

4. 大玉海原配石座与乾隆时期配制石座之比较

（1）材质比较

尽管蒙元时期与乾隆时期从时间上相距久远，但对二者材质的科学检测后得出结论是石材相同，均为菱镁矿（大理石类）。

（2）纹饰题材比较

蒙元时期石座上雕刻的海水与瑞兽纹饰精美生动，纹饰繁密，符合蒙元时期装饰风格特点。渎山大玉海上的一些动物纹饰在该石座上也能够找到对应的形象，可见该石座纹饰题材与渎山大玉海存在相呼应、一体设计的关系。

乾隆时期配制石座是以祥云图案作地，用以衬托大玉海的波涛纹地子，浮雕“福山”“寿海”纹样，兼及仙草、海怪，雕刻繁缛，层次分明。

（3）形制比较

蒙元时期石座形制完全符合宋元时期基座（须弥座）的形制与特点，石座由三部分分层叠砌而成，平面呈八边形，整体上与渎山大玉海略呈圆形相配（图十六）。石座高度与大玉海高度亦大致相同，大玉海置于石座之上，既端庄稳重，且兼顾其作为酒瓮使用的适宜高度，石座的装饰性与实用性完美融合。

乾隆时期配制石座亦采用须弥座式，其高度约为大玉海高度的2倍，与蒙元时期原配石座比较，高出近30厘米，更凸显了陈设大玉海的威严庄重之意。

总之，两件石雕底座整体上看，都充分反映出各自的时代风貌与特色，同时，又都是为渎山大玉海量身定制的御制佳作，与渎山大玉海具有同等重要的文物艺术价值。

图十六 法源寺渎山大玉海原配石座上枋（左）与下枋外立面转角处雕刻的绶带花结纹饰（右）

（五）通过对古籍或历史档案的检索、查阅与研究，厘清了乾隆帝对渎山大玉海4次修琢与加工、御制诗文的镌刻时间、制作石座与原底座配制石瓮等情况

1. 渎山大玉海刻有乾隆御制诗文共三篇

经过对器物内膛勘查，抓取图像数据（包括文字与款识），并与相关文献资料比对、核验，确认器物内底、内壁北侧、内壁南侧分别镌刻乾隆御制诗、注释及乾隆印章与年款（图十七、图十八、图十九）。

图十七 内底御制诗及注释（乾隆十一年第一首御制诗）

图十八 内壁北侧御制诗及注释（乾隆十四年第二首御制诗）

图十九 内壁南侧御制诗及注释（乾隆三十八年第三首御制诗）

2. 乾隆对渎山大玉海的四次修葺

课题组查阅了故宫博物院《清宫内务府造办处档案总汇》[1]，国家图书馆《清高宗御制诗文全集》[2]《乾隆御制诗文全集》[3]等历史档案、文献，有关乾隆帝对大玉海修葺记录的有四次（图二十、图二一、图二二、图二三）：

1 中国第一历史档案馆，香港中文大学文物馆：《清宫内务府造办处档案总汇》，人民出版社，2005年。
2 [清]爱新觉罗·弘历：《清高宗御制诗文全集》，台北故宫博物院印，1976年。
3 [清]爱新觉罗·弘历：《乾隆御制诗文全集》，中国人民大学出版社，2013年。

图二十　第一次：乾隆十一年　　图二一　第二次：乾隆十三年

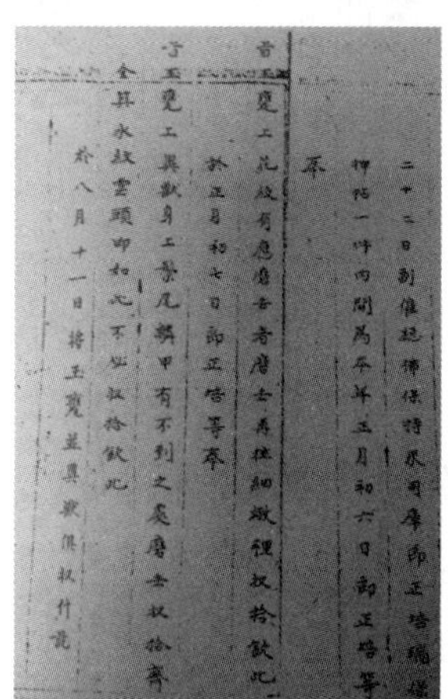

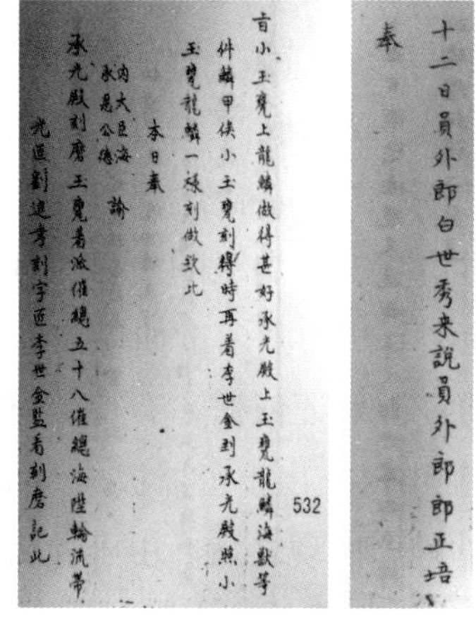

图二二　第三次：乾隆十四年　　图二三　第四次：乾隆十八年

3. 由上述考证与研究可得出以下结论

首先是准确厘清了乾隆三首御制诗及注释的创作年代（早于或同于镌刻在渎山大玉海上的时间），也由此厘清了三首诗镌刻的前后顺序，即：最先创作并镌刻的是内膛底部的御制诗“昔夏有德声教讫”，其创作或镌刻年代为乾隆十一年（1746）。镌刻从右至左，注释在前，诗文在后。第二首创作并镌刻的是北侧内壁的御制诗“几年萧寺伴寒齑”，其创作或镌刻年代为乾隆十四年（1749）。镌刻从右至左，注释在前，诗文在后。第三首创作并镌刻的是南侧内壁的御制诗“元史世祖至元间”，其创作或镌刻年代为乾隆三十八年（1773）。镌刻从右至左，诗文在前，注释在后。

其次是根据现场实物勘查和放大图像以及相关文献资料的综合分析研究，据乾隆第三首御制诗的内容和年款判断，第三首诗创作于乾隆三十八年（1773），合理推断其镌刻时间应在乾隆三十八年或其后，这比第四次（乾隆十八年，1753）修整渎山大玉海的时间晚了 20 年，并由此可推算出前两首御制诗及注释在渎山大玉海内膛的镌刻时间有可能比第三首诗（渎山大玉海南侧内壁）的镌刻时间要早20年。这一分析足以推断乾隆从收购大玉海、建玉瓮亭、四次修葺和三次赋诗赞美大玉海，在长达几十年的时间里，始终对渎山大玉海情有独钟，极其珍爱。

（六）考察独山玉用料历史

在南阳市文物考古研究所编《南阳古玉撷英》[1]一书中，南阳地区出土的从新石器时代到西汉的玉器中明确注明"独山玉"的文物有21件。课题组对其中12件"独山玉"文物进行了检测，其中只有两件玉器确定为独山玉，其他10件材质分别为闪石玉、石英岩、煤晶等（彩图五九、彩图六十）。

从以上检测结果的分析可以看出在南阳地区确实有独山玉质出土玉器，年代为新石器时代晚期，数量很少。

课题组经过对有关独山玉的史料梳理以及在河南地区对考古出土的部分玉器实物的科学检测，认为独山玉如果作为"历史悠久的我国四大名玉"之说，是缺乏更充分的实物例证依据，有待更充分地收集考古资料进行客观科学的判断。至今可见的独山玉质出土玉器极少，而且商代以后几乎不见。自西周以来"君子比德于玉"的理念出现之后，由于独山玉的性质也许不适合"君子"对玉的判断标准，造成今人发现的独山玉材质实物极少。

在与杨伯达先生讨论时，杨先生明确提出他的观点："我考虑渎山大玉海所用玉料，应该是当地大户送给忽必烈的登基礼物（土贡）。"课题组认为，这是杨先生的一种思考与推断，还没有足够的文献记载或考古证据加以证实，尚无法肯定为"土贡"。

（七）全面研究分析了乾隆御题玉瓮诗及四十八位大臣唱和诗，为研究乾隆时期社会历史及其文学艺术提供了较高学术价值资料

研究乾隆皇帝与大臣们的51首君臣唱和诗发现，乾隆帝的诗（主要是第一、第二首）对于大臣唱和诗具有极大的"指导"作用和框范的效果。唱和诗可归纳为以下九个类别：

有关"大玉海"名称的诗句（图二四）；

形容或比喻大玉海形象的诗句；

赞美大玉海"鬼斧神工"的诗句；

1 南阳市文物考古研究所：《南阳古玉撷英》，文物出版社，2005年。

图二四 刻于玉瓮亭上的唱和诗（局部）

描绘大玉海“水族百怪海神”的诗句；

推测考据大玉海年代的诗句；

关于赞扬乾隆帝爱护大玉海的诗句；

有关历史典故传说的诗句；

表达大玉海功能、用途、价值的诗句；

借物言志与文人自谦的诗句。

三、课题局限与新问题的提出

（1）对于独山玉材质的使用历史，考察不够深入。由于许多考古报告对玉器材质没有全面的材质检测鉴定资料，对一些博物馆的玉器标本，受条件限制不能进行实物检测。此次对南阳市文物考古研究所、南阳市博物馆、河南博物院的已标注为独山玉的部分文物进行了检测，结果与原标注的出入较大。受标本数量、所携带仪器设备等因素限制，检测不能深入。夏鼐先生推测南阳距离安阳较近，殷墟玉器应该有南阳玉，目前没有检测数据支持。今后的研究方向可侧重于对河南省及其周边出土的史前至清代的相关考古出土玉器材质进行科学检测鉴定。

（2）在目前可见的宫廷旧藏与考古出土的玉器文物中，极少有其他独山玉实物。用巨大的独山玉玉料做成大玉海，应有大量的余料、边角料，为何见不到余料、边角料做的任何物件？ 是否可以理解为自西周以后的温润、质纯、色纯的用玉标准，独山玉不具备这些标准要求而不能“入围”。

（3）大玉海制作年代为忽必烈登基，在大都营建皇宫时安放在皇宫之中的大型器物，为何史料记载、宫廷文献记载甚少，也不见同时代的民间记载？如此大型器物不是一人或几人能够完成的，对主持制作者、设计者、作坊等尚未查找到更多的史料记载。

（4）由于采用三维扫描技术采样工作开展较晚，且对采集数据后期的整理、分析、图像处理等花费较长时间，在科技检测与研究方面篇幅很大，对渎山大玉海纹饰的工艺美学与文化意向等方面的研究有待深入，对蒙元时期多元文化对玉器制作的影响分析较弱，未来值得深入研究。

四、课题实践意义

（1）首次全面系统采用科学无损检测与高精度的整体三维扫描、二维摄影测量补全漏洞等新技术手段，科学精准地确定渎山大玉海的材质、规格、纹饰、完残状况，结论科学、精准、可信服。

（2）完整获取渎山大玉海的电子数字信息，为更科学有效地保护、研究、监测、展示、利用提供强有力的基础支撑。

（3）课题采取跨单位联合体，包括文物管理机构、博物馆、科技企业，有资深专家、多学科背景研究人员等跨学科、跨单位“联合体”模式开展研究工作，集中多学科参与的科学的、多维度、多视角的检测、鉴定、研究，不仅取得丰硕的学术成果，而且在文物保护科研领域也具有创新性和可复制、可推广的积极意义。

中国古代“翡翠”名称考辨

马林（故宫博物院）

【摘要】“翡翠”在清代以前的文献中主要指翡翠鸟，或是翡翠鸟羽毛装饰的器物，而非今天特指的缅甸硬玉。中国古代“翡翠”经历了从鸟类名称到装饰名称，再到美石名称，直到今日特指为硬玉的过程。而对这一过程产生、发展和演变的不同解读则造成了目前学界对于中国古代硬玉源流的不同观点。本文主要对清代以前文献中“翡翠”名称所指作一系统辨析与梳理，以期有益于中国古代硬玉研究。

【关键词】翡翠名称；翡翠鸟；翡翠器；硬玉

“翡翠”之名，于今日语境中多指产于缅甸的、主要由硬玉或其他钠质或钠钙质辉石组成的、具有工艺价值的矿物集合体。其二字皆从羽，故初指鸟，先秦时已闻之，因其羽毛色碧而鲜，后世多以之为饰，这也成为其在中国古代文献中的主要所指，也是最易被今人误解，将翡翠羽毛装饰器以为缅甸翡翠玉制作器的指代。因而辨明中国古代文献中“翡翠”名称的具体所指，是认识和研究中国古代硬玉的基础。

一、“翡翠”之为鸟

翡翠本为鸟名，其形如燕，其羽甚艳。汉代《说文解字》中对“翡翠”二字有解，其释“翡”为“赤羽雀”，“翠”为“青羽雀”，言其皆“出郁林”，即翡为红色羽毛的雀鸟，翠为青色羽毛的雀鸟，其皆生长在郁林郡（今广西境内，汉元鼎六年武帝平定南越国，始改秦之桂林郡为郁林郡）。“翡翠”所指为鸟，在汉赋中已然常见，且多与鸾凤、孔雀相协，或为君王颂，或为宫殿歌，充满了浪漫主义色彩。如司马相如《长门赋》中受到冷遇的嫔妃想象君王驾临时即有“翡翠胁翼而来萃兮，鸾凤翔而北南”[1]，胁，敛也，萃，集也，即翡翠鸟收束翅膀而聚，鸾鸟由北向南而来，仿佛君王真的来了。在扬雄的《校猎赋》中也有“玄鸾孔雀，翡翠垂荣”[2]，鸾者，“赤神灵之精也”，玄鸾即阴翥，其首翼皆为黑色，此处翡翠鸟与玄鸾、孔雀相并，极言“禽殚中衰”，借以讽喻劝谏王者应崇贤圣之业，而却苑囿之丽、游猎之靡。另外，刘歆的《甘泉宫赋》中亦用“翡翠孔雀，飞而翱翔，凤皇止而集栖”[3]以衬甘泉宫之雄伟绮丽、宛若仙境。

晋、唐以降，翡翠为鸟名时逐渐回归写实，而多与鸳鸯、蜻蜓相伴，或叙幽情，或述雅致。诗仙李白奉召为唐玄宗所作《宫中行乐词八首》中便以“玉楼巢翡翠，金殿锁鸳鸯”[4]写大唐皇室宫廷之奢华，同时又以翡翠、鸳鸯喻人，李隆基与杨玉环的爱情悲剧或许太白早已看在眼中。而小“谪仙人”11岁的杜甫于天宝十三年（754）所作《重过何氏五首》（其三）中则有“翡翠鸣衣桁，蜻蜓立钓丝”[5]之境。何将军有片山林位于长安之南、樊川北原上，有“名园依绿水，野竹上青霄”“异花开绝域，滋蔓匝清池”之景，杜甫曾与郑虔同游于此，这为第二次来，故曰“重过”，一路云薄翠微、山色微岚，而在落日时分，尚有春风啜茗、桐叶题诗之心境，加上“不好武”的主人，“四美具”而“二难并”，即使杜甫此时已四十有三，即使仕途依然未卜，却也无妨此刻斜倚栏杆、蘸墨濡毫，翡翠鸟悠然鸣于置衣架上，蜻蜓悄悄立在钓丝上，衣桁、钓丝均为人用之物，而翡翠、蜻蜓皆为自然之灵，心入于境而灵与物协、情与景融，此中之真意，怕是早已“忘言”。与杜甫难得的闲适相比，白居易“玳瑁筵前翡翠栖，芙蓉池上鸳鸯斗”[6]（《劝酒》）则既得汉赋之浪漫，又见世俗之乐事，寥寥数笔，东邻初构之盛便跃然纸上。而常与白居易并称的元稹则既有《生春二十首》中“鸿雁惊沙暖，鸳鸯爱水融。最怜双翡翠，飞入小梅丛”[7]之句写早春之景、情意融融，又有“海楼翡翠闲相逐，镜水鸳鸯暖共游”[8]（《初除浙东妻有阻色因以四韵晓之》）之句以慰其第二任夫人裴淑。

至此，翡翠名称所指为鸟时，则或衬自然之丽，或诉情谊之绵，或写闲适之心，有“湖光迷翡翠，草色醉蜻蜓”[9]（唐崔护《三月五日陪裴大夫泛长沙东湖》）

---

1 [南朝梁]萧统编，海荣、秦克标校：《文选》卷十六，上海古籍出版社，1998年，第109页。
2 [南朝梁]萧统编，海荣、秦克标校：《文选》卷八，上海古籍出版社，1998年，第56页。
3 费振刚、仇仲谦、刘南平校注：《全汉赋校注》，广东教育出版社，2005年，第327页。
4 周振甫主编：《全唐诗》第1册，黄山书社，1999年，第272页。
5 傅东华选注，卢福咸校订：《杜甫诗》，崇文书局，2014年，第26页。
6 张春林编：《白居易全集》，中国文史出版社，1999年，第694页。
7 [唐]元稹著，孙安邦、孙翰钺解评：《元稹集》，山西古籍出版社，2008年，第56页。
8 周振甫主编：《全唐诗》第8册，黄山书社，1999年，第3002页。
9 周振甫主编：《全唐诗》第9册，黄山书社，1999年，第3550页。

之丽景，有“翡翠双飞寻密浦，鸳鸯浓睡倚回塘”[1]（宋方千里《浣溪沙》）之浓情，也有“翡翠晚迷径，蜻蜓酣倚船”（明顾达《春草池绿波亭》）之闲趣，直到清代，未有大的变化。

二、“翡翠”之为饰

以羽为饰是人类历史上审美文化的一个重要组成部分，鸟羽颜色几乎涵盖了今天人类肉眼能辨别的所有色彩，因而在物质生活尚不丰富、各色颜料有限的古时，以羽为饰便成为既符合当时人审美心理，又与彼时自然社会环境相协调的选择。同时，鸟羽获取之不易也使得部分珍稀羽饰成为一种或带有宗教与政治意味，或为阶级与财富的象征之物。《礼记·王制》云“有虞氏皇而祭”，郑玄注“皇，冕属也，画羽饰焉”[2]，即上古部族有虞氏戴着羽毛装饰的帽子来祭祀。另外，在云南沧源岩画中亦见有羽毛装饰，或戴于头，或饰于膝，或缚于肘，形象生动，颇含意蕴。而翡翠鸟羽毛，文彩明朗，尤其可爱，遂自先秦时起就已经作为珍贵的装饰而为人所珍。《逸周书·王会解》中记：“成周之会……仓吾翡翠。翡翠者，所以取羽。”[3]记载周成王七年，召诸侯会盟，四方入贡，“仓吾”为南方部族名，于会盟时贡翡翠羽毛于周王。由此可知，翡翠羽毛产于南方且甚为珍稀，故可为一族之贡品而为天子所享，而“翡翠”名称周人亦已闻之。其后，以翡翠羽毛为饰也成为“翡翠”一词在中国古代文献中最常见的指代。总体而言，中国古代“翡翠”羽毛可以饰人，可为首饰，可为衣饰；亦可以饰物，可为帘饰、可为被饰、可为屋饰、可为匣饰、可为尊饰等。

（一）“翡翠”首饰

“翡翠”之为首饰，即以翡翠羽毛饰于冠冕、步摇、花胜、簪、钗等，戴于发上以为饰。传春秋时师旷作，晋张华注《禽经》中云：“背有采羽曰翡翠。状如鸡鹔，而色正碧，鲜缛可爱，饮啄于澄澜洄渊之侧，尤惜其羽，日濯于水中。今王公之家以为妇人首饰，其羽直千金。”记录了翡翠鸟羽毛为人所爱，可为首饰，而价值不菲。在司马相如《子虚赋》中，子虚向乌有夸耀楚王在云梦泽打猎时有郑国美女相拥的盛况，则以“错翡翠之威蕤”描述女子发饰之华丽。在《后

1 黄勇主编：《唐诗宋词全集》第8册，北京燕山出版社，2007年，第3529页。
2 [汉]郑玄注，[唐]孔颖达疏：《礼记正义》，北京大学出版社，1999年，第426页。
3 黄怀信、张懋鎔、田旭东：《逸周书汇校集注》卷七《王会解第五十九》（修订本），上海古籍出版社，2007年，第897页。

汉书·舆服志》中记太皇太后、皇太后入庙时所佩戴的首饰中也有“簪以玳瑁为擿，长一尺，端为华胜，上为凤皇爵，以翡翠为毛羽”[1]，司马彪《续汉书》中亦云“太皇后花胜上为金凤，以翡翠为毛羽”，此时以翡翠羽毛为首饰带有明显的阶级礼制印记。魏晋以后，此种印记逐渐淡薄，取而代之的是人们对于翡翠羽毛装饰本身美艳而不可方物之羡，如南朝齐谢朓《落梅》诗中就有“亲劳君玉指，摘以赠南威。用持插云髻，翡翠比光辉”[2]之语，其以晋文公时的美人南威自况，以普通的梅花枝别于发髻，只因是君王所赠，故在其眼中光彩便胜过以翡翠羽毛装饰的发簪，以此表达曾受到君王赏识的深意。唐令狐楚《远别离》诗之二中也有“玳织鸳鸯履，金装翡翠篸”[3]，“篸”，即翡翠羽毛装饰的簪子。宋张元干《浣溪沙·王仲时席上赋木犀》中亦有“翡翠钗头缀玉虫”[4]，即为翡翠羽毛装饰的头钗。因而用翡翠羽毛点缀装饰的首饰历代皆有所见，而甚为人所钟爱。到了宋代，则将此种于金属上装饰翡翠鸟羽毛的工艺称为铺翠，至明代，则明确称其为点翠，盛行于明清之际并在清乾隆时期达到顶峰。

（二）“翡翠”衣饰

“翡翠”之为衣饰，其意与“翡翠”为首饰相类，魏晋以前多带有宗教或礼制意味，《周礼·春官》中记载乐师“皇舞”，郑玄注：“皇舞者，以羽冒覆头上，衣饰翡翠之羽。”[5]“冒”同“帽”，即跳“皇舞”的乐师将羽毛像帽子一样戴在头上，身上穿着翡翠羽毛装饰的衣服。同时，以翡翠羽毛为衣饰尚有保暖效果，《拾遗录》载：“宋景公之时，悬四时衣，春夏以珠玉为饰，秋冬以翡翠为温。”[6]宋景公为春秋末宋国君主，《史记》有评“景公谦德，荧惑退行”，他春夏之时的衣服常以珠玉为饰以凉爽，而秋冬之际的衣服则以翡翠羽毛装饰以温暖。《左传·昭公十二年》中亦有记：“雨雪，王皮冠，秦复陶，翠被，豹舄，执鞭以出。”[7]“被”通“披”，即昭公十二年，天降雨雪，（楚灵王于干溪）头戴皮帽，身着秦国赠送的羽衣，披着翡翠羽毛装饰的披肩，踏着豹皮做成的鞋子，手握鞭子而出。至魏晋以后，以翡翠羽毛为衣饰亦逐渐世俗化，以装饰性为主。唐李白《赠裴司马》中“翡翠黄金缕，绣成歌舞衣。若无云间月，谁

---

1 ［南朝宋］范晔撰，许嘉璐主编：《二十四史全译·后汉书》第1册，汉语大词典出版社，2004年，第451页。
2 卢海涛编著：《谢朓全集》，崇文书局，2019年，第273页。
3 周振甫主编：《全唐诗》第6册，黄山书社，1999年，第2464页。
4 ［宋］张元干撰，孟斐校点：《芦川词》，上海古籍出版社，1985年，第35页。
5 ［汉］郑玄注，［唐］贾公彦疏：《周礼注疏》，北京大学出版社，1999年，第596页。
6 高光等主编：《太平广记》第1册，天津古籍出版社，1994年，第970页。
7 ［周］左丘明撰，［晋］杜预注，［唐］孔颖达正义：《春秋左传正义》，北京大学出版社，1999年，第1303页。

可比光辉”[1]就将翡翠羽毛装饰的舞衣与月之光辉相比。而胡曾《妾薄命》中则以“宫前叶落鸳鸯瓦，架上尘生翡翠裙”[2]借物喻人，以翡翠羽毛装饰的裙子写汉武帝时蒙尘的陈阿娇被黜之悲。其后元代郑光祖《倩女离魂》“调笑令”一曲以“掠湿湘裙翡翠纱，抵多少苍苔露冷凌波袜”[3]，写倩女魂魄匆匆赶去寻意中人之艰辛，河堤布满了霜的莎草将裙子和鞋袜都浸湿了，这比站在家中石阶痴望时所沾的露水还要多出许多，一片痴情，浸透文字。由此可见，“翡翠”之为衣饰，先秦时已有，其功用亦逐渐从以宗教、保暖为主到以装饰为主。

（三）“翡翠”饰帘、帷

帘，“堂帘也”，“户蔽也”，是用布、竹、苇等材料所做遮蔽门窗之物，“在旁曰帷”，即围于四周的帘幕。汉末《异物志》云：“翠鸟，形如燕。赤而雄曰翡，青而雌曰翠，翡大于翠，其羽可以饰帏帐。”[4]帘、帷初为防卫遮蔽之物，亦有等级之分，《礼纬》云：“大夫以帘，士以帷。”[5]而以翡翠羽毛装饰帘、帷，也是中国古人对于这种隔与不隔之间文化符号甚为青睐的表现。《楚辞・招魂》中有“翡帷翠帱，饰高堂些”[6]，即用翡翠羽毛装饰帷、帱，张挂于高堂之上而使人愉悦。道教典籍《天隐子》中言“吾所居座，前帘后屏，太明即下帘以和其内映，太暗则卷帘以通其外曜”[7]，是以帘、帷既可调明暗，又可别内外。此外，以翡翠羽毛装饰的帘、帷也常与佳人相伴。南朝梁简文帝萧纲《筝赋》中言弹筝丽人出现时就有“度玲珑之曲阁，出翡翠之香帷”[8]，进而由物及人，物是人非时则易惹相思，故有“画堂人静，翡翠帘前月，鸾帷凤枕虚铺设”[9]，可见以“翡翠”饰帘、帷，在遮蔽之功能外更被赋予了独特的感情，与后来的翡翠玉装饰不同。明、清以后，亦见有翠羽饰于屏风之上。

（四）“翡翠”饰被、衾

《楚辞・招魂》中有：“翡翠珠被，烂齐光些。”王逸注：“被，衾也。齐，同也。言床上之被则饰以翡翠之羽及与珠玑，刻画众华，其文烂然而同光明也。”[10]

---

1 周振甫主编：《全唐诗》第3册，黄山书社，1999年，第1196页。
2 周振甫主编：《全唐诗》第12册，黄山书社，1999年，第4805页。
3 ［元］关汉卿等著，素芹注释：《元曲三百首注释》，北京联合出版公司，2015年，第299页。
4 ［汉］杨孚撰，吴永章辑佚校注：《异物志辑佚校注》，广东人民出版社，2010年，第76页。
5 ［汉］郑玄注，［唐］贾公彦疏：《仪礼注疏》，北京大学出版社，1999年，第522页。
6 ［汉］王逸撰，黄灵庚点校：《楚辞章句》，上海古籍出版社，2017年，第209页。
7 ［宋］周守忠：《养生类纂》，中国中医药出版社，2018年，第96页。
8 ［南朝梁］萧统著，肖占鹏、董志广校注：《梁简文帝集校注》（一），南开大学出版社，2015年，第33页。
9 ［宋］欧阳修：《欧阳修集编年笺注》（八），巴蜀书社，2007年，第370页。
10 ［汉］王逸撰，黄灵庚点校：《楚辞章句》，上海古籍出版社，2017年，第210页。

即用翡翠羽毛与珠玑共同装饰被子，翠羽与明珠之光灿烂如同光明一般。此处已可见翡翠羽毛与珠玑相伴，共同饰物。其后翡翠装饰被子则以其艳若春光而多用于佳人相伴，或诉相思，或写浓情。南朝梁沈约《伤美人赋》中即有思佳人之未来的“虚翡翠之珠被，空合欢之芳褥”[1]，唐白居易《长恨歌》中也有“鸳鸯瓦冷霜华重，翡翠衾寒谁与共”[2]写杨玉环爱情之悲，唐李华《长门怨》中亦有“弱体鸳鸯荐，啼妆翡翠衾”[3]述陈阿娇被黜之凄凉，元王实甫《西厢记》第四折红娘唱“东原乐”，曲中有“鸳鸯枕，翡翠衾”[4]，明林缉熙所著《仄韵声律启蒙》中也用“翡翠衾”与“鲛绡帕”相对，鲛绡帕是用南海鲛人所织之绡制作而成的手帕，正与以翡翠羽毛装饰的被子相对，同为珍稀绮丽而不易得之织物。

（五）“翡翠”饰屋、楼

“翡翠”饰屋、楼等建筑时，最常与美玉相列，因而也最易使后人误会。《楚辞·招魂》中有“砥室翠翘，挂曲琼些”，王逸注：“砥，石名也；翠，鸟名也。翘，羽也。挂，悬也。曲琼，玉钩也。言内卧之室，以砥石为壁，平而滑泽，以翠鸟之羽，雕饰玉钩，以悬衣物也。”[5]唐温庭筠《咏寒宵》中亦有“曲琼垂翡翠，斜月到罘罳”[6]。可知翡翠羽毛或悬或垂，以饰美玉。汉张衡《西京赋》中形容后宫昭阳殿馆室时有“翡翠火齐，络以美玉”[7]，络，缠也，即昭阳殿馆室壁带上以翡翠羽毛与火齐珠并缠以美玉，共同装饰馆室。刘歆的《西京杂记》中对此记述更为详细：“赵飞燕女弟，居昭阳殿，中庭彤朱，而殿上丹漆，砌皆铜沓黄金涂，白玉阶，壁带往往为黄金釭，含蓝田璧，明珠翠羽饰之。”[8]由此可知，翡翠羽毛可与美玉同时作为饰物，共同装饰馆室、楼殿等建筑，是故后世亦常以“翡翠楼”来形容楼殿之华丽或家室之贵，在唐诗中尤为多见。李白《别内赴征三首》中即有“翡翠为楼金作梯，谁人独宿倚门啼”[9]，李商隐《拟意》中有“妙选茱萸帐，平居翡翠楼”[10]，乔知之《梨园亭子侍宴》中亦言“草绿鸳鸯殿，

---

1 ［南朝梁］沈约著，陈庆元校笺：《沈约集校笺》，浙江古籍出版社，1995 年，第 3 页。
2 ［唐］白居易著，朱金城笺注：《白居易集笺注》，上海古籍出版社，1988 年，第 659 页。
3 周振甫主编：《全唐诗》第 3 册，黄山书社，1999 年，第 1096 页。
4 ［元］王实甫：《西厢记》，崇文书局，2019 年，第 69 页。
5 ［汉］王逸撰，黄灵庚点校：《楚辞章句》，上海古籍出版社，2017 年，第 210 页。
6 周振甫主编：《全唐诗》第 11 册，黄山书社，1999 年，第 4382 页。
7 ［南朝梁］萧统编，海荣、秦克标校：《文选》卷二，上海古籍出版社，1998 年，第 11 页。
8 ［汉］刘歆撰，吕壮译注：《西京杂记译注》，上海三联书店，2013 年，第 43 页。
9 周振甫主编：《全唐诗》第 4 册，黄山书社，1999 年，第 1287 页。
10 周振甫主编：《全唐诗》第 10 册，黄山书社，1999 年，第 4070 页。

花红翡翠楼”[1]，诸如此类，不一而足。

（六）“翡翠”饰匣、棺

《韩非子·外储说左上》讲楚人鬻珠的故事：“楚人有卖其珠于郑者，为木兰之柜，熏以桂椒，缀以珠玉，饰以玫瑰，辑以翡翠，郑人买其椟而还其珠，此可谓善卖椟矣，未可谓善鬻珠也。”译注中多将这里“翡翠”释为“绿色的玉”[2]，实际上，故事中楚人装珍珠的匣子不仅用珠玑美玉点缀，而且连缀了翡翠羽毛来做装饰，其匣精美灿同光明，这也无怪郑人会有“买其椟而还其珠”之举，也许在郑人心中，以珠玑和翡翠之羽装饰的木兰之匣价值或早已超过其中盛放珍珠的价值。此亦说明，至少在战国末期，翡翠羽毛就已经用来装饰匣、柜一类的方形器。《西京杂记》卷一中记：“天子笔管，以错宝为跗，毛皆以秋兔之毫，官师路扈为之。以杂宝为匣，厕以玉璧、翠羽，皆直百金。”[3]可知汉代路扈所做之笔与翠羽所饰之匣，皆十分贵重，可值百金。魏晋时傅玄作《傅子》，其有云：“尝见汉末一笔之押，雕以黄金，饰以和璧，缀以隋珠，发以翠羽。”“押”通“匣”，即傅玄见到汉末的一只用金玉珠玑和翡翠羽毛共同装饰的笔匣，并推测原本放在里面的毛笔也必非普通制作，以此为证，批判当时上层社会的奢靡风气。后世如《艺文类聚》《北堂书钞》《太平御览》等书编录此事时皆记为“发以翡翠”，可知此“翡翠”即“翠羽”。其后，南朝梁徐陵在《玉台新咏》序中也自云：“琉璃砚匣，终日随身。翡翠笔床，无时离手”，“床，装也，所以自装载也”[4]，“南朝呼笔四管为一床”[5]，可知南朝时一笔床应装四管笔，其亦以翡翠羽毛为饰，而并非缅甸翡翠玉琢制的笔床。唐代《杜阳杂编》中有：“鹧鸪枕、翡翠匣、神丝绣被，其枕以七宝合为鹧鸪之斑，其匣饰以翠羽。”[6]宋代《太平广记》“奢侈二”条中亦有类似记载。同时，翡翠羽毛不仅可饰小器如匣，亦可饰大器如棺。以羽饰棺称为翣，有“天子八，诸侯六，大夫四，士二”[7]之分。《汉书》中载，（秦始皇）“死葬乎骊山，吏徒数十万人，旷日十年。下彻三泉合采金石，冶铜锢其内，漆涂其外，被以珠玉，饰以翡翠”[8]。即言秦始皇棺上亦用翡翠羽毛装饰。

1 周振甫主编：《全唐诗》第2册，黄山书社，1999年，第616页。
2 ［战国］韩非撰，高华平、王齐洲、张三夕译注：《韩非子》，中华书局，第394页。
3 ［汉］刘歆撰，吕壮译注：《西京杂记译注》，上海三联书店，2013年，第9页。
4 ［汉］刘熙：《释名》卷五，四部丛刊景明翻宋书棚本，第21页。
5 ［唐］段公路：《北户录》卷二，清文渊阁四库全书本，第70页。
6 ［唐］苏鹗：《杜阳杂编》卷下，清文渊阁四库全书本，第87页。
7 ［汉］许慎：《说文解字》卷四上，中华书局，1978年，第75页。
8 ［汉］班固：《汉书》上，岳麓书社，2009年，第593页。

（七）“翡翠”饰尊（樽）、觞

以翡翠羽毛装饰金属酒器或承盘亦始自先秦，《周礼》载：“春祠、夏禴，祼用鸡彝、鸟彝，皆有舟，其朝践用两献尊。”郑玄注：“舟，尊下台，若今时承盘。‘献’读为‘牺’，牺尊，饰以翡翠。”[1] 即按周时礼，春、夏之日的祭祀，酹酒祼祭需用刻画有雉鸡形或凤鸟形图饰的酒尊，下有承盘，而祼祭后的腥祭，则需用翡翠羽毛装饰的酒尊为祭器。《楚辞·招魂》中也有：“瑶浆蜜勺，实羽觞些。”王逸注：“羽，翠羽也。觞，觚也。”[2] 即言翡翠羽毛装饰的酒器。其后有曹植《七启》诗云“盛以翠樽，酌以雕觞”[3]，南北朝庾信有“雕禾饰斝，翠羽承罍”，“雕禾饰斝，翠羽承樽”[4]，唐陈子昂《晦日重宴高氏林亭》中有“象筵开玉馔，翠羽饰金卮”[5] 等。其皆为翡翠羽毛装饰的酒器，而非缅甸翡翠玉制作的酒器。事实上，直到清代，在皇家仪式中依然可见翡翠羽毛装饰的金属酒器，如故宫博物院藏金瓯永固杯，其名虽为杯，但是三足两耳之造型与夔龙纹饰则明显带有仿青铜酒器之意，其以九成金二十两铸成，周身以点翠做地，通体錾刻宝相花纹，上嵌红、蓝宝石、珍珠与粉色碧玺，作为清代帝王每年正月初一子时“明窗开笔”仪式专用酒器，还有着愿政通人和、社稷永固之寓意。

三、结语

综上所述，中国古代“翡翠”名称可以指翡翠鸟，更多的时候则是指以翡翠鸟羽毛装饰的器物，而非缅甸翡翠玉制作的器物。至宋代，虽有美石亦以“翡翠”命名，明代徐霞客笔下也有“翠生石”等，但是其所指亦皆非今天的缅甸硬玉，而后直到清代，“翡翠”名称才逐渐与缅甸硬玉相对应。

附记：本文为故宫博物院2021年度科研课题“院藏翡翠器研究”的研究成果（课题编号：KT2021-10），得到万科公益基金会资助。

---

1 ［汉］郑玄注，［唐］贾公彦疏：《周礼注疏》卷二十，北京大学出版社，1999年，第517页。

2 ［汉］王逸撰，黄灵庚点校：《楚辞章句》，上海古籍出版社，2017年，第215页。

3 ［南朝梁］萧统编，海荣、秦克标校：《文选》卷三十四，上海古籍出版社，1998年，第273页。

4 ［北周］庾信：《庾开府集笺注》卷三，清文渊阁四库全书本，第244页。

5 周振甫主编：《全唐诗》第2册，黄山书社，1999年，第639页。

苍穹之玉：关于玉色价值的思考

高欣欣　文尚佳　卢靭
[中国地质大学（武汉）珠宝学院]

【摘要】古人借助玉石向自然神灵与先祖以示敬畏，首领或统治者借助玉石在祭祀仪式或宗法礼制上传达其统治理念。作为视觉感知的首要因素，玉石的色彩往往是古人思想观念最直观的具象化表现。世界上多个古老文明都曾将玉石视作王权或神权的象征。以往玉文化相关论述多关注玉器形制、纹饰、质地等特征，较少论及玉石色彩。本文基于玉文化的物质文明，以玉石色青为例，从经济、社会、文化、科技等方面阐述玉石色彩对于人类文明发展与社会进步的重要价值。

【关键词】绿松石；青金石；色彩；青色；价值

所谓“苍穹之玉”，源自作者于某日傍晚时分凝望晴空景象所得感触。昼夜交替之间，东侧深蓝夜幕逐渐笼罩大地，西侧落日余晖将尽，自东向西，深蓝至蓝绿系列色彩铺满天际，如青金石之蓝与绿松石之蓝交会共绘苍穹。本文提出“苍穹之玉”有三层含义：其一为色彩如天之苍、如天之青的玉石；其二为古人敬畏苍天所奉玉石；其三为苍穹之下古老文明历程中人类对于玉石相似的所思所想。这三层内涵引起作者思考玉石色彩于人类文明的重要价值。

“价值”的广义概念是从人们与满足人们所需的外界物质的关系中产生的[1]。价值及其大小普遍地取决于物质在多大程度上能够满足人们的需要[2]。有学者认为价值主要包含两方面——自然价值与社会价值，“自然价值”是物对人的

1　[德]马克思，[德]恩格斯著，中共中央马克思恩格斯列宁斯大林著作编译局译：《马克思恩格斯全集》第19卷，人民出版社，1963年，第406页。

2　晏智杰：《经济学价值理论新解——重新认识价值概念、价值源泉及价值实现条件》，《北京大学学报（哲学社会科学版）》2001年第6期。

使用价值，“社会价值”是作为社会关系的价值[1]。物质负载社会价值形成社会化的物质，成为人与人之间关系的价值纽带[2]。柴尔德指出物质文化是人类适应自然环境的“一面镜子”[3]。玉石是这面镜子不可缺失的一部分。中国玉器发展历程呈现出神圣化、礼仪化、道德化和审美化的特点，玉石对于人类不仅具有使用价值，更具有维系社会关系的价值。从历史上受到皇室贵族喜爱的玉石品类看，玉石实质上泛指各种品类的珠宝玉石。不仅国人喜爱各类玉石，各地历史文物遗存都显示着崇尚玉石的现象是世界性的。“人类最初赋予某个词汇意义，极可能从其直观、表面出发”[4]，人们认识自然万物的过程同样如此。玉石最为“直观、表面”的特征是色彩与光泽，色彩往往更有利于人们分辨不同玉石品类。本文针对玉石色彩的社会、经济、文化、科技等方面的价值进行讨论，即探讨玉石色彩对于社会、经济、文化、科技等方面的积极作用。所涉及的四个方面均影响着人类文明的诞生与发展，由此本文将进一步归纳玉石色彩对于人类文明发展与社会进步的重要价值。

一、色出于石

历史文献总是浓墨重彩地描绘着古代社会精英阶级的生活与事务，历史文物遗存如珠宝玉石、丝绸锦缎、青铜或漆器等，暗示着同一社会中仅少数人可享有绚丽多彩的物质生活。色彩的所有权与使用权极大地倾向社会上层，这些权利需建立在物质基础上。人类历史短暂，远远不及矿物岩石形成的地质年代。相较丝绸、青铜、漆器，珠宝玉石等的物质状态最稳定，其色彩也最为恒久。国内外考古发掘文物遗存的绝大多数珠宝玉石至今都能完好保留其色彩。

玉石之色来之不易。玉石产出稀少且不易开采，开采玉石既需聚集足够的劳动力，又需耗费财力与物力。正如《管子·轻重乙篇》所记载：“玉出于禺氏之旁山。……其涂远，其至阸，故先王度用于其重，因以珠玉为上币。”[5]可见，人们很早就认识到珠宝玉石的价值。除珠宝玉石本身的经济价值之外，玉石色彩的价值与社会上层推崇的价值观念密切相关，不同时期人们所追求的玉石色彩可能不一致。因此，玉石色彩的使用情况恰能反映某时空范围内的社会风尚与价值观念。

1 鲁品越：《再论马克思的“价值定义”与马克思主义价值哲学之重建》，《教学与研究》2017 年第 2 期。
2 鲁品越：《再论马克思的“价值定义”与马克思主义价值哲学之重建》，《教学与研究》2017 年第 2 期。
3 [英] 戈登·柴尔德著，李宁利译：《历史发生了什么》，上海三联书店，2012 年，第 16 页。
4 [英] 戈登·柴尔德著，李宁利译：《历史发生了什么》，上海三联书店，2012 年，第 5 页。
5 [唐] 房玄龄注，[明] 刘绩补注，刘晓艺校点：《管子》，上海古籍出版社，2015 年，第 459 页。

作为一个特别的色彩词，“青”在中国人的日常生活中应用广泛。青色玉石在我国古代则是一个重要符号。古人在形容天空时，“青”通“苍”[1]。《古玉图考》记载：“苍璧，青玉无文，制作浑朴，亦三代礼天之器。”[2]青色无纹饰的圆形玉称为“苍璧”，在祭祀礼制中象征天。有着独特蓝绿色（青色）的绿松石是史前史上古老的玉石种类之一，我国中原地区绿松石使用历史可以追溯至距今约九千年的贾湖遗址[3]。此外，被赋予“青”作为名称的青金石也曾具有重要功用。明清时期祭祀礼制色彩体系的“青”为深蓝色，在这样的色彩认知背景下，具有夜空般深蓝色的青金石，虽是外来宝石，却得到了统治者的认可。

相对东方的“青”，欧亚大陆西方的“蓝”同样对于人类文明有着特别的意义。两河流域与尼罗河流域古文明历程中，重要的蓝色玉石无外乎绿松石与青金石。绿松石与青金石被认为是神灵力量的化身。尼罗河流域古埃及人使用绿松石可以追溯至距今大约6500—6000年[4]。并且，早在前王朝时期（约公元前3500年），古埃及人就大量使用了青金石，用作串珠、镶嵌以及护身符[5]。此外，在位于欧亚大陆连结之处的两河流域，青金石与绿松石的使用历史可以追溯至大约公元前6000—前4000年[6]。美索不达米亚早期第三王朝时期（Early Dynastic III Period，约公元前2600—前2334年）该地区出土了丰富精美的青金石文物[7]。青（蓝）色玉石与上述人类古老文明的诞生与发展息息相关，分别体现在社会、经济、文化与科技等方面。

二、玉石色彩的社会价值

作为社会结构中的最主要现象，社会分层是指社会资源在社会中的不均等分配，即处于较高阶层的社会群体往往占有更多资源，如财富、权力、地位

1 [英]汪涛著，郅晓娜译：《颜色与祭祀：中国古代文化中颜色涵义探幽》，上海古籍出版社，2018年，第114页。

2 [清]吴大澂：《古玉图考》，上海同文书局，1889年，第34页。

3 杨玉璋、张居中：《河南舞阳县贾湖遗址2013年发掘简报》，《考古》2017年第12期；河南省文物考古研究院，中国科学技术大学科技史与科技考古系：《舞阳贾湖》，科学出版社，2015年，第558页。

4 Mark S. An Analysis of Two Theories Proposing Domestic Goats, Sheep, and Other Goods Were Imported into Egypt by Sea during the Neolithic Period. *Journal of Ancient Egyptian Interconnections,* 2013, 5(2),1-8.

5 Payne J. C. Lapis lazuli in Early Egypt, *IRAQ,* 1968, 30(1),58-61; Nicholson P. T., Shaw I. *Ancient Egyptian Materials and Technology*. Cambridge University Press, 2000, p39-40.

6 Shahmirzadi S. M. Tepe Zagheh: A Sixth Millennium BC Village in the Qazvin Plain of the Central Iranian Plateau. University of Pennsylvania, 1977, p.263-269+353-354+382; Fazeli H, Wong E. H., Potts D. T. The Qazvin Plain Revisited: A Reappraisal of the Chronology of Northwestern Central Plateau, Iran, in the 6th to the 4th Millennium B C. *Ancient Near Eastern Studies,* 2005(42).

7 Herrmann G. Lapis lazuli: The Early Phases of its Trade. *IRAQ*, 1968, 30(1),21-57.

等[1]。在社会生产力尚不发达的时代，色彩完全可以被称为一类稀缺的物质资源。一方面，就天然彩色物质而言，大自然中具有稳定色彩且能为人们所用的物质资源本就稀少；另一方面，就彩色人工制品而言，人们认识色彩规律与创造色彩需要经过长期实践。由于成本昂贵、工艺复杂，服饰、器具等稀缺的色彩物质资源成为个人财富与身份地位最直观的表现形式[2]。玉石色彩的象征意义主要呈现为两类演绎途径：其一，体现在祭祀仪式的礼制中，色彩对应祭祀方位与祭祀对象，选用特定色彩的祭器象征所祭拜的神灵；其二，体现在等级制度的构建上，色彩是外显的等级符号，玉石色彩直观地标志着玉石所有者在其所处社会等级体系中的身份与地位。

早于现有文字记载的历史上，绿松石与早期巫神信仰起源密不可分，也与身份象征有关。贾湖遗址第一期（距今 9000—8500 年）墓葬中存在绿松石瞑目葬俗的最早例证，第二期（距今 8500—8000 年）随葬绿松石串饰的墓葬相对集中在遗址中心区域，表明可能当时社会在墓葬等级和分区上已有一定程度分化，使得绿松石被少数人拥有[3]。前人研究认为二里头文化遗址具有都城性质，是迄今为止可确认的我国古代文明中年代最早的都城遗址[4]。至新石器时代晚期、二里头文化时期，绿松石镶嵌物在黄河流域发挥着重要作用。精美绿松石装饰品用于象征使用者的身份地位，大型礼仪性质的绿松石镶嵌器物则用于祭祀或巫神仪式。其中，二里头文化遗址二期（约公元前 1740—前 1600 年）出土的绿松石龙形器引人瞩目（图一），是罕见的中国早期龙形象文物[5]。柴尔德指出墓葬所呈现的贫富差距标志着社会出现了阶级分化，皇室墓葬说明了财富的空前集中，也暗示着当时已有大量专职工匠[6]。夏人能够筛选出颜色均一、表面洁净的绿松石，并切磨成形状较规整的绿松石片，应当具有一套较为完备的绿松石分拣流程与加工体系，并且当时社会已形成较为成熟的社会分工。古代东西方珠宝玉石首饰手工业的分工情况可参考古埃及壁画所描绘的工作场景（图二）。两河流域乌尔皇家陵墓的出土文物“乌尔之旗（Standard）”以青金石为背景，以贝壳制作形成各阶层人群的日常生活，呈现了早期社会阶层化现象（图三）。

1 李路路：《论社会分层研究》，《社会学研究》1999 年第 1 期。

2 许哲娜：《中国古代等级服色符号的内涵与功能》，《南开学报（哲学社会科学版）》2013 年第 6 期。

3 杨玉璋、张居中等：《河南舞阳县贾湖遗址 2013 年发掘简报》，《考古》2017 年第 12 期。

4 杜金鹏、许宏主编：《二里头遗址与二里头文化研究：中国・二里头遗址与二里头文化国际学术研讨会论文集》，科学出版社，2006 年，前言Ⅴ。

5 夏商周断代工程专家组：《夏商周断代工程1996—2000 年阶段成果报告・简本》，世界图书出版公司，2000 年，第76—77 页；许宏、赵海涛等：《河南偃师市二里头遗址中心区的考古新发现》，《考古》2005 年第7 期。

6 ［英］戈登・柴尔德著，李宁利译：《历史发生了什么》，上海三联书店，2012 年，第 96—97 页。

图一　二里头文化遗址绿松石龙形器　现藏于中国社会科学院考古研究所
约公元前 1740—前 1600 年[1]

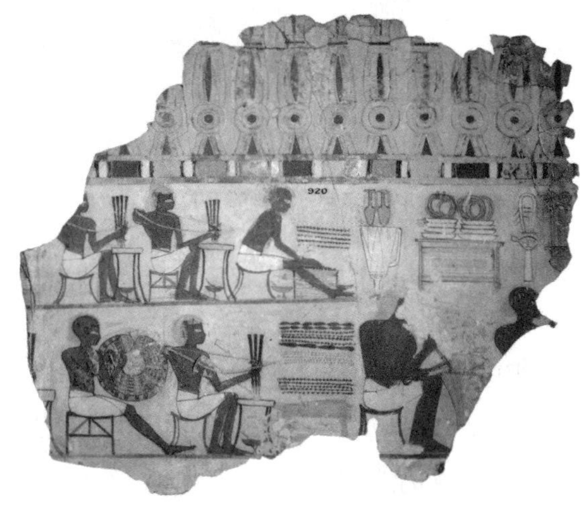

图二 描绘手工业从业者以分工协作模式制作珠宝玉石首饰的古埃及壁画
现藏于大英博物馆　公元前 1400 年[2]

图三 呈现乌尔王朝时期社会阶层化现象的乌尔之旗（“Standard”），镶嵌有青金石和贝壳的木箱
现藏于大英博物馆　公元前 2600—前 2400 年[3]

1　图片来源网址：https://mp.weixin.qq.com/s/ub0S975Ed-QfyAlOjUDvcA，2022-07-15。

2　图片源自大英博物馆（The British Museun），来源网址：https://www.britishmuseum.org/collection/object/Y_EA920，2022-07-15。

3　图片来源网址：https://www.britishmuseum, org/collection/image/631923001，2022-07-16。

在等级制度方面,《汉书·货殖传》中记载:“昔先王之制，自天子、公、侯、卿、大夫、士至于皂隶抱关击柝者，其爵禄、奉养、宫室、车服、棺椁、祭祀、死生之制各有差品，小不得僭大，贱不得逾贵。夫然，故上下序而民志定。”[1] 在我国古代舆服制度中，色彩与等级身份、宗法礼制之间有着稳定的匹配关系，这一关系为维系和巩固社会等级制度提供了重要保障[2]。不同颜色玉石的佩戴需遵循社会制度。明清礼制对祭祀所用祭器、祭品的形制与颜色及祭祀着装已有明确的规定。明世宗苛求真玉，用于祭祀，并且要求要依据祭祀朝拜对象(天地、日月、山川等)选用专门对应颜色的玉石。至明神宗时，大臣仍然在为皇帝礼神之意寻求各色玉石[3]。清代延续明代祭祀理念，据《皇朝礼器图式》(卷四)，“惟祀天以青金石为饰”“夕月用绿松石”[4]。清代服务于政治统治的礼仪冠服等级体系更为完善，有如《皇朝礼器图式》(卷四)记载“皇太子朝珠珊瑚绿松石青金石随所用珍宝杂饰各惟其宜绦皆明黄色”[5]。青金石是常出现在清代重要场合的玉石品类(图四)。神秘的供奉仪式与森严的等级制度的实施目的均与构建理所应当的统治有关，为维护当时的社会稳定起到了重要作用，玉石色彩是促成这一时期相对稳定社会体系的催化剂。色彩作为最鲜明、最直观的符号具象化地呈现在物质载体上，传递着统治阶级的观念。

图四　清康熙皇帝画像（服饰色彩以黄、红、青为主，图中康熙左手所捻宝石即为青金石）现藏于故宫博物院　公元 1662—1722 年[6]

1 [汉]班固著:《汉书》，太白文艺出版社，2006 年，第 726 页。

2 许哲娜:《中国古代等级服色符号的内涵与功能》，《南开学报(哲学社会科学版)》2013 年第 6 期。

3 李媛:《明代国家祭祀体系研究》，东北师范大学博士学位论文，2009 年，第 109—112 页；束霞平、张蓓蓓:《从〈穿戴档〉论清代皇帝祭祀用仪仗服饰》，《丝绸》2011 年第 6 期。

4 [清]允禄、蒋溥等:《皇朝礼器图式》卷四《冠服》，清乾隆时期武英殿刊本，第 13 页。

5 [清]允禄、蒋溥等:《皇朝礼器图式》卷四《冠服》，清乾隆时期武英殿刊本，第 36 页。

6 图片源自故宫博物院，来源网址：https://www.dpm.org.cn/court/lineage/226256.html，2022-07-15。

三、玉石色彩的经济价值

柴尔德曾指出旧石器时期物品交换的迹象已经出现，且被交换的物品通常是奢侈品而非生活必需品，物物交换的贸易形式证实着人群之间思想意识的汇聚和交流[1]。从古至今，珠宝玉石向来是消费与奢侈的代名词，它无疑具有商品经济价值，能够为社会带来经济效益。人们赋予宝玉石色彩的象征意义与文化内涵进一步影响着宝玉石的经济价值，宝玉石也因此随长途贸易到达各个地域。

青金石蓝是影响青金石以商品流通形式流向欧亚大陆东西方的重要因素[2]。不论是作为商品，还是作为馈赠，青金石流通广泛，有学者称其为“青金石之路”[3]。“青金石之路”沿途相关遗址与文物遗存可拼凑出古时青金石贸易的繁荣景象，再现深刻影响欧亚的青金石蓝色风尚。开采历史悠久的阿富汗巴达赫尚（Badakhshan）矿区应是古代青金石最重要的来源[4]。阿富汗巴达赫尚附近的法罗尔丘地（Tepe Fullol）遗址（约公元前 2600—前 1700 年）曾是青金石贸易集散地与加工聚集地，也是古代青金石贸易网络的重要证据。这里不仅发掘出装载有金银器、青金石等物品即将驶向伊朗高原与两河流域的商船，还发掘出可用于制作青金石串珠的工具[5]。青金石从阿富汗巴达赫尚向西经过伊朗高原、两河流域，再经两河流域商人之手流向古埃及，形成了一个成熟的青金石贸易网络[6]。青藏高原的高海拔山脉与高原是青金石东向贸易最直接的地理阻碍。尽管如此，青金石依旧抵达华夏。年代较早的青金石饰品均发现于王室贵族墓葬，例如东汉时期（公元 25—220 年）洛阳烧沟横堂墓的青金石耳珰[7]，东魏、北周

---

1 [英]戈登・柴尔德著，李宁利译：《历史发生了什么》，上海三联书店，2008 年，第 31 页。

2 Wilkinson T. C. *Tying the Threads of Eurasia: Trans-regional Routes and Material Flows in Transcaucasia, Eastern Anatolia and Western Central Asia, c. 3000-1500BC*. Sidestone Press, 2014, p.136.

3 Sarianidi V., Kowalski L. H. The Lapis Lazuli Route in the Ancient East. *Archaeology*, 1971(1).

4 Herrmann G. Lapis lazuli: the Early Phases of Its Trade. *IRAQ*, 1968(1); Giudice L. A, Angelici D., Re A., et al. Protocol for Lapis lazuli Provenance Determination: Evidence for an Afghan Origin of the Stones Used for Ancient Carved Artefacts Kept at the Egyptian Museum of Florence (Italy). *Archaeological and Anthropological Sciences*, 2017(4).

5 Wilkinson T. C. *Tying the Threads of Eurasia: Transregional Routes and Material Flows in Transcaucasia, Eastern Anatolia and Western Central Asia, c. 3000-1500BC*. Sidestone Press, 2014, *p.*105; Tosi M., Wardak R. The Fullol Hoard: a New Find from Bronze-Age Afghanistan. *East and West*, 1972(1/2).

6 Payne J. C. Lapis lazuli in Early Egypt. *IRAQ*, 1968(1); Herrmann G. *Lapis lazuli: the Early Phases of Its Trade.* IRAQ, 1968(1); Wilkinson T. C. *Tying the Threads of Eurasia: Transregional Routes and Material Flows in Transcaucasia, Eastern Anatolia and Western Central Asia, c. 3000-1500BC*. Sidestone Press, 2014, p.130; Huang H. The Route of Lapis Lazuli: Lapis Lazuli Trade From Afghanistan to Egypt During Mid-Late Bronze Age. *Advances in Social Science, Education and Humanities Research (ASSEHR)*, 2018, p.391-399.

7 董俊卿、干福熹、李青会等：《我国古代两种珍稀宝玉石文物分析》，《宝石和宝石学杂志》2011 年第 3 期；中国社会科学院考古研究所编：《洛阳烧沟汉墓》，科学出版社，1959 年，第 210、248 页。

等时期墓葬（约公元534—581年）的嵌青金石金饰[1]。青金石贸易始于古人对蓝色的追求，也因青金石之蓝延续扩展，商人将青金石带往欧亚大陆各地，形成了繁荣的青金石贸易网络。玉石色彩推动了贸易的发展，实质上促进了文明之间的交流往来。

四、玉石色彩的文化价值

文化是包括全部的知识、信仰、艺术、道德、法律、风俗以及作为社会成员的人所掌握和接受的任何其他的才能和习惯的复合体[2]。文化是一种社区成员共有的在社会关系中进行学习和传播信息的群体行为[3]。人类文化的显著特征为其具有累积变化的性质、在群体内部与代际之间传播、在群体内部及群体之间演变[4]。理解一种文化的关键在于影响该文化下的群体成员认识、思考与感知方式的前提假设，如人与环境的关系、人类天性、人类活动与人类关系等[5]。

玉石源自自然环境，是自然物质的色彩，是人类学习的天然素材，塑造着人们学习和传播信息的方式。我国古代对于青金石有“璆琳”“琉璃”“金碧”“金星石”“金精”“兰赤”等称谓[6]。“璆琳”很可能泛指包含青金石在内的青色美玉[7]。受佛教影响，“琉璃”一词成为玉石的代称，青金石为佛教珍视的珠宝玉石之一，又有着“绀琉璃”之称[8]。“金精”一名可能与青金石因常含有黄铁矿所致其带有散点状金黄色颗粒的外观有关。“兰赤”之“兰”也指向青金石的蓝色外观。青金石最早便被归为玉石一类，后人根据其色彩外观特征为其拟定称谓，青金石的称谓为文字记载增添了新的指代词汇。佛教经典记载佛陀和菩萨的样貌，称他们的发色为“绀琉璃色”，又描述佛发、佛眉、佛眼为“金精色”或“青琉璃”，均可理解为像青金石那样的颜色[9]。青金石之蓝进而影响着佛教造像艺术以及佛教的传播与发展（图五）。无独有偶，古代两河流域美索不达

---

1 李晋栓、李新铭、何健武等：《河北赞皇东魏李希宗墓》，《考古》1977年第6期；韩兆民：《宁夏固原北周李贤夫妇墓发掘简报》，《文物》1985年第11期。

2 [英]爱德华·泰勒：《原始文化》，上海文艺出版社，1992年，第1页。

3 Laland K. N., Hoppitt W. Do Animals Have Culture? *Evol. Anthropol.* 2003(12).

4 Legare C. H. Cumulative Cultural Learning: Development and Diversity. *Proceedings of the National Academy of Sciences,* 2017, p.7877-7883.

5 Spencer-Oatey H, Franklin P. What is Culture, A Compilation of Quotations. *Global PAD Core Concepts,* 2012, pp.1-21.

6 章鸿钊：《石雅》，百花文艺出版社，2010年，第3—16页；[美]劳费尔著，林筠因译：《中国伊朗编》，商务印书馆，2001年，第349—350页。

7 章鸿钊：《石雅》，百花文艺出版社，2010年，第4页。

8 郑燕燕：《从地中海到印度河：蓝色佛发的渊源及传播》，《文艺研究》2021年第6期。

9 郑燕燕：《从地中海到印度河：蓝色佛发的渊源及传播》，《文艺研究》2021年第6期。

米亚地区与古埃及的文献记载较佛教经典更早将青金石用于描述神灵的发、眉、眼等样貌。苏美尔文献中植物、天空、成年男性的胡须都可被称作“像青金石一样（lapis lazuli-like）”，月亮神则有着青金石般蓝色的胡须[1]。乌尔皇陵出土文物公牛神像的胡须便是使用青金石制作而成，与记载相符（图六）。青金石指代色彩在古埃及语言中的应用十分普遍，通常译为“像青金石一样的蓝色（lapis lazuli-like, blue）”，荷鲁斯（Horus）神有着如青金石一般的蓝色双眼[2]。这些描述实则都建立在人们对青金石色彩的崇拜上，追根溯源其缘由无外乎青金石蓝与天空色彩十分相似，幽暗神秘、深不可测的夜空引人困惑、好奇，更令人神往，青金石因而备受崇拜。

图五 清乾隆时期青金石雕刻佛牌 苏富比拍卖行（Sotheby's）拍品 公元 1750 年[3]

图六 牛头竖琴（Lyre fragment bull head），金、银、青金石等材料制作，乌尔皇家陵墓（the Royal Cemetery at Ur） 现藏于宾夕法尼亚大学考古学和人类学博物馆（University of Pennsylvania Museum of Archaeology and Anthropology） 公元前 2450 年[4]

1 Thavapalan S. *The Meaning of Color in Ancient Mesopotamia. Culture and Hsitory of the Ancient Near East.* Brill, 2019, p.310-311.

2 Schenkel W. Color Terms in Ancient Egyptian and Coptic. In MacLaury R. E., Paramei G. V., and Dedrick D., (eds.), *Anthropology of Color : Interdisciplinary Multilevel Modeling.* John Benjamins Publishing Company, 2007, p.211-228.

3 图片源自：苏富比拍卖行（Sotheby's），来源网址：https://www.sothebys.com/en/auctions/ecatalogue/2019/important-chinese-art-hk0894/lot.3633.html，2022-07-15。

4 图片源自：宾夕法尼亚大学考古学和人类学博物馆（University of Pennsylvania Museum of Archaeology and Anthropology），文物收录编号为“B17694B”，文物名称为“Lyre fragment bull head”。图片来源网址：https://www.penn.museum/collections/object/9347，2022-07-15。

“绿松石”这一名称同样是至清朝才确定下来，此前相关记载尚不明确，可能有“甸子”“瑟瑟”“碧甸”等称谓。古诗词句中“瑟瑟”既可作名词，也可形容声音与色彩。唐代“瑟瑟”频繁出现于贸易往来记载中，有学者指出“瑟瑟”是绿松石的称谓之一。[1]《旧唐书》记载：“虢州卢氏山冶，近出瑟瑟，……，瑟瑟之宝，中土所无今产于近甸，实为灵贶。”[2]“虢州卢氏山”位于现在河南、湖北一带，这一带也是历史上有绿松石产出的地区。《新唐书》载，吐蕃王朝“其官之章饰，最上瑟瑟，金次之”[3]。“瑟瑟”为吐蕃王朝最高级别官员佩戴的章饰。古代拉萨、日喀则等地区贵族妇女于重大节日场所佩戴传统首饰嘎乌上常镶嵌有绿松石（图七）。唐朝诗人白居易常用“瑟瑟”描述青绿色彩，有如“一片瑟瑟石，数竿青青竹”（《北窗竹石》），“半江瑟瑟半江红”（《暮江吟》）。与青金石指代色彩与语言描述类似，古埃及与美索不达米亚一带也有“像绿松石一样（turquoise-like）”的语言表述[4]。绿松石与青金石的色彩都指代天空之蓝[5]。人们最初认识玉石从其色彩外观开始，普遍地依据色彩命名玉石，虽形成了繁多的名称，却也为语言文学与艺术的发展提供了众多的素材与灵感，促进了各个时代、地域文化繁荣发展。

1 Bretschneider E. *Mediaeval Researches from Eastern Asiatic Sources: Fragments towards the Knowledge of the Geography and History of Central and Western Asia from the 13th to the 17th Century (vol.1)*. Trübner & Co, 1888, p.140+175.

2 [后晋]刘昫：《旧唐书》卷一百三十四，中国哲学书电子化计划，来源网址：https://ctext.org/library.pl？if=gb&file=61812&page=15&remap=gb#%E7%91%9F%E7%91%9F，2022-07-14。

3 [北宋]欧阳修、宋祁、范镇等：《新唐书·列传第一百四十一上·吐蕃上》，中国哲学书电子化计划，来源网址：https://ctext.org/library.pl？if=gb&file=4778&page=60&remap=gb#%E7%91%9F%E7%91%9F，2022-07-14。

4 Schenkel W. Color Terms in Ancient Egyptian and Coptic, in MacLaury R.E. Paramei G V, and Dedrick D, eds., *Anthropology of Color : Interdisciplinary Multilevel Modeling*, John Beijamins Publishing Company 2007, pp.211-228.

5 Warburton D A. Basic Color Term Evolution in Light of Ancient Evidence from the Near East, in MacLaury R E, Paramei G V, and Dedrick D, eds., *Anthropology of Color : Interdisciplinary Multilevel Modeling*., John Benjamins Publishing Gompany, 2007, pp.229-246.

图七　银嵌绿松石曼荼罗式嘎乌　梦蝶轩藏品　19—20 世纪初[1]

五、玉石色彩的科技价值

文明时代的进步体现在生产技术与社会生产力的进步上。摩尔根认为，生产技术的发展将极大地影响着人类的生存状况，并将生产技术作为原始社会发展的分期标准[2]。玻璃技术至今都应用于人们的日常生活，难以被取代。历史上许多重大科学发现都离不开玻璃技术的进步。而玻璃技术的诞生与玉石及玉石色彩密切相关。玻璃制作技术最早的目的是模仿玉石，玻璃模仿玉石是从模仿各类玉石的特征色彩开始的。

汉代王充在《论衡·率性篇》中提到，“道人消烁五石，作五色之玉，比之真玉，光不殊别”[3]，其中“五色之玉”应指用玻璃仿制的宝玉石[4]。我国玻璃制作技术诞生于战国至两汉时期（公元前 475—公元 220 年）[5]。新疆地区出土的西汉时期（约公元前 202 年—公元 8 年）仿制绿松石的玻璃珠，是古人制作玻璃仿制宝玉石的最直接证据[6]。此外，湖北江陵望山一号楚墓（春秋战国时期，约公元前 770—前 221 年）越王勾践剑剑格的正反面分别镶嵌了绿松石和蓝色玻

1　梦蝶轩藏品，图片来源网址：http://cms.ahm.cn/hzgj/userfiles/2020/3/27/1585297668044/，2022-07-15。

2　Morgan L H. *Ancient Society: Or, Researches in the Lines of Human Progress from Savagery, through Barbarism to Civilization*, Charles H. Kerr & Company, 1907, pp.3-18.

3　田昌五：《论衡导读》，中国国际广播出版社，2008 年，第 83 页。

4　杨伯达：《西周至南北自制玻璃概述》，《故宫博物院院刊》2003 年第 5 期。

5　干福熹、黄振发、肖炳荣：《我国古代玻璃的起源问题》，《硅酸盐学报》1978 年第 1、2 期。

6　王栋、温睿等：《新疆吐鲁番胜金店墓地出土仿绿松石玻璃珠研究》，《文物》2020 年第 8 期。

璃，意味着当时人们很可能将蓝色玻璃等同于绿松石[1]。同时期的楚墓出土了大量仿玉玻璃制品，包括璧、环、印、剑饰等礼仪性质器物，以湖南地区出土仿玉玻璃器最为丰富，颜色以浅绿色居多，平民阶级墓葬中也可见到玻璃璧[2]。此外，明清建筑祈年殿的蓝色琉璃瓦顶使用了“色相如天”的青金石色。我国古代铜胎掐丝珐琅也常以绿松石蓝与青金石蓝作地，即作为整体纹饰的背景色（图八）。

图八 铜胎掐丝珐琅嘎乌 梦蝶轩藏品约 18 世纪末—19 世纪初[3]

费昂斯是部分玻璃态和晶态石英砂的混合体，一般被认为是玻璃制品的前身[4]。古埃及费昂斯制作历史可追溯至大约公元前 4000 年[5]。自诞生起，费昂斯与玻璃都曾被视为宝玉石的替代品，或一种人造宝玉石，常与宝玉石一同出现在墓葬出土的串珠饰品中[6]。费昂斯多呈串珠状、管状或圣甲虫等形制，其中用作护身符的圣甲虫的颜色大多与绿松石、青金石相似[7]。至中王国时期（约公元

1 湖北省文物考古研究所：《江陵望山沙塚楚墓》，文物出版社，1996 年，第 49 页；赵永：《中国古代玻璃的仿玉传统》，《紫禁城》2021 年第 6 期。

2 高至喜：《湖南出土战国玻璃璧和剑饰的研究》，载干福熹编：《中国古玻璃研究——1984 年北京国际玻璃学术研讨会论文集》，中国建筑工业出版社，1986 年，第 53—58 页；傅举有、徐克勤：《湖南出土的战国秦汉玻璃璧》，《上海文博论丛》2010 年第 2 期。

3 梦蝶轩藏品，图片来源网址：http://cms.ahm.cn/hzgj/userfiles/2020/3/27/1585297668044/，2022-07-15。

4 Nicholson P. T, Shaw I. *Ancient Egyptian Materials and Technology*. Cambridge University Press, 2000, p.177; 李清临：《中国古代釉砂和玻砂浅议》，《中国国家博物馆馆刊》2012 年第 5 期。

5 Nicholson P. T., Shaw I. *Ancient Egyptian Materials and Technology*, Cambridge University Press, 2000, p.179; Henderson J. *Ancient Glass: an Interdisciplinary Exploration*. Cambridge University Press, 2013, p.14.

6 Nicholson P. T., Shaw I. “Stone... That Flows”: Faience and Glass as Man-Made Stones in Egypt, *Journal of Glass Studies,* 2012(3); Duckworth C. N. Imitation, Artificiality and Creation: The Colour and Perception of the Earliest Glass in New Kingdom Egypt. *Cambridge Archaeological Journal,* 2012(3).

7 Lansing A. *A Faience Broad Collar of the Eighteenth Dynasty*. The Metropolitan Museum of Art Bulletin, 1940(3).

前 2040—前 1782 年）费昂斯的使用非常普遍，见于各个社会阶级墓葬中[1]。费昂斯还用于制作神像，古埃及护身符、神像等一切与神灵有关物品的色彩装饰中大多可见到蓝色，绿松石之蓝或青金石之蓝[2]。美索不达米亚玻璃体系不同于古埃及，两地玻璃制造技术很可能是各自发展形成的[3]。“美索不达米亚的玻璃模仿了宝玉石，不仅有青金石和绿松石的蓝色，还有类似带状玛瑙的各种颜色。”[4]最具特色的还数这一地区各式以蓝色外观为主的历史建筑。美索不达米亚宇宙观认为，神的居所（天堂）的地面由蓝色砖块铺造而成，即与晴空亮蓝色或与夜空深蓝色相似[5]。建筑的蓝色外观暗示着其与神的关联，后来的建筑装饰色彩或许均受这一观念影响。古巴比伦伊什塔尔门 （The Ishtar Gate）城墙主要由釉面黏土砖块建造而成，釉面装饰的背景颜色以亮蓝色与深蓝色为主[6]。位于现伊朗伊斯法罕的沙阿清真寺（Isfahan Shah Mosque）建筑的釉面色彩同样以如绿松石般的亮蓝色和像青金石一样的深蓝色为主（图九）。玉石色彩直接促进了玻璃制作技术的诞生，也推动了陶瓷、珐琅等釉彩装饰技术的发展，促进了社会生产力进步与文明发展。

1 Miniaci G. Faience Craftsmanship in the Middle Kingdom. A Market Paradox: Inexpensive Materials for Prestige Goods, In Miniaci G, García J C M, Quirke S, and Stauder A, (eds.), *The Arts of Making in Ancient Egypt Voices, Images, and Objects of Material Producers 2000-1550 BC*. Sidestone Press, 2018, pp.139-158.

2 Ragai J. Colour: Its Significance and Production in Ancient Egypt. *Endeavour,*1986(2).

3 Shortland A. J., Kirk S., Eremin K, et al. The Analysis of Late Bronze Age Glass from Nuzi and the Question of the Origin of Glass Making. *Archaeometry,* 2017(4).

4 Moorey P. R. S. *Ancient Mesopotamian Materials and Industries: the Archaeological Evidence*. Oxford University Press, 1994, p.199.

5 Horowitz W. *Mesopotamian Cosmic Geography*. Vol. 8, Eisenbrauns, 1998, p.9.

6 Pedersén O. The Glazed Bricks that Ornamented Babylon——A Short Overview. In Fügert A., Gries H., (eds.), *Glazed Brick Decoration in the Ancient Near East: Proceedings of a Workshop at the 11th International Congress of the Archaeology of the Ancient Near East (Munich) in April 2018*, Archaeopress Publishing Ltd, 2020, p.96-122; Dimand M. S. *Two Babylonian Reliefs of Enameled Brick*. Metropolitan Museum of Art Bulletin. 1931(26).

图九　伊斯法罕沙阿清真寺入口　始建于公元 1611 年[1]

六、结语

古代社会两大主要生产领域为手工业和农业，前者是人类历史上最为悠久、最为古老的产业，被视为“文明起源的重要参考”，相对于后者，手工业的生产遗存更易于保存下来[2]。玉石与古代手工业生产密切相关，手工业生产的发展离不开工具的演变。柴尔德指出，史前人类的工具演变与生产力、经济结构和社会制度的演变密切相关[3]。玉石最早作为人类的生产工具存在，随后又被新发展出的工具改造，意味着玉石与人类社会进步存在相关性。

从人类视觉感知出发，色彩是玉石的首要特征。自然界中具有蓝色的物质资源并不多，但蓝色却是人们日常生活中最常见的色彩。天空给予人类无限广阔却神秘莫测难以触碰的蓝色，伴随着人类不断适应自然并试图控制自然，这片蓝色牵动着人类早期社会。以至于几乎所有具有蓝色或青色色彩的玉石器所呈现的文化内涵都与天有关。如柴尔德所言，“史前人类的思想和信仰只保留在

1　图片来源网址：https://commons.wikimedia.org/wiki/File:Shah_mosque_of_isfahan.jpg，2022-07-15。

2　白云翔：《关于手工业作坊遗址考古若干问题的思考》，《中原文物》2018 年第 2 期；张清俐：《手工业考古推进文明起源研究》，《中国社会科学报》2022 年 5 月 30 日第 1 版。

3　[英] 戈登・柴尔德著，安家瑗、余敬东译：《人类创造了自身》，上海三联书店，2012 年，第 7 页。

活动和这些活动结果留下的不易腐烂的物质材料上”[1]，玉石本身为玉石色彩的稳定性提供了保证，更为追溯人类思想与信仰提供了物质基础。

玉石色彩对于人类文明发展与社会进步的重要价值主要体现在社会、经济、文化、科技等四个方面。在社会价值方面，色相如天的玉石既是超自然力量的化身，又是权力的象征物，它们提供了证实权力、身份与地位不容置疑的最直观途径，极大地满足了社会上层的需求。人类对于玉石色彩的追求促进了玉石色彩礼仪化、等级化的应用，相应地标志着社会阶层分化。尽管文明起源问题仍未定论，但文明发展进程相关探讨总是离不开社会分工与社会阶层化[2]。在经济价值方面，人类对于玉石色彩的追求直接体现在对于玉石物质资源的占有，占有欲提高了玉石的经济价值，促进了早期贸易网络的形成，进一步推动了文明之间的交流往来。在文化价值方面，玉石指代色彩作为人们日常生活中学习和传播信息的方式，经日积月累、代代相传形成群体的社会共识。这样直观的文化传播方式，既有利于文化的延续，又有利于文化传播。在科技价值方面，玉石色彩是玻璃制作技术与制釉技术的灵感源泉，随后发展出的陶瓷、珐琅等工艺也不乏对玉石色彩的模仿。这些技术至今服务于人类生活，助力近现代科技发展。人们对于玉石色彩的极致追求最终促进了生产技术与社会生产力的进步。

1 [英]戈登·柴尔德著，安家瑗、余敬东译：《人类创造了自身》，上海三联书店，2012年，第39页。

2 陈淳：《文明与国家起源研究的理论问题》，《东南文化》2002年第3期。

论什么是玉和玉是什么

——对玉概念发展历程的哲学思考

曾卫胜（江西省地质调查研究院）

【摘要】中国玉文化发展史中人们对玉概念的认识，经历了“什么是玉”到“玉是什么”的发展历程，从史前到商末的“什么是玉”——用于审美和通灵的雕刻石头；到西周文王提倡“礼乐社会”“君子建德”的制度建设，遂演化出“玉德”“如玉”这两个理想的道德标准和审美标准，由此指向的玉是“温润以泽的十一德”“石之美者有五德”具体指向的岩石；直至法国地质学家德莫尔检测为角闪石类和辉石类岩石。可是，1996年以来，对于珠宝玉石，国家标准中的定义远离了中国玉文化所需要的文化价值要素。当下，学界需要一个可以兼顾文化传统又具有科学精神的“玉”概念。

【关键词】玉概念；历史演化；哲学思考

一、引言

（一）为何对“玉”进行哲学思考

20世纪以来，西学的弥漫掩盖了我们对“祖训”的传承，科学精神演变成检视中国文化的放大工具。绵延8000年的中国玉文化，在早期的中国是站在人类文明舞台的中央。时至今日，中国玉文化除了敬仰史前到夏商周的祖先们的智慧和成就，对当下、对未来却又变得迷茫。

笔者作为一个用科学仪器方法检测鉴定珠宝玉石的“科学工作者”，近30年来执行的关于“玉”的定义是根据《珠宝玉石 名称》国家标准（GB/T16552），但是，这个定义所显现的缺陷不是一点点，有一段时间强调此标准的适用范围扩展到众多领域："本标准适用于珠宝玉石鉴定、文物鉴定、商贸、海关、保险、典当、资产评估以及科研教学、文献出版等领域。"然而，通观各地博物馆、各类考古、玉文化研究文献等，根本不理这个"标准"，各说各话。所以，《珠宝玉石 名称》国家标准（GB/T16552）在2017年版中删除了适用于"文物鉴定、商贸、海关、保险、典当、资产评估以及科研教学、文献出版等领域"[1]。

笔者一直思考中国玉文化的研究与弘扬需要什么人、什么部门，如果说地质学、考古学等都是一门科学的话，那么如何对"玉"进行科学定义？"玉"适用科学定义吗？"玉"的科学划界与评价依据是什么？……这些问题是问题吗？

所以，笔者一直迷茫地问"什么是玉"或"玉是什么"。

（二）对"玉"哲学思考的方向

浏览哲学史，古希腊时期，春秋战国时期，好像哲学无所不在。罗马帝国后和东汉后，好像哲学就只关注哲学本身了。康德以来，对哲学的批判弥漫欧洲；王阳明的心学后，士大夫把哲学玩成了主观唯心主义的"内圣外王"的锦衣，而忘却了"君子比德于玉"的祖训。

一个问题被哲学所关注，大致有这几种可能：它是一个让人苦闷的、长久无法回避的问题；它是一个让人感觉十分重要又没有明晰答案的问题；它是一个引起许多专家学者关注又长时间争论不休的问题；它是一个哲学本应该关注思考的问题……

笔者认为，"玉"的概念在中国文化里，也许就是这样被多种可能交织在一起的问题，出于责任感和好奇心，在迷茫中试图对"玉"概念的演变历程进行哲学思考。

我们细心考察哲学史，可以发现在解释关于"什么是X？"或"X是什么？"的问题时，有两种方法：

柏拉图的"什么是X？"——按照柏拉图的思路，要了解在纷繁杂乱的现象背后的共同理念，并且这一理念用一个术语可以被众多的人接受，否则，这个X就玄而又玄；"什么"的任务就是给出"能被众人接受的共同理念"。

维特根斯坦的"X是什么？"——按照维特根斯坦的思路，要知道X是什么，就要知道在规定的术语里所体现的"能被众人接受的共同理念"。

历史的事实证明，柏拉图和维特根斯坦的理论都要求对历史的观念和对众

1 《珠宝玉石 名称》国家标准（GB/T16552-2017）。

人的认知度的考察，然后给出一个术语，能够体现被众人接受的共同理念的术语。

二、什么是“玉”

在世界文明史上，用一类物质载体承载着每一个时期的文化，绵延至今近万年的，只有中国的“玉”。

在中国文化里的“玉”有“玉石”“玉器”“玉文化”三层内涵；不同的使用角度，其所指不同，必须注意“玉”的语境所指。

史前出土大量的“玉器”，东南西北各有特色，器形的解释、文化的解释，由考古学家、历史学家、文化学家们去主张和辩论；共识也好，分歧也好，热闹就好，对传承和发展中国文化都有益。

“玉石”的解释却不然，物质的存在是客观的，命名需要建立在共识或标准的前提下，然而，这个共识或标准至今没有获得所有相关学界的认同。

（一）至今没有可以达成共识的“玉”的定义标准

浏览许多考古成果，学者们高超的研究能力给人们提供了丰富的知识，同时也因为一些任性的命名，造成人们理解和接受知识的困难。

试举两例：

例 1　江西新干大洋洲商代玉器的名称叫法

新干商代玉器经岩矿鉴定专家陈聚兴先生鉴定检测：“所有制品，经鉴定，可确定其石质材料的有软玉、磷铝石、磷铝锂石、绿松石、水晶和叶蜡石共六种。”[1] 从江西省博物馆彭适凡、彭明翰两任馆长对同样两件标本的不同表述中，我们真正感到玉器材料命名的规范性与科学性非常重要和迫切！如：在《新干商代大墓》及其检测报告中的“磷铝锂石”，笔者认为应命名为“锂磷铝石”，理由详见《论新干古玉的文化背景》一文[2]。有趣的是不少学者可能不理解“磷铝石”“磷铝锂石”的矿物名称，不愿意接受这样的名称，而宁可自己另起名称代替之，如：尤仁德在《古代玉器通论》中称标本 648 和 677 两件磷锂铝石质玉琮为“河南玉”，由此有人演绎成为“南阳玉”“独山玉”等；称标本 685 磷锂铝石质玉环为“蛇纹石大理岩”；称标本 651 磷铝石质玉璧为“和田玉”；

1　陈聚兴：《新干商代大墓玉器鉴定》，载江西省文物考古研究所：《新干商代大墓》附录十，文物出版社，1997 年。

2　曾卫胜：《论新干古玉的文化背景》，载杨伯达主编：《中国玉学玉文化论丛·四编·下》，紫禁城出版社，2007 年，第 575—596 页。

"洛翡玉"（如"璜"998）——在新干大墓中没有"988"的标本编号；"洛翠玉"是作者杜撰的玉材料名称；尤先生又把透闪石青玉称为"岫岩玉（如柄形饰 652）"[1]。

标本 652、653 长柄形器应是上好的透闪石质玉，刘林先生称之为"和田玉"；标本 648 是磷铝锂石，刘林先生称之为"密玉"[2]。

著名的"玉神人兽面形饰"——标本 633 材质为磷铝石，杨伯达先生称之为"洛翠玉"[3]，刘林先生称之为"洛翡玉"[4]，然而与刘林先生同一个单位的彭明翰先生则称其为"磷铝石"[5]；我们不知道"洛翡玉"与"洛翠玉"有什么区别，也不知道它们是什么矿物或岩石，或其他什么材质。清代玉器中的翡翠应与商代玉材料没有任何联系，更没有"洛翡玉""洛翠玉"之类的名称。

更有趣的是，陈志达先生在论及新干古玉时又有自己的发挥："玉料经初步鉴定，有新疆和田玉、蓝田洛翡玉、辽宁岫岩玉、河南密玉及南阳独山玉等。可见用料之广泛。"[6] 而在原报告中根本没有这些玉料的表述。陈先生却又造出一个"蓝田洛翡玉"的名称来，确实令人费解。

例 2　殷墟玉器的名称叫法

在论及殷墟玉器时，田凯认为"殷墟玉器玉料以软玉为主，玉料主要来自新疆和田、河南独山、辽宁岫岩等"[7]；陈志达认为"在殷墟，经科学发掘出土的殷代玉器据不完全统计，约有 2000 件以上。玉器的质料，经考古学家、地质矿物学家、琢玉技师等有关方面鉴定的玉器约有 300 多件，鉴定结果有新疆玉（和田玉）、透闪石软玉、南阳玉和极少量岫岩玉，可能还有河南密玉，而以新疆和田玉居多数"[8]。

殷墟玉器以透闪石类"玉"材料为主已是学界的共识，但透闪石类玉料是否都是和田玉，则尚需进一步测试研究，从仅有的资料看证据不足。而且，陈志达先生的文章中的表述，"鉴定结果有新疆玉（和田玉）、透闪石软玉、南阳玉和极少量岫岩玉，可能还有河南密玉，而以新疆和田玉居多数"，此报告内容体现了作者的矿物学常识的不足。新疆和田玉就是透闪石软玉，既然是"鉴定"

1　尤仁德：《古代玉器通论》，紫禁城出版社，2002 年，第 114 页。
2　杨伯达主编：《中国玉器全集（上）》，河北美术出版社，2005 年，第 172 页。
3　杨伯达主编：《中国玉器全集（上）》，河北美术出版社，2005 年，第 170 页。
4　杨伯达：《玉傩面考》，载《巫玉之光》，上海古籍出版社，2005 年，第 128 页。
5　古方主编：《中国出土玉器全集》第 9 卷，科学出版社，2005 年第 6 页。
6　陈志达：《夏商玉器综述》，载杨伯达主编：《中国玉器全集（上）》，河北美术出版社，2005 年，第 695 页。
7　田凯：《河南地区出土玉器概述》，载古方主编：《中国出土玉器全集》第 5 卷，科学出版社，2005 年，第 2 页。
8　陈志达：《新干商墓玉器与殷墟玉器之比较研究》，载杨伯达主编：《出土玉器鉴定与研究》，紫禁城出版社，2001 年，第 129 页。

怎么“可能还有河南密玉”？这样的鉴定结果也是不敢相信的。依笔者考察南阳独山玉，商代及其以后都没有看见独山玉的出土物，包括有几件在文献中标记为“独山玉”的，经检测，也不是独山玉。

（二）西周以前的古人是如何认识“玉”的

在中国东南西北的史前——商代晚期的大量出土玉器里，今人并没有看到古人给出的具体“玉石”矿物名称。浏览相关出土玉器的检测报告，参观相关博物馆，笔者得到的认识，按现代矿物岩石学命名分类，史前时期：透闪石类、蛇纹石类、硅质岩类、水晶、玛瑙、绿松石、萤石、独山玉、叶蜡石等黏土岩类、大理石等碳酸岩类、泥岩－砂岩－砂砾岩、页岩－板岩等等；对夏、商玉器材质的鉴别分类主要有：透闪石类、蛇纹石类、绿松石、水晶、玛瑙、琥珀、叶蜡石、绢云母、磷铝石、磷铝锂石、大理石、硅质灰岩、蛇纹石化大理岩、透闪石化蛇纹岩等等。

人们在大自然里选择符合自己期望用途的石料，选择符合自己加工工艺水平的石料，在经历6000—7000年的漫长的认识积累中，逐步对玉石的期望用途达成共识——“审美”和“通灵”。

1. 审美需求

考察大量出土资料，我们可以清晰地勾画出一幅“玉石分化”图：新石器时代早中期以前，在辽河流域、黄河中下游流域、长江下游流域的广大地区，不同种群和地域的先民们先后都从“石”中发现了“玉”——把美石加工制作成用于装饰、用于审美、用于表达某种象征意义的器物。人体装饰是人类审美起源的基本审美形态之一。采集自然界中的美丽的石头、植物、动物的皮毛齿骨等经过加工，赋予其审美意义，是人类自有了审美意识以来的基本审美活动。所以，审美是“玉石分化”或者称“玉的起源”的根本标志。

人类的基本哲学任务是人本身的生存与发展的关系、人与自然和谐相处的关系、人与人和谐相处的关系。审美关系的构建与发展也是围绕着这三个基本任务而展开的。德国艺术史家、哲学家格罗塞（Ernst Grosse）在《艺术的起源》中云：“人体的原始装饰的审美光荣，大部分是自然的赐予；但艺术在这上面所占的意义也是相当的大。就是最野蛮的民族也并不是单任自然地使用他们的装饰品，而是根据审美态度加过一番工夫使它们有更高的艺术价值。”[1]

随着人们对琢磨石器技术经验的日益丰富，人们在拣取石材制作工具时，

---

1 ［德］格罗塞（Ernst Grosse）著，蔡慕晖译：《艺术的起源》，商务印书馆，1996年。

遇到质地特殊的、颜色美丽的石材便琢磨为佩饰，即《诗经·有女同车》中描写的“将翱将翔，佩玉将将”，佩饰于身所发出的“将将”悦耳之声，正是具有审美价值的艺术品。兴隆洼、河姆渡、松泽、大汶口等文化中的骨质、牙质、玉石饰物，特别是嵌有绿松石的工艺品，是具有相当审美情趣和审美价值的艺术品。

2. 通灵需求

新石器时代晚期，玉器发展进入了一个繁荣时期，这个时期出土的玉器，数量多、地域广、种类繁多、造型精美、工艺精湛。玉器作为部落图腾、祭祀与生产、生活中的巫术祭礼品，即人神沟通的载体——美的、珍贵的礼物，献予神。

红山文化、良渚文化、齐家文化、龙山文化等大量玉器，已经形成了一个饰物、礼器并存的时代。饰物有玉坠、玉珠、管、环、璜等；礼器有玉璧、玉琮和玉龙、龟、鸟等动物肖生器。

华夏各氏族社会发展到新石器时代中后期，生产力的提高，促进了社会分工的专业化、管理的礼仪化、信仰的泛神化。玉器从装饰审美范畴，扩展到宗教信仰、社会礼仪等诸多领域。

经过数千年的认识和技术的积累，大量的社会需求，促进了玉器制作的专业化，治玉工艺的提高丰富了玉器造型与纹饰的表现手法。切割技术、钻孔技术、细磨技术、抛光技术的熟练掌握，使玉材料的温润、细腻的审美特点得以充分显现。所以，人们对玉的概念要素的共识趋向于结构细腻、韧性很好、颜色鲜丽、光泽温润的透闪石类和蛇纹石类材料，从玉料选材的泛美石化逐步发展到集中选择透闪石类、蛇纹石类和玛瑙类作为玉的主要材料。

综观辽河、黄河、长江三大流域出土的各种玉器，随着玉器功能从审美饰物升华为宗教神物，祭祀用玉的大量使用，促进了对玉料的更高要求——韧性好，体量大。三大流域的先民们不约而同地选择了透闪石类、蛇纹石类、绿松石类、玛瑙类岩石作为玉材的主流。透闪石类岩石的结构为纤维状交织、纤维状粒状变晶交织结构等，具有极好的韧性——是自然界除黑钻石以外韧性最大的物质，黑钻石在亚洲大陆几乎没有产出，而且在自然界也产出极少。因而可以说透闪石是自然界韧性最大的。根据透闪石类岩石的产状，在三大流域都是先民们较容易获得的材料，透闪石类材料的高韧性、大体量、易采得，适应于雕琢各种形状的玉器，运用各种技术，如圆雕、透雕、阴刻线雕、减地浮雕等，使玉器造型丰富，纹饰精美。目前从考古学文化区系特征的角度分析，辽河流域、黄河流域、长江中下游流域的玉文化相互影响的证据尚显不足。因此，笔者认为，史前玉器特别是新石器时代中晚期三大流域玉器空前繁荣的根本原因是：先民们发现了透闪石的超强韧性、蛇纹石和玛瑙的强大韧性，绿松石美丽而耐久的颜色的自然属性，所以大量用作玉材料。

三大流域的玉文化的共同文化特色是："玉"材质既丰富多样，同时又以透闪石类、蛇纹石类、玛瑙、绿松石材料为主；审美意蕴既以原始的朴拙美、色彩美为主，又初显文明典雅，乃至极为繁复；功能上，既有以审美为用的装饰玉器，又有大量的礼仪玉器。玉石分化的完成是玉的"神物"地位的确立。红山文化、凌家滩文化、良渚文化、龙山文化等的玉器已经不仅仅是人体装饰物，而是"以玉事神"的神物。

《国语·楚语下》记载了观射父论"颛顼绝地天通"时对"神"与"民"的关系，当民神异业时，巫、觋率祝、宗等执牺牲、玉帛以事神，于是，神降福于民，民以物享，风调雨顺。而当民神杂糅、民神同位时，民匮于祀，民不聊生。而通过颛顼的"绝地通天"的宗教改革，恢复民神异业的秩序。进入王国时期的夏商，民神异业，王与巫祝职责的分离，祀神的任务更多地交给巫祝乃至大臣们，王的精力集中于管理国家社稷。唐太宗曾对魏徵说："玉虽有美质，在于石间，不值良工琢磨，与瓦砾不别，若遇良工，即为万代之宝。"[1]

3. "什么"是"玉"

至此，从哲学的角度"什么"是"玉"的概念，似乎可以说明白了，即："什么"的内涵是以结构细腻致密、光泽鲜亮润泽、质地均匀无瑕、加工施艺方便等客体要素为共识，"玉"的内涵是以能够满足主体共同的审美需求、通灵需求的理念为共识。选用自然界可以达到主体期望用途所需的石材就是"玉"。通俗地说：用于审美和通灵的雕刻石头就是玉。并不在意后人称呼的名称。这就是史前至商代末人们对玉石材料概念的共识。

三、"玉"是什么

如果说，西周以前的人们的共同理念是从审美需求到审美与通灵的需求，"玉"材的选择就需要满足这个"共同理念"，那么西周以后，"共同理念"的内涵发生了重大变化，对"玉"材料的选择要求也更高了。

（一）"天子建德"与"制礼作乐"

《左传·隐公八年》中记载："天子建德，因生以赐姓，胙之土而命之氏。"

1 [宋]李昉等：《太平御览·珍宝部》卷四《玉下》，中华书局，2016年。

天子以土地和姓氏对诸侯进行分封和授职授权，既建立了天子的“王道”地位，又建立了统治诸侯的制度与方法。《周礼·春官宗伯·小宗伯》：“掌建国之神位，右社稷、左宗庙。兆五帝于四郊、四望、四类亦如之。兆山川、丘陵、坟衍，各因其方。”这种建诸侯封土地的制度使每个氏族或方国不但具有了实惠，而且可以绵延后人，传承下去。《左传·桓公二年》载：“君人者，将昭德塞违，以临照百官，犹惧或失之，故昭令德以示子孙。”

所谓“制礼作乐”就是一方面实施“分封制”，一方面制定颁布实施一系列的典章制度。这些举措中，无论是分封诸侯的大典，礼祭先祖的祭典，还是赏赐功臣或友邦、安民显威或刑典课罚等都离不开玉器的作用。在《周礼》《仪礼》《礼记》中系统而翔实地制定了玉器在政治制度、军事制度、外交礼仪、社会规范、道德修养等方方面面的方法与规则，这些内容在中国古代文献与大量考古发掘材料中都可以得到互证。

周王朝建立并实施“天子建德”制度以来，把过去祭神祀天地的原始宗教崇拜，从哲学意义上转变为祭祖祭天地而“昭令德以示子孙”的功能上来了。这些制度一方面是天子用于统治天下的工具，一方面也是自身行为的准则，是修养自己、昭令百官与子孙，推行伦理道德的基本依据与标准。玉器从“以玉事神”的神物功能逐渐转变为“以玉事德”的君子标准器的功能了。

（二）选定昆仑山的玉料为“真玉”

西周以来的玉器材料的选择要求更高了，也许从商王朝的遗物中总结出那些质量好的玉质材料，作为重要材料去寻找；西周早期活动的区域主要在昆仑山脉地区，比较那些优质玉料，主要以昆仑山优质的透闪石玉为主。另一重要事件也许是受周穆王的影响：《穆天子传》记述了周穆王巡游天下，特别西游至昆仑山会王母，与王母瑶池欢宴，互送玉器，王母特别喜欢这位周天子，赠以大量的美玉，周穆王载回大量昆仑山美玉，朝野上下的用玉观念得到极大改变。

从此，西部昆仑山优质的玉料大量进入中原，对用玉标准乃至玉的概念也产生了重大影响。“登昆仑兮食玉英，与天地兮同寿，与日月兮同光”——登上昆仑山以玉为食物，可以长生不老，与天地日月同在。可见玉的神灵作用。屈原也认为昆仑山的玉可食用。《山海经·西山经·峚山》载：黄帝食玉膏，黄帝取峚山的玉荣投到钟山的南面就形成了艳丽神奇的瑾瑜美玉了，天地鬼神以玉当粮食用，人也可食用而且可以消灾免祸，逢凶化吉。这些都印证了昆仑山出玉，而且可以食用的说法。从商王朝的玉器遗存，可以看到大量玉质玉器，加上周穆王带来的大量优质玉料，西周早期便开始大量应用昆仑山优质玉料，并逐渐将“玉”的概念集中指向昆仑山玉料。

至春秋时期，长期大量使用各种材料，导致用玉概念的混乱，所以，孔子第一个提出了“玉”的真假概念与鉴定标准：

《礼记·聘义》：“子贡问于孔子曰：‘敢问君子贵玉而贱珉者，何也？为玉之寡而珉之多与？’孔子曰：‘非为珉之多故贱之也，玉之寡故贵之也。夫昔者，君子比德于玉焉。温润而泽，仁也；缜密以栗，知也；廉而不刿，义也；垂之如坠，礼也；叩之其声，清越以长，其终诎然，乐也；瑕不掩瑜，瑜不掩瑕，忠也；孚尹旁达，信也……’”[1]

孔子对玉料物理性质的总结“仁、智、义、礼、乐、忠、信”的“七大玉性”，最后升华为“天、地、德、道”：“‘气如白虹，天也；精神见于山川，地也；圭璋特达，德也；天下莫不贵者，道也。’诗云‘言念君子，温其如玉’，故君子贵之。”这是中国历史上首次论“玉德”，“君子以玉比德”的建立。

对“玉”具体性质完成了“天人合一”的总结概括，符合这些标准的玉料，只有昆仑山的玉，昆仑山玉作为“真玉”的概念从此诞生，“君子”从此以玉比德，以“真玉贵之”。经东汉许慎提炼为“五德”，唐代玄宗坚持用“真玉”作宗庙祭祀：“天宝中诏曰：礼神以玉者，盖取其精洁，表以温润合德。为器有象，正辞乃信，以达馨香，其在璧。顷来礼神六器，及宗庙奠玉，自冯绍正奏后，有司并皆用珉。礼所谓‘君子贵玉而贱珉’，是珉不可用也。朕精禋郊坛，严敬宗庙，奉惟新之祚，庇太平之人，则人力普存，备物以享，安可以珉代玉，惜费事神？况国家之富有，万方之助祭，阙典必修，无文咸秩，岂于天地宗庙奠王有亏？自今已后，礼神六器，宗庙奠玉，并用真玉，诸祀用珉。如以玉难得大者，宁小其制度，以取其真。”[2]

宋应星《天工开物·珠玉第十八·宝》中分出了珠、宝、玉，附：玛瑙和水晶及琉璃等四个部分。“凡玉入中国，贵重用者尽出于阗、葱岭……，凡玉惟白与绿两色。绿者中国名菜玉，其赤玉、黄玉之说，皆奇石、琅玕之类，价即不下于玉，然非玉也。”[3] 宋应星明确指出只有于阗产的玉才是“玉”。

（三）建立“玉德”和“如玉”两大标准

孔子、管子、荀子纷纷提倡“玉德”，至许慎提炼为“五德”，“温润”是区别玉与非玉的标准；玉材料的物理性质与人格修养相结合，玉是判断“君子”

---

1 《礼记》，载《十三经注疏》，中华书局，1980 年。
2 ［宋］李昉等：《太平御览·珍宝部》卷四《玉下》，中华书局，2016 年。
3 ［明］宋应星：《天工开物》，中国社会科学出版社，2004 年。

与非“君子”的标准。从“君子比德于玉”的理论判断，到对“玉”概念的明确所指，即符合“温润以泽”的“仁、智、义、礼、乐、忠、信”标准的就是“玉”，符合“玉”标准的人就是符合“天、地、德、道”的“君子”。

周人从一个小部落发展为一个强大王国，直至取代殷商入主中原一统天下，始终以崇文尚德、礼乐宗法的文化精神作为动力与旗帜，同心同德地把中华文明推进到一个“天行健，君子以自强不息”的“有德”境界。树立以“玉”为德的楷模与标准，为德行修养的方法与标准。综其主旨，应是倡导社会理想人格的追求、道德楷模的向往。此道德标准经儒家的推广与执行，成为影响中华文明 3000 年的核心价值观。

“比德”是“美”与“善”统一的方法论：“比德”就是将“玉性”中的自然属性特征与人的美德或追求的美德相比较、参照，形成人所追求尽善尽美的修养参照物和实践方法。正是这种“比德”的方法论，将“美”与“善”统一到道德伦理的理论体系中来，形成塑造“文质彬彬”的“君子”人格与“礼乐”体系，成为中华民族性格的最主要方法论和审美观。

“如玉”是以玉的自然属性作为审美对象，将经人工艺术化加工相结合的审美可比物的最高审美要求以玉为参照：形成“如玉”并成为中华民族审美情趣的最重要范畴。在中国文化里，“玉”同时指“玉石”和“玉器”，从不同角度都可以用“玉”指代。“如玉”则是对“玉性”和对玉艺术加工后的“玉器”的认识，充分体现了中华民族追求自然美与艺术美的结合的审美观。“玉”与“善”与“德”相互融合，使之成为一切美好事物的象征物和代名词。

“温润以泽”“温润如玉”表现出来的柔美、优美、含蓄美、优雅美等意象正是优美的审美范畴。从《诗经》、先秦诸子、两汉文章到唐诗宋词、明清小说，从河川湖溪之名到民间俚语，在中国文化、中国民俗、中国地名里可以说比比皆是：玉海、玉河、玉溪、玉池、玉渊、玉潭、玉流、玉泉、玉波、玉露、玉液……。水所具有的形象美、动态美、声音美、情致美等等，都可以用玉来表达；先民们对水、对玉的自然美的欣赏是与人们的宇宙观、道德观、审美观交织在一起的。

“廉而不刿”“孚尹旁达”“折而不挠”“瑕适并见”等表现出来的壮阔美、阳刚美等意象，正是崇高美的审美范畴。在中国审美传统中，玉又是“坚强”“忠信”“仁义”“正直”等的代名词，阳刚之美、壮阔之美、悲怆之美、雄浑之美的审美意象用“玉”来指代，玉的崇高、博大的审美意蕴自春秋以来，一直是中国审美史上最重要的审美范畴之一。

“如玉”概念的优美与崇高：美学中的这对对立又统一的概念在玉审美意

境中得到和谐统一和充分体现。借物喻志、情景交融，成为中华民族文化性格中最重要、最丰富的特征。

（四）玻璃仿玉

汉王充《论衡·率性篇》云：《禹贡》曰“璆琳琅玕”者，此则土地所生真玉珠也；然而道人消炼五石，作五色之玉，比之真玉，光不殊别。兼鱼蚌之珠，与《禹贡》“璆琳”真玉珠也；然而随侯以药作珠，精耀如真，道士之教至，知巧之意加也。[1]王充认为琉璃是道士造的仿玉器，用于以假乱真冒充真玉。杨伯达先生认为：“所谓‘五色之玉’并非天然的真玉，而是以玻璃仿造的人工合成的玉，这种玉宋人称为‘药玉’，元人称之为‘罐子玉’，明、清人仍沿袭古名称‘琉璃’，惟清皇家废‘琉璃’之名而称‘玻璃’。再从出土宝物中考察，已见有类似‘消炼五石作五色之玉’的西周玻璃珠管以及春秋末年、战国初年的蜻蜓眼玻璃珠（亦称‘镶嵌玻璃珠’）。”[2]

西周以来，认定昆仑山之玉为“真玉”，而大量的分封建国、典章制度、礼仪祭祀、赏赐赠予等，导致玉的需求太大，玉料供应紧张，于是，催生了玉的仿制替代品“琉璃”。琉璃大量用于仿玉：璧、璜、管、珠等，一时极盛，至东汉后消失。

（五）“玉”是“透闪石”、“翡翠”也是“玉”

18世纪末，纪晓岚在《阅微草堂笔记》中写道：“盖物之轻重，各以其时之好尚，无定准也。记余幼时，人参、珊瑚、青金石价皆不贵，今则日昂。……云南翡翠玉，当时不以玉视之，不过如蓝田乾黄，强名以玉耳，今则为珍玩，价远出真玉上矣。”[3]

法国学者德穆尔（ A.Damour）在 1846 年研究了一批从波斯、印度和中国带到欧洲的玉器，测试出它们的主要成分是透闪石（tremolite），并称之为 jade nephritique。1863 年，他在这些玉中发现了另一种属于钠铝硅酸岩类，并命名为透辉石玉（jadeite）。

1921 年，章鸿钊在《石雅》中引证大量古籍，吸取西方地质学的矿物岩石学方法与命名原则研究宝石、玉石。《石雅》受德穆尔的影响，认为玉材料只有两种：“……而当之无愧者，盖有二焉：一即通称之玉，东方谓之软玉，泰西

1 ［汉］王充：《论衡》，上海古籍出版社，2010 年。

2 杨伯达：《杨伯达论艺术文物》，科学出版社，2007 年。

3 ［清］纪昀：《阅微草堂笔记》，上海古籍出版社，2005 年。

谓之纳夫拉德(nephrite),二即翡翠,东方谓之硬玉,泰西谓之絮特以德(jadeite),通称之玉。今属角闪石类(amphibote group),缜密而温润,有白者质与透闪石(tremolite)为近,绿者与阳起石(actinolite)为近。”“翡翠今属辉石类(pyroxemce group),或似绿玉,而坚韧尤过之,俗名别为红翡绿翠,以符翡赤雀翠青雀之义。”[1]

20世纪40年代,赵汝珍在《古玩指南》书中阐述了“玉”的科学属性:“玉为石之一种,多成斜方柱状之结晶而产出,柱面多纵纹,呈玻璃光泽,体透明,色无或白、有时作黄色或青色及其他之混合变色,其质温润细腻、光泽佳者似脂肪。本有软玉、硬玉之别。硬度均低于水晶尤其低于宝石。中国所谓之玉即软玉也!至硬玉,中国俗称名翡翠或名翠器,翠器在中国为装饰品类。”[2]

虽然在20世纪前期,收藏界还将翡翠“不以玉视之”,但是,翡翠在整个20世纪里成为时尚,风靡中国乃至西方。从翡翠与透闪石的物理性质比较,按照“五德”乃至“七德”等的“玉性”应是有过之而无不及。

所以,“玉是什么”的命题,西周以来,孔子等的“玉德”所概括的客体要素,主体的哲学特征,即是高度概括为道德标准的“君子比德于玉”和审美标准的“如玉”,寻找到昆仑山的玉料,即为“真玉”,秦汉至清中期时昆仑山产玉之地称于阗,即为“于阗玉”,清乾隆时设“和田直隶州”称“和田”,即为“和田玉”。后来经检测鉴定为“透闪石”,再后来又加入了“翡翠”。

四、我们需要什么样的“玉”定义

(一)现代玉石市场玉定义泛化

20世纪50年代,全国各地建立起一大批“玉石雕刻厂”,选材广泛,作品以出口创汇为主,采用苏联的产品分类法,将“玉器”划属“工艺美术”品类,文博分类将玉器划归“杂项”,地质部门将其划归“非金属”。

1996年,原地质矿产部制定《珠宝玉石鉴定标准》,上升为《珠宝玉石 名称》国家标准(GB/T16552),多次修改,最新一版是(GB/T16552-2017)。《珠宝玉石 名称》(GB/T16552-2017)定义“玉”为:“天然玉石natural jades:由自然界产出的,具有美观、耐久、稀少性和工艺价值的矿物集合体,少数为非晶质体。”

从这个定义问“什么是玉”?

---

1 章鸿钊:《石雅》,百花文艺出版社,2010年。

2 赵汝珍:《古玩指南》,中国书店,1984年。

A."什么都是玉"——因为，其价值要素：自然界产出的、美观、耐久、稀少性、工艺价值等，都是个人认为的，没有具体内涵和外延。"矿物集合体" "少数为非晶质体"是矿物学专业术语，一般人不明白。实际上，矿物单晶也不少列为"玉"，如水晶、锂辉石、碧玺、红宝石等。

B."玉什么都不是"——因为标准规定，"'玉'不能单独使用"，"产地没有具体意义"，如：凡是透闪石都叫"和田玉"，不管产地；凡是蛇纹石都叫"岫玉"；岫岩产的透闪石"河磨料"也可以叫"和田玉"……

于是，各个地方有了可以叫"玉"的材料，又可以纷纷制定"标准"，尽情地叫"××玉"！

（二）中国玉文化研究，如何定义"玉"

——要不要从科学划界的角度，思考"玉"？

——要不要具体定义"玉"？如何建立一个定义体系？

——要不要制定一个至少在玉文化研究领域可以达成基本共识（或群体的共识）的概念？

我们今天急需做的任务是，"玉"概念需要"普通话"式的定义，还是需要"方言"式的？当然，至少需要"方言"式的。

中国近50年来大量出土玉器和考古成果的面世，已经唤起了国人对中国玉文化的热爱和积极探寻；现代经济的发展，促进了玉石玉器市场的繁荣。然而，"玉"定义的含糊，阻碍了大众乃至专业人员对玉文化的热情。笔者正是怀着坦荡的君子之心，才鼓起勇气，检讨和反思中国玉文化的核心"玉"定义问题。拳拳赤子，昭昭日月！此文若能呼唤起行业领袖们的玉振金声，促进中国玉文化的深入研究，寻找到一个既符合历史需要又适用大多数学科需要，乃至人民大众容易接受和理解的"玉"定义，将是我莫大的欣慰与荣幸！

后记

2022年4月28—29日，由中国文物学会玉器专业委员会、湖南省博物馆、故宫研究院玉文化研究所、长沙博物馆联合主办的中国玉学玉文化学术研讨会在长沙举行线上线下会议。30多位学者在3场专题论坛中，从玉器、玉料、考古、科技、艺术等方面对玉学玉文化领域的最新成果展开讨论。同时，国内近50家高校、文博单位120多位专家学者线上参会、讨论，在线听会的观众腾讯会议APP累计4000余人次，雅昌艺术网艺术头条APP逾5.9万人次。

本次会议收到了会议论文及会议提要70余篇，为了让这些研究成果更好地为学界和公众所知，我们集结了其中49篇论文公开出版。

本次中国玉学玉文化学术研讨会是为配合长沙博物馆、湖南省博物馆、重庆中国三峡博物馆联合承办的“玉魂——中国古代玉文化展”而举办，因此会议代表提交的论文涉及从新石器时代到清代各个历史时期的玉器与玉文化的相关问题，且进一步拓展了研究内容、研究角度和研究方法，这无疑将对中国玉学玉文化的深入研究起到推动作用。

本论文集由湖南博物院组织编纂，得到了湖南人民出版社的大力支持。主编喻燕姣负责了全书文章的排序，文字与图片的统稿、修订、校改，责任编辑吴韫丽老师以及湖南博物院图书编辑部的杨慧婷、邱建明、余惟杰老师进行了精心的编辑，湖南博物院马王堆汉墓及藏品研究展示中心的王卉、李明洁、申国辉、温星金、欧阳小红、任亭燕、王帅、刘琦、许宁宁、陈锐及实习生桂唯俊、邹婧、彭诗琦、贺鸣萱对所有稿件进行了多次校对，排版老师周果元不厌其烦多次对部分稿件反复编排。由于文字量较大，图片较多，编辑工作极为烦琐，加之经费受限，不可避免地留存了一些遗憾，敬请见谅。

湖南博物院《中国玉学玉文化学术研讨会论文集》编辑组

2022年12月

彩图一　红山文化玉鸟

彩图二　红山文化玉镯

彩图三　红山文化玉镯

彩图四　红山文化玉环

彩图五　红山文化玉环

彩图六　红山文化玉管

彩图七　红山文化玉管

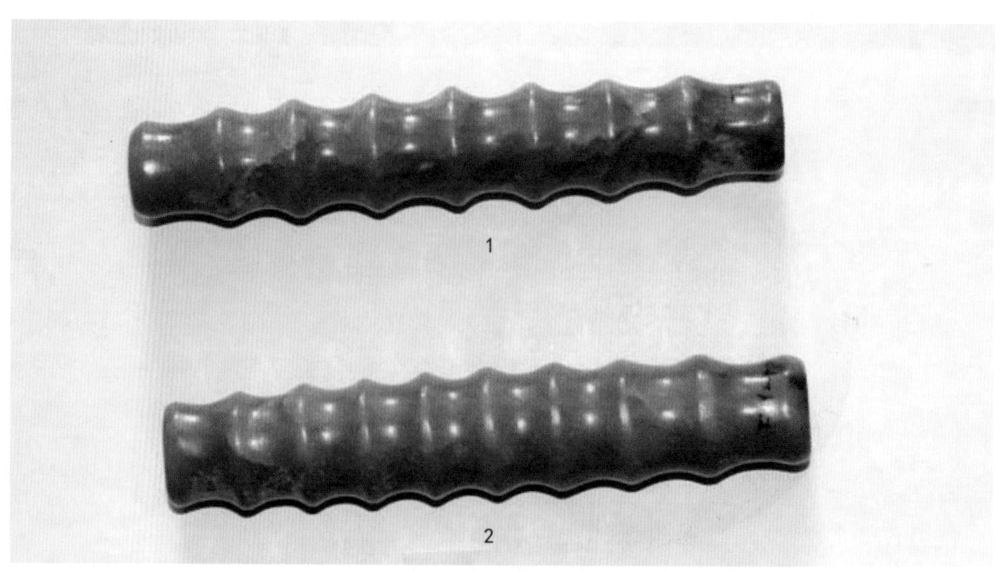

彩图八　红山文化玉管

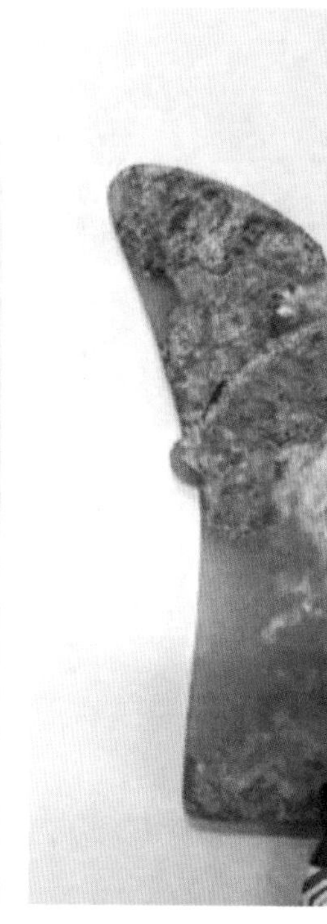

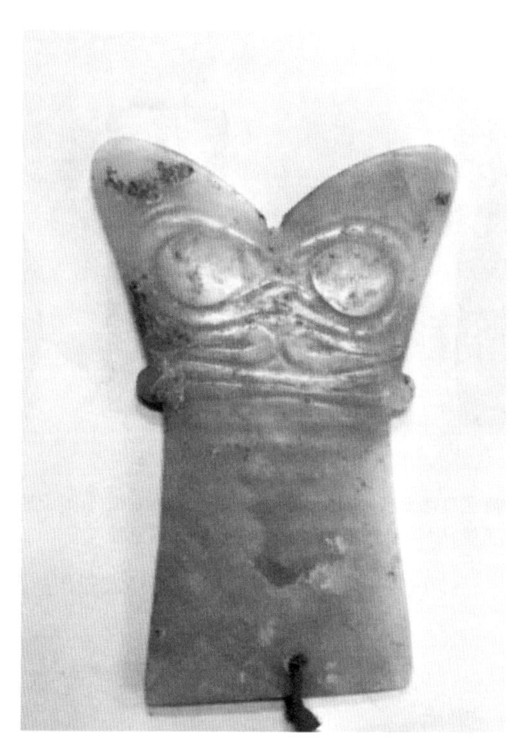

彩图九　红山文化玉兽面纹丫形器

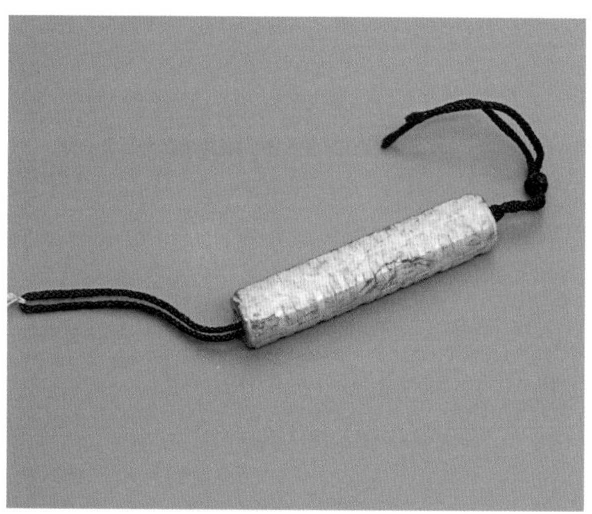

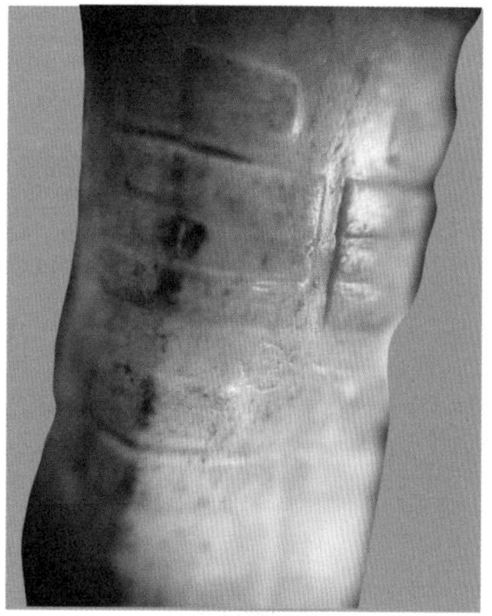

彩图十　故宫博物院藏六节人面纹鸡骨白沁琮式玉管（1962年收购）

彩图十一　故宫博物院藏良渚四节两组神人兽面纹琮式玉管

彩图十二　故宫博物院藏良渚三节人面纹琮式玉管

彩图十三　故宫博物院藏良渚四节人面纹琮式玉管

彩图十四　故宫博物院藏良渚四节两组神人兽面纹琮式玉管

彩图十五　故宫博物院藏良渚光素玉管

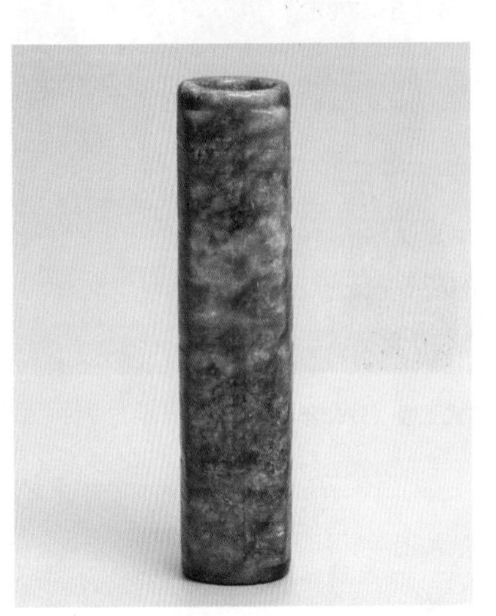

彩图十六　故宫博物院藏良渚八节四组神人兽面纹琮式玉管

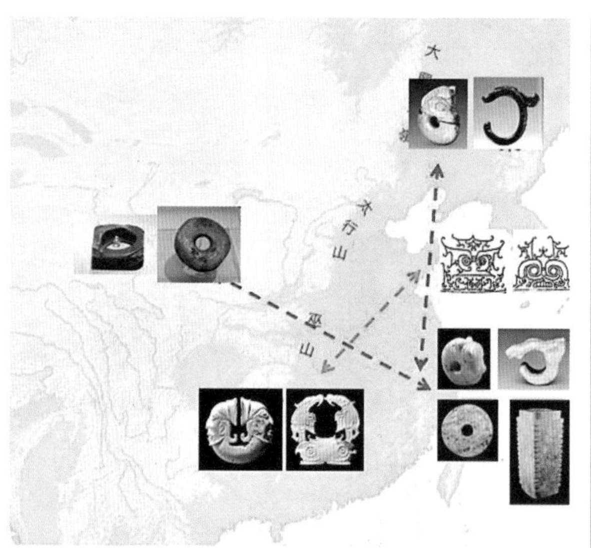

彩图十七　史前三阶段“上层交流网”运作图

彩图十八　故宫博物院藏玉人首

彩图十九　故宫博物院藏玉人首

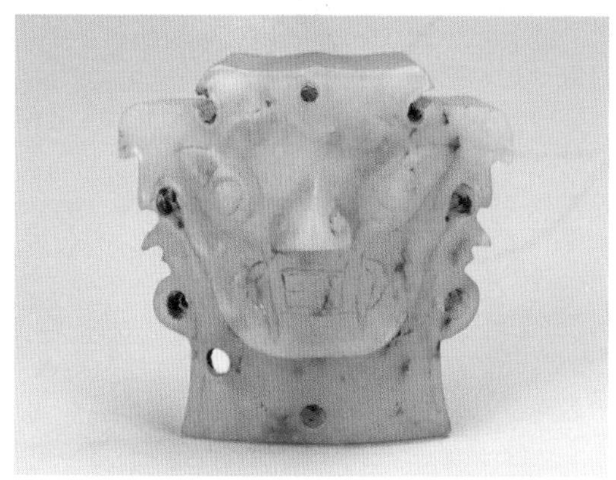

彩图二十　故宫博物院藏玉人首

彩图二一　故宫博物院藏玉人首

彩图二二　故宫博物院藏人首、神兽组合玉佩

彩图二三　故宫博物院藏鹰形玉笄

彩图二四　故宫博物院藏鹰形玉笄

彩图二五　故宫博物院藏鹰形玉笄

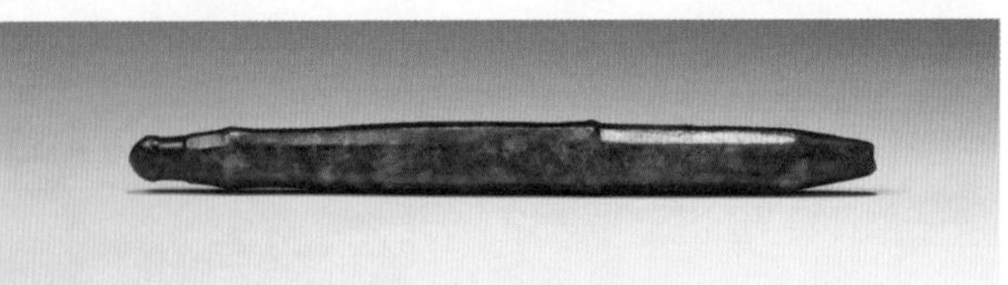
彩图二六　故宫博物院藏玉笄

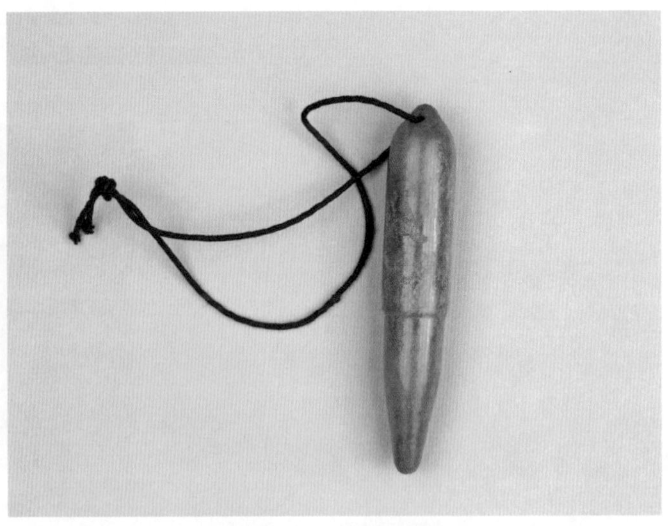
彩图二七　故宫博物院藏玉笄

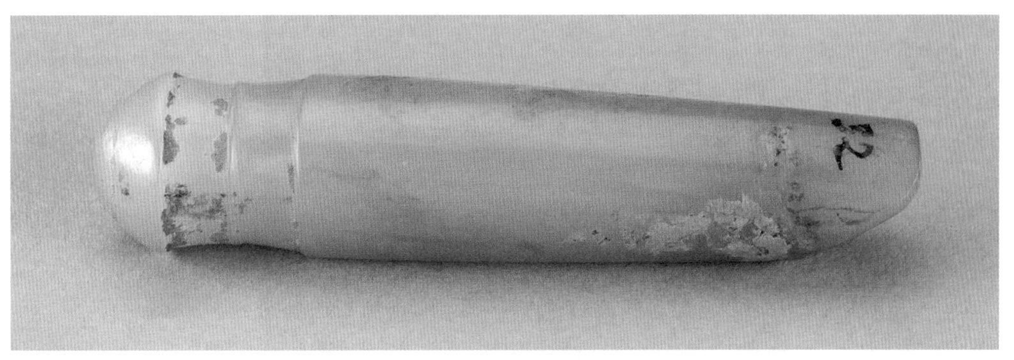

彩图二八　故宫博物院藏玉笄

彩图二九　故宫博物院藏玉笄

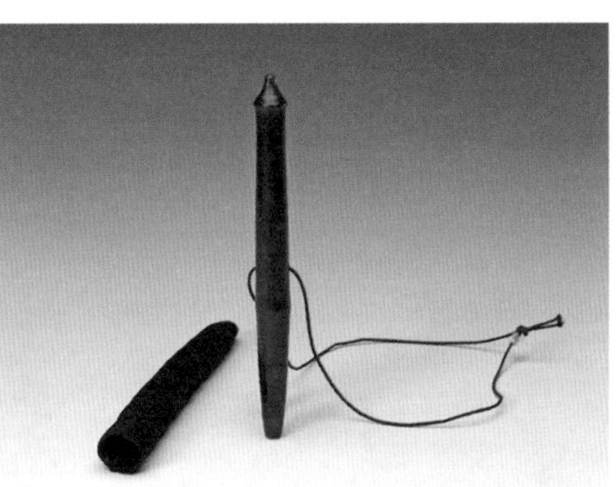

彩图三十　故宫博物院藏玉笄

彩图三一　故宫博物院藏玉蝉

彩图三二　故宫博物院藏玉虎首

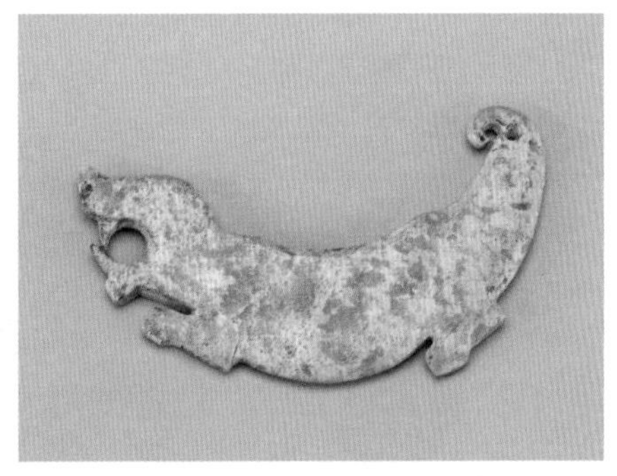

彩图三三　故宫博物院藏玉虎

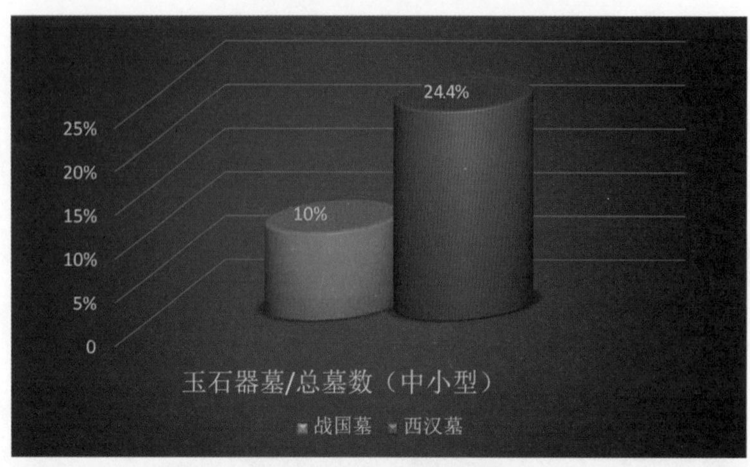

彩图三四　长沙战国、西汉中小型玉石器墓占比情况

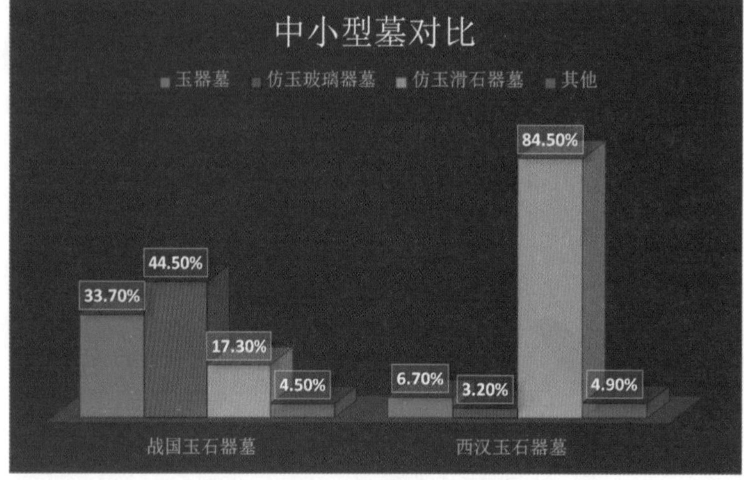

彩图三五　长沙战国、西汉中小型墓用玉、仿玉对比情况

彩图三六　2008—2009年长沙谷山被盗西汉长沙王室墓M7出土海蓝宝石珠、管

彩图三七　故宫博物院藏青玉云龙纹瓮

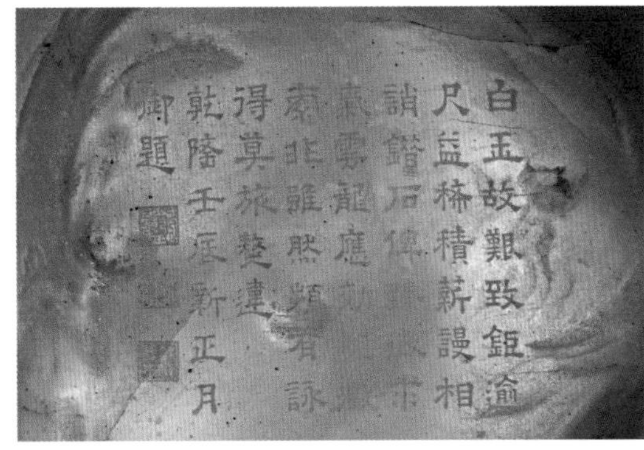

彩图三八　故宫博物院藏青白玉云龙纹瓮及御制诗

彩图三九　故宫博物院藏墨玉云龙纹瓮及御制诗

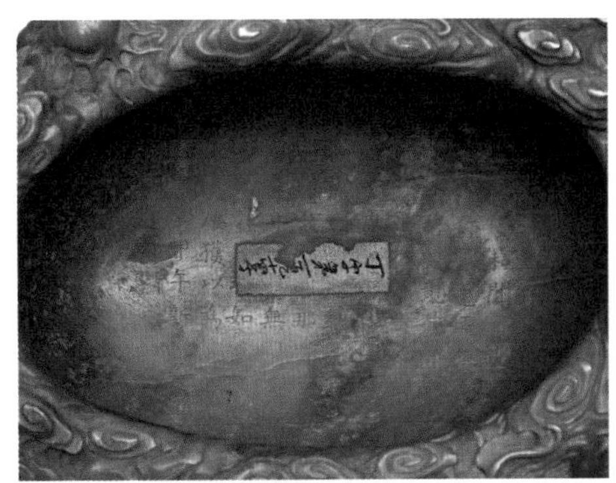

彩图四十　故宫博物院藏青玉云龙纹瓮及御制诗

彩图四一　故宫博物院藏青玉云龙纹瓮及御制诗

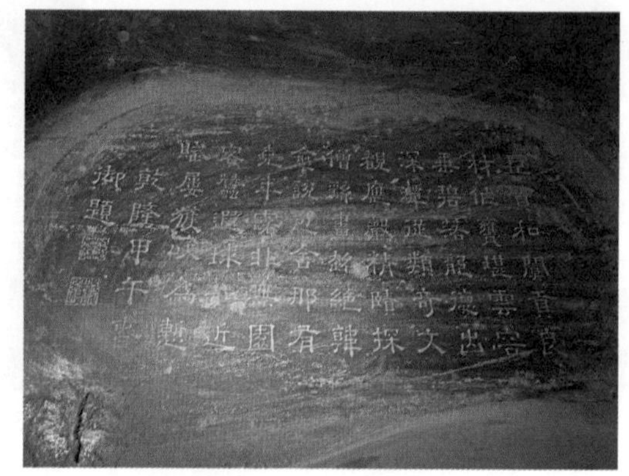

彩图四二　故宫博物院藏青玉云龙纹瓮及御制诗

彩图四三　故宫博物院藏“周处斩蛟图”玉瓮

彩图四四　故宫博物院藏碧玉云龙纹瓮

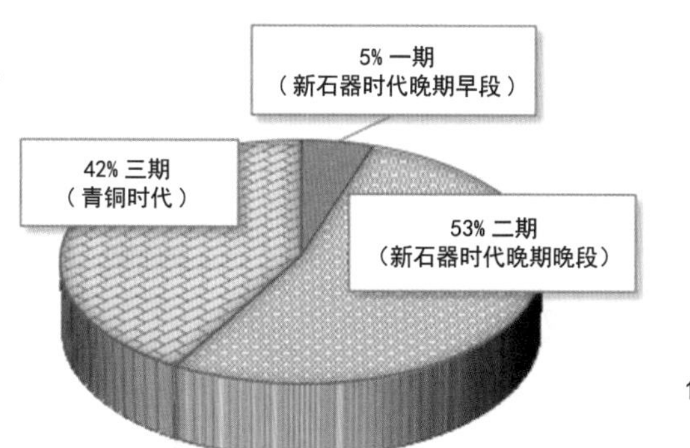

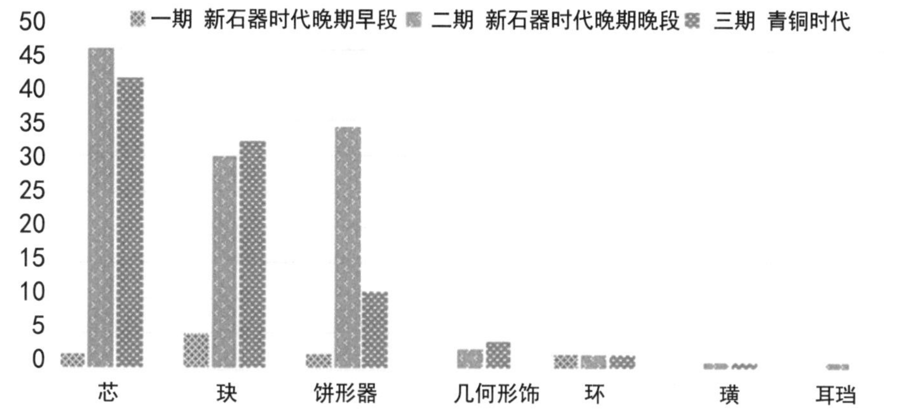

彩图四五　珠海宝镜湾遗址一至三期出土玉石装饰品统计图

1. 不同时期玉石装饰品比例；2. 不同时期玉石装饰品种类柱状图

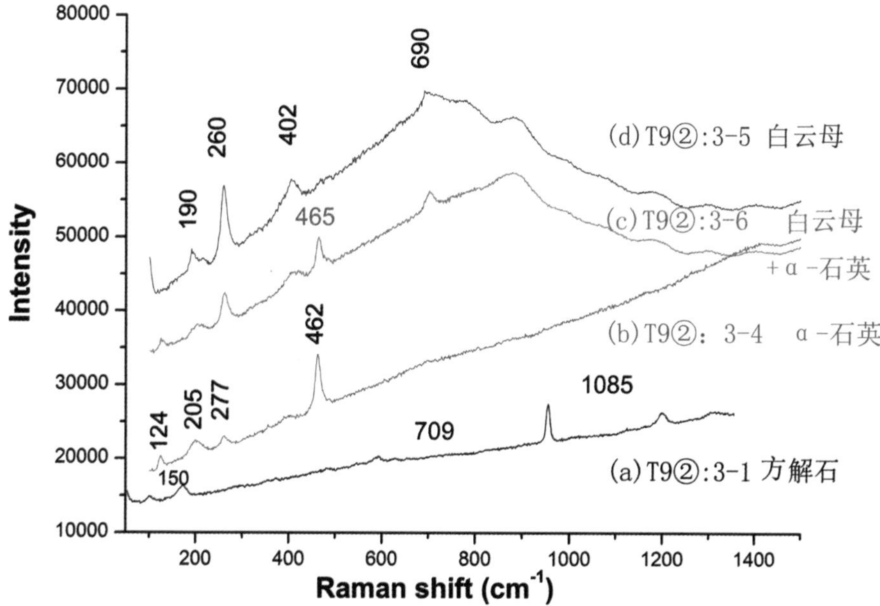

彩图四六　珠海宝镜湾遗址梯形饰物 T9 ② ：3 的拉曼图谱

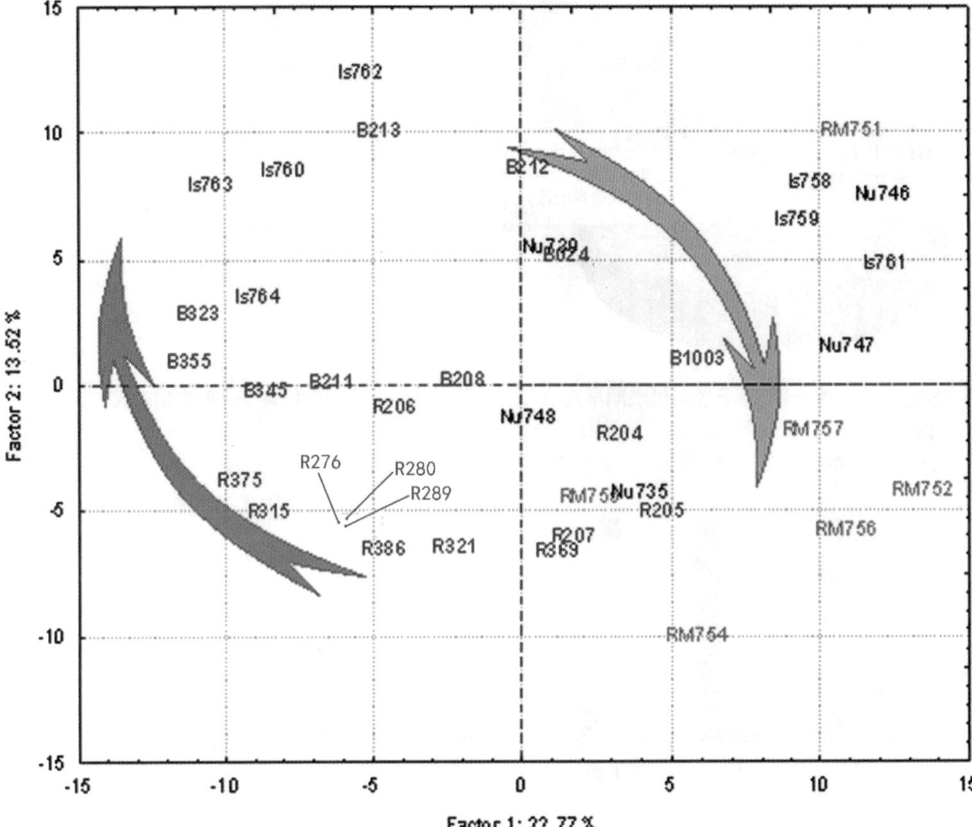

彩图四七　波数 1600—600cm^{-1} 的主成分分析得分图（R 为罗马尼亚矿产琥珀，B 为波罗的海矿产琥珀，RM、Nu、Is 分别为罗马尼亚三个遗址 Rosia Montana、Nufaru、Isaccea 出土琥珀）

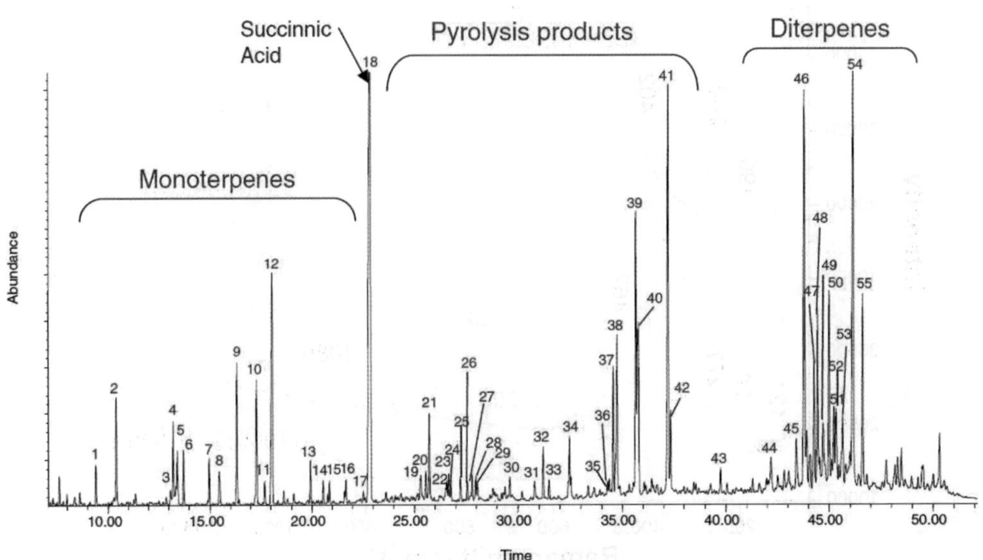

彩图四八　琥珀中成分的热解谱图

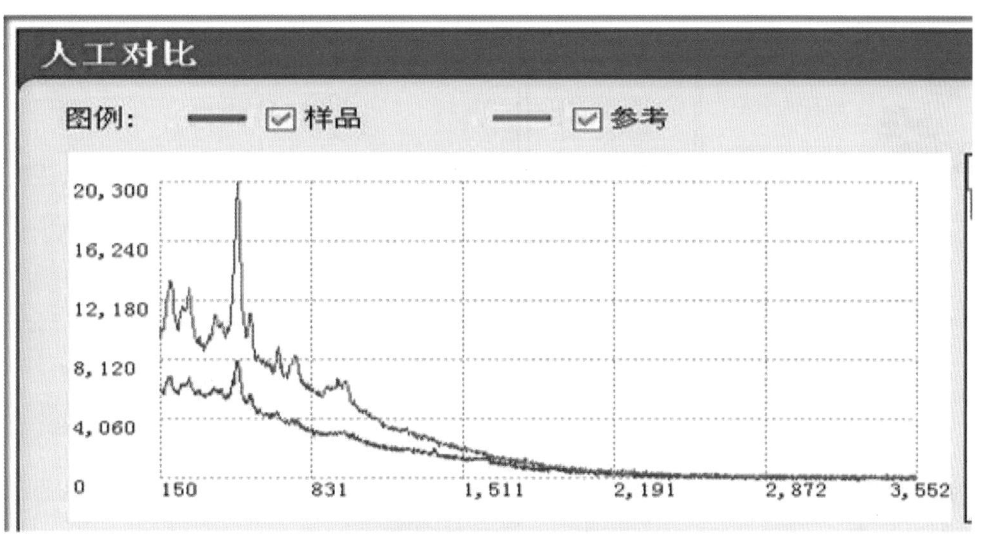

彩图四九　斜长石拉曼谱图

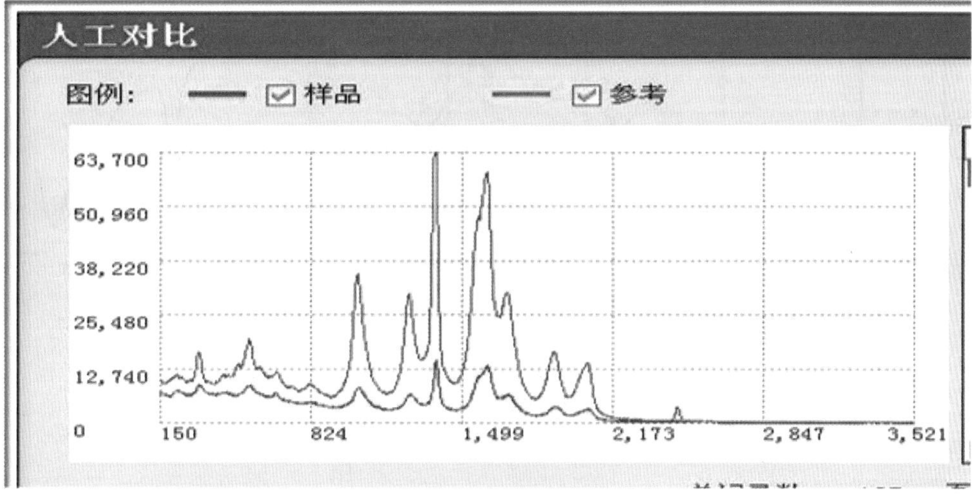

彩图五十　黝帘石拉曼谱图

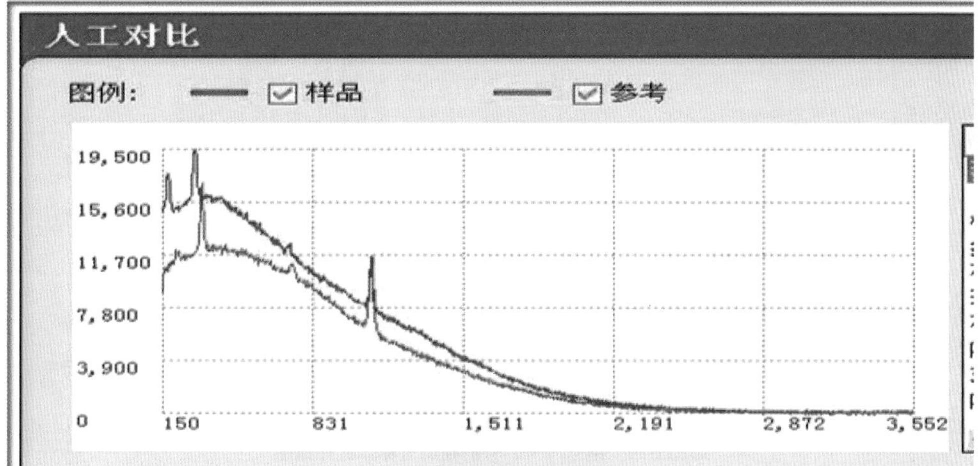

彩图五一　菱镁石拉曼谱图

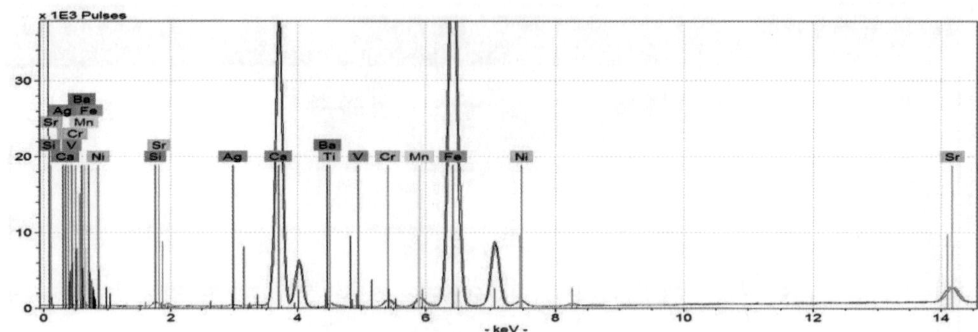

彩图五二　渎山大玉海 X 射线荧光能谱图

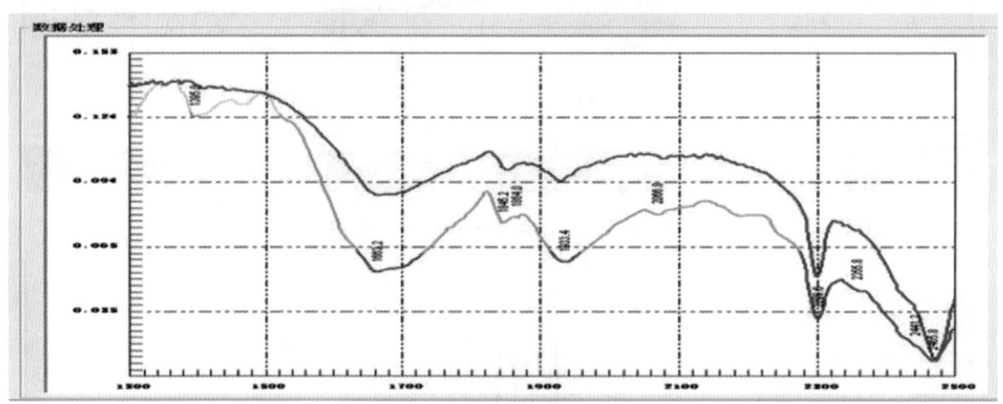

彩图五三　渎山大玉海红外光谱图

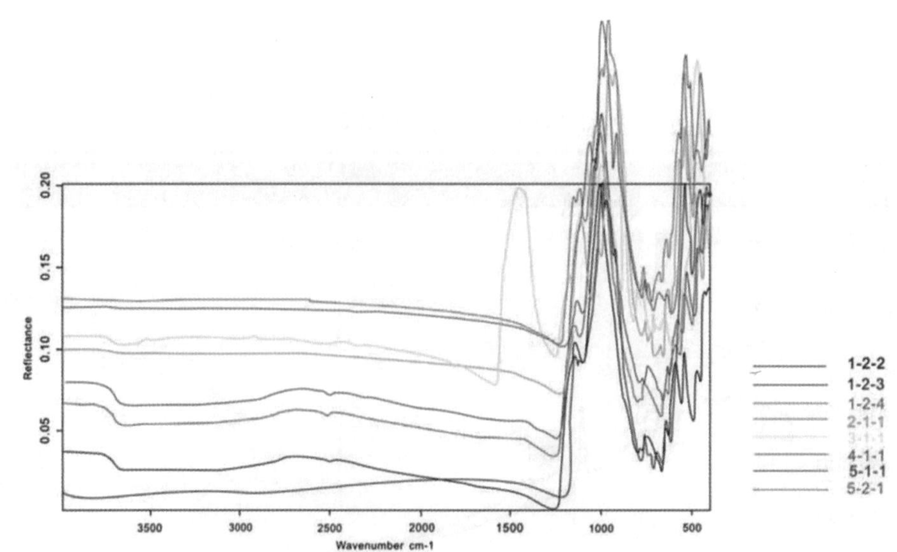

彩图五四　编号 1—5 号的独山玉标本红外谱图

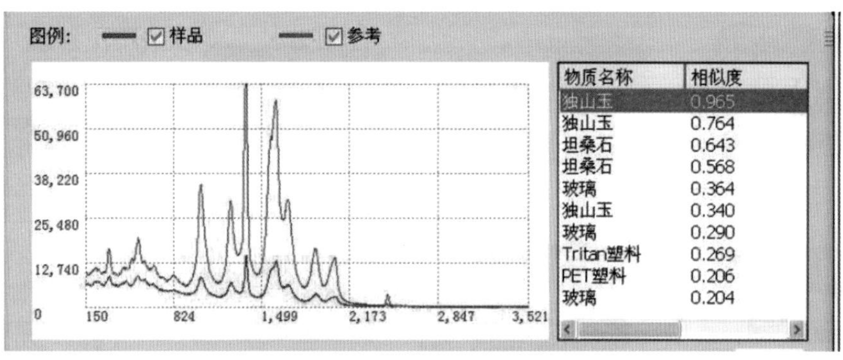

彩图五五　5 号标本黑花独山玉标本与标准独山玉谱图的拉曼谱图比对结果

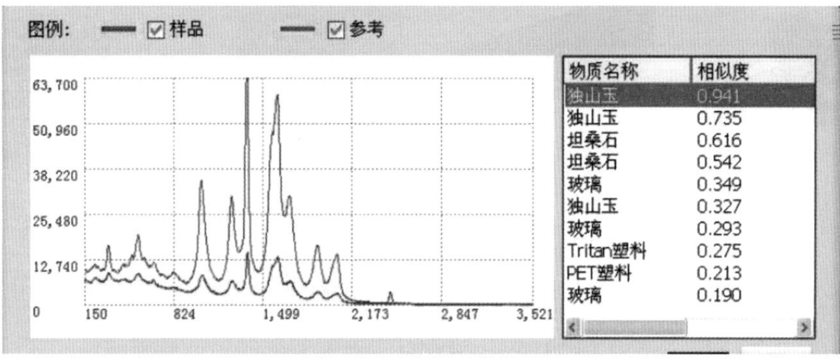

彩图五六　渎山大玉海局部与标准独山玉谱图的拉曼谱图比对结果

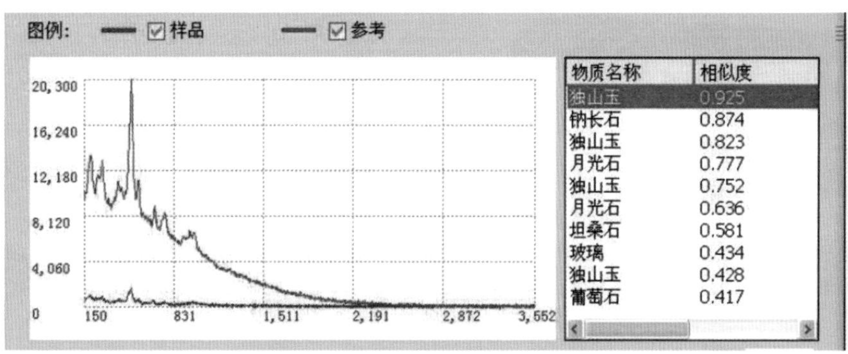

彩图五七　4 号样本黑独山玉标本与标准独山玉谱图的拉曼谱图比对结果

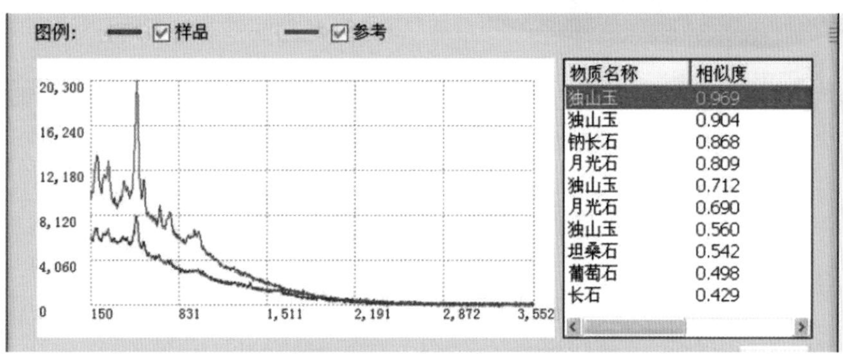

彩图五八　渎山大玉海局部与标准独山玉谱图的拉曼谱图比对结果

1 玉铲（新石器时代）

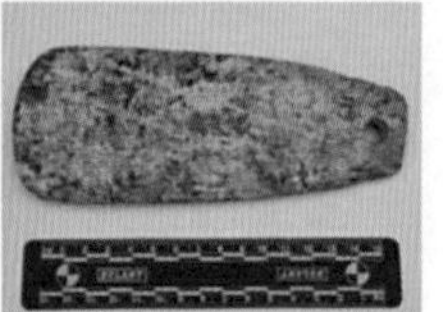

2 单孔玉铲（新石器时代）

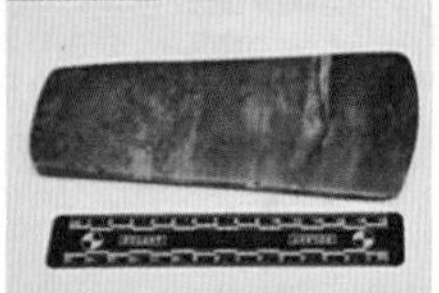

3 独玉铲（新石器时代）

4 玉璋（商代）

5 牙璋（夏）

6 玉矛（春秋晚期）

7 玉戈（春秋晚期）

8 玉扁长条形饰（春秋晚期）

9 辟邪（西汉时期）

10 玉璋（春秋晚期）

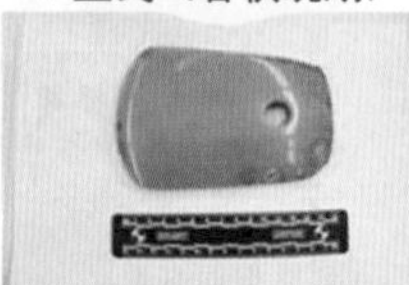

11 玉铲（龙山文化）

12 玉铲（新石器时代）

彩图五九　课题组检测了《南阳古玉撷英》一书中标注的 12 件“独山玉”文物，检测结果只有两件确定为独山玉

01号 新石器时代玉铲
镇平县安国城出土，南阳市博物馆藏

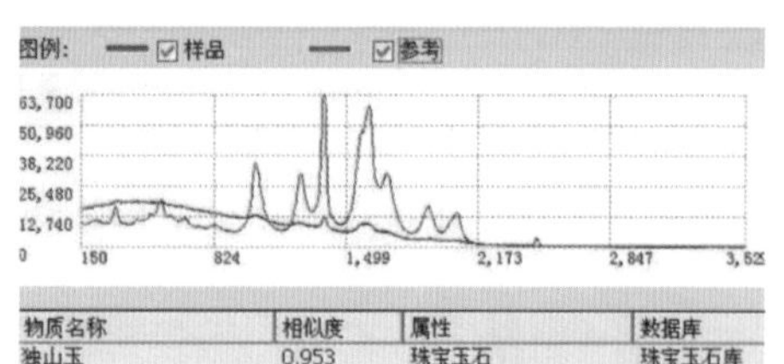

01 号 玉铲的激光拉曼谱图显示其为独山玉

06 号 春秋晚期玉矛
桐柏月河出土，南阳市文物考古研究所藏

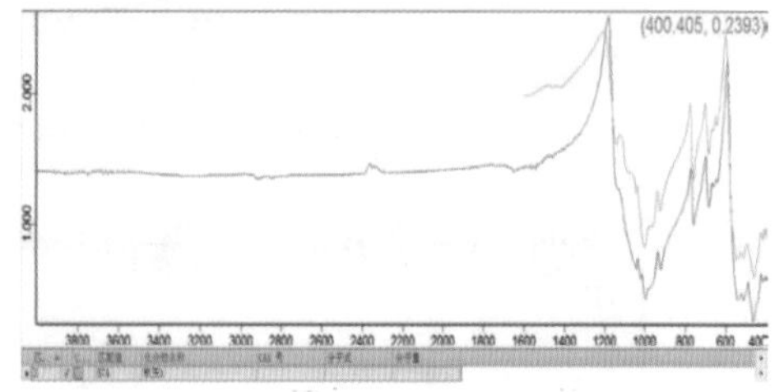

06 号 玉矛红外谱图显示其为软玉

彩图六十　“独山玉”检测部分数据与结论

图书在版编目（CIP）数据

中国玉学玉文化学术研讨会论文集 / 湖南博物院编.—长沙：湖南人民出版社，2023.5
ISBN 978-7-5561-3060-3

Ⅰ. ①中… Ⅱ. ①湖… Ⅲ. ①玉石—文化研究—中国—学术会议—文集 Ⅳ. ①TS933.21-53

中国版本图书馆CIP数据核字(2022)第175672号

ZHONGGUO YUXUE YUWENHUA XUESHU YANTAOHUI LUNWENJI

中国玉学玉文化学术研讨会论文集

编　　者　湖南博物院
责任编辑　吴韫丽
装帧设计　侯越越
责任印制　肖　晖
责任校对　夏丽芬

出版发行　湖南人民出版社［http://www.hnppp.com］
地　　址　长沙市营盘东路3号
邮　　编　410005
经　　销　湖南省新华书店

印　　刷　湖南天闻新华印务有限公司
版　　次　2023年5月第1版
印　　次　2023年5月第1次印刷
开　　本　787 mm × 1092 mm　1/16
印　　张　45.25
彩　　插　18页
字　　数　955千字
书　　号　ISBN 978-7-5561-3060-3
定　　价　218.00 元

营销电话：0731-82221529　（如发现印装质量问题请与出版社调换）